数学名著译丛

普林斯顿数学指南

第三卷

〔英〕Timothy Gowers　主编

齐民友　译

科学出版社

北 京

图字: 01-2013-6961 号

内 容 简 介

本书是由 Fields 奖得主 T. Gowers 主编、133 位著名数学家共同参与撰写的大型文集. 全书由 288 篇长篇论文和短篇条目构成, 目的是对 20 世纪最后一二十年纯粹数学的发展给出一个概览, 以帮助青年数学家学习和研究其最活跃的部分, 这些论文和条目都可以独立阅读. 原书有八个部分, 除第 I 部分是一个简短的引论、第 VIII 部分是全书的 "终曲" 以外, 全书分为三大板块, 核心是第 IV 部分 "数学的各个分支", 共 26 篇长文, 介绍了 20 世纪最后一二十年纯粹数学研究中最重要的成果和最活跃的领域, 第 III 部分 "数学概念" 和第 V 部分 "定理与问题" 都是为它服务的短条目. 第二个板块是数学的历史, 由第 II 部分 "现代数学的起源" (共 7 篇长文) 和第 VI 部分 "数学家传记" (96 位数学家的短篇传记) 组成. 第三个板块是数学的应用, 即第 VII 部分 "数学的影响" (14 篇长文章). 作为全书 "终曲" 的第 VIII 部分 "结束语: 一些看法" 则是对青年数学家的建议等 7 篇文章.

中译本分为三卷, 第一卷包括第 I ~ III 部分, 第二卷即第 IV 部分, 第三卷包括第 V ~ VIII 部分.

本书适合于高等院校本科生、研究生、教师和研究人员学习和参考. 虽然主要是为了数学专业的师生写的, 但是, 具有大学数学基础知识, 更重要的是对数学有兴趣的读者, 都可以从本书得到很大的收获.

图书在版编目(CIP)数据

普林斯顿数学指南. 第 3 卷/(英)高尔斯(Gowers, T.)主编; 齐民友译. —北京: 科学出版社, 2014.2
(数学名著译丛)
书名原文: The Princeton Companion to Mathematics
ISBN 978-7-03-039528-3

I. ①普⋯ II. ①高⋯ ②齐⋯ III. ①数学-高等学校-教学参考资料 IV. ①O1

中国版本图书馆 CIP 数据核字(2014) 第 002871 号

责任编辑: 赵彦超 / 责任校对: 刘小梅
责任印制: 赵 博 / 封面设计: 陈 敬

斜 学 出 版 社 出版
北京东黄城根北街 16 号
邮政编码: 100717
http://www.sciencep.com

北京华宇信诺印刷有限公司印刷
科学出版社发行 各地新华书店经销
*
2014 年 2 月第 一 版 开本: 720 × 1000 1/16
2025 年 2 月第十五次印刷 印张: 36
字数: 685 000
定价: 138.00 元
(如有印装质量问题, 我社负责调换)

译　者　序

我有幸接触到《普林斯顿数学指南》(以下简称《数学指南》) 这部书并且开始翻译工作是 2010 年的事了, 到读者能够见到它, 就有五个年头了. 这四年的经历可以说是好比重进了一次数学系, 不过与第一次进数学系比较, 真正的差别不在于自己的数学准备比当年要高一些, 所学的科目内容比当年更深了, 而是我必须认真地逐字逐句读完这本 "教科书". 当我上一次进数学系时, 所学的课程内容离当时 (20 世纪 50 年代) 还很少有少于 100 年的时间间距, 而这一次所学的内容则主要是近一二十年的事情. 时间间距一长就有一个好处: 后人可以更好地整理、消化这些内容, 对于许多问题也就可以了解得更真切. 而如果在上次进数学系时, 想要学习当时正在发展中的数学, 如果没有比较足够的准备, 不曾读过一些很艰深的专著和论文, 就常会有不知所云如坠云雾中的感觉. 但是这一次 "再进数学系" 的感觉就不太相同了, 一方面, 对于自己原来觉得已经懂了, 甚至后来给学生们讲过多次的内容, 现在发现并没有真懂. 还是用前面用的 "真切" 二字比较恰当: 当年学到的东西还是表面的、文字上的更多一些, 而对于当时人们遇到的究竟是什么问题, 其要害何在, 某一位数学家的贡献何在, 甚至为什么说某位数学家伟大, 自己都是糊里糊涂, 所以说是懂得并不 "真切", 而这一次有了比较深刻的感觉. 另一方面, 我必须要学习一些过去不曾读过的甚至没有听到过的课程, 就本书的核心 —— 第 IV 部分: 数学的各个分支 —— 而言, 其中一些篇章我只能说是 "认得其中的字", 对其内容不能置一词. 但是对于多数篇章, 感觉与读一本专著 —— 哪怕是这个分支的名著 —— 比较, 就有一种鸟瞰的感觉了: 它们没有按我们习惯的从最基本的定义与最基本的命题开始, 而是从数学发展在某个时代遇见的某个问题开始 (这本书有篇幅很大的关于历史和数学家传记的部分, 对于理解各个分支的实质很有帮助), 讲述当时的数学家是怎样对待这些问题的, 他们的思想比前人有何创新, 与后世比又有哪些局限. 这些文章还讲这个分支为什么以那些工作为核心, 与其他的工作有什么关系. 这些文章一般都以 "谈话" 的形式呈现在读者面前, 使您感到作者是娓娓道来, 吸引着听众, 这可能是使得此书能吸引人而不令人感到枯燥的原因之一. 不过, 读者对于一本书有什么样的要求, 对它的观感和应该采用的读法是不同的. 如果只是为了扩大眼界, 那是一种读法; 如果是为了听懂同行的讲演讲的是什么东西, 甚至自己也能提出相关的问题, 那就是另一种读法了. 更重要的是, 如果读者认为某一个分支引起了他的兴趣, 因而有了进一步了解它的愿望 —— 这正是原书编者希望达到的目的 —— 那就需要对于书中 (或某一篇章中) 提到的某个问题有进一步的知识. 原书编者多次提到《数学指南》这本书与一些大型数学网站的不同, 但我认为, 为了进一步了解这个问题, 把《数学指南》与一些大型数学网站的相关条目结合起来读不失为有效的办法, 特别是维基百科, 在翻译过程中给了我很大的帮助, 不仅使我能更准确地了解此书某一篇章, 甚至是某一段落的含义, 少犯太离谱的错误, 而且更重要的是当我想要进一步了解一些问题时, 这些网站给了我很大的帮助. 相信对于读者也会是这样, 所以译者有时在脚注中特别介绍了所用到的网站. 不过在脚注中提到一些网站只占实际用到它们的频度的很小一部分.《数学指南》还有一个可能读者没有想到的用处: 近年来, 关于数学的新进展, 特别是一些新的应用, 圈子内外常有一些似是而非的流言, 而且常在大学生中传播, 在多数情况下,《数学指南》会提供比较可靠的说明.

最重要的是要强调一下, 学数学是要下力气的, 而要想真正学到一点东西, 认真地读一些教科书、专著, 特别是名著是不可少的. 译者愿意特别向年轻的读者提醒一下,《数学指南》(或者书的原名 "Companion", 直译就是 "伴侣") 只能给您指一条路, 陪您走上一段, 它不可能让您毫不费力就懂一门数学, 那种不需要费力就能学有所成 (当前特别指能金榜题名), 不只是似是而非的流言, 老实说就是不负责任的谎言.《数学指南》的作用是使我们花的功夫能花在关键处, 起较大的作用.

这一段话对于读者和译者都是适用的. 这本译作, 可以看成是译者 "再进数学系" 的考卷. 这样一本千余页的大作, 其内容又有很大一部分是我所不熟悉, 或者完全不懂的, 翻译的错误在所难免, 还是反映了翻译时下的功夫不够. 如果读者愿意赐教, 就是帮助译者更好地 "上这一次数学系", 所以译者在此预先致以诚挚的谢意.

这本书还有一个篇幅不大的引论部分, 由四篇文章组成. 其中第二和第三两篇分别讲 "数学的语言和语法" 和 "一些基本的数学定义". 第二篇包含了对于逻辑学的简单介绍, 第三篇则分门别类对数学的各个分支 (如代数、几何、分析等) 的基本概念作一些说明. 按编者原来的意图, 如果对于这些材料太过生疏, 读这本书就会很困难. 问题在于即使知道了这些, 是否就能比较顺利地读这本书? 按译者的体验, 大概还是不行的, 因为这两篇文章有点类似于名词解释, 其深度与其他各部分特别是与作为本书主体的第 IV 部分 "数学的各个分支" 反差太大. 依译者之见, 不妨认为这一部分是对于读者的要求的一个大纲. 对这一部分 (或者例如对于其中的分析部分) 有了一个大学本科的水平, 再读本书 (有关分析的各个篇目) 就方便多了 (当然, 如上面说的那样, 许多时候还需要再读一点进一步的书). 这样, 不妨认为原书在这里提出: 为了涉猎现代数学, 读者需要懂得些什么, 或者说, 大学数学专业应该教给学生的是什么? 如果大家不反对这个想法, 则回过头来看一下现在国内的大学数学教学, 就会承认还需要走相当一段路程, 因此建议本书的读者先读一下这两篇文章, 那么下面应该读些什么就清楚了.

　　最后, 关于译文的文字还有几句需要说的话. 我们大家都有一个体会: 同是一件事, 如果多说一句甚至半句话就会清楚多了, 写数学书当然也是一样, 但是这就涉及作者的素养和习惯了. 也许对作者来讲, 话已经讲够了, 而对译者就需要好好揣摩这里少讲的这一句甚至半句话. 这些话译者原来打算就放在一个方括号内, 但是后来这种情况多了, 译者又常把这个方括号略去, 使版面更清楚一些, 而只在加的话比较多的时候加以说明. 这样, 译文与原书就有了一些区别. 此外原书有一些笔误或排版的错误, 译者就改了算了, 但是涉及内容的, 译者都加了说明, 以示文责自负.

　　最后, 再说一次, 请读者赐教并指出翻译的错误, 谨致诚挚的谢意.

齐民友

2013 年国庆日

序

1. 这是一本什么书

罗素 (Bertrand Russell) 在他所写的《数学原理》(*The Principle of Mathematics*)中给出了纯粹数学的以下定义:

> 纯粹数学就是所有形如 "p 蕴含 q" 的命题的集合, 这里 p 和 q 是含有相同的一个或多个变项的命题, 而且除逻辑常项以外不含其他常项. 这些逻辑常项全都可以用下述概念来定义: 蕴含、项对于类的 "为其元素" 的关系、使得的概念[①]、关系的概念, 以及上述形式命题的一般概念中可能包含的其他概念. 除此以外, 数学还使用一个概念, 但它不是其所考虑的命题的成分, 这就是真理的概念.

《普林斯顿数学指南》可以说是罗素的定义所没有包含的一切东西的全讲.

罗素的《数学原理》是 1903 年出版的, 当时有许多数学家全神贯注地研究这门学科的逻辑基础. 现在, 一个多世纪已经过去了, 如罗素所描述的那样, 把数学看作一个形式系统, 这一点现在也不再是一个新思想, 而今天的数学家更关心的是别的事. 特别是在有这么多数学结果问世的这样一个时代, 每个人只可能懂得其中极小的一部分; 只知道哪些符号排列构成语法上正确的数学命题已经不那么有用, 更需要知道的是哪些命题才值得注意.

当然, 不能希望对于哪些命题值得关注这个问题给出完全客观的回答, 不同的数学家对于哪些东西才有意思会有不同意见也是合乎情理的. 所以, 这本书远不如罗素的书那么形式化, 它的许多作者各有不同的观点. 这样, 本书并不试图对于 "是什么使得一个数学命题有意思" 给出准确的答案, 而是只想向读者提供一些很大的具有代表性的例子, 使他们知道数学家们在 21 世纪开始的时候为之拼搏的思想是什么, 并且以尽可能吸引人及能够接受的方式来做这件事.

2. 本书的范围

本书的中心点是现代纯粹数学, 关于这个决定有几句话要说. "现代" 一词如上面所说, 只不过是说本书打算对于现在数学家们在做什么给出一个概念. 举例来

[①] 请参看 I.2 §2.1 "集合" 这一小节第三段中对 "使得" 这一概念的解释. —— 中译本注

说, 一个领域可能在 20 世纪中叶发展比较迅速, 现在达到了一个比较固定的形式, 那么人们对它的讨论比之对现在快速发展中的领域就会少一些. 然而, 数学是有历史的: 要理解一点现代的数学, 通常就需要知道许多早就发现了的观念和结果. 此外, 想要对于今天的数学有一个恰当的展望, 知道一点它何以成了今天的情况就是很必要的了. 所以在本书里讲了大量的历史, 尽管把这些历史包括进来的主要原因是为了说明今天的数学.

"纯粹" 一词就更麻烦一些. 许多人曾经评论过, 在纯粹与应用数学之间并没有清楚的分界线, 而且正如对现代数学要有一个适当的理解, 就需要一点其历史的知识一样. 对纯粹数学要有一个适当的理解, 就需要一点应用数学和理论物理的知识. 说真的, 这些领域曾经为纯粹数学提供了许多基本的观念, 而由之产生了纯粹数学的许多最有趣、最重要、当前又最活跃的分支. 本书对于这些其他分支对纯粹数学的影响肯定不能视而不见, 也不能忽视纯粹数学的实际和心智的应用. 然而, 本书的范围比它应该的那样要更加狭窄一些. 有一个阶段, 打算为本书起一个比较准确的书名, 叫做 "普林斯顿纯粹数学指南", 不采用它的唯一原因是觉得现在的书名更好一些.

类似这本集中于纯粹数学这样一个决定后面还有一个想法, 就是它会为以后再出一本 "指南"——关于应用数学和理论物理的 "指南" 留下余地. 在这样一本书尚未出现以前, Roger Penrose 所写的《通向现实的道路》(*The Road to Reality*)(New York: Knopf, 2005) 一书包含了数学物理学的很广泛的论题, 而且是按照与本书很相近的水平写的, Elsevier 最近也推出了五卷本的《数学物理学百科全书》(*Encyclopedia of Mathematical Physics*)(Amsterdam: Elsevier, 2006).

3. 这不是一部百科全书

"指南" 这个词很值得注意. 虽然本书肯定是打算写成一本有用的参考书, 您可不能对它期望过高. 如果您想找出一个特定的数学概念, 就不一定能在这里找得到, 哪怕它是一个重要的概念, 虽然说, 如果它越重要, 就越有可能被收入本书. 在这一方面, 这本书倒有点像是真有一个人对读者在作 "指南": 这个人在知识上有漏洞, 对于某些主题在看法上又不一定与众人相同. 虽然声明了这一点, 我们至少还是力求某种平衡: 许多主题并未包括在书中, 但是已经收入的范围还是很广泛的 (比起您对真有其人作 "指南" 所能合理希望的要广泛得多). 为了达到这种平衡, 我们在某种程度上是以一些 "客观的" 指标为导引的, 例如美国数学会的数学主题的分类, 或者四年一届的国际数学家大会上对数学分类的方法. 大的领域如数论、代数、分析、几何学、组合学、逻辑、概率论、理论计算机科学和数学物理, 本书都是有的, 但是它们的各个子分支就不一定都有了. 关于选择哪一些主题收入本书, 每一个主题要写多长, 不可避免地并非某个编辑的规定所能决定的, 而是取决于某些高度偶然的因素, 例如谁愿意写, 在同意写以后是谁实际交了稿, 交来的稿子是否符合规定的字数等等. 结果, 有些领域反映得不如我们所希望的那么充分. 终于到了这样一个关节点: 印行一部不甚完备的书, 比之为了达到完美的平衡而再等上几年还要好些. 我们希望有朝一日《普林斯顿数学指南》(以下简称《数学指南》) 还会有新版, 那时就可以弥补本版可能有的缺陷了.

另外一个方面, 本书也不同于一部百科全书, 即本书是按主题排列, 而不是按字母顺序排列的. 这样做的好处是, 虽然各个条目可以分开来阅读, 却也可以看作是一个和谐的整体的一部分. 说真的, 这本书的结构是这样的, 如果从头到尾地读, 虽然会花费太多时间, 却也不是好笑的事情.

4. 本书的结构

说本书是 "按主题排列的", 这是什么意思? 回答是: 本书分成了八个部分, 各有其总的主题和不同的目的. 第 I 部分是引论性质的材料, 对数学给出一个总的鸟瞰, 并且为了帮助数学背景较浅的读者, 解释了这个学科的一些基本的概念. 一个粗略的来自经验的规则是: 如果一个主题属于所有数学家必备的背景, 而不是特定领域的数学家之所需, 就把它纳入第 I 部分. 举两个明显的例子: 群[I.3§2.1] 和向量空间[I.3 §2.3] 就属于这个范畴.

第 II 部分是一组历史性质的论文, 目的是解释现代数学的极具特色的风格是怎样来的. 广泛地说, 就是解释现代的数学家在其学科中的思维方式与 200 年前 (或者更早) 的数学家的思维方式有哪些主要的区别. 有一点区别在于, 对于什么算是证明, 现代有了大家都能接受的标准. 与此密切相关的是这样一件事实, 即数学分析 (微积分及其后来的扩张和发展) 已经被放置在严格的基础上了. 其他值得注意的特点还有数的概念的扩张、代数的抽象性, 另外, 绝大多数现代几何学家研究的是非欧几何, 而不是更加熟悉的三角形、圆、平行线之类.

第 III 部分由一些较短的条目组成, 每一条讨论一个在第 I 部分中未曾出现的重要的数学概念. 目的是: 如果有一个您不知道但又时常听人说起的概念, 本书这一部分就是一个查找的好地方. 如果另一位数学家, 比方说一位讲演的人, 假定您熟悉一个定义 —— 例如辛流形[III.88], 或者不可压缩流欧拉方程[III.23], 或者索伯列夫空间[III.29 §2.4], 或者理想类群[IV.1 §7]—— 要承认自己不懂又感到没面子, 现在您就有了一个脱身的办法: 在《数学指南》里面查一查这个定义.

第 III 部分的文章如果只是给出一些形式定义, 那就没有什么用处: 要想懂得一个概念, 人们总会希望知道它直观地是什么意思, 它为什么重要, 而第一次引入它是为的什么. 特别是如果它是一个相当广泛的概念, 人们就会想知道一些好的例

子 —— 既不太简单, 又不太复杂. 事实上, 很可能提出并且讨论一个选择得很好的例子, 正是这篇文章需要做的事情, 因为一个好例子比一个一般定义好懂得多, 而一个比较有经验的读者能够从抽取这个例子里面重要的性质来写出一般定义.

　　第 III 部分的另一个作用是为本书的心脏部分 (即第 IV 部分) 提供支持. 第 IV 部分是关于数学的不同领域的 26 篇文章, 它们比第 III 部分的文章要长得多. 第 IV 部分的每一篇典型的文章都是为解释它所讨论的领域的某些中心思想和重要结果, 而且要做得尽可能不太形式化, 又得服从一个限制, 就是不能太模糊, 以至不能提供信息. 对于这些文章, 原来的希望是写成 "床头读物", 就是既清楚又很初等, 不必时而停下来思考就能读懂它们. 所以在选择作者的时候, 有两个同等重要的优先条件: 专业水平和讲解的本事. 但是, 数学不是一门容易的学科, 所以到了最后, 我们只好把原来定的完全可接受性看成是一个要为之努力的理想, 尽管在每一篇文章的最小的小节里未能完全达到. 但是, 哪怕这篇文章很难读, 它的讨论比起典型的教科书来也会更清楚, 更少形式化, 这一点时常做得相当成功. 和第 III 部分一样, 好几位作者是通过观察有启发性的例子来做到这一点的, 例子后面有的接着讲更一般的理论, 有的则让例子本身说话.

　　第 IV 部分有许多文章包含了对于数学概念出色的描述, 这些概念本来应该放到第 III 部分用专文讲解的. 我们本想完全避免重复, 而在第 III 部分里交叉引用这些描述. 但是, 这会让读者不高兴, 所以采用了下面的两全之策: 如果一个概念已经在别处充分地解释了, 而第 III 部分又没有设专文, 就做一个简短的描述再加上交叉引述. 这样一来, 如果您想很快地看一看一个概念, 就可以只看第 III 部分, 如果需要更多细节, 就得跟着引文看本书的其他部分了.

　　第 V 部分是第 III 部分的补充, 它也是由重要数学主题的短文组成的, 但是现在这些主题是数学中的一些定理和未解决的问题, 而不是基本对象和研究工具. 和全书一样, 第 V 部分里条目的选择必定远非全面, 而是在心目中有一些准则. 最显然的一个准则是它们在数学中的重要性, 但是有些条目的选择是因为可以用一种使人愉快的又容易接受的方式来讨论它们, 还有一些是因为它们有不平常的特殊之处 (四色定理[V.12] 是一个例子, 虽然说按照别的准则, 也可能会选入这一条), 有一些条目是因为第 IV 部分的密切相关条目的作者觉得有一些定理应该单独讨论, 还有一些是因为有几篇文章的作者需要它作为背景知识. 和在第 III 部分一样, 第 V 部分有一些条目不是完整的文章, 而是简短的说明加上交叉引用.

　　第 VI 部分是另一个历史部分, 是关于著名数学家的. 它由一些短文组成, 每一篇的目的是给出一些很基本的传记资料 (例如国籍和生卒年月), 并且说明这位入选的数学家何以是著名的数学家. 一开始, 我们计划把在世的数学家也包括在内, 但最后我们得出了一个结论, 对于今天仍然在工作的数学家, 几乎不可能做一个令人满意的选择, 所以我们决定限于已经去世而且主要是由于 1950 年以前的工作而著称的数学家. 比较晚近的数学家因为在另外的条目里也会提到, 当然也就进入本书了. 对他们没有专门列条目, 但是在索引里看一看, 就会对他们的成就有个印象了.

在主要关于纯粹数学的六个部分以后, 第 Ⅶ 部分最终展示了数学从外界得到的实用上和心智上的推动. 这部分里面是一些较长的文章, 有一些是由具有跨学科兴趣的数学家写的, 有些则是由使用了很多数学的其他学科专家写的.

本书的最后一部分包含了对于数学的本性和数学生活的一般的反思. 这一部分里的文章, 比前面较长的文章, 总体上说要好读一些, 所以尽管第Ⅷ部分是本书的结尾, 有些读者也可能从它们开始来读本书.

各部分里面文章的次序, 在第Ⅲ部分和第 V 部分是按字母顺序排列的, 而第Ⅵ部分则按年代排列. 按生卒年月来安排数学家传记, 这个决定是经过了仔细考虑的. 这样做有几个理由: 它会鼓励读者从头到尾地读, 而不是选择单篇地读, 以获得对于这门学科的历史感; 它会使得读者对于哪些数学家是同时代人或者近乎同时代人, 要清楚得多. 如果读者费一点心, 在考察一位数学家的时候, 猜想一下他 (或者她) 的出生年月和其他数学家的出生年月相对关系如何, 就会得到一点虽然很小但又很有价值的知识.

在其他部分内部, 做了一些努力来按照主题排列这些文章. 特别是在第Ⅳ部分里, 希望次序的排列符合两个基本原则: 首先, 关系密切相关的分支的文章要尽量靠近; 其次, 如果在读文 B 之前先读文 A 有明显的意义, 那么在本书里就把文 A 放在文 B 前面. 这件事说起来容易做起来难, 因为有些分支很难分类, 举一个例子, 算术几何是算代数、几何还是算数论呢? 分在这三类都有道理, 决定采用其一总是有点造作. 所以第Ⅳ部分里的次序并不是分类的一种格式, 而只是我们能够想到的最佳的线性次序.

至于各个部分次序的排列, 则目的在于使之成为从数学观点看来最自然的次序, 并且给本书一种方向的感觉. 第Ⅰ, Ⅱ 两部分显然是导引性质的. 第Ⅲ部分放在第Ⅳ部分前面, 是因为想要了解一个领域, 就总要先和新定义格斗一番. 但是第Ⅳ部分放在第 V 部分前面, 则是因为为了领会一个定理, 先知道它在一个领域里面的位置如何, 这是一个好主意. 第Ⅵ部分放在第Ⅲ部分到第 V 部分后面, 是因为知道一点数学以后, 才能更好地领会一位著名数学家的贡献. 第Ⅶ部分接近书末, 也是由于类似的理由: 要理解数学的影响, 先得理解数学. 第Ⅷ部分的反思带有结束语的意思, 是离开这本书的适当的时候.

5. 交 叉 引 用

从一开始,《数学指南》这本书就计划要有大量的交叉引用 (即在书内引用本书内另外地方). 在这篇序里面就已经有了一两次交叉引用了, 而这种情况我们用楷体来表示. 例如引用辛流形[III.88], 就表示辛流形将在第III部分的第 88 个条目里讨论, 而引用理想类群[IV.1 §7], 则把读者带到第IV部分的第一个条目的 §7(总之, 交叉引用的数字首先是一个罗马数字, 表示哪一部分, 紧接着的一个阿拉伯数字则表示哪一个条目, 而文字就是这个条目的标题, 或条目内的相关内容. 每一条目分成若干节, 引用时就需要标明节号, 例如 [IV.1 §7] 就表示进入这一条目后的第 7 节, 节下面有小节 (subsection) 和小小节 (subsubsection), 这就用逗号表示. 标题中的文字就是这一节或小节的标题或其中的内容. 在正文中, 条目的标题放在双线里面 (中译本没有双线), 而节与小节的标题则放在正文内节或小节的起始处, 记号 § 则不再出现. 在小小节以下有时还有 "小小小节"(subsubsubsection), 所以还会出现 §3.1.2 这样的记号).

我们尽了最大努力来编写一本读起来很愉快的书, 而交叉引用的目的也是希望有助于使读者愉快. 说来也怪, 因为在读书时要中途打断, 花上几秒钟去查阅书中其他地方, 本来会使人感到麻烦. 然而, 我们也试图使得每一篇文章读起来可以不必查找他处. 这样, 如果您不想追随这种交叉引用, 那么通常也可以不这么做. 重要的例外在于对各位作者, 曾经允许他们假设读者对于第 I 部分里讨论的概念有一些知识. 如果您全然没读过大学水平的数学课程, 我们建议您全文读一下第 I 部分, 这会大为减少读以下的条目时再到他处搜寻的必要.

有时一个概念是在一个条目里介绍的, 而又在同一条目里解释. 在数学文章里这时通用的规约是在定义这个词时, 用斜体来印这个词. 我们也想遵从这个规约, 但是在如本书条目这种非正式的文章里, 要想说清楚何时算是在定义一个新的或不熟悉的名词, 并不总是很清楚 (再说, 中译本里, 楷体还有其他用处), 所以本书采用了一个粗略的规定: 凡是第一次见到一个词, 而且紧接着就对它进行解释, 这时就用黑体排印这个词. 对一些以后并未作解释的词, 有时我们也使用了黑体[*], 表示为了懂得下面的条目, 并不需要懂得这个词. 在更极端的情况下, 则使用双引号来代替黑体.

许多条目结尾处都有一个 "进一步阅读的文献" 的一节, 它们其实是对于进一步阅读的建议, 不要把它们看作是通常的综述文章后面所列的那种完整的参考文献. 与此相关的还有以下的事实:《数学指南》主要关心的不在于对发现所讨论主题的数学家记述其功绩, 也不在于引述这些发现出处的文章. 对于这些原始根源有兴趣的读者, 在建议进一步阅读的书或文章里面或在因特网上可以找到这些资料.

---

[*] 在翻译此书时, 我们有时也遵照其他数学文献的习惯, 把重要的概念、名词等用黑体排印. —— 中译本注

6. 本书是针对谁编写的

原来的计划是要求《数学指南》的全书对于任何具有良好的高中数学背景 (包括微积分) 的读者都是能接受的. 然而, 很快就变得很明显, 这是一个不可能实现的目标: 有一些数学分支, 对于至少知道一点大学水平数学的人来说就非常容易, 而企图向水平更低的人们来解释, 就没有什么道理了. 另一方面, 这个学科也有一些部分, 肯定能够对于没有这个额外经验的读者解释清楚. 所以, 我们最后放弃了这本书应该有一个统一的难度水平的想法.

然而, 可接受性仍然是我们最优先的考虑. 在全书里, 我们都力求在实际上可以做到在最低水平上来讨论数学思想. 特别是编者们用了很大的力气, 避免任何自己不懂的材料进入本书, 而这一点成了一个很严重的限制. 有些读者会觉得一些条目太难, 而另一些读者又会觉得另一些条目太容易, 但是我们希望所有具有高中以上水平的读者都能享受本书的很实在的一大部分.

不同层次的读者都能够从《数学指南》中得到些什么? 如果您已经着手在读一门大学数学课程, 就会觉得这门课程给您提出了许多困难而又不熟悉的材料, 而您对于它们何以重要, 又引向何方, 则不甚了然. 这时, 使用《数学指南》就可以为您提供关于这个主题的一些展望 (举一个例子, 知道什么是环的人的数目, 比能够说明为什么要关注环的人的数目要多得多, 本书的条目环, 理想与模 [III.81]和代数[IV.1] 就会告诉您关注环的理由是什么).

如果您读完了大学数学课程, 就可能会对做数学研究有了兴趣. 研究工作究竟是怎么回事? 大学本科课程, 在典型情况下, 极少能让您了解. 那么, 您怎么才能决定数学的哪一个领域在研究工作水平上确会使您有兴趣? 这件事并不容易, 但是您做的决定会产生极大区别: 要么您会幡然醒悟不搞数学了, 而博士学位也不要了, 要么您会继续在数学里走向成功的生涯. 这本书, 特别是第IV部分, 会告诉您, 不同类型的在研究工作水平上的数学家想的是什么, 从而可以帮助您在更加知情的基础上做出决定.

如果您已经是一个站住脚的数学家, 这本书对于您的主要用处可能是: 它将帮助您更好地理解您的同事们其实在做什么事情. 绝大多数非数学家, 当他们知道数学已经变得多么异乎寻常的专业化时, 都会非常吃惊. 近年来, 一个很好的数学家可能对于另一位数学家的论文完全看不懂, 哪怕二者的领域相当接近, 这并不是很罕见的事, 但这不是健康的状况. 做任何一件改善数学家之间的交流的事情都是一个好主意. 本书的编者们通过仔细阅读这些条目受益匪浅, 我们希望许多其他人也能获得同样的机会.

7. 本书提供了哪些因特网未能提供的东西

《数学指南》的特性在某些方面类似于那些大型的数学网站, 如维基百科的数学部分, 还有 Eric Weinstein 的 "Mathworld" (http://mathworld.wolfram.com/). 特别是交叉引用有一点超链接的味儿. 那么, 写这本书还有什么必要呢?

在目前, 答案是还有必要. 如果您曾经试过在因特网上查找一个数学概念, 就会知道这是一件碰运气的事. 有时候您会找到一个好的解释, 给出您正在寻找的信息. 但是, 时常则并不如此. 上面提到的那些网址肯定是有用的, 对于本书没有涵盖的材料, 我们也向您推荐在这些网址里去查找. 但是这些网上的文章与我们这里的条目, 写作的风格大不相同: 网上的文章比较枯燥, 更加注重以更简洁的方法来给出基本事实, 而不是注重对这些事实的反思. 在网上也找不到如本书第 I, II, IV, VII和第VIII部分里面的那些长文章.

有人觉得把大量材料集中成书本的形式是有好处的. 但是, 我们在上面已经提到了, 本书并不是孤立的条目的简单汇集, 而是仔细排列了次序, 这样编纂出来的所有的书, 都必定有线条形的构造, 而这是网页所没有的. 一本书的物理性质又使得翻阅一本书和在网上漫游是完全不同的体验: 读过了一本书的目录, 对于全书就能找到一点感觉; 而对于一个大的网站, 您只能对正在读的那一页有点感觉. 并不是每个人都同意这一点, 或者觉得这是书本形式的一个很值得注意的优点, 但是许多人无疑会觉得如此, 而本书就是为这些人编写的. 所以在目前《普林斯顿数学指南》还没有网上的对手, 本书不是想与现有的网站竞争, 而是想作为一个补充.

8. 本书的创意和团队 [①]

编《普林斯顿数学指南》这样一本书的主意是 David Ireland 在 2002 年提出来的, 那时他在普林斯顿大学出版社的牛津办事处工作. 这本书的最重要的特点 —— 它的书名, 它如何由那些部分组成, 以及有一部分应该是关于数学的主要分支的条目 —— 这些都来自原来的想法. 他来到剑桥看望我, 讨论他的建议, 而到了 "图穷匕见" 的时刻 (我知道会有这么一刻), 他要求我来编辑此书时, 我基本上是当场就接受了.

是什么促使我做出这个决定? 部分地是由于他告诉我, 并不希望我自己来做所有的事: 不仅会有其他编者, 还会有相当的技术与行政的支持. 但是一个更基本的

---

① 原文标题是 "How the companion came into being", 其内容是此书是怎样来策划, 以及主编团队的组成, 而未涉及具体的编辑工作. 中译本改成现在的标题是为了与下一节相区别. —— 中译本注

理由是, 写这本书的主意很像我自己做研究生时闲散时刻里有过的一个想法, 那时我想, 要是有什么地方能够找到一本写得很好的文集, 把数学不同领域里的大的研究主题都展示出来, 这该有多好. 这样, 一个小小的幻想就诞生了, 而突然之间我就有机会把它变成现实了.

我们从一开始就觉得, 这本书要包含相当多的历史思考, David Ireland 在我们见面以后很快就问 June Barrow-Green 是否准备担任另外一位编辑, 特别负责历史部分. 我们非常高兴, 她接受了, 而因为她的相当广泛的接触圈子, 我们或多或少地能够和全世界的数学史家有了来往.

然后又见了好几次面, 讨论书的内容, 结果就是向普林斯顿大学出版社提出正式建议. 出版社把这个建议发给一个专家顾问小组, 而虽然有几位专家指出了一个一定会提的问题, 就是这个计划大得惊人. 所有的人都对它很有热情. 下一阶段当我们开始寻找撰稿人的时候, 我们遇到的热情也很明显. 很多人对我们倍加鼓励, 说是很高兴这样一本书正在筹划之中, 也肯定了我们已经想到的事, 即市场上确实存在空缺. 在这个阶段, 我们很得益于《牛津音乐指南》的编者 Alison Latham 的建议与经验.

2003 年中, David Ireland 离开了普林斯顿大学出版社, 也带走了这几个计划. 这是一个大的打击, 我们惋惜没有了他对于这本书的远见与热情, 我们希望最终编出来的书仍然类似于他原来之所想. 然而, 大约在同时又有了正面的发展, 普林斯顿大学出版社雇佣了一家小公司: T&T Production Ltd, 它的责任是把撰稿人送来的文档编成一本书, 还要做许多大量的日常工作, 例如寄出合同, 提醒撰稿人交稿日期快到了, 接收文档, 对于已经做好的事情做记录等等, 绝大部分这类工作都是 Sam Clark 做的, 他在这方面的工作特别出色, 而且能奇迹般地保持好脾气. 此外在不需要许多数学知识的地方, 他还做了许多编辑工作 (尽管作为一位前化学家, 他比绝大多数人还是多懂得一点数学). 由于有 Sam 的帮助, 我们不仅有了一本细心编辑的书, 而且书的设计也很漂亮. 要是没有他, 我还真不知道这本书怎么能编撰出来.

我们继续举办正规的聚会, 更详细地计划这本书, 讨论其进展. 这些聚会都是由 Richard Baggaley 很能干地组织和主持的, Richard Baggaley 也是普林斯顿大学出版社牛津办事处的. 他一直这样做到 2004 年夏天由普林斯顿大学出版社的新的文献编辑 (reference editor)Anne Savarese 接手为止. Richard 和 Anne 都起了很大的作用, 而当我们忘记书的某些部分没有按计划进行时, 他们就会提醒我们那些难办的问题, 让我们按照出版业所要求的水平去做, 而至少我对于这种水平还不能自然适应.

到 2004 年初, 我们天真地以为已经到了编辑工作的后期, 而现在我才懂得, 其实还只是接近开始, 哪怕有 June 的帮助, 我们认识到需要我做的事情还多得很. 这时，我突然想起了一个人可以做理想的副主编，他就是 Imre Leader，我知道，他懂得这本书想要达到什么，以及怎样去达到. 他同意了，很快就成了编辑团队不可少的一员，他还委托别人并且自己也编写了好几个条目.

到了 2007 年下半年，我们确实是到了后期. 这时可以看得很清楚，如果再有外加的编辑方面的帮助，就可以使得结束这项我们已经拖过了日期的细致的工作，把书真正写完，变得容易得多. Jordan Ellenberg 和陶哲轩 (Terence Tao) 同意来帮助，他们的贡献是无价的. 他们编辑了一些条目，自己写了另一些，还帮助我写了几条在我专业领域之外的主题的短条目，而且因为知道有他们在，就不会发生大的错误，所以我在知识上就放心了 (如果没有他们的帮助，我可能要犯几个错误，但是对于仍然漏网的错误，我要负全责). 编者们写的条目都没有署名，但是在撰稿人名录下方有一个注，说明那些条目是哪位编者写的.

9. 编 辑 过 程

要找到这样的数学家，既有耐心又能理解对方，能这样来向非专家和其他领域的同事来解释他们在做什么，这并不是一件容易事. 数学家时常会假设对方知道什么事，而其实他们并不知道，要承认自己完全听糊涂了，也使人难堪. 然而本书的编者曾经努力把这种听不懂的负担自己担起来. 本书的一个重要特点在于它的编辑过程是一个非常主动的过程：我们没有简单地把条目委托出去，然后收到什么就算什么. 有些稿子被完全抛开了，而新条目按照编者的评论重新写过. 另一些需要做本质的改动，有时是撰稿人来改，有时则是编者来改. 少数条目只做了很无谓的改动就接受了，但这只是极小的一部分.

撰稿人对于这样的处理表现出忍耐，甚至谢意，这对于编者一直是很受欢迎的惊喜，而且帮助编者在编辑本书的好多年里，能够坚持他们的原则. 我们想回过头来向撰稿人表达我们的谢意，也希望他们同意认为这个过程还是值得的. 对于我们，对于条目付出了这么大量的工作，而没有实实在在的回报是不可想象的. 这里不是我自己来吹嘘，在作者自认为结果是如何成功的地方，但是在可接受性方面还需要做的改动之多，这种干预性的编辑工作在数学上又是如此罕见，我无法看出，这本书怎么会不是在好的方向上非同寻常.

要想看一看每件事花了多么长时间，看到撰稿人的水平，一个标志就是有那么多撰稿人，自从接受约稿以来，得到了很大的奖赏和荣誉. 至少有三位撰稿人在写作时喜得贵子. 令人悲痛的是，有两位撰稿人：Benjamin Yandel 和 Graham Allan，未能在他们有生之年亲眼看见自己的文章成书，但是我们希望这本书，虽然微小，却是对他们的纪念.

10. 致　谢

　　编辑过程的最初阶段当然是计划本书和找寻作者. 如果不是以下各位的帮助与建议, 这是不可能完成的. 他们是: Donald Albers, Michael Atiyah, Jordan Ellenberg, Tony Gardiner, Sergiu Klainerman, Barry Mazur, Curt McMullen, Robert O'Malley, 陶哲轩 (Terence Tao), 还有 Ave Wigderson , 他们都给出了建议, 这些建议对于本书的成形, 在某个方面有着良好的效果. June Barrow-Green 在她的工作中得到了 Jeremy Gray 和 Reinhard Siegmund-Schultze 的极大帮助. 在最后几个星期里, 承 Vicky Neale 善意担负了部分清样的校阅, 她在这方面的能力真令人吃惊, 找出了那么多个我们自己绝看不出来的错误, 我们当然很愉快地改正了. 有许多数学家和数学史家耐心地回答了编者们的问题, 这个名单很长, 我们再次向他们深致谢意.

　　我要感谢许多人对我的鼓励, 包括本书所有的撰稿人和我身边的家人, 特别是我的父亲: Patrick Gowers, 这些鼓励使我能一往直前, 哪怕这个任务如同大山一样. 我还要感谢 Julie Barrau, 她的帮助虽不那么直接, 却也同样不可少. 在编书的最后几个月里, 她负担了远远超出她的份额的家务. 由于 2007 年 11 月儿子的出生, 这大大改变了我的生活, 正如她已经改变了我的生活一样.

撰 稿 人

谱 [Ⅲ.86]	**Graham Allan**, late Reader in Mathematics, University of Cambridge
极值与概率组合学 [Ⅳ.19]	**Noga Alon**, Baumritter Professor of Mathematics and Computer Science, Tel Aviv University
拉玛努金 [Ⅵ.82]	**George Andrews**, Evan Pugh Professor in the Department of Mathematics, The Pennsylvania State University
数学分析的严格性的发展 [Ⅱ.5] 厄尔米特 [Ⅵ.47]	**Tom Archibald**, Professor, Department of Mathematics, Simon Fraser University
霍奇 [Ⅵ.90] 对青年数学家的建议 [Ⅷ.6]	**Sir Michael Atiyah**, Honorary Professor, School of Mathematics, University of Edinburgh
布尔巴基 [Ⅵ.96]	**David Aubin**, Assistant Professor, institut de Mathématiques de Jussieu
集合理论 [Ⅳ.22]	**Joan Bagaria**, ICREA Research Professor, University of Barcelona
欧几里得算法和连分数 [Ⅲ.22] 优化与拉格朗日乘子 [Ⅲ.64] 高维几何学及其概率类比 [Ⅳ.26]	**Keith Ball**, Astor Professor of Mathematics, University College London
黎曼曲面 [Ⅲ.79]	**Alan F. Beardon**, Professor of Complex Analysis, University of Cambridge
模空间 [Ⅳ.8]	**David D. Ben-Zvl**, Associate Professor of Mathematics, University of Texas, Austin
遍历定理 [Ⅴ.9]	**Vitaly Bergelson**, Professor of Mathematics, The Ohio State University
科尔莫戈罗夫 [Ⅵ.88]	**Nicolas Bingham**, Professor, Mathematics Department, Imperial College London
哈代 [Ⅵ.73] 李特尔伍德 [Ⅵ.79] 对青年数学家的建议 [Ⅷ.6]	**Béla Bollobás**, Professor of Mathematics, University of Cambridge and University of Memphis
笛卡儿 [Ⅵ.11]	**Henk Bos**, Honorary Professor, Department of Science Studies, Aarhus University, Professor Emeritus, Department of Mathematics, Utrecht University
动力学 [Ⅳ.14]	**Bodil Branner**, Emeritus Professor, Department of Mathematics, Technical University of Denmark
几何和组合群论 [Ⅳ.10]	**Martin R. Bridson**, Whitehead Professor of Pure Mathematics, University of Oxford

数学的分析与哲学的分析 [VII.12]	**John P. Burgess**, Professor of Philosophy, Princeton University
L 函数 [III.47], 模形式 [III.59]	**Kevin Buzzard**, Professor of Pure Mathematics, Imperial College London
设计 [III.14], 哥德尔定理 [V.15]	**Peter J. Cameron**, Professor of Mathematics, Queen Mary, University of London
算法 [II.4]	**Jean-Luc Chabert**, Professor, Laboratoire Amiénois de Mathématique Fondamentale et Appliquée, Universite de Picardie
范畴 [III.8]	**Eugenia Cheng**, Lecturer, Department of Pure Mathematics, University of Sheffield
数学与密码 [VII.7]	**Clifford Cocks**, Chief Mathematician, Government Communications Headquarters, Cheltenham
对青年数学家的建议 [VIII.6]	**Alain Connes**, Professor, Collège de France, IHES, and Vanderbilt University
证明的概念的发展 [II.6]	**Leo Corry**, Director, The Cohn Institute for History and Philosophy of Science and Ideas, Tel Aviv University
冯·诺依曼 [VI.91]	**Wolfgang Coy**, Professor of Computer Science, Humboldt-Universitdt zu Berlin
凯莱 [VI.46]	**Tony Crilly**, Emeritus Reader in Mathematical Sciences, Department of Economics and Statistics, Middlesex University
毕达哥拉斯 [VI.1], 欧几里得[VI.2], 阿基米德 [VI.3], 阿波罗尼乌斯 [VI.4]	**Serafina Cuomo**, Lecturer in Roman History, School of History Classics and Archaeology, Birkbeck College
广义相对论和爱因斯坦方程 [VI.13]	**Mihalis Dafermos**, Reader in Mathematical Physics, University of Cambridge
数学和经济的推理 [VII.8]	**Partha Dasgupta**, Frank Ramsey Professor of Economics, University of Cambridge
小波及其应用 [VII.3]	**Ingrid Daubechies**, Professor of Mathematics, Princeton University
康托 [VI.54], 鲁宾逊 [VI.95]	**Joseph W. Dauben**, Distinguished Professor, Herbert H. Lehman College and City University of New York
哥德尔 [VI.92]	**John W. Dawson Jr.**, Professor of Mathematics, Emeritus, The Pennsylvania State University
达朗贝尔 [VI.20]	**Francois de Gandt**, Professeur d'Histoire des Sciences et de Philosophie, University Charles de Gaulle, Lille
数理统计学 [VII.10]	**Persi Diaconis**, Mary V. Sunseri Professor of Statistics and Mathematics, Stanford University
椭圆曲线 [III.21], 概型 [III.82], 算术几何 [IV.5]	**Jordan S. Ellenberg**, Associate Professor of Mathematics, University of Wisconsin

变分法 [III.94]	**Lawrence C. Evans**, Professor of Mathematics, University of California, Berkeley
数学与艺术 [VII.14]	**Florence Fasanelli**, Program Director, American Association for the Advancement of Science
塔尔斯基 [VI.87]	**Anita Burdman Feferman**, Independent Scholar and Writer, Solomon Feferman, Patrick Suppes Family Professor of Humanities and Sciences and Emeritus Professor of Mathematics and Philosophy, Department of Mathematics, Stanford University
欧拉方程和纳维-斯托克斯方程[III.23], 卡尔松定理 [V.5]	**Charles Fefferman**, Professor of Mathematics, Princeton University
阿廷 [VI.86]	**Della Fenster**, Professor, Della Fenster, Professor, Department of Mathematics and Computer Science, University of Richmond, Virginia
数学基础中的危机 [II.7], 戴德金 [VI.50], 佩亚诺 [VI.62]	**José Ferreirós**, Professor of Logic and Philosophy of Science, University of Seville
Mostow 强刚性定理 [V.23]	**David Fisher**, Associate Professor of Mathematics, Indiana University, Bloomington
顶点算子代数 [IV.17]	**Terry Gannon**, Professor, Department of Mathematical Sciences, University of Alberta
解题的艺术 [VIII.1]	**A. Gardiner**, Reader in Mathematics and Mathematics Education, University of Birmingham
拉普拉斯 [VI.23]	**Charles C. Gillispie**, Dayton-Stockton Professor of History of Science, Emeritus, Princeton University
计算复杂性 [IV.20]	**Oded Goldreich**, Professor of Computer Science, Weizmann Institute of Science, Israel
费马 [VI.12]	**Catherine Goldstein**, Directeur de Recherche, Institut de Mathématiques de Jussieu, CNRS, Paris
从数到数系 [II.1], 数论中的局部与整体 [III.51]	**Fernando Q. Gouvêa**, Carter Professor of Mathematics, Colby College, Waterville, Maine
解析数论 [IV.2]	**Andrew Granville**, Professor, Department of Mathematics and Statistics, Université de Montreal
勒让德 [VI.24], 傅里叶 [VI.25], 泊松 [VI.27], 柯西 [VI.29], 罗素 [VI.71], 里斯 [VI.74]	**Ivor Grattan-Guinness**, Emeritus Professor of the History of Mathematics and Logic, Middlesex University
几何学 [II.2], 富克斯群 [III.28], 高斯 [VI.26], 莫比乌斯 [VI.30], 罗巴切夫斯基 [VI.31], 波尔约[VI.34], 黎曼 [VI.49], 克利福德 [VI.55], 嘉当 [VI.69], 斯科伦 [VI.81]	**Jeremy Gray**, Professor of History of Mathematics, The Open University

Gamma 函数 [Ⅲ.31], 无理数和超越数 [Ⅲ.41], 模算术 [Ⅲ.58], 数域 [Ⅲ.63], 二次型 [Ⅲ.73], 拓扑空间 [Ⅲ.90], 三角函数 [Ⅲ.92]	**Ben Green**, Herchel Smith Professor of Pure Mathematics, University of Cambridge
表示理论 [Ⅳ.9]	**Ian Grojnowski**, Professor of Pure Mathematics, University of Cambridge
牛顿 [Ⅵ.14]	**Niccolò Guicciardini**, Associate Professor of History of Science, University of Bergamo
您会问 "数学是为了什么" [Ⅷ.2]	**Michael Harris**, Professor of Mathematics, Université Paris 7-Denis Diderot
狄利克雷 [Ⅵ.36]	**Ulf Hashagen**, Doctor, Munich Center for the History of Science and Technology, Deutsches Museum, Munich
算子代数 [Ⅳ.15], 阿蒂亚–辛格指标定理 [V.2]	**Nigel Higson**, Professor of Mathematics, The Pennsylvania State University
图灵 [Ⅵ.94]	**Andrew Hodges**, Tutorial Fellow in Mathematics, Wadham College, University of Oxford
辫群 [Ⅲ.4]	**F. E. A. Johnson**, Professor of Mathematics, University College London
货币的数学 [Ⅶ.9]	**Mark Joshi**, Associate Professor, Centre for Actuarial Studies, University of Melbourne
从二次互反性到类域理论 [V.28]	**Kiran S. Kedlaya**, Associate Professor of Mathematics, Massachusetts Institute of Technology
网络中的流通的数学 [Ⅶ.4]	**Frank Kelly**, Professor of the Mathematics of Systems and Master of Christ's College, University of Cambridge
偏微分方程 [Ⅳ.12]	**Sergiu Klainerman**, Professor of Mathematics, Princeton University
算法设计的数学 [Ⅶ.5]	**Jon Kleinberg**, Professor of Computer Science, Cornell University
魏尔斯特拉斯 [Ⅵ.44]	**Israel Kleiner**, Professor Emeritus, Department of Mathematics and Statistics, York University
数学与化学 [Ⅶ.1]	**Jacek Klinowski**, Professor of Chemical Physics, University of Cambridge
莱布尼兹 [Ⅵ.15]	**Eberhard Knobloch**, Professor, Institute for Philosophy, History of Science and Technology, Technical University of Berlin
代数几何 [Ⅳ.4]	**János Kollar**, Professor of Mathematics, Princeton University
特殊函数 [Ⅲ.85], 变换 [Ⅲ.91], 巴拿赫–塔尔斯基悖论 [V.3], 数学的无处不在 [Ⅷ.3]	**T. W. Körner**, Professor of Fourier Analysis, University of Cambridge

极值与概率组合学 [IV.19]	**Michael Krivelevich**, Professor of Mathematics, Tel Aviv University
柯朗 [VI.83]	**Peter D. Lax**, Professor, Courant Institute of Mathematical Sciences, New York University
随机过程 [IV.24]	**Jean-François Le Gall**, Professor of Mathematics, University Paris-Sud, Orsay
纽结多项式 [III.44]	**W. B. R. Lickorish**, Emeritus Professor of Geometric Topology, University of Cambridge
置换群 [III.68], 有限单群的分类[V.7], 五次方程的不可解性 [V.21]	**Martin W. Liebeck**, Professor of Pure Mathematics, Imperial College London
刘维尔 [VI.39]	**Jesper Lutzen**, Professor, Department of Mathematical Sciences, University of Copenhagen
布尔 [VI.43]	**Des MacHale**, Associate Professor of Mathematics, University College Cork
数学与化学 [VII.1]	**Alan L. Mackay**, Professor Emeritus, School of Crystallography, Birkbeck College
量子群 [III.75]	**Shahn Majid**, Professor of Mathematics, Queen Mary, University of London
巴拿赫 [VI.84]	**Lech Maligranda**, Professor of Mathematics, Luleà University of Technology, Sweden
逻辑和模型理论 [VI.23]	**David Marker**, Head of the Department of Mathematics, Statistics, and Computer Science, University of Illinois at Chicago
瓦莱·布散 [VI.67]	**Jean Mawhin**, Professor of Mathematics, University Catholique de Louvain
代数数 [VI.1]	**Barry Mazur**, Gerhard Gade University Professor, Mathematics Department, Harvard University
对青年数学家的建议 [VIII.6]	**Dusa McDuff**, Professor of Mathematics, Stony Brook University and Barnard College
艾米·诺特 [VI.76]	**Colin McLarty**, Truman P. Handy Associate Professor of Philosophy and of Mathematics, Case Western Reserve University
四色定理 [V.12]	**Bojan Mohar**, Canada Research Chair in Graph Theory, Simon Fraser University, Professor of Mathematics, University of Ljubljana
阿贝尔 [VI.33], 伽罗瓦 [VI.41], 弗罗贝尼乌斯 [VI.58], 伯恩塞德 [VI.60]	**Peter M. Neumann**, Fellow and Tutor in Mathematics, The Queen's College, Oxford, University Lecturer in Mathematics, University of Oxford
数学与音乐 [VII.13]	**Catherine Nolan**, Associate Professor of Music, The University of Western Ontario

概率分布 [Ⅲ.71]	**James Norris**, Professor of Stochastic Analysis, Statistical Laboratory, University of Cambridge
韦伊猜想 [V.35]	**Brian Osserman**, Assistant Professor, Department of Mathematics, University of California, Davis
线性与非线性波以及孤子 [Ⅲ.49]	**Richard S. Palais**, Professor of Mathematics, University of California, Irvine
拉格朗日 [Ⅵ.22]	**Marco Panza**, Directeur de Recherche, CNRS, Paris
抽象代数的发展 [Ⅱ.3], 西尔维斯特 [Ⅵ.42]	**Karen Hunger Parshall**, Professor of History and Mathematics, University of Virginia
辛流形 [Ⅲ.88]	**Gabriel P. Paternain**, Reader in Geometry and Dynamics, University of Cambridge
伯努利家族 [Ⅵ.18]	**Jeanne Peiffer**, Directeur de Recherche, CNRS, Centre Alexandre Koyri, Paris
克罗内克 [Ⅵ.48], 韦伊 [Ⅵ.93]	**Birgit Petri**, Ph.D. Candidate, Fachbereich Mathematik, Technische Universitdt Darmstadt
计算数论 [Ⅵ.3]	**Carl Pomerance**, Professor of Mathematics, Dartmouth College
雅可比 [Ⅵ.35]	**Helmut Pulte**, Professor, Ruhr-Universitdt Bochum
Robertson-Seymour 定理[V.32]	**Bruce Reed**, Canada Research Chair in Graph Theory, McGill University
数理生物学 [Ⅶ.2]	**Michael C. Reed**, Bishop-MacDermott Family Professor of Mathematics, Duke University
数学大事年表 [Ⅷ.7]	**Adrian Rice**, Associate Professor of Mathematics, Randolph-Macon College, Virginia
数学意识 [Ⅷ.4]	**Eleanor Robson**, Senior Lecturer, Department of History and Philosophy of Science, University of Cambridge
热方程 [Ⅲ.36]	**Igor Rodnianski**, Professor of Mathematics, Princeton University
算子代数 [Ⅵ.15], 阿蒂亚-辛格指标定理 [V.2]	**John Roe**, Professor of Mathematics, The Pennsylvania State University
建筑 [Ⅲ.5], 李的理论 [Ⅲ.48]	**Mark Ronan**, Professor of Mathematics, University of Illinois at Chicago; Honorary Professor of Mathematics, University College London
欧拉 [Ⅵ.19]	**Edward Sandifer**, Professor of Mathematics, Western Connecticut State University
对青年数学家的建议 [Ⅷ.6]	**Peter Sarnak**, Professor, Princeton University and Institute for Advanced Study, Princeton
闵可夫斯基 [Ⅵ.64]	**Tilman Sauer**, Doctor, Einstein Papers Project, California Institute of Technology
克罗内克 [Ⅵ.48], 韦伊 [Ⅵ.93]	**Norbert Schappacher**, Professor, Institut de Recherche Mathematique Avancee, Strasbourg

谢尔品斯基 [VI.77]	**Andrzej Schinzel**, Professor of Mathematics, Polish Academy of Sciences
豪斯道夫 [VI.68], 外尔 [VI.80]	**Erhard Scholz**, Professor of History of Mathematics, Department of Mathematics and Natural Sciences, Universität Wuppertal
勒贝格 [VI.72], 维纳 [VI.85]	**Reinhard Siegmund-Schultze**, Professor, Faculty of Engineering and Science, University of Agder, Norway
临界现象的概率模型 [VI.25]	**Gordon Slade**, Professor of Mathematics, University of British Columbia
数学与医学统计 [VII.11]	**David J. Spiegelhalter**, Winton Professor of the Public Understanding of Risk, University of Cambridge
维特 [VI.9]	**Jacqueline Stedall**, Junior Research Fellow in Mathematics, The Queen's College, Oxford
李 [VI.53]	**Arild Stubhaug**, Freelance Writer, Oslo
信息的可靠传输 [VII.6]	**Madhu Sudan**, Professor of Computer Science and Engineering, Massachusetts Institute of Technology
紧性与紧化 [III.9], 微分形式和积分 [III.16], 广义函数 [III.18], 傅里叶变换 [III.27], 函数空间 [III.29], 哈密顿函数 [III.35], 里奇流 [III.78], 薛定谔方程 [III.83], 调和分析 [IV.11]	**陶哲轩 (Terence Tao)**, Professor of Mathematics, University of California, Los Angeles
弗雷格 [VI.56]	**Jamie Tappenden**, Associate Professor of Philosophy, University of Michigan
微分拓扑 [IV.7]	**C. H. Taubes**, William Petschek Professor of Mathematics, Harvard University
克莱因 [VI.57]	**Rüdiger Thiele**, Privatdozent, Universitat Leipzig
代数拓扑 [IV.6]	**Burt Totaro**, Lowndean Professor of Astronomy and Geometry, University of Cambridge
数值分析 [IV.21]	**Lloyd N. Trefethen**, Professor of Numerical Analysis, University of Oxford
布劳威尔 [VI.75]	**Dirk van Dalen**, Professor, Department of Philosophy, Utrecht University
单形算法 [III.84]	**Richard Weber**, Churchill Professor of Mathematics for Operational Research, University of Cambridge
拟阵 [III.54]	**Dominic Welsh**, Professor of Mathematics, Mathematical Institute, University of Oxford
伸展图 [III.24], 计算复杂性 [IV.20]	**Avi Wigderson**, Professor in the School of Mathematics, Institute for Advanced Study, Princeton
数学: 一门实验科学 [VIII.5]	**Herbert S. Wilf**, Thomas A. Scott Professor of Mathematics, University of Pennsylvania

哈密顿 [Ⅵ.37]	**David Wilkins**, Lecturer in Mathematics, Trinity College, Dublin
希尔伯特 [Ⅵ.63]	**Benjamin H. Yandell**, Pasadena, California (已去世)
Calabi-Yau 流形 [Ⅲ.6], 镜面对称 [Ⅳ.16]	**Eric Zaslow**, Professor of Mathematics, Northwestern University
枚举组合学与代数组合学 [Ⅳ.18]	**Doron Zeilberger**, Board of Governors Professor of Mathematics, Rutgers University

　　未署名的条目是编者们写的. 在第Ⅲ部分里, 以下各条是 Imre Leader 撰写的: 选择公理[III.1], 决定性公理[III.2], 基数[III.7], 可数与不可数集合[III.11], 图[III.34], 约当法式[III.43], 测度[III.55], 集合理论的模型[III.57], 序数[III.66], 佩亚诺公理[III.67], 环、理想与模[III.81], 策墨罗–费朗克尔公理[III.99]. 在第Ⅴ部分里, 连续统假设的独立性[Ⅴ.18] 是 Imre Leader 撰写的; 三体问题[Ⅴ.33] 则是 June Barrow-Green 撰写的. 在第Ⅵ部分里, June Barrow-Green 撰写了所有未署名的条目; 全书其他所有未署名的条目都是 Timothy Gowers 撰写的.

目　　录

第 V 部分　定理与问题

V.1　ABC 猜想

由 Masser (David William Masser, 1948–, 英国数学家) 和 Osterlé (Joseph Oesterlé, 1954–, 法国数学家) 在 1985 年提出的 ABC 猜想是数论中的一个大胆而又很一般的猜想, 有范围广泛的重要推论. 这个猜想的粗略思想是: 如果三个数都有许多重复出现的素数因子, 而其中没有任何两个数有共同的素因子 (这时第三个也不会有这个因子), 则一个数不可能是另两个数之和.

更确切地说, 定义一个正整数 n 的根基 (radical) 为所有能够整除 n 的素数 (即 n 的素因子) 的乘积, 但是每个素数只取一次. 例如, $3960 = 2^3 \times 3^2 \times 5 \times 11$, 所以它的根基就是 $2 \times 3 \times 5 \times 11 = 330$. 用 $\mathrm{rad}\,(n)$ 来记 n 的根基. ABC 猜想断言, 对于每一个正实数 ε, 都存在一个常数 K_ε 使得若 a, b, c 是互素的整数, 而且 $a + b = c$, 则 $c < K_\varepsilon \mathrm{rad}\,(abc)^{1+\varepsilon}$.

为了对这个猜想的意义有所了解, 考虑费马方程 $x^r + y^r = z^r$. 如果三个正整数 x, y 和 z 解出了这个方程, 就可以用它们可能具有的公因子去通除此式, 从而得到一个没有公共素数因子的解 x, y, z, 从而它们的 r 次幂也是没有公共素子的. 记 $a = x^r, b = y^r$ 以及 $c = z^r$. 于是

$$\mathrm{rad}\,(abc) = \mathrm{rad}\,(xyz) \leqslant xyz = (abc)^{1/r} \leqslant c^{3/r}.$$

最后一个不等式来自 c 大于 a, b 二者. 如果令 $\varepsilon = 1/6$, 则 ABC 猜想给了我们一个数 K, 使得 c 必定小于 $K\left(c^{3/r}\right)^{7/6} = Kc^{7/2r}$. 如果 $r \geqslant 4$, 则上式中的幂 $7/2r < 1$, 所以, $r \geqslant 4$ 时的费马方程最多有有限多个没有公共素因子的解 x, y 和 z.

很清楚, 这只是类似的为数众多的推论之一. 例如, 可以导出方程 $2^r + 3^s = x^2$ 只有有限多个解, 因为 $2^r 3^s x^2$ 的根基是 $6x$, 而它比 x^2 小很多. 但是 ABC 猜想还有许多不如这个推论那么明显然而重要得多的推论. 例如 Bombieri (Enrico Bombieri, 1940–, 意大利数学家, 曾获 1974 年的菲尔兹奖) 曾经证明, ABC 猜想蕴含了罗特定理[V.22]. Elkies (Noam David Elkies, 1966–, 美国数学家) 证明了它蕴含莫德尔猜想[V.29], 而 Granville 和 Stark 则证明了一个加强了的 ABC 猜想蕴含西格尔零点的不存在 (关于这些定义请参看条目解析数论[IV.2]), 它也等价于 Baker 关于超越性理论的一个著名定理的尚未证明的强形式, 也等价于怀尔斯关于模形式[III.59] 的一个定理, 而这个定理蕴含着费马大定理.

在条目计算数论[IV.3] 中有关于 ABC 猜想比较详细的讨论.

V.2　阿蒂亚–辛格指标定理

Nigel Higson, John Roe

1. 椭圆方程

阿蒂亚–辛格 (Atiyah-Singer) 指标定理研究的是椭圆型线性偏微分方程解的存在与唯一性问题. 为了理解这个概念, 考虑两个方程

$$\frac{\partial f}{\partial x} + \frac{\partial f}{\partial y} = 0 \text{ 和 } \frac{\partial f}{\partial x} + \mathrm{i}\frac{\partial f}{\partial y} = 0.$$

它们只是相差一个因子 $\mathrm{i} = \sqrt{-1}$, 但是它们的解性质很不相同. 形式为 $f(x,y) = g(x-y)$ 的函数, 其中 g 是任意的, 都是第一个方程的解. 但是形式为 $g(x+\mathrm{i}y)$ 的函数只有在 g 为复变量 $z = x + \mathrm{i}y$ 的全纯函数[I.3§5.6] 时才是第二个方程的通解, 而在 19 世纪就已经知道这种函数是很特殊的. 例如, 复分析中的刘维尔定理[I.3§5.6]就断定, 第二个方程的仅有的有界解是常值函数.

这两个方程的解的区别可以追溯到方程的象征 (symbol) 的区别. 方程的象征是两个实变量 ξ, η 的多项式, 就是把 $\partial/\partial x$ 换成 $\mathrm{i}\xi$, $\partial/\partial y$ 换成 $\mathrm{i}\eta$ 所得的多项式. 所以, 这两个方程的象征分别是

$$\mathrm{i}\xi + \mathrm{i}\eta \text{ 和 } \mathrm{i}\xi - \eta.$$

我们说一个方程是椭圆型的, 如果它的象征仅在 $\xi = \eta = 0$ 时为零, 这样, 第二个方程是椭圆型的, 而第一个则不是. 基本的正规性定理指出, 椭圆型偏微分方程 (在一定的边值条之下) 具有有限维的解空间, 而这是利用傅里叶分析[III.27] 证明的.

2. 椭圆型方程的拓扑学和弗雷德霍姆指标

现在考虑一般的一阶线性偏微分方程

$$a_1\frac{\partial f}{\partial x_1} + \cdots + a_n\frac{\partial f}{\partial x_n} + bf = 0,$$

其中 f 是一个向量值函数, 系数 a_i 和 b 则是复的矩阵值函数. 如果它的象征

$$\mathrm{i}\xi_1 a_1(x) + \cdots + \mathrm{i}\xi_n a_n(x)$$

对每一个非零向量 $(\xi_1, \cdots, \xi_n)$ 和每一点 x 都是可逆的, 就说这个方程是椭圆型的. 正规性定理对于这样一般的情况也适用, 而它允许我们构成椭圆型方程 (附有一定

的边值条件) 的弗雷德霍姆指标, 其定义为方程的线性无关解的个数减去其伴随方程 (adjoint equation)

$$-\frac{\partial}{\partial x_1}\left(a_1^* f\right) - \cdots - \frac{\partial}{\partial x_n}\left(a_n^* f\right) + b^* f = 0$$

的线性无关解的个数. 引入弗雷德霍姆指标的理由是它是椭圆型方程的一个**拓扑不变量**. 就是说, 一个椭圆型方程系数的连续变动不会使弗雷德霍姆指标改变 (与此相对照, 当方程的系数变动时, 一个方程的线性无关解的个数是可以改变的). 所以, 弗雷德霍姆指标在椭圆型方程集合的每一个连通分支上取常数值, 这就提出了一个前景, 就是利用拓扑学来决定椭圆型方程集合的构造, 以此作为计算弗雷德霍姆指标的辅助. 这一点观察是盖尔范德 (Israel Moiseevich Gelfand, 1913–2009, 前苏联数学家) 在 1950 年代给出的, 它就是阿蒂亚–辛格指标定理的根源.

3. 一个例子

为了看出怎样用拓扑学来决定一个椭圆型方程的弗雷德霍姆指标, 我们来看一个特定的例子. 考虑这样的椭圆型方程, 其系数 $a_j(x)$ 和 $b(x)$ 是 x 的多项式, a_j 的次数为 $m-1$ 或更小, b 的次数为 m 或更小, 这时表达式

$$\mathrm{i}\xi_1 a_1(x) + \cdots + \mathrm{i}\xi_n a_n(x) + b(x)$$

对于 ξ 和 x 是总次数不大于 m 的多项式. 现在我们把椭圆型条件加强一点, 即假设上式中对 ξ 和 x 的总次数恰好是 m 的各项当 x 或者 ξ 不为零时是可逆的. 我们也同意只考虑方程或伴随方程的**平方可积解** f, 就是假设

$$\int |f(x)|^2 \, \mathrm{d}x < \infty.$$

所有这些假设都属于边界条件的类型 (因为方程和解在无穷远处的行为受到了控制) 方程再加上这些条件使得弗雷德霍姆指标有意义.

下面的方程是一个简单的例子:

$$\frac{\mathrm{d}f}{\mathrm{d}x} + xf = 0. \tag{1}$$

这个常微分方程的通解构成了由平方可积函数 $\mathrm{e}^{-x^2/2}$ 的倍数所成的 1 维空间. 与此相对照, 其伴随方程

$$-\frac{\mathrm{d}f}{\mathrm{d}x} + xf = 0$$

的解都是 $\mathrm{e}^{x^2/2}$ 的倍数, 所以不是平方可积. 这样, 这个微分方程的指标是 1.

回到一般的方程, 表达式

$$\mathrm{i}\xi_1 a_1(x) + \cdots + \mathrm{i}\xi_n a_n(x) + b(x)$$

中的 m 次项决定了 (x, ξ) 空间中的单位球面到可逆的 $k \times k$ 复矩阵集合 $\mathrm{GL}_k(\mathbf{C})$ 上的一个映射. 此外, 每一个这样的映射都来自一个椭圆型方程 (可能比我们迄今讨论过的更加一般, 但是能够保证弗雷德霍姆指标存在的基本的正规性定理仍然适用). 因此, 决定所有的由球面 S^{2n-1} 到 $\mathrm{GL}_k(\mathbf{C})$ 的映射组成的空间的拓扑结构变得很重要了.

博特 (Raoul Bott, 1923–2005, 匈牙利数学家) 的一个著名的定理给出了答案. 对于每一个映射 $S^{2n-1} \to \mathrm{GL}_k(\mathbf{C})$, 博特的**周期性定理**都附加上一个数, 称为**博特不变量**. 博特的定理进一步指出, 如果 $k \geqslant n$, 当且仅当这两个映射的博特不变量相同时, 一个这样的映射才可以变成另外一个. 在 $n = k = 1$ 的特例下, 我们研究的是从一个单位圆周到非零复数中的映射, 也就是 $\mathbf{C}$ 中的不经过 0 的闭的路径, 而博特不变量就是经典的**环绕数**(winding number), 它是量度一条路径绕过原点的次数的. 所以, 可以把博特不变量看成是广义的环绕数.

对于在本节中所讨论的那种类型的方程, 指标定理断言, 椭圆型方程的弗雷德霍姆指标等于其象征的博特不变量. 例如对于 (1) 这个简单例子, 象征 $\mathrm{i}\xi + x$ 相应于由 (x, ξ) 空间的单位圆到 $\mathbf{C}$ 的单位圆的恒等映射, 它的环绕数等于 1, 这与我们前面关于指标的计算结果是一致的.

指标定理的证明强烈地依赖于博特周期性, 它是这样进行的. 因为椭圆型方程是由博特不变量来作拓扑分类的, 而且博特不变量和弗雷德霍姆指标又有类似的代数性质, 只需要对一个例子来检验这个定理就可以了, 这个例子对应于一个具有博特不变量 1 的象征. 后来证明了这个所谓**博特生成元**(Bott generator) 可以用例 (1) 的 n 维推广来表示, 对这个情况进行计算就完成了证明.

4. 流形上的椭圆型方程

不仅对于 n 个变量的函数 f 可以定义椭圆型方程, 也可以对于定义在流形 [I.3§6.9]上的函数来定义椭圆型方程. 在分析中最容易处理的就是在闭流形即范围有限而且没有边缘的流形上的椭圆型方程. 对于闭流形, 完全没有必要指定任何边值条件以获得椭圆型方程的基本的正规性定理 (因为根本没有边缘), 结果是在闭流形上的每一个椭圆型方程都有弗雷德霍姆指标.

阿蒂亚–辛格指标定理[①] 讲的是关于闭流形上的椭圆型方程, 而与我们前面研究的指标定理形式大体相同. 我们从象征作出一个不变量, 称为**拓扑指标**, 就是博特不变量的推广. 阿蒂亚–辛格指标定理然后指出, 一个椭圆型方程的拓扑指标就等于这个方程的弗雷德霍姆**解析指标**. 证明分成两步. 第一步是证明了一个定理, 使

---

① 阿蒂亚就是 Sir Michael Francis Atiyah, 1929–, 英国数学家, 而且正是因为阿蒂亚–辛格指标定理及有关的工作而获得了 1966 年的菲尔兹奖, 也与辛格共同获得了 2004 年的阿贝尔奖. 辛格就是 Isadore Manuel 辛格, 1924–, 美国数学家. —— 中译本注

我们能够把一般流形上的椭圆型方程变换成一个球面上的椭圆型方程, 而且不改变它的拓扑或解析指标. 例如, 可以证明两个在不同流形上的椭圆型方程, 如果是一个高维的椭圆型方程的 "共同" 边缘, 则它们一定有相同的拓扑和解析指标. 第二步是证明博特周期性定理, 并且用一个显式的计算把球面上的椭圆型方程的拓扑和解析指标等同起来. 在这两步中, K 理论[IV.6§6] 都是重要的工具, 这个理论是阿蒂亚和希策布鲁赫 (Friedrich Ernst Peter Hirzebruch, 1927–, 德国数学家) 所发明的代数拓扑学的分支.

虽然阿蒂亚–辛格指标定理的证明应用了 K 理论, 其最后的结果却可以翻译成不必提到 K 理论. 这样, 我们就会得到一个指标公式, 大体上如

$$\text{index} = \int_M I_M \cdot \text{ch}\,(\sigma).$$

I_M 是一个由流形 M 的曲率[III.78] 所决定的微分形式[III.16], 而这个方程就是定义在此流形上的. $\text{ch}\,(\sigma)$ 则是由方程的象征得出的一个微分形式.

5. 应用

阿蒂亚和辛格为了证明他们的指标定理, 不得不研究非常广阔的一类广义的椭圆型方程. 但是他们心目中首先考虑的应用是与本文开头提到的简单的方程相关的方程

$$\frac{\partial f}{\partial x} + \mathrm{i}\frac{\partial f}{\partial y} = 0$$

的解, 正是复变量 $z = x + \mathrm{i}y$ 的解析函数. 在黎曼曲面[III.79] 上也有这个方程的对应物, 而阿蒂亚–辛格指标公式用于这个情况时, 等价于曲面的几何学中的一个基本结果, 即黎曼–罗赫定理[V.31]. 这时, 阿蒂亚–辛格指标定理给出了一个把黎曼–罗赫定理推广到任意维复流形[III.6§2] 的手段.

阿蒂亚–辛格指标定理在复几何以外也有重要的应用. 最简单的例子涉及椭圆型方程 $\mathrm{d}\omega + \mathrm{d}^*\omega = 0$, ω 是流形 M 上的微分形式. 这时, 弗雷德霍姆指标可以等同于 M 的欧拉示性数, 就是 M 的胞腔分解中的 r 阶胞腔的个数的交替和. 对于 2 维流形, 欧拉示性数就是我们熟悉的 $V - E + F$. 在 2 维情况, 欧拉示性数会产生出高斯–博内定理, 它指出, 欧拉示性数是全高斯曲率的倍数.

甚至在这个简单情况, 指标定理可以用来给出对于流形的弯曲的方式的拓扑限制. 指标定理的许多重要应用都是沿这个方向进行的. 例如, Hitchin 就用了阿蒂亚–辛格指标定理的一个精细的应用来证明, 有一个同胚于球面的 9 维流形, 虽然这个流形甚至在最弱的意义下也不是正曲率的 (与此相对照, 通常的球面甚至在可能的最强意义下, 也是正曲率的).

进一步阅读的文献

Atiyah M F. 1967. Algebraic topology and elliptic operators. *Communications on Pure and Applied Mathematics*, 20: 237-49.

Atiyah M F and Singer I M. 1968. The index of elliptic operators. I. *Annals of Mathematics*, 87: 484-530.

Hirzebruch F. 1966. *Topological Methods in Algebraic Geometry*. New York: Springer.

Hitchin N. 1974. Harmonic spinors. *Advances in Mathematics*, 14:1-55.

V.3　巴拿赫–塔尔斯基悖论

T. W. Körner

巴拿赫–塔尔斯基 (Banach-Tarski) 悖论指出, 有一种方法把一个 3 维的单位球体分解为有限多个互相分离的小块, 然后再把这些小块重新拼合成为两个单位球体, 这里的 "重新拼合" 就是说把这些小块平移和旋转, 而仍然保持它们互相分离.

这个结果初看起来是不可能的, 事实上, 它违反了我们的直觉, 就是可以相容地对每一个有界集合都指定一个有限的体积. 换句话说, 这个结果指出, 不能对所有的有界集合都这样来指定体积, 并使得这些体积不受平移和旋转的影响, 使得两个分离集合之并的体积等于这两个集合体积之和, 而单位球体的体积大于零. 但是, 一旦我们抛弃这些直觉的假设, 就不会出现悖论了. 因为这里并没有真正的悖论, 我们以后就把这个结果说成是巴拿赫–塔尔斯基**构造**.

巴拿赫–塔尔斯基构造是一个更老的构造方法的后代. 那个构造来自维塔利 (Giuseppe Vitali, 1875–1932, 意大利数学家), 是关于面积而不是体积的. 用 l_θ 来表示 $\mathbf{R}^2$ 中的一个线段, 其极坐标表示是

$$l_\theta = \{(r,\theta) : 0 < r \leqslant 1\},$$

这里的 θ 是固定的. 这些线段的并集合是挖去了圆心的单位圆盘 D_*. 我们说 l_θ 和 l_ϕ 属于同一个等价类, 如果 $\theta - \phi$ 是 π 的一个有理倍数, 考虑由这样一些 l_θ 组成的集合 E, 使它包含每一个等价类的**一个而且恰好一个**代表元.

有理数组成一个**可数集合**[III.11], 所以可以把适合 $0 \leqslant x < 1$ 的 x 排列成一个序列 $x_1, x_2, \cdots$. 如果记

$$E_n = \{l_{\theta+2\pi x_n} : l_\theta \in E\},$$

则每一个 E_n 都是由 E 绕原点旋转一个角度 $2\pi x_n$ 得出的, 这些 E_n 是互相分离的 (因为 E 只包含每一个等价类的恰好一个元), 而且它们的并就是 D_* (因为 E 中确实包含了每一个等价类的一个代表元).

现在取 D_*, 并且把它分裂成两个集合: 一个是 F, 是所有 E_{2n} 之并; 另一个是 G, 是所有 E_{2n+1} 之并. 每一个 E_{2n} 都可以通过旋转变成 E_n, 而这些 E_n 之并是 D_*. 类似地, 每一个 E_{2n+1} 又可以通过旋转变成 E_n, 而这些 E_n 之并也是 D_*. 这样, 挖去圆心的单位圆盘可以分解成可数多个互相分离的小块 (每一个小块都是由一个特定的集合旋转得出的), 把这些小块旋转和平移, 就可以形成互相分离的集合, 其并是 D_* 的两个复本.

维塔利的构造方法用到了选择公理[III.1](因为需要从每一个等价类中选择一个代表元), 巴拿赫–塔尔斯基构造也要用到选择公理. Solovay 曾经证明, 如果拒绝选择公理, 则存在这样的集合论的模型[IV.22§3], 使得在其中可以相容地对 $\mathbf{R}^3$ 的所有有界集都指定其体积. 然而绝大多数数学家还是会从我们的讨论中接受一个自然的信念, 就是当定义体积时应该只考虑集合的一个有限制的族.

巴拿赫–塔尔斯基构造也与最后一个例子有关, 这个例子需要一点群的概念. 为了介绍这个坏的行为的例子, 我们先来考虑一个好的行为的例子. 假设 $f : \mathbf{R} \to \mathbf{R}$ 是一个合理的函数, 而且对于所有的 x 适合 $f(x) \geqslant 0$ 以及 $f(x+1) = f(x)$ (这样, f 就是非负的而且以 1 为周期). 假设存在实数 s, t, u, v, 使得对所有的 x 有

$$f(x+s) + f(x+t) - f(x+u) - f(x+v) \leqslant -1. \tag{1}$$

因为对于所有的 w 都有 $\int_0^1 f(x+w)\,\mathrm{d}x = \int_0^1 f(x)\,\mathrm{d}x$, 对 (1) 式双方从 0 到 1 积分就会有

$$0 \leqslant \int_0^1 (-1)\,\mathrm{d}x = -1,$$

而这是不可能的, 所以 (1) 不可能成立.

现在考虑由 a 和 b 生成的自由群[IV.10§2] G(就是由 a 和 b 生成的群, 而 a 和 b 在此群中除了平凡的关系以外没有其他的关系). G 中的每一个元素都可以以最短的形式写成 a, a^{-1}, b 和 b^{-1} 组成的序列的乘积. 现在定义 $F(x)$ 如下: 如果 $x = e$ 或者 x 的乘积表达式以 a 或 a^{-1} 结尾, 就令 $F(x) = 1$, 否则令 $F(x) = 0$. 这样在 G 上, $F(x) \geqslant 0$, 而读者可以逐个情况来检验, 证明对于所有的 $x \in G$ 有

$$F(xb) + F(xab) - F(xa^{-1}) - F(xb^{-1}a) \leqslant -1. \tag{2}$$

证明 (1) 在 $\mathbf{R}$ 中不成立时所用的平均论证对于 G 是不行的, 因为 (2) 在事实上是真的. 如果没有平均论证, 则不会有适当的普适的积分, 而在 G 中, 不会有普适的"体积".

这个例子和上面讨论的"悖论"有清楚的属于同一家族的相似性. 如果我们考虑三维旋转之群 SO(3), 则除非有特定的条件成立, 在一般选择的绕任意一般的轴

的旋转 A 和 B 之间, 不会有非平凡的群关系. 这样, SO (3) 中必定包含上一段讨论的群 G 的复本. 巴拿赫–塔尔斯基构造是豪斯道夫的一个构造方法的修正, 其中正是运用了这一点.

　　Stan Wagon 在所写的 *The Banach-Tarski Paradox* (Cambridge Unicersity Press, Cambridge, UK, 1993) 一书中, 对所有这一切都有漂亮的解释.

V.4　Birch-Swinnerton-Dyer 猜想

　　给定了一个椭圆曲线[III.21] 以后, 有一个自然的方法可以定义其上的点的一个二元运算, 而把这个椭圆曲线变为一个阿贝尔群[I.3§2.1]. 此外, 曲线上具有有理坐标的点构成这个群的子群. 莫德尔 (Louis Joel Mordell, 1888–1972, 英国数学家) 定理告诉我们, 这个子群是有限生成的 (这些结果的描述可见条目曲线上的有理点与莫德尔猜想[V.29]).

　　每一个有限生成的阿贝尔群都同构于一个以下形式的群: $\mathbf{Z}^r \times C_{n_1} \times C_{n_2} \times \cdots \times C_{n_k}$, 这里 C_n 是由 n 个元组成的循环群. r 表示这个群的具有无限阶的独立元素的最大个数, r 就称为这条椭圆曲线的秩 (rank). 莫德尔定理蕴含了: 每一条椭圆曲线的秩都是有限的, 但是没有告诉我们怎样来计算它. 后来证明这个问题是如此之难, 所以当 Birch (Bryan John Birch, 1931–, 英国数学家) 和 Swinnerton-Dyer (Sir Henry Peter Francis Swinnerton-Dyer, 1927–) 提出这样一个很可信的猜想[①]时, 就被认为是一项重大成就.

　　这个猜想把椭圆曲线的秩和另一个与椭圆曲线相关的很不相同的对象连接起来了, 这个对象就是它的 L 函数[III.47]. 这个函数有一些性质类似于黎曼 ς 函数[IV.2§3], 但是它是用一个数的序列 $N_2(E), N_3(E), N_5(E), \cdots$ 来定义的. 这里对每一个素数 p 都有一个 $N_p(E)$, 表示当把 E 看成一个定义在具有 p 个元的域[I.3§2.2]上的曲线时曲线上点的个数. E 的 L 函数有一个性质是: 它是全纯函数[I.3§5.6](它可以拓展为整个复平面上的全纯函数. 这个事实远非明显的: 它来自所有椭圆曲线都是模性的, 见条目费马大定理 [V.10]). Birch 和 Swinnerton-Dyer 猜想: 与椭圆曲线相联系的群的秩等于它的 L 函数在 1 处的零点的阶数 (如果这个 L 函数在 1 处不为 0, 就规定这个阶数为 0). 这一点可以想成是数论中的由局部到整体的原理[III.51] 的一个精巧的形式, 因为它把椭圆曲线的方程的有理解与对每一个素数 p 的 mod p 解联系起来了.

　　这个猜想还有一个突出的特点: 当 Birch 和 Swinnerton-Dyer 提出这个猜想时, 对于椭圆曲线的了解还远不如今天. 现在, 有许多理由认为它是可信的, 但是在那

---

　　① 注意, Birch, Swinnerton-Dyer 并不是三个人, 而是两个人, 即 Birch 和 Swinnerton-Dyer. 所以许多文献上把这个猜想比较准确地说是 Birch"和"Swinnerton-Dyer 的猜想.—— 中译本注

个时候, 提出这个猜想还是一个冒险的行动: 他们是基于对几个椭圆曲线和许多的素数 p 来计算 $N_p(E)$, 这样一点点地收集起证据. 换句话说, 他们并没有去计算不同的椭圆曲线的 L 函数零点的阶数, 那是太困难了, 而是以近似为基础猜出来的.

现在已经对这样的椭圆曲线, 即其 L 函数在 1 处具有 0 阶或 1 阶的零点的椭圆曲线, 证明了 Birch-Swinnerton-Dyer 猜想, 但是一般情况下的证明似乎还很遥远. 它是 Clay 研究所为之提出百万美元悬赏的七个问题之一. 关于这个问题的更详细的讨论以及更多的关于其数学背景的讨论, 请参看条目算术几何[IV.5].

V.5 卡尔松定理

Charles Fefferman

卡尔松 (Lennart Axel Edvard Carleson, 1928–, 瑞典数学家) 定理指出, $L^2[0, 2\pi]$ 中的函数 f 的傅里叶级数[III.27] 是几乎处处收敛的. 为了理解这个命题, 领会它的意义, 让我们追循这个主题的历史, 从 19 世纪早期讲起. 傅里叶[VI.25] 的伟大思想在于: 任意一个定义在例如 $[0, 2\pi]$ 这样的区间上的 "任意的" 函数 f 都可以展开为一个级数, 就是现在所说的傅里叶级数:

$$f(\theta) = \sum_{n=-\infty}^{\infty} a_n \mathrm{e}^{in\theta}, \tag{1}$$

而且有适当的傅里叶系数 a_n. 傅里叶得到了系数 a_n 的公式, 并且证明了对于一些有趣的特殊情况, (1) 是成立的.

下一个重大的进展归功于狄利克雷[VI.36], 他给出了级数 (1) 第 N 个部分和

$$S_N f(\theta) = \sum_{n=-N}^{N} a_n \mathrm{e}^{in\theta} \tag{2}$$

的公式. 狄利克雷认识到, (1) 式的确切的意义就是

$$\lim_{N \to \infty} S_N f(\theta) = f(\theta). \tag{3}$$

狄利克雷利用部分和的公式证明了在某些情况下 (3) 式确实成立. 例如, 当 f 是 $[0, 2\pi]$ 上的连续上升函数时, 则 (3) 对于每一个 $\theta \in (0, 2\pi)$ 都成立.

又过了几十年, 德·拉·瓦莱·布散[VI.67] 找到了一个连续函数, 其傅里叶级数在某个给定的单个点发散. 更一般地说, 给定任意可数集合 $E \subset [0, 2\pi]$, 总可以找到一个连续函数, 其傅里叶级数在 E 的每一点都发散, 这个结果看来相当大地限制了傅里叶原来观点的适用范围.

勒贝格[VI.72] 的工作引导到傅里叶分析的一个基本的进展和观点的显著改变.
我们先来概述一下勒贝格的思想, 然后再追踪它们对于傅里叶分析的影响.

勒贝格本来是想寻找积分的一种定义, 使之能用于 $[0, 2\pi]$ 上所有的非负函数
(除了最病态的以外). 他从定义一个集合 $E \subset [0, 2\pi]$ 的测度[III.55] 开始. 粗略地
说, 集合 E 的测度记作 $\mu(E)$, 就是如果区间 $[0, 2\pi]$ 是由每厘米质量为 1 克的钢丝
造的, 这时 "E 的质量" 就是这个测度 $\mu(E)$. 例如, 区间 (a, b) 的测度就是其长度
$b - a$. 有些集合 E 的测度为 0, 例如可数集合、康托集合[III.17]. 测度为 0 的集合
被认为是小得可以忽略不计的集合.

勒贝格利用他的测度概念, 对于 $[0, 2\pi]$ 上的 "可测" 函数 $F \geqslant 0$, 定义了它的勒
贝格积分 $\int_0^{2\pi} F(\theta)\,\mathrm{d}\theta$. 所有的函数除了最病态的以外是可测的, 但是 $\int_0^{2\pi} F(\theta)\,\mathrm{d}\theta$
可能是无限的, 如果 $F(\theta)$ 太大的话. 例如, 如果在 $(0, 2\pi]$ 上, $F(\theta) = 1/\theta$, 则 F 的
积分是无限的.

最后, 给定任一实数 $p \geqslant 1$, 则勒贝格空间 $L^p[0, 2\pi]$ 由可测而且使 $\int_0^{2\pi} |F(\theta)|^p\,\mathrm{d}\theta$
为有限的函数构成 (见条目函数空间[III.29], 其中对这个定义作了轻微的技术性的
修正).

现在转到勒贝格的理论对于傅里叶分析的影响, 勒贝格空间 $L^2[0, 2\pi]$ 也是一
个希尔伯特空间[III.37], 起了基本的作用. 如果 f 属于 $L^2[0, 2\pi]$, 则它的傅里叶系
数适合

$$\sum_{n=-\infty}^{\infty} |a_n|^2 < \infty. \tag{4}$$

反过来, 如果有一个复数序列 a_n $(-\infty < n < \infty)$ 满足 (4) 式, 它一定是一个 $L^2[0, 2\pi]$
函数 f 的傅里叶系数. 此外, 函数 f 及其傅里叶系数 a_n 的大小之间由下面的
Plancherel(Michel Plancherel, 1885–1967, 瑞士数学家) 公式联系起来:

$$\frac{1}{2\pi} \int_0^{2\pi} |f(\theta)|^2\,\mathrm{d}\theta = \sum_{n=-\infty}^{\infty} |a_n|^2.$$

最后, 部分和 $S_N f(\theta)$(定义见 (2)) 在 L^2 范数下收敛于函数 f. 就是说, 当
$N \to \infty$ 时

$$\int_0^{2\pi} |S_n f(\theta) - f(\theta)|^2\,\mathrm{d}\theta \to 0. \tag{5}$$

这个式子给出了函数 f 是其傅里叶级数之和的精确意义. 这样, 通过把傅里叶公式
(1) 解释为命题 (5) 而不是用比较明显的解释 (3), 就论证了这个公式 (1).

然而, 如果能够论证原来的比较直截了当的解释还是一件好事情. 1906 年, 卢
津 (Nikolai Nikolaevich Luzin, 1883–1950, 俄罗斯和前苏联数学家) 作了下面的猜

想: 如果 f 是任意的 $L^2[0, 2\pi]$ 函数, 则除了对一个测度为 0 的集合以外的 θ, 都有

$$\lim_{N \to \infty} S_N f(\theta) = f(\theta). \tag{6}$$

如果此式成立, 就说 f 的傅里叶级数几乎处处收敛. 如果卢津的猜想成立, 就使得 19 世纪初傅里叶原来的观点又适用了.

在好几十年间, 卢津的猜想似乎不真. 科尔莫戈罗夫[VI.88] 曾经造出了一个 $L^1[0, 2\pi]$ 中的函数 f, 其傅里叶级数处处不收敛. 还有, 科尔莫戈罗夫, Seliverstov 和 Plessner 的一个定理断言, 当 f 在 $L^2[0, 2\pi]$ 中时, 几乎处处有 $\lim_{N \to \infty} (S_N f(\theta) / \sqrt{\log N}) = 0$, 而且在超过 30 年的长时间中毫无改进.

所以, 当卡尔松在 1966 年证明了卢津的猜想为真时, 这确实是一大惊奇. 卡尔松的证明的要点在于控制所谓**卡尔松极大函数**

$$C(f)(\theta) = \sup_{N \geqslant 1} |S_N f(\theta)|,$$

办法是证明

$$\mu(\{\theta \in [0, 2\pi] : C(f)(\theta) > \alpha\}) \leqslant \frac{A}{\alpha^2} \int_0^{2\pi} |f(\theta)|^2 \, d\theta \tag{7}$$

对于 $L^2[0, 2\pi]$ 中所有的 f 以及所有的 $\alpha > 0$ 都成立. 证明 (7) 式蕴含了卢津的猜想并不难, 但是 (7) 式的证明是极为艰难的.

卡尔松的工作出现不久以后, 亨特 (Richard Allen Hunt, 1937–2009, 美国数学家) 在 1968 年就证明了对于任意的 $p > 1$, $L^p[0, 2\pi]$ 函数的傅里叶级数总是几乎处处收敛的, 科尔莫戈罗夫的反例则说明了这个结果当 $p = 1$ 时不成立.

傅里叶分析在数学及其应用中极为有用 (在条目傅里叶变换[III.27] 和调和分析[IV.11] 中有比较充分的讨论). 卡尔松和亨特的结果对于本文开始时提出的基本问题给出了迄今人们所知的最为尖锐的结果.

感谢 本文部分地得到了 NSF grant #DMS-0245242 的支持.

柯 西 定 理

见一些基本的数学定义 [I.3§5.6]

V.6 中心极限定理

中心极限定理是概率论中关于独立的随机变量之和的基本结果. 令随机变量 $X_1, X_2, \cdots$ 为独立的, 而且有相同的分布. 又设它们的平均值为 0, 而方差为 1. 则

$X_1 + X_2 + \cdots + X_n$ 的平均值也为 0, 而方差为 n(方差为 n 是因为 X_i 是独立的). 因此 $Y_n = (X_1 + X_2 + \cdots + X_n)/\sqrt{n}$ 的平均值为 0, 而方差为 1. 中心极限定理指出, 不论 X_i 的分布是什么, 随机变量 Y_n 都收敛于标准正态分布. 对于具有任意有限平均值与任意方差的随机变量的类似结果也很容易由此导出. 详细的结果可见条目概率分布[III.71§5].

V.7　有限单群的分类

Martin W. Liebeck

　　一个有限群 G 称为单群, 如果它的仅有的正规子群只是恒等子群和 G 本身. 在某种程度上, 单群在有限群理论中所起的作用类似于素数在数论中起的作用, 正如素数 p 的仅有的因子是 1 和 p, 一个单群 G 的仅有的因子群也就是恒等子群和 G 本身. 但是这里的类比还可以更加深入一步, 正如每一个正整数 (大于 1 的) 都是一族素数的乘积一样, 每一个有限群也都可以从一族单群 “构造” 出来, 其意义如下: 令 H 为一个有限群, 选择它的最大的正规子群 H_1(所谓最大就是指 H_1 既不是 H 本身, 又不会包含在另一个不是 H 本身的更大的正规子群之内), 然后再选择 H_1 的最大正规子群 H_2, 并仿此以往. 这样就会得到一个子群的序列 $1 = H_r < H_{r-1} < \cdots < H_1 < H_0 = H$, 使其中的每一个都是后一个的最大正规子群, 而且由最大性, 每一个因子群 (即商群)$G_i = H_i/H_{i+1}$ 都是单群. 正是在这个意义下, 我们说 H 是从单群序列 $G_0, G_1, \cdots, G_{r-1}$ 构造出来的 (虽然和素数的情况不同, 一般说来可能有好几个不同的有限群是从同样的单群族构造出来的).

　　不论如何, 十分清楚单群是有限群理论的核心, 而 20 世纪有限群理论的驱动力之一就是去研究有限单群而最终是作出它们的完全的分类. 这个分类最终是由几百位数学家共同努力完成的, 他们在很长的时间里发表了好些论文和专门著作, 而最为密集的是在 1955–1980 年间. 这是长期合作的纪念碑式的伟业, 是代数学历史上最为重大的定理之一.

　　为了陈述这个分类定理, 必须先看一下有限单群的几个例子. 最明显的是素数阶的循环群, 它们显然是单群, 因为除了恒等元所成的群和它自身以外, 根本没有子群 (例如由拉格朗日定理可以得到这一点, 因为按此定理任意子群的大小一定是群的大小的因子). 然后是交代群 A_n, A_n 定义为对称群 S_n 中所有偶排列所成的群 (见条目置换群[III.68]). 交代群 A_n 有 $\frac{1}{2}(n!)$ 个元素, 而只要 $n \geqslant 5$ 就是单群. 例如 A_5 的阶为 60, 是最小的非阿贝尔单群.

　　再往下我们要引入一些矩阵单群. 对于任意整数 $n \geqslant 2$ 和域 K, 定义 $\mathrm{SL}_n(K)$ 为元素属于 K 的 $n \times n$ 矩阵中行列式[III.15] 等于 1 的矩阵所成的群, 它在矩阵乘法下成群, 称为**特殊线性群**. 当域 K 为有限域时, $\mathrm{SL}_n(K)$ 也是有限群. 对于每一个可以写成素数的幂的 q(就是设 $q = p^k$, 这里 p 是一个素数, 而 k 是一个正整数), 除了相差一个同构以外, 阶数为 q 的有限域只有一个, 记为 F_q, 而相应的 n 维的特殊线性群就记为 $\mathrm{SL}_n(F_q)$. 这些群一般不是单群, 因为 $Z = \{\lambda I : \lambda^n = 1\}$, 即 $\mathrm{SL}_n(F_q)$ 中的标量矩阵就已经构成一个正规子群. 然而商群 (或称因子群)$\mathrm{PSL}_n(F_q) = \mathrm{SL}_n(F_q)/Z$ 是一个单群 (除非 $(n,q) = (2,2)$ 或 $(2,3)$). 这就是**射影特殊线性群**(projective special linear group) 之族.

还有一些其他的有限矩阵单群族的例子, 这些单群族粗略地说就是满足下面的方程的矩阵 $A \in \mathrm{SL}_n(F_q)$ 所成的群, 这里说的方程就是 $A^{\mathrm{T}} J A = J$, 而 J 是 $n \times n$ 的非奇异的对称或斜对称矩阵. 又一次对标量矩阵的子群求商群, 就会给出有限矩阵单群的**射影正交群族** (如果 J 为对移矩阵) 以及**射影辛群族**(如果 J 是斜对称矩阵). 类似地, 如果这里的 q 阶有限域具有一个 2 阶的自同构 $\alpha \to \bar{\alpha}$, 这个自同构也可以推广到矩阵 $A = (a_{ij})$ 上面, 而定义 $\bar{A} = (\bar{a}_{ij})$, 这时群 $\{A \in \mathrm{SL}_n(F_q) : A^{\mathrm{T}} A = I\}$ 对于标量矩阵的子群求商群就给出有限矩阵单群的**射影酉群族**.

射影的特殊线性群、辛群、正交群和酉群这样一些族, 包含的都是所谓经典单群. 早在 20 世纪初期, 它们就都为人所知了. 一直到了 1955 年, 进一步的有限单群的无限族才被谢瓦莱 (Claude Chevalley, 1909–1984, 法国数学家) 发现. 对于每一个单复李 (Lie) 代数 L 和每一个有限域 K, 谢瓦莱都造出了李代数 L 在 K 上的版本, 称为 $L(K)$, 而且定义了它的有限单群族, 作为李代数 $L(K)$ 的自同构群的族. 不久以后, Sternberg, 铃木通夫 (Suzuki Michio, 1926–1998, 日本数学家) 和 Ree 又找到了谢瓦莱的构造方法的变体, 定义了进一步的单群族, 称为扭转谢瓦莱群. 谢瓦莱群和扭转谢瓦莱群包含了所有的经典群, 再加上十个其他的无限族, 合称为**李型的有限单群**.

到了 1966 年, 人们所知道的有限单群就只有素数阶的循环群、交代群、李型的群, 还有由马蒂厄[VI.51] 在 1860 年代发现的 5 个奇特的单群. 这 5 个奇特的单群就是由 n 个对象的置换所成的, 这里 $n = 11, 12, 22, 23$ 和 24, 马蒂厄的群称为 "散在群"(sporadic groups), 许多人以为再也不会发现新的有限单群了, 但是当扬科 (Zvonimir Janko, 1932–, 克罗地亚数学家) 在 1966 年发表一篇论文, 证明存在一个新的有限单群就是第 6 个散在群时, 就犹如投了一个炸弹. 以后, 每过一定时间就会又发现一个新的散在单群, 其高潮是**魔群**[III.61], 其惊人的阶数达到 10^{54} 这样的数量级, 这是由 Fischer 预言而由 Griess 构造出来的 $196\,884 \times 196\,884$ 矩阵的群. 到了 1980 年, 已经知道了 26 个散在单群了.

在这段时间里, 对所有有限单群进行分类的计划以惊人的速度前进, 到 1980 年代早期终于提出了最后的分类定理:

每个有限单群或者是素数阶循环群, 或者是交代群, 或者是李型的群, 或者是

26 个散在单群之一.

不必吃惊, 这个定理改变了有限群理论的面貌和它的许多应用领域, 现在可以以具体的方式来解决许多问题, 把它们归结为研究 (现在已知的) 单群清单里的群, 而不必抽象地从群的公理中把它们推导出来.

单是这个分类定理的证明的长度 (估计要占了期刊上万页, 而且分散在近 500 篇研究论文中) 就已经使得一个人极难甚至不可能读完整个证明, 也意味着在整个过程中都有犯错误的机会. 有幸的是, 自宣布了结果以来, 许多群论专家都在致力于发表证明的各个部分的摘要和修正, 而且包含了全部证明的一套好几本专著也即将完成.

V.8　狄利克雷素数定理

欧几里得[VI.2]的一个著名定理指出有无穷多个素数存在. 但是, 如果我们要求得到更多的信息又如何? 例如, 有没有无穷多个形如 $4n-1$ 的素数? 利用欧几里得的论证方法的一个相当直接的修正就可以证明是有, 而用更难一点的修正也可以证明有无穷多个形如 $4n+1$ 的素数. 然而, 仅是修正欧几里得的论证还不足以证明这个方向上的最一般的结果, 即如果 a 和 m 是互素的 (就是以 1 为最大公因子), 则有无穷多个形如 $mn+a$ 的素数. 这一个结论称为狄利克雷素数定理[1], 是由狄利克雷[VI.36] 利用现在所称的狄利克雷 L 函数[III.47] 来证明的, 而这个函数又与黎曼 ς 函数[IV.2§3] 有密切的关系. m 和 a 以 1 为最大公因子这个条件显然是必要的, 因为 m 和 a 的公因子一定也是 $mn+a$ 的因子. 在条目解析数论[IV.2§3] 中对于狄利克雷素数定理作了进一步的讨论.

V.9　遍 历 定 理

Vitaly Bergelson

考虑序列 $(z^n)_{n=0}^{\infty}$, 其中 z 是模为 1 的复数. 虽然当 $z \neq 1$ 时, 这个序列不收敛, 但是不难看到, 它仍然展现了相当正规的性态. 事实上, 用几何数列求和的公式, 并且假设 $z \neq 1$, 则对任意的 $N > M \geqslant 0$, 有

$$\left| \frac{z^M + z^{M+1} + \cdots + z^{N-1}}{N - M} \right| = \left| \frac{z^M \left(z^{N-M+1} - 1 \right)}{(N - M)(z - 1)} \right| \leqslant \frac{2}{(N - M)|z - 1|},$$

此式蕴含了当 $N - M$ 足够大时, 平均值

---

① 以狄利克雷命名的定理有好几个, 这一个时常称为狄利克雷素数定理, 本条目的标题原书也是狄利克雷定理, 为了避免误会, 译文作了改变.—— 中译本注

$$A_{N,M}(z) = \frac{z^M + z^{M+1} + \cdots + z^{N-1}}{N - M}$$

是很小的, 比较形式地说, 有

$$\lim_{N-M\to\infty} \frac{z^M + z^{M+1} + \cdots + z^{N-1}}{N - M} = \begin{cases} 0, & z = 1, \\ 1, & z \neq 1. \end{cases} \tag{1}$$

这个简单的事实是**冯·诺依曼遍历定理**的 1 维特殊情况, 而这个定理是对统计力学和气体运动论中的拟遍历假设作出清楚阐述的第一个数学命题.

冯·诺依曼的定理是讲的希尔伯特空间[III.37] 中**酉算子**[III.50§3.1] 的幂的平均性态. 如果 U 是希尔伯特空间 $\mathcal{H}$ 的一个酉算子, 则可以对于 U 给出一个 U**不变子空间** $\mathcal{H}_{\mathrm{inv}}$, 就是由所有适合 $Uf = f$ 的 $f \in \mathcal{H}$ 所构成的子空间, 即在映射 U 下不变的向量所成的子空间. 令 P 为到这个子空间的**正交投影算子**[III.50§3.5], 则冯·诺依曼定理指出, 对于每一个 $f \in \mathcal{H}$ 都有

$$\lim_{N-M\to\infty} \left\| \frac{1}{N-M} \sum_{n=M}^{N-1} U^n f - Pf \right\| = 0,$$

就是说, 在一定意义下, 酉算子的幂的平价值

$$\frac{1}{N-M} \sum_{n=M}^{N-1} U^n$$

趋于正交投影算子 (这并不是冯·诺依曼[VI.91] 原来对此定理的陈述, 但是这样讲比较容易解释. 他证明的是关于连续的酉算子族 $(U_\tau)_{\tau \in \mathbf{R}}$ 的一个等价的命题).

在讨论冯·诺依曼定理的各种应用和改进之前, 我们先对它的证明作一个简明的评论. 冯·诺依曼原来的证明利用了一些很精巧的工具, 如单参数酉算子群的谱理论. 这个证明是斯通 (Marshall Harvey Stone, 1903–1989, 美国数学家) 得到的. 经过了很多年, 又有了许多其他的证明, 其中最简单的是里斯[VI.74] 的 "几何" 证明, 就是在下面将要讲的. 要想得到冯·诺依曼的证明的粗略大意, 注意到下面的 (来自谱定理[III.50§5.4]) 事实就很方便了, 即在希尔伯特空间 $\mathcal{H}$ 上的任意酉算子 U 都有一个 "函数模型". 也就是说, 可以把这个希尔伯特空间 $\mathcal{H}$ 实现为一个函数空间, 而由对于某个有限测度[III.55] 的平方可积函数 (的等价类) 所构成, 使得 U 成为一个**乘法算子** $M_\varphi(f) = \varphi f$, 这里的 φ 是一个复值可测函数, 而且几乎处处满足 $|\varphi(x)| = 1$. 在转到合适模型以后, 就不难看到, 冯·诺依曼定理可以直接从由 (1) 所表示的 1 维情况直接得出. 注意, 在这个情况下, 对于不变元素空间的正交投影就是把一个函数 f 变成另一个函数 g, 其对应如下: 当 $\varphi(x) = 1$ 时规定 $g(x) = f(x)$, 而在其他时候规定 $g(x) = 0$.

里斯的证明基于这样一点观察, 就是 U 不变向量的子空间 $\mathcal{H}_{\text{inv}}$ 的正交补空间是由形如 $Ug - g$ 的向量的集合所张成的. 为了看到这一点, 首先注意到如果 $f \in \mathcal{H}_{\text{inv}}$, 则

$$\langle f, Ug \rangle = \langle U^{-1}f, g \rangle = \langle f, g \rangle,$$

由此可知 $\langle f, Ug - g \rangle = 0$, 就是说 f 正交于 $Ug - g$. 反之, 如果 $f \notin \mathcal{H}_{\text{inv}}$, 则 $\langle f, Uf - f \rangle = \langle f, Uf \rangle - \langle f, f \rangle$. 由柯西-施瓦兹不等式[V.19], 此式应该小于 0; 再注意到 $\|Uf\| = \|f\|$ 以及 $Uf \neq f$. 特别是 f 不能正交于 $Uf - f$. 这样, $\mathcal{H}_{\text{inv}}$ 是 $\mathcal{H}$ 的由形如 $Ug - g$ 的函数组成的 (闭) 子空间的补空间.

对于 $f \in \mathcal{H}_{\text{inv}}$, 冯·诺依曼定理平凡地成立, 因为这时 $Pf = f$ 而且对于每一个 n 都有 $U^n f = f$. 另一方面, 如果 $f = Ug - g$, 则 $Pf = 0$. 至于平均值 $\frac{1}{N-M}\sum_{n=M}^{N-1}U^n f$, 我们知道 $U^n f = U^{n+1}g - U^n g$, 由此可知 $\sum_{n=M}^{N-1}U^n f = U^N g - U^M g$. 因为 $\|U^N g - U^M g\| \leqslant 2\|g\|$ 对于一切的 N 和 M 都成立, 所以我们知道

$$\frac{1}{N-M}\sum_{n=M}^{N-1}U^n f$$

的范数最多是 $2\|g\| / (N - M)$, 因此当 $N, M \to \infty$ 时, 上面的平均值必趋于 0. 所以这个定理在这个情况下也成立. 想要验证使得这个定理成立的函数集合是 $\mathcal{H}$ 的闭子空间只是一件直截了当的事情, 所以定理成立.

冯·诺依曼定理和其他相似的结果与物理学有关的理由是: 时常可以用一个子集合 $X \subset \mathbf{R}^d$ 以及一个由 X 到 X 的保体积变换的连续族 $(T_\tau)_{\tau \in \mathbf{R}}$ 来表示与一个物理系统相关的参数的演化, 而这里的 X 有有限的 d 维的体积. 对于每一个这样的 T_τ 可以找到一个定义在 $L^2(X)$(就是在 X 上平方可积函数所成的希尔伯特空间) 上的酉算子 U_τ: $(U_\tau f)(x) = f(T_\tau x)$. 这样定义的算子是酉算子, 这一点可以从变换 T_τ 保持体积得出. 另外, 由于变换 T_τ 连续依赖于 τ, 这样对的酉算子 U_τ 也就连续依赖于 τ.

为了简化讨论, 我们把所讨论的问题 "离散化". 现在不再讨论连续的变换族 $(T_\tau)_{\tau \in \mathbf{R}}$ 和算子族 $(U_\tau)_{\tau \in \mathbf{R}}$, 而取一个固定的 $T = T_{\tau_0}$(例如令 $\tau_0 = 1$), 以及相应的酉算子 U. 假设我们的保体积的变换 T 是遍历的, 即没有 X 的一个正体积真子集合 $A \subset X$ 使得 $TA \subset A$. 这个假设很容易证明等价于下面的事实, 就是 $L^2(X)$ 中满足 $Uf = f$ 的唯一的元素是常值函数. 由冯·诺依曼定理可知, 对于任意 $f \in L^2(X)$, 平均值

$$A_{N,M}(f) = \frac{1}{N-M}\sum_{n=M}^{N-1}U^n f$$

收敛于一个常数值, 而且此值很容易由逐项积分求得为 $\left(\int f\mathrm{d}m\right)/\mathrm{vol}\,(X)$. 因为冯·诺依曼定理也告诉我们 $\lim\limits_{N-M\to\infty} A_{N,M}(f)$ 总是一个 U 不变函数, 我们看到, 遍历性的假设对于由 $\lim\limits_{N-M\to\infty} A_{N,M}(f)$ 所表示的时间平均等于由 $\left(\int f\mathrm{d}m\right)/\mathrm{vol}\,(X)$ 表示的空间平均是充分必要条件.

也可以用冯·诺依曼定理加强一个经典的定理, 即**庞加莱回归定理**(Poincaré's recurrence theorem). 这个回归定理指出, 如果 X 如上是一个具有有限体积的集合, 而 A 是 X 的一个体积不为 0 的子集合, 则 "几乎 A 的所有点都会无限次地回到 A 中". 换一个说法, 令集合 $\tilde{A}$ 是 A 中所有这样的点 x 的集合, 对这种点存在无穷多个 n 使得 $T^n x \in A$, 则 A 中不属于 $\tilde{A}$ 的点成一个零测度集合, 即 $\mathrm{mes}\left(A\backslash\tilde{A}\right)=0$. 庞加莱定理的证明的主要步骤是对集合 A_I 来证明这件事, 这里 A_I 是 A 中所有这样的点 x 的集合, 对这种点存在某一个 n(而不一定是存在无穷多个 n) 使得 $T^n x \in A$. 为了看出何以如此, 令 B 为 A 中所有不属于 A_I 的点的集合. 集合 B, $T^{-1}B$, $T^{-2}B$, $\cdots$ 都有相同测度, 因为 T 保持测度不变 ($T^{-n}B$ 定义为所有适合 $T^n x \in B$ 的点 x 的集合). 因为 X 有限体积, 必定存在正整数 m 和 n 使得 $T^{-n}B$ 和 $T^{-(m+n)}B$ 的交集合有正测度, 而由此可知 $B \cap T^{-n}B$ 的测度也是正的. 但是, 如果 $x \in B$, 则 $x \notin A_I$, 这样 $T^n x \notin A$, 从而 $T^n x \notin B$, 这就是矛盾.

现在把冯·诺依曼遍历定理用于 f 为一个集合 A 的特征函数 (即当 $x \in A$ 时 $f(x)=1$, 否则 $f(x)=0$ 的函数) 的情况, 而 U 和前面一样用 T 来表示, 也设集合 X 的体积为 1, 并用 μ 来记 X 上的测度. 这时, 可以验证 $\langle f, U^n f\rangle=\mu\,(A\cap T^{-n}A)$. 由此有

$$\langle f, A_{N,M}(f)\rangle = \frac{1}{N-M}\sum_{n=M}^{N-1}\mu\,(A\cap T^{-n}A).$$

如果令 $N-M\to\infty$, 则 $A_{N,M}(f)$ 趋于一个 U 不变函数 g. 因为 g 是 U 不变的, 所以对于任意的 n, $\langle f, g\rangle=\langle U^n f, g\rangle$, 因此对于任意的 N 和 M, $\langle f, g\rangle=\langle A_{N,M}(f), g\rangle$, 而最终 $\langle f, g\rangle=\langle g, g\rangle$. 由柯西–施瓦兹不等式, 它至少是

$$\left(\int g(x)\,\mathrm{d}\mu\right)^2 = \left(\int f(x)\,\mathrm{d}\mu\right)^2 = (\mu\,(A))^2,$$

所以导出

$$\lim_{N-M\to\infty}\frac{1}{N-M}\sum_{n=M}^{N-1}\mu\,(A\cap T^{-n}A) \geqslant (\mu\,(A))^2.$$

如果选择两个测度同为 $\mu(A)$ 的 "随机集合", 它们的交典型地具有测度 $(\mu\,(A))^2$, 所以上面的不等式所说就是 A 和 $T^{-n}A$ 之交的测度平均地 "至少" 和所期望的 "交

集合” 是一样大. 这个结果是 Khinchin (Aleksandr Yakovlevich Khinchin, 1894–1959, 前苏联数学家) 提出的[①], 它对庞加莱回归的本性给出了更精细的信息.

当一个酉算子是用一个保测度变换来定义如上时, 很自然地会问, 这个平均值是否不仅在 L^2 范数意义下收敛, 而且在更为经典的意义下几乎处处收敛? (关于这个思想在另一种情况下的表现, 请参阅条目卡尔松定理[V.5]). 伯克霍夫[VI.78]在知道了冯·诺依曼遍历定理以后, 很快就证明了确实也有几乎处处收敛. 他证明了对于每一个可积函数 f, 必可找到一个函数 f^*, 使得对于几乎每一点 x 都有 $f^*(Tx) = f^*(x)$, 而且几乎处处有

$$\lim_{N \to \infty} \frac{1}{N} \sum_{n=0}^{N-1} f(T^n x) = f^*(x).$$

设变换 T 是遍历的, $A \subset X$ 是一个正测度集合, 而 $f(x)$ 是 A 的特征函数. 由伯克霍夫定理知道, 对于几乎每一个 $x \in X$ 有

$$\lim_{N \to \infty} \frac{1}{N} \sum_{n=0}^{N-1} f(T^n x) = \frac{\int f \mathrm{d}\mu}{\mu(X)} = \frac{\mu(A)}{\mu(X)}.$$

因为表达式 $\lim\limits_{N \to \infty} \dfrac{1}{N} \sum\limits_{n=0}^{N-1} f(T^n x)$ 表示 $T^n x$ 访问 A 的频率, 我们看到在一个遍历系统中, 一个典型的点 $x \in X$ 在 T 的各次迭代下的像 $x, Tx, T^2 x, \cdots$ 访问 A 的频率就等于 A 在空间 X 中所占的比例.

冯·诺依曼和伯克霍夫的遍历定理多年来在许多不同方向上得到了推广. 遍历定理的这些推广, 以及更一般地说, 遍历方法在如此广泛的领域中都有应用, 给人们的印象深刻, 这些领域包括了统计力学、数论、概率论、调和分析, 还有组合学.

进一步阅读的文献

Furstenberg H. 1981. *Recurrence in Ergodic Theory and Combinatorial Number Theory*. M. B. Porter Lectures. Princeton, NJ: Princeton University Press.

Krengel U. 1985. *Ergodic Theorems, with a supplement by A. Brunel*. De Gruyter Studies in Mathematics, volume 6. Berlin: Walter de Gruyter.

[①] 这里讲的是 Khinchin 不等式: 令 $\{\varepsilon_n\}_{n=1}^N$ 为随机变量, 而 ε_n 以相同概率取值 $\pm 1, 0 < p < \infty, \{x_n\}$ 是任意复数. 则一定存在常数 A_p, B_p (只依赖于 p), 使得 $A_p \left(\sum_{n=1}^N |x_n|^2 \right)^{1/2} \leqslant \left(E \left| \sum_{n=1}^N (\varepsilon_n x_n) \right|^p \right)^{1/p} \leqslant B_p \left(\sum_{n=1}^N |x_n|^2 \right)^{1/2}$, 这里 E 表示期望值. 这是一个重要的不等式, 在条目不等式[V.19] 中还要讲到它, 而且还会提出 A_p, B_p 的最佳值问题. —— 中译本注

Mackey G W. 1974. Ergodic theory and its significance for statistical mechanics and probability theory. *Advances in Mathematics*, 12:178-268.

费马–欧拉定理

见模算术 [Ⅲ.58]

V.10　费马大定理

许多人尽管不是数学家, 也知道有毕达哥拉斯三元组的存在, 就是有正整数的三元组 (x, y, z) 存在, 适合方程 $x^2 + y^2 = z^2$. 它们给出了边长为整数的直角三角形的例子, 其中最广为人知的是 "(3, 4, 5) 三角形". 对于任意两个整数 m 和 n, 我们有以下的关系式: $\left(m^2 - n^2\right)^2 + (2mn)^2 = \left(m^2 + n^2\right)^2$, 它会给我们提供无尽的毕达哥拉斯三元组, 事实上, 所有的毕达哥拉斯三元组都是这种类型的三元组的倍数.

费马[Ⅵ.12] 提出了一个很自然的问题, 是否对于更高的幂也有类似的三元组? 就是说, 是否对于任意的整数 $n \geqslant 3$, 方程 $x^n + y^n = z^n$ 也有正整数解? 例如, 能不能把一个非零的完全立方表示为两个非零完全立方之和? 事实上, 非常著名的一件事就是费马宣称这是不可能的, 而且他已经得到了一个证明, 只不过因为篇幅不够, 不能写出来①. 在后来的三个半世纪中, 这个问题就成了数学中最著名的未解决问题. 因为付出了这么大的精力, 人们最终基本是认定了费马并没有得到证明: 这个问题之难在于它无法化约, 而只有利用费马去世很久以后发展起来的技巧才得到解决.

费马的问题是很容易就能想到的, 但是只这一点并不能保证它本身是一个有意义的问题. 事实上, 高斯[Ⅵ.26] 在 1816 年的一封信里写道, 他认为这个问题是一个过于孤立的问题, 所以他没有兴趣. 在那时, 这是一个很合理的评论: 要决定一个丢番图方程是否有解时常是极为困难的事, 所以很容易就会碰上一个与费马最后定理性质类似的极难的问题. 然而, 事实证明费马最后定理在这方面实属例外, 这一点甚至连高斯也无法预见, 今天谁也不会再说它是一个 "孤立的" 问题了.

在高斯做出这个评论时, 这个问题对于 $n = 3$ 已经解决了 (是欧拉[Ⅵ.19] 解决的), 当 $n = 4$ 时也解决了 (费马自己解决的, 而这是最容易的情况). 随着库默

---

① 据说费马有一个习惯, 他常把自己数学研究的结果写在书的天头或者给朋友的信中, 这样因为没有足够的篇幅, 时常没有留下证明. 例如这个结果就写在丢番图的名著《算术》(*Arithmetica*) 一书的天头, 所以在他的身后就留下了一些未加证明的结果. 时间流逝, 所有这些结果都被后人弄明白了, 唯有这一个例外. 所以在西方的文献中, 这个定理就叫做**费马最后定理**. 本文的标题本来也是这样的, 但是我国的习惯是称它为**费马大定理**, 所以译文的标题采用了我国习用的称呼, 而正文中常说费马最后定理. —— 中译本注

尔[VI.40] 在 19 世纪中叶的工作, 出现了费马最后定理与更一般的数学关切的第一个联系. 欧拉本人就已经看到了一件很要紧的事情, 就是在一个较大的环[III.81§1] 里研究费马最后定理可能是富有成果的, 因为如果这个较大的环选择得适当, 在其中就可以对 $z^n - y^n$ 作因式分解. 事实上, 如果 $1, \varsigma, \varsigma^2, \cdots, \varsigma^{n-1}$ 是 1 的 n 次根, 就可以把 $z^n - y^n$ 分解为

$$(z - y)(z - \varsigma y)(z - \xi^2 y) \cdots (z - \varsigma^{n-1} y). \tag{1}$$

因此, 如果 $x^n + y^n = z^n$, 则在由 1 和 ς 生成的环中, x^n 就会有两个看起来颇为不同的因式分解 (其一就是 (1) 式, 另一个是 $xxx \cdots x$). 希望这一点信息可能有用是合理的, 但是这里出现了一个严重的问题: 由 1 和 ς 生成的环并不具有唯一因子分解性质[IV.1§§4-8], 所以, 面对着同一个函数有两种不同的因式分解的现象, 就以为这里会出现矛盾, 这是根据不足的. 事实上, 库默尔在研究高次互反律[V.28] 时就遇到了这个困难, 而且定义了理想[III.81§2] 的概念. 非常粗略地说, 如果通过把库默尔的 "理想数" 添加到一个环里去而扩大这个环, 就有可能恢复唯一因子分解性质: 库默尔利用了这些概念就能够对于费马方程中的幂是一个素数 p, 但是 p 不是相应的环的类数[IV.1§7] 的因子的条件下证明费马最后定理. 他把这种素数称为是正规的 (regular), 这就把费马最后定理与此后成为代数数理论[IV.1] 主流的思想联系起来了. 然而这并没解决费马最后定理问题, 因为还有无限多个非正规的素数 (这一点在库默尔的时代人们还不知道).

后来更复杂的思想也可以用于个别的非正规素数, 而最终还发展了一种算法来验证以任意给定的数 n 为幂时, 费马最后定理是否为真. 到了 20 世纪晚期, 已经对于 4 000 000 以下的数 n 验证了费马最后定理是对的. 但是, 一般的证明却来自另一个方向.

怀尔斯 (Andrew Wiles, 1953–, 英国数学家) 在 1995 年最后完成了费马最后定理的证明, 这个故事人们已经讲过不知道多少次了, 所以我们在这里只作非常简短的说明. 怀尔斯并不是直接去证明费马最后定理的, 而是解决了 Shimura-Taniyama-Weil 猜想 (Goro Shimura, 就是志村五郎, 1930–, 日本数学家; Yutaka Taniyama, 就是谷山丰, 1927–1958, 日本数学家; 关于 Weil 可见条目韦伊[VI.93]) 的重要情况, 这个猜想把椭圆曲线[III.21] 和模形式[III.59] 连接起来了. 第一次提示椭圆曲线可能与费马最后定理有关的是 Yves Hellegouarch, 他注意到, 当 $a^p + b^p$ 也是某数的 p 次幂时, 椭圆曲线 $y^2 = x(x - a^p)(x - b^p)$ 会有很不平常的性质. Frey(Gerhard Frey, 1944–, 德国数学家) 指出, 这条椭圆曲线的不平常在于它可能与 Shimura-Taniyama-Weil 猜想相矛盾. 塞尔 (Jean-Pierre Serre, 1926–, 法国数学家) 给出了这件事的准确提法 (所谓 "ε 猜想"), 指出这个猜想蕴含了 Frey 的结论, 最后是 Ken Ribet (Kenneth Allen Ribet,1948–, 美国数学家) 证明了塞尔的 ε 猜想, 从而确认了费马

最后定理是 Shimura-Taniyama-Weil 猜想的推论. 怀尔斯突然对此非常有兴趣, 经过七年紧张的几乎是秘密的工作以后, 他宣布证明了 Shimura-Taniyama-Weil 猜想的一个重要情况, 而这个情况已经足以证明费马最后定理. 然后怀尔斯的证明暴露了有严重的错误, 但是在泰勒 (Richard Lawrence Taylor, 1962–, 英国数学家, 怀尔斯的学生) 的帮助下, 怀尔斯对于证明的这一部分作了改正.

什么是 Shimura-Taniyama-Weil 猜想呢? 这个猜想断定 "所有的椭圆曲线都是模性的". 现在我们对此粗略地加以解释来结束本文 (在条目算术几何[IV.5] 中有较多的细节). 与每一个椭圆曲线 E 相关都有一个序列 $a_n(E)$, 对每一个自然数 n 都有此序列中的一项. 对于素数 p, $a_p(E)$ 与椭圆曲线上点的数目 $(\bmod\ p)$ 有关, 而对合数 n, $a_n(E)$ 的值很容易由它们导出. 模形式则是定义在上半平面上的有某种周期性质的全纯函数[I.3§5.6], 每一个模形式 f 都有形式如下的傅里叶级数[III.27]:

$$f(q) = a_1(f) q + a_2(f) q^2 + a_3(f) q^3 + \cdots.$$

如果对于椭圆曲线 E 有一个模形式 f 使得对于所有的素数, 最多除有限多个以外都有 $a_p(E) = a_p(f)$, 就说这个椭圆曲线 E 是模性的 (modular). 给定了一个椭圆曲线, 完全不清楚样怎样去找一个模形式与它这样相关. 但是, 这似乎总是可以做到的, 尽管这个现象有点神秘. 举一个例子, 设 E 是椭圆曲线 $y^2 + y = x^3 - x^2 - 10x - 20$, 则总可以找到一个模形式, 使得除了 $p = 11$ 之外, 恒有 $a_p(E) = a_p(f)$. 在具有某种对于群 $\Gamma_0(11)$ 的对称性的模形式中, 除了可以相差一个尺度变换以外, 这个模形式是唯一的. 群 $\Gamma_0(11)$ 由这样的矩阵 $\begin{pmatrix} a & b \\ c & d \end{pmatrix}$ 构成, 这里 a, b, c, d 都是整数, 而 c 是 11 的倍数, 同时其行列式[III.15]$ad - bc = 1$. 完全不清楚这种类型的定义何以会与椭圆曲线有关.

怀尔斯证明了所有的 "半稳定" 椭圆曲线都是模性的, 他并不是对每一个这样的椭圆曲线去找出相应的模形式, 而是用一个微妙的枚举论证来证明这样的模形式必须存在, 而完整的 Shimura-Taniyama-Weil 猜想, 也在 2001 年由 Christophe Breuil, Brian Conrad, Fred Diamond 和泰勒证明, 这样就在所有时代的最出色的数学成就之一的这一块蛋糕上放上了一朵奶油花.

V.11 不动点定理

1. 引言

下面是一个著名数学谜题的变形. 有一个人在从伦敦到剑桥的火车上, 拿了一瓶水. 证明在他的旅程中, 至少有一个时刻, 瓶中的空气所占瓶的体积的比恰好等于他已经走完的路程占全程的比 (举例来说, 正当他走完伦敦到剑桥的路程的五分之三时, 瓶中还有五分之二是满的水, 而空气占了五分之三. 注意, 我们并没有假设在出发时瓶里的水是满的, 也没有假设到达时瓶已经空了).

如果您过去没有看见过这类问题的话, 它的解答是惊人的简单. 对于 0 和 1 之间的每个 x, 用 $f(x)$ 来表示当已经走完的旅程占全程的比为 x 时瓶中空气所占的比. 于是, 对于每个 x, $0 \leqslant f(x) \leqslant 1$, 因为瓶中的空气体积既不可能是负的, 也不可能超过瓶的体积. 如果现在设 $g(x)$ 为 $x - f(x)$, 则 $g(0) \leqslant 0$, 而 $g(1) \geqslant 0$. 因为 $g(x)$ 随 x 连续变动, 必定有某个时刻 $g(x) = 0$, 即 $f(x) = x$. 这就是要求证明的.

刚才证明的就是一个最简单的不动点定理的稍稍的变形, 我们可以把它比较形式地陈述如下: 如果 $f(x)$ 是从闭区间 $[0,1]$ 到其自身的连续映射, 则必存在一点 x 使 $f(x) = x$, 这个点就叫做 f 的**不动点** (我们是从分析的一个基本结果**中间值定理**导出它来的, 这个中间值定理宣称, 如果 g 是由 $[0,1]$ 到 $\mathbf{R}$ 的连续函数, 而且 $g(0) \leqslant 0$, $g(1) \geqslant 0$, 则一定存在某个 x 使 $g(x) = 0$).

一般说来, 一个不动点定理就是断定一个满足某些条件的函数必有不动点存在的定理, 这种定理有许多, 本文中, 我们只讨论它们的一个小小的样本. 整体说来, 这些不动点定理具有非构造的特点: 它们只确定不动点的存在, 而不去定义出不动点来, 也没有告诉您怎样去找出不动点来. 这正是这类定理重要的部分理由, 因为有许多方程的例子, 对于它们只需要证明解的存在, 哪怕我们还不能显式地解出来. 我们将会看到, 着手处理一个方程的办法之一是把方程重写为 $f(x) = x$ 的形式, 再来应用不动点定理.

2. 布劳威尔不动点定理

我们刚才证明的不动点定理就是**布劳威尔不动点定理**(关于布劳威尔请参阅条目布劳威尔[VI.75]) 的 1 维的形式. 这个定理指出, 如果 B^n 是 $\mathbf{R}^n$ 中的单位球体 (就是所有适合不等式 $x_1^2 + \cdots + x_n^2 \leqslant 1$ 的点 $(x_1, \cdots, x_n)$ 的集合), 而 f 是由 B^n 到 B^n 的连续函数, 则 f 必定有不动点. 集合 B^n 是一个 n 维的立体球体, 但是在这里真正起作用的是它的拓扑特性, 所以我们可以让它取别的形状, 例如 n 维立方体或 n 维单形.

在 2 维情况, 这个定理说, 从单位闭圆盘到其自身的连续函数必有不动点. 换句话说, 如果把一张单位圆盘形橡皮片放在形状相同的桌面上, 把它拿起来再放回这个桌面, 不管是把它折叠起来了还是拉伸了, 只要不出这张桌面, 总会有至少一个点最后的位置和开始时的位置一样.

为了看清为什么会是这样, 把问题重新陈述如下是有帮助的. 令 $D = B^2$ 为闭单位圆盘, 如果有一个由 D 到 D 的连续函数没有不动点, 则可以定义一个由 D 到

其边缘 ∂D 的连续函数 g 如下: 对于圆盘内域中的每一点 x, 把由 $f(x)$ 到 x 的直线 (假设了 f 没有不动点, 所以 $f(x) \neq x$, 而作这样的直线是可能的) 延长到 ∂D, 并记其所达到的点为 $g(x)$, 如果 x 就是选择在 ∂D 上的, 就令 $g(x) = x$. 总之, 定义了一个由 D 到 ∂D 的**收缩映射**(retraction) g[①](见图 1).

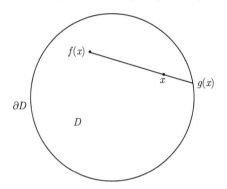

图 1 如果 $f(x)$ 没有不动点, 就可以用它来定义一个收缩映射 g

从 D 到 ∂D 的连续收缩映射的存在似乎很不可能. 如果我们确实能够证明这个收缩映射不存在, 这就与由 D 到 D 的连续函数没有不动点的假设相矛盾, 这样就在 2 维情况下证明了布劳威尔不动点定理.

有好几种方法证明从圆盘到它的边缘的收缩映射是不存在的, 下面简述其中两个.

第一个是设 g 是这样一个收缩映射. 对于每一个 $t \in [0,1]$, 考虑 g 在以原点为心、t 为半径的圆周 (其上的典型的点记为 $te^{i\theta}$) 上的限制 $g_t(\theta) = g(te^{i\theta})$. 当 $t = 1$ 时, 这个圆周就是 ∂D, 因为收缩映射在收缩核 ∂D 上的限制是恒等映射, 所以 $g_1(\theta) = g(e^{i\theta}) = e^{i\theta}$, 而当 θ 由 0 变到 2π 时, $g_1(\theta) = e^{i\theta}$ 绕 ∂D 一周. 当 $t = 0$ 时, 以 t 为半径的圆周就是原点, 而 $g_0(\theta) = 0$ 是常值映射, 而不可能绕原点旋转. 所以在 $t = 1$ 和 $t = 0$ 之间必有 t 的一个值, 使得在这时, $g_t(\theta)$ 当 θ 由 0 变到 2π 时绕原点旋转的次数改变. 但是函数 g_t 是一个连续变动的函数族, 在 t 发生微小变化时, $g_t(\theta)$ 绕原点旋转的次数不可能突变 (要把最后一步说得严格还需要费一点力气, 但是这里的基本思想是可靠的).

第二个证明要用到代数拓扑学的基本工具. 单位圆盘 D 的一阶同调群[VI.6§4]是平凡的, 因为圆盘中所有的闭曲线都可以收缩为一点. 单位圆周 ∂D 的一阶同调群则是 **Z**, 如果有一个从 D 到 ∂D 的连续收缩映射 g, 则可以找到一个连续映射

---

① 收缩映射就是从一个拓扑空间 X 到其子空间 A 的连续映射 f, 使得其在 A 上的限制为恒等映射, 这个子空间 A 称为收缩核, 所以收缩映射有时也叫保核收缩, 这里, X 就是圆盘 D, 而收缩核 A 就是 ∂D.—— 中译本注

$h : \partial D \to D$, 使它与 $g : D \to \partial D$ 的复合 $g \circ h$ 是 ∂D 上的恒等映射 (例如可以取 h 为把 ∂D 上一点映为其自身的映射, 而 g 则为连续收缩映射). 但是, 拓扑空间之间的连续映射在它们的同调群之间产生同态[I.3§4.1], 并且使映射的复合变为同调群的复合, 恒等映射变为同调群之间的恒等映射 (就是说有一个由拓扑空间及其连续映射的范畴[III.8] 到群及其同态的范畴之间的一个函子[III.8]). 这就意味着存在两个同态 $\phi : \mathbf{Z} \to \{0\}$ 和 $\psi : \{0\} \to \mathbf{Z}$, 使得 $\psi \circ \phi$ 是 $\mathbf{Z}$ 上的恒等映射, 而这显然是不可能的.

这两个证明都可以推广到高维情况: 第二个证明的推广是直接的 (只要知道如何计算球面的同调群就行了), 而第一个证明的推广则是通过 n 维球面到其自身的连续映射的**映射度**(degree) 概念, 而这是圆周到其自身的连续映射 "绕圆心的次数" 的概念的高维的类比.

布劳威尔不动点定理有许多应用. 举一个例子, 下面的事实对于图上的随机游动理论是很重要的. 一个随机矩阵就是一个 $n \times n$ 的具有非负元素的矩阵, 其各行的元素之和均为 1. 布劳威尔不动点定理可以用来证明每一个这样的矩阵都有一个元素均为非负的本征向量[I.3§4.3] 相应于本征值 1. 证明如下: 从几何上看, 所有的具有非负元素而且其和为 1 的列向量的集合都是一个 $(n-1)$ 维单形 (如果 $n = 3$, 这个集合就是 $\mathbf{R}^2$ 中的以 $(1,0,0)$, $(0,1,0)$ 和 $(0,0,1)$ 为顶点的三角形). 如果 A 是一个随机矩阵, x 是这个单形中的一点, 则 Ax 也是这个单形中的一点. 因为映射 $x \to Ax$ 是一个连续映射, 则布劳威尔不动点定理给我们一个 x 使得 $Ax = x$, 它就是所求的本征向量.

布劳威尔不动点定理有一个推广称为角谷静夫 (Shizuo Kakutani, 1911–2004, 日本数学家) 不动点定理, 而纳什 (John Forbes Nash Jr., 1928–, 美国数学家) 利用它来证明存在一个 "社会平衡点", 在这个平衡点上任何一个家庭都不能通过改变它在不同项目上的消费量来改善福利. 纳什本人因此获得了 1994 年的诺贝尔经济学奖. 在角谷静夫不动点定理中, 球体 B^n 中的点不是被 $f(x)$ 映为 B^n 中的点而是被映为 B^n 中的子集合. 如果 $f(x)$ 对于每个点 x 都是 B^n 中的非空的凸闭集合, 而且在一定意义下连续变化, 这个定理指出, 一定有某个点 x 使得 $x \in f(x)$. 如果 $f(x)$ 是只有一个点的集合, 角谷静夫不动点定理就成了布劳威尔不动点定理.

3. 布劳威尔不动点定理的强形式

迄今为止我们讨论的都是由立体的球体到其自身的映射. 但是, 没有什么阻止我们去讨论其他空间上的连续映射也会有不动点. 举一个例子, 令 S^2 为 (中空的) 球面 $\{(x,y,z) : x^2 + y^2 + z^2 = 1\}$, 而 f 是一个由 S^2 到 S^2 的连续函数, f 是否一定有不动点呢? 有时候似乎是有: 有一些显然是由 S^2 到 S^2 的连续函数, 如旋转和对于一个过球心的平面或直线的反射, 二者显然都有不动点. 然而最终会看到也有没有不动点的简单的例子, 例如函数 $f(x) = -x$. 它是对于球心的反射, 把一个点变成自己的对径点.

对于这个例子, 有人明显地会作出下面的反应: 既然我们所希望的结果不真, 那么就去看一看别的东西. 但是这种反应是一个错误. 在数学的许多其他情况下这种反应都是错误的, 因为这个情况可以导致一个很重要而且正确的思想, 那就是无法消除旋转的不动点. 如果从一个旋转开始对它作连续的变形, 想这样来消除旋转的不动点, 那是注定会失败的. 实际上, 在某种意义下, 恰好有两个不动点. 一般地说, 如果取任意的由 S^2 到 S^2 的连续函数并且对它作连续变形, 那么不会改变不动点的个数.

这两个命题, 如果仅就字面来看, 它们明显是不对的, 所以必须作出重新解释. 首先必须设不动点的个数是有限的, 但是这并不是一个了不起的假设, 因为可以证明, 任意连续函数在经过小的扰动以后总会只有有限多个不动点. 其次, 在计算不动点个数时, 需要加上适当的权重. 为了定义这种权重, 设 x 是连续函数 f 的一个不动点, 即 $f(x) = x$, 并且假想有一个点 $y(t)$, 当 t 由 0 变到 1 时, 沿一个小的圆周绕 x 转. 我们定义这个不动点的**指标**(index) 就是 $f(y(t))$ 绕此不动点的次数, 而如果是与 $y(t)$ 按反方向绕过的, 次数就算成负的 (这个定义还有一些问题, 因为如果在某个 t 处, $f(y(t)) = x, f(y(t))$ 就不能绕过不动点 x 了, 但是, 我们还是可以通过一个小的扰动使得不发生这个情况). 于是, 我们的结论是: 当对 f 作连续变形时, 所有不动点的指标之和是不变的.

由此可知, 如果对一个旋转作连续变形时指标的和总是 2. 从这一点就知道总有至少一个不动点. 由此也知道, 不可能对旋转作连续变形, 使它变成对径映射, 就是把每一个 x 都变成 $-x$ 的映射.

不动点的指标的概念可以相当直接地推广到高维情况 (应用上面讲到的映射度), 而可以在很一般的情况下证明当对一个映射作连续变形时, 不动点的指标之和是不变的. 这一点蕴含了布劳威尔不动点定理如下: 我们可以把一个连续映射 $f : B^n \to B^n$ 连续变形为另一个连续映射 $g : B^n \to B^n$, 办法是作一族连续映射 $f_t(x) = (1-t) f(x) + t g(x)$, 并令 t 由 0 变到 1. 然后取 g 为 $x \mapsto x/2$, g 显然只有一个不动点, 而且指标为 1(这一点在 2 维情况容易看到), 所以 f 的不动点指标之和也是 1, [所以 f 一定有不动点存在, 这就是布劳威尔不动点定理, 但是我们不能说不动点个数为 1, 就是不能说不动点是唯一的, 因为并不知道不动点的指标, 而只知道它们的和为 1].

一般说来, 定义在一个适当的拓扑空间 (例如一个光滑的*紧流形*[I.3§6.9])X 上的函数 f 的不动点指标和可以通过 f 在 X 的同调群上的作用来计算. 所得的结果就是 Lefschetz 不动点定理 (Lefschetz 就是 Solomon Lefschetz, 1884–1972, 美国数学家) 的稍微的推广.

连续映射的指标是连续变形下的不变量这个事实可以用来给出代数的基本定理[V.13] 的一个证明. 例如, 考虑多项式 x^5+3x+8 有根存在的证明. 这和要求函数 x^5+4x+8 有一个不动点是同样的, 因为只要这个函数等于 x, 就有 $x^5+3x+8 = 0$. 如果把多项式 x^5 看成是定义在黎曼球面[IV.14§2.4]$\mathbb{C}\cup\{\infty\}$ 上, 则它有两个不动点 0 和 ∞. 此外它们的指标都是 5(因为当 x 绕过 0 或 ∞ 一周时, x^5 必定按同方向绕 0 或 ∞ 5 周). 现在, 多项式 $x^5+(4x+8)\,t$ 给出了由 x^5 到多项式 x^5+4x+8 的连续变形, 而 x^5+4x+8 和 x^5 都以 ∞ 为不动点, 而且指标同为 5, 所以 x^5+4x+8 必定还有其他的不动点, 而且它们的指标之和仍然是 5. 这些不动点就是方程 $x^5+3x+8 = 0$ 的根, 而指标就是这些根的重数.

4. 无限维的不动点定理以及对于分析的应用

如果我们试图把布劳威尔不动点定理推广到无限维闭球体上的连续映射, 会得到什么? 如下面的例子所示, 这种推广是不可能的. 令 B 是所有满足条件 $\sum_n |a_n|^2 \leqslant 1$ 的实数序列 $(a_1, a_2, \cdots)$ 的集合, 这就是希尔伯特空间[III.37]ℓ_2 中的闭球体. 对于序列 $\boldsymbol{a} = (a_1, a_2, \cdots)$, 我们用 $\|\boldsymbol{a}\| = \left(\sum_n |a_n|^2\right)^{1/2}$ 来记它的范数. 现在考虑下面的映射

$$f : (a_1, a_2, \cdots) \to \left(\left(1 - \|\boldsymbol{a}\|^2\right)^{1/2}, a_1, a_2, \cdots\right).$$

很容易证明 f 是映这个闭球体到其自身的连续映射, 而且对于所有的 $\boldsymbol{a}$ 都有 $\|f(\boldsymbol{a})\| = 1$. 因此, 如果 $\boldsymbol{a}$ 是一个不动点, 必有 $\|\boldsymbol{a}\| = \|f(\boldsymbol{a})\| = 1$, 这样 $f(\boldsymbol{a})$ 的第一个分量必为 0. 但是因为 $\boldsymbol{a}$ 是不动点, 从而 $\boldsymbol{a} = f(\boldsymbol{a})$, 而 a 的第一个分量 $a_1 = 0$. 但是 a_1 又是 $f(\boldsymbol{a})$ 的第二个分量, 所以 $\boldsymbol{a} = f(\boldsymbol{a})$ 的第二个分量 a_2 也是 0. 仿此以往可知 $a = 0$, 而由 $a = f(\boldsymbol{a})$ 可得 $f(\boldsymbol{a}) = 0$, 而与前面说的对于所有的 $\boldsymbol{a}$ 都有 $\|f(\boldsymbol{a})\| = 1$ 相矛盾. 这样, 映射 f 没有不动点.

然而, 如果我们对于拓扑空间 X 及其上的连续映射再给以附加的条件, 则有时仍然可以证明不动点定理, 这样的不动点定理中有一些有重要的应用, 特别值得注意是在确定微分方程解的存在上.

这种类型的结果中有一个很容易的就是压缩映射原理: 如果 X 是一个度量空间[III.56], 而且具有所谓的**完备性**的性质 (这个性质在条目赋范空间与巴拿赫空间[III.62] 中作了简明的讨论), 而 $f : X \to X$ 是这样的映射, 即存在一个非负的常数 $\rho < 1$, 使得对于 X 中的任意的 x 和 y 有 $d(f(x), f(y)) \leqslant \rho d(x, y)$, 这时 f 必有唯一的不动点. 为证明这一点, 取任意 $x \in X$ 并作迭代 $x, f(x), f(f(x)), f(f(f(x))), \cdots$. 用 $x_0, x_1, x_2, \cdots$ 来记这些迭代, 很容易证明当 m 和 n 趋于无穷大时, $d(x_n,$

$x_m) \to 0$, 而 X 的完备性保证了序列 (x_n) 一定有极限. 不难证明这个极限就是不动点.

另一个比较细致的例子是**绍德尔**(Juliusz Pawel Schauder, 1899–1943, 波兰数学家)**不动点定理**: 如果 X 是一个巴拿赫空间, 而 K 是 X 的一个紧[III.9] 凸子集合, f 则是一个由 K 到 K 的连续函数, 则 f 必有不动点. 粗略地说, 为了证明这件事, 我们用越来越大的有限维集合 K_n 来逼近 K, 用由 K_n 到 K_n 的连续映射 f_n 来逼近 f. 布劳威尔不动点定理就会给出一个序列 (x_n), 使得对于每一个 n 都有 $f_n(x_n) = x_n$. K 的紧性保证了序列 (x_n) 有一个收敛的子序列, 可以证明这个极限就是 f 的不动点.

这两个定理以及其他性质类似的定理的重要性更多地在于应用而不是基本的提法. 下面是一个典型的应用: 证明微分方程

$$\frac{\mathrm{d}^2 u}{\mathrm{d}x^2} = u - 10\sin\left(u^2\right) - 10\exp\left(-|x|\right)$$

有一个解 u 使得 $u(x)$ 对所有的实数 x 都有定义, 而且当 $x \to \pm\infty$ 时 u 趋于零. 我们可以把这个方程重写为

$$\left(1 - \frac{\mathrm{d}^2}{\mathrm{d}x^2}\right) u = 10\sin\left(u^2\right) + 10\exp\left(-|x|\right),$$

如果记其左方为 $L(u)$, 则此方程可以进一步重写为

$$u = L^{-1}\left(10\sin\left(u^2\right) + 10\exp\left(-|x|\right)\right)$$

(L^{-1} 可以用显式来确定). 如果令 X 为定义在 $\mathbf{R}$ 上, 当 $x \to \pm\infty$ 时趋于零的连续函数而且具有一致的模所成的巴拿赫空间, 可以证明上式右方是一个由 X 到 X 的一个紧凸集合的连续函数. 因此由绍德尔不动点定理, 这个高度非线性的问题有一个适合给定的边值条件的解存在. 这个结果用别的方法是很难证明的.

V.12 四 色 定 理

Bojan Mohar

四色定理说, 每一个平面地图 (说是一个球面上的地图也是一样的) 都可以用不超过 4 种色彩来着色, 使得任意两个有一段共同边界的区域都有不同的色彩. 图 1 说明 4 种色彩是不能再少了的, 因为其上的 A, B, C, D 四个区域都是相邻的. 这个结果是 Guthrie (Francis Guthrie, 1831–1899, 南非数学家和植物学家) 在 1852 年的一个猜测. 1879 年, Kempe (Sir Alfred Bray Kempe, 1849–1922, 英国数学家) 给出了一个错误的证明, 在 11 年之久的时间里, 这个证明却被人们认可, 一直到 1890

年才由 Heawood (Percy John Heawood, 1861–1955, 英国数学家) 指出其错误, 然而 Heawood 也指出, Kempe 的基本思想 (我们将在下文介绍) 至少可以用来给出五种彩色就已经足够的正确证明. 后来这个问题就成了一个虽然很容易说明却多年来无法解决的问题的著名范例之一 (费马大定理[V.10] 是这种问题的另一个例子).

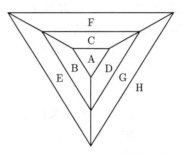

图 1　一个含 8 个区域的地图

在现代数学中, 地图着色问题通常是用图论的语言来陈述的. 对于任意的地图, 都可以指定一个图[III.34]: 图的顶点相应于地图上的区域, 我们说两个顶点是相邻的, 如果它们对应的区域有公共的边界. 图 2 就是相应于图 1 的地图的图. 很容易看到, 对于平面上的任意地图都可以找出这样的图来, 而且除了在顶点处以外, 其任意两个边都不会交叉, 这种图称为平面图 (planar graph). 我们现在不再把地图的区域着色, 而是把相应的图的顶点着色. 如果一个图上的任意两个由边来连接的顶点有不同的颜色, 就说这个图的着色是适当的 (proper). 在这样对问题重述以后, 四色定理就是: 任意平面图可以用最多 4 种色彩来适当着色.

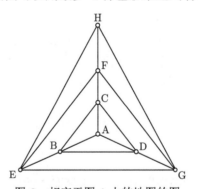

图 2　相应于图 1 上的地图的图

下面就是 Kempe 和 Heawood 的五色定理的简要证明. 这个证明是一个反证, 所以我们开始时设这个结论不真, 所以一定存在一个最小的图 G, 使得用 5 种色彩不能作出适当的着色. 对于 (连通的) 平面图, 欧拉公式[I.4§2.2] 指出 $V - E + F = 2$, 这里 V 是顶点的个数, E 是边数, 而 F 是在画这个图时把平面分割开所成的区域的数目. 不难从这个公式导出, G 必有一个顶点 v 在这个图中具有最多 5 个邻接顶点 (就是可以用边与 v 连接起来的其他顶点). 如果把 v 从这个图中除去, 对于余下的图 G' 就一定能用 5 种色彩适当地着色, 因为 G 已经假设是最小的反例. 如果 v 有少于5 个邻接顶点, 则 v 的着色也就是可能的, 因为需要避开的色彩最多有 4 个, 而我们有 5 种色彩可供选用, 所以可能出错的情况是 v 有 5 个邻接顶点, 而当我们对 G 的其余部分着色时, 这 5 个邻接顶点都已经有了不同的色彩. 假设当我们依顺时针方向绕着 v 旋转时, v 的这 5 个邻接顶点的色彩依次是红色、黄色、绿色、蓝色和棕色. 如果是这样, 就不可能对 v 着色, 但是我们可以试着调整图的其余部分的着色, 例如, 可以把红色的邻接顶点涂成绿的, 而把红色留下来供 v 使用. 当然, 这样做就可能必须对其他的顶点另行着色. 我们可以这样来试着重新着色: 先把 v 的红色邻接顶点涂成绿的, 再把那个顶点的绿邻接顶点涂成红的, 然后把那些改涂成红色的顶点的红色邻接顶点涂成绿的. 像这样做下去, 在结束时, 可能发生错误的情况就是把 v 的绿色邻接顶点又涂成红的了, 那时就不可能把红色留下来供 v 使用了. 这样事情当且仅当下面的情况下会发生, 就是有一个顶点的链条从 v 的红色邻接顶点连接到 v 的绿色邻接顶点, 而在这个链条上, 红色和绿色顶点交替地出现. [这个链条称为 Kempe 链]. 然而, 如果出现这样的情况, 我们就可以把 v 的黄色邻接顶点重新着色为蓝色, 然后类似地进行. 又一次只可能在黄蓝交替的链条出现时才出问题. 但是这样的链条是不会出现的, 因为如果它出现的话, 它一定会在某个顶点上与红/绿链条交叉, 但是这与图是平面图相矛盾.

回到四色问题. 德国数学家 Heirich Heesch(1906–1995) 提出了一个一般的办法, 可以认为是上面的论据的更复杂的版本. 他的思想是找出 "构形"(configuration) 的清单 C, 而所谓构形, 就是一个具有下面的两个性质的小图. 首先, 每一个平面图一定包含 C 中的一个构形 X. 其次, 给定一个包含 C 中的构形 X 的平面图, 并且把 G 中除去 X 余下的图用最多 4 个色彩适当着色, 则可以适当调整这个着色, 使之可以拓展为整个 G 的用最多 4 个色彩来适当着色. 在五色定理的证明中, 有一个非常简单的含有五个构形的清单, 就是一个顶点 v 以及由它伸出 1 个、2 个、3 个、4 个或 5 个边所成的构形. 四色问题的情况就没有这么简单了, 但是 Heesch 的思想是可以用构形的一个比较复杂的清单来解决问题.

这样一个清单是 Appel (Kenneth Ira Appel, 1932–, 美国数学家) 和 Haken (Wolfgang Haken, 1928–, 德国数学家) 在 1976 年作出来的. 但是这绝非事情的全部, 因为他们找出来的清单不仅是 "比较复杂", 而是复杂到开辟了新天地: 它是第一次一个主要的数学定理的证明如此之长, 以至无法用人力来检验. 理由部分地在于这个清单包含了大约 1200 个构形, 而更加重要的还在于对于其中的某些构形 X, 需要检验数十万种情况才能证明图的其余部分的着色可以调整到也能与 X 的着色相容. 因此除了借助计算机以外别无他法 (Heesch 也提出过一个清单, 但是其中有些构形牵涉到这么多的情况, 以至即令使用计算机也无法全部检验).

其他数学家们对于 Appel 和 Haken 的证明反应不一. 有人为之欢呼, 认为数学武库中又多了一个强有力的新工具; 有人因为从此需要相信有关的计算机程序是正确的, 而且计算机又会按指定它所应该做的那样来运作, 他们为此感到不安. 而事实上, 这个证明后来发现确实有几个瑕疵, 虽然它们都在本文参考文献中的专著 (Appel, Haken, 1989) 中改过来了. 到 1997 年 Robertson, Sanders, Seymour, Thomas 以类似的原理为基础给出了另一个证明以后, 这种怀疑才一劳永逸地消除了. 这个证明中可以用人工来检验的部分变得更透明了, 而用计算机检验的部分, 现在是放置在结构良好的数据集合之上, 使得可以独立地加以检验. 人们还可以问编译程序是否正确, 硬件是否稳定, 但是这个检验是在不同的平台上用不同的编程语言和操作系统来进行的, 所以这个证明和典型的长度适中的用人力来检验的证明比较起来, 不正确的可能性要小得多.

结果是, 现在只有极少数数学家还在怀疑证明是否正确, 但是有许多人反对它是由于另一个理由. 即令可以肯定定理为真, 我们还是可以问它为什么为真. 如果只是回答说 "因为检验了好几十万个个例, 而结果都是 OK", 会感到满意的人恐怕就不多了. 这种情况的后果就是, 如果有谁能发现一个更短、更容易接近的证明, 许多人还会认为, 与 Appel 和 Haken 的工作比较, 这个证明还是一个突破. 这种情况有一个不利的副作用, 就是到现在为止, 世界各地的数学系还不断收到许多不正确的但自以为是正确的证明, 其中有一些其实是在重复 Kempe 的错误.

四色问题像其他的好数学问题一样, 激起了许多重要的新数学思想的发展. 特别是图的着色理论, 现在已经成了深刻而漂亮的研究领域 (见条目极值组合学与概率组合学[Ⅵ.19§2.1.1] 以及本文参考文献中的 (Jensen, Toft, 1995). 地图着色问题对于任意曲面的推广引导到拓扑图论的发展, 而关于图的平面性的问题在图的子式理论[Ⅴ.32] 中, 达到了高潮.

最多产的图论专家之一的 William T. Tutte 在判断四色定理对于数学的影响时这样说: "四色定理是冰山的一角, 是长矛的锋利的尖, 是春天的第一只杜鹃鸟."

进一步阅读的文献

Appel K and Haken W. 1976. Every planar map is four colorable. *Bulletin of the American Mathematical Society*, 82:711-12.

——. 1989. Every planar map is four colorable. Contemporary Mathematics, volume 98. Providence, RI: American Mathematical Society.

Jensen T and Toft B. 1995. *Graph Coloring Problems*. New York: John Wiley.

Robertson N, Sanders D, Seymour P, and Thomas R. 1997. The four color theorem. *Journal of Combinatorial Theory*, B70: 2-44.

V.13 代数的基本定理

复数[I.3§1.5]可以看成是从实数[I.3§1.4] 这样得出来的, 引入一个新数, 记作 i, 并且规定它就是方程 $x^2 = -1$ 的解, 或者用一个等价的说法, 就是多项式 $x^2 + 1$ 的一个根. 一开始, i 似乎只是一个人为的东西 ——$x^2 + 1$ 与其他多项式比较有什么特殊的重要性并不是明显的 —— 但是这个判断没有一个专业的数学家会表示赞同. 复数系事实上是很自然的而且是在一种很深刻意义下的自然, 代数的基本定理就是最好的证据之一. 它指出, 在复数域内每一个多项式都有根, 换句话说, 只要引进了 i, 则我们不但能够解出方程 $x^2 + 1 = 0$, 而且所有的多项式方程 (甚至包括具有复系数的多项式方程) 都能够解. 这样, 当定义了复数以后, 我们是投入的少而得出的远远更多. 正是因为如此, 复数看来不是人为构造的东西, 而是一个了不起的发现.

对于许多多项式, 不难看到它们有根. 例如, 若 $P(x) = x^d - u, d$ 是一个正整数, 而 u 是某个复数, 则 P 将有一个根为 u 的 d 次根. 我们可以把 u 写成 $re^{i\theta}$ 的形, 而 $r^{1/d}e^{i\theta/d}$ 就是这样一个根. 这意味着任何一个可以用一个包含了 d 次根式和通常的算术运算的公式来求解的多项式都可以在复数域中求解,这种多项式包含了所有 5 次以下的多项式. 然而, 由于五次方程的不可解性[V.21], 并非所有的多项式都可以这样来处理, 而为了证明代数的基本定理, 我们必须寻求一个不太直接的论据.

其实, 在寻求实多项式的实根时就是这样的. 举一个例, 若 $P(x) = 3x^7 - 10x^6 + x^3 + 1$, 我们知道, 当 x 是一个很大的正数时, $P(x)$ 也是, 因为 $3x^7$ 这一项是作用远为最大的一项, 同样, 当 x 是绝对值很大的负数时, $P(x)$ 也是, 理由同上. 所以, $P(x)$ 的图像必在某一点穿过 x 轴, 就是说有一个点 x 使得 $P(x) = 0$. 注意, 这个论据并没有告诉我们 x 等于多少, 在这个意义下, 这个论据 "不太直接".

现在以 $P(x) = x^4 + x^2 - 6x + 9$ 为例来看怎样证明一个多项式有复根. 这个多项式可以改写为 $x^4 + (x - 3)^2$, x^4 和 $(x - 3)^2$ 都是非负的, 而且因为它们不能同时为零, P 就不会有实根. 为了证明它有复根, 先固定一个很大的实数 r, 而来考虑当 θ 由 0 变到 2π 时 $P(re^{i\theta})$ 的性态如何. 当 θ 由 0 变到 2π 时, $re^{i\theta}$ 在复平面上画出了一个以 r 为半径的圆周.

现在, $(re^{i\theta})^4 = r^4e^{4i\theta}$, 所以 $P(re^{i\theta})$ 的 x^4 这一部分画出了一个以 r^4 为半径的圆周, 而且在其上转了四圈, 其余的部分 (即 $(re^{i\theta} - 3)^2$) 比起 $(re^{i\theta})^4$ 来是如此之小, 使得它对于 $P(re^{i\theta})$ 的行为的影响只是使它稍微偏离半径为 r^4 的圆周. 这种小的偏离不足以使 $P(re^{i\theta})$ 的路径不再是绕原点四圈.

我们再来考虑 r 很小时发生什么. 那时, 不论 θ 去什么值, $P(re^{i\theta})$ 都非常接近于 9, 因为 $(re^{i\theta})^4$, $(re^{i\theta})^2$ 和 $(re^{i\theta})$ 都很小, 但是这就意味着 $P(re^{i\theta})$ 根本不会绕过原点.

对于任意的 r 我们都可以问, $P\left(re^{i\theta}\right)$ 的路径绕过原点多少次. 我们刚才所证明的就是: 当 r 很大时是四次, r 很小时是零次. 由此可知在某个中间的 r 处次数是会变的. 但是, 如果逐步缩小 r, $P\left(re^{i\theta}\right)$ 所画出的路径是连续变化的, 所以只有当路径在某个 r 处经过 0 才会发生这个变化. 这就给出了我们所寻找的根, 因为路径由 $P\left(re^{i\theta}\right)$ 形状的点构成, 而这些点中就有 0.

要把上面的推理都变成严格的证明还要费一点劲, 然而, 这是可以做到的, 也不难把上面的论据推广成为可以适用于任意多项式的论据.

通常都把代数的基本定理归于高斯[VI.26], 他是在 1799 年自己的博士论文中证明它的. 虽然他的论证 (与上面所概述的不同) 按今天的标准来看还不完全严格, 却是很有说服力而且大体上是正确的, 后来他继续给出了三个证明.

V.14   算术的基本定理

算术的基本定理指出, 每一个正整数都可以用恰好一种方法写成素数的乘积. 这些素数就称为原来的数的素因子, 而这个乘积则称为它的素因子分解. 下面给出几个例子: $12 = 2 \times 2 \times 3$, $343 = 7 \times 7 \times 7$, $4559 = 47 \times 97$, 而 7187 本身就是一个素数. 最后这个例子表明, 上面用的 "乘积" 一词应该这样解释, 使它能够包括只有一个素数因子的情况. 至于 "恰好一种方法" 一语, 应该理解为这些素数因子的次序是无关紧要的, 所以, 47×97 和 97×47 是看成同一个乘积的. 下面的归纳程序使我们能够找出给定正整数 n 的素因子分解. 如果 n 本身就是一个素数, 则我们已经得到了它的素因子分解了. 如果不然, 令 p 为 n 的最小素因子, 而记 $m = n/p$. 因为 m 比 n 小, 由归纳假设我们知道怎样作出 m 的素因子分解, 再加上 p, 就给了我们 n 的素因子分解. 在实践上, 这就是说可以生成一个数的序列, 其中每一项都是前一项除以该项的最小素因子. 例如, 从数 168 开始, 这个序列是这样开始的: $168, 84, 42, 21$. 现在不能再用 2 除了, 但是 3 是 21 的最小素因子, 而再下一个数是 7. 因为 7 本身已经是素数, 所以这个过程至此终止. 回头看来, 我们发现已经证明了 $168 = 2 \times 2 \times 2 \times 3 \times 7$. [这样就得到了素因子分解的存在性, 而且在一般情况下这种做法也是适用的].

[素因子分解的唯一性又如何呢?] 当我们已经习惯了上面这种方法时, 似乎很难设想一个数会有两个真正不同的素因子分解. 但是这个方法绝不能保证素因子分解的唯一性. 假设我们在每一步都是用最大素因子去除而不是用最小素因子去除, 为什么这不会给出完全不同的一组素因子呢? 很难想到有哪一个论证没有使用 "n 的素因子分解" 这样的短语, 而这种用语就已经暗中假设了所要求证的事情. [可见算术的基本定理的证明中, 真正的难点在于证明其唯一性].

可以用相当精确的方式来说明算术的基本定理并不是一件明显的事情. 只要看

一个代数结构就行了, 在这个代数结构中, 素因子分解这个概念是有意义的, 但是其中的数可以有多种素因子分解. 这个代数结构就是 $\mathbf{Z}\left(\sqrt{-5}\right)$, 即所有形如 $a+b\sqrt{-5}$ 的 (复) 数的集合, 这里 a 和 b 是整数. 这种数可以如普通的整数一样来作加法和乘法, 例如

$$(1+3\sqrt{-5})+(6-7\sqrt{-5})=7-4\sqrt{-5},$$

以及

$$\begin{aligned}(1+3\sqrt{-5})(6-7\sqrt{-5})&=6-7\sqrt{-5}+18\sqrt{-5}-21\left(\sqrt{-5}\right)^2\\&=6+11\sqrt{-5}+21\times5=111+11\sqrt{-5}.\end{aligned}$$

在这个结构中, 一个数 $x=a+b\sqrt{-5}$ 如果只以 ±1 和 $\pm x$ 为因子, 就认为是素数 (如果我们想把素数的概念从正整数推广到所有整数, 这个定义也是很自然的). 可以证明, 2 和 3 都是素数 (虽然不是马上就明显的, 因为现在可能的因子更多了). $1+\sqrt{-5}$ 和 $1-\sqrt{-5}$ 也是两个素数. 但是, 我们可以把 6 或者写成 2×3, 或者写成 $(1+\sqrt{-5})(1-\sqrt{-5})$, 所以 6 有两个不同的素因子分解. 关于这一点, 进一步的讨论可以参看条目**代数数**[IV.1§4-8].

这个例子告诉我们, 在算术的基本定理的任意证明中, 一定要用到整数集合 $\mathbf{Z}$ 的一个为 $\mathbf{Z}\left(\sqrt{-5}\right)$ 所不具有的性质. 因为在这两个结构中, 加法和乘法的运行是非常类似的, 所以要找到这样一个性质, 至少是一个与加法和乘法不甚相关的性质是不太容易的. 结果是, $\mathbf{Z}\left(\sqrt{-5}\right)$ 所不具有的重要性质就是整数的下面的基本原理的适当的类比: 如果 m 和 n 是整数, 则可以写出 $n=qm+r,\ 0\leqslant r<|m|$. 这个事实是**欧几里得算法**[III.22] 的基础, 它在因子分解的唯一性的最普通的已知证明中起了重要的作用.

微积分的基本定理

见一些基本的数学定义 [I.3§5.5]

高斯的二次互反律

见从二次互反性到类域理论 [V.28]

V.15 哥德尔定理

Peter J. Cameron

作为对于数学基础中的一些问题例如罗素悖论 (考虑这样的集合, 它不是自己

的元素, 这种集合之集合, 是否为自己的元素?) 的回应, 希尔伯特[VI.63] 提出, 数学的任何给定的部分的相容性都应该用**有穷的**(finitary)[①] 途径来确立, 这种途径不会导致矛盾. 数学的任何部分, 如果已经做到了这一点, 就可以用作整个数学的巩固的基础.

上面讲到 "数学的任何部分", 其例子就是自然数的算术, 这种算术可以用一阶逻辑[IV.23§1] 来表述. 在数学的任何给定的部分里, 我们从一些符号开始, 其中既有逻辑符号 (连词如 "非" 和 "蕴含"; 量词如 "所有的"; 还有等号、变量的符号和标点), 也有非逻辑的符号 (如用于所考虑的数学分支的常量的符号、关系的符号和函数的符号). 公式就是按照一定规则构成的有限的符号串 (这些规则使我们能够机械地识别这些符号串是否合乎这些规则, 从而可以认定是一个公式). 我们确定一些公式的集合作为公理, 也选取一些进行推断 (或推理, inference) 的规则. 推理规则的一个例子是**假言推理**(modus ponens), 即如果我们已经推出了 ϕ 和 $(\phi \to \psi)$, 则也就推出了 ψ. 定理就是从公理开始的推理的链条 (或者树) 的结尾处的公式.

关于自然数的公理是由佩亚诺[VI.62] 给出的 (请参看条目佩亚诺公理[III.67]). 其中的非逻辑符号是: 零、"后继者" 函数 s、加法和乘法 (后两个可以通过归纳法从其他符号导出, 例如用 $x + 0 = x$ 和 $x + s(y) = s(x+y)$ 来定义加法). 关

---

① 有穷的概念比较微妙. 下面把维基百科 (http://en.wikipedia.org/wiki/Finitary) 的 "finitary" 条目的一段译出以供参考:

"在数学和逻辑学中, 一个有穷运算就像算术运算那样, 由有限多个输入值得出一个输出. 一个如微积分中求一个函数的积分那样的运算是这样定义的, 它依赖于此函数的值 (一般说来有无穷多个值), 所以, 它不像表面上看起来那样, 并不是有穷的. 在为量子力学提出的逻辑学中, 依赖于涉及希尔伯特空间的子空间作为其命题, 其中用到了子空间的交这样的运算, 它们一般地也不能看成是有穷的; 不是有穷的东西就叫做无穷的 (infinitary).

有穷的论证就是可以翻译成为符号命题的有限集合的论证而从有限多个公理开始, 换言之, 就是可以写在一张充分大的纸上的证明 (包括所有的假设).

在 20 世纪早期, 逻辑学家的目的在解决数学的基础问题, 就是回答: '什么是数学的真实的基础' 这个问题. 他们的计划是把整个数学重写, 用一种完全是句法的语言而不涉及语义问题. 用希尔伯特的话来说 (就几何学而言), '把所有的东西称为椅子、桌子和啤酒杯, 或者称为点、线、面, 都没有关系.'

强调有穷性有历史的根源. 无穷逻辑就是允许有无穷长的命题和证明的逻辑, 在这种逻辑里面, 例如可以把存在量词看成是从无穷的析取导出来的. 强调有穷性来自这样的思想, 即人类的数学思想基于有限多个原理, 而所有的推理本质是只依据一个规则即假言推理 (modus ponens). 这里的计划是固定有限多个符号 (基本上是数字 1, 2, 3, ⋯, 字母和一些特殊的记号如 '+''→'', ' 等), 给出有限多个用这些符号来表示的命题, 并且把这些命题当作 "基础"(公理), 还有一些模仿人类作出结论的方式的推理规则. 从这一切出发, 不论这些符号的语义解释如何, 其余的定理都只形式地依据这些提出了的规则 (这使得数学更像是用符号来下棋, 而不像是科学), 而不需要依赖于聪明才智. 希望是从这些公理和规则可以把数学的全部定理导出来.

哥德尔在 1931 年用他的不完全性定理证明了这个目的是不可能达到的, 但是总的数学潮流是采用一种有穷的途径, 认为这就可以避免不能完全地加以定义的数学对象. " —— 中译本注

键的公理是归纳法原理, 它指出, 如果 $P(0)$ 为真, 而且对于一切自然数 n, $P(n)$ 蕴含了 $P(s(n))$, 则对一切自然数 n, $P(n)$ 为真. 希尔伯特的特有的挑战是证明佩亚诺的理论的相容性, 就是说, 用一阶逻辑的规则来证明从这些公理中不会导出矛盾.

哥德尔[VI.92] 的两个著名的不完全性定理让希尔伯特的计划丢了脸. 第一个不完全性定理指出:

存在关于自然数的 (一阶的) 命题, 既不能用佩亚诺的公理证明, 也不能用它们来否证.

(对这个定理时常加上一个前提, 即 "如果佩亚诺公理是相容的 ……". 然而, 既然我们已经接受了自然数的存在, 也就知道了佩亚诺公理是相容的, 因为已经有了自然数作为它的模型. 所以在这里, 限制语就没有必要了, 但是在讨论相容性还不清楚的公理时, 就必须加上这句话).

哥德尔的证明很长, 但是它只是基于两个简单的思想. 第一个是哥德尔计数 (Gödel numbering), 这是把一个公式或公式序列用一个自然数来编码的系统的机械的方法, [这个自然数就称为这个公式或公式序列的**哥德尔数**].

可以证明, 存在一个两变元的公式 $\pi(x, y)$, 使得对于两个自然数 m 和 n, $\pi(m, n)$ 当且仅当 "n 为 m 的证明时" 为真, 这其实是 "如果 ϕ 是一个以 m 为哥德尔数的公式, ψ 是以 n 为哥德尔数的一串公式, 而且是 ϕ 的证明" 这样一个事实的缩写. 稍微详尽的说明是: 存在一个两变元的公式 $\omega(x, y)$, 使得 $\omega(m, n)$ 为真当且仅当若有一个含有一个自由变元的公式 ϕ 以 m 为哥德尔数, 则 n 是 $\phi(m)$ 的证明的哥德尔数 (自由变元就是没有被放在量词下面的变元. 举一个例子, 如果 $\phi(x)$ 表示公式 $(\exists y) y^2 = x$, 则 x 就是一个自由变元. 对于这样选择的 ϕ, 数 n 就是 "ϕ 的哥德尔数是其一个完全平方" 这个公式的证明的哥德尔数).

现在令 $\psi(x)$ 为公式 $(\forall y)(\neg \omega(x, y))$. 如果 ϕ 是一个含有一个自由变元的公式, 而且其哥德尔数为 m, 则 $\psi(m)$ 告诉我们 $\phi(m)$ 没有证明 (它只是间接地告诉我们这件事情的), 它实际说的是: 没有一个 y 能够成为这件事情的证明的哥德尔数. 现在令 p 为公式 ψ 本身的哥德尔数, 而 ς 就是公式 $\psi(p)$.

这样就把我们引导到了哥德尔的证明的第二个思想: 自指 (self-reference). 公式 ψ 的设计很是巧妙, 它所断言的就是它自己的不可证明性, 因为 $\psi(p)$ 告诉我们, 以 $\phi(p)$ 为哥德尔数的公式是没有证明的, 这里的 ϕ 就是以 p 为哥德尔数的公式. 换句话说, 它告诉我们不存在 $\psi(p)$ 的证明. 既然 ς 断言了自己的不可证明性, 它自己就一定不可证明 (因为 ς 的证明就是 ς 没有证明的证明, 而这是荒谬的). 既然 ς 断定了自己的不可证明性, 而且是不能证明的, 所以它是真的, 而既然是真的, 就不可能否证 (可以怀疑, 这个关于 ς 为真的论证为什么不能看成是 ς 的证明. 答案是, 虽然它是 ς 的真理性的严格证明, 却不是佩亚诺算术的证明, 就是说, 它并不是从佩亚诺公理开始并且应用我们前面讨论的那些推理规则的证明).

哥德尔计数也允许哥德尔把这些公理作为一阶公式来考虑, 就是考虑为 $(\forall y)$ $(\neg(\pi(m,y)))$, 其中的 m 是公式 $0=s(0)$(或任意其他的矛盾的公式) 的哥德尔数. 下面就是哥德尔的第二定理:

不可能用佩亚诺公理来证明佩亚诺公理是相容的.

这些定理的证明并非专门只能适用于佩亚诺公理, 而可以适用于可以机械地识别的 (相容的) 公理系统, 只要它们足够强大而是描述自然数. 这样, 不能通过加上一个真的但不可证明的命题作为一个新的公理来恢复完全性. 因为加上了新公理而得到的公理系统仍然足够强大, 而可以适用哥德尔的定理.

似乎只要把所有关于自然数的真命题都作为公理, 就能够得到自然数的完全的公理化. 但是对于哥德尔的定理有一个要求, 就是这些公理应该可以用机械的方法加以识别 (在证明之始构造公式 $\pi(x,y)$ 时就需要这样做). 实际上, 我们可以由此导出 (如后来图灵[VI.94] 所指出的那样) 关于自然数的真命题并不能机械地加以识别 (也就是说它们的哥德尔数并不构成一个递归集合).

哥德尔的真的但是不能证明的命题对于数学的基础是很重要的, 但是它们本身并没有自身的内蕴的意义. 后来, Paris (Jeff B. Paris, 英国数学家) 和 Harrington (Leo Anthony Harrington, 1946–, 美国数学家) 给出了第一个数学上值得注意的但不能用佩亚诺公理证明的命题的例子, 他们的命题是关于拉姆齐定理[IV.19§2.2] 的. 后来又找到了许多 "很自然的不完全性" 的例子.

当然, 佩亚诺公理的相容性可以在较强的系统中得到证明, 只要把 (不可证明的) 相容性命题作为一个公理加进去就行了. 因为可以在集合论中去建造自然数的一个模型, 所以可以用集合论的 Z-F公理[IV.22§3.1] 加上选择公理[III.1](即所谓 ZFC) 去证明佩亚诺算术的相容性, 而这一点并不是那么平凡不足道的. 当然 ZFC 不能证明自己的相容性, 但是可以在更强的系统中 (例如加上一个适当 "大" 的基数如不可到达基数[IV.22§6]) 来导出 ZFC 的相容性.

对于数学的充分小的部分, 有时可以找到完全的公理系统 (就是一切真的命题都可以在其中得到证明的系统), 例如对于具有零和后继函数, 以及只包含加法的自然数理论, 这一点就可以做到. 这样看来, 乘法对于哥德尔的论证是至关重要的.

要看到佩亚诺公理的非范畴性, 这是比较容易的. 佩亚诺的公理有这样并不同构于自然数的模型. 算术的这种非标准的模型中包含了无穷大数 (就是大于所有自然数的数).

哥德尔的定理一直是哲学家们的战场, 他们在争辩着人的大脑是否决定论的机器 (如果是这样, 可以推测到我们将不能证明任意的形式不可证明的命题), 有幸的是, 本文中没有充分篇幅作更详细的讨论!

哥德巴赫猜想

见加法数论的问题与结果 [V.27]

V.16 Gromov 多项式增长性定理

如果 G 是一个群, 而 $g_1, \cdots, g_k$ 是它的生成元 (意思是 G 的每一个元都可以写成这些 g_i 和它们的逆的乘积), 这时就可以定义凯莱图如下: 以 G 的元为顶点, 而如果对于 G 的两个元素 g 和 h, 能够找到一个生成元 g_i 使得 h 等于 gg_i 或 gg_i^{-1}, 就用一个边把 g 和 h 连接起来.

对于每一个 r, 令 γ_r 表示离恒等元的距离最多为 r 的元的个数, 就是可以写成一个 "字" 的元的个数, 而这个字全由生成元及其逆构成, 其长度最多为 r (例如, 若 $g = g_1 g_4 g_2^{-3}$, 则可知它属于 γ_5). 可以证明, 如果 G 是一个无限群, 则集合 γ_r 大小的增长率能够说明很多关于 G 的事情. 特别是在增长率不及指数增长时是这样 (增长率总是以指数函数为上界的, 因为对于生成元 $g_1, \cdots, g_r$ 具有给定长度的字最多有指数多个).

如果 G 是由 $g_1, \cdots, g_k$ 生成的阿贝尔群, 则 γ_r 中的每一个元都有 $\sum_{i=1}^{k} a_i g_i$ 的形式, 其中的 $a_1, \cdots, a_k$ 是适合条件 $\sum_{k=1}^{r} |a_i| \leqslant r$ 的整数. 由此易见 γ_r 的大小最多是 $(2r+1)^k$(稍微多费一点劲, 还可以改善这个上界). 这样, 当 r 趋于无穷时, γ_r 的增长率以 r 的一个 k 次多项式为上界. 如果 G 是一个由 $g_1, \cdots, g_k$ 生成的自由群[IV.10§2], 则所有对于 g_i(而非其逆) 的长度为 r 的字都是 G 中的不同的元, 所以 γ_r 的大小至少是 k^r. 这样, 在这个情况下增长率是指数的. 更一般地说, 只要 G 中包含了一个非阿贝尔自由子群, 就恒有指数的增长率.

这样一些观察暗示了只要 G 更像是一个阿贝尔群, 增长率就倾向于更小. Gromov 定理是沿着这条思路的非凡的准确的结果. 它指出, 集合 γ_r 的增长率以 r 的一个多项式为上界的充分必要条件是: G 有一个幂零的具有有限指标的子群. 这个条件确实是说 G 有点像阿贝尔群, 因为幂零群 "接近于阿贝尔群", 而具有有限指标的子群则 "接近于整个群". 例如**海森堡群**就是一个典型的幂零群, 它是由这样的 3×3 矩阵组成的, 这些矩阵的主对角线下方都是 0, 主对角线上都是 1, 而主对角线上方是整数. 给定了两个这样的矩阵 X 和 Y, 乘积 XY 和 YX 只是右上角不同, 而 "误差矩阵" $XY - YX$ 与群中一切元都是可交换的. 一般说来, 一个幂零群总是由一个阿贝尔群以一种可控制的形式经过有限多步建造出来的.

关于这个定理以及 "幂零" 的定义, 在条目几何和组合群论[IV.10] 里有较详细的讨论. 在这里要突出一个精彩的部分, 是**刚性定理**的一个漂亮的例子: 如果一个群的性态和幂零群大体相同 (因为集合 γ_r 的增长率是多项式的), 则它必以一种精确的代数方式与幂零群相关 (条目 Mostow 强刚性定理[V.23] 中还有这种定理的另一个例子).

V.17　希尔伯特零点定理

令 $f_1, \cdots, f_n$ 是一组 d 个复变量 $z_1, \cdots, z_d$ 的多项式, 如果能够找到另一组多项式 $g_1, \cdots, g_n$ 使得对于任意复的 d 元组 $z = (z_1, \cdots, z_d)$ 都有

$$f_1(z)\,g_1(z) + f_2(z)\,g_2(z) + \cdots + f_n(z)\,g_n(z) = 1.$$

立即可以得知这样一个 d 元组 $z = (z_1, \cdots, z_d)$ 绝不可能同时是所有单个 f_i 的零点, 因为否则上式左方将为零. 值得注意的是, 逆定理也成立, 就是说, 如果没有一个 d 元组使得所有单个的 f_i 都同时为零, 则可以找到多项式 g_i 使上面的恒等式成立, 这个结果称为**弱零点定理**.

可以用一个简短的 (但是聪明的) 论证从弱零点定理导出希尔伯特零点定理, 它又是这样一个命题: 一个很明显为必要的条件被证明也是充分的. 设 h 是另一个 d 个复变量的多项式, r 是一个正整数使得 h^r 可以对某一组多项式 $g_1, \cdots, g_n$ 写成 $f_1 g_1 + f_2 g_2 + \cdots + f_n g_n$ 的形式. 由此立即知道当对于每一个 i, $f_i(z) = 0$ 时, 立即有 $h(z) = 0$. 希尔伯特零点定理指出: 如果对于每一个 i, $f_i(z) = 0$, 则一定存在一个正整数 r 和一组多项式 $g_1, \cdots, g_n$, 使得 $h^r = f_1 g_1 + f_2 g_2 + \cdots + f_n g_n$.

在条目代数几何[IV.4§§5, 12] 中, 对于希尔伯特零点定理作了进一步的讨论.

V.18　连续统假设的独立性

实数集合是不可数的[III.11], 但是它是不是最小的不可数集合? 或者换一个等价的说法, 如果 A 是一个任意的实数集合, 则是否有下面的情况: 或者 A 是可数集合, 或者在 A 与所有实数的集合之间存在一个双射? **连续统假设**(简记为 CH) 就是这样一个论断: 情况确实是这样的. 可数与不可数的概念是康托[VI.54] 发明的, 他也是第一个提出 CH 的人. 他费了很大的劲来证明它或者否证它, 在他以后还有许多人这样做, 但是都没有成功.

逐渐地, 数学家们开始得出了这样的思想, 就是 CH 可能是 "独立于" 正常的数学的, 就是独立于集合理论的 ZFC公理[VI.22§3.1], 这就意味着既不能用 ZFC 来证明它, 也不能用 ZFC 来否证它.

这方面第一个结果归功于哥德尔[VI.92], 他证明了 CH 不可能用通常的公理来否证. 换句话说, 假设了 CH 并不会得到矛盾. 为了做到这一点, 他证明了在集合理论的每一个模型[VI.22§3.2] 里都有一个模型使得 CH 在其中成立. 这个模型称为 "可构造宇宙". 粗略地说, 这个宇宙包含了为使 CH 成立 "必须要存在" 的那些集合. 所以, 在这个模型中, 全体实数的集合是尽可能最小的. "最小的不可数大小" 通常记作 $\aleph_1$, 而在哥德尔的构造中, 全体实数的集合是在 $\aleph_1$ 个阶段中出现的, 而在每个阶段最多只有可数多个实数出现. 由此就知道实数的个数是 $\aleph_1$, 而这就是 CH 的论断.

另一个方向上的成就却要等待近三十年, 直到 1963 年科恩 (Paul Cohen) 才发明了**力迫方法**. 我们怎样使 CH 不真呢? 从集合论的某个模型开始 (设在此模型中 CH 可能成立), 我们设法对它 "增加" 一些实数进去. 说真的, 我们要增加进去足够多的实数, 使得现在有多于 $\aleph_1$ 个实数, 但是怎样来 "加进" 实数呢? 我们需要保证这样得到的仍是集合论的一个模型, 这已经很难了, 另外, 当加进新实数时, $\aleph_1$ 的值并没有改变 (因为不然的话 "实数的个数为 $\aleph_1$" 这样一个命题在新模型中可能仍然成立). 这是一个在概念上和技术上都极为复杂的任务. 关于它是如何实现的, 细节可以在条目集合理论[IV.22] 中看到.

V.19 不 等 式

设 x, y 是两个非负实数, 则 $\left(\sqrt{x} - \sqrt{y}\right)^2 = x + y - 2\sqrt{xy}$ 也是一个非负实数, 由此可得 $\frac{1}{2}(x + y) \geqslant \sqrt{xy}$. 就是说, x 和 y 的**算术平均值**(简记为 AM) 至少和它们的**几何平均值**(简记为 GM) 一样大. 这个结论是一个数学不等式的非常简单的例子, 它对 n 个变量情况的推广称为**AM-GM 不等式**.

在任何数学分支中, 只要哪怕有最轻微的分析味道, 不等式都有极大的重要性, 除分析本身以外, 这里还包括了概率论、组合学的一部分、数论和几何学. 在分析的某些比较抽象的部分, 不等式的重要性不那么大, 但是, 只要想应用抽象的结果, 立即就会需要不等式了. 例如, 想要证明关于巴拿赫空间[III.62] 之间的连续线性算子[III.50] 的定理不一定总要用到不等式, 但是, 特定的巴拿赫空间的特定的连续线性算子为连续这样的命题就是一个不等式, 而且时常是很有趣的不等式. 由于篇幅限制, 本文中只能给出少数几个不等式, 但是我们希望把任何分析学家的工具箱里最重要的那一些包括进来.

詹森(Johan Ludwig William Valdemar Jensen, 1859–1925, 丹麦数学家)**不等式**是另外一个相当简单但是很有用的不等式. 一个函数 $f: \mathbf{R} \to \mathbf{R}$ 如果适合以下条件, 就称为一个凸函数: 对于任意的适合条件 $\lambda + \mu = 1$ 的非负实数 λ 和 μ, 都有

$f(\lambda x + \mu y) \leqslant \lambda f(x) + \mu f(y)$. 从几何上看这就是说, 这个函数的所有的弦都位于函数图像相应部分的上方. 用直接的归纳推理就可以对于 n 个数的情况, 对于凸函数证明同样的性质: 对于任意的非负实数 λ_i, 当 $\lambda_1 + \cdots + \lambda_n = 1$ 时, 必有

$$f(\lambda_1 x_1 + \cdots + \lambda_n x_n) \leqslant \lambda_1 f(x_1) + \cdots + \lambda_n f(x_n).$$

这就是詹森不等式.

指数函数[III.25] 的二阶导数是正的, 所以它们是凸函数. 如果 $a_1, \cdots, a_n$ 都是正实数, 我们把詹森不等式应用于指数函数和 $x_i = \log(a_i)$, 然后利用指数和对数函数[III.25§4] 的性质, 就会得到

$$a_1^{\lambda_1} \cdots a_n^{\lambda_n} \leqslant \lambda_1 a_1 + \cdots + \lambda_n a_n.$$

此式称为**加权 AM-GM 不等式**. 当所有的 λ_i 都于 $1/n$ 时, 它就归结为通常的 AM-GM 不等式. 把詹森不等式用于其他著名的凸函数, 就会生成几个其他的著名的不等式. 举一个例子, 把它用于函数 x^2, 就会得到不等式

$$(\lambda_1 x_1 + \cdots + \lambda_n x_n)^2 \leqslant \lambda_1 x_1^2 + \cdots + \lambda_n x_n^2, \tag{1}$$

此式可以这样解释: 如果 X 是在有限样本空间上的一个随机变量[III.71§4], 则 $(\mathbb{E}X)^2 \leqslant \mathbb{E}X^2$.

柯西–施瓦兹不等式可能是整个数学中最重要的不等式. 设 V 是一个向量空间[注①], 而且其上有内积[III.37]$\langle \cdot, \cdot \rangle$. 在 V 是实向量空间的情况下, 如条目希尔伯特空间[III.37] 所指出的那样, 内积 $\langle u, v \rangle$ 是一个实数, 对其两个变元 u 和 v 分别都是线性的, 而且具有下面的性质:

(i) $\langle u, v \rangle = \langle v, u \rangle$. $\langle u, u \rangle = \|u\|^2$, 就是 V 中的 (欧几里得) 范数的平方.

(ii) 对任意向量 u, v, w 以及任意标量 (实数)λ, μ, 有

$$\langle \lambda u + \mu v, w \rangle = \lambda \langle u, w \rangle + \mu \langle v, w \rangle; \quad \langle u, \lambda v + \mu w \rangle = \lambda \langle u, v \rangle + \mu \langle u, w \rangle.$$

(iii) $\langle v, v \rangle \geqslant 0$, 而且当且仅当 $v = 0$ 时等号成立.

---

① 原书规定 V 为实向量空间, 并且具有内积, 然后下面又考虑向量的分量为复数的情况, 这样做会出现矛盾. 因为如果取一个非零向量 v, 应有 $\|v\|^2 = \langle v, v \rangle > 0$. 如果我们认可这里的标量和分量可以取复值, 就会出现下面的矛盾: $0 < \langle iv, iv \rangle = i^2 \langle v, v \rangle = -\langle v, v \rangle < 0$. 因此如果想要把本文中的柯西–施瓦兹不等式推广到复域, 就应该进入具有厄尔米特内积的复向量空间, 或称厄尔米特空间、酉空间. 此外, 原书在证明实向量空间中的柯西–施瓦兹不等式时, 由 $0 \leqslant \|x - y\|^2 = \langle x - y, x - y \rangle = 2 - 2\langle x, y \rangle$(这里设 $\|x\| = \|y\| = 1$), 得到 $\langle x, y \rangle \leqslant \|x\| \|y\|$. 但是, 柯西–施瓦兹不等式正确的表述应该是 $|\langle x, y \rangle| \leqslant \|x\| \|y\|$. 因为这个不等式从几何上看就是余弦定律, 而向量 x, y 可以成钝角, 即 $\langle x, y \rangle < 0$. 按原书的写法, 则余弦定律的这 "一半" 成了平凡的关系式, 这当然是不恰当的. 由于这些理由, 译者改写了这几段的原文.—— 中译本注

在 V 是复向量空间的情况下, 内积 $\langle u, v \rangle$ 是一个复数, 而上面的这三个条件要改成:

(i′) $\langle u, v \rangle = \overline{\langle v, u \rangle} \cdots \langle u, u \rangle = \|u\|^2$, 就是 V 中的 (厄尔米特) 范数的平方.

(ii′) 对任意向量 u, v, w 以及任意标量 (复数)λ, μ, 有

$$(\lambda u + \mu v, w) = \lambda \langle u, w \rangle + \mu \langle v, w \rangle; \quad \langle u, \lambda v + \mu w \rangle = \bar{\lambda} \langle u, w \rangle + \bar{\mu} \langle u, w \rangle.$$

(iii′) $\langle v, v \rangle \geqslant 0$, 而当且仅当 $v = 0$ 时有等号成立. 现在因为由 (i′), 有 $\langle v, v \rangle = \overline{\langle v, v \rangle}$, 所以 $\langle v, v \rangle$ 仍是实数, 而规定 $\langle v, v \rangle \geqslant 0$ 是有意义的.

这时的内积时常称为厄尔米特内积, 而具有这个厄尔米特内积的复空间, 时常称为厄尔米特空间或酉空间, 而前面的具有实内积的空间称为欧几里得空间.

对于欧几里得空间和厄尔米特空间, 都有下面的不等式: 令 x 和 y 是这两个空间的任意元, 因为当 $y \neq 0$ 时 $\langle y, y \rangle > 0$, 而 $\langle y, y \rangle^{-1}$ 是有意义的, 令 $\lambda = \langle y, y \rangle^{-1} \langle x, y \rangle$, 经简单计算就有

$$0 \leqslant \langle x - \lambda y, x - \lambda y \rangle = \langle x, x \rangle - \langle y, y \rangle^{-1} |\langle x, y \rangle|^2,$$

所以 $|\langle x, y \rangle| \leqslant \|x\| \|y\|$. 这里的等号当且仅当 x 与 y 只相差一个标量因子时成立. 特别是当 $y = 0$ 时, 此式平凡地成立. 这就叫做欧几里得空间和厄尔米特空间上的**柯西–施瓦兹不等式**. 特别当 V 是有限维空间而其中的向量为 $(a_1, \cdots, a_n)$ 等等时, 则在实空间情况下, a_i 是实数; 而在复空间情况下, a_i 是复数, 内积分别为 $\sum_{i=1}^{n} a_i b_i$ 和 $\sum_{i=1}^{n} a_i \bar{b}_i$, 这两种情况下都会得到我们熟悉的柯西–施瓦兹不等式

$$\left| \sum_{i=1}^{n} a_i \bar{b}_i \right| \leqslant \left(\sum_{i=1}^{n} |a_i|^2 \right)^{1/2} \left(\sum_{i=1}^{2} |b_i|^2 \right)^{1/2} \tag{2}$$

(如果我们一开始就令向量为 $(|a_1|, \cdots, |a_n|)$ 等等, 则 (2) 的左方可以改成 $\sum_{i=1}^{n} |a_i b_i|$).

赫尔德(Otto Ludwig Hölder, 1859–1937, 德国数学家)**不等式**是柯西–施瓦兹不等式的一个重要推广, 它也有好几个版本, 而相应于 (2) 的一个是

$$\left| \sum_{i=1}^{n} a_i \bar{b}_i \right| \leqslant \left(\sum_{i=1}^{n} |a_i|^p \right)^{1/p} \left(\sum_{i=1}^{n} |b_i|^q \right)^{1/q}, \tag{3}$$

这里 p 在区间 $[1, \infty]$ 中, 而 q 是 p 的共轭指数, 其定义为适合 $1/p + 1/q = 1$ 的实数 ($1/\infty$ 解释为 0). 如果记 $\|a\|_p = \left(\sum_{i=1}^{n} |a_i|^p \right)^{1/p}$, 这个不等式就可以简洁地写成 $|\langle a, b \rangle| \leqslant \|a\|_p \|b\|_q$.

对于每一个序列 a, 找一个非零的序列 b 使得上面不等式中有等号成立, 这是一个容易的练习. 同样, 如果把 b 按某个非负因子为尺度放大, 则不等式双方将按同样的尺度放大, 所以 $\|a\|_p$ 是 $|\langle a,b\rangle|$ 在集合 $\|b\|_q = 1$ 上的最大值. 利用这个事实, 就容易验证函数 $a \mapsto \|a\|_p$ 满足**闵可夫斯基不等式** $\|x+y\|_p \leqslant \|x\|_p + \|y\|_p$.

这就能够使您对于赫尔德不等式何以重要有了一点感觉. 只要有闵可夫斯基不等式成立, 很容易验证 $\|\cdot\|$ 是 $\mathbf{R}^n$(或 $\mathbf{C}^n$) 的范数[III.62]. 这是我们在本文开始处提到的一个现象的又一个例子, 想要证明某个赋范空间确实是赋范空间, 则需要证明一个关于实数的不等式. 特别是, 再回过头来看 $p=2$ 的情况, 就知道希尔伯特空间[III.37] 的全部理论就是建立在柯西–施瓦兹不等式的基础上的.

闵可夫斯基不等式是**三角形不等式**的一个特例, 这个不等式说, 如果 x,y 和 z 是度量空间[III.56] 中的三个点, 则 $d(x,z) \leqslant d(x,y) + d(y,z)$, 这里 $d(a,b)$ 表示 a,b 两点的距离. 按这样的说法, 所谓三角形不等式其实只是同义语的反复, 因为它实际上是度量空间的公理之一. 然而, 说某一个特定的距离概念是一个度量, 这个命题就远非一句空话了. 如果我们的空间是 $\mathbf{R}^n$, 而定义 $d(a,b)$ 为 $\|a-b\|_p$, 则容易看到, 闵可夫斯基不等式等价于这个距离概念下的三角形不等式.

上面我们讲的不等式如柯西–施瓦兹不等式、赫尔德不等式和闵可夫斯基不等式都是在有限维的向量空间 $\mathbf{R}^n$(或 $\mathbf{C}^n$) 中讲的, 在函数空间中, 它们都有自己的 "连续类比". 以赫尔德不等式为例, 设 f 和 g 是定义在 $\mathbf{R}$ 上的实值 (或复值) 函数, 定义 $\langle f,g\rangle = \int_{-\infty}^{\infty} f(x)g(x)\,\mathrm{d}x$(或 $\int_{-\infty}^{\infty} f(x)\bar{g}(x)\,\mathrm{d}x$)[1], 而记 $\|f\|_p = \left(\int_{-\infty}^{\infty} |f(x)|^p\,\mathrm{d}x\right)^{1/p}$, 这时又有 $|\langle f,g\rangle| \leqslant \|f\|_p \|g\|_q$, 这里 q 是 p 的共轭指数[2]. 詹森不等式的连续版本是另一个例子, 它指出, 在连续的背景下, 如果 f 是凸函数而 X 是随机变量, 则 $f(\mathbf{E}X) \leqslant \mathbf{E}f(X)$.

迄今提到的不等式都是在比较两个量 A 和 B, 而确定这两个量之比为最大时的极端情况, 一直都是容易的, 但是并非所有的不等式都是这个类型的. 例如考虑下面两个与实数序列 $a = (a_1, a_2, \cdots, a_n)$ 相关的量, 其一是它的范数 $\|a\|_2 = \left(\sum_{i=1}^n a_i^2\right)^{1/2}$, 另一个是 $\left|\sum_{i=1}^n \varepsilon_i a_i\right|$ 在 2^n 个序列 $(\varepsilon_1, \varepsilon_2, \cdots, \varepsilon_n)$ 上的平均值, 这里 ε_i 等于 $+1$ 或 -1(换句话说, 对于每一个 i, 可以随机地决定对于 a_i 乘以 -1 与否, 然后把这些结果加起来, 求这个和的期望的绝对值), 第一个量并不是总小于第二个.

[1] 前一个积分时常称为欧几里得内积, 后一个则称为厄尔米特内积, 而在有些文献上是用圆括弧 (f,g) 来表示的.—— 中译本注

[2] 还有一个无限维类比, 就是令向量在 ℓ_2 或 ℓ_p 中, 这时只要把 (2) 和 (3) 中的求和记号改成 $\sum_{i=1}^{\infty}$ 就行了.—— 中译本注

例如, 令 $n = 2$ 而 $a_1 = a_2 = 1$, 则第一个量是 $\sqrt{2}$, 而第二个量是 1. 然而有一个值得注意的命题: **Khinchin 不等式**(或者准确一点说, 是 Khinchin 不等式的一个重要的特例[1]) 指出, 存在一个常数 C 使得第一个量绝不会大于第二个量的 C 倍. 利用不等式 $EX^2 \geqslant (EX)^2$ 不难证明第一个量至少是和第二个量一样大, 所以这两个看起来很不相同的量事实上是 "等价的, 即只相差一个常数因子", 但是这个常数因子的最佳值是多少? 换句话说, 第一个量可以比第二个量大多少倍? 这个问题一直到 1976 年才由 Stanislaw Szarek 解决, 那已经是 Khinchin 不等式发现后的五十多年了. 而其答案居然就是上面提到的极端情况下的比值, 即第一个量与第二个量之比不会超过 $\sqrt{2}$.

这个情况是很典型的. 另一个最佳常数的发现比不等式的发现晚得多的例子是**Hausdorff-Young 不等式**, 它把一个函数的范数与其傅里叶变换[III.27] 的范数连接起来了. 设 $1 \leqslant p \leqslant 2$, 而 f 是一个由 **R** 到 **C** 的函数, 使得范数

$$\|f\|_p = \left(\int_{-\infty}^{\infty} |f(x)|^p \, \mathrm{d}x \right)^{1/p}$$

存在而且有限. 令 $\hat{f}$ 为 f 的傅里叶变换, 而 q 是 p 的共轭指数. 这时一定有一个只依赖于 p(不依赖于 f) 的常数 C_p 使得 $\left\| \hat{f} \right\|_q \leqslant C_p \|f\|_p$, 这就是 Hausdorff-Young 不等式. 最佳的 C_p 值又多年来是一个未解决的问题[2]. 为什么会这样困难? 这一个结果需要从许多事实中逐步收集起来, 其中就包括了这里的极端情况是高斯函数 $f(x) = \mathrm{e}^{-(x-\mu)^2/2\sigma^2}$ 这样的事实. Hausdorff-Young 不等式证明的要点可以参看条目调和分析[IV.11§3].

有一类重要的不等式称为**几何不等式**, 其中进行比较的量是与几何对象相关联的参数, 这类不等式的著名例子是**Brunn-闵可夫斯基不等式**, 它指出: 令 A 和 B 是 $\mathbf{R}^n$ 的两个子集, 定义 $A + B = \{x + y; x \in A, y \in B\}$. 于是

$$(\mathrm{vol}\,(A + B))^{1/n} \geqslant (\mathrm{vol}\,(A))^{1/n} + (\mathrm{vol}\,(B))^{1/n},$$

这里 $\mathrm{vol}\,(X)$ 表示集合 X 的 n 维体积 (或者比较形式地说是勒贝格测度[III.55]). Brunn-闵可夫斯基不等式可以用来证明同样著名的 $\mathbf{R}^n$ 中的**等周不等式**(它是一大类等周不等式中的一个). 不太形式地说, 这个不等式说的就是在 $\mathbf{R}^n$ 中的所有具有给定体积的集合中, 表面积最小的就是球. 为什么可以从 Brunn-闵可夫斯基不等式得到这个结果, 在条目高维几何学及其概率类比[IV.26] 中有解释.

---

① 关于 Khinchin 不等式, 请参看条目**遍历定理**[V.9] 的脚注.—— 中译本注

② Hausdorff-Young 不等式最早是 1913 年由 William Henry Young 对某些特殊的 q 证明, 而豪斯道夫在 1923 年一般地证明了的. 但是直到 1975 年, 才由 William Beckner(1941–, 美国数学家) 在 n 维情况下给出了 C_p 的最佳值为 $(p^{1/p}/q^{1/q})^{n/2}$, 前后相差六十多年. —— 中译本注

　　我们要以一个进一步的不等式来结束不等式的这个简短的样本, 这就是**索伯列夫不等式**, 它在偏微分方程中很重要. 设 f 是一个由 $\mathbf{R}^2$ 到 $\mathbf{R}$ 的可微函数, 我们可以把它的图像想象成为一个位于 xy 平面上方的曲面. 又设 f 具有紧支集, 就是说存在一个实数 M, 使当 (x,y) 到 $(0,0)$ 的距离大于 M 时 $f(x,y)=0$. 我们现在想把用某个 L_p 范数来表示的 f 的大小用它的梯度[I.3§5.3] 在另一个 L_p 中的范数来估计, 在这里函数 f 的 L_p 范数定义为

$$\|f\|_p = \left(\int_{\mathbf{R}^2} |f(x,y)|^p \, \mathrm{d}x\mathrm{d}y \right)^{1/p}.$$

在一维情况下, 很清楚这样的估计是不可能的. 例如, 可以有一个函数, 在区间 $[-M,M]$ 上为 1, 在较大的区间 $[-(M+1),(M+1)]$ 外为 0, 而在这两个区间之间光滑地衰减. 这样, 当增大 M 时, 不会改变导数的大小, 只是把它的两个不为 0 的部分推向远处, 而不会改变它们的积分的大小. 但是在另一方面, 当把 M 增大时, 作为 f 的范数的积分会无限地增加. [所以 $\|f\|_p \leqslant C \|f'\|_p$ 类型的估计是不可能的]. 但是, 在二维情况下, 不可能做出这样的构造, 因为现在当函数的大小增加时, 它的 "边界" 也会扩大. 索伯列夫不等式告诉我们, 若 $1 \leqslant p < 2$, 令 $r = 2p/(2-p)$, 则 $\|f\|_r \leqslant C_p \|\nabla f\|_p$. 要想看到为什么这可能是合理的, 考虑 $p=1$ 的情况, 这时 $r=2$. 令 f 在以圆点为心、半径为 M 的圆内为 1, 而在同心的半径为 $M+1$ 的圆外为 0. 则当 M 增加时, 范数 $\|f\|_2$ 大体上与 M 成比例地增加 (因为 $\|f\|_2^2$ 近似地等于以 M 为半径的圆盘的面积). $\|\nabla f\|_1$ 也是一样 (因为它大体上与此圆的周长成比例). 这种形式的论证暗示了在索伯列夫不等式与平面上的等周不等式之间有密切的关系, 而且也和等周不等式一样, 对于每一个维数 n, 各有一个索伯列夫不等式; 高维情况下的结果与上面 2 维情况的结果形式一样, 只不过现在的条件是 $1 \leqslant p < n$, 而 $r = np/(n-p)$.

V.20　停机问题的不可解性

　　说完全懂得了某一个数学领域是什么意思? 一个可能的答案是: 当能够机械地解出它的一切问题时, 您就懂得它了. 例如考虑下面的问题. 吉姆现在的年纪是他妈妈年纪的一半, 而 12 年后将是她的年纪的五分之三. 现在他妈妈的年纪多大? 对于一个年纪大到刚好能够懂得 "五分之三" 的概念的孩子, 这可能是一个难得无法下手去解决的问题. 一个稍大一点的聪明的孩子, 可能用劲想一想就能解决了. 他的方法里可能包含一些试算一下, 错了再试的过程. 但是对于任何一个知道怎样把它列成方程, 又知道怎样解两个联立的线性方程的人, 这个问题就完全是一个按部就班的问题: 令吉姆现在的年纪是 x, 而现在他妈妈的年纪是 y, 这个题目告诉我

们 $2x = y$, 以及 $5(x+12) = 3(y+12)$. 第二个方程可以重写为 $3y - 5x = 24$; 把 $y = 2x$ 代进去, 就给出 $x = 24$, 所以 $y = 48$.

一个人数学学得越多, 他就更会看见, 原来似乎很难、需要有特殊的聪明才智才能解决的问题都变成了上面那样的按部就班的问题了. 这就诱惑人们去问, 是否整个数学最终都可以化成一个机械的程序, [就是固定的一步跟着一步的解法]. 哪怕觉得这是过分的奢望, 还是会对某一类自然的问题, 例如联立的线性方程组的问题, 希望做到这一点的. 说不定对于充分 "自然" 的数学问题的类, 总会有这样机械的程序, 哪怕没有系统的方法来得出这种程序.

有一类问题已经被人深入地研究过好几个世纪了, 这就是丢番图方程, 它是一元或多元的方程, 而我们明确要求其解为整数. 最著名的丢番图方程就是费马方程 $x^n + y^n = z^n$, 虽然这里出现了一点麻烦, 就是有一个变元 n 是作为指数出现的. 如果我们限制于关注多项式方程, 就是诸如 $x^2 - xy + y^2 = 157$ 那样的方程, 是否有系统的方法来分辨这样一个方程有无整数解?

方程 $x^2 - xy + y^2 = 157$ 的左方可以写为 $\left(x^2 + y^2 + (x-y)^2\right)/2$, 所以任何的解 (x,y) 必须满足 $x^2 + y^2 \leqslant 314$, 这样就可以费不了多少时间去搜索所有可能的解, 而很快就能找到解 $x = 12, y = 13$(或者反过来 $x = 13, y = 12$). 这是在条目代数数[IV.1§1] 中讨论的佩尔方程的一个特例, 而佩尔方程是可以借助于连分数[III.22] 来系统地解决的, 这就引导到所有的次数不高于 2 的二元多项式方程的系统的解法.

到了 19 世纪末, 这些和另外的丢番图方程大多已经完全解决了, 但是没有一个单个的方法可以总体地处理所有的丢番图方程, 这个状况促使希尔伯特[VI.63] 把下面的问题放在他的著名的 23 个待解决问题的清单里面, 作为其第 10 个: 是否有单独的普适程序来解决所有的任意多个变量的多项式丢番图方程. 后来, 在 1928 年他又问了前面提到的更一般的问题: 是否有一个普适的程序来判定任意数学命题的真或不真? 这就是著名的 "**判定问题**"(德文是 Entscheidungsproblem).

希尔伯特认为至少是希望这两个问题的答案都是肯定的. 换句话说, 他希望他那个时代的数学家都好像是还没有学会联立线性方程的小孩子. 说不定一个新时代的曙光就要出现, 那时至少在原则上有可能系统地求出所有数学问题的解答, 而不必诉诸天生的才智.

有利于这个观点的证据其实并不是很有力的, 有些类的问题可以完全系统地解决, 但是另外一些, 包括丢番图方程, 则好比挡路的顽石, 灵巧心思在数学研究中的作用还是和过去一样重要. 但是, 如果要对希尔伯特的问题给出一个反面的回答, 又会面临一个重大的挑战: 为了严格地证明不存在完成某项任务的系统的程序[①],

---

① 这里所谓 "程序" 并非专指计算机程序, 而是泛指普遍适用于这一类问题的固定的一系列解题的步骤.—— 中译本注

就必须把所谓 "系统的程序" 的概念弄得绝对清楚.

时至今日, 这个问题有一个很容易的解答: 所谓系统的程序就是您编出来供计算机使用的随便什么东西 (严格地说, 这也把问题过分简单化了, 因为还得作一个理想的假设, 就是计算机要有无限的存储空间). [仍以解联立的线性方程为例], 如果我们能设计出一个计算机程序来做这件事, 这就反映了我们有了一种感觉: 我们不必太费劲就能解出这个方程组 (虽然话是这样说, 想要这个程序迅速而且在数值上灵活耐用, 还是会遇到许多有趣的问题, 请参看条目数值分析[IV.21§4]). 然而, 希尔伯特是在计算机没有发明以前提出这个问题的, 所以, 当丘奇[VI.89] 和图灵[VI.94] 在 1936 年能够独立地把算法[IV.20§1] 的概念加以形式化, 这是一项非凡的数学成就, 即他们分别对于算法的概念给出了精确的定义. 他们的定义是很不相同的, 但是后来又证明了是互相等价的, 就是说, 任何可以用丘奇意义下的算法解决的问题也都可以用图灵意义下的算法来完成, 反过来也一样. 图灵的形式化在条目计算复杂性[IV.20§1.1] 中讨论过, 而在算法[II.4§3.2] 这个条目中则描述了丘奇的形式化. 然而就本文之所需, 我们将要使用这一段文字开始时的那个具有时代特点的定义.

事实上, 只要有了任意的关于 "算法" 的充分准确的定义, 那么, 离希尔伯特的问题的否定的答案就只有一步之遥了. 为了看到这一点, 设 L 是某一种程序语言 (例如 PASCAL 或 C++). 给定了一串符号, 我们可以就这串符号问下面的问题: 如果把这串符号作为 L 语言下的程序输入计算机, 这个程序是会永远运转下去还是最后会停下来呢? 这就叫做**停机问题**(注意, "问题" 两字在此是指 "一类问题"). 停机问题看起来不像一个数学问题, 但是它的某些情况确实是数学问题. 举一个例子, 约略地看一下下面的程序, 就会知道它是在做下面的事情: 在存储里划定某个部分, 先在其中存进一个偶数 n, 开始时把它设定为 6. 然后这个程序就会对于每一个小于 n 的奇数 m 去检验是否 m 和 $n-m$ 都是素数. 如果对于某个 m 答案为是, 这个程序就会把 n 加上 2 然后再重复上面的做法; 如果对所有的 m 答案均为否, 程序就会停机. 这个程序当且仅当哥德巴赫猜想[V.27] 不成立时才会停机.

图灵证明了不存在解决停机问题的系统的程序 (丘奇对于他的递归函数的概念也证明了类似的结果). 我们来看一下图灵的论据对于语言 L 是怎样工作的. 这时, 这个论证证明了没有一种系统的程序可以识别哪些符号串能构成 L 语言的可以停机的程序, 而哪些符号串则不能. 证明是用反证法, 所以开始时设有一个这样的程序存在, 称它为 P. 设语言 L 和绝大多数语言一样, 就是和对于典型的程序一样, 要求有一个**输入**, 它会影响程序以后的行为. 于是 P 就会在给定了一对符号串 (S, I) 后, 能够说出来 S 在输入是 I 时是否一个会停机的程序.

现在我们从 P 造出一个新的程序 Q 来. 给定一个符号串 S, 开始时让 Q 在对

子 (S, S) 上运行 P. 如果 P 判定 S 在以其自身为输入时不会停机, 就规定 Q 停机. 但是, 如果 P 判定 S 在以其自身为输入时会停机, 就人为地把 Q 转到一个无限的死循环上去, 这样它就不会停机 (如果 S 在语言 L 中不是一个适用 (valid) 的程序, [当然 Q 就不能在 (S, S) 上运行], 这时我们也说 Q 停机了 —— 虽然这其实没有关系). 总结起来, 如果 S 对于 S 停机, 则 Q 对 S 不停机, 而如果 S 对于 S 不停机, 则 Q 对 S 停机.

现在设 S 就是 Q 本身, 那么对于这样的输入 S, Q 会不会停机? 如果它停机了, 就是 S 对于以自己为输入时停机了, 所以 Q 不会停机. 如果它不停机, 则 S 对于以自己为输入时不停机, 所以 Q 停机了. 这就是矛盾, 所以由 P 生成了一个矛盾, 因此 P 不会存在.

这就解决了一般形式下的希尔伯特的问题: 不存在一种能够判定任何数学命题是真或不真的算法, 这个问题是通过对于给定的算法构造一个人为的命题来解决的. 但是, 我们还没有就一个特定的比较自然的一类问题 —— 例如给定的丢番图方程是否有解的问题 —— 回答这个问题.

然而, 值得注意的是, 这一类特定的问题时常可以证明是**等价**于一般问题的, 办法是通过所谓**编码**(encoding). 举一个例子: 不存在一种算法, 使得若以一个多边形的 "铺面砖"(tiles) 在适当的表示下为输入, 这种算法能够告诉您能否用这样的 "铺面砖" 来铺满整个平面. 我们怎么知道不存在这种算法呢? 给定了任意的算法, 有一个巧妙的方法来设计一套 "铺面砖", 使得当且仅当这这算法能够停机时, 这套 "铺面砖" 才能铺满整个平面. 所以, 如果真有这样一种算法来判定这些砖片能否铺满平面, 就有一种算法来解决停机问题, 而这种算法是没有的.

比较具体的问题的另一个例子是**群论中的字问题**是没有算法的. 这里给定了一个群的生成元和关系的集合, 问这个群是否平凡的, 就是只含恒等元. 这一次是想要找到决定一个群是否平凡的算法. 但是, 这个问题的算法又一次会给出可以解决停机问题的算法, 所以这个问题的算法是没有的. 用来解决这个问题的编码过程比解决铺砖问题的编码要困难得多: 群论中的字问题的不可解性是 Pyotr Novikov(Pyotr Sergeyevich Novikov, 1901–1975, 前苏联数学家, 他的儿子 Sergei Petrovich Novikov, 1938–, 也是数学家) 在 1952 年证明的著名定理. 这个问题的比较详细的解释可见条目几何和组合群论[IV.10].

最后, 关于希尔伯特第十问题又如何呢? 这又是一个非常著名非常困难的问题, 是由 Yuri Matiyasevitch (Yuri Vladimirovich Matiyasevich, 1947–, 前苏联和俄罗斯数学家和计算机科学家) 在 1970 年在 Martin Davis, Hilary Putnam 和 Julia Robinson 的工作的基础上解决的. Matiyasevitch 作出了一个含 10 个方程的方程组, 其中有两个参数 m 和 n, 而这个方程组当且仅当 m 是第 $2n$ 个斐波那契数[VI.6] 时有整数解. 由 Julia Robinson 的工作可知, 给定任何有整数输入的算法, 都存在一个丢番图方程, 其中含有一个参数 q, 而这个方程组当且仅当这个算法不在 q 处停机时可解. 这就是说, 停机问题的任何一个特例都可以用一个丢番图方程组来编码, 所以没有一个一般的算法来判定一个丢番图方程组是否可解.

不同的人从这些结果中得到了不同的教益. 在有些数学家看来, 不论计算机将来会何等有力, 在数学中总有人类的创造性活动的余地. 另外一些人则坚持, 虽然现在知道了我们不能系统地解决所有的数学问题, 这对于绝大部分数学的影响是很小的, 我们应该明白, 某些类的问题有时是等价于停机问题的, 就这么简单. 还有人指出, 时常是制定一个算法容易, 而让它有效要困难得多. 这个问题在条目计算复杂性[IV.20] 中有详细的讨论.

图灵关于停机问题不可解的论据与哥德尔定理[V.15] 有密切的关系, 这两个证明都用到了对角线论证, 这种论证在条目可数与不可数集合[III.11] 中讨论过.

V.21　五次方程的不可解性

每一个中学生都熟悉二次多项式 ax^2+bx+c 的根的公式, 即 $(-b \pm \sqrt{b^2-4ac})/2a$. 对于三次多项式也有一个根的公式, 可能就不那么熟悉了. 把三次多项式写成 x^3+ax^2+bx+c, 并且作一个变换 $y=x+a/3$ 把它化成 y^3+hy+k. 这个多项式的根就是

$$\sqrt[3]{\frac{1}{2}\left(-k+\sqrt{k^2+4h^3}\right)} + \sqrt[3]{\frac{1}{2}\left(-k-\sqrt{k^2+4h^3}\right)}.$$

二次多项式根的公式希腊人就已经知道了, 三次多项式根的公式一直到 16 世纪才找到, 在同一个世纪也找到了 4 次多项式根的公式. 二次、三次和四次多项式的根的公式都可以用对于原来的多项式的系数进行一串有限多个算术运算 (加、减、乘、除) 以及有限多个求根 (平方根、立方根等等) 运算表示出来, 这种公式就叫做根的根式表达式.

下一步很自然就是五次多项式了. 然而, 在好几百年中就没有一个人找到一般的五次多项式根的根式表达式.

这种情况是很有道理的, 因为这种公式根本不存在. 同样, 对于高于五次的多项式也没有这样的公式. 这件事首先是由阿贝尔[VI.33](他英年早逝, 去世时只有 26 岁) 在 19 世纪初确认的, 后来伽罗瓦[VI.41](在世仅 21 年) 建立了一个完整的理论, 不仅解释了何以没有这样的公式, 而且为代数学和数论的整个一座大厦奠立了基础, 这座大厦就称为**伽罗瓦理论**, 它是现代研究的重要领域.

伽罗瓦的关键思想之一是: 对每一个多项式 $f=f(x)$ 都附加上一个群[I.3§2.1] Gal(f)(即 f 的伽罗瓦群), 它是对 f 的各个根进行置换所成的有限群, 这个群是通过一个域[I3§2.2] 来定义的. 用于此处的域是复数[I.3§1.5] 域 **C** 的一个子集合

F, 即具有这样的性质的集合: 若 a, b 是 F 的元素, 则 $a + b$, $a - b$, ab 和 a/b 都是 F 中的元素 (不过对于最后一个运算需要设 $b \neq 0$ 以免用 0 作分母). 这个性质用标准的数学语言来说就是 F 在通常的算术运算加、减、乘和除下 "为闭", [所以, F 其实是 $\mathbf{C}$ 的一个子域]. 常用的域还有例如有理数域 $\mathbf{Q}$, 还有 $\mathbf{Q}\left(\sqrt{2}\right) = \{a + b\sqrt{2} : a, b \in \mathbf{Q}\}$ (它也是一个域, 因为它在加、减、乘下显然为闭, 在除法下也是闭的, 因为 $1/\left(a + b\sqrt{2}\right) = a/\left(a^2 - 2b^2\right) - b\sqrt{2}/\left(a^2 - 2b^2\right)$. [当然, 现在需要假设 a 和 b 不同时为 0, 而这和 $a + b\sqrt{2} \neq 0$ 是等价的]). 根据代数的基本定理[V.13], 一个具有有理系数的 n 次多项式 $f(x)$ 有 n 个复根, 记为 $\alpha_1, \cdots, \alpha_n$. 定义 f 的**分裂域** (splitting field) $\mathbf{Q}(\alpha_1, \cdots, \alpha_n)$ 为包含 $\mathbf{Q}$ 和所有 α_i 的最小的域, 例如多项式 $x^2 - 2$ 有两个根 $\pm\sqrt{2}$, 所以它的分裂域就是上面定义的 $\mathbf{Q}\left(\sqrt{2}\right)$. $x^3 - 2$ 就不是那么平凡不足道了, 它的根是 $\alpha, \alpha\omega, \alpha\omega^2$, 其中 $\alpha = 2^{1/3}$, 即 2 的实立方根, 而 $\omega = \mathrm{e}^{2\pi\mathrm{i}/3}$, 所以它的分裂域就是 $\mathbf{Q}(a, \omega)$. 它是由所有的形如 $a_1 + a_2\alpha + a_3\alpha^2 + a_4\omega + a_5\alpha\omega + a_6\alpha^2\omega$ 的复数组成, 其中的 $a_i \in \mathbf{Q}$ (注意, 在上面的式子里没有出现 ω^2, 这是因为 $\omega^2 = -\omega - 1$, 而这一点可以由 $\omega^3 = 1$, 所以有 $(\omega - 1)\left(\omega^2 + \omega + 1\right) = 0$ 得出).

令 $E = \mathbf{Q}(\alpha_1, \cdots, \alpha_n)$ 为多项式 f 的分裂域. E 的**自同构**就是一个能够保持 E 中的加法和乘法的双射 $\phi: E \to E$, 就是说, 对于所有的 $a, b \in E$ 都有 $\phi(a + b) = \phi(a) + \phi(b)$ 以及 $\phi(ab) = \phi(a)\phi(b)$. 这样的映射一定也能保持减法和除法, [这是由于它应该能保持逆运算, 以及加法和乘法的恒等元仍被映为相应的恒等元, 自然也就有当且仅当 $b = 0$ 时有 $\phi(b) = 0$], 也容易证明对于任意有理数 r 有 $\phi(r) = r$. 现在用 $\mathrm{Aut}\,(E)$ 来记 E 的所有自同构的集合, 例如对于 $E = \mathbf{Q}\left(\sqrt{2}\right)$, 任意自同构 ϕ 都满足以下关系式:

$$2 = \phi(2) = \phi\left(\sqrt{2}\sqrt{2}\right) = \phi\left(\sqrt{2}\right)\phi\left(\sqrt{2}\right) = \left(\phi\left(\sqrt{2}\right)\right)^2,$$

所以 $\phi\left(\sqrt{2}\right) = \sqrt{2}$ 或者 $-\sqrt{2}$. 在前一个情况, $\phi(a + b\sqrt{2}) = a + b\sqrt{2}$, 而在后一个情况, $\phi\left(a + b\sqrt{2}\right) = a - b\sqrt{2}$, 它们都是 E 的自同构, 所以 $\mathrm{Aut}\,(E) = \{\phi_1, \phi_2\}$.

E 的两个自同构 ϕ 和 ψ 的复合 $\phi \circ \psi$ 仍是 E 的自同构, 其逆 ϕ^{-1} 也是, 而且用对于 E 中的所有元 e 都成立的式 $\iota(e) = e$ 来定义的恒等映射 ι 也是自同构. 因为函数的复合这个映射是结合的运算, 所以 $\mathrm{Aut}\,(E)$ 在复合运算下成为一个群. 现在定义多项式 f 的具有分裂域 E 的伽罗瓦群 $\mathrm{Gal}\,(f)$ 就是这个自同构群 $\mathrm{Aut}\,(E)$. 这样, 例如 $\mathrm{Gal}\left(x^2 - 2\right) = \{\phi_1, \phi_2\}$. 注意 ϕ_1 就是恒等映射 ι, 而 $\phi_2^2 = \phi_2 \circ \phi_2 = \phi_1$, 所以这个群是 2 阶循环群. 类似地, 如果 $f = x^3 - 2$ 而分裂域就是上面讲过的 $E = \mathbf{Q}(\alpha, \omega)$, 则任意的自同构 $\phi \in \mathrm{Aut}\,(E)$ 一定满足条件 $\phi(\alpha)^3 = \phi\left(\alpha^3\right) = \phi(2) = 2$, 所以必有 $\phi(\alpha) = \alpha, \alpha\omega$, 或 $\alpha\omega^2$; 类似地, 也有 $\phi(\omega) = \omega$, 或 ω^2. 这样, 一旦确定了 $\phi(\alpha)$ 和 $\phi(\omega)$, 则 ϕ 就被完全确定了 (因为 $\phi\left(a_1 + a_2\alpha + \cdots + a_6\alpha^2\omega\right) = a_1 + a_2\phi(\alpha) + \cdots + a_6\phi\left(\alpha^2\right)\phi(\omega)$, 这样 ϕ 就只有 6 种

可能性). 结果是, 这 6 种可能性都是自同构, 而 $\mathrm{Gal}\,(x^3 - 2)$ 是一个阶数为 6 的群. 事实上, 这个群同构于**对称群**[III.68]S_3, 因为每一个自同构 ϕ 都可以看成是 $f(x)$ 的三个根的置换.

在定义了伽罗瓦群以后, 就能够来陈述伽罗瓦的引导到五次方程的不可解性的基本结果了. $G = \mathrm{Gal}(f)$ 的每一个子群 H 都有一个**固定域**(fixed field)$H^\dagger$, 其定义是: 使得对于一切 $\phi \in H$ 都有等式 $\phi(a) = a$ 的元素 $a \in E$ 的集合①. 伽罗瓦证明了 H 和 $H^\dagger$ 的联系, 给出了 G 的子群和 $\mathbf{Q}$ 和 E 之间的域 (即所谓 E 的**中间子域**(intermediate field)) 的一一对应. $f(x)$ 的根有根式表达式这个条件引导到某种特殊的中间子域, 也就引导到 G 的某些特殊子群, 这样最终就会引导到伽罗瓦的最著名的定理: $f(x)$ 的根有根式表达式当且仅当其伽罗瓦群为可解群 (就是说, $G = \mathrm{Gal}(f)$ 有一个子群序列 $1 = G_0 < G_1 < \cdots < G_y = G$, 这里每一个 G_i 的都是下一个 G_{i+1} 的**正规子群**[I.3§3.3], 而且商群 G_{i+1}/G_i 是阿贝尔群).

由此可知, 为了证明五次方程的不可解性, 只需要做出一个五次多项式 $f(x)$ 使得相应的 $G = \mathrm{Gal}(f)$ 不是可解群即可, 这种五次多项式的一个例子是 $f(x) = 2x^5 - 5x^4 + 5$. 我们先证明 $\mathrm{Gal}(f)$ 同构于对称群 S_5, 再证明 S_5 不是可解群. 下面是其证明的简短的概述. 先证明 $f(x)$ 是一个既约多项式 (就是不可分解为次数较低的多项式的乘积), 且有五个相异的根. 画出 f 的图像就可以见到这五个根中有三个实根和两个复根 α_1 和 α_2, 它们互相共轭. 因为复共轭映射 $z \to \bar{z}$ 给出 $\mathrm{Gal}(f)$ 中的一个自同构, 所以可以知道 $\mathrm{Gal}(f)$ 是 S_5 的一个包含了一个 2 循环 (即 (α_1, α_2)) 的子群. 一个既约多项式的伽罗瓦群的另一个基本的一般事实是它**传递地**排列所有的根, 就是说任意给定两个根 α_i 和 α_j, 一定存在 $\mathrm{Gal}(f)$ 中的一个自同构把 α_i 映到 α_j. 所以群 $\mathrm{Gal}(f)$ 是 S_5 的一个将这五个根传递地加以排列而且包含了一个 2 循环的子群. 到了这一步, 用一点相当初等的群论知识就可以证明 $\mathrm{Gal}(f)$ 就是整个 S_5. 最后, S_5 不是可解群很容易从交代群是非阿贝尔的单群 (即除了整个群和平凡的恒等元子群以外没有其他正规子群的群) 这个事实得出.

这些思想可以推广来作出任意的次数 $n \geqslant 5$ 的多项式, 使它以 S_n 为伽罗瓦群, 这个群不是可解的, 从而这个多项式不能用根式解出. 对于二次、三次和四次多项式不会发生这样的事, 因为 S_4 和它的所有子群都是可解群.

V.22 刘维尔定理和罗特定理

数学中最著名的定理之一是 $\sqrt{2}$ 为无理数这个命题. 这意味着找不到一对整数 p 和 q, 使 $\sqrt{2} = p/q$, 或者换一个等价的说法就是方程 $p^2 = 2q^2$ 除了平凡解 $p = q = 0$ 以外没有整数解. 证明这个结果的论据可以相当大地加以推广, 而事实

---

① 就是说 $H^\dagger = \{a \in E : \forall \phi \in H \Rightarrow \phi(a) = a\}$. —— 中译本注

上, 如果 $P(x)$ 是一个具有整系数, 而且首项系数为 1 的多项式, 则它的所有的根或者是整数或者是无理数. 例如方程 $x^3 + x - 1 = 0$ 左边当 $x = 0$ 时为负, 而当 $x = 1$ 时为正, 它一定有一个根严格地位于 0 和 1 之间. 这个根不是整数, 所以一定是无理数.

在已经证明了一个数是无理数以后, 似乎没有什么可以多说的了. 但是, 这远不是真实的. 给定了一个无理数以后, 我们可以问: 它与有理数多么接近, 只要一去研究这件事, 马上就会出现诱人的然而极为困难的问题.

并不是立刻就可以明白这些问题是什么问题, 因为每一个无理数都可以用有理数来逼近到我们所希望的程度. 例如 $\sqrt{2}$ 的十进展开是这样开始的: $1.414213\cdots$, 就是说 $\sqrt{2}$ 与有理数 $141421/100000$ 之差不到 $1/100000$. 比较一般地说, 对于任意正整数 q, 取正整数 p 为使得 $p/q < \sqrt{2}$ 的最大的正整数, 这时 p/q 逼近 $\sqrt{2}$ 的误差不到 $1/q$. 换句话说, 如果希望逼近 $\sqrt{2}$ 的精度是 $1/q$, 那么总可以用一个分母为 q 的分数来做到这一点.

然而, 还可以问下面这样的问题, 能否仍以 q 为分母但是逼近的精度远甚于 $1/q$? 后来证明答案为肯定的. 为了看到这一点, 令 N 为一正整数, 考虑由 $N+1$ 个数: $0, \sqrt{2}, 2\sqrt{2}, \cdots, N\sqrt{2}$ 所成的数列, 其中的每一个都可以写成 $m + \alpha$ 的形式, 这里 m 是一个整数, 而小数部分 α 在 0 与 1 之间. 因为这里总共有 $N+1$ 个数, 其中至少有两个数的小数部分相差不到 $1/N$. 就是说, 可以在 0 与 N 之间找到两个整数 $r < s$ 使得若记 $s\sqrt{2} = n + \alpha, r\sqrt{2} = m + \beta$, 则 $|\alpha - \beta| \leqslant 1/N$. 所以, 若记 $\gamma = \alpha - \beta$, 就有 $(s - r)\sqrt{2} = n - m + \gamma$, 以及 $|\gamma| \leqslant 1/N$. 现在令 $q = s - r$, $p = n - m$, 则 $\sqrt{2} = p/q + \gamma/q$, 所以由此可以得到 $|\sqrt{2} - p/q| \leqslant 1/qN$. 因为 $N \geqslant q$, $1/qN \leqslant 1/q^2$, 所以至少对于某些正整数 q, 用 q 为分母, 可以达到 $1/q^2$ 的精度.

换一个角度不同的论据, 也可以证明不可能做得比这更好. 令 p 和 q 为任意的正整数. 因为 $\sqrt{2}$ 是无理数, 所以 p^2 和 $2q^2$ 是两个不同的正整数, 这就蕴含了 $|p^2 - 2q^2| \geqslant 1$. 用 q^2 通除此式, 就会得到不等式 $|p/q - \sqrt{2}|(p/q + \sqrt{2}) \geqslant 1/q^2$. 可以假设 p/q 小于 2, 因为不然的话, p/q 就不会是 $\sqrt{2}$ 的好的近似. 但是这样一来 $p/q + \sqrt{2}$ 就小于 4, 而上面的不等式就蕴含了 $|p/q - \sqrt{2}| \geqslant 1/4q^2$. 所以, 若以 q 为分母的有理数去逼近 $\sqrt{2}$, 其精度不可能比 $1/4q^2$ 更好. [这样看来, 前一个论证的角度是考虑精度可以达到多少, 而现在的角度是不能达到多少].

这样一个论证的推广就给出了**刘维尔定理**: 如果 x 是一个 d 次多项式的无理根, 而 p 和 q 为正整数, 则 $|p/q - x|$ 不可能 "相当本质地" 小于 $1/q^d$. 当 $x = \sqrt{2}$ 时, 这就化归为上面的证明, 因为这个 x 是 2 次多项式的无理根, 所以可以取 $d = 2$. 然而由刘维尔定理, 我们还会知道许多类似的事实, 例如 $\sqrt[3]{2}$ 不可能 "相当本质地"

小于 $1/q^3$.[①]

　　1955 年**罗特定理**的证明是一个惊人的成就, 它宣布出现在刘维尔定理中的 q 的幂 d 可以改进成几乎就是 2. 准确地说, 给定任意多项式的无理根 x 以及任意的数 $r > 2$, 必定存在常数 c, 使得 $|p/q - x|$ 总是至少和 c/q^r 一样大 (这里的证明除了告诉我们 c 为正以外, 没有给出其任何信息, 关于 c 如何依赖于 r 和 x 仍然是一个重大的未解决问题).

　　为什么这是一个比刘维尔定理深刻得多的结果? 考虑 $|p/q - \sqrt[3]{2}|$ 绝不会比 $1/q^3$ 小太多的证明. 在这个证明下面是一个简单的事实: p^3 和 $2q^3$ 是两个不同的整数, 所以至少相差为 1. 但是, 要想证明一个如罗特定理那样好得多的结果, 我们需要证明的就多得多. 例如, 如果想在 $r = 5/2$ 的情况下证明罗特定理, 就必须证明 p^3 和 $2q^3$ 是两个相差一个可以与 $\sqrt{p}$ 相比较甚至更大的数, 而为什么会是这样, 远非明显的事情.

莫德尔猜想

见曲线上的有理点与莫德尔猜想 [V.29]

V.23　Mostow 强刚性定理

David Fisher

1. 什么是刚性定理

　　一个典型的**刚性定理**就是这样一个命题, 它指出某一类对象的类比起人们所期望的要小得多. 为了把这个概念说清楚, 我们来看一些模空间[IV.8] 的例子, 这个例子可能使我们期望某一类空间是很大的.

2. 一些模空间

　　一个 n 维流形[I.3§6.9] 上的平坦度量就是这样一个度量, 它局部地等距于欧几里得空间 $\mathbf{R}^n$ 上的通常度量. 换句话说, 这个流形的每一点 x 都有一个邻域 N_x, 使

　　[①] 因为这里说的 "相当本质地" 并不太明确, 所以我们对刘维尔定理和罗特定理给出另一个表述: 首先对于容易证明的估计式 $|p/q - x| \leqslant 1/q^2$, 可以问: 上式右方可否改进为 $1/q^e$. 令 $\mu(x)$ 为这样的 e 的上确界, 这些 e 能够保证存在无穷多个有理数 p/q 使 $|p/q - x| \leqslant 1/q^e$, 于是上面已经证明了对于任意 x, $\mu(x) \geqslant 2$. 对于次数为 d 的无理的代数数, 刘维尔在 1844 年证明了 $\mu(x) \leqslant d$. 于是出现了一个重大的空隙: 在 2 与 d 之间, $\mu(x)$ 的确切位置何在? 1908 年 Thue 把刘维尔的结果改进为 $d/2 + 1$; 西格尔在 1921 年又继续改进为 $2\sqrt{d}$. 到 1955 年, 罗特彻底解决了这个问题, 证明了 $\mu(x) = 2$. 因为这个进展的重大, 他获得了 1958 年的菲尔兹奖. 罗特就是 Klaus Friedrich Roth, 1925–, 英国数学家. 以上所述来自网站 http://www.gap-system.org/~history/Biographies/Roth_Klaus.html. —— 中译本注

得存在一个从 N_x 到 $\mathbf{R}^n$ 的一个子集合的保持距离的双射. 作为第一个例子, 考虑环面上的平坦度量. 我们只考虑二维环面, 但是, 我们将要讨论的现象在高维情况下也会出现.

在二维环面 $\mathbb{T}^2$ 上作平坦度量的最简单的方法是把它看成 $\mathbf{R}^2$ 对一个离散子群 $\mathbf{Z}^2$ 的商[I.3§3.3], $\mathbf{Z}^2$ 就是一个格网. 事实上, 不难看到**每一个**平坦度量基本上都是这样做出来的, 但是这里有一个如何选择格网的问题. 取 $\mathbf{Z}^2$ 是一个自然的选择. 但是, 我们还可以取任意的可逆的线性变换 A 作用于 $\mathbf{Z}^2$ 以得出新的格网, 这样环面就成为 $\mathbf{R}^2/A\left(\mathbf{Z}^2\right)$, 这里产生了一个新的度量. 一个自然的问题就是什么时候 A 的两个不同的选择会给出同样的度量? 通常我们只研究 A 的行列式[III.15] 为 1 的情况, 因为很容易由此导出在一般情况下会发生什么事情. 这种线性变换的群称为 $\mathrm{SL}_2\left(\mathbf{R}\right)$.

如果 A 是正交的, 则它只是把格网 $\mathbf{Z}^2$ 作了一个旋转, 所以 $A\left(\mathbf{Z}^2\right)$ 和 $\mathbf{Z}^2$ 给出同样的度量. 稍微不那么明显的是还有其他的 A 也会给出同样的度量, 这就是行列式为 1, 而其各个元对于 $\mathbf{R}^2$ 的标准基底都是整数, 这些映射所成的群称为 $\mathrm{SL}_2\left(\mathbf{Z}\right)$. 如果 $A\in \mathrm{SL}_2\left(\mathbf{Z}\right)$, 则 $A\left(\mathbf{Z}^2\right)$ 和 $\mathbf{Z}^2$ 给出同样的度量的理由很简单: $A\left(\mathbf{Z}^2\right)$ 就是 $\mathbf{Z}^2$.

粗略地说, 刚才所做的事情就是把 $\mathbb{T}^2$ 上平坦度量的空间和集合 $\mathrm{SL}_2\left(\mathbf{Z}\right)\backslash \mathrm{SL}_2\left(\mathbf{R}\right)/\mathrm{SO}\left(2\right)$ 等同起来了 (这个记号表示 $\mathrm{SL}_2\left(\mathbf{R}\right)$ 中的等价类的集合, 这里的等价关系就是, 我们认为 $\mathrm{SL}_2\left(\mathbf{R}\right)$ 中的两个映射 A 和 B 是等价的, 如果 B 可以写成 A 乘以一个 $\mathrm{SO}(2)$ 矩阵和一个 $\mathrm{SL}_2\left(\mathbf{Z}\right)$ 的乘积. 在高维情况下, 用类似的讨论可以把 n 维环面 $\mathbb{T}^n$ 上的平坦度量的空间和 $\mathrm{SL}_n\left(\mathbf{Z}\right)\backslash \mathrm{SL}_n\left(\mathbf{R}\right)/\mathrm{SO}\left(n\right)$ 等同起来.

回到二维的情况, 环面是一个亏格为 1 的曲面 (因为它只有一个 "洞"). 在高亏格的曲面上也可以用类似的构造方法做出度量的模空间来, 但是现在在这些度量将是**双曲的**而不是平坦的. 单值化定理[V.34] 指出, 任意的紧连通曲面是都允许有一个**常曲率**[III.13] 的度量: 当亏格为 2 或更大时, 曲率一定是负的, 这蕴含了这个曲面一定是**双曲平面**[I.3§6.6]$\mathbf{H}^2$ 对一个群 Γ 的商[I.3§3.3], 而这个群 Γ 是作为一个等距的集合作用在 $\mathbf{H}^2$ 上的 (见条目**富克斯群**[III.28]).

反过来, 如果我们想在一个高亏格的曲面上作出一个常曲率的度量, 那么可以取 $\mathbf{H}^2$ 的等距群的一个子群 Γ(它同构于 $\mathrm{SL}_2\left(\mathbf{R}\right)$), 并考虑商 $\mathbf{H}^2/\Gamma$, 这一点与前面讲过的 $\mathbf{R}^2/\mathbf{Z}^2$ 恰成类比. 如果 Γ 没有有限阶的元素, 而且每一点 x 的**轨道**(就是 x 在 Γ 中等距下的像的集合) 是 $\mathbf{H}^2$ 的一个离散集合, 则这个商空间是一个流形. 进一步说, 如果 $\mathbf{H}^2$ 有一个紧区域, 其平移能够覆盖 $\mathbf{H}^2$(这个区域称为 $\mathbf{H}^2$ 的**基本域**), 则这个流形是紧的. 要构造具有这些性质的群 Γ 的例子, 有两种相当简单的方法: 一个是利用反射所成的群, 另一个是稍微用一点数论.

现在我们对于这种度量也可以问同样的问题, [即何时两个这样的度量是相同的]. 但是我们可以换一个问法: 给定了一个亏格至少为 2 的曲面 S, 它上面可以找到多少个双曲度量？答案和 $\mathbb{T}^2$ 的情况颇为相似. 例如, 若亏格为 2, 这种构造构成一个连通的 6 维空间. 这一点不那么容易看到, 因为这个空间并不是以任何简单的方式从一个李群[III.48](如 $\mathrm{SL}_n(\mathbf{R})$) 和它的子群构造出来的. 我们在这里不来描述其构造, 但是可以在本文末的参考文献 Thurston(1997) 和条目模空间[IV.8] 中找到.

3. Mostow 定理

思考上面两组例子很自然地引出一个问题: 紧 3 维双曲流形的情况如何? n 维情况又如何? 说得更清楚一点, 一个紧的 n 维双曲流形就是 n 维双曲空间 $\mathbf{H}^n$ 对于 $\mathbf{H}^n$ 上的等距的离散子群 Γ 的商, 这里的 Γ 中没有有限阶的元, 而有一个紧的基本区域. 给出了这样的描述以后, 读者会怀疑, 这样的子群 Γ 是否存在. 这里又一次有两种构造这种子群的方法, 其中之一要用一点数论, 另一种则利用反射群 (但是多少令人吃惊的是, 利用反射群的方法只对相当小的维数有效). 这种构造比较具有技巧性, 所以我们在这里不来说它们了. 有许多紧双曲流形的其他例子, 特别是 3 维情况, 那时, 由几何化定理[IV.7§2.4], 绝大多数流形都是双曲的.

我们在此对于双曲流形存在问题的关注不如对本文主要关注的问题注意得那么多, 如果 X 是一个可以写为 $\mathbf{H}^n/\Gamma$ 形式的流形, 那么有多少种方式可以给 X 这样的结构? 这个问题等价于问有多少个由 Γ 到 $\mathbf{H}^n$ 的所有等距所成的群的单射同态, 使得 Γ 的像是离散的和余紧 (cocompact) 的? (群 G 的子集合 X 称为余紧的, 如果有 G 的一个紧子集合 K 使得 $XK = G$, 例如 $\mathbf{Z}^2$ 就是 $\mathbf{R}^2$ 的余紧子集合, 因为 $\mathbf{R}^2 = \mathbf{Z}^2 + [0,1]^2$, 而闭单位正方形 $[0,1]^2$ 是紧的). 我们已经看到, 当 $n = 2$ 时, 这样的同态成为一个连续统, 而且如果把 $\mathbf{H}^n$ 换成 $\mathbf{R}^n$, 这一点在所有的维数都是一样的. 所以相当惊人的是, 当 $n \geqslant 3$ 时, 对于 $\mathbf{H}^n$ 而不是 $\mathbf{R}^n$, 这样的同态恰好只有 1 个. 这是 Mostow 定理的一个特例.

这个结果意味着什么呢? 设我们知道一个流形 M 是 $\mathbf{H}^n$ 对于等距的一个离散余紧子群 Γ 的商. M 的拓扑除了相差一个同构以外完全决定了群 Γ, 它就是 M 的基本群[IV.6§2]. 我们刚才宣布的结果指出, 这个关于流形 M 的纯粹拓扑的信息完全决定了 $\mathbf{H}^n/\Gamma$ 的几何学 (就是它作为一个度量空间的结构). 更准确地说, 任意由 M 到另一个双曲流形 N 同胚甚至只是同伦等价性, 都同伦于一个等距. 换言之, 纯粹的拓扑等价性可以实现为几何等价性.

完整的 Mostow 定理是关于所谓**紧局部对称流形**这种几何对象的. 给定一个带有度量的流形, 我们说它是局部对称的, 如果在每一点处的**中心对称**都是局部等距. 在一点 m 处的中心对称形式地定义为在 m 点的切空间上乘以 -1 的映射, 我们可以形象地把它想象为在 m 点取一个充分小的邻域, 并在其中作 "对 m 点的反射". 可以证明, 每一个局部对称空间都是一个**对称空间**的商. 所谓对称空间就是这样一个空间, 使得每一点的中心对称都是一个整体等距. 很清楚, 对称空间有很大的等距群. 嘉当[VI.69] 的工作证明了所得到的等距群正是半单李群[III.48§1]. 我们不去准确地指出这是些什么群, 但是它们包括了经典的矩阵群如 $SL_n(\mathbf{R})$, $SL_n(\mathbf{C})$ 和 $Sp_n(\mathbf{R})$, 其他也能实现为矩阵群的例子还有复数和四元数双曲空间的等距群.

　　一般说来, 给定了一个李群和它的一个离散子群 Γ, 我们说 Γ 是一个余紧格网, 如果 Γ 在 G 中有一个紧的基本域. 嘉当的定理有一个推论, 就是任意紧局部对称空间都是一个商 $\Gamma\backslash G/K$, 其中 G 是万有覆迭的等距群, 而 K 是固定一个特定点的等距的集合 (一定是紧的). Mostow 定理则说在这里的情况和 $\mathbf{H}^n/\Gamma$ 的情况一样: 给定了这样一个流形, 只有一种方法把它实现为 $\Gamma\backslash G/K$. 或者换一个等价的说法, 任意这样两个流形的同胚一定总是同伦于一个等距, 除非相关的局部对称空间是一个平坦的环面或双曲曲面与某个其他的局部对称流形的乘积.

　　人们会问, Mostow 是怎样发现这种现象的, 他的工作当然不会是从真空里出来的. 事实上, Calabi, Selbeng, Vesentini 和韦伊[VI.93] 以前的工作就证明了 Mostow 所研究的模空间是离散的, 就是说, 和环面或者二维双曲流形不同, 高维的局部对称空间只能容许局部对称度量的离散集合. Mostow 明确地说, 他的动机是找出这个事实的比较几何化的理解.

　　另一个值得注意的地方是 Mostow 的证明至少是和他的定理同样惊人的. 在那个时候, 局部对称空间或者等价地就是半单李群和它上面的格网的研究一直是由两类技巧统治的: 一类是纯粹代数的, 另一类则使用微分几何的经典方法. Mostow 原来的证明 (只是关于 $\mathbf{H}^n$ 的) 却不同于此, 而是用了拟共形映射理论和来自动力学的一些思想. Raghunathan, 这个领域的另一位领导人物曾经说过, 他在第一次读到 Mostow 的论文时, 还以为是另一个也叫 Mostow 的人写的文章. 与此同时, Furstenberg 和 Magulis 几乎同时也在他们的工作中使用了惊人的动力学和分析工具来研究同样的对象. 这些思想在局部对称空间、半单李群以及相关的对象的研究上有着很长久的有趣的遗产.

进一步阅读的文献

Furstenberg H. 1971. Boundaries of Lie groups and discrete subgroups. In *Actes du Congrés International des Mathématiciens, Nice,* 1970, volume 2. pp 301-6. Paris: Gauthier-Villars.

Margulis G A. 1977. Discrete groups of motions of manifolds of non-positive curvature. In *Proceedings of the International Congress of Mathematicians, Vancouver,* 1974, pp. 33-45. AMS Translations , volume 109. Providence, RI: American Mathematical Society.

Mostow G D. 1973. *Strong Rigidity of Locally Symmetric Spaces.* Annals of Mathematics Studies, number 78. Princeton, NJ: Princeton University Press.

Thurston W P. 1997. *Three Dimensional Geometry and Topology,* edited by Levy S, volume

I. Princeton Mathematical Series, number 35. Princeton, NJ: Princeton University Press.

V.24 $\mathcal{P}$ 对 $\mathcal{NP}$ 问题

$\mathcal{P}$ 对 $\mathcal{NP}$ 问题被广泛地认为是理论计算机科学中最重要的未解决问题, 也是整个数学中最重要的未解决问题之一. 最基本的两个计算复杂性[III.10] 之类就是 $\mathcal{P}$ 和 $\mathcal{NP}$: $\mathcal{P}$ 就是可以在对于输入长度为多项式的时间里完成的计算任务之类, 而 $\mathcal{NP}$ 则是这样的计算任务之类, 它们的正确答案可以在对于输入长度为多项式的时间里完成检验 (verify). 前一类的例子有两个 n 位整数的乘法 (即令使用长乘法[①], 大体上也只需要 n^2 个算术运算). 后一类的例子有: 在一个有 n 个顶点的图[III.34] 中寻找一个含有 m 个顶点的集合, 使其中任意两个都有一条边连接, 如果给了 m 个顶点, 只需要检验 $\binom{m}{2}$ 个对子就能确定是否每一个对子都有一条边把它们连接起来.

比起检验所给的 m 个顶点是否两两相连, 真要去找出这 m 个互相连接起来的顶点似乎要困难得多. 这就使人想起 $\mathcal{NP}$ 中的问题一般地比起 $\mathcal{P}$ 中的问题困难. 所谓 $\mathcal{P}$ 对 $\mathcal{NP}$ 问题就是要求给出一个证明, 即证明 $\mathcal{P}$ 和 $\mathcal{NP}$ 这两个复杂性类真的不相同, 这个问题的详细讨论可以参看条目计算复杂性[IV.20].

V.25   庞加莱猜想

所谓庞加莱猜想就是这样一个命题: 一个紧[III.9] 单连通的光滑 n 维流形 [I.3§6.9]必然同胚于 n 维球面 S^n. 我们可以把一个紧流形想象为对于位于 $\mathbf{R}^m$ (m 是某个正整数) 的有限部分内而且没有边缘的流形, 例如二维球面和环面都是位于 $\mathbf{R}^3$ 内的紧流形, 而单位圆盘或无限长的柱面则不是 (单位圆盘没有内蕴意义下的边缘, 但是它作为集合 $\{(x,y): x^2 + y^2 \leqslant 1\}$ 的实现, 却以集合 $\{(x,y): x^2 + y^2 = 1\}$ 为边缘). 一个流形称为单连通的, 就是指流形上任意闭的环路都可以连续收缩为一个点. 例如, 维数大于 1 的球面是单连通的, 但是环面则不是 (因为一个 "绕着" 环面的环路, 不论把它怎样连续变形, 总还是 "绕着" 环面的). 这样, 庞加莱猜想就是问是否球面的这两个简单的性质就足以刻画球面.

当 $n = 1$ 时, 庞加莱猜想是没有意义的, 因为实数直线不是紧的, 而圆周则不是单连通的, 所以庞加莱猜想的条件不可能满足. 庞加莱[VI.61] 自己在 20 世纪初就解决了 $n = 2$ 的情形. 他对 2 维的紧流形作了完全的分类, 而且注意到在列出的清单里面只有 2 维球面是单连通的. 在一段时间里, 他以为 3 维的情况也解决了,

---

① Long multiplication, 就是小学生们所作的列竖式相乘.—— 中译本注

但是后来发现, 在他的证明中, 一个主要的论断有反例. 1961 年, 斯梅尔 (Stephen Smale) 对于 $n \geqslant 5$ 的情况证明了这个猜想, 而 Michael Freedman 在 1982 年又证明了 $n = 4$ 时的庞加莱猜想. 于是, 只留下三维问题有待解决.

也是在 1982 年, 瑟斯顿 (William Thurston) 提出了著名的几何化猜想, 这是他关于 3 维流形所建议的一种分类. 这个猜想断言, 每一个紧的 3 维流形都可以切割成一些有度量[III.56] 的子流形, 而这个度量把它们变成八种有特殊的对称性的几何结构之一. 其中的三个正是 3 维的欧几里得几何、球面几何和双曲几何的 3 维版本 (见 [I.3§6]). 另一个是无穷 "柱面" $S_2 \times \mathbf{R}$, 即 2 维球面和无穷直线的乘积 (它不是紧的, 这是因为流形分割成的小块可能有边界并不包括在小块之内). 类似地, 可以作双曲平面和无穷直线的乘积而给出第五个结构. 其余三个因为比较复杂, 这里就不能描述了. 瑟斯顿也给出了他的猜想的有意义的证据, 就是对于 Haken 流形证明了他的猜想.

几何化猜想蕴含了庞加莱猜想, 而这都由佩雷尔曼证明, 他完成了由哈密顿提出的一个计划. 这个计划的主要思想就是通过分析里奇流[III.78] 来解决这个问题, 这个证明是在 2003 年宣布的, 而在以后几年中有好几位专家作了审核. 更多的细节请参看条目微分拓扑[IV.7].

V.26 素数定理与黎曼假设

从 1 到 n 有多少素数? 对于这个问题的第一个自然的反应是定义函数 $\pi(n)$ 为从 1 到 ($\leqslant$) n 的素数的个数, 然后来找 $\pi(n)$ 的公式. 然而, 素数的集合并没有明显的图样, 而且已经清楚了这样的公式是不存在的 (除非愿意把高度人为的对于计算 $\pi(n)$ 没有实际帮助的 "公式" 也算作公式的话).

数学家对于这种情况标准的反应是转而寻求好的估计. 换句话说, 就是试着去找一个定义简单的函数 $f(n)$, 而对这个函数, 可以证明 $f(n)$ 总是 $\pi(n)$ 的好的近似. 素数定理的现代的形式首先是由高斯[VI.26] 猜测的 (虽然勒让德[VI.24] 比他早几年就提出过一个密切相关的猜测). 高斯仔细观察了数字的证据, 这些证据向他建议 n 附近的素数的 "密度" 大约是 $1/\log n$, 这句话的意思是在 n 附近随机地选取一个整数, 则这个整数是素数的概率大概是 $1/\log n$, 这就引导他猜测 $\pi(n)$ 的近似式为 $n/\log n$, 或者是比较精密的近似

$$\pi(n) \simeq \int_0^n \frac{\mathrm{d}x}{\log x},$$

用上式右方的积分来定义的函数称为 $\mathrm{li}(n)$(表示 n 的 "对数积分"). 这里对于积分的解释需要小心一点, 因为被积式的分母有 $\log 1 = 0$. 但是可以把积分区间改成从 2 到 n, 这样就避开了这个问题, 而无非是对此函数加上了一个常数而已.

1896 年, 阿达玛[VI.65] 和德·拉·瓦莱·布散[VI.67] 独立地证明了素数定理, 指出 li(n) 确实是 $\pi(n)$ 的好的近似, 意思是当 n 趋近无穷时, 这两个函数的比趋于 1.

这个结果被认为在所有的时代都是最好的结果之一, 但是它并不是故事的结尾, 阿达玛和德·拉·瓦莱·布散的证明利用了黎曼 ς 函数[IV.2§3]ς(s). 当 s 是一个实部大于 1 的复数时黎曼 ς 函数定义为 $1^{-s} + 2^{-s} + 3^{-s} + \cdots$, 这个表达式定义了一个全纯函数[I.3§5.6], 而可以解析拓展到整个复平面上, 只是在 1 处有一个极点. 每一个负偶数都是这个函数的零点, 称为 "平凡零点". 黎曼证明了素数定理就等价于这样一个命题, 即它的所有零点都位于 "**临界带形**"(就是实部严格地位于 0 和 1 之间的复数的集合, 0 < Re s < 1) 内. 他还提出了时常被认为是数学中最重要的未解决问题的**黎曼假设**, 就是黎曼 ς 函数的所有非平凡的零点的实部都等于 $\frac{1}{2}$, 也就是都位于直线 Re $s = \frac{1}{2}$ 上. 这个关于黎曼 ς 函数的假设已经被证明等价于素数定理的强形式, 即 $\pi(n)/\mathrm{li}(n)$ 不仅是趋于 1, 而且对于所有的 $n \geqslant 3$ 都有 $|\pi(n) - \mathrm{li}(n)| \leqslant \sqrt{n}\log n$. 因为 li(n) 总是在 $n \log n$ 附近, 而后者又比 $\sqrt{n}\log n$ 有更高的阶, 所以这个估计式意味着误差 $|\pi(n) - \mathrm{li}(n)|$ 比起 $\pi(n)$ 或 li(n) 本身是极端小的.

黎曼假设的重要性远远超出了它在素数分布上的推论, 数论中有成百个命题都已经证明可以由它得出. 特别在考虑黎曼假设的用于更广的一类 L 函数[III.47] 上的推广时是这样, 例如对于狄利克雷 L 函数, 黎曼假设的类比蕴含了素数在算术数列中的分布的估计, 而从这里又可以得到许多进一步的结果.

在条目解析数论[IV.2§3] 中, 对于素数定理和黎曼假设作了更详细的讨论.

V.27　加法数论的问题与结果

是否每个大于 4 的偶数都是两个奇素数之和? 是否有无限多个素数 p 使得 $p+2$ 也是素数? 是否每个充分大的正整数都是四个立方数之和? 这三个问题都是数论中著名的未解决问题. 第一个称为**哥德巴赫猜想**, 第二个是**孪生素数问题** (它们都在条目解析数论[IV.2] 中作了比较详细的讨论), 而第三个问题则是**华林**[VI.21]**问题**的一个特例, 我们将在后面讨论这个问题.

这三个问题属于所谓加法数论① 这个数学分支. 为了一般地说明这个分支, 先

---

① 华罗庚把这个数学分支称为堆垒数论. 他在 1940 年代的名著《堆垒素数论》中系统地总结、发展与改进了哈代与李特尔伍德圆法、维诺格拉多夫三角和估计方法及他本人的方法, 是 20 世纪经典的数论著作之一. 本条目提到的几个大问题在 2013 年都有重大的突破: 秘鲁数学家 (H.Helfgott 宣布解决) 三元的哥德巴赫问题, 而每个 $\geqslant 7$ 的奇数都可以写成三个素数之和; 张益唐在孪生素数问题上有了里程碑式的突破. 中译本在条目 [IV.2] 中加了一条相关的脚注.—— 中译本注

给一些简单的定义是有用处的. 设 A 是一个正整数的集合, 则 A 的和集合, 记作 $A+$ A, 就是所有的 $x+y$ 的集合, 这里 x 和 y 都是 A 的元素 (x 和 y 可能相等), 例如, 设 A 是集合 $\{1,5,9,10,13\}$, 则 $A+A$ 就是集合 $\{2,6,10,11,14,15,18,19,20,22,23,26\}$. 类似于此, 差集合, 记作 $A-A$, 就是所有 $x-y$ 的集合, 这里 x 和 y 都属于 A. 在上面的例子中, $A-A=\{-12,-9,-8,-5,-4,-3,-1,0,1,3,4,5,8,9,12\}$.

利用这样的语言, 就可以把上面问题的前两个简洁地陈述如下. 令 P 为所有奇素数的集合, 而 C 是所有完全立方数的集合. 于是哥德巴赫猜想就是命题 $P+P$ 为集合 $\{6,8,10,12,\cdots\}$, 而华林问题的特例就是问是否每一个充分大的整数都属于 $C+C+C+C$. 孪生素数问题比较复杂, 它所说的不只是 2 属于 $P-P$, 而且它 "无穷多次地" 属于 $P-P$(类似地, 在上面的例子里, $A-A$ 包含 4 三次).

这些问题之难是出了名的. 然而, 值得注意的是, 有些和它们密切相关的问题, 初看起来也一样地困难, 后来却解决了. 例如**维诺格拉多夫的三素数定理**就是这样一个命题: 每一个充分大的**奇整数**都是三个奇素数之和. 如果没有 "充分大" 这样的限制, 这就是**三元的哥德巴赫问题**, 那个问题问的就是从 9 开始的每一个奇数是否三个素数的和 (要多大才算是 "充分大" 呢? 在不久以前, 一个数还需要有 7000000 位才算充分大, 现在已经可以减少到 1500 位了). 至于华林问题, 现在已经知道每一个充分大的正整数都是 7 个完全立方数的和. 更一般地说, 对于任意的正整数 k, 现在已经知道每一个充分大的正整数都可以写成 $100k$ 个整数的 k 次幂的和 (这里的 100 只是一个随机选择的有点大的数 —— 很可能只要 $4k$ 个整数的 k 次幂的和就够了), 虽然这一点的证明还大为超过了现代数学技巧之所能, 但是已经证明只要有一个稍微超过 $k\log k$ 个整数那么多个整数的 k 次幂的和就够了. 因为 $\log k$ 是一个增长很慢的函数, 在某种意义下, 离这个问题的结局已经不太远了.

人们是怎样得到这一类的结果的呢? 有一些证明十分复杂, 所以我们在此不能给出完整的回答. 然而, 我们至少可以解释一个对于许多证明都是基本的思想, 就是**指数和**的应用. 我们用维诺格拉多夫的三素数定理的证明的起始部分为例来说明它.

设有一个非常大的奇数 n, 而我们想证明它是三个奇素数之和. 下面的论据强烈地暗示这是一项不可能的的任务: 如果 n 比已知的最大素数还大三倍以上, 而奇数是可能取这么大的, 那么除非还能找到新的素数, 否则就不可能在已知的素数中找出三个使得其和为 n. 事实上, 可以令 n 为一个天文数字, 例如 $10^{10^{100}}+1$, 则 $\dfrac{n}{3}$ 会远大于一切已知的或可能发现的任意素数.

然而这个论据是有毛病的, 错就错在 "**找出**" 二字. 我们并不需要 "找出" 三个素数才知道它们存在, 正如欧几里得不需要找出素数的无穷序列才能断定素数有无穷多个一样 (关于有无穷多个素数存在的证明, 请参看 [IV.2§2]). 但是人们会问, 还有什么别的方法来实际找出三个素数且使它们的和为 n 呢?

　　对于这个问题有一个漂亮而简单的回答, [那就是我们不去计算是哪些奇素数 p_1, p_2, p_3 的和为 n], 而去数一数或者估计一下, 有多少个奇素数三元组 (p_1, p_2, p_3) 适合这个条件. 如果我们设法得到的这个估计是很大的, 而且又知道这个估计是很精确的, 那么, 这种三元组的真实的个数一定就很大. 这就意味着一定有这样的三元组存在, 而我们没有必要实际找出一个这样的三元组来, [就是说, 我们知道这些和为 n 的奇素数 p_1, p_2, p_3 一定存在, 但是不需要把这三个奇素数 "找出" 来].

　　然而, 这就出现了一个看起来很困难的问题: 怎样来估计这些三元组的数目呢? 指数和方法就是在这时出场的. 我们将要使用指数函数[III.25] 的某些性质把计数的问题改述为估计某些积分的问题.

　　在这个领域里的一个习惯是使用记号 $e(x)$ 来代替 $\mathrm{e}^{2\pi \mathrm{i}x}$. 关于这个函数我们要用到的两个基本性质首先是 $e(x+y) = e(x)e(y)$, 其次是 $\int_0^1 e(nx)\,\mathrm{d}x$ 当 $n = 0$ 时为 1, 而当 n 为其他整数值时为 0. 我们还有一个规定: 凡是见到 $\sum_{p \leqslant n}$ 这样的记号时, 都是指对所有小于或等于 n 的奇素数求和. 现在我们用公式 $F(x) = \sum_{p \leqslant n} e(px)$ 来定义函数 $F(x)$, 即有

$$F(x) = e(3x) + e(5x) + e(7x) + e(11x) + \cdots + e(qx),$$

这里 q 是 $\leqslant n$ 的最大奇素数. 它是指数函数的和, 而 "指数和" 一语就是指它. 下一步, 我们要考虑 $F(x)$ 的立方:

$$F(x)^3 = (e(3x) + e(5x) + e(7x) + \cdots + e(qx))^3.$$

如果把右方的式子展开, 就会得到所有形如 $e(p_1 x)e(p_2 x)e(p_3 x)$ 的项的和, 这里的 p_1, p_2, p_3 是 3 与 q 之间的奇素数.

　　我们要看的积分是 $\int_0^1 F(x)^3 e(-nx)\,\mathrm{d}x$. 从前一段的讨论知道, 它就是所有形如 $\int_0^1 e(p_1 x)e(p_2 x)e(p_3 x)e(-nx)\,\mathrm{d}x$ 之和. 而由 $e(x)$ 的第一个基本性质知道这个积分就是 $\int_0^1 e((p_1 + p_2 + p_3 - n)x)\,\mathrm{d}x$, 第二个基本性质则告诉我们, 当 $p_1 + p_2 + p_3 = n$ 时, 它的值是 1, 否则是 0. 所以当我们对小于或等于 n 的奇素数 p_1, p_2, p_3 的所有三元组求和时, 则每一个加起来等于 n 的三元组对此积分的贡献为 1, 否则贡献为 0. 换句话说积分 $\int_0^1 F(x)^3 e(-nx)\,\mathrm{d}x$ 恰好等于 n 写成三个奇素数之和的方式的数目.

　　这样就把我们的问题 "归结" 为估计积分 $\int_0^1 F(x)^3 e(-nx)\,\mathrm{d}x$, 但是函数 $F(x)$

看起来很难分析. 估计一个把素数和指数混在一起的形如 $\sum\limits_{p\leqslant N} e(px)$ 的表达式真的可行吗?

惊人的是, 它确实是可行的. 细节是很复杂的, 但是只要想一想我们的确能够估计的指数和是哪一些, 这也就不那么神秘了. 是否有某些整数的集合 A 使得我们可以处理下面形式的和 $\sum\limits_{a\in A} e(ax)$? 也是有的, 例如, 设 A 为集合 $\{s, s+d, s+2d, \cdots, s+(m-1)d\}$, 即长为 m, 公差为 d, 而从 s 开始的算术数列. 利用 $e(x)$ 的基本性质, 即知 $\sum\limits_{a\in A} e(ax)$ 等于

$$e(sx) + e((s+d)x) + \cdots + e((s+(m-1)d)x)$$
$$= e(sx) + e(dx)e(sx) + \cdots + e((m-1)dx)e(sx)$$
$$= e(sx)\left(1 + e(dx) + e(dx)^2 + \cdots + e(dx)^{m-1}\right).$$

最后一行就是从 $e(sx)$ 开始的长为 m 而公比为 $e(dx)$ 的几何数列之和. 利用标准的公式和 $e(x)$ 的基本性质, 可以导出

$$\sum_{a\in A} e(ax) = \frac{e(sx) - e((s+dm)x)}{1 - e(dx)}.$$

这种表达式是很有用的, 因为时常可以证明它们很小. 假设 $|1 - e(x)|$ 至少和一个正常数 c 一样大, 则由 $e(x)$ 的基本性质 $|e(sx) - e((s+dm)x)| \leqslant 2$, 可知上式右方的模最大是 $2/c$. 如果 c 不是太小, 这就意味着在 $\sum\limits_{a\in A} e(ax)$ 的求和过程中有多次相消, 这样我们虽然是把 m 个模为 1 的数加了起来, 所得到的数的模却不超过 $2/c$.

对于某些 x, 我们可以利用这样一点观察来估计 $\sum\limits_{p\in P} e(px)$, 这里的 P 如本文开始时的规定是所有奇素数的集合. 我们需要做的仅仅是把在 P 上的求和化成在算术数列上求和的组合, 这是一个非常自然的想法, 因为 P 所包括的是直到 n 为止而不在某些算术数列 (例如删去 7 的倍数 $14, 21, 28, 35, 42, \cdots$) 中余下的整数. 所以我们可以从取和 $\sum\limits_{t=1}^{n} e(tx)$ 开始. 从这个和里, 我们应该删去所有偶数的 t 的项的贡献, 即删去 $\sum\limits_{t\leqslant n/2} e(2tx)$. 也应删去 t 为 3 的倍数的那些项 (但是 $t=3$ 的那一项要保留), 即删去 $\sum\limits_{1<t\leqslant n/3} e(3tx)$. 这里我们看到 t 为 6 的倍数的那些项被删去了两次, 所以还要加上 $\sum\limits_{t\leqslant n/6} e(6tx)$ 补回来一次.

这样的过程可以继续下去, 而引导到一种把在素数上的和分解成为在几何数列上的和的组合的方法. 如果 x 不接近于具有小分母的有理数, 则绝大部分的公比都离 1 很远, 而绝大部分在几何数列上的和都很小. 不幸的是这种和是太多了, 使得这个简单的论据不能给出有用的估计. 然而有一些味儿差不多的类似论据却可以给出有用的估计.

如果 x 接近于具有小分母的有理数又会如何? 例如, 对于 $\sum_{p \leqslant n} e\left(p/3\right)$ 即 $x = 1/3$ 时的和又能说些什么? 在这里要用比较直接的方法: 我们知道大约有一半的素数是同余于 1 (mod 3) 的, 而另一半则同余于 2 (mod 3)(见 [IV.2§4]), 所以这个和大约是 $\left(|P|/2\right)\left(e\left(p/3\right) + e\left(2p/3\right)\right)$, $|P|$ 表示集合 P 的大小.

由于类似的理由, 在华林问题中, 需要了解 $G\left(x\right) = \sum_{t=0}^{m} e\left(t^k x\right)$ 这样形式的指数和, 我们又一次有时可能把它们归结为几何数列的求和. 在 $k = 2$ 时这是最容易做到的, 这里的思想是: 不去直接考虑 $G\left(x\right)$, 而是考虑 $\left|G\left(x\right)\right|^2$, 稍作计算就知道它等于 $\sum_{t=0}^{m} \sum_{u=0}^{m} e\left(\left(t^2 - u^2\right) x\right)$. 现在 $t^2 - u^2 = \left(t+u\right)\left(t-u\right)$, 所以我们可以作变量变换, 就是令 $v = t+u$, 以及 $w = t-u$. 这就给出了和式 $\sum_{\left(v, w\right) \in V} e\left(vwx\right)$, 这里 V 是所有这样的 $\left(v, w\right)$ 的集合, 使得 $\left(v+w\right)/2$ 和 $\left(v-w\right)/2$(它们分别等于 t 和 u) 都在 0 和 m 之间. 对于每一个固定的 v, w 可以取的值是一个算术数列, 这样就把 $\left|G\left(x\right)\right|^2$ 分解为一些项的和, 而相应于一个 v, 其中每一项都是一个几何数列的和.

迄今为止, 我们考虑的是加法数论的所谓**正问题**. 在这些问题中, 给了一个集合, 然后我们就试着去了解它的和集合和差集合. 我们至少接触到这个主题的表面, 其他有关的结果和技巧在 [IV.2] 中有所讨论 (特别请看 7, 9 和 11 节).

正问题已经有了很长的历史, 但是近年来另外一类问题, 称为**反问题**, 也变成了研究的重要的焦点. 这是关于下面的范围广阔的问题: 就是给定了关于和集合或差集合的信息, 由此能够得出关于原来集合的什么信息? 现在以这一类加法数论问题的一个精彩的例子来结束本文, 这就是所谓 **Freiman 定理**.

如果 A 是任意的大小为 n 的整数集合, 不难证明 $A + A$ 的大小在 $2n - 1$ 和 $n\left(n+1\right)/2$ 之间 (如果 A 是一个算术数列就发生第一个情况, 而如果所做出的和都是不同的, 则发生第二个情况). 如果例如 $A + A$ 的大小最多是 $100n$, 或者比较一般地最多是 Cn, 而 C 是一个当 n 趋于无穷时都不变的常数, 关于 A 我们能说些什么?

假设能够找到一个大小最多为 $50n$ 的算术数列 P, 使得 A 是 P 的子集合. 则 $A + A$ 是 $P + P$ 的一个子集合, 而其大小最多为 $100n - 1$. 这样, 如果 A 是一个算术数列的 2%, 则 $A + A$ 的大小最多是 $100n$, 然而还有别的生成这种集合的方法. 例如, 设 A 有最多到七位数为止的整数的集合, 但是这些整数从最末一位数起的第 3, 4, 5 位数均为 0, 比方说 35 000 26 或者 99 000 90 就都是这样的整数, 这样的整数最多有 $100 \times 100 = 10000$ 个. 如果把两个这样的数加起来, 则可能得出 13800162 或 14100068 这样的数, 它们是从一个在 0 到 198 之间的数开始, 然后接着有两个 0, 再接着第二个由 0 到 198 之间的数 (如有必要就在前面再添一个 0, 使得这一部分成为一个 3 位数), 这样的数共有 198×198 个, 这个总数小于 40000. 因此, 现在 $A + A$ 的大小小于 A 的大小的 4 倍. 然而, A 并没有填满任意一个算术数列 P 的 2%. 如果要能填满这样一个 P, 则 P 的公差应该为 1(因为 A 中有相连的整数), 同理 P 中应该包括 0 和 9900099(因为它们都是 A 中的数). 这样 P 里面至少有 9900100 个数, 而 A 的 10000 个数离它的 2% 就不值一谈了.

然而, A 是一个有相当丰富的内部结构的集合, 它是**2 维算术数列**的一个例子. 粗略地说, 一个通常的即 1 维的算术数列, 就是可以从一个数 s 开始, 再反复地加上另一个数 d, 称为公差, 这样得出的数列. 可以用两个 "公差"d_1 和 d_2 来建造一个 2 维算术数列. 就是说, 有一个起始的数 s, 然后就去看形如 $s + ad_1 + bd_2$ 的数, 但是规定 a 是 0 到 $m_1 - 1$ 之间的整数, b 是 0 到 $m_2 - 1$ 之间的整数. 上面的例子中的 A 就是一个 2 维的算术数列, 而 $s = 0$, $d_1 = 1$, $d_2 = 100000$, 同时 $m_1 = m_2 = 1$.

可以类似地定义高维算术数列. 不难证明, 如果 P 是一个 r 维算术数列, 则 $P + P$ 的大小至多是 P 的大小的 2^r 倍. 所以, 如果 A 是 P 的一个子集合, 而 P 的大小最多是 A 的大小的 C 倍, 则 $A + A$ 的大小最多是 $P + P$ 的大小, 而最多是 A 的大小的 $2^r C$ 倍.

这就告诉了我们, 如果 A 是一个低维算术数列的大的子集合, 则 A 有一个小的和集合. Freiman 定理就是下面的值得注意的命题, 只有这种集合才有小的和集合. 就是说, 如果 $A + A$ 比 A 并不大很多, 则一定有一个低维的算术数列 P 既包含 A 又不比 A 大很多[①], 指数和对于这个定理的证明也是不可少的. Freiman 定理有许多应用, 而且可能还会有更多的应用.

V.28 从二次互反性到类域理论

Kiran S. Kedlaya

二次互反律是由欧拉[VI.19] 发现而最早由高斯[VI.26] 证明的 (高斯还给这个

---

① 在 http://en.wikipedia.org/wiki/Freiman's_theorem 上可以找到 Freiman 定理的形式的陈述: 令 A 为有限的整数集合, 而其和集合 $A + A$ 很小 (意思是存在一个常数 c 使得 $|A + A| < c|A|$), 则必存在一个 n 维算术数列 P 包含 A 而其大小小于 $c'|A|$, 这里, c' 和 n 都只依赖于 c. —— 中译本注

结果取名为**黄金定理**(theorema aureum)), 它被广泛认为是数论皇冠上的宝石, 而这是很有道理的, 它作为一个命题, 其陈述就是一个相当聪明的中学生也能够重新发现 (事实上, 在 Arnold Ross 的数学暑假计划[①]中, 它几十年来一再被重新发现), 但是极少有学生能够不需他人帮助就会得出证明.

二次互反律以勒让德[VI.24] 的陈述最为方便. 设若 n 是一个不能被素数 p 整除的整数, 若 n 同余于一个完全平方数 (mod p), 就记 $\left(\dfrac{n}{p}\right)=1$, 否则就记 $\left(\dfrac{n}{p}\right)=-1$[②]. 二次互反律可以表述如下 (但是 $p=2$ 是要单独处理):

定理(二次互反律) 设 p 和 q 是两个不同的素数, 而且都不为 2. 则当 p 和 q 都同余于 3 (mod 4) 时, $\left(\dfrac{p}{q}\right)\left(\dfrac{q}{p}\right)=-1$; 而在其他情况下 $\left(\dfrac{p}{q}\right)\left(\dfrac{q}{p}\right)=1$.

例如, 取 $p=13, q=29$, 则 $\left(\dfrac{p}{q}\right)\left(\dfrac{q}{p}\right)=1$. 这是因为二者都不是同余于 3 (mod 4), 而容易算出是同余于 1 (mod 4). [再来计算 $\left(\dfrac{13}{29}\right)$ 和 $\left(\dfrac{29}{13}\right)$. 因为 $29=13+16\equiv 4^2$ (mod 13), 所以 $\left(\dfrac{29}{13}\right)=1$. 这样就也应该有 $\left(\dfrac{13}{29}\right)=1$. 事实上,$13=-3\cdot 29+100$, 所以 13 同余于 $100=10^2$ (mod 29).]

二次互反律虽然简单, 却很神秘, 因为它违反了我们的直觉, 就是 mod 与不同素数的同余式应该是互相无关的. 例如, 中国剩余定理[③]就是用确切的语言说明了知道一个随机的整数为奇或偶, 并不能使它在 (mod 3) 时倾向于同余于哪一个数.[中国剩余定理说: 只要正整数 a_i, $1\leqslant i\leqslant n$ 是成对互素的, 则对任意的正整数 b_i, $1\leqslant i\leqslant n$, 总可以找到一个整数 x 使得 $x\equiv b_i$ (mod a_i), $1\leqslant i\leqslant n$, 所以对于 a_i 的同余性与对于 a_j $(i\neq j)$ 的同余性是互相独立的, 一个数 x (mod a_i) 时同余于 b_i, 但 (mod a_j) 时可以同余于任意的 b_j, 而不受 b_i 的影响]. 数论专家喜欢用几何学的语言来描述这个情况, 他们把与同余于单个素数 (或者其幂) 时相关的现象称为局部现象 (见条目数论中的局部与整体[III.51]). 这样, 中国剩余定理就可以解释为在一个点上的局部现象确实是局部的, 它不会影响在另一点处的局部现象. 然而, 和粒子物理学家不能用孤立的单个粒子来解释宇宙的行为一样, 我们也不能希望孤立地用单个素数来解释整数的性态. 二次互反性就是作为整体现象的第一个已知例子而出现的, 它证明了有 "基本的力" 把不同的素数连接起来. 局部性与整体性

---

① Arnold Ephraim Ross, 1906–2002, 美国数学家和数学教育家, 他创立了 Ross Mathematics Program, 是一个数学夏令营性质的活动, 已经有几十年的历史.—— 中译本注

② 这里的 $\left(\dfrac{n}{p}\right)$ 不是分数, 而是其定义如上的勒让德记号 (Legendre symbol).—— 中译本注

③ 起源于 4 世纪的中国古籍《孙子算经》中的 "物不知数" 一题: "今有物不知其数, 三三数之剩二, 五五数之剩三, 七七数之剩二. 问物几何? "—— 中译本注

的交织彻底深入于现代数论中, 但二次互反性现象则使它初次见于光天化日之下.

二次互反性作为基本属性还表现在它使用不同技巧的多种证明方法上. 高斯在世时就给出了八个证明, 而到现在则有了十几种. 这些不同的证明表示可以对它在不同方向上加以推广. 我们再次只能集中关注历史地引导到类域论的这个方向, 而这样做就不得不略去道路两旁的诱人的风光, 其中就有高斯和理论及其范围广阔得惊人的应用, 例如 Kolyvagin 关于 Birch-Dyer-Swinnerton猜想[V.4] 的工作, 以及数论在数学与密码[Ⅶ.7] 以及计算机科学的其他领域中的应用.

欧拉就寻求过关于完全三次幂和四次幂的互反性, 但是成功有限. 高斯则成功地陈述了这些互反性定律 (但是没有证明, 证明还有待于艾森斯坦 (Ferdinand Gotthold Max Eisenstein, 1823–1852, 德国数学家), 他还认识到只有跳出整数环才能真正理解互反性.

在四次幂的情况我们就能明显地看到这一点. 令 p 和 q 都是同余于 1 (mod 4) 的素数. $p \bmod q$ 同余于一个四次幂, 以及 $q \bmod p$ 同余于一个四次幂二者的互反性, 很不容易用 p 和 q 来表述. 作为一种替换, 我们需要回想到费马[Ⅵ.12] 的一个结果①, 可以写出 $p = a^2 + b^2$ 以及 $q = c^2 + d^2$, 而除了 $a, b(c, d$ 也一样) 可以互换以及可以变号以外, 这两对整数是唯一的. 但是, 在实部和虚部均为整数的复数 (这种复数现在称为**高斯整数**) 所成的环里, p 和 q 都还可以进一步分解因子: $p = (a + bi)(a - bi), q = (c + di)(c - di)$.

高斯定义了勒让德记号的类似物. 欧拉就已经知道

$$\left(\frac{n}{p}\right) \equiv n^{(p-1)/2} \pmod{p},$$

这里的 $\left(\dfrac{n}{p}\right)$ 不是分数, 而是勒让德记号. 为了证明上式右方为 1 或 −1, 可以利用费马小定理 (见条目模算术[Ⅲ.58]) 证明其平方为 1, 还有方程 $x^2 = 1$ 恰好有两个根. 高斯类似地定义

$$\left(\frac{a + bi}{c + di}\right)_4$$

为 i^k, 而 $k \pmod 4$ 的选择是唯一的, 以保证

$$i^k \equiv (c + di)^{(a^2 + b^2 - 1)/4} = (c + di)^{(p-1)/4} \pmod{a + bi}.$$

这里说两个整数是 $\bmod a + bi$ 同余的, 如果它们的差是 $a + bi$ 乘上一个高斯整数. 这样的 k 的存在又可以由费马小定理来保证: 如果把 $(c + di)^p$ 用二项定理展开, 则除第一项和末项以外, 各项都可以用 p 整除, 所以它可以化为 $c^p + (di)^p$, 在利用一次

---

① 1640 年, 费马给出了如下的定理: 任意奇数都可以写成平方和如 $p = a^2 + b^2$, 但是又没有给出证明. 许多大数学家 (包括欧拉) 后来给出了好几个证明, 但是都比较复杂.—— 中译本注

费马小定理以及 $p \equiv 1 \pmod 4$, 就可以把它化为 $c+di$, 由此可知 $(c+di)^{p-1} \equiv 1$(换一个方法也可以利用高斯整数 $a+bi$ 构成一个阶数为 $p-1$ 的群, 再利用拉格朗日定理来证明这一点).

在陈述这个互反律之前, 我们还要把 a,b,c,d 的选择中的疑义清除掉. 我们要求 a 和 c 必须为奇数, 而 $a+b-1$ 和 $c+d-1$ 能够被 4 整除 (注意, 现在还可以改变 b 和 d 的符号).

定理(四次互反性) 设 $p,q,a,b,c,$ 和 d 如上. 如果 p 和 q 都同余于 $5\,(\mathrm{mod}\,8)$, 则

$$\left(\frac{a+bi}{c+di}\right)_4 \left(\frac{c+di}{a+bi}\right)_4 = -1;$$

否则

$$\left(\frac{a+bi}{c+di}\right)_4 \left(\frac{c+di}{a+bi}\right)_4 = 1.$$

人们会希望, 利用由 n 次单位根生成的环也可以像上面那样得到 n 次幂的互反性定律, 而且这个互反律看起来和上面的一样. 使事态复杂化的是这个环并不具有唯一因子分解性质[IV.1§§4-8](而通常整数和高斯整数的环则具有这一性质), 这只能用库默尔[VI.40] 的理想[III.81§2] 理论来弥补 ("理想" 一词其实是 "理想数" 的简称). 一个理想就是具有一个数的所有倍数的集合所具有的典型性质的一个集合, 但是又更加广泛 (即令一个理想就是某个数的所有倍数的集合, 这里的 "某个数" 也可以是不唯一的, 因为可以用一个单位来乘这个数. 例如 2 和 -2 都生成所有偶数所成的理想). 库默尔和艾森斯坦利用了库默尔的理论就能够对于高次幂提出二次互反律的很广泛的推广.

然后是希尔伯特[VI.63] 认识到所有这一切可以整合为一个具有最大一般性的互反律. 受到二次互反律用所谓范数剩余记号 (norm residue symbol) 来重新表述的启发, 希尔伯特对这个具有最大一般性的互反律提出了一个可能的候选者. 所谓范数剩余记号就是: 对于一个素数 p 和任意两个整数 m 和 n, 如果对于所有充分大的 k, 方程 $mx^2 + ny^2 \equiv z^2 \,(\mathrm{mod}\,p^k)$ 都有不能全被 p^k 整除的解 x, y, z, 就规定其范数剩余记号 $\left(\dfrac{m,n}{p}\right)$ 为 1, 否则就规定它为 -1. 换言之, 如果方程 $mx^2 + ny^2 = z^2$ 在 p 进数[III.51] 中有解, 就定义其范数剩余记号为 1.

希尔伯特对于二次互反律的陈述是: 对于任意整数 m 和 n,

$$\prod_p \left(\frac{m,n}{p}\right) = 1,$$

这里的乘积是对于所有的素数和**素数** ∞ 来取的. 素数 ∞ 需要作一些解释: 记 $\left(\dfrac{m,n}{\infty}\right) = 1$ 当且仅当 m 和 n 不能同时为负, 也就是方程 $mx^2 + ny^2 = z^2$ 在实数

中有解. 这样的说法符合我们规定的对于哪些 p 求乘积的一般的模式, 能够说明对于所有的素数还要加上素数 ∞ 的原因.

有一点还需要弄清楚, 就是希尔伯特的乘积之所以有意义, 在于对于固定的 m 和 n, 除了最多有限个素数 p 以外, 都有 $\left(\dfrac{m,n}{p}\right) = 1$. 这是因为将近一半的整数 $\bmod p^k$ 是二次剩余, 所以很容易解除方程 $mx^2 + ny^2 = z^2$, 只有在乘以 m 或 n 以后会把许多二次剩余等同起来时才会有困难. 举例来说, 若 m 和 n 是 (正) 素数, 则只有这两个素数才对上述乘积有贡献, 而这两个因子是与 $\left(\dfrac{m}{n}\right)$ 和 $\left(\dfrac{n}{m}\right)$ 相关的, 这又回到了二次互反性.

希尔伯特利用这样的陈述就能够提出和证明任意数域[III.63] 上的二次互反性, 在这个陈述中相应的记号的乘积要对于这个数域的所有素理想 (包括一些 "无穷素理想") 来取. 希尔伯特对于任意数域上的高次互反性也作了猜测. 后来由哈塞 (Helmut Hasse, 1898–1979, 德国数学家)、高木贞治 (Takagi Teiji, 1875–1960, 日本数学家), 还有阿廷[VI.86] 来应对这个问题. 阿廷提出了一般的互反律, 但因为它比较具有技巧性, 这里就不能讲了. 我们只能限于指出, 阿廷的互反律在应用于一个数域 K 时, 是用 K 的阿贝尔扩张. 即包含 K 而且其对称群 (伽罗瓦群[V.21]) 可交换的数域来表示范数剩余记号的.

$\mathbf{Q}$ 的各个阿贝尔扩张都是容易描述的: 克罗内克 – 韦伯 (Heinrich Martin Weber, 1842–1913, 德国数学家[①]) 定理指出它们都包含在由 1 的根生成的域内. 这就可以解释 1 的根在经典的互反律中的地位, 但是对于 $\mathbf{Q}$ 以外的任意数域的阿贝尔扩张就比较困难, 它们至少可以用 K 的构造来分类, 这就是通常说的**类域论**(class field theory).

但是除了在几个特殊情况下以外, 显式地确定 K 的阿贝尔扩张的生成元 (即希尔伯特第十二问题) 仍然绝大部分并未解决. 例如椭圆函数[V.31] 理论对于形如 $\mathbf{Q}\left(\sqrt{-d}\right)$ 的域通过复乘法理论解决了这个问题. 进一步的例子还出现在志村五郎 (Shimura Goro) 关于模形式[III.59] 的工作中, 引导到志村互反律.

最后这个例子说明互反律的故事还没有结束, 显式的类域论的任何一个新的情况都会揭示出新的过去没有看到的互反律. 在这方面有一些新的令人兴奋的猜测由 Bertonili, Darmon 和 Dasgupta 提出, 他们用 p 进分析提出了阿贝尔扩张的新的构造. 这些都类似于前面提到的用椭圆函数来做的构造, 其中要在特定的点上计算一个超越函数的值. 在一开始, 没有理由期望所得的复数有什么特殊性质, 但是后来证明是一个代数数生成了基域的适当的阿贝尔扩张. 尽管在特例中可以用计算机来验证这样的构造 p 进地收敛于正确的域的特定生成元, 但是证明这一点在目前似

---

① 有好几个数学家韦伯, 这一位是黎曼的合作者, 请勿与高斯的合作者德国物理学家 Wilhelm Eduard Weber (1804–1891) 相混淆.—— 中译本注

乎还是力所不及的事.

进一步阅读的文献

Ireland K, and Rosen M. 1990. *A Classical Introduction to Modern Number Theory*, 2nd edn. New York: Springer.

Lemmermeyer F. 2000. *Reciprocity Laws, from Euler to Eisenstein*. Berlin: Springer.

V.29　曲线上的有理点与莫德尔猜想

假设想要研究一个丢番图方程形如 $x^3 + y^3 = z^3$. 我们能够给出的一个简单的评论就是: 研究这个方程的整数解相当于研究方程 $a^3 + b^3 = 1$ 的有理解. 实际上, 如果有整数 x, y 和 z 使得 $x^3 + y^3 = z^3$, 令 $a = x/z, b = y/z$, 那么就得到两个有理数 a 和 b 使得 $a^3 + b^3 = 1$, 反之, 如果有两个有理数 a 和 b 使得 $a^3 + b^3 = 1$, 用它们的分母的最小公倍数 z 去乘 a 和 b, 并记 $x = az$ 和 $y = bz$, 这样就得到三个整数 x, y 和 z, 使得 $x^3 + y^3 = z^3$.

这样做的好处是能够使变量的个数减少 1 个, 而来关注平面曲线 $u^3 + v^3 = 1$, 与曲面 $x^3 + y^3 = z^3$ 比较, 它是更简单的对象. 这种由一个或多个多项式方程定义的曲线称为代数曲线.

虽然我们关心的是曲线上的有理点, 但是把曲线看成一个可以显现为多种形式的抽象的对象仍是有帮助的 (关于这一点的更详细讨论, 可参看条目算术几何[IV.5]). 例如, 如果把 u, v 看成复数, 则 "曲线"$u^3 + v^3 = 1$ 成为一个 2 维的对象, 而这意味着它开始有了一个真正有趣的几何学. 准确一点说, 它可以看成是 $\mathbf{R}^4$ 中的一个 2 维流形[I.3§6.9]. 而从复的视角来看, 则它是 $\mathbf{C}^2$ 的一个 1 维子集合. 而不管从哪一个视角来看, 它潜在地都有一个有趣的拓扑. 例如, 如果我们不是把它看成 $\mathbf{C}^2$ 的 1 维子集, 而是加以紧化[III.9], 看成是复射影平面[I.3§6.7] 的子集合, 它就成了一个紧曲面. 这样, 它就会有一个亏格[III.33], 粗略地说, 这就告诉我们它上面有多少个洞.

使人吃惊的是, 后来发现, 一个曲线的亏格的几何定义与这个曲线包含了多少有理点这个代数问题是密切相关的. 例如考虑曲线 $u^2 + v^2 = 1$, 它相应于丢番图方程 $x^2 + y^2 = z^2$. 因为有无穷多个互相不成倍数的毕达哥拉斯三元组, 所以曲线 $u^2 + v^2 = 1$ 上有无穷多个有理点. 为了计算它的亏格, 我们把它重写为 $(u + \mathrm{i}v)(u - \mathrm{i}v) = 1$, 这就说明函数 $(u, v) \mapsto u + \mathrm{i}v$ 是从这个曲线到所有非零复数的集合 $\mathbf{C} \backslash \{0\}$ 上的同胚, 而后者又同胚于除掉了两个点的球面. 通过紧化补上这两个点, 就给出一个亏格为 0 的曲面, 所以我们说曲线 $u^2 + v^2 = 1$ 的亏格为 0. 后来证明, 所有 0 亏格的曲线要么没有有理点, 要么有无穷多个.

一般说来, 亏格越大, 找有理解就越难. 亏格为 1 的曲线称为椭圆曲线[III.21]. 一个椭圆曲线可以有无穷多个有理点, 但是这种点的集合又具有受很大限制的构造. 为了解释这一点, 考虑以下形式的椭圆曲线 $E : y^2 = ax^3 + bx^2 + cx + d$ (任意椭圆曲线都可以写成这个形式). 如果把它看成 $\mathbf{R}^2$ 中的曲线, 就可以在它上面定义一个二元运算如下: 给定 E 上的任意两点 P 和 Q, 令 L 为连接这两点的直线 (如果 $P = Q$, 就定义它为 P 点处的切线). 一般说来, L 与 E 相交于 3 个点, P 和 Q 为其中两个. 令 R' 为第三点, 而它对 x 轴的反射为 R(它也属于 E, 因为 E 具有 $y^2 = f(x)$ 的形式). 图 1 上画出了从 P 和 Q 得出 R 的作法, 这就定义了 E 上的点的一个二元运算. 值得注意的是, 这个二元运算把 E 变成了一个阿贝尔群, 这里要把无穷远点也包括进去, 并且采用了以下的规约, 即无穷远点算是 E 和任意铅直直线的交点, [从而使 E 与铅直直线也有 3 个交点]. 无穷远点是这个群的恒等元, 因为过点 P 的铅直直线交 E 于 P 对 x 轴的反射点 P', 再把 P' 对 x 轴反射回来就又得到 P 点.

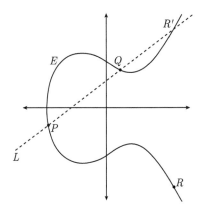

图 1 椭圆曲线上的群运算

要想找出椭圆曲线的这个 "群法则" 的公式 —— 就是用 P, Q 的坐标来表示 R 的坐标的公式 —— 是很费劲的, 但是基本上是一件硬算的事. 如果这样做就马上可以看到, 如果 P, Q 具有有理坐标, 则 R 的坐标也是有理的. 这样, 椭圆曲线上的有理点构成一个子群. 这个简单的事实可以用来很容易地生成相应的丢番图方程的很大的解. 比方说, 可以从丢番图方程的很小的解开始, 并且把它与一个有理点 P 联系起来, 然后就用所得到的二元运算公式算出 $2P$, 然后是 $4P$, 然后 $8P$, 这样下去. 除非对某一个 n 得到了 $nP = 0$(这是可能发生的), 不用花多少时间, 就可以在曲线上得到一个具有有理坐标的点, 而这些坐标的分子和分母都极其巨大. 要想对于这类解有一点感觉, 可以从椭圆曲线 $y^2 = x^3 - 5x$ 开始, 并且取 P 为点 $(-1, 2)$(因为 $2^2 = (-1)^3 - 5(-1) = 4$, 所以此点确实在此椭圆曲线上). 如果用二

元运算公式来计算 $5P$, 将有 $(-5248681/4020025, 16718705378/8060150125)$, 一般说来, 表示 nP 的坐标需要的整数的位数随 n 作指数增长.

在 20 世纪初, **庞加莱**[VI.61] 猜测, 椭圆曲线上有理点的子群具有有限多个生成元. 这个猜想在 1922 年由英国数学家莫德尔 (Louis Mordell, 1888–1972) 证明. 这样, 虽然一个亏格为 1 的曲线上可以有无穷多个有理点, 但是这种点中有一个有限的集合, 可以用它来构造出所有其他的这类点. 前面说有理解的集合具有受很大限制的构造就是这个意思.

莫德尔猜想, 一个亏格至少为 2 的曲线只能包含有限多个有理点. 这是一个值得注意的猜测, 如果它成立, 就可以把它用于极为广泛的一类丢番图方程, 证明它们最多只有有限多个解 (但是允许相差一个倍数). 其所蕴含的结论之一就是每一个 $n \geqslant 3$ 的费马方程 $x^n + y^n = z^n$ 只有有限多个解, 其中 x, y, z 是互素的. 然而做出一个很一般的猜测是一回事, 而证明它则是另外一回事, 而在很长一段时间里的共识是: 莫德尔猜想和数论中许多其他猜测一样, 是他人无法证明的. 因此, 当法尔廷斯 (Gerd Faltings, 1954–, 德国数学家) 在 1983 年证明了莫德尔的猜想时, 给了世人一大惊喜!

作为法尔廷斯证明的结果, 我们关于丢番图方程的知识是向前跃进了一大步. 这个定理后来有许多不同证明, 其中有一些比法尔廷斯的证明更简单. 然而, 这些证明虽然很值得注意, 却都有其局限, 其中之一在于它们都不是有效的. 就是说, 尽管法尔廷斯的定理告诉了我们在有些曲线上只有有限多个有理解, 但是没有一个证明能够给我们这些点的坐标的分子和分母的大小一个界限, 所以我们没有办法知道是否已经找到了所有的解. 在数论中一个定理有这样的特点是很常见的. 一个著名定理却不是有效的这个情况的另一个例子是**罗特定理**[V.22]. 要找出这些定理的有效版本可能就是进一步的突破了 (ABC猜想[V.1] 的各种变体可能蕴含着这些结果的有效的版本, 但是现时的 ABC 猜想的情况比之莫德尔猜想在法尔廷斯证明它之前的情况似乎更加难以企及).

在本文开始处, 我们曾经把方程 $x^3 + y^3 = z^3$ 加以化简, 使考虑的对象成了一条曲线而不是曲面, 但是显然我们并不总能这样做. 例如, 如果对方程 $x^5 + y^5 + z^5 = w^5$ 采用同样的程序, 则得到的将是一个 2 维曲面 $t^5 + u^5 + v^5 = 1$. 对于维数大于 1 的簇 (即由多项式方程所定义的集合) 上的有理点, 知识还非常有限. 然而, 在此至少有一个 "一般类型的簇" 的定义, 作为一个亏格至少为 2 的曲线概念的类比. 我们不能期望这样一个簇上只有有限多个有理点, 但是有一个莫德尔猜测的高维的类比, 是由 Serge Lang (1927–2005, 法国出生的美国数学家) 提出的, 它指出, 一个一般类型的簇 X 上的有理点必定含于 X 的有限多个低维的子簇的并中. 这个猜想一般认为超出了现有方法之所能及, 说实话, 并非大家都相信它.

V.30 奇异性的消解

基本上每一个重要的数学结构都伴随着一个等价性的概念. 例如, 两个群 [I.3§2.1]如果它们是同构[I.3§4.1] 的就视为等价的, 而两个拓扑空间[III.90] 如果存在一个由其中一个到另一个的具有连续逆的连续映射 (这时就说它们是同胚的), 就视为等价的. 一般说来, 如果某个对象的一个我们感兴趣的性质, 当把这个对象换成一个等价的对象时不受影响, 这个等价关系就是有用的. 举一个例子, 如果 G 是一个有限生成的阿贝尔群, 而 H 与它同构, 则 H 也是一个有限生成的阿贝尔群.

双有理 (birational) 等价性对于**代数簇**[IV.4§7] 是一个有用的概念. 粗略地说, 如果在两个簇 V 和 W 之间有一个由 V 到 W 的具有有理逆的有理映射, 就说它们是双有理等价的. 如果 V 和 W 是表示为某个坐标系下的方程组的解的集合, 这个有理映射就是把 V 中的点映为 W 的点的在这个坐标系下面的有理函数. 然而懂得下面这一点是很重要的, 就是不要对这里说的函数仅仅作字面的理解, 因为它们允许在 V 的某些点上是无定义的.

例如, 可以考虑怎样把一个无限的柱面 $\{(x,y,z) : x^2 + y^2 = 1\}$ 映为锥面 $\{(x,y,z) : x^2 + y^2 = z^2\}$. 有一个明显的映射就是函数 $f(x,y,z) = (zx, zy, z)$, 它的逆就是 $g(x,y,z) = (x/z, y/z, z)$. 然而, g 在点 $(0,0,0)$ 处是没有定义的. 尽管如此, 柱面和锥面是双有理等价的. 代数几何学家说这个映射把点 $(0,0,0)$ 爆破成为圆周 $\{(x,y,z) : x^2 + y^2 = 1, z = 0\}$.

簇 V 的由双有理等价性保持的主要性质是所谓 V 的**函数域**, 它是由定义在 V 上的有理函数构成的 (这里的有理函数确切的意义并不是一看就明白的, 在有些上下文中, V 是一个更大的空间如 $\mathbf{C}^n$ 的子集合, 而在其上我们可以谈论多项式的比, 然后这时 V 上的有理函数的一个可能的定义就是这种比的一个等价类, 而两个比如果在 V 上取相同的值, 就算是等价的. 关于这种等价关系的进一步讨论, 可见条目算术几何[IV.5§3.2] 和量子群[III.75§1]).

1964 年, 广中平祐 (Hironaka Heisuke, 1931–, 日本数学家) 证明了一个著名的定理, 指出每一个 (在特征为 0 的域上的) 代数簇都双有理地等价于一个没有奇性的代数簇, 而且需要一些关于双有理等价性的技术性条件才能使这个定理有趣而且有用, 前面给出的柱面和锥面的例子就是一个简单的例证: 锥面在 $(0,0,0)$ 处有奇性, 但是柱面则处处光滑. 广中平祐的文章有 200 多页长, 但是他的论证后来被好几个学者简化了. 他自己也因奇性消解的工作获得了 1970 年的菲尔兹奖.

关于奇性消解的进一步的讨论可见条目代数几何[IV.4§9].

黎 曼 假 设

见素数定理与黎曼假设 [V.26]

V.31　黎曼–罗赫定理

一个黎曼曲面[III.79], 常用的说法就是一个 "局部地看起来像 **C**" 的流形 [I.3§6.9]. 换句话说, 它的每一点都有一个邻域可以双射到 **C** 的一个开子集合, 而且在两个邻域的重叠处, "转移函数" 都是全纯函数[I.3§5.6]. 我们可以把黎曼曲面看成是最一般的可以在其上一个复变量的全纯函数 (即复可微函数) 有意义的集合.

可微性的定义是局部的, 一个函数 f 是可微的当且仅当在每一点 z 它都满足一个条件, 而且此条件仅依赖于此函数在距离 z 非常近处的性态. 然而, 复分析的惊人之处之一就是全纯函数实际上比它的基本定义会使它比我们期望的具有大得多的整体性. 说实在的, 如果知道了全纯函数 $f : \mathbf{C} \to \mathbf{C}$ 在单个点 z 的一个小邻域中每一点处的值, 就可以导出它在 **C** 中每一点处的值. 如果把 **C** 代以其他的 (连通的) 黎曼曲面, 这一点也是一样的.

下面是全纯函数的整体本性的第二个例证. 最基本的黎曼曲面之一就是所谓黎曼球面 $\hat{\mathbf{C}}$, 它是由对 **C** 添上一个 "无穷远点" 得出的. 我们说一个函数 $f : \hat{\mathbf{C}} \to \mathbf{C}$ 是全纯的, 如果以下条件成立:

- f 在 **C** 上的每一点都是可微的;
- 当 z 沿任何方向趋于 ∞ 时, $f(z)$ 趋于一个极限 w;
- w 就是 f 在 ∞ 之值.

那么, 有哪些从 $\hat{\mathbf{C}}$ 到 **C** 的全纯函数呢? 一个全纯函数是连续的, 由此可知, 如果当 $z \to \infty$ 时 $f(z)$ 趋向一个极限, 则 f 在 **C** 上是有界的. 但是, 刘维尔[VI.39] 的著名定理指出, 一个定义在整个 **C** 上的有界全纯函数一定是常数, 所以仅有的从 $\hat{\mathbf{C}}$ 到 **C** 的全纯函数就是常数!

有人可能觉得, 考虑从 $\hat{\mathbf{C}}$ 到 **C** 映射有些矫揉造作, 为什么不考虑从 $\hat{\mathbf{C}}$ 到 $\hat{\mathbf{C}}$ 的映射呢? 这样的映射等价于这样一些从 **C** 到 **C** 的映射: 它们可以在一个有限的称为极点的点集合 $z_1, \cdots, z_k$ 上趋于无穷, 而当 $z \to \infty$ 时必定有一个极限 (也允许这个极限为 ∞. 如果只要让 $|z|$ 充分大就能使 $|f(z)|$ 也充分大, 就说当 $z \to \infty$ 时有 $f(z) \to \infty$. 注意这里排除了一些如像 e^z 这样的常见的函数, 因为有可能当 z 很大时, e^z 仍然很小). 具有这种性质的函数称为**亚纯函数**. 典型的例子有 z, z^2,

$(1+z)/(1-z)$, 或实际上 z 任意的有理函数都在其列. 事实上, 可以证明任意从 $\hat{C}$ 到 $\hat{C}$ 亚纯函数都是有理函数.

在其他的黎曼曲面上, 亚纯函数的概念也是有意义的, 可以把它想成一个除了在一个孤立点的集合以外均为全纯而在这些孤立点上趋于无穷的函数 (如果这个函数是定义在 C 上的, 则可能有无穷多个这样的点, 但是一个如 $\hat{C}$ 这样的紧[III.9] 曲面中不可能包含无穷多个互相孤立的点, 所以紧曲面上的亚纯函数最多有有限多个极点).

我们考虑的黎曼曲面是一个环面的情况, 是一个特别重要的例子. 我们可以把环面看成是 C 对于一个格网的商[I.3§3.3], 而这个格网是由两个复数 u 和 v 生成的, 但 u/v 不是实数. 于是, 在定义于环面上的函数和定义在 C 上的双周期函数 f 之间就有了一个一一对应, 这里的所谓双周期函数就是对于任意的 z, $f(z+u)$ 和 $f(z+v)$ 都等于 $f(z)$. 由刘维尔定理知道, 如果这个函数是全纯的, 则它是常数, 但是有双周期亚纯函数的有趣的例子, 这种函数称为**椭圆函数**.

就是在这里, 全纯函数的整体的本性或者说是全纯函数的 "刚性" 又表现出来了, 表现在椭圆函数的来源会受到很大的限制. 实际上, 可以定义一种椭圆函数, 称为**魏尔斯特拉斯 P 函数**, 记作 $\wp$, 使得任意其他相对于给定的生成元 u 和 v 的椭圆函数, 都可以用 $\wp$ 及其导数的有理函数来表示, 这个函数是由下面的公式来表示的

$$\wp(z) = \frac{1}{z^2} + \sum_{(n,m) \neq (0,0)} \left(\frac{1}{(z-mu-nv)^2} - \frac{1}{(mu+nv)^2} \right).$$

注意, 它的双周期性已经内置在此定义中了, 而且 $\wp$ 在由 u 和 v 生成的格网的每一个格点上都有一个极点. 如果把 $\wp$ 看成是定义在环面上的函数, 则它恰好有一个极点. 在这个极点上, $\wp$ 趋向无穷的速度和 $1/z^2$ 是一样的, 所以我们说这个极点的**阶数**为 2. 一般地说, 如果一个函数 f 和 $1/z^k$ 趋向无穷的速度是一样的, 就说这个极点的**阶数**为 k.

取一个紧黎曼曲面 S, 并在其上选定点 $z_1, \cdots, z_r$, 以及一串正整数 $d_1, \cdots, d_r$, 能否在 S 上作一个亚纯函数, 使得其极点就是 $z_1, \cdots, z_r$, 而且极点 z_i 的阶数就是 d_i? 迄今所得的结果让我们相信这是可能的, 但是很可能这种亚纯函数的数量不是太大. 因为这种函数的线性组合仍是这种函数, 所以我们关心的这种函数的集合构成一个向量空间[I.3§2.3], 所以, 我们希望通过这个空间的维数来 "量化" 这种函数的多少.

现在我们可以期望这个维数是有限的. 黎曼[VI.49] 证明了如果这些极点都是单极点, 即所有的 $d_i = 1$, $i = 1, 2, \cdots, r$, 则维数 l 满足不等式 $l \geqslant r - g + 1$, 这里 g 是这个紧黎曼曲的**亏格**[III.33], 粗略地说就是这个紧黎曼曲上洞的个数. 这个结果

称为黎曼不等式, 而罗赫 (Gustav Roch, 1839–1866, 德国数学家, 黎曼的学生) 的贡献在于解释了 l 和 $r - g + 1$ 的差是另一个向量空间的维数, 这就使我们能够确切地计算维数 l. 在某些条件下, 由罗赫所认定的这个空间的维数为 0, 这时就会得到 $l = r - g + 1$. 特别是当 $r \geqslant 2g - 1$ 时是这样. [黎曼不等式连同罗赫所认定的空间的维数就是黎曼–罗赫定理].

我们原来问的问题更加一般, 即不要求极点为单极点, 而是要求 z_i 处的极点的阶数最多为 d_i, 但是所得的结果可以直接地加以推广, 现在的结果是: l 至少等于 $d_1 + \cdots + d_r - g + 1$, 而这个差是某个可以定义的空间的维数. 我们甚至可以要求某些 d_i 为负数, 而把 "极点的阶数最多为 d_i" 解释为一个零点的重数至少为 $-d_i$.

黎曼–罗赫定理是计算紧曲面上全纯或亚纯函数空间的维数的基本工具 (要求全纯或亚纯函数属于某个空间又时常等价于要求它们服从某些对称条件). 让我们从一个很简单的例子开始, 每一个定义在黎曼球面上而且在 $0, 1$ 两点有单极点的亚纯函数一定具有 $a + b/z + c/(z - 1)$ 的形式, 这些函数构成一个 3 维空间, 这正是黎曼–罗赫定理所预计到的. 另一个关于魏尔斯特拉斯 P 函数的例子则比较精巧, 我们在前面已经看到, 这种函数是定义在 $\mathbf{C}$ 上的双周期亚纯函数, 而在由 u 和 v 生成的格网的每一个格点都有一个阶数为 2 的极点. 这种函数的存在性 (以及基本上的唯一性) 可以比较抽象地借助黎曼–罗赫定理来证明. 这个定理表明, 这种函数所成的空间维数为 2, 所以可以从单个的函数 $\wp$ 以及常值函数来生成. 类似地, 也可以用这个定理来计算模形式[III.59] 空间的维数.

黎曼–罗赫定理已经得到了多次重述和推广, 使它作为一个计算工具更加有用, 而且是代数几何的一个中心的结果. 例如 Hirzebruch 得到了一个高维的推广, 而 Grothendieck 把它进一步推广成关于现代的代数几何学的高级的概念, 如概型[IV.5§3] 和 "束"(sheaves) 的一个命题. Hirzebruch 的推广, 如关于曲线的经典的结果一样, 把一个解析地定义的量用纯粹的拓扑不变量来表示, 这两个结果的这个特点正是它们的重要性的基础. 另一个也可以这样说的推广是著名的阿蒂亚–辛格指标定理[V.2], 而后者也被多次推广.

V.32   Robertson-Seymour 定理

Bruce Reed

图 G 就是一个由顶点的集合 $V(G)$ 和边的集合 $E(G)$ 构成的数学结构, 而每一个边都连接了两个顶点. 图可以用来以一种抽象的方式表示许多不同的网络. 例如, 顶点可以代表城市, 而边则代表连接城市的公路, 类似地, 也可以用图来表示群岛中哪些岛屿是用桥或者电话网络中的电话线连接起来的. 在各种图里面, 有一些

"好" 图的族. 有循环的族就是一个 "好" 的族: 一个 k 循环是 k 个顶点的集合, 这些顶点可以排列在一个圆周上, 而每一个都用一条边和紧连结着的前一个顶点和后一个顶点连接起来. 另一个 "好" 的族是完全图, k 阶的完全图有 k 个顶点, 而每一对顶点都有一条边把它们连接起来.

图论中的一个重要概念, 特别是在涉及图的族的时候的重要概念, 是子式 (minor) 的概念. 给定了一个图 G, 所谓 G 的子式就是当对 G 一连串地施行两种运算所能够得到的任意的图. 这两种运算就是压缩和删除, 它们可以作用在图的边上. **压缩**连接两个顶点 x 和 y 的一条边, 就是把这两个顶点 x 和 y"融合" 为一个单独的顶点, 而把这个融合了的顶点与所有原来与 x 或 y 相连接的顶点连接起来. 举例来说, 如个压缩一个 9 循环的一条边, 就会得到一个 8 循环. **删除**一个边, 您可以猜得到是什么意思. 删除 9 循环的一条边, 就会得到一条含有 9 个顶点和 8 条边的路径.

不难验证, 图 H 是 G 的一个子式当且仅当能够找到 G 的一组互相分离的子集合, 使得对于 H 的每一个顶点都有这些子集合中的一个与它对应. 这种子集合具有以下性质: 它们应该是连通的, 就是对于每一个这样的子集合中的任意两个顶点, 都可以找到这个子集合中的一条路径把它们连接起来, 而对于 H 中任意一对用 H 中的一个边连接的顶点, 其相应的 G 的子集合应该能够用一条边连接起来. 例如, 一个图包含有一个 3 循环 (或称**三角形**) 当且仅当它包含一个循环.

下面举一个子式是如何自然地出现的例子, 注意, 如果一个图是平面图 (就是可以在平面上画出来而其边不会交叉的图), 则它的任意子式也是平面图. 这种情况就说成是: 平面图的类是**子式封闭的**. Kuratowski(Kazimierz Kuratowski, 1896–1980, 波兰数学家) 有一个定理告诉我们哪些图是平面的. 这个定理有一种形式, 就是如下的命题: 一个图是平面的当且仅当图不以 K_5 或 $K_{3,3}$ 为子式. 所谓 K_5 就是 5 阶的完全图, 而 $K_{3,3}$ 表示一个**完全的二分图**, 二分图就是这样的图: 它有两组顶点, 而一个组中的每一个顶点都可以和另一组的每一个顶点相连接. $K_{3,3}$ 的每一组顶点含 3 个顶点. 这样, 平面图的类可以用两个**被禁止的子式**来刻画.

Kuratowski 的定理告诉了我们哪些图可以嵌在平面中, 其他的曲面又如何呢? 例如, 容易看到, 对于任何的正整数 d, 可以画在一个有 d 个洞的环面上的图的集合是子式封闭的, 但是这时是否存在有限多个被禁止的子式呢? 换一个说法就是, 成为可嵌入在一个 d 洞环面内的障碍的集合是否有限的呢?

Robertson-Seymour 定理的一个特例告诉我们, 对于任意曲面, 其答案都是肯定的, 但是这个定理本身要广泛得多. 它说: 对于任何子式封闭的图的类, 必有被禁止子式的有限集合. 换句话说, 对于任意的子式封闭的图族 $\mathcal{G}$, 必定存在图 $G_1, \cdots, G_k$, 使得图 G 属于图族 $\mathcal{G}$ 当且仅当 G 不以任意的 G_i 为子式. 这个定理还有一个令人喜欢的形式 (而且容易看到是等价的形式), 即所有的图的类都可以用子式关系使

它 "拟良序化", 就是说, 给定任意的图的序列 $G_1, G_2, \cdots$, 其中必有一个是下面某一个的子式.

后来证明, 检测一个图中是否有指定的子式存在可以合理快速地完成, 所以从 Robertson-Seymour 定理可以得到一个惊人的副产品: 对于任意子式封闭的类, 一定存在一个有效率的算法来检测给定的图是否属于这个类. 这一点对于常规的应用问题等等, 其应用的数量是巨大的.

Robertson-Seymour 定理的实际证明篇幅极其巨大, 它发表在一连串 22 篇文章里. 有趣的是, 后来证实了嵌入在给定曲面内的图在此起了关键作用, 我们现在来加以解释.

在上面所述的涉及一个图的序列的情况, 这个定理是怎样表述的? 假设有一个 "坏的" 图串, 就是有一个图的序列 $G_1, G_2, \cdots$, 使得其中没有任何一个 G_i 是后面某个 G_j 的子式. 令第一个图 G_1 有 k 个顶点, 因为没有一个 $G_i\,(i>1)$ 以 G_1 为子式, 所以肯定 $G_2, G_3, \cdots$ 中没有一个大小为 k 的完全的子式 (否则, 可以删除一些边而得出 G_1). 由于这个原因, Robertson 和 Seymour 研究这样的图族: 这些图都没有大小为 k 的完全子式, 他们证明了每一个这样的图都可以按某种方式从 "接近于可嵌入" 于一固定曲面 (这个曲面依赖于 k) 中的图建造出来, 这意味着在一定意义下这个图与可以嵌入这个曲面的图相差不远, 这里的意思是可以说得很准确的, 于是他们就能用很深刻的论据来证明这样的图的族 (就是可以从接近于可嵌入于一固定曲面的图的族) 有有限多个禁止子式, 这样就得出了定理的证明.

V.33   三 体 问 题

三体问题的陈述很简单: 三个质点在它们相互之间的重力引力的作用下在空间运动; 给定了其初始位置和初速, 希望求出它们以后的运动. 这居然是一个困难的问题, 最初使人感到奇怪, 因为类似的二体问题的求解相当简单, 更精确地说, 给定了任意一组初始条件, 可以写出一组公式, 其中所含有的是初等函数 (就是可以用基本的算术运算以及少数几个标准的函数, 如指数函数[III.25] 和三角函数[III.92] 构造出来的函数), 告诉我们这些物体以后的位置和速度. 然而三体问题是很复杂的非线性问题, 它不可能用这种方法来解决, 哪怕把 "标准函数" 的储备扩大一些也不行. 牛顿[IV.14] 自己就怀疑这个问题的精确求解 " 如果我没有说错的话, 超出了人类心智的力量", 而希尔伯特[VI.63] 在著名的 1900 年的巴黎演讲中, 则把这个问题放在类似于费马大定理[V.10] 的同一个范畴里. 这个问题可以推广到任意多个物体, 而在这个一般的情况, 这个问题就叫做 n 体问题.

回忆一下, 质点 P_1 作用于质点 P_2 的重力引力的大小是 $k^2 m_1 m_2 / r^2$(在适当的单位制下), 这里 k 是高斯引力常数, 质点 P_i 的质量是 m_i, 而两个质点之间的距离

是 r, 作用在 P_2 上的力的方向则是从 P_2 指向 P_1(作用在 P_1 上的力的方向则是指向 P_2). 回忆一下牛顿第二定律: 力等于质量乘加速度. 从这两个定律很容易导出三体问题的运动方程. 令质点为 P_1, P_2 和 P_3, 把质点 P_i 的质量记为 m_i, P_i 和 P_j 的距离记为 r_{ij}, 而 P_i 的位置的第 j 个坐标则记为 q_{ij}, 于是运动方程就是

$$\left.\begin{array}{l} \dfrac{\mathrm{d}^2 q_{1i}}{\mathrm{d}t^2} = k^2 m_2 \dfrac{q_{2i} - q_{1i}}{r_{12}^3} + k^2 m_3 \dfrac{q_{3i} - q_{1i}}{r_{13}^3}, \\[3mm] \dfrac{\mathrm{d}^2 q_{2i}}{\mathrm{d}t^2} = k^2 m_1 \dfrac{q_{1i} - q_{2i}}{r_{12}^3} + k^2 m_3 \dfrac{q_{3i} - q_{2i}}{r_{23}^3}, \\[3mm] \dfrac{\mathrm{d}^2 q_{3i}}{\mathrm{d}t^2} = k^2 m_1 \dfrac{q_{1i} - q_{3i}}{r_{13}^3} + k^2 m_2 \dfrac{q_{2i} - q_{3i}}{r_{23}^3}, \end{array}\right\} \tag{1}$$

这里的 i 从 1 变到 3. 这样就有 9 个方程, 它们都是从上面说的简单的定律导出来的. 例如, 第一个方程的左方就是第一个质点 P_1 的加速度的第 i 个分量, 而右方则是作用在 P_1 上的力在第 i 个方向上的分量除以 m_1.

如果这样选择单位制使得 $k = 1$, 则这个系统的位能由

$$V = -\frac{m_2 m_3}{r_{23}} - \frac{m_3 m_1}{r_{31}} - \frac{m_1 m_2}{r_{12}}$$

给出. 令

$$p_{ij} = m_i \frac{\mathrm{d}q_{ij}}{\mathrm{d}t}, \quad \text{以及} \quad H = \sum_{i,j=1}^{3} \frac{p_{ij}^2}{2m_i} + V,$$

就能够把运动方程写成哈密顿形式[IV.16§2.1.3]

$$\frac{\mathrm{d}q_{ij}}{\mathrm{d}t} = \frac{\partial H}{\partial p_{ij}}, \quad \frac{\mathrm{d}p_{ij}}{\mathrm{d}t} = -\frac{\partial H}{\partial q_{ij}}, \tag{2}$$

这里一共有 18 个一阶微分方程. 因为这个方程组用起来比较方便, 所以人们比起 (1) 来更愿意使用 (2).

降低一个微分方程组复杂性的标准方法是求它的**代数积分**, 所谓代数积分是一个对于给定的解保持常数值的函数, 而且作为一个积分它会给出变量之间的代数依赖关系. 这就使我们能够把某些变量用其他变量来表示, 从而减少变量的个数. 三体问题有十个独立的代数积分, 其中的六个是关于质点组的质心的运动的 (三个是关于位置变量的, 其余三个是关于动量变量的), 还有三个积分表示角动量守恒, 最后一个表示能量守恒. 这十个积分欧拉[VI.19] 和拉格朗日[VI.22] 在 18 世纪中叶就知道, 而在 1887 年, 莱比锡的天文教授 Ernst Heinrich Bruns (1848–1919) 证明了再也没有其他积分了, 这一点两年以后又被庞加莱[VI.61] 改进. 这十个积分再加上 "消除时间" 和 "消除结点"(这个过程是由雅可比[VI.35] 说明白的), 就把原来的 18 阶方程组化简为一个只含 6 个方程的方程组, 但是再不能进一步化简

了. 所以, (2) 的任何一个通解都不能用一个简单的公式来表示, 我们可以期望的最好结果是用一个无穷级数来表示它. 要想找一个级数使它在有限时间段里工作得很好并不困难, 问题是要找一个对于任何的初始构型和任意的时间区段以及任意长的时间都能够使用的级数, 还有碰撞问题. 三体问题的完全的解答需要考虑到这些物体的一切可能的运动, 包括确定是哪些初始条件可能导致二元或三元的碰撞. 因为碰撞是由微分方程的奇性来表示的, 这就意味着要找出完全的解, 就必须了解奇性.

这个问题证明比人们预想的更加有趣. 从方程的形式很明显可以看到, 碰撞会造成奇性. 但是, 是否还有其他类型的奇异性态就不那么清楚了. 在三体问题情况, 潘勒韦 (Painlevé) 在 1897 年解决了这个问题: 碰撞是仅有的奇性. 然而, 对于多于三个物体的情况, 答案则不相同. 1908 年, 一位瑞典天文学家 Edvard Hugo von Zeipel (1873–1959) 证明了非碰撞的奇性只能当质点组可以在一段有限时间内就成为无界时才能出现. 1992 年, 夏志宏就五体问题找到了这种奇性的好例子, 在他的例子中, 有 4 个质点分为两对, 每一对中的两个质点质量相同, 而第五个质点则质量很小. 每一对质点都在平行于 xy 平面的平面上沿着很古怪的轨道运动, 而这两个轨道平面各在 xy 平面的上方和下方, 运动的方向相反, 然后加进第五个质点, 它的运动限制在 z 轴上而在这两个对子之间振荡. 夏志宏证明了第五个质点的运动迫使这两个对子的运动远离 xy 平面, 这个质点离开质点对子越来越近以至发生碰撞, 使这两个对子得到一阵一阵的加速度的爆发, 而在这个过程中, 这两个对子被迫在有限时间之内走向无穷.

人们一方面在寻求一般地解决这个问题, 同时也去寻求有趣的特殊的解, 我们定义一个**中心构型**(central configuration) 为一个几何构型不变的解. 第一个例子是欧拉在 1767 年得到的, 三个质点列在一条直线上而以均匀的角速度绕公共的质心沿圆周或椭圆旋转. 1772 年拉格朗日得到了另一个解, 其中三个质点位于一个等边三角形的顶点上而绕其质心作匀速旋转. 对于几乎所有的初始条件集合, 这个三角形的大小都在变化, 从而每一个质点都沿椭圆运动.

然而, 尽管发现了一些特解, 而且在一个世纪里对于这个问题进行了范围很广的研究工作, 19 世纪的数学家仍然没有找到通解. 说真的, 这个问题是如此困难, 使得庞加莱在 1890 年宣布: 如果没有发现了不起的新的数学, 这个问题是不可能解决的. 但是, 和庞加莱的期望相反, 不到 20 年后, 一位年轻的芬兰数学天文学家 Sundman (Karl Frithiof Sundman, 1873–1949) 就使用现有的数学技巧得到了一个对所有的时间 t 都一致收敛的无穷级数, 从而 "数学地" 解决了这个问题, 使得整个数学世界大为震惊. Sundman 的级数是 $t^{1/3}$ 的幂级数, 对于所有的实的 t, 除了初始值在一个可忽略的集合中的情况以外都是收敛的, 而这个可忽略的集合中的初始值相应于角动量为 0 的情况. Sundman 为了对付二元碰撞, 使用了一种称为**正**

规化的方法, 也就是把解解析拓展到碰撞以后, 但是, 他不能处理三元碰撞, 因为三元碰撞只在角动量为 0 时出现.

Sundman 的解虽然是一个了不起的数学成就, 却留下了许多待解答的问题. 这个解对于系统的定性的性态没有提供任何信息, 更糟糕的是, 他的级数收敛得太慢, 所以没有实际的用途. 想要决定这个系统在一个合理的时间周期中的行为, 需要对数量级大约为 $10^{8000000}$ 的那么多项求和, 这种计算明显地是不现实的, 所以 Sundman 留下了许多工作要做, 而关于这个问题 (以及相关的 n 体问题) 的研究一直延续到今天, 而且不时有令人兴奋的结果出现. 一个新近的例子就是 Don Wang[1]在 1991 年对一般的 n 体问题给出了收敛的幂级数解.

既然三体问题本身已经证明是难于处理的, 所以发展了许多简化的版本, 其中最著名的称为**限制三体问题**(这个名词是庞加莱提出来的), 而首先是由欧拉研究的. 在这个情况下, 有两个物体 (称为主星 (primaries)) 在重力的吸引下绕它们的公共质心沿圆形轨道运动, 而第三个物体 (称为小天体[2] (planetoid)) 假设质量如此之小, 而对另两个物体的影响可以忽略不计, 这个小天体在主星所决定的平面上运动. 这样来陈述问题有一个好处就是主星的运动可以看成是一个二体问题, 从而是已知的; 余下的只是要研究小天体的运动, 这可以用扰动理论来进行. 虽然限制三体问题可能看起来是人为造作的, 但是对真实的物理情况, 例如在有太阳存在时决定月亮绕地球运动的问题, 把它看成限制三体问题就是一个好的近似. 庞加莱对于限制三体问题研究得很多, 而他为了这个问题所发展的技术把他引导到对于数学的混沌的发现, 也为现代的**动力系统**[IV.14] 理论打下了基础.

作为一个陈述起来很简单的问题, 三体问题除了其内在的吸引力以外, 还有一个属性增加了它对想要解决它的人的吸引力, 那就是它与太阳系的稳定性这个基本问题有密切的关系. 这个问题就是问, 我们的行星系统将永远和它现在的情况一样呢, 还是最终它的一个组成的行星会逃逸或者更糟会碰撞呢? 因为太阳系里的星体都是近似球形的, 而它们的大小比起它们相互之间的距离又都是极小的, 它们都可以看成是质点. 如果忽略所有其他的力如太阳风或相对论效应, 而只考虑重力, 太阳系就可以用一个十体问题为模型, 这十个质点中只有一个有大的质量, 其余九个都很小, 而可以这样来研究太阳系.

多年以来, 求解三体问题 (以及相关的 n 体问题的企图, 孵育了大量的研究财富, 结果是: 它的重要性既在于它本身, 也在于它所造成的数学的进展. 这方面的一

---

① Don Wang 是一位现在在美国的中国数学家. 他的名字的英文拼写似乎不统一, 例如 Guidong Wang, Qiudong Wang, D. Wang 等等, 中文的写法也没有弄清楚. 请参看一篇文章: Florin Diacu, The solution of the n-body problem. *The Mathematical Intelligencer*, 1996, 18(3):66-70(可以在网上找到), 其中不但讲到了 Don Wang 的工作, 更重要的是对 n 体问题的意义和历史作了很精彩的讲述. —— 中译本注

② 这里没有译为 "小行星", 以免与天文学中的 "小行星"(asteroid) 混淆. —— 中译本注

个引人注目的例子是 KAM 理论的发展, 这个理论提供了一个求积被扰动的哈密顿系统的方法, 而且提供了对于无限时间周期也适用的结果. 这个理论是在 1950 和 1960 年代由科尔莫哥罗夫[VI.88]、Arnold (Vladimir Igorevich Arnold, 1937–2010, 前苏联和俄罗斯数学家) 和 Moser (Jürgen Kurt Moser, 1928–1999, 德国数学家) 发展起来的.

瑟斯顿几何化猜想

见庞加莱猜想 [V.25]

V.34　单值化定理

单值化定理是黎曼曲面[III.79] 的一个值得注意的分类. 我们说两个曲面是**双全纯等价**的, 如果存在一个从一个曲面到另一个曲面的**全纯函数**[I.3§5.6] 映射, 而且其逆也是全纯的. 如果黎曼曲面是**单联通**的[III.93], 则单值化定理指出, 它或者双全纯等价于一球面, 或者欧几里得平面, 或者**双曲平面**[I.3§6.6]. 这三种空间都可以看成是黎曼曲面, 而且是特别对称的, 即它们的**曲率**[III.78] 都是常值的 (分别有正、零与负常值曲率). 更一般地说, 给定这种空间中的 x 与 y 两点, 总可以找到这个空间里的一个对称把 x 映为 y, 而且可以保证 x 处的一个小箭头在这个对称的映射之下在 y 处有指定的方向. 粗略地说, 这些空间 "在每一点看起来都是一样的".

可以证明, 除非是整个 **C**, **C** 的一个子集合是不可能与 **C** 或球面双全纯等价的. 所以, 由单值化定理, 只要不是整个 **C**, **C** 的任意单连通子集合必定双全纯等价于双曲平面, 这就证明了: 不论其边缘如何不规则, 任意两个这种集合一定可以双全纯地互相映射, 这个结果称为**黎曼映射定理**. 双全纯映射是**共形**(conformal) 的, 就是说, 如果两条曲线成 θ 角, 则它们在双全纯映射后所成的像也成 θ 角, 所以, 黎曼映射定理蕴含了: 任意简单闭曲线所包围的内域都可以以保持角度的方式双全纯地映为单位圆盘. 回忆到双曲平面的主要模型是庞加莱的圆盘模型, 这样, 圆盘上的双曲度量加上由单值化定理所给出的映射, 可以用来在 **C** 的任意单连通的真 (所谓真, 就是不退化为全平面除去一点) 开子集合上定义一个双曲度量.

如果一个黎曼曲面不是单连通的, 它至少是一个单连通黎曼曲面的商[I.3§3.3], 而这个单连通黎曼曲面就是它的**万有覆叠**[III.93]. 例如, 环面就是复平面的商 (而且可以是用许多拓扑等价但不双全纯等价的方式成为其商, 所以, 单值化定理告诉我们, 一般的黎曼曲面是球面、欧几里得平面或者双曲平面的商. 在条目**富克斯群**[III.28] 中, 对于这个商是什么样可以找到较详细的讨论.

华 林 问 题

见加法数论的问题与结果 [V.27]

V.35 韦 伊 猜 想

Brian Osserman

韦伊猜想是 20 世纪代数几何[IV.4] 的一个中心的里程碑, 不仅因为它的证明是一个戏剧性的凯旋, 而且因为它是这个领域中数量惊人的基本进展的驱动力量. 这个猜想所处理的是非常初等的问题, 就是对有限域[I.3§2.2] 上的多项式组的解怎样计数. 尽管人们最终会对于例如有理数域上的解更有兴趣, 在有限域上的问题却容易处理得多, 而数论中的局部与整体原理[III.51], 例如 Birch-Swinnerton-Dyer 猜想[V.4], 就建立了一般域与有限域二者的联系.

此外, 有一些基本的问题也与韦伊猜想有不甚显然的联系, 其中最著名的当推关于模形式[III.59] 的最基本的例子 $\Delta(q)$ 的系数的拉玛努金猜想. $\Delta(q)$ 及其系数 $\tau(n)$ 是从下式

$$\Delta q = q \prod_{n=1}^{\infty} (1-q^n)^{24} = \sum_{n=1}^{\infty} \tau(n) q^n$$

得出来的, 拉玛努金[VI.82] 猜想, 对于任意的素数 p 都有 $|\tau(p)| \leqslant 2p^{11/2}$. 这个猜想与有多少种方法把素数 p 写成 24 个平方和的一个命题密切相关. Eichler (Martin Eichler, 1912–1992, 德国数论专家)、志村五郎、Michio Kuga (日本数学家)、Ihara 和德利涅 (Pierre René, Viscount Deligne, 1944–, 比利时数学家, 由于完全证明了韦伊猜想而获得 1970 年的菲尔兹奖) 证明了拉玛努金猜想事实上是韦伊猜想的推论, 所以既然德利涅完全证明了韦伊猜想, 也就完全证明了拉玛努金猜想.

我们从韦伊[VI.93] 以前发展的简短总结开始, 然后比较确切地描述韦伊猜想的陈述, 最后再来概述其证明后面的思想.

1. 好兆头、开场白

我们的故事要从黎曼[VI.49] 的划时代的关于经典的 ς 函数[IV.2§3] 的工作开始, 这个函数的定义是一个无穷级数

$$\varsigma(s) = \sum_n \frac{1}{n^s}.$$

欧拉[VI.19] 就对实的 s 研究过它, 但是黎曼在他的 1859 年的篇幅仅有 8 页的论

文[①]中走得远得多, 他也考虑了 s 的复值, 所以就有关于复分析的可观的资源可供他应用. 特别是, 虽然上面关于 $\varsigma(s)$ 的无穷级数仅对实部 $\mathrm{Re}(s)$ 严格大于 1 的复数 s 收敛, 黎曼证明了它可以解析拓展到仅除去一点 $s = 1$ 的整个复平面上去, 而在这一点, 它趋向无穷. 此外他还证明了 $\varsigma(s)$ 满足一个把 $\varsigma(s)$ 和 $\varsigma(1-s)$ 连接起来的函数方程, 而这个方程引进了一个特别重要的关于直线 $\mathrm{Re}(s) = \frac{1}{2}$ 的对称性. 最为著名的是他提出了一个现在名为黎曼假设[I.4§3] 的猜想: 除了一些容易分析的位于负实轴上的所谓 "平凡的" 零点以外, $\varsigma(s)$ 的所有零点都位于直线 $\mathrm{Re}(s) = \frac{1}{2}$ 上. 黎曼研究 $\varsigma(s)$ 的动机是想分析素数的分布, 但是这项任务落在后来的作者 (阿达玛[VI.65]、德·拉·瓦莱·布散[VI.67] 和 Van Koch (Niels Fabian Helge von Koch, 1870–1924, 瑞典数学家)) 的肩上, 使得黎曼的远见结出了果实. 这些作者利用了 ς 函数来证明素数定理[I.4§3], 这个定理决定了素数的渐近分布, 也表明了黎曼假设等价于素数定理中的误差项的一个特别强的上界.

初看起来黎曼假设是一个独一无二、非常特殊的猜想, 然而用不了多久, 戴德金[VI.50] 就把黎曼假设推广到很大整个一类 ς 函数上去, 而且打开了进一步推广的大门. 正如我们可以认为复数是在实数中加进 -1 的平方根, 即多项式 $x^2 + 1$ 的根而得到的一样, 代数数论[IV.1] 的基本研究对象数域[III.63] 也可以从把一般的多项式的根加进有理数域 $\mathbf{Q}$ 而得出. 每一个数域 K, 都有它的整数环 $\mathcal{O}_K$, 它和经典的整数环 $\mathbf{Z}$ 有许多同样的性质. 戴德金从这样一些情况出发, 对于每一个这样的环定义了更一般的 ς 函数类, 而现在就以他来命名, 称为戴德金 ς 函数. 经典的 ς 函数就是环 $\mathcal{O}_K = \mathbf{Z}$ 的戴德金 ς 函数. 然而, 要对戴德金 ς 函数找到一个函数方程并非易事, 这个问题在 1917 年以前一直未解决, 直到那一年赫克 (Erich Hecke, 1887–1947, 德国数学家) 才解决了它, 同时也证明了戴德金 ς 函数可以拓展到复平面上去, 从而保证了对于它们提出黎曼假设也是有意义的.

当这些思想还是悬而未决的时候, 几何学用不了多久也就进入这个图景了. 阿廷[VI.86] 在他 1923 年的学位论文中对于有限域上的某些曲线引入了 ς 函数和黎曼假设, 注意到在这种曲线上多项式函数环恰好具有戴德金用以定义他的 ς 函数的整数环的性质. 阿廷很快就看到了, 第一, 他的新 ς 函数强烈地类同于戴德金 ς 函数; 第二, 他的 ς 函数更容易处理. 这两点看法的证据就是阿廷能够对于一些特定的曲线显式地验证黎曼假设得到满足. 数域和函数域两种情况的区别可以扼要地概括如下: 在数域的情况下, ς 函数可以认为是用于对素数进行计数, 而在函数域的情况下, ς 函数则可以表示为更加几何化的资料即对于曲线上的点进行计数. 施密特

[①] 这篇文章就是 Riemann G F B. Über die Anzahl der Primzahlen unter einer gegebenen Grösse. *Monatsber*. Königl. Preuss. Akad. Wiss. Berlin, 671-680, Nov. 1859. Reprinted in Das Kontinuum und Andere Monographen (Ed. H. Weyl). New York: Chelsea, 1972.—— 中译本注

(F. K. Schmidt) 在他的 1931 年的论文中推广了阿廷的工作, 探讨了这个几何问题, 对这种 ς 函数证明了这种 ς 函数的函数方程的强形式. 然后, 哈塞 (Hasse) 在 1933 年在有限域上的椭圆曲线[III.21] 这个特殊情况下证明了黎曼假设.

2. 曲线上的 ς 函数

现在我们较详细地来讨论与有限域上的曲线相关的 ς 函数的定义和性质以及施密特和哈塞的定理. 令 $\mathbf{F}_q$ 表示含有 q 个元素的有限域, 其中 $q = p^r$ 是素数 p 的正整数 r 次幂. 最简单的情况是 $q = p$ 而 $\mathbf{F}_p$ 是整数 mod p 所成的域, 比较一般的情况则是对 $\mathbf{F}_p$ 添加多项式的根来得到 $\mathbf{F}_q$, 就如同对于 $\mathbf{Q}$ 添加多项式的根来得到数域那样. 实际上, 添加单个既约的 r 次多项式的单根也行.

阿廷研究了一类平面曲线, 这里 "平面" 意味着 $\mathbf{F}_q^2$, 就是所有这样的对子 (x, y) 的集合, 这里 x 和 y 属于 $\mathbf{F}_q$. **曲线** C 就是这样的对子 (x, y) 的集合, 使得在其上有某个系数在 $\mathbf{F}_q$ 中的多项式 $f(x, y) = 0$. 当然, 如果 F 是任意的包含 $\mathbf{F}_q$ 的域, 则这个多项式的系数也在 F 中, 所以谈论由同一个方程 $f(x, y) = 0$ 在较大的 "平面"$\mathbf{F}^2$ 中定义的曲线 $C(F)$ 也是有意义的. 如果 F 也是一个有限域, $C(F)$ 当然也是有限的. 包含 $\mathbf{F}_q$ 的有限域可以证明就是 $\mathbf{F}_{q^m}, m \geqslant 1$. 对于每一个 $m \geqslant 1$, 令 $N_m(C)$ 表示属于曲线 $C(\mathbf{F}_{q^m})$ 的点的数目. 我们想要去了解的就是序列 $N_1(C), N_2(C), N_3(C), \cdots$.

给定平面曲线 C 以后, 就可以定义 C 上的**多项式函数环** $\mathcal{O}_C$, 它就是平面上的多项式函数 (就是二元的函数)mod 下面的**等价关系**[I.2§2.3]: 两个在 C 上取相同值的函数看成同一个函数. 形式地说, $\mathcal{O}_C$ 就是商[I.3§3.3] 环 $\mathbf{F}_q[x, y]/f(x, y)$. 阿廷的基本观察就是: 戴德金 ς 函数的定义可以很好地用于环 $\mathcal{O}_C$, 这样就给出一个与 C 相联系的 ς 函数 $Z_C(t)$. 但是在几何上下文中, 我们有下面等价的但是更初等的公式, 显式地把 $Z_C(t)$ 与有限域上点的个数联系起来:

$$Z_C(t) = \exp\left(\sum_{m=1}^{\infty} N_m(C) \frac{t^m}{m}\right). \tag{1}$$

施密特把阿廷的定义推广到有限域上的所有曲线, 对于曲线的 ς 函数给出了漂亮的描述, 他在能够进行计算的场合下证实了阿廷的观察. 施密特定理的最漂亮的形式在于他让曲线满足两个附加条件. 第一个条件是: 不是考虑平面上的曲线 C, 而是通过考虑射影曲线来 "紧化" 这条曲线; 我们可以把这一点看成是添加一些 "无穷远点", 这样就把 $N_m(C)$ 稍微增加了一点. 第二是, 我们对 C 加上了光滑性这个技术性的条件, 这就类比于要求 C 是一个**流形**[I.2§2.3].

为了陈述施密特的结果, 回忆光滑的射影曲线 C 有**亏格**[IV.4§10] 的概念, 它可以定义为 C 上的微分所成的空间之维数 g, 而当 C 是一条复曲线时, 则把亏格看

成是由 C 上的解析拓扑所成的空间中 "洞的数目". 把代数几何的某些经典的结果加以推广, 施密特就证明了对于亏格为 g 的 $\mathbf{F}_q$ 上的光滑射影曲线, 有

$$Z_C(t) = \frac{P(t)}{(1-t)(1-qt)}, \tag{2}$$

这里的 $P(t)$ 是一个具有整数系数的 $2g$ 次多项式. 此外, 他还证明了用变换 $t \mapsto 1/qt$ 来表示的函数方程. 如果令 $t = q^{-s}$, 就给出一个黎曼原来的论文中由 $s \mapsto 1-s$ 所给出的函数方程. 关于 C 的黎曼假设就是下面的命题: $Z_C(q^{-s})$ 的根都适合 $\mathrm{Re}(s) = \frac{1}{2}$, 或者换一个等价的说法就是 $P(t)$ 的根都有范数 $q^{-1/2}$. 只需要一些简单的观察就可以看到它等价于下面的论断: 对于所有的 $m \geqslant 1$, 都有 $|N_m(C) - q^m + 1| \leqslant 2g\sqrt{q^m}$.

探索曲线的 ς 函数的几何本性的下一步是以下的观察: 如果 F 是一个包含 $\mathbf{F}_{q^m}$ 的有限域, 则坐标在 $\mathbf{F}_{q^m}$ 中的点是一个称为**弗罗贝尼乌斯映射**的函数的不动点, 这个函数 Φ_{q^m} 映一点 $(x,y) \in F^2$ 为 (x^{q^m}, y^{q^m}), 而只要把费马小定理[III.58] 稍加推广就知道, 若 $t \in \mathbf{F}_{q^m}$, 则 $t^{q^m} = t$. 此外, 逆定理也成立: 若 F 是一个包含 $\mathbf{F}_{q^m}$ 的域, 而 $t \in F$ 满足 $t^{q^m} = t$, 则 $t \in \mathbf{F}_{q^m}$. 这是因为在任意域中, 也包括在 F 中, 多项式 $t^{q^m} - t$ 最多有 q^m 个根, 于是它们必定恰好是 $\mathbf{F}_{q^m}$ 的元素. 由此立即可知, 点 $(x,y) \in F^2$ 是 Φ_{q^m} 的不动点当且仅当 $(x,y) \in \mathbf{F}_{q^m}$. 此外证明当 s 和 t 在任意包含 $\mathbf{F}_{q^m}$ 的域中时, $(s+t)^{q^m} = s^{q^m} + t^{q^m}$ 只是一件很初等的事情. 因为 $f(x,y)$ 的系数在 $\mathbf{F}_{q^m}$ 中, 可以得知

$$f(\Phi_{q^m}(x,y)) = f\left(x^{q^m}, y^{q^m}\right) = (f(x,y))^{q^m} = 0,$$

这样就知道 Φ_{q^m} 给出一个映 C 为其本身的映射. 这样我们就希望知道, 通过更一般地分析对于由 C 到 C 的映射的不动点能够说些什么, 这样来研究 $C(\mathbf{F}_{q^m})$. 哈塞成功地应用这个观点来在 $g = 1$ 的情况下, 就是对于椭圆曲线证明了黎曼假设. 进一步说, 我们将会看到, 这一点从头到尾地编进了故事的其余部分中, 这不仅启发了韦伊提出他的猜想, 而且建议了最终得出其证明所需用的技巧.

3. 韦伊的登场

在 1940 年和 1941 年, 韦伊给出了两个关于有限域上曲线的黎曼假设的证明, 或者更准确地说, 他描述了这两个证明: 两个证明都依赖于代数几何的基本事实, 而这些事实对于复数域上的簇都是用解析方法证明了的, 但是对于一般的基域则还没有严格证明. 在很大程度上, 正是由于想要补足这个缺陷, 韦伊写出了他的名著《代数几何学基础》(*Foundations of Algebraic Geometry*), 此书于 1948 年问世, 使得他的这两个早期的证明都可以严格证明了.

　　韦伊的这部书成了代数几何学的分水岭, 它第一次引入了抽象代数簇的概念. 以前, 一个簇是被看成一个整体, 就是说是由单个一组方程组定义在仿射空间或射影空间中的. 韦伊认识到, 如果有一个相应的局部定义的概念是会有帮助的, 所以他就引入了抽象代数簇, 而后者是由仿射代数簇粘贴而成, 很像拓扑学中的流形是由仿射空间的开集合粘贴而成那样. 抽象代数簇的概念在使韦伊的证明形式化上起了基本的作用, 也是 Grothendieck 的极为成功的概型[IV.5§3] 理论的前身.

　　第二年, 即 1949 年, 在韦伊的一篇发表在 *Bulletin of the American Mathematical Society* 上的重要文章, 即本文末的参考文献中的 (Weil, 1949) 中, 韦伊更进一步研究了与有限域上的高维簇 V 相关的 ς 函数 $Z_V(t)$, 而以公式 (1) 为其定义. 尽管在这样的上下文中情况比较复杂, 韦伊猜测, 它的性态却与曲线的情况惊人地相似, 而且就是它的极为自然的推广, 下面就是韦伊的猜想.

　　(i) $Z_V(t)$ 是 t 的有理函数;

　　(ii) 更明显地说, 若 $n = \dim V$, 则可以写出

$$Z_V(t) = \frac{P_1(t)\, P_3(t) \cdots P_{2n-1}(t)}{P_0(t)\, P_2(t) \cdots P_{2n}(t)},$$

而每一个 $P_i(t)$ 的每一个根都是一个模为 $q^{-i/2}$ 的复数;

　　(iii) 在变换 $t \mapsto 1/q^n t$ 下, $P_i(t)$ 的根与 $P_{2n-i}(t)$ 的根互换;

　　(iv) 如果 V 是定义在 **C** 的一个子集合上的簇 $\tilde{V}$ 的 mod p 的化约, 则 $b_i = \deg P_i(t)$ 是 $\tilde{V}$ 用通常的拓扑时的第 i 个贝蒂 (Betti) 数.

　　(ii) 的最后一部分就是黎曼假设, 而 (iii) 是变换 $t \mapsto 1/q^n t$ 下的函数方程. 贝蒂数是代数拓扑[IV.6] 中的重要的不变量. 如果我们回到曲线情况下的施密特定理 (2), 则 $1 - t$, $P(t)$, $1 - qt$ 的次数 1, $2g$, 1 恰好就是亏格为 g 的复曲线的贝蒂数.

4. 证明

　　韦伊的猜想受到一个非常直观的拓扑图景的启发, 这个图景来自把 $V(\mathbf{F}_{q^m})$ 看成 Φ_{q^m} 的不动点的集合. 暂时忘掉 Φ_{q^m} 只在有限域上有意义, 如果我们想象 V 是定义在复数上的, 则应用复的拓扑学, 并用**莱夫谢茨 (Lefschetz) 不动点定理**[IV.11§3] 来研究 Φ_{q^m} 的不动点, 就可以得到一个用 Φ_{q^m} 在上同调群[IV.6§4] 上的作用来表示的公式. 事实上, 我们几乎可以马上就导出 (ii) 中的因子分解 (特别是 (i) 所断定的有理性), 而每一个因子 P_i 相应于弗罗贝尼乌斯映射在第 i 个上同调群上的作用, 而且我们会得到: $\deg P_i(t)$ 就是 V 的第 i 个贝蒂数. 此外, 函数方程将由所谓**庞加莱对偶性**[III.19§7] 的概念得出.

　　不久以后就清楚了, 这种上同调的论证可以不只是一种启发: 对于有限域上的代数簇也会有一个上同调理论, 模仿着经典的拓扑理论的性质, 而且使我们能够证明韦伊猜想. 这种上同调理论现在称为韦伊上同调. 塞尔是第一个严肃地企图建立

这样一个理论的人, 但是他的成功有限. 在 1960 年, Dwork 兜了一个小圈子, 应用了 p 进分析[III.51] 的方法证明了韦伊猜想的 (i) 和 (iii) 两部分, 即有理性和函数方程. 不久以后, Grothendieck 依靠对于塞尔的工作的评论, 并在阿廷的合作下, 提出和发展了韦伊上同调理论的第一个 "候选者", 即 étale 上同调. 事实上, 他注意到, 可以这样来列出韦伊上同调理论的种种性质, 使得韦伊猜想几乎是立即可以得到的. 这个性质在经典的上同调理论中是知道的, 但是极端困难, 其中也包括了 "困难的莱夫谢茨定理". 在一阵乐观主义中, Grothendieck 称它为 "标准猜想", 而且预见到韦伊猜想最终将通过它们来得到证明.

然而, 故事的最后一章并没有按照 Grothendieck 的计划进行. 他的学生德利涅开始来研究这个问题, 最终利用对于簇的维数进行归纳从而完成了这个极为微妙细致的证明. 在德利涅的证明中, étale 上同调起了绝对基本的作用, 但是他还把另外一些思想引进到这个图景中来, 其中最值得注意的是一个经典的莱夫谢茨的几何构造, 以及 Rankin 关于拉玛努金猜想的一些工作. 最后, 他从自己的工作这得出了困难的莱夫谢茨定理. 但是标准猜想的其余部分还一直没有解决.

致谢　我愿感谢 Kiran Kedlaya, Nicholas Katz 和 Jean-Pierre Serre 极有帮助的通讯.

进一步阅读的文献

Dieudonné J. 1975. The Weil conjectures. *Mathematical Intelligencer*, 10:7-21.

Katz N. 1976. An overview of Deligne's proof of Riemann hypothesis for varieties over finite fields. In *Mathematical Developments Arising from Hilbert Problems*, edited by Browder F E, pp. 275-305. Providence, RI: American Mathematical Society.

Weil A. 1949. Numbers of solutions of equation in finite fields. *Bulletin of the American Mathematical Society*, 55: 497-508.

第 VI 部分　数学家传记*

VI.1　毕达哥拉斯

(Pythagoras)

约公元前 569 年生于 Samos Ionia (今希腊 Samos); 约公元前 494 年卒于
Metapontum, Magna Graecia (今意大利 Metaponto)

不可公度性; 毕达哥拉斯定理

毕达哥拉斯是最难以捉摸的古人之一. 他之所以出名不只是因为那些所谓他的
数学成就. 据说他的大腿是黄金的, 又据说他发布过一个禁食蚕豆的命令. 关于他
几乎没有什么事情可以说是历史事实, 但是我们可以合理地相信他在公元前 6 世
纪左右生活在当时属于希腊地区的意大利南部, 他还建立了一个由其弟子组成的团
体, 就是所谓毕达哥拉斯学派, 他们不仅有共同的信仰, 还有共同的饮食习惯和共
同的行为规范. 有这样的传说, 就是叛离了他的学派弟子们因为把秘密泄露给外人
而受到处罚. 这个传说说明了毕达哥拉斯学派绝非一个完全和谐的团体.

在公元前 5 世纪末的高峰期以后, 毕达哥拉斯学派流散了, 大概是因为他们被
卷进了一些城邦的公共生活. 然而, 他们关于宇宙和灵魂的学说存在了很长的时期,
而在柏拉图、亚里士多德和其他后来者的著作中可以感觉得到. 从公元前 3 世纪
直到古代晚期①, 写出过许多教本, 据说是毕达哥拉斯以及和他最接近的弟子们的
作品. 事实上, 历史学家们还谈论到所谓新毕达哥拉斯哲学运动, 有时还把它与新
柏拉图主义联系起来.

毕达哥拉斯的名字和他的学派最为常见的是与一个定理相联系的, 就是一个
直角三角形斜边的平方等于另两边的平方和. 事实上, 有证据表明, 这个定理所表
示的数学性质, 早在毕达哥拉斯时代以前很久在美索不达米亚②地区就已经为人所
知了. 把这个结果归于毕达哥拉斯的资料为时甚晚而且不太可靠, 而在欧几里得的
《几何原本》以前还没有见到过, 尽管这个定理比欧几里得[VI.2] 更早, 却没有确实

---

*原书这一部分有一些条目附有传主的画像或照片. 由于它们一般都不够清晰, 而更好的图片也很容易
找到, 所以在中译本中我们去掉了这些插图. —— 中译本注

① 这里讲的 "古代"(antiquity)、"古代晚期" 等等都是研究希腊罗马文化史的专业词汇, 它们的确切
时间界限也是历史学中争论的问题. —— 中译本注

② 原来的意思是 "两条大河之间", 就是底格里斯河和幼发拉底河之间的两河流域, 也就是当时的巴比
伦, 今属伊拉克, 包括了巴格达地区. —— 中译本注

的理由把它与毕达哥拉斯联系起来.

与此类似, 正方形的边与对角线的不可公度性也时常被归功于毕达哥拉斯学派, 其实也可能在美索不达米亚就清楚了, 而在希腊背景下完全的证明属于较晚的时期.

毕达哥拉斯对于数学的真正的贡献在别的地方. 亚里士多德把 "万物皆数" 的理论归功于毕达哥拉斯学派, 这个理论有一个解释就是他们相信数学提供了理解现实的钥匙, 不论这里的 "现实" 是理解为具有深层的几何结构 (如柏拉图的《蒂迈欧篇》(*Timaeus*) 中的说法) 还是简单地视为是有序的和 "合比例的". 其实, 更可能应该归功于毕达哥拉斯学派的是他们对于音乐的和谐可以表述为数字的比具有强烈的兴趣, 他们把例如弦所发出的和谐的乐音与音乐家需要拨动弦上的特定点联系起来, 而这些点是可以用数学来表示的, 破坏了弦上点的数学比例, 就会扰乱所产生的音. 按照毕达哥拉斯学派的说法, 天体也因为其数学的因而有次序的排列, 也会产生音乐. 懂得了数学, 就掌握了现实的结构, 这样的洞察可能才是毕达哥拉斯的真正遗产.

进一步阅读的文献

Burkert W. 1972. *Lore and Science in Ancient Pythagoreanism*. Cambridge, MA: Harvard University Press (Revised English translation of 1962, *Weisheit und Wissenschaft: Studien zu Pythagoras, Philalaos und Platon*. Nürenberg: H. Carl.)

Zhmud L. 1997. *Wissenschaft, Philosophie und Religion im frühen Pythagoreismus*. Berlin: Akademie.

Serafina Cuomo

VI.2　欧 几 里 得

(Euclid)

约公元前 325 年生于埃及亚历山大里亚 (？); 约公元前 265 年卒于埃及亚历山大里亚 (？)

演绎方法; 公设; 归谬法 (reductio ad absurdum)

关于欧几里得的生平我们一无所知. 他的主要著作《几何原本》, 现在看来是一个松散的文集. 对它的作者没有什么有力的说法, 也没有什么清楚的办法来决定其中哪些是欧几里得本人独创的贡献, 如果有的话. 这部著作诞生在托勒密[①]统治

---

① 这里的托勒密是亚历山大大帝的大将, 公元前 3-4 世纪埃及的统治者, 人称救世主托勒密 (Ptolemy Soter), 与天文学家数学家 Claudius Ptolemy 是两个人. —— 中译本注

的亚历山大里亚 (Alexandria) 的文化气氛中. 它是一本教材, 其目的似乎是把当时某些领域的数学知识加以系统化.

《几何原本》里面包括了平面几何(包括把任意直线形化为正方形、圆弧的等分、圆的内接与外切多边形、求比例中项)、立体几何 (例如球面之间彼此的比、五种正多面体) 和数论, 从比较初等的知识 (奇数和偶数的性质、素数理论) 到比较复杂的知识 (可公度的和不可公度的直线、二项式 (binomial) 和边心距 (apotomes)①).

这些标题提示了这个教本的基础性质, 它从数学对象 (如点、直线、斜三角形) 的定义、公设 (例如所有的直角彼此相等) 以及共用的概念 (common notions)②(如全体大于部分) 开始, 这些初始的前提是不需要证明的. 是否某些公设可以证明自古代起就有辩论, 而后来导致了非欧几何. 按照现在称为公理化的风格, 书中的证明都倾向于作一般的而不是利用特例来论证, 这些证明使用了一组有限制的公式化的表达方式, 使用注有字母的图形, 而其每一步或者诉诸无证明的前提, 或者诉诸前面已经证明的结果, 或者诉诸一些很简单的概念, 例如排中律. 有些证明使用了**归谬法** (reductio ad absurdum), 就是不直接证明某件事如何如何, 而是证明其他情况都是不可能的.

这本书有些部分揭示了另一种不那么抽象的证明过程. 例如有一个定理是确定两个三角形有相同面积的, 它就讲到把一个三角形 "放置" 在另一个三角形上面, 并请读者来验证二者面积确实相同. 这里求助于一种理想中的运作, 而与其他地方按逻辑的一步一步推理的方法很不相同. 又如第九卷中有一些关于奇数和偶数的命题, 需要用排列小石子来证明, 这时常被看作毕达哥拉斯的数学的痕迹. 数论和几何并存也时常令某些历史学家困惑, 他们就提出了 "几何化的代数" 这个概念, 所以第二卷表面上看来是关于直线段上的正方形和矩形的, 实际上是现代的方程式的先兆.

另一部著作《已知数》(*The Data*)讲的是如何在已经讲过的某些元素的基础上求解一个几何问题, 这部著作也和一些关于天文学、光学和音乐的著作一样, 被认为是欧几里得的著作. 然而, 他的名声却与《几何原本》相联系而无法解脱. 缺少关于此书作者的强有力的声音, 说不定大大方便了其他数学家与这本书的相互作用, 而这种相互的交流, 自古以来就使得这部教材被不适当地擅用、增补、干预和评论, 这种可塑性有助于使它成为一切时代的最流行的数学书 (关于它对数学的早期发展的影响、更详细地可以参看以下条目: 几何学[II.2]、抽象代数的发展[II.3] 和证

① 这两个名词来自《几何原本》第十卷, 这一卷的内容是无理数 (即不可公度数). 用现在的语言来说, 边心距就是 $\sqrt{\left(\sqrt{A}-\sqrt{B}\right)}$, A, B 是有理数, 而二项式则是指的 $\sqrt{\left(\sqrt{A}+\sqrt{B}\right)}$. —— 中译本注

② 在欧几里得的著作里, 公设是指几何方面的基本知识, 而共用的概念 (common notions) 则指更加一般的知识, 例如全体大于部分等等. —— 中译本注

明的概念的发展[II.6]).

进一步阅读的文献

Euclid. 1990–2001. *Les Éléments d'Euclide d'Alexandrie; Traduits du Heiberg*, general introduction by Caveing M, translation and commentary by Vitrac B, four volumes. Paris: Presses Univertairres de France.

Netz R. 1999. *The Shaping of Deduction in Greek Mathematics. A Study in Cognitive History*. Cambridge: Cambridge University Press.

Serafina Cuomo

VI.3 阿 基 米 德
(Archimedes)

约公元前 287 年生于 Syracusa, Magna Graecia (今意大利 Syracuse); 公元前 212 年卒于 Syracusa

圆的面积; 重心; 穷竭法; 球的体积

阿基米德的生平和他的科学成就一样都是引人入胜的. 各种不同的来源都证实他曾经造过一艘船、一个宇宙的模型和一个巨大的弹弓 (即抛石机), 他用这个抛石机在第二次布匿战争 (公元前 218–前 202 罗马人与迦太基人的战争) 中保卫自己的家乡 Syracusa. 罗马人最后依靠诡计占领了这个城市, 而阿基米德也就在破城后的抢劫中被罗马士兵杀死. 传说阿基米德在自己的墓碑上镌刻了一个内切于圆柱中的球来标志他的最著名的发现. 说实在的, 他的《球与圆柱》一书的高潮就是证明每一个球的体积等于它的外切的圆柱体积的三分之二. 他对于圆面积和球体积的发现, 还有他对于螺旋曲线、劈锥曲面 (conoid)、抛物面 (paraboloid) 以及抛物线下的弓形面积的求积法, 都证实了他对于弯曲图形的体积或面积特别有兴趣.

尽管阿基米德仍然遵循公理–演绎的框架, 他的风格是不同的, 他关于弯曲图形的许多定理都使用了穷竭法[II.6§2].

现在来看一下决定圆的面积的问题. 阿基米德通过证明它等于某个直角三角形的面积从而解决了这个问题. 既然已经知道了如何计算三角形的面积, 他就把一个不知解法的问题 "归结" 成为一个已知解法的问题. 他并不是直接确定圆面积等于某个直角三角形的面积的, 而是证明圆的面积既不可能大于也不可能小于这个三角形的面积, 所以只余下一个可能性: 二者相等. 在这里和一般情况下, 他都是用下面的方法来做到这一点的, 就是对所研究的弯曲图形作内接和外切的直线图形, 使之越来越接近于弯曲图形. 但是从弯曲图形与直线图形的越来越近跳跃到二者相等,则只能间接完成, 就是排除其他的可能性. 这种论证通常要用一个欧几里得就已经知道的引理, 即如果把一个量用另一个来代替, 而开始时二者之差最多是前一个量的一半, 重复做下去, 则留下剩余就可以要多小有多小.

阿基米德的其他著作还有《数砂者》(*The Sand-Reckoner*)、关于天文和数论的著作、关于平面图形的重心以及浸入在液体中的物体的著作等等.

超过这一切的还有阿基米德对于古代希腊数学进程的独特洞察.《球与圆柱》一书的第二部分包含了一些关于构造已知的立体的问题, 有好几个证明都是分成两部分: 分析和综合. 在分析这一部分里, 是把想要确立的结果当作已经证明了的, 从而得出一些推论, 直到遇见一个在别处已经得到证明的结果, 然后再反过来, 重新构造出这个过程(这就是 "综合"). 1906 年重新发现的《方法》一书 (从书的内容上看, 是写给 Erastothenes 的信)揭示了阿基米德得到他的某些最重要结果的统一的方法, 例如抛物线弓形的面积, 都是设想把两个对象(例如抛物线的一片弓形和一个三角形)分成无限多小片和直线, 然后放在天平的两端, 使它们平衡. 阿基米德强调了这不是严格的证明, 但这反而使《方法》一书在瞥见一位大数学家的心智上面更加宝贵.

进一步阅读的文献

Archimedes. 2004. *The Works of Archimedes: Translation and Commentary. Volume 1: The Two Books On the Sphere and Cylinder*, edited and translated by Netz R. Cambridge: Cambridge University Press.

Dijksterhuis E J. 1987. *Archmedes*, with a bibliographical essay by Knott W R. Princeton, NJ; Princeton University Press.

Serafina Cuomo

VI.4　阿波罗尼乌斯
(Apollonius)

约公元前 262 年生于 Perge, Pamphylia (今土耳其 Perga); 公元前 190 年卒于埃及亚历山大里亚 (？)

圆锥截线; diorism; 轨迹问题

《圆锥截线》一书共八卷, 现在存世只有七卷, 它的现代读者比其他公认的希腊数学杰作的读者要少: 它很复杂, 难以概括, 翻译成现代的代数记号又容易出错. Perga 的阿波罗尼乌斯还有一些关于数论和天文学的著作, 但是都已失传. 现存的书有六卷以一些信件作为序言, 说明他是一个数学家网络中受尊敬的成员, 他把自己的结果发给他们. 他在这些信里讲到一个情况, 就是《圆锥截线》一书有许多不同的版本在流传, 而最新的版本里还包含了对他的通信的回复. 关于抛物线、双曲线和椭圆的知识都已经出现在阿波罗尼乌斯之前 (我们在阿基米德的著作里就已经找到了圆锥截线), 但是他的书是关于这些曲线的第一部已知的系统著作. 这些曲线本身就有趣, 又可以用作解决其他问题的辅助曲线, 这些问题中就有三等分角问题和立方倍积问题.

　　阿波罗尼乌斯自己说,《圆锥截线》的前四卷是对于这个主题的介绍, 事实上, 他是从圆锥及其各个部分的定义开始的. 抛物线、双曲线和椭圆是后来才引进的, 所以它们的起源 (即平面以不同角度与圆锥相截) 就已经和一个关于它们的性质的命题放在一起, 而对这些性质, 在后面的三卷中作了进一步充分的探讨. 这里面包括了关于切线、渐近线、以某些数据为基础对于圆锥截线的作图, 还有关于圆锥截线能在同一平面内相交的条件的讨论.

　　比较深的各卷, 则只有阿拉伯文本, 包括对于圆锥截线里面的最大和最小直线的讨论、等于或相似于给定圆锥截线的圆锥截线的作图 (包括所有抛物线都相似的定理), 还有 "diorismic 定理" 的讨论. 所谓 "diorismic 定理" 就是这样的命题: 设定了作图的可能性的限制, 或者在开始时给定几个位置或对象, 再问某个几何构型的性质有效的限制. 事实上,《圆锥截线》里还有几个关于轨迹 (就是由具有某一族性质的点构成了几何构型) 的问题. 阿波罗尼乌斯批评欧几里得[VI.2] 没有能够给出关于三条和四条直线的轨迹 (就是由三条或四条直线的排列所成的具有特定性质的几何构型[1]) 问题的完备的解答.

　　就证明的方法而言, 阿波罗尼乌斯仍是在公理–演绎的模式之内: 一般的命题、有字母的图形、每一步都有依据, 或者求助于无需证明的前提, 或者求助于前面已经证明了的命题. 在他那里不用间接的方法, 而是可以看到对于比例理论的细微之处 (和它的力量) 的真正掌握. 同时, 他的命题很容易用于考虑各种不同的子情况, 例如某条直线是落在锥体的内部、外部或者位于锥面的顶点上. 换句话说, 阿波罗尼乌斯是把一种系统的探索和几乎是优游于数学之中结合了起来, 而是受到了探讨数学对象的各种可能性和各种性质的诱惑.

进一步阅读的文献

Apollonius. 1990. *Conics*, books V-VII. *Arabic Translation of the Lost Greek Original in the Version of Banu Musa*, edited with translation and commentary by Toomer G J, two volumes. New York: Springer.

Fried M N, and Unguru S. 2001. *Apollonius of Perga's Conica: Text, Context, Subtext*. Leiden: Brill.

Serafina Cuomo

---

　　[1] 怀疑就是指的帕普斯 (Pappus) 问题, 见条目笛卡儿[VI.11] 的脚注. —— 中译本注

VI.5　阿尔·花拉子米

(Abu Ja′far Muhammad ibn Mūsā al-Khwārizmi)

生于 800 年, 生地不明; 卒于 847 年, 卒地不明

算术; 代数

　　阿尔·花拉子米或者是他的祖先, 生活在波斯北部的花剌子模城 (今乌兹别克的 Khorezm 区域, 也称为 Khiva). 他一生大部分时间都是作为巴格达的智慧宫里的学者, 他在那里写出了关于天文、数学和地理学的著作. 他的数学著作有两种流传至今, 一本讲算术, 一本讲代数.

　　他的算术著作的阿拉伯文本已经失传, 现在只有拉丁文译本. 印度数码以及相应的计算方法就是借助此书传入欧洲的, 虽然这个文本显然是以印度著作为基础的, 但是在欧洲这些技术却以算法 (algorithm) 一词称呼, 这个词就是从 algorism 衍生而来的, 这样就和阿尔·花拉子米联系起来了.

　　阿尔·花拉子米的代数书原名 al-Kitāb al-mukhtasar fī hisāb al-jabr wa′l-muqābala (即《还原与对消的科学》), 这是伊斯兰数学家的代数学的起点. 它是一本初等的实用数学的著作, 共分三个部分: 一部分致力于方程的解法, 一部分致力于实际测量 (面积和体积), 还有一部分则来自复杂的伊斯兰继承法 (其中要用到算术和简单的线性方程). 书中完全没有用代数符号, 所有的东西, 包括数目字, 都是用文字来叙述的. 正文以关于位值制的简短介绍开始, 然后讨论一次和二次方程. 值得注意的是, 花拉子米并不以为这些方程只是解决问题的手段, 而他的前人却是这样做的, 而是研究这些方程的本身, 他把方程分成六个类型. 用现代的记号来写, 这些方程的类型就是

$$ax^2 = bx, \qquad ax^2 = b, \qquad ax = b,$$
$$ax^2 + bx = c, \qquad ax^2 + c = bx, \qquad ax^2 = bx + c,$$

其中 a, b, c 都是正整数. 之所以有必要分成六个类型, 是因为花拉子米并不承认存在负数或零作为方程的系数. 花拉子米论证了他所给出的方法是适用的, 这在当时并非标准的做法, 而且这些论证是几何证明, 这就是说, 他的论证并非经典的希腊式的证明, 而是从几何上论证了他的方法是适用的.

　　这本书的阿拉伯文标题中的关键词 al-jabr ("还原" 或 "回复" 的意思[①]) 就是使所有的项都回复到标准的形式, 后来就演化为西方通常使用的 algebra(代数) 一词. 然而, 值得怀疑的是花拉子米的这部书是不是伊斯兰数学的同名著作的第一部.

---

① "还原" 在现代数学语言中就是移项, 而标题中 al-muqābala 则是相消或合并同类项的意思. —— 中译本注

进一步阅读的文献

Berggren J L. 1986. *Episodes in the Mathematics of Medieval Islam*. New York: Springer.

VI.6　斐 波 那 契
(Leonardo of Pisa, known as Fibonacci)

约 1170 年生于意大利比萨; 约 1250 年卒于意大利比萨, 比萨商人之子, 跟随北非的伊斯兰教师学习数学, 并且游学于地中海周边的伊斯兰学者; 1240 年起得到比萨的年金作为教学和其他服务的酬劳

斐波那契正式的名字是 Leonardo Pisano Bigollo, 或者写为 Leonardo of Pisa, 或写为 Leonardo Pisano, 写法形形色色, 但是最通用的还是斐波那契, 他是欧洲最早的关于代数的作者之一. 斐波那契之所以有最大的名声是因为他的《算书》(*Liber Abaci*) 一书, 此书出版于 1202 年, 对于印度–阿拉伯数码在欧洲的传播起了很大的作用. 此书不仅包含了用印度–阿拉伯数码进行计算的规则, 还包含了许多种类的问题, 其中最著名的是 "兔子问题". 这个问题是假设有一对兔子, 它们在出生后第二个月就可以开始生育, 而且每次生一对兔子, 问一年以后兔子的总数是多少. 第 n 月末兔子有 F_n 对, 它就应该是上个月兔子有多少对的数目加上能生育的兔子有多少对的数目, 而后者就是在再上一个月兔子的对数, 这就给出了一个规则 $F_n = F_{n-1} + F_{n-2}$. 从 $F_0 = 0$, $F_1 = 1$ 算起, 就会得到**斐波那契数**的序列 $0, 1, 1, 2, 3, 5, 8, 13, \cdots$. 可以证明 $\lim\limits_{n \to \infty} F_{n+1}/F_n = \phi$, 这里 $\phi = (1 + \sqrt{5})/2$ 就是黄金分割比.

VI.7　卡 尔 达 诺
(Girolamo Cardano)

1501 年生于意大利 Pavia; 1576 年卒于罗马. 1534–1543 在米兰任数学教师, 后任医学教授; 1543–1560 年在 Pavia, 1562–1570 年在 Bologna, 1570–1571 年因异端罪被囚

卡尔达诺的伟大著作《大术》(*Ars Magna*, 1545 年出版) 奠定了欧洲代数学的基础, 在它出版后的一个多世纪里, 一直是关于代数学的最全面、最系统的著作, 书中包含了许多新思想和求解三次与四次方程的方法 (虽然不全是卡尔达诺本人的), 所有这些都不是用数学符号来写的. 卡尔达诺本人的伟大洞察力在于他认识到一个方程的根与系数是有关系的. 比起他的绝大多数同时代人, 他也表现出对于负数的平方根的思考更有准备. 人们因为求解形如 $x^3 + cx = d$ 的三次方程的 "卡尔达

诺规则" 而记得他. 这里的 c 和 d 都是正数 (但是对于 c 为负数的所谓不可约情况 (casus irrecibilis), 他还是不能解出).

VI.8 庞 贝 里
(Rafael Bombelli)

1526 年生于意大利 Bologne; 1572 年后可能卒于罗马. 罗马贵族 Alessandro Ruffini 的建筑工程师, 后任 Melfi 的主教

促使庞贝里来写他的《代数》(*Algebra*) 一书的动机是他想使卡尔达诺[VI.7] 的《大术》一书对于不那么有教养的读者更容易接受.《代数》一书中包括了对于二次、三次和四次方程的系统的处理, 此书还以推动数学符号的使用 —— 这是第一部包含了指数符号的印刷品 —— 而见称, 也以传播对于丢番图的著作的认识而见称. 但是最重要的是,《代数》一书之出名, 在于它能够解出三次方程的某些所谓的**不可约情况**(casus irrecibilis), 在这种情况下, 卡尔达诺规则会给出复的所谓 "不可能的" 解. 卡尔达诺已经认识到今天称为复数的形如 $a + b\sqrt{-1}$ 的数会在求解二次方程时出现, 庞贝里则作了一个重大发现, 就是三次方程有一些根初看起来是复的实际上却是实根, 因为虚部会互相抵消, 而且庞贝里还陈述了对于复数的四种基本的算术运算.

VI.9 维 　 特
(François Viète)

1540 年生于法国 Fontenay-le-Comte; 1603 年卒于巴黎
三角; 代数分析; 经典问题; 方程的数值解

维特[①]于 1560 年在 Poitiers 大学获得了法学学士学位, 但是在 1564–1568 年间离开了这个行业, 去负责当地贵族领袖的女儿 Catherine de Parthenay 的教育, 他的最早的数学著作就是 Catherine 小姐用的教材. 他的一生的其余时期, 除了 1584–1589 年间因为政治和宗教的原因被逐出巴黎的宫廷以外, 都是身居高位, 在 1603 年他卒于巴黎, 综其一生, 他都只有在官职之余才能从事数学.

最使维特名噪一时的著作在 1590 年代问世. 其第一部是 1591 年的《分析艺术引言》(*In Artem Analyticem Isagoge*). 在这部著作中, 维特开始把经典的希腊几

---

① 当时的人们有一个习俗, 就是给自己取一个拉丁名字, 维特生活在当地的贵族之中自然不能免俗. 他的拉丁名字是 Franciscus Vieta, 读音应是维达, 所以我国的文献特别是中学教材都是用的 "维达". —— 中译本注

何与来自伊斯兰资料的代数方法结合起来, 这样就奠定了几何学的代数方法的基础. 维特看到方程中的符号 (传统上用 R, Q, 和 C 的变体来表示未知数、它的平方和它的立方) 既能代表数也能代表几何量, 而这正是分析和解决几何问题的有力的工具.

维特对于分析的理解来自他阅读了帕普斯 (Pappus of Alexandria, 公元 4 世纪早期的希腊数学家) 所写的《文集》(*Synagoge*) 一书, 在此书中, "分析" 一词被描述为一种研究问题的方法, 就是假设一个问题的解在某种意义下是已知的, 我们现在用一个符号来表示它, 并且对这个符号进行运算, [正是表明我们是在作 "分析"]. 代数学之所以能够做到这一点是因为它把所有的量, 不论是已知的还是未知的, 都看成具有相同的地位. 从预先给出的条件就可以列出方程 (维特把这样的过程称为 zetetics), 解出这个方程就能把未知量用已知量表示出来 (维特把这个过程称为 exegetics). 对于维特而言, 几何问题的最后一步就是给出其解的特定的作图法, 这就是对前面的代数分析做出几何的综合.

在后来的大部分发表于 1593 年附近的著作中, 维特就教人们怎样列出方程以及怎样实现相应的几何作图. 这些著作合成一本书《论恢复了原状的数学分析或新代数》(*Opus Restitutae Mathematicae Analyseos seu Algebra Nova*), 他提出并贡献出这部书有一个著名的雄心勃勃的愿望, 就是不再留下未解决的数学问题 (nullum problema non solver). 在 17 世纪的绝大部分时间里, 代数学一直以 "分析的艺术" 或者 "分析" 这个名称见之于世.

维特认识到并非所有方程都可以用代数来解出, 他也提出了一种以逐步逼近为基础的数值解法, 这是这类技巧在欧洲的第一次出现, 其重要性不仅在于实用的目的, 而且它很快地引导到方程根和系数的关系的更深理解.

维特的写作风格有点啰嗦, 有时还很晦涩, 这部分地是由于他对于希腊文的技术词汇有点偏爱. 然而在他的代数著作中, 他想出了一套基本的符号. 长期以来, 解方程的规则都是通过一些特例来陈述的, 而这些例子则理解为一般的类, 但是维特走出了下面一步, 就是把已知量用辅音字母如 $B, C, \cdots$ 来表示, 而未知量则用元音字母 $A, E, \cdots$ 来表示, 这样所有的数都用字母或称 "种属"(species) 来表示. 但是他还没有一个简单而又系统的方法来表示幂, 这样他就使用文字 A quadratus(或 A cubus) 来表示 A 的平方 (或立方), 而且连接词 (如 "加上" "等于" 等等) 也都用文字来表示, 所以维特的代数学离开符号化的代数学还很远.

第一个深入研究维特著作的人是英国的 Thomas Harriot (1560–1621, 天文学家和数学家), 他在 1600 年以后不久通过研究维特的数值方法发现了多项式可以写成线性因子和二次因子的乘积, 这在理解方程式上面是一个重大的突破. Harriot 又重写了维特的大部分数学工作, 基本上是使用了现代的代数符号. 在法国, 则是费马[VI.12] 在 1620 年代继续了维特的工作, 并且深受其影响. 但是另一方面, 笛卡儿[VI.11] 虽然在 1630 年代提出过好几个类似的思想, 却完全不承认自己读过维特和 Harriot 的著作.

维特和他的后继者只处理了有限次方程. 只是晚得多到 17 世纪牛顿[VI.14] 的工作中, 分析才被拓展到当时认为是无限的等式, 也就是今天我们说到的无穷级数, 这样就使 "分析" 一词具有了更接近于现代的意义.

Jacqueline Stedall

VI.10 斯 特 凡
(Simon Stevin)

1548 年生于比利时 Bruges; 1620 年卒于荷兰海牙. Mauriceof Nassau(Orange 王子) 的数学和科学教师

人们记得弗莱芒①数学家和工程师斯特凡是因为他对十进小数的研究. 虽然他并不是第一个使用十进小数的人 (在 10 世纪的伊斯兰数学家 al-Uqlī disī 的著作里就可以找到十进小数), 但是正是因为他的 1585 年的著作《十进算术》(原来是用弗莱芒文发表的, 书名为 *De Thiende*, 用法文发表的书名是 *La Disme*, 1608 年有英文译本 *Disme:The Art of Tenths, or Decimal Arithmetike Teaching*), 才使得十进小数在欧洲广泛传播并得到接受. 然而斯特凡使用的并不是我们今天使用的记号: 他把十分之一的幂的指数画在一个小圆圈里, 例如 7.3486 就写成 7⓪3①4②8③6④ 在《十进算术》一书中, 斯特凡不仅证明了如何使用十进小数, 而且主张在度量衡和货币制度中也使用十进制.

VI.11 笛 卡 儿
(René Descartes)

1596 年生于法国 La Haye(今名为 Descartes); 1650 年卒于瑞典斯托克霍姆
代数; 几何; 解析几何; 数学基础

1637 年, 笛卡儿把他的《几何》(*La Géométrie*) 一书作为一篇 "论文"(essay) 附在他的哲学著作《方法论》(*Discours de la Méthod*) 后面作为一个附录, 这是他的仅有的数学著作, 没有一本早期的教本对于 1650–1700 年间现代数学的形成影响之

---

① 比利时分成两个民族和文化区域, 其北方即靠近荷兰的部分是弗兰德斯 (Flanders) 地区, 即弗莱芒地区, 其居民称为弗莱芒人 (Flemish), 操弗莱芒语 (Flemish), 接近于古荷兰语; 南部与法国接壤的地区则操法语的一种方言如瓦隆 (Wallon) 语, 所以称为法语地区. —— 中译本注

大可与《几何》一书相比. 它是解析几何的奠基的教本, 铺平了代数和几何融合的道路, 使得 50 年以后的微积分的发展成为可能.

笛卡儿受教育于 La Flèche 的一所耶稣会的学校. 他的一生绝大部分时间是在法国以外度过的, 初过 20 岁就遍游欧洲, 而在 1628–1649 年都生活在荷兰; 然后又受 Christiana 女皇之邀来到瑞典女皇宫中. 从他的早年起, 他对于数学的兴趣就与他在哲学中第一位的问题密切地联系在一起, 这就是知识的确定性. 他在 1619 年的一封信里就概述了一种解决自然哲学的所有问题的方法, 而这个方法显然是受到算术和几何学的启示. 不久以后, 这个思想就变成了一种热烈的信念, 就是他能够沿着一条深受数学鼓励的解决问题的路线来发展一种哲学. 《几何》就是从这个哲学纲领的数学部分产生出来的, 它不是一本解析几何教科书. 在解释他的思想上, 笛卡儿极少提出一般的原理, 而总是使用例子.

笛卡儿使用了一个问题, 即帕普斯问题[①], 来解释坐标和曲线的方程, 并且证明定义曲线的性质可以写成一个方程. 他引入了坐标 x 和 y, 有时用正交的坐标轴, 有时也用斜坐标轴, 视问题而定. 他也引入了现在通用的作法, 用 x, y 和 z 表示未知量, 而用 a, b 和 c 来表示未定的固定量.

对于笛卡儿, 几何问题应该有几何的解答, 方程最好也只是问题的代数重述. 答案则必须是一条曲线或特定的点的作图方法. 如果像帕普斯的四条直线那样的问题, 方程就是二次的, 而对于固定的 y 值, x 坐标就是一个二次方程的根. 在笛卡儿的书前面就已经讲了怎样 (用圆规和直尺) 把这样的根作出来. 这样, 曲线就可以通过选取一系列的 y 值作出相应的 x 值, 这样得到曲线上的一个点而把曲线 "逐点" 地作出来. 但是逐点的作图不能给出曲线的整体. 这样, 在帕普斯问题的情况下, 笛卡儿用方程来证明解曲线是一条圆锥截线, 并且解释了如何决定这个圆锥截线的性质决定其轴的位置以及它的参数之值. 这是一个给人深刻印象的结果, 事实上, 是关于代数地定义曲线族的第一个分类.

《几何》中另一个有影响的结果而且是笛卡儿引为骄傲的结果是他确定了具有给定方程的曲线上一点处的法线 (这样也决定了其切线) 的方法, 这是微积分出现以前微分法的先行者.

笛卡儿处理曲线及其方程的方法和我们现在处理曲线及其方程的方法有三点不同之处: 他使用斜交的坐标轴, 也使用正交的坐标轴; 他并不认为方程是定义了一条曲线, 而说是代表一个几何问题, 就是这条曲线的作图问题, 包括作出它的轴

---

① 本书的许多条目都提到帕普斯 (n 条直线) 问题, 现在以 4 条直线的情况为例加以说明. 设有 4 条直线 l_i $(i = 1, \cdots, 4)$, 取一点 P 并按一定的角度引直线与这 4 条给定直线相交, 记由 P 到与 l_i 的交点的距离为 d_i. 若要求 $d_1 d_2 = \lambda d_3 d_4$, 而 λ 为一给定常数, 求 P 的轨迹. 而所谓 3 条直线的帕普斯问题, 就是例如 l_1 与 l_2 重合的情况, 笛卡儿在《几何》一书中就是这样提出 3 线帕普斯问题的. —— 中译本注

和切线等等; 而且他不是把平面看成由一对实数来刻画的点的集合 —— 对于他, x 和 y 并不是无维数的数, 而是线段的长度 (所以 "笛卡儿平面" $\mathbf{R}^2$ 这个词是一个时代的错误).

笛卡儿 (过分乐观地)假设他的这个方法可以拓展到任意次的多项式 (通常与多于四条直线的帕普斯问题相联系), 这样就认为他自己已经在原则上说明了所有的几何作图问题都是可解决的. 对于高次的作图题, 他需要新的代数技巧. 因此, 《几何》一书的相关章节就构成了关于多项式及其根的第一个一般的理论, 其中包括了关于多项式正根和负根个数的 "符号法则"、不同的变换法则以及检验方程可化约性的方法. 他没有给出证明. 他的结果都是基于这样一个信念, 就是多项式基本上都可以写成线性因子 $x - x_i$ 的乘积, 其中的根就是 x_i 可以是正的, 可以是负的, 也可以是 "虚的".

这样看来, 解析几何并不是《几何》一书的主要目标, 它的目的是提供一个解决几何问题的通用的方法. 而为此笛卡儿就需要回答两个问题, 第一个问题是怎样解决不能用圆规和直尺作图的几何问题; 第二个是怎样把代数用作几何学中一个解析的求解的方法.

关于第一个问题, 笛卡儿准许用越来越复杂的曲线作为作图的工具. 笛卡儿有一个信念, 就是代数通过这些曲线的方程, 可以引导他在所有这些为作图之用的曲线中找到最适合于问题的也就是最简单的次数最低的曲线.

第二个问题涉及一个概念上的困难, 而凡是想把代数用于几何问题时总会感觉到这个困难. 代数方法转于几何其实是有问题的, 因为在几何学中乘法一般是要按维数来理解的, 例如, 两个长度之积必须理解为一个面积, 而三个长度之积必须理解为一个体积. 但是到了那时, 代数主要是考虑数的乘积, 而常规地会用到多于三个因子的乘积, 这样就需要对代数运算给出一个前后一致的无限制的几何解释. 笛卡儿确实给出了这样一个重新解释, 他引入了一个单位线段使得乘积不再提高维数, 而且在方程中也允许非齐次项.

到了 1637 年左右, 笛卡儿已经放弃了把哲学与数学联系起来这个早期的企图, 然而对于知识的确定性的关注仍然存在. 随着他关于作图的概念涉及到使用曲线, 他就不得不考虑有哪些曲线是人类心智能足够清晰地了解从而使得几何学能够接受. 他的回答是: 所有的代数曲线都是可接受的 (所以他称之为 "几何曲线"), 而其他的则不行 (他称之为 "力学曲线"). 17 世纪的数学家极少有遵循笛卡儿的这种严格的界限的. 对于接受笛卡儿的《几何》, 这是一种典型的情况; 数学家读者一般都忽略这本书的哲学和方法论的侧面, 但是对它的技术的数学的侧面都是热心接受并加以使用的.

进一步阅读的文献

Bos H J M. 2001. *Redefining Geometrical Exactness: Descartes' Transformation of the Early Modern Conception of Construction.* New York: Springer.

Cottingham J, ed. 1992. *The Cambridge Companion of Descartes.* Cambridge: Cambridge University Press.

Shea W R. 1991. *The Magic of Numbers and Motion: The Scientific Career of Renè Descartes.* Canton, MA: Watson Publishing.

Henk J. M. Bos

VI.12　费　　马
(Pierre Fermat)

160? 年生于法国 Beaumont-de-Lomagne; 1665 年卒于法国 Castres

数论; 概率论; 变分原理; 求积法; 几何

　　费马一生都是法国南部的一个官员, 他对于那个时代几乎所有的数学学科, 从求积法到光学、从几何到数论, 都有决定性的贡献. 关于他的生平所知极少 —— 甚至出生的年份也不清楚 —— 但是到 1629 年左右, 他与维特[VI.9] 在波尔多的科学的后继者有密切的接触. 他的工作展现了他对于古代的数学知识和对当代的数学知识一样有彻底的掌握. 他与许多人, 包括笛卡儿[VI.11]、Gilles Personne Roberval、Marin Mersenne、Bernard Frenicle、John Wallis 和惠更斯, 用书信交流数学问题和数学信息.

　　早期现代数学的一个至关重要的主题是用代数来解决几何问题. 在费马以前, 维特和其他代数学家就已经用含一个未知量的代数方程来重写和解决 "定问题" (就是只容许有限多个解的问题), 而费马则在他的手稿《平面和空间轨迹引论》(*Ad Locus Planos et Solidos Isagoge*, 这篇文稿在 1637 年, 即笛卡儿发表《几何》一书的同年, 在巴黎流传) 中提出了一个处理和解决轨迹的作图中 "不定问题" 的一般方法, 而所谓轨迹就是由某些约束所确定的点的集合 (通常是曲线). 他用两个以方程互相联系的坐标来确定点 (然而, 他选取的坐标与现代通用的 x 和 y 坐标不同). 此外, 费马还对轨迹为直线、抛物线、椭圆等的情况给出了这些方程的标准形式.

　　费马也应用代数分析来解决极值问题, 包括求曲线在一个给定点的切线和法线以及求重心的问题. 他的方法基于下面的原理, 就是一个代数表达式在极值点附近取同一个值两次. 虽然这里的步骤全是代数的, 他的后继者却总是想从微分法的视角来解释它, 这样就使得他的工作看起来好像是微积分的先驱. 费马也把这个方法用到许多问题上, 包括在光的折射问题 (这是在他与笛卡儿的追随者们在 1660 年前后就光学问题的争论范围内的问题) 上证明了折射定律. 费马把他的分析建立在 "大自然的行动耗用最短的时间" 这个原理之上, 这样就把光的折射问题归结为一个极值问题, 从而可以使用他的方法. 折射问题是第一批可用数学来彻底研究的复杂物理问题中的一个, 而费马所取的途径后来就导致所谓变分方法[III.94].

然而费马也表现出他对于经典的技巧如阿基米德的技巧的完全的掌握, 他用这些技巧来处理其他类型的几何问题如求积问题.

费马的多才多艺也表现在他关于数的工作中. 一方面, 他很高兴把他的代数方法用于丢番图分析上, 对于以前认为不能解决的问题得出解来, 或者除了原来的解外又导出新的解. 另一方面, 他又主张对于整数作理论的研究, 而当时已有的方程的代数理论对此是不够的. 例如, 他对于形如 $a^n \pm 1$ 的数的因子的性质作了研究 (其中就包含了现在很著名的费马小定理[III.58]). 还有对于形如 $x^2 + Ny^2$ 的数的因子的性质的研究, 其中 N 取不同的值. 他发明了专门用于研究整数的无穷下降法, 这种方法依靠的是不可能作出无穷的严格下降的整数序列, 他用这种方法来证明方程 $a^4 - b^4 = c^2$ 没有非平凡的整数解, 这是著名的费马大定理[V.10] 的特例. 他把这个定理是写在一本书的天头的空白上的: 当 $n > 2$ 时, 方程 $a^n + b^n = c^n$ 没有非平凡的正整数解. 这个定理的一般情况的第一个证明由怀尔斯在 1995 年给出的.

1654 年费马和帕斯卡[VI.13] 就信件来往讨论 "公平的博弈" 的概念, 以及讨论如果博弈在结束前就中断了, 赌注应该如何分配的问题, 在这些信件中引入了概率论中的重要概念, 如期望值和条件概率.

进一步阅读的文献

Cifoletti G. 1990. *La Méthode de Fermat, Son Statut et Sa Diffusion*. Société d'Histoire des Sciences et des Techniques. Paris: Belin.

Goldstein C. 1995. *Un Théorème de Fermat et Ses Lecteurs*. Saint-Denis: Presse Universitaires de Vincennes.

Mahoney M. 1994. *The Mathematical Career of Pierre de Fermat* (1601-1665), second revised edn. Princeton, NJ: Prinveton University Press.

Catherine Goldstein

VI.13　帕　斯　卡
(Blaise Pascal)

1623 年生于法国 Clermont-Ferrand; 1662 年卒于巴黎. 科学家和神学家

　　帕斯卡是第一个对于现在以他命名的算术三角形作了系统研究的人, 所谓 "帕斯卡三角形" 就是

$$
\begin{array}{ccccccccc}
 & & & & 1 & & & & \\
 & & & 1 & & 1 & & & \\
 & & 1 & & 2 & & 1 & & \\
 & 1 & & 3 & & 3 & & 1 & \\
1 & & 4 & & 6 & & 4 & & 1 \\
\end{array}
$$

· · · · · ·

但是这个三角形的出现早于帕斯卡, 而在中国数学家朱世杰 1303 年的著作中就已经出现了①. 这个三角形数表的特点是其中每一个数都是它肩上的两个数之和. 它给出了二项系数 $\begin{pmatrix} n \\ k \end{pmatrix}$ 的几何排列: $\begin{pmatrix} n \\ k \end{pmatrix}$ 出现在第 $(n+1)$ 行, 是它的第 $(k+1)$ 个元. $\begin{pmatrix} n \\ k \end{pmatrix}$ 如通常的理解那样, 是大小为 n 的集合中大小为 k 的子集合的个数, 所以

$$
\begin{pmatrix} n \\ k \end{pmatrix} = \frac{n!}{k!\,(n-k)!}.
$$

数 $\begin{pmatrix} n \\ k \end{pmatrix}$ 也是 $(a+b)^n$ 的二项展开中 $a^k b^{n-k}$ 的系数, 这里 $n \geqslant 0$ 是任意的整数, 而 $0 \leqslant k \leqslant n$. 帕斯卡在他的《论算术三角形》(*Traité du Triangle Arithmétique*) 一书 (1654 年印刷, 但 1665 年才发行) 中第一次把二项系数与概率论中出现的组合系数联系起来了, 这部书也是因为它第一次给出了数学归纳法的明确的陈述而出名.

　　帕斯卡也因为射影几何中的一个定理而知名 (这个定理说任意的内接于一个圆锥截线内的六边形, 如果把它的三对对边都加以延长使之相交, 则三个交点一定共线)(1640 年), 他还发明了一个具有两个功能 (加法和减法) 的机械计算器 (1645 年).

---

　　① 这里讲的是元代数学家朱世杰的《四元玉鉴》(1303 年) 一书, 但是朱世杰在那里引述了宋代杨辉的著作《详解九章算术》, 其中就已经有了这个表, 但杨辉说明了此表引自贾宪的《释锁算术》(1050), 所以我国的文献中通称这个三角形为杨辉三角形或者贾宪三角形. —— 中译本注

VI.14 牛 顿

(Isaac Newton)

1642 年生于英格兰 Woolsthorp; 1727 年卒于伦敦

微积分; 代数; 几何; 力学; 光学; 数学天文学

　　牛顿在 1661 年进入剑桥大学三一学院, 而他正是在剑桥度过了成才之年的绝大部分, 首先是作为一个学生, 然后是研究人员 (fellow), 再以后, 从 1669 年起是卢卡斯 (Lucas) 讲座教授. 他的被选为这个讲座教授是由他的导师巴罗 (Issac Barrow, 1630 –1677) 操作的. 巴罗是一个有才能的数学家和神学家, 最初是他担任这个威望很高的讲座教授职务的. 1696 年牛顿迁居伦敦, 担任造币厂厂长, 并在 1702 年辞去了教授职位.

　　看来, 牛顿对于数学的兴趣始于 1664 年, 他在那一年踏上了自学的道路: 他阅读维特[VI.9] 的著作 (1646)、Oughtred (William Oughtred, 1574–1660, 也是英国数学家, 微积分的早期先行者, 在培育许多重要的数学家上起过很大的作用, 也是对数计算尺的发明者之一) 的《数学要津》(Clavis Mathematicae, 1631)、笛卡儿[VI.11] 的《几何》(1637)、沃利斯 (John Wallis, 1616 – 1703, 英国数学家, 在微分学的创立上起过重要的作用) 的《无穷小的算术》(Arithmetica Infinitorum, 1656) 等书. 牛顿从笛卡儿的著作中学到了把代数与几何联系起来是多么有用, 因为平面曲线可以用含有两个未知数的代数方程来表示. 但是, 笛卡儿在《几何》一书中对于所许可的曲线加上了严格的限制: "几何曲线"(即用代数多项式表示的曲线) 是许可的, 但是 "力学曲线"(即超越曲线) 则不许可. 牛顿和许多同时代人一样, 感觉到这种限制应该超越, 而处理力学曲线的 "新的分析" 应该也是可能的, 他在无穷级数中找到了答案.

　　牛顿是从沃利斯的工作中学到无穷级数的, 而正是在改进了沃利斯的一项技术中, 他得到了自己的第一个伟大的数学发现, 那是 1664 年冬的事情, 而这个发现就是分数幂的二项级数, 这个技术给了他一个把很大一类 "曲线" 包括超越曲线展开为幂级数的方法, 这些曲线从此得到了一个 "解析" 表示, 使得代数规则能够用到其上. 逐项应用关系式 $\int x^n \mathrm{d}x = x^{n+1}/(n+1)$(这个关系式是他从沃利斯的工作中学到的, 而且使用了莱布尼兹的记号) 使他能够对很大一类曲线, 在展开为幂级数以后对它们进行 "化方"(在 17 世纪, "化方" 一个弯曲的图形就是找一个正方形使其面积与弯曲图形的面积一样, [也就是我们今天通用的 "求积"(quadrature) 这个词显然与 "方形"(square) 一词有联系]).

几个月以后, 牛顿以异乎寻常的洞察力看到, 他的同时代人所处理的问题绝大部分可以归结为两类, 这就是需要求曲线的切线的问题和需要求曲线所围的面积的问题. 他把几何量看作是由连续运动生成的, 例如, 点运动成曲线、曲线运动成曲面, 他把这些量叫做 "流量"(fluents), 而把其瞬时的变化率叫做 "流数"(fluxion). 他以运动学的模型为直观的基础, 提出了我们今天说的微积分的基本定理[I.3§5.5] 的一个版本. 具体说, 他证明了切线问题和面积问题是互逆的. 用现代的用语来说, 牛顿把求积问题 (就是计算曲线形的面积) 化成了求原函数 (即不定积分). 他建立了 "曲线的目录"(即积分表), 其中, 他有效地利用了与变量变换和与分部积分法等价的技术. 他发展了一个有效的算法, 使他既能处理流数的正方法 (即微分法), 也能处理流数的反方法 (即积分法). 他能够计算任意已知曲线的切线和曲率, 能够积分许多类 (我们今天说的) 常微分方程. 这些数学工具使他能够探讨三次曲线的性质, 而把三次曲线分成 72 个不同的类别. 他把关于流数的正方法和反方法的工作写成了《曲线的求积法》(*De Quadrarura Curvarum*) 一文, 而把关于三次曲线的工作写成《论三次曲线的分类》(*Enumeratio Linearum Tertii Ordinis*) 一文, 这两篇文章都作为《光学》(*Optick*) 一书的附录在 1704 年出版. 他在《万能算术》(*Arithmetica Universalis*) 一书中收集了他关于代数的讲义, 也在 1707 年出版.

牛顿在 1704 年以前表现出不愿发表自己工作的脾性, 而把自己关于流数的工作通过信件和文稿来传播. 而在同一时间里, **莱布尼兹**[VI.15]虽然比牛顿较晚, 但是互相独立地也发现了微分和积分学, 却在 1684–1686 年间就发表了这些工作. 牛顿深信是莱布尼兹剽窃了他的思想, 所以从 1699 年起, 和莱布尼兹进行了尖锐的优先权之争.

还在 1670 年代早期, 牛顿就开始远离他的时代常用的使用符号的风格, 而那正是他的青年时期工作的特点, 他回到几何学, 希望能恢复一种被隐藏了的几何学的发现方法, 也就是古代希腊人的 "分析" 方法. 事实上, 几何学统治了他的杰作《自然哲学的数学原理》(*Philosophie Naturalis Principia Mathematica*, 以下简称《原理》), 牛顿在这部 1687 年问世的著作中提出了他的引力理论. 牛顿深信古代的方法优于当时的符号方法, 就是优于笛卡儿的分析. 在他的企图重新发现古代方法的努力中, 他发展了射影几何学的某些要素 (这是来自古代人能够用射影变换来解决关于圆锥截线的复杂问题). 一个重要的结果是他关于帕普斯轨迹问题的解决, 见于《原理》第一卷 (1687 年). 他在这里证明了若一点到第一、第二条给定直线的距离的乘积正比于它到第三、第四条给定直线的距离的乘积, 则此点的轨迹是一条圆锥截线. 然后他就用射影变换来决定切于 m 条给定直线并且通过 n 个定点的原锥截线, 这里 $m + n = 5$.

《原理》中包含了极为丰富的数学结果. 在第一卷中, 牛顿提出了 "最初和最末比", 使用几何的极限过程来决定切线、曲率和曲边区域的面积, 最后这点就包含了我们今天所知道的黎曼积分[I.3§5.5]. 他也证明了 "卵形线" 是代数不可积的. 在处理所谓开普勒问题时, 牛顿使用了一种等价于所谓牛顿-Raphson方法[II.4§2.3] 的技巧来逼近方程 $x - d \sin x = z$ 的根. 在第二卷中, 在研究阻力最小的固体时, 牛顿开创了变分方法[III.94]. 而在第三卷研究彗星的路径时, 他提出了一种插值方法, 启发了后世许多数学家如斯特林 (James Stirling, 1692–1770, 苏格兰数学家)、贝塞尔 (Bessel, 1784–1846, 德国天文学家和数学家) 和高斯[VI.26] 的研究工作. 牛顿在他的杰作里说明了数学对于自然哲学的应用会是多么富有成果, 最值得提起的是他对于月球的运动的研究、关于春分点和秋分点的岁差的研究以及关于潮汐的研究, 对于 18 世纪的微扰理论的发展有着巨大的影响①.

进一步阅读的文献

Newton I. 1967–1981. *The Mathematical Papers of Issac Newton*, edited by Whiteside D T et al., eight volumes. Cambridge: Cambridge University Press.

Pepper J. 1988. Newton's mathematical work. In *Let Newton be ! A New Perspective on His Life and Works*, edited by Fauvel J, Flood R, Shortland M, and Wilson R, pp. 63-79. Oxford: Oxford University Press.

Whiteside D T. 1982. Newton the mathematician. In *Contemporary Newtonian Research*, edited by Z. Bechler, pp. 109-27. Dordrecht: Reidel. (Reprinted, 1996, in *Newton, A Critical Norton Edition*, edited by Cohen I B and Westfall R S, pp. 406-13. New York/ London: W. W. Norton & Co.

Niccolò Guicciardini

VI.15　莱 布 尼 兹
(Gotfried Wilhelm Leibniz)

1646年生于德国莱比锡; 1716年卒于德国Hannover

微积分; 线性方程理论和消去法理论; 逻辑

　　莱布尼兹在数学家中以发明微积分而闻名, 其实他是一位思想概括了各个学科

---

① 牛顿有一段被人广泛引用的名言. 现在查明其出处, 附录于下: "我不知道世人怎样看我, 但是我觉得自己只是一个在海边玩耍的小孩, 时而因为找到一个比较光滑的小石子或者比较好看的贝壳而分心, 但是, 真理的大海还远远没有被我发现" (I do not know what I may appear to the world, but to myself I seem to have been only like a boy playing on the sea-shore, and diverting myself in now and then finding a smoother pebble or a prettier shell than ordinary, whilst the great ocean of truth lay all undiscovered before me). 这段引文出自 Sir David Brewster. *Memoirs of the Life, Writings, and Discoveries of Sir Isaac Newton*, 1855, Volume II. Ch. 27. —— 中译本注

的思想家, 他毕业于法学专业, 而数学则是自学的. 1676 年起, 他担任 Braunschweig-Lüneburg 的 Johann Friedrich 公爵的顾问和图书馆馆长直至终生. 除了数学以外, 他还从事技术、史料编撰学、政治、宗教和哲学问题的研究. 他的哲学把现实的领域区分为二: 表象的世界和实质的世界, 正是在他的哲学研究中, 他宣称现实世界 "是可能的世界中最好的". 1700 年, 他被任命为在柏林新成立的 Brandenburg 科学学会①的第一任主席.

他的绝大部分的数学思想和著作都没有在他在世时发表, 所以他有许多结果多年以后又被人重新发现, 他的数学论文有五分之一现在已经发表了. 他总是对一般的甚至是普适的方法比对技术细节更有兴趣, 总是用类比和归纳的推理来发展发明的艺术. 也正是因为这个原因, 他是数学记号的关键的创造者, 他知道适当的记号会多么有利于数学发现.

莱布尼兹最早的数学著作之一是关于无穷小几何的 (1675–1976 年写成, 但直到 1993 年才被公之于世). 他在此文中用 quanta② 来表示无穷. 在莱布尼兹看来, 真无穷 (actual infinity, 和潜无穷 potential infinity 相对立) 和不可分量一样, 并不是量, 因此不是数学的实体, 而他使用 "无穷地大" 和 "无穷地小" 这样的概念, 说实在的, 它们表示变动的量, 所以数学还是可以掌握它们的. 这篇文章的结果中就有我们今天所知道的连续函数的黎曼积分[I.3§5.5] 的存在性的严格证明, 当然是按阿基米德[VI.3] 风格的证明, 是以函数在子区间中的中间值为基础的. 这些结果中只有很少一部分是莱布尼兹自己发表的, 而甚至这些结果仍然没有证明, 1682 年有 $\pi/4$ 的交错级数表达式 (就是

$$\pi/4 = 1 - \frac{1}{3} + \frac{1}{5} - \frac{1}{7} + \cdots),$$

1691 年还有进一步的结果. 1713 年他把关于交错级数收敛性的判别法写在寄给伯努利[VI.18] 的私人信件里.

1675 年是莱布尼兹发明他的那个版本的微积分的年份, 虽然到 1684 年才开始发表. 他的微积分的基础的关键概念是在一系列彼此无穷接近的值上变动 (的量). 这个序列中两个相继的值的差就叫做微分, 它本身也是一个可以用数学来处理的变动 (的量). 微分运算用算子 "d" 来表示, 它把一个变动的量赋给另一个变动的量.

---

① 这个学会的全名是 Kurtürstlich Brandenburgische Societät der Wissenschaften. 后来几经变迁, 就是现在的 Berlin-Brandenburgische Akademie der Wissenschaften, 即柏林科学院, 它力求把自然科学与人文科学联系起来, 所以最好是用它的英文译名 Berlin-Brandenburg Academy of Sciences and Humanities. 它的成员中曾经出现了 78 位诺贝尔奖得主, 包括爱因斯坦和普朗克等人. 现在大家都说莱布尼兹是它的创始人. —— 中译本注

② 这个词虽然与 "量子" 是同样的, 但是显然与物理学中的量子没有任何关系, 因此我们在这里直接使用原文而不加翻译. —— 中译本注

举例来说, 设 x 是一个长度在变的线段, 则 $\mathrm{d}x$ 是一个长度很小的线段, 其长度也在变化. [把 $\mathrm{d}x$ 赋给 x, 就把 x 变成 $x + \mathrm{d}x$]. 积分就是求和. 莱布尼兹所用的记号 (d 和 $\int$) 到今天仍然在使用. 他导出了标准的微分规则 (如链法则和乘积的微分规则等等), 而且成功地对曲线族进行微分、在积分号下求微分和解出各种微分方程.

莱布尼兹把 "组合的艺术" 看成一种定性的科学, 与现代的组合分析不同, 但是包括了组合学和代数: 莱布尼兹把它看成逻辑的 "发明的部分". 他在这里也发现了 Albert Girard (1595–1632, 法国出生的数学家) 把方程的根的幂之和用初等对称函数来表示的公式, 以及华林把对称的多项式函数表示成幂的和的公式 (这些公式在 1762 年又由华林[VI.21] 重新发现). 他发明了双重和多重指标来解决线性方程组和消去法理论中的问题. 莱布尼兹在 1678–1713 年间奠定了行列式[III.15] 理论的基础. 莱布尼兹解线性方程组的方法用现代的语言来说是以行列式为基础的. 这个方法由克拉默 (Gabriel Cramer, 1704–1752, 瑞士出生的法国数学家) 在 1750 年发表, 其实莱布尼兹在 1684 年就已经发现了 (但是没有发表). 他还提出了好几个线性方程组和消去法理论中的定理, 但没有证明, 而现在人们都归之于欧拉[VI.19]、拉普拉斯[VI.23] 和西尔维斯特[VI.42].

莱布尼兹感兴趣的数学分支还有加法数论. 1673 年, 他找到了一个自然数的三剖分 (即分为三个自然数之和) 的数目的递归公式 (直到 1976 年才公之于世), 还发现了一些现在人们归于欧拉的递归公式. 他还发展了一种位置演算 (calculus situs) 来表示空间中的位置: 如果一个图形的定义可以完全地用这种演算来表示, 则它们的性质也完全可以由这种演算决定. 这件事与几何学和拓扑学的现代概念有密切的联系.

莱布尼兹是保险理论的先驱者之一. 他用人的寿命的数学模型算出了个人和集体的养老金的价格, 并且把这些考虑用于清算州的债务.

莱布尼兹从自己的科学生涯的开始就对逻辑深感兴趣. 他设想了一种一般的科学, 就是发明一种对一切科学作判断的艺术, 而只需借助于一种通用的语言或书写方法. 然而, 他的 "characteristica universalis"[①]和随之而来的逻辑演算一直只是

---

① characteristica universalis 是拉丁文, 英文文献中常译为 universal character, 意思是 "万有文字", 其实就是一种通用的形式语言. calculus ratiocinator 则是这种形式语言和演算的机械化的实现者. 由于莱布尼兹当年的思想还是很初步的, 自然不甚明确, 也难以找到合适的中文翻译. 但是随着计算机时代的来临, 人们都倾向于从计算机科学和计算机技术角度来解读. 例如维纳 (N. Wiener), 控制论的创立者, 也是现代计算机的先驱之一, 就认为莱布尼兹是自己的保护神. 他在《控制论》一书 (1965 年第二版) 中就说过下面的话: "莱布尼兹和他的先行者帕斯卡一样, 热衷于制造金属的计算机. 正如算术中计算的机械化是通过从算盘到手摇计算机直到今天的超高速计算机这样逐步前进一样, 莱布尼兹的 calculus ratiocinator 也包含了 machina ratiocinatrix, 即推理机器的萌芽". —— 中译本注

零星的计划. 他的 "calculus ratiocinator" 意思是形式化的真理的演绎. 承认了莱布尼兹一直有兴趣于把演算形式化, 对于他造出第一个四功能的计算机也就不令人惊奇了. 在制造这个机器时, 他还发明了一个新的计算装置, 而有两种型式: 一种是齿轮机, 上面装有一个所谓的莱布尼兹齿轮, 这是在 1676 年以前; 而在 1693 年或稍早, 又有另一个型号, 称为 stepped drum.

进一步阅读的文献

Leibniz G W. 1990. Sämtliche Schriften und Briefe, Reihe 7 Mathematische Schrieften, four volumes (so far). Berlin: Akademie.

Eberhard Knobloch

VI.16 泰 勒

(Brook Taylor)

1685年生于英国Edmonton, Middlesex; 1731年卒于伦敦. 皇家学会秘书

泰勒并不是第一个发现这个定理的人, 尽管这个定理是以他的名字命名 (James Gregory, 1638–1675, 苏格兰数学家和天文学家, 在 1671 年, 即泰勒出生前将近 15 年就发现了这个定理), 但是他是第一个发表这个定理并且领会到它的意义和它的应用的人. 这个定理指出, 任意满足某些条件的函数都可以表示为一个级数 (而我们今天就称之为泰勒级数). 这个结果发表在泰勒的《增量的正和反方法》(*Methodus Incrementorum Directa et Inversa*) 一书中. 在这部书中, 泰勒把这个级数写为

$$f(x+h) = f(x) + \frac{f'(x)}{1!}h + \frac{f''(x)}{2!}h^2 + \frac{f'''(x)}{3!}h^3 + \cdots$$

(这里我们使用了现代的记号). 虽然泰勒并没有注意严格性问题 —— 他没有考虑收敛性, 没有考虑余项, 也没有考虑一个函数作这样的表示的有效性 —— 但是按照当时的标准, 这些都不算错得离谱. 泰勒用这个定理来逼近方程的根以及求解微分方程. 虽然他意识到它在把函数展开为级数上有用, 但是并没有充分认识到它在这方面的意义.

泰勒之所以有名还因为他对弦的振动的贡献 (在《增量的正和反方法》和更早的论文中讨论过) 以及一本关于线性透视的书 (1715 年).

VI.17 哥德巴赫
(Christian Goldbach)

1690年生于Königsberg(今俄罗斯加里宁格勒); 1764年卒于莫斯科. 1725–1728年在圣彼得堡任帝国科学院数学教授; 1728–1730年在莫斯科任沙皇彼得二世的辅导教师; 1732–1742年在圣彼得堡任帝国科学院秘书和行政人员; 1742–1764年在外交部任职

现在哥德巴赫的名声来自以他的名字著称的一个数学上的猜想: 每一个大于 2 的偶数都是两个素数之和. 这样的提法归功于欧拉[VI.19] 在 1742 年对哥德巴赫一封信的回复, 哥德巴赫在那封信里是说每一个大于 2 的数都是 3 个素数的和 (哥德巴赫是把 1 当作一个素数的). 哥德巴赫的猜想, 连同一个较弱的猜想, 即每一个奇数或者自己是素数或者是 3 个素数之和, 首先是由华林[VI.21] 在 1770 年发表的, 但是华林对此并无贡献. 这两个猜想至今都尚未解决. 然而 Vinogradov 证明了每一个充分大的奇数都是三个素数之和[①]. 见条目加法数论的问题与结果[V.27].

VI.18 伯努利家族
(The Bernoullis, 兴盛于 18 世纪)

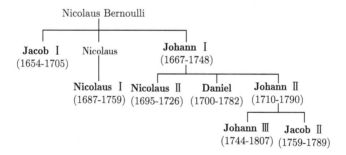

除 Daniel 生于荷兰 Groningen 以外, 都生于瑞士 Basel, 除了 Jacob II, Nicolaus II 卒于俄罗斯圣彼得堡, 而 Johann III 卒于柏林以外, 都卒于瑞士 Basel (表中的家族成员名字没有用黑体字排印的都不是数学家).

伯努利家族在启蒙时期的数学发展中起了重大的作用. 事实上, 正是有鉴于这个家族如此重要, 莱布尼兹[VI.15] 在 1715 年造了 "伯努利化" 这样一个词来讲从

---

① 2013 年秘鲁数学家 Helfgolt 宣布自己证明了所有 ≥ 7 的奇数都可以写成三个素数之和. —— 中译本注

事数学方面的活动. 这个家族共有八位成员从事数学科学 (包括物理学, 特别是力学和流体力学), 而从 1687 年到 1790 年, Basel 大学的数学讲席依次是由这个家族的成员来担任: 先是 Jacob (1687–1705), 然后是他的弟弟 Johann I (1705–1748), 最后是 Johann I 的儿子 Johann II (1748–1790). 在整个 18 世纪伯努利家族总有人担任巴黎科学院的成员, 其中个别人还多次得到很有威望的奖励, 柏林、圣彼得堡和几个其他的科学院也是这样.

这个家族的谱系可以回推到一个逃离西班牙所属的荷兰的加尔文教派的商人[①]. 伯努利家族定居 Basel 的第一人是 Jacob, 是一位药剂师, 在 1622 年成了 Basel 的公民. 他的孙子 Jacob I 原来学的是哲学和宗教, 后来才违反了父亲的意愿投身数学. 这是这个家族的典型的模式: 许多伯努利子弟是顶住家庭要他们在其他领域 (如医药和法律) 中谋生的压力来研究数学的. Jacob I 在 1676 年已经得到了神学的执业证书以后又游学外地, 先到了法国, 然后到荷兰, 最后到了英国. 通过和 Nicolas Malebranche (1638 –1715, 法国理性主义哲学家) 及 Jan Hudde (1628–1704, 荷兰数学家) 等人的交往熟悉了笛卡儿的主张, 认识了他们中最出色的代表. 从 1677 年起, 他开始写日记《沉思》(*Meditations*), 其中记录了他对于数学的感悟和思想.

Jacob I 在获得 Basel 的数学讲席以后, 就开始研究莱布尼兹早期的微分学论文, 他和他的弟弟 Johann I 最早认识其力量. 他在 1690 年发表于莱比锡的《教师学报》(*Acta Eruditorium*) 上的一篇关于常下降函数的论文中, 第一次按照其现代的意义使用了 "积分" 一词. 从那时起, 他就在对于曲线的研究中表现出他对于莱布尼兹方法的掌握, 这些曲线包括悬链线、弹性梁的弯曲曲线、风帆被风吹鼓起来的曲线和抛物线以及对数螺线, 他也解出了现在说的伯努利微分方程 $y' = p(x)y + q(x)y^n$. 然而人们最记得他是因为他所写的《猜测术》(*Ars Conjectandi*), 此书在他身后才出版, 而由他的侄儿 Nicolas I 写了一篇简短的序言. 书中包含了一个企图, 就是对常识性质的原理给予可靠的数学处理, 而这个常识性质的原理对于卡尔达诺[VI.7] 和 Halley (Edmond Halley, 1656 –1742, 英国天文学家和数学家) 就已经有吸引力了. 这个原理就是: 如果同一实验重复多次, 则某个事件发生的相对频率大体上等于这个事件的概率. 伯努利的定理, 自泊松[VI.27] 以后就称为 (弱)大数定律[III.71§4], 建立了概率论与统计学的第一个联系. 伯努利也引入了一个有理数序列 $B_0, B_1, \cdots$ (现在就称为伯努利数), 它们可以定义为下面的幂级数展开式

$$\frac{1}{e^t - 1} = \sum_{k=0}^{\infty} B_k \frac{t^k}{k!}$$

中 $\dfrac{t^k}{k!}$ 的系数, 伯努利算出了这些数一直到 B_{10}.

---

① 加尔文教派 (calvinists) 是新教的主要教派之一, 与天主教相对立, 当时的荷兰受到天主教的控制, 而瑞士的 Basel 则是加尔文教派的重要根据地, 所以伯努利家族逃离荷兰来到了 Basel. —— 中译本注

Johann I 最初不得不学习医学, 后来才能从事数学, 先是从他的哥哥 Jacob I 处受到了最初的数学训练, 他随 Jacob I 发展了莱布尼兹的新微积分对于力学的许多应用. 一次学术游历在 1691–1692 年把他带到了巴黎, 他在那里给洛必达 (Guillaume François Antoine, Marquis de l'Hôpital, 1661–1704, 法国数学家) 私人授课. 这些讲课后来就成了洛必达的著名教科书《无穷小分析》(*Analyse des Infiniment Petits*, 1696) 的基础, 这本书是第一本微积分教科书, 其中就包含了洛必达法则, [而这个法则] 最初是 Johann I 写在 1695 年给他的学生的一封信里面的. 1695 年, Johann I 离开了 Basel 去 Groningen 担任数学教授.

当 Johann I 的工作名声更盛的时候, 这两兄弟的友好合作却变成了一次又一次的矛盾和优先权的争执以及公开的指责, 他们为最速线 (brachistochrone) 问题以及一个涉及定长曲线所包围的面积最小化的复杂的等周问题而激烈争吵, 但是这些充满仇恨的争吵却带来了一个有趣的数学产物, 就是**变分法**[III.94] 的创立. Jacob I 去世以后, Johann I 得到了 Basel 的数学讲席, 并且一直在位至终. 他从整个欧洲吸引学生, 包括**欧拉**[VI.19].

Johann I 在数学上最重要的成就在于积分学, 他发展了有理函数的积分的一般理论和求解微分方程的新方法, 他也把无穷小计算发展到能够掌握**指数函数**[III.25].

Johann I 和莱布尼兹的书信来往 (前后将近 25 年之久) 可以看成是一个数学发明和辩论的实验室. **牛顿**[VI.14] 指控莱布尼兹剽窃了他的微积分而引起的优先权之争, 也把 Johann I 拖进来了而站在莱布尼兹一边. 因为每一边都提出一些难题来为难对手, Johann I 就有机会和他的儿子 Nicolaus II 一起创立了曲线族的正交轨线理论. Johann I 在解析力学和数学物理的起源上也是一位顶尖人物. 除了其他贡献以外, 他在有心力理论和航海理论以及静力学原理上的贡献更是令人注目.

Nicolaus I (Nicolaus II 的堂兄) 在 1709 年获得法学博士学位以前, 也在 Basel 大学向他的伯父 Jacob I 学数学, 他在意大利 Padua 大学得到了伽利略曾经担任的数学讲席, 而后来又到 Basel 任逻辑教授. 他在 1713 年提出了著名的来自一个博弈游戏的圣彼得堡悖论[①]. [游戏规则如下]: 假设彼得抛出一个公正的硬币, 而且如果第一次就得到了正面, 就要付保尔一块钱; 如果第二投才首次得到正面, 就要付两块钱. 一般地, 如果第 n 投才首次得出正面, 就要付 2^{n-1} 块钱. [这里规定是作标准的计算, 即出现正、反面的概率都是 $\frac{1}{2}$], 则保尔赚钱的期望值

$$\left(E = \frac{1}{2} \cdot 1 + \frac{1}{4} \cdot 2 + \frac{1}{8} \cdot 4 + \cdots \right)$$

是无穷大. 然而没有一个 "多少有点头脑" 的人会

---

① 原书对于这个博弈没有讲得很清楚, 不妨看成是买一种彩票, 参加者首先要付一定的费用 (彩票面值) 才准许参加, 而且只要投出反面, 博弈就结束, 卖彩票者赚了彩票面值, 买彩票者全赔, 这样有赔有赚才成为博弈. 这个数学游戏在概率论和经济学中都很有意义, 有不少数学家研究过它. 译者对这一段作了一些文字的改动. —— 中译本注

愿意支付很少一点钱 [(即买彩票的钱)] 去发这笔大财, 这里数学的分析违背了人们的常识, 这就是悖论的所在. Nicolaus I 的堂弟 Daniel 讨论了这个问题, 当时 Daniel 正住在圣彼得堡, 圣彼得堡悖论的名称就由此而来. Daniel 的计划是这样的: 区分期望的两种意义, 一是数学意义的期望, 一是道德意义的期望, 后一种期望还要把冒风险者的个人特性 (例如他有多少钱) 考虑在内.

Daniel 虽然首先是一个物理学家, 又是著名的《水力学》(*Hydrodynamica*, 1738) 一书的作者, 却得到了里卡蒂 (Jacopo Francesco Riccati, 1676 –1754, 意大利数学) 方程 $y' = r(x) + p(x)y + q(x)y^2$ 的一个解, 而且从事弦的振动问题的研究.

Basel 的 Otto Spiess 从 1955 年起开始出版伯努利家族的著作和信件的全集, 现在这个计划仍在继续.

进一步阅读的文献

Cramer G, ed. 1967. *Jacobii Bernoulli, Basileenis, Opera*, two volumes. Brussel: Editions Culture et Civilizatiuon. (Originally published in Geneva in 1744).

——. 1968. *Opera Omnia Johannis Bernoulli*, four volumes. Hildesheim: Georg Olms. (Originally published in Lausanne and Geneva in 1742).

Spiess O, ed. 1955–. *The Collected Scientific Papers of the Mathematicians and Physicists of the Bernoulli Family*. Basel: Birkhäuser.

Jeane Peiffer

VI.19　欧　　拉
(Leonhard Euler)

1707年生于瑞士Basel; 1783年卒于俄罗斯圣彼得堡
分析; 级数; 有理力学; 数论; 音乐理论; 数学天文学; 变分法; 微分方程

欧拉[VI.19]是历史上最有影响和最多产的数学家之一, 他在 1726 年发表的第一篇文章是关于力学的, 而最后的出版物是 1862 年就是他去世 79 年以后出版的文集, 有超过 800 篇文章是以他的名字发表的, 其中约有 300 篇是在他去世以后发表. 还有超过 20 部书, 他的《全集》(*Opera Omnia*) 的篇幅超过了 80 卷.

欧拉在数论中引入了欧拉 ϕ 函数 $\phi(n)$, 表示小于 n 而与 n 互素的正整数的数目, 证明了欧拉-费马定理[III.58], 即 n 可以整除 $a^{\phi(n)} - 1$, 他还证明了与 n 互素的数在除以 n 时所得的余数在乘法下构成了我们现在所说的群, 而且扩展了二次和高次剩余理论, 他还在 $n = 3$ 的情况证明了费马大定理[V.10], 他宣布任意 n 次实多项式都可以写成实的一次和二次因子之积, 并且有 n 个复根, 但是不能给出完全的证明. 他是第一个使用**生成函数**[IV.18§§2.4,3] 的人, 给出了 Naudé (Philippe Naudé , 1684–1745, 法国数学家) 分拆问题的生成函数, 这个问题就是问一个正整数能够用多少种不同的方法写成 7 个正整数之和. 他引入了函数 $\sigma(n)$, 就是 n 的各个 [真] 因子之和, [这些因子包括 1 但不包括 n 本身], 并且应用这个函数来增加**亲和数对**(pairs of amicable numbers) 的数目 (一对正整数 m 和 n, 如果 m 的真因子之和等于 m, 而 n 的真因子之和等于 m, 就称为一个亲和数对. [例如最小的亲和数对是 (220, 284): 220 的真因子是 1, 2, 4, 5, 10, 11, 20, 22, 44, 55 和 110, 其和则是 284; 而 284 的真因子则是 1, 2, 4, 71 和 142, 其和则是 220]). 欧拉把我们知道的亲和数对的数目从 3 个增加到 100 个以上. 他证明了任意形如 $4n+1$ 的素数都是两个有理数的平方和, 后来, **拉格朗日**[VI.22] 又把这个结果改进为两个整数的平方和. 欧拉找到了第五个费马数 $F_5 = 2^{2^5}+1$ 的两个因子, 这样就否定了费马[VI.12] 原来的猜想: 所有形如 $F_n = 2^{2^n}+1$ 的数都是素数. 他对二元的二次型 x^2+y^2, x^2+ny^2 和 mx^2+ny^2 作了广泛的研究, 而且证明了**二次互反律**[V.28] 的一种形式.

欧拉是第一个把分析方法用于数论的人, 他在 1730 年代把欧拉–Mascheroni 常数

$$\gamma = \lim_{n \to \infty} \left[\left(\sum_{k=1}^{n} \frac{1}{k} \right) - \log n \right]$$

计算到小数点后好几位. [这个常数最先是欧拉注意到的], Mascheroni (Lorenzo Mascheroni, 1750–1800, 意大利数学家) 则是在 1790 年代又对这个常数添加了若干性质. 欧拉还发现了我们现在说的黎曼 ς 函数的和-积公式

$$\varsigma(s) = \sum_{n=1}^{\infty} \frac{1}{n^s} = \prod_{p \text{ 为素数}} \frac{1}{1-p^{-s}},$$

而且对于 s 的正偶数值计算了这个函数.

在分析中, 现代微积分教学内容的形成很大程度上应该归功于欧拉. 他也是对于微分方程的求解和变分法问题[III.94] 作了系统处理的第一人. 他在变分法中发现了一个微分方程, 有时称为 "欧拉必要条件", 有时称为 "欧拉–拉格朗日方程". 这个方程指出, 如果 J 是用一个积分等式定义的: $J = \int_a^b f(x, y, y') \, \mathrm{d}x$, 则使 J 达到最大或最小的函数将会满足微分方程

$$\frac{\partial f}{\partial y} - \frac{\mathrm{d}}{\mathrm{d}x} \left(\frac{\partial f}{\partial y'} \right) = 0.$$

欧拉显然觉得这个条件也是充分条件. 在他的数学生涯的很早期, 他就带头使用积分因子来求解微分方程, 虽然 Clairaut (Alexis Claude de Clairaut , 1713–1765, 法

国数学家、天文学家) 几乎同时发表了这个方法, 但是 Clairaut 的解法更加完全, 读者也更多, 所以这个创新现在都归功于 Clairaut. 欧拉也是第一个使用傅里叶级数[III.27] 和拉普拉斯变换[III.91] 的人, 这要比拉普拉斯[VI.23] 和傅里叶[VI.25] 本人早了一代人的时间, 虽然这两位比起欧拉来都把这两个领域大大推前了.

欧拉最出色的工作很大一部分都涉及级数. 他的第一个广受赞誉的工作就是他解决了他的时代最著名的问题, 即当时已有 70 年历史的 "Basel 问题". 这个问题就是求整数平方的倒数和, 亦即 $\varsigma(2)$. 欧拉证明了

$$\sum_{n=1}^{\infty} \frac{1}{n^2} = \frac{\pi^2}{6}$$

(证明的要点可见条目 π[III.70]).

欧拉发展了欧拉 –MacLaurin 级数来加强级数和积分的关系, 欧拉 –Mascheroni 常数就是出现在这样的研究中的. 他用他称为 "级数的插值" 的技术发展了 Gamma 函数[III.31] 和 Beta 函数. 他又发展了关于连分数[III.22] 的第一个广泛的理论, 而且导出了准确有效地计算对数函数[III.25§4] 表和三角函数表所需的级数, 而这种计算时常精确到超过 20 位小数.

他是第一个把复数用于微积分的人, 而且研究了负数和复数的对数. 这项研究使得他和达朗贝尔[VI.20] 之间有了长时期的尖锐的争论.

欧拉并不是第一个证明了 $\mathrm{e}^{\mathrm{i}\theta} = \cos\theta + \mathrm{i}\sin\theta$ 这个公式以及 $\mathrm{e}^{\pi\mathrm{i}} = -1$ 的人, 但是他使用这个公式比任何前人要多得多, 以至于这个公式现在一般地就叫做欧拉恒等式.

因为他研究所谓 Königsberg 的七桥问题时得到了一个图含有所谓欧拉路径的必要条件, 从而就成了拓扑学和图论的先驱之一. 所谓七桥问题就是判定这个图中是否能够找到一条路径, 使得每一条桥都走了一次而且恰好只走一次. 他也对于一个 "由平面所包围" 的多面体 (这是欧拉对于今天 "凸" 多面体的说法) 给出了公式 $V - E + F = 2$ 的一个有毛病的证明, 这里 V, E 和 F 分别是这个凸多面体的顶点、棱和面的个数 (关于欧拉的证明中的缺点, 可以详见本文末参考文献中的 (Richeson, Francese, 2006))

欧拉证明了椭圆积分的一般的加法定理的一种形式, 而且给出了椭圆曲线的一个完全的分类. 按照当时普鲁士腓特烈大帝的旨意, 他还研究过水力学, 设计水泵和喷泉, 估计了国债中涉及的概率和组合问题.

在一个三角形里面, 外心、垂心和重心位于一条直线上, 这条直线称为欧拉直线. 欧拉方法就是给出微分方程的数值解的方法. 欧拉微分方程[III.23]就是描述液体流动的连续性的偏微分方程.

欧拉曾经试图应用月球和行星的理论来解决在海面上如何测定经度的问题, 在研究彗星轨道时, 欧拉走出了观测数据的统计学的第一步.

1727 年, 他离开瑞士去俄罗斯, 在由彼得大帝在圣彼得堡新建的科学院工作. 1741 年, 他回到柏林在腓特烈大帝的科学院工作. 但是, 1766 年俄罗斯女沙皇 Catherine 大帝登基, 他又回到圣彼得堡. 他一生最后 15 年已经失明, 然而在这段时间里, 他还写了超过 300 篇论文. 他 12 次荣获巴黎科学院的年度大赛奖.

欧拉的系列微积分教科书在 1755 年到 1770 年之间分 4 卷出版, 是第一套成功的微积分教材. 这是一套完全的教科书的高潮, 这套教科书包含了算术 (1738)、代数 (1770) 以及《无穷量分析引论》(Introductioin Analysin Infinitorum), 欧拉认为这一套数学教科书是了解微积分所必须的.

欧拉在他的两卷本的《力学》(Mechanica) 中, 第一次给出了质点力学的以微积分为基础的处理, 接着就是另一个两卷本的著作《物体的运动理论》(Theoria Motus Corporum), 是关于固体的包括旋转在内的运动.

其他的书还有 Methodus Inveniendi (1744)[1], 是第一部系统处理变分法的书;《试论音乐的新理论》(Tentamen Novae Theoriae Musicae ex Certissimis Harmoniae Principiis Dilucide Expositae, 1739) 则是论音乐的物理学的, 其中第一次把对数理论用于音高的理论; 还有三本不同的关于天体力学和月球理论的书, 两本论造船的书, 三本关于光学的书, 一本讲弹道学的书.

关于函数[I.2§2.2] 是数学的基本对象的这个现代观念要归功于欧拉, 他把符号 e, π 和 i 的使用标准化了, 还有用 Σ 代表求和, 用 Δ 代表差分, 这都要归功于他.

他的三卷本的《给一位德国公主的信》(Letters to a German Princess), 无论从哪个角度来看, 都是第一部由一位第一流的科学家写的通俗科学著作, 而且是一部重要的科学哲学著作.

据说拉普拉斯曾劝告人们: "读一读欧拉吧, 读一读欧拉吧, 他是我们所有人的老师." 这可能不是拉普拉斯的原话, 即令如此, 也不会影响这个劝告的份量.

进一步阅读的文献

Bradley R E, and Sandifer C E, eds. 2007. Leonhard Euler: Life, Work, and Legacy. Amsterdam: Elsevier.

Dunham W. 1999. Euler: the Master of Us All. Washington, DC: Mathematical Association of America.

---

① 全名 Methodus Inveniendi Lineas Curvas Maximi Minimive Proprietate Gaudentes, 就是《求具有某些最大最小性质的平面曲线的方法》. —— 中译本注

Euler L. *Elements of Algebra*. New York: Springer (Reprint of 1840 edition. London: Longman, Orme, and Co.)

——. 1988, 1990. *Introduction to Analysis of the Infinite*, books I and II, translated by J. Blanton. New York: Springer.

——.2000. *Foundation of Differential Calculus*, translated by J. Blanton. New York: Springer.

Richeson D, and Francese C. 2007. The flaw in Euler's proof of his polyhedral formula. *American Mathematical Monthly*, 114(1):286-96.

Edward Sandifer

VI.20   达 朗 贝 尔
(Jean Le Rond d'Alembert)

1717年生于巴黎; 1783年卒于巴黎

代数; 无穷小计算; 有理力学; 流体力学; 天体力学; 认识论

　　达朗贝尔终生定居于巴黎, 他在那里成为皇家科学院①(Académie des sciences, 1666 年由皇帝路易 XIV 建立, 几经变迁, 就是我们今天熟知的巴黎科学院) 和法语科学院 (L'Académie française, 1635 年由当时的皇帝路易 Louis XIII 的首相、Cardinal Richelieu(黎舍留大主教) 建立) 最有影响的成员之一. 但是, 最使他声名大噪的是他与狄德罗 (Denis Diderot, 1713 –1784, 法国哲学家) 合编著名的 28 卷本的法语的《百科全书》(*Encyclopédie*), 他撰写了绝大部分的数学条目和许多科学条目.

　　作为詹森教派 (Jansensist) 的四国学院 (Collège des Quatre-Nations)②的学生, 达朗贝尔和通常的学生一样, 要学习语法、修辞学和哲学课程, 而哲学课程中包括了一些笛卡儿的科学和很少一点数学, 而大量的则是当时辩论得火热的神学问题, 如前定论、自由、恩宠等等. 达朗贝尔很厌恶那种持久不变的争论气氛和那些詹森教派的教员们无休无止的玄学的讨论, 于是在得到法学文凭以后, 就投身于个人的 "最爱" 的 "几何学"(也就是数学).

　　达朗贝尔投送科学院的第一批文章是关于曲线的解析几何、积分学和流体的阻力的. 其中值得注意的有圆盘进入流体后的减速和变形问题, 这是与笛卡儿关于光的折射的解释有关的. 他仔细地阅读了牛顿[VI.14] 的《自然哲学的数学原

---

① 关于法国的科学院的组织机构, 请见条目傅里叶[VI.25] 的脚注. —— 中译本注

② 詹森教派是由詹森 (Cornelius Jansen) 创立的一个天主教教派. 所谓四国学院, 是由大主教 Mazarin 在 1643 年建立的, 是巴黎大学的一部分, 原来的意图是招收新纳入法国版图的地区 (即所谓四国) 的学生, 它的原址就是现在的法兰西学院 (Collège de France). —— 中译本注

理》($Principia$), 他关于其中第一卷所作的评论表明与牛顿的综合的几何学的途径
比较起来, 达朗贝尔更倾向于解析方法.

达朗贝尔的《力学论著》($Traité\ de\ Dynamique$ 1743) 一书使他在学术界名声
大振. 他在很少几个适当选取的原理 —— 包括惯性、运动的复合 (就是两个力或
虚功①(virtual work) 的效应的加法) 和平衡 —— 的基础上建立起严格的系统的力
学理论, 这样避免了形而上学的论证. 最值得注意的是他提出了一个重要的一般原
理, 就是现在我们所说的 "达朗贝尔原理" 来简化受约束的力学系统的研究. 这种
系统中例如就有复摆、振动的杆、弦、旋转的物体, 甚至还有流体, 因为达朗贝尔把
流体看成平行的薄片的集合. 这个原理后面的本质的想法就是通过引入一个虚拟的
力, 把动力学问题化成静力学问题. 达朗贝尔把这个虚拟的力称为 "运动学的反作
用"(kinetic reaction), 即质量乘加速度再反号, 这就使得静力学的技术对动力学的
问题产生了影响.

他的其他的书和文章所论的是流体理论、偏微分方程、天体力学、代数和积分
学的发展, 有时是非常独创的发展, 他把很大的力气用于思考虚数的用处和状况.

在他的《论风的一般原因》($Refléxions\ sur\ la\ Cause\ Générale\ des\ Vents$, 1747)
一文和《关于积分学的研究》($Recherches\ sur\ le\ Calcul\ Intégrale$, 1748) 一文中, 他
注意到, 形如 $a + bi$, $i = \sqrt{-1}$ 的数, 在通常的运算 (加、减、乘、除和求指数) 后仍
然保持这个形式. 他证明了对于实多项式, 虚根总是以共轭对的形式出现的, 甚至
当实多项式没有实根时也总会有虚根. 然而, 他的工作并不严格, 例如, 他事先假设
了根的存在, 结果就是他并没有给出代数的基本定理[V.13] 的证明.

1740 年代末, 牛顿的科学出现了一个危机, 达朗贝尔、Clairaut 和欧拉[VI.19]
都互相独立地得到了相同的结论, 即牛顿的引力理论不能说明月球的运动. 1747 年,
达朗贝尔讨论了解决这个问题的种种可能性 —— 或者是由于还有附加的力存在,
或者是由于月球形状非常不规则, 或者是由于在地月之间有某种涡旋存在. 他为此
作了长时期关于天体力学以及行星的扰动的研究. 达朗贝尔的这些研究工作最近才
被重新发现并且发表 (见本文的参考文献中的 (d'Alembert, 2002)). 到 1749 年, 改
进了的数学分析才表明牛顿的理论仍是正确的. 达朗贝尔的其他关于天体力学的
广泛研究发表在他的《关于春秋分点的岁差的研究》($Recherches\ sur\ la\ Précession$
$des\ Équinoxes$, 1749) 和《关于世界系统的不同点的研究》($Recherches\ sur\ Différents$
$Points\ du\ Système\ du\ Mondes$, 1754–1756), 以及他的八卷《小著作》($Opuscules$,
1761–1783) 中的好几本里面.

1747 年, 达朗贝尔提出了关于著名的弦振动问题的论文《关于振动下的弦的

---

① 达朗贝尔把以下的原理作为力学的基本原理之一, 即各种约束所做的虚功之和为 0. 在文献中, 这种
虚功时常被说成是 power, 这叫做达朗贝尔原理, 上面的译文中的 "虚功" 在原书中就是 power. —— 中译
本注

曲线形状的研究》(*Recherches sur la Courbe que Forme une Corde Tendue Mise en Vibration*, 1749). 在这篇文章里包含了波方程[I.3§5.4] 的一个解, 这是一个偏微分方程的第一个解. 偏微分方程在当时还是一个新工具, 而达朗贝尔在他的 1747 年的论文 *Refléxions sur la Cause Générale des Vents*(1747) 里就已经用到了它, 这篇关于弦振动的论文引起了达朗贝尔与欧拉以及 Daniell Bernoulli (见条目伯努利家族[VI.18]) 关于解的可能的形式和函数的一般概念长时间的辩论.

达朗贝尔为《百科全书》(*Encyclopédie*) 所写的文章以及他为科学寻找严格的基础的努力, 把他引向哲学领域. 他在这方面的主要贡献是关于各种科学的分类. 他在认知的研究上是遵循着笛卡儿[VI.11]、洛克 (John Lock, 1632 –1704, 英国哲学家) 和 Condillac (Étienne Bonnot de Condillac, 1715 –1780, 法国哲学家) 的路线工作的.

进一步阅读的文献

D'Alembert J le R. 2002. *Premiers Textes de Mécanique Céleste*, edited by M. Chapront. Paris. CNRS.

Hankins T. 1970. *Jean d'Alembert, Science and the Enlightenment*. Oxford: Oxford University Press.

Michel A, and Paty M. 2002. *Analyse et Dynamique. Études sur l'Oeuvre de d'Alembert*. Laval, Québec: Les Presses de l'Université Laval.

VI.21 华   林

(Edward Waring)

约1735年生于英格兰Shrewsbury; 1798 年卒于英格兰Shrewsbury. 剑桥大学 Lucasian 数学教授 (1760–1798)

华林是 18 世纪下半世纪英国领头的数学家. 他写过几本高级的但是多少有点不可理解的分析教本, 他的第一本著作《分析杂谈》(*Miscellanea Analytica*, 1762) 是讲数论和代数方程的, 其中包含了许多结果, 这些结果经过修订和扩充, 就成了他的《代数沉思》(*Meditationes Algebraicae*, 1770). 在后一本书里面就包含了我们今天称为华林问题 (即每一个正整数都可以写为不多于九个立方数之和, 或写为不多于十九个四次方数之和等等, 总之是一定多项固定幂的和, 而和的项数依赖于幂的指数). 这个问题是由希尔伯特[VI.63] 在 1909 年肯定地解决了的, 而且导致了哈代[VI.73] 和李特尔伍德[VI.79] 在 1920 年代的重要的工作. 哥德巴赫猜想 (即每一个大于 2 的偶数都可以写为两个素数之和) 和 Wilson (John Wilson, 1741–1793, 英国数学家, 华林的学生) 定理 (即若 p 是一个素数, 则 $(p-1)! + 1$ 必可被 p 整除[①]) 的第一次发表也是在 *Meditationes* 一书中的, Wilson 定理后来是由拉格朗日[VI.22] 证明的.

华林问题和哥德巴赫猜想在条目加法数论的问题与结果[V.27] 中有讨论.

VI.22 拉格朗日
(Joseph Louis Lagrange)

1736年生于意大利都灵; 1813年卒于巴黎
数论; 代数; 分析; 经典力学和天体力学

1766 年, 拉格朗日离开了自己的故乡都灵, 他是故乡后来的都灵科学院的创办人之一. 离开以后他成为柏林科学院数学的领导者[②]. 1787 年他又移居巴黎科学院, 成为有年金的资深人士 (pensionnaire veteran). 在巴黎, 他也在 1794 年创立的巴黎高工讲课, 也是一个建立现代米制单位系统的委员会的成员.

当他仅 19 岁时, 他就写信给欧拉[VI.19], 提出了一个新的形式框架 (formalism) 来简化欧拉的求满足一个极值条件的曲线的方法. 拉格朗日的方法的基础是引入一个新的微分算子 δ 来表示一条曲线上坐标的独立变分, 这种变分造成这条曲线的一个局部的无穷小变形.

他用这样的形式框架导出了**变分法**[III.94] 的基本方程, 就是我们今天说的欧拉–拉格朗日方程. 假设我们想要找一个函数 $y = y(x)$ 使下面的定积分

$$\int_a^b f(x, y, y') \, \mathrm{d}x \quad \left(\text{其中} y' = \frac{\mathrm{d}y}{\mathrm{d}x}\right)$$

达到最大或最小值, 则下面的方程给出了 $y(x)$ 必须满足的必要条件:

$$\frac{\partial f}{\partial y} - \frac{\mathrm{d}}{\mathrm{d}x}\left(\frac{\partial f}{\partial y'}\right) = 0,$$

这是拉格朗日的还原主义的一个典型例子. 观其一生, 他总是在寻求适当的形式框架, 用它来表示和解决数学分析的关键问题.

拉格朗日是在他协助创立的一个综述刊物《都灵汇编》(*Miscellanea Taurinensia*)[③]的第二卷 (1760–1761) 中的一篇论文里公开发表这个形式框架的, 与此文相伴

①Wilson 是华林的学生, 其实这个定理在大约公元 1000 年在欧洲就已经为人所知了, 但是华林和 Wilson 都没有能够证明它. —— 中译本注
② 1766 年欧拉和达朗贝尔推荐他继承欧拉在德国科学院的职务, 成为其数学学科的领导人. —— 中译本注
③ 在拉格朗日和他的学生们创立了都灵科学院以后, 就出版了《都灵汇编》, 这个刊物共出版了 5 卷, 拉格朗日的许多早期的工作都发表于此. —— 中译本注

还有一篇论文, 其中拉格朗日用同样的形式框架陈述了最小作用原理 (原来是 Maupertuis (Pierre-Louis Moreau de Maupertuis, 1698–1759, 法国数学家和天文学家, 最小作用原理最早的提出者之一) 和欧拉提出来的) 的一种广义的版本. 结果, 他就能够给出不同的物体的系统在有心力的吸引下 (假设这个有心力只依赖于到中心的距离) 的运动方程.

同时, 拉格朗日还在《都灵汇编》的第一卷 (1759 年) 的一篇论文中提出了处理弦振动问题的一个新的途径, 其中首先是把弦看成 n 个质点的离散系统, 然后再让 n 趋近无穷. 拉格朗日用这样的方法来论证欧拉允许一大类 "既连续又不连续" 的函数来作为问题的解是正确的, 然而达朗贝尔[VI.20] 则坚持只有 "连续函数"(其实是指只需一个方程就能表示的曲线) 才能算作是解.

拉格朗日在这些论文中建立了经典力学基础的一个非常一般的计划, 它的基础是把连续系统揭示为离散系统的极限情况, 再使用待定系数法: 设 $P(x)$ 是 x 的多项式, 其系数 $a_i (i = 0, \cdots, n)$ 依赖于某些未定的量, 而且对于 (某给定区间里的)$x, P(x) = 0$. 待定系数法就是由条件 $\{a_i = 0\}_{i=0}^{i=n}$, 可能得出 [一些方程来确定] 这些未定的量. 拉格朗日还把这个方法推广到多个 (独立的) 未知量的多项式之和的情况 (而且追随欧拉、达朗贝尔和许多其他人那样) 把这个方法用于幂级数. 后来在两篇关于月球运动的论文 (1764, 1780) 里, 拉格朗日又改进了这个计划, 并且在《解析力学》(*Mécanique Analitique*, 1788) 一书里实行了这个计划, 在这里, 最小作用原理被伯努利的 "虚拟速度" 的推广所代替, 而这种虚拟速度则是用变分来表示的. 利用我们现在所说的广义坐标 ϕ_i(就是在离散系统的构型空间中可以完全刻画这个系统的位置的互相独立的坐标系), 拉格朗日给出了现在以他命名的方程组:

$$\frac{\mathrm{d}}{\mathrm{d}t}\left(\frac{\partial T}{\partial \dot{\phi}_i}\right) - \frac{\partial T}{\partial \phi_i} + \frac{\partial U}{\partial \phi_i} = 0,$$

其中 T 和 U 分别是系统的动能和位能.

《解析力学》的问世是在牛顿[VI.14] 的《原理》一书出版后一个世纪的事情, 它标志着对于力学纯粹解析途径的高潮到来了. 拉格朗日在书的序言中骄傲地说, 这本书里面没有一个图, 而归结为把每一件事都 "提交给代数运算的正规而均匀的进程".

拉格朗日对微扰理论和三体问题[V.33] 做出了基本的贡献, 发表在 1770 年代和 1780 年代. 他的方法在拉普拉斯[VI.23] 的《天体力学》(*Mécanique Céleste*) 一书中得到了进一步的发展, 成了后来物理天文学的数学理论基础.

待定系数法, 更好是说它对于幂级数的扩展, 也是拉格朗日对于微积分的处理途径的关键技术. 在他后来发表在柏林科学院的通报上的一篇论文 (1768) 里, 他用这个方法来把微积分和代数方程的理论联系起来, 证明了一个重要的所谓拉格朗日反演定理: 如果方程 $t - x + \phi(x) = 0$ 有一个根 p, 而 $\psi(p)$ 是它的函数, $\phi(x)$ 是 x 的任意函数, 则可以得到 $\phi(x)$ 和 $\psi(p)$ 的泰勒级数展开. ($\phi(x)$ 和 $\psi(p)$ 所需要满足的精确条件后来由柯西[VI.29] 和 Roché 弄清楚了).

拉格朗日在 1772 年的一篇论文中又回到幂级数, 并且证明了如果一个函数 $f(x+h)$ 具有对于 h 的幂级数展开式, 则这个级数可以写为

$$\sum_{i=0}^{\infty} f^{(i)}(x) \frac{h^i}{i!},$$

这里对于每一个 $i, f^{(i+1)}$ 从 $f^{(i)}$ 导出[①]的方式和 f' 从 f 导出的方式是一样的. 这样, 拉格朗日只需要用一个无穷小论证来证明 $f' = \mathrm{d}f/\mathrm{d}x$ 就可以得知唯一的合适的幂级数展开式就是它的泰勒级数. 在他的《解析函数论》(*Théorie des Fonctions Analytique*, 1797) 一书中, 他证明了 (更准确地说是宣布自己证明了) 不必求助于微分学, 就能证明每一个函数 $f(x+h)$ 都可以展开为幂级数, 并且把微分这个形式框架 (formalism) 解释为一个可以用于这样一个展开式中 $h^i/i!$ 的系数的形式框架. 换句话说, 他是建议定义任意阶的微分比 (即 $\mathrm{d}^i y/\mathrm{d}x^i$, 其中 $y = f(x)$) 为能够给出这些系数的导出函数, 而以前这些比是被看成微分的真正的比. 他也证明了泰勒级数的余项可以写成我们今天说的拉格朗日余项: $f^{(n+1)}(x+\theta h) h^{n+1}/(n+1)!$.

拉格朗日关于代数方程理论的主要结果发表在他 1770 年和 1771 年的一篇长论文中, 在其中拉格朗日通过分析 2 次、3 次和 4 次方程的根的置换的研究, 得出了它们的求解公式, 这个工作成了后来阿贝尔[VI.33] 和伽罗瓦[VI.41] 的研究的起点, 也是在这篇论文中, 拉格朗日提出了群论中的一个重要定理的特例, 这个定理现在就叫做拉格朗日定理, 它指出一个有限群的子群的阶数必可整除这个群的阶数.

拉格朗日在数论中也有重要的结果, 其中最重要的 (是否最重要尚可讨论) 是证明了费马[VI.12](和其他人) 提出的而欧拉也曾试图证明过的一个猜想, 即任意正整数都可以写成 (最多)4 个平方数之和 (1770 年), 还证明了 Wilson 定理 (这个定理是 Wilson 猜到, 而后来由华林[VI.21] 发表但未证明的), 即若 n 是一个素数, $(n-1)! + 1$ 必可被 n 整除 (1771 年).

---

① 请注意这里的 "导出" 二字. 在拉格朗日以前, 人们只说微分、微分的比等等, 而在对于这个比的解释上遇到很大的困难 (例如牛顿所谓最初比和最末比就很难说清楚), 拉格朗日则以为根本不需要这一套, 而只需要一种从 $f^{(i)}$ "导出" $f^{(i+1)}$ 的形式框架, 所以他就称它们为 "导数" 或 "导函数". "导出" 一词英文是 derive, 导数则是这种 derive 的结果, 所以叫做 derivative. 现代的微积分教科书仍然保留了拉格朗日的用语, 而很少向学生解释其中的思想进程, 这可能是因为拉格朗日认为自己摆脱了极限的困难, 而实现了形式化或代数化. 当然, 这只是一个幻想, 例如他也不得不使用无穷小论证来说明 $f' = \mathrm{d}f/\mathrm{d}x$. 本文的这一段就是引自拉格朗日的《解析函数论》. —— 中译本注

进一步阅读的文献

Burzio F. 1942. *Lagrange*. Torino: UTET.

Marco Panza

VI.23　拉 普 拉 斯
(Pierre-Simon Laplace)

1749年生于法国 Beaumont-en-Auge; 1827年卒于巴黎
天体力学; 概率论; 数学物理

后世的数学家知道拉普拉斯是由于许多对于数学具有基本重要性的概念都与拉普拉斯有关, 这里就有拉普拉斯变换[III.91]、拉普拉斯展开式、拉普拉斯角、拉普拉斯定理、拉普拉斯函数、逆概率、生成函数[IV.18§§2.4,3]、利用线性回归来导出高斯/勒让德关于误差的最小二乘方规则以及拉普拉斯算子[I.3§5.4] 或位势函数. 拉普拉斯发展了天体力学 (这个词就是拉普拉斯创造的) 和概率论, 而且在此过程中发展了为它们服务和促进它们发展的数学. 对于拉普拉斯, 天体力学和概率论是两个互补的工具, 而构成了一个完全决定论的宇宙图景. 概率是一种度量, 但不是偶然性或机遇在自然界起多大作用的度量, 因为 [在拉普拉斯看来] 根本就不存在偶然性, 而概率是人类对于事物的原因的知识缺失程度的度量, 最终将要通过计算来消除偶然性而达到确定性. 拉普拉斯对于科学历史的重要性的第三个方面是 19 世纪前两个十年中物理学的数学化, 除了少数几个情况 —— 例如音速、毛细作用、气体的折射指标 —— 以外, 他的作用主要是鼓励者和保护者, 而不是主要的直接作贡献的人.

对于上面提到的概念的大多数, 拉普拉斯都是在概率论的背景下触及的. 后来以拉普拉斯变换为人所知的解差分方程、微分方程和积分方程的方法. 最早也是在《论序列》(*Mémoire sur les suites*, 1782a) 一文中提到的, 拉普拉斯在这篇文章里引入了生成函数. 拉普拉斯把生成函数看成是在解决与函数的展开为级数和估计级数之和相关的问题时的一种可供选择的途径. 多年以后, 在写作《概率的解析理论》(*Théorie Analytique des Probabilités*, 1812) 一书时, 拉普拉斯把全书的解析部分都从属于生成函数理论, 而把整个领域都看成是生成函数的应用领域. 然而, 在较早那篇论文里, 他则是强调了生成函数对于自然界的问题的可应用性, 而这正是他所希望的.

在一篇甚至更早的论文《论事件的原因的概率》(*Mémoire sur la probabilité des causes par les événements*, 1774) 中, 拉普拉斯给出了一个定理, 使得可以进行一种分析, 后来称为贝叶斯分析[III.3]. 其实贝叶斯 (Thomas Bayes, 1702 –1761, 英国数学家和神父) 在拉普拉斯之前 11 年就发现了它①, 不过拉普拉斯不知道, 而又独立地再一次发现了它, 而且贝叶斯也没有展开它. 在拉普拉斯一方, 则在 30 多年的时间里继续发展了它, 发展了逆概率②, 使它成为许多事项的基础, 这里有: 统计推断、哲学的因果性、科学误差的估计、证据的可信度的量化、立法和司法机构中进行选举的最佳规则等等. 这个途径最早对于拉普拉斯的吸引力就在于它可以应用于与人类相关的事情. 正是在写这些论文的过程中, 最重要的是在写《论概率》(*Mémoire sur les probabilités*, 1780) 一文时, 概率这个词就开始不仅是意味着博弈和机遇的理论的一个基本的量, 而是自己成了一个主题.

拉普拉斯在上面这篇关于因果性的论文中第一次处理误差理论, 问题是在对于同一现象进行的一系列天文观测的数据中估计最适合取的平均值. 他也决定了误差的极限是怎样与观测的次数相联系的 (就是在上面的《论概率》(*Mémoire sur les probabilités*, 1780) 一文中, 在《论对于王国的人口的认识》(*Essai pour connaître la population du Royaume*, 1783–1791) 一文中, 拉普拉斯又转向对于人口学的应用, 在缺少人口普查数据的情况下, 需要决定一个乘数作用于某个时间的出生数上才能得到人口的近似大小. 拉普拉斯解决的一个特定问题就是需要确定样本的大小使得误差的概率在一定界限之内.

然后, 拉普拉斯就把概率理论放在一旁, 在 25 年以后才又回到这个主题, 来准备他的巨著《概率的解析理论》(*Théorie Analytique des Probabilités*). 1810 年, 他回到如何从多次的观测中决定平均值的问题, 他把这个问题解释为平均值落入一定界限内的概率问题. 他证明了一个大数定律, 指出如果在无限多次观测中, 出现正和负的误差是同样可能的, 则它们的平均值以一种精确的方式趋向极限, 从这个分析就可以得到误差的最小二乘方定律. 这个定律发现的优先权之争, 甚至在**高斯**[VI.26] 和**勒让德**[VI.24] 之间也搞得势同水火.

一长串研究汇集成五卷集的巨著《天体力学》(*Traité de Mécanique Céléste*, 1799–1825), 另有论文《论木星和土星的理论》(*Mémoire sur la Theorie de Jupiter et de Saturne*, 1788, 此文分成两个部分) 是他在行星天文学中最著名的发现. 他证明了木星现在的轨道速度的加速和土星的减速是它们的引力的互相相反的作用, 这个作用将在数百年间消长, 而其效应不会积累起来. 从这一点和拉普拉斯探讨过的其他现象的分析可知, 行星运动的 "长期不等式(secular inequality)" 都是以若干世纪为周期的. 所以, 它们并没有贬低引力的作用, 而是证实了**牛顿**[VI.14] 所研究的

---

① 这里的年代有些混淆. 实际上, 贝叶斯关于这个问题的论文《关于机遇理论的问题》(*Essay towards solving a problem in the doctrine of chances*) 是在他去世以后才由一位朋友发表在 *Philosophical Transactions of the Royal Society of London* 上的, 时间为 1764 年, 所以本文说是在拉普拉斯之前 11 年. —— 中译本注

② 这个名词久已不用了, 就是对于没有观察到的事件研究其概率分布, 用统计方法进行推断, 也就是贝叶斯分析所要解决的问题. —— 中译本注

引力定律的适用范围超出了太阳–行星的吸引, 然而, 拉普拉斯一直没有能够证明月球的加速也能够自我调节.

　　行列式理论中以拉普拉斯命名的展开式最先也是在他关于木星–土星的一篇论文《关于积分学和对世界体系的研究》(*Recherches sur le calcul intégral et sur le système du monde*, 1776) 中在分析它们的轨道的离心率和倾角时出现的. 除了这一点以外, 拉普拉斯的数学独创性在关于行星运动的分析中比起在概率理论的发展上稍有逊色. 在他的天文学的工作中, 更加表现在他的激发性的驱动力和在计算上的能力和精湛技艺, 而这在他的长期生涯中更为重要. 在求快速收敛的级数上、在把许多项合并起来得出代表许多物理现象的表达式上、在论证可以忽略不方便的量以得出解上以及在使自己的结论具有最大的一般性上面, 拉普拉斯都堪称大师.

　　在拉普拉斯的行星天文学中, 研究椭球体对其外或其内一点的引力被证实了这是在数学上最肥沃的研究问题的土壤, 在《椭球体的引力及行星的形状理论》(*Théorie des attractions des sphérödes et de la* figure *des planetes*, 1785) 一文中, 拉普拉斯利用了勒让德多项式[III.85] 的一种后来称为拉普拉斯函数的形式. 他也证明了所有的、主截面具有同样的焦点为的椭球都以正比于质量的力吸引一个固定点. 在发展椭球体对于一点的引力的方程时, 拉普拉斯提出了拉普拉斯角. 在这个分析中, 拉普拉斯使用了极坐标. 而在《关于土星环的理论》(*Mémoire sur la théorie de l'anneau de Saturne*, 1789) 这篇论文中, 则把这个方程转换到笛卡儿坐标. 1789年格林[VI.32] 把泊松[VI.27] 对于这个公式在静电力和磁力的应用称为位势函数, 此后在经典物理学中就都使用这个名词了.

进一步阅读的文献

本文中引用的拉普拉斯的论文都可以在 Gillispie C C 的 *Pierre-Simon Laplace: A Life in Exact Science* (Princeton University Press, Princeton, NJ, 1997) 中找到.

关于拉普拉斯物理学的内容, 请参见 I.Grattan-Guinness. *Convolutions in French Mathematics* (Birkhäuser, Basel, 1990, 共三卷) 一书的 440–455 页 (以及其他各处).

Charles C. Gillispie

VI.24　勒　让　德

(Adrien-Marie Legendre)

1752年生于巴黎; 1833年卒于巴黎
分析; 引力理论; 几何; 数论

　　勒让德终生都居住在巴黎, 似乎主要依靠独立的收入为生. 他比拉格朗日[VI.22] 和拉普拉斯[VI.23] 都要小几岁, 名声也似乎稍次, 虽然他的数学兴趣之广是可以比拟的. 他的专业职务不算太高, 然而, 在 1799 年, 他从拉普拉斯手上接过了巴黎高工毕业生主考官的职务, 一直干到 1816 年退休为止. 此外, 他又在 1813 年继任了拉格朗日在经度局的职务.

勒让德早期的研究是关于地球对其外的点的引力, 对于相关方程的研究引导他去研究以他命名的函数的性质, 他成了拉普拉斯的竞争对手, 而在 19 世纪这些函数是以拉普拉斯命名的. 他的别的主要关注是在分析中, 而时间最久的是椭圆积分. 关于椭圆积分, 他写了很多, 而在 1825–1828 年成为一部专著《论椭圆函数及欧拉积分》(*Traité des Fonctions Elliptiques et des Intégrales Eulériennes*, Paris: Huzard-Courcier)[①]. 但是在 1829–1832 年所写的附录中, 他承认他的理论比起雅可比[VI.35] 和阿贝尔[VI.33] 的椭圆函数[V.31] 的反函数来就黯然失色了. 勒让德也研究了其他的 (定义一个函数的) 积分, 包括 Beta 和 Gamma 函数[III.31]、微分方程的解, 还有变分法[III.94] 中的优化问题.

在勒让德所研究过的数值数学中, 有一个漂亮的定理 (1789 年发现的) 把椭球三角形 (就是画在椭球面上的三角形) 与球面三角形联系起来, 而在 1790 年代由 J. B. J. Delambre (Jean Baptiste Joseph, chevalier Delambre, 1749, Amiens – 1822, 法国数学家和天文学家, 他奉拿破仑之命从事确定长度单位米 —— 就是经过巴黎由北极到赤道的子午线长度的一千万分之一 —— 的实际长度的工作) 用来确定长度单位米. 他的最著名的数值结果就是 1805 年提出与决定彗星轨道相关的曲线拟合的最小二乘方判据, 对于他说来, 这个判据只不过就是一个最小化; 他并没有得出它与概率论的联系, 这种联系很快就由拉普拉斯[VI.23] 和高斯[VI.26] 得出来了.

勒让德的《数论讲义》(*Essai sur la Théorie des Nombres*, 1798) 一书是这个学科的第一本专著. 在对连分数[III.22] 和方程理论作了综述以后, 他集中于代数方面, 解出了许多丢番图方程. 在整数的各种性质中, 他强调了二次互反性[V.28], 证明了关于二次形式和某些高次形式的各种剖分定理. 这本书极少新意, 而在出版了 1808 年和 1830 年的增补版以后, 与年轻的高斯的《算术研究》(*Disquisitiones Arithmeticae*, 1801) 比较, 很快就相形见拙了.

勒让德为了教学之需编写了一本《几何原理》(*Elements de Géométrie*, 1794) 来讲欧几里得几何学[I.3§6.2], 在形式上、材料的组织上和证明的标准上都模仿希腊的《几何原本》. 他也掌握了一些欧几里得未曾关心的方面, 例如平行线公设的其他说法、一些相关的数值问题如 π 的近似值, 还有一个关于平面和球面三角的很长的概述, 到 1823 年为止出版了 12 版, 他去世以后直到 1839 还在重版 (并且重印了许多版), 它在数学教育上是一本很有影响的书.

---

① 他还有一部很有影响的著作:《积分学习题》(*Exercices du Calcul Intégral*), 共三卷, 分别出版于 1811, 1817 和 1819 年, 其中包含了大量的关于椭圆积分和欧拉积分 (即 Beta 和 Gamma 函数) 的内容. —— 中译本注

进一步阅读的文献

de Beaumont E. 1887. *Eloge Historique de Adrien Marie Legendre*. Paris: Gauthier-Villars.

Ivor Grattan-Guinness

VI.25　傅　里　叶
(Jean-Baptiste Joseph Fourier)

1768年生于法国Auxerre; 1830年卒于巴黎

分析; 方程; 热的理论

傅里叶有一个卓越的非数学生涯, 这对于一个数学家是很不寻常的. 他在拿破仑远征埃及时 (1798–1801) 是随行的 100 多名文职学者之一, 因为起了重要作用而得到拿破仑 (当时已经成了法兰西共和国第一执政) 的赏识, 而在 1802 年在 Grenoble 被任命为伊泽尔 (Isère) 地区 (当时称为一个 département) 的行政长官, 他担任这个职务直到 1810 年代中期已经当了法国皇帝的拿破仑倒台为止. 这以后, 傅里叶就来到了巴黎, 而在 1822 年成了巴黎科学院的常任秘书 (secrétaire perpétual).

作为伊泽尔地区的行政长官自然是公务繁忙, 傅里叶却仍然对于埃及学非常热衷. 这里最值得大书一笔的是他在 Grenoble 发现了一位天才少年商博良, 就是这位商博良后来破译了著名的 Rosetta 石碑, 大大有助于建立埃及学这门学科①. 尽管

---

① 商博良 (Jean-François Champollion , 1790–1832) 是法国著名的历史、语言学者, 商博良是通用的中文译名. 他自幼就表现了过人的语言天赋, 除拉丁、希腊文外, 还精通十余种古代东方语言文字. 这里需要简单说一下为什么古埃及和傅里叶会有了联系. 1798 年, 拿破仑率大军进攻埃及, 目的是要切断英国通过苏伊士运河从印度获得商业利益. 随行有 167 位 (或 175 位学者) 文职科学家, 拿破仑很注意保护这批学者, 他有一句名言, 指示行军时 "要让驴子和学者们走在中间", 傅里叶是这批学者们中出色的一位. 拿破仑到了埃及以后建立了埃及科学院, 傅里叶就是常任秘书, 下面有一个数学组, 组长是著名数学家、巴黎高工的创办人蒙日 (Monge), 而拿破仑自任副组长. 这个科学院关心的重点是考古学. 法国士兵在尼罗河口的小城 Rosetta(今 Rashid) 发现了一块石碑, 后来证明它是公元前 196 年埃及统治者托勒密Ⅳ世为了传位给他的儿子托勒密Ⅴ世, 就召集了一批祭师制作的一块石碑, 它记载托勒密家族的文治和武功, 彰显其正统性, 当时立碑于埃及古都孟菲斯 (Memphis), 后来不知怎么流落到了 Rosetta, 成为一块建筑材料, 所以人称 "Rosetta 石头". 发现之后, 马上送到开罗, 拿破仑自己也看了, 众人莫之能解. 英国失去埃及自然不甘罢休, 1801 年英国海军大将纳尔逊率舰队大败法军于尼罗河口, 400 艘战舰仅存两艘. 战败之后, Rosetta 石头成为英国战利品, 至今保存在伦敦英国博物馆. 傅里叶回到了 Grenoble, 因系世交, 访问了商博良一家, 谈及远征埃及的故事, 少年商博良本来就是拿破仑的粉丝, 又一直对埃及历史语言文化情有独钟, 听到傅里叶讲的 Rosetta 石头, 又看见碑文拓片, 虽然年未弱冠, 却立下壮志: 我虽现在年幼, 他年破解碑文非我莫属. 石头到了英国也引起英国学术界极大重视, 其中最有名的是大物理学家、光的波动说的主将、绕射理论大师杨 (Thomas Young). 杨也是语言文字的神童. 这块石碑上的文字分三层: 上层是古埃及象形文字; 中层是通俗的埃及文 (即所谓 Demotic 埃及文); 下层为古希腊文. 杨的主要贡献是指出了这里的 Demotic 埃及文并非纯粹的象形文字, 也有音节文字的部分, 而且他认出了一些人名如托勒密、亚历山大等等, 但是没有完全破译. 商博良在这个基础上刻苦钻研, 并得到傅里叶的不小的支持, 终于在 1822 年完全破译了 Rosetta 石碑. 至此埃及学得到了极大的发展, 例如后世尼罗河纸草书的破译就极大地得益于此, 因此商博良也得到了 "埃及学之父" 的称号. 在此, 傅里叶作为伯乐, 自然功不可没. —— 中译本注

他在这个时期工作繁忙, 但是他的大部分科学工作都是在 1804–1815 年完成的. 推动他的问题主要是研究连续物体和固体中热的扩散, 他为此提出的 "热扩散方程" 不仅本身是新颖的, 而且是对力学以外的物理现象的第一次大规模的数学化. 为了求解这个微分方程, 他提出使用无穷三角级数. 这些技术虽然早已为人所知, 但却并不为人注意. 有许多性质都是傅里叶 (重新) 发现的, 不仅是它们的系数公式和某些收敛条件, 而且包括它们的表现力, 就是一个周期的级数怎样能够表现一个一般的函数. 对于圆柱中的热扩散, 他找到了贝塞尔函数 $J_0(x)$, 而这种函数当时很少有人研究.

傅里叶在 1807 年把自己的科学发现提交给 Institut de France[1]. 当时拉格朗日 [VI.22] 不喜欢这个级数, 而拉普拉斯 [VI.23] 则对于其中的数学模型不满意. 但是拉普拉斯也给了他解决无限物体中扩散方程的一个线索, 而这个线索后来引导傅里叶在 1811 年得到了他的积分解 (及其反演公式). 傅里叶的主要著作是《热的解析理论》(*Théorie Analytique de la Chaleur*, 1822), 它大大地影响了年轻的数学家们, 例如这个级数的收敛性的第一个令人满意的证明是狄利克雷 [VI.36] 给出的 (1829), 而纳维 (C. L. M. H. Navier) 把它用于流体力学 (1825). 他和泊松 [VI.27] 的关系就不那么愉快了, 泊松想按照拉普拉斯的分子论物理学的观点来重新推导这个方程, 并且采用拉格朗日的解法, 但是只能加上几个特例[2].

傅里叶也研究了数学中的其他问题, 当他还是一个少年的时候, 就给出了笛卡儿 [VI.11] 关于多项式方程的正根和负根个数的符号规则的第一个证明 (当时他采用了归纳方法, 而这也是符号规则现在的标准证法). 他也得到了这种方程在一个给定区间中的根的个数的上界, 而施图姆 (Jacques Charles François Sturm, 1803–1855, 法国数学家) 在 1829 年证明了这个上界其实是精确值. 那时, 傅里叶打算写成一本关于方程的书, 但是在他身后的 1831 年才由于纳维的努力而出版, 这本书里主要的创新在于我们现在所说的线性规划 [III.84]. 尽管傅里叶有很高的声望而且善于言辞, 他的追随者却不多 (纳维是其中的一位), 而使线性规划理论沉睡了一个多世纪. 傅里叶也从事了拉普拉斯关于数理统计的工作的一些方面, 检验了正态分布 [III.71§5].

进一步阅读的文献

Fourier J. 1888–1890. *Oeuvres Complètes*. edited by Darboux G, two volumes. Paris:

---

① Institut de France 是法国的学术团体, 成立于 1795 年. 包括了五个机构, 例如有法语科学院 (l'Academy Française), 还有科学院 (L'Academy des Sciences). —— 中译本注
② 傅里叶在这本书的序言里就明确提出, 他的目的是要解决大自然的许多问题, 例如傅里叶提出, 地球会向星际空间散放热量, 因此地球的温度应该比它的实际温度低得多. 傅里叶对于这个现象的解释是: 大气层会把热反射回地球, 使得地球的温度提高, 近年来人们公认这是科学界第一次提到了 "温室效应". —— 中译本注

Gauthier-Villars.

Grattan-Guinness L, and Ravetz J R. 1972. *Joseph Fourier*. Cambridge, MA: MIT Press.

Ivor Grattan-Guinness

VI.26　高　　斯
(Carl Friedrich Gauss)

1777年生于德国Brunswick; 1855年卒于德国Göttingen

代数; 天文学; 复函数包括椭圆函数理论; 微分方程; 微分几何; 大地测量; 数论; 位势理论; 统计学

　　高斯的神童式的数学才能使他在只有 15 岁时就引起了 Brunswick 公爵的关注, 而且资助他受到进一步的教育, 把他从近于贫困中带出来. 在高斯一生余下的时间里, 高斯总是感觉应该忠诚于国家, 所以力求做一些有用的事, 这个想法引导他成为一个职业天文学家. 1801 年, 他是第一个重新观测到谷神星 (Ceres) 的人. 谷神星是人类发现的第一个小行星, 后来轨道延伸到太阳后面就看不见了. 高斯对原来的观测数据, 应用他所发明但是尚未发表的最小二乘法作了新的统计分析, 预测谷神星将在何时何处重新出现. 后来高斯又在多年中协助分析了好几个别的小行星的轨道. 他也写了很多关于天体力学和制图学的东西, 在电报技术上面也作了重要的工作.

　　然而, 人们记得高斯还是把他作为一个纯粹数学家. 1801 年, 他出版了《算术研究》(*Disquisitiones Arithmeticae*), 这本书创造了现代的代数数论. 书中给出了二次互反性定理[V.28] 的第一个严格证明, 后来的多年中他又找到了五个证明. 后来他把这个定理推广到高次幂的情况, 即高次互反性, 而且为此在 1831 年提出了高斯整数 (高斯整数就是形如 $m + ni$ 的数, 这里 m 和 n 是整数, 而 $i = \sqrt{-1}$). 他在微分方程上作了重要的工作, 主要是关于超几何方程, 这是一个二阶线性微分方程, 依赖于三个参数并且有三个奇点[1], 它有这样一个性质, 就是许多在分析中熟知的函数都与这个方程的解有关, 他证明了这个方程在新的椭圆函数[V.31] 中起显著的作用, 但是因为高斯这方面的工作大部分没有发表, 所以它对于后来阿贝尔[VI.33] 和雅可比[VI.35] 关于椭圆函数文章的戏剧性地迅速蜂拥而至并没有影响. 这个未发表的工作显示出高斯是第一个看到有必要来创立一个复变量的复函数理论的数学家. 他也对代数的基本定理[V.13] 给出了四个证明. 到了 1820 年代, 他已经相信物

---

　　① 原书说是两个奇点不妥, 可能是忽略了无穷远点作为奇点. 现在的理论都说是三个奇点, 即0,1 和 ∞. 它们都是正规奇点, 而所有的含三个正规奇点的二阶线性微分方程都可以化为超几何方程. —— 中译本注

理空间不一定是欧几里得空间, 但是他把自己的意见限制在只让朋友圈子里知道, 而这些人多是天文学家或者同情他的看法的人. 到 1830 年代早期, 鲍耶伊[VI.34]和罗巴切夫斯基[VI.31] 的详细得多的论著是独立地发表的. 所以, 对于非欧几里得空间的首次详细的数学描述, 有理由应该归功于鲍耶伊和罗巴切夫斯基(关于这一点的详细讨论请见条目几何学[Ⅱ.2§7]). 1827 年, 高斯写出了他的名著《曲面的一般理论的研究》(*Disquisitiones Generales Circa Superficies Curvas*), 其中第一次提出了曲面的内蕴曲率 (即高斯曲率) 的概念, 这样就对于微分几何给出了一种重新陈述.

在统计学里面, 他是正态分布[Ⅲ.71§5] 的两三个发现者之一, 他也是误差分析的专家, 把天文观测的精度移到了大地测量上. 在这个背景下, 他发明了 heliotrope, 把一个镜子和望远镜结合起来传输一个精确的光束, 来改进测量的精度.

高斯的全集, 只看其大小就已经无法抗拒了. 《全集》(*Werke*) 就已经达到了 12 卷之多, 还要加上几本书, 其中《算术研究》就是很突出的.

高斯虽然是一个真正独创的数学家和科学家, 但是在其他方面, 就他的趣味和观点而言却是一个保守派. 他的第一次婚姻仅持续四年就因妻子在 1809 年去世而终结, 他后来又重新结婚, 可能在美国还可以找到他的几位后代.

高斯是最后一位堪称为 "数学王子" 的大数学家, 他受到赞颂既是因为他的广度, 也是因为他的深度和他的思想的丰富. 他关于数学的重要性的观点包含在他的广被引用的一句话: "数学是科学的皇后, 而数论是数学的皇后" 里面 (这句话他确实说过), 还包含在一条真实性可疑的评论里: "数学既是科学的皇后, 也是科学的仆人."

进一步阅读的文献

Dunnington G W. 2003. *Gauss: Titan of Science*, new edition with additional material by J. J. Gray. Washington DC: Mathematical Association of America.

Jeremy Gray

VI.27　泊　　松

(Siméon-Denis Poisson)

1781年生于法国Pithiviers; 1840年卒于巴黎
分析; 力学; 数学物理; 概率

泊松是巴黎高工 1800 年出色的毕业生, 很快就被聘任为那里的教员, 后来成为教授和毕业生主考官, 直至去世. 他也是 l'Université de France①的新的巴黎的理学院 (Faculté des Sciences) 力学教授职务的创始人, 从 1830 年起是这个大学的管理会议的成员.

泊松在研究方面的成就都是始终忠于拉格朗日 [VI.22] 和拉普拉斯 [VI.23] 的传统. 像拉格朗日一样, 他喜欢把一个理论代数化, 而且只要有可能就应用幂级数和变分法. 从 1810 年代起, 他就反对傅里叶 [VI.25] 和柯西 [VI.29] 的新理论 (特别是反对傅里叶用三角级数和傅里叶积分来解微分方程反对柯西用极限理论来研究分析这个新途径, 以及柯西在复变量分析中的创新). 他的总的成就要稍逊于他们, 他的主要的创新是所谓 "泊松积分", 这个积分把傅里叶级数放置在幂级数里面, 还有一个求和公式. 他也研究了微分方程、差分方程以及它们的混合方程的通解和奇解.

在物理方面, 泊松试着去论证拉普拉斯所宣布的所有物理现象都是分子现象, 而对于一个分子的作用是周围分子的作用的累积, 应该能用一个积分来表示. 在 1820 年代中期, 他把这个途径应用于热扩散和弹性理论, 但是他决定应该用级数来取代积分; 他特别把这种替代加以改进并用于毛细理论 (1831). 说来也怪, 他对物理学最重要的贡献就是对静电理论 (1812–1814)、磁体理论以及磁化过程的理论 (1824–1827) 的贡献, 而并没有被分子论的观点所统治. 他对于这些主题的数学贡献在于把拉普拉斯方程改进成为以他命名的泊松方程, 这个方程处理的是在有电荷的物体内部亦即在电荷区域里的位势 (1814), 还有一个散度定理 (1826).

在力学中, 泊松和拉格朗日在 1808 年到 1810 年之间发展了运动方程的典则解的括弧理论 (这些括弧就以他们二人命名). 泊松的动机来自想要把拉格朗日证明行星体系的稳定性这个宏大的企图推广到关于行星质量的二次项上面去, 他在后来的工作中特别检验了这个 (一阶) 问题以及微扰问题的其他方面. 他也应用运动参考系的方法来分析旋转物体, 这个分析启发了傅科 (Léon Foucault) 在 1851 年提出了著名的长摆 (即傅科摆). 他的最有名的著作是非常有实质的、包括广泛内容的两卷本的《力学著作》(*Traité de Mécanique* (1811 版和 1813 版)), 然而却没有为 Poinsot (Louis Poinsot, 1777–1859, 法国数学家和物理学家, 几何静力学的创始人) 新近提出的非常漂亮的静力学的力偶理论留下篇幅. 在 1810 年代中期, 他与柯西相对抗, 也研究了深物体的流体力学.

泊松是同时代极少几位继续拉普拉斯在概率论和数理统计方面的工作的人之一. 他研究了各种概率分布 [III.71], 不只是以他命名的泊松分布 (1837, 那只是顺便研究的), 还有所谓的柯西分布 (1824) 和瑞利分布 (1830)(不过瑞利的真名是 John William Strutt, 1842–1919, 是英国物理学家, 他被册封为勋爵 (Lord), 爵号瑞利

---

① 所谓 l'Universit de France(法兰西大学) 是拿破仑的一项改革的成果, 它成立于 1808 年, 使命是对全法国的高等教育负责, 同时还管理基础教育. 各地原有的大学改称为 l'Academie, 例如巴黎大学就叫做 l'Académie de Paris (巴黎科学院), 但是原有的各个大学仍然保留各自的管理机构. —— 中译本注

(Rayleigh), 所以人们常说瑞利勋爵是把爵号与姓名混起来了, 这个情况与开尔文勋爵类似. 瑞利分布并非 John William Strutt 提出的, 而是后来才这样称呼以纪念他的功绩). 他同时还检验了**中心极限定理**[III.71§5] 的证明, 并且陈述了**大数定律**[III.71§4](大数定律就是他所启用的名词). 他的主要应用之一就是用于一个著名的古老问题: 决定一个法官的三人组在审判案件时作出正确决定的概率 (1837).

进一步阅读的文献

Grattan-Guinness I. 1990. *Convolution in French Mathematics 1800-1840.* Basel: Birkhäuser.

Métivier M, Costabel D, and Dugac P, eds. 1981. *Siméon-Denis Poisson et la Science de son Temps.* Paris: École Polytechnique.

Ivor Grattan- Guinness

VI.28　波 尔 扎 诺
(Bernard Bolzano)

1781年生于布拉格; 1848年卒于布拉格

天主教神父与神学教授, 布拉格 (1805–1819)

　　波尔扎诺关心的是在分析和相关领域中找到 "正确的" 或者说是最适合的证明和定义. 1817 年, 他证明了连续函数的中间值定理的一个早期的版本 —— 他也是首先具有连续性的严格定义的人之一 —— 而且在证明这个中间值定理的过程中, 也证明了下面的重要引理: 如果性质 M 并不适用于一个变量 x 的所有值, 但是确实可以用于此变量比某个 u 更小的一切值, 则一定有一个量 U, 是所有这样的值中的最大者, 这些值能够使得变量的所有比较更小的值都具有性质 M. 在这个陈述中的 u 值是具有性质非 M　$(\neg M)$ 的数的 (非空) 集合的一个下界. 所以, 波尔扎诺的引理等价于我们现在所说的 "最大下界公理" (一个比较更常用的等价说法就是 "上确界公理"), 它也等价于所谓波尔扎诺–魏尔斯特拉斯定理 (就是在 **R** 中或更一般地是在 $\mathbf{R}^n$ 中, 每一个有界的无穷集合都有聚点存在). 很可能魏尔斯特拉斯[VI.44]是独立地重新发现了这个定理, 但是, 也可能他已经知道波尔扎诺的逐次平分的证明技巧 (波尔扎诺在 1817 年就用到了这个技巧), 并且受到波尔扎诺的影响.

　　在 1830 年代早期还广泛地相信连续函数除了在某些例外点以外都是可微的. 但是, 那时波尔扎诺就作出过一个反例 (虽然他并没有发表), 并且证明了这个反例确实是连续而不可微的, 这就比魏尔斯特拉斯的著名反例早了三十多年.

　　波尔扎诺具有多得惊人的各种洞察和证明技巧, 而早于他的时代, 这些洞察和证明技巧主要是关于分析、拓扑学、维数理论和集合理论的.

VI.29 柯   西
(Augustin-Louis Cauchy)

1789年生于巴黎; 1857年卒于法国Sceaux

实和复分析; 力学; 数论; 方程和代数

　　柯西在巴黎高工 (以下简记为 EP) 和路桥学校 (1815–1820) 受到的是道路桥梁工程师的训练, 他的一生在 1830 年以前, 却是在 EP 和法兰西大学 (l'Université de France)[①]和巴黎的理学院度过的学者生涯, 直到 1830 年的革命以后, 随废皇流亡到都灵, 到 1838 年才又回到巴黎, 并且一直在巴黎的理学院任教.

　　在柯西对于纯粹和应用数学的许多贡献中, 最为人知的是在数学分析中的贡献. 在实变量分析中, 他把迄至他的时代的所有对于这个理论的处理途径代之现在已经成为标准的处理方法 (而且在形式上已经有了发展): (i) 给出一个清楚明确的极限理论; (ii) 仔细而且是在一般的条件下给出定义; (iii) 定义一个函数的导数为差分的商的极限值; 积分为一个分割的和的序列的极限值; 连续性用自变量的序列和相应的函数值的序列均有极限来定义; 而收敛级数的和则定义为部分和序列的极限. 在所有这些情况中, 一个关键的问题是 (iv) 极限值可能不存在, 所以对于它们的存在总要细心地论证. 类似地, (v) 微分方程解的存在需要证明而不能只是假设.

　　这个途径把分析的严格性带到了一个新水平, 例如微积分的基本定理[I.3§5.5] 第一次真正成了一个定理, 其中的函数需要受到一定条件的限制. 然而, 强调极限使得这个理论对于初学者很难接受. 柯西在 1816 年和 1830 年在 EP 按这种方式来教分析, 他写了许多书, 特别是《分析教程》(Cours d'Analyse) 和微积分的《微积分概要》(Résumé), 但是教员和学生都不喜欢. 不论在法国还是在外国, 这种教法成为标准的教育实践都是十分缓慢的.

　　柯西的另一个主要的创新要从 1814 年算起. 那时, 他开始创立复变量的分析. 一开始被积函数虽然是一个复函数, 但是积分限却是实的. 然而, 从 1825 年起, 积分限也变成复的了, 而他在这样的形式下, 在许多不同形状的闭区域中找到了许多关于函数的留数 (residue) 的定理. 他的进展只是一阵一阵的, 而通常他都是这样的, 直到 1840 年代中期, 他才用复平面的语言铸造成了一个理论. 他也研究了复函数的一般理论, 包括把它们展开为不同类型的幂级数.

　　柯西在应用数学方面的主要的单个成就是线性弹性理论, 他在其中使用了应力和应变模型来分析各种曲面和立体, 后来他又用这个模型来研究 (以太) 光学的各个侧面. 在 1810 年代他研究了深水中的物体的流体力学, 并且得到了傅里叶积分

---

　　① 见条目泊松[VI.27] 的脚注. —— 中译本注

解. 在这个领域和其他几个领域中他是与傅里叶, 特别是与泊松, 就理论的质量和发展的年代的早晚在作某种竞争.

柯西的其他贡献是在基本的力学方面 (这是从他在 EP 的教学中导出的), 还有微分方程的通解和奇解、方程理论, 特别是有助于群论的兴起的方法、代数数论、天体力学中的微扰理论, 还有 1829 年的一篇惊人的关于二次型的论文, 如果作者了解这篇论文的意义, 可能就启动了矩阵的谱理论!

进一步阅读的文献

Belhoste B. 1991. *Augustin-Louis Cauchy. A Biography*. New York: Springer.

Cauchy A L. 1882–1974. *Oeuvres Complètes, twelve volumes in the first series and fifteen in the second*. Paris: Gauthier-Villars.

Ivor Grattan-Guinness

VI.30 莫比乌斯
(August Ferdinand Möbius)

1790年生于Schulpforta, Saxony (德国); 1868年卒于德国莱比锡
天文学; 几何学; 静力学

莫比乌斯曾经短时间做过高斯[VI.26] 的学生, 后来几乎是终生在莱比锡大学任天文学家. 他的第一篇数学著作是《重心演算》(*Der barycentrische Calcul*, 1829), 他在此书中把代数方法引入射影几何学的研究, 他用这样的方法来说明, 怎样用坐标的齐次的三元组来描述一个平面上的点, 直线怎样用齐次方程来表示, 他引入了交比 (cross ratio) 的概念, 而平面上点与直线的对偶关系也可以代数地来掌握. 他引入了莫比乌斯网(Möbius net), 其实就是笛卡儿的正方形网格在射影几何里的等价物. 他的工作之所以特别引人注目, 还因为他对于仅仅不多年以前彭赛列 (Jean Victor Poncelet, 1788–1867, 法国数学家) 从根本上重新发明射影几何学, 他几乎一无所知. 就他而言, 他的工作与施泰纳 (Jakob Steiner, 1796–1863, 瑞士数学家)1832年对于射影几何学的综合处理, 以及后来普吕克 (Julius Plücker, 1801–1868, 德国数学家和物理学家) 在 1830 年代出版的关于代数曲线的两卷集比起来就不那么引人注目了, 然而, 莫比乌斯的方法的简单性和一般性在把射影几何学确立为一个严格的主流学科上仍然是重要的.

在 1830 年代, 莫比乌斯发展了静力学和力的组合的一个几何理论, 而在这方面他证明了在平面几何学中点和直线的对偶性必定会给出锥面, 而莫比乌斯对于 3 维空间中的对偶性的研究把点与平面配起对来, 使他考虑空间中所有直线的集合,

而这个集合构成一个 4 维空间. 这件事使得教育家施泰纳 (Rudolf Steiner) 很是高兴, 因为现在 3 维空间也可以看成是 4 维空间了, 而施泰纳的哲学就是指向于破除他认为是正统教育的束缚的[①].

人们记得莫比乌斯还由于莫比乌斯带[IV.7§2.3], 这是一个单侧的或不可定向的曲面, 但是第一个发现它的是他的同胞利斯廷 (Johann Benedict Listing, 1808–1882, 德国数学家, 高斯的学生, 在 1837 年第一次使用 topologie(拓扑学) 一词就是利斯廷), 时间是 1858 年 7 月 (1861 年发表), 而莫比乌斯是在 1858 年 9 月发现莫比乌斯带的 (1865 年发表). 他也是研究对于圆周的反演的最重要的数学家之一. 这个变换后来称为莫比乌斯变换, 其原因之一就是因为他在 1855 年关于这个问题的著述.

进一步阅读的文献

Fauvel J, Flood R, and Wilson R J, eds. 1993. *Möbius and His Band*. Oxford: Oxford University Press.

Möbius A. 1885–1887. *Gessammelte Werke*, edited by Balzer R (except volume 4, edited by Scheibner W and Klein F), four volumes, Leipzig: Hirzel.

Jeremy Gray

VI.31 罗巴切夫斯基
(Nicolai Ivanovich Lobachevskii)

1792年生于俄罗斯Nizhni Novogorod (即前苏联时期的高尔基城); 1856年卒于俄罗斯喀山
非欧几何学

罗巴切夫斯基出生在一个贫寒的家庭里, 但是他的母亲尽力让他得到了 1800 年的一份奖学金, 而进了当地的 Gymnasium (就是高级中学). 1805 年, 这个 Gymnasium 成了当时新建的喀山 (Kazan) 大学的核心, 而从 1807 年起, 罗巴切夫斯基就在这个大学学习. 大学不久前才指定 Martin Bartels 为数学教授, Bartels 不仅在数学上很好地训练了罗巴切夫斯基, 而且当罗巴切夫斯基因被当局怀疑为无神论者而遇到麻烦时又保护了他. 最后, 罗巴切夫斯基不仅以通常的学位毕业, 而且还得到了硕士资格, 一个职业数学家的生涯就此开始.

1826 年, 在大学一项改革之后, 罗巴切夫斯基作了一次公开的讲演: "论几何学的原理, 包括平行线理论的严格证明". 这次讲演的稿子已经失传了, 但是它可能

① 这位教育家施泰纳 (Rudolf Joseph Lorenz Steiner, 1861-1925) 是奥地利哲学家、思想家和博学者, 请不要与几何学家施泰纳 (Jakob Steiner) 混淆. —— 中译本注

标志着罗巴切夫斯基已经认识到非欧几何学了. 很快, 罗巴切夫斯基当选为喀山大学校长, 他在这个位置上工作 30 年, 功绩卓著, 1830 年, 他帮助大学不受一次霍乱传染之害, 在 1841 年火灾后重建了这所大学, 而且极大地扩大了它的图书馆和其他设施.

在 1830 年代, 他写出了他的主要著作, 就是关于一种只有一点不同于欧几里得几何的新几何学, 他称这种新几何学为虚几何学, 而今天人们则称它为非欧几何学. 在这种新几何学里, 给定平面上的一条直线以及不在此直线上的一点, 一定可以通过这一点作出两条直线, 各向一个方向地渐近于给定的直线; 这两条直线把经过此点的直线分成两类, 一类是与给定直线相交的, 而另一类则不相交. 罗巴切夫斯基把后一类直线称为过给定点而平行于给定直线的平行线. 从这个定义出发, 罗巴切夫斯基给出了三角形的新的三角学的公式, 而且证明了当三角形很小时, 这些公式就化成了平面的欧几里得三角学的公式. 他又把这些结果扩展来描述一个三维的几何学, 这样就很清楚, 他的新几何学也可能是一种三维空间的几何学, 他还尝试着用这种三角学来度量天上星体的视差 (parallax), 这样来看对于空间, 他的新几何学是否能够给出比欧几里得几何学更精确的描述, 可是没有得到确定的结果.

他把这些结论用俄文写成很长的论文发表在《喀山大学学报》上, 但是只是引起了 Ostrogradskii (Mikhail Vasil'evich Ostrogradskii, 1801–1862, 俄罗斯数学家) 无情的评论, 而后者是圣彼得堡的比罗巴切夫斯基有名得多的数学家. 1837 年, 罗巴切夫斯基把他的结果用法文发表在一个德国杂志上, 1840 年又用德文发表了一本小册子, 然后在 1855 年又把这个小册子用法文重新发表, 可是都没有用处. 高斯[VI.26]很欣赏这本 1840 年的小册子, 而在 1842 年又让罗巴切夫斯基成为哥廷根科学院的通讯院士, 这就是罗巴切夫斯基在有生之年所得到的仅有的称赞.

罗巴切夫斯基的晚年在经济上和精神是都很困难, 他的家里乱成一团, 甚至为他写传记的人都弄不清他家里有多少孩子, 但是很可能有 15 个, 甚至 18 个[①].

进一步阅读的文献

Gray J J. *Idea of Space: Euclidean, Non-Euclidean, and Relativistic*, second edn. Oxford: Oxford University Press.

Lobachetschefski N I. 1899. *Zwei geometrische Abhandlungen*. translated by Engel F. Leipzig: Teubner.

Rosenfeld B A. 1987. *A History of Non-Euclidean Geometry: Evolution of the Concept of a Geometric Space*. New York: Springer.

Jeremy Gray

① 此事找不到其他证据, 录此存疑. —— 中译本注

VI.32　格　林
(George Green)

1793年生于英国 Nottingham; 1841年卒于英国 Nottingham, 磨坊工人; 1839–1841
为剑桥 Caius College 的 Fellow

　　格林是一位自学成才的数学家, 进入剑桥时已 40 岁, 已经发表了他的最重要
的著作《论数学分析对于电磁理论的应用》(*An Essay on the Application of Math-
ematical Analysis to the Theories of Electricity and Magnetism*, 1828, 以下简称为
Essay). 这篇文章他是自费印行的. 文章一开始, 格林就强调了 "位势函数"(这个名
词是格林自己创造的) 的中心作用, 文中格林还证明了现在以他命名的定理的 3 维
形式, 还引入了后来黎曼[VI.49] 称为 "格林函数" 的概念. William Thomson (1824–
1907, 英国数学物理学家、工程师, 因为他多方面的贡献被册封为开尔文勋爵 (Lord
Kelvin), 所以人们时常称他为 Kelvin, 甚至物理学中许多专业名词也包含了 Kelvin
这个词. 其实, Kelvin 只是格拉斯哥的一条河的名字) 又发现了这篇文章, 并且把
它重新发表在 *Journal für die reine und angewandte Mathematik* (1850–1854) 上, 这
篇重要文献这样才为世人所知.

　　格林的这个定理的形式 (用现代的记号来写) 可以写成

$$\iiint U\Delta V \mathrm{d}v + \iint U\frac{\partial V}{\partial n}\mathrm{d}\sigma = \iiint V\Delta U\mathrm{d}v + \iint V\frac{\partial U}{\partial n}\mathrm{d}\sigma,$$

其中 U 和 V 是 x,y,z 的连续函数, 而且其导数在任意给定的物体上处处不是无穷,
n 则是这个物体表面的内向法线, $\mathrm{d}\sigma$ 是表面的面积元素. 今天所谓格林定理只是它
的平面形式, 是最先由柯西[VI.29] 在 1846 年发表的, 而 (用现代的记号来写) 就是:
令 R 是一个闭平面区域, 其边缘是一条分段光滑的曲线 C 而且具有正的定向. 令
$P(x,y)$ 和 $Q(x,y)$ 是具有连续的偏导数, 而且可以定义在包含 R 的开区域中的函
数, 这时有

$$\int_C (P\mathrm{d}x + Q\mathrm{d}y) = \iint_R \left(\frac{\partial Q}{\partial x} - \frac{\partial P}{\partial y}\right)\mathrm{d}x\mathrm{d}y.$$

然而, 比这个定理更具有独创性的是格林发展来解决某些二阶微分方程的有力技
巧. 从本质上说, 格林是要找一个 "位势函数", 而且陈述了它所需要满足的条件.
他的伟大洞察在于认识到位势理论的中心问题是把它在体积内的性质和它在曲面
上的性质联系起来. 今天, 格林函数被广泛地应用于求解具有边值条件的非齐次微
分方程以及求解偏微分方程.

VI.33 阿 贝 尔
(Niels Henrik Abel)

1802年生于挪威 Finnöy; 1829年卒于挪威 Froland

方程理论; 分析; 椭圆函数; 阿贝尔积分

阿贝尔的一生是短暂而又贫穷的, 但又是成功的: 他在世时, 他的成就已经得到了承认. 他的父亲是挪威的一个教堂职员, 有一段时间还是政府职员, 因过于雄心勃勃而失败, 所以离世时就使得全家处境维艰. 阿贝尔的异乎寻常的智力才能在中学就已显露, 这样就能够筹集资金帮助他完成学业, 特别是能够攻读数学. 在他二十二岁那一年, 他得到一笔奖学金以供他去欧洲游学, 这两年里他去了柏林和巴黎. 在柏林, 他会见了 Crelle (August Leopold Crelle , 1780 –1855, 德国数学家和工程师), 得到了友好接待. Crelle 创立了《纯粹与应用数学杂志》(*Journal für die Reine und Angewandte Mathematik*, 通常就称为 *Crelle* 杂志) 这份杂志, 阿贝尔的几乎所有的数学著作都发表在这份杂志的前四卷里面. 从 1826 年到他去世的 1829 年, 阿贝尔勉强度过贫困的日子, 依靠教书为生. 但是这一点微薄的收入, 他还得维持他的母亲和弟弟的生活. 他死于结核症, 离世时年仅 27 岁. 逝世几天以后, 一个为他而设立的教职的消息就从柏林传来.

阿贝尔主要的数学成就是在三个不同领域中. 其中第一个是方程理论, 在这里, 他受到拉格朗日[VI.22] 在 1770 年发表的思想和柯西[VI.29] 在 1815 年发表的思想的影响, 这些思想是关于一个方程的根的函数的形式和当对根作置换时这些函数会怎样变化. 拉格朗日就已经暗示五次方程的根可能不能用经典的形式来表示, 而 Ruffini (Paolo Ruffini, 1765–1822, 意大利数学家) 在 1799 年到 1814 年之间花了极大的精力试图证明这一点, 虽然未能说服同时代的人. 阿贝尔的第一个成功就是给出下面的事实上可以接受的证明: 对于五次多项式方程, 不存在一个仅含方程系数的通常的算术运算和开方的公式能够给出方程的解, 阿贝尔把这个结果首先是在 1824 年发表在他在奥斯陆 (Christiana) 自费印行的小册子里. 然而到了柏林以后, Crelle 又把它译为德文重新发表在他的杂志的第一卷里. 1826 年, 阿贝尔又发表了一个更完整、更详细而且适合于任意次数大于 4 的多项式方程的结果.

几年以后, 阿贝尔又回到方程, 在 1829 年发表了一篇长文讨论满足两个特殊条件的一类方程. 第一个条件是这个方程的每一个根都可以写成任意另一个根的函数, 第二个条件则是这些函数要可以互相交换 (用现代的语言来说, 即这个方程的伽罗瓦群[V.21] 是可交换群), 关于这类方程, 他得到了许多定理, 其中最惊人的是这类方程可以用根式解出, 这是高斯[VI.26] 在他的名著《算术研究》(*Disquisitiones*

Arithmeticae) 的第七部分中提出的一个思想的十分深远的推广. 高斯在这一部分里系统地处理了分圆方程这个特例, 而分圆方程恰好能满足这两个要求. 正是为了纪念这个重要的工作, 后世就把 "阿贝尔" 这个名字加到可交换群上. 重要的是要领会到阿贝尔在得出他在方程理论中的结果时完全没有求助于群的理论, 因为那时还没有群这个概念.

阿贝尔也对收敛性理论作出了重要的贡献. 虽然到了那时, 对于微积分的基础已经作了一个多世纪的批判性的思考, 关于严格性的现代观念还只是在波尔扎诺[VI.28]、柯西和其他人的工作中开始出现. 在柯西 1820–1821 年的讲义中, 收敛性得到了某种注意, 但是对于一般的级数以及对幂级数这个特殊的级数, 理解还很不够. 阿贝尔除了其他贡献以外, 对于非整数幂的二项定理给了一个适当的证明, 他还洞察到, 一个由幂级数定义的函数当自变量趋向收敛圆周时的连续性, 就是现在我们知道的阿贝尔极限定理.

但是, 他的最大成就可能是在分析和代数几何汇集到一起的地方. 可以用几句话来总结他在这个领域的遗产: 第一, 这是一个新的富有成果的处理椭圆函数[V.31] 的途径; 其次, 他对椭圆函数作了极广的推广, 推广为我们今天说的阿贝尔函数和阿贝尔积分. 在这个领域中, 阿贝尔和雅可比[VI.35] 一直有优先权之争. 阿贝尔的绝大部分工作 (虽然绝非全部工作) 都写在两篇论文中, 第一篇分成两部分, 分别在 1828 年和 1829 年发表在 *Crelle* 杂志上, 它们就是:《关于椭圆函数的研究》(*Recherches sur les fonctions elliptiques*), 还有《椭圆函数理论要点》(*Précis d'une théorie des fonctions elliptiques*). 第二篇题为《论一类很广泛的超越函数的一个一般性质》(*Mémoire sur une propiété générale d'une classe très étendue de fonctions transcendantes*), 在 1826 年 10 月投交巴黎科学院, 然后就一直放在柯西的桌子上, 直到阿贝尔去世以后他都没有看过. 这篇论文由巴黎科学院在 1841 年发表, 但是原稿却被一个叫 G. Libri 的人偷走弄丢了, 原稿的一部分在 1952 年和 2000 年才由 Viggo Brun 和 Andrea del Centina 找到.

1830 年 6 月, 巴黎科学院把数学大奖颁发给阿贝尔 (已经去世) 和雅可比, 表彰他们在椭圆函数方面的工作.

进一步阅读的文献

Del Centina A. 2006. Abel's surviving manuscripts including one recently found in London. *Historia Mathematica*, 33:224-33.

Holmboe B, ed. 1839. *Œucres Complètes de Niels Henrik Abel*, two volumes (Second edn.: 1881, edited by Sylow L and Lie S. Christiana: Grøndale & Søn.)

Ore O. 1957. *Niels Henrik Abel: Mathematician Extraordinary*. Minneapolis, MN: University of Minnesota Press (Reprinted, 1974. New York: Chelsea.)

Stubhaug A. 1996. *Et Forantskutt Lyn: Niels Henrik Abel Og Hans Tid*. Oslo: Aschehoug. (English translation: 2000, *Niels Henrik Abel and His Times: Called Too Soon by Flames Afar*, translated by Daly R H. New York: Springer.)

Peter M. Neumann

VI.34 鲍 耶 伊
(János Bolyai)

1802 年生于匈牙利 Klausenburg, Transylvania (今罗马尼亚Cluj); 1860年卒于匈牙利 Marosvásárhely (今罗马尼亚Tirgu-Mures)

非欧几何

　　这个条目的主角是鲍耶伊 (János Bolyai), 他和他的父亲 (Farkas Bolyai) 都是数学家. 在下面, 我们称 János Bolyai 为小鲍耶伊, 而称父亲 Farkas Bolyai 为老鲍耶伊. 老鲍耶伊在家里教小鲍耶伊数学, 用的是欧几里得[VI.2] 的《几何原本》前六卷和欧拉[VI.19] 的《代数》. 在 1818 年到 1823 年间, 小鲍耶伊在维也纳的皇家工程学院读书, 以后在奥地利军队里作为工程师服役十年, 后以半伤残领年金退役. 大约是受到父亲证明平行线公设的企图的鼓励, 而平行线公设又是欧几里得几何学中的一个关键假设, 小鲍耶伊也想去证明它, 虽然这是老鲍耶伊强烈反对的事情. 但是到了 1820 年, 小鲍耶伊转变了方向, 想要去证明可能有一种独立于平行线公设的几何学. 到了 1823 年, 小鲍耶伊相信自己已经取得成功, 随后经过多次讨论, 父子同意把儿子的思想作为一个 28 页的附录印在老鲍耶伊 1832 年关于几何学的一部两卷本的著作后面.

　　小鲍耶伊在这个附录中从平行线的新定义开始, 按照这个定义, 在平面上给定一条直线以及直线外的一点, 则有许多通过这点的直线不与给定直线相交. 在这些直线中, 有两条 (各在一个方向上) 渐近于给定的直线, 小鲍耶伊就把这两条渐近的直线称为过此点对于这条给定直线的平行线. 他接着就由这个假设在 2 维和 3 维的几何学中得出了许多结果, 而且给出了三角形的新三角学许多公式. 他证明了当这些三角形很小时, 这些公式就化成欧几里得几何学中我们熟知的公式. 他也在他的 3 维几何学中找到一个曲面, 而此曲面上的几何学是欧几里得几何学. 他由此得到结论说: 逻辑上有两种几何学, 但是没有判定何者相应于现实空间. 他也证明了在他的几何学里可以做出一个正方形, 其面积等于一个给定的圆的面积, 而完成了一项在欧几里得几何里人们相信 (后来证明这种相信是正确的) 是不可能的事情.

　　老鲍耶伊把这部书送了一本给高斯[VI.26], 高斯后来在 1832 年 3 月 6 日回信说, "我不能称赞这本书, 因为这样做就是称赞我自己", 然后接着宣布, 附录中的方法和结果和他在这以前的 36 年中的工作是一致的, 虽然他也说他 "非常高兴, 因为是我的老朋友的儿子①如此出色地走在我的前面", 认可了小鲍耶伊的思想是合适的, 这使得老鲍耶伊非常高兴, 但是激怒了儿子, 使得父子之间的关系有好几年不和, 他们之间的这种不和一直持续到老鲍耶伊在 1856 年去世.

　　小鲍耶伊除此以外基本是没有发表过什么, 终生也没有被赏识. 说实话, 弄不清楚除了高斯以外还有没有人读过他的著作, 但是高斯留下来的关于这项工作的明确评论, 还是使得数学家们又回到这篇文章, Hoüel 在 1867 年把它译为法文, 译成英文是在 1896 年 (后来又在 1912 年和 2004 年重印).

进一步阅读的文献

Gray J J. 2004. *János Bolyai, Non-Euclidean Geometry and the Nature of Space*. Cambridge, MA: Burndy Library, MIT Press.

Jeremy Gray

VI.35　雅　可　比
(Carl Gustav Jacob Jacobi)

1804年生于德国Potsdam; 1851年卒于德国柏林
函数论; 数论; 代数; 微分方程; 变分法; 解析力学; 微扰理论; 数学史

　　雅可比出生在一个富裕而有良好教养的犹太家庭, 他在 1821 年就读于柏林大学第一年的时候受洗为基督教徒, 可能是因为这样才能追求一种学术生涯, 而那时犹太人是不能获得大学教职的. 雅可比随著名的语言学家 Boeckh 学古典文献, 随黑格尔学哲学. 由于当时柏林大学的数学教师多为平庸之才, 雅可比只能自学这门学科, 而数学很快就成了他的最爱. 他攻读欧拉[VI.19]、拉格朗日[VI.22]、拉普拉斯[VI.23]、高斯[VI.26] 的著作, 最后 (当然不是最不重要) 还有希腊数学家如帕普斯和丢番图的著作. 1825 年雅可比以一篇用拉丁文写的关于函数论的学位论文获得了博士学位, 文末的讨论(disputation) 部分就包含了他对拉格朗日的函数论和解析力学的评论. 第二年, 雅可比来到 Königsberg (东普鲁士的首府, 现在属于俄罗斯, 更名为加里宁格勒) 的 Königsberg 大学, 在那里他于 1829 年得到正教授职位. 1834 年, 他和物理学家 Neumann (Franz Ernst Neumann, 1798 –1895, 也是数学家和结晶学家) 一同建立了 "Königsberg 数学物理讨论班", 这个讨论班由于一直鼓励研究和教学的密切结合, 很快就使得 Königsberg 成为科学世界的德语部分关于理论物理和数学的最成功、最有影响的教育机构. 1844 年, 雅可比由于健康不佳又需

---

① 老鲍耶伊在 1796 年到 1799 年在哥廷根与高斯同学, 而且终生有信件来往. —— 中译本注

要成为柏林科学院的院士而离开了 Königsberg, 那时他已经被公认为是德国自高斯以后最重要的数学家. 他在柏林富有成果地工作了 7 年, 突然因为意外感染天花而去世.

雅可比终生都是纯粹数学的辩护者, 把数学的思维看成是发展人类智力的手段, 而且实际上是提高人性本身. 他的第一篇文章是在 1827 年发表的, 是关于数论的 (讲的是三次剩余), 受到了高斯的《算术研究》的影响, 进一步的研究则致力于高维剩余、分圆理论、二次型和相关问题. 雅可比关于数论的许多结果都发表在他的《数论经典》(Canon Arithmeticus, 1839) 一书中. 雅可比和高斯把可除性概念推广到代数数, 为以后的代数数论 (由库默尔[VI.40] 和其他人) 的发展铺平了道路.

雅可比 "最有独创性的成就"(这是克莱因[VI.57] 的话) 是对椭圆函数[V.31] 的贡献, 这是在他和阿贝尔[VI.33] 从 1827 年到 1829 年的竞争中实现的. 以勒让德[VI.24] 的工作为起点, 雅可比的途径是解析的而集中在椭圆函数的变换、它们的性质 (如双周期性) 和引入其反函数上. 雅可比关于椭圆函数的研究在他的书《椭圆函数的新理论的基础》(Fundamenta Nova Theoriae Functionum Ellipticarum, 1829) 中达到极致. 他和阿贝尔一样都应该被看成是 19 世纪后半出现的复函数理论的创立者. 特别是他把椭圆函数应用于丢番图方程, 对于解析数论的发展是很重要的. 雅可比对于代数的贡献还应包括他关于行列式理论 (雅可比行列式) 及其与反函数的关系的研究, 包括他对二次型 ("西尔维斯特[VI.42] 惯性定律") 的研究以及重积分的变换的研究.

雅可比甚至对于应用数学研究也打上了 "纯粹数学" 的烙印: 他追随欧拉和拉格朗日的传统, 把力学的基础用一种抽象的形式的方式来表述, 特别关注于守恒律[IV.12§4.1] 和空间的对称性的关系以及变分原理的统一的作用. 雅可比在这个领域中的成就是在与微分方程以及变分法[III.94] 的密切联系中发展的, 其中包括了我们现在所说的 "雅可比-泊松定理" 以及 "最后乘子理论", 后者是一个关于用变换 (即 "哈密顿-雅可比理论") 来求积哈密顿[VI.37] 的典则运动方程[IV.16§2.1.3] 的理论, 还有最小作用原理的与时间无关的表述 (即 "雅可比原理"). 他关于这些领域的处理途径和得到的结果都收集在他的两部很全面的书中, 即《动力学讲义》(Vorlesungen über Dynamik, 1866) 和《解析力学讲义》(Vorlesungen über Analytische Mechanic, 直到 1966 年才出版). 前一本对于 19 世纪后 30 年德国数学物理的发展有相当大的影响, 而后一本中表现了雅可比在关于力学原理的理解上对于传统观点 (即或者认为力学的原理是基于固有的经验, 或者认为它们是先验的推理) 的批评和强烈的平行于所谓 "约定论" 的观点. 这种观点在当时在科学和哲学中还不太流行, 而到半个世纪以后才把赫兹 (Heinrich Rudolf Hertz, 1857 –1894, 德国物理学家) 和庞加莱[VI.61] 都算到其拥护者之列.

雅可比不仅推进数学的新发展, 他也研究数学的历史. 他研究过古代的数论,而且还是洪堡的巨著《宇宙》①(*Kosmos*, 1845–1862) 的历史部分的顾问, 他也参与制定了出版欧拉的著作的详细计划.

进一步阅读的文献

Koenigsberger L. 1904. *Carl Gustav Jacob Jacobi*. Festschrift zur Feier des Hundertsten Wiederkehr seines Geburtstages. Leipzig. Teubner.

Helmut Pulte

VI.36 狄利克雷
(Peter Gustav Lejeune Dirichlet)

1805年生于法兰西帝国 (今德国)Düren; 1859年卒于德国哥廷根
数论; 分析; 数学物理; 水力学; 概率论

德国的数学教育水平不高, 因而驱使狄利克雷来到巴黎求学. 他在那里见到了领头的法国数学家, 如 Lacroix (Sylvestre François Lacroix, 1765–1843 法国数学家)、泊松[VI.27] 和傅里叶[VI.25], 其中特别是傅里叶吸引了他. 1827 年他在 Breslau(今波兰 Wroclaw) 大学任教.第二年他迁移到柏林,在那里他被任命为军事学院的教授,但是也允许他在大学教课. 1831 年他在大学里成了教授, 自此以后直到 1855 年, 他都在两个机构任职,直到那一年,他来到哥廷根大学成了高斯[VI.26] 教席的继任者.

狄利克雷的主要的兴趣在数论上, 他的指路明星就是高斯的先驱性的著作《算术研究》(1801), 正是这本书使得数论成了一个数学学科, 狄利克雷终生都在研读这本书, 他不仅是第一个完全读懂了这本书的数学家, 也是这本书的诠释者, 他做了其中的题目, 改进了其中的证明并发展了其中的思想.

从他在 1825 年最早发表自己的论文起, 狄利克雷就获得了国际的声誉. 那篇论文讨论的是形如 $x^5 + y^5 = Az^5$ 的丢番图方程, 给出了本质性的结果来验证费马大定理[V.10] 的 $n = 5$ 的情况 (而在几个星期以后, 勒让德[VI.24]就利用了这个结果在 $n = 5$ 时证明了费马大定理). 在 1837 年发表的一篇文章里, 狄利克雷得到了一个新的革命性思想, 就是把解析方法用于数论. 他引入了现在称为狄利克雷 L 级数的表达式, 就是下面的无穷级数

---

① 在讲到洪堡时应该指出他们有两兄弟. 哥哥是 Wilhelm von Humboldt (1767–1835), 人文学家, 著名的教育改革者, 1810 年创建了柏林大学, 现在就称为洪堡柏林大学. 弟弟是 Alexander von Humboldt (1769–1859), 是博物学家, 科学考察家, 他最著名的考察活动是到南美洲的考察, 他对于德国自然科学的发展影响巨大. 他曾延聘高斯担任一个计划中类似巴黎高工那样的工科大学校长, 但是整个计划都没有成功. 然而, 高斯研究地磁学和大地测量确实是受他的影响. 他计划写一部科学巨著《宇宙》, 计划写五卷, 但是第五卷尚未完成就去世了. 在这部巨著里, 他把古希腊的宇宙是有规律的思想用于地球, 指出在貌似混沌之处实际上是有规律的, 他的这个思想与当时流行的造物主的思想形成尖锐的对立. —— 中译本注

$$L\left(s,\chi\right)=\sum_{n=1}^{\infty}\frac{\chi\left(n\right)}{n^{s}},$$

其中 $\chi\left(n\right)$ 是 $\bmod k$ 的**狄利克雷特征**, 就是一个对于整数的复值完全乘法函数, 而所谓完全乘法函数就是对于一切整数 a 和 b 都适合 $\chi\left(ab\right)=\chi\left(a\right)\chi\left(b\right)$ 的函数, 这里要求 χ 以 k 为周期, 而且不恒等于零. 狄利克雷用这种 L 级数证明了每一个算术数列 $\{an+b:n=0,1,\cdots\}$(这里要求 a 和 b 互素) 中都含有无穷多个素数. 在 1838 和 1839 年发表的两篇文章里, 他用了他的新方法, 还有别的东西, 给出了二元二次型的类数的公式: 类数就是具有给定的行列式的二次型的真子类的数目. 人们时常说, 就是这三篇论文成了解析数论的起点.

狄利克雷对于代数数论做出了重要的贡献, 集中在他关于代数数域的单位的阿贝尔群的单位定理[III.63] 上. 这些贡献加上许许多多归功于他的贡献 (例如他的 Schubfachprinzip, 即 "箱子原理"① 和关于双二次互反性的工作; 关于高斯和的工作) 都放进了他的有影响的著作《数论讲义》(*Vorlesungen über Zahlentheorie*) 中, 而在 1863 年由他以前的学生**戴德金**[VI.50] 出版.

受到他在巴黎的学生时代与傅里叶密切接触的影响, 狄利克雷在数学中的其他主要兴趣是在分析、数学物理以及它们的联系上. 在 1829 年的一篇突破性的文章里, 狄利克雷不仅给出了一定条件下傅里叶级数的收敛性的第一个严格证明, 还使用了新方法和新概念 (例如他对于级数的条件收敛性的重要性的洞察; 他的狄利克雷函数②影响了函数概念的发展), 这一切就使得这篇文章成为经典, 成了 19 世纪关于分析的无数研究的基础. 他也致力于重积分的决定以及一个函数用球函数的展开, 并且把这些结果用到数学物理中去. 他对于数学物理的主要贡献包括了关于热的理论、水力学、椭球体的引力、n 体问题和位势理论的许多论文. 第一边值问题 (或称 "狄利克雷问题", 就是求椭圆型偏微分方程在某个区域内部的解, 而在区域的边缘上取预先给定的值) 已经由傅里叶和其他人处理过, 但是狄利克雷证明了解的唯一性, 而**狄利克雷原理**[IV.12§3.5](这是把求解椭圆型偏微分方程[IV.12§2.5] 的边值问题化成变分问题[III.94] 的一种方法) 则是狄利克雷在讲位势理论时介绍进来的, 改进了高斯所提出的一个方法. 与狄利克雷在分析中的贡献相联系的还有他对于概率论和误差理论的贡献, 特别是他对于概率极限定理所发展的新方法.

狄利克雷也通过他的数学风格, 即证明的准确性和优雅, 还有通过他的教学, 影响了数学的进一步发展. 他和他的朋友**雅可比**[VI.35]通过在大学里对最近的研究所作的讲演和讨论班, 在德国的大学里开辟了数学教学新时代, 从他开始了柏林的数学黄金时代. 虽然狄利克雷并没有创立自己的数学学派, 他的影响可以在**戴德金**[VI.50]、艾森斯坦 (Ferdinand Gotthold Max Eisenstein, 1823–1852, 德国数学家)、

---

① 在我国文献中常称为 "抽屉原理", 英文文献这叫 pigeonhole principle (鸽子笼原理), 现在则是德文的说法. —— 中译本注

② 就是在有理点取值 0 而在无理点取值 1 的函数. —— 中译本注

克罗内克[VI.48]、黎曼 [VI.49] 和其他人的工作中感觉到.

进一步阅读的文献

Butzer F L, Jansen M, and Zilles H. 1984. Zum bevorstehenden 125. Todestag des Mathe-matikers Johann Peter Gustav Lejeune Dirichlet (1805–1859), Mitbegrüder der mathe-matischen Physik im deutschsprachigen Raum. *Sudhoffs Archiv*, 68:1-20.

Kronecker L and Fuchs L eds. 1889–1897. *G. Lejeune Dirichlet's Werke*, two volumes. Berlin: Reimer.

VI.37　哈　密　顿
(William Rowan Hamilton)

1805年生于爱尔兰Dublin; 1865年卒于爱尔兰Dublin

变分法; 光学; 动力学; 代数; 几何

　　哈密顿受教于爱尔兰的都柏林的三一学院, 当他于 1827 年毕业前不久, 就受聘为天文学教授, 并担任爱尔兰的皇家天文学家, 而终生担任此职.

　　他的第一篇论文《论光线束: 第一部分》(*Theory of systems of rays:part first*, 1828) 是他还是大学生时写成的, 他在文中发展了研究光在曲面上反射产生的焦点和聚焦曲线的新方法. 哈密顿在其后的五年中进一步展开了他研究光学的新的途径, 对于原来这篇论文又发表了三篇实质性的补充. 他证明了一个光学系统的性质完全由某个 "特征函数" 决定, 这个特征函数是一条光线起点和终点坐标的函数, 度量光通过这个系统所需的时间. 他预言了当光以一定角度入射到一个双轴晶体上的时候, 一定被绕射成为一个中空的锥面出射. 这个预言由他的朋友和同事 Humphrey Lloyd 证实了.

　　哈密顿又让他的光学的方法适用于动力学的研究. 他在他的论文《论动力学的一个一般方法》(*On a general method in dynamics*, 1834) 中证明了排斥和吸引的质点组的动力学系统可以完全由某个特征函数来决定, 这个函数满足一个微分方程组, 现在称为哈密顿–雅可比方程[IV.12§2.1], 在后继的一篇论文《再论动力学的一个一般方法》(*Second essay on a general method in dynamics*, 1835) 中, 哈密顿又介绍了一个动力学系统的所谓主函数(principal function), 并把这个动力学系统的运动方程改写成所谓的哈密顿形式[IV.16§2.1.3], 而且在这样的背景下改进了微扰理论的方法.

　　哈密顿在 1843 年发现了四元数[III.76] 系统, 这个系统的基本方程是在那一年 10 月 16 日当他在都柏林的皇家运河河边散步时灵感一闪之间得到的, 他后来的绝大部分数学工作都是关于四元数的. 他这方面工作的大部分不难翻译成现代向量分析的语言, 其实, 向量代数和分析的许多概念和结果都是从哈密顿关于四元数的工作中产生出来的. 紧接着四元数的发现, 哈密顿在三年之内写了许多短文把四元数应用于研究动力学. 他也研究过一些与四元数有关的代数系统. 然而, 他关于四元数的工作大部分是关于四元数在研究几何问题上的应用, 特别是关于二阶曲面的研究以及关于曲线和曲面的微分几何的研究 (在他离世的那几年尤其如此). 他关于四元数的研究的大部分结果都可以在他写的两本书里找到, 这两本书就是:《四元数讲义》(*Lectures on Quaternions*, 1853) 和《四元数原理》(*Elements of Quaternions*, 1866, 去世后才印行).

进一步阅读的文献

Hankins T L. 1980. *Sir William Rowan Hamilton*. Baltimore, MD: John Hopkins University Press.

David Wilkins

VI.38 德 · 摩根
(Augustus De Morgan)

1806年生于印度Madura (今Madurai); 1871年卒于伦敦; 1828–1831 年和 1836–1866 年任 University College 教授; 1865–1866 年任伦敦数学会第一任主席

德 · 摩根是一位在许多数学领域和数学史中的多产的作者, 对于数理逻辑的发展作了重要的、开创性的贡献. 人们记得他特别是因为所谓德 · 摩根法则, 这是他 1858 年在 *Transaction of the Cambridge Philosophical Society* 里第一次发表的. 这些 "法则" 可以 (用集合的记号) 这样来表述: 如果 A 和 B 是集合 X 的子集合, 则 $(A \cap B)^c = A^c \cup B^c$, 同时 $(A \cup B)^c = A^c \cap B^c$. 这里 "∪" 表示并, "∩" 表示交, 而上标 "c" 表示关于 X 的余集合.

VI.39 刘 维 尔
(Joseph Liouville)

1809年生于法国Saint Omer; 1882年卒于巴黎
任意阶的微分; 闭形式的积分; Sturm-Liouville 理论; 位势理论; 力学; 微分几何; 双周期函数; 超越数; 二次型

刘维尔是法国数学家在柯西[VI.29] 的一代和厄尔米特[VI.47] 的一代之间的领头的数学家. 直到 1851 年为止, 他一直在自己的母校巴黎高工教分析和力学, 然后

才成为法兰西学院 (College de France) 的教授. 此外, 他从 1857 年起还担任巴黎大学 (即 Sorbonne) 的教授、巴黎科学院的院士和经度局的成员. 1836 年, 他创办了 *Journal de Mathématiques Pures et Appliquées* 这份杂志, 至今仍然存在.

他的范围广泛的研究工作时常是受到了物理学的启迪, 例如, 他在早期关于形如 $(d/dx)^k$, k 为任意复数的微分算子的理论, 就是来自安培 (André-Marie Ampère, 1775–1836, 法国物理学家和数学家[①]) 的电动力学的工作. 类似地, 在 1836 年左右, 他和他的朋友施图姆 (Jacques Charles François Sturm, 1803–1855, 法国数学家) 一同致力的刘维尔–施图姆理论是受到了热传导理论的启发. Liouville-Sturm 理论研究的是线性二阶自伴微分方程, 其中含有一个参数, 需要确定这个参数的值使得这个方程存在非平凡 (即不恒等于零) 的满足给定的边值条件的解 (称为本征函数). 刘维尔对于这个理论的主要贡献是证明了 "任意" 函数都有一个收敛的对于本征函数的 "傅里叶展开式". 刘维尔–施图姆理论是导向一个更加定性的微分方程理论的重大的一步, 也是关于很广大的一类微分算子的谱理论的第一个工作.

1844 年, 刘维尔给出了存在**超越数**[III.41] 的第一个证明, 一个著名的例子是 $\sum_{n=1}^{\infty} 10^{-n!}$. 在同样的思想脉络下, 在 1830 年代他已经证明了存在这样的初等函数, 例如 e^t/t, 其积分不能用初等的形式 (就是用闭形式) 表示, 也就是不能用代数函数、指数函数和对数函数来表示. 特别是, 他证明了椭圆积分是非初等的.

1844 年, 刘维尔建议了一种全新的处理**椭圆函数**[V.31](即椭圆积分的反函数) 的方式, 这种方式是基于对于双周期函数的系统研究, 特别是基于下面的观察, 即这一函数如非常数则必有奇点. 当柯西听说了这个定理以后, 他立刻把它推广为以下的命题, 就是任意有界复解析函数必定是一个常数. 这个命题今天就称为刘维尔定理.

在力学里面, 刘维尔的名字和下面的定理相联系: 如果一个力学系统是按照**哈密顿方程**[III.88§2.1] 运动的, 则相空间中的体积不变. 实际上, 刘维尔是证明了一个由一般微分方程组的解构成的**行列式**[III.15] 取常值. **雅可比**[VI.35] 指出这个定理对于哈密顿的方程的应用, 而玻尔兹曼 (Ludwig Eduard Boltzmann, 1844–1906, 奥地利物理学家) 把这个行列式解释为相空间里的体积, 并且强调了它在统计物理学中的重要性.

---

① 安培是怎样发现电动力学的? 以下录自维基百科备忘: 安培的名声主要来自他确立了电与磁的关系, 发展了电磁学的理论, 或者用他的说法就是电动力学. 1820 年 9 月 11 日, 他听说了奥斯特关于磁针被电流作用偏转的实验. 仅仅一周以后, 即同年 9 月 18 日, 安培就向科学院提交了一份报告, 对这个实验和同类的现象作了更加完全的讲述. 同日, 安培也在科学院当众展示了两条载有电流的平行的导线或者互相吸引, 或者互相排斥, 视电流方向相同 (吸引) 或相反 (排斥) 而定, 这就奠立了电动力学的基础. 安培发展了电动力学的数学基础, 不仅解释了这些事实, 而且还预示了新现象. —— 中译本注

刘维尔对于力学和位势理论还作出了许多其他的重要贡献. 例如, 雅可比假设了当一个绕轴旋转的流体的行星的角动量足够大时, 有两种形状在旋转的参考系中是平衡的: 一是旋转椭球, 一是具有三个不相等的轴的椭球. 刘维尔证明了雅可比是正确的, 而更进一步惊人地证明了只有后一种情况是稳定平衡. 刘维尔只是发表了这个结果, 而把其验证留给了李雅普诺夫 (Aleksandr Mikhailovich Lyapunov, 1857–1918, 俄罗斯数学家) 和庞加莱[VI.61](至少是在角动量不太大时去证明它).

第一个认识到伽罗瓦[VI.41] 关于方程的不可解性[V.21] 理论的重要性的是刘维尔, 刘维尔在他的杂志里发表了伽罗瓦的一些最重要的论文, 这是对于代数学做了一件大事.

进一步阅读的文献

Lützen J. 1990. *Joseph Liouville* 1809–1882: *Master of Pure and Applied Mathematics*. Studies in the History of Mathematics and Physical Sciences, volume 15. New York: Springer.

Jesper Lützen

VI.40　库　默　尔
(Edouard Kummer)

1810年生于德国Sorau(今波兰Zary); 1893年卒于柏林

1832–1842 年在 Liegnitz (今波兰 Legnica) 任中学教师; 1842–1855 年在 Breslau 大学 (今波兰 Wroclaw) 任教授; 1855–1882 年在柏林

库默尔早年从事函数论的研究, 在这个领域中, 他对于 (广义) 超几何级数有重要贡献 (所谓广义超几何级数就是相继系数的比为有理函数的幂级数). 库默尔在此超过了高斯[VI.26], 不仅对于超几何微分方程

$$x\,(x-1)\,\frac{\mathrm{d}^2 y}{\mathrm{d}x^2} + (c - (a+b+1)\,x)\,\frac{\mathrm{d}y}{\mathrm{d}x} - aby = 0$$

的解提供了系统的处理, 而且给出了超几何函数与其他新函数如椭圆函数[V.31] 的联系.

在移居 Breslau 以后, 库默尔开始了对数论的研究, 正是在这个领域中, 他得到了最大的成功: "理想素因子" 的理论 (1845–1847). 库默尔的理论被说成是理想[III.81§2] 理论的早期贡献, 他所用的算法的途径与后来戴德金[VI.50] 所遵循的途径大不相同. 库默尔原来的目的是要把二次互反律[V.28] 推广到高次幂的情况, 而他在 1859 年做到了这一点. 这个研究还有一个推论就是他得以对所有的素指数

证明费马大定理[V.10]. 因此, (因为 4 次的情况已经得证) 费马大定理对于指数小于 100 的情况就都得到了证明.

库默尔生涯的第三个阶段有转向代数几何. 继续哈密顿[VI.37] 和雅可比[VI.35] 关于射线系统和几何光学的工作, 他被引导到发现一个具有 16 个结点 (nodes) 的四次曲面, 现在就称为库默尔曲面.

VI.41 伽 罗 瓦
(Évariste Galois)

1811年生于法国Bourg-la-Reine; 1832年卒于巴黎

方程理论; 群论; 伽罗瓦理论; 有限域

伽罗瓦直到 11 岁还是在家里学习, 然后就进了巴黎的 Collège Louis-le-Grand①, 他在那里就读了六年. 在那里, 他并不愉快, 使他的教师的日子也过得不好, 但是他的数学极佳, 除了当时所用的教本以外, 他还攻读拉格朗日[VI.22]、高斯[VI.26] 和柯西[VI.29] 的高深的著作. 1828 年 6 月, 他想提前参加巴黎高工的入学考试, 但是没有考取. 而到 1829 年 6 月, 在他父亲自杀去世以后, 伽罗瓦又被高工拒绝了. 1829 年 10 月, 他进了预备学校 (就是后来的巴黎高师 (École Normale Supérieure), 但是到了 1830 年 12 月, 就因为政治上和当局不合而被开除. 1831 年法国国庆日 (7 月 14 日, 也叫巴士底日), 又因藐视当局罪再次被捕入狱八个月. 1832 年 4 月底, 他终于出狱, 又不知怎么搞的与人决斗. 5 月 29 日, 他把自己的稿件编辑起来, 并且把自己的发现概述在给一位朋友 August Chevalier 的信里. 第二天早上决斗举行了, 伽罗瓦在 1832 年 5 月 31 日去世. 关于他, 人们写过许多东西. 但是, 离世那么早的青年人, 留给历史学家的实实在在的证据几乎没有什么, 所以尽管他的故事那么丰富, 绝大多数为他写传记的人都听任自己以浪漫的方式来涂绘对于他的生活的叙述.

伽罗瓦的数学工作集中在四篇主要的论文中 (还有一些比较小不那么重要的项目). 第一篇发表的是《关于数的理论》(Sur la théorie des nombres), 发表于 1830 年 4 月, 包含了伽罗瓦域的理论. 它们是复数域的类比, 对于 mod 一个素数 p 的整数附加上一个 mod p 同余的既约多项式的根得到的, 这篇论文包含了后来成为有限域理论的主要特点.

在决斗前夕伽罗瓦写给 Chevalier 的信中, 伽罗瓦提到了三篇文章, 其中第一

---

① 名为 Collège, 实际是进大学的预备阶段, 因此是中学, 它也称为 Lycée Louis-le-Grand. Lycée 也是同样性质的学校. 法国有许多著名的 Lycée, 伽罗瓦就读的这一个是很著名的, 出过许多著名的学者. —— 中译本注

篇, 现在通称为 "第一篇论文"(*Premier Mémoire*), 是一篇手稿, 题为《论方程可用根式求解的条件》(*Sur les conditions de résolubilité des équations par radicaux*). 伽罗瓦把这篇关于方程的文章在 1829 年 5 月 25 日和 6 月 1 日投交巴黎科学院, 但是现在此文已经遗失, 很可能是伽罗瓦按照柯西的意见, 在 1830 年 1 月把它收回了 (伽罗瓦是把这篇文章送交柯西审查的). 到 1830 年 2 月, 他又重新提交应征数学大奖, 但是这篇文稿很不幸在傅里叶[VI.25] 死后又神秘地失踪了 (而这项大奖颁给阿贝尔[VI.33](当时已经去世) 和雅可比[VI.35]). 在泊松[VI.27] 的鼓励下, 他在 1831 年 1 月第三次投稿, 正是这个稿件 (由科学院的审查人泊松和 Lacroix 审阅, 并于 1831 年 7 月 4 日退稿) 流传至今, 成为 "第一篇论文" 的文稿. 这是一篇非常值得注意的工作, 伽罗瓦在其中引入了我们今天说的一个方程的伽罗瓦群, 而且说明了一个方程可以用根式来求解的条件恰好可以用这个群的性质来刻画. 正是 "第一篇论文" 把方程的理论变成了我们今天说的伽罗瓦理论[V.21].

"第二篇论文"(*Second Mémoire*) 至今也还存在, 但是伽罗瓦伊并没有把它写完, 它也不完全正确. 然而这是一个令人鼓舞的文稿, 它集中在我们今天说的群论的许多方面, 它的主要定理 (用群论的语言来说) 就是每一个本原可解置换群 (primitive soluble permutation group) 的阶数都是一个素数的幂, 而且可以表示为素域 F_p 上的仿射变换群, 它也包含了 F_p 上 2 维线性群的不完全的研究. "第三篇论文"(*Troisième Mémoire*), 伽罗瓦说是关于椭圆函数[V.31] 的积分理论的, 却一直没有找到.

伽罗瓦的主要工作 —— 包括论文《关于数的理论》(*Sur la théorie des nombres*)、"第一篇论文"、"第二篇论文" 以及伽罗瓦写给 Chevalier 的信 —— 最后由刘维尔[VI.39] 在 1846 年出版. Bourgne 和 Azra 加了评论的伽罗瓦著作集, 包括现在已知的伽罗瓦著作的所有片断, 在 1962 年出版 (就是本文末参考文献中的 (Bourgne, Azra, 1962)).

伽罗瓦的遗产十分丰富. 他的思想直接引导到 "抽象代数"(见 [II.3§6]). 当后来有限域的概念在 19 世纪发展起来时, 证实了其绝大部分都已经在伽罗瓦的第一篇论文中预见到了. 伽罗瓦理论是直接从 "第一篇论文" 的材料中得来的; 而群论则是来自 "第一篇论文" "第二篇论文" 的思想加上柯西 1845 年的一系列文章发展起来的.

进一步阅读的文献

Bourgne R and Azra J-P, eds. 1962. *Écries et Mémoires Mathématiques d'Evariste Galois*. Paris. Gauthier-Villars.

Edwards H M. 1984. *Galois Theory*. New York: Springer.

Taton R. 1983. Évariste Galois and his contemporaries. *Bulletin of the London Mathematical*

Society, 15: 107-18.

Toti Rigatelli L. 1996. *Évariste Galois* 1811–1832, translated from the Italian by J. Denton.
    Basel: Birkhäuser.

Peter M. Neumann

VI.42   西尔维斯特
(James Joseph Sylvester)

1814年生于伦敦; 1897年卒于伦敦.
代数

因为是犹太人, 所以西尔维斯特不能得到 1837 年他在剑桥 St.John 学院所应得的学位, 也不能在英国国教[①]的大学里竞争教职, 这一点有效地迫使他沿着一条曲折的道路走向他作为一个研究人员的个人生涯目标. 1840 年代和 1850 年代成为一个英国律师以前, 他在伦敦做保险. 在 1870 年代, 有一段时间他是失业的, 而在不同时间, 在英国和美国做过自然哲学和数学的教授. 最值得注意的是, 在 1876 年到 1883 年, 西尔维斯特成为美国马里兰州巴尔的摩的约翰霍普金斯大学的第一位数学教授. 由于 1871 年的一项法律, 使得非英国国教徒也能成为牛津剑桥的教授, 有条件被选中而且最后也成功地担任了牛津的 Savilian 几何教授[②], 他担任牛津的这个教席直到 1894 年因健康问题而不得不退休为止. 西尔维斯特在 John Hopkins 大学实行的计划为他确立了在美国的数学历史中研究水平中枢的地位, 他的数学成就早在 1860 年代就已经获得了国际声誉.

在 1830 年代后期, 西尔维斯特就以决定了两个多项式何时有公共根的工作登上了研究舞台. 很自然地, 这不仅引导到行列式理论的问题, 而且引导到对于施图姆的算法中出现的中介的表达式作显式的、开拓性的和自觉的代数分析 (1839, 1840), 施图姆的这个算法想要解决的就是决定一个多项式方程在两个给定的实数之间有多少个实根, 西尔维斯特以他自己称为是透析的消去方法继续了施图姆的工作: 决定两个多项式方程何时有公共根的用行列式[III.15] 来表示的一个新的判据 (1841).

他的第二个主要研究的冲动是在 1850 年代来到的, 他和凯莱[VI.46] 一起提出了一个不变式理论, 这里面还涉及到与之相关、稍微广阔一点的 "协变式" 理论. 具

---

① 16 世纪, 英国国王亨利八世与罗马教皇为争夺统治权益闹矛盾, 于是英国国王自立门户, 建立了英国自己的教会体系, 其最高领导人不再是罗马教皇, 而是由英国国王任命的坎特伯雷大主教, 这就叫做英国国教, 说不上是天主教或者新教, 凡不服从国教的, 不管是天主教徒和清教徒, 一律镇压. —— 中译本注

② 这个教职是 Henry Savile 爵士 (1549–1622) 在 1619 年在牛津大学设立的. Henry Savile 是一位英国学者, 曾任牛津大学 Merton College 的院长 (Warden) 和伊顿公学的校长 (Provost). —— 中译本注

体地说, 给定一定次数的二元形式, 他和凯莱设计了一种方法, 既可以显式地求出它的不变式和协变式, 又可以找出它们之间的代数关系, 而西尔维斯特和凯莱在此借用了一个天文学名词, 称此为 "合冲"(syzygy, 就是三个天体位于同一直线上) 关系. 西尔维斯特在两篇重要文章里已经解决了这个问题, 这两篇文章就是《论形式的计算的原理》(*On the principles of the calculus of forms*, 1852) 以及《两个有理整函数的合冲关系的理论》(*On a theory of syzygetic relations of two rational integral functions*, 1853). 在后文中, 西尔维斯特除了其他结果以外, 还证明了西尔维斯特惯性定律: 若 $Q(x_1, \cdots, x_n)$ 是一个秩为 r 的实二次型[III.73], 则一定存在一个 (实的) 非奇异的线性变换, 把 $Q(x_1, \cdots, x_n)$ 变成 $x_1^2 + \cdots + x_p^2 - x_{p+1}^2 - \cdots - x_r^2$, 其中 p 是唯一决定的.

西尔维斯特在 1864 年和 1865 年震惊了数学界, 因为他给出了牛顿[VI.14] 规则的第一个证明, 就是决定一个多项式方程正根和负根个数的界限的规则 (牛顿只是提出了这个规则, 但没有证明它). 然而, 他就此进入了一个休耕期, 一直到他移居巴尔的摩为止. 在那里, 他又回到不变式理论, 特别是对于二元形式, 如何归纳地决定与它们相联系的协变式的最小的生成集合的个数, 先从 2 次形式开始, 再则是 3 次形式, 再则是 4 次形式, 仿此以往. 1868 年, 哥尔丹 (Paul Albert Gordan, 1837–1912, 德国数学家) 证明了这个数一定是有限的, 而在证明过程中也证明了凯莱早前的一个结果是错误的. 凯莱宣布, 他已经证明了对于二元的五次型 (就是五次的二元形式), 协变式的最小生成集合是无限的. 到 1879 年, 西尔维斯特用显式算出与二元形式相联系的协变式的最小的生成集合的个数, 从二次形式一直算到十次形式, 他也成功地看出凯莱的一个定理中关键的缺陷并且把它补起来, 这个定理是关于与任意次的二元形式相联系的线性无关的协变式的个数的.

西尔维斯特是 *American Journal of Mathematics* 的创办主编, 而且说真的, 他的不变式理论的工作的大部分、关于剖分的结果 (1882)、关于三次曲线的有理点的结果 (1879–1880), 以及关于矩阵代数的结果 (1884), 也都是发表在这个刊物上.

进一步阅读的文献

Parshall K H. 1998. *James Joseph Sylvester: Life and Work in Letters*. Oxford: Clarendon.

——. 2006. *James Joseph Sylvester: Jewish Mathematician in a Victorian World*. Baltimore, MD: Johns Hopkins University Press.

Sylvester J J. 1904–1912. *The Collected Mathematical Papers of James Joseph Sylvester*, four volumes. Cambridge: Cambridge University Press (Reprinted edition published in 1973. New York: Chelsea.)

Karen Hunger Parshall

VI.43　布　　尔
(George Boole)

1815年生于英国Lincoln; 1865年卒于爱尔兰共和国Cork

布尔代数; 逻辑; 算子理论; 微分方程; 差分方程

　　布尔没有上过中学、学院和大学, 他几乎完全是自学的. 他的父亲是一个穷苦的鞋匠, 但是对于造望远镜和其他科学仪器比对做鞋子的兴趣更大, 结果就是他的小店铺倒闭, 而布尔不得不离开学校, 去做初级的教员, 以帮助他的双亲和一个妹妹及两个弟弟. 他才 10 岁时就已经掌握了拉丁文和古希腊文, 而到了 16 岁就能够流利地读和说法语、意大利语、西班牙语和德语. 他从他父亲那里继承了对于力学、物理学、几何学和天文学的爱好, 并且和他父亲一起来造能够运行的科学仪器. 然后, 布尔转向数学, 而到 20 岁就发表了关于微积分和线性系统的独创性的研究成果. 他写了两篇关于线性变换的里程碑式的论文 (1841 和 1843 年), 为不变式理论提供了起点, 但是, 他把发展这个学科的工作留给凯莱[VI.46] 和西尔维斯特[VI.42]. 1844 年, 他的关于分析中的算子的论文得到了皇家学会的金奖, 这是皇家学会第一次为提交学会的数学论文颁发金奖. 这篇论文的重要性不仅在于第一次 (这一点尚可商榷) 提出了算子[III.50] 概念的清晰定义, 而且还在于它对于布尔以后思想的影响. 对于布尔, 一个算子就是微积分中的一个运算, 例如微分 (他把这个运算记作 D), 并且把它当作自己独立的对象. 他为 D 的函数导出的法则和他的逻辑代数的法则有明显的相似, 关于逻辑代数, 我们下面还要谈.

　　有一段时间, 布尔想去当牧师, 但是家庭的条件不让他这样做. 对于创世的尊敬使他对于人的心智是如何工作的很感兴趣, 因为他认为人的心智是上帝最大的成就. 他希望能够和他以前的莱布尼兹[VI.15] 和亚里士多德一样, 解释大脑是如何处理信息并且把这个信息表示成数学形式的. 1847 年, 他出版了一本书, 题为《对于逻辑的数学分析》(*A Mathematical Analysis of Logic*), 向着这个目标走出了第一步. 但是这本书并未广泛流通, 对于数学界影响很小.

　　1848 年, 布尔被任命为爱尔兰的 Cork 地方皇家学院的数学教授, 在那里他又把自己的思想扩展, 并重新写成《对于思维的法则的研究》(*An Investigation of the Laws of Thought*, 1854) 一书, 在书中他引入了一种新的代数, 即逻辑的代数, 而后来发展为我们现在讲的布尔代数 (Boolean algebra). 他从自己早年对于语言的攻读认识到, 每一种日常的语言下面都有一个数学结构. 例如, 所有欧洲男人成为一个类, 连同欧洲女人的类 ("连同" 就是集合理论里讲的 "并")一起, 所得的类就和欧洲的男女所成的类是一回事. 用字母来表示对象的一个类, 也就是一个集合, 布尔就可以把上面所说的写成 $z(x+y) = zx + zy$, 这里字母 x, y 和 z 表示男人的类、女人的类和欧洲人的类. 加号理解为类的并 (至少对于互相分离的类, 如男人的类和女人的类), 乘号 (这里就是把两个字母并排来写) 理解为类的交.

布尔代数里的主要法则是交换律、分配律以及他称之为 "对偶的基本定律" 的 $x^2 = x$[①]. 这个定律可以这样来解释: 所有白羊的类与所有白羊的类之交仍是所有白羊的类. 这个定律和其他的法则不同, 其他法则对于通常的数都适用, 而这一个定律对于数 x, 则只对 $x = 0$ 或 $x = 1$ 适用.

布尔与传统数学的决裂在于: 对于对象的适当定义的类即集合的研究, 能够有确切的数学解释, 而这一点对于数学分析是很基本的. 在简单的情况下, 他的方法把经典的逻辑化成了符号的数学形式. 用 0 和 1 两个符号来表示 "无"(nothing) 和 "一切"(universe), 而用 $1 - x$ 来表示类 x 的余集合, 布尔 (从 "对偶的基本定理") 导出了 $x(1-x) = 0$, 而此式表示了一个对象不可能既具有某个性质, 而同时又不具有这个性质, 这一点通常叫做矛盾律. 布尔也把他的演算用到了概率论上.

布尔代数一直沉睡到 1939 年, 那时香农[②]发现了布尔代数是描述数字开关线路的适当的语言, 这样, 布尔的工作变成了电子学和数字计算机技术现代发展的不可少的工具.

布尔对于数学还有其他一些贡献, 如微分方程、差分方程、算子理论和积分计算等等, 他写的微分方程教本(1859) 和有限差教本 (1860) 中, 包含了他的许多独创的研究, 至今仍在印行, 但是, 人们纪念他, 主要是把他作为符号逻辑之父和计算机科学的创始人之一.

进一步阅读的文献

MacHale D. 1983. *George Boole, His Life and Work*. Dublin: Boole Press.

Des MacHale

---

①　现在常称为乘法的 "幂等律"(idempotent law). —— 中译本注

②　香农 (Claude Elwood Shannon, 1916–2001) 是美国数学家和电子工程师. 1937 年当他在 Vannevar Bush 指导下在 MIT 读硕士学位时, 研究的就是 Bush 的微分分析器 (一种模拟计算机), 他发现把布尔代数用于电路分析就可以造成具有各种逻辑功能的线路, 他的这篇硕士论文被称为 "历史上最重要的硕士论文", 实际上布尔代数可以用于一切数字装置. 1948 年, 香农又发表了 A mathematical theory of communication. *Bell System Technical Journal*, vol. 27, pp. 379–423, 623–656, 7 月和 10 月, 1948, 这篇文章奠定了信息论的基础, 所以人们称香农为 "信息论之父". 在计算机的时代, 香农的贡献的意义至为巨大, 实际上影响了人类科学和技术的发展方向, 由此也可以见到布尔的伟大贡献. —— 中译本注

VI.44 魏尔斯特拉斯
(Karl Weierstrass)

1815年生于德国Ostenfelde; 1897年卒于柏林
分析

  魏尔斯特拉斯以在波恩大学攻读金融和行政学开始了自己的生涯, 但是他真正的兴趣是在数学, 而他在波恩大学的学业并没有完成. 他获得了作为中学教师的资格, 并且在中学任教 14 年. 他一生的转折点是在将近 40 岁时发表了一篇关于阿贝尔函数的突破性的论文, 其中解决了超椭圆积分的反演问题. 不久以后, 他就得到了柏林大学的一个职务. 他以最为严格的标准要求自己, 所以发表的东西极少. 他的思想和声誉是通过他的几个出色的讲义来流传的, 这些讲义在全球各地为他吸引了学生, 培育了数学家.

  魏尔斯特拉斯被称为 "现代分析之父", 他对于这个学科的各个分支都有贡献: 微积分、微分和积分方程、变分法[III.94]、无穷级数、椭圆函数和阿贝尔函数, 以及实和复分析, 他的工作的特点就是注重基础以及细致的逻辑分析. 后来, "魏尔斯特拉斯式的严格性" 就表示最严格标准下的严格性.

  17 和 18 世纪的微积分是一种助探式、启发式的微积分, 缺少逻辑基础. 19 世纪在数学中引进了严格性, 其中就包括了检查数学的各个领域的基础. 柯西[VI.29]在 1820 年代在微积分中开始了这个过程. 但是, 他的方法仍有几个主要的基本问题: 用文字和语言来定义极限和连续性; 时常使用无穷小量, 以及在证明各种极限的存在时借助于几何直觉.

  魏尔斯特拉斯和戴德金[VI.50](还有其他人) 决定来弥补这个不能使人满意的情况, 他们给自己树立了一个目标, 按照戴德金的说法, 就是以 "纯粹算术化" 的方式来证明定理. 为此目的, 魏尔斯特拉斯给出了极限[I.3§5.1] 和连续性[I.3§5.2] 的精确的 ε-δ 定义 (就是我们今天使用的定义), 这样就从分析中把无穷小量放逐了 (直到几百年以后的鲁宾逊[VI.95] 才又把它请了回来), 他又以有理数为基础定义了实数 (虽然戴德金和康托[VI.54] 的讲法证明比较容易接受), 这样他对于所谓 "分析的算术化"(这是克莱因[VI.57] 创造的一个词) 起了极大的作用. 在他对于实分析的贡献中, 引人注目的贡献还有一致收敛性的引入 (这是他和赛德尔 (Philipp Ludwig von Seidel, 1821–1896, 德国数学家) 一同引入的), 还有他关于处处连续但处处不可微的函数的例子 (柯西和同时代的人都相信, 连续函数除了可能在孤立的例外点以外, 总是可微的).

  黎曼[VI.49] 和魏尔斯特拉斯 (继承柯西) 建立了复函数理论, 但是, 他们对于这个学科采取了不同的研究途径. 黎曼的整体的几何的概念基于黎曼曲面[III.79] 的概念和狄利克雷原理[IV.12§3.5], 而魏尔斯特拉斯的局部的代数理论则以幂级数和解析拓展[I.3§5.6] 为基础. 他在给施瓦兹 (Karl Hermann Amandus Schwar, 1843–1830, 德国数学家, 魏尔斯特拉斯的学生) 的一封信里说: "我越是考虑函数论的基础 —— 而我一直在这样做 —— 就越深信它必须建立在简单的代数真理上 ……". 他严厉地批评狄利克雷原理没有在数学上得到很好的论证, 而且举出了反例, 这以后他的复分析方法就占了统治地位, 一直到 20 世纪初 [狄利克雷原理在新的观点之下又重新得到了严格的论证]. 克莱因对于魏尔斯特拉斯关于数学的一般方法作了如下的评论: "魏尔斯特拉斯首先是一个逻辑学家, 他缓慢地、系统地、一步一步地前进. 他的工作, 总是力求得到确定的形式."

有许多概念和结果都被冠以魏尔斯特拉斯的名字, 其中就有: 魏尔斯特拉斯逼近定理, 即一个 [有限闭区间上的] 连续函数总可以用多项式一致地逼近; 波尔扎诺–魏尔斯特拉斯定理, 即实数的任意的无穷有界集合必有极限点; 魏尔斯特拉斯因子分解定理给出了一个整函数用无穷多个 "素函数" 因子的乘积的表示; Casorati–魏尔斯特拉斯定理(Casorati 是意大利数学家 Felice Casorati, 1835–1890) 指出一个解析函数在其本性奇点的任意邻域中都可以取任意接近于任意给定复数的值; 魏尔斯特拉斯 M 检验法是对收敛的无穷级数作比较的方法; 而魏尔斯特拉斯 $\wp$ 函数是 2 阶椭圆函数[V.31] 的例子.

魏尔斯特拉斯对于自己在阿贝尔函数上的工作最为骄傲, 而在 19 世纪中, 他的声誉的很大部分就在于此, 然而, 时至今日, 他在这个领域中的结果已经不那么突出了. 他的主要遗产在于坚持要维持一个高的严格性的标准, 寻求数学概念和理论的埋在深层下的思想.

进一步阅读的文献

Bottazzini U. 1986. *The Higher Calculus: A History of Real and Complex Analysis from Euler to Weierstrass.* New York: Springer.

Israel Kleiner

VI.45 切 比 雪 夫
(Pafnuty Chebyshev)

1821年生于俄罗斯Okatovo; 1894年卒于圣彼得堡

1847–1882, 在圣彼得堡任数学助理教授、extraordinary 教授与正教授; 1856 年任职于炮兵委员会; 1856 年为教育部科学委员会成员

由于对瓦特 (James Watt, 1736–1819, 苏格兰的著名发明家和工程师, 蒸汽机

的著名改进者) 的平行四边形连杆以及对于把圆周运动转变为直线运动着了迷, 切比雪夫开始对连杆机构的理论进行深刻的研究. 特别是, 他想找出一个连杆机构使得能够对于在一定范围内的直线运动只产生最小的偏差, 这就相应于下面的数学问题: 在选定的用以逼近函数的函数类中, 找出一个在指定的自变量值处具有最小的绝对误差的函数. 正是在这样的背景下, 特别是在考虑用多项式来逼近一个函数时, 切比雪夫发现了现在以他的名字命名的多项式 (见条目 [III.85]). 这些多项式第一次发表在他的论文《名为平行四边形的机构的理论》(*Théorie des mécanismes connue sou le nom de parallélogrammes*, 1854) 中, 这篇文章标志了他对于正交多项式理论的主要贡献的开始.

第一类切比雪夫多项式的定义是 $T_n(\cos\theta) = \cos n\theta,\ n = 0,1,2,\cdots$, 它们也满足下面的递推关系 $T_{n+1}(x) = 2xT_n(x) - T_{n-1}(x)$, 其中 $T_0(x) = 1$, $T_1(x) = x$. 第二类切比雪夫多项式则满足 $U_n(\cos\theta) = \sin((n+1)\theta)/\sin\theta$, 以及递推关系 $U_{n+1}(x) = 2xU_n(x) - U_{n-1}(x)$, 其中 $U_0(x) = 1, U_1(x) = 2x$.

切比雪夫对于数论也有值得注意的影响, 他已经接近了素数定理[V.26] 的证明. 在概率论中, 人们因为切比雪夫不等式而记得他, 这个结果虽然简单, 却有许多应用.

VI.46 凯 莱
(Arthur Caylay)

1821年生于英国Richmond; 1895年卒于英国剑桥
代数; 几何; 数学天文学

凯莱在 1840 年代数学生涯刚开始的时候, 就已经确定了那些影响到他后来大部分研究的主题了. 他刚进大学时的论文《关于位置的几何学的一个定理》(*On a theorem in the geometry of position*, 1841) 就有下面的创新: 一是现在已经成为标准的行列式[III.15] 的记号, 就是把数的阵列放在两条竖立的直线之间, 以及引入了凯莱-Menger行列式(Menger 就是 Karl Menger, 1902–1985, 奥地利数学家. 这个行列式的作用是用一个 n 维单形的棱的长度来给出其体积). 紧接着在哈密顿[VI.37] 发现了四元数[III.76](1843) 以后, 凯莱就把 3 维空间的旋转用一个简洁的映射 $x \mapsto q^{-1}xq$ 表示出来了, 而这个映射把他引导到凯莱–克莱因[VI.5]参数. 他概略地提出了一个非结合的八元数[III.76](或称凯莱数) 系统、关于曲线的相交的凯莱-Bacharach定理, 还有被称为凯莱曲线(Cayleyan curve) 的对偶曲线. 他在其主要论文中, 描述了一个多线性行列式的理论, 也把椭圆函数[V.31] 描述为双无限指标的乘积. 他和 George Salmon (1819–1904, 爱尔兰数学家和牧师) 共同研究了三次曲面上著名的 27 条直线. 然而, 他的少年时期的研究工作最重要的是开始了不变式理论的第一步 (1845,1846), 他的声誉主要也来自这个领域.

在 1849 年到 1863 年间, 也就是他在伦敦当律师的年代, 凯莱 [并没有停止他的数学研究], 而是拓宽了他的研究领域, 但是和那些在许多学科之间漫游的科学名人不同, 他把自己的活动完全限制在数学中, 这是最纯粹的数学. 他以算子的演算为基础, 推广了置换群[III.68], 看出了矩阵不仅作为一个记号是有用的, 而且其自身就构成了研究的对象. 他并不是一个容易激动的人, 但是在发现凯莱–哈密顿定理 [即若 A 是一个实或复 n 阶矩阵, 而 $p(\lambda) = \det |\lambda I - A|$ 是其特征多项式, 则 $p(A) = 0$, 关于哈密顿请参看 [VI.37]] 时, 就自己宣布这个定理 "非常了不起", 而多少代数学家也都分享着他的喜悦. 在他解决凯莱–厄尔米特问题(关于厄尔米特请参看 [VI.47])时, 他用的是矩阵代数的方法, 而所谓凯莱–厄尔米特问题就是描述所有的使一个双线性形式不变的线性变换. 他的解的一个特例就是凯莱正交变换 $(I - T)(I + T)^{-1}$. 他在 1850 年代所看到的四元数、矩阵和群论的联系正是指出了他关心的是把数学组织起来.

凯莱在 1850 年代启动了他的著名的关于 "quantics" 的系列论文. [从 1854 年到 1878 年共写了 10 篇《关于 quantics 的论文》(*Memoirs on Quantics*)]. "quantics" 这个词是凯莱造出来的, 按我们现代的说法就是多线性齐次代数形式. 他发现了二元形式的协变式的一般形式, 即凯莱公式, 以及对它们进行计数的凯莱法则. 在 1859 年的《第六篇关于 quantics 的论文》(*A sixth memoir upon quantics*) 中, 他证明了欧几里得几何[I.3§6.2] 是射影几何[I.3§6.7] 的一部分, 而不是相反. 其后, 克莱因[VI.57] 在 1870 年代看到, 射影度量 (就是**凯莱的绝对**(Cayley's absolute)) 是对非欧几何进行分类时起统一作用的概念.

从 1858 年起的 25 年中, 凯莱都是《皇家天文学会月报》(*Monthly Notices of the Royal Astronomical Society*) 的编者. 在天文学中, 他对于椭圆的行星运动的研究有贡献, 而这是需要一丝不苟地关注细节的计算工作. 他关于月球理论的工作也是值得注意的, 在一篇很长的计算中, 他验证了亚当斯 (John Couch Adams, 1819–1892, 英国数学家和天文学家, 海王星的发现者之一) 在 1853 年得到的关于月球的长期加速度的值, 有助于解决英法两国之间的一项争论.

1863 年凯莱又回到了学术界, 担任当时设立的纯粹数学的 Sadlerian 教授①. 1868 年, 哥尔丹证明了一个二元 "quantics" 的所有不变量和协变量都可以用一个有限基底来表示, 这震惊了不变量专家, 这与凯莱早前的一个结果是矛盾的. 但是凯莱不为所动, 列出了阶数为 5 的二元形式 (即二元五次型) 的所有的不变量和协

---

① 这是 1710 年在剑桥的学由女勋爵 (Lady Mary Sadleir) 建立的一个教授席位. 这位女勋爵在遗嘱中规定在剑桥设立一个讲座 (Lectureship), 1863 年更名为 Sadleirian 讲座教授, 凯莱是其第一任, 后来担任这个教席的数学家中例如有哈代[VI.73]. —— 中译本注

变量, 以及联结它们的合冲关系, 从而完成了他的系列.

　　纯粹数学中的许多发展都可以追溯到凯莱在 1870 年代和 1880 年代的一些较小的文章, 包括扭结理论、分形理论、动态规划和群论 (著名的凯莱定理)[①]. 在图论中, 具有 n 个结点的有标号的树的总数是 n^{n-2}. 这个结果也叫做凯莱的图定理. 他把他的关于图中的树的理论用于有机化学中对异构体进行计数的问题, 推进了关于某些化合物的实际存在的问题, 后来就由化学家发现了这些化合物. 凯莱在他的一生的最后十年中开始了一项工作, 使得今天的数学家与他有一个重要的联系通道, 那就是由剑桥大学出版社出版的他的 13 卷《数学论文集》(*Collected Mathematical Papers*).

<h3 style="text-align:center">进一步阅读的文献</h3>

Crilly, T. 2006. *Arthur Cayley: Mathematician Laureate of the Victorian Age.* Baltimore, MD: John Hopkins University Press.

Tony Crilly

VI.47　厄 尔 米 特
(Charles Hermite)

1822年生于法国Dieuze, Moselle; 1901年卒于巴黎

分析 (椭圆函数、微分方程); 代数 (不变式理论, 二次型); 逼近理论

　　像许多想要进巴黎高工的人一样, 厄尔米特先进入特殊的预备班, 他进的是 Lycée Henry IV 和 Lycée Louis-le-Grand[②]. 他开始研读严肃的数学著作, 沉溺于拉格朗日[VI.22] 和勒让德[VI.24] 的著作中, 而且对于用根式来求解方程有兴趣. 1842 年, 他被高工录取, 当年末就完成了他的第一篇创造性的工作. 这篇文章推广了雅可比[VI.35] 关于椭圆函数[V.31] 的工作. 他把这些结果寄给雅可比, 并且得到了颇为正面的回应. 这个成就既使他在巴黎得到了承认, 又由此开始了他与雅可比就椭圆函数和数论的通信, 他的数学生涯就此启动.

　　虽然如此, 厄尔米特仍需努力来得到一个与他的能力相称的职位, 而有将近十年之久只能在巴黎附近作为一个教学的助手和考试官员维生. 厄尔米特的工作转向了数论特别是二次型的数论, 他在这里追循高斯[VI.26] 和拉格朗日来研究一个二次型何时才能用一个线性变换化为另一个. 正是在这样的情况下, 出现了以他命

---

　　① 数学中名为凯莱独立的结果不少, 这一个是指他在 1854 年得到的一个重要结果: 每一个群 G 都同构于作用在 G 上的对称群的一个子群. —— 中译本注

　　② 见条目伽罗瓦[VI.41] 的脚注. —— 中译本注

名的厄尔米特矩阵[III.50§3]. 厄尔米特有志于二次型的不变量, 并且把他的工作应用于多项式根的位置的确定问题. 由于这些的努力, 1856 年, 他在刘维尔[VI.39] 和柯西[VI.29] 的支持下, 成了巴黎科学院的院士. 之后, 厄尔米特很快就在 1858 年发现了用椭圆函数来表示一般的五次方程的根的方法, 这为他赢得了广泛的国际声誉.

厄尔米特最后在 1869 年担任巴黎理学院的教授, 成了一代数学家的有影响的导师. 他的最有名的门生中有 Jules Tannery (1848–1910)、庞加莱[VI.61]、皮卡 (Charles Émile Picard, 1856–1941)、阿佩尔 (Paul Appell, 1855–1930) 和古尔萨 (Edouard Goursat, 1858–1936). [这里使用 "门生" 一词表示并不一定是 "狭义" 的学生, 而是更广泛意义下 "深受影响" 之义]. 他的朝代式和裙带式的联系也给人深刻印象: 他的内弟 Joseph Louis François Bertrand (1822–1900, 数学家) 曾任巴黎科学院终生秘书 26 年之久, 皮卡是他的女婿, 阿佩尔又娶了 Bertrand 的女儿, 而又生了一个女儿嫁给了博雷尔[VI.70]. 厄尔米特主张国际交流, 使得德国数学家的工作在法国比以前更为人所知. 在这个时期, 他证明了 "e" 的超越性[III.41], 而所用的连分数[III.22] 方法早前是用于逼近理论的 (其中包括了厄尔米特多项式的发明). 直到他去世, 他对于数学界的影响仍然是很强的.

进一步阅读的文献

Picard É. 1901. L'œuvre scientifique de Charles Hermite. *Annales Scientifiques de l'École Normale Supérieure*, 3 (18):9-34.

Tom Archibald

VI.48 克罗内克
(Leopold Kronecker)

1823年生于Liegnitz, Silesia,今属波兰; 1891年卒于柏林
代数; 数论

作为 19 世纪后半世纪最重要的数学家之一的克罗内克, 最使人们印象深刻的是他的构造主义的观点以及对于数论的贡献. 1845 年, 当他在狄利克雷[VI.36] 指导下完成了博士学位的学业以后, 克罗内克离开了柏林和数学去管理家族财产以及结束他舅舅 (后来也就是他的岳父) 的银行业. 这些活动使得他很富裕, 而在回到柏林以后则是一个自由身, 可以不必去找一个学术职位而可以专注于数学. 1855 年, 他的中学老师和最亲密的科学朋友库默尔[VI.40] 也来到柏林, 而且此后一直终生留在柏林. 1861 年, 克罗内克当选为柏林科学院院士, 同时也开始在柏林大学教

课. 克罗内克高度评价自己和柏林的同事们 (特别是库默尔和魏尔斯特拉斯) 的交流, 一直到 1870 年代, 在他和魏尔斯特拉斯之间发生了争吵, 使得魏尔斯特拉斯对他人讲了许多关于克罗内克的尖刻的甚至是反犹的话 [(克罗内克是犹太人, 而且一直保持犹太教信仰直到去世的前一年才放弃犹太教的信仰而改宗基督教)]. 当库默尔在 1883 年退休以后, 克罗内克继任他的教职, 这时, 他的教学活动和发表论文都变得频繁起来, 这些活动当他在夫人去世后自己也很快离世而停止.

克罗内克是因为数学洞察力的独创性而闻名, 而在 1860 年代和 1870 年代影响越来越大. 1868 年, 他得到了哥廷根原来是高斯[VI.26] 的教席, 又被选入巴黎科学院. 在 1870–1871 年普法战争以后, 他被邀请推荐数学家到新建立的 Strasbourg 大学; 1880 年又成了 Crelle 杂志 (Journal für Reine und Angewangdte Mathematik) 的主编. 他时常因为不完全的没有发表的和不可理解的证明而遭到非议 —— 约当[VI.52] 说他的同事们常对他的结果 "既是羡慕又是绝望". 只是到了后来, 他才明显地表现出构造主义的方法论①. 这一点部分地是他与魏尔斯特拉斯争吵的原因, 而且使得后来希尔伯特[VI.63] 称他为一个 "令人生畏的独裁者"(Verbotsdiktator). 其实克罗内克一般说来还是平易近人的, 但是在事关数学上的主张和优先权问题时, 他就寸步不让了.

在克罗内克关于可解代数方程的最初工作 (1850 年代早期) 中, 他不仅提出了所谓的克罗内克–韦伯定理(用今天的陈述方式就是: 有理数域的每一个具有阿贝尔的伽罗瓦群[V.21] 的有限扩张一定是在一个由单位根生成的域中. 其第一个正确的证明是希尔伯特在 1896 年给出的. [这里的韦伯是 Heinrich Martin Weber, 1842–1912, 德国数学家]) 而且有一个到虚二次域的阿贝尔扩张, 而后来克罗内克称之为他的 "青年时代最钟爱的梦"(liebster jugendtraum). 后来希尔伯特不妥当地把这个梦翻译成他 1900 年提出的问题清单里的第 12 个问题, 今天成了类域理论[V.28] 和复乘积理论的一部分. 这种代数、分析和数论的联系, 贯穿在克罗内克后来的工作中. 克罗内克的重要结果还包括类数关系和椭圆函数[V.31] 理论中的极限公式、有限生成的阿贝尔群的构造定理和一个双线性形式的理论.

在 1850 年代末, 克罗内克就开始研究代数数论, 但是直到 1881 年, 他才发表了在自己获得博士学位 50 年之际纪念库默尔的论文《代数数的算术理论的基

---

① 克罗内克虽然研究过许多数学分支中的问题, 但是他所研究问题的选择却都受到他的一个信念的限制, 就是他相信整个数学都可以归结为只涉及整数以及有限步的证明, 也就是他主张 "有穷论"(finitary) 的观点. 他有一句名言: "亲爱的上帝创造了整数, 所有其他的都是人的产物"(Die ganze Zahl schuf der liebe Gott, alles übrige ist Menschenwerk). 他是最早怀疑非构造的存在证明的人, 看来从 1870 年代的早年起, 他就反对使用无理数, 反对上下确界, 反对魏尔斯特拉斯–波尔扎诺定理, 其理由只是因为它们都具有非构造的特性. 他当然也反对超越数, 因为他认为超越数是根本不存在的. 至于那句名言出自何典, 据查是韦伯在一篇纪念克罗内克的文章里说的 (H. Weber, Leopold Kronecker, Jahresbericht der Deutschen Mathematiker-Vereinigung, Vol. 2, 1891–1892). —— 中译本注

础》(*Gründzüge einer arithmetischen Theorie der algebraischen Grössen*), 这篇数学的圣经包含了代数数和代数函数的统一的算术理论的 (不完全的) 陈述. 作为一个研究计划, 它预示了类域理论的重要侧面和一个维数大于 1 的算术–几何理论. 在戴德金域的情况下, 克罗内克的 "除子"(divisor) 概念等价于戴德金的 "理想" 的概念, 而在一般的情况下则有更多限制. 有好几位数学家, 例如前面说到的韦伯, 还有亨泽尔 (Kurt Wilhelm Sebastian Hensel, 1861–1941, 德国数学家) 和柯尼希都在自己的工作中继续了《代数数的算术理论的基础》的工作.

在一个更加一般的层次上, 克罗内克追求的是纯粹数学的完全算术化. 但是他的 "算术化" 是指把纯粹数学有效地、有穷 (finitary) 地化约到正整数的概念. 为此, 他主张引入不定元和等价性关系, 而且把这个方法追溯到高斯. 例如, 在有理数的有限扩张的情况下, 克罗内克就使用多项式来 mod 一个既约的方程 $f(x) = 0$, [也就是利用商关系这样的显式方法], 而不是对于有理数域去添加这个方程的一个根.

进一步阅读的文献

Kronecker L. 1895-1930. *Werke*, five volumes. Leipzig: Teubner.

Vlădut S G. 1991. *Kronecker's Jugendtraum and Modular Functions*. New York: Gordon & Breach.

Norbert Schappacher and Burgit Petri

VI.49 黎　曼
(Georg Friedrich Bernhard Riemann)

1826年生于德国Dannenberg附近的Breselenz; 1866年卒于意大利Selaska
实和复分析; 微分方程; 微分几何; 热的分布; 数论; 激波的传播; 拓扑学

黎曼出生在一个贫困的牧师家庭, 在哥廷根攻读数学, 最后成了那里的教授. 他的健康在 1862 年就崩溃了, 最后因肋膜炎在意大利的 Maggiore 湖附近去世, 时年仅 39 岁.

对于 19 世纪中叶数学从 [主要是一种] 算法到 [主要是] 概念性的思想转变, 没有一个数学家比黎曼与此有更深的关联了. 1851 年, 他的博士论文《单复变量函数理论的基础》(*Grundlagen für eine theorie der funktionen einer veränderlichen complexen Grösse*), 以及更进一步的他关于阿贝尔函数的论文《Abel 函数的理论》(*Theorie der Abel'schen functionen* (*Journal für die reine und angewandte Mathematik*, 1857, 54: 101-155)) 都在推动这样一个主张: 一个全纯函数[I.3§5.6] 可以适

当地用柯西 – 黎曼方程[I.3§5.6] 来定义, 从而可以与调和函数[IV.24§5.1] 紧密地联系起来研究. 他在上述论文中概略地叙述了著名的黎曼映射定理[V.34] 的一个证明. 这个定理指出, 如果 X 和 Y 是复平面的两个单连通的开子集合, 而且都不是全平面, 则一定存在一个具有全纯逆的全纯映射, 把其中一个映为另一个. 例如, 如果在平面上任意画一条不自交的闭曲线, 而令 D 为此曲线内的区域, 则 D 一定双全纯地等价于开的单位圆盘. 黎曼在他的 1857 年的论文中定义了黎曼曲面[III.79], 说明了怎样从拓扑学上来分析它们, 而且概略地提出了黎曼不等式. 1864 年他的学生罗赫 (Gustav Roch)再把这个不等式改进成为黎曼–罗赫定理[V.31](这个黎曼–罗赫定理在代数几何和复分析中都非常重要, 它决定了在具有一定个数极点的给定黎曼曲面上亚纯函数空间的维数). 1857 年, 黎曼还把微分方程理论, 具体说是超几何方程的重要情况推广到复域上. 1859 年, 他用来自复分析的深刻的新思想来研究 (黎曼)ς 函数, 并且就这个函数的复零点的位置提出了著名的猜想, 即黎曼假设[IV.2§3], 这个猜想迄今仍未解决.

这些思想使得数学家能够在平面和平面的子集合以外的区域上来研究复函数, 它们打开了代数函数的几何研究以及代数曲线研究的大门, 并且证明了在研究代数函数的积分 (阿贝尔函数和多个变量的 θ 函数) 中起决定的作用. 黎曼 ς 函数的研究不仅引导到一些复函数类的新性质, 而且还引导到近年来某些类的其他 ς 函数用于其他的数学分支包括动力学.

1854 年, 黎曼受到他的导师狄利克雷[VI.36] 的启示, 提出了黎曼积分[I.3§5.5] 的概念. 这个概念使他能够对三角级数的收敛性进行深刻的研究. 狄利克雷已经能够在受到很大的限制时证明一个实函数能够用傅里叶级数正确地表示, 这就留下一个问题: 哪些函数不满足这里的限制, 而又怎样去研究这些函数. 黎曼重新改述了积分的定义而能够证明, 不仅是函数的连续性, 而且还有函数是怎样地不连续、怎样振荡的特性, 都会影响用傅里叶级数去表示它们的正确性. 在 1902 年被勒贝格积分[III.55] 取代以前, 黎曼积分的定义一直是主要的积分的定义, 而勒贝格的积分则更加适合来表述一个函数的动态是怎样影响它的傅里叶级数的.

也是在 1854 年, 黎曼又作了一个讲演, [即在哥廷根大学的就职演说:《论作为几何基础的假设》(*Über die hypothesen, welche der geometrie zu grunde liegen*)](此文在黎曼去世以后的 1868 年才发表), 在其中黎曼用所谓黎曼度量[I.3§6.10](就是一个适当的距离概念) 完全重新陈述了几何学是如何研究空间 (就是点的集合, 黎曼称之为流形[I.3§6.9]) 的, 并且论证了所谓空间的性质就是它的内蕴的性质. 他注意到有三个常曲率的 2 维流形, 而且指出了常曲率这个概念可以怎样推广到高维情况. 顺便说一下, 他是第一个写出一个非欧几里得几何的度量的人 (比贝尔特拉米 (Eugenio Beltrami, 1835–1900, 意大利数学家)1868 年发表的使得非欧几里得几何合法化的论文①早了十几年). 因为这篇就职演说, 黎曼获得了在德国大学里教课的资格.

黎曼在激波研究上也有重要的贡献, 而且与**魏尔斯特拉斯**[VI.44] 分享把复函数方法引入**最小曲面**[III.94§3.1] 的研究的荣誉, 在这里, 黎曼得到了普拉托 (Joseph Antoine Ferdinand Plateau, 1801–1883, 比利时物理学家) 问题的几个新解, 这个问题就是求一条空间曲线所张成的面积最小的曲面.

著名的复分析专家阿尔福斯 (Lars Valerian Ahlfors, 1907–1996, 芬兰数学家, 1936 年第一届菲尔兹奖的获奖人之一) 曾经这样来描述黎曼的复分析, 说它是 "用密码写给未来的信", 还说黎曼的映射定理是用这样的形式来陈述的: "它公然反抗任何证明它的企图, 哪怕用现代方法也不行." 确实, 黎曼的表述是充满远见的鸟瞰而不是精确的, 但是他的远见为复函数理论描述了一个几何的背景, 而正如阿尔福斯本人的工作所指出的, 在黎曼给出了他的理论 150 年以后, 其中的思想仍然是富饶多产的.

进一步阅读的文献

Laugwitz D. 1999. *Bernhard Riemann, 1826–1866. Turning Points in the Conception of Mathematics*, translated by A. Shenitzer. Boston, MA/Basel: Birkhäuser.

Riemann G F B. *Gesammelte Werke, Cllected Works.* edited by R. Narasimhan, third edn. Berlin: Springer.

Jeremy Gray

VI.50 戴 德 金
(Julius Wilhelm Richard Dedekind)

1831年生于德国 Brunswick; 1916年卒于德国 Brunswick
代数数论; 代数曲线; 集合论; 数学基础

戴德金终生大部分时间是在德国 Brunswick 的高等工业学校 (Technische Hochschule) 的教授职务中度过的, 但是其中 1856–1862 年则在瑞士苏黎世高工 (Polytechnikum, 即后来的 ETH), Brunswick 是他和**高斯**[VI.26] 的故乡. 他是在哥廷根接受的数学教育, 是高斯最后指导的博士生, 而后来又得到**狄利克雷**[VI.36] 和**黎曼**[VI.49] 的指导. 戴德金是一个比较与世无争的人, 而如**克莱因**[VI.57] 所说的那

---

① 贝尔特拉米在 1868 年发表了两篇论文 (用的是意大利文), 指出有一个负常曲率的 2 维曲面 —— 伪球面, 如果用其上的测地线为直线, 而角度仍用通常欧几里得几何中的角度, 并且视这个伪球面为平面, 则其上的几何学就是罗巴切夫斯基几何. 因此, 2 维的罗巴切夫斯基几何可以看成 3 维欧几里得几何的 "一部分", 所以这两种几何学是同为相容或不相容的. 这样, 不需要论证其公理系统就解决了其 (相对) 相容性的问题, 所以就使得 "非欧几里得几何合法化" 了. —— 中译本注

样, "天性爱好沉思". 他终生未娶, 和母亲以及一个姐姐共同生活, 但是对于一群经过选择的同时代人 (特别是康托[VI.54]、弗罗贝尼乌斯[VI.58] 以及韦伯), 通过大量的通信而产生影响的.

作为现代集合理论的数学, 特别是数学结构概念的一个关键人物, 戴德金最为人所知是因为他在实数系[I.3§1.4] 的基础上的工作, 然而他的主要贡献是在代数数论方面. 事实上, 是他给出了现代数论的雏形, 把它表述成为整数环的理想理论 (见条目代数数[IV.1§§4-7]), 这个陈述第一次发表在他编辑的狄利克雷的《数论讲义》(Vorlesungen über Zahlentheori) 一书的附录 X 中, 在其中他对于所有的代数整数的环证明了理想可以唯一地分解为素理想. 在这个过程中, 他总是在复数域这个特定的情况下一步, 给出了域、环、理想和模个概念 (见条目 [I.3§2.2] 和 [III.81]). 也是在代数 (伽罗瓦理论) 和数论的背景下, 戴德金开始了系统地用商结构、同态和自同构来工作.

在狄利克雷的《数论讲义》的以后各版 (1879 和 1894 年) 中, 戴德金继续改进他对于理想理论的表述, 使之成为更加纯粹的集合论的表述. 1882 年, 他和韦伯一起在代数函数域中给出了理想理论, 使得可以给出黎曼关于代数曲线的结果, 一直到黎曼–罗赫定理[V.31] 的结果、以这样一个严格的处理. 这个工作为现代代数几何铺平了道路.

戴德金对于实数系的基础的思考也是与他在代数和数论中的工作密切地联系在一起的. 1858 年, 戴德金用我们现在称为有理数集合的 "戴德金分割" 的概念, 给出了实数的定义 (但是到 1872 年才发表). 在 1870 年代, 他详尽地阐述自然数的纯粹集合论的定义, 把它们定义为 "简单无穷" 集合, 这引导他后来把这个理论结晶为戴德金–佩亚诺公理[III.67](但是这个工作到 1888 年才发表). 在这个工作中, 和他关于集合更深入的研究工作一样, 集合、结构和映射成了不可少的建筑基石, 成了纯粹数学的基础. 在逻辑概念的视角下 (当然现代的逻辑学视角已经超过了那个时代), 这就把戴德金引导到这样一个观点, 即 "算术 (代数、分析) 只是逻辑的一部分". 从现代的观点看来, 他的贡献表明了集合理论[IV.22] 已经足以构成今天的数学的基础了. 这样, 对于用集合理论来重新表述现代数学, 他的贡献不亚于任何其他人.

进一步阅读的文献

Corry L. 2004. *Modern Algebra and the Rise od Mathematical Structures*, second revised edn. Basel: Birkhäuser.

Ewald W, ed. 1996. *From Kant to Hilbert: A Source Book in the Fundation of Mathematics*, two volumes. Oxford: Oxford University Press.

Ferrerós J. 1999. *Labyrinth of Thought. A History of Set Theory and Its Role in Modern Mathematics*. Basel: Birkhäuser.

José Ferrerós

VI.51　马　蒂　厄
(Émile Léonard Mathieu)

1835年生于法国Metz; 1890年卒于法国Nancy

巴黎高工学生; 科学博士; 论文题目是关于传递函数 (1859); Besançon 大学 (1869–1874) 和 Nancy 大学 (1874–1890) 数学教授

马蒂厄因以他命名的函数而知名. 他是在研究椭圆形的膜振动的 2 维波方程时发现这些函数的, 这些函数是超几何函数的特例, 是以下的马蒂厄方程:

$$\frac{\mathrm{d}^2 u}{\mathrm{d}z^2} + (a + 16q\cos 2z)\, u = 0$$

的特解, 这里 a 和 q 是依赖于物理问题的常数.

马蒂厄也因为他发现的 5 个所谓马蒂厄群而知名, 这 5 个马蒂厄群是已知的散在单群[V.7](就是说, 它们不属于已知的无限单群族中的任何一族) 中最早发现的 5 个. 现在已经知道这种散在单群一共只有 26 个, 虽然是在马蒂厄后的一个多世纪才找到第 6 个.

VI.52　约　　当
(Camille Jordan)

1838年生于法国里昂; 1922年卒于意大利米兰

1885 年以前, 名义上是工程师; 1873–1912 年是巴黎高工和 Collège de France 的数学教员

约当是他那一代人中领头的群论专家. 他的巨著 *Traité des Substitutions et des Équation* 把他以前的关于置换群[III.68] 的结果都收集在一本书里. 这本书中对于伽罗瓦[VI.41] 的思想给出了一个综述, 在很多年中一直是群论专家们的奠基石. 在这部书中有一章讲他所说的线性置换 (今天用矩阵记号写成 $y = Ax$), 其中就有今天我们称为矩阵的约当法式[III.43] 的定义, 虽然在 1868 年魏尔斯特拉斯[VI.44] 就已经定义了一个等价的法式.

约当也由于在拓扑学中的工作而为人所知, 特别是由于以他命名的约当曲线定理. 这个定理指出, 平面上的一个简单闭曲线一定把平面分成两个不相交的部分, 即内部和外部, 这个定理就见于他所写的《分析教程》(*Cours d'Analyse*, 1887) 中. 这个定理虽然看起来是明显不过的事, 但是约当已经认识到其证明是很难的, 而他所给出的证明是不正确的 (对于光滑曲线证明相对容易一点, 但是在处理无处光滑

的曲线, 如 Koch 雪花, 就出现困难了). 第一个严格的证明是由美国几何学家维布伦 (Oswald Veblen, (1880–1960) 在 1905 年给出的. 这个定理有一个较强的形式, 称为 Jordan-Schönflies 定理, 它指出平面上的两个区域 —— 内部和外部都同胚于平面上标准的圆. 这个强形式的定理和原来的定理不同, 不能推广到高维情况, 一个著名的反例是亚历山大 (James Waddell Alexander II, 1888–1971, 美国拓扑学家) 的带角球面[①]

VI.53 李
(Sophus Lie)

1842年生于挪威西部的Nordfjordeid; 1899年卒于奥斯陆

变换群; 李群; 偏微分方程

　　李在 26 岁的时候, 用他自己的话来说, "才发现数学才是他的安身立命之所". 在那以前, 他主要是想做一个观测天文学家. 在晚年时, 当他回顾自己的生涯时, 他说, 之所以使他能在数学家中得到一个居于前列的位置, 是因为他的 "思想的大胆无畏", 比之任何形式的知识和教育, 作用更大. 在超过 30 年的生活中, 他写的数学作品超过 8000 页, 这使他成为时代最多产的数学家之一.

　　李于 1865 年从奥斯陆大学毕业时学的是一般的理科, 并没有表现出对于数学有特殊的资质. 一直到 1868 年有一次去听丹麦几何学家塞乌腾 (Hieronymus Zeuthen, 1839–1920) 关于沙勒 (Michel Chasles, 1793–1880, 法国几何学家)、莫比乌斯[VI.30] 和普吕克 (Julius Plücker, 1801–1868, 德国几何学家) 的工作的讲演, 他才受到了现代几何学的感召. 李自此攻读彭赛列 (Jean-Victor Poncelet, 1788–1867, 法国几何学家) 关于射影几何学的著作和普吕克关于线几何的著作, 写出了关于 "虚几何学"(就是基于复数的几何学) 的学位论文. 1869 年秋, 李游学柏林、哥廷根和巴黎, 在这些地方, 李结识了许多数学家, 他们后来成了李的朋友和同事. 他在柏林见了克莱因[VI.57], 在哥廷根见了克莱布什 (Rudolf Friedrich Alfred Clebsch, 1833–1872, 德国数学家), 在巴黎他和克莱因结伴去见了达布 (Jean-Gaston Darboux, 1842–1917, 法国数学家) 和约当[VI.52]. 这两位对于李的影响特别大 —— 达布是通过他的曲面理论, 而约当则是通过群论和他对于伽罗瓦[VI.41]的工作的知识 —— 结果是李 (还有克莱因) 自此认识到群论对于几何学研究的价值. 李和克莱因共同发表了 3 篇关于几何问题的文章, 包括一篇论李的直线–球面变换 (此文研究了一种接触变

---

　　① 这是一个著名的病态拓扑空间. 请用 Google 去搜索 "Alexander horned sphere" 相关的说明与图像. —— 中译本注

换：它变直线为球面，变主切线为曲率线；然后研究几何实体在这个变换下的不变量).

当克莱因准备后来使他出名的 "爱尔朗根纲领"(把几何学刻画为研究群作用下的不变性质) 时，李觉得对克莱因已经受够了. 这个工作后来在他们之间产生了深刻的裂痕 (友谊变成了互不往来和敌意，而在李 1893 年说的一句话里面达到极点："我绝不是克莱因的学生，反过来也不是，虽然反过来说比较接近真相").

李在第一次出国游学以后回到了奥斯陆. 1872 年，大学里专门为他设立了一个职务. 在 1870 年代的前几年，李努力把他关于直线–球面变换的工作变为一个关于接触变换的一般理论. 从 1873 年起，他就对于连续变换群 (就是我们今天所说的李群[III.48§1])进行了系统的研究. 他的目的是李代数的分类[III.48§2, 3]，而且把研究的结果用于微分方程，他也发表过关于极小曲面[III.94§3.1] 的论文. 然而，在挪威没有研究的环境，而他感觉非常孤立. 1884 年，克莱因和他在莱比锡的朋友迈耶 (Christian Gustav Adolph Mayer, 1839–1907, 德国数学家) 派了他们的学生恩格尔 (Friedrich Engel, 1861–1941, 德国数学家) 到李的名下学习，并且帮助李陈述和写出自己的思想. 恩格尔和李合作的结果就是《变换群理论》(*Theorie der Transformationsgruppen*, 1888–1893), 这是一部三卷本的巨著. 1886 年，李受聘于莱比锡大学任教授 (继续克莱因的职位，因为那时克莱因已经去了哥廷根). 李在莱比锡成了领头的数学家，是欧洲数学界的中心人物. 许多有前途的学生都从法国和美国前来向他学习. 除教学之外，他继续关于连续群和微分方程的研究，而且解决了所谓亥姆霍兹 (Hermann von Helmholtz, 1821–1894, 德国物理学家和生理学家) 空间问题 (就是用变换群来刻画空间的几何学). 1898 年，也就是他去世前一年，李又回到奥斯陆担任专门为他设立的教职.

由李在研究微分方程中所开启和发展的变换群的研究，已经成了一个独立的领域，即李群和李代数，今天已经渗透到数学和数学物理的许多部分.

进一步阅读的文献

Borel A. 2001. *Essays in the History of Lie Groups and Algebraic Groups*. Providence, RI: American Mathematical Society.

Hawkins T. 2000. *Emergence of the Theory of Lie Groups*. New York: Springer.

Laudal O A, and Jahrien B, eds. 1994. *Proceedings, Sophus Lie Memorial Conference*. Oslo: Scandinavian University Press.

Stubhaug A. 2002. *The Mathematician Sophus Lie*. Berlin: Springer.

Arild Stubhaug

VI.54　康　　托
(Georg Cantor)

1845年生于俄罗斯圣彼得堡; 1918年卒于德国Halle

集合论; 超限数; 连续统假设

　　康托虽然出生于俄罗斯, 但是是在普鲁士成长和受教育的, 而他的整个生涯则是作为数学教授在 Halle 度过的. 他曾在柏林大学和哥廷根大学就学于克罗内克[VI.48]、库默尔[VI.40] 和魏尔斯特拉斯[VI.44], 并于 1867 年得到博士学位. 他的学位论文是《论二次不定方程》(*De aequationibus secundi gradus indeterminadis*), 研究的是数论中丢番图方程的方向, 这个方向是由拉格朗日[VI.22]、高斯[VI.26] 和勒让德[VI.24] 开创的. 第二年, 他就在 Halle 大学数学系得到了一个职务, 而且终生就在那里度过, 在那里, 他的就职演说还是关于数论的, 讲的是三元二次型的变换.

　　在 Halle 时, 康托的同事海涅 (Heinrich Eduard Heine, 1821–1881, 德国数学家) 正在研究关于三角级数的困难问题, 他使得康托有兴趣于下面的问题: 给出能够保证三角级数

$$f(x) = \frac{1}{2}a_0 + \sum_{n=1}^{\infty} (a_n \sin nx + b_n \cos nx)$$

唯一地表示一个给定函数的条件. 换言之, 是否可能有两个不同的三角级数代表同样的函数? 在 1870 年, 海涅已经证明了, 如果 $f(x)$ 一般地是连续的 (即除了有限个不连续点以外都是连续的), 而且海涅附加地还说, 在不连续点上 $f(x)$ 不一定是有限的, 这时三角级数表示具有唯一性. 康托则能够证明广泛得多的结果, 在 1870 年和 1872 年, 他写了五篇论文, 指出哪怕是有无穷多个例外点 (就是函数不连续的点), 这种表示仍然是唯一的, 只要这些例外点以特定的方式分布在函数的定义域内, 构成康托所说的 "第一类点集合". 他对于这些和相关的点所成的集合的研究, 最终引导康托到他的抽象得多、有力得多的集合和超限数的理论.

　　第一类点集合就是这样的集合 P, 对于它们的导集合(一个集合 P 的导集合 P' 就是 P 的所有极限点的集合) 序列, 一定可以找到某个有限数 n, 使得 P 的 n 阶导集合 P^n 是一个有限集合, 即 $P^{n+1} = \varnothing$. 正是康托后来对于无穷线性点集合的研究, 最终在 1880 年代使得康托创造出超限集合理论 (关于这一点可详见条目集合理论[IV.22§2]).

　　康托在创造超限集合理论之前, 先在几篇文章里探讨他的工作对于三角级数的意义, 以及实数集合的构造, 其中的第一篇以基本的方式把数学革命化了. 这个第一篇是在 1874 年发表的, 它的标题是不会招致反对的:《论所有实代数数集合的一

个性质》(*Über eine Eigenschaft des Inbegriffes aller reelen algebraischen Zahlen*). 康托在这篇文章里证明了所有的实代数数的集合是一个可数的无穷集合[III.11], 然而这篇文章的革命性在于他同时也证明了所有实数的集合是一个不可数集合, 而比起自然数的可数集合来是一种更高阶的无穷. 1891 年他又回到这个结果, 带来了一个突破性的新方法: 几对角线论证方法, 非常直接地证明了实数集合是一个不可数集合. 在这 10 年中, 康托第二篇重要文章发表于 1878 年, 题为《对于集合理论的一个贡献》(*Ein Beitrag zur Mannigfaltigkeitslehre*), 其中证明了维数是不变的, 但是论证稍有毛病, 这个定理的第一个正确的证明是**布劳威尔**[VI.75] 在 1901 年给出的.

从 1879 年到 1884 年, 康托发表了 6 篇文章, 意在概述他对于集合的新思考的基本要素. 他首先引进了一个关于无穷指标的新符号, 以便在需要标志一个无穷集合时来标志这个集合, 这样他才能考虑不属于第一类集合的那些集合会发生什么情况. 例如, 如果对于集合 P 不存在有限数 n 使其 n 阶导集合 P^n 为有限集合, 我们就说 P 是一个第二类集合. 然后, 他就考虑 P 的所有导集合 (即 $P', P'', \cdots, P^n, \cdots$) 之交集合 (记作 P^∞) 仍为无穷集合的情况. 既然这个 P^∞ 仍为无穷集合, 它也就有自己的导集合 $P^{\infty+1}$, 像这样又能得到第二类集合的整个一串导集合: $P^\infty, P^{\infty+1}, \cdots, P^{\infty+n}, \cdots, P^{2\infty}, \cdots$.

在他关于无穷线性集合的第一篇文章里, 导集合的指标一直只是 "无穷指标": 就是用来区分不同的集合的, 但是在康托的《一般集合理论的基础》(*Grundlagen einer allgemeinen Mannigfaltigkeitslehre*, 1883) 中, 这些符号就变成超限数了, 这些超限数变成了最早的超限数, 就是超限序数, 这种超限序数从 ω 开始, 代表自然数序列 $1, 2, 3, \cdots$, 可以看成是紧接着有限自然数以后的第一个超限序数. 在这部书中, 康托不仅设计了这些数的超限算术的基本特性, 而且为这些新数做出了详细的哲学上的论证. 他承认他所引入的数具有革命性, 但是为了得到精确的数学结果, 这些新概念是必须的, 舍此就得不到这些结果.

但是康托的最著名的数学创造, 即超限基数而 (他用希伯来字母 aleph ($\aleph$) 来表示它们, 则是后来在 1890 年代引入的. 它们最早是在两篇文章《对于超限集合理论的建立的贡献》(*Beiträge zur begrundung der transfiniten Mengenlehre*, 1895, 1897) 里得到了完整的论述. 在两篇发表在《数学年刊》(*Mathematische Annalen*) 上的文章里, 他不仅着手建立了超限序数和基数的理论, 包括它们的算术, 而且解释了他的序型理论, 就是按照其自然顺序考虑的自然数集合、有理数集合、实数集合所展示的不同性质. 他在那里也宣布了 (但是未能证明) 他的著名的**连续统假设**[IV.22§5], 即所有实数所成的连续统 $\mathbf{R}$ 的势 (或称基数) 是自然数的可数无穷集合 $\mathbf{N}$ 以后的下一个无穷集合 (即基数), 而 $\mathbf{N}$ 的基数则记为 $\aleph_0$, 康托把这个连续统假设代数地记为 $2^{\aleph_0} = \aleph_1$.

　　康托在晚年得到了一些外国大学的荣誉学位和英国皇家学会的 Copley 奖①, 以褒奖他在数学上的伟大贡献, 但是集合论也有一些问题超出了康托的能力. 对于许多数学家, 最令人困扰的是集合理论中的 "二律背反", 这只是悖论一词的另一个说法, 如像 Burali-Forti (Cesare Burali-Forti, 1861–1931, 意大利数学家) 和罗素[VI.71]提出的那些悖论. 前者在 1897 年发表了来自所有序数集合的悖论, 这个集合应该大于所有序数集合中最大的一个. 后者则在 1901 年发现了所有不以自己为元素的类 (class②) 的悖论: 这个类是不是自己的元(见条目数学基础中的危机[II.7§2.1]). 康托本人其实已经觉察到考虑所有超限序数和超限基数的类会带来矛盾, 感觉到问题在于它们的序数和基数是什么. 康托所采取的解决方法是认为这些类太大, 因此根本不是集合, 而把它们称为 "不相容的总体 (inconsistent aggregates)". 其他的人如策墨罗 (Zermelo) 则开始去把集合论公理化来消除出现矛盾的可能性. 20 世纪中叶有两个补充康托的工作的最有力的结果, 其一属于哥德尔[VI.92](他证明了连续统假设与 Zermelo(策墨罗)-Fraenkel集合论[IV.22§3] 的相容性); 其二属于科恩(Paul Cohen)(他断定了连续统假设和 Zermelo(策墨罗)-Fraenkel 集合论的独立性), 这样就最终断定了连续统假设是不可证明的.

　　康托对于整个数学的遗产确实是革命性的, 最重要的是, 他的超限集合理论第一次使得数学家有了以仔细而精确的方式处理无限概念的手段.

进一步阅读的文献

Dauben J W. 1990. *Georg Cantor. His Mathematics and Philosophy of the Infinite*. Princeton, NJ: Princeton University Press.

——. 2005. Georg Cantor and the battle for transfinite set theory. In Kenneth O. *May Lectures of the Canadian Society for History and Philosophy of Mathematics*, edited by G. van Brummelen and M. Kinyon, pp. 221-41. New York: Springer.

——.2005. Georg Cantor. Paper on the "Fundations of a general set theory", 1883. In *Landmark Writings in Western Mathematics 1640-1940*, edited by I. Grattan-Guinness, pp. 600-12. London: Routledge.

Tapp, C. 2005. *Kardinalität und Kardinäle. Wissenschaftshistorischen Aufarbeitung der Korrespondenz zwischen Georg Cantor und katholischen Theologen seiner Zeit*. Stuttgart: Franz Steiner.

Joseph W. Dauben

① 经查阅相关的网站, 没有发现有康托获得 Copley 奖的记载. —— 中译本注
② Class 其实就是集合的另一个词, 因为这个悖论引导到 "何谓集合" 的讨论, 所以在这里就不再用集合一词而改用 "类"(class), 下文的 aggregates 也是这样. —— 中译本注

VI.55 克利福德
(William Kingdon Clifford)

1845年生于英国Exeter; 1879年卒于葡萄牙Madeira

几何; 复函数论; 数学普及

克利福德在 1863 年进入了剑桥大学的三一学院. 1867 年他以 Tripos 第二名优胜者资格毕业, 在要求更加严苛的 Smith 考试中也得了第二名[1]. 1868 年成为三一学院的 Fellow, 而在 1871 年成为伦敦的大学学院 (University College) 的数学教授.

克利福德是一个多才多艺的数学家, 而许多同时代人认为他是这一代人中最优秀的一个. 他最喜爱的领域是几何学, 而在其中, 他又是涉猎甚广的一位, 除了射影几何和微分几何以外, 还证明过许多欧几里得几何的定理. 在英国数学家中, 他是第一个能够理解黎曼[VI.49] 关于微分几何的工作的人. 1873 年, 他把黎曼的著名论文《论作为几何基础的假设》译成了英文发表. 他支持黎曼对于几何学的根本的重新叙述, 而且还进一步思考是否物理空间的曲率可以解释物质的运动, 他也给出了黎曼–罗赫定理[V.31] 的一个重要应用, 而在通过把一个黎曼曲面[III.79] 分割成简单的小片来研究黎曼曲面的复杂构造方面, 他也属于最早的人之一. 他是第一个研究一种局部地和欧几里得平面几何等价但整体上又与之不同的空间的人(这个空间就是平坦环面 (flat torus), 而当后来克莱因[VI.57] 作了详细研究后, 现在称为克利福德–克莱因空间形式). 在代数中, 他发明了双四元数 (它们很像四元数, 但是以复数为系数).

直到因健康崩溃不能再讲演以前, 克利福德都被公认为是非凡的讲演家. 他也是一个成功的科普作者和散文作家. 他强烈地接受把几何看成经验科学而非先验知识的观点. 他是托马斯 · 赫胥黎 (Thomas Henry Huxley, 1825–1895, 英国著名博物学家, 达尔文进化论最杰出的代表) 的好朋友, 同情哲学上的人文主义.

进一步阅读的文献

Clifford W K. 1968. *Mathematical Papers*, edited by R. Tucker. New York: Chelsea. (First published in 1882).

Jeremy Gray

---

① Tripos 是剑桥特有的严格的数学考试, 其优胜者称为 Wrangler, 许多重要的数学家和物理学家 (例如凯尔文勋爵和麦克斯韦) 都曾经获得过 Wrangler 的第一或第二名, Smith 考试情况也类似. 下文讲到的 Fellow, 是最低一级的有薪的研究人员. —— 中译本注

VI.56　弗　雷　格
(Gottlob Frege)

1848年生于德国Wismar; 1925年卒于德国Bad Kleinen

逻辑; 数学基础; 悖论

　　弗雷格是现代逻辑学的一位先行者, 表现在许多现代逻辑的标志性的东西都是先出现在弗雷格的著作里的. 除此以外, 他的著作又在数学基础之外, 特别是在语言哲学上有影响.

　　弗雷格是在 Jena 和哥廷根受的教育, 1873 年在谢林 (Ernst Christian Julius Schering, 1824–1897, 德国数学家①) 指导下获得了博士学位. 他的学位论文是关于几何学中虚元素的空间表示, 而 1974 年他在 Jena 的就职论文中则得出了我们现在所说的 "迭代理论" 的某些基本细节. 虽然他的早期工作中并没有表现出后来的革命性工作的明显迹象, 但是事后看来, 甚至在他早期从事的看似常规的数学中也可以觉察到, 他有一个基本的主题, 就是一种信念, 即算术是以这种或那种方式从属于逻辑的, 而几何则基本上不同, 不如算术那样一般, 是以空间直觉为基础的, 这一点在他早期研究所关切的那些领域中很突出. 例如在普吕克的线几何和黎曼[VI.49]的复分析中, 视觉表示起了什么作用都是可以有争论的, 而弗雷格总是力求从逻辑原理来严格地导出算术和分析, 以此来解决争论. 他的动机不那么多地是想要得到确定性. 更进一步说, 他认为只有 "无缺陷的" 证明才能揭示一门科学的基本原理.

　　现代逻辑有一些特征是首先出现在弗雷格的核心逻辑著作中的, 这些著作有《概念语言: 一种以算术为模型的纯粹思维的形式语言》(*Begriffsschrift, eine der Arithmetischen Nachgebildete Formelsprache des reinen Denkens*, 1879) 和《算术的基本规则》(*Grundgesetze der Arithmetik, Band I*,1893, *Band II*, 1903). 这些特征有:

　　(i) 在量值化的命题逻辑中来对推理进行分析, 这里的推理是被拓展到既包含关系也包含主–谓形式的命题. 我们今天可以把弗雷格的逻辑系统描述为一种高阶的谓词演算.

　　(ii) 三段论式逻辑的形式 (如 "所有的 A 都是 B")可以解释为量值化的条件句 (对于所有的 x, 若 x 在 A 中, 则 x 一定也在 B 中), 这种方式现在看来是如此标准, 似乎是不能避免的, 但是已经隐含了一件事, 就是一个命题下面的逻辑形式可以不同于其表面的语法.

　　(iii) 语言的句法是显式地表现出来的, 而推理要以命题的形式严格地遵循显式陈述的规则来进行.

---

　　① 请勿与德国哲学家谢林 (Friedrich Wilhelm Joseph von Schelling, 1775–1854) 混淆. —— 中译本注

(iv) 推理规则和公理是不同的, 结论关系和条件语句也是不同的.

(v) 要把 "函数" 取作一个无定义的原始概念 (这是容易引起争论的一点, 当时的数学家中有些人包括弗雷格的老师克莱布什在内, 就认为函数这个概念过于模糊, 不能作为基本单元), 在函数和可以作为函数变元的事物 (称为对象) 之间要强行划出清楚的区别.

(vi) 量词可以迭代地使用, 这样就有可能把例如一致收敛和逐点收敛的逻辑表示区别开来.

比起后来具有类似目的的著作, 例如**罗素**[VI.71] 和怀特黑德 (Alfred North Whitehead, 1861–1947, 英国逻辑学家) 所写的《数学原理》(*Principia Mathematica*), 对于弗雷格所具有的清澈透明的尖锐性, 只是简单地列举他的创新之点, 就还是低估了. 还需要好几十年, 逻辑学家们才能接近弗雷格关于确切性和清晰性的标准. 然而, 弗雷格所用的符号对于当时的读者似嫌过于笨拙 (对于后来的读者也是如此), 例如命题 "若非 q, 则每一个 v 均为 F", 用弗雷格的符号来写就是

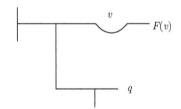

(这里 ⊤ 表示否定, —v— 则是全称量词, 而竖立的直线表示条件句).

弗雷格还写了一本非形式的著作《算术基础》(*Grundlagen der Arithmetik*, 1894), 此书在 1950 年翻译成英文以后, 对于英语的语言哲学深有影响. 它对于数的讨论表现了一种张力的最初的迹象, 而这种张力终于从内部使得整个讨论崩溃. 弗雷格对于数的定义提出了一些条件, 而只有满足它们, 这个定义才算是 "可接受的", 但是这些条件在形式化以后就会导致一种类似于罗素悖论的矛盾 (就是关于所有不以自己为元素的集合之集合的悖论). 弗雷格本来并未注意到这个问题, 直到 1903 年罗素在一封信里向弗雷格提起[①]. 弗雷格的反应 ("在算术上摔了一跤") 一直被认为是过度反应: 无非是在许多可能的公理系统中有一组公理失败了. 但是弗雷格并不这么看, 他认为问题并不在于某一组特定的公理, 而是如果在逻辑上有足够的不足之处, 一定会违反某些他认为植根于思维的本性的原理. 近年来, 有一些逻辑学家不赞成弗雷格的那些巴罗克式[②]的形而上学的概念, 他们证明了对于弗雷格的

---

① 弗雷格在《算术基础》第二卷已经付梓时收到了罗素的信告诉他这个悖论, 把书稿收回再改已不可能, 于是弗雷格在书后写了这样一段话: "对于一个科学家, 再没有比下面的事情更加不幸的了: 当他的大厦完工的时候发现其基础动摇了, 当这本书即将印完之时, 罗素先生的一封信就把我置于这种境地". —— 中译本注

② 所谓巴罗克 (Baroque) 时期或风格是指艺术 (音乐、绘画、雕刻、文学等等) 上的一种追求戏剧性的、夸张的、繁复而宏大的效果的风格, 大约在 17 世纪从罗马开始逐渐流传到整个欧洲. —— 中译本注

系统的某些自然的放松要求, 确实能支持弗雷格心目中重建的数学.

1903 年以后的日子对于弗雷格是悲剧性的, 大约有十年之久, 弗雷格停止了严肃的工作. 当他在 1918 年后恢复了写作一系列哲学论文后, 他在数学上的工作就只有匆匆记下的一点工作, 是关于在几何而不是在逻辑的基础上建立算术的少量工作. 这标志着他已经得到一个结论, 就是他的逻辑计划已经失败了.

进一步阅读的文献

在 John Burgess 的 *Fixing Frege*(Princeton University Press, Princeton, NJ, 2005) 一书中, 可以找到对于弗雷格的基础的 "新弗雷格主义" 重建的一个特别详尽的例子. 许多重建弗雷格的逻辑哲学的技术细节的经典论文, 可以在 William Demopoulos 编辑的 *Frege's Philosophy of Mathematics* (Harvard University Press, Havard, MA, 1995) 一书中找到.

Jamie Tappenden

VI.57 克 莱 因
(Christian Felix Klein)

1849年生于德国Düsseldorf; 1925年卒于德国哥廷根

高等几何; 函数论; 代数方程理论; 数学教育

克莱因原来打算做一个物理学家, 但是当他在波恩随普吕克 (Plücker) 既学数学也学物理时, 他转向数学, 并于 1868 年以线几何的论文获得博士学位. 当普吕克于 1868 年去世后, 他来到哥廷根随克莱布什学习时, 就只读数学了. 1869–1870 学年, 他花了几个月在柏林跟魏尔斯特拉斯[VI.44] 和库默尔[VI.40] 学习, 然后和李[VI.53] 一起去巴黎访问厄尔米特[VI.47]. 在 1871 年于哥廷根取得任职资格以后, 他依次在埃尔朗根、慕尼黑和莱比锡任职, 而在 1886 年又回到哥廷根, 一直到 1913 年 (因健康不佳) 退休. 1875 年, 他娶哲学家黑格尔 (Georg Wilhelm Friedrich Hegel) 的一个孙女 Anna Hegel 为妻.

1872 年, 克莱因发表了著名的 "爱尔朗根纲领", 这是关于几何学的一个有创造性的、统一的观点. 他以凯莱[VI.46]1859 年的一篇文章为基础, 凯莱在这篇文章里从射影几何[I.3§6.7] 导出了欧几里得几何[I.3§6.2], 而克莱因应用群论的知识 (这是他在巴黎向约当[VI.52] 学来的) 在各种几何学中建立了一个等级关系. 他认识到, 每一种几何学都可以用一个群来刻画从而加以分类 (见一些基本的数学定义[I.3§6.1]). 如克莱因所期望的那样, 这个分类表明射影几何是最基本的, 然后才是其他的几何, 如仿射几何、双曲几何, 都从属于射影几何之下的某个层次, 此外, 从他的构作方式就很清楚, 非欧几里得几何[II.2§§6-10]中的任何矛盾必定同时也包含了欧几里得几何中的一个矛盾.

克莱因认为他在函数论方面的工作是他最大的成就. 随着学术生涯的进展, 他越来越远离普吕克和克莱布什的严格几何学的观点, 而倾向黎曼[VI.49] 所具有的更广阔的视野. 黎曼把解析函数看成是由已给区域之间的共形映射所给出的. 克莱因在他的《代数函数及其积分的黎曼理论》(*Riemanns Theorie der algebraischen Funktionen und ihrer Integrale*) 一书中, 对函数论作了一个几何处理, 把黎曼的思想与魏尔斯特拉斯的严格的幂级数方法融合起来了.

1882 年, 正当克莱因处在自己学术高峰的时候, 他的健康恶化了. 他在发展自守函数 (这是如三角函数和椭圆函数[V.31] 等等的推广)理论 (他证明了著名的极限圆 (Grentzkreis) 定理) 与庞加莱[VI.61] 的竞争使他精疲力竭, 从此他再也不能进行如此强度的、水平如此高的工作了.

在克莱因的健康状况恶化以后, 他逐渐从研究转向数学教育, 在他的力求使数学教育现代化的工作中展示了杰出的组织才能. 他开始了重要而且影响深远的编辑计划, 从准备讲义的出版到共同编辑 24 卷本的《数学科学百科全书》(*Enzyklöpaedie der Mathematische Wissenschaften*, 1896–1935). 他担任《数学年刊》(*Mathematische Annalen*) 的编委近五十年. 他又是德国数学会(Deutsche Mathematiker Vereinigung) (1890) 的创始人之一. 在发展数学对于科学和工程的应用以及促进工程师们更好地理解数学上, 都起了积极的作用.

克莱因的其他成就还有关于代数方程理论的重要结果 (通过考察二十面体, 他得到了一般的五次方程的完全的理论 (1884)). 在力学中, 他与 Arnold Sommerfeld 合作发展了陀螺理论 (1897–1910). 他还从事把包含群论的思想用于相对论的研究, 写了关于洛仑兹群[IV.13§1](1910) 和引力理论 (1918) 的文章. 克莱因是一位国际性的人物, 他到多地旅行, 包括美国和英国, 而且在第一次国际数学家大会上起了重要的作用. 他的许多外国学生中包括了好几位美国人, 例如 Maxime Bôcher 和 William Fogg Osgood, 还有好几位女数学家, 其著名的有 GraceChisholm Young 和 Mary Winston.

克莱因的成就使得哥廷根的科学中心, 也是世界数学中心之一. 他具有一种能够 "看得见" 一个数学命题为真并且把数学领域带到一起的能力, 而不必作详细的计算和论证 (这些他都留给学生们和别人去做). 他强烈地相信数学的统一性.

进一步阅读的文献

Frei G. 1984. Felix Klein (1849-1925), a biographical sketch. In *Jahrbuch Überblicke Mathematik*, pp. 229-254. Mannheim: Bibliograische Institute.

Klein F. 1921-1923. *Gesammelte mathematische Abhandlungen*, three volumes. Berlin: Springer (reprinted, 1973. Volume 3 contains lists of Klein's publications, lectures, and dissertations directed by him.)

———. 1979. *Development of Mathematics in the 19th Century*, translated by M. Ackerman. Brookline, MA: MathSci-Press.

Rüdiger Thiele

VI.58　弗罗贝尼乌斯
(Ferdinand Georg Frobenius)

1849年生于柏林; 1917年卒于柏林
分析; 线性代数; 数论; 群论; 特征标理论

弗罗贝尼乌斯 (他在署名时, 时常略去自己的 "名"(first name), 而把 "中名" (middle name) 和姓 (last name) 写在一起, 成为 G. 弗罗贝尼乌斯) 在哥廷根读了一个学期数学和物理以后就回到了柏林, 随克罗内克[VI.48]、库默尔[VI.40] 和魏尔斯特拉斯[VI.44] 等人学习. 他的 1870 年的博士论文 (用拉丁文写成) 是魏尔斯特拉斯指导的, 是关于单个变量的解析函数的无穷级数表示的. 在柏林做了四年半中学教师以后, 他才在柏林大学担任额外教授 (即副教授, Außerordentlicher Professor). 不到两年以后又受聘到苏黎世高工 (Eidgenösiche Hochschule in Zürich) 任正教授, 他在那里一直呆到 1892 年才又回到柏林继任克罗内克[VI.48] 的教职. 他于 1916 年退休, 次年去世.

他的早期贡献是在分析和微分方程方面, 后来的文章则主要在 θ 函数、代数和数论方面. 给定一个系数在某个代数数域中的多项式后, 可以问, 当它 mod 某个素理想化约为不可约因子后的次数是多少, 特别是可以去找出这样一些素理想的集合的 "密度"(需要适当定义), 使得 mod 这些素理想后, 不可约因子的次数会出现一定的模式. 弗罗贝尼乌斯追随克罗内克的思想证明了, 如果伽罗瓦群[V.21] 是对称群[III.68], 则这里说的密度就是此群中循环构造具有这里给的模式的群元素所占的比例. 他猜想不论是什么样的伽罗瓦群, 这都是对的. 域 $\mathbf{F}_q$ 的一个有限扩张的伽罗瓦群的自然的生成元 $a \mapsto a^q$, 因为是他在这里所应用的一个工具, 后来就叫做 "弗罗贝尼乌斯自同构". 这个猜测到 1925 年为前苏联数学家 N. G. Chebotaryev 证明, 现在就称为 Chebotaryev 密度定理, 有时也叫弗罗贝尼乌斯–Chebotaryev 密度定理.

弗罗贝尼乌斯的另一个著名而且重要的贡献是在矩阵和线性变换理论方面, 弗罗贝尼乌斯在这里引进了最小多项式和其他的不变式 (初等因子).

使弗罗贝尼乌斯最为知名的是有限群方面的工作. 他和赫尔德 (Otto Hölder) 以及伯恩塞德[VI.60] 一样, 在一段时间里专注于寻求有限单群[V.7]. 然而他的最大的贡献是发明了群特征标[IV.9] 的理论, 这是在 1896 年无意中出现在他对于群行列式的研究中的. 群行列式就是一个方阵的行列式, 但是以一个有限群 G 的元素为行和列的指标, 所以通常矩阵元是 x_{mn}, 以 (m,n) 为指标现在它的 (a,b) 元就是 $x_{ab^{-1}}$, $a;b$ 是群 G 的元. 这里的 x_g 是独立的变元, 而对 G 的每一个元素 g 都有这样一个 x_g. 他的兴趣是由与戴德金[VI.50] 的通信引起的, 在于群行列式可以怎样分解为这些变元的多项式. 这个问题引导弗罗贝尼乌斯发现了复数的某些集合, 他称这些复数为 "Gruppencharactere"(就是群特征标), 对于群的每一个共轭类各有一个这样的复数, 而为与此群相关的某线性方程组的解集合. 到了现在, 群特征标的定义不同了: 对于群 G 的每一个复线性表示 ρ(即同态 $\rho: G \mapsto \mathrm{GL}_n(\mathbf{C})$, 这里 $\mathrm{GL}_n(\mathbf{C})$ 是 $\mathbf{C}$ 上的 $n \times n$ 可逆矩阵之群), 而相应的特征标 χ 就是这样一个映射 $G \to \mathbf{C}$, 而使得对于 $g \in G$, $\quad \chi(g) = \mathrm{trace}\rho(g)$. 弗罗贝尼乌斯证明了它们的正交关系, 认识到他的特征标与群的矩阵表示的关系, 计算了对称群、交代群以及马蒂厄 (Émile Léonard Mathieu)[VI.51] 群的特征标表, 并且应用诱导特征标的性质证明了他的一个著名定理, 即如果一个传递的置换群除恒等元以外没有任何元能使两个或多个元不动, 则必有一个正规的正常子群 (即仅由恒等元与无不动点的元所成的子群). 迄今还没有找到这个定理的纯粹群论的证明方法. 为了表示承认他的贡献, 这种群现在称为弗罗贝尼乌斯群. 通过由弗罗贝尼乌斯对于有限群 (和由他的学生、朋友和同事舒尔 (Issai Schur) 对于经典矩阵群) 所发展的特征标理论和表示论, 在一代人以后群论在物理学和化学中找到了重要的应用.

进一步阅读的文献

Begehr H, ed. 1998. *Mathematik in Berlin: Geschichte und Dokumentation*, two volumes. Aachen: Shaker.

Curtis C W. 1999. *Pioneers of Representation Theory: Frobenius, Burnside, Schur, and Brauer*. Providence, RI: American Mathematical Society.

Serre J -P, ed. 1968. *F. G. Frobenius: Gesammelte Abhandlungen*, three volumes. Berlin: Springer.

Peter M. Neumann

VI.59 柯瓦列夫斯卡娅
(Sofia (Sonya) Kovalevskaya)

1850年生于莫斯科; 1891年卒于斯德哥尔摩
偏微分方程; 阿贝尔积分

柯瓦列夫斯卡娅很早就显示了自己的数学才能, 但是在 19 世纪中叶的俄罗斯,妇女是不被许可进大学的. 因为没有男人监护就不能出国, 她只好结婚, 并于 1869 年来到海德堡, 由 Du Bois-Reymond 教她数学. 第二年, 她移居柏林, 和魏尔斯特拉斯[VI.44] 一同工作. 柏林大学对妇女也是关闭的, 但是魏尔斯特拉斯同意对她进行私人辅导. 柯瓦列夫斯卡娅在魏尔斯特拉斯的指导下完成了关于偏微分方程 (PDE)、阿贝尔积分和土星环的论文, 并于 1874 年成为第一个在数学中得到博士学位的妇女. 特别引起关注的是她关于 PDE 的论文, 其中包含了现在以柯西–柯瓦列夫斯卡娅定理[IV.12§2.2,2.4] 为名的结果, 是建立 PDE 的解析解存在性的重要工具.

　　同年, 柯瓦列夫斯卡娅回到俄罗斯, 但是因为无法找到合适的位置, 只好暂时放弃数学. 1880 年, 她受切比雪夫邀请, 在圣彼得堡的一次会议上提出了一篇关于阿贝尔积分的论文, 这篇论文被热情地接受, 而她就在 1881 年回到柏林. 她经常见到魏尔斯特拉斯, 而着手研究光在晶体介质中的传播 —— 研读法国物理学家拉梅 (Gabriel Lamé) 的著作把她引导到这个主题, 以及研究固体绕固定点的转动. 那一年稍晚时, 她来到巴黎和那里的数学家一同工作.

　　1883 年, 她在 Mittag-Leffler 的支持下, 被斯德哥尔摩大学任命为自费讲师. 她也成了 *Acta Mathematica* 的一个编委, 是第一个参与科学刊物编委会的妇女. 作为 *Acta* 的代表, 她与来自巴黎、柏林和俄罗斯的数学家有了联系, 成了俄罗斯数学家与西欧同行的重要联系途径. 她还继续研究固体的转动问题, 在 1885 年取得突破, 使她在三年以后得到了法国科学院的威望甚高的 Prix Bordin. 在她的工作以前, 这个问题只在两个情况下 (均为对称的) 得到完全的解. 第一个情况是运动固体的重心与固定点重合的情况, 这是欧拉[VI.19] 解决的; 第二个情况是拉格朗日[VI.22] 解决的, 是中心和固定点都在同一旋转轴上的情况. 柯瓦列夫斯卡娅发现还有第三个情况也可以完全解出的, 这个情况是不对称的而且比另外两个都更复杂 (后来证明了只有这三个情况可以完全解决). 她的结果的新奇之处在于应用了新近发展起来的 θ 函数 —— 这是最简单的椭圆函数, 而所有的椭圆函数[V.31] 都可以通过它们构造出来 —— 理论来解阿贝尔积分.

　　1889 年, 柯瓦列夫斯卡娅成了斯德哥尔摩大学的正教授, 在世界上这是妇女第一次达到这样的高位. 不久以后, 切比雪夫提名她为俄罗斯科学院的通讯院士, 她的当选又一次打破了性别的障碍.

进一步阅读的文献

Cooke R. 1984. *The Mathematics of Sonya Kovalevskaya*. New York: Springer.

Koblitz A H. 1983. *A Convergence of Lives. Sofia Kovalevskaya: Scientist, Writer, Revolutionary*. Boston, MA: Birkhäuser.

VI.60 伯恩塞德
(William Burnside)

1852 年生于伦敦; 1927 年卒于英国 West Wickham

群论; 特征标理论; 表示理论

伯恩塞德的数学才能最早在中学里就显示出来了, 在那时他就得到了一个去剑桥的机会, 而在剑桥他参加了一个具有很高荣誉的数学考试 (Tripos), 并于 1875 年获得第二名毕业. 他在剑桥作为 Pembroke 学院的会员 (Fellow) 辅导学生划船和数学十年之久. 1885 年发表了三篇很短的论文后, 他被任命为格林威治的皇家海军学院教授. 他在 1886 年结婚, 并于次年开始了自己创造性的数学家生涯. 他以自己在应用数学 (统计力学和水力学)、几何学和函数论等方面的贡献, 于 1893 年当选为皇家学会会员 (Fellow). 虽然在他从事研究工作的岁月里对于这些领域一直有贡献, 而且在第一次世界大战期间还把概率论加进了自己关心的领域, 但是, 他在 1893 年转向了群论, 而正是由于他在这个学科里的发现, 人们记住了他.

伯恩塞德研究了有限群理论的各个方面, 他最为关心的是搜寻有限单群. 他作出了一个著名的猜测, 即不存在阶数为复合奇数的单群, 这个猜测直到 1962 年才由 Walter Feit 和 William Thomson 证明 (参见条目**有限单群的分类**[V.7]). 他帮助发展了**弗罗贝尼乌斯**[VI.58] 在 1896 年创造的群特征标理论, 把它发展成为证明纯粹群论中的定理的工具, 1904 年, 他应用这个理论得到了引人注目的结果, 即证明了所谓 $p^\alpha q^\beta$ 定理, 这个定理指出, 若一个群的阶数可以被最多两个不同的素数整除, 此群必为可解群. 事实上, 通过考虑这样一个问题, 即若一个群所有的元素均有有限阶, 而且此群是由有限多个元素生成的, 它是否一定是有限群? 他开辟了一个巨大的研究领域, 而在 20 世纪的相当大部分时间里, 这个领域就称为伯恩塞德问题 (参见条目**几何和组合群论**[IV.10§5.1]).

虽然**凯莱**[VI.46] 和 Reverend T. P. Kirkman 牧师[①]在他之前就写过群论的文章, 但是在 Philip Hall 于 1928 年开始数学生涯之前, 他是仅有的研究群论的英国数学家. 伯恩塞德的有影响的著作《有限阶群论》(*Theory of Group of Finite Order*, 1897) 写作的目的就在于 "在英国数学家中激起对纯粹数学的这样一个分支的兴趣, 这个分支越研究就越觉得它有趣". 但是, 直到他去世好几年以后, 此书在英国影响极小. 1911 年此书又出了第二版 (1955 年重印), 但是与第一版比较有实质性的修

[①] Thomas Penyngton Kirkman. 1806–1895, 虽然主要从事宗教工作, 并被授予英国国教牧师的神职, 但是一直也从事数学研究. 在组合设计中有重要贡献. 是英国皇家学会会员, 他还因为一个著名的数学游戏问题 (Kirkman 女生问题) 而知名. —— 中译本注

订, 特别是加进了关于有限群的特征标理论及其应用的一章 ——这是在 1896 年发明特征标理论以后的 15 年里由弗罗贝尼乌斯、伯恩塞德和舒尔所发展起来的数学.

进一步阅读的文献

Curtis C W. 1999. *Pioneers of Representation Theory: Frobenius, Burnside, Schur, and Brauer.* Providence, RI: American Mathematical Society.

Neumann P, M Mann A J S, and Thomson J C. 2004. *The Collected Papers of William Burnside*, two volumes. Oxford: Oxford University Press.

Peter M. Neumann

VI.61　庞　加　莱
(Jules Henri Poincaré)

1854 年生于法国 Nancy; 1912 年卒于巴黎

函数论; 几何学; 拓扑学; 天体力学; 数学物理; 科学基础

　　庞加莱在就学于巴黎高工和矿业学校以后, 1879 年在 Caen 大学开始了自己的教学生涯. 1881 年, 他在巴黎大学接受任命, 而在那里从 1886 年起连续任各个教职, 直到 1912 年去世. 他有一种离群索居的天性, 自然很难吸引研究生, 但是他教过的课程为好几本专著, 主要是数学物理方面的专著, 打下了基础.

　　庞加莱在 1880 年代早期就已经有了国际声誉. 那时他把来自复函数理论、群论、非欧几何以及线性常微分方程理论的思想融合起来, 确定了一类重要的自守函数, 这些函数定义在一个圆中, 而且在某个离散的变换群下不变, 他把这种函数称为富克斯函数, 以纪念数学家富克斯(参看条目富克斯群[III.28]). 他又确定了另一类更复杂的克莱因函数, 它们是没有极限圆的自守函数. 他的自守函数理论是非欧几何学的第一个有意义的应用, 这引导他发现了双曲平面的圆盘模型, 后来启发出了单值化定理[V.34].

　　同一时期, 他又开始了微分方程定性理论的研究工作, 这部分地是受到他对于力学的一些基本问题兴趣的启发, 其中值得注意的是太阳系的稳定性问题. 他的思想中新颖而且重要的是他用曲线而不是函数来思考解, 即几何地而不是代数地来思考问题, 正是这一点标志了他和前驱们分道扬镳, 前人的研究是由幂级数方法所统治. 从 1880 年代中期起, 他开始应用他的几何理论到天体力学问题中. 他关于三体问题[V.33] 的论文 (1890) 之所以著名, 就是由于它们为他的受到称赞的三卷本的专著《天体力学的新方法》(*Les Méthodes Nouvelles de la Mécnaique Céleste,*

1892–1899) 打下了基础, 也是因为它包含了关于动力系统的混沌性态[IV.14§1.5] 的最早的数学描述. 稳定性也处于他关于旋转的液体物体的研究 (1885) 的中心位置, 这个工作包括他发现一种新的梨子形的图形, 引起了相当大的关注, 因为它对于宇宙学中关于双星系统和其他天体的演化有重要的意义.

庞加莱关于富克斯函数和微分方程定性理论的工作引导他认识到流形[I.3§6.9] 的拓扑学 (在他以前常称为位置分析(analysis situs)) 的重要性. 在 1890 年代里, 他把流形的拓扑学的研究当作有自身意义的研究, 有效地创立了代数拓扑学[IV.6] 这个强有力的独立领域. 在 1892 年到 1904 年发表的一系列论文中, 最后一篇就包含了今天以庞加莱猜想[IV.7§2.4] 而闻名的假设, 他引入了一些新概念, 包括贝蒂数、基本群[IV.6§2]、同调[IV.6§4] 以及扭 (torsion).

在庞加莱关于数学物理的成就后面有着对于物理学的深刻兴趣. 他在位势理论上的成就构成了诺伊曼 (Carl Neumann) 关于边值问题的理论与弗雷德霍姆[VI.66]关于积分方程的理论之间的桥梁. 他引入了一种称为 "扫除法"(méthode de balayage) 的方法来确立狄利克雷问题[IV.12§1] 解的存在 (1890); 他有一个思想, 即狄利克雷问题本身就会产生本征值与本征函数序列[I.3§4.3](1898). 在发展多变量函数的理论时, 他被引导到发现复函数理论的新结果. 在由大学讲义而来的《电学与光学》(Électricité et Optique) 一书 (1890 年出版, 1901 年修订) 中, 他给出了麦克斯韦、亥姆霍兹和赫兹的电磁理论的经典表述. 他对洛仑兹关于电子的新理论作出了回应, 很近于预示爱因斯坦的狭义相对论[IV.13§1] 的出现, 也因此引起后来的作者们关于优先权的争论. 1911 年他参加了关于量子理论的第一次 Solvay 会议, 并于 1912 年发表了支持量子理论的有影响的论文.

随着庞加莱的学术生涯的发展, 他对于数学与科学的哲学的兴趣也在发展. 他的思想通过他的四本论文集而广泛传播, 这些论文集就是:《科学与假设》(La Science et L'hypothèse, 1902),《科学的价值》(La Valeur de la Science, 1905),《科学与方法》(Science et Méthode, 1908),《最近的沉思》(Dernières Pensées, 1913). 作为一个几何的哲学专家, 他赞成这样的主张, 即所谓的规约主义, 就是说, 几何学的哪一种模型最适合物理空间, 这与其说是一个客观问题, 不如说是我们觉得哪一种模型最为方便. 与此形成对立的是, 他关于算术的立场则是直觉主义的. 对于基础问题, 他大体上是挑剔的. 他虽然同情集合论的目标, 却攻击他认为是反直观的结果 (进一步的讨论, 可参看条目数学基础中的危机[II.7§2.2]).

庞加莱的有远见的几何风格引导他得到新的才华横溢的思想, 时常能把不同的数学分支连接起来. 但是因他的论著缺少细节的讲解而时常使得跟随他的工作很困难. 他的工作时常被指责为不够精确, 这与他的德国对手希尔伯特[VI.63] 成了鲜明的对比, 希尔伯特是植根于代数和严格性的.

进一步阅读的文献

Barrow-Green J E. 1997. *Poincaré and the Three Body Problem*. Providence, RI: American Mathematical Society.

Poincaré J H. 1915–1956. *Collected Works*: *Œuvres de Henri Poicaré*, eleven volumes. Paris: Gauthier Villars.

Ⅵ.62　佩　亚　诺

(Giuseppe Peano)

1858 年生于意大利 Spinetta; 1932 年卒于都灵
分析; 数理逻辑; 数学基础

佩亚诺对于分析、逻辑和数学的公理化都作出了重要贡献, 但是最使他为人所知的是他 (和戴德金[Ⅵ.50]) 的自然数的公理系统. 他作为一个农民的儿子出生在 Spinetta(意大利, Piedmont 大区), 1876 年起在都灵大学读书, 1880 年获得博士学位. 直到 1932 年去世, 他一直呆在都灵大学.

在 1880 年代里, 佩亚诺从事分析的研究工作, 得到了他被人们认为是最重要的结果. 最引人注意的是填满空间的佩亚诺曲线(1890)、独立于约当[Ⅵ.52]发展了容度概念 (这是测度理论[Ⅲ.55] 的前身), 以及他关于一阶微分方程解的存在定理 (1886, 1890). 他部分地以他的老师 Angelo Genocchi 的讲义为基础所写的教材《微分学和积分学原理》(*Calcolo Differentiale e Principii di Calcolo Integrale*) 出版于 1884 年, 由于其严格性和判断审慎的风格而引人注目, 被认为属于 19 世纪最佳著作之列.

1889–1908 年这些年中, 佩亚诺深入细致地从事符号逻辑、公理化的研究工作, 出版了百科全书式的《数学公式汇编》(*Formulaire de Mathématiques*, 1895–1908, 共五卷) 一书. 这样的雄心勃勃的数学结果的汇集, 用数理逻辑的符号紧凑地陈述, 却完全不给证明. 这绝非当时的标准著作, 而只是表明佩亚诺所期望于逻辑的是什么, 那就是语言的准确与简洁, 而不是更高层次的严格性 (作为一个对比, 更高层次的严格性这一点对于弗雷格[Ⅵ.56]却是关键所在). 1891 年, 他和一些同事创办了一个刊物:《数学杂志》(*Revisita di Matematica*), 在自己周围聚集起一群重要的追随者.

佩亚诺是一个容易接近的人, 他和学生们打成一片的方式简直被认为是都灵的 "丢脸的" 事情. 在政治上, 他是一个社会主义者, 而在生活和文化的一切事情上, 他又是一个包容的普救主义者. 在 1890 年代晚期, 佩亚诺越来越热衷于建立一种普遍适用的口语, "Latino sine flexion"(没有词形变化的拉丁语),《数学公式汇编》的最后一版 (1905–1908) 用的就是这种语言.

佩亚诺紧紧追随一些德国数学家的工作, 例如格拉斯曼, Ernst Schröder, 还有戴德金, 例如在上面说的 1884 年的教材中, 实数就是用戴德金的分割来定义的, 而在 1888 年他又发表了《遵照格拉斯曼的延伸理论的几何计算》(*Calcolo Geometrico Secondo L'Ausdehnungslehre di H. Grassmann*) 一书. 1889 年发表了关于自然数集合的著名的佩亚诺公理[III.67] 的第一个版本, 见于《算术原理新方法》(*Arithmetices Principia, nova Methodo Exposita*) 一书, 而在他的《数学公式汇编》一书的第二卷里又把它变得更完善. 他的目标是想要填补在分析的算术化基本完成之时, 数学基础中仍然存在的一个大漏洞. 无怪其他数学家 (费雷格 (Frege)、皮尔斯 (Charles S. Peirce), 以及戴德金) 在同一个十年中都发表了类似的工作. 佩亚诺的企图比皮尔斯的更全面, 而比费雷格以及戴德金的则更简单, 而且是用人们更熟悉的语言框架来陈述的, 因此, 它比较流行.

　　佩亚诺关于自然数的工作处于他的各种数学贡献的交叉点, 很自然地把他以前对于分析的研究和后来关于逻辑基础的工作联系起来, 也是他的《数学公式汇编》计划的必要前提. 实际上, 1889 年的《算术原理新方法》一书可以认为是格拉斯曼的《算术教本》(*Lehrbuch der Arithmetik*, 1861) 的简化、完善和翻译成逻辑语言, 所以佩亚诺在书名上加上了新讲述方法 (nova methodo exposita) 几个字. 格拉斯曼努力想要详尽阐明一个严格的演绎结构, 强调用数学归纳法来证明, 以及使用递归的定义, 奇怪的是, 与佩亚诺不同, 格拉斯曼没有提出归纳公理, 所以佩亚诺的陈述要清楚得多, 他把归纳法放在中心位置, 作为自然数的定义的关键性质.

进一步阅读的文献

Borga M, Freguglia P, and Palladino D. 1985. *I Contributi Fundazionali della Scuola di Peano*. Milan: Franco Angeli.

Ferreirós J. 2005. Richard Dedekind (1888) and Giuseppe Peano (1889), booklet on the foundation of arithmetic. In *Landmark Writings in Western Mathematics* 1640–1940, edited by I. Grattan-Guinness, pp. 613-626. Amsterdam: Elsevier.

Peano G. 1973. *Selected Works of Giuseppe Peano*, with a bibliography by H. C. Kennedy. Toronto: University of Toronto Press.

José Ferreirós

VI.63　希尔伯特

(David Hilbert)

1862年生于德国Königsberg; 1943年卒于德国哥廷根

不变式论; 数论; 几何学; 国际数学家大会; 公理学

　　外尔[VI.80]这样来描述他的老师希尔伯特的风格: "您好像是在一片开阔的、阳光明媚的风景地里快速地行走; 您自由地四处瞭望, 在爬上悬崖以前, 分界线和连接的道路都已经为您指出来了, 然后道路就是笔直向前 ……." 在希尔伯特作为数学家的生涯里, 有好几个主题总是得到平衡的: 他想要得到清晰、严格、简单和深度. 他虽然因为数学之美而爱数学, 但是这种美是一种超越人类的失败的美. 希尔伯特把数学看成一项社会合作的事业. 当他在 Königsberg 大学遇见闵可夫斯基[VI.64] 和赫尔维茨时, 转折点就来到了.

希尔伯特写道: "我们在无尽的散步中, 全神贯注于当时数学的实际问题; 交换我们的新得到的理解、我们的思想和科学的计划; 我们结成终生的朋友." 后来希尔伯特成了哥廷根的教授, 他和克莱因[VI.57] 一起, 从世界各地吸引来数学家, 把这个小城变成了数学的交叉路口, 后来希特勒摧毁了它.

当他刚刚当上自费讲师时, 希尔伯特就决定一面教书, 一面研究数学. 他决定永不重复教自己教过的课. 他和赫尔维茨决定开始对数学的 "系统的探索", 而他终生都按照这样的模式生活. 希尔伯特的一生很容易可以分成六个时期: (i) 代数和代数不变量 (1885–1893); (ii) 代数数论 (1893–1898); (iii) 几何学 (1898–1902); (iv) 分析 (1902–1912); (v) 数学物理 (1910–1922); 还有 (vi) 基础, 这中间很少有重叠. 当希尔伯特结束一个主题时, 他就再也不搞这个主题了.

希尔伯特的第一个突破是在 1888 年. 那一次, 他以一个大胆的举动一举解决了哥尔丹 (Gordan) 问题. 这个问题是以数学家哥尔丹命名的, 是这样一个问题: 给定了一个至少具有两个变元的多项式方程, 当改变坐标系时, 关于这个多项式, 有些东西会变, 而有些则不变. 例如, 考虑一个实多项式方程

$$ax^2 + bxy + cy^2 + d = 0.$$

如果旋转坐标系, 方程的形式就会剧烈地变化, 但是其图像不会变, 判别式 $b^2 - 4ac$ 也不会变, 判别式就是一个不变式. 在一般情况下, 即更复杂的多项式类和更复杂的坐标变换, 可能有多个不变式. 数学家们怀疑对于给定类型的多项式和给定类型的坐标变换, 只存在有限多个本质不同的不变式. 情况果真是这样吗? 许多数学家勤奋地计算了个别的例子. 希尔伯特则作间接的思考: 如果对于特定的方程类和特定的变换类没有有限的基底就会怎么样? 他发现总会出现矛盾. 他就断定必定有这样一个基底. 一开始, 人们对此抱有怀疑, 因为他并没有把基底展现出来. 哥尔丹说: "这不是数学, 这是神学". 然而这个结果是这样有力, 而且结束了许多人无穷无尽地计算个别例子的努力, 所以有人调侃说这个结果枪毙了代数不变式理论.

1893 年, 德国数学会请希尔伯特和闵可夫斯基写一篇关于数论的报告, 希尔伯特选择了代数数理论[IV.1], 并且把 19 世纪的结果转变为对于代数数域[III.63] 的研究. 希尔伯特所找到的深刻的起了组织作用的结构, 最终引导到人们所说的 "类域

论的宏大的大厦"(在条目 [V.28] 中有讨论).

希尔伯特的经典著作《几何基础》(*Foundation of Geometry*) 初版是在 1899 年, 以后又多次修订, 是从实数的算术出发的. 希尔伯特假设实数的算术是相容的, 即其中不会有互为矛盾的演绎结论. 然后, 他用解析几何展示了欧几里得几何[II.2§3] 的一个模型. 一个点就是一对实数; 一条直线就是满足这条直线的方程的实数对的集合; 一个圆就是 …… 如此等等. 欧几里得几何的一切公理都是关于这些 "直线" 和 "圆" 的真命题, 就是说, 它们都是关于这些实数集合的真命题, 这样就把欧几里得几何化成了关于实数的真命题的一部分, 由此得到这样的结论: 如果实数的算术是相容的, 则欧几里得几何也是相容的. 下一步, 希尔伯特又用欧几里得几何的语言构造出各种非欧几何的模型, 深刻而且极具创造性地探讨了从哪些组公理可以得出哪些可能的公理, 而哪些组公理则是独立然而相容的.

希尔伯特被邀请在 1900 年巴黎举行的第二次国际数学家大会上讲演. 他的演讲为 20 世纪这个新世纪提出了 23 个问题, 这些问题现在就叫做 "希尔伯特问题". 在某种意义上说, 这些问题创造了一个虚拟的哥廷根, 从那以后, 所有的数学家都来到这里和希尔伯特交流.

希尔伯特下一步就转向分析. 魏尔斯特拉斯[VI.44] 曾经找到狄利克雷原理的反例, 而这个原理基本上是说变分问题总能达到最大和最小值. 希尔伯特则证明了这个原理的一个经过修正的但是仍然强有力的版本, 这样就 "挽救" 了许许多多假设了这个原理成立而得到的结果. 然而, 这个时期的更大的主题是积分方程以及现在所说的希尔伯特空间[III.37]. 牛顿的运动方程是微分方程, 这样来提出物理学中的方程是很自然的. 然而在许多场合下, 把方程用积分而不是用导数写出来, 则解起来更容易. 在 1909 年到 1912 年期间, 希尔伯特从这个方向攻克过许多问题. 他把解看成希尔伯特空间的一部分, 而且对此空间像无穷维向量空间那样给以谱的解释. 这样, 函数的无定形的海洋就有了几何构造.

1910 年, 他转向物理学而且得到了某些成功. 但是, 物理学在这时正在经历多种多样的革命, 还没有准备好接受数学的澄清.

当希尔伯特在 1900 年提出他的问题时, 他就明白数学按照当时的陈述方式是会有矛盾的, 特别是在集合论中是这样. 他的问题清单的第二个问题就是: 第一要求证明算术是相容的, 第二又要求集合论也是相容的. 随着辩论的扩大, 有些数学家对于他们原来接受为有效的推理后退下来了. 希尔伯特对此完全不能接受. 到 1918 年左右, 他越来越关注于把整个数学加以形式地公理化的计划, 并且用证明论的方法和组合的方法证明数学中没有矛盾. 1930 年, 哥德尔[VII.92] 证明了他的不完全性定理, 从而证明了希尔伯特的计划, 至少是按照希尔伯特原来所设想的那种计划, 是永远不能成功的. 希尔伯特在这里是错了, 但是即使是错了, 他把数学放置在一个形式基础上的梦想, 激起了数学在 20 世纪里的一些最重要的工作 —— 数学并没有后退.

进一步阅读的文献

Reid C. 1986. *Hilbert-Courant*. New York: Springer.

Weyl H. 1944. David Hilbert and his mathematical work. *Bulletin of American Mathematical Society*, 50:612–654.

Benjamin H. Yandell

VI.64　闵可夫斯基
(Hermann Minkowski)

1864 年生于俄罗斯 Alexotas(今立陶宛考纳斯); 1909 年卒于哥廷根

数论; 几何学; 相对论

  1883 年, 巴黎科学院把有很高威望的数学科学大奖授予当时年仅 18 岁的大学生闵可夫斯基, 悬赏的问题是把一个整数表示为五个完全平方的整数之和. 闵可夫斯基在一篇长达 140 页的德文写成的论文中发展了关于二次型[III.73] 的一般理论, 而把这个问题的解作为一个特例. 两年后, 闵可夫斯基在 Königsberg 大学得到了博士学位, 而在 1887 年在波恩以关于 n 元的二次型的进一步的工作通过了 "Habilitation".

  当闵可夫斯基在 Königsberg 大学时, 就已经是赫尔维茨 (Adolf Hurwitz) 和希尔伯特[VI.64] 的密友. 1894 年当赫尔维茨去苏黎世以后, 闵可夫斯基则从波恩回到了母校, 而很快当希尔伯特去哥廷根以后, 就继任希尔伯特的教职. 1896 年, 他也来到苏黎世, 成了赫尔维茨的同事. 1902 年, 希尔伯特与哥廷根协商为闵可夫斯基在哥廷根另设一个教职. 他在那里成了希尔伯特的同事和最亲密的朋友, 直到 1909 年初因阑尾破裂去世.

  闵可夫斯基后来工作的特点是非常聪明地应用几何直觉来解决数论问题, 他的起点是厄尔米特[VI.47] 关于可以由 n 个给定的整数值的二次型表示的最小正实数的一个定理. 闵可夫斯基把二次型解释为几何对象如 $n = 2$ 时的椭圆和 $n = 3$ 时的椭球, 而把变量的整数值解释为正规格子点的坐标, 这样他就可以用关于体积的概念来达到数论的非平凡的结果. 他的研究于 1896 年发表在一本题为《数的几何》(*The Geometry of Numbers*) 的书中. 他看到以椭球为基础的几何论证只用到凸性, 闵可夫斯基就引入了凸点集的一般概念, 而推广了他的理论. 按照闵可夫斯基, 一个**凸体**就是包含了连接此集合中任意两个内点的直线段的集合. 这个概念使得闵可夫斯基能够研究一种几何学, 其中欧几里得关于全等三角形的公理被比较弱的三角形两边之和恒大于第三边的公理 (这个公理现在我们统称为**三角形不等式**, 是度量空间的关键概念) 所取代. 关于这种闵可夫斯基几何的定理也立即在数论中产生出非平凡的结果. 还在**连分数**[III.22] 理论中得到了进一步的结果, 1907 年, 闵可夫斯基以丢番图逼近为题发表了关于数论的介绍性的讲演.

闵可夫斯基对于物理学一直有深刻的兴趣. 1906 年, 他为由克莱因主编的权威的《数学百科全书》(*Encyclopedia of the Mathematical Sciences*)写了关于毛细现象的条目. 在哥廷根, 希尔伯特和闵可夫斯基共同主持了一个讨论班, 研究当时**庞加莱**[VI.61]、爱因斯坦和其他人关于电动力学的工作. 闵可夫斯基很快就认识到狭义相对论是麦克斯韦方程在洛仑兹群下不变的推论这个事实的意义(见条目**广义相对论和爱因斯坦方程**[IV.13§1]). 他从几何上重新解释了麦克斯韦–闵可夫斯基电动力学, 给出了一个数学陈述, 其中空间和时间坐标没有形式的区别. 在他去世前几个星期, 他在德国科学家和物理学家协会在科隆 (Cologne) 的大会上作了一个讲演, 其著名的开篇话就是讲的这个事实. 他说: "从这个时刻起, 空间本身和时间本身都完全沉没在阴影里, 只有二者的某种联合体仍然保持了自治." 闵可夫斯基关于狭义相对论的四维洛仑兹协变陈述是爱因斯坦后来的广义相对论的前提之一.

进一步阅读的文献

Hilbert D. 1910. Hermann Minkowski. *Mathematische Annalen*, 68:4445-71.

Walter S. 1999. Minkowski, mathematicians, and the mathematical theory of relativity. In The Expanding Worlds of General Relativity, edited by H. Goenner et al., pp. 45-86. Boston: Birkhäser.

Tilman Sauer

VI.65 阿 达 玛
(Jacques Hadamard)

1865年生于法国凡尔赛; 1963年卒于巴黎
函数论; 变分法; 数论; 偏微分方程; 流体力学

阿达玛毕业于巴黎高师以后, 在 1893 年就在法国波尔多大学找到了一个职位. 1897 年回到巴黎以后, 又先后在法兰西学院 (Collége de France)、巴黎高工以及中央学校 (École Centrale) 任教, 直到 1937 年退休为止. 阿达玛在法兰西学院的讨论班 (Seminar) 有来自世界各地的数学家参加, 详细讲解数学的最新成就, 是两次大战之间法国数学生活的有影响的有机组成部分.

阿达玛的第一批引人注目的论文是关于单复变量的全纯函数[I.3§5.6] 的, 特别

是关于泰勒级数的解析拓展; 在 1892 年的学位论文中, 他研究了怎样从一个泰勒级数系数的奇性导出级数本身的奇性. 值得注意的是他证明了泰勒级数 $\sum a_n z^n$ 的收敛半径 R 的公式 $R = \left(\lim_{n\to\infty} \sup |a_n|^{1/n} \right)^{-1}$, 现在这个公式就以**柯西–阿达玛定理**著称 (柯西[VI.29] 在 1821 年就发表了这个公式, 但是阿达玛是独立发现了它, 而且给出了完全的证明). 接着就有进一步的结果, 包括著名的 "阿达玛空隙定理", 给出了一个函数的泰勒级数的收敛圆为此函数的自然边界的条件. 他的专著《泰勒级数及其解析拓展》(*La Série de Taylor et son Prolongement Analytique*, 1901) 被证明是特别有影响. 1912 年他提出了无穷可微函数的拟解析性 (quasi-analyticity) 问题.

1892 年阿达玛还发表了关于整函数的获奖论文, 他在其中利用了他的学位论文中的结果确立了一个整函数的泰勒级数的系数和它的零点的关系, 然后用它们来估计整函数的亏格, 他把这篇文章以及他的学位论文中的其他结果用于黎曼 ς 函数[IV.2§3], 这使他在 1896 年得到了最为著名的结果: 素数定理[V.26](德·拉·瓦莱·布散[VI.67] 也在同时得到了这个结果, 但是方法比较复杂).

阿达玛在 1890 年代得到的其他关键性结果还包括了一个关于行列式[III.15] 的著名不等式 (1893), 一个在关于积分方程的弗雷德霍姆理论[IV.15§1] 中很本质的结果, 还有 "三圆定理"(1896), 证明了凸性在研究解析函数中的重要性, 在插值理论中起了显著的作用.

1896 年, 阿达玛由于研究曲面上测地线的性态而获得了 "Prix Bordin"(研究这种测地线的动机是因为它们代表动力系统中的运动轨道), 这是阿达玛在分析以外的学科中的第一篇主要论文. 他的两篇论文, 一篇是关于正曲率曲面上的测地线 (1897), 另一篇是关于负曲率曲面上的测地线 (1898), 特点是继承了庞加莱[VI.61] 的定性分析. 第一篇依赖于经典的微分几何的结果, 而拓扑的考虑统治了第二篇.

受到对于**变分法**[III.94] 兴趣的推动, 阿达玛发展了沃尔泰拉 (Volterra) 关于泛函演算的思想. 他是在 1903 年第一个描述了函数空间上泛函的人, 他考虑定义在给定区间上连续函数的空间, 证明了每一个泛函都是一个区间序列的极限, 这个结果现在公认是里斯[VI.74]1909 年提出的**里斯表示定理**[III.18] 的前身. 阿达玛的《变分法教程》(*Leçons sur le Calcul de Variation*, 1910) 是第一本可以在其中找到现代泛函分析思想的书.

在应用数学中, 阿达玛主要关心的是波, 特别是高速流的波的传播问题. 1900 年起, 阿达玛开始了关于偏微分方程的工作, 并于 1903 年出版了《波的传播与流体动力学讲义》(*Leçons sur la Propagation des Ondes et les Équations de l'Hydrodynamique*, 1903) 一书, 然后就有《线性偏微分方程的柯西问题》(*Cauchy Problem in Linear Partial Differential Equations*, 1922). 后一部书中包含了他关于**适定问题**[IV.12§2.4] 的基本思想的详细说明 (所谓适定问题就是解不仅存在和唯一, 而且必须连续依赖于初始值的问题), 这个思想的起源可以在他 1898 年关于测地线[I.3§6.10] 的论文中找到.

阿达玛的小书《数学领域中的发明的心理学》(*The Psychology of Invention in the Mathematical Fields*, 1945) 也很有名, 其中讨论了无意识及其在数学发现中的作用.

进一步阅读的文献

Hadamard J. 1968. *Collected Works*: *Œuvres de Jacques Hadamard*, four volumes. CNRS.

Maz'ya V, and Shaposhnikova T. 1998. *Jacques Hadamard. A Universal Mathematician.* Providence, RI: American Mathematical Society / London Mathematical Society.

VI.66 弗雷德霍姆
(Ivar Fredholm)

1866年生于斯德哥尔摩; 1927年卒于斯德哥尔摩
斯德哥尔摩大学力学和数学物理教授 (1906–1927)

弗雷德霍姆在 1900 年和 1903 年的论文中, 通过与无穷多未知数的线性方程以及行列式的推广作类比, 解决了现在以他的名字命名的积分方程

$$\phi(x) + \int_a^b K(x,y)\,\phi(y)\,\mathrm{d}y = \psi(x),$$

其中有一个连续的 "核" 和未知函数 $\phi(x)$. 这个解以及赋予它的几个性质 (所谓弗雷德霍姆 "择一性")使得这个工作对于希尔伯特[VI.63] 的积分方程理论 (1904–1906) 是一个重要的刺激, 因此也就是泛函分析的起点之一 (关于这一点, 详见条目算子代数[IV.15§1]). 这个方程是在数学物理问题如位势理论和振动理论的问题的背景下出现的. 弗雷德霍姆认为自己主要是数学物理学家, 他的同事 Mittag-Leffler 也曾努力使他能获得诺贝尔物理奖, 但是没有成功.

VI.67 德·拉·瓦莱·布散
(Charles-Jean de la Vallée Poussin)

1866年生于比利时Louvain; 1962年卒于布鲁塞尔
解析数论; 分析

德·拉·瓦莱·布散毕业于 Université Catholique de Louvain, 学习的是工程 (1890) 和数学 (1891), 然后就在那里从 1891 年到 1951 年教数学分析. 他的

讲稿成了他的著名的《无穷小分析讲义》(*Cours d'Analyse Infinitesimale*) 的基础, 此书从 1903 年到 1959 年出版了多版. 作为欧洲和美国许多最著名科学院的院士, 又是巴黎, Strasbourg, Toronto 和 Oslo 等大学的名誉博士, 他被选为国际数学家协会 (International Union of Mathematicians, 即现在的国际数学联盟 (International Mathematical Union, IMU) 的第一任主席, 1930 年他获得男爵的爵位.

德·拉·瓦莱·布散的主要成就是 1896 年对于**素数定理**[V.26](即素数在整数中分布的渐近估计) 的证明, 这个定理首先是**高斯**[VI.26] 大约在 1793 年作的一个猜想 (**阿达玛**[VI.65] 也是在同年同样用复函数理论独立地证明了它). 不久以后, 德·拉·瓦莱·布散在他的证明后面加上了一个更尖锐的误差项 (1899), 他还把这一点推广到一个算术数列中素数的分布.

当勒贝格[VI.7 2] 在 1902 年第一次发表了他的积分[III.55] 理论时, 德·拉·瓦莱·布散马上就掌握了它的重要性, 而且以独创的方式在自己的《分析教程》(*Cours d'Analyse*, 1908) 第二版中讲述了这种积分. 此外, 他还引入了一个集合的特征函数的概念 (1915), 不久之后就给出了由连续的有界变差函数所生成的测度的分解定理.

德·拉·瓦莱·布散用三角多项式来逼近周期函数的卷积积分 (1908), 这对于逼近理论和级数的求和有特殊的重要性, 他在这一领域中的重要结果还有用多项式来作连续函数的最佳逼近时误差下界的估计, 以及傅里叶级数的一个收敛判别法和求和方法.

1911 年, 德·拉·瓦莱·布散向比利时科学院建议的悬赏问题导致了关于用多项式来逼近连续函数的最佳逼近阶数的杰克逊 (Jackson) 和伯恩斯坦定理出现. 他关于超定线性方程的**切比雪夫**[VI.45] 问题的存在和唯一性定理 (1911) 是**线性规划**[III.84] 理论的重要的一步; 他的插值公式 (1908) 对于抽样理论是基本的; 他用傅里叶系数下降速率对于新的拟解析函数类的刻画 (1915) 是一项值得注意的发展.

德·拉·瓦莱·布散的其他成就还有确定多点边值问题的唯一性条件 (1929), 这对于非振荡的线性微分方程的研究是一个重大的的结果, 还有解决多连通区域的共形映射的各种问题 (1930–1931). 在位势理论中, 他把容量 (capacity) 概念推广到任意有界集合, 对于有界的集合函数序列证明了他的提取定理 (extraction theorem), 而通过把测度理论引入了**庞加莱**[VI.61] 关于狄利克雷问题[IV.12§1] 的 "扫除法", 为现代的抽象的位势理论铺平了道路.

进一步阅读的文献

Butzer P, Mawhin J, and Vero P, eds. 2000-4. *Charles Jean de la Vallée Poussin. Collected Works — Oeuvres Scientifiques*, four volumes. Bruxelles / Palermo: Académie Royale de Belgique / Circolo Matematico di Palermo.

Jean Mawhin

VI.68　豪 斯 道 夫

(Felix Hausdorff)

1868年生于德国Breslau(今波兰Wrocław); 1942年卒于德国波恩
集合论; 拓扑学

豪斯道夫在 1887 年到 1891 年期间先后在莱比锡、Freiburg 和柏林学习数学, 然后在莱比锡在布伦 (Heinrich Brun) 指导下开始在应用数学方面做研究工作. 在 1895 年获得任职资格以后, 他先在莱比锡任教, 后来到了波恩 (1910–1913, 1921–1935) 和 Greifswald(1913–1921). 他最著名的工作是在集合论和一般拓扑学上, 他的杰作是《集合论的基本特性》(*Grundzüge der Mengenlehre*), 1914 年出版, 1927 年和 1935 年又出了第二版和第三版. 第二版的内容有很多修订, 其实应该看成是一本新书.

豪斯道夫的早期工作集中在应用数学上, 主要与天文学有关, 特别是光在大气中的绕射和熄灭. 他具有广泛的文化兴趣, 而在莱比锡时总是和艺术家和诗人中的尼采圈子在一起. 他用 Paul Mongré 的笔名写了两篇很长的哲学论文, 其中更杰出的是《宇宙选择中的混沌》(*Das chaos in kosmischer auslese*). 直到 1904 年, 他都向当时一份著名的德国思想评论正规地投寄文化评论文章, 到 1912 年前虽然不那么正规, 仍然继续投稿. 他也发表了一些诗歌, 写过一个讽刺剧.

豪斯道夫在 19 世纪和 20 世纪之交开始研究集合论, 并且于 1901 年夏季学期在莱比锡大学就这个学科写了他的第一份讲义. 当他转向 "康托主义"(即集合论)以后, 他就开始在序结构及其分类上进行了深刻而创新的研究. 在他关于集合论的早期结果中, 就有关于基数的指数的豪斯道夫递归公式和序结构研究上的几个结果(如共尾性 (cofinality) 等等). 虽然豪斯道夫在集合论的公理基础上并没有积极的工作, 他对于超限数却贡献了重要的洞察, 特别是对我们现在说的弱不可达基数的刻画和最大链原理(maximal chain principle), 后者是佐恩引理[III.1] 的一种形式, 但是时间上更早, 意图和陈述也不一样.

豪斯道夫对于公理方法的贡献在于推广数学的经典领域并在集合论框架内把它们建立在公理基础上. 豪斯道夫在数学内部使用集合论这一步在数学转向 20 世纪意义下的现代数学上有巨大影响, 这种现代数学由布尔巴基学派[VI.96] 作了最杰出的刻画. 在这方面最为众所周知的是他的以邻域系统公理来描述的一般拓扑的公理化, 这一点最早发表在他的 *Grundzüge*(1914) 中. 还有他的关于一般或比较特殊的拓扑空间[III.90] 性质的研究. 不那么为人所知的 (一直未发表或最近才发表) 是豪斯道夫的概率论的公理化, 这个公理化见于他 1923 年的讲课中, 而比科尔莫戈罗夫[VI.88] 在这方面的工作要早了十年. 他对于分析和代数也作出了重要的贡献. 在代数方面, 他对李的理论[III.48] 有贡献 (通过现在所说的 Baker-Campbell-Hausdorff 公式), 而在分析中, 他发展了发散级数的求和法, 还有 Riesz-Fischer 理论的推广.

豪斯道夫使用集合论的中心目标是把它用于分析的各个分支, 如函数论. 他在这方面的最重要的而且具有广泛重要性的贡献是豪斯道夫维数[III.17] 的概念, 他用这个概念对于很一般的集合 (如分形类型的集合) 给予了维数的概念.

豪斯道夫认识到, 集合的解析问题与基础问题有深刻的联系. 1916 年, 他 (与他独立的还有 P. Alexanderoff) 证明了不可数的实数的博雷尔集合[III.55] 都有连续统基数. 这是康托提出的澄清连续统战略的重要一步. 虽然这个战略对于哥德尔和科恩关于连续统假设[IV.22§5] 的决定性结果最终并无贡献, 但它导致了集合论与分析的边缘区域的一个广阔研究领域的出现, 这个区域现在人们是用描述集合论[IV.22§9] 来处理的. 豪斯道夫的《集合论》(*Mengenlehre*, 第二版, 1927) 是这个领域的第一本专著.

在纳粹政权上台以后, 对于豪斯道夫和其他犹太血统的人, 工作条件和一般的生活条件都越来越恶化了. 当豪斯道夫、他的妻子 Charlotte 和妻子的姐妹在 1942 年 1 月被勒令离开家庭接受当地拘留时, 他们宁愿自尽而不愿受到进一步的迫害.

进一步阅读的文献

Brieskorn E. 1996. *Felix Hausdorff zum Gedächtnis. Aspekt seines Werkes*. Braunsweig: Vieweg.

Hausdorff F. 2001. *Gesammelte Werke einßlich der Pseudonym Paul Mongré erschienenen philosophischen und literarischen Schriften*, edited by E. Brieskorn, F. Hirzebruch, W. Punkert, R. Remmert, and E. Scholz. Berlin: Springer.

Hausdorff's voluminous unpublished work (his "Nachlass") can befound online at www.aic. uni-woppertal.de/fb7/hausdorff/findbuch.asp.

Erhard Scholz

VI.69　嘉　　当

(Élie Joseph Cartan)

1896年生于法国Dolomieu; 1951年卒于巴黎

李代数; 微分几何; 微分方程

嘉当是他那一代人中领头的数学家之一, 他的工作中特别有影响的是关于几何和李代数[III.48§§2,3] 的工作. 在第一次世界大战后阴郁的年代里, 他是法国最出色的数学家之一. 他最终对于布尔巴基学派[VI.96] 的创立有显著的影响, 而他的儿子 H· 嘉当, 也是出色的数学家, 则是其七个创始人之一. 在他 1903 年成为南锡 (Nancy) 大学的教授以前, 他就已经在 Montpellier 和 Lyon 任教了. 然后在 1909 年又在巴黎大学 (Sorbonne) 得到讲课的职位, 并于 1912 年成为那里的教授, 直到退休为止.

嘉当在 1894 年的学位论文中, 对复数域上的简单李代数进行了分类, 改进和修正了基灵 (Wilhelm Karl Joseph Killing, 1847–1923, 德国数学家) 早前的工作, 强调了这个理论内在的深刻的抽象结构. 在后来的年代里, 他又回到这些思想, 得出了它们对于相应的李群[III.48§1]所蕴含的意义 —— 这些群对于物理学中关于对称性的思考有着重要的影响.

嘉当一生的很大部分时间是从事几何的研究. 在 1870 年代和 1890 年代, 克莱因[VI.57] 就对几何学进行了分析, 说明怎样把它的各个分支(如欧几里得几何、非欧几何、射影和仿射几何) 统一起来, 并且看成射影几何的特例. 嘉当感兴趣的是, 怎样能够使得赋予克莱因生命的群论的思想也适应于微分几何的背景, 特别是适应于具有变曲率[III.78] 的空间. 这正是爱因斯坦的广义相对论[IV.13] 的数学背景. 在这个学科里, 不同观察者的观察是与坐标变换相关的, 而引力场的变化是用度量的变化来描述的, 因此也就是用其深层的时空流形的曲率的变化来描述的. 在 1920 年代, 嘉当又把这个背景拓广为我们今天说的纤维丛[IV.6§5], 这样他就证明了只要集中关注于坐标变换的可能类型以及它们所属的李群, 则克莱因的途径也是可以行的.

在许多问题中, 对于空间的每一点都有许多可能的观察. 例如对于地球表面上每一点的天气就是这样. 按照嘉当的表述方式, 地球表面是基础的流形[I.3§6.9](也称底流形), 而每一点处的观察构成了另一个流形, 称为这一点处的纤维. 底流形中所有的点加上这些点上的纤维就构成一个对子, 粗略地说就是一个纤维丛; 其准确的概念已经被证明在现代微分几何的整个领域中是基本的. 将要证明, 研究一个流形上的联络是自然的背景. 联络研究的就是一个对象, 例如向量, 当沿着流形上的曲线变动时是怎样互相变换的. 嘉当的基本思想是允许各个纤维具有共同的对称群, 这样来捕捉几何问题, 虽然底流形的几何例如曲率可以各点不同, 使得底流形没有这样的对称性.

嘉当也用这样的几何途径来研究微分方程, 而最初李[VI.53] 创造李代数理论的推动的动机就在此. 嘉当在方程组方面做了重要的工作, 这项工作使他强调所谓外微分形式的作用. 外微分形式的重要例子有表示沿曲线的长度元素的 1-形式[III.16]、表示曲面面积元素的 2-形式等等. 对于 1-形式, 我们要做的主要事情是求它的积分; 对于描述曲线的长度元素的 1-形式作积分就会给出沿曲线的长度. 嘉当研究了含有任意 1-形式的方程组, 这样就发现了这种 1-形式的代数或者更加一般的是对于任意的 k 的 k-形式的代数是怎样捕捉了它们定义于其上的流形的几何特点的. 这就使他能重新陈述研究曲线和曲面的一种方法, 而这个方法是老一辈领

头的几何学家达布 (Gaston Darboux) 所使用并称之为 "活动标架法" 的方法, 而这又是和微分几何中纤维丛与对称性的研究相关的. 这一工作加上关于纤维丛的工作, 直到今天仍是研究微分流形思想的主要来源.

进一步阅读的文献

Chern S S, and Chevalley C. 1984. Élie Cartan and his mathematical work. In *Œuvres Complétes de Élie Cartan*, volume III.2 (1877-1910). Paris: CNRS.

Hawkins T. 2000. *Emergence of the Theory of Lie Groups*: *An Essay in the History of Mathematics, 1869-1926*. New York: Springer.

Jeremy Gray

VI.70 博 雷 尔
(Emile Borel)

1871年生于法国 Saint-Affrique; 1956年卒于巴黎

Lille 大学数学教授 (1893–1896); 巴黎高师 (1896–1909); 巴黎 Sorbonne 专为他设立的函数论讲座 (1909–1941); 庞加莱研究所所长 (1926)

　　博雷尔 1894 年的学位论文是从复函数理论的经典问题开始的. 在以康托[III.55] 的集合理论为基础而建立的新的测度理论[VI.§4] 中, 特别是用一个 "覆盖定理" (不恰当地被称为 Heine-Borel 定理), 他给出了一个原则, 使他能够舍弃奇异性的某些无穷集合. 他规定它们具有 "零测度", 这样扩展了所考虑的函数的正规性的区域. 博雷尔以对无穷多个集合进行运算为基础的测度理论, 通过他的有影响的著作《函数论教程》(*Leçons sur la Théorie des fonctions*, 1898) 而广为人知, 后来由勒贝格[VI.72] 加以完善和发展, 成为分析中的一个主要工具. 此外, 它还是科尔莫戈罗夫[VI.88] 的概率论公理化的前提.

VI.71 罗 素
(Bertrand Arthur William Russell)

1872年生于威尔士的Trelleck; 1970年卒于威尔士的Plas Penrhyn

数理逻辑与集合论; 数学的哲学

　　罗素在 1890 年代早期在剑桥受到训练, 启迪了他漫长而多彩的一生中与数学相关的那一部分. 他把自己的 Tripos 分成了两部分, 第一部分是数学, 而第二部

分是哲学, 然后又把二者联合起来, 来探索一种一般的数学哲学, 特别是其认识论
基础, 而以几何学为第一个检验的特例 (1897). 但是几年以后, 他转变了自己的哲
学立场, 特别是在 1896 年认识到康托[VI.54] 的集合论和 1900 年在都灵遇见了佩
亚诺[VI.62] 周围的一群数学家以后. 佩亚诺的追随者希望提高数学中公理化和严
格性的水平, 就竭力把各种理论都形式化, 包括集合论中的命题和谓词的 "数理逻
辑". 但是他们是把数学概念和逻辑概念分开来的. 罗素学习了他们的系统并且加
上了关系的逻辑, 就在 1901 年判定他们这样把数学概念和逻辑概念分开是不必要
的: 所有的概念都尽在这种逻辑之内. 这就是以 "逻辑主义" 为人所知的哲学立场,
而罗素对此在他 1903 年的《数学原理》(*Principles of Mathematics*)一书中写了一
个大体上非符号的陈述. 在此书的一个附录中, 罗素发展了弗雷格[VI.56] 的工作,
弗雷格原来就期望着有逻辑主义 (但是只就算术和分析的某些部分为逻辑主义辩
护), 罗素在确定了自己的哲学立场以后还仔细地读了弗雷格的工作, 但是他更多地
还是受到佩亚诺的影响.

　　现在的任务是按照佩亚诺处理细节那样来详细讲解逻辑主义. 这个任务是令人
生畏的, 尤其是因为罗素在 1901 年发现了集合论中可能有悖论. 这种悖论需要避
免而最好是化解. 罗素在剑桥时的辅导老师怀特海 (A. N. Whitehead) 也加入了这
个工作, 最终就是三卷本的巨著《数学原理》在 1910–1913 年出版. 在基本的逻辑
和集合论之后, 实数的算术和超限数的算术也详细地作出来了; 原计划由怀特海写
第四卷几何, 但是他在 1920 年左右放弃了这个计划.

　　悖论是用所谓 "类型理论" 来化解: 个体、个体的集合、个体的集合的集合等
等形成一个等级. 一个集合或者个体只能是与这个等级中紧接的上面一级的元. 所
以, 一个集合不可能是它自己的元. 对于关系和谓词也有类似的限制. 这样做虽然
避免了悖论, 但是也排除了相当多的好数学, 因为不同的数属于不同的类型, 所以
不能放在一起作算术运算. 例如, $34 + \frac{7}{8}$ 甚至不能定义. 这部书的作者们提出了 "化
约公理" 使得允许作出这些定义, 但是, 坦白地说, 这只是含混的搪塞之词.

　　在罗素理论的种种特色中, 有他在 1904 年提出了选择公理[III.1] 的一个形式,
即 "乘法公理"(mulplicative axiom). 罗素提出这个公理恰好比策墨罗稍早一点. 它
在逻辑主义中有特殊的作用, 这部分地是由于它的逻辑主义的地位仍然存疑.

　　关于《数学原理》一书, 无论是就其逻辑而言还是就其逻辑主义而言, 都一直
有争论. 对于哲学家, 它往往是太数学化了, 而对于数学家, 它往往又是太哲学化了.
然而这个纲领影响了某些类的哲学, 也包括罗素自己的哲学; 而对于高层次的公理
化, 它又是基础研究的一个模型, 这里的基础研究包括了 1931 年的**哥德尔不完全
性定理**[V.15], 而这个定理也证明了罗素所设想的逻辑主义是不可能达到的.

进一步阅读的文献

Grattan-Guinness I. 2000. *The Search for Mathematical Roots*. Princeton, NJ: Princeton

University Press.

Russell B. 1983-. *Collected Papers*, thirty volumes. London: Routledge

Ivor Grattan-Guinness

VI.72 勒 贝 格
(Henri Lebesgue)

1875年生于法国Beauvais; 1941年卒于巴黎

积分理论; 测度; 对傅里叶分析的应用; 拓扑学中的维数; 变分法

　　勒贝格于 1894–1897 年在巴黎高师学习, 在那里他受到稍微年长的博雷尔[VI.70] 和贝尔 (René-Louis Baire, 1874–1932, 法国数学家) 的影响. 在南锡大学当教师时, 他完成了自己的里程碑式的学位论文《积分、长度与面积》(*Intégrale, longueure, aire*, 1902). 在 Rennes, Poitier 以及巴黎的 Sorbonne 等大学任教并进行了与战争有关的研究以后, 勒贝格在 1919 年成了 Sorbonne 的教授, 最后则是法兰西学院的教授 (1921). 一年以后, 他入选法国科学院.

　　勒贝格最重要的成就是他对黎曼[VI.49] 的积分概念的推广, 这部分地是为了回应把更广阔的实值函数类归入可积函数的需要, 部分地则是为了使得在无穷级数 (特别是傅里叶级数) 中积分和极限的交换有更巩固的基础. 受到沃尔泰拉 (Vito Volterra, 1860–1940, 意大利数学家) 于 1881 年一个著名例子的启示, 即有这样的函数, 它本身是某个函数的有界导数, 但是不可积分, 勒贝格在他的学位论文中这样写道:

　　　黎曼所定义的那一类积分并不是在所有情况下都允许解决微积分的基本问题: 求一个函数使它具有给定的导函数. 所以很自然地要去寻找积分的这样的定义, 使得在尽可能宽的函数类中积分是微分的逆运算.

　　勒贝格这样来定义他的积分, 即对函数的值域作分划, 并且把对应于给定的 y 坐标 (即纵标) 的 x (即自变量) 的集合求和, 而不是像传统做法那样对定义域作分划. 按照勒贝格的同事 Paul Montel 的说法, 勒贝格把他的方法与支付一笔钱来做比较:

　　　我需要付一笔钱, 我从口袋里拿出钱来. 我从口袋里把钞票和硬币拿出来, 并且按拿出来的次序付给债主, 直到达到了总和为止, 这就是黎曼积分. 但是也可以用另外的办法来做, 在把所有的钱拿出来以后, 按照相同的币值把钞票和硬币排列起来, 然后把钱一堆一堆地付给债主. 这就是我的积分.

　　这个比较揭示了勒贝格积分与黎曼所用的直观而且自然的求和比较, 具有比较理论化的性质. 这就是说, 更微妙的, 按照黎曼的意义不一定可积的函数, 按照勒贝格的意义却是 "可求和" 的.

勒贝格为了完成他的求和, 必须以博雷尔的测度概念[III.55](1898) 为基础, 而这反过来又要严肃地用到康托[VI.54] 的无穷集合的理论. 他用无限多个区间来覆盖和量度一个集合, 这样, 比起迄今所能考虑的集合, 就能量度线性连续统 (即实数集合) 的远不那么直观的子集合. 在此, "零测度集合" 的概念以及由此考虑 "除了这样的集合以外" 都成立的性质, 也就是 "几乎处处" 成立的性质, 起了关键的作用. 这样就使得积分理论效率更高, 能够包括这样的结果, 如一个有界函数为黎曼可积当且仅当它的不连续点的集合具有零测度.

勒贝格完成了博雷尔的测度理论, 使之成为约当[VI.52] 早前理论的真正推广. 他也为了他的积分理论从约当那里借来了重要的有界变差函数的概念. 勒贝格对 "零测度集合" 的任意子集合都赋予一个测度, 从而开辟了更宽阔的理论问题, 如是否存在勒贝格不可测的集合. 意大利数学家维塔利 (Giuseppe Vitali) 在 1905 年借助于选择公理[III.1] 肯定了是有, 而 Robert Solovay 在 1970 年用数理逻辑方法证明了没有选择公理这个结果是证不出来的(见条目集合论[IV.22§5.2]). 勒贝格对数学对象的 "存在性" 持有一种更具限制性的观点, 即以 "可定义性" 作为他的经验主义的数学哲学的试金石.

勒贝格积分 —— 英国数学家 W.H. Young 的思想是与它平行的, 但是没有那么深刻 —— 对于调和分析和泛函分析 (例如里斯[VI.74]1909 年的 L^p 空间) 是一个很精巧的刺激. 由勒贝格本人提出的到 n 维空间的推广 (1910) 对于更广泛的积分理论, 如拉东 (Radon) 的理论 (1913) 也是一个贡献.

勒贝格积分理论的重要性虽然花了好几十年才得到广泛的承认, 它在应用上的意义, 特别是对自然界和概率论中的不连续现象和统计现象的意义, 从长远来说是不能忽视的.

进一步阅读的文献

Hawkins T. 1970. *Lebesgue's Theory of Integration: Its Origins and Development.* Madison, WI: University of Wisconsin Press.

Lebesgue H. 1972–1973. *Œuvres Scientifique en Cinq Volumes.* Geneva: Université Genève.

Reinhard Siegmund-Schultze

VI.73　哈　　代
(Godfrey Harold Hardy)

1877 年生于英国 Cranleigh; 1947 年卒于剑桥
数论; 分析

哈代是英国 20 世纪最有影响的数学家. 除了从 1919 年到 1931 年他在牛津担

任几何学的 Savile 讲座教授以外, 他的成年时期一直是在剑桥度过的. 在剑桥, 从 1931 年直到 1942 年退休, 他一直是 Sadleir 纯粹数学讲座教授. 1910 年他入选英国皇家学会, 1920 年获得皇家奖章 (Royal Medal), 1940 年又获 Sylvester 奖. 正当英国皇家学会授予他最高奖 Copley 奖的当天, 他去世了.

在 20 世纪之始, 英国的数学分析的水平是相当低的, 哈代做了许多事情来挽回这个局面, 他不仅做研究工作, 还在 1908 年出版了《纯粹数学教程》(*A Course in Pure Mathematics*) 一书. 这本书是 "按照向吃人生番传道" 那样来写的, 对于英国好几代数学家有很大的影响. 不幸的是, 哈代对于纯粹数学的热爱, 特别是对分析的热爱, 多少使得应用数学和代数学科的成长在好几十年的时期里受到了窒息.

从 1911 年起, 哈代就开始了和李特尔伍德[VI.79] 的长期合作, 他们共同写了近 100 篇文章, 这个伙伴关系一般地被看成数学史中最富有成果的合作. 他们研究级数的收敛性和可求和性、不等式、加法数论[V.27](包括华林问题、哥德巴赫猜想以及丢番图逼近).

哈代是第一个在黎曼假设[IV.2§3] 上做了重要工作的人. 1914 年, 他证明了 ς 函数 $\varsigma(s) = \varsigma(\sigma + \mathrm{i}t)$ 在临界直线 $\sigma = \frac{1}{2}$ 上有无穷多个零点 (见条目李特尔伍德[VI.79]). 后来他又和李特尔伍德证明了这个结果的深刻推广.

从 1914 年到 1919 年, 哈代又和在很大程度上是自学成才的印度天才拉马努金[VI.82] 合作, 他们合写了五篇文章, 其中最著名的是关于整数 n 的分划数 $p(n)$ 的一篇. $p(n)$ 是一个增长极快的函数: $p(5) = 7$, 但是

$$p(200) = 3\,972\,999\,029\,388.$$

$p(n)$ 的生成函数[IV.18§§2.4,3], 即

$$f(z) = 1 + \sum_{n=1}^{\infty} p(n)\, z^n$$

等于 $1/\left((1-z)(1-z^2)(1-z^3)\cdots\right)$, 所以

$$p(n) = \frac{1}{2\pi \mathrm{i}} \int_{\Gamma} \frac{f(z)}{z^{n+1}} \mathrm{d}z,$$

这里 Γ 是以原点为心, 而半径恰好小于 1 的圆周. 1918 年, 哈代和拉马努金不仅给出了 $p(n)$ 的一个快速收敛的渐近式, 而且证明了当 n 充分大时, 只要取这个渐近式的少数几项, 而且每一项都只取与它最接近的整数, 就可以得到 $p(n)$ 的准确值. 特别是 $p(200)$ 可以只取 5 项就算出来.

哈代和拉马努金是用所谓 "圆法" 证明了 $p(n)$ 的渐近公式的, 后来哈代和李特尔伍德把这个方法发展成解析数论的最有力的工具之一. 为了估计上面那样的回路积分, 哈代和李特尔伍德发现以一种很微妙的方法把积分的圆周分裂开来是明智的.

哈代和拉马努金的另一个结果是关于一个 "典型的" 数 n 不同的素因子的个数 $\omega(n)$ 是多少的问题. 他们证明了一个 "典型的" 数 n 在很精确的意义下有大约 $\log\log n$ 个不同的素因子. 1940 年, 爱尔特希和卡茨证明了像 $\omega(n)$ 这样的加法数论函数都服从关于误差的**高斯定律**[III.71§5], 这样就使得这个结果更加尖锐并得到扩展, 使得概率数论这个重要领域诞生了.

有好几个概念和结果都附上了哈代的名字, 包括哈代空间、哈代不等式和哈代–李特尔伍德最大定理[IV.11§3]. **哈代空间** H^p, $0 < p \leqslant \infty$ 就是这样的函数空间, 它们在单位圆盘内解析而以某种方式有界, 特别是 H^∞ 就是由有界解析函数组成的. 哈代和李特尔伍德通过 H^p **的最大定理**来刻画它们的性质, 这个定理把一个函数与它在圆盘边缘上的 "放射方向极限"(radial limits) 联系起来. H^p 空间理论不仅在分析中有用, 而且在概率论和控制理论中也有用.

哈代和李特尔伍德喜欢各种各样的不等式, 他们和波利亚就这个主题所写的专著《不等式》(*Inequalities*) 在 1934 年一出版就立即成了经典, 大大地影响了硬分析的发展.

虽然哈代极度地以他的数学的纯粹性为骄傲, 却在 1908 年的一篇论文中提出了关于显性和隐性特征的比例的孟德尔法则的推广. 这个法则以后就被称为哈代–Weinberg 法则, 它驳斥了 "显性特征应该表现出遍布于整个种群而隐性特征应该要消亡" 的观点. 在后来的一篇文章里, 他用简单的数学论证沉重地打击了优生学, 指出禁止具有 "不合需要的" 特性的人生殖是没有效果的.

就对于数学哲学的兴趣而言, 哈代是**罗素**[VI.71] 的追随者, 他也与罗素有共同的政治观点. 他是力主废除数学 Tripos 考试依次序排名的委员会的秘书, 而这件事在 1910 年终于得到了不情愿的评议会的通过, 多年以后他又大力斗争要废除 (而不是改革)Tripos 考试本身, 因为他认为这种考试不利于数学在英国的发展. 在第一次世界大战以后, 他领导了在英国为治疗大战对于数学社会的创伤的努力, 随着 1930 年代纳粹在欧洲迫害的出现, 哈代又是一个广泛网络的重要成员, 这个网络为逃亡避难的数学家在美国、英国和英联邦找工作. 他是伦敦数学会的热心支持者, 在接近 20 年中, 他都是其秘书之一, 而且担任过两任主席.

哈代是一个战斗的无神论者, 他矫情地宣称上帝是他个人的敌人. 他是一个了不起的健谈的人, 喜欢各种智力游戏, 喜欢把令人生厌的人、假冒的诗人、剑桥的某个学院的 Fellow 们拼凑成板球队. 他喜欢球类运动, 特别是板球、棒球、(用学院里的弯树木做的) 保龄球和真正的网球 (而不是草地网球). 他喜欢称赞人, 常把他们和出色的板球运动员来对比.

他在与人合作和引导青年数学家做研究工作上有特殊的才能. 他不仅在数学上是大师, 而且在英文散文上也是; 他富有生气和魅力, 哪怕是不经意的相遇也会给人留下深刻的印象. 在他晚年所写的一本富于诗意的小书《一个数学家的自白》(*A*

Mathematician's Apology) 对于数学家的内心世界作出了罕有的洞察.

进一步阅读的文献

Hardy G H. 1992. *A Mathematician's Apology*, with a foreword by C. P. Snow. Cambridge: Cambridge University Press.

Hardy G H, Littlewood J E, and Pólya G. 1988. *Inequlities*. Cambridge: Cambridge University Press. (Reprint of the 1952 edition.)

Béla Bollobás

VI.74　里　　斯
(Frigyes (Frédéric) Riesz)

1880年生于匈牙利 Györ; 1956 年卒于布达佩斯

泛函分析; 集合论; 测度论

里斯在受教于布达佩斯大学和欧洲其他地方后, 1911 年接受任命去 Kolozsvár 大学 (匈牙利), 此校于 1920 年搬迁并成为 Szeged 大学, 他在那里两次担任校长. 1946 年他回到布达佩斯. 里斯的研究工作主要在数学分析方面, 他用来自集合论和测度理论以及泛函分析的技巧丰富了数学分析.

里斯的著名结果之一是傅里叶级数[III.27] 的帕塞瓦尔 (Parseval) 定理之逆的推广: 在有限区间上给定一个规范正交函数序列, 以及一个实数序列 $a_1, a_2, \cdots$, 则存在一个函数 f 使之可以展开为关于这个规范正交序列的以 $a_1, a_2, \cdots$ 为系数的傅里叶级数, 其充分必要条件为级数 $\sum_r a_r^2$ 收敛. 此外, f 本身也是平方可求和的. 他在 1907 年证明了这个定理, 和德国数学家费希尔 (Ernst Fischer) 同时, 所以以他们二人的名字命名.

两年以后, 里斯又得到了现在以他命名的 "表示定理". 这个定理指出, 把定义在一个有限区间 I 上的连续函数 F 连续地映为实数的连续线性泛函, 一定可以写成 F 在 I 上关于某个有界变差函数的斯蒂尔切斯 (Stieltjes) 积分, 它是种种应用和推广的源泉.

里斯得到这两个结果部分地是与他对积分方程的研究有关联的, 积分方程这个主题当时正由希尔伯特[VI.63] 在发展; 部分地则与他对于弗雷歇 (Maurice Fréchet) 所表述的泛函分析的研究有关. 希尔伯特的工作引导他考虑无穷矩阵, 这在当时还是很少研究的问题, 里斯写了这方面的第一部著作《有无穷多个未知数的线性方程组》(*Les Système d'Equations Linéaires à une Infinité d'Inconnues*, 1913). 他还在 $p > 1$ 时研究了空间 L^p(即由 p 次幂在某指定的区间上测度可积的函数之空间) 及

其对偶空间 L^q, 这里 $\frac{1}{p} + \frac{1}{q} = 1$); 他把他和费希尔的定理应用于自对偶空间, 即 $p = 2$ 时的 L^2, 现在称为希尔伯特空间[III.37]. 后来他奠定了完备空间 (后来称为巴拿赫空间[III.62]) 的某些基础, 并把泛函分析用于遍历理论. 他在这些领域中的绝大部分工作都总结在和他的学生Szökefnalvy-Nagy合写的《泛函分析教程》(*Leçons d'Analyse Fonctionelle*, 1952) 一书中.

所有这些工作都对于别人已经在原则上建立的理论作出了重要贡献, 里斯对于次调和函数完成了突破性的工作, 他这样来修正狄利克雷问题[IV.12§1], 即寻求这样的函数, 它把给定的函数拓展到区域之内成为次调和函数 (即 "局部地小于调和函数" 的函数), 而不必是调和函数. 他研究了这种函数对于位势理论的一些应用.

里斯也研究了集合理论的一些基础方面的问题, 特别是序的类型、连续性、广义的 Heine-Borel 覆盖定理. 他也构造地重新表述了勒贝格积分[III.55], 以阶梯函数和零测度集合为原始的概念, 而尽量避免使用测度理论[III.55].

进一步阅读的文献

Riesz F. 1960. *Oeuvres Complètes*, edited by Á. Császár, two volumes. Budapest: Akademiai Kiado.

Ivor Grattan-Guinness

VI.75 布劳威尔
(Luitzen Egbertus Jan Brouwer)

1881年生于荷兰Overschie; 1966年卒于荷兰Blaricum

李群; 拓扑学; 几何学; 直觉主义数学; 数学哲学

布劳威尔在 16 岁时就进了阿姆斯特丹大学, 老师是 D. J. Korteweg. 年轻的布劳威尔自学了现代数学, 也学了很多哲学. 在作研究生时, 他就已经就 4 维空间的旋转的分解发表了一些独创性论文. 他也出版了一本关于神秘主义的简短的专著, 其中包含了一些在他后来的哲学中很杰出的思想. 在 1907 年的学位论文中, 他解决了希尔伯特[VI.63] 第 5 问题 (从李群[III.48§1] 的公理中除去可微性条件) 的一个特例, 还提出了 "构造性数学" 的第一个纲领.

他的数学基础是所谓的数学的 "元直觉"(ur-intuition), 就是由直觉同时创造出来的连续统和自然数. 数学的对象 (包括数学证明) 是人心的创造. 布劳威尔在概述了数学的基本部分的发展以后, 进而就批评当代的数学超越了人类心智的界限. 特别是批评了康托[VI.54] 引入超过人所能认识的集合, 批评希尔伯特的公理方法和形式主义. 他批评希尔伯特的相容性纲领, 否认 "相容性蕴含存在性".

　　布劳威尔在 1908 年的论文《逻辑原理的不可靠性》(*Unreliability of the logical principles*) 中明确地拒绝了排中律, 认为它是不可靠的 (也拒绝了希尔伯特的信条 "所有的数学问题都可以以这种或那种方法来解决"). 在 1909 年到 1913 年间, 布劳威尔研究拓扑学. 他继续关于李群的工作, 并且注意到 (Cantor-Schoenflies 那种风格的) 拓扑学还需要巩固的基础. 他在 1910 年的论文《论位置分析》(*Zur analysis situs*) 中阐明了一些概念和例子 (例如曲线、不可分解的连续统、3 个区域可以有公共的边界), 这些就是他对点集拓扑学的修正的开始. 同时, 他开始了沿两条路线的研究工作: 其一是研究由曲面到其自身的同胚, 确立了球面上的*不动点定理*[V.11] 和平面平移定理(就是对于欧几里得平面上没有不动点的同胚的刻画); 其二是球面上向量的分布, 给出了奇点的存在定理并且刻画了它们. 这个领域中最著名的定理就是布劳威尔的 "毛球定理"(hairy ball theorem, 即不论怎样梳理一个长满了毛的球, 上面总会出现王冠样子的尖顶, 例如永远不能理顺椰子上的毛). 1910 年, 布劳威尔发表了约当曲线独立的一个直接的拓扑证明, 至今还被认为是最漂亮的证明. 所谓新拓扑学是以布劳威尔的 "维数不变定理"(1910) 开端的. 然后他就奠定了*流形*[I.3§6.9] 的拓扑学基础, 而其基本的工具则是连续映射的布劳威尔度. 基本的论文是他的《论流形的映射》(*Über abbildungen von mannigfaltigken*, 1911), 其中包含了新拓扑学的绝大部分工具, 例如单纯逼近、映射度、同伦[IV.6§§2,3]、奇性指标 (这是他自己的用语), 还有这些新概念的基本性质.

　　布劳威尔新的拓扑的洞察和技巧, 引导他达到一大批蔚为奇观的结果, 其中有布劳威尔不动点定理、域的不变性定理、高维的约当定理、维数的定义, 包括可靠性 (soundness) 的证明 (即 $\mathbf{R}^n$ 的维数为 n 的证明). 他也把他的域的不变性定理用于自守函数和单值化理论, 这样就证明了克莱因–庞加莱连续性方法的正确性 (1912).

　　在第一次世界大战期间, 布劳威尔又回到了数学基础问题. 他构想出了他的成熟的直觉主义数学[II.7§3.1], 以心智创造出来的对象和概念为基础, 完全地开发了构造性数学的潜能. 关键的概念是 (无限的) 选择序列 (就是 (由数学家) 或多或少地自由选择数学对象, 例如自然数)、良序性、和直觉主义逻辑. 在 "布劳威尔宇宙" 中, 可以得到很强的结果, 例如 "连续性原理", 这个原理是说一个对选择序列指定一个自然数的函数是连续的(即输出是由 (无限的) 输入的有限片段决定的), 还有一些超限的归纳原理, 特别是新的 "横 (bar) 归纳". 利用这些原理, 他证明了 (i) 在闭区间上的所有实函数都是一致连续的, (ii) 连续统是不可分解的 (就是不能够分裂). 这就使他能够在强的意义下驳斥排中律: 每一个实数并不是一定为零或非零.

在布劳威尔的宇宙里, 许多经典的定理, 如中间值定理和波尔扎诺–魏尔斯特拉斯定理都是不成立的.

布劳威尔的宇宙里虽然没有 "排中原理", 但有许多构造性的原理可供使用, 这就使它成为替代传统的宇宙的另一个选择, 而且其力量不相上下.

他的基本纲领使他和希尔伯特冲突起来 (即 "直觉主义对形式主义" 之争). 这场斗争在 1928 年达到高潮, 而在一次爱因斯坦称为 "鼠蛙之战" 的事件中, 希尔伯特把布劳威尔从他担任编委 14 年的《数学年刊》(*Mathematische Annalen*) 编委会中撤掉了.

布劳威尔是一个很不合常规的人, 而且有广泛的兴趣: 艺术、文学、政治、哲学和神秘主义. 他是一个忠诚的国际主义者.

从 1912 年到 1951 年, 他一直是阿姆斯特丹大学的教授.

进一步阅读的文献

Brouwer L E J. 1975–1976. *Collected Works*, two volumes. Amsterdam: North-Holland.

Van Dalen, D. 1999–2005. *Mystic, Geometer and Intuitionist. The Life of L. E. J. Brouwer*, two volumes. Oxford: Oxford University Press.

Dirk van Dalen

VI.76 艾米·诺特
(Emmy Noether)

1882年生于德国Erlangen; 1935年卒于美国Bryn Mawr, Pennsylvania
代数; 数学物理; 拓扑学

艾米·诺特以她在经典代数里的功绩开始了自己的数学生涯, 这项功绩变成了物理学中的诺特守恒定理[IV.12§4.1], 她是现代抽象代数的创始人之一, 是把代数传播到整个数学的领导者.

她的父亲 M. 诺特 (Max Noether) 和家庭世交 P. 哥尔丹 (Paul Gordan) 都是埃尔朗根的数学家, 都愿意教育妇女. 哥尔丹对于代数中的不变式作过英雄式的计算. 二次多项式 $Ax^2 + Bx + C$ 基本上只有一个不变式, 即二次方程根的公式中的判别式 $\sqrt{B^2 - 4AC}$. 艾米·诺特作为哥尔丹的学生对于 3 个变元的 4 次多项式找出了 331 个独立的不变式, 并且证明了所有其他不变式都依赖于它们. 这虽然给人以深刻的印象, 但是事后证实, 这还不是一个突破.

1915 年, 希尔伯特[VI.63] 把她带到了哥廷根, 通过把广义相对论中的微分方程问题化为代数问题来研究它们的不变式. 那一年, 她发现了她的守恒定理, 表明一个物理系统的不变式相应于它们的对称性. 例如, 如果一个系统有不随时间而改变的定律, 使得时间的移动就是这个系统的一种对称性, 则这个系统的能量是守恒的 (Feynman, 1965, 第 4 章). 这些定理在牛顿物理学中是基本的, 而在量子力学中更是如此.

艾米·诺特把创立一般的抽象代数看作自己的终生事业. 除了用于实数、复数和多项式的经典代数以外, 她研究满足抽象规则的任意系统, 这些抽象的规则有环的公理[III.81] 或者群的公理[I.3§2.1], 具体的例子有定义在一个空间 (例如球面) 上的代数函数之环, 还有一个给定空间中的所有对称之群. 她在很大程度上创立了现在已经成为标准的抽象代数的风格. 在代数几何[IV.4]中也接受了她的思想: 在代数几何中每一个抽象的环都成为一个相应空间(称为概型[IV.5§3]) 上的函数环.

艾米·诺特把注意力从系统的元素的运算上移开, 而集中注意于把整个系统联系起来, 例如, 环 R, R' 就有从 R 到 R' 的环同态[I.3§4.1] 来联结. 她把整个代数学都围绕着她的同态和同构定理组织起来, 她的目的首要说明理想[III.81§2]及其相应的同态怎么能够代替元素之间的方程成为陈述和证明定理的基本工具 (这个途径终于在 1950 年代结出了果实, 就是 Grothendieck 风格的同调代数).

拓扑学家是通过拓扑空间[III.90] 之间的连续映射来研究它们的. 艾米·诺特则看到她的代数方法在这里也用得上, 她在 1920 年代就说服年轻的拓扑学家把代数方法用于拓扑学. 每一个拓扑空间 S 都有同调群[IV.6§4]$H_n S$, 它们具有这样的性质, 即由 S 到 S' 的连续函数一定诱导出由 $H_n S$ 到 $H_n S'$ 的群同态. 从抽象代数就可以得出拓扑学的定理, 同态和连续函数之间的关系就启迪出了范畴理论[III.8].

从 1930 年代起, 艾米·诺特就用一个从根本上简化的群在环上的作用理论来研究伽罗瓦理论[V.21] 的代数. 它的应用简直是不可思议的, 从类域理论[V.28] 开始, 最后成长为群的上同调理论以及用于算术几何[IV.5] 中的许多代数和拓扑方法.

艾米·诺特在 1933 年因纳粹的迫害而流亡美国, 因外科手术而在她的创造力的高峰上去世.

进一步阅读的文献

Brewer J, and Smith M, eds. 1981. *Emmy Noether: A Tribute to Her Life and Work*. New York: Marcel Dekker.

Feynman R. 1965. *The Character of Physical Law*. Cambridge, MA: MIT Press.

Colin McLarty

VI.77　谢尔品斯基
(Waclaw Sierpiński)

1882年生于华沙; 1969年卒于华沙

数论; 集合论; 实函数; 拓扑学

谢尔品斯基在俄罗斯的华沙大学[①]在 Georgii Voronoi 指导下学习数学, 在他的第一篇论文 (1906) 里, 他改进了高斯[VI.26] 关于圆 $x^2 + y^2 \leqslant N$ 内格点的数目与圆面积之差的估计, 证明了它是 $O\left(N^{1/3}\right)$.

1910 年, 谢尔品斯基成了 Lwów 大学的副教授, 在这里, 他的兴趣转向集合论, 并就此于 1912 年写了一本教科书, 这是这个学科写出过的第五本书. 他关于集合论的第一个重要结果是在第一次世界大战期间得到的, 战争期间他一直在俄罗斯. 1915–1916 年他构造了两条曲线, 属于最早发表的分形的例子, 其中第一个称为谢尔品斯基镂垫 (Sierpiński gasket), 第二个则称为谢尔品斯基地毯 (Sierpiński carpet). 后者是正方形 $[0,1]^2$ 中 (x,y) 点的集合, 使得若把两个坐标都写成 3 进小数, 则 x 和 y 不可能在同样的三进制位置上同为 1. 它也以谢尔品斯基万有曲线著称, 因为它包含了任意没有内点的平面连续统 (连续统就是一个紧的连通集合) 的同胚像.

Souslin 在 1917 年证明了博雷尔集合[III.55] 的投影 (例如从平面到直线的投影) 不一定仍是博雷尔集合. 谢尔品斯基和 Lusin 一起在 1918 年证明了: 事实上, 每一个解析集 (作为博雷尔集合的投影) 是 $\aleph_1$ 个博雷尔集合的交 (这里的 $\aleph_1$ 是最小的不可数基数). 同年, 他还发表了关于选择公理[III.1] 及其在集合论和分析中作用的重要研究成果, 证明了没有一个连续统可以分离为可数多个两两不相交的非空闭子集合.

1919 年, 谢尔品斯基成了新建立的波兰华沙大学的正教授, 而在 1920 年, 他和 Janiszewski 及 Mazurkiewicz 一起创办了第一个专业的数学杂志 *Fundamenta Mathematicae*, 主要是关于集合论、拓扑学和应用. 他一直到 1951 年都担任其编委. 在他发表于这个杂志第一卷的重要结果中, 就有 $\mathbf{R}^n$ 的每一个无孤立点的可数子集合都同胚于有理点集合的证明; 和 Mazurkiewicz 共同得出了 $\mathbf{R}^n$ 的可数紧子集合的完全的分类; 以及 $\mathbf{R}^n$ 的子集合为一区间的连续像的充分必要条件.

谢尔品斯基利用连续统假设[IV.22§5](即 $\aleph_1 = 2^{\aleph_0}$) 作出了实数的一个不可数集合[III.11], 使得它的每一个不可数子集合均为不可测的 (现在通称为谢尔品斯基集合)(1924); 还作出了直线到它自身的一个一对一的映射, 将零测度集合[III.55] 映

[①] 由于波兰曾几次被德、俄诸国瓜分, 它的大学也历经分合. 俄国沙皇在一段时间里要求把华沙大学变成俄罗斯的一个大学. 因此有正文中的 "俄罗斯的华沙大学" 的说法. —— 中译本注

为第一纲集合, 使得这样可以得出一切第一纲集合 (1934). 前一个结果高度地似为悖论 (因为没有不可测集合的显式的例子); 后一个结果由于爱尔特希的结果, 引导到下面的对偶原理. 设 P 为一个仅含测度零、第一纲和纯粹集合理论的命题, 令 P^* 为在 P 中把 "零测度集合" 和 "第一纲集合" 这两个词语对换所得的命题, 则当连续统假设成立时, P 和 P^* 是等价的.

谢尔品斯基在 1934 年写过一本专论连续统假设的书, 书名就叫《连续统假设》(Hypothèse du Continu). 他和塔斯基[VI.87] 一起引入了强不可达基数[IV.22§6] 的概念 (1930), 意思是这样的基数 M, 它们不能写成少于 M 个且小于 M 的基数的乘积. 他也研究过拉姆齐理论, 给出了拉姆齐定理的无穷扩张的限制. 准确些说, 拉姆齐证明过如果把自然数对子作有限涂色, 则必有一个无穷的单色子集合 (即自然数对子集合的这样的子集合, 其中所有的对子都是同色的); 谢尔品斯基证明了: 与此相对照, 若取一个大小为 $\aleph_1$ 的基础集合, 则可以这样对于其对子作 2 涂色, 使得没有一个大小为 $\aleph_1$ 的单色集合. 他也从广义连续统假设导出了选择公理 (1947, 其陈述没有用到基数).

他在晚年时转向数论, 而成了 Acta Arithmetica 的编委 (1958–1969).

进一步阅读的文献

Sierpiński W. 1974–1976. Oeuvres Choisies. Warsaw: Polish Scientific.

Andrzej Schinzel

VI.78   伯 克 霍 夫
(George Birkhoff)

1884年生于美国Oversiel, Michigan; 1944年卒于美国Cambridge, Massachusetts
差分方程; 微分方程; 动力系统; 遍历理论; 相对论

在 1924 年的国际数学家大会上, 俄罗斯数学家 A. N. Krylov 称赞伯克霍夫是美国的庞加莱[VI.61]. 这是一个很贴切的比喻, 而且是使得伯克霍夫乐滋滋的比喻, 因为伯克霍夫深受庞加莱特别是其天体力学的巨著的影响.

伯克霍夫先是在芝加哥师从 E.H. Moore 和 Oskar Bolza, 然后又在哈佛大学跟随 W.E. Osgood 和 Maxime Bôcher. 回到芝加哥以后, 于 1907 年获得博士学位, 学位论文是关于渐近展开、边值问题和施图姆–刘维尔问题. 1909 年, 在 Wisconsin 跟随 E. B. van Vleck 两年以后, 来到普林斯顿, 和 Oswald Veblen 结成密切的关系. 1912 年, 他回到哈佛, 得到了教授职位, 直到 1944 年突然去世. 伯克霍夫坚定地支持美国数学的发展, 他先后带了 45 位博士生, 其中有 Marston Morse 和 Mashall

Stone, 他在科学界有过许多显赫的位置. 不论在美国国内国外, 他都被认为是他那一代美国数学家的领导者.

伯克霍夫因关于线性差分方程理论的一篇论文 (1911) 而知名, 在他一生中, 他一直不时发表这方面的论文. 与这篇论文相关的还有关于线性微分方程的几篇论文和一篇关于广义黎曼问题的文章 (1913), 是关于由微分方程所定义的复函数的 (一直到最近, 人们都认为这篇文章解决了希尔伯特的第 21 问题, 到 1989 年 Bolibruch 才证明并非如此).

伯克霍夫一生中在分析中最感兴趣是在**动力系统**[IV.14] 方面, 而他也就是在这里取得了最大的成功. 他在这里的影响一切的目的是把最一般的动力系统化约为规范形式, 而可以由此导出对于这个动力系统的完全的定性刻画. 和庞加莱的理论工作一样, 这个工作的中心是研究周期运动. 他就**三体问题**[V.33] 和稳定性问题写过许多文章. 据说他说过, 他关于具有两自由度的论文, 就是得到过 1923 年 Bôcher 奖的那一篇, 是他能够写出来的最好的一篇. 他另一项著名的使他国际知名的成就是他对庞加莱的拓扑学 "最后几何定理" 的证明 (1913)(这个定理指出, 任何一个保持圆环面积而且使圆环的两个边界圆周反方向运动的映射必定至少有两个不动点. 这个定理的重要性在于它的证明蕴含了限制 3 体问题周期解的存在). 他把好几个新概念引入了动力系统理论, 其中包含 "回归运动"(1912) 和 "度量可迁性"(1928), 还有促进了在动力学中符号方法的应用 (1935), 后者有助于符号动力学 (这是**阿达玛**[VI.65] 在 1898 年发明的动力系统理论的分支, 研究由符号的无限序列所成的空间中的动力系统) 的发展, 为后来 Marston Morse 和 Gustav Hedlund 在 1930 年代末对它作形式的发展铺平了道路. 他写的《动力系统》(*Dynamical System*, 1927) 一书是微分方程所定义的系统的定性理论的第一本书. 此书受到了拓扑学思想的洗礼, 对他的绝大部分早期的工作给出了连贯的讲述.

与伯克霍夫的动力学的研究密切相关的是他在**遍历理论**[V.9] 方面的工作. 他受到 Bernard Koopman 和冯 · 诺依曼[VI.91] 的遍历定理的激励, 在 1931 年提出了自己的遍历定理, 对于统计力学和**测度理论**[III.55] 二者都是基本的结果, 而其证明把庞加莱的拓扑途径与勒贝格测度理论连接起来了 (粗略地说, 伯克霍夫的遍历定理就是说, 任意一个由微分方程给出的具有不变体积积分的动力系统, 除一个零测度集合以外的所有的动点都以确定的 "时间概率"p 位于指定的区域 v 内. 换句话说, 如果总的时间为 t, 而 t^* 是动点落入 v 内所占用的那一部分时间, 则 $\lim t^*/t = p$).

对于物理理论的创造, 伯克霍夫认为数学的对称性和简单性更胜于物理直觉. 他关于相对论的书 (属于最早的用英语写的这方面的书之列)《相对论和现代物理》(*Relativity and Modern Physics*, 1923) 和《相对论的起源、本性和影响》(*The Origin, Nature, and Influence of Relativity*, 1925) 都是以独创性为特点而得到广泛传阅的. 在他临终之时, 他还在着力发展关于物质 (被认为是完全流体)、电和引力的一种新理论. 这个理论是他在 1943 年提出的, 与爱因斯坦不同, 他的理论是基于平坦的时空的.

伯克霍夫在其他几个领域中也有著述, 包括变分法[III.94] 和地图着色问题, 他还和 Ralph Beatley 合写了一本初等几何教科书 (1929), 他 (和 O. D. Kellogg 合作) 写的一本关于函数空间的不动点的书 (1922) 对于后来勒雷 (Leray) 和绍德尔 (Schauder) 的工作是一个刺激.

伯克霍夫对于艺术终生都有兴趣, 而且对于分析音乐和艺术的形式甚为着迷, 他在晚年还广泛地就数学对于美学的应用作讲演, 他所写的《美的度量》(*Aesthetic Measure*, 1933) 一书也颇为成功.

进一步阅读的文献

Aubin D. 2005. George David Birkhoff. Dynamical Systems. In *Landmark Writings in Western Mathematics 1640-1940*, edited by I. Grattan-Guinness, pp. 871–881. Amsterdam: Elsevier.

VI.79　李特尔伍德
(John Edensor Littlewood)

1885年生于英国Rochester; 1977年卒于英国剑桥
分析; 数论; 微分方程

李特尔伍德在分析和解析数论的好几个不同领域都有重要贡献, 其中包括阿贝尔和陶伯 (Tauber) 理论、黎曼 ς 函数[IV.2§3]、华林问题、哥德巴赫猜想[V.27]、调和分析、概率分析和非线性微分方程. 他喜欢如黎曼假设[IV.2§3] 那样的具体问题, 他是否他那一代人中最好的解题高手是可以商榷的. 他的工作的很大一部分是和哈代[VI.73] 合作的, 哈代–李特尔伍德的伙伴关系在三分之一个世纪里是英国数学界突出的情景. 他的一生中除了有三年是在曼彻斯特度过以外, 他的成人时代全在剑桥的三一学院. 从 1928 年直到 1950 年退休, 他一直是剑桥的第一任 Rouse Ball 数学讲座教授.

他在 1911 年发表的第一个主要结果是阿贝尔[VI.33] 如下经典定理的深刻的逆, 阿贝尔的定理说: 如果实数级数 $\sum a_n$ 之和为 A, 则 $\sum a_n x^n$ 当 x 从下方趋近 1 时也趋于 A. 阿贝尔定理的逆一般说不成立的, 但是陶伯曾经证明了如果 $na_n \to 0$, 则逆定理是成立的. 李特尔伍德推广了这个定理, 把逆定理成立的条件弱化为 na_n 有界, 这个结果产生出分析的一个很大的领域, 称为陶伯型定理理论.

在函数论方面, 他在单射的全纯函数、最小模和次调和函数上都做了很漂亮

的重要的创新性工作. 特别是他研究了 Bieberbach 在 1916 年提出的如下的猜想:
如果 $f(z) = z + a_2 z^2 + \cdots$ 是开圆盘 $\Delta = \{z : |z| < 1\}$ 上的一个单射的全纯函
数[I.3§5.6], 则对每个 n, 均有 $|a_n| \leqslant n$. 李特尔伍德在 1923 年证明了对于每一个
n, $|a_n| < \mathrm{e}n$. 经过许多人的多次改进, 常数 e 最终化成很接近于 1 的数, 而到 1984
年才由 de Brange 证明了完全的猜想.

李特尔伍德对于 ς 函数终生都有兴趣. ς 函数在半平面 $\mathrm{Re}(s) > 1$ 上由绝对收
敛级数

$$\varsigma(s) = \varsigma(\sigma + \mathrm{i}t) = \frac{1}{1^s} + \frac{1}{2^s} + \frac{1}{3^s} + \cdots$$

来定义, 而在整个复平面上由解析拓展来定义. 事实上, 他的导师给他的第二个问
题[1]就是黎曼假设, 即 $\varsigma(s)$ 在 "临界带形" $0 < \sigma < 1$ 中的全部零点都位于 "临界直
线" $\sigma = \dfrac{1}{2}$ 上. 如果这个著名的假设成立, 它将蕴含了关于素数分布的深刻结果. 李
特尔伍德关于 ς 函数的绝大部分工作都是和哈代合作的, 而且是关于 $\varsigma(s)$ 的解析
性质.

李特尔伍德关于 ς 函数除了与哈代合作的工作以外, 还用它来证明关于素数定
理[V.26] 的误差项的一个引人注目的定理. 素数定理本身是阿达玛[VI.65] 在 1896
年证明的, 同年, 德·拉·瓦莱·布散[VI.67] 也独立地证明了它. 这个基本的定理指
出, 小于 x 的素数的个数 $\pi(x)$ 渐近于 "对数积分" $\mathrm{li}(x) = \displaystyle\int_0^x (1/\log t)\,\mathrm{d}t$[2]. 大量的
数值证据说明对于一切 x 都有 $\pi(x) < \mathrm{li}(x)$. 特别是到了 1914 年, 人们已经知道
这个不等式对于所有的 $2 \leqslant x \leqslant 10^7$ 都成立. 然而, 李特尔伍德证明了 $\mathrm{li}(x) - \pi(x)$
可以无穷次变号. 有趣的是, 他没有能够给出一个具体的 x 使 $\pi(x) > \mathrm{li}(x)$; 第一个
这样的 x 是 Skewes 在 1955 年才给出的, 即

$$10^{10^{10^{1000}}}.$$

哈代和李特尔伍德证明了 $\varsigma(s)$ 的重要的近似公式, 然后用它来导出在某种意
义下 $\varsigma(s)$ 在临界直线上是很 "小" 的, 这一点被看成是一个突破. 李特尔伍德也研
究了 $\varsigma(s)$ 在矩形 $0 < \sigma < 1, 0 < t \leqslant T$ 中零点的个数.

1770 年, 华林[VI.21] 在 *Meditationes Algebraicae* 一书中以经验的证据为基础
断定: 每一个自然数都是 9 个非负的整立方数之和, 也是 19 个四次幂之和等等. 对
于每一个自然数 k, 都有一个最小的整数 $g(k)$, 使每一个自然数都是 $g(k)$ 个非负
k 次幂之和. 希尔伯特在 1909 年利用复杂的代数恒等式证明了这样的 $g(k)$ 确实存
在, 但是他所得到的 $g(k)$ 的界是很弱的. 到了 1920 年代, 在以 *Partitio Numerorum*

---

① 此人是 Barnes E W. —— 中译本注
② 当 $x = 1$ 时积分要理解为主值. —— 中译本注

为标题的一系列突破性的文章中, 哈代和李特尔伍德提出了一种解析方法, 不仅可以用来解决华林问题, 还可以处理别的问题. 哈代和李特尔伍德的这个 "圆法" 可以追溯到哈代和拉马努金[VI.82] 关于分划函数的工作. 但是哈代和李特尔伍德在这里需要克服的技巧性的困难比以前的工作要大得多. 这个方法使他们例如能够证明每一个充分大的数都是 19 个四次幂之和 (1986 年, Balasubramanian, Dress 和 Deshouillers 证明了 $g(4)$ 就是 19). 更重要的是他们对于 n 表示为最多 s 个正的 k 次幂的方法有多少给出了一个渐近估计.

圆法对于如何攻克哥德巴赫猜想(即每一个大于 2 的偶数一定可以写为两个素数之和) 也给出了一条可能的路线, 还对强化了的孪生素数猜想(如果素数 $p \leqslant n$ 使得 $p+2$ 也是素数, 就称它们为孪生素数. 这样的素数 p 的个数必对某个常数 $c > 0$ 都以下面的积分为渐近估计: $c\int_{2}^{n} 1/(\log t)^2 \, \mathrm{d}t$) 给出了很强的直观的证据. 哈代–李特尔伍德的所谓 k 重猜想就是这个猜想对于 "素数星座" 的推广.

李特尔伍德关于调和分析的工作的很大一部分都是和 R. E. A. C. Paley 合作的. 所谓李特尔伍德–Paley 理论[VII.3§7] 的起点就是一个关于三角多项式的不等式. 粗略地说, 李特尔伍德和 Paley 把一个函数的大小与它的傅里叶系数[III.27] 在不同的区间上的投影联系起来了. 原来的 1 维的李特尔伍德–Paley 理论现在已经被推广到高维的任意区间的情况, 甚至推广到 2 维紧流形的张量上, 而且在许多不同的主题上都有应用. 这些主题中就有小波[VII.3]、半群在取值于一个巴拿赫空间[III.62] 的 L^p 函数空间上的作用, 以及粗爱因斯坦度量 (rough Einstein metric) 下的零超曲面的几何学.

李特尔伍德也是一位让人敬畏的应用数学家. 第一次世界大战期间, 他从事弹道学的工作, 而在第二次世界大战期间, 他和他的合作者 Mary Cartwright 一起研究范德波尔 (van der Pol) 震荡, 以帮助改进无线电. Cartwright 和李特尔伍德属于第一批把拓扑方法和解析方法结合起来去处理微分方程的人, 而且发现了许多后来被称为 "混沌" 的现象, 他们证明了甚至来自实际工程的问题中也可能出现混沌.

李特尔伍德从 1910 年到他去世的 67 年间一直住在剑桥三一学院的一所宽敞的房子里, 他是一个了不起的健谈者, 几乎每天晚餐后都可以找到他在组合室①里陪同其他的 Fellow 和碰巧在三一学院访问的任何一位数学家一同喝红酒. 尽管产出极高, 几十年来, 他却不时有严重的抑郁症发作, 一直到 1957 年才治愈. 他一直实行他的一条信念: 每一个数学家每年至少休假 21 天, 完全不搞数学. 他是一个敏锐的技术很高的爬山运动员, 渴望高山滑雪. 他虽然不是一位积极的音乐家, 却在大多数日子里, 每天都花很多时间去听巴赫、贝多芬和莫扎特.

1943 年当他被皇家学会授予 Sylvester 奖时, 嘉奖词是这样说的: "按照哈代本

---

① 当时三一学院为教师准备的一个社交活动的地方. —— 中译本注

人的估计, 李特尔伍德是他认识的最优秀的数学家. 他是一个最有可能去冲击和击破一个真正深刻而令人望而生畏的问题的人, 没有别人能像他那样掌握洞察力、技巧和力量的组合."

进一步阅读的文献

Littlewood J E. 1986. *Littlewood's Miscellany*, edited and with a foreword by B. Bollobás. Cambridge: Cambridge University Press.

Béla Bollobás

VI.80 外　　尔
(Hermann Weyl)

1885年生于德国Elmshorn; 1955年卒于苏黎世
分析; 几何; 拓扑学; 基础; 数学物理

外尔在 1904 年和 1908 年之间在哥廷根在希尔伯特[VI.63]、克莱因[VI.57] 和闵可夫斯基[VI.64] 的指导下攻读数学. 他最早的教学职位是在哥廷根 (1910–1913) 和苏黎世高工 (ETH) (1913–1930). 1930 年他应召回哥廷根继希尔伯特的教职. 在纳粹当权以后, 他流亡美国成为新成立的普林斯顿高等研究所的一个成员.

外尔对于实和复分析、几何和拓扑学、李群[III.48§1]、数论、数学基础、数学物理和哲学都有贡献. 对于这些领域的每一个, 他都至少贡献了一本书, 总共 13 本. 和他的其他的技术和思想的创新一样, 这些书都有长久的影响, 其中有一些有显著的直接效果.

外尔早期研究的是积分算子和具有奇异边值条件的微分方程. 他的名声随着后来的《黎曼曲面的概念》(*Die Idee der Riemannschen Fläche*, 1913) 一书而来. 这本书来自 1910–1911 学年冬季的讲稿, 建立在克莱因对于黎曼[VI.49] 的几何函数论的直观处理和希尔伯特对于狄利克雷原理[IV.12§3.5] 的论证的基础上. 外尔在这本书里对黎曼曲面[III.79] 的性质给出了一个新的讲法, 对于 20 世纪几何函数论的发展有很大的影响.

他的第二本书《连续统》(*Das Kontinuum*, 1918) 标志了外尔对于数学基础的兴趣的开始, 他对希尔伯特追求数学的公理化基础的 "形式主义" 纲领持批评态度, 并且探讨了对于实分析的严格构造性基础的、半形式化的算术途径的可能性. 不久以后, 他就转向布劳威尔[VI.75] 的直觉主义纲领, 而在 1921 年的一篇著名论文中, 更强烈地攻击希尔伯特关于基础的观点. 在 1920 年代末期, 他发展了关于基础问题的一种更平衡的观点. 在第二次世界大战以后, 他又回到对于他 1918 年的算术的构造性途径, 但是这种偏爱已经较弱了.

外尔在研究基础问题的同时, 又开始研究爱因斯坦的广义相对论, 并且写他的第三本书《空间–时间–物质》(*Raum, Zeit, Materie*). 这本书 1918 年出了第一版, 到 1923 年已经出到第五版. 它是关于相对论的最早的专著之一, 而且是最有影响的之一. 但是就他对于微分几何和广义相对论的贡献而言, 这本书只是冰山的一角. 外尔是在一个很广阔的思想与哲学框架下来从事这项研究的. 这个途径的产品之一就是他在 1923 年的《空间问题的数学分析》(*Mathematische Analyse des Raumproblems*), 他在其中概述的思想, 后来分析起来就是纤维丛[IV.6§5] 的几何学, 以及规范场的研究. 他在 1918 年就已经引入了规范场 (以及对于度量作依赖于点的重新标度 (rescaling) 这个关键思想) 以推广黎曼几何[I.3§6.10] 和寻找引力和电磁现象的统一理论.

外尔以他在 1920 年代中期关于半单李群的表示理论[IV.9] 的工作对于纯粹数学作出了最有影响的贡献. 他把嘉当[VI.69] 关于李代数[III.48§2] 的表示理论的洞察和赫尔维茨 (Hurwitz) 以及舒尔 (Schur) 发展起来的方法结合起来, 利用自己关于流形的拓扑学的知识, 发展了李群表示的一般理论的核心, 混合了几何、代数和分析的方法. 他把这个工作推广、改进并成为他后来写的书《经典群》(*The Classical Groups*, 1939) 的核心, 这本书是他在普林斯顿时期就此问题研究和讲课的收获.

除了这些工作以外, 外尔还积极地追随新的量子力学的兴起. 1927–1928 学年, 他在 ETH 就这个问题开了一门课, 这就使他写出了数学物理的第二本书《群论和量子力学》(*Gruppentheorie und Quantenmechanik*, 1928). 外尔强调群的方法在量子结构的符号表示中的概念性作用, 特别是特殊线性群和置换群[III.68] 的表示的吸引人的相互作用. 他关于电磁场的规范理论的第二步是单独发表的, 给出了电磁现象的修正的规范理论, 这是得到物理学家如泡利 (Pauli)、薛定谔 (Schrödinger) 和福克 (Fock) 所接受的, 这是下一代物理学家们在 1950 年代和 1960 年代发展规范场论的起点.

外尔在数学和物理学中的研究工作是深受他的哲学观点的影响的, 他的许多作品中都包含了他对于科学活动的哲学思考. 其中最有影响的是他为一部哲学全书所写的《数学和自然科学的哲学》(*Philosophy of Mathematics and Natural Science*), 原书是 1927 年以德文发表的, 而在 1949 年译成英文, 它已经是科学哲学的经典著作.

进一步阅读的文献

Chandrasekharan K, ed. 1986. *Hermann Weyl: 1885-1985. Centenary Lectures delivered by C. N. Yang, R. Penrose, and A. Borel at the Eidgenössische Techniche Hochschule*

Zürich. Berlin: Springer.

Deppert W, Hübner K, Oberschelp A, and Weidemann V, eds. 1988. *Exact Sciences and Their Philosophical Foundations*. Frankfurt: Peter Lang.

Hawkins T. 2000. *Emergence of the Theory of Lie Groups. An Essay in the History of Mathematics 1869-1926*. Berlin: Springer.

Scholz E, ed. 2001. *Hermann Weyl's Raum-Zeit-Materie and a General Introduction to his Scientific Work*. Basel: Birkhäuser.

Weyl H. 1968. *Gesammelte Abhandlungen*, edited by K. Chadrasekharan, four volumes. Berlin: Springer.

Erhard Scholz

VI.81　斯　科　伦
(Thoraf Skolem)

1887 年生于挪威 Sandsvaer; 1963 年卒于奥斯陆
数理逻辑

斯科伦是 20 世纪主要的逻辑学家之一, 而在抽象的集合论与逻辑之间的微妙关系上又时常是一个孤独的声音. 他也在丢番图方程和群论上做过工作, 但是他对于数理逻辑的贡献是最为持久的. 他在 Bergen 和奥斯陆教书, 一段时间也曾当过挪威数学会主席及其刊物的编委之一, 而在 1954 年被挪威国王任命为 St. Olav 一级骑士.

斯科伦在 1915 年推广了波兰数学家 Leopold Löwenheim 的一个结果, 这个结果 (1920 年发表, 后来就称为斯科伦–Löwenheim 定理) 说: 如果一个数学理论只用一阶谓词来定义, 而且有一个模型[IV.23§1], 则它有一个可数模型. 所谓一个理论的模型, 就是服从这个理论的公理的数学对象的一个集合. 现在, 实数可以在服从这样一组公理的理论中定义 (例如在服从 Zermelo-Fraenkel 公理的集合论[IV.22§3] 中, 或者在服从任意其他一组公理的集合论中定义). 由此, 可以得到所谓斯科伦悖论, 就是可以在一个可数模型中定义实数, 虽然我们从康托[VI.54] 的时代就知道实数集合是不可数的. 那么, 怎样化解这个悖论?

答案在于对于所谓 “可数” 是什么意思, 我们必须十分小心. 在集合论的这个奇怪的模型中, 我们可以看到实数是可数的, 但是对于**这个模型而言**实数可以是不可数的. 换句话说, 实际地枚举实数 (就是实数与自然数的实际的双射) 可以不属于这个模型, 模型可以这样 “小”, 使之缺少某些功能. 斯科伦悖论正是突出了从模型外面看与从模型里面看的区别.

斯科伦的工作的好几个侧面都可以从这两个结果, 即斯科伦–Löwenheim 定理和斯科伦悖论看到. 斯科伦比任何人都更早地认识到, 数学理论几乎总有好几个模型. 他论证说, 有许多公理系统, 可以在它们之下来证明定理, 但是说一个对象服从某个规则是什么意思, 则在各个公理系统中可以各不相同. 他由此得出一个激进的结论, 就是把数学建立在公理化的理论上这个企图很不可能成功 (当然, 现在建立在公理基础上的数学已经取得了势不可挡的成功).

斯科伦坚持只用一阶理论, 而在一阶理论中变元只能取为元素, 而不能取为子集合, 这一点他的同时代人需要有一点时间才能接受. 但是这个观点由于带来了很大的清晰性, 在今天压倒地占了统治地位. 斯科伦坚持对于数学基础的任何研究, 唯一可用的逻辑正是一阶逻辑[IV.22§3.2], 而二阶理论在基础研究中之所以是不允许的, 正是因为二阶理论允许公理用于集合, 而在他看来, 集合的本性是一个需要仔细阐明的主题. 斯科伦也感到, 虽然我们可以谈论个别的对象, 但是谈论某一类对象的全体如果过于非形式的话, 是会有问题的. 说真的, 前一代数学家就在朴素集合论中遇到了悖论, 他们不经意地谈论某一类集合的集合时, 就发生了真正的困难, 例如罗素关于不以自己为元素的集合之集合就是一个悖论 (如果它是自己的元素, 那它就不是自己的元素; 如果它不是自己的元素, 那它就是自己的元素).

斯科伦的工作还有一个特点, 就是他不信任无穷的概念, 而偏好有穷 (finitistic) 推理. 他是原始递归(primitive recursion)[II.4§3.2.1] 的很早期的辩护者, 想藉以避免有关无穷的悖论, 这种递归处理的是所谓可计算的函数.

进一步阅读的文献

Fenstadt J E, ed. 1970. *Thoralf Skolem: Selected Works in Logic*. Oslo: Universitetsforlaget.

Jeremy Gray

VI.82　拉 马 努 金
(Srinivasa Ramanujan)

1887 年生于印度 Erode; 1920 年卒于印度 Madras(Chennai)[①]
分划; 模函数; 仿 θ 函数

拉马努金是一位自学成才的印度天才, 对于数学做出了不朽的贡献, 为数论在 20 世纪的许多突破建立了舞台. 他从事解析数论方面的工作, 也做关于椭圆函数[V.31]、超几何级数和连分数理论[III.22] 的研究, 这些工作的很大一部分都是和他的朋友、资助者和合作者哈代[VI.73] 一同完成的.

---

①Madras 是马德拉斯的英文地名, 现在通用泰米尔文的地名清奈 (Chennai). —— 中译本注

哈代和拉马努金在他们给出了分划函数 $p(n)$(就是 n 的整数分划的数目) 的准确公式的著名论文中创立了强有力的 "圆法". 拉马努金独立地发现了下面两个恒等式, 后来被称为 Roger–拉马努金恒等式:

$$1+\sum_{n=1}^{\infty}\frac{q^{n^2}}{(1-q)(1-q^2)(1-q^n)}=\prod_{n=0}^{\infty}\frac{1}{(1-q^{5n+1})(1-q^{5n+4})},$$
$$1+\sum_{n=1}^{\infty}\frac{q^{n^2+n}}{(1-q)(1-q^2)\cdots(1-q^n)}=\prod_{n=0}^{\infty}\frac{1}{(1-q^{5n+2})(1-q^{5n+3})}.$$

这些恒等式有广泛的应用, 从李理论[III.48] 到统计物理. 其重要性在于与 $p(n)$ 的生成函数

$$\prod_{n=1}^{\infty}\frac{1}{1-q^n}$$

有关[1].

所以, 例如第二式断定了: 如果把 n 分划为各个部分都是 2 或 3 mod 5 的各项, 则这种分划的数目等于把 n 分划为互不相同而且都大于 1 的各项, 且没有两项为相继整数的分划数.

拉马努金在他关于 $p(n)$ 的工作中发现和证明了许多关于可除性的结果, 例如 5 总可以整除 $p(5n+4)$, 7 总可以整除 $p(7n+6)$. 他关于可除性的这些猜想激励了关于模形式[III.59] 的广泛的方法的发展, 后一个猜想直到 1969 年才由艾特肯 (Oliver Aitkin) 解决.

拉马努金关于 $p(n)$ 的所有工作都涉及到模形式

$$\eta(w)=q^{1/24}\prod_{n=1}^{\infty}(1-q^n),\quad \text{其中 } q=e^{2\pi i w},$$

这个式子的意义在于它说明 $q^{1/24}/\eta(w)$ 是 $p(n)$ 的生成函数. 拉马努金特别有兴趣的是数论函数 $\tau(n)$, 其定义为 $\eta(w)$ 的 24 次方中 q^n 的系数, 即有

$$\sum_{n=1}^{\infty}\tau(n)q^n=q\prod_{n=1}^{\infty}(1-q^n)^{24}.$$

拉马努金猜想, 对于一切素数 p 恒有 $|\tau(p)| < 2p^{11/2}$. 这个问题的研究引导到 H.Peterson,R. Rankin 等关于模形式的广泛的研究. 最后, 这个猜想由 P. Deligne 证明, Deligne 由于自己的成就得到了 1978 年的菲尔兹奖.

拉马努金一生的全部故事使得他的成就更加惊人. 孩童时, 他在数学上就是早慧的. 在中学里, 他就在数学上得过奖. 以他在中学的成绩, 他在 1904 年得到了 Kumbakonan 的政府学院的奖学金. 大约也就是在这个时候, 他接触到一本书, 就

---

[1] 原书此式右方连乘积的下标误为 $n=0$. —— 中译本注

是 G.S. Carr 写的《纯粹与应用数学的初等结果汇编》(*A Synopsis of Elementary Results in Pure and Applied Mathematics*). 这本古怪的书是把数学公式和定理汇编在一起, 为学生们准备剑桥著名的数学 Tripos 考试之用. 这本书使拉马努金着了迷, 使他为数学癫狂. 在政府学院里, 他从此抛开了所有其他科目, 全部力量都用于数学, 结果是有些科目不及格而失去了奖学金. 到了 1913 年左右, 拉马努金似乎注定会终生默默无闻了 —— 他现在还只是马德拉斯港务信托局的一个小书记. 朋友们鼓励他写信给英国数学家讲自己在数学上的发现. 最后, 他写信给哈代, 哈代能够看出拉马努金是一个真正非同寻常的数学家.

哈代安排拉马努金来到英国, 而在 1914 年到 1918 年期间, 他们二人完成了上面说到的那些突破.

1918 年, 拉马努金患病确诊为肺结核. 他在英国一年内渐渐康复了. 1919 年, 他的健康略有好转而可以回到印度. 不幸的是, 回国以后健康又恶化了, 而于 1920 年去世. 在印度的最后一年里, 他手写出一些笔记, 现在被称为拉玛努金的失去了的笔记, 那里面就有仿 θ 函数理论的基础, 这是一种与经典的 θ 函数相近但是范围更广的一类函数.

进一步阅读的文献

Berndt B. 1985–1998. *Ramanujan's Notebook*. New York: Springer.

Kanigel R. 1991. *The Man Who Knows Infinity*. New York: Scribners.

George Andrews

VI.83 柯 朗
(Richard Courant)

1888年生于西里西亚(Silesia当时属德国, 现属波兰)Lublinitz; 1972年卒于纽约
数学物理; 偏微分方程; 最小曲面; 可压缩流; 激波

柯朗长时期而且多变故的一生中充满了很高的成就: 无论在数学研究、数学的应用上, 作为许多未来数学家的导师、极出色的数学书的作者, 还是作为组织者和大的研究机构的行政负责人都是如此. 柯朗 —— 在他的祖国德国是被逐出局外的人, 而在美国则是一个难民 —— 能够完成这些成就, 正是他的品格和他对数学的观点得到了确认.

柯朗生于 Lublinitz, 而在 Breslau 读中学, 他独自生活, 靠做家教为生. 他在 Breslau 的年长的朋友 Hellinger 和特普利茨 (Toeplitz) 去了哥廷根, 当时的数学圣地麦加, 于是, 柯朗在适当的时候也就跟上了他们. 他在那里成了希尔伯特[VI.63]

的助教, 而与 H. 玻尔 (Harald Bohr) 成了密友, 而这种朋友关系后来又延展到他的哥哥, 就是量子物理学的开创者 N. 玻尔 (Niels Bohr).

在希尔伯特的指导下, 柯朗写出了他的学位论文, 用狄利克雷原理[IV.12§3.5](即能量的最小化) 来构造共形映射. 在好几个进一步的数学研究中, 柯朗也使用了这个原理.

在第一次世界大战期间, 柯朗应召入伍当了军官, 在西线作战, 而且受了重伤. 在回到学院生活以后, 他把自己的精力用于数学研究, 得到了一些值得注意的结果, 其中有振动膜的最小频率的一个等周不等式, 还有关于一个自伴算子[III.50§3.2] 的本征值[I.3§4.3] 的柯朗 max-min 原理, 它在研究数学物理中算子的本征值的分布上十分有用.

1920 年, 柯朗作为哥廷根的教授被提名为克莱因[VI.57] 的继任人, 这个任命是通过克莱因和希尔伯特提出的, 他们正确地看出, 关于数学与科学的关系, 柯朗也具有和他们相同的观点, 看出他会力求研究与教学的平衡, 他也有从事行政所需的精力和智慧来使这些观点结出果实.

柯朗和出版家 Ferdinand Springer 是密友. 这项友谊的成果之一就是著名的 *Grundlehren der Mathematischen Wissenschaften* 丛书, 它被亲切地称为 "黄色的冒险", 丛书第 3 卷就是柯朗对黎曼[VI.49] 关于解析函数理论的几何观点的叙述, 加上赫尔维茨的椭圆函数[V.31] 的讲义. 1924 年, 柯朗特–希尔伯特的《数学物理方法 · 第一卷》(*Methoden Der Mathematischen Physik, Bd I*) 问世, 它很有见识地包含了薛定谔的量子力学所需的数学的很大一部分, 他的很有影响的微积分教本在 1927 年出版. 同时, 他的研究工作也没有失去活力, 1928 年, 发表了他和他的学生弗里德里希斯 (Friedrichs) 和列维 (Lewy) 合作的关于数学物理中的差分方程的基本的论文.

哥廷根原来的那种生动活跃的国际气氛, 已经在第一次世界大战中被破坏了. 在柯朗的领导下, 现在哥廷根又成了一个重要的数学和物理学中心, 来访者的名单就好像是一本数学名人录. 但是, 当希特勒掌权以后, 这一切统统被毁灭了, 犹太裔的教授柯朗首当其冲, 被极其粗暴地解职了, 必须出走, 要么就有丢掉性命的危险. 柯朗一家在纽约找到了避难所, 他被邀请在纽约大学 (NYU) 建立数学的研究生院. 柯朗白手起家, 在他以前的学生弗里德里希斯 (Friedrichs) 和一位赞同他的科学理念的美国人 James Stoker 的帮助下, 成功地做成了这件事. 柯朗发现纽约是一个人才的储水池, 吸引了下面这样一批学生, 如 Max Schiffman 和后来的 Harold Grad, Joe Keller, Martin Kruskal, Cathleen Morawetz, Louis Nirenberg 等人, 也包括本文作者.

1936 年, 柯朗的创造力大爆发, 利用狄利克雷原理得到了关于最小曲面 [III.94§3.1]的几个基本结果. 1937 年, 他完成了《数学物理方法》第二卷. 他和罗

宾斯 (Herb Robbins) 合写的极为成功的科普书《什么是数学》(*What is Mathematics*) 也在 1940 年出版. 1942 年, 当有可能获得联邦政府对科学研究的资助时, 柯朗的集体又开始了雄心勃勃的研究超音速流和激波的计划.

联邦的资助战后并未停止, 这就使柯朗有可能大大地扩大研究的规模和在 NYU 的研究生教育. 这种研究在很高的智力水平上把理论数学与一些应用如流体力学、统计力学、弹性理论、气象学、偏微分方程的数值解法等课题结合起来. 在美国的大学中, 以前从来没有人企图做这样的事. 柯朗所创立的研究所, 后来就以他命名为柯朗研究所 (Courant Institute), 现在也繁荣发达, 成为世界上其他中心的典范.

柯朗痛恨纳粹, 但是并不记恨德国人, 他协助德国数学战后的重建, 在邀请德国有才能的青年数学家和物理学家到美国来这件事情上也起了作用.

柯朗得到了他从年轻时代起的朋友们的许多帮助, 他们中有许多人后来都成了各自的领域中的领导人以及政府和企业的科学行政官员. 他们赞赏他对于数学的观点以及他的献身精神, 而这一切都在他对似乎无法克服的逆境的战斗中体现出来.

进一步阅读的文献

Reid C. 1976. *Courant in Göttingen and New York: The Story of an Improbable Mathematician.* New York: Springer.

Peter D. Lax

VI.84　巴　拿　赫
(Stefan Banach)

1892 年生于波兰 Kraków; 1945 年卒于波兰 Lwów
泛函分析; 实分析; 测度论; 正交级数; 集合论; 拓扑学

巴拿赫是 Katarzyna Banach 和 Stefan Greczek 之子. 因为他的父母并未结婚, 而母亲又太穷, 无法抚养她的儿子, 所以他主要是在 Kraków 由一位养母 Franciska Płowa 带大的.

巴拿赫在中学毕业以后, 于 1910 年进入 Lwów 高工 (Lwów polytechnic) 学工程, 两年以后, 他的学业因第一次世界大战爆发而中断, 他又回到 Kraków, 而在 1916 年一个夏天傍晚被斯坦因豪斯 (Hugo Steinhaus) "发现", 因为斯坦因豪斯偷听到他谈到了 "勒贝格积分", 于是就把他带到了 Lwów. 斯坦因豪斯把这件事看成是他的 "最大的数学发现". 也是由于斯坦因豪斯的关系, 他才认识了自己未来的妻子 Łucja Braus, 他们在 1920 年成婚.

同年, Antoni Łomnicki 教授雇用巴拿赫作为自己在 Lwów 高工的助教, 虽然当时巴拿赫尚未完成学业. 这正是巴拿赫的科学生涯的流星似的开始.

1920 年 6 月, 巴拿赫在 Jan Kazimierz 大学答辩了他的博士论文《论抽象集合上的运算及其在积分方程上的应用》(*On operations on abstract sets and their applications to integral equations*). 论文是用波兰文写的, 而在 1922 年用法文发表. 巴拿赫在他的学位论文中引入了完备的线性赋范空间的概念, 就是今天的巴拿赫空间[III.62] (巴拿赫空间这个名称是弗雷歇在 1928 年提出的). 这个理论把里斯[VI.74]、沃尔泰拉 (Volterra)、弗雷德霍姆[VI.66]、莱维 (Lèvy)、希尔伯特[VI.63]对于具体的空间和对于积分方程的贡献综合成了一个一般的理论. 巴拿赫的学位论文可以看成是泛函分析的诞生, 因为巴拿赫空间正是其研究的中心之一.

1922 年 4 月 17 日, Jan Kazimierz 大学 (即 Lwów 大学) 授予了巴拿赫任教资格 (Habilitation, 即允许在大学讲课的学位), 然后被任命为数学的 Docent①. 1922 年 7 月 22 日, 他成了大学的教授 (而从 1927 年起为正教授). 巴拿赫的研究工作取得了很大的成功, 成了泛函分析和测度论[III.55] 的权威. 1924–1925 年, 巴拿赫在巴黎休假, 认识了勒贝格[VI.72], 从此成了终身的朋友.

在 Lwów, 一群有才华的青年数学家围绕着巴拿赫和斯坦因豪斯很快就形成了数学的 Lwów 学派, 而且在 1929 年创办了一份刊物 *Studia Mathematica*. 学派的成员有 S. Mazur, 乌拉姆 (S. Ulam), W. Orlicz, 绍德尔 (J. P. Schauder), H. Auerbach, 卡茨 (M. Kac), S. Kaczmarz, S. Ruziewicz 和 W. Nikliborc. 巴拿赫也和斯坦因豪斯, Saks 和 Kuratowski 合作, 这些人中有许多在德国占领波兰时被害.

1932 年, 巴拿赫的名著《线性算子理论》(*Théorie des Opérations Linéaires*) 以法文出版 (波兰文版要早一年), 是一个数学专著的新丛书中的一部, 这是泛函分析作为一个独立的学科的第一部专著, 它是巴拿赫和其他人超过十年的紧张努力的结晶.

巴拿赫和围绕着他的数学家们喜欢在一个叫做 Cafè Szkocka ("苏格兰咖啡馆") 的咖啡馆里讨论数学, 这种不合常规的研究数学的方式使得 Lwów 的气氛很独特, 这是在数学中很大的群体真正的集体工作的罕有的例子. Turowicz 和乌拉姆说过 (见 (Kaluza, 1966), pp. 62, 74):

> 巴拿赫喜欢把一天的大部分时间都消磨在咖啡馆里, 他喜欢那里的噪声和音乐, 它们并不影响他集中注意力和思考. 在这种场合里, 谁也很难比他更能持久, 酒量也难以超过他. 在那里提出的问题就在那里讨论, 时常是几个小时

---

①欧洲各国大学职称是不统一的, 与英美更不相同. 在德国以及受德国影响较深的国家, 包括中欧和波兰, Docent 是一种中级职称, 就是允许独立地开课而不需教授监督的讲课的资格, Privatdocent 则没有国家固定工资而需要由学生的学费来支持的教职. 因为在中国没有受德国传统的影响, 所以找不到对应的中文名词, 有人译为副教授或讲师, 有人则干脆译为代课教师.—— 中译本注

的思考也得不出显然的解答. 第二天, 巴拿赫又会出现, 拿着几小张纸, 上面写着他完成的证明纲要.

1935 年的一天, 巴拿赫提议把没有解决的问题收集在一本笔记本里. 这本笔记后来就以 "苏格兰问题集" 之名而著称于世. 在 1935–1941 年间, 笔记本里已经有 190 个以上的来自数学分析不同分支的问题, 而在 1957 年, 乌拉姆把这个集子以英文出版了. 1981 年 Birkhäuser 又出版了一个带有评注的版本, 就是《苏格兰问题集, 来自苏格兰咖啡馆的数学》(*The Scottish Book, Mathematics from the Scottish Café*, edited by R. D. Maulding).

巴拿赫也是《力学》(*Mechanics*, 两卷本, 分别出版于 1929 年和 1930 年; 英文本出版于 1950 年) 一书的作者, 他还写了《微分学与积分学》(*Differential and Integral Calculus*, 两卷本, 分别出版于 1929 年和 1930 年, 波兰文出了好几版); 还有《实变函数引论》(*Introduction to the Theory of Real Functions*, 两卷, 是由巴拿赫在战前写成, 然而现在流传下来的只有第一卷了). 他还和 Stożek 和谢尔品斯基[VI.77] 合写过中小学用的算术、几何和代数教科书共 10 本 (出版于 1930–1936 年间, 1944–1947 年又重印了).

巴拿赫在泛函分析中的重要发现分成三个重要步骤. 第一步, 他考虑了抽象的线性空间, 把函数当成其中的点或向量来处理, 而作用于函数上的运算看成算子. 第二步, 他对于数学对象引入了**范数**$\|\bullet\|$, 它是一个对象在某种意义下 (可能是抽象的意义) 的长度、大小或容量. 两个抽象的元素 x 和 y 的距离就自然地由 $d(x,y) = \|x - y\|$ 来给出. 第三步就是引入这些空间的 "完备性" 概念. 在这些一般的空间 (巴拿赫空间) 中, 他证明了几个基本的定理, 如一致有界性原理、开映射定理和闭图像定理. 这些定理所说的事情, 粗略地说就是在巴拿赫空间里不会有处处都坏的 (病理的) 性态 —— 总有空间的某些部分使得我们的线性映射或其他对象有好的性态.

下面这些名词如: 巴拿赫空间、巴拿赫代数、巴拿赫格、巴拿赫流形、巴拿赫测度、哈恩–巴拿赫定理、巴拿赫不动点定理、巴拿赫 –Mazur 博弈、同构空间之间的巴拿赫–Mazur 距离、巴拿赫极限、巴拿赫 –Saks 性质、巴拿赫 –Alaoglu 定理、巴拿赫 – 塔斯基悖论[V.3], 这么多名词里都有巴拿赫的名字, 说明了他的影响之大. 巴拿赫也引入了对偶空间[III.19] 的概念以及弱和弱星拓扑的概念, 他把这些概念都用于线性算子方程上.

1936 年, 巴拿赫在奥斯陆举行的国际数学家大会上作了一个一小时报告, 描述了整个 Lwów 学派的工作. 1937 年, 维纳[VI.85] 打算请他来美国. 1939 年, 他被选为波兰数学会主席, 并且得到波兰科学院授予的一项大奖. 巴拿赫的战争年代是在 Lwów 度过的. 1940–1941 年以及 1944–1945 年他被任命为重新命名的国立 Ivan

Franko 大学①理学院长. 1941–1944 年间, Lwów 被德军占领. 在此期间, 巴拿赫由于 Rudolf Weigel 的救助才逃脱了几乎必死的噩运. Rudolf Weigel 是一位 "辛德勒式" 的工厂主, 伤寒疫苗的发明者, 他在自己的细菌学研究所中雇用巴拿赫为 "虱子喂养者"(louse feeder)②, 巴拿赫战后接受 Jagiellonian 大学的讲座教席. 1945 年 8 月 31 日, 巴拿赫因肺癌在 Lwów 去世, 享年 53 岁.

巴拿赫的完全的出版物清单共 58 项, 重印于《巴拿赫全集》(*Collected Works*)中,《全集》分两卷于 1967 年和 1979 年出版. 巴拿赫说过: "数学是人类精神最美丽、最有力的创造, 数学和人类一样古老." 巴拿赫在波兰被认为是民族英雄, 是两次世界大战之间独立的波兰的科学生活大繁荣的伟大科学家和主要的人物.

进一步阅读的文献

Banach S. 1967, 1996. *Ocuvrres*, two volumes. Warsaw: PWN.

Kaluza R. 1996. *The Life of Stefan Banach*. Basel: Birkhäuser.

Lech Maligranda

VI.85 维　　纳
(Norbert Wiener)

1894 年生于美国 Columbia,Missouri; 1964 年卒于斯德哥尔摩
随机过程; 对电机工程和生理学的应用; 调和分析; 控制论

1913 年, 维纳年方 18 岁, 就随 Josiah Royce 在哈佛攻读逻辑学, 得到了博士学位. 以后他还随多人学习, 其中有剑桥的罗素[VI.71] 和哈代[VI.73], 以及哥延根

①Lwów 大学有一个漫长而复杂的历史. 它最早成立于 1661 年, 每逢改朝换代就要更名. 1919–1939 年在波兰政府主持下, 名为 Jan Kazimierz 大学. Jan II Kazimierz(英文的拼写是 John II Cassimir) 就是创立时的波兰国王. 1940 年, 前苏联入侵, 德俄瓜分波兰 —— 但是俄、德、波三国的领土变迁极为复杂, 只说德俄三次瓜分波兰是过分简单化了 ——Lwów 归属乌克兰, 大学更名为 Ivan Franko 大学, 镇压了持波兰民族立场的波兰教授和行政人员, 大约杀了十余人, 大学实行了去波兰化. 德国占领以后, 解散了这个大学, 杀了更多的反抗者. 到 1944 年又回到前苏联的统治下, 恢复了 Ivan Franko 大学的校名, 至今仍是 "乌克兰的" 大学. Lwów 至今也仍是乌克兰的城市, 拼写为 Lviv. 原来的波兰人被驱逐到当时从德国划归波兰的领土去了. 下文讲到的 Jagiellonian 大学在 Kraków, 就是 Kraków 大学, 其校名是为了纪念 Władysław Jagiełło, Kraków 的公爵统治者.—— 中译本注

②这是一段惊心动魄的 "故事", 从网页 http://en.wikipedia.org/wiki/Lice_feeder 中可以找到如下的记载: 所谓虱子喂养者就是提供自己的血来喂养虱子的人, 喂养虱子的目的是制造防伤寒的疫苗. Weigel 这样做, 才能从德国占领军手上给巴拿赫拿到较多配给, 同时也免于被送到集中营去. 当然, Weigel 也要采取某些措施以防巴拿赫等人被感染, 这是当时 Weigel 可能采取的唯一的救助一些波兰知识分子的方法. 以上是来自网页的材料, 仅供读者参考.—— 中译本注

的希尔伯特[VI.63]. 第二次世界大战中为军方从事弹道学的工作. 以后, 他又来到 Cambridge, MA 的正在欣欣向荣的麻省理工学院, 然后在此度过了他的全部生涯.

维纳在许多方面都是不守常规的人, 不仅在科学和数学方面是这样, 而且在社会、文化、政治和哲学方面亦莫不如是. 他是一个早慧的儿童, 受到父亲 (一位著名的语言学家以及哈佛的教授) 的家庭教育, 再加上他的犹太背景, 又生活在一个受到反犹太主义毒害的社会中, 更使他的不合常规不可避免. George Birkhoff (即伯克霍夫[VI.78]) 的儿子 Garrett Birkhoff 在 1977 年说过这样的话:

> 维纳是值得注意的, 他是当时在纯粹数学及其应用上都很出色的很少有的美国人之一. 这在多大程度要归功于他的多彩的和世界性的早期背景, 又有多少应归功于他和非数学家保持接触是很难说的 ……

当美国数学还在很大程度上处于一个关门自足、跨分支的途径一般地还被忽视阶段的时候, 维纳就已经试图与欧洲数学沟通, 和 Vannevar Bush 这样的工程师合作.

这种态度也影响到他研究课题的选择, 甚至在纯粹数学中也是这样, 什么能激起他的幻想, 他就研究什么. G. 伯克霍夫 (George Birkhoff) 在 1938 年的一次谈话中就这样来描述维纳在陶伯定理方面的工作, 说这是他在 "锻炼自由发明的才能", 这与典型的美国人的途径: "数学是一件严肃的事" 成了对照.

维纳把纯粹和应用数学连接起来的方法也和通常的途径不同. 通常的途径是找一个应用数学中的老问题 (例如来自经典力学或电机工程的老问题), 然后用新的已经弄得严格的数学工具去处理它. 恰好相反, 维纳用的是最新的时常是还有很多辩论的纯粹数学的结果 —— 例如勒贝格积分[III.55]、复域中的傅里叶变换、随机过程[VI.24]—— 并且把它们与几个来自最新的物理、技术和生理学问题结合起来. 他所研究的问题包括了布朗运动[VI.24]、量子力学、无线电天文学、防空炮火的控制、雷达中噪声的过滤、神经系统和自动机理论这种类型的问题.

在维纳的许多把很不相同的领域联系起来的解析结果中, 我们只举一个例子. 1931 年左右, 维纳就和德国数学天体物理学家霍普夫 (Eberhard Hopf, 1902–1983)[①] 一起研究勒贝格积分方程

$$f(t) = \int_0^\infty W(t - \tau) f(\tau) \, \mathrm{d}\tau.$$

未知函数 $f(t)$ 是借助于一个新的非常重要的因子分解技术求出的, 而依赖于出现在方程中的函数的傅里叶变换[III.27] 的解析性态, 这个未知函数与星体的辐射平衡有关. 如果把 t 解释为时间, 这类方程就可以看成是讲的因果关系, 就是从起影响作用的 "过去" 到未定的 "将来" 之间的转换. 十年之后, 这种维纳–霍普夫技巧又与维纳的预测和过滤理论有了联系.

---

①有两个霍普夫, 除了这里提到的 E. Hopf(出生于奥地利, 后来在德国与美国工作的数学家) 以外, 本书常提到的是在拓扑学和微分几何中有重大贡献的在苏黎世 ETH 工作的 Heinz Hopf.—— 中译本注

　　维纳对这些迥然不同的应用领域的讨论当然不会不在哲学上激活一些有关的概念, 例如因果性、信息 (维纳和香农一起, 被认为是现代的信息概念的创立者)、控制、反馈, 最后就是范围很广的 "控制论". 控制论 (这个词英文是 cybernetics, 源出希腊文, 字面上就是 "驾驶、操控" 之意) 可以追溯到古希腊 (柏拉图)、蒸汽机发明者瓦特 (James Watt) 的离心节速器 (centrifugal governer) 以及安培的哲学著作. 维纳广阔的视野来自他和很不相同的领域的同事们的合作: 数学上有 R. E. A. C. Paley, 物理学上有霍普夫, 工程方面有 Julian Bigelow, Bush, 生理学方面有 Arturo Rosenblatt. 然而, 这样的视野使他易于受到批评, 以及哲学和政治上的误解, 著名的数学家 Hans Freudenthal 就是维纳 1948 年的划时代著作的恶毒的批评者, 这部著作就是《控制论 (或关于在动物和机器中控制和通信的科学)》(*Cybernetics or the Control and Communication in the Animals and the Machine*), 而 Hans Freudenthal 说这本书只是表明维纳 "没有什么可以说的", 而它的贡献只是在于 "就数学究竟是什么意思传播错误的观念", 然而他也不得不承认这本书使维纳 "在公众中名声更大", 使它的读者 "更多的只是着迷于它的思想之丰富, 而不去注意它的缺点".

　　在纳粹威胁之时, 维纳帮助来自欧洲的难民在美国定居, 而在二次大战以后, 他又提醒不要重复在第一次大战的创伤中抵制德国科学这个错误. 维纳警告在战后世界中军备竞赛和滥用技术进步的危险. 1941 年, 他因美国国家科学院的官僚主义和自鸣得意而从科学院辞职, 然而维纳在他即将去世前的一次旅行中, 又接受了约翰逊总统授予的国家科学奖章.

进一步阅读的文献

Masaniu P R. 1990. *Norbert Wiener 1894–1964*. Basel: Birkhäser.

Reinhard Siegmund-Schultze

VI.86　阿　　廷
(Emil Artin)

1898 年生于维也纳; 1962 年卒于德国汉堡
数论; 代数; 辫群理论

　　阿廷生于 19 世纪末的维也纳, 父亲是艺术商人, 母亲是歌剧演员, 所以阿廷终生都受到哈普斯堡帝国的丰富文化气氛的影响. 正如代数学家布饶尔 (Richard Brauer) 所描述的那样, 阿廷既是数学家, 也在同样程度上是艺术家. 1916 年, 在维也纳大学学习了一个学期以后, 阿廷就被召入奥地利军队, 服役直到第一次世界大战结束. 1919 年, 他被录取入莱比锡大学, 在 Gustave Herglotz 指导下, 两年就完成了博士学业.

1921–1922 学年, 阿廷是在数学上生气勃勃的哥延根度过的, 然后来到新成立的汉堡大学. 1926 年, 阿廷担任了正教授, 他指导了 11 个博士生, 包括佐恩 (Max Zorn) 和 Hans Zassenhaus. 阿廷在汉堡的岁月是他一生中最多产的时期.

阿廷在与他的内心最为接近的主题类域论[V.28] 方面的工作引导他解决了希尔伯特的第九问题: 证明最一般的互反律. 其目的在于推广高斯的二次互反律和高次互反律. 当阿廷还是学生时, 高木贞治 (Teiji Tagaki) 关于类域论的基本工作就出现了. 阿廷利用高木的理论和 N. G. Chebotaryov 于 1922 年对于密度定理的证明 (这个定理本是弗罗贝尼乌斯[VI.58] 在 1880 年的猜测), 以及他自己的 L 函数[III.47], 在 1927 年证明了一般互反律. 阿廷的定理不仅给出了经典的互反问题的最终形式, 而且成了类域理论的中心结果. 阿廷的结果和方法, 特别是他的 L 函数, 都证明是很重要的. 阿廷关于 L 函数提出的一个猜测至今仍未解决, 非阿贝尔类域论中的问题也没有解决.

在 1926–1927 年间, 阿廷和 Otto Schreier 发展了形式实闭域的理论: 形式实闭域就是这样的域, 在其中 −1 不能写成两个平方之和 (实数域就是这样的域). 这个工作成了阿廷解决希尔伯特关于有理函数的第十七问题的基础.

1928 年, 阿廷把 Wedderburn 关于代数的理论 (即 "超复数" 的理论) 推广到具有链条件的不可交换环上. 事实上, 后来这类环就因他而称为 "阿廷环".

1929 年, 阿廷和他的一个学生 Natalie Jasny 结婚. Natalie 的犹太血统以及阿廷个人关于正义的观点促使他们在 1937 年离开德国. 他们流亡到美国, 在 Notre Dame 大学待了一年, 然后在 Indiana 大学得到一个永久性的职位. 阿廷在 Notre Dame 的讲课后来就成了很有影响的教材《伽罗瓦理论》(*Galois Theory*, 1942), 这本书反映了阿廷对于简洁性的追求, 以及把不同的研究潮流统一起来的愿望.

阿廷在 Indiana 大学开始了和 Pennsylvania 大学的 George Whaple 的合作, 引入了赋值向量 (valuation vector) 的概念, 这个概念与 Claude Chevalley 引入的 idéle 的概念有密切的关系. 这项研究似乎使得阿廷的数学研究重又焕发了生机, 在写作上似乎有了一些间断以后, 阿廷重又正式发表文章了.

1946 年, 阿廷来到了普林斯顿. 他所指导的 31 个博士生中, 有 18 位是在这里带的, 其中包括了 John Tate 和 Serge Lang. 他又回到了关于辫群[III.4] 的工作. 他的发表在*American Scientist* 上关于辫群的论文表现了他在讲解上非凡的才能.

进一步阅读的文献

Brauer R. 1967. Emil Artin. *Bulletin of American Mathematical Society* 73: 27-34.

Della Fenster

VI.87　塔　尔　斯　基
(Alfred Tarski)

1901 年生于华沙; 1983 年卒于美国加州 Berkeley

符号逻辑; 元数学; 集合论; 语义学; 模型论; 逻辑的代数; 泛代数; 公理化几何学

塔尔斯基成熟于两次大战之间、波兰的非凡的独立时期以及数学和哲学的复兴之中. 他在华沙大学的老师, 逻辑学方面有 Stanisław Leśniewski 和 Jan Łukasiewiecz, 集合论方面有谢尔品斯基[VI.77], 而 Stefan Mazurkiewicz 和 Kazimierz Kuratowski 则属于拓扑学. 塔尔斯基在他的学位论文中解决了 Leśniewski 关于数学基础的不同寻常的系统中的核心问题, 但是后来他则集中关注集合论和比较主流的数理逻辑. 他和巴拿赫[VI.84] 合作, 几乎立即就得到了非常奇特的巴拿赫–塔尔斯基悖论[V.3](就是一个球体可以分割成有限多块, 然后重新拼成两个同半径的球体).

1924 年, 在得到博士学位前, 在教授们鼓励之下, 他把犹太姓 Teitelbaum 改成了 Tarski(塔尔斯基), 因为犹太姓是求职上的障碍, 这一点符合于塔尔斯基对于波兰民族主义强烈的归属感以及他相信归化是犹太问题的理性的解决方法.

到 1930 年左右, 塔尔斯基已经确定了他的最重要的结果之一: 在一阶逻辑内的公理化解决实数代数和欧几里得几何的完全性与可判定性 (见条目逻辑与模型理论[IV.23§4]). 以后几年中, 塔尔斯基集中于元数学与形式语言的语义学的基本的概念性的发展. 与希尔伯特[IV.63] 不同: 希尔伯特只用最受到限制的工具来实行他的元数学相容性纲领, 而塔尔斯基则对任意数学方法的使用都持开放态度, 包括集合论中的所有方法. 他的主要的概念上的发展是为形式语言提供一个关于真理的理论, 在此理论中, 他给出了一个关于这个语言的真理性的够用的判据, 即所谓 T-概型 (scheme), 同时也说明了元语言内的一个集合论的定义怎样能够适合这个判据, 但是在语言本身中却无法给出这样的定义.

虽然塔尔斯基在波兰逻辑学中的杰出是公认的, 但他从未在自己出生的国家得到过一个教职, 部分地是由于职位的稀缺, 部分地则是由于反犹太主义作祟, 虽然塔尔斯基已经改了姓氏. 虽然他在得到博士学位以后马上就在华沙大学成为 Docent, 后来又提升为副教授, 但是这两个职务都不给生活的工薪. 因为收支难以相抵, 在整个 1930 年代, 他还得在一个中学里 (Gymnasium) 教课. 因为他没有教职, 他就不能当他的学生 Andrzej Mostowski 的正式导师, 而得由 Kuratowski 担任.

应哈佛的一个科学的统一会议 (这是维也纳小组 ① 的一个分支) 的邀请, 塔尔

---

①维也纳小组 (也叫马赫协会) 是 1920 年代的一群哲学家的组织, 主要成员有 Schlick, Karnap 等人. 哥德尔当时还只是维也纳大学的学生, 也获准参加小组的活动. 纳粹当权以后, 其许多成员来到美国, 在一些大学任教, 所以文中说哈佛的一次会议是维也纳小组的分支.—— 中译本注

斯基在 1939 年 9 月 1 日德国入侵波兰前的两个星期来到美国. 由于塔尔斯基的犹太血统, 这可能救了他的命, 但是战争把他和家人分开了 (他的妻子和最亲近的家人在战争中幸存, 但是家族的大部分其他人都在大屠杀中丧命). 在美国, 他没有等几个月就得到了无限额移民的永久签证, 但是在 1939–1942 年间, 他只能得到临时的工作岗位. 到最后才在加州大学伯克利分校数学系得到一个讲师位置. 塔尔斯基在那里很快就让人看到他明显地出人头地, 所以到 1946 年他已经很快地升任正教授. 在以后的十年中, 通过他的有魅力的教学, 同时又热心争取这个领域中其他的任命, 他在逻辑和数学基础方面提出了一个纲领, 使伯克利在未来的岁月中成了全世界逻辑学家的圣地.

　　直到 1939 年, 塔尔斯基才完成了出版代数和几何的判定程序的准备, 原来有一个巴黎出版商预定把它作为一本专著出版, 但是 1940 年德国入侵法国使这个计划流产了. 最后, 在 J. C. C. McKinsey 的协助下, 在 1948 年, 作为 RAND 公司的报告, 出版了一个带有全部细节的修订本, 而在几年以后才由加州大学出版社公开出版. 此书以后就成了塔尔斯基学派领导的把模型论用于代数的典范, 而这个主题至今仍是数理逻辑最重要的部分之一. 在战后时期, 塔尔斯基还在伯克利沿着几个不同的路线促进了实质性的进展, 其中有代数逻辑、集合理论的公理化以及大基数假设[IV.22§6] 对于数学问题的意义. 超过其他的是, 塔尔斯基的工作的重要意义在于他使逻辑的各个领域中可以无限制地使用集合论的方法, 同时又不断地注意到严格而适当的概念性的发展.

进一步阅读的文献

Feferman A B, and Fefferman S. 2004. *Alfred Tarski. Life and Logic*. New York: Cambridge University Press.

Givant S. 1999. Unifying threads in Alfred Tarski's work. *Mathematics Intelligencer*, 13(3): 16-32.

Tarski A. 1986. *Collected Papers*, four volumes. Basel: Birkhäuser.

Anita Burdman Ferferman and

Solomon Feferman

VI.88　科尔莫戈罗夫

(Andrei Nikolaevich Kolmogorov)

1903 年生于俄罗斯 Tambov; 1987 年卒于莫斯科

分析; 概率论; 统计; 算法; 湍流

　　科尔莫戈罗夫是 20 世纪最伟大的数学家之一, 他的工作在其巨大的深度和力量以及其广度两方面都是卓越的, 他在好几个不同领域中都有重要的贡献, 他在概率论方面的工作最为著名, 所以被广泛地认为是历来最伟大的概率论专家.

科尔莫戈罗夫的母亲 Mariya Yakovlena Kolmogorova 因难产去世. 父亲 Nikolai Matveevich Katayev 是一个农学家, 十月革命后在农业部公职, 在 1919 年内战中因白匪邓尼金的进攻死亡, 科尔莫戈罗夫是由他的姨妈 Vera 抚养大的, 所以科尔莫戈罗夫一直把姨妈 Vera 视为亲生母亲, 而姨妈 Vera 也看到了自己养子的成就.

科尔莫戈罗夫在伏尔加河上的 Yaroslavl 附近的 Tunoshna 度过了自己的童年以后, 在 1920 年就到莫斯科大学去学数学, 他的老师中包括了 Aleksandrov, Lusin, Urysohn 和 Stepanov. 科尔莫戈罗夫的第一篇论文发表于 1923 年, 给出了一个 (勒贝格) 可积但是其傅里叶级数[III.27] 几乎处处发散的例子. 当时科尔莫戈罗夫年仅 19 岁 (这个结果与经典的给出正规性条件以保证其傅里叶级数收敛于函数本身的定理大异其趣). 这个著名而又出人意料的结果使科尔莫戈罗夫成了名人, 而到了 1925 年, 他又改进了这个结果, 把几乎处处发散改为处处发散, 更使他名声大振.

1925 年, 科尔莫戈罗夫成了鲁金 (Lusin) 的研究生. 也是在 1925 年, 他与 Aleksander Yakovlevich Khinchin (拼为 Khintchine 或 Hincin) 合作发表了关于概率论的第一篇论文, 就是所谓 "三级数定理", 这个经典的结果给出了具有独立各项的随机级数收敛的必要与充分条件, 即是三个随机级数收敛, 这篇论文也包含了科尔莫戈罗夫关于独立和的最大值的不等式. 当他在 1929 年得到博士学位时, 已经写了 18 篇数学论文, 其内容涉及分析、概率论和直觉主义逻辑, 最后这一点是他终生对数学基础有兴趣的一个迹象. 1931 年, 科尔莫戈罗夫成了莫斯科大学的正教授.

也是在 1931 年, 科尔莫戈罗夫发表了关于概率论的解析方法的著名论文, 此文涉及连续时间的马尔可夫过程, 其态空间则既可以是连续的, 也可以是离散的 (在后一种情况, 我们就说是马尔可夫链). Chapman-Kolmogorov 方程、科尔莫戈罗夫前向和倒向方程都始于此文. 这里也处理了扩散问题, 发展了以前 Bachelier 的工作.

现代概率论由于科尔莫戈罗夫 1933 年的划时代的著作《概率论基础》(Grundbegriffe der Wahrscheinlichkeitsrechnung, 1933) 得到巩固的基础. 在此以前, 概率缺少严格的数学基础, 而说真的, 有些作者根本不相信能够找到严格的数学基础. 然而, 勒贝格[VI.72] 在 1902 年连同他的积分理论提出了有关的数学理论: 测度论[III.55]. 也为长度、面积和体积提供了巩固的数学基础. 在 1930 年左右, 测度理论已经从它的起源欧几里得空间脱离开来了. 科尔莫戈罗夫只不过是把概率简单地看成总质量为 1 的测度, 把时间看成可测集, 随机变量[III.71§4] 看成可测函数, 如此等等. 决定性的技术上的创新在于应用当时还很新的 Radon-Nikodým 定理 (由此, 条件期望值就成了 Radon-Nikodým 导数).《概率论基础》中还包含了两个关键的结果: 第一个是 Daniell-Kolmogorov 定理, 它对于随机过程[IV.24] 的定义是基本的. 第二个是科尔莫戈罗夫的强大数定律[III.71§4]. 当我们重复投掷一个无偏的硬币时, 我们会认为得到正面的频率趋于我们希望的频率: 二分之一. 要从这个直觉中得到精确的数学含义就需要一些限制. 在科尔莫戈罗夫以前就知道, 这里需要论证的就是有概率为 1 的收敛性 (即 "几乎确定", 简写为 a.s.), 科尔莫戈罗夫把这个结果从投掷硬币推广到重复进行任意随机试验. 我们需要期望值 (时常称为平均值) 在测度论的技术意义下存在. 这时, 样本中的平均值, 即**样本均值**(sample mean), 就以概率 1 收敛于期望值, 即**群体均值**(population mean).

科尔莫戈罗夫在 1930 年代和 1940 年代在概率论中又做了进一步的工作, 他做出了极限定理、无限可分性、描述有利的基因向前传播的波的 Kolmogorov-Pitrovskii-Piscunov 方程, 还研究了平稳随机过程 (stationary stochastic process) 的线性预测, 它所导致的 "科尔莫戈罗夫–维纳滤波" 是来自战时关于炮火控制的应用问题.

最后这一工作很自然地把科尔莫戈罗夫引导到 1941 年关于湍流的开创性的工作, 包括科尔莫戈罗夫的 "三分之二次幂" 定律. 这个工作后来证明深刻而且重要, 因为了解湍流正是流体动力学的一个中心问题.

受到太阳系和其他**动力系统**[IV.14] 的稳定性问题的启发, 科尔莫戈罗夫在 1954 年发表了他关于力学和不变环面的研究. 这项研究最后发展成为 KAM 理论 (KAM 就是 Kolmogorov-Arnold-Moser 三人姓氏的首字母).

科尔莫戈罗夫关于概率论的公理化可以看成是希尔伯特第六问题 (的一部分), 即把概率论和力学放在严格基础上的解答. 1956 年和 1957 年, 科尔莫戈罗夫解决了另一个希尔伯特问题, 即第 13 个问题. 他的解答给出了一个惊人的结构定理, 由此定理, 一个多变量的函数可以从较少变量的函数用基本的构造方法构造出来. 科尔莫戈罗夫证明了任意多个实变量的连续函数可以用有限多个仅仅3个变量的函数组合而成 (所谓组合就是只用加法和求函数的函数), 他把这个工作看成他在技术上最困难的成就.

在 1960 年代里, 科尔莫戈罗夫把注意力转向基础问题, 包括数学的、概率论的, 还有信息论[VII.6] 以及算法理论的基础. 他引入了现在称为 "科尔莫戈罗夫复杂性" 的概念. 他给出了处理随机性的新的途径, 而与他关于概率论的早期工作不同. 在这里, 随机序列等同于具有最大复杂性的序列. 他后来的工作主要受到他终生对于教学的兴趣所支配, 特别是他参与了为有特殊才能的中学生举办的特殊学校.

科尔莫戈罗夫的《选集》(*Selected Works*) 共 3 卷: 数学与力学、概率论与统计、信息理论和算法.

他获得过多种荣誉, 包括苏联国内和国外. 他结了婚但无子女.

进一步阅读的文献

Kendall D G. 1990. Obituary, Andrei Nikolaevich Kolmogorov (1903–1987). *Bulletin of the*

London Mathematical Society, 22(1): 31-100.

Shiyayev A N, ed. 2006. *Selected Works of A. N. Kolmogorov*. New York: Springer.

Shiyayev A N, and others. 2000. *Kolmogorov in Perspective*. History of Mathematics, volume 20. London: London Mathematical Society.

Nicholas Bingham

VI.89　丘　　奇
(Alonso Church)

1903 年生于美国哥伦比亚特区华盛顿; 1995 年卒于美国 Hudson, Ohio

逻辑

　　丘奇的一生几乎完全是在普林斯顿度过的. 在那里读书以后, 丘奇花了一些时间访问哈佛、哥廷根和阿姆斯特丹, 然后在 1929 年又回到普林斯顿, 得到一个助理教授职位. 1961 年, 他成了哲学与数学教授, 任此教席直到 1967 年退休. 然后, 他又来到加州大学洛杉矶分校, 成了 Kent 哲学教授和数学教授, 直到 1990 年 (再次) 退休.

　　在 1930 年代里, 普林斯顿成了重要的逻辑学中心: 冯·诺依曼[VI.91] 在这个十年之始来到这里; 哥德尔[VI.92] 于 1933 年和 1935 年两次来访, 最后于 1940 年永久定居于此; 从 1936 年 9 月, 图灵[VI.94] 在这里做了两年研究生, 在丘奇那里得到博士学位.

　　1936 年, 丘奇在逻辑理论中作出了两个深刻的贡献. 第一个贡献发表在标题为《初等数论中一个不可解问题》(*An unsolvable problem in elementary number theory*) 论文中, 就是现在人们说的丘奇论题. 它提出把有效可计算性这个模糊的直观概念与递归函数[II.4§3.2.1] 这个精确概念等同起来. 丘奇的递归函数定义很快就显露出来与图灵的可计算函数的定义是等价的. 在 1936 年末, 一直在用类似的思想但是沿完全不同的途径研究的图灵, 发表了著名论文《论可计算的数》(*On computable numbers*), 其中就有如下的结果: 每一个可以自然地认为是可计算的函数, 都可以用一个图灵机[IV.20§1.1] 来计算. 因此, 丘奇论题也时常称为丘奇–图灵论题.

　　丘奇的第二个贡献就是现在称为丘奇定理的结果. 丘奇在《符号逻辑杂志》(*The Journal of Symbolic Logic*) 第一期发表的一篇短文中证明了算法地判定算术中的命题为真或为不真是不可能的. 由此可知一般的判定问题(*Entscheidungsproblem*) 的解答是不存在的; 换一个等价的说法就是一阶逻辑是不可判定的 (见条目停机问题的不可解性[V.20]), 这个结果也称为丘奇–图灵定理, 因为图灵也独立地证明了同样

的结果 (也在上面引述的文章里). 在得到这项成就时, 丘奇和图灵都强烈地受到哥德尔的不完全性定理[V.15] 的影响.

VI.90　霍　　奇
(William Vallance Douglas Hodge)

1903 年生于苏格兰的爱丁堡; 1975 年卒于英国剑桥

代数几何; 微分几何; 拓扑学

霍奇由于他的调和积分 (或调和形式) 而知名, 外尔[VI.80] 把这个结果说成是 "20 世纪数学的里程碑". 他是苏格兰人, 早年生活在爱丁堡, 但是他的一生多半是在剑桥度过的, 在那里, 他从 1936 年到 1970 年任 Lowndes 天文学和几何学教授 (这是一个很古老的头衔).

霍奇的工作横跨过代数几何、微分几何和复分析之间的领域, 它可以看成是黎曼曲面[III.79](或代数曲线) 理论以及莱夫谢茨 (Lefschetz) 关于 (高维的)代数簇[IV.4§7] 的拓扑学的自然产物. 它把代数几何学放置在现代解析的基础上, 为它在战后的 1950 年代和 1960 年代的蔚为壮观的几次大突破铺平了道路, 它后来也与理论物理的相互作用十分和谐, 是麦克斯韦的影响的回声.

在 (复维数为 1 的) 黎曼曲面上, 复结构和实度量是紧密联系的, 而它们之间的关系可以追溯到柯西–黎曼方程[I.3§5.6] 和拉普拉斯算子[I.3§5.4] 的联系. 在高维情况下, 这种联系消失了, 而黎曼度量[I.3§6.10] 与复分析似乎是格格不入的, 但是霍奇的极大的洞察力就在于能够看到实分析仍然可以起富有成果的作用.

他按照麦克斯韦所发展起来电磁理论的形式化, 引入了拉普拉斯算子的推广, 使之作用在 (任意黎曼流形上的)外微分形式[III.16] 上, 而且证明了一个关键定理, 即此算子在 r 形式上的零空间 (即 "调和形式" 所成的空间) 自然地同构与 r 维上同调群[IV.6§4]H^r. 换言之, 一个调和形式唯一地由其周期来刻画, 而任意的周期集合都可能出现.

对于复流形, 只要此流形的度量与其复结构适当相容 (即满足凯勒(Kähler)条件[III.88§3], 而射影空间中的代数簇是一定满足这个条件的), 则这个结果也可以细化. 我们会得到 H^r 的一个分解 $H^{p,q}$, $p+q=r$, 而极端的情况如 $p=r, q=0$, 就相应于全纯或反全纯形式.

这个霍奇分解有丰富的结构和很多应用, 最突出的应用之一就是霍奇符号定理, 这个定理 (对于一个偶数维代数簇) 把中间各维的循环的相交矩阵的符号差用 $H^{p,q}$ 的维数表示出来.

这个理论的另一个成功是对于来自一个 n 维复流形的代数子簇的 $2n-2$ 维同

调类的刻画. 他猜想, 对于所有维的同调类, 这样的刻画也是行的, 而且自己证明了
容易的部分, 解决困难部分的企图至今全都遭到了挫败, 而成了 Clay 研究所 7 个
百万美元求解的问题之一.

霍奇理论的影响是巨大的. 首先, 在代数几何学中, 它把许多经典的结果集成
在一个现代的框架里, 成了由 H. 嘉当、塞尔等人的束论 (sheaf theory) 的起点. 第
二, 它是整体微分几何的第一个深刻的结果, 而为现在所说的 "整体分析" 铺平了
道路. 第三, 它为来自理论物理的或与理论物理相关的后来的发展提供了基础. 这
些发展里面就包含了椭圆算子的阿蒂亚-辛格指标定理[V.2]、霍奇理论的非线性类
比 (Yang-Mills 理论和 Seiberg-Witten 方程). 它在 4 维流形的 Donaldson 理论中
起了关键作用 (见条目微分拓扑[IV.7§2.5]). 更近一点, 还有 Witten 等最近证明了
霍奇理论的适当的无限维版本在量子场论[IV.17§2.1.4] 中自然的出现.

进一步阅读的文献

Griffith P, and Harris J. 1978. *Principles of Algebraic Geometry.* New York: Wiley.

Sir Michael Atiyah

VI.91   冯·诺依曼
(John von Neumann)

1903 年生于布达佩斯; 1957 年卒于哥伦比亚特区华盛顿
公理化集合论; 量子物理学; 测度理论; 遍历理论; 算子理论; 代数几何; 博弈论; 计
算机工程; 计算机科学

冯·诺依曼是出生于奥匈帝国的犹太裔, 原名 Neumann János Lajos. 他的政
治观点深受第一次世界大战后匈牙利共产主义者库恩·贝拉 (Béla Kun) 掌权五个
月[①]的影响, 这构成了他的自由主义的政治信条 (然而他坚持在他的姓名前加上表
示贵族的称号 "margitta", 这是他的父亲在 1913 年获得的, 后来他自己把这个头衔
译成德文的 "von", 才成了现在通用的 von Neumann). 他是一个神童, 学习多种语
言, 而且很早就表现了对于数学的热爱.

1920 年代早期, 冯·诺依曼在柏林和苏黎世学数学、物理学和化学, 也曾被录
取去布达佩斯学数学, 但是他一次课也没有去听. 他得到了苏黎世高工 (ETH) 的
化学工程文凭, 后来又得到布达佩斯大学的数学博士学位 (1926, 学位论文的题目
是《一般集合论的公理推导》). 虽然对他这样的兴趣广泛的聪明青年人, 一般都认

①十月革命后, 在德国和匈牙利都爆发了武装起义, 建立了存在很短时间的无产阶级政权.—— 中译本
注.

为工程是一个值得尊敬的职业, 但是数学和形式逻辑的理论的挑战却吸引冯·诺依曼来到更有学术化气氛的德国, 他在那里很快就得到了希尔伯特[VI.63] 的赏识. 虽然从学术上说, 和希尔伯特一同到哥廷根是更合理的选择 —— 而他也确实在那里在 1926–1927 年靠洛克菲勒奖学金呆了六个月 —— 他更喜欢的是柏林的那种跃动的气氛.

以后的几年中, 他在下面的领域中都写过文章: 集合论的公理基础、测度论[III.55]和量子力学的数学基础. 他也写出了他关于博弈论的第一篇文章《关于博弈的理论》(Zur Theorie der Gesellschaftsspiele), 发表在 1928 年的 Mathematische Annalen 上, 文章中证明了 minimax 定理 (即二人零和博弈必有最佳的混合对策).

1927 年, 冯·诺依曼从柏林大学哲学系得到了数学的讲课资格, 就数学基础和集合论写了一篇书面的就职论文, 作了一次就职讲演, 这样就成了柏林大学历史上最年轻的 Privatdocent. 这时, 冯·诺依曼把自己的姓名改成了德文的 Johann von Neumann. 他在汉堡讲课 (1929–1930), 也在柏林讲课, 但是在 1933 年纳粹掌了权, 他就辞去了在柏林的职务. 那时他已经在普林斯顿, 在那里, 在 1930 年已经商定的他在大学访问的资格变成了在新成立的高等研究所的终身职位. 这时, 他又一次把自己的名字改成英文的 John von Neumann, 并于 1937 年取得了美国国籍.

他在普林斯顿得到了一个安静的象牙塔, 他的重要的数学工作很大一部分都来自这个时期: 1930 年代中期. 他每年大约要在期刊上发表 6 篇文章 (这个速度他一直坚持到去世), 还写了几本书. 研究所的环境使他能够扩大自己的研究领域, 除其他东西以外, 有遍历理论[V.9]、哈尔 (Haar) 测度、希尔伯特空间[III.37] 上的某些算子空间 (这些空间现在通称为冯·诺依曼代数[IV.15§2]), 还有 "连续几何".

冯·诺依曼政治上很敏感, 不会不注意到终于引起第二次世界大战的欧洲危机. 他在 1930 年代中期就已经开始研究超过声速的湍流, 1937 年, 他作为激波的专家被邀请去弹道研究实验室[①]. 后来又担任美国海军和空军的顾问. 他虽然并不是 Los Alamos 的第一批科学家中的一员, 但在 1943 年却成了曼哈顿计划的顾问, 他对于激波的数学处理在那里是必不可少的. 最后引导到 "爆炸棱镜", 就是安置炸药的一种方式以启动铀的链式反应.

与有关于战争的研究平行, 冯·诺依曼还继续他对于经济学的兴趣, 导致他与经济学家 Oskar Morgenstern 合作, 写出了他们的开创性的著作《博弈论与经济行为》(The Theory of Games and Economic Behavior), 于 1944 年出版, 此书部分是依据他 1928 年发表在 Mathematische Annalen 上的那篇论文.

在 1940 年代, 冯·诺依曼开始集中关注计算, 这是他思想里两个很不相同的分支共同作用的结果: 其一是有些问题除了用数值逼近以外是无法解决的, 其二则

---

①属于美国陆军军械部. —— 中译本注

是他对于数学基础的精通. 他曾经试图把图灵[VI.94] 召到普林斯顿来做助教. 他肯定认识到图灵关于可计算数的划时代的论文 (1936) 的重要性. 图灵是以思想试验的形式思考抽象的计算机, 而冯·诺依曼还考虑了实际制造计算机提出的问题, 例如与电子硬件有关的问题. 他作为一个数学家所受到的训练使他能把注意力集中在计算机器最本质的方面, 而避免, 如像 Moore 学院的 ENIAC (Electronic Numerical Integrator And Computer) 巴罗克 (baroque) 式的设计①. 1945 年, 他确定了 EDVAC(Electronic Discrete Variable Automatic Computer) 的本质的组件. 他所写的《关于EDVAC的报告的初稿》总结了从早期电子计算机得到的思想, 为现代电子计算机提供了逻辑框架, 成了以后几十年的计算机系统结构 (computer architecture) 的路线图. 尽管冯·诺依曼可能并不认为此文与他的数学论文有相同的重要性, 但今天这篇文章却被认为是现代计算机的出生证.

冯·诺依曼很快就认识到为计算机编程 (冯·诺依曼本人称为 "编码"(coding)) 可能比建造基本的硬件更难满足. 从本质上说, 他认为编程是形式逻辑的一个新分支. 1947 年, 他和 Herman Goldstine 合写了一个三部分的报告:《为电子计算仪器对问题进行计划和编码》, 其中把软件构造这门新奇和很难满足的艺术的许多洞察集中起来了.

冯·诺依曼的思想已经超越了计算的机器这个限制, 使他能到人脑的构造、胞腔自动机、自我繁殖系统的思想这些哲学问题中去探险 —— 这些问题就是我们今天称为 "人工智能" 或 "人造生命" 这个学科的先行的问题, 对这些问题思考的结果就是一系列讲演和一篇论文《计算机和大脑》(*Computer and the Brain*, 1958) 及一本书《自我繁殖自动机理论》(*Theory of Self-Reproducing Automata*, 1966). 二者都是在他身后才发表的.

1954 年, 冯·诺依曼被指定参加美国原子能委员会 (US Atomic Energy Commision) 的五人小组, 而在 1956 年由艾森豪威尔授予总统自由奖章.

进一步阅读的文献

Aspray W. 1990. *John von Neumann and the Origin of Modern Computing*. Cambridge, MA: MIT Press.

Wolfgang McCoy

①巴罗克时期就是 17–18 世纪文艺复兴以后的时期, 这个时期欧洲的艺术 (包括音乐、绘画、雕塑、建筑等) 的风格时常是追求豪华、美丽的装饰、强烈的色彩对比、匀称、整齐等, 这就称为巴罗克风格. 第一台计算机在美国 Pennsylvania 大学的 Moore 电机学院研制时, 冯·诺依曼并未参加. 他提出了设计中的许多问题, 例如没有存储器, 后来他在 1945 年加入了研制小组. 他和研制小组在共同讨论的基础上, 发表了一个全新的 "存储程序通用电子计算机方案" 终于制成了 EDVAC(Electronic Discrete Variable Automatic Computer). 在此过程中他对计算机的许多关键性问题的解决作出了重要贡献, 从而保证了计算机的顺利问世. —— 中译本注

VI.92 哥 德 尔
(Kurt Gödel)

1906 年生于 Brno, Moravia (今属捷克共和国)[①]; 1978 年卒于普林斯顿

逻辑; 相对论

哥德尔生于摩拉维亚的布尔诺, 但是他的最重要的工作是在维也纳大学完成的. 1940 年, 他接受了普林斯顿高等研究所的任命.

哥德尔被认为是 20 世纪最伟大的逻辑学家, 他因为三个基本的结果而名声大振: 第一个是一阶逻辑的语义完全性[V.23§2]; 第二是形式数论的语法不完全性定理[V.15]; 第三是选择公理[III.1] 和广义连续统假设[IV.22§5] 相对于策墨罗--弗朗克尔公理[IV.22§1] 集合论的相容性.

哥德尔的完全性定理 (1930) 是关于下面这一类问题的: 您怎么知道, 例如群论中的一个命题如果对于每一个群都为真, 则它确实可以从群论中的公理得出? 哥德尔证明了在任意的一阶理论 (就是只允许对于元素使用量词, 而不允许对于子集合使用量词) 中, 一个在所有模型中都为真的命题确实是可证明的. 换一个等价的形式, 完全性定理说的就是: 任意一组相容的命题 (就是从中不会导出矛盾) 必有一个模型 —— 即一个所有这些命题都在其中成立的结构.

哥德尔的不完全定理 (1931) 在整个逻辑学和数学哲学中引起了一个大地震. 希尔伯特[VI.63] 已经提出了一个纲领, 要求 (例如在数论中的) 所有的命题都可以从一族确定的公理导出. 那时, 一般都相信这个纲领在原则上是可能的, 直到不完全性定理摧毁了这个信念.

哥德尔的想法是造出一个命题 S, 它实际上就是: "S 是不可证明的". 稍微想一想就知道, 这样一个命题既是真的, 又是不可证明的. 哥德尔的了不起的成就在于把这个命题用数论的语言来编码. 他的证明适用于数论中的佩亚诺公理[III.67]以及这些公理的任意合理的扩张 (例如集合论的策墨罗--弗朗克尔公理).

哥德尔的第二不完全性定理是对希尔伯特纲领的另一个打击. 假设我们已经有了一组相容的公理 T(例如佩亚诺公理). 哥德尔证明了如果 T 是相容的, 则 "T 是相容的" 这个命题 (在用数论的语言编码以后) 是不能从 T 证出的. 所以, "T 是相容的" 就是一个真但是不可证明的命题的明显的例子. 再则, 这个定理也适用于佩亚诺公理这一组公理或者它的任意合理的扩张 (粗略地讲, 就是允许把可证明性及其他类似物编码为算术命题的扩张). 把这个定理变成一个口号, 那就是 "一个理论

---

①摩拉维亚 (Moravia) 是中欧一个地区的古老名称, 在捷克共和国东部; 布尔诺 (Brno) 是捷克的大城市.—— 中译本注

不能证明自己的相容性".

从策墨罗用选择公理来证明每一个集合都可以良序化的时候起, 选择公理就成了高度有争议的问题了. 希尔伯特把证明集合的可良序化和连续统公理放在一起, 列为 1900 年他在国际数学家大会上提出的问题清单中的第一个. 哥德尔在 1938 年证明了选择公理和广义连续统假设都是另一个原理 (可构造性公理) 的推论, 而在策墨罗–弗朗克尔集合论的任意模型中都有一个子模型, 使得可构造性公理在其中成立, 所以选择公理和广义连续统假设都是与策墨罗–弗朗克尔公理相容的 (所以从策墨罗–弗朗克尔公理不能否证二者). 但是在晚得多的时候 (1963), 科恩又证明了二者都是独立于策墨罗–弗朗克尔公理的 (所以也不能用策墨罗–弗朗克尔公理来证明它们).

除逻辑学以外, 哥德尔还研究过相对论, 他在其中确定了 **爱因斯坦场方程**[IV.13] 有这样的模型存在, 在其中时间是可以倒流到过去的.

进一步阅读的文献

Dawson Jr J W. 1997. *Logical Dilemmas*: *The Life and Work of Kurt Gödel*. Natick, MA: A. K. Peters.

John W. Dawson Jr.

VI.93 韦 伊
(André Weil)

1906 年生于巴黎; 1998 年卒于普林斯顿
代数几何; 数论

安德列·韦伊 (以下都简称为韦伊) 是 20 世纪最有影响的数学家之一, 他的影响既来自他对于范围非常广的许多数学理论的独创性贡献, 也来自他通过自己的工作和 **布尔巴基**[VI.96] 学派 (他是其主要的创立者之一) 在数学的研究方法以及风格上留下的烙印.

安德列·韦伊和他的妹妹 —— 哲学家、政治活动家和宗教思想家西蒙娜·韦伊①都受过十分良好的教育, 兄妹二人都是非常聪明的学生, 阅读范围很广, 而且对语言 (包括梵文) 有很敏锐的兴趣. 安德列很快就专攻数学, 而妹妹则专于哲学. 安德列从巴黎高师 (ENS) 毕业时还不到 19 岁并且到意大利和德国游学过 (他还是那一年的数学 agrégation②的第一名). 年方 22 岁时就在巴黎取得了博士学位, 然后去

①Simone Weil (1909–1943), 20 世纪法国哲学家, 社会活动家, 神秘主义思想大师. —— 中译本注
②数学 agrégation 是在法国取得公立学校数学教师资格必经的一种非常困难的考试, 通过者称为 professeur agrégé—— 中译本注

印度的 Aligarh 当了两年教授. 在马赛短暂地工作了两年以后, 他在 1933–1939 年任斯特拉斯堡大学的讲师(Maître de conferences), 同时在那里的还有 H. 嘉当. 布尔巴基计划就是他和 H. 嘉当在斯特拉斯堡讨论数学问题时萌生而在巴黎和更多的 ENS 的朋友们相聚时讨论出来的.

他在研究上的成就是从 1928 年在巴黎的学位论文开始的. 他在论文中推广了 1922 年的莫德尔(Mordell)定理[V.29]. 这个定理原来讲的是椭圆曲线[III.21] 上的有理点群成一个有限生成的阿贝尔群, 韦伊则把它推广到雅可比簇上的 K 有理点的群 (这里 K 是一个数域[III.63]). 在以后的 12 年中, 韦伊的研究向各个方向分支, 但总是与 1930 年代的重要研究课题有关的, 这里有多变量的全纯函数之用多项式逼近; 紧李群[III.48§1] 的最大环面的共轭 (conjugation); 紧拓扑群和阿贝尔拓扑群上的积分理论; 还有一致拓扑空间 [III.90] 的定义. 但是起源于数论的问题在他的兴趣中尤为突出, 这里有对于他的学位论文中的思想以及西格尔 (Siegel) 关于整点的有限性定理的进一步的思考; 黎曼曲面上的黎曼–罗赫(Riemann-Roch)定理[V.31] 的大胆的 "向量丛版本"(与 E. 维特 (Witt) 的类似工作相平行); 椭圆函数[V.31] 的 p 进类比 (和他的学生 Elizabeth Lutz 合作的工作).

从 1940 年开始, 韦伊在算术代数几何在当时最大的挑战中就很活跃. 哈塞在 1932 年就证明了对于定义在一个具有有限多的元的域上的亏格为 1 的曲线 (椭圆曲线) 的黎曼假设[IV.2§3] 的类比, 问题在于要把这个结果推广到亏格高于 1 的代数曲线上去. 1936 年, Max Deuring 提出代数对应是处理这个问题的关键成分. 但是, 直到第二次世界大战, 这个问题仍未解决. 韦伊最初的企图是在监禁于 Rouen 时写出的, 非常谦逊, 几乎没有超出 Deuring 在 1936 年所提出的看法. 但是经过住在美国的几年间在各个方向上的探讨, 韦伊成了对所有非奇异曲线证明黎曼假设的类比的第一人. 这个证明依赖于他把 (任意基域上的) 代数几何全部重写了, 这个重写的代数几何他以前已经发表了, 就是《代数几何学基础》(*Foundations of Algebraic Geometry*, 1946) 一书. 韦伊还进一步把黎曼假设的类似物从曲线推广到任意维的定义在有限域上的代数簇, 还加上了有关的 ς 函数的一个主要不变量的新的拓扑解释. 合起来, 所有这些假设现在以韦伊假设[V.35] 之名称于世, 它们代表了对于代数几何学直到 1970 年代而且在某种意义上说还要更远的发展的最重要的刺激.

在 1930 年代和 1940 年代, 有好几个数学家都在试图重写代数几何学. 韦伊的《代数几何学基础》尽管也包含了引人注目的新的洞察 (例如相交重数的新定义), 其基本的概念却应该归功于 van der Waerden, 而且它施加影响于数学界是和 Oscar Zariski 对于代数几何学的另一种 (不同的) 重写一起起作用的, 而 Oscar Zariski 重写的代数几何学从 1938 年起发展得如此成功. 所以在很大程度上, 是《代数几何学基础》一书的风格而不是它的 "数学内容" 为以后二十多年创造了一种研究代数几何学的新的方法, 直到它开始被 Grothendieck 的概型的语言所取代为止.

韦伊后来的工作, 除了一些里程碑式的论文和书籍以外, 还有韦伊对于西格尔关于二次型的工作的 "adelic" 重写和对谷山丰以及志村五郎的原则的关键性贡献, 这个原则就是: 有理数域上的椭圆曲线应为模性的 ——1955 年怀尔斯证明费马大定理[V.10] 的关键就在这里.

1947 年, 韦伊终于在一个很出色的美国大学 —— 芝加哥大学得到了正教授职位. 他逃避法国兵役一事, 许多美国同行是很不以为然的. 1958 年, 他转到普林斯顿成为高等研究所的终身成员.

在战后年代里, 韦伊在许多研究前沿一直很活跃, 对于当时还悬而未决的许多主题很有见地. 下面只提几点: **类域理论**[V.28] 中的韦伊群; 解析数论的显式公式; 微分几何的各个方面, 特别是**凯勒流形**[III.88§3]; 通过其函数方程来决定狄利克雷级数. 所有这些主题都指向划时代的工作, 没有这些工作, 数学就不是今天的样子.

韦伊在晚年把自己的博学和历史感用于写一些数学史方面的文章和一本书: 《数论, 一个历史的途径》(*Number Theory, an Approach through History*). 他也发表了一个部分的自传 (到 1945 年为止)《学徒期的纪念》(*Souvenirs d'Apprentissage*), 这是一本很有文采的书.

进一步阅读的文献

Weil A. 1976. *Elliptic Functions According to Eisenstein and Kronecker.* Ergebnisse der Mathematik und ihrer Grenzgebiete, volume 88. Berlin: Springer.

——. 1980. *Oeuvres Scientifiques/Collected Papers,* second edn. Berlin: Springer.

——.1984. *Number Theory. An Approach through History. From Hammurapi to Legendre.* Boston, MA: Birkhäser.

——. 1991. *Souvenirs d'Apprentissage.* Basel: Birkhäser. 1991 (English translation: 1992, *The Apprenticeship of a mathematician.* Basel: Birkhäuser.)

Norbert Schappacher and Birgit Petri

VI.94 图   灵
(Alan Turing)

1912 年生于伦敦; 1954 年卒于英国 Wilmslow
逻辑; 计算; 密码学; 数理生物学

1936 年, 图灵作为剑桥国王学院的一位年青的 Fellow 对于数理逻辑做出了一项关键的贡献: 他用现在人们所说的**图灵机**[IV.20§1.1] 定义了 "可计算性". 图灵的概念虽然在数学上与**丘奇**[VI.89] 稍早以前给出的有效可计算性的定义是等价的,但是图灵的定义是更加不可抗拒的, 因为他所作的哲学分析是完全独创的. 他得到了丘奇的支持, 还有哥德尔[VI.92] 事实上的支持, 哥德尔在 1931 年的不完全性定理[V.15] 构成了图灵研究的基础. 图灵用他的定义证明了一阶逻辑是不可判定的, 给希尔伯特的形式主义纲领以致命的一击 (详见条目逻辑和模型理论[IV.23]).

现在, 可计算性已经是数学中是很基本的概念, 因为它对于是否存在一个解决某个问题的方法这个问题赋予了确切的含义. 作为一个例证, 希尔伯特的第十问题[V.20], 即丢番图方程的一般可解性问题, 就是用与图灵的思想有关的方法在 1970 年解决的. 图灵本人是在数理逻辑中拓展他的定义以及把它应用于代数的开拓者. 然而, 他作为一个数学家的不寻常之处在于他不仅探索他的思想在数学问题 (代数的可判定性问题) 中的应用, 还探讨在哲学、科学以及工程上更广泛的意义.

图灵得到突破的一个因素是他对于心智和物质的关系问题一直很着迷, 图灵对于心智的状态和运行的分析自此成了认知科学的一个出发点, 后来图灵一直主张人工智能是可能的, 使他沿着这条道路的足迹以后一直光辉闪耀. 他在 1950 年提出的著名的 "图灵测试" 只是在这个领域中的一个范围很广的研究建议的一部分.

1936 年他的研究的一个更为直接可应用的侧面是注意到, 如果把一个图灵机的描述看成一个指令表, 则一个 "万能机" 就能完成任意图灵机的工作, 这正是现代数值计算机的本质的原理, 因为数值计算机的程序具有数据结构. 1945 年, 图灵就利用这个洞察来计划第一台电子计算机及其编程. 冯·诺依曼在制造第一台电子计算机上是领先了, 但是他是否利用了图灵关于计算必定首先是逻辑的应用这个洞察还是可以讨论的. 这样, 图灵就为现代计算机科学打下了基础.

图灵之所以能在理论和实践之间建立起一座桥梁, 是因为他在 1938 年到 1945 年间是英国密码方面的主要科学人物, 特别负责破译德国的海军信号. 他的主要成就是为破译 Enigma 密码提供了非常聪明的逻辑解法, 还有贝叶斯信息论. 英国密码破译所使用的高级的电子装备给了图灵以作为实际计算的开拓者所需的经验.

在战后计算机工程上, 图灵就不那么成功了, 他越来越不想影响计算机的发展道路. 相反, 他在 1949 年来到曼彻斯特大学以后, 就集中关注应用于生物发展的非线性偏微分方程. 和他 1936 年的工作一样, 这又开辟了一个全新的领域, 这说明了他的数学视野的广阔, 其中还包含了关于黎曼 ς 函数[IV.2§3] 的重要工作. 在他猝死的时候, 正忙于研究生物学理论以及物理学中的新思想.

图灵短暂的一生把最纯粹的数学和最实际的应用结合起来了, 他的一生还以许多其他的对比为标志. 虽然他一直在促进以计算机为基础的人工智能这个主题, 但是在他的思想和生活中却完全没有有关机械的东西. "图灵测试" 的智慧和戏剧性使他在数学思想的普及中成了一个长久不衰的角色. 他的戏剧化的一生, 包括他的绝密的战时工作以及后来因同性恋而遭到的迫害, 都为他吸引了巨大的大众的兴趣①.

进一步阅读的文献

Hodges A. 1983. *Alan Turing: the Enigma*. New York: Simon & Schuster.

Turing A M. 1992–2001. *The Collected Works of A. M. Turing*. Amsterdam: Elsevier.

Andrew Hodges

VI.95 鲁 宾 逊
(Abraham Robinson)

1918年出生于下西里西亚的Waldenburg (今波兰Walbrzych); 1974 年卒于美国New Haven, Connecticut

应用数学; 逻辑; 模型论; 非标准分析

  鲁宾逊先是在一个私立的犹太教学校受教, 后来又在 Breslau 的一个犹太中学接受教育, 直到 1933 年全家移居巴勒斯坦. 他在那里读完了高中, 然后到希伯来大学随 Fraenkel 学习数学. 1940 年春, 他是在巴黎大学度过的, 但是德国入侵法国使鲁宾逊来到伦敦. 战争期间, 他作为一个难民在自由法国军队服役. 鲁宾逊的数学才能很快就被认识了, 他被指定到位于 Farnborough 的英国空军设施, 参加了一个小组, 研究超音速三角翼, 并复制德国的 V-2 火箭以弄清它是如何工作的. 战后, 他得到了数学的硕士学位. 几年以后他在伦敦 Birkbeck 学院完成了数学的博士学位的学习. 他的学位论文题目是《论代数的元数学》(*On the metamathematics of algebra*) 于 1951 年发表.

  在此时期, 自从 1946 年 10 月英国空军的皇家航空学院成立于 Cranfield 起, 鲁宾逊就在那里教书, 并于 1950 年被提升为航空系的副系主任, 第二年, 他在多伦多大学应用数学系得到了一个相当于副教授的职务. 在多伦多期间, 他的大多数文章都是应用数学方面的, 包括超音速机翼的设计, 以及一本和他以前在 Cranfield 的学生 J. A. Laurmann 合写的关于机翼理论的书.

  在多伦多的岁月 (1951–1957) 是鲁宾逊生涯中的转型期, 他的兴趣更多地转向数理逻辑, 最早是研究特征为零的代数闭域. 1955 年, 他发表了一本用法文写的书:《理想的元数学理论》(*Théorie Métamathématique des Ideaux*), 总结了他在数理逻辑和模型论[IV.23] 中的大部分早期的工作. 鲁宾逊是在模型论方面卓有贡献的先驱者, 其最简单之处就是用数理逻辑来分析数学结构 (如群、域甚至集合论本

---

  ①2009 年 9 月, 当时的英国首相戈登·布朗就图灵因同性恋遭到英国政府的 "极不公正的对待" 正式道歉, 道歉的基调是: 图灵既是战争中的英雄, 也是维护同性恋 "权利" 的 "人权战士". —— 中译本注

身). 给定了一个公理系统, 它的一个模型就是满足这些公理的数学结构. 鲁宾逊的一个早期的给人深刻印象的结果就是希尔伯特第十七问题的模型论的证明, 于 1955 年发表在 *Mathematische Annalen* 上. 所谓第十七问题就是证明一个实数域上的正定有理函数一定可以表示为有理函数的平方和. 紧接着就是另一本书《完全理论》(*Complete Theories*, 1956), 其中进一步拓展了他早前在模型论代数的学位论文中所探讨的思想. 鲁宾逊在这里引入了一些重要概念如模型的完全性、模型的完全化和 "初始模型试验", 还证明了实闭域[IV.23§5] 的完全性和一个模型完全理论的模型完全化的唯一性.

1957 年秋, 鲁宾逊回到希伯来大学, 继任他的老师 Fraenkel 在爱因斯坦研究所中的位置. 在希伯来大学期间鲁宾逊在下面这些方面从事研究工作: 局部微分代数、微分闭域, 在逻辑方面则有关于斯科伦[VI.81] 在算术的非标准模型上的结果. 这些结果为通常的佩亚诺算术[III.67] 提供了一些模型, 所谓通常的佩亚诺算术就是整数 $(0, 1, 2, 3, \cdots)$ 的算术, 但是这些模型中还包含了一些 "非标准" 的元素, 就是非标准的 "数", 这样把标准的模型扩大为更大的但是仍然满足标准结构的公理的模型. 算术的一个非标准模型, 例如可以包含无穷大的整数. 正如 Haim Gaifman 简洁地说的那样: "一个非标准模型就是对一个形式系统的一种解释, 但是它与我们想要的解释无可否认地不同".

1960–1961 学年, 鲁宾逊是在美国普林斯顿度过的, 接替正在休假的丘奇[VI.89]. 那里引发了他对于数学的最有革命性的贡献: 非标准分析, 利用模型论使得他能够严格地引入无穷小量. 事实上, 这就把实数的通常的标准模型扩大为一个包含无穷大和无穷小二者的非标准模型. 他关于这个主题的第一篇论文于 1961 年发表在 *Proceedingsof the Netherland Royal Academy of Sciences* 上. 紧接着这篇论文就是一本书:《模型论和代数的元数学引论》(*Introduction to Model Theory and to the Metamathematics of Algebra*, 1963), 是他 1951 年的那本书的彻底改写, 其中包含了关于非标准分析的新的一节.

这时, 鲁宾逊已经离开耶路撒冷来到了洛杉矶, 在加州大学洛杉矶分校就任 Carnap 数学和哲学讲座教授. 除了写出一本引论性质的教本《数和理想: 代数和数论的某些基本概念导引》(*Numbers and Ideals: An Introduction to Some Basic Concepts of Algebra and Number Theory*, 1965) 以外, 他还出版了他的决定性的引论《非标准分析》(*Nonstandard Analysis*, 1966) 一书. 他在加州大学洛杉矶分校时期 (1962–1967) 的重要结果包括对于希尔伯特空间多项式紧的算子的情况下不变子空间定理的证明, 这个结果是和他的研究生伯恩斯坦 (Allen Bernstein) 一起发表的 (紧算子的情况已经由 Aronszain 和史密斯 (Smith) 在 1954 年确定了; 伯恩斯坦和鲁宾逊是对这样的算子 T 推广了这个定理: T 的某个多项式为紧).

1967 年, 鲁宾逊来到耶鲁大学 (1967–1974), 最后他在这里担任了 Sterling 讲座

教授 (1971). 这个时期鲁宾逊最重要的数学成就是他把科恩在集合论中的*力迫方法*[IV.22§5.2] 推广到模型论, 以及把模型论用于经济学和量子物理. 他也把非标准分析用来在数论中得出十分出色的结果, 就是简化了西格尔对曲线上的整点的定理的证明 (1929), 这个定理已经由 Kurt Mahler 推广到有理解和整数解了. 这是鲁宾逊和 Peter Roquette 共同完成的工作, 他们通过考虑非标准整点和非标准素因子来推广了 Siegel-Mahler 定理. 当鲁宾逊于 1974 年因胰腺癌去世以后, Roquette 1975 年在*Journal of Number Theory* 上发表了这个工作.

进一步阅读的文献

Dauben J W. 1995. *Abraham Robinson. The Creation of Nonstandard Analysis. A Personal and Mathematical Odyssey*. Princeton, NJ: Princeton University Press.

——. 2002. Abraham Robinson. 1918–1974. *Biographical Memoirs of the National Academy of Sciences*, 82, 1-44.

Davie M and Hersh R. 1972. Nonstandard analysis. *Scientific American*, 226: 78-86.

Gaifman H. 2003. Non-standard Models in a broader perspective. In *Nonstandard Models of Arithmetic and Set Theory*, edited by A. Enayat and R. Kossak, pp. 1-22. Providence, RI: American Mathematical Society.

Joseph W. Dauben

VI.96 布 尔 巴 基
(Niolas Bourbaki)

1935 年生于巴黎; ——

集合论; 代数; 拓扑学; 数学基础; 分析; 微分几何和代数几何; 积分理论; 谱论; 李代数; 交换代数; 数学史

　　布尔巴基是一群法国数学家取的共同的笔名, 其中有 H. 嘉当、迪厄多内 (Jean Dieudo-nné) 和韦伊. 以后有好几代数学家, 绝大部分是法国数学家, 构想、写作和出版了一系列专著, 总书名就是《数学原理》(*Élément de Mathématique*). 书名中非同寻常地用了单数形式的 "mathématique", 而不是如通常那样使用复数形式的 " mathématiques", 强调了对于数学的统一性坚定信奉, 而这正是这一群人主要特征之一. 这部意义深远的著作, 再加上 "布尔巴基讨论班"(Bourbaki Seminar), 是在提倡一种对于纯粹数学的统一、公理化和结构式的观点, 对于二次大战以后的数学教学和研究, 特别是在法国, 有很大的影响.

确有一个名叫布尔巴基的真人, 全名是 Charles Denis Sauter Bourbaki, 他是 1870–1871 年的普法战争中的一位法国将军. 在巴黎高师 (ÈNS) 有人为 1923 年入学的新生搞了一次搞笑的讲演, 其高潮就是一个 "布尔巴基定理". 1935 年, 一群数学家, 他们或者是这次讲演的听众, 或者就是搞了这次恶作剧的人, 决定就以布尔巴基为这部正在计划的数学分析的现代著作的虚拟作者的名字.

他们第一次聚会是 1934 年 12 月 10 日在巴黎举行的. 参加者除了嘉当、迪厄多内和韦伊以外, 还有其他的青年数学教授, 如 Claude Chevalley, Jean Delsarte 和 René de Possel. 他们都认为当时用法文写的数学分析教本 (例如 Édouard Goursat 写的《分析教程》(Cours d'Analyse)) 都过时了, 他们决定集体写一本书来代替. 他们都与德国的现代数学特别是哥廷根的希尔伯特[VI.63] 的数学有所接触, 特别是受到范德瓦尔登 (Barteel van der Waerden) 的《近世代数》(Moderne Algebra) 一书的影响, 觉得自己的著作也应该从一个 "抽象信息包" 开始, 其中以公理化的形式汇总了基本的一般概念, 如集合、群、域等等. 不久以后, Szolem Mandelbrojt 也参加到这群人里面来. Paul Dubreil 和 Jean Leray 参加过最早几次聚会, 以后就由 Charles Ehresmann 和物理学家库伦 (Jean Coulomb) 代替.

1935 年 7 月这个学派在 Besse-en-Chandesse 举行了第一次 "大会"(以后每年夏天举行的年会就都叫 "大会"), 正式采用了 "N. Bourbaki" 这个笔名 (至于 "N." 代表 "Nicolas" 则是后来定的). 决定了工作程序以后, 就拟订了这部巨著总的纲要. 学派的成员集体制定了以下的规矩: 由现有的成员来选择新合作者; 成员资格保密; 不接受个人投稿. 在他们决定的每年三至四次工作时间里, 每一份事先准备好的稿件都由一个成员逐行朗读、讨论, 而且由其他人尖锐地批评. 草稿时常需要修改十次以上, 由不同作者工作数年之久, 才能一致采纳最终的版本.

第一本小书《集合论中的结果摘要》, 成书日期写的是 1939 年, 但是到 1940 年才出版. 尽管在第二次世界大战期间工作条件很艰难, 接着这本小书又出版了好几本书, 主要是一般拓扑和代数的. 到今天,《数学原理》已经包含以下各卷了: 集合论、代数、一般拓扑学、实变量函数、拓扑向量空间、积分论、交换代数、微分流形和解析流形、李群和李代数、谱论, 以及数学史要点, 其中有多卷多年来已经多次修订, 译成了好几种文字, 包括英文和俄文.

前六卷按照紧密的次序排成一列, 标题是《分析的基本结构》, 当它们初问世时, 因为对所覆盖的主题的逻辑组织就很引人注目, 在其中系统地使用了公理化的方法, 费了很大的劲来保证风格、符号和名词的整体的统一性. 它们宣示的雄心是要把全部数学从头开始, 都由一般到特殊, 写出现代数学的大部分的一个统一的概述.

好几代数学家都被选进了 "布尔巴基合作者协会", 这个学派现在就是用这样的名字为世人所知的. 在第二次世界大战以后, Samuel Eilenberg, Laurent Schwartz,

Roger Godement, Jean-Louis Koszul 和塞尔 (Jean-Pierre Serre) 等人都参加了这部著作的写作. 后来, Armand Borel, John Tate, François Bruhat, Serge Lang, Alexander Grothendieck 也参加了, 虽然现在出书的频率已经放慢得成了细流, 但是直到 21 世纪的第一个十年, 这个集团仍然在工作.

虽然涉及到的合作者的数目和出版的书的内容的广泛性都大为增加, 布尔巴基的数学形象仍然惊人地协调. 数学主题的选择是关键性的, 这是在 1930 年代末期作出的, 选择哪些主题是着眼于对于数学的结构形象有巨大影响, 也是这个集团所要极力促进的. 在以后的几十年里, 许多数学家都有一个信念, 对他们的研究领域牢固地重新公理化会有助于克服目前的封锁状况. 例如在概率论、模型论、代数几何和拓扑学、交换代数、李群和李代数这些领域中, 人们都感觉到了这一点.

第二次世界大战以后, 这个集团及其个别成员的名声颇为不佳. 布尔巴基的形象也已经超过了只是一部著作. 在数学研究的层次上, 1948 年在巴黎创办的布尔巴基讨论班是一个有威势的展销机会, 从那以后每年聚会三次. 选择在讨论班上作报告的人通常是总结别人的工作, 布尔巴基的成员也主持出版报告人的报告. 他们选择的主题强调了数学的特定领域, 例如代数几何和微分几何, 这样就牺牲了其他领域, 如概率论和应用数学.

布尔巴基对于数学的哲学观点从来都是很清晰的, 特别是在 1940 年代末的两篇文章里, 在对数学进行完全的重新组织的旗号下, 避开原来的分类格式而代之以基本构造 (有时称为 "母构造", 据说它们更接近人类心智的构造), 目的是强调数学的有机统一性. 布尔巴基的公众形象得到人文科学中的结构主义者以及艺术家和哲学家的响应, 而且得到数学教育的激进改革者 (从幼儿园教育到大学数学教育) 的支持, 虽然真正的布尔巴基成员极少直接参与.

从 1960 年代晚期起, 对于布尔巴基的批评声浪在两个方面越来越高. 主要是在数学的逻辑基础上提出了异议, 在这个学派的百科全书式的目标上发现了漏洞. 人们发现了由 Saundes MacLane 和艾伦贝格 (Samuel Eilenberg) 发展起来的范畴论[III.8] 比起布尔巴基的构造给出了更富成果的基础框架, 还发现了有一些整个的数学分支 —— 概率论、几何以及在较小程度上还有分析和逻辑 —— 在布尔巴基的巨著中都没有了, 它们在布尔巴基数学的宏大建筑中的地位也不清楚. 对于新一代的数学家, 布尔巴基对于应用的精英式的蔑视是特别有破坏性的.

布尔巴基对于数学的影响是深刻的, 布尔巴基数学的统一的、结构的、严格的形象虽然过了头、却仍然存在我们心里. 但是正是这些特征成了数学研究的紧身衣. 近来, 对于布尔巴基的这种强烈反对似乎有所减退, 但是看不出会出现新的布尔巴基.

进一步阅读的文献

Beaulieu L. 1994. Questions and answers about Bourbaki's early work (1934–1944). In *The Intersection of History and Mathematics*, edited by S. Chikara et al., pp. 241-252. Basel: Birkhäuser.

Corry L. 1996. *Modern Algebra and the Rise of Mathematical Structures*. Basel: Birkhäuser.

MacLane S. 1996. Structures in mathematics. *Philosophia Mathematica*, 4: 174-186.

David Aubin

第 VII 部分　数学的影响

VII.1　数学与化学

Jacek Klinowski and

Alan L. Mackay

1. 引言

自从阿基米德[VI.3]用实验方法确定合金中金和银的比例以来 (此事是由 Vit-ruvius 转述的, Vitruvius 就是 Marcus Vitruvius Pollio , 生于约公元前 80–70 年, 卒于约公元前 15 年, 罗马作家), 化学问题的解决就用到了数学. Carl Schorlemer[①] 在研究链烷烃 (paraffinic series of hydrocarbons, 当时由于在 Pennsylvania 发现了石油, 这种化合物变得很重要) 时发现了随着逐渐增加碳原子, 化合物的性质就会变化. 他的密友, 当时住在曼彻斯特的恩格斯受到这件事的启发, 把 "由量到质" 的转化引入了他的哲学观点, 然后就变成辩证唯物主义的一条教义. 凯莱[VI.46] 也从类似的化学的观察在 1857 年发展了 "有根的树"(rooted tree) 的理论, 于是分支的分子枚举的数学成了图论[III.34] 的第一个清晰的声音. 后来, 波利亚 (George Pólya) 发展了他的基本的枚举定理, 促进了这种分子计算进一步的进展. 更近一些, DNA 的力学和运动学之类的化学问题对于纽结理论[III.44] 有显著的影响.

然而, 化学成为一门定量的现代科学还不到 150 年. 在这以前, 这只是一个遥远的梦, 当牛顿[VI.14]1700 年左右从事发展微积分的时候, 他也花了很多时间研究炼金术. 他是这样来解释为什么已经确立了 "行星、彗星、月亮和海洋的运动", 为什么不能从同样的命题来决定世界的其他构造:

> 我怀疑它们都依赖于某种力, 使物体的粒子由于某种迄今未知的原因, 或者被推到了一起, 凝聚成一定的正规的图形, 或者互相排斥而远去. 因为这种力是未知的, 哲学家们在探索大自然方面只能是徒劳无功. 但是我希望, 已经确立的原理会对这个或者更好的哲学方法投下某些光芒."

直到大约两百年前, 才逐渐了解了这种力的本性, 说真的, 决定化学联结的粒子 —— 电子是在 1897 年才被发现的, 这就涉及为什么思想的流向主要是从数学理论到化学应用.

---

①在恩格斯的著作例如《自然辩证法》中提到过他. 中文习惯地译为 "肖莱马", 德国化学家, 1834–1892, 既是化学家, 也是 "优秀的共产主义者"(恩格斯语). —— 中译本注

化学中有些基本的方程虽然是以实验而不是以严格的数学推理为基础的, 却传递了很丰富的具有很大的简单性而且又很优雅的信息 (Thomas, 2003). 例如考虑玻尔兹曼关于热力统计学的基本方程: $S = k \log \Omega$, 它把熵 S 和粒子可能的排列的数目 Ω 联系起来了, k 称为玻尔兹曼常数. 还有由 Balmer(1825–1898, 瑞士数学和物理学家) 导出的氢的谱线在可见光部分的波长 λ 的公式

$$\frac{1}{\lambda} = R\left(\frac{1}{n_1^2} - \frac{1}{n_2^2}\right),$$

其中 n_1 和 n_2 为整数, 而且 $n_1 < n_2$, R 则称为 Rydberg 常数. 第三个例子是 Braggs 方程, 把单色 X 射线的波长 λ、晶格中两个平面的距离 d 以及晶格平面的方向与 X 射线的方向之交角 θ 联系起来的公式 $n\lambda = 2d\sin\theta$. 最后还有 "相律" $P + F = C + 2$, 把一个化学系统中相的数目 P、自由度的数目 F 和成份的数目 C 联系起来了, 它和一个凸多面体的顶点、棱和面的数目的关系形状是一样的, 是从这个系统的几何表示中出来的.

近年来, 计算机已经成了理论化学的主要工具. 计算机不仅能够数值地解出微分方程, 时常还能给出准确的代数表达式, 有时甚至给出复杂得用手写不出来的代数表达式. 计算就要求在**结构**、**过程**、**建立模型**和**搜索**等领域中发展出算法来. 由于计算机的出现, 数学已经被革命化了, 特别是在处理非线性问题和把结果变为图像方面. 这里已经有了根本性的进展, 其中有一些就与化学有关.

一般说来, 对于化学问题的数学方法可以分成离散的和连续的两种处理方式, 这一方面反映了物质有基本的离散的原子结构, 另一方面, 大量的原子有着连续的统计性态. 例如, 枚举分子是一个离散问题, 但是涉及整体性的量, 如温度和其他热力学参数的问题又将是连续的. 这两种处理需要用到不同的数学分支, 整数对于离散问题比较重要, 而实数对于连续问题比较重要.

我们要给出一些化学问题的要点, 在我们看来, 数学对于这些问题有最显著的贡献.

2. 结构

2.1   晶体结构的描述

晶体结构研究的是原子怎样排列来构成宏观的物质, 这门学科的早期思想完全是基于晶体的对称性以及它们的形态 (就是它们会成为什么形状), 是在 19 世纪关于物质的原子结构还没有确切信息的情况下发展起来的. 物体在 3 维 (3D) 空间里周期地排列的不同方式可以编码成为 230 个空间群, 这一点已经由 Fedorov (Evgraf Stepanovich Fedorov, 1853–1919, 俄罗斯数学家和结晶学家)、Schoenflies(Arthur Moritz Schoenflies, 1853–1928, 德国数学家, 以在结晶学的成就而知名)、Barlow

(William Barlow, 1845–1934, 英国数学家和结晶学家) 等人在 1885 年到 1891 年间独立地找到了. 这些空间群是 14 个所谓**Bravais点阵**以及由形态考虑得出的 32 个**晶体点群**系统地组合而成. 这些点阵以 Bravais 命名, 是因为 Auguste Bravais (1811–1863, 法国结晶学家) 在 1848 年发现了它们.

自从 X 射线的衍射在 1912 年由 Max von Laue 发现, 而实际的 X 射线分析方法由 W. H. Braggs 和他的儿子 W. L. Braggs 发展起来以后, 用这个方法已经决定了数十万种有机和无机物质的晶体结构. 然而, 计算傅里叶系数[III.27] 所需的时间太长, 使得这种分析的发展滞后了. 但是 Cooley 和 Tuckey 在 1965 年发现了**快速傅里叶变换**[III.20], 使得这个困难不在了. 快速傅里叶变换是一种普遍适用的算法, 也是在数学和计算机科学中最常引用的一种算法.

2 维 (2D) 和 3 维 (3D) 空间结构的基本的几何学引导数学家们去寻找它们在 N 维空间中的类似物, 这方面的工作, 有一些在**准晶**(quasicrystal) 的描述上有应用. 所谓准晶是原子的一种排列, 它具有高度的组织性, 但是没有晶体的周期性态 (就是说, 没有平移对称性). 下面是最值得注意的例子, 它就用到了 6 维几何. 取一个 6 维的正立方体点阵 L, 令 V 为 $\mathbf{R}^6$ 的一个 3 维子空间, 但是除原点以外不包含 L 的任何点. 现在把 L 中所有离 V 距离小于某个常数 d 的点都投影到 V 上, 于是会得到一个 3D 的点结构. 这个结构会展现很多的局部正则性, 但是没有整体正则性. 它将是准晶的很好的模型.

直到不久以前, 3 维的晶体还被看成是一种周期的结构, 因而只能具有二重、三重、四重和六重的对称轴. 五重轴要被排除, 因为不可能用正五边形把平面镶嵌铺满. 然而在 1982 年, X 射线和电子衍射在某些快速冷却的合金中却证明了有五重衍射对称性出现. 为了证明所观察到的现象并非 "正规" 晶体的孪晶 (twinning, 一种对称的共生 (intergrowth)), 需要仔细的电镜观察. 这种 "具有长程的取向次序而没有平移对称性" 的准晶合金相的发现, 引起了结晶学里的一次思想转变.

比较早期的 "准点阵"(quasilattice) 的概念是描述准晶的一个可能的数学形式化. 准点阵在同一方向上有两个不可通约的周期, 而它们的比是一个 **Pisot 数** 或 **Salem 数**. Pisot 数 θ 是一个 m 次整系数多项式之根 θ_1, 使得如果 $\theta_2, \cdots, \theta_m$ 为其余的根, 则 $|\theta_i| < 1$, $i = 2, \cdots, m$. 一个实的大于 1 的二次代数整数[IV.1§11], 若其次数为 2 或 3, 则当其模为 ± 1 时必为 Pisot 数. 黄金分割比是 Pisot 数的一个例子, 因为它的次数为 2 而模为 -1. Salem 数与 Pisot 数定义类似, 不过要把上面的 "<" 改为 "≤"[1].

李代数[III.48§2] 也被用来描述准晶, 这就刺激产生了大量关于理论 N 维几何的工作. 在准晶发现以前, Roger Penrose 就讲过怎样用两种不同的菱形 "砖片"(tiles,

---

[1]原书误为: 要把上面的 "<" 改为 "=". —— 中译本注

这里指镶嵌拼装所用的基本图形) 来把平面非周期地铺满, 而对 3D 空间也发展了相应的规则, 用两类不同的菱面 (rhombohedral) 砖片来做镶嵌拼装. 这样一个把原子放置在菱面晶胞里的 3 维结构的傅里叶变换就能解释所观察到的 3 维准晶的衍射图样, 而 Penrose 的 2D 图样相应于**十边形准晶**(decagonal quasicrystal), 它是由多层 2D 图样叠合起来的, 而且已经在实验中观察到.

近年来电镜的发展也进一步推动了经典的结晶学的扩大, 使得能够把准晶也包括在内. 现在已经能够直接看到原子的排列, 包括看到刚才提到的十边形准晶, 而不再只是从衍射图样把它们推导出来, 在这些图样中不同的衍射束的相在实验系统中失去了, 而必须从数学上加以恢复, 其结果就使计算和实验的图像处理和谐了.

另一个模型是用单个单元的重复来描述 2 维准晶, 但是这个单元是由恒同的十边形组合而成的复合图形. 与周期晶体的单位晶胞不同, 这些准单位胞是可能互相重叠的, 但是在互相重叠之处, 构成这些单元的十边形必须互相配合. 这个概念上的创新正是只使用一种单元的替代, 而准许使用两种不同单元, 它强调了局部有序而没有长程次序的原子簇的出现是起支配作用的物理现象, 它可以推广到 3 维情况. 这个模型的预测与观察到的一个 2 维十边形准晶的组成是相符的, 与电镜和 X 射线衍射所得到的结果也是相符的. 然而, 虽然准晶的发现生成了大量有趣的数学, 其中绝大部分在物理上并无意义: 结构来自局部次序与长程次序的力的竞争, 而不是来自 Penrose 的镶嵌拼装的数学.

接受准晶证明了有必要让经典的结晶学容纳更一般的**次序**概念. 它明确地引进了一种**层次体系**, 不仅涉及了有次序的原子簇, 还有由簇所构成的有次序的簇, 在那里局部的次序比之点阵的重复出现更占优势. 准晶表示了由绝对的正规性向着更一般的与**信息**的概念关系密切的结构前进的第一步.

信息可以储存在这样的装置中, 这个装置需要有两个或更多个可以明确识别的**亚稳态**, 所谓亚稳态就是: 每一个态都是一个局部平衡, 想要从一个态变到另一个态, 就必须要供应或移走出足够的能量, 使这个装置能够越过局部能量的分水岭. 例如, 一个开关可以是闭合或开启的; 在每一个态中, 它都是平衡的, 想改变它的态就需要一定的能量. 再举一个更一般的例子, 任意用一串二进数字编码的信息, 可以读入, 可以读出, 可以作为一串磁畴来储存, 使每一个磁畴都磁化向南或向北.

完全的晶体没有可代替的亚稳态, 所以不能用来储存信息, 但是例如一块碳化硅是一串紧紧地叠在一起的许多层的序列, 其每一层可以处于两个几乎等价的位置上. 所以想要知道这一块碳化硅的构造, 就需要知道其各层所在的位置. 这一点可以用一串二进数字来表示. 既然几乎可以按我们的愿望来排列一个结构中的原子, 至少当这些原子是在一个表面上时如此, 所以信息的处理对于化学也变得很重要了.

在决定原子在晶体中的排列时, 数学在解决所谓**相问题**时起了本质的作用, 几十年来, 这个问题支持了结构化学和分子生物学的进展. 一张 X 射线的衍射图样记录为照相底片上斑点的排列, 这种排列依赖于造成衍射的分子中原子的排列. 问题在于衍射图样只记录了 X 射线的强度, 而要回到分子的结构就必须也要知道它们的位相 (即各个波形的波峰和波谷的相对位置). 结果就得到经典的**逆问题**, Jerome, Isabella Karle 以及 Herbert A. Hauptman 解决了这个问题.

Voronoi(Georgy Feodosevich Voronoi, 1868–1908, 俄罗斯数学家) 图是由一些表示原子位置的点构成的, 每一个点都位于一个区域内 (亦请参看条目**数理生物学** [VII.2§5]). 围绕着一个给定的位置的区域是由这样一些点组成的: 它们到这个位置比到其他位置更近 (图 1). Voronoi 图的几何对偶是一族以这些位置为顶点的三角形, 这一族三角形称为 Delaunay(Boris Nikolaevich Delaunay, 1890–1980, 俄罗斯和前苏联数学家**三角剖分**), 三角剖分的一个等价定义是: 它是位置的集合的一个具有以下性质的三角剖分, 其每一个三角形的外接圆不包含别的位置). 这种剖分给出了一个具有明确定义的把多个 N 维化学结构表示为多胞体 (polytope, 即任意维多面体) 的排列方法. 晶体具有周期的边界, 比其他也是延展到边界的结构更容易处理. 晶体结构的 Voronoi 剖分使我们能把它们作为网络来处理. 尽管在理解这些结构方面已经取得了很大的进展, 仍然不可能仅从组成分子的元素就猜出其晶体结构来.

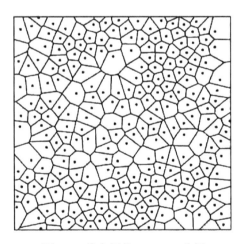

图 1 2 维空间的 Voronoi 分解

2.2 计算化学

自从 1926 年提出了对物质进行量子力学描述的**薛定谔方程**[III.83] 以后, 很快就有解出这个方程的企图. 对于很简单的系统, 用机械的计算机作的计算与光谱学的实验结果符合得很好. 到了 1950 年代, 电子计算机已经可供一般的科学之用, 计算化学这个新领域就发展起来了, 其目的在于通过对薛定谔方程的数值求解, 对原子的位置、键的长度、原子中电子的构形等等得出定量的信息. 1960 年代的进展包括: 导出了表示电子轨道的适当的函数, 对于不同的电子如何互相作用得出了近似的解答, 并且给出一个分子的能量对于原子核的位置的导数的公式. 在 1970 年代早期, 就已经有了强有力的软件包. 大量更新的研究的目的在于发展可以用于越来越大的分子的方法.

密度函数理论(density functional theory, DFT)(Parr, Young, 1989) 是量子力学计算中主要的新近的研究领域, 是关于物质的宏观特性的. 在描述金属、半导体、绝缘体甚至更复杂的物质如蛋白质、碳的纳米管上都很成功. 研究电子结构的传统方法 —— 如 Hartree-Fock**分子轨道方法理论**, 可以对于分子轨道每一次指定两个电子 —— 都涉及非常复杂的多电子波函数. DFT 理论的主要目的就在于用一个不同的基本量电子密度来取代多体电子波函数, 后者依赖于 $3N$ 个变元, 而前者只依赖于 3 个变元, 所以大大提高了计算速度. 量子力学、物理学、场、曲面、位势和波的偏微分方程有时可以解析地求解, 即令不能, 现在也几乎总能用数值方法求解. 所有这一切全靠相应的纯粹数学 (关于怎样数值地求解偏微分方程, 请参看条目**数值分析**[IV.21§5]).

2.3 化学拓扑学

如果几种化学化合物组成的元素相同, 每种元素的原子数目也相同, 但具有不同的物理和化学性质, 就称它们为**同分异构物**(isomer). 产生同分异构物有多种原因. 在**结构同分异构物**(structural isomer) 中, 原子或功能团以不同的方式连接, 其中包含了链同分异构物 (chain isomer), 其中烃链 (即碳氢链) 的分支数目不同; 以及**位置同分异构物** (position isomer), 其中功能团在链上的位置不同 (图 2(a)). 在**立体同分异构物**(stereoisomer) 中, 键的构造是一样的, 但是原子和功能团的空间位置是不同的 (图 2(b)). 这一类中还包含了**光学同分异构物**(optical isomer), 其中的同分异构物互为镜像 (图 2(c)). 结构同分异构物有不同的化学性质, 而立体同分异构物在大多数化学反应中的性态是一样的. 还有**拓扑同分异构物**(topological isomer), 例如双环化合物 (catenanes) 和 DNA.

化学拓扑学的一个重要主题是对于给定的化合物决定它有多少种同分异构物. 为此, 我们先对任意分子作一个**分子图**(molecular graph), 其顶点代表原子, 边代表化学键. 为了枚举立体同分异构物, 就先要数一下这个图的对称性, 但是我们需要先考虑分子的对称性 (Cotton, 1990), 以便决定图的哪一些对称性对应于化学上有意义的空间变换. 凯莱就考虑过枚举结构的同分异构物的问题, 即枚举组合学上有可能的分支的分子. 为此, 就要考虑对于给定的元素的集合能有多少个不同的分子图, 而如果两个图同构, 就认为它们是相同的. 同构性的枚举要利用群论来对内蕴的对称性进行计数. 自从波利亚在 1937 年发表了他的著名的枚举定理[IV.18§6] 以后, 他的使用生成函数[IV.18§§2.4,3] 和置换群[III.68] 的工作就在有机化学枚举同分异构物时起中心的作用, 它也在枚举化学化合物和在图论中枚举有根的树上面有应用. 图论中有一个新领域, 称为枚举图论, 就是以波利亚的思想为基础的 (参见条目枚举组合学与代数组合学[IV.18]).

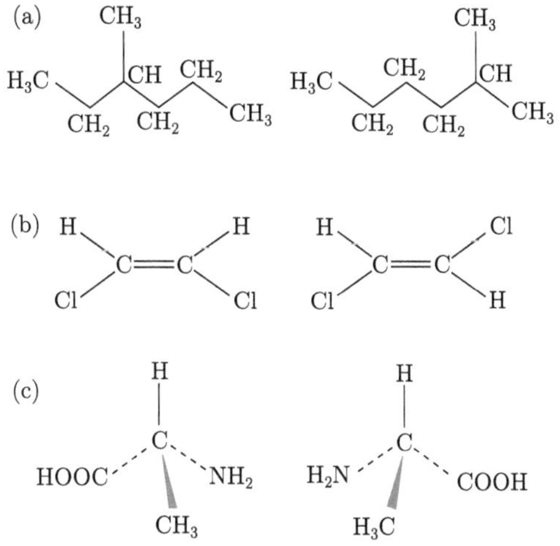

图 2   (a) 位置同分异构性; (b) 立体同分异构性; (c) 光学同分异构性

并非一切可能的同分异构物都会在自然界出现, 但是许多有值得注意的拓扑的同分异构物已经由人工合成了, 其中有**立方烷**(cubane) C_8H_8, 它有 8 个碳原子, 分别位于一个立方体的 8 个顶点上, 其每一个都由一根键与一个氢原子相连; 还有**十二面烷**(dodecahedrane), $C_{20}H_{20}$, 顾名思义, 它的形状是一个十二面体, 在它的 20 个顶点上也各有一个碳原子, 其每一个都由一根键与一个氢原子相连[①]; 还有**三重扭结分子**(molecule trefoil knot) 和自组合的**奥林匹克烃**(olympiadane) 由 5 个环联锁而成, 形如奥运会的五环; **双环化合物**(catenanes, 这个词来自拉丁文的 catena , 即 "链" 的意思) 是由两个或多个互相联锁的环形组合而成的, 如果不切断一根共价键就不能把这两个环分开); **轮烷**(rotaxane, 来自拉丁文 rota, "轮子" 和 "轮轴") 的形状象一个哑铃, 它有一根杆和两个防滑的定位停止梢基团, 而有大环成分围绕着它们. 哑铃的防滑停止梢防止这个大环从杆上滑落. 最近还合成了分子默比乌斯带[IV.7§2.3].

巨分子(macromolecule) 如合成的聚合物以及生物聚合物 (例如 DNA 和蛋白质) 都很大而且是高度多变的. 一个聚合物分子的螺旋、扭结以及和其他分子连接

①这句话是译者加的.—— 中译本注

的程度对于它的物理和化学性质诸如反应能力、粘性和结晶的性态都至关重要. 短链的拓扑纠缠可以用蒙特卡罗仿真来模拟, 其结果现在可以用荧光显微术来验证.

DNA 是生命的中心物质, 有复杂而诱人的拓扑, 而与它的生物功能密切相关. 超螺旋 DNA(即缠绕着一系列蛋白质的 DNA) 涉及生物化学中的环绕数、纽曲数 (twisting number) 和缠绕数 (writhing number) 这样一些来自扭结理论的概念. DNA 扭结是在细胞内自发地生成的, 会干预细胞的复制, 减少转录, 降低 DNA 的稳定性. "解离酶"(resolvase enzymes) 能够侦测到和消除这些扭结, 但是这个过程的机制迄今仍不了解. 然而, 能够利用扭结和纠缠的拓扑概念来确定反应的地址, 从而试图推断出它们的机制 (请参看条目数理生物学[VII.2§5]).

2.4 傅勒烯

石墨和钻石是人类从远古就知道的碳元素的结晶形式, 但是**傅勒烯**(fullerene) 却是到 1980 年代中期才被发现存在于油烟和地质沉积之中, 其中最普通的是几乎球形的碳笼子 C_{60}(图 3), 它也叫做 "巴克敏斯特傅勒烯", 这是因美国建筑学家巴克敏斯特 · 傅勒 (Richard Buckminster Fuller, 1895–1983) 而得名的. 巴克敏斯特 · 傅勒设计了巨大的拱形建筑, 而 C_{60} 的形状就酷似于这个拱形建筑. 但是, $C_{24}, C_{28}, C_{32}, C_{36}, C_{50}, C_{70}, C_{76}, C_{84}$ 等等也都存在. 拓扑学对于这种构造的可能的类型给出了洞察, 而群论和图论则描述了这种分子的对称性, 使我们能解释它们的振动模式 (mode of vibration).

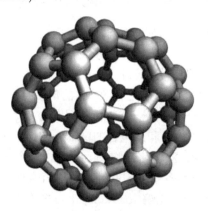

图 3   傅勒烯 C_{60} 的结构

在所有的傅勒烯中, 每一个碳原子都与另外三个碳原子连结, 而最后得到的分子是一个由五个或六个碳原子所成的环构成的一个笼子. 欧拉[VI.19] 给出了下述的拓扑关系 $\sum_{n} (6 - n) f_n = 12$, 其中 f_n 是由 n 个碳原子构成环形的面的数目, 而且对 n 求和, 因为 n 只能取 5, 6 两个值, 所以可以得知 $f_5 = 12$, 而 f_6 可以取任意值.

1994 年, Terrones 和 Mackay 从石墨预见了还可能存在一类新的有序的结构与傅勒烯有关, 而且具有三重周期的最小曲面[III.94§3.1] 的拓扑. 这种新的结构具有很大的实用意义, 是通过把 8 个碳原子所成的环引入以 6 个碳原子所成的环构成的页面得到的. 这就给出了一个具有负的高斯曲率[III.78] 的鞍形曲面, 而与具有正曲率的傅勒烯不同. 这样, 为了从数学上作出它们的模型, 就必须考虑把 2 维的非欧几里得嵌入 $\mathbf{R}^3$ 的问题. 这就对于非欧几里得几何学的某些侧面又重新引起了兴趣, 做出了贡献.

2.5 光谱学

光谱学研究的是电磁辐射 (光、无线电波、X 射线等) 与物质的相互作用. 电磁波谱的中心部分 —— 包括红外、可见光和紫外的波长以及射频范围 —— 对于化学有特殊的意义. 分子由带电的核与核外电子组成, 可以和光的震荡的电磁波相互作用, 吸收足够的能量, 从一个离散的震荡能级跃迁到另一个能级. 这样的一个跃迁会记录在分子的红外谱中. **Raman 谱**(Raman spectrum, Raman 就是 Sir Chandrasekhara Venkata Raman, 1888–1970, 印度物理学家). 监测到光被分子的非弹性散射 (即有一部分光在不同于入射光子的频率上被散射). 可见光和紫外光能够把分子中的电子重新分布, 这就是**电子光谱学**(electronic spectroscopy).

对于化学化合物的解释, 群论起了很本质的作用 (Cotton, 1990; Hillas, 2003). 对于任意给定的分子, 可以作用于它的对称运算构成一个**群**[I.3§2.1], 而这样的运算可以用一个矩阵来表示, 这就使我们能够识别出一个分子的具有 "光谱活性"(spectropically active) 的事件. 例如在十二面烷的红外谱段中可以识别出 3 个谱段, 而在其 Raman 谱中则有 8 个谱段. 这是它的分子的二十面对称性的后果, 而这种对称性是可以从群论的考虑得出的. 类似地, 群论还正确地预测出 C_{60} 的分子在红外谱中只有 4 条谱线, 而在其 Raman 谱中只有 10 条谱线, 但是它有 174 个振动模式.

2.6 弯曲的曲面

结构化学在最近二十年来有很大的变化. 首先, 我们已经看到僵硬的 "完全晶体" 的概念已经被放松了, 能够包括如准晶和织构 (texture) 这样的构造. 其次, 在从经典几何学到 3D 微分几何学的转变上取得了进展, 这里的主要原因在于应用弯曲的曲面来描述多种构造 (Hyde et al., 1997).

如果把用一条金属丝 (如钢丝) 做的框架浸入肥皂水里, 就会形成一个薄膜. 表面张力的作用会把膜的能量变成极小, 而这个能量是正比于曲面面积的. 结果是, 膜的形状是与框架相容的曲面中面积最小的, 而且适合平均曲率处处为零这一要求. 如果一个最小曲面的对称性恰好是由上述 230 个空间群之一来描述的, 则它将在三个独立的方向上有周期性. 这种三重周期最小曲面 (triply periodic minimal surface, TPMS) 有特殊的意义, 因为它们出现在许多实际的构造中, 例如出现在硅酸盐、双连续混合物、易溶的胶体、洗涤剂的膜、双层脂质分子、聚合物的界面以及生物合成中 (图 4 是 TPMS 的一个例子). 于是, TPMS 对于许多表面上看来没有关系的构造提供了一个简明的描述, TPMS 的推广甚至还包含了宇宙学中的"branes"[①].

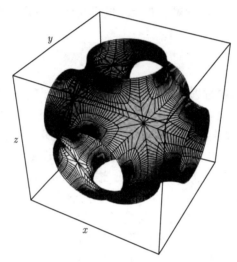

图 4　一个三重周期最小曲面的单位晶胞. 这个曲面把空间分成两个互相穿透的迷宫

1866 年, 魏尔斯特拉斯[VI.44] 发现了一个适合于对最小曲面作一般研究的复分析方法. 考虑一个由最小曲面到复平面的由两个映射合成的映射, 第一个映射是高斯映射 ν, 它把最小曲面上一点 P 映为曲面在 P 点的法向量与以 P 为心的单位球面的交点 P'. 第二个映射则是把球面映为复平面 $\mathbf{C}$ 的球极射影 σ, 它把 P' 映为 P''. 二者的复合 $\sigma\nu$ 共形地把曲面上一个非脐点的邻域映为 $\mathbf{C}$ 上的一个单连通区域 (曲面上的脐点 (umbilic point) 就是两个主曲率相等的点). 这个复合映射的逆就称为最小曲面的 **Enneper- 魏尔斯特拉斯表示**(Enneper-Weierstrass representation, Enneper 就是德国数学家 Alfred Enneper, 1830–1885).

在一个以 (x_0, y_0, z_0) 为原点的坐标系中, 任意非平凡的最小曲面的坐标 (x, y, z) 将由一组积分决定如下:

$$x = x_0 + \operatorname{Re} \int_{\omega_0}^{\omega} \left(1 - \tau^2\right) R\left(\tau\right) \mathrm{d}\tau,$$
$$y = y_0 + \operatorname{Re} \int_{\omega_0}^{\omega} \mathrm{i}\left(1 - \tau^2\right) R\left(\tau\right) \mathrm{d}\tau,$$
$$z = z_0 + \operatorname{Re} \int_{\omega_0}^{\omega} 2\tau R\left(\tau\right) \mathrm{d}\tau.$$

①现代宇宙学对物质世界增加了一些额外的维, 膜 (brane) 就是这种高维世界里的对象. —— 中译本注

这里的 $R(\tau)$ 是**魏尔斯特拉斯函数**. 它是复变量 τ 的函数, 而且在复平面 **C** 的一个单连通区域上是全纯的[I.3§5.6], 但是可能有孤立的奇点除外.

虽然对于许多 TPMS, 魏尔斯特拉斯函数是不知道的, 但某些最小曲面使得点的坐标中含有下面形式的函数:

$$R(\tau) = \frac{1}{\sqrt{\tau^8 + 2\mu\tau^6 + \lambda\tau^4 + 2\mu\tau^2 + 1}},$$

这里的 λ 和 μ 就足以把这些曲面参数化了. 已经发展了一种方法把某一类曲面的 $R(\tau)$ 推导出来, 然后就利用关于坐标的上面的式子生成不同类型的最小曲面. 例如取 $\mu = 0, \lambda = -14$, 就可以给出一个名为 D 曲面的最小曲面 (这里的 D 代表钻石 (diamond)).

最小曲面对于物理世界的应用迄今还是描述性的而不是定量的. 虽然近来已经导出了某些 TPMS 的参数的解析式子. 还有许多问题如关于稳定性和力学强度的问题仍未解决. 虽然用曲率的概念来描述各种构造这个想法在数学上是很吸引人的, 这个想法的全部的影响还没有显现出来.

2.7   晶体结构的枚举

以一种系统的方式枚举出所有可能的原子的网络在科学上和实践上都是相当重要的. 例如 4 连结网络 (即每个原子都与 4 个相邻的原子相连结) 在结晶的元素、水合物、共价键晶体、硅酸盐和许多合成的化合物中都出现. 特别有趣的是, 有可能用系统的枚举的方法来发现和生成新的**纳米多孔结构**(nanoporous architectures).

纳米多孔材料是这样的材料, 其上有许多微孔, 使得有些物质能够通过, 而其他物质不行. 其中有许多是天然生成的, 如细胞膜和称为沸石(zeolite) 的 "分子筛", 但是许多其他的则是合成的. 现在已经确定了其结构的沸石有 152 种类型, 而每年还会增加几种到这个单子里去. 沸石在科学和技术上有许多重要应用, 其范围广到包含催化、化学分离、水的软化、农业、制冷、光电子学等等. 不幸的是, 枚举问题充满了困难, 而因为 4 连接的 3 维网络已经为数无穷, 又没有系统的推导方式, 迄今所有报告的结果都是由经验方法得到的.

枚举始自 Wells 关于 3D 网络和多面体的工作 (1984), 许多可能的构造都是从建立模型以及计算机搜索算法得出的. 这个领域里新研究的基础是组合学的镶嵌铺装理论 (tiling theory), 这是第一代对计算有兴趣的纯粹数学家发展起来的. 这种镶嵌铺装的途径已经识别了超过 900 种的网络的第一、第二和第三类不等价的顶点, 而我们分别称它们为单模、双模和三模的顶点.

然而, 由数学生成的网络只有一部分在化学上是可行的 (有许多是 "很勉强的" 结构, 要求不现实的键的长度与角度), 所以想要能用得上数学, 就需要一个有效的过滤过程来得出最为可信的结构, 其中有一些已经合成成功.

关于沸石和其他硅酸盐、磷酸铝 (alumino phosphate AIPO)、氧化物、氮化物、硫属化合物、卤化物、网状碳化物甚至有泡沫中的多面体泡都有计算的结果.

2.8　整体优化算法

在物理科学的几乎所有领域中都有许多涉及整体优化的问题, 就是决定任意多个变量的函数的整体的最小值或最大值的问题 (Wales, 2004). 这些问题也出现在技术、设计、经济学、远程通、物流、金融计划、行程的安排以及微处理器的线路设计中. 在化学和生物学中, 整体优化的问题出现在原子簇的构造、蛋白构象 (protein conformation) 以及分子对接 (小分子在生物巨分子如酶和 DNA 的活性部位上的装配和固定). 想要使之达到最小的量几乎总是系统的能量 (见下文).

整体优化想在崎岖不平的景观里找到最深的地方. 在具有实际兴趣的问题中, 因为局部极小值或者洞穴几乎无处不在, 所以这是很困难的问题: 常规的极小值算法是很耗费时间的, 而且很容易 "掉到" 一个邻近的洞穴并且就停留在那里了, 就是说, 这个算法总是收敛于它最初碰到的一个**局部极小值**. 受达尔文进化学说启发而来的**遗传算法**(genetic algorithm, GA) 是在 1960 年代引入的. 这个算法从解 (代表 "染色体") 的一个集合开始, 这个集合称为**群体**(population). 从一个群体中取出解来并用它们来构成新的群体, 新的群体要这样来构成, 使之比老的群体更好. 构成新群体的解 ("子代") 要按照它们的适应性 (即适者生存) 来选: 更加适应的就有更多的繁殖的机会. 这样重复下去直到某些条件得到满足为止 (例如, 可以在一定的代数以后停止, 或者在解得到某种改善为止).

1983 年, 模仿一种熔化的金属冷却凝结为具有最小能量的结构的退火过程提出了**模拟退火算法**(simulated annealing algorithm, SA), 来寻求具有最小能量的更一般的系统, 这个过程可以看作是对于最低能量状态的一个绝热逼近. 这个算法使用了一个随机搜索, 它不仅接受降低能量的变化, 也接受能够使能量增加的变化. 能量是用一个**目标函数** f 来表示的, 而能量上升变化被接受的概率为 $p = \exp\left(-\delta f/T\right)$, 这里 δf 是 f 的增量, 而 T 是系统的 "温度", 而不论系统的本性如何. SA 中涉及了 "退火时间表"(annealing schedule) 的选择、初始温度、在每个温度上迭代的次数以及在冷却进行中每一步的温度下降.

禁忌搜索(taboo search 或 tabu search) 是一个具有多种用途的随机整体优化方法, 原来是 Glover 在 1989 年提出的, 它适用于很大的组合优化任务, 而且被推广到具有多个变量和多个局部极小的连续变量函数. 禁忌搜索使用了 "局部搜索" 的一个修正, 企图从某个初始解找到较好的解. 这个较好的解于是成了一个新解, 而从这个新解重新开始这个过程. 这个过程将要一步一步地进行下去, 直到对当时的解再也不能改进为止. 最近有一种称为 "洼地跳跃"(basin hopping) 的新的整体优化方法, 成功地用于许多原子和分子簇、肽、聚合物和非晶形成固体 (glassforming solids). 这个方法基于能量图景的一种不影响局部极小的相对能量的变换. 洼地跳跃与禁忌搜索合在一起, 其效率比之关于原子簇的已经发表的结果有显著的提高.

2.9 蛋白质的构造

蛋白质是由一串氨基酸排列而成, 它们是既含有氨基 (–NH$_2$) 又含有羧基 (–COOH) 的功能团的分子. 了解一个蛋白质是通过何种方法来获得其 3D 结构的, 这是科学中的一项关键性的挑战 (Wales, 2004). 这个问题对于在分子水平上制定对付 "蛋白质折叠异常病" 如 Alzheimer 病 (即早老性痴呆病)、"疯牛病" 等等的战略也是至关重要的. 对付蛋白质折叠异常的战略依赖于由 Anfinsen, Haber, Sela 和 White 在 1961 年所观察到的一项事实, 即折叠的蛋白质的结构对应于使得系统的自由能达到最小的构象. 蛋白质的自由能依赖于系统中的各种相互作用, 而可以利用静电学和物理化学的原理来作出数学模型. 结果是蛋白质的自由能可以表示为构成它的原子的位置的函数, 于是蛋白质的 3D 排列对应于给自由能以可能的最小值的原子位置的集合, 因而这个问题就归结为求蛋白质的位势–能量曲面的整体最小值的问题. 由于某些蛋白质还需要其他的 "陪护"(chaperon) 分子才能达到特定的构形, 这个问题就变得更加复杂了.

2.10 Lennard-Jones 原子簇

一个 **Lennard-Jones 原子簇**(Lennard-Jones 就是 Sir John Edward Lennard-Jones, 1894–1954, 英国数学家, 但是他的研究领域主要是物理学和化学中的问题. 他是公认的现代计算化学的开创者) 是一个紧密地包裹在一起的原子簇, 其中每一对原子之间都有相应位能, 由经典的 **Lennard-Jones 位能函数**给出. Lennard-Jones 原子簇问题就是要决定具有最小位能的原子簇的构形 (图 5). 如果簇中的原子的个数为 n, 我们希望的就是确定点 $p_1, p_2, \cdots, p_n$, 使

$$\sum_{i=1}^{n-1}\sum_{j=i+1}^{n}\left(r_{ij}^{-12}-2r_{ij}^{-6}\right)$$

达到最小值, 这里 r_{ij} 表示点 p_i, p_j 间的欧几里得距离, 簇中原子的位置就是 $p_1, p_2, \cdots, p_n$. 不论是对于优化方法还是对于计算机技术, 这个问题仍然是一个挑战. Northby 在 1987 年写了一个概述, 对于 $13 \leqslant n \leqslant 147$ 这个范围给出了绝大多数的 Lennard-Jones 位能的最小值. 这是一个显著的里程碑, 而在以后对这些值又改进了大约 10%. 现在对于 $n =$ 148, 149, 150, 192, 200, 201, 300 和 309, 据报告称也用随机整体优化算法得到了结果.

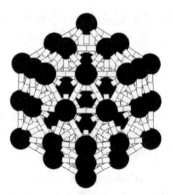

图 5　一个具有 55 个原子的 Lennard-Jones 原子簇

(感谢剑桥大学的 Dr. D.J. Wales 提供此图)

2.11　随机结构

体视学 (stereology) 原来就是从对于一个对象截面的显微镜检查导出其 3D 结构的科学分支, 现在已经发展成为统计数学的一个实实在在的分支了, R. E. Miles 和 R. Coleman 在其中起了领导作用. 体视学关心的是几何量的估计. 应用几何形状来得知对象的一些量, 如体积和长度. 在所有的体视学的估计中, 随机取样是一个基本的步骤. 对于不同的估计, 随机的程度也不相同.

只要有了空间约束的随机性, 哪怕看起来简单的问题也可以变得很困难. 例如, 大小相同的硬的球体的随机装填, 对于我们能够期望达到的密度, Gotoh 和 Finney 得出的估计是 0.6357[①], 对于这个看来简单的答案, 就我们所知, 一直没有得到改进. 这个问题需要很仔细地定义, 因为所谓球体的 "随机装填" 究竟是什么意思远非很清楚. 当我们用计算机仿真来研究与此相关的分子的相互作用问题时, 情况更加如此. 这个领域称为**分子动力学**, 是由 A. Rahman 首创的, 而从 1960 年代以来, 一直在随着计算机的发展而逐步发展. 分子动力学中的问题的一个例子是建立液态水的模型. 这件事现在仍然是困难的, 但是由于有巨大的计算机能力可资使用, 将会得到很大的进展.

3. 过程

Belousov 在 1951 年发现了 Belousov-Zhabotinski 反应, 在看来各向同性的介质中会出现与时间相关的空间图纹. 这个反应的机制在 1972 年才说清楚, 这就开创了一个新的领域: **非线性化学动力学**. 在膜的传输中也观察到震荡现象. Winfree 和 Prigogine 说明了空间和时间图纹怎样会出现, 而这些图纹中有一些已经可以用

---

①1611 年开普勒对于同样大小的球的最紧密的装填问题提出了一个猜测. 1998 年美国数学家 Thomas Hales 证明了这个猜测. 他得到的密度是 0.7405, 而与这里的随机装填的密度不同. —— 中译本注

实际问题中了.

胞腔自动机的发展是从 Stansław Ulam, Lindenmeyer 系统和 Conway 的 "生命游戏" 发展起来的, 而且一直还在发展. 文献 (Wolfram, 2002) 这部卷轶浩繁的著作证明了从看来简单的规律可能产生的复杂性, 而最近 Reiter 用胞腔自动机对雪花的生长进行仿真, 开始回答开普勒在 1611 年提出的问题. 在 Bielefeld 有一群数学家, 由 Andreas Dress 领头, 在研究结构形成的过程; 他们在建立真正的化学的模型是特别有了进展, 这样就揭示了可能的机制.

4. 搜索

4.1 化学信息学

化学中的一个基本的发展是应用计算来对化学化合物及其构造的高维的数据库来进行搜索, 这些数据库比起它们的前身 —— 经典的 Gmelin 和 Beilestein 的已经很大的数据库来还要大得多. 搜索过程需要基本的数学分析, 例如 Kennard 和 Bernal 所作的数据库就是这样的 (见 www.ccdc.cam.ac.uk/products/csd/).

把一个 3D 的分子或一个晶体结构用排成一串的符号来编码, 最好的方法是什么? 希望能把这个结构用它的编码有效地储存, 而且能在一个很长的编码的清单里进行搜索. 这里存在的问题已经为时甚久了, 需要数学和化学两方面的洞察.

4.2 *逆问题*

化学中的许多数学挑战都以逆问题的形式出现, 它们时常涉及求解一个线性方程组. 如果方程的个数和未知数的个数相同, 而且这些方程又都是独立的, 那么就可以通过求一个方形矩阵之逆来求解这个方程组. 然而, 如果这个方程组是奇异的或冗余的, 或者方程的个数比未知数的个数或多或少, 则相应的矩阵是奇异的或矩形的, 于是就没有通常的逆. 然而可以定义**广义逆**, 这就给线性问题一个好的模型 (这就是在奇异值分解中的**Moore-Penrose 逆**或称**拟逆**). 拟逆总是存在的, 而且它用到了所有的信息; 它与从 2D 投影重建 3D 结构的问题有关. 在计算机代数 Mathematica 中, 可以找到对这个运算的完全的描述.

广义逆也使我们能够处理准晶的冗余轴. 但是这里的有趣的问题时常是非线性的. 下面是另一些逆问题:

(i) 求原子的排列, 使得能够给出晶体的已经观察到的 X 射线或电子衍射图形.

(ii) 由显微镜或 X 射线分层扫描所给出的 2D 投影来重建 3D 图像.

(iii) 给出原子之间的可能的距离 (或者还有键的角度和扭转角), 重建分子的几何.

(iv) 给定了构成一种蛋白质的氨基酸序列, 找出蛋白质折叠的方式使得给出一个活性部位 (active site).

(v) 已知一种分子存在于自然界中, 给出合成这个分子的途径.

(vi) 给定一个膜或者植物或者另外的生物学对象的形状, 找出生成它的规则的序列.

这些问题不一定有唯一的解, 例如鼓面的形状可否由它的振动谱决定, 这个经典的问题 (能否听出鼓的形状?) 的答案就是否定的: 两个形状不同的膜可以有同样的谱. 于是人们就想, 晶体结构也可能是这种有歧义的情况. 美国大化学家鲍林 (Linus Carl Pauling, 1901–1994) 建议把两个不同的但是具有相同的衍射图形的晶体结构称为是**同效的**(homometric), 但是没有找到确定的例子.

5. 结论

本文给出的例子说明了数学与化学有一种共生关系: 一方面的发展时常刺激其另一方面的发展. 许多有趣的问题, 包括上面的例子中的好几个, 都还有待解决.

进一步阅读的文献

Cotton E A. 1990. *Chemical Applications of Group Theory.* New York: Wiley Interscience.

Hollas J M. 2003. *Modern Spectroscopy.* New York: John Wiley.

Hyde S, Andersson S, Larsson K, Blum Z, Landh T, Lidin S, and Ninham B W. 1997. *The Language of Shape. The Role of Curvature in Condensed Matter: Physics, Chemistry and Biology.* Amsterdam: Elsevier.

Parr R G, and Young W. 1989. *Density-Functional Theory of Atoms and Molecules.* Oxford: Oxford University Press.

Thomas J M. 2003. Poetic suggestions in chemical science. *Nova Acta Leopoldina NF*, 88: 109-39.

Wales D J. 2004. *Energy Landscapes. Cambridge*: Cambridge University Press.

Wells A F. 1984. *Structural Inorganic Chemistry.* Oxford: Oxford University Press.

Wolfram S. 2002. *A New Kind of Science.* Champaign, IL: Wolfram Media.

VII.2   数理生物学

Michael C. Reed

1. 引言

数理生物学是一个范围极为广袤而内容又极为多样的领域, 它的研究对象跨越了从分子到全球生态系统; 它的数学方法来自数学的许多子分支, 如常和偏微分方程、概率论、数值分析、控制理论、图论、组合学、几何学、计算机科学和统计学.

在这篇短文里, 我们最多也只能做到举一些例子来说明由生物科学自然地产生的新数学问题的多样性和范围的广袤.

2. 细胞是怎样工作的?

按照最简单的观点看来, 细胞就是一个巨大的生化工厂, 它把输入制成中间产品和最终的输出. 例如当细胞分裂时, 它的 DNA 要进行复制, 而要大量地生化合成腺膘呤 (adenine, 简记为 A)、胞嘧啶 (cytosine, 简记为 C)、鸟膘呤 (guanine, 简记为 G) 和胸腺嘧啶 (thymine, 简记为 T) 四种分子. 生化反应通常是以酶 (enzyme) 作为催化剂的. 酶是一种蛋白质, 作为催化剂来促进一个反应, 但是并不在这个反应中被消耗. 例如, 考虑一个反应, 其中有化学物质 A 借助于催化剂 E 被转变为化学物质 B. 如果 $a(t)$ 和 $b(t)$ 分别表示 A 和 B 在时刻 t 的浓度, 则一个典型情况是: 我们可以写出 $b(t)$ 的微分方程, 其形式为

$$b'(t) = f(a, b, E) + \cdots - \cdots,$$

这里 f 是产出率, 它典型地依赖于 a, b 和 E. 当然, B 还可以由其他反应生成 (所以还要加上一些正项 $+\cdots$), 也可能它还是另一些反应中酶的底物 (substrate)(这就导致负项 $-\cdots$ 的出现). 这样, 给定一种细胞功能或者一条生化通道, 我们就可以写出适当的关于化学浓度的耦合的常微分方程, 然后再用手工或机器计算来解出这些微分方程. 然而, 这样直接求解的方式通常都是不成功的. 首先, 在这些方程中有太多的参数或变量, 而在活的真正的细胞的背景下测量它们是很难的. 其次, 不同的细胞的行为各异, 而且可能有不同的功能, 所以我们会想得到参数应该不同. 第三, 细胞是活的, 所以它们所做的事情也在变化, 故参数本身也可能是时间的函数. 但是, 最大的困难在于所研究的特定的通道并不真正是孤立的, 而是一个大得多的系统的一部分. 我们怎么会知道当这条通道嵌入在这个更大的背景下时, 其行为仍然是一样的呢? 我们需要在动力系统中有新的定理, 不是为了一般的 "复杂系统", 而是为了在重要的生物学系统中出现的这一类特定的复杂系统.

虽然背景 (例如输入) 在变, 细胞仍然要完成许多基本的任务, 这种现象的一个简单的例子是所谓**体内平衡**(homeostasis), 它能够有助于说明 "背景" 问题. 假设上面的反应只是制造胸腺嘧啶这条通道的一步, 而胸腺嘧啶对于细胞的分裂是不可少的. 如果这个细胞是一个癌细胞, 我们就希望关掉这条通道, 做这件事的一个合理的方法是在细胞里放进一个能与 E 联合在一起的化合物 X, 这样就减少了使这个反应得以运行的自由酶 E 的量, 这时马上就有两个体内平衡机制运行起来. 第一个体内平衡的典型的情况是: 一个反应会受到自己的产物的抑制, 就是说, 当 b 增加时 f 就会减少. 这种抑制作用在生物学上是有意义的, 因为它可以防止 B 过量增加. 所以, 当自由的 E 减少时, 产出率 f 也会下降, 而这样造成的 b 的减少又会驱

使产出率回升. 第二个体内平衡是如果产出率比通常少了, 浓度 a 典型地会上升, 因为 A 的耗用不如平时那么快了, 但是当 a 上升时, f 也会上升, 所以这又会驱使 f 再次上升. 给定一个 A 和 B 都嵌入其中的网络, 当我们把一定量的 X 放到细胞里面时, f 减少了多少? 可以想象如何去计算它. 事实上, f 下降的程度可能比我们计算的结果要少一些, 因为还有一个甚至不在我们的网络中的体内平衡机制. 酶 E 是由细胞按照某个基因的指示生成的蛋白质. 事实上, 有时自由的 E 的浓度会对为生产 E 作编码的信使 RNA 起抑制作用. 这样, 引进 X 就会减少自由酶 E, 因此部分地消除了抑制作用, 而细胞又自动增加 E 的产出率. 于是增加了自由的 E 的量, 而提升了反应率 f.

以上说明了研究细胞的生物化学的基本的困难所在, 这其实也是研究许多生物系统的困难所在. 这些系统是非常大非常复杂的, 为了了解它, 集中于特定的相对简单的子系统就是很自然的了. 但是我们总要时时想到, 这个子系统是存在于一个较大的背景下的, 其中含有一些因为简化而被排除了的变量. 但是这些变量实际上对于了解子系统的行为和生物功能是至关重要的.

虽然细胞展现了**引人注目**的体内平衡, 但它们还会经受另一些引人入胜的变化. 例如细胞的分裂要求拉开 DNA 的双链, 合成两条新的互补的链, 把两个新的 DNA 移开, 把母亲细胞的两条链分离开来生成两个女儿细胞. 细胞怎么能做这么多事情呢? 在比较简单的酵母细胞的情况, 生物化学通道的行为已经了解得很清楚了, 这部分地是因为 John Tyson 的数学工作. 但是, 如我们上面的简短讨论所说明的, 细胞的分裂并不只是生物化学的事, 另外附加的一个重要特性是运动. 在所有的时间里, 都有物质在细胞内从一个地方到另一个地方传输 (物质的传输不只是扩散), 而且说真的, 细胞本身也在运动. 这是怎样发生的呢? 答案是物质是被一种特殊的称为分子发动机的分子输送的, 这种分子发动机能把化学键的能量转化为机械力. 因为化学键的生成和破裂都是随机的, 所以分子发动机的研究自然导致随机常和偏微分方程[IV.24] 理论中的新问题. 关于细胞生物学中的数学, (Fall et al., 2002) 是一本好的入门书.

3. 基因组学 (Genomics)

为了懂得人类基因组测序所涉及的数学, 从下面的简单问题开始是有用的. 假设把一个线段切成小段, 并且把这些小段给我们. 如果告诉了我们这些小段在原来的线段中的次序, 我们就可以把这些小段放还原处, 这样就可以重建原来的线段. 一般说来, 因为有许多可能的次序, 如果没有额外的这类信息, 就不能重建原来的线段. 现在设用**两种不同**的方法来切割这个线段. 把这个线段看成实数区间 I, 第一种方法把它切割成小段 $A_1, A_2, \cdots, A_r$, 第二种方法则把它切割成小段 $B_1, B_2, \cdots, B_s$. 就是说集合 $A_1, A_2, \cdots, A_r$ 是 I 分割为子区间的一种分割, 而 $B_1, B_2, \cdots, B_s$ 是 I

的另一种分割. 为简单起见, 假设任意的 A_i, B_j 都没有公共的端点, 除非是 I 的端点.

假设我们对于小区间 A_i 和 B_j 进入 I 的次序没有任何信息. 事实上, 假设我们只知道哪些 A_i 和哪些 B_j 会有重叠, 就是说, 知道哪些交集 $A_i \cap B_j$ 是非空的. 我们能否就利用这一点信息来重建区间 I(或其反射)? 答案有时为 "是", 有时为 "否". 如果答案为 "是", 我们就希望找一种有效的算法来进行这里的重建, 如果答案为 "否", 我们就希望知道有多少种重建的方法与给定的信息相容. 这就叫做**切断图谱问题**(restriction mapping problem), 它其实是一个图论[III.34] 中的问题, 图的顶点相应于集合 A_i 或 B_j, 而如果 $A_i \cap B_j \neq \varnothing$, 则有一个边连接 A_i 和 B_j.

第二个问题是, 如果告诉了我们每一个集合 A_i 与每一个集合 B_j 的长度, 还有所有的交集 $A_i \cap B_j$ 的长度, 能否找出这些 A_i(或 B_j) 原来的次序? 这里的陷阱就在于: 我们并不知道哪一个长度对应于哪一个交集. 这就叫做**双摘要问题**(double digest problem). 我们又希望知道何时只有一个解, 而如果解的个数多于 1, 则希望能对可能的重建方法的个数给出一个上界.

就我们本文之所需而言, 人的 DNA 可以看成是一个由 4 个字母 A,G,C,T 组成的长度大约为 3×10^9 个字母的字. 就是说, 它是一个长度为 3×10^9 的序列, 而其每一项为 4 个字母 A,G,C,T 之一. 在细胞内, 每一个这样的字都与另一个 "互补" 的字逐个字母地连接起来, 这种连接的规则是 A 只能与 T 连接, C 只能与 G 连接 (例如, 如果字为 ATTGATCCTG, 则互补的字一定是 TAACTAGGAC). 在本文的简短的讨论中, 我们将要略去互补的字.

因为 DNA 是如此长 (如果拉成一条直线, 则长度接近 2 米), 所以, 要用实验方法来掌握它是很困难的, 但是长度大约为 500 个字母的字的短片段可以用一种所谓凝胶色谱 (gel chromatography) 的方法来决定. 有一种酶能够在 DNA 中一旦出现特定的很短的片段的地方把它切断, 所以如果我们用一种酶切断一个 DNA, 而用另一种酶切断这个 DNA 的另一个副本, 就可以希望能确定第一种切断的哪一个片段与第二种切断的哪一个片段相重叠, 从而可以用切断酶图谱问题里的技巧来重建原来的 DNA 分子. 区间 I 就对应于整个的 DNA 字, 而集合 A_i 则对应于片段, 这里就涉及了这些片段的测序与比较. 然而, 片段的**长度**不那么难以决定, 所以就有了另一种可能, 就是用第一种酶来切断并且测定长度, 再用第二种酶来切断并且测定长度, 最后则两种酶都用并且测定长度. 如果我们这样做了, 则所得到的问题本质上就是一个双摘要问题.

要想完全重建一个 DNA 字, 可以取这个字的许多副本, 用酶加以切断, 而且随机地选取足够多的片段, 使它们合起来能够以很高的概率来覆盖这个字. 把每一个片段都加以克隆使得能够得到充分的质量, 再用凝胶色谱方法把这些片段排序. 应用凝胶色谱方法和排序都可能出现字母的误差, 所以留给我们的只是数量很大的排了序的片段, 而字母的误差率是已知的. 要把它们加以比较, 看一下它们是否会互相重叠, 就是一个片段接近尾部的序列是否和另一个片段起始处的序列一样 (或非常相近). 这样的列队成线的问题本身也是很难的, 因为其中有太多的可能性, 所以, 到最后我们有一个很大的切断酶图谱, 只能说给定的片段以一定的概率互相重叠, 而这个概率也是很难估计的. 进一步的困难还于 DNA 时常有很大的一段重复出现在字的不同部分. 由于这些复杂性, 这里的问题比前面讲到过的切断图谱问题要困难得多. 很清楚, 图论、组合学、概率论、统计和算法的设计都在基因测序中起中心的作用.

序列的列队在其他问题中也很重要. 在种系发生学 (phylogenetics) 中, 我们希望有一个途径来说两个基因或基因组有多么相近 (见下文). 在研究蛋白质时, 有时可以通过搜索数据库来看在已知的蛋白质中哪一些具有最接近的氨基酸序列, 这样来预测蛋白质的 3 维结构. 为了说明这个问题有多么复杂, 考虑由 4 个字母构成一个 1000 个字母的序列 $\{a_i\}_{i=1}^{1000}$. 我们想要说它与另一个序列 $\{b_i\}_{i=1}^{1000}$ 有多么相近. 一个朴素的想法就是: 我们只需要比较 a_i 和 b_i, 并且定义一个度量[III.56]为 $d(\{a_i\}, \{b_i\}) = \sum \delta(a_i, b_i)$. 但是, DNA 的演化典型地不但是通过字母的代换, 还加进或删除某些字母. 所以, 如果序列 ACACAC⋯ 失去了第一个 C 而变成 AACAC⋯, 则这两个序列虽然非常接近, 而且按照很简单的规律密切联系, 但是按照上面给的度量则相差很大. 回避这个困难的方法是除了原来的 4 个字母以外再加上第 5 个符号 "−", 如果在某处删去了一个字母, 就在这里加一个 "−"; 如果在某处加了一个字母, 就在相对的序列的同样的位置加一个 "−". 这样, 如果有两个序列 (其长度可能不同), 我们就希望找出怎样添加 "−", 使它们有可能最小的距离. 读者稍微想一下就会相信, 对于这类问题, 采取强力 (brute force) 搜索是不可行的, 甚至使用最快的计算机也不行 —— 有太多的潜在的增加 "−" 的方法, 使得搜索起来耗时太多, 需要严肃的经过深思的算法. 关于本节所讨论的材料有两本极好的入门引论, 就是 (Waterman, 1995; Pevzner, 2000).

4. 相关性和因果性

分子生物学的中心的信条是: DNA→RNA→蛋白质. 就是说, 信息存储在 DNA 中, 然后 RNA 把这个信息带出细胞核, RNA 再在细胞里利用这个信息来制造出蛋白质, 在细胞里通过第 2 节讲的代谢过程来执行它的功能, 所以是 DNA 在指导细胞的生命. 和生物学中大多数情况一样, 真实情况要复杂得多. 基因是 DNA 的片段, 上面记录了特定蛋白质的密码, 时而是开启的, 时而又是关闭的. 通常, 它们只是部分地开启, 就是说, 它们只以一个中间的速率来按密码制造蛋白质. 这个速率是由和基因 (或者和此基因所编码的 RNA) 结合在一起的 (或者没有结合在一起的) 小分子或特定的蛋白质来控制的. 基因可以产生抑制 (或者激活) 其他基因的蛋白质, 这就叫做基因网络.

在一定意义上, 这自始至终都是显然的. 如果细胞可以改变它所做的事情来回应其环境, 它们一定能够感觉到环境, 并且指令 DNA 改变细胞里所含的蛋白质. 这样, 如果说对 DNA 进行测序和理解特定的生物化学反应是了解细胞的重要的第一步, 那么下一步更困难和更有趣的是了解基因及其生物化学反应的**网络**. 正是在这个网络中, 蛋白质控制基因, 基因也控制蛋白质, 这样来执行和控制细胞的特定功能. 这里的数学是一些常微分方程, 它们是关于化学浓度和指示一个基因开启的程度的那些变量的. 因为有物质在细胞核内外的传输, 所以偏微分方程也会出现其中. 最后, 因为有些分子的种类只以很小的数量出现, 用浓度 (单位体积中的分子数) 来作化学的结合和分解的近似计算不一定很有用, 结合和分解是随机事件.

有两类统计数据可以对这些基因网络的成分给出提示. 首先, 有很多关于群体的研究把特定的基因型和特定的表现型 (如高度、酶的浓度、癌的发生) 对应起来. 第二, 有一种称为**微阵列**(microarray) 的工具使我们能够测量许多不同的信使 RNA 在一群细胞中的相对的量. RNA 的量告诉我们一个特定的基因开启的程度, 所以微阵列使我们能够找到一种相关性, 指示某些基因同时开启或者依次开启. 当然, 相关性并不是因果性, 一种相容的次序关系也不一定是因果性 (一位社会学家说过, 足球 (football, 美式足球) 带来了冬天). 生物学的真实进展需要我们懂得上面讨论的基因网络, 它们是基因型在细胞的生命中显现出来的机制.

Nijhout (2002) 对于群体的相关性与机制的关系作了很好的讨论, 我们现在从其中取一个简单的例子. 绝大多数表现型上的特质都依赖于许多基因. 假设有一种特质只依赖于两个基因. 图 1 画出了一个曲面, 表明在一个个体中某一特质是怎样依赖于这两个基因各自开启的程度的. 这 3 个量的尺度都定为由 0 到 1. 假设我们研究一个群体, 其每一个成员都有一个基因构成方式, 使得个体都在图上的 X 附近. 如果我们对这个群体进行统计分析, 就会发现基因 B 与这个特质高度地统计相关, 而基因 A 则不然. 另一方面, 如果这个群体中的个体都在曲面上的 Y 附近, 我们就会在群体研究中发现基因 A 与这个特质高度统计相关, 而基因 B 则不然. Nijhout 的这篇文章还讨论了更详细的例子及其机制, 对于微阵列的数据也有类似的例子. 这并不意味着群体研究和微阵列数据不重要, 统计信息可以建议到哪里去找机制, 而最终引导到生物学的理解.

5. 巨分子的几何和拓扑

为了说明在研究巨分子时出现的自然的几何和拓扑问题, 我们简短地讨论一下分子动力学、蛋白质-蛋白质的相互作用以及 DNA 的缠绕. 基因为蛋白质的制造编码, 而蛋白质则是一个大分子, 是由一串氨基酸构成的序列. 有二十种氨基酸, 各由碱基对的三元组来编码. 一个典型的蛋白质可以有 500 个氨基酸. 氨基酸的相互作用使得蛋白质折叠成很复杂的 3 维形状. 这种 3 维结构对于蛋白质的功能实在是很重要的, 因为暴露在外的功能团和形状上的隐匿之处控制着它与小分子以及其他蛋白质的相互作用. 蛋白质的 3 维结构可以由 X 射线结晶学以及非平凡的逆散射计算近似地决定. 正问题 —— 即给定了氨基酸序列而预测蛋白质的 3 维结构 —— 不仅对了解现存的蛋白质是很重要的, 而且对于在药学上设计能完成特定任务的新蛋白质也是重要的, 所以在过去的二十年间出现了一个很大的领域, 称为**分子动力学**, 其中应用了经典力学的方法.

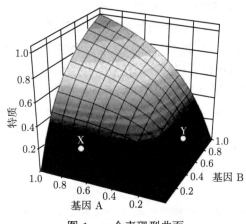

图 1　一个表现型曲面

设有由 N 个原子构成的蛋白质. 令 x_i 为第 i 个原子的位置 (由其 3 个实坐标表示), 再令 x 表示所有这些坐标所成的向量 (所以属于 $\mathbf{R}^{3N}$). 对于每一对原子 x_i, x_j, 我们想写出由于逐对原子的相互作用而生成的位能 $E_{i,j}(x_i, x_j)$ 的好的近似式. 这里讲的相互作用力可以是静电相互作用, 也可以是作为量子效应的经典陈述的 van der Waals 相互作用. 总位能是 $E(x) = \sum E_{i,j}(x_i, x_j)$, 而运动的牛顿方程是

$$\dot{v} = -\nabla E(x), \quad \dot{x} = v,$$

这里 v 是速度向量. 我们可以试着从某一个初始值开始来解这个方程, 这样来追随分子的动力学. 注意, 这是一个维数极高的问题. 一个典型的氨基酸有 20 个原子, 所以就有 60 个坐标, 而如果我们考虑一个由 500 个氨基酸组成的蛋白质, 则 x 将是一个 3 万维的向量. 还有一个方法, 就是可以假设这个蛋白质分子将要折叠成一个具有极小位能的构形. 寻求这个构形就意味着要求出 $\nabla E(x)$ 的根, 例如可以用**牛顿方法**[II.4§2.3] 来求这些根, 然后再来看是哪一个根给出最小的位能, 这又是一个极大的计算任务.

所以, 分子动力学只得到了有限的成功并不足怪, 而只能对较小的分子预测到它的形状. 数值问题是很本质的, 而能量项的选择则多少带有思辨性. 更加重要的是和许多生物学问题一样, 背景也是起作用的. 蛋白质折叠的方式依赖于它位于什么样的溶液中. 许多蛋白质都有好几种它所倾向的构形, 而根据它与小分子或其他蛋白质的相互作用从一种构形变为另一种. 最后, 近来还发现蛋白质并不是单靠自己就能从它的排成一线的构形折叠成其 3 维形状, 而是要借助于所谓 "陪护" (chaperones) 的其他蛋白质. 很自然地会问是否还有可定量的比点 (原子) 更大的几何单元可以合理地成为大分子的动力学的好的近似的基础.

　　蛋白质与小分子和其他蛋白质的相互作用这个方向的研究已经有一些研究组开始了. 这些相互作用对于细胞生物化学、细胞传输过程和细胞的信号都是很基本的, 所以其进展对于了解细胞如何工作是极其重要的. 假设有两个大的蛋白质连接在一起, 我们想做的第一件事就是描述连接区域的几何形状. 这件事可以这样来做. 考虑某一个蛋白质的一个位于 x 处的原子, 给定另一点 y, 则有 $\mathbf{R}^3$ 中的一个平面把空间分成两个开的半空间: 其一由比较接近 x 的点构成, 另一由比较接近 y 的点构成. 令 R_x 为当 y 遍取所有其他原子时所得的比较接近 x 的半空间的交集, 就是说, R_x 是所有离 x 比离所有其他原子都近的点构成的集合. 边界的并集 $\bigcup_x \partial(R_x)$ 称为 **Voronoi 曲面**, 是由一些三角形以及一些平面片构成的, 它具有如下的性质: 曲面上的每个点都至少与两个原子位置等距离. 为了要构作出两个蛋白质的连接区域的模型, 我们在 Voronoi 曲面上抛弃那些距同一蛋白质的两个原子等距的部分, 而只留下那些距不同蛋白质的两个原子等距的部分. 这样的曲面还会通向无穷远处, 所以我们再剪去离每一个蛋白质都不 "近" 的部分. 结果我们就得到一个区域[①], 其边界是多面体的表面, 这个表面就是两个蛋白质相互作用的界面的一个合理的近似 (这个描述不太准确, 在实际构作时, "距离" 要依照所涉及的原子而 "加权"). 现在对这二十种氨基酸各着一种颜色, 然后对这个多面体的每一个表面的每一侧各着以最近的氨基酸的颜色. 这样, 就把曲面的每一侧都用距该侧最近的氨基酸的颜色涂成了有色的大块. 这两侧的着色当然是不同的, 但是这些大块的放置给出了一些信息, 说明一个蛋白质的某个氨基酸是和另一个蛋白质的哪一个氨基酸互相作用的. 这就给出了用几何学来对特定的蛋白质–蛋白质相互作用的本质加以分类的途径.

　　最后我们再稍微谈一下 DNA 的装填 (package) 问题. 基本的问题很容易看懂, 前面说过, 人的 DNA 如果拉成一条直线, 大约有 2 米长. 一个典型的细胞直径为十万分之一米, 而细胞核的直径又只有它的三分之一, 所有这些 DNA 都必须装填进细胞核中, 这是怎样做的呢?

　　至少其第一步是已经清楚地了解了的, DNA 的双螺旋是缠绕在一种称为**组织蛋白**(histone) 的蛋白质上, 组织蛋白由大约两百个碱基对构成. 这样就构成了**核染**

---

①原文为 "曲面", 似与上下文矛盾.—— 中译本注

色质(chromatin), 它是一串由 DNA 包裹起来的组织蛋白, 并由 DNA 的很短的片段连接起来的. 然后又把这些核染色质包缠紧, 这里的几何细节还不完全清楚. 了解这种装填及其造成它们的机制是很重要的, 因为细胞的生命需要解开这个装填! 当细胞分裂时, 必须解开整个 DNA 的双螺旋形成单独的两束, 形成两个模板, 而两个新的 DNA 就在这两个模板上建造起来. 很清楚, 这一切不可能一下子完成, 而需要把 DNA 从组织蛋白上局部地解开来, 再把两个束局部地拉开、合成, 然后又局部地重新装填起来.

要了解从基因合成蛋白质时所发生的一连串的事件也是一项挑战. 转录因子扩散到细胞核内, 在基因的调节区内结合成 DNA 的很短的片段 (大约有十个碱基对). 当然, 这些片段只要见到同样的片段, 就会随机地结合起来. 典型的情况是在调节区内要有几个不同的转录因子结合到 RNA 聚合酶上, 才能启动基因的转录. 这个过程涉及把基因编码区域从组织蛋白上解下来, 使得能够转录上去, 然后又把所得到的 RNA 从细胞核里传输出来, 又重新装填起 DNA 来. 要完全了解这个过程, 就需要解偏微分方程、几何学、组合学、概率论和拓扑学等各方面的问题. DeWitt Sumners 是把拓扑问题 (连接、扭转、扭结、超螺旋 (supercoiling) 等等) 引入 DNA 的研究, 并引起数学界的注意的数学家. 关于分子动力学以及由生物巨分子引起的一般数学问题, (Schlick, 2002) 是一个好的参考文献.

6. 生理学

当人们第一次去研究人的生理系统时, 这些系统几乎都是奇迹, 它们同时完成了为数巨大的任务. 它们是很结实耐用的, 同时当情况变化时也能迅速地改变. 它们由大量的细胞构成, 这些细胞积极合作, 使得整体能够完成任务. 这种系统中有许多, 本性就是复杂的, 由反馈来控制, 而又彼此集成. 数学生理学的任务就是要了解它们是如何工作的. 我们将通过讨论生物流体动力学的问题来看一下其中的某些点.

心脏把血液泵入循环系统中, 这个系统由血管构成, 其直径大的可以达到 2.5cm (大动脉), 小的只有 6×10^{-4}cm(毛细血管), 血管不仅柔韧, 而且有许多是由肌肉包围起来的, 肌肉可以收缩, 这样来对血液局部地加力. 主要的发力的机制 (心脏) 大体上是周期的, 但是周期可以变化, 血液本身又是很复杂的流体, 其容积的 40%是由细胞组成的: 红血球携带了绝大部分的氧和 CO_2; 白血球则属于免疫系统, 它可以猎杀细菌; 血小板则是血液凝结过程的一部分. 这些细胞中有一些比最小的毛细血管还大, 这就提出了一个很好的问题: 它们是怎样通过血管的. 您会注意到, 我们已经远离了经典流体力学的那些简化假设.

下面是循环系统的问题的一个例子. 有相当多的人二尖瓣是有缺陷的. 二尖瓣是血液由左心室流向左心房的通道. 通常的办法是换一个人工瓣膜, 这就提出一个新问题: 应该怎样设计瓣膜使左心室内流体的停滞点尽可能少? 因为在这些点处容易产生血栓, Charles Peskin 在这个问题上做了开创性的工作. 还有一个问题, 白血球细胞并不是在血液中间走, 而是沿着血管壁滚动的, 为什么它们会这样? 它们这样做是一件好事, 因为它们的任务就是嗅出血管外边哪里有炎症, 而在找到炎症的病灶以后, 就停下来钻出血管壁来到炎症病灶. 在第 10 节里还要讨论另一个循环流体动力学的问题.

循环系统又与许多其他系统相联系. 心脏有自己的起搏细胞, 但是它的频率是由自主神经系统来调节的. 交感神经系统 (sympathetic nervous system) 则会通过**压力感受反射器**(baroreceptor reflex) 来收紧血管, 以防当我们站立时血压快速下降. 总的平均血压是由一个复杂的牵涉到肾脏的调节反馈系统来维持的. 值得注意的是所有这些都是由活体的器官来完成的, 其部件一直在衰退, 而且在不断地被替换着, 例如以很低的电阻来传输电流的心脏细胞缝隙连接 (gap junction) 的半生命期只有一天.

最后一个例子是考虑肺脏, 它有一个分形的分支结构, 分 23 个层次, 最后的终点则是大约 6 亿个空气囊, 即**肺泡**(alveoli), 循环的血液在其中交换氧和 CO_2. 气流的雷诺数在最大的颈动脉和最细的毛细血管中大小相差约 3 个数量级. 早产的婴儿时常有呼吸困难, 因为他们缺少**表面活化剂**(surfactant) 来减少肺泡内膜的表面张力. 过高的表面张力会破坏肺泡, 使得呼吸困难. 我们想让婴儿吸入的空气里含有表面活化剂的气溶胶微粒. 那么微粒应该多么小才能使肺泡吸入尽可能多的表面活化剂?

生理学的数学主要是常微分方程和偏微分方程, 然而有一个新的特点: 这些方程中有许多是带时滞的, 例如呼吸的频率是由大脑中的一个感知血液中 CO_2 的含量的中心来控制的, 但是血液从肺到心脏左部, 再到大脑的中心, 需要 15 秒钟, 而对于心脏较弱的病人就需要更长的时间, 这种病人时常会表现出 Cheyne-Stokes 呼吸: 很快呼吸与几乎没有呼吸的时间段交替出现. 当时滞变长时, 控制中心的这种震荡是人们熟知的, 因为时常涉及偏微分方程, 所以需要有一种数学理论, 能够超越现有的标准的带时滞的常微分方程理论, 而现有的带时滞的常微分方程的理论还是 Bellman 在 1950 年代创立的. 关于数学在生理学中的应用, (Keener, Sneyd, 1998) 是很好的参考.

7. 神经生物学的毛病在哪里

简单的回答就是: 没有足够的理论. 这一点听起来有点怪, 因为神经生物学是 Hodgkin-Huxley 方程的故乡, 而这个方程时常被说成是数学在生物学中成功的范例. 在 1950 年代早期, Hodgkin 和 Huxley 在一系列文章中描述了几个实验, 并且给出了解释这些实验的理论基础. 他们在一些物理学家和化学家 (其中例如有 Walter

Nernst, Max Planck, Kenneth Cole) 工作的基础上, 发现了在神经元 (neuron) 的轴突 (axon) 中, 离子导电性 (ionic conductance)y_i 和穿过薄膜的电位 $v(x,t)$ 之间的关系, 并且给出了一个数学模型:

$$\frac{\partial v}{\partial t} = \alpha \frac{\partial^2 v}{\partial x^2} + g(v, y_1, y_2, y_3),$$

$$\frac{\partial y_i}{\partial t} = f_i(v, y_i), \quad i = 1, 2, 3,$$

这里的 y_i 表示不同离子的膜传导率. 这个方程有一些解是脉冲形式的, 它们保持自己的形状而以一定的常速度传播 (就是所谓行波解), 这相应于我们在真实的神经元中观察到的作用位势的行为. 这些发现的思想不论是明说的还是隐含的, 就构成了大多数单神经元生理学的基础. 当然, 数学家们不应为此而太感到骄傲, 因为 Hodgkin 和 Huxley 都是生物学家. Hodgkin-Huxley 方程部分地刺激了数学家们在行波理论和反应扩散方程的模式形成方面的许多有趣的工作.

但是, 并非每一件事情都可以在只有一个神经元的层次上来说明, 看一下您的手是怎样轻轻地拾起一个物件的, 想一下所谓前庭眼反射(vestibulo-ocular reflex), 它使您的头自动地运动来补偿眼球的运动, 这样您的眼光才能固定不动. 考虑一下这样的事实: 您在看着一页书上常规的黑色符号, 而这个符号就在您的头脑里意味着什么. 这些都是**系统的性质**, 而这个系统真是很大的. 在中枢神经系统 (central nervous system) 中有大约 10^{11} 个神经元, 而其中每一个平均与一千个其他神经元相连接. 只检验这个系统的部件 (神经元) 是不能够了解这个系统的, 而由于显然的原因, 实验是有局限的. 所以, 和实验物理学一样, 实验神经生物学家需要从深刻而有想象力的理论家那里吸收些什么.

缺少一个理论家们与实验家们规模很大的持久的互相交流, 这在一定程度上是一个历史事实. Grossberg 曾经问过: 一个相当简单的模型神经元的群体, 如果正确地连接, 就可以完成各种不同的任务, 如模式识别和进行决策, 或者能展现出一定的 "心理" 性质, 这是怎么一回事 (Grossberg, 1982). 他也问过怎样能训练出这样的网络来. 大约同时也证明了与神经元类似的元素的网络, 如果连接得正确, 就可以解出如销售员问题[VII.5§2] 这样巨大而且困难的问题. 这一些因素和其他一些因素, 包括对于软件工程和人工智能的巨大兴趣, 造成了出现相当大的 "神经网络" 的研究者一族, 其成员大多是计算机科学专家和物理学家, 所以他们很自然地集中关注于设计各种器械, 而不是关注生物学, 那些注意到了生物学问题的实验神经生物学家对于和理论家合作又不感兴趣.

这样简短地讲历史当然是过分简单化了, 有一些数学家 (还有物理学家和计算机科学家) 本质上是理论家. 他们中有些人研究的是假设的网络, 典型情况或者是就很小的网络, 或者是就具有很强的均一性质的网络, 去发现这种系统会出现的行为. 另一些人时常和生物学家合作研究如何作出真实的生理的神经网络模型. 这些模型通常是关于个别神经元的放电频率 (firing rate) 的常微分方程, 或者是平均场模型, 这时会出现积分方程. 这些数学家对于神经生物学已经做出了真实的贡献.

但是需要做的事还多的是, 要想知道为什么是这样, 想一想这些问题真正有**多么困难**是很有用的. 第一, 同一个物种的不同成员的中枢神经系统的神经元之间并没有一一对应关系 (除了有线虫(*C. elegans*) 这样的例外). 第二, 同一个动物的各个神经元在解剖上和生理上很不相同. 第三, 一个特定的网络的细节可能依赖于这个动物的生活历史. 第四, 绝大多数神经元多少是不太可靠的器械, 在用相同输入作反复的实验时, 其输出可能不同. 最后, 神经系统的一个主要特性是: 它是可塑的、可适应的, 而且一直在变. 最后, 如果您记住了这里说过的什么, 您的头脑就已经与开始时不一样了. 从单个神经元的层次到心理学的层次之间, 网络的层次大约有二十个之多, 每一个网络都向另一层次的网络输入什么或受其控制. 能够帮助我们去对它们进行分类、分析或了解它们是如何运作的数学工具可能还没有被发现.

8. 群体生物学和生态学

我们从一个简单的例子开始. 设想有一个很大的果园, 其中等距地种着树, 而且有一棵树得了一种病. 这种病只会传给最近的邻居, 而传染的概率为 p. 那么, 终究会被传染的树所占的百分比的期望值 $E(p)$ 是多少? 直观地说, 如果 p 很小, 则 $E(p)$ 也会很小, 而若 p 比较大, $E(p)$ 将会接近 100%. 可以证明, 当 p 通过了一个围绕着某个临界的概率值 p_c 的很小的转变区域时, p 会很快地从很小变成很大. 我们想象得到, 当各棵树的距离 d 增加时, p 会变小; 农民会这样选择 d, 使 p 小于临界概率, 这样来使得 $E(p)$ 比较小. 我们在这里看见生态问题的一个典型问题: 一个大尺度的行为 (树是否被传染) 依赖于一个小尺度的行为 (树的间距). 当然, 上面的例子也说明了了解生物学的问题需要数学. 关于在概率模型中剧烈的整体变化的其他例子, 可以参看条目临界现象的概率模型[IV.25].

假设现在扩大我们的视野来考虑树林, 例如考虑美国东海岸的树林. 我们想要了解它是怎样成为现在的样子. 这些树林的绝大部分并非整齐成行地种植的, 这一点就已经是一个复杂化了. 但是还有两个真正新的特点: 第一, 并不是只有一个树种, 而是有多个, 而这些树种的特点都会彼此影响: 树木的形状、种子的散布、对阳光的需求等等. 树种虽然不同, 其性质却会互相影响, 因为它们都生长在同一个地方. 第二, 树种及其相互作用还要受环境的物理情况的影响. 有些物理参数是在很长的时间尺度上变化的, 例如平均温度, 而另外一些参数则在很短的时间尺度上就有改变, 例如风速 (影响到树种的散布). 树林的某些性质既依赖于这些参数值本身, 也依赖于它们的浮动. 最后, 我们还要考虑生态系统对于灾害事件如台风和长期干旱的反应.

　　这些困难类似于我们在数理生物学的其他问题中所见到的那些困难. 我们想要了解在大尺度上出现的行为, 为此就要建立一些数学模型把小尺度上的行为与大尺度上的行为联系起来. 然而, 在小尺度上的生物学细节太多, 这些细节中有哪些应该包括到数学模型中去? 这里当然不会有简单的答案, 因为这就是我们想要了解的核心. 在令人眼花缭乱的种种局部性质或变量中, 有哪些会成为大尺度的行为? 其机制又如何? 进一步说, 哪一类模型是最好的模型也并不明显. 我们是去做每一个个体的模型还是应用群体密度? 我们是用决定性的模型还是用随机模型? 这些也都是很难的问题, 需要视所研究的系统以及所问的问题而定. 对于不同模型的选择, Durrett 和 Levin (1994) 作了很好的讨论.

　　我们再一次集中注意一个简单的模型: 关于一种疾病在群体中传播的所谓 SIRS **模型**, 这个模型里一个关键的参数是**传染接触数**(infectious contact number)σ, 它表示一个已被传染的个体在易感染群体中产生的新的被传染的个体的数目. 对于严重的疾病, 我们希望通过接种疫苗把 σ 降低到 1 以下 (这样就不太可能发生传染病了), 疫苗接种把个体从易感染群体中移出来放到已经没有关系的一类去了. 因为疫苗接种是很昂贵的, 而且很难让群体中很高百分比的个体得到接种. 所以, 知道需要多少的接种才能把 σ 降到 1 以下在公共卫生中是很重要的问题, 稍微想一下就能知道这个问题究竟有多么困难. 首先, 群体并非混合得很好的, 所以不能忽略各类个体在空间上的分离, 而在 SIRS 模型中就是这样做的. 更重要的是, σ 依赖于个体的社会行为以及个体在群体中所属于的子类 (每一个有孩子在上小学的人都可以证实这一点). 这样, 我们再次见到了一个真正新的问题: 如果一个生态问题牵涉到动物, 则动物的社会行为会影响到生物学.

　　这里的问题事实上还要更加深刻. 一个集团或物种或子群体中的个体是会变的, 自然选择就是作用在这样的区别上的. 这样, 要知道一个生态系统怎样走到它今天这个样子, 就必须把个体的差异性考虑在内. 社会行为也是从一代传到一代的, 既有生物学上的传递, 也有文化上的传递, 所以就有了进化. 有许多这样的例子, 植物和动物的物种中, 植物的生物学特性和动物的社会学特性是共同进化的, 而二者均得其益. 已经有人用博弈论的模型来研究某些人类行为如利他主义是怎样进化的. 所以一个生态学问题初看起来很简单, 却时常是很深刻的. 因为生物的进化以很复杂的方式既与环境的物理学相联系, 又与动物的社会行为相联系. 在 (Levin et al., 1997) 中对这些问题有很好的介绍性的综述.

9. 种系发生学和图论

　　自达尔文以来, 一个一直不断研究中的生物学问题就是要决定一个物种进化为它现在的状况的历史, 所以在考虑这类问题时自然地会去画一个图[III.34], 其中的顶点 V 表示物种 (现在的或过去的), 而从物种 v_1 到 v_2 的边就表示物种 v_2 是直

接从 v_1 进化而来的. 事实上, 达尔文本人就画过这样的图. 为了考虑其中的数学问题, 我们考虑一个简单的特例. 一个没有循环的连通的图就称为一个**树**, 如果我们取出一个特定的顶点 ρ 并且称它为**根**, 这时的树就称为**有根的树**, 树的次数为 1 的顶点 (即只与 1 个边相连接的顶点) 称为叶. 假设 ρ 不是一个叶. 注意, 因为没有循环, 树上从 ρ 到每一个叶 v 就只有一条路径. 如果从 ρ 到 v_2 的路径包含 v_1, 我们就说 $v_1 \leqslant v_2$(图 2). 问题在于决定在具有给定的叶的集合 X(即现有的物种) 以及给定的取作根的顶点 ρ(即假设的始祖物种) 的树中, 有哪些与实验信息以及关于进化机制的理论假设是相容的. 这样的树就叫做**有根的种系发生** X **树**. 我们总可以添上额外的中间的物种, 所以典型情况下我们还要加上一个外加的限制, 即种系发生树越简单越好.

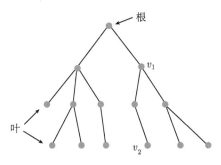

图 2　有根的树

假设我们对某一种特性例如牙齿的个数有兴趣, 就可以用这个特性来定义一个由 X(即当前的物种的集合) 到非负整数的一个函数 f: 对于 X 中的一个物种 x, 令 $f(x)$ 为 x 这个物种的成员的牙齿的个数. 一般说来, 一个特性就是一个从 X 到这个特性可能取的值之集合 C 的一个函数 (这个特性可以例如是有或者没有某个基因、椎骨的数目、有或者没有某种酶等等), 生物学家在现存的物种中所度量的就是这类特性. 为了能够对进化的历史说些什么, 我们时常愿意把 f 的定义域从 X 推广到种系发生树 (或进化树, phylogenetic tree) 的所有的叶所成的较大的集合 V. 为此, 我们要明确提出当物种进化时特性准许如何变化. 我们说特性 f 是**凸的**, 如果它可以拓广为一个由 V 到 C 的函数 $\bar{f}$ 使得对于每一个 $c \in C$, 子集合 $\bar{f}^{-1}(c)$ 是此树的连通的子图. 就是说, 如果两个物种 x 和 y 的特性 $\bar{f}$ 之值同为 c, 则必有一条路径连接它们, 使得由 x 到 y 或者返回来由 y 到 x 的进化过程中的所有物种都具有这个值. 这就禁止了新值出现而又返回, 也禁止了这个值分别在树的不同部分里进化. 当然, 我们有许多物种, 也有许多特性, 所不知道的是这个种系发生树, 就是不知道的是中介的物种以及它们之内的把现有的物种与共同发始祖连接起来的关系. 一组特性称为**相容的**, 如果存在一个种系发生而且这些特性在此树上都是凸的. 决定何时会出现这个情况并且找出一个构造这个树 (或者是最小的这种树) 的算法就称为**完全种系发生问题**(perfect phylogene problem). 对于许多具有或 "是" 或 "否" 性质的特性, 这个问题已经被了解了, 但是一般情况还不行.

另一个问题如下. 注意, 我们一直是把所有的边同等处理的, 但是实际上有的边表示较长的进化步骤, 有的则较短. 假设有一个函数 w 对于每一个边指定一个正数. 这时, 因为在这个树的任意两个顶点之间只有唯一的的最短路径, 所以 w 在 $V \times V$ 上特别是在 $X \times X$①上诱导出一个距离函数 d_w. 现在设在 $X \times X$ 上给定一个距离 δ 来告诉我们两个现存的物种之间相距有多远, 问题是是否存在一个种系发生树以及一个加权函数 w, 使得对于所有的 $x, y \in X, \delta(x, y) = d_w(x, y)$. 如果存在的话, 我们希望有一个算法来构造出这个树以及权重. 如果不存在, 我们就希望能作出一族树近似地满足这个关系.

最后我们注意到, 有一个正在蓬勃发展的领域, 就是树的以 V 上的偏序为马尔可夫条件的基础的马尔可夫过程. 不仅有非常有趣的数学问题把树的几何与过程联系起来, 还有重要的种系发生学的问题. 假设我们从仅仅定义在根上的特性开始, 并允许这些特性沿着树按照 (可能是不同的) 马尔可夫过程进化. 这时, 给定这些特性在叶上的分布, 怎样重建起这个树? 这些问题甚至会生成代数几何的问题.

种系发生学不仅对决定我们的过去有用, 而且对控制我们的现在和将来也有用, 请参看 (Fitch et al., 1997), 其中可以找到流感 A 病毒的种系发生学的重建. (Semple, Steel, 2003) 是这个领域近年来一本很出色的研究生教材.

10. 医学中的数学

很清楚, 对于生物系统的进一步了解, 哪怕是间接的了解, 也会有助于改善医疗保健. 但是还有许多情况, 在其中数学对于医学有直接的影响. 下面简单说两个例子.

泰勒 (Charles Taylor) 是斯坦福的一位研究心血管系统中流体力学的生物医学工程师. 他想用快速流体仿真作为医学决策的一部分. 设有一个病人行走不便, 而用核磁共振 (MRI) 查出了他的大腿有动脉紧缩. 典型情况下, 外科医生会来会诊, 并且提出许多选择, 包括让血液沿其他血管分流到紧缩处的下面, 或者从病人身体的其他部位取一段血管安装在他的身上, 使血液能绕过紧缩处. 在许多选择之中, 外科医生是以他们受到的教育或自己的经验来做决定的. 移植以后血流的特性不仅对于功能的恢复, 而且对于预防可能的破坏性的血栓都是很重要的. 一个重要的困难在于病人经成功地处理就很少能够再见到了, 所以我们并不知道手术以后血流的真正特性. 泰勒希望能用由病人的真实血管状况 (以 MRI 的资料为基础) 当时得到的流体动力学仿真, 来和外科医生一同讨论每一种手术的结果. 他还希望能随

———
①原文误为 X. —— 中译本注

访每一个病人用他的血流的真实状况来检验他的仿真符合得有多好.

David Eddy 是一位应用数学家, 从事卫生政策的研究已经有 30 年. 他之所以成名是因为他的《癌症普查: 理论、分析和设计》(*Screening for Cancer :Theory, Analysis and Design*, 即文末的参考文献 (Eddy, 1980)) 一书. 这本书来自他的博士学位论文. 因为这本书, 美国癌症协会把它建议的子宫颈抹片检查的次数从每年一次改为每三年一次, 因为 Eddy 的模型显示: 这样的改动对美国妇女的平均预期寿命几乎没有影响. 作一些简单的计算就能看出, 对于美国这样一个在医疗保健上要花费 GDP 的 15%的国家能节省多少钱. Eddy 在他的生涯中总是批评医生们和决策部门不加选择地进行各种检查, 又因为不懂得条件概率的基本事实而不能正确地使用检查结果. 他批评某些特定的卫生保健的指导方针是仅凭直觉和经验的臆测而不是依据定量的分析. 在一次现已成为经典的情况下, 他在一次直肠结肠癌会议上, 向医生们发出了问卷调查, 要求医生们估计: 如果对所有的年过五十的美国人每年进行两种最常见的诊断检查, 则死亡的百分比会下降多少? 这两种检查就是便血涂片检查和和乙状结肠的镜检. 答案在预期下降 2%到 95%的范围内几乎是均匀分布的. 更加令人吃惊的是医生们甚至不知道他们的分歧如此之大. 他用数学模型来分析新的和现有的外科手术、医疗处理和药物的利益与成本, 他坚持参加关于现有的卫生政策危机的辩论. 他一生都在指出 GDP 的超出一般地高的百分比都花在器械、药物和手术上, 而几乎没有做过一点数学分析看一下哪一个是有效的.

关于数学和医学的相互作用问题, 更多的可以参看条目**数学与医学统计**[VII.11].

11. 结论

数学和数学家还在生物学的许多领域起重要的作用, 但因篇幅限制这篇短文不可能覆盖所有这些领域, 稍微列举几个: 免疫学、放射学、发展生物学、医学器械的设计和合成生物材料, 都是最明显的忽略. 然而, 本文中的这几个例子和介绍性的讨论使我们能够对于数理生物学作出几个结论. 需要用数学来解释的生物问题范围广大, 而来自数学的不同分支中的技巧都很重要. 想要在数理生物学中抽取简单清楚的数学问题来研究不太容易, 因为生物系统典型地是在复杂的环境中运作, 很难决定哪些应该看成是整个系统, 哪些则只是系统的部分. 最后, 对于数学家, 生物学是新的、有趣的和困难的问题的来源, 数学家参加生物学的革命是完全地了解生物学之必需.

进一步阅读的文献

Durrett R, and Levin S. 1994. The importance of being discrete (and spatial). *Theoretical Population Biology*, 46: 363-94.

Eddy D M. 1980. *Screening for Cancer: Theory, Analysis and Design*. Englewood Cliffs,

NJ: Prentce-Hall.

Fall C, Marland E, Wagner J, and Tyson J. 2002. *Computational Cell Biology*. New York: Springer.

Fitch W M, Bush R M, Bender C A, and Cox N J. 1997. Long term trends in the evolution of H(3)HA1 human influenza type A. *Proceedings of the National Academy of Sciences of the United States of America*, 94: 7712-18.

Grossberg S. 1982. *Studies of Mind and Brain*: *Neural Principles of Learning, Perception, Development, Cognition, and Motor Control*. Boston, MA: Kluwer.

Keener J, and Sneyd J. 1998. *Mathematical Physiology*. New York: Springer.

Levin S, Grenfell B, Hastings A, and Perelson A. 1997. Mathematical and computational challenges in population biology and ecosystems science. *Science* , 275: 334-43.

Nijhout H F. 2002. The nature of robustness in development. *Bioessays*, 24(6): 553-63.

Pevzner P A. 2000. *Computational Molecular Biology: An Algorithmic Approach*. Cambridge: MIT Press.

Schlick T. 2002. *Molecular Modeling and Simulation*. New York: Springer.

Semple C, and Steel M. 2003. *Phylogenetics*. Oxford: Oxford University Press.

Waterman M S. 1995. *Introduction to Computational Biology*: *Maps, Sequences, and Genomes*. London: Chapman and Hall.

VII.3　小波及其应用

Ingrid Daubechies

1. 引言

　　了解一个函数的最好方法是把它按照很好选择的 "基底函数" 的集合来展开, 而在基底函数中, 三角函数[III.92] 可能是最为人熟知的. 小波是一族这样的函数, 为了许多目的, 它是很好的建筑砖石. 它是在 1980 年代从数学中的一些较老的思想与物理学、电工学和计算机科学综合而出现的, 而自那以后, 在很广泛的领域里找到了应用. 下面关于图像压缩的例子说明了小波的几个性质.

2. 一个图像的压缩

　　把一个图像直接储存在计算机里面要用很大的存储量, 而存储量是有限的资源, 所以很希望能够找到更有效的存储图像的方法, 或者说, 希望找到压缩图像的方法. 做这件事的主要方法之一是把图像表示为一个函数, 并且把一个函数写成某种基本函数的线性组合. 典型的情况是这个展开式的绝大多数系数都很小, 而如

果基本函数是用很好的方法来选择的, 很可能如果把这些小系数都换成零, 原来
函数的改变也是看不出来的. 数值图像典型地是用像素的很大的集合给出的 (**像
素**(pixel) 就是**图像元素**(picture element) 的简写, 见图 1).

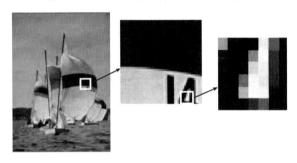

图 1　一个数值图像及其逐次放大

图 1 上船的图像是由 256×384 个像素构成的, 每一个像素有 256 个可能的灰
度值, 从漆黑一片到纯白色 (类似的思想也可以用于彩色图像, 但是在本文中只追
随一种颜色 —— 黑白 —— 更简单一些). 写一个从 0 到 255 的数需要用到 8 位的
二进制数, 结果得到的一个图像的 $256 \times 384 = 98\,304$ 个像素中的仅仅一个灰度的
8bit 表示, 所以, 一个图像就需要用 $786\,432$ 个 bit 的存储.

但是关于存储量的这个需求可以显著地降低. 图 2 上把两个 36×36 个像素
的正方形画上方框, 突出放在图上另外的地方. 正方形 A 从它的放大可以看得很清
楚, 比起正方形 B(图 1 上有它的放大), 它的各个部分中截然不同的地方要少得多,
所以可以用少得多的 bit 来描述. 正方形 B 有更多的特点, 但是也还包含了 (较小
的) 正方形, 而上面所说的方法也可以用来描述这个正方形 B, 而不必如那种朴素
的每个像素用 8 个 bit, 一共用 $36 \times 36 \times 8$ 个 bit.

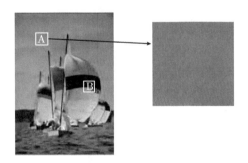

图 2　把天上的一个 36×36 的正方形 A 放大

这里的论证暗示了如果改变图像的表示方法, 就有可能减少对于存储的需求,
这时就不需要用为数巨大的都是同等大小的像素的集合, 而是把图像看成是不同大

小的区域的组合, 而每一个区域都有或多或少是一样的灰度; 每一个这样的区域都可以用它的大小 (或尺度) 以及它在图像中的位置, 再加上那个告诉我们其平均灰度值的 8bit 二进数来表示. 给定此图像的一个子区域以后, 我们就先通过比较其平均灰度值来检查它是否已在这些简单类型的区域中. 对于正方形 A, 取平均值基本上没有造成任何区别, 但是对于正方形 B, 平均灰度值就不足以刻画图像的这一部分 (见图 3).

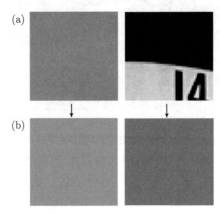

图 3　(a) 是正方形 A(左) 和 B(右) 的放大; (b) 是两个正方形的平均灰度值

如果把 B 再划分为四个更小的子正方形 (如图 4), 则其中有一些 (如左上和左下的两个小正方形 1 和 2) 基本上具有相同的灰度水平, 其他的 (如图 4 中的 2, 3 两个小正方形) 虽然并不具有常值的灰度, 仍可以具有可以用少数几个 bit 来刻画的简单灰度的子结构.

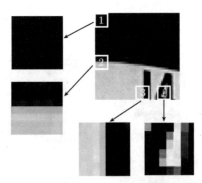

图 4　子正方形 1 具有常值灰度水平, 而子正方形 2, 3 则不然, 但是 2 可以水平地划分为两个区域, 3 则可以竖直地划分. 子正方形 4 则需要更细的划分才能化简为 "简单" 的区域

为了用这样的划分来做图像压缩, 应该能够让它很容易地自动执行, 这件事可以这样做:

- 首先决定整个图像 (为简单计, 设为正方形) 的平均灰度值;
- 令一个正方形具有这个平均灰度值, 并把它与原来的正方形比较, 如果二者充分接近, 则任务完成 (但这时的图像非常呆板);
- 如果除了平均灰度值以外还有其他特点需要表示, 则把这个正方形再等分为四个同样大小的子正方形;
- 对每一个子正方形, 决定它们的平均灰度, 再把这个灰度与这个子正方形比较;
- 对于那些其平均灰度值还不足以刻画的子正方形, 则把它再度四等分为更小的子正方形 (其每一个的面积只有原正方形面积的 1/16);
- 再继续做下去.

对于有些子正方形, 还需要再细分下去, 直到像素水平 (例如图 4 中的子正方形 4), 但是在大多数情况下, 这种划分要停止得早得多. 这个方法虽然很容易自动执行, 而且对于这个图像只需用少得很多的 bit 即可描述, 但是仍然感到过于浪费. 举例来说, 如果原图的平均灰度是 160, 而我们定出了这四个四分之一的正方形的平均灰度是 224, 176, 112 和 128, 但是这里仍然多算了一个数, 因为这四个灰度值的平均自然就是原图整体的平均灰度, 所以不需要存储五个数. 除了整个正方形的灰度以外, 只需要再存储四个四分之一正方形的灰度的额外信息, 这就只需三个数如下:

- 原图的左方比右方暗多少 (或亮多少);
- 原图的上方比下方暗多少 (或亮多少);
- 原图从左下到右上的对角线比另一个对角线暗多少 (或亮多少).

例如考虑图 5 上把一个正方形分成四个小正方形, 其平均灰度值为 224, 176, 112 和 128. 整个正方形的平均灰度值很容易验证为 160. 现在做下一步的三个运算, 首先算出上一半和下一半的平均灰度, 分别为 200 和 120, 它们的差是 80. 然后再做左半和右半的平均灰度, 各为 168 和 152, 差为 $168 - 152 = 16$. 最后再把这四个小正方形用对角线分开. 左上和右下的两个小正方形的灰度平均值为 144, 另外两个小正方形的灰度的平均值为 $(224 + 128)/2$, 即 176, 这两个对角线上的平均灰度之差为 -32.

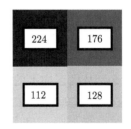

图 5 一个正方形的四个子正方形的平均灰度

从 160, 80, 16 和 -32 这 4 个数就可以重新构造出四个原来的平均值, 例如, 右上方的小正方形的平均灰度是 $160 + [80 - 16 + (-32)]/2 = 176$.

需要反复进行的是这个程序, 而不是简单地在越来越小的正方形上求平均值. 我们现在来使整个分解程序尽可能有效.

把一个 256×256 的正方形作完全的分解, 从 "顶上"(即最大的正方形) 到 "底下"(即对 2×2 个子正方形作出这三种类型的 "差") 涉及对许多数字进行计算 (实际上在修剪之前恰好有 256×256 个数), 而这些数字中又有许多是原有的灰度值的平均值. 例如, 求原来的 256×256 个小正方形的灰度的平均值, 需要把 $256 \times 256 = 65536$ 个在 0 与 255 之间的数加起来, 再把这个和除以 65536; 又如求左右两半的灰度平均值的差, 要把左半的 $256 \times 128 = 32768$ 个数加起来得到一个和 A, 再把右半同样多 32768 个数加起来得到另一个和 B. 从另一个角度来看, 在分成左右两半来求整个正方形各个像素的灰度之和 $A+B$, 只需要把两个 33bit 的数加起来, 而按照原来的算法则需要把 65536 个 8 bit 的数加起来. 所以, 如果在求整个正方形的平均灰度之前先算出 $A+B$, 则在计算复杂性方面就得到很大的简化. 所以从计算角度来最佳地执行上述思想就必须走一条与上面所述不同的道路.

事实上, 一个更好的途径是从尺度的另一端开始. 我们不再从整个图像开始并把它不断分割, 而是从像素开始并不断扩大. 如果整个图像包含 $2^J \times 2^J$ 个像素, 我们可以认为它包含了 $2^{J-1} \times 2^{J-1}$ 个 "超像素", 而每一个超像素就是一个由 2×2 个像素构成的小正方形. 对于每一个 2×2 的小正方形, 四个像素的灰度的平均值是很容易计算的 (我们就以它为超像素的灰度值), 同样, 上面所说的三种类型的差也是容易计算的. 此外, 这些计算都很简单.

下一步则把这三个差值存储起来, 并且把这 $2^{J-1} \times 2^{J-1}$ 个超像素的灰度组成一个新的方阵. 这个方阵又可以看成由 $2^{J-2} \times 2^{J-2}$ 个 "超超像素" 组成的, 而每一个超超像素都是一个 2×2 超像素正方形 (也就是标准像素的 4×4 正方形), 然后就继续做下去. 到最后, 经过 J 层 "缩小"(zooming out), 只余下一个 "J 阶超像素". 它的灰度就是原来图像的平均灰度. 这个由像素向上算出的最后的三个差值就是以前的由上向下计算的第一个差值, 即最初耗用最大的计算量算出的最高层次上的差值.

实行这个从像素向上的程序, 不论是计算平均值还是计算差值, 都不会涉及 $2^2 = 4$ 个以上的数的计算. 在整个变换过程中, 这些初等计算的总数是 $8(2^{2J} - 1)/3$. 对于上面讨论的 256×256 正方形, $J = 8$, 所以计算得总数就是 174752, 大约只是由上向下一个层次的计算量.

这样做怎么会得到压缩呢? 这个过程的每一步都会得到三个差数, 在不同的层次上和不同的位置上积累起来, 总计有 $3\left(1 + 2^2 + \cdots + 2^{J-1}\right) = 2^{2J} - 1$ 个数. 再加上整个正方形的灰度, 就是 $2^{2J} = 2^J \times 2^J$ 个数, 而以前每一个像素上有一个灰度值, 一共也是 2^{2J} 个数, 总数是一样的. 这里当然没有压缩, 但是, 这些差中有许多是很小的 (如前面所论证过的那样), 所以也可以抛弃或令之为零, 而由此重建起来的图像与原来图像的区别是看不出来的. 一旦把这些很小的差设为零, 则所有的差所列成的一个 (按预先设定的次序的) 单子就会变得短得多, 每当出现连续一长串零时, 这一长串符号就可以用一个命题 "在此添加 Z 个零" 来代替, 而这个命题又可以用一串代表 "在此添加零" 的符号后面添一个表示 Z 的二进数 $\log_2 Z$. 这样做就显著地压缩了存储一个大的图像所需的存储, 而所需的也就是这一点 (然而, 在实际上, 压缩图像还涉及**多得多**的问题, 我们将在下文中简述).

上面所描述的非常简单的图像分解就是小波分解的一个初等的例子, 保留下来的数据就只有:

- 一个非常粗糙的近似.
- 一些附加的层次, 依次在第 j 个更细的尺度上给出细节, 这里 j 从 0(最粗糙的层次) 变到 $J-1$(相应于第 1 层的超像素).

进一步说, 第 j 个细节层次包含了许多小块, 每一小块有一定的局部化 (表示这个小块讲的是哪一个超像素), 而每一个小块的 "大小" 都是 2^j(就是说相应的 j 阶超像素的宽度是 2^j). 特别是 "建筑砖石" 在很细的层次上很小, 而当层次变粗时, 建筑砖石也就变大了.

3. 函数的小波变换

在图像压缩的例子中, 在每一个层次上我们都要注意到三类差数 (水平的、竖直的以及对角线方向的), 因为我们考虑的是 2 维图像. 对于 1 维信号, 一类差数就足够了. 给定一个从 **R** 到 **R** 的函数 f, 可以写出一个完全类似于图像的例子中的小波变换. 为简单起见, 我们看一个除非 x 属于区间 $[0,1]$, 必有 $f(x) = 0$ 的函数 f.

现在考虑用**阶梯函数**作 f 的逐次逼近. 所谓阶梯函数就是只在有限多个点上改变其值的函数. 更准确地说, 对于每一个正整数 j, 把区间 $[0,1]$ 等分为 2^j 个小区间, 并记由 $k2^{-j}$ 到 $(k+1)2^{-j}$ 的区间为 $I_{j,k}$(所以现在 k 从 0 变到 $2^j - 1$). 然后定义一个函数 $P_j(f)$, 使它在 $I_{j,k}$ 上以 f 在该区间上的平均值为值. 这个函数可见图 6, 其中画出了 $P_3(f)$, 也画出了 f 的图像. 当 j 增加时, 区间 $I_{j,k}$ 的宽度下降, 而 $P_j(f)$ 也就更接近 f(用更准确的数学名词来表述就是: 若 $p < \infty$, 而 f 属于函数空间[III.29]L_p, 则 $P_j(f)$ 在 L_p 中收敛于 f).

每一个 $P_j(f)$ 都可以很容易地从下一个更细的尺度上的逼近函数 $P_{j+1}(f)$ 算出: $P_{j+1}(f)$ 在两个更小的区间 $I_{j+1,2k}$ 和 $I_{j+i,2k+1}$ 上的值的平均, 就是 $P_j(f)$ 在 $I_{j,k}$ 上的值.

当然, 当从 $P_{j+1}(f)$ 过渡到 $P_j(f)$ 时, 会失去关于 f 的某些信息. 在每一个区间 $I_{j,k}$ 上, $P_{j+1}(f)$ 和 $P_j(f)$ 之差是一个阶梯函数, 在区间 $I_{j+1,l}$ 上取常值, 而在每一对区间 $(I_{j+i,2k}, I_{j+i,2k+1})$ 上取反号的值. 在整个区间 $[0,1]$ 上, 两个逼近函数之差 $P_{j+1}(f) - P_j(f)$ 是由一些上–下 (或下–上) 阶梯函数排列起来的, 所以可以写成

同一个上-下阶梯函数的具有适当系数的线性组合如下:

$$P_{j+1}(f)(x) - P_j(f)(x) = \sum_{k=0}^{2^j-1} a_{j,k} U_j(x - 2^{-j}k),$$

这里

$$U_j(x) = \begin{cases} 1, & x \in \left[0, 2^{-(j+1)}\right), \\ -1, & x \in \left(2^{-(j+1)}, 2 \times 2^{-(j+i)}\right], \\ 0, & \text{所有其他 } x. \end{cases}$$

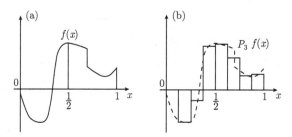

图 6　(a) 是函数 f 的图像, (b) 是它的近似 $P_3(f)$ 的图像, 它在每一个形如 $[l/8, (l+1)/8]$ 的区间上取常值, 即 f 在此区间上的平均值

再进一步说, 这些在不同层次上的 "差函数" U_j 实际上是同一个函数 H 的不同尺度的复本: 令 $H(x)$ 为当 x 在 0 到 1/2 之间时取值 -1, 而当 x 在 1/2 到 1 之间时取值 $+1$ 的函数, 则我们有 $U_j(x) = H(2^j x)$. 由此可知, 每一个差 $P_{j+1}(f)(x) - P_j(f)(x)$ 都是函数 $H(2^j x - k)$ 的线性组合, 这里 k 从 0 变到 $2^j - 1$. 把这些差对于逐个 j 从 $j = 0$ 到 $j = J-1$ 相加, 就知道 $P_J(f)(x) - P_0(f)(x)$ 是函数 $H(2^j x - k)$ 的线性组合, 这里 j 从 0 变到 $J-1$ 而 k 从 0 变到 $2^j - 1$. 取越来越大的 J, 我们希望可以使 $P_J(f)$ 更加接近 $P_0(f)$[①], 于是我们知道 $f - P_0(f)$(即函数 f 与其平均值之差) 可以看成是函数 $H(2^j x - k)$ 的 (可能是无限的) 线性组合, 不过现在 j 要遍取一切非负整数值.

这个分解很类似于我们在本文开始时对于图像处理所做的事, 只不过现在不是 2 维情况, 而是 1 维, 而且是用比较抽象的方法来处理的. 基本的要点是: 函数减去它的平均值可以分解为尺度越来越细的层次的差之和, 而每一次额外的层次都是 "简单的差" 的贡献, 其宽度正比于层次. 此外, 这个分解都是由一个**单个**的函数 $H(x)$ 经平移和拉伸得到的, 这个函数 $H(x)$ 通常称为**哈尔小波**(哈尔就是 Alfréd Haar, 匈牙利数学家, 1885–1933, 他在 20 世纪初就定义了这个函数, 但背景不是为了小波), 函数 $H(2^j x - k)$ 对于指标 j, k 构成了一个正交函数系, 就是说

---

①$P_0(f)$ 原文似乎误为 f. 这里文字有改写.—— 中译本注

内积 $\int H(2^j x - k) H(2^{j'} x - k') \mathrm{d}x$ 等于零, 除非 $j = j', k = k'$. 如果定义 $H_{j,k} = 2^{j/2} H\left(2^j x - k\right)$, 还有 $\int [H_{j,k}(x)]^2 \mathrm{d}x = 1$. 从这个关系式可得: 若将函数 f 的 "第 j 层" $P_{j+1}(f)(x) - P_j(f)(x)$ 写成线性组合 $\sum_k w_{j,k}(f) H_{j,k}(x)$, 则小波系数 $w_{j,k}(f) = \int f(x) H_{j,k}(x) \mathrm{d}x$.

哈尔小波作为解释之用是很好的工具, 但是对于绝大多数实际应用, 包括图像压缩, 则并非最佳的选择. 这在基本上是因为只是简单地用一个函数在一个区间上的平均值来代替它在此区间上的值 (1 维情况), 或用它在一个正方形上的平均值来代替它在此正方形上的值 (2 维情况), 只能得到质量很低的近似. 图 7(b) 说明了这一点.

当把逼近的尺度选得更细时 (即当 $P_j(f)$ 中的 j 变得更大时), f 和 $P_j(f)$ 的差也会变得更小. 然而对于分片常值函数, 要做到这一点就需要在每一个尺度上都作出修正, 这样才能最终 "把事情搞定". 除非原来的函数图形就是有大片区域使得函数在其中大体上取常值, 甚至在函数以相容的, 持续的斜率伸展开来, 而没有 "真正" 精细的结构处, 也需要许多小尺度的哈尔小波.

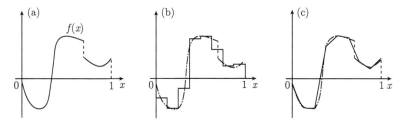

图 7 (a) 是原来的函数. (b) 和 (c) 则用一个在每一个区间 $\left[k2^{-3}, (k+1)2^{-3}\right)$ 中均为一个多项式的函数去逼近 f. (b)中画出了用分片常值函数作的最佳逼近. (c) 则画出了用连续的分段线性函数作的最佳逼近

讨论这个问题的正确框架是所谓**逼近格式**框架. 一个逼近格式可以定义为给出一族 "建筑砖石", 通常其中有自然的次序, 所以可以枚举它们. 度量逼近格式的质量的一个常用的方法是定义 V_N 为前 N 个建筑砖石的线性组合所成的子空间, 而令 $A_N f$ 为 V_N 中最接近 f 的函数, 它们之间的距离是用 L_2 范数来度量的 (当然也可以用其他范数). 然后我们就来检验当 N 趋近无穷时, 距离 $\|f - A_N f\|_2 = \left[\iint |f(x) - A_N f(x)|^2 \mathrm{d}x\right]^{1/2}$ 如何衰减. 我们说一个逼近格式在函数类 $\mathcal{F}$ 中阶数为 L, 如果对于 $\mathcal{F}$ 中的函数 f 均有 $\|f - A_N f\|_2 \leqslant CN^{-L}$, 这里的 C 是一个典型地依赖于 f 但是必须独立于 N 的常数. 一个逼近格式对于光滑函数的逼近阶数与此格式作用在多项式上的性能有密切的关系 (因为光滑函数在逼近中只需很小的代价

就可以用它的泰勒多项式去代替). 特别是这里所考虑的逼近格式都是这样一种类型的, 即仅当它能够完全复制次数不超过 $L-1$ 的多项式时才能够有阶数 L. 换句话说, 我们只考虑这样一种类型的逼近格式, 对于它存在一个正整数 N_0, 使得如果 p 是一个次数最多为 $L-1$ 的多项式, 而且 $N \geqslant N_0$, 则必有 $A_N p = p$.

把哈尔小波应用到仅在 0 和 1 之间异于 0 的函数 f. 建筑砖石由 $[0,1]$ 之内为 1, 其外为 0 的函数 φ 以及函数族 $\{H_{j,k} : k = 0, \cdots, 2^j\}$ 构成, 这里 $j = 0, 1, 2, \cdots$. 我们在上面已经看到 $p_j^{\text{Haar}}(f)$ 可以写成 $\varphi, H_{0,0}, H_{1,0}, H_{1,1}, H_{2,0}, \cdots, H_{j-i,2^j-1}$ 的线性组合, 它们是建筑砖石的前 $1 + 2^0 + 2^1 + \cdots + 2^{j-1} = 2^j$ 个. 因为哈尔小波互相正交, 它也是基础函数的线性组合中最接近于 f 的一个. 所以 $p_j^{\text{Haar}}(f) = A_j^{\text{Haar}}(f)$. 图 7 画出了 $A_{2^j}^{\text{Haar}}(f)$ 与 $A_{2^j}^{\text{PL}}(f)(j = 3)$, 它们分别是 f 用连续函数以及分点在 $k 2^{-j}, k = 0, 1, \cdots, 2^{j-1}$ 处的分段线性函数所作的最佳逼近. 可以证明, 如果想用哈尔小波来逼近一个函数 f, 那么, 哪怕 f 是光滑的, 能够得到的衰减最好也只是 $\|f - p_j^{\text{Haar}}(f)\|_2 \leqslant C 2^{-j}$, 或者 $\|f - A_N^{\text{Haar}} f\|_2 \leqslant C N^{-1}, N = 2^j$, 这意味着用哈尔小波作逼近是一个一阶逼近格式. 用连续分段线性函数作逼近是一个二阶逼近格式: 对于光滑的 $f, \|f - A_N^{\text{PL}} f\|_2 \leqslant C N^{-2}, N = 2^j$. 注意这两种逼近格式的区别也可以用它们能够完全复制的多项式的次数的区别来表示. 很清楚, 两种格式都可以完全复制常数 $(d = 0)$; 连续分段线性函数还可以复制线性函数 $(d = 1)$, 但是哈尔小波则不行.

现在取任意的定义在区间 $[0,1]$ 上的连续可微函数 f, 典型情况是 $\|f - p_j^{\text{Haar}}(f)\|_2$ 大约是 $C 2^{-j}$. 对于一个 2 阶的逼近格式, 同样的差应该是 $C' 2^{-2j}$. 所以, 为了达到和 $p_j^{\text{Haar}}(f)$ 同样的精度, 分段线性格式只需要 $j/2$ 个层次, 而不是如哈尔格式那样需要 j 个层次. 对于更高的 L 阶, 增益还要更大. 如果投影算子 P_j 能够给出像这样高阶的近似格式, 则只要 f 具有合理的光滑性, 即令对于不太大的 j, 差 $P_{j+1}(f)(x) - P_j(f)(x)$ 也是不关紧要的, 而只是在 f 不那么光滑的点处这个差才是重要的, 这时才会需要更精细尺度的 "差的系数" 的贡献.

有很强有力的动机来发展一种框架, 它既类似于哈尔的框架, 又具有相应于这样的逐阶的近似 $P_j(f)$ 的更奇妙的 "广义的平均值与差". 这是可以做到的, 而且在 1980 年代这个令人兴奋的时期确实做到了, 下面我们就来简短地讨论这个问题. 在这种构造中, 我们典型地是在每一次同时使用两个以上的更精细的尺度, 用它们的适当的线性组合来计算这些广义的平均值与差. 相应的函数分解是把函数表示为小波 $\psi_{j,k}$ 的线性组合, 而 $\psi_{j,k}$ 是从**单一一个**小波 ψ 导出的, 正如同在哈尔的情况那样, 定义 $\psi_{j,k}$ 为 $2^{j/2}\psi(2^j x - k)$. 这样, 我们是从单一一个函数使用规范化的平移与拉伸来得出函数 $\psi_{j,k}$. 这是由于我们不问 j 是多少, 在由尺度 $j+1$ 到尺度 j 时都系统地采用了同样的平均算子, 也采用了同样的求差的算子来计算这两个尺度上的差. 在两个相继的尺度之间, 本来没有绝对非, 此不可行的理由要使用同样的平均算子和求差算子, 所以并非绝对要由单个函数来生成所有的 $\psi_{j,k}$. 然而这样做执行起变换来更方便, 简化了数学分析.

我们还可以附加地在要求 $\psi_{j,k}$ 和 $H_{j,k}$ 一样是空间 $L_2(\mathbf{R})$ 中的**规范正交基底**. 说是基底, 就是说每一个函数都可以写成 $\psi_{j,k}$ 的 (可能是无限的) 线性组合. **规范正交性**就是说不同的 $\psi_{j,k}$ 彼此正交, 而同一个 $\psi_{j,k}$ 对自己的内积为 1.

正如我们已经提到过的那样, 小波 ψ 的投影算子 P_j 仅当它们可以完全地复制次数低于 L 的多项式时, 它所对应的逼近格式的阶数才能是 L. 如果函数 $\psi_{j,k}$ 是正交的, 则只要 $j' > j$, 就有 $\int \psi_{j',k}(x) P_j(x)\,\mathrm{d}x = 0$. 这样, 仅当对于充分大的 j 以及一切次数低于 L 的多项式 p 都有 $\int \psi_{j,k}(x)\,p(x)\,\mathrm{d}x = 0$, $\psi_{j,k}$ 才可以连接到一个 L 阶的逼近格式上, 再通过选用适当的尺度以及适当的平移, 它就归结为 $\int x^l \psi(x)\,\mathrm{d}x - 0$, $l = 0, 1, \cdots, L-1$. 如果此式成立, 就说 ψ 有 **L 个为零的矩**.

图 8 给出了产生规范正交小波的一些 ψ 的图像, 它们可以应用于各种不同的情况下.

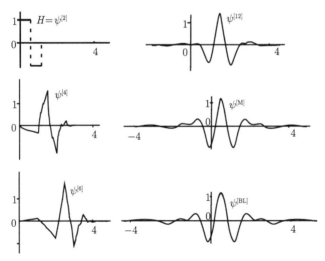

图 8　ψ 的六种不同的选择使得 $2^{j/2}\psi(2^j x - k)$, $j, k \in \mathbf{Z}$ 都构成 $L_2(\mathbf{R})$ 的规范正交系. 哈尔小波可以看成 $\psi^{[2n]}$ 族的第一个例子. 图上还画出了这个族中 $n = 2, 3, 6$ 的三个例子. 每一个 $\psi^{[2n]}$ 都有 n 个矩为 0, 而且支集 (即函数在其外为 0 的集合) 都是宽度为 $2n-1$ 的区间. 另两个例子的支集都不在一个区间内; 然而迈耶小波 $\psi^{[M]}$ 的傅里叶变换的支集在 $[-8\pi/3, -2\pi/3] \cup [2\pi/3, 8\pi/3]$ 内. Battle-Lemarié 小波是分段 3 次多项式, 指数衰减, 并有 4 阶矩为 0

对于 $\psi^{[2n]}$ 型的小波, 特别是图 8 上的 $\psi^{[4]}, \psi^{[6]}$ 和 $\psi^{[12]}$, 可以用类似于哈尔小波的算法来实行分解, 只不过不是用 $P_{j+1,k}$ 的两个数的组合来得出层次 j 上的一个平均值或差值的系数, 这些小波分解分别需要用四个、六个或十二个更精细层次

的数的加权组合 (更一般地说, 为了计算 $\psi^{[2n]}$, 需要用 $2n$ 个更精细的层次的数).

因为迈耶小波 $\psi^{[\mathrm{M}]}$ 和 Battel-Lemarié 小波 $\psi^{[\mathrm{BL}]}$ 的支集都不是有限区间, 对于这些小波的展开式就需要特殊的算法.

除了上面给出的例子外, 还有许多有用的规范正交小波. 应用哪一个需视应用于何处而定. 例如, 如果应用到的函数类分段光滑, 各段之间又有急剧的转换或者尖峰, 则选择一个对应于高阶逼近格式的光滑的 ψ 更为有利. 这使我们在光滑的区段里可以有效地利用较粗尺度的基底函数, 而让精细尺度的小波用于尖峰或突然转变之处. 那么, 为什么不从头起就使用具有很高的逼近格式的小波呢? 理由在于绝大多数的应用需要对小波变换作数值计算, 逼近格式的阶数越高, 小波的铺展就越宽, 在计算每一个广义平均值/差值时就会用到更多的项, 而这会使数值计算慢下来. 加之, 小波越宽, 由它导出的更精细尺度上的小波也越宽, 而不连续点与尖峰更容易和这些小波重叠起来. 这就会把这些不连续点与尖峰的影响铺展到更多的精细尺度的小波系数上. 所以, 必须要在逼近格式的阶数与小波的宽度之间找到一个平衡, 而最佳的平衡在各个问题上是不同的.

也有这样的小波基底, 其中的正交性要求可以放宽. 在这个情况下, 典型地是要使用两个不同的 "对偶" 小波 ψ 和 $\tilde{\psi}$, 使得 $\displaystyle\int_{-\infty}^{\infty} \psi_{j,k}(x)\,\tilde{\psi}_{j',k'}(x)\,\mathrm{d}x = 0$, 除非 $j = j', k = k'$, 这种格式逼近一个函数的阶要受 $\tilde{\psi}$ 为零的矩的个数的管控. 这样的小波基底称为**双正交的**(biorthogonal), 它们有一个优点, 即基本小波 ψ 和 $\tilde{\psi}$ 可以既是对称的, 又是支集包含在一个有限区间中, 而对于除哈尔小波以外的规范正交小波基底, 这是做不到的.

对于图像压缩, 对称性条件是很重要的, 这时, 人们更愿意用这样的 2 维小波基底: 它是从一个具有对称函数 ψ 的 1 维小波基底导出来的. 我们在下面还会回来讲到这个推导. 当通过删除或舍去小波系数来作图像压缩时, 原来的图像 I 和压缩后的图像 I^{comp} 之差就是这些 2 维小波的具有小系数的组合. 已经观察到, 当这些小的误差具有对称性时, 人类的视觉系统更会忽略它们, 所以使用对称小波可以容许较大的误差. 这样, 当这些误差还没有越过知觉或可接受性的界限时就已经转化成更高的压缩率了.

另一个推广小波概念的方法是允许多于一个起始的小波. 这样的系统称为**多重小波**(multiplewavelet), 甚至在 1 维情况这也可能是有用的.

当把小波基底用于定义在有限区间 $[a, b]$ 上而不是定义在整个 $\mathbf{R}$ 上的函数时, 典型地需要把构造的方法加以修正, 给出区间小波基底, 而在很接近区间的端点处要使用特殊处理过的小波. 有时, 选择不太正规的细分区间的方法而不是如前面所讲的系统使用平分区间的方法是有用的, 这时可以修正构造方法来给出非正规间距的小波基底.

　　如果作分解的目的就在于压缩信息, 如本文开始时讲的图像压缩的例子, 则最好是使用一种本身就是尽可能有效的分解. 对于其他的应用如模式识别, 使用冗余的(redundant) 小波族即包含了 "过多的" 小波, 使得即使在这一族中丢掉某些小波, 仍然能够表示 $L^2(\mathbf{R})$ 中的所有函数 —— 更好. **连续小波族**和**小波框架**是这种冗余小波表示的主要的种类.

4. 小波和函数性质

　　小波展开对于图像压缩很有用, 因为一个图像在许多区域中在精细的尺度上并没有什么特点. 回到 1 维情况, 对于一个合理地在绝大多数点上光滑但不是在所有点上都光滑的函数, 例如图 6(a) 上的函数, 情况也是这样的. 如果把这样一个函数在其光滑点 x_0 附近放大, 则它看起来几乎是线性的, 所以, 如果我们的小波能很好地表示线性函数, 那它就能很有效地表示我们的函数的这一部分.

　　正是在这里, 哈尔小波以外的其他小波显示了自己的力量, 在图 8 上所画出的小波 $\psi^{[4]}, \psi^{\{6\}}, \psi^{[12]}, \psi^{[\mathrm{M}]}$ 以及 $\psi^{[\mathrm{BL}]}$ 都定义了 2 阶或更高阶的逼近格式, 所以对于所有的 j, k 都有 $\int x\psi_{j,k}(x)\,\mathrm{d}x = 0$. 当在数值上实行这些逼近格式时, 也可以看到这一点: 计算函数 f 的小波系数之差时, 不仅在图像为水平时会给出差为 0, 在图像是倾斜的而不是水平的直线时也是这样. 结果是, 如果使用更精巧的小波而不是哈尔小波, 则计算一个光滑函数的小波展开式, 如果要达到事先给定的精度, 所需的系数个数就会少得多.

　　对于除有有限多个不连续点外均为 2 阶可微的函数以及一个具有例如 3 个为零的矩的函数, 要写出 f 的一个具有很高精度的逼近, 典型地只需要很少几个精细尺度上的小波, 而且只是在不连续点附近需要. 所有的小波展开都有这个特点: 不论是规范正交基底还是非正交基底, 甚至是一个冗余族, 都是如此.

　　图 9 用一种冗余展开图示了这一点, 它用的是所谓的**墨西哥草帽小波**

$$\psi(x) = \left(2\sqrt{2}/3\right)\pi^{1/4}\left(1 - 4x^2\right)\mathrm{e}^{-2x^2}.$$

它叫这个古怪名字是因为它的图形 (见图 9 底部) 像一个墨西哥草帽的截面.

　　一个函数越光滑 (就是可微分的次数越高), 当 j 增加时它的小波系数就衰减得越快, 只要小波 ψ 为零的矩充分多就会出现这个情况. 逆命题也是对的: 可以从小波系数 $w_{j,k}(f)$ 当 j 增加时如何衰减来读出函数 f 在 x_0 点如何光滑. 这里我们限制只考虑 "有关的" (j,k). 换句话说, 只考虑那些使 $\psi_{j,k}$ 局部化在 x_0 点附近的那些 (j,k)(许多文献上使用比较准确的语言对于所谓利普希茨空间①C^{α} 的确切的刻画来陈述这个逆命题. 这里的 α 不是整数, 而严格小于函数 ψ 的为零的矩的阶数).

_____

　　①许多文献上把这个空间称为赫尔德空间 (Hölder space). —— 中译本注

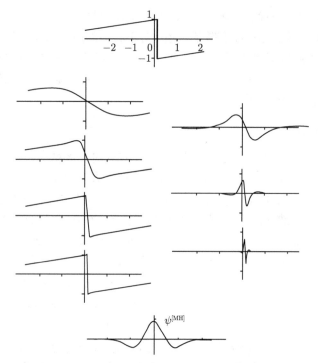

图 9   上方是一个有单个不连续点的函数, 现在要用墨西哥草帽小波 $\psi_{j,k}^{[\mathrm{MH}]}$ 的线性组合去逼
近它; 基本小波 $\psi^{[\mathrm{MH}]}$ 的图像画在此图的底部. 使用更精细的尺度能提高逼近的精度: 图左依
次是 $j = 1, 3, 5, 7$ 时的逐次逼近; 图右是尺度从一个 j 到下一个尺度时 (图上的 j 每一步增加
    1/2) 所增加的小波的贡献. 尺度越精细, 额外的细节就越集中在不连续点的附近

　　小波系数还可以用来刻画函数的许多其他有用的性质, 既有整体性质, 也有局
部性质. 由于这一点, 小波不仅对于 L^2 空间和利普希茨空间是很好的基底, 而且
对于其他函数空间, 如 L^p 空间, 其中 $1 < p < \infty$, 索伯列夫空间[III.29§.4] 和许多种
别索夫 (Oleg vadimirovic Besov, 1933–, 俄罗斯数学家) 空间也都是很好的基底. 小
波之所以如此多才多艺, 部分地是要归功于它与调和分析在整个 20 世纪中发展起
来的那些强有力的方法有联系.

　　我们已经比较详细地看到了小波基底与不同阶的逼近格式的联系. 迄今为止,
我们考虑的逼近格式中的 $A_N f$, 不论 f 是什么函数, 都是同样的 N 个建筑砖石的
线性组合. 这叫做**线性逼近**, 因为所有形如 $A_N f$ 的函数都在前 N 个基底函数线性
张成的集合 V_N 中. 上面讲到的那些函数空间有一些可以用 $\|f - A_N f\|_2$ 当 N 增
加时如何衰减来刻画, A_N 是用适当的小波基底来定义的.

　　然而, 当我们考虑的是压缩问题时, 实际上是在实行另一类逼近. 给定一个函
数 f 以及所要求的精度, 我们用尽可能少的基底函数的线性组合去逼近 f, 但是不

要求只在最初几个层次里来选择这些基底函数. 换言之, 我们不再关心基底函数的次序, 不再把一个标号 (j,k) 看得优于其他标号.

如果想要把这一点形式化, 可以这样来定义逼近: $A_N f$ 为利用最多 N 个基底函数, 但不一定是哪 N 个固定的基底函数, 来做出的最接近于 f 的线性组合. 类比于线性逼近, 我们定义 V_N 为任意取 N 个基底函数所有可能作出的线性组合的集合. 然而, 集合 V_N 不再是线性空间: 任意取其中两个元, 则典型情况是它们是不同的 N 个基底函数的线性组合, 所以没有理由认为它们的和仍在 V_N 中 (但是一定在 V_{2N} 中). 由于这个理由, 我们称 $A_N f$ 为 f 的**非线性逼近**.

我们还可以再进一步来对 N 上升时 $\|f - A_N f\|$ 的衰减性质加上限制来定义函数类, 这里 $\|\cdot\|$ 是某个函数空间的范数. 当然可以从任意基底开始来做这件事; 小波基底区别于其他基底 (例如三角函数基底) 的地方在于所得到的函数空间是标准的函数空间, 例如是某一个别索夫空间. 我们有好多次讲到在多处光滑但在孤立的点上可能不连续的函数, 同时论证了有可能用很少几个小波就能逼近它们. 这些函数是特殊的别索夫空间的元素, 用稀疏的小波展开就能逼近它们. 这种良好的逼近性质可以看作用小波的非线性逼近格式来刻画这些别索夫空间的推论[1].

5. 高于一维的小波

把 1 维的构造方法推广到高维情况有多种方法. 把几个 1 维的小波基底组合起来是构造一个高维小波基底的很容易的方法. 本文开始处的图像压缩就是这种组合的一个例子, 它把两个 1 维的哈尔分解组合起来了. 我们在前面看到, 一个 2×2 的超像素可以分解如下: 首先, 把它看成是两个数所成的两行, 这些数各代表相应像素的灰度. 其次, 把这一行的两个数用它们的平均值和差值来代替, 这样得到一个新的 2×2 阵列. 最后再对新阵列的竖列作同样的事情. 这样产生 4 个数, 它们分别是下面的运算的结果:

- 水平和竖直地求平均值;
- 水平地求平均值而竖直地求差值;
- 水平地求差值而竖直地求平均值;
- 水平和竖直地都求差值.

第一条得到的结果就是超像素的平均灰度水平, 当进到下一个更高的尺度作下一轮分解时, 需要用它作为输入. 另外三个结果就是前面说到过的三种 "差值". 如果从一个含有 2^K 行, 每行又有 2^J 个像素的矩形图像开始, 最后就会在这四种数的每一种中得到 $2^{K-1} \times 2^{J-1}$ 个数. 这四种数的每一种可以很自然地排列成一个矩形, 其长和宽各为原来矩形的一半, 所以, 原矩形可以分成四个小一半的矩形. 在图像处理的文献中, 习惯把表示超像素的灰度的矩形放在左上方, 另外三个小一半

---

[1]可以在因特网 www.wavelet.org 中找到更多类型的小波族以及许多推广.

的矩形中分别放置其他三类差值 (也就是小波系数, 见图 10 中紧靠着原图的第一个分解). 水平方向求差而竖直方向求平均的结果典型地在原图像有竖直的轮廓线处 (例如在原图帆船的桅杆处) 有很大的系数. 类似地, 水平方向求平均而竖直方向求差的结果在原图像有水平的轮廓线处 (例如在原图船帆上的横条处) 有很大的系数; 水平和竖直地都求差的结果则会挑选出对角线方向有特点的地方. "差值" 的三种类型指出, 我们再次有三个基本的小波 (而不是像一维情况那样只有一个基本小波).

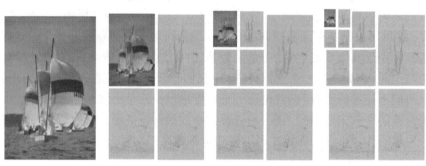

图 10　帆船图像的小波分解, 以及对小波系数的灰度解释. 图中显示了求平均值和差值后的下一个层次, 然后是第二和第三个层次的结果. 在相应于小波系数的矩形中 (即两个方向都没有取平均值), 数字可能是负数, 我们规定用灰度 128 代表零, 更深/更浅的灰度代表正数和负数. 小波矩形绝大多数是灰度为 128, 表示绝大部分小波系数小得可以忽略不计

为了进入下一轮, 就是把尺度的精度再提升一步, 在图 10 上再向右方移动一步, 就看到上面的情况对于左上方表示灰度的那个小矩形 (即水平和竖直方向都取平均值的小矩形) 再重复了一次, 而其他三个矩形都没有变. 图 10 就是对于帆船的图像应用这个程序得来的, 虽然这里用的不是哈尔小波基底, 而是为 JPEG 2000 的标准图像压缩而修改过的一个对称的双正交基底, 结果就是原来的图像的小波分解. 其中一大片都是灰色这一事实, 说明了舍弃了那么多信息而没有影响图像的质量.

图 11 说明, 为零的矩的数目不仅在用小波基底来刻画函数的性质时是重要的, 而且在进行图像分析时也很重要. 图上画出了同一个图像用两种不同方法来进行分解的结果: 第一个使用的是哈尔小波基底, 第二个用的是 JPEG 2000 双正交小波基底. 虽然在两个情况下都是只保留了小波系数中 5% 的最大的小波系数, 而我们看到这两个图像重建都不完美. 然而 JPEG 2000 双正交小波基底有 4 个为零的矩, 与哈尔小波基底比较起来, 在图像的光滑变化的部分就要好得多. 用哈尔展开得到的重建显得是 "一块一块的" 不那么吸引人.

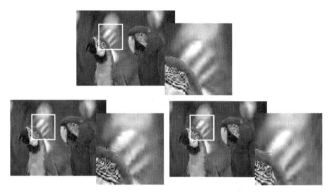

图 11　上方是原来的图像; 下方是把图像按照一个小波基底展开并舍弃其中 95%最小的小波
　　系数而得到的近似. 左方用的是哈尔小波; 右方用的是所谓 9-7 双正交小波基底的小波展开

6. 通告一个真理: 需要的是更接近真正的图像压缩

　　本文中讨论图像压缩已经好几次了, 而这也真正是应用小波的背景. 然而, 图像压缩在实践中远不止是如下的简单的基本思想: 除最大的小波系数外舍弃其他小波系数, 取这个截断后的系数表, 并把其中出现的长串的零用这个串的长度来代替. 在这一小节里, 我们想粗略看一下在小波的数学理论和打算作图形压缩的工程师的实践之间的巨大差距. 希望借此宣传一个真理: 需要的是更接近真实的图像压缩的实践.

　　首先, 在应用压缩时, 总是设定了一个 "bit 预算", 而所有需要存储的信息都必须在这个预算之内; 然后要用关于所考虑的图像的类型的统计的估计和信息论的论据来对不同类型的系数分配以数量不等的 bit. 这个 bit 的分配要逐步进行, 比之简单地保留或舍弃它们要微妙得多. 即是这样, 还是有些系数分配不到 bit, 这意味着要完全舍弃它们.

　　因为有些系数被舍弃了, 必须小心给余下的系数以正确地址, 即它的 (j, k_1, k_2) 标记, 当对存储的信息进行 "解压" 以重建图像 (或宁可说是图像的近似) 时, 这个标记是很重要的. 如果您在这一点上没有好的策略, 就会发现, 在为信息的地址编码上所耗用的计算资源已经抵消了使用非线性小波逼近所得到的节约 bit 的好处. 每一个以小波为基础的实际的图像压缩格式都要以某种巧妙的方法来解决这个问题. 有一种实施的方法利用了这样一点观察: 如果某一类小波系数在某个位置和某个尺度 j 上小得可以忽略, 则在更精细的尺度上时常也是很小 (请用上面帆船图像的分解来验证这一点). 在每一个这样的位置上, 这个方法给出了整个一棵更精细尺度的系数的树 (在尺度 $j+1$ 上有 4 个这样的系数, 而在尺度 $j+2$ 上则有 16 个, 仿此以往), 树上的系数自动地为零. 如果在某个位置上, 无法从手上图像的实际分解中证实关于小波系数的这样一个假设, 那就要耗费额外的 bit 来存储一个信息,

指示对这个假设需要修正. 在实际工作中, 这种 "零树" 所给予我们的关于 bit 的
节省会远远超出偶然的修正所需的 bit.

还有许多其他的因素也在起作用, 视所进行的应用问题而定. 例如, 如果需要
在卫星所载的一个仪器上实行压缩算法, 因为这个仪器只能获得很有限的能量供
应, 则很重要的是要使这个小波变换所涉及的计算尽可能经济.

如果读者想更多地知道这一类考虑 (它们是非常重要的), 则在工程文献中可
以找到很多. 当然也欢迎有的读者愿意停留在崇高的数学层次上, 但是我们要提醒
一下, 关于用小波来做图像压缩, 可讲的问题比前面几节要多得多.

7. 影响了小波的发展的几个科学进展: 简单的概述

我们现在说的 "小波理论" 的绝大部分是在 1980 年代和 1990 年代早期发展
起来的, 它是建立在许多领域的现存的理论和一些洞察的基础上的, 其中包括调和
分析 (数学)、计算机视觉和计算机图形学 (计算机科学)、信号分析和信号压缩 (电
机工程)、相干态 (理论物理学) 和地震学 (地球物理学). 这些不同分支并不是一下
子就走到一起来的, 而是逐渐地互相接近, 时常是偶然的环境造成的, 其中涉及许
多不同的人.

在调和分析方面, 小波理论要追溯到李特尔伍德[VI.79] 和 Paley (Raymond Ed-
ward Alan Christopher Paley, 1907–1933, 英国数学家) 在 1930 年代的工作. 傅里叶
分析的一个重要的原理是: 函数的光滑性反映在它的傅里叶变换 [III.27] 上. 函数
越光滑, 它的傅里叶变换就衰减得越快. 李特尔伍德和 Paley 研究的是如何刻画局
部光滑性的问题. 例如考虑一个周期为 1 的周期函数, 而且它在区间 $[0, 1)$ 中只有
一个不连续点 (然后这个不连续点又重复出现在此点的整数平移点上), 而在其余
点上都是光滑的. 这种光滑性也反映在它的傅里叶系数上吗?

如果按照明显的方式来理解这个问题, 则答案是否定的: 不连续点使得傅里叶
系数衰减得很慢, 不论它在其余点是如何光滑. 事实上, 可能的最好的衰减的形状
是 $\left|\hat{f}_n\right| \leqslant C\left(1 + |n|\right)^{-1}$. 如果没有不连续点, 则当 f 是 k 次可微时, 其衰减最少也
和 $C_k\left(1 + |n|\right)^{-k}$ 一样好.

然而, 局部光滑性和傅里叶系数还有一个更微妙的联系. 令 f 为一周期函数, 把
它的傅里叶系数 $\hat{f}_n$ 写成 $a_n \mathrm{e}^{\mathrm{i}\theta_n}$, 这里 a_n 是 $\hat{f}_n$ 的绝对值, 而 $\mathrm{e}^{\mathrm{i}\theta_n}$ 是它的**相**(phase).
在考察傅里叶系数的衰减时, 我们只看 a_n 而完全不问它的相如何, 这意味着任何
现象, 除非完全不受相的变化的影响, 则我们是完全无法侦察到的. 如果 f 有不连
续点, 则我们只要改变它的相, 就能够移动它. 进一步可以证明, 相不仅在确定奇
异点的位置上, 而且在确定其严重程度上, 都起重要的作用, 如果在 x_0 处的奇异性
不仅是不连续性, 而且是 $|f(x)| \sim |x - x_0|^{-\beta}$ 型的发散性, 则只要改变相而不改变
$|a_n|$, 就能改变 β. 所以, 在傅里叶级数里, 改变相是一件危险的事, 它可能大大改变

所研究的函数的性质.

但是, 李特尔伍德和 Paley 证明了对傅里叶系数的相作**某一种**改变是比较无害的. 特别是, 如果对第一个傅里叶系数的相作一个变化, 然后对后面两个傅里叶系数的相作另外一个变化, 再对下面四个作第三个变化, 再对后八个再作另一个变化, 总之对 "一块" 傅里叶系数的相作相同的变化, 每一块的变化可以不同, 但这些块的长度每一次都要加倍, 这时, f 的局部光滑性 (或失去光滑性) 会被保持不变. 类似的命题对于定义在 $\mathbf{R}$ 上的函数的傅里叶变换 (与周期函数的傅里叶级数相对) 也成立. 这是在调和分析的整个分支中第一个这样的结果, 即系统地使用改变尺度来进行详细的局部分析, 而且证明了非常有力的定理. 事后看来, 这些定理好像是准备好来证明小波分解中的一大批强有力的性质似的. 要考虑李特尔伍德和 Paley 的理论与小波分解的关系, 最简单的方法是考虑**香农小波**$\psi^{[\text{SH}]}$, 它是通过其傅里叶变换来定义的: 在 $\pi \leqslant |\xi| \leqslant 2\pi$ 时, $\hat{\psi}^{[\text{SH}]}(\xi) = 1$, 而在其他地方 $\hat{\psi}^{[\text{SH}]}(\xi) = 0$. 相应的函数 $\psi_{j,k}^{[\text{SH}]}(x) = 2^{j/2}\psi^{[\text{SH}]}(2^j x - k)$ 构成了 $L^2(\mathbf{R})$ 的一个规范正交系, 而内积的集合 $\left(\int_{-\infty}^{\infty} f(x)\psi_{j,k}^{[\text{SH}]}(x)\,\mathrm{d}x\right)_{k\in\mathbf{Z}}$ 对每一个 f 和每一个 j 告诉我们 $\hat{f}(\xi)$ 是如何限制在 $2^{j-1} \leqslant \pi|\xi| < 2^j$ 上的. 换言之, 它给出了李特尔伍德和 Paley 的第 j 个区块.

尺度的改变在计算机视觉上也起重要作用, 在这里, "了解" 一个图像的基本方法之一 (这一点可以追溯到 1970 年代早期) 是把这个图像越来越模糊化, 抹去越来越多的细节, 这样才得出按 "粗糙度" 分级的近似 (见图 12). 这样考虑两个相继的粗糙化之差就能给出不同尺度上的细节, 这与小波变换的关系是很明显的!

电机工程师感兴趣的一类重要的信号是所谓**带限信号**(bandlimited signals), 这就是这样一类函数 (通常是只含一个变量的)f, 其傅里叶变化 $\hat{f}$ 在一个有限区间外全为零. 换句话说, 构成它的频率成分频率都来自某个有限的 "带宽". 如果这个频率区间是 $[-\Omega, \Omega]$, 就说 Ω 是它的**带限**(bandlimit). 这样的函数完全由它在 π/Ω 的所有整数倍的点处的值来确定, 这些点就称为它的**样本点**. 对于信号 f 的绝大多数运算并不需要直接进行, 而可以通过在其样本点序列上进行某种运算就能够进行. 例如, 我们可能希望只取 f 的 "低频率的一半", 在电机工程中, 这叫做低通滤波, 即作一个函数 G 其定义如下: $\hat{G}(\xi) = \hat{f}(\xi)$, 如果 $|\xi| \leqslant \Omega/2$, 而在其他地方 $\hat{G}(\xi) = 0$, 也就是把 $\hat{f}(\xi)$ 限制在 $|\xi| \leqslant \Omega/2$ 上, 或者定义 $\hat{G}(\xi) = \hat{f}(\xi)\hat{L}(\xi)$, 这里的 $\hat{L}(\xi)$ 定义如下: 如果 $|\xi| \leqslant \Omega/2$, 则取 $\hat{L}(\xi) = 1$, 而在其他地方 $\hat{L}(\xi) = 0$. 然后再取乘积的逆傅里叶变换. 由于傅里叶变换的乘法运算相应于原来函数的卷积, 而卷积可以离散地来决定, 所以可以先令 $L_n = L(n\pi/\Omega)$, 然后再等价地定义 $G(k\pi/\Omega) = \sum_{n\in\mathbf{Z}} L_n f((k-n)\pi/\Omega)$. 为了把这个式子写得更加利落, 用 a_n 和 $\tilde{b}_n$ 分别表示 $f(n\pi/\Omega)$ 和 $G(n\pi/\Omega)$, 则有 $\tilde{b}_k = \sum_{n\in\mathbf{Z}} L_n a_{k-n}$. 另一方面 G 的带限显然是

$\Omega/2$, 因此要想刻画 G 只需要知道它在 $2\pi/\Omega$ 的整数倍所成的序列上的样本值就够了. 换句话说, 如果把 $\tilde{b}$ 换一个记号 b, $b_k = \tilde{b}_{2k}$, 则只需要知道 b_k 就够了. 这样, 从 f 到 G 的转换就由关系式 $b_k = \sum_{n \in \mathbf{Z}} L_n a_{2k-n}$ 来实现. 使用适当的电机工程的词汇来说, 我们是从 f 的一个临界取样序列 (就是取样率恰好相应于其带限) 转变到 G 的一个临界取样序列, 而这个转变是由**滤波**(即用某个函数来乘 $\hat{f}$, 也就是说用一个滤波系数序列来对 $(f(n\pi/\Omega))_{n \in \mathbf{Z}}$ 作卷积) 以及下采样(downsampling 或 subsampling) 来实现的 (所谓下取样就是每两个样本值中只保留一个, 这是因为对于 G 带限为 $\Omega/2$, 比原来 f 的带限 Ω 小了一半). 要想得到 f 的 "高频率的一半"H, 即作高通滤波, 可以把 $\hat{f}(\xi)$ 限制在 $|\xi| > \Omega/2$ 上. H 和 G 一样完全由它在 $2\pi/\Omega$ 的整数倍各点上的值决定. 它也和 G 一样通过对 f 进行滤波和下采样得出. 这种把 f 分解为高低频率成分两半, 或称为分解到**次带**(subband) 上的作法是由一些公式给出的, 而这些公式与对于支集在有限区间上的规范正交小波基底、作小波变换时的求广义平均和求差值的作法恰好等价. 先作次带滤波, 再作临界下采样, 这在电机工程中, 在小波出现以前就有了, 但是典型的并没有分成好几个步骤.

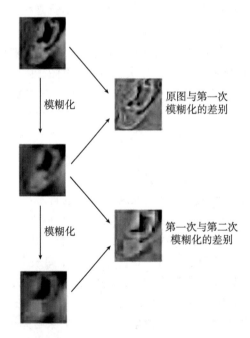

图 12　相继的模糊化的差别给出了不同尺度上的细节

　　量子力学中的一个具有中心重要性的概念是某个希尔伯特空间[III.37] 上的李群[III.48§1] 的酉表示[IV.15§1.4]. 具体说来, 设有一个希尔伯特空间 H 上的李群 G,

我们把 G 中的元 g 解释为 H 上的一个酉变换. H 之元称为一个**态**(state), 而对于某一个李群 G, 如果 v 是一个固定的态, 则称向量族 $\{gv; g \in G\}$ 为**相干态 (coherent state) 族**. 相干态可以追溯到薛定谔在 1920 年代的工作. 这些名词则可以追溯到 1950 年代, 那时它们是用于量子光学的. "相干" 一词就是讲的它们所描述的光的相干性. 后来发现这些族对于量子物理学中广泛得多的背景也有意义, 而这种名词也就在原来的光学背景以外也保留下来了. 在许多应用中, 甚至不是整个相干族而只是它的相应于 G 的某些离散子集合的一部分也很有帮助. 小波恰好就是相干态的这样一个子族: 从基本的小波开始, 那些把它变换 (拉伸与平移) 为其他小波的变换就构成这个 G 的一个离散半群.

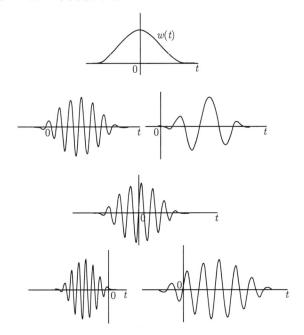

图 13　上: 地球物理学家实际使用的窗口函数 w 的例子. 下面紧接着的是 $w(t - n\tau)\,\mathrm{e}^{imt}$ 的两个例子, 就是两个 "传统的" 地球物理小波的例子. 再往下是 Morlet 所用的小波, 以及下面的两个经过平移和拉伸的例子, 它们与 "传统的" 小波不同: 它们的形状相同

　　尽管小波理论综合了这些领域, 小波的发现却来自完全另外一个领域. 在 1970 年代晚期, 地球物理学家 J. Morlet 在为一家石油公司工作. 他对于当时所用的从地震波曲线中提取某种特殊类型信号的技术不满意, 他找到了一种特设的把平移与尺度变换结合起来的变换, 今天看来就是冗余小波变换. Morlet 所熟知的地震学中所用的变换, 都是把震迹图 (seismic trace) 与形状为 $W_{m,n}(t) = w(t - n\tau)\cos(m\omega t)$ 的函数来作比较, 这里的 w 是一个光滑函数, 它从 0 开始, 轻柔地升到 1, 又从 1 开

始, 轻柔地衰减回到 0, 而且支集一直都是在一个有限区间里. 有好几位不同的科学家提出了函数 w 的不同的例子, 都得到了实际使用, 因为这些函数 $W_{m,n}$ 看起来都像是小小的波 (它们震动, 而且由于 w 的特性, 起始和结尾都很好看), 所以就叫做 "X 小波", 而 X 就是提出这个特定的函数 w 的科学家的名字. Morlet 所提出的用来与震迹图作比较的新的特设的族与前人之不同, 在于它是从一个函数 w 经过**尺度化**得出的, 而不是经过乘上震动得越来越快的三角函数得到的. 由于这个原因, 这个族中的函数都有同样的形状, 所以 Morlet 称它们为 "形状相同" 的小波 (见图 13), 这样来和某某人 X(或 Y 或 Z 等人) 的小波区别开来.

Morlet 自己摸索着来应用这个新的变换, 发现它在数值上很有用, 但是他很难把自己的直觉向别人解释清楚, 因为他不知道其深处的理论. 他的一位以前的同班同学告诉他一位理论物理学家 A. Grossman 的指导意见, 这个意见把这个工作与相干态联系起来了. 他和 Morlet 还有其他的合作者在 1980 年代初期开始来发展这种变换的理论. 在地球物理学领域以外, 就没有必要再使用 "形状相同" 这个词了, 所以很快就把这个词抛弃了, 这使得几年以后当比较成熟的小波理论再次侵入地球物理学时, 地球物理学家都感到困惑.

到 1985 年, 有一位调和分析专家迈耶 (Y. Meyer) 在他的大学里的一台复印机前面排队时听到这个工作, 认识到它正是自己和其他调和分析专家们所熟悉的尺度化的一个新的不同的有趣的用法. 当时还不知道是否有这样的小波基底存在, 其初始的函数 ψ 既有光滑性又有很好的衰减性质. 事实上, 在关于小波展开的文献中, 下意识地认为这样的规范正交基底是不可能存在的. 迈耶着手来证明这一点, 使人大吃一惊的是他以一种可能是最好的方式失败了 —— 他为这种下意识的看法找到了一个反例, 就是第一个光滑的小波基底! 不过, 后来证明这还不是第一个: 几年前, 另一位调和分析专家 O. Stromberg 作出了一个不同的例子, 但是当时并没有引起注意.

迈耶的证明是非常有独创性的, 其所以起作用是因为有一些近乎奇迹的互相抵消, 而从数学理解的观点看来, 这种互相抵消总是不能令人满意的. 类似的奇迹在 P. G. Lemarié (现在已经叫做 Lemarié-Rieusset 了) 和 G. Battle 独立作出的规范正交的小波基底时也起了作用, 而他们这个基底是分段多项式的 (他们二人是从不同的观点得到相同的结果的. Lemarié 是从调和分析出发的, 而 Battle 是从量子场论出发的).

几个月以后, S. Mallat, 当时还是在美国做计算机视觉的博士, 知道了这些基底. 他当时正在度假, 在海滩上和他以前的一位同班同学, 当时迈耶的研究生聊天. 在回到他的博士工作后, Mallat 一直在思考这与现在计算机视觉领域中主要的范式有什么联系. 当他得知迈耶在 1986 年秋将要来到美国作纪念某人的系列讲座讲演时, 他就去访问了迈耶, 谈自己的见解. 经过几天热烈的讨论后, 他们共

同提出了**多分辨率分析**(multiresolution analysis), 这是与迈耶的构造不同的受到
计算机视觉框架启发而来的另一个处理途径. 在这个新的背景下, 上面提到的那
些奇迹都各归其位, 成了简单的完全自然的构造规则的不可避免的推论, 体现了
逐步精细化的原理. 多分辨率分析一直是许多小波基底以及冗余族的构造的基本
原理.

到那时为止, 还没有一个造出来的小波基底的支集是在一个有限区间内, 所以,
实现这个变换的算法 (其中用到次带滤波的框架, 但是这些算法的创造者们都还不
知道这些都已经在电机工程中命名和发展起来了) 在原则上需要无限的滤波, 而这
是无法执行的. 在实践上, 这意味着必须对来自数学理论的无限滤波作截断. 当时
还不清楚怎样构造一个引导到有限滤波的多分辨率分析. 对无限滤波作截断, 在我
看来是整个美丽大厦上的一个污点, 而我很不喜欢这种状况. 我是从 Grossman 那
里学到的小波, 而在一次会议的晚餐以后, 迈耶在餐巾纸上随手涂画又让我学到了
多分辨率分析. 在 1987 年初, 我就决心坚持在实施中使用有限滤波. 我不知道是否
能够从适当的但是有限的滤波造出一个完整的多分辨率分析 (以及相应的规范正
交小波基底). 我努力实行这个计划, 结果找到了第一个规范正交小波基底, 而它的
函数 ψ 是光滑的, 而且支集在有限区间内.

不久以后就发现了它与电机工程途径的关系. 受计算机图像学应用的启发, 让
我找到了特别容易的算法. 更令人兴奋的构造方法以及推广接踵而来: 双正交小波
基底、小波包、多重小波、不规则间距小波、不是来自一维小波的精巧的高维小波,
如此等等.

这是一个令人陶醉和兴奋的时期. 理论的发展受益于各个不同的影响于它的领
域, 而又反过来又丰富了这些领域. 小波在其理论成熟了以后成了数学家、科学家
还有工程师的数学工具库里被接受的新项目, 它也启发了其他不太适合使用小波的
任务的更好的工具的发展.

进一步阅读的文献

Aboufadel E, and Schlicker S. 1999. *Discovering Wavelets*. New York: Wiley Interscience.

Blatter C. 1999. *Wavelets: A Primer*. Wellesley, MA: AK Peters.

Cipra B A. 1993. Wavelet applications come to the fore. *SIAM News*, 26(7): 10-11, 15.

Frazier M W. 1999. *An Introduction to Wavelets through Linear Algebra*. New York: Springer.

Hubbard B B. 1995. *The World According to Wavelet: The Story of a Mathematical Technique in the Making*. Wellesley, MA: AK Peters.

Meyer Y, and Ryan R. 1993. *Wavelets: Algorithm and Applications*. Philadelphia, PA: Society for Industrial and Applied Mathematics (SIAM).

Mulcahy C. 1996. Plotting & scheming with wavelets. *Mathematics Magazine*, 69(5)：323-43.

VII.4　网络中的流通的数学

Frank Kelly

1. 引言

　　我们都很熟悉道路堵塞, 说不定也熟悉网络例如因特网的堵塞, 所以懂得在网络中堵塞是怎样发生的以及为什么会发生, 显然是很重要的. 然而, 在网络中的流通模式是许多用户间微妙而又复杂的相互作用的后果. 例如在道路网络中, 每一个开车的人都企图选择最方便的路线, 而这种选择又依赖于开车的人设想在不同的路线上会碰上的耽误, 而这种耽误又依赖于别人的选择. 这种互相依赖使得想要预见系统的变化的后果很困难. 这种变化例如有新路的开通, 以及在什么地方又设了收费站.

　　与此相关的问题在大规模的系统例如电话网络和因特网中也会出现. 在这些系统里, 人们的一个主要关心的问题是控制的**分散化**(或去中心化, decentralization)的程度的问题. 如果您在浏览网页, 一个网页通过网络传送到您的速率是由计算机运行的是什么样的软件协议以及由网页服务器主机来控制, 而不是由一个巨大的中心计算机来控制的. 当因特网从一个小规模的研究用的网络发展到今天这样的成亿台主机的连接, 这种分散化的途径是极为成功的, 然而今天的因特网已经有了过分紧张的迹象. 在发展新的协议时, 如果网络作为一个整体还想扩大和进化的话, 一个挑战就在于弄懂这种分散化的流量控制的重要性是在哪些方面.

　　在本文中, 我们想向读者介绍用于处理这个问题的一些数学模型. 这些模型需要能够表示系统的某些全然不同的侧面. 我们将会看到, 为了捕捉网络内连接的模式, 图论[III.34] 和矩阵[I.3§4.2] 的语言是需要的. 为了描述堵塞怎样依赖于流量, 微积分也是需要的. 还需要优化的概念才能建立开车的人选择自己的路线的方式的数学模型, 而那些人都是只管自己怎样选择最短的路线, 这样才能为通讯网络分散的控制建立能使整个网络很好地运作的数学模型.

2. 网络的构造

　　图 1 画出了 3 个节点由 5 条有向的道路连接. 我们可以把这些节点看成城市或城区以内的地点, 连接则表示不同的节点之间有道路通行. 双向的道路用双线来表示, 每一条表示一个通行的方向. 注意, 开车的人从节点 c 到节点 a, 有两条路线可供选择：第一条是直接利用连接道路 5, 记作 ca1, 第二条 ca2 是经过节点 b, 走连接道路 4 和 2[所谓 "连接" 是指两个节点之间的直通的道路, 而所谓 "路线" 是指由起点到终点的一条道路].

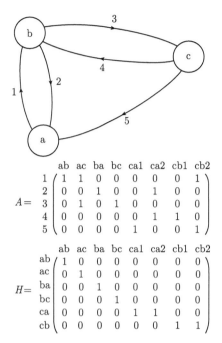

$$A = \begin{array}{c} \\ 1 \\ 2 \\ 3 \\ 4 \\ 5 \end{array} \begin{pmatrix} \text{ab} & \text{ac} & \text{ba} & \text{bc} & \text{ca1} & \text{ca2} & \text{cb1} & \text{cb2} \\ 1 & 1 & 0 & 0 & 0 & 0 & 0 & 1 \\ 0 & 0 & 1 & 0 & 0 & 1 & 0 & 0 \\ 0 & 1 & 0 & 1 & 0 & 0 & 0 & 0 \\ 0 & 0 & 0 & 0 & 0 & 1 & 1 & 0 \\ 0 & 0 & 0 & 0 & 1 & 0 & 0 & 1 \end{pmatrix}$$

$$H = \begin{array}{c} \\ \text{ab} \\ \text{ac} \\ \text{ba} \\ \text{bc} \\ \text{ca} \\ \text{cb} \end{array} \begin{pmatrix} \text{ab} & \text{ac} & \text{ba} & \text{bc} & \text{ca1} & \text{ca2} & \text{cb1} & \text{cb2} \\ 1 & 0 & 0 & 0 & 0 & 0 & 0 & 0 \\ 0 & 1 & 0 & 0 & 0 & 0 & 0 & 0 \\ 0 & 0 & 1 & 0 & 0 & 0 & 0 & 0 \\ 0 & 0 & 0 & 1 & 0 & 0 & 0 & 0 \\ 0 & 0 & 0 & 0 & 1 & 1 & 0 & 0 \\ 0 & 0 & 0 & 0 & 0 & 0 & 1 & 1 \end{pmatrix}$$

图 1　一个简单的网络及其连接 —— 路线的关联矩阵 A.
矩阵 H 表示哪些路线连接起点与目的地

令 J 为有向连接的集合, 而 R 为一切可能的路线的集合. 我们可以用一个表, 即一个**矩阵**来表示连接和路线的关系, 其定义如下: 如果连接 j 位于路线 r 中, 就令 $A_{jr} = 1$, 否则令 $A_{jr} = 0$. 这样就得到了一个矩阵 $A = (A_{jr}, j \in J, r \in \mathbf{R})$, 称为**连接−路线关联矩阵** (link-route incidence matrix). 这个矩阵的每一个竖行对应于一条路线 r, 而每一个横行代表网络中的一个连接 j, 表示路线的竖行 r 是由 0 和 1 组成的: 1 代表哪些连接 j 在此路线 r 里. 对于横行, 在代表连接 j 的横行里的 1 代表哪些路线通过此连接. 这样, 例如图 1 中的关联矩阵对于连接 a 和 c 中两个节点的两条路线, ca1 和 ca2 各有一个竖行. 这两行对以下信息作了编码: 路线 ca1 用到了连接 5, 而路线 ca2 用了连接 4 和 2. 注意, 关联矩阵并没有告诉我们路线中各个连接的次序. 还有上面所说的关联矩阵也没有包括了所有在逻辑上可能的路线, 但是, 如果需要, 它也能做到这一点. 我们虽然只是用了一个很小的网络来作例证, 但是一个网络中的路线和连接的数量并无限制, 每一个开车的人所有可能的选择的数目也没有限制, 只不过这个矩阵会更大一些罢了.

在网络中一个有趣的数是某个路线或某个连接上的流量. 令 x_r 为路线 r 上的**流量**(flow), 定义为每小时在 r 上行驶的车子的数目. 我们可以把一个网络中所有路线上的流量排成一列 $x = (x_r, r \in \mathbf{R})$, 并把它看成一个向量, 从这个向量就可以

算出通过一个连接的总流量, 例如通过图 1 上的连接 5 的总流量就是沿路线 ca1
和 cb2 的流量之和, 因为它们正是通过连接 5 的所有的路线. 一般说来, 当路线 r
通过连接 j 时 $A_{jr} = 1$, 而当路线 r 不通过连接 j 时 $A_{jr} = 0$, 所以通过连接 j 的总
流量就是来自所有通过 j 的各路线上的流量之和, 就是

$$y_j = \sum_{r \in R} A_{jr} x_r, \quad j \in J.$$

把数 y_j 排成一列, 得到 $y = (y_j, j \in J)$ 又可以看成一个向量. 这个关系可以简洁地
写成矩阵形式, 而有

$$y = Ax.$$

我们可以设想到, 在一个连接上堵塞的程度依赖于通过这个连接的总流量, 我
们也可以设想到, 这种堵塞的程度会影响到沿此连接运行所需的时间, 我们就把这
个时间称为**延迟**(delay). 图 2 表明了延迟依赖于总流量的典型的情况, 在流量 y 的
值比较小的时候, 延迟 $D(y)$ 就是沿空的道路行走所需的时间, 而对于比较大的 y
值, 延迟 $D(y)$ 就会大一点, 而很可能由于堵塞的效应, 它会变得大得多①.

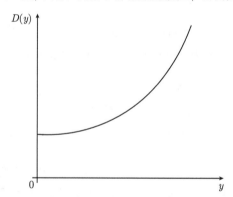

图 2   沿着一个连接行走所需的时间 $D(y)$ 是沿着这个连接的总流量的函数.
当流量在继续增加时, 堵塞的效应就会造成进一步的延迟

令 $D_j(y_j)$ 表示当通过连接 j 的流量为 y_j 时沿连接 j 的延迟, 这个延迟的性
质可能依赖于连接 j 的性质, 如其长度、宽度等等. 所以我们要对函数 D 加一个
下标而成 D_j, 这样表示各个连接上的延迟函数可能是不同的.

_____

①图 2 上画的函数 $D(y)$ 的图像是单值的, 但是把延迟表示为流量的函数的曲线可以弯回到自己的上
方, 所以, 更大的延迟反而会使得流量小于图上所示的最大流量. 当您在拥堵但是尚无事故的公路上体验到
停停走走的时候, 您就是处在图像的这一部分. 交通管理的部分目的就是使延迟和流量之间的关系避免图像
上出现这一部分, 这一点, 我们不再继续考虑.
    我们将假设这个图像是上升而且光滑的, 这使我们以后可以更直接地应用微积分. 我们将形式地假设
$D(y)$ 是其变元的连续可微的上升函数, 图 2 上就是画的这种情况.

路线的选择

在一个网络中给定两个节点, 一般说来会有许多路线把它们连接起来. 例如在图 1 中, 关联矩阵 A 表明了在节点 c 与 a 之间有两条路线. ca 这样一个对子就是**起点–目的地**对子的一例. 从起点 c 到目的地 a 有两条路线可走, 即 ca1 或 ca2. 它们都可以用来服务于同样的起点–目的地对子. 我们现在需要另一个矩阵来表示起点–目的地对子与路线的关系. 令 s 表示一个典型的起点–目的地对子, 而 S 表示所有起点–目的地对子的集合. 于是对于起点–目的地对子 s 和路线 r, 我们规定, 如果 s 可以用 r 来服务, 就令 $H_{sr} = 1$. 否则就令 $H_{sr} = 0$. 这就定义了一个矩阵 $H = (H_{sr}, s \in S, r \in \mathbf{R})$. 图 1 就给出了一个例子. 请注意, H 左侧上标注着 ca 的那个横行上有两个 1, 代表有两条路线 $r = $ ca1 和 $r = $ ca2 能够服务于这个起点–目的地对子 $s = $ ca. H 的每一个竖列上则只有一个 1, 说明一条路线只能服务于一个起点–目的地对子. 对于每一个路线 r, 我们用 $s(r)$ 表示由 r 服务的起点–目的地对子, 例如在图 1 中, $s(\text{ac}) = \text{ac}$, $s(\text{ca1}) = \text{ca}$.

我们可以从向量 $x = (x_r, r \in \mathbf{R})$ 算出从一个起点到一个目的地的总流量, 例如由图 1 的节点 c 到节点 a 的总流量就是沿着路线 ca1 和 ca2 的流量的和, 因为从矩阵 H 看到, 它们就是服务于起点–目的地对子 ca 的路线. 一般地说, 如果 f_s 是服务于起点–目的地对子 s 的所有路线上的流量之和, 则有

$$f_s = \sum_{r \in R} H_{sr} x_r, \quad s \in S.$$

这样, 起点–目的地流量向量 $f = (f_s, s \in S)$ 可以用矩阵形式简洁地表示为 $f = Hx$.

3. Wardrop 平衡

现在我们就可以来处理中心问题了: 网络中在某个起点和某个目的地之间的流通的流量是怎样分配在网络的各个连接上的? 每一个开车的人都想走开得最快的路线, 但是这样一来就会使得别的路线变得更快或者更慢, 从而别的开车的人会改变开车的路线. 一个开车的人如果没有更快速的路线, 是不会改变路线的. 这一切在数学上意味着什么呢?

我们来算一下沿路线 r 开车所需的时间. 矩阵 A 上标注着路线 r 的那个竖行告诉我们哪些连接 j 是在路线 r 里的. 如果把这些连接上的延误加起来, 就会得到在 r 上行走所需的时间为

$$\sum_{j \in J} D_j (y_j) A_{jr}.$$

现在走 r 这个路线的人也可能走过别的服务于同样的起点–目的地对子 $s(r)$ 的路线, 如果现在这条路线使他满意, 那是因为走别的服务于同样的起点–目的地对子

$s(r)$ 的路线 r' 都有

$$\sum_{j \in J} D_j(y_j) A_{jr} \leqslant \sum_{j \in J} D_j(y_j) A_{jr'}.$$

我们定义 **Wardrop 平衡**(Wardrop, 1952) 为一个由非负数构成的向量 $x = (x_r, r \in \mathbf{R})$, 使得对于任意服务于同样的起点-目的地对子 $s(r)$ 的每一对路线 r 和 r' 都有

$$x_r > 0 \Rightarrow \sum_{j \in J} D_j(y_j) A_{jr} \leqslant \sum_{j \in J} D_j(y_j) A_{jr'},$$

这里 $y = Ax$. 这里的不等式正是刻画 Wardrop 平衡的定义性质: 如果路线 r 被人积极地使用, 那一定是因为在所有的服务于同样的起点-目的地对子 $s(r)$ 的路线中, 它达到了最小的延误.

　　Wardrop 平衡是否存在? 完全不清楚是否能找到一个向量 x, 使得对于网络中的各个路线, 以上的不等式同时成立. 为了回答这个问题, 我们要来研究一个表面上不同的优化问题如下:

对于 $x \geqslant 0$ 和 y,

在约束条件 $Hx = f, Ax = y$ 之下,

要求 $\sum_{j \in J} \int_0^{y_j} D_j(u)\,\mathrm{d}u$ 达到最小值.

我们来概略地说一下为什么这个优化问题有一个解 (x, y), 以及为什么如果 (x, y) 是优化问题的一个解, 则 x 一定给出一个 Wardrop 平衡.

　　优化问题有一些侧面是很自然的. 一个明显的约束是沿每一个路线的流量一定是非负的, 这就是我们何以坚持要求 $x \geqslant 0$. 约束 $Hx = f, Ax = y$ 正是我们前面讲到的计数的规则 —— 起点-目的地的流量 f 要通过路线的流量 x 用 H 来计算, 而连接上的流量则要通过路线的流量 x 用 A 来计算. 我们认为起点-目的地的流量 f 是固定的, 并且分布在各个路线上. 给定了 f 以后, 我们的任务就是要计算路线流量 x, 然后再用它来计算连接的流量 y. 在优化问题的解上 y 应该是非负的, 因为 x 是非负的.

　　到此为止都是很自然的, 但是希望它能达到极小化的函数看来有点奇怪, 它的重要性在于由微积分的基本定理[I.3§5.5], 积分

$$\int_0^{y_j} D_j(u)\,\mathrm{d}u$$

对于 y_j 的导数就是 $D_j(y_j)$. 希望使之极小化的函数就是在一切连接上的这种积分的和. 我们将要看到, Wardrop 平衡和优化问题的联系就是这个事实的直接推论.

我们要用拉格朗日乘子方法[III.64] 来求这个优化问题的解. 定义下面的函数

$$L\left(x,y,\lambda,\mu\right) = \sum_{j\in J}\int_0^{y_j} D_j\left(u\right)\mathrm{d}u + \lambda\cdot\left(f-Hx\right) - \mu\cdot\left(y-Ax\right),$$

这里 $\lambda = (\lambda_s, s\in S), \mu = (\mu_j, j\in J)$ 是拉格朗日乘子向量, 它们将在后来定出. 这里的思想是如果正确地选择拉格朗日乘子, 则使得 L 作为 x,y 的函数, 在最小化时就会给出原来问题的解. 这种方法能够行得通是由于当正确地选择了拉格朗日乘子时, 约束条件 $Hx=f, Ax=y$ 将与 L 的最小化相容.

要想使 L 作为 x,y 的函数最小化, 我们进行微分运算. 首先

$$\frac{\partial L}{\partial y_j} = D_j\left(y_j\right) - \mu_j,$$

其次

$$\frac{\partial L}{\partial x_r} = -\lambda_{s(r)} + \sum_{j\in J}\mu_j A_{jr}.$$

注意, 矩阵 H 的特殊形式使得它对 x_r 求导时恰好挑选出 λ 的一个分量, 即 $\lambda_{s(r)}$, 而矩阵 A 的特殊形式则使得它对 x_r 求导时恰好挑选出 μ 的一个分量 μ_j, 它对应于包含连接 x_r 的路线 r. 这些导数使我们能够得出: L 对于所有 $x \geqslant 0$ 以及所有的 y 最小值只能在

$$\mu_j = D_j\left(y_j\right),$$

以及

$$\begin{aligned}\lambda_{s(r)} &= \sum_{j\in J}\mu_j A_{jr}, \quad \text{若 } x_r > 0,\\ &\leqslant \sum_{j\in J}\mu_j A_{jr}, \quad \text{若 } x_r = 0\end{aligned}$$

时出现. 关于 $\lambda_{s(r)}$ 的第一个等式是很直截了当的: $x_r > 0$ 是一个开集合, 在其中一点处, x_r 可上可下, 而如果不论 x_r 上或者下, 函数 $L(x,y;\lambda,\mu)$ 都不会下降, 则其导数只能为零. 但是在 $x_r = 0$ 处, x_r 只能上升, 所以我们只能得知 $L(x,y;\lambda,\mu)$ 对于 x_r 的导数只能是非负的, 关于 $\lambda_{s(r)}$ 的第二个不等式条件就是这样得出来的.

函数 $L(x,y;\lambda,\mu)$ 的最小化是使得如果破坏约束条件 $Hx=f, Ax=y$ 就要付出代价: 如果和式 $\sum_{j\in J} A_{jr}x_r$ 变得比 Hx 在这个 "最小值点" 处的 f 之值小了, 则应该付出 "单价"λ_x; 而如果 $\sum_{j\in J} A_{jr}x_r$ 变得比 y_j 大了, 也有 "单价"μ_j. 由凸优化理论的一般结果知道, 一定存在这样的拉格朗日乘子 (λ,μ) 以及向量 (x,y), 既使得

$L(x, y; \lambda, \mu)$ 能够达到最小值, 又能满足约束条件 $Hx = f, Ax = y$, 这样就解决了原来的优化问题.

我们对于拉格朗日乘子的解有简单的解释: μ_j 就是在连接 j 上的延误, 而 λ_s 是在所有服务于起点-目的地对子 s 的一切路线上发生的延误中最小的一个. 我们将称函数 L 为目标函数, 而我们对于乘子所确立的条件, 正是对应于 Wardrop 平衡.

这样, 如果网络上的流通 (现在我们用道路网络上的车流为例来解释我们所说的一般理论) 符合于这样的情况, 即开车的人都按对自己有多大好处来选择路线, 则平衡的流量就是一个优化问题的解. 这个结果最初是 Beckman et al. (1956) 得出的, 它对于道路交通网络达到平衡的模式揭示了一个值得注意的洞察: 大量开车的人只顾自己来作决策, 就会造成道路交通的一个模式, 好像是有一个领导中心的有智慧的人在指挥交通, 使之能优化某个 (很奇怪的) 函数.

但是, 这个优化结果并不意味着网络中的平均延误达到了最小, Braess(1968) 悖论就是这个事实的惊人的例证, 下面我们就来讲这个悖论.

4. Braess 悖论

考虑图 3(a) 的道路网络. 汽车从节点 S 开到节点 N 可以走两条路线: 或者经过节点 W, 或者经过节点 E. 总流量为 6, 各个连接的延误值记在图的这个连接边上. 我们可以想象这个图所表示的情况是下班的人从位于南边的市中心回到自己在北边的家里的拥挤时刻. 上下班的人从自己的经验中知道走东路和西路的延误会有多大. 所示的流量分布正是 Wardrop 平衡: 没有任何诱因让开车的人改变自己的路线, 因为这两个路线引起同样的延误, 不论这 3 个车走东路还是西路, 都要花 $(10 \times 3) + (3 + 50) = 83$ 个单位时间. 现在假设开通了一个新的连接, 连通了节点 W 和 E, 如图 3(b) 所示. 一部分流量被吸引到新的连接上去了, 因为一开始它似乎提供了从南到北较短的开车时间. 当每一个人都知道了有一条新连接时, 最终就会出现一个新的模式, 确立一个新的 Wardrop 平衡, 如图 3(b) 所示. 在这个新平衡里有 3 条路线, 它们都得到相同的延误, 即 $(10 \times 4) + (2 \times 50) = (10 \times 4) + (2 + 10) + (10 \times 4) = 92$. 这样, 在图 3(b) 中每一个车的延误都是 92, 而在图 3(a) 中只是 83. 开通了新连接反而使得每个人的延误都增加了!

这个表面上看起来的悖论可以解释如下: 在一个 Wardrop 平衡中每一个开车的人都使用这样一条路线, 它在给定了其他人的路线的情况下, 给这个人一条可供使用的从开车人的起点到目的地的一切路线中延误最短的一条, 但是没有任何内在的理由说, 这条路线对于其他的流通模式一定会给出特别低的延误. 如果鼓励所有的开车的人不要按照对于自己的利益来选择, 那么可能每一个人都会受益. 在上面的例子中, 如果第二个网络 (即图 3(b) 中的网络) 的所有开车的人都同意不使用新的连接, 其效果就和回到原来的网络 (即图 3(a) 中的网络) 一样, 所有人都得到较少的延误.

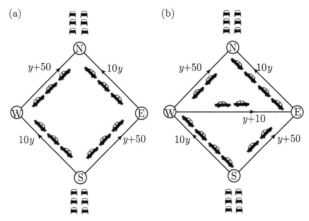

图 3 Braess 悖论. 增加一个连接反而使每一个开车的人的旅行时间都延长了 (Braess, 1968; Cohen, 1988)

为了进一步探讨这一点, 请注意流量 y_j 与延误 $D_j(y_j)$ 的乘积是连接 j 上的单位时间内所有使用连接 j 的车辆所造成的总延误. 现在我们来找出使得在整个网络上的单位时间的总延误为最小的流通模式. 于是我们来研究下面的问题:

对于 $x \geqslant 0$ 和 y,

在约束条件 $Hx = f, Ax = y$ 之下,

要求 $\sum_{j \in J} y_j D_j(y_j)$ 达到最小值.

注意, 这个问题的形状和前面的优化问题是一样的, 但是我们希望达到最小的目标函数, 现在是整个网络上单位时间的总延误 (注意, 在前面的优化问题中, 目标函数初看起来似乎很特别, 而选择它的最终的动机是在于其最小值是在一个 Wardrop 平衡中达到的).

现在定义另一个函数

$$L(x, y; \lambda, \mu) = \sum_{j \in J} y_j D_j(y_j) + \lambda \cdot (f - Hx) - \mu \cdot (y - Ax).$$

则又一次得出

$$\frac{\partial L}{\partial x_r} = -\lambda_{s(r)} + \sum_{j \in J} \mu_j A_{jr}.$$

但是这一次有

$$\frac{\partial L}{\partial y_j} = D_j(y_j) + y_j D_j'(y_j) - \mu_j.$$

所以, 现在 L 在整个 $x \geqslant 0$ 和任意的 y 的最小值是在下述情况下达到的:

$$\mu_j = D_j(y_j) + y_j D'_j(y_j),$$

同时

$$\lambda_{s(r)} = \sum_{j \in J} \mu_j A_{jr}, \quad \text{若 } x_r > 0,$$

$$\leqslant \sum_{j \in J} \mu_j A_{jr}, \quad \text{若 } x_r = 0.$$

现在拉格朗日乘子有更加微妙的解释如下: 假设使用连接 j 的人除了有延误 $D_j(y_j)$ 以外还要付出一笔与流量相关的费用

$$T_j(y_j) = y_j D'_j(y_j).$$

这时, μ_j 称为使用连接 j 的**广义价格**, 其定义为延误和费用之和, 而 λ_s 是所有服务于节点对子 s 的路线的最小广义价格. 如果开车的人想要使他们所交的费用和他们的延误之和达到最小, 则这些广义最小价格就会生成使网络中的总延误达到最小的新的模式. 注意, 广义价格 μ_j 就是 $(\partial/\partial y_j)(y_j D_j(y_j))$, 它就是当流量 y_j 增加时, 在连接 j 中总延误的增长率. 所以现在的假设在某种意义上就是: 开车的人希望使他们对于总延误的贡献最小, 而不是使他们自己的延误最小.

我们已经看到, 如果开车的人想把自己的延误最小化, 则所得的流量平衡将使得在整个网络上的某个目标函数最小化. 然而, 这个目标函数绝非网络的总延误, 所以不能保证当网络的容量增加时情况一定会得到改善. 我们也看到, 如果加上适当的收费, 则有可能使得开车的人只顾自己的行为而导致流量的一种能够减少总的延误的平衡模式. 对于政府和运输的计划者的一个主要挑战就是了解对于这种模型和更复杂的模型的洞察, 能够用于鼓励道路网络的更有效率的发展和使用 (Department for Transport, 2004).

5. 因特网中的流量控制

当要求在因特网上传递一个文件 (file) 时, 管理该文件的主机就会把这个文件分割成小的数据包, 并且根据因特网的**传输控制协议**(Transmission Control Protocol, TCP) 在网上传送, 这些数据包进入因特网的速率是由 TCP 来控制的, 这个 TCP 则由数据源的起点和目的地的两个计算机作为一个软件来执行. 这里一般的做法如下 (Jacobson, 1988): 当网络中有一个连接过载时, 就有一个或多个数据包被遗失; 数据包的遗失就被看成是出现堵塞的信号, 这时目的地的计算机将会通知起点, 而起点就会放慢速度. 然后 TCP 又会逐渐增加传送速度, 直到再次收到堵塞的信号为止. 这样一个增和减的循环使得起点的计算机能够找到和利用可供使用的能力, 并且把这种能力分配给数据包的不同流量.

因特网从小规模的研究性的网络发展成为今天的上亿个终端和连接的互相联络, 在这个过程中, TCP 已经证明取得了极为杰出的成功. 看到了这一点本身就已经是一项了不起的观察. 一个数量巨大但不确定的流是由一个反馈环路来控制的, 这个环路只知道这些流是否有了堵塞. 一个流并不知道是否还有其他的流在分享它的路线上的其他连接. 连接的容量可以相差到若干个数量级, 分享这些连接的流的数量也是如此. 在这样一个迅猛发展而且极其多样化的具有仅能在其端点上加以控制的堵塞的网络中, 能够有如此巨大的成就是了不起的. 为什么 TCP 能够如此成功呢?

近年来, 理论家们对于 TCP 何以如此成功已经有所阐明, 他们把 TCP 看成是解决一个优化问题的分散的 (即去中心的) 并行算法, 正如开车的人在道路网络中分散地选择道路也是解决一个优化问题一样. 我们现在从比较详细地描述 TCP 开始来概述他们的论据①.

按照 TCP 在网络中传送的数据包包含了指示其次序的**序号**(sequence numbers), 它们应该按此次序到达其目的地的, 如果在目的地收到了这个数据包, 就应该加以确认, 这种确认就是由目的地返回起点的一个短小的数据包. 如果数据包在传送中遗失了, 起点就可以从确认信号中所含有的序号得知这一点. 起点对于所传送的数据包都有一个复本, 一直保存到收到肯定的确认信息时为止. 这些复本构成所谓**滑动窗口**(sliding window), 它使得起点能够再次发送遗失的数据包.

同时, 在起点计算机里储存了一个称为**堵塞窗口**(congestion window) 的数值变量, 记作 cwnd. 堵塞窗口在下面的意义下指导滑动窗口的大小. 如果滑动窗口小于 cwnd 的大小, 计算机就从 cwnd 中送出去一个数据包, 这和滑动窗口变大的效果是一样的; 如果滑动窗口大于或等于 cwnd 了, 它就会等待肯定的确认信息的到来, 这种确认信息到来的效果和缩小滑动窗口的大小的效果是一样的, 而我们会看到也就和增加 cwnd 的效果一样. 这样, 滑动窗口的大小就是不断变化的, 其变化的方向和堵塞窗口所给出的目标的大小的变化方向是一致的.

堵塞窗口本身并不是一个固定的数. 它是在不断更新的, 这种更新的规则对于 TCP 的分享的容量是至关重要的. 每当一个肯定的确认到达, cwnd 就会增加一个 $cwnd^{-1}$, 而每当侦测到一次数据包的遗失时, 它就会减半②. 这样, 如果起点计算机

---

①这里的对于 TCP 的介绍仍然是简化了的: 只讲了关于协议中避免堵塞的部分, 而忽略了关于时间暂停以及在一个 "来回时间" 内收到多次堵塞信号的反应问题.

②这些增减的规则看起来相当神秘, 而事实上也只是近年来才开始了解它的宏观的后果. 这些规则用得很好已经有十多年了, 但是现在已经开始显出衰老的迹象, 现在正在进行大量的研究目的在于了解改变它们的全部后果.

侦测到有一个数据包遗失, 它就会认识到发生了堵塞, 就会停一下, 但是, 一旦所有的数据包都通过了, 它又会让传送数据包的速率缓缓上升.

如果一个数据包遗失的概率是 p, 则堵塞窗口会以概率 $1-p$ 增加一个 cwnd^{-1}, 而以概率 p 减少 $\frac{1}{2}\mathrm{cwnd}$, 所以堵塞窗口每一次更新的期望值是

$$\mathrm{cwnd}^{-1}(1-p) - \frac{1}{2}\mathrm{cwnd}p.$$

当 cwnd 很小时, 这个期望值是正的, 但是当 cwnd 充分大时就又变成负的, 所以当此式为零时, cwnd 就达到一个平衡然后再上升, 就是说平衡在

$$\mathrm{cwnd} = \sqrt{\frac{2(1-p)}{p}}$$

时出现.

现在再来看怎样把这个计算推广到网络上去. 假设一个网络是由节点的集合以及连接节点的有向连接构成的, 例如像图 1 中的网络那样. 和前面一样, 令 J 为有向连接的集合, R 为路线的集合, 而 $A = (A_{jr}, j \in J, r \in R)$ 为连接–路线关联矩阵. 当网络中的一个计算机得到了一个请求时, 这个计算机就会为将要产生的数据包的流设置一个堵塞窗口. 因为有许多堵塞窗口, 就需要对它们进行编号, 一种方便的方法就是用它输送这个流的路线来编号 (这些流走怎样的路线是一个重要而复杂的问题, 我们不能在这里讨论). 所以, 对于用到的每一条路线 r, 令 cwnd_r 是这条路线所用的堵塞窗口. 令 T_r 为路线 r 的**来回时间**, 也就是从发出一个数据包到收到确认的时间①. 最后令变量 x_r 为 cwnd_r/T_r.

在任意给定时刻, 滑动窗口包括了那些虽已送出但还没有得到确认的数据包. 所以, 如果一个数据包刚得到确认, 而其来回时间是 T_r, 则滑动窗口包括了在最近的 T_r 个时间单位内送出的所有数据包. 因为起点计算机致力于使得这种数据包的数目接近于 cwnd_r, 我们可以把 x_r 解释为数据包在路线 r 上传送的速率. 因此, 如果把数 x_r 看成为流量向量 x 的分量, 则这个向量将是前面讨论过的道路网络上的流量向量的很接近的类比.

和前面的做法一样, 定义向量 $y = Ax$, 则分量 y_j 是所有这样的 r 上的 x_r 的和, 这里的 r 是含于路线 j 中的连接. 令 p_j 为在连接 j 上被遗失 (或 "被丢弃掉") 的数据包的比例. 我们期望如下面那样来把 p_j 和 y_j 联系起来. 如果 y_j 小于连接 j 的容量 C_j, 则因连接 j 还没有装满, 在其上不会有数据包被丢弃掉, 所以 $p_j = 0$.

---

①来回时间包含了数据包沿路线的各个连接旅行的时间, 称为传播延误, 加上处理时间以及在节点上的排队延误. 随着计算机速度的增加, 处理时间和排队延误会减少, 但是有限的光速设了传播延误以基本的下限. 所以我们把一条路线的来回时间当作常数, 从而认为一个连接上的堵塞是以数据包的遗失而不是附加的数据包的延误为人们所感知.

如果连接 j 已经满了, 即 $y_j = C_j$, 就会有数据包被丢弃掉, 所以 $p_j > 0$. 若设在连接上被遗失的数据包的比例很小, 则一个数据包在路线 r 是被遗失的概率近似于

$$p_r = \sum_{j \in J} p_j A_{jr}$$

(准确的公式是 $1 - p_r = \prod_{j \in J} (1 - p_j) A_{jr}$, 但是因为 p_j 都很小, 所以可以略去它们的乘积). 因为 $x_r = \mathrm{cwnd}_r / T_r$, 我们在前面对 cwnd 的计算现在给出

$$x_r = \frac{1}{T_r} \sqrt{\frac{2(1 - p_r)}{p_r}}.$$

有没有相容地选择速率 $x = (x_r, r \in R)$ 和遗失概率 $p = (p_j, j \in J)$ 的方法使得上面两个方程都得到满足, 而且对于每一个 $j \in J$ 都有或者 $p_j = 0$ 或者 $y_j = C_j$? 下面的观察是非常值得注意的, 这样的选择对应于如下的优化问题 (Kelly, 2001; Low et al., 2002):

在 $x \geqslant 0$ 处服从约束 $Ax \leqslant C$,

使得 $\sum \dfrac{\sqrt{2}}{T_r} \arctan \left(\dfrac{x_r T_r}{\sqrt{2}} \right)$ 达到最大值.

这个优化问题有些方面正如我们所期望的那样, 不等式简单地就是: 对于一切 $j \in J$, 把通过连接 j 的流量都加起来, 并要求其和不超过连接 j 的容量 C_j. 但是和前面一样, 希望达到最大值的函数无疑是奇怪的. 图 4 上画出了 arctan 函数的图像, 它是正切函数的反函数, 而可以定义为

$$\arctan x = \int_0^x \frac{1}{1 + u^2} \mathrm{d}u.$$

它对于 x 的导数就是 $1/(1 + x^2)$.

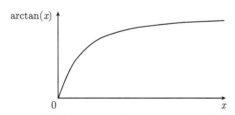

图 4 arctan 的图像. 因特网的 TCP 隐含地把出现在网络中的所有连接的功效加起来并加以极大化, 这个图像表示一个连接的功效 (utility). 水平轴表示这个连接的速率, 纵轴则与这个连接使用的程度成比例. 这两个轴都是把来回时间作为单位时间的

现在来概述一下优化问题与传送速率与遗失概率之间的平衡之间的关系. 定义

$$L(x, z; \mu) = \sum_{r \in R} \frac{\sqrt{2}}{T_r} \arctan \left(\frac{x_r T_r}{\sqrt{2}} \right) + \mu \cdot (C - ax - z),$$

其中 $\mu = (\mu_j, j \in J)$ 是拉格朗日乘子向量, 而 $z = C - Ax$ 是**松弛变量**(slack variable) 向量, 它是度量网络中每一个连接 $j \in J$ 上富余的容量的. 然后, 利用 arctan 函数的导数, 就有

$$\frac{\partial L}{\partial x_r} = \left(1 + \frac{1}{2} x_r^2 T_r^2\right)^{-1} - \sum_{j \in J} \mu_j A_{jr}, \quad \frac{\partial L}{\partial z_j} = -\mu_j.$$

我们要在区域 $x, z \geqslant 0$ 上求 L 的最大值, 结果是, 在令 $\mu_j = p_j$ 时, 这个最大值就是我们所求的速率和遗失概率的组合 $(x_r, r \in R)(p_j, j \in J)$. 例如, 令对于 x_r 的偏导数为零, 就可以得到 x_r 的方程.

  总结起来, 对于每一个连接 $j \in J$, 拉格朗日乘子 μ_j 正是在这个连接上遗失的数据包所占的比例 p_j, 正如同在前面考虑的道路网络问题中拉格朗日乘子正是在这个连接上的延误一样. 许多互相竞争的 TCP, 其每一个只由在起点和目的地的计算机来执行, 只是在有效地使整个网络的某个目标函数达到最大时才达到平衡. 这个目标函数有使人吃惊的解释: 好像流的速率为 x_r 的服务于这个起点-目的地对子的路线被使用的程度是由功效函数

$$\frac{\sqrt{2}}{T_r} \arctan\left(\frac{x_r T_r}{\sqrt{2}}\right)$$

给出的, 而在所有的服从于连接的容量引起的约束的这些路线中, 网络试图使这些功效函数之和达到最大值.

  图 4 上所画出的 arctan 函数的图像是凹的. 这样, 如果有两个或更多的连接分享一条过载的路线, 则它们所达到的速率近乎相等, 否则的话, 如果把最大的速率降低一点, 又把最小速率增加一点, 总的功效还会更增加. 结果是, TCP 倾向于平等地分配资源. 这和传统的电话网络上分配资源的机制很不相同, 在那里, 如果网络过载, 有些电话就会被阻塞而让其他的电话不受过载的影响而被接通.

6. 结论

  数学家对于大规模系统的性态有兴趣已经有不止一个世纪了, 有许多来自物理学的例子, 例如气体的行为可以在微观层次上用每一个分子的位置和速度来描述. 在这个层次上, 分子的速度被看成一个随机过程, 每一个分子的速度的详细情况是它被其他分子碰撞或者从容器壁上弹出来. 然而这种详细的描述与用温度和压力这些量所作的宏观描述是相容的. 类似地, 电子在电路网络中的行为也可以用随机游动来描述, 而在微观层次上的这种简单的描述在宏观层次上却导出了相当复杂的情况, 凯尔文证明了在电阻网络中的电位恰好使得在给定的电流量下热耗散为最小 (Kelly, 1991). 电子的局部的随机行为导致了网络作为一个整体恰好是一个相当复杂的优化问题之解.

近五十年来, 我们已经开始认识到, 大规模的工程系统时常能够用类似的语言得到最好的理解. 这样, 用每一个开车的人选择对他最方便的路线这种对交通流的微观描述和用一个函数的最小化这种宏观的行为来描述也可以是相容的. 而控制数据包在因特网中传送的简单的局部的规则恰好相应于在整个网络上总体效能的最大化.

一个使人深思的区别在于: 管控物理系统的微观规则是固定的, 而在运输和通讯网络中, 我们有可能选择这些规则, 以便得到我们想要的宏观结果.

进一步阅读的文献

Beckman M, McGuire C B, and Winsten C B. 1956. *Studies in the Economics of Transportation.* Cowles Commision Monograph. New Haven, CT: Yale University Press.

Braess D. 1968. Über ein Paradoxen aus der Verkehrsplanung. *Unternehmenforschung*, 12: 258-268.

Cohen J E. 1988. The counterintuitive in conflict and cooperation. *American Scientist*, 76: 576-584.

Department of Transport, 2004. Feasibility study of road pricing in the UK. Available form www.dft.gov.uk.

Jacobson V. 1988. Congestion avoidance and control. *Computer Communicatiuon Review*, 18(4): 314-329.

Kelly F P. 1991. Network routing. *Philosophical Transaction of the Royal Society of London* A, 337: 343-367.

——. 2001. Mathematical modeling of the Internet. *In Mathematics Unlimited — 2001 and Beyond*, edited by B. Engquist and W. Schmid, pp. 685-702. Berlin: Springer.

Low S H, Paganini, and Doyle J C. 2002. Internet congestion control. *IEEE Control System Magazine*, 22: 18-43.

Wardrop J G. 1952. Some theoretical aspects of road traffic research. *Proceedings of the Institute of Civil Engineers*, 1: 325-378.

VII.5 算法设计的数学

Jon Kleinberg

1. 算法设计的目标

当计算机科学在 1960 和 1970 年代作为一门学科在大学本科开设时, 在一些早已确立了地位的更有地位的学科的业者中引起了一阵困惑. 说真的, 开始的时候并不清楚为什么计算机科学应该被看成一个单独的学科. 世界上新技术多的是, 但是我们并没有为每一种都确定一个单独的领域, 而是把它们看成是现存的科学和工程的一个副产品. 计算机有什么特殊之处呢?

现在回过头来看, 这场辩论突出了一个重要问题: 与其说计算机科学是把计算机作为一个特定的技术, 不如说这门科学是把计算作为一种更普遍的现象, 就是设计表示信息以及对信息进行操作的流程的科学. 这种流程服从它们的内在的规律, 它们不一定是由计算机来完成的, 也可以是由人、由一个组织以及由存在于自然界中的系统来完成的, 我们把计算的这种流程称为**算法**. 为了本文的需要, 也可以非形式地把算法想成一系列一步一步进行的指令, 它用一种程式化的语言写成, 是为解决问题之用的.

这样一种关于算法的观点足够广泛, 既包括了计算机处理数据的方法, 也包括用人手进行的计算. 例如我们小时候学的关于加法和乘法的规则是算法; 航空公司安排航班的规则也是算法; Google 这样的搜索引擎安排网页排列次序的规则也是算法. 说人类在视觉领域里识别一个对象的规则是算法也是合理的, 尽管我们现在离了解这个算法是什么样以及在视神经中如何实行这种算法还距离很远.

这里有一个公共的主题, 就是当我们谈到算法时, 并不是指特定的计算设施或者某种计算机编程语言, 而是用数学语言来表示它们. 事实上, 我们现在所想到的关于算法的概念很大一部分是由数理逻辑学家在 1930 年代形式化起来的, 而实际上算法推理已经隐含在过去几千年的数学活动中了 (例如方程的解法总有很强的算法的味道, 古希腊的几何作图本质上也时常是算法的). 今天, 对于运用算法进行数学的分析在计算机科学中占有中心的地位; 对算法进行推理而独立于运行这种算法的特定设施能够对于设计算法的一般原理和对于计算的基本约束得到一种洞察.

同时, 计算机科学的研究总是集中于两个彼此分离的观点, 就是这种比较抽象的对算法进行的数学陈述, 以及更重应用的观点, 而公众总是把这个领域与后一种观点联系在一起的, 就是想要去发展它的应用, 例如对于因特网搜索、电子银行系统、医学图像软件的应用, 还有计算机技术的我们能够设想到的大量创造上的应用. 这两种观点之间的对立意味着这个领域的数学陈述总是不断地要以其实际执行来检验, 它为数学概念影响广泛的应用开辟了广阔大道, 有时引导到这些应用诱发出新的数学问题.

这篇短文的目标就是以例证说明数学形式化和计算的有启发性的应用之间的平衡. 我们一开始就要建立起这种风格的最基本的定义性问题之一: 怎样来陈述**有效率的**计算这个概念?

2. 两个代表性的问题

为了使关于效率的讨论更具体一点, 并且说明我们可以怎样来思考这类问题,先来讨论两个代表性的问题 —— 二者都是关于算法的研究的基本问题 —— 它们的陈述非常相似, 但是在计算的困难上又非常不同.

这一对问题的第一个是**旅行推销员问题**(traveling salesman problem, TSP). 其定义如下: 想象有一个推销员, 凝视着一张有 n 个城市的地图 (他自己现在就在其中一个城市里). 地图上有任意两个城市间的距离, 推销员计划一条最短的旅行路线, 能够遍访这 n 个城市, 然后回到起点. 换言之, 我们要寻找一种算法以所有这些两城之间的距离为输入, 生成一个总长度最短的旅行路线. 图 1(a) 以 TSP 的一个输入的例子为样本画出了最佳的解答, 圆圈代表城市, 深色的线 (线旁注明了其长度) 连接着推销员在旅途中依次访问的城市, 而浅色的线所连接的城市是他并不依次访问的城市.

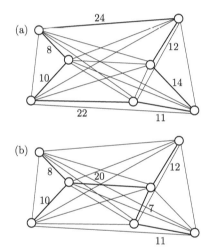

图 1   (a) 是 TSP 的一个例子的解答, (b) 是 MSTP 的一个例子的解答. 深色的线表示两个问题的相应的最佳解答中要连接的城市, 浅色的线则表示不要连接的城市

第二个问题是**最小生成树问题**(minimum spanning tree problem, MSTP). 现在我们想象有一家建筑公司, 也得到了这张有 n 个城市的地图, 但是有别的目标: 它想要建造一些道路把某几对城市连接起来, 使得这些道路建成以后, 从这 n 个城市的每一个都可以到达任意另外一个 (关键之点在于, 每一条道路都必须直接从一个城市通到另一个而不能又循环回到自己). 目标是使这个道路网络的造价尽可能低 —— 使用尽可能少的建筑材料. 图 1(b) 就 (a) 中那些城市的 MSTP 的例子画出了最佳答案.

这两个问题都有广泛的实际应用. TSP 是关于把一些对象所成的给定的集合按 "良好的次序" 加以排列的基本问题, 它的应用领域包含了从在印刷电路板上钻洞的机械臂的运动 (这里, "城市" 就是要钻洞的位置) 到在染色体上把遗传标记

(genetic marker) 排成一线的次序问题 (这时, 遗传标记就是 "城市", 其间的距离则由接近性的概率估计来导出). MSTP 是设计高效率的通讯网络的基本问题, 这一点可以从上面的例子看出来, 而光缆就起了 "道路" 的作用, MSTP 在把数据的集群分成自然的群体这个问题中起作用. 例如, 在图 1(b) 中注意其左侧的点与右侧的点是用一条比较 "长" 的连接连起来的. 在有关聚集的应用中, 这可以看成是左右两侧各成自然的群体的证据, 这就是二分图问题.

不难提出一种解决 TSP 的算法. 我们先给出排列所有这些城市 (起点城市除外, 它在事前就已经固定了) 的一切可能的次序, 每一种排列定义一种行程 —— 推销员可以按这个次序访问各个城市, 然后再回到起点 —— 而对每一个次序算出其总里程, 就是按这个次序访问各个城市, 再把从每一个城市到下一个的距离加起来. 当我们进行这个计算时, 记录下给出最小里程的那一个排列的次序, 而在做完了这个流程时, 就把这个旅途作为最佳的解答.

虽然这个算法解决了问题, 但是它极端低效率. 除了起点以外, 还有 $n-1$ 个城市, 把它们任意地排成一个序列都会定义一种行程, 所以需要考虑 $(n-1)(n-2)$ $(n-3)\cdots(3)(2)(1) = (n-1)!$ 种行程. 即使在有 30 个城市的情况, 这也已经是一个天文数字, 即令使用今天最快的计算机, 要完成这个算法所需的时间也会超过地球的预期寿命. 困难在于上面所讲的算法是一种**brute-force 搜索**(字面的意义是 "使用蛮力" 硬搜索): TSP 的可能的解所成的 "搜索空间" 极大, 而这种算法所做的事无非就是费力穿过整个空间, 考虑所有的可能性而艰苦前进.

对于大多数问题都有一种比较低效率的算法, 就是简单地进行 brute-force 搜索. 如果我们能够找到一种方法来显著地改进这种 brute-force 的做法, 问题才成为有趣的问题.

MSTP 对于怎样能找到这样的改进是一个好例子, 它不是对于给定的城市集合来考虑所有可能的道路网络, 设想一下, 我们可以试一下 MSTP 的如下近视的、"贪婪的" 途径. 把所有的城市对子按照其距离逐渐增加的次序来分类, 然后按这个次序来研究所有的对子. 当我们得到一对城市, 例如 A 和 B 时, 就检查一下在已经建成的道路的集合中有没有从 A 到 B 的直通道路. 如果已经有了, 再造一条从 A 直接到 B 的道路就是多余的 —— 请记住, 我们的目标是确定使每一对城市之间都有某一串道路把它们连接起来, 而这时 A 和 B 已经连接起来了, 所以无需再造新路. 但是, 如果在已经建成的道路网络中还没有一条从 A 到 B 的路线, 那就造一条从 A 到 B 的直通的道路 (作为一个例子, 图 1(a) 中那条长为 14 的道路就不会用这种 MSTP 算法造出来, 当我们考虑这条直通道路时, 它的两个端点都已经由两条较短的、长为 7 和 11 的道路连接起来了, 所以在图 1(b) 中这两条较短的道路都是用深色的线连接起来的).

断定这样得到的道路网络就是用最低造价造出来的, 这一点完全不明显, 但是事实上这一点是真的. 换句话说, 我们可以证明一个定理, 它本质上说的就是: "对于任意给定的输入, 上面描述的算法会生成一个最优解." 这个定理的意义在于: 我们现在有一种办法用一种效率比 brute-force 搜索不知高了多少的算法来算出最优的道路网络: 只需要把城市对子按其相互距离分一下类, 然后在这个分类清单上单向地走一次, 就能决定要造哪条道路.

上面的讨论对于 TSP 和 MSTP 的本性已经给了我们有相当量的洞察了. 我们并没有用真正的计算机程序作实验. 我们用字句来描述了两种算法, 对它们的性能作了一些断言, 而这些断言都可以陈述为数学定理并加以证明. 但是, 如果我们想要一般地谈论计算的效率, 则从这些例子中我们能够抽象出些什么呢?

3. 计算的效率

绝大多数有趣的计算问题都和 TSP 和 MSTP 一样有以下的特点: 一个大小为 n 的输入的一切可能的解构成所谓搜索空间, 其大小随 n 作指数增长. 我们可以像下面这样来领会这种爆炸性的增长率: 如果把输入的大小加一个 1, 则搜索整个空间所需的时间就要多一个乘法因子. 但是我们更喜欢一个尺度比较合理的算法: 当输入本身增加一个乘法因子时, 其运行时间也只增加一个乘法因子. 如果运行时间以输入的大小的多项式为界 —— 换言之, 就是比例于 n 的某次幂 —— 这种算法就具有这个比较合理的性质. 例如, 如果一个算法对于大小为 n 的输入最多只需要进行 n^2 步运算, 则对于大两倍的输入最多只需要做 $(2n)^2 = 4n^2$ 步运算.

部分由于像这样的论证, 1960 年代的计算机科学家采用**多项式时间**为计算的效率的工作定义: 如果一个算法对于大小为 n 的输入所需要的运算步数像 n 的某次幂那样增长, 就认为这个算法是有效率的. 用多项式时间这个具体概念作为有效率这个比较模糊的概念的替代物, 正是这一点最后以其效用决定了真实的算法发展的成败. 一念之差决定成败, 这是一个典范. 在这一方面, 多项式时间成为在实践中有惊人力量的定义: 如果能够对一个问题发展一个多项式时间的算法, 这个问题一般都是高度地能够处理的问题, 而那些缺少多项式时间的算法的问题, 甚至对于不太大的输入也会提出严重的挑战.

效率的具体的数学陈述还有一个好处, 它使得有可能以精确的方式提出以下类型的猜测, 就是某个问题不可能以有效率的方式来解出. TSP 就是这种猜测的自然的候选者, 经过了几十年的艰苦努力, 寻找 TSP 的有效率算法的企图都以失败告终. 因此, 人们都希望能够证明一个定理: "没有一个多项式时间的算法使得能在一切情况下找到 TSP 的最优解". 但是一直没有成功. 有一个理论称为 $\mathcal{NP}$ 完全性[IV.20§4] 理论, 给出了思考这样一类问题的统一的框架. 这个理论证明了有一大类计算问题, 其中真正有成千上万的自然出现的问题 (包括 TSP 在内) 在多项式时间可解性方面是等价的, 就是说如果其中一个问题有有效率的算法, 则所有这一类问题都有有效率的算法, 其逆亦真. 判定这些问题是否有有效率的算法是当代数学未解决的重大问题; 一种深刻的信念是: 这些问题没有有效率的算法, 这个信念出现在当代最著名的数学问题的清单上, 称为 $\mathcal{P}$ 对 $\mathcal{NP}$ 问题①.

像任何企图把一个直觉的概念数学化时所发生的情况一样, 以多项式时间作为效率的定义, 在实践中它在边缘情况下开始出现问题. 有一些算法可以证明其运行时间有多项式的上界, 但是在实际运用时, 效率低得毫无希望. 反过来, 也有一些著名的算法 (例如关于线性规划的标准的*单形算法*[III.84]) 在某些病态的情况下需要指数的运行时间, 但是对于实际生活中遇到的输入总是运行得很快. 对于需要处理海量的数据集合的应用, 具有多项式运行时间的算法也可能效率还不够高. 如果输入长度有 1 万亿字节 (例如在作网页快照 (web snapshot) 时, 就常有这种情况), 一个算法即令其运行时间对于输入只是有平方的依赖性也是不能用的. 对于这种应用, 一般地人们要求其尺度线性地依赖于输入的大小 —— 或者更强地要求它对于输入是 "流算法"(streaming algorithm), 就是只需让输入流过一次或两次就可以在输入流过时实时地解决问题. 流算法理论是当前的热门研究课题, 其中需要利用来自信息论、傅里叶分析和其他领域的技术. 但是, 这一切都不意味着多项式时间对于算法设计已经不适宜了, 它仍然是效率的标准的基准, 只不过新的计算应用要求推进定义的界限, 而在这个过程中产生了新的数学问题.

4. 计算上难以处理的问题的算法

在上节中, 我们确定了有一大类很自然的问题, 其中包含了 TSP, 大家都强烈地相信是没有高效率的算法的. 这虽然解释了最优地解决这些问题的困难之处, 却又提出了一个新问题: 如果在实践上遇到了这样的问题又能怎么办?

对待这种计算上难以处理的问题, 有几个战略. 其中之一是**近似**: 对于像 TSP 这样涉及从许多可能性中选取最优解的问题, 可以尝试去找一个高效率的算法, 使它能保证给出几乎和最优解一样好的解. 这种近似算法的设计是一个活跃的研究领域, 我们可以用 TSP 作为基本的例子. 假设有了一个以带有距离的地图来表示的 TSP 的实例, 我们开始来作出一个行程图, 使它的总长度最多是最短行程的两倍. 初一看来, 这个目标有点让人吃惊: 我们既然不知道怎样来计算最优行程 (当然也不知道它的长度), 怎么能保证作出的解足够短呢? 然而, 后来发现利用 TSP 和 MSTP 的一个有趣的联系, 就能找到这两个问题的最优解的关系.

考虑在给定的城市间的 MSTP 的最优解, 即一个道路网络. 请记住, 这是可以高效率地算出来的. 想找到这些城市的最短行程的推销员, 就能这样来利用这个道路网络, 他可以从一个城市开始顺着道路向前走, 一直到遇见一个死胡同为止. 然后他就回过头来退到一条他没有走过的道路的交叉路口, 他再沿着这条新路走下

---

①见条目 $\mathcal{P}$ 对 $\mathcal{NP}$ 问题[V.24]. —— 中译本注

去. 例如他可以从图 1(b) 的左上角开始沿着长度为 8 的路向前走, 这样他就要在长为 10 或 20 的两条路中选一条; 如果他选了长为 10 的道路, 他就会走到一个死胡同, 这时他就要退回这个交叉口再沿长为 20 的路走下去. 用这个方法作出的行程图每一条路都走了两次 (两个方向各一次), 所以, 如果记最优 MSTP 解里的道路总长度为 m, 我们就找到了一个长度为 $2m$ 的行程.

怎样把它与最优可能的行程图的长度 t 来比较呢? 我们先来论证 $t \geqslant m$. 这时, 因为在 MSTP 的所有可能的解中就包括了这样一种选择: 就是按照推销员在最优的 TSP 行程中连续访问的路线来建筑的道路, 而这条访问路线的总里程为 t; 另一方面, m 又是**最短可能**的道路网络的里程, 所以 t 不可能小于 m. 这样我们就知道了 TSP 的最优解的长度至少是 m. 然而我们刚才又为推销员找到了一条长度为 $2m$ 的行程, 所以 $2m \geqslant t \geqslant m$, 如我们之所需. 总之, 我们已经有了一个高效率的算法, 找出了其长度最多为最优解的 2 倍的行程.

人们在试图解决计算上难以处理的问题的大的个例时, 在实践上时常用一个从经验中观察到的算法来得出一个近乎最优的解, 虽然它们的性能还不能用证明来保证. **局部搜索算法**构成了广泛使用的一类像这样的办法. 一个局部搜索算法是从一个初始的解开始, 并对它的构造反复作 "局部的" 修改, 这样来寻求一种改进其质量的办法. 在 TSP 的情况, 局部搜索算法就是对现在使用的行程做一些改进性的修改, 例如可能注意观看这样已经访问过的城市的集合, 看一下是否反向来访问会更缩短行程. 研究者们已经在局部搜索算法和自然界的现象之间找到了一些联系, 倒如大分子时常在空间中扭曲自己, 看能否找到一个低能量的构形就是这种联系的例证, 我们可以想象, 当 TSP 试图缩减自己的长度时, 也在局部搜索算法中修正自己. 决定这样的类比能够走多远是一个有趣的研究问题.

5. 数学和算法设计: 双向的影响

数学的许多分支对于算法设计是有贡献的, 而算法设计这个问题通过对新算法问题的分析, 有时也提出新的数学问题.

计算机科学的成长定性地改变组合学和图论已经到了这样的程度, 以致算法问题和这些领域的研究主流彻底地互相交织. 概率论的技巧对于计算机科学的许多领域都成了基本的技巧: 概率算法的力量来自在执行这些算法时可以作随机的选择, 而对于一个算法的输入的概率模型, 能够使人对于来自实际问题的个例得到更加实际的看法. 这种风格的分析是离散概率理论中新问题的稳定来源.

在考虑数学中的 "刻画" 问题时, 算法的视角时常是有用的. 例如, 刻画一个素数这个一般问题就有明显的算法成分: 给定一个整数 n 作为输入, 我们可以多么有效率地决定它是否素数? (存在这样的算法, 比用所有直到 $\sqrt{n}$ 的整数去试除是指数地更好, 见计算数论[IV.3§2]). **扭结理论**[III.44] 中的问题, 如刻画无扭结的环线问题, 也有类似的算法的侧面. 设有 3 维空间中的一个圆形环 (看成由直线段连接起来的链), 以复杂的方式缠绕着自己. 我们怎样能够高效率地决定它究竟是真正地扭结在一起还是稍一移动就能使它完全不再打结呢? 在许多类似的数学背景下都可以问这一类的问题. 很清楚, 这类算法问题是非常具体的问题, 虽然它们可能已经失去了提出它们的数学家们原来的意图了.

我们不想列举出算法的思想和所有不同的数学分支的交集, 我们现在以两个个案的研究来结束本文, 这两个个案都涉及用于特定的应用的算法的设计, 也涉及在每一个个案中是怎样产生新的数学思想的.

6. 网页搜索和本征向量

随着万维网 (World WideWeb, www 网①) 从 1990 年代起日益普及以来, 计算机的研究者就一直在与一个难题搏斗: www 网上有极其大量的有用信息, 但是这些信息无政府式的构造使得没有帮助的用户很难接近正在寻找的信息, 所以, 从 www 网历史的早期起, 人们就开始发展各种搜索引擎, 使得能够为 www 网上的信息编一个索引, 能在用户询问时给出相关的网页. 但是在 www 网上与一个主题相关的网页成千上万, 哪一些极少量的网页是由搜索引擎提供给用户的? 这就是所谓**排序问题**(ranking problem): 怎样就一个主题决定哪些网页是 "最好的" 资源? 请注意它与例如 TSP 这样的具体问题的对比. 在那里, 问题的目标 (最短行程) 没有留下任何疑问, 困难只在于如何高效率地算出最优解. 对于搜索引擎的排序问题, 则完全是另一方面, 怎样把目标形式化构成了这个挑战的很大一部分 —— 一个主题的 "最好的" 网页是什么意思? 换句话说, 网页排序的算法实质上就是对一个网页质量的**定义**问题以及如何估计这个定义的问题.

第一代搜索引擎对于网页的排序完全是基于它所包含的文本. 当 www 网变得越来越大时, 这些途径就出了麻烦, 因为它们没有把隐含在超链接 (hyperlink) 中的质量判断考虑在内, 当我们在浏览网页时, 时常因为某些网页得到其他网页的 "赞同 (endorsed, 就是常说的 '背书')" 才找到了高质量的资源. 这一点洞察引导到第二代搜索引擎, 它使用**链接分析**(link analysis) 来进行排序.

这种分析中最简单的就是计算对于一个网页链接的数目, 例如查询 "报纸" 一词时, 可以用来自其他含有这个名词的网页的链接数来排序, 也就是允许含有 "报纸" 这个词的网页来对结果投票. 这样一个格式对于最顶上少数项目一般都进行得很好, 它会把最著名的报纸如《纽约时报》和《金融时报》的网址放在最前面, 然而在这后面就会出问题了, 把很多并无关系但是有很多链接的网址放在前列了.

链接中潜在的信息可以有有效的使用方法. 考虑那些与许多网址 (它们由于

---

① 原文和许多英文文献中常用 the Web 来简称万维网, 这里的 Web 的 W 用大写, 中文不好翻译, 所以译者有时使用 "www 网" 的说法, 而有时就直接说是 "网". —— 中译本注

这个选举格式而排序很靠前) 相链接的网页, 很自然地会设想, 这些链接都是由知道哪里有有趣的报纸的人做的, 于是我们可以再进行一次选举, 这一次是选有链接的网页, 如果某个网页选择了许多排序靠前的网页, 就给它以更多的选举权. 这一次重新投票会把一些不甚知名但受到比较内行的网页作者青睐的报纸的排序提前. 按照这次重新投票的结果, 我们可以对投票人的权重更加清楚. 这种 "逐步改进原理" 利用了包含在网页质量估计的集合中的信息来生成更确切估计的集合. 如果我们反复进行这种改进, 它们最后会不会收敛于一个稳定的解?

事实上, 这种改进的序列可以看成是计算某个特定矩阵的主本征向量 [I.3§4.3] 的算法, 它既确定了这个过程的收敛性, 同时又刻画了最终的结果. 为了建立这种改进与矩阵的联系, 我们要引入几个记号. 对于每一个网页, 我们都给它打两个分数: 一个是**权威性权重** (authority weight), 用来度量它作为这一主题的最初来源的质量; 另一个是**中枢权重** (hub weight), 用来度量这个网页作为最高质量内容的选举者的力量. 网页可能一个分数很高, 而另一个则不然 —— 一份好报纸不一定也是其他报纸的好向导 —— 但是没有什么来妨碍一个网页两个分数都高. 可以这样来看一轮这样的投票: 把所有指向某个网页的一切网页的中枢权重加起来, 用以更新那个网页的权威性权重 (就是说, 受到权重很高的作者链接、会使您的权威得到提高); 然后就来重新估计投票人的权重, 就是把被它链接的那些网页的权威权重加起来, 以更新它的中枢权重 (就是说连接到的高质量的网页越多, 就越能提高中枢权重).

本征向量怎样进入到这里面来呢? 对于每一个在考虑中的网页都定义一个矩阵 M, 其每一行和每一列都对应于一个网页, 如果网页 i 链接到网页 j, 就令 M 的 (i,j) 元为 1, 否则就令这个元为 0. 我们把权威性权重编码为一个竖行向量 a, 其坐标为网页 i 的权威性权重. 中枢权重也可以类似地写成一个竖行向量 h. 利用矩阵和向量的乘法的定义, 我们就能看到: 用权威性权重来更新中枢权重无非就是令 $h = Ma$; 相应地, 令 $a = M^T h$ 就更新了权威性权重 (这里 M^T 表示 M 的转置矩阵). 现在从 a_0 和 h_0 开始来进行这样的更新, 并重复 n 次, 就会得到 $a = (M^T(M(M^T(M \cdots (M^T(Ma_0)) \cdots)))) = (M^T M)^n a_0$. 但是, 这就是计算矩阵 $M^T M$ 的主本征向量的幂近似方法 (当我们这样做的时候, 还要把向量 a 的坐标除以一个尺度因子以防它无界地增长). 因此这个主本征向量就是权威性权重的稳定集合, 我们的更新就收敛于它. 用完全对称的推理, 就知道中枢权重收敛于矩阵 $M M^T$ 的主本征向量.

一个相关的以链接为基础的度量是 PageRank, 是用不同的流程定义的, 但是也是基于逐步改进. 这种做法并不区分投票人和投票对象, 而是假定了单独一类质量的度量, 对每一个网页都指定一个权重. 一个正在使用的网页权重的集合把它的权重均匀地分配给此网页所链接的网页, 这样来更新这个网页的正在使用的权重. 换言之, 与高质量的网页相链接将会提高自己的质量. 这种更新也可以写成一个矩阵法的乘, 而这个矩阵是从 M^T 得出的, 方法是将其各行除以此行所代表的网页所发出的链接的数目; 逐次更新也是收敛于一个本征向量 (这里还有一点曲折: 这时的逐次更新会使所有的权重都沉到 "死胡同" 网页, 就是不对任何网页发出链接, 因此无处传送自己的权重的网页. 这样, 为了得出应用中实际使用的 PageRank 度量, 就在每一次更新时都对每一个网页的权重加上一个小小的量 $\varepsilon > 0$, 这一点等价于使用一个稍加修改的矩阵).

PageRank 是搜索引擎 Google 的主要成分, 而中枢和权威性则形成 Ask 的搜索引擎 Teoma 和好几个别的 www 网的搜索工具的基础. 在实际使用时, 现有的搜索引擎 (包括 Google 和 Ask) 使用的都是这些基本度量的高度修正的版本, 时常是把各种搜索引擎的特点组合起来. 弄清楚关联和质量的度量是怎样与大规模本征向量的计算相联系的, 这一直是一个活跃的研究主题.

7. 分布式算法

迄今我们都是在讨论在单个计算机上运行的算法. 作为结束本文的最后一个主题, 我们简略地涉足于计算机科学的一个广阔领域, 就是分布在多台有通讯联系的计算机上的计算. 这里, 由于需要在通讯过程中考虑维持协调与相容性, 效率问题就更加重要了.

用一个简单例子来说明这些问题, 考虑自动取款机 (ATM) 的网络. 当您在一个 ATM 上取出一笔钱 x 时, ATM 需要做两件事: (1) 通知银行的一个中心计算机, 从您的账户中扣减 x; (2) 发出数量正确的实物钞票. 现在假设在 (1), (2) 两步之间, ATM 出了毛病, 所以您没有拿到钱; 您希望银行还没有把 x 从您的账户里划走. 您也可以假设 ATM 执行了这两个步骤, 但是它发给银行的通讯遗失了; 银行希望这笔钱 x 最后还是会从您的账上减去. 分布计算这个领域关心的就是如何设计算法, 使得能在发生这些困难时仍然能够正确地运行.

当一个分布系统在运行时, 有些过程可能经历很长的延误, 其中有一些可能在计算中间出错, 各个计算机之间的通讯也可能遗失. 这些情况对于关于分布系统的推理是一个明显的挑战, 因为这些失败的模式可能使每一个过程都对整个计算的**看法**稍有改变. 很容易有这样的可能性: 系统的两次运行中出现了不同模式的失败, 但是从某一个过程 P 的观点看来, 可能这两个不同模式的失败是 "不可区分的". 换句话说, 可能仅仅由于运行中的差别还没有影响到它所收到的通讯, P 就认为这两次运行是一样的. 这就可能提出一个问题: 是否 P 的最终输出会注意到这两次运行是不同的?

这类系统的研究的重大进展出现在 1990 年代, 当时把它与代数拓扑学的一个技巧联系起来了. 为简单计, 考虑一个包含了三个过程的系统 (虽然这里讲的一切都很容易推广到含有任意多个过程的系统). 考虑这个系统的一切可能的运行的集合, 每一个运行都定义了三种观点 (即每一个过程所持的观点) 的集合. 我们把对于每一次运行所持有的三种观点看成一个三角形的三个角, 并且把这些三角形按以下的规则粘合起来: 如果有两次运行在 P 看来是 "不可区分的", 就把相应于这两次所对应的三角形中与 P 相关的顶点粘在一起. 这就给了我们一个可能非常复杂的由所有的对于三角形的粘连构成的几何对象, 我们把这个对象称为这个算法的**复形**(complex)(如果过程不止三个, 就会得到一个高维的对象). 现在, 研究者们已经能够证明, 分布算法的正确性与他们定义的这种对象的拓扑性质密切相关, 而这远非明显的事情.

这是数学思想可能出人意料地出现在算法研究中的另一个强有力的例证, 而且它还引导到关于计算的分布模型极限的新的洞察. 把对于算法及其复形的分析与代数拓扑学的经典结果综合起来, 就在某些情况下解决了这一领域中的一些棘手的待解决的问题, 证明了有些任务在分布系统中是无法解决的.

进一步阅读的文献

算法设计是计算机科学课程里的一个标准主题, 是许多教科书中都会讲的, 这些教科书有 (Cormen et al., 2001; Kleinberg and Tardos, 2005). Sisper (1992) 讨论了早期的计算机科学家们关于如何把效率形式化的一些观点. TSP 和 MSTP 对于组合优化这个领域是基本的; TSP 可以看成一个棱镜, 由 Lawler 所编辑的书 (Lawler et al., 1985) 就是从这个棱镜来纵览这个领域的. 关于用计算难以处理的问题的近似算法和局部搜索在 Hochbaum 所编辑的 (Hochbaum, 1996; Aarts and Lenstra, 1997) 中都有讨论. 网页搜索和链接分析的作用包含在 (Chakrabarti, 2002) 这本书里; 除了对于网页的应用外, 本征向量和网络结构还有其他有趣的联系, 可见 (Chung, 1997). 关于分布算法, 可见 (Lynch, 1996). 用拓扑途径来分析分布算法在 (Rajsbaum, 2004) 一书中有总结.

Aarts E, and Lenstra J K, eds. 1997. *Local Search in Combinatorial Optimization*. New York: John Wiley.

Chakrabarti S. 2002. *Mining the Web*. San Mateo, CA: Morgan Kaufman.

Chung F R K. 1997. *Spectral Graph Theory*. Providence, RI: American Mathematical Society.

Cormen T, Leierson C, Rivest R, and Stein C. 2001. *Introduction to Algorithms*. Cambridge, MA: MIT Press.

Hochbaum D S, ed. 1996. *Approximation Algorithms for NP-hard Problems*. Boston, MA: PWS Publishing.

Kleinberg J, and Tardos É. 2005. *Algorithm Design*. Boston, MA: Addison-Wesley.

Lawler E J, Lenstra J K, Rinnooy Kan A H G, and Shmoys D B, eds. 1985. *The Traveling*

Salesman Problem: *A Guided Tour of Combinatorial Optimization*. New York: John Wiley.

Lynch N. 1996. *Distributed Algorithms*. San Mateo, CA: Morgan Kaufman.

Rajsbaum S. 2004. Distrbuted computing column 15. *ACM SIGACT News*, 35: 3.

Sisper M. 1992. The history and status of the $\mathcal{P}$ versus $\mathcal{NP}$ question. In *Proceedings of the 24th ACM Symposium on Theory of Compution* New York: Association for Computing Machinery.

VII.6　信息的可靠传输

Madhu Sudan

1. 引言

"数字信号" 这个概念是在 20 世纪中叶作为对电报的到来以及计算机科学的开始的反映而出现的, 而在当时还主要是一门理论学科. 当然, 用电来传输信号可以追溯到更早的时间, 但是早期的电信号主要是 "连续" 信号, 如音乐、声音等等. 新时代是以传送 (或需要传送) 比较 "离散的" 信号, 如英文句子为特征的. 英文句子可以描述为字母的有限序列, 而英文字母表是有限的. "数字信号" 这个词后来就用于这一类信息.

数字信号对于负责传递这类信息的工程师和数学家是一个新的挑战, 这种挑战的根子就在于 "噪声". 每一种通讯介质都是有噪声的, 永远不会完全准确地发送任意信号. 在连续信号的情况, 接收者 (典型情况就是我们的耳和眼) 可以就这里的错误信号作调整而学会减轻其影响. 例如当您播放一场音乐演出的老的录音时, 典型地它会发出噼啪声, 而除非录音的质量太差, 总可以忽略它们而集中注意其音乐. 然而, 在数字信号的情况, 错误可能产生灾难性的后果. 为了看到这一点, 假设我们在用英文句子传递信息, 而通讯介质偶尔也会把所发送的字母搞错一两个. 在这种情况下, 例如

WE ARE NOT READY (我们没有准备)

很容易变成

WE ARE NOW READY (我们已有准备)

就通讯介质而言, 无非错了一个字母, 但是通讯内容的意图却完全反过来了. 数字信息本质上是不能容错的, 当时的数学家和工程师的任务就是要找到一个方法使得虽然发送的过程并不是可靠的, 却要求通讯可靠.

下面是达到这个目的的方法之一. 为了发送任意的信息, 发送者要把每一个字母重复 5 次. 例如, 想要发送

WE ARE NOT READY

发信人应该发出

WWWWWEEEEE AAAAA······

只要错误不是太多, 收信人就可以这样来侦察出是否有错: 看一下每一块五个相连
的字母是否全是相同的字母. 如果不是这样, 那就很清楚在发送过程中出了错误.
如果说相连的五个字母不可能都错了 (这至少也是很不可能的), 那么由此可知, 所
得到的格式比其深层的发送手段更为可靠. 最后, 即使少几个错误是可能的, 收信
人也有可能决定真正的信息, 而不是只能说在发送过程中出了错. 举例来说, 如果
在一块五个字母中最多有两个可能是错的, 那么在每一块五个字母中, 最常见的字
母 (即 3 个或更多的字母) 仍然是原来信息中的字母, 例如

WWWMWEEEEE AAAAA

这样一个字母序列, 将被收信人读作

WE A······

然而, 每个字母重复五次使得有可能纠正两个错误, 这并不是有效率地使用通
讯信道的方法. 事实上, 下面我们将要证明, 在发送长的信息时, 可以做得好得多.
然而, 为了懂得这个议题, 我们需要更仔细地对通讯的过程、错误的模型以及性能
的度量作出定义, 下面我们就来做这件事.

2. 模型

2.1 信道和错误

关于信息传送问题, 我们需要注意的中心对象是 "通讯的通道", 简称为**信道**
(channel). 信道有一个**输入**(就是打算送出的原来的信号) 和一个**输出**(传送以后
的信号). 输入是某个集合中元素的序列, 以英文的例子作类比, 这些元素称为字
母(letter), 而这个集合则称为字母表(alphabet). 信道把输入发送给收信人, 但是其
中也会发生一些错误. 字母表以及发生错误的内在的过程就详细说明了信道的性能.

从一个脚本到另一个脚本, 字母表 Σ 是不同的, 在上面的例子中, 字母表是由
英文字母{A, B, ..., Z}可能还有一些标点符号组成的, 在绝大多数通讯的脚本中,
字母表是由 "字母"0 和 1 组成的 "二进字母表"(binary alphabet), 这两个字母称为
bit. 另一方面, 在设计信息存储 (例如存储在 CD (compact discs) 或 DVD(digital
versatile discs) 中) 时, 字母表则含有 256 个称为 "字节"(bytes) 的元素 (就是字节
字母表).

说明字母表是容易的, 但是要为发生错误的方式作一个好的数学模型, 就需要
小心得多. 一个极端是由汉明 (Richard Wesley Hamming, 1915–1998, 美国数学家)
在 1950 年提出的最差情况模型, 其中对于信道可能有的错误的数目有一个限制, 但
是在这个限度以内, 它选出的错误是有尽可能大的破坏性的错误, 比它友好一点的

一类错误是香农 (Claude Elwood Shannon, 1916–2001, 美国数学家和电子工程师, 信息论的开创者) 在 1948 年提出的, 他建议, 错误可以用一个概率过程为模型.

我们将要选择一个概率模型来说明下面的许多概念. 在这个模型中, 信道上的错误用一个实数 p, $0 \leqslant p \leqslant 1$ 来说明, p 就是每一次使用信道时发生错误的概率. 说得更确切一点就是, 如果发信人发出一个元素 $\sigma \in \Sigma$, 则输出仍为这个元素 σ 的概率为 $1 - p$, 而输出另一个元素 σ' 的概率为 p. σ' 在 Σ 中可以均匀地随机选取. 进一步说, 这些错误是互相独立的, 即信道发送每一个字母时都会重复发送过程, 而完全不记得它以前是怎样发送的, 这一点对于这个模型至关重要. 我们在下文中把适合这个模型的信道称为具有参数 p 的 Σ 对称信道, 记作 $\Sigma - SC(p)$. 一个具有特殊重要性的特例是二进对称信道, 它就是 Σ 为二进字母表 $\{0, 1\}$ 时的 Σ 对称信道. 这时, 如果输入 bit 为 0, 则输出 bit 为 0 的概率是 $1 - p$, 而输出 bit 为 1 的概率是 p.

虽然这个模型可能过于简单化了 (而在 Σ 不是二进字母表 $\{0, 1\}$ 时, 这个模型甚至是不自然的), 后来却发现了当我们试图使通讯可靠时, 所遭遇到的大多数数学挑战的实质尽皆涵盖其中. 此外, 在这个背景下得到的使得通讯可靠的解决方法有许多被推广到其他脚本中去了, 所以这个简单的模型在实用上和对于通讯的理论研究上都是很有用的.

2.2 编码和解码

假设发信人希望在可能发生错误的信道上发送一个序列, 补救这里的错误的一个方法是: 在这个信道上不是发送这个序列本身, 而是这个序列的一个经过修改的包含冗余信息的版本, 我们所选用的修改过程就叫做对于这个信息的**编码**. 我们已经看到了这种编码的方法之一, 就是把这个序列的各项重复若干次, 但是这绝非唯一的方法, 所以在讨论编码时, 我们使用下面的框架: 如果发信人有一封信要发出, 信中含有 Σ 中 k 个元素的序列, 就用某种方法把它扩充成为一个新序列, 其中含有 Σ 的 $n > k$ 个元素. 形式的说法就是: 发信人对于这个信息施加了一个编码函数 $E : \Sigma^k \to \Sigma^n (\Sigma^k$ 表示 Σ 中字母的长度为 k 的序列的集合). 所以, 如果发信人想要发送一个信息 $m = (m_1, m_2, \cdots, m_k)$ 给收信人, 则他在信道上发送的并不是 m 的 k 个符号, 而是 $E(m)$ 的 n 个符号. k/n 叫做**编码率** (encoding rate), 或者就说是 "率"(rate).

这里就有可能引进一些错误, 收信人收到一个序列 $r = (r_1, r_2, \cdots, r_n)$, 这时他的目标就是把序列 r "压缩" 回到 k 个字母的信息, 并消除其中的错误, 而得到原来的信息 m(至少当错误不是太多时是这样). 他做这件事的方法是再施加一个**解码函数** $D : \Sigma^n \to \Sigma^k$, 这个解码函数告诉我们长度为 n 的序列又如何变回原来的长为 k 的序列.

这种 E 和 D 的可能的函数对子正是通讯系统的设计者可以使用的选择, 这种选择决定了系统的性能, 我们来讲一下怎样度量这种性能.

2.3 目标

如果用颇为非形式的话来说, 我们的目标是三重的, 我们想要使通讯尽可能地可靠, 同时, 我们也想最大限度地使用信道, 最后, 我们还想用高效率的计算来做到这一点, 下面我们就来比较仔细地在上面提到的 $\Sigma - SC(p)$ 模型的情况下解释这些目标.

先考虑可靠性. 如果我们从信息 m 开始, 把它编码为 $E(m)$, 把它送到信道中, 这时就可能引进某些随机的错误, 以后输出一个符号串 y. 收信人则把 y 解码, 得到一个新信息 $D(y)$. 对于每一个信息 m, 都有产生解码错误的概率, 就是 $D(y)$ 并非原来的信息 m 的概率. 通讯的可靠性就以这种概率的最大值来度量. 如果这个最大值很小, 则不论原来的信息 m 是什么, 都不大可能出现解码错误, 这时我们就认为通讯是可靠的.

其次我们来看一下信道使用的程度, 它是以**编码率** (rate of encoding, encoding rate) 来度量的, 也就是以比值 k/n 来度量. 换句话说, 也就是用原来信息的长度与编码以后的信息的长度之比来度量, 这个比越小, 就是使用信道的效率越低.

最后, 实际的考虑要求我们能够尽快地完成编码和解码: 一对可靠而且使用信道的效率很高的编码与解码函数, 如果计算起来太费时的话, 就没有什么大用. 采用算法设计中标准的规约, 如果一个算法的运行是多项式时间的, 就认为它是可行的: 就是要求运行时间以输入和输出的长度的多项式函数为上界.

为了说明上面的思想, 我们来分析 "重复编码", 即把字母表中的每一个字母都重复五次. 为简单计, 设字母表 Σ 就是 $\{0, 1\}$, 而令概率 p 为固定的, 考虑此模型当信息长度 k 趋于 ∞ 时的渐近性态. 我们的编码函数把长度为 k 的符号串变为长度为 $5k$ 的符号串, 所以它对信道的利用率只有 $1/5$. 对于一个特定的符号的五次发送中, 包含三个或更多个错误的概率是

$$p' = \binom{5}{3} p^3 (1-p)^2 + \binom{5}{4} p^4 (1-p) + \binom{5}{5} p^5.$$

发送这五个符号不发生错误的概率则为 $1-p'$, 所以没有解码错误的概率是 $(1 - p')^k$, 有解码错误的概率则为 $1 - (1 - p')^k$. 如果固定 $p > 0$, 而令 $k \to \infty$, 则 $(1 - p')^k$ 指数地趋于零, 而解码错误的概率趋于 1, 所以这个编码/解码函数对是高度不可靠的, 它对于信道的利用率只有 $1/5$, 也不是很高, 唯一可以作为补偿的特点是它很容易计算 (它的计算效率很容易看到是其运算次数以 k 的一个线性函数为上界).

补救重复编码的方法之一是把每一个符号重复 $c \log k$ 次. 对于一个相当大的常数 c, 解码错误的概率趋于 0, 但现在编码率也趋于 0. 在香农的工作出现以前, 大概人们会相信, 这样一种优劣互补是不可避免的: 每一个编码/解码函数对, 要么编码率会趋于零, 要么犯错的概率会趋于 1. 但是在本文后面, 我们会看到, 事实上有可能定义一种编码格式同时达到我们的三个目标: 它们以一个正的编码率在运行; 它们可以改正在运行时间的一个正的百分比的部分上出现的错误, 而且它们运用高效率的算法来编码和解码. 这一个了不起的结果的绝大部分的洞察来自香农 (Shannon, 1948) 这篇里程碑式的论文, 他在这篇论文中给出了第一个这样的编码和解码函数的例子, 能够满足前两个目标, 虽然还不能高效率地计算.

所以, 香农的编码和解码函数还不能实用. 但是利用我们做事后诸葛亮的优势地位, 我们能够看到, 放弃计算有效性以得到对信道的某些理论上的洞察是极富成果的, 这里有一个虽然不一定能普遍适用经验法则在起作用: 一个最好的编码和解码函数可以任意接近地和一个能够有效率地计算的编码和解码函数匹配起来, 这就说明了把计算的有效率性和另外两个目标分开来考虑是合理的.

3. 好的编码和解码函数的存在

我们在本节中将要证明: 存在具有极佳的编码率和可靠性的编码和解码函数. 为了讲述这些首先由香农证明的结果, 先考虑两个由汉明的工作中引入的两个相关的概念是有用的, 这个工作和香农的结果基本上是同时期的.

为了弄懂这些概念, 我们从描述究竟是什么使一个编码函数 E 优于另一个编码函数. 解码函数的任务是在得到一个符号串 y 以后恢复原来的信息 m. 注意这与恢复已编码的信息 $E(m)$ 是等价的, 因为没有两个信息会以同样的方式编码. 可能的已编码的信息称为暗号用语(codeword), 就是说暗号用语就是一个可能是某个信息 $m \in \Sigma^k$ 的 $E(m)$, 其长度为 n.

我们现在担心的是在引进了错误以后有可能把两个暗号用语混淆起来, 而这件事只依赖于暗号用语的集合, 而不问哪一个暗号用语代表哪一个原来的信息. 因此, 我们要采用一个看起来有点怪的定义: 一个**纠错码**(error-correcting code) 就是一个任意的长度为 n 的字母表 Σ 中的符号串 (也就是 Σ^n 的任意子集合). 一个纠错码中的符号串仍然叫做一个暗号用语. 这个定义完全忽略了一个信息编码的真实过程, 这样就可以完全集中于编码率和解码错误, 而忽略计算的效率. 如果给了我们一个编码函数 E, 则相应的纠错码只不过就是 E 的所有的暗号用语的集合. 从数学上说, 这就是函数 E 的像.

是什么使得一种纠错码比另外一种更好或者更差? 为了回答这个问题, 我们假设字母表为 $\{0,1\}$, 而码文中有两个符号串 $x = (x_1, x_2, \cdots, x_n)$ 和 $y = (y_1, y_2, \cdots, y_n)$, 二者只有 d 个分量不同. 如果引入错误的概率为 p, 则 x 变成 y 的概率为 $p^d (1-p)^{n-d}$.

假设 $p < 1/2$, 这个概率当 d 增加 (减少) 时会变小 (大), 从而二者被混淆的机会也就变小 (大) 了. 所以, 我们更愿意码文中不会有这样的情况, 就是有太多的符号串对子只在很少几个分量上互不相同. 类似的论据对于更大的字母表也是适用的.

上面的思想引导到一个在这个背景下很自然的定义. 给定一个字母表 Σ, 以及 Σ^n 的两个符号串 $x = (x_1, x_2, \cdots, x_n)$ 和 $y = (y_1, y_2, \cdots, y_n)$, 它们之间的 **汉明距离**(Hamming distance) 就是使得 $x_i \neq y_i$ 的指标 i 的个数. 例如令 $\Sigma = \{a, b, c, d\}$, 而 $n = 6$, 则符号串 abccad 和符号串 abdcab 因为只有第 3 和第 6 个分量不同, 而其余的都相同, 所以它们的汉明距离就是 2. 我们的目标就是找一个编码函数, 使得与之相关的码文能把一对典型的暗号用语的汉明距离最大化.

香农对这个问题的解决只是 **概率方法**[IV.19§3] 的极简单的应用, 他随机地取一个编码函数, 就是说对于每一个信息 m, 完全随机地在 Σ^n 中取一个编码 $E(m)$, 而且各种选取的方法机会都是均等的. 进一步再设对于每一个信息 m, 这个选择和对任意另一个信息 m' 的编码是独立的. 下面的结果只是基本的概率论的一个很好的习题: 这样的选择几乎一定会引导到暗号用语之间的汉明距离平均地较大的码文, 但是我们不来证明这件事, 相反地, 我们将要论证这种随机选择能够引导到从编码率和可靠性看来是 "近乎最佳" 的编码函数.

我们先来考虑解码函数应该是什么样的. 在没有关于计算效率的要求的情况下, 很难说什么是 "最佳的" 解码算法. 如果您收到了一个符号序列 z, 就要选择一个信息 m, 而它是最可能经过编码得出 z 的. 对于模型 $\Sigma - SC(p)$, 其中 $p < 1 - 1/|\Sigma|, |\Sigma|$ 表示字母表 Σ 的长度, 很容易验证, 这个 z 就是使得编码后的 $E(m)$ 是按汉明距离最接近于 z 的 (如果最短距离是由 $E(m)$ 和 $E(m')$ 同时达到的, 则可以在二者之中任选一个). 在这里关于 p 的条件是很重要的, 它保证了当把 $E(m)$ 送入信道后, 任意一个分量的最可能的输出在 $|\Sigma|$ 个可能的输出中必定是输入相同的. 如果没有这一个条件, 就没有理由希望 z 接近 $E(m)$. 我们将要论证, 一定存在一个只依赖于错误概率 p 和字母表大小 $|\Sigma|$ 的常数 C, 使得对于任意的、编码率小于 C 的随机的编码函数, 这一个解码函数有很高的恢复原来信息的概率. 说一句离题的话, 香农还证明了任何想要以高于 C 的编码率来传送信息的企图必然以指数地接近于 1 的概率造成错误. 由于这个结果, 这个常数 C 就称为 **香农容量**(Shannon capacity).

我们又一次为简单起见考虑二进字母表 $\{0, 1\}$. 这时, 我们要选一个随机函数 $E : \{0, 1\}^k \to \{0, 1\}^n$, 而且想要证明, 在适当的场合, 所得到的码几乎确定是非常可靠的. 为此, 我们集中注意于一个信息 m, 并且依靠两个基本的思想.

第一个思想是 **大数定律**[III.71§4] 的精确的形式. 如果出现错误的概率是 p, 则被引进的暗号用语 $E(m)$ 中错误的数目的期望值是 pn, 因此, 如果 n 很大, 我们可以期望, 实际出现的错误肯定就很接近这个期望值, 正如同如果您抛掷一个公正的硬币 1 万次, 而得到的正面并不接近 5000, 您就会很吃惊. 这一点可以形式地表示为下面的结论.

断言   *存在一个常数 $c > 0$, 使得错误的个数超过 $(p+\varepsilon)n$ 的概率最多为 $2^{-c\varepsilon^2 n}$.*

关于错误的个数小于 $(p-\varepsilon)n$ 的概率, 也可以这样说, 但是我们不会用到这个结果.

当 n 很大时, $2^{-c\varepsilon^2 n}$ 极小, 所以错误的数目几乎一定最多为 $(p+\varepsilon)n$. 错误的数目等于信道的输出 y 到被传送的暗号用语 $E(m)$ 的汉明距离. 因此, 如果要选择具有到 y 有最小汉明距离的暗号用语, 只要没有这样的信息 m' 使 $E(m')$ 到 y 比 $(p+\varepsilon)n$ 更近, 就几乎一定会选择 $E(m)$.

使我们说几乎一定就是这个情况的第二个思想是 "汉明球体" 是很小的. 令 z 为 $\{0,1\}^n$ 中的一个序列, 围绕着 z 的半径为 r 的汉明球体就是所有到 z 的汉明距离小于 r 的序列 w 的集合. 这个集合有多大? 为了确定一个到 z 的汉明距离恰好为 d 的序列 w, 只需要指定 w 与 z 不同的那些分量位置的集合就行了. 这个集合有 $\binom{n}{d}$ 种方法来确定, 所以汉明距离最多为 r 的序列的个数是

$$\binom{n}{0} + \binom{n}{1} + \binom{n}{2} + \cdots + \binom{n}{r}.$$

如果 $r = \alpha n$ 而 $\alpha < 1/2$, 则此数最多是 $\binom{n}{r}$ 的常数倍, 因为上式的每一项至少是前一项的

$$\frac{n-r}{r} = \frac{1-\alpha}{\alpha}$$

倍, 但是

$$\binom{n}{r} = \frac{n!}{r!\,(n-r)!}.$$

如果我们应用斯特林公式[III.31], 或者应用更松一点的估计 $n! \approx (n/e)^n$, 就知道上面算出来的这些序列的个数最多是 $(1/\alpha(1-\alpha))^n$, 而此数可以写为 $2^{H(\alpha)n}$, 其中

$$H(\alpha) = -\alpha \log_2 \alpha - (1-\alpha)\log_2(1-\alpha)$$

(注意 $H(\alpha)$ 是正的, 这时因为 $0 < \alpha < 1$, 所以 $\log_2 \alpha$ 和 $\log_2(1-\alpha)$ 都是负数). 函数 H 称为**熵函数**. 它是连续的, 而且在区间 $\left[0, \frac{1}{2}\right]$ 上严格单调上升, $H(0) = 0, H\left(\frac{1}{2}\right) = 1$. 所以, 如果 $\alpha < \frac{1}{2}$, 则 $H(\alpha) < 1$, 而 $2^{H(\alpha)n}$ 指数地小于 2^n, 就是 $\{0,1\}^n$ 中元素的个数. 正是在这个意义下, 我们说半径为 αn 的汉明球体是很小的.

令 α 为 $p + \varepsilon < \frac{1}{2}$, 因此单个随机选择的序列 $E(m')$ 在围绕着 y 而汉明半径为 $(p + \varepsilon)n$ 的汉明球体中的概率最多为 $2^{H(p+2\varepsilon)n}2^{-n}$ (这里选用 $p + 2\varepsilon$ 而不用 $p + \varepsilon$ 是为了补偿上面对于球体的体积的估计不够准确). 因为对于 m' 的选择有 $2^k - 1$ 个可能性, 所以我们能够找到 $E(m')$ 位于球体之内的概率最多是 $2^k 2^{H(p+2\varepsilon)n}2^{-n}$. 因此, 如果 $k \leqslant n(1 - H(p + 2\varepsilon) - \varepsilon)$, 则这个概率最多为 $2^{-\varepsilon n}$, 而是一个指数阶的小量.

因为可以取 ε 任意小, 所以可以使 k/n 任意地接近于 $1 - H(p)$ 而仍维持解码错误的概率为指数阶小. 可以证明, $1 - H(p)$ 就是前面讨论过的常数 C, 就是二进对称信道的汉明容量. 所以, 只要 $p < \frac{1}{2}$, 二进对称信道的容量就总是正的.

香农定理及其证明比上面的例子所说明的要更为一般. 对于很多种信道和关于 (概率) 错误的很多模型, 他的理论都能够确定信道的容量, 并且证明当且仅当编码率小于其容量时可靠的通讯是可能的. 香农的证明是概率论方法在实际工程问题中应用的一个了不起的例子. 然而请注意, 仍然没有切于实用的编码和解码的算法. 这个证明对于如何来找出编码函数没有给出任何线索, 虽然我们当然可以考虑每一个编码函数 $E : \{0,1\}^k \to \{0,1\}^n$ 并检验它是否一个好的编码函数. 然而, 即令找到了这样一个函数, 也可能并没有简洁的描述, 这样, 编码者和解码者都需要把这个编码函数作为一个指数长的表来存储在他们的存储中. 最后, 解码算法似乎涉及用 brute-force 搜索来找一个最接近的暗号用语, 这个问题似乎是得到香农定理的一个可以实用的高效率版本的最严重障碍, 这个定理确实给了我们对于通讯信道的局限性以及潜在功效的一种洞察. 心中有了这种洞察, 我们在设计比较实用的编码与解码过程时, 就有了正确的目标. 在下一节中, 我们要证明有可能找一个编码与解码函数, 它具有固定的大于某正数的编码率, 又能容忍一定比例的错误, 而且是用高效率的算法来完成这些事的.

4. 高效率的编码和解码

现在我们回到设计能够高效率地计算的编码和解码函数的任务. 在当前, 至少有两种很不相同的途径来建立这种函数. 我们在这里只讲以有限域上的代数为基础的途径. 另一个途径则以扩张图[III.24] 为基础, 但是我们在此不来讲它.

4.1 用代数来作具有大字母表的码

在本节中我们来讲一个简单的方法来构造出一个编码函数 $E : \Sigma^k \to \Sigma^n$, 这里的 Σ 是至少含有 n 个元的有限域[I.3§2.2](回忆一下, 只要 q 是一个形如 p^t 的正整数, p 是素数, t 是正整数, 则一定存在含有 q 个元的有限域). 这个域是在 (Reed, Solomon, 1960) 一文中给出的, 所以这样做出的码就称为 **Reed- Solomon 码**.

一个 Reed-Solomon 码是由域 Σ 中 n 个不同的元 $\alpha_1, \cdots, \alpha_n \in \Sigma$ 给出的,其方法如下: 给定一个信息 $m = (m_0, m_1, \cdots, m_{k-1}) \in \Sigma^k$, 就作多项式 $M(x) = m_0 + m_1 x + \cdots + m_{k-1} x^{k-1}$. m 的编码简单地就是序列 $E(m) = M(\alpha_1), M(\alpha_2), \cdots,$ $M(\alpha_n)$. 换句话说, 为了把序列 m 编码, 就以这个序列的各项为系数作一个 $k-1$ 次多项式, 再取这个多项式在 $\alpha_1, \cdots, \alpha_n$ 各点的值即可.

在介绍这个码的纠错能力之前, 我们先要注意到它是非常简洁地表示出来的, 所有需要确定的只是: 它是用一个域 Σ 和其中的 n 个元 $\alpha_1, \cdots, \alpha_n$ 表示出来的. 很容易证明, 为了计算出码的一个分量 $M(\alpha)$ 的值只需要最多 Ck 次加法和乘法, 这里 C 是某个常数 (例如为了算出 $3\alpha^3 - \alpha^2 + 5\alpha + 4$, 这里 $k = 4$, 您可以从 $m_0 = 3$ 开始, 乘以 α, 再减去 $m_1 = 1$, 再乘以 α, 加 $m_2 = 5$, 再乘 α, 然后加 $m_3 = 4$. 所以加减法作了 k 次, 还有 $k-1 = 3$ 次乘法, 总数不到 $2k$ 次). 在一般情况下, 算出编码所需的域中的运算总次数有一个上界 Cnk, 不过这里的 C 与上面所说的 C 不一定相同 (事实上, 对于编码问题, 还知道更复杂但是也有更高效率的算法, 而只需要最多 $Cn(\log n)^2$ 步运算).

现在来考虑这个码的纠错性质. 我们开始先证明, 对于 Σ^k 中两个不同的信息 m_1 和 m_2, 编出的码的汉明距离最多是 $n - (k-1)$. 为了证明这一点, 令与 m_1 和 m_2 相关的多项式分别是 $M_1(x)$ 和 $M_2(x)$. 它们的差 $p(x) = M_1(x) - M_2(x)$ 的次数最多是 $k-1$, 但是不能恒等于 0(因为 m_1 和 m_2 是不同的信息), 所以最多有 $k-1$ 个根. 就是说最多有 $k-1$ 个 α 使 $M_1(\alpha) = M_2(\alpha)$. 令与 m_1 和 m_2 相关的多项式分别是 $M_1(x)$ 和 $M_2(x)$, 则这两个信息的码

$$E(m_1) = (M_1(\alpha_1), M_1(\alpha_2), \cdots, M_1(\alpha_n))$$

和

$$E(m_2) = (M_2(\alpha_1), M_2(\alpha_2), \cdots, M_2(\alpha_n))$$

中最多有 $k-1$ 个分量相同, 所以它们的汉明距离最少是 $n - (k-1)$.

由此可知, 对于任意的符号序列 z, 它至少与 $E(m_1)$ 和 $E(m_2)$ 中的一个, 其汉明距离大于 $\frac{1}{2}(n-k)$(如若不然, 则 $E(m_1)$ 和 $E(m_2)$ 中的汉明距离将最多为 $n-k$, 而与上面的结果矛盾). 因此, 如果在发送过程中出现错误的个数最多为 $\frac{1}{2}(n-k)$, 则原来的信息 m 将由收到的序列 z 唯一决定. 远非那么显然的事实是: 存在一个高效率的算法来作出这个 m, 但是, 值得注意的是有可能用 (对于 n 的) 多项式时间的算法来算出这个 m. 下面我们就来讲这件事.

我们需要解码函数做什么事情? 对于解码, 是给定了数 $\alpha_1, \cdots, \alpha_n$ 和已经收到的序列 z, 要求做的是找一个次数为 $k-1$ 或更小的多项式 M, 使得最多除了 $\frac{1}{2}(n-k)$ 个 i 以外都有 $M(\alpha_i) = z_i$. 如果这个多项式 M 存在, 我们刚才看到它一

定是唯一的, 而它的系数就给出原来的信息 m(如果错误的个数最多是 $\frac{1}{2}(n-k)$).

如果没有错误, 我们的任务就会容易得多: 可以从一个次数为 $k-1$ 的多项式的 k 个值算出它的 k 个系数来, 这只需要求解一个 k 元的联立线性方程组. 然而, 如果我们所用的值中有错误的, 最后就会得到一个完全不同的多项式, 所以这个方法对于我们所面临的问题并不那么好用.

为了克服这里的困难, 我们想象 M 是存在的, 而在 $M(\alpha_1),\cdots,M(\alpha_n)$ 中, 对于下标 $i_1,\cdots,i_s$, $s\leqslant\frac{1}{2}(n-k)$, $M(\alpha_i)$ 是错误的. 这时, 多项式 $B(x)=(x-\alpha_{i_1})\cdots(x-\alpha_{i_s})$ 的次数最多是 $\frac{1}{2}(n-k)$, 而当且仅当 $x=\alpha_{i_j}$, $j\in\{1,2,\cdots,s\}$ 时为 0. 现在设 $A(x)=M(x)B(x)$. 这个 $A(x)$ 是一个次数最多为 $k-1+\frac{1}{2}(n-k)=\frac{1}{2}(n+k-2)$ 的多项式, 而对于每一个 i 都有 $A(\alpha_i)=z_iB(\alpha_i)$(当没有错误时, 因 $M(\alpha_i)=z_i$, 而此式是显然的, 当有错误时, 上式双方都是零).

反过来, 假设能够找到一个次数最多为 $\frac{1}{2}(n+k-2)$ 的多项式 $A(x)$ 以及一个次数最多为 $k-1$ 的多项式 $B(x)$, 使得对于每一个 i 都有 $A(\alpha_i)=z_iB(\alpha_i)$. 这时 $R(x)=A(x)-M(x)B(x)$ 是一个次数最多为 $\frac{1}{2}(n+k-2)$ 的多项式, 而且当 $M(\alpha_i)=z_i$ 时都有 $R(\alpha_i)=0$. 因为错误最多只有 $\frac{1}{2}(n-k)$ 个, 所以 $M(\alpha_i)=z_i$ 至少发生 $n-\frac{1}{2}(n-k)=\frac{1}{2}(n+k)$ 次. 这样一来多项式 $R(x)$ 的次数小于其根的个数, 所以它一定恒等于 0, 而对每一个 x 都有 $A(x)=M(x)B(x)$. 这样, 我们就能决定 M: 给定 k 个使 $A(x)$ 和 $B(x)$ 都不为 0 的 x 之值, 就可以定出 $M(x)=A(x)/B(x)$ 之值, 从而决定了 M.

余下需要证明的就是: 我们可以实际地 (即高效率地) 找到具有上述性质的多项式 $A(x)$ 和 $B(x)$, n 个约束 $A(\alpha_i)=z_iB(\alpha_i)$ 就成立了对 $A(x)$ 和 $B(x)$ 的未知系数的 n 个线性约束, 因为 B 有 $\frac{1}{2}(n-k)+1$ 个系数, 而 A 有 $\frac{1}{2}(n+k)$ 个系数, 总共就有 $n+1$ 个未知的系数. 因为方程组是齐次的 (就是说, 如果令所有的未知数都为 0 也可以得到一个解), 而未知数的个数又大于约束的数目, 所以一定有非平凡解存在, 就是有这样的解, 使得 $A(x)$ 和 $B(x)$ 不会都是零多项式. 此外, 我们可以用高斯消去法来找到这个非平凡解, 而高斯消去法最多可以用 Cn^3 步来完成.

总结起来, 我们可以利用下面的事实来构造出一个码, 这个事实就是两个次数较低的不同的多项式不会在自变量的太多的值上相等, 然后再用低次多项式的刚性的代数结构来作解码, 使我们能够这样做的主要工具是线性代数, 特别是解联立的线性方程组.

4.2　用好的码来减少字母表的大小

前节所描述的方法告诉了我们怎样用高效率的编码和解码算法来构造出码, 但是它们需要用相对较大的字母表. 在本节, 我们要利用这些结果建立二进码.

一开始, 我们考虑一个把大字母表上的码转变成二进字母表{0,1}上的码的非常明显的方法. 为简单计, 假设已经有了一个在长为 2^l 的字母表 Σ 上的 Reed-Solomon 码, 这里 l 是一个正整数. 然后, 可以对 Σ 的每一个元各附加上一个长度为 l 的二进符号串. 这时, 就可以把映 Σ^k 到 Σ^n 的 Reed-Solomon 编码函数看成一个由 $\{0,1\}^{lk}$ 到 $\{0,1\}^{ln}$ 的函数(例如, Σ^k 的一个元是 k 个对象所成的序列, 而每一个对象又都是一个长度为 l 的二进符号串, 把它们放在一起就得到一个长度为 lk 的二进符号串). 因为两个不同的信息至少有 $n-k+1$ 个 Σ 之元不同, 所以也至少有 $n-k+1$ 个 bit 不同.

这就在二进字母表上给出了一个相当合理的码. 然而 $n-k+1$ 不会如 ln 的某个固定的部分那么大, 因为比 $(n-k+1)/ln$ 小于 $1/l$, 而我们需要 Σ 的大小 2^l 至少是 n, 所以这一部分所占的比最多是 $1/\log_2 n$, 而当 $n \to \infty$ 时它会趋于 0. 然而我们马上就会看到, 它可以用简单的方法固定下来.

对于简单的二进途径有一个问题, 即 Σ 的两个不同的元可能用只相差一个 bit 的序列来表示. 然而, 两个长度为 l 的二进序列的汉明距离通常要大得多, 更像是 cl, 而 c 是一个正常数. 假设可以把 Σ 的元表示为长为某个 L 的二进序列, 而这些序列中任意两个的汉明距离至少是 cL, 这就使得我们可以改进上面的论证如下: 如果两个信息至少在 Σ 的 $n-k+1$ 个元上不同, 则它们必须至少在 $cL(n-k+1)$ 个 bit 上不同, 而不是只在 $n-k+1$ 个 bit 上不同, $cL(n-k+1)$ 占 Ln 的比是一个正的分数.

我们所要求的是把一个长为 l 的二进序列编码成为一个长为 L 的序列, 并使没有两个暗号用语相互距离比 cL 更近. 但是在前节中已经知道, 只要 L 和 c 满足适当的条件, 这样一个编码是存在的, 例如可以在 $L \leqslant 10l, \quad c \geqslant 1/10$ 时找到这样的编码函数.

那么我们怎样来做这件事呢? 我们从一个长度为 lk 的信息 m 开始. 和上面一样, 把它与字母表 Σ 的一个长为 k 的序列联系起来. 然后再用 Reed-Solomon 码把它编码, 得出字母表 Σ 的一个长为 n 的序列. 下一步, 把这个序列的每一项转换成一个长为 l 的二进序列. 最后再把这 n 个二进序列的每一个用一个好的编码函数编码为一个长为 L 的序列, 这样得到一个长为 Ln 的二进序列. 我们就把这个序列从信道中传送出去, 在这个过程中错误就可能产生了. 收信人把所收到的序列分成 n 块, 而每一块的长度各为 L, 并把每一块都解码, 看得到了什么样的长为 l 的二进序列, 把这样的序列解释为 Σ 的元. 这样得出了 Σ 的 n 个元所成的序列. 收信人然后就用 Reed-Solomon 解码算法把它解码, 生成了 Σ 的 k 个元. 最后再把这 k 个

元转变为长为 lk 的二进序列.

这里把长为 l 的二进序列编码为长为 L 的二进序列以及反过来又把它解码为长为 l 的二进序列, 但关于这两个过程的效率, 我们还什么都没有说, 只是说这个编码和解码都是存在的. 但既然我们说现在是把效率问题作为优先来考虑, 这样, 什么都没有说就显得有点奇怪, 我们现在不是正面临着与开始时同样的问题了吗? 幸运的是情况并非如此, 因为虽然这里的编码和解码可能需要指数长的时间, 它们只是作为 L 的函数才是指数函数, 而 L 比 n 要小得多. 确实, L 是与 $\log n$ 成比例的, 所以 2^L 以 n 的多项式函数为上界. 这里有一个很有用的原理: 只要一个流程是仅仅作用于非常短的符号串, 就可以容许具有指数复杂性的流程.

这样, 尽管我们没有显式地确定出码来, 却已经证明了确有仅运行一个多项式时间的编码和解码算法, 而且这些算法能纠正错误中的一个正的比例的部分. 为了结束这一节, 我们再来谈一下迄今还没有说过的解码错误的概率. 上面说到的编码 (还有解码) 函数可以用来改进以上的码, 使得编码和解码都只需多项式时间, 但是现在解码错误的概率在具有参数 p 的二进对称信道上是指数地小, 其编码率又可以任意地接近于理论上的最大值即香农容量 (这里的思想是做一个编码率接近于 1 的具有随机内码的 Reed-Solomom 码, 然后证明具有随机的错误, 绝大多数内解码步骤是在正确的解码, 然后再用外解码步骤把 "绝大部分正确的解码" 转变为 "完全正确的解码").

5. 对于通讯和存储的影响

纠错码的数学理论对于信息的存储和通讯的技术有深刻的影响, 下面我们稍微详细地介绍一下.

在数码介质里存储信息可能是纠错码最成功的故事. 存储介质的绝大部分已知的形式, 特别是音频和数据的 CD 和 DVD 的标准, 都采用了以 Reed-Solomon 码为基础的纠错码. 特别是它们都是基于一个把 $\mathcal{F}_{256}^{223}$ 映为 $\mathcal{F}_{256}^{255}$ 的码, 这里 $\mathcal{F}_{256}$ 是一个具有 256 个元的有限域. 在音频 CD 中, 用这种码来防止微小的擦痕, 虽然严重的擦痕仍然会造成听得见的错误. 在数据 CD 中纠错就更强一些 (含有更多的冗余), 使得较严重的擦痕也不会造成数据的丢失. 在所有的情况 (包括 CD 和 DVD) 中, 这些设备的阅读器在阅读其上的信息时, 都使用快速的解码算法. 这些算法典型地都是基于上一节的思想, 但是执行这个思想要快得多 (特别是广泛使用了 E. Berlekamp 的一个算法). 事实上, 有好几个 CD 阅读器比较快地阅读就归功于比较快的解码算法. 类似地, DVD 比起 CD 来有较大的存储量也要归功于较好的纠错码. 说真的, 数字地存储音乐的音频 CD 比起以连续形式存储音乐的传统的留声机唱片来, 现在占了统治地位, 而留声机唱片已经快要消亡了. 这里面纠错技术起了关键作用. 这样, 编码和解码理论的数学的进展在这个技术上是有影响的.

类似于此, 纠错码在通讯上也有深刻的效果. 自从 1960 年代末以来, 在卫星和地面站的通讯上也使用了纠错码 (和解码). 近来, 纠错码还被用于手机通讯和调制解调器 ("猫") 上. 在写作本文时, 使用的最普遍的仍然是 Reed-Solomon 码, 但是自从一类新的码 (称为 turbo 码) 被发现以来, 情况正在很快地改变. 对于随机的错误, 这一族新的码比基于 Reed-Solomon 码的方法似乎提供了更快速的恢复能力, 甚至对于分块很短的码也使用了一个简单而快速的算法. 这些码以及相应的解码算法, 使得人们对于借助于图论[VI.34] 的洞察而构造出来的码的兴趣又有所复苏. turbo 码的许多好的性质还只是从经验上观察到, 就是说, 这种码似乎在实际工作中干得很好, 但是这一点还没有严格地证明. 尽管如此, 这些观察是如此地使人信服, 以至于新的通讯标准也开始在采用这些码.

最后还应该强调, 虽然正在使用中的码有许多是基于数学文献中的研究, 但是这一点不应该被理解为它们不需进一步的设计就能立刻使用. 例如, 水手号航天器(Mariner, 美国 NASA 从 1960 年代开始发射的一系列火星探测器) 所用的就不是 Reed-Mueller 码, 而是它的一个变体, 专门设计来使得各个分块得以同步的. 类似地, 使用在存储装置中的 Reed-Solomon 码是被仔细地分散在碟片上的, 使得物理装置更像是在一个大的字母表上的码. 注意, 碟片表面上的擦痕会毁掉碟片表面上小小的局部区域里的很多的 bit. 如果一个分块的全部数据都位于这样一个邻域中, 整个这一块就会全部失去. 所以就把每一块 255 个字节的信息分散在整个碟面上. 另一方面, 作为 $\mathcal{F}_{256}$ 的元, 这些字节本身是作为 8 个 bit 写在很接近的地方的. 所以, 一个擦痕毁掉了这 8 个 bit 中的一个, 就会也毁掉其邻近的所有 bit. 但是, 这个模型是把这 8 个 bit 的集合看成单个元, 从这个观点看来就没有大碍. 一般说来, 找出一个正确的方法把纠错理论用于一个脚本正是主要的挑战. 如果不是有仔细的设计上的选择, 许多成功的故事就不成其为成功的故事.

在这个舞台上, 数学与工程一直都在互相提供营养. 数学上的成功, 如 Reed-Solomon 码的新的解码算法, 提出一个挑战: 怎样改进技术来利用这个新算法. 工程上的成功, 如运行得极为成功的 turbo 码的发现, 又向数学家提出挑战, 要他们的形式模型和分析跟上来解释这里的成功. 如果这样的模型和分析出现了, 很可能又会出现新的码, 其性能超过 turbo 码, 而又引导到产生一套新的标准.

6. 参考文献的说明

信息的可靠传输与存储的理论很大程度上依赖于香农 (Shannon, 1948) 和汉明 (Hamming, 1950) 这两篇划时代的文章, 它们构成了本文大部分的基础. 关于 4.1 节中讲的 Reed-Solomon 码可以参看 (Reed, Solomon, 1960) 一文, 它们的解码算法起源于 Peterson (1960), 然而本文中给出的是大为简化了的. 作出这个码的技巧来自 Forney (1966).

多年来, 码的理论中充满了各种各样的结果, 其中有一些给出码的较好的构造方法和较快的算法, 另外一些则给出了码的性能的良好理论的上限. 这个理论中使用了极为广泛的数学工具, 其中有许多比本文所讲的更为高深, 其中最值得注意的是代数几何和图论, 它们被用来构造很好的码, 还用到正交多项式理论来证明码中的参数的界限, 例如编码率和可靠性的界限. (Pless, Huffman, 1998) 一书对这里面广泛的文献给出了其绝大部分的要点.

进一步阅读的文献

Forney Jr, G D. 1966. *Concatenated Codes*. Cambridge, MA: MIT Press.

Hamming R W. 1950. Error detecting and error correcting codes. *Bell System Technical Journal*, 29: 147-160.

Peterson W W. 1960. Encoding and error-correction procedures for Bose-Chaudhuri codes. *IEEE Transactions on Information Theory*, 459-470.

Pless V S, and Huffman W C, eds. 1998. *Handbook of Coding Theory*, two volumes. Amsterdam: North-Holland.

Reed I S, and Solomon G. 1960. Polynomial codes over certain finite fields. *SIAM Journal of Applied Mathematics*, 8: 300-304.

Shannon C E. 1948. A mathematical theory of communication. *Bell System Technical Journal*, 27: 379-423, 623-656.

VII.7 数学与密码

Clifford Cocks

1. 引言和历史

密码学就是隐藏通讯的含义和内容的科学, 其目的是使得只能看见加密状态下的信件的对方无法了解所看见的东西的意义, 无法从中得出有用的信息. 另一方面, 希望能收到信件的收信人能够解密其真实含义. 历史上, 密码学在绝大部分时间里是只由极少数人来认真实施的艺术 —— 如政府官员的军事和外交通讯就必须加密 —— 对于他们, 信息的未经认可的披露有极大的损害, 所以值得大加花费、冒极大的不便来为信件加密. 近年来, 情况已经有了改变, 信息革命的结果之一就是需要为所有有需要的人提供及时、安全的通讯. 有幸的是, 数学提供了理论和算法的发展来适应这种需求, 还提供了例如 "数字签名"(digital signature) 这样的新的可能性 (这一点将在下面讨论).

　　密码学的最古老也是最基本的方法之一是**简单的替代**. 假设一个需要加密的信件是一件英文文本. 在发送之前, 发信人和收信人先要对字母表中的 26 个字母如何排列达成一个协议, 而这个协议要由两人私下保存. 一件加密了的信件可能看起来如同

$$\text{ZOLKKWL　MFUPP　UFL　XA　EUXMFLP}$$

这样, 对于很短的信件, 这个方法是合理地安全的 —— 只要比对其字母排列的模式与英文中常见模式就可能弄明白它的含义, 但是这相当具有挑战性! 对于长一点的信件, 简单地计算一下各个字母出现的频率, 并且与自然语言中各个字母出现的频率相比较, 几乎一定能充分地揭露出隐藏着的字母排列模式, 使得能够容易地恢复其含义.

　　密码学向前跨出的一大步是在 20 世纪中机械加密装置的出现, 其中德国人在二战中使用的密码机 Enigma (原意就是 "谜") 可能是最著名的例子. (Singh, 1999) 这本关于密码学的极出色的书中就有关于 Enigma 和 Bletchley Park (这是当时英国情报部门进行密码破译的组织所在的地方) 里密码破译者的动人故事的叙述. 有趣的是, Enigma 的工作原理就是简单替代法的发展. 输入信件的每一个字母就用简单替代法来加密, 不过还附加上一个原则, 就是每一个字母所用的替代的排列是不同的, 而有一个复杂的电力 — 机械装置以决定论的方式来控制这些替代过程. 收信人只有在他建立了一个和发信装置完全同样运作的另一个装置时才能够破译这封信件, 完成这件事的信息称为**密钥**(key). 保证只有应当知道的人知道密钥就叫做**密钥管理**(key management). 在公开密钥密码学 (下面要讨论) 出现以前, 想要有通讯安全的人的主要麻烦和花费就在于密钥管理.

2. 流密码和线性反馈移位寄存器

　　自从计算机出现, 信息就总是作为**二进数据**来传送的, 就是作为 0 和 1 的流来传送. 对于这种数据有一种很不相同的加密方法, 它以一种所谓的**线性反馈移位寄存器**(linear feedback shift register, LFSR) 为基础 (图 1). 第一步是生成一个看来随机实际则是按决定论方式排列的 0 和 1 的序列, 这种决定论方式就是一个递推公式, 下面就是递推公式的一个例子:

$$x_t = x_{t-3} + x_{t-4},$$

这里 t 是一个正整数. 这里的加法是 mod 2 加法, 也就是 $1 + 1 = 0$ $(1 + 1 \equiv 0 \mod 2)$, 所以除非在 x_{t-3} 和 x_{t-4} 这两项中有奇数个为 1, x_t 才会是 1, 否则它一定为 0. 我们还必须先指定这个序列的前 4 个元, 才能继续算下去. 所以, 我们指定前 4 个元为 1000. 往下算就会得到

$$1001101011110001001101010111\cdots.$$

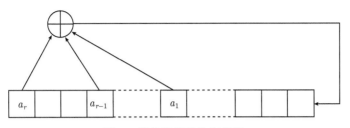

图 1　线性反馈移位寄存器

更一般地说, 我们指定一些逐渐增加的正整数 $a_1, a_2, \cdots, a_r$, 称为**反馈位置** (feedback positions), 上例中的 3 和 4 就是这样的正整数, 而用下面的递推公式来给出一个序列:

$$x_t = x_{t-a_1} + x_{t-a_2} + \cdots + x_{t-a_r},$$

这里的加法也是 mod 2 加法.

用这样的方法产生出来的序列看起来似乎是随机的, 但是因为只有有限多个长为 a_r 的二进序列, 所以这个序列最终会重复自身. 注意, 在我们的例子中, 所得的序列是以 15 为周期的周期序列, 而 15 是最大可能的周期, 因为长为 4 的二进序列只有 16 个. 稍微想一下就知道 0000 是不会出现的 (否则从那以后序列就全都由 0 构成).

这样生成的序列的长度依赖于多项式

$$P(x) = 1 + x^{a_1} + x^{a_2} + \cdots + x^{a_r}$$

在由两个元构成的域[I.3§2.2]$\mathbb{F}_2$ 上的性质. 我们在上面 $a_r = 4$ 的例子中看到, 序列的最大可能长度是 $2^{a_r} - 1$, 而为了达到这个长度, 多项式 $P(x)$ 在 $\mathbb{F}_2$ 上必须是**既约的**(irreducible), 就是不能再分解为次数较低的多项式的乘积. 例如多项式 $1+x^4+x^5$ 就不是在 $\mathbb{F}_2$ 上既约的, 因为 $(1 + x + x^3)(1 + x + x^2)$ 展开以后就是

$$1 + x + x + x^2 + x^2 + x^3 + x^3 + x^4 + x^5,$$

利用在 $\mathbb{F}_2$ 中 $1 + 1 = 0$, 就知道它就是 $1 + x^4 + x^5$.

既约性是序列有最大长度的必要条件, 但是不能保证这件事. 为此, 我们还需要第二个条件: 多项式还必须是**本原多项式**(primitive polynomial). 为了说明这是什么意思, 我们取多项式 $x^3 + x + 1$, 并取 x^m, 而在 m 是前几个正整数时用 $x^3 + x + 1$ 去除并且计算其余式 (所有的计算都是在 $\mathbb{F}_2$ 中进行的). 当 m 从 1 变到 7 时, 这些余式依次为

$$x, x^2, x+1, x^2+x, x^2+x+1, x^2+1, 1,$$

例如

$$x^6 = \left(x^3 + x + 1\right)\left(x^3 + x + 1\right) + x^2 + 1,$$

所以用 $x^3 + x + 1$ 去除 x^6 的余式为 $x^2 + 1$.

我们第一次得到余式为 1 是在 $m = 7$ 时, 而 $7 = 2^3 - 1$. 这个事实表明 $x^3 + x + 1$ 是一个本原多项式. 一般说来, 一个 d 次多项式 $p(x)$ 是本原多项式, 就是指当用 $p(x)$ 去除 x^m 时第一次见到余式为 1 是在 $m = 2^d - 1$ 时.

决定某个多项式是否为既约的以及是否为本原的, 都有计算上为高效率的算法. 用本原多项式为 LFSR 的基底的好处在于: 在它所生成的序列中, 在所有的长度为 a_r 的非零子序列都恰好出现一次以前, 不会有长度为 a_r 的子序列重复地出现.

这一切怎样应用到密码学里去呢? 一个简单的思想是取一个 LFSR 所生成的数据流, 并且把它逐项加到我们想要加密的信件上去. 举例来说, 如果 LFSR 生成的序列以 1001101 开始, 而我们想要加密的信件是 0000111, 则在加密以后得到的信件将从 1001010 开始, 它是上面两个序列之和. 为了要解密这封信件, 我们只需重复这个过程: 再把 1001101 加到 1001010, 就是加到刚才加密了的信件上去, 这样就又得到原来的信件 0000111. 想要这个方法行得通, 收信人需要知道这个 LFSR 的细节, 才能再生成同样的序列 1001101. 所以我们是用反馈位置 (在本例中是 3 和 4) 作为密钥的.

上面的流程在实用上并不算太好, 因为 Berlekamp 和 Massey (1969) 还给出了一个高效率的算法, 可以从一个 LFSR 生成的数据流来恢复产生这个数据流的反馈规则. 用一个事前决定了的 a_r 个 bit 的各个序列的非线性函数把这个 LFSR 生成的 bit 序列进一步打乱会更好. 即令在那时, 这种流程还是足够简单, 只要仔细地设计好, 可以很快应用于大量的数据.

3. 分块密码和计算机时代

3.1　数据加密标准

当开始应用计算机以后, 一种不同的密码就变成实际可用了, 这就是分块密码(block cipher), 它的第一个例子就是 DES (Data Encryption Standard, **数据加密标准**, 简称 DES, 最早是在 1977 年公开发表的). DES 在 1976 年就由美国国家标准局(U. S. National Bureau of Standard, 现称美国国家标准和技术研究所(U. S. National Institute of Standards and Technology)) 采用为一个标准. 它每一次把一个由 64 个 bit 构成的块加密, 密钥之长为 56 bit. 它有一个特殊的结构, 称为**Feister 密码**(见图 2).

这个结构如下: 给定一块 64 个 bit, 首先把它分成左右两块各 32 个 bit, 记作

L 和 R. 第二步是按照某个事先定下来的规则取密钥的一个子集合, 共 56 bit, 并且利用它仍然是按照某个事先定下来的规则来定义一个非线性函数 F, 这个函数把一个 32 bit 的序列映为另一个 32 bit 的序列. 然后就把原来的一对分块 $[L, R]$ 用另一对分块 $[R \oplus F(L), L]$ 来代替 (这里的 $R \oplus F(L)$ 就是把 R 和 $F(L)$ 两个 32 bit 序列按 bit 作 mod 2 加法得到一个 32 bit 序列).

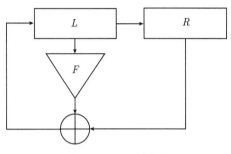

图 2 Feister 轮结构

做完一次以后, 就再重复若干次, 每一次都要选一个不同的函数 F(但是每一次所用的 F 都是按照某个事先定下来的规则取自 56 bit 的密钥). 一次完整的 DES 加密由 16 轮组成, 还要加上对输入和输出的 bit 进行排列.

应用 Feistel 结构的理由之一是: 只要知道了这个 56 bit 的密钥, 就很容易把这个加密过程逆转. 如果在一轮运作中完成了变换

$$[L, R] \to [R \oplus F(L), L],$$

就很容易用下面的变换

$$[L, R] \to [R, L \oplus F(R)]$$

把它逆转. 这样做有一个很大的好处, 就是不必去逆转 F, 所以, 即令 F 很复杂, 这个流程也很容易实行.

发展了 DES 的好几种 "使用模式". 简单地应用这个算法把每一个 64 bit 的数据块依次加密, 称为 ECB(electronic codebook, 即**电子密码本**)模式. 这个模式有一个缺点, 就是如果在数据中有一个恰好是 64 bit 的重复, 就会导致在密码中也有一个恰好是 64 bit 的重复.

另一种模式称为 CBC (cipher block chain, **密码分块链) 模式**. 在这里, 每一个数据分块都要和加密以前的上一个分块作 mod 2 的加法. 还有 OFB (output feedback) 即**输出反馈模式,** 在其中, 每一个数据分块则要和上一个分块加密以后作 mod 2 的加法. 怎样作 CBC 模式和 OFB 模式的解密是一个容易的练习, 而在实用上, 这两种模式是 DES 的最常用的模式.

3.2　高级加密标准

美国国家标准和技术研究所最近举行了一次竞标来寻找 DES 的替代物, 后来称为**高级加密标准**(Advanced Encryption Standard, AES). 这是一个 128 bit 宽度的分块密码, 而有各种可能的密钥长度. 提交了许多参与竞争的设计, 而最后胜出的设计称为 Rijndael, 这是以设计者 Joan Daemon 和 Vincent Rijmen 命名的.

这个设计是很出色、很优美的, 其中利用了有趣的数学结构 (Daeman, Rijmen, 2002), 把每个分块中的 128 个 bit 看成 16 个字节 (每个字节由 8 个 bit 构成), 排列成 4×4 的正方形. 每一个字节则看成域 $\mathbb{F}_{256}$ 的元, 这个域中含有 256 个元. 加密要进行 10 轮或更多的轮次 (准确的数目由密钥的长度决定), 而在每一轮中都把数据和密钥混合起来.

每一轮分成若干步, 其典型情况如下: 首先, 把每一个字节看成有限域 $\mathbb{F}_{256}$ 的元, 用它在此域中的逆来代替, 例外是 0 元, 因为它没有逆, 所以不动它. 然后每一个字节看成是域 $\mathbb{F}_2$ 上的 8 维线性空间的元, 并用一个可逆的线性变换作用于其上. 然后, 对 4×4 正方形的每一行做一个旋转, 各行旋转不同数目的字节. 下一步则把正方形的每一列的值看成是域 $\mathbb{F}_{256}$ 上的 3 次多项式的系数, 并用一个固定的多项式去乘它, 并且 modulo $x^4 + 1$ 来约化它. 最后, 把由加密密钥线性导出的这一轮所用的密钥 mod 2 地加到这 128 bit 上去.

可以证明, 这里的每一步都是可逆的, 这就使得解码可以直接进行. 很可能 AES 将要代替 DES 成为用得最广的分块密码.

4. 一次性密钥

上面所描述的各种加密方法都依赖于恢复那些用以保护加密时的秘密的计算的困难性, 正是这些秘密保护了加密数据, 但是有一种经典的加密方法并不依赖于此, 这就是 "一次性密钥". 设想那个需要加密的信件是加密成了 bit 的序列 (例如标准的 ASCII 码就是把每一个字母都用 8 个 bit 来表示的). 设想在事前发信人和收信人就共享随机的密钥 bit 序列 $r_1, \cdots, r_n$, 其长度至少与信件一样长. 再设信件是 bit 序列 $p_1, p_2, \cdots, p_n$.

于是, 加密了的信件是 $x_1, x_2, \cdots, x_n$, 这里 $x_i = p_i + r_i$, 这里和通常的作法一样是按 bit 作 mod 2 加法. 如果 r_i 这些 bit 是完全随机的, 则知道了序列 x_i 完全不能给出有关原信件 p_i 的任何信息, 这个系统就叫做一次性密钥. 它是非常安全的, 因为密钥只使用一次. 但是除非是在非常特殊的情况下, 这个方法是不切实用的, 因为这需要发信人和收信人分享和保持很大量的密钥资料的安全.

5. 公钥密码学

所有以上所述的加密方法都具有下面的结构. 两个通讯者协议同意采用某种

加密算法或方法. 方法的选择 (例如是采用简单替代方法、或 AES、或一次性密钥) 是可以公开的, 而系统的安全不会受损害. 这两位通讯者要同意采用一个秘密选定的加密方法所需要的密钥. 这个密钥必须保证安全, 而绝不能泄露给任意的对手知道. 通讯者就用这种算法和密钥来对新建加密或解密.

这里就出现了一个主要的问题: 通讯者怎样能够安全地共享秘密的密钥? 如果利用他们将用以传送信件的同一个系统来传送密钥, 这是不安全的. 在发现所谓公钥方法即公开的密钥方法以前, 这个问题限制了只有那些能够负责物理上的安全以及有单独的通讯信道用于可靠地传送密钥的组织才能够进行加密.

下面值得注意的违反直观的命题构成了公钥密码学的基础: 有可能让两个实体这样来交流信息: 他们开始时并没有共享秘密的信息; 一个对手能够接触到他们之间的所有通讯; 而到最后, 这两个实体可以共享秘密的知识, 而对手则不能获得这种知识.

很容易想象这种能力是多么有用. 例如, 考虑有人在因特网上做了一笔交易, 他在认定了一种想买的产品以后, 下一步就要把个人信息如信用卡资料发送给供货方. 利用公钥密码, 他就能直接地以安全的方式做完这些事.

公钥密码怎么是可能的呢? James Ellis 在 1969 年就提出了解决方法的结构[1], 而 Diffie 和 Hellman (1976) 第一次公开讲解了它. 这里的关键思想是利用一个函数, 除非是得到了所谓 "求逆密钥" 之助, 是很难求出其逆的, 下面我们把这种函数称为 "单向函数".

一个比较形式化的说法是: 一个**单向函数**(one-way function)H 就是一个由集合 X 到其自身的具有下述性质的函数: 如果给定了它的值 $y = H(x)$, 则反过来决定是哪些 $x \in X$ 使它取这个值从计算上来看是很困难的事. 但是, 什么叫做从计算上来看很困难, 例如可以从计算的效率来观察. 为此就需要一个 "求逆密钥", 也就是一个秘密的 z 值, 例如说是用来生成 H 的一个值, 有了它, 则从 $H(x)$ 来恢复 x, 就从计算上来看很容易了.

我们可以像下面这样来解决密钥的安全交换问题. 假设 Bob 想要把一些数据安全地发给 Alice(特别有用的是发送一个共享的秘密作为他们以后的通讯密钥). Alice 就先生成一个单向函数 H, 以及一个求逆密钥 z. 然后就把函数 H 发给 Bob, 但是把 z 仍然留作自己的私人秘密, 不告诉任何人, 甚至也不告诉 Bob. Bob 就取出他想发送的 x, 并且算出 $H(x)$, 然后把计算的结果告诉 Alice. Alice 因为保有了求逆密钥, 就能逆转这个函数, 从而恢复 x.

现在假设有一个对手能够读到了 Alice 和 Bob 之间的全部通讯, 这位对手就知道了函数 H 和 $H(x)$ 的值. 然而 Alice 并没有把 z 放进通讯里, 所以对手就无从得

---

[1]请在网上参见 "安全的非保密数字加密的可能性"(The possibility of secure non-secret digital encryption) 一文, 网址是 www.cesg.gov.uk/site/publications/media.possnse.pdf.

知这个 z, 而面临着求 H 之逆这个计算上难以处理的问题. 因此, Bob 就成功地把秘密 x 传送给了 Alice, 而且使对手没有办法弄明白它是什么 (关于计算上难以处理的问题的更确切的思想以及关于单向函数, 请参看条目**计算复杂性**[IV.20], 特别是其中的 §7).

可以把单向函数想象为一把挂锁, 而求逆密钥则是开挂锁的钥匙. 如果 Alice 想从 Bob 那里收到一封加密的信件, 她可以把挂锁寄给他, 但是自己保留钥匙. Bob 就把这封信用这把挂锁锁到箱子里 (就是加密) 再寄还给 Alice, 但是只有 Alice 有钥匙, 所以她就能打开 (即解密) 这封信件.

5.1　RSA

有这样一个一般框架当然很好, 但是仍然留下一个明显的未解决的问题: 怎样来生成一个单向函数以及它的求逆密钥呢? 下面的方法是在 Rivest, Shamir 和 Adleman (1978) 给出的. 它依赖于这样一个事实, 就是找两个大的素数并把它们乘起来成一个合数, 这一点相对比较容易, 但是如果给出一个合数, 要求找出它的两个素因子就难多了.

Alice 为了用他们的方法来生成她的单向函数, 首先就找两个大的素数 P 和 Q. 然后把二者的乘积 $N = PQ$ 发给 Bob, 同时还发去了另一个整数 e, 称为**加密指数**(encryption exp[onent). N 和 e 这两个值称为**公开参数**(public parameters), 因为即使对手知道了也没有关系.

然后 Bob 就把他打算发给 Alice 的 x 写成 mod N 的同余数. 下一步他就算出 $H(x)$, 其定义是 $H(x) = x^e \bmod N$, 就是用 N 去除 x^e 的余数. Bob 就把 $H(x)$ 发给 Alice.

Alice 在收到 $x^e \bmod N$ 以后就要设法从它恢复 x. 她可以这样来做这件事: 先算出一个满足以下方程的数 d:

$$de \equiv 1 \mod (P-1)(Q-1).$$

她可以用**欧几里得算法**[III.22] 高效率地计算出这个 d 来. 然而请注意, 如果 Alice 不知道 P, Q 这两个数, 她是求不出 d 来的. 事实上, 能够算出 d 的正确的值, 可以证明, 正是等价于能够对 N 作因子分解. d 的值是 Alice 私有的密钥 (用上面的用语, 就是求逆密钥), 这正是能够消解加密函数 H 的秘密.

这是因为可以证明 $H(x)^d \bmod N$ 就是 x. 事实上, 数 $(P-1)(Q-1)$ 的意义就在于它给出了小于 N 而且与 N 互素的整数的个数 $\varphi(N)$. **欧拉定理**[III.58] 指出, 如果 x 与 N 互素, 则 $x^{\varphi(N)} \equiv 1 \bmod N$. 所以也有 $x^{m\varphi(N)} \equiv 1 \bmod N$, 所以, 如果 de 如我们所假设的那样, 可以写成 $m\varphi(N)+1$ 的形式, 则有 $H(x)^d \equiv x^{de} \equiv x \bmod N$. 换言之, 如果求 x 的 $e \bmod N$ 次幂, 然后再求其 $d \bmod N$ 次幂, 就可以恢复 x(一

个重要之点在于求一个数的 mod N 次幂可以利用 "反复平方" 的方法, 而这在计算上是很容易的. 这一点在条目**计算数论**[IV.3§2] 中有讨论).

尽管没有证明过对手击败 RSA 系统的唯一方法就是作 N 的因子分解, 但是迄今没有找到其他的一般攻击方法, 这就使得寻求改进因子分解方法引起了很大的兴趣. 自从发现了 RSA 算法以来, 又发现了好几种次指数方法, 其中有椭圆曲线因子分解 (Lenstra, 1987)、**重多项式平方筛法**(Silverman, 1987), 还有数域筛法 (Lenstra and Lenstra, 1993). 在条目**计算数论**[IV.3§3] 中, 对其中的一些作了讨论.

5.1.1 执行的细节

RSA 的安全性依赖于素数 P 和 Q 要取得足够大使得因子分解很困难. 但是, P 和 Q 取得越大, 加密过程也就越慢. 所以, 安全性和加密速度之间需要有一个平衡. 一个典型的常用的选择是用长度为 512 bit 的素数.

为了使解码方法可以用, 加密指数 e 必须与 $P-1$ 和 $Q-1$ 都没有公因数. 当我们应用欧拉定理时就需要这个条件: 如果它不成立, 则加密函数就不能逆转. 在实用中, 时常用 17 或 $2^{16}+1$ 这样的数作为 e. 因为使 e 变小会减少计算加密的值 $x^e \bmod N$ 的工作量 (e 的这样两个值很适合使用反复平方的方法).

5.2 Diffie-Hellman

Whitfield Diffie 和 Martin Hellman 给出了生成共享的秘密的另一个途径. Alice 和 Bob 在他们的协议中创造了一个共享的秘密, 可以用作常规的密码系统如 AES 的密钥. 为此, 他们商定了一个大的素数 P 以及一个本原元素 g modulo P. 所谓本原元素就是这样一个数 g 使得 $g^{P-1} \equiv 1 \bmod P$, 但是对于所有的 $m < P-1$ 都不能有 $g^m \equiv 1 \bmod P$.

然后 Alice 就生成了自己的私有的密钥 a, 就是她在 1 和 $P-1$ 之间随机选择的一个数, 算出 $g_a = g^a \bmod P$, 并且把它发给 Bob.

Bob 也类似地在 1 和 $P-1$ 之间选择自己私有的密钥 b, 算出 $g_b = g^b \bmod P$ 并且发给 Alice.

Alice 和 Bob 现在就可以创出他们共享的秘密 $g^{ab} \bmod P$: Alice 是通过计算 $g_b^a \bmod P$, 而 Bob 则通过计算 $g_a^b \bmod P$ 来得出 $g^{ab} \bmod P$ 的. 请注意, 所有这些计算都可以在 a 和 b 的对数这样长的时间里用反复平方来得出.

一个对手可以看到 $g^a \bmod P$ 和 $g^b \bmod P$, 同时也知道 g 和 P, 但是他既然不知道 a 和 b, 又怎么能得出 $g^{ab} \bmod P$ 呢? 解决这个问题的方法之一是解决所谓**离散对数问题**. 这就是: 知道 P, g 和 $g^a \bmod P$, 如何求出 a 的问题. 对于很大的 P, 这是一个计算上难以处理的问题. 不能肯定是否除了计算离散对数以外还有更快的计算 $g^{ab} \bmod P$ 的方法 —— 这称为 **Diffie-Hellman 问题**—— 但是在目前还不知道有更好的方法.

一般地, 怎样去寻求本原元素并不是显而易见的, 但是, 在作出素数 P 并且知道 $P-1$ 的因子分解的情况下确实容易得多, 而且通常出现的就是这个情况. 例如, 如果 P 的形状是 $2Q+1$ 而 Q 也是一个素数 (这种数称为 **Sophie-Germain 素数**), 则可以证明, 对于任意的 a,a 和 $-a$ 中恰好有一个具有下面的性质: 它的 Q 次幂同余于 $-1 \bmod P$, 这一个就是一个本原元素. 在实际工作中, 我们可以用试验方法来找出这样的素数: 可以随机地取一个数 Q, 并用随机化的素性检验来看是否 Q 和 $2Q+1$ 都是素数. 假设这样的对子会以 "所期望的" 频率出现, 而每个人都相信这一点, 则在某一次特定的试验中就能找到一个这样的 Q, 概率是相当大的, 所以这个途径是可行的.

5.3　其他的群

Diffie-Hellman 的协议可以用**群论**[I.3§2.1] 的语言来表示. 设有一个群 G, 以及其一个元素 $g\in G$. 我们要求这个群是阿贝尔群, 而且用 "+" 号来表示群运算 (迄今所有的例子中, 所考虑的群都是与某个整数 N 互素的数相乘所成的乘法群, 所以在使用加号时, 表示我们采用了对数的视角).

为了要执行协议, Alice 就要计算一个自己私人保存的整数 a, 并且算出 ag, 发送给 Bob. 注意 ag 就是 a 个 G 中的元 g 之和, 而 Alice 可以在和 a 的对数同阶的时间长度里把它算出来, 方法是把 a 反复加倍 (共约 $\log_2 a$ 次), 然后相加 (在前面考虑的乘法群中, "反复加倍" 就是 "反复平方", "加法" 就是 "乘法", 而 "乘以 a" 就是求 a 次幂).

类似地, Bob 要算出一个私人的整数 b 以及 bg, 并把 bg 发送给 Alice.

Alice 和 Bob 都能算出共享的值 abg, 而对手只能知道 G,g,ag 和 bg.

问题在于有哪些群可以在实际的密码系统中使用? 关键的性质是 G 中的离散对数问题必须很难, 换言之, 在知道 G,g 和 ag 以后, 必须很难知道 a.

引起从事密码工作的人的兴趣的一类群是**椭圆曲线**[III.21] 上的点生成的加群. 椭圆曲线就是方程为

$$y^2 = x^3 + ax + b$$

的曲线, 画一下它在实数域上的草图是一个有趣的练习 —— 它的形状依赖于曲线

$$y = x^3 + ax + b$$

与 x 轴相交的次数.

我们可以像下面那样来定义这条曲线上的点的 "加法规则" (时常称为一个**群法则**). 给定曲线上的两个点 A 和 B, 连接它们的直线一定还和曲线交于第三点, 例如为 C. 这是因为直线与三次曲线一定有 3 个实交点 (如果已经有了两个实交点 A 和 B 的话). 我们就定义 $A+B$ 为 C 点对于 x 轴的镜像 (见图 3).

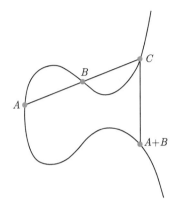

图 3　椭圆曲线上的点的加法

　　从这个定义看得很明显, $A + B = B + A$. 令人吃惊的是：结合律也成立. 就是说, 对于任意三点 A, B, C, 一定有 $((A + B) + C) = (A + (B + C))$. 为什么它会成立? 当然有一些深刻的理由, 但是这可以用代数来直接验证.

　　要把这个群用于密码学, 就需要知道这个群是由定义在一个有限域上的椭圆曲线上的点构成的. 这时两个点之和的图像当然已经无效了, 但是代数定义仍然还在, 所以加法仍然满足结合律. 我们还需要把另一个点加到函数的曲线上去作为群的零元素, 这个点就是曲线上的 "无穷远点".

　　为了达到最佳的安全性, 后来发现, 最好是找到一个定义在 $\mathbb{F}_p$ 上的曲线, 并使得此群中元素的个数是一个素数. 事实上, 可以保证 —— 利用椭圆曲线理论的一个深刻的结果 —— 定义在 $\mathbb{F}_p$ 上的曲线上的点的数目在 $p + 1 - 2\sqrt{p}$ 和 $p + 1 + 2\sqrt{p}$ 之间 (见条目韦伊猜想[V.35]).

　　应用这个群的理由是对于一般的曲线, 离散对数问题特别困难. 如果群有 n 个元素, 而给定了群元素 g 和 ag, 则按照现时已知的最好的算法, 由此得出 a 所需的步数是在 $\sqrt{n}$ 左右. 因为有一个所谓的生日攻击法, 使我们能对含有 n 个元素的**任意群**用 $\sqrt{n}$ 左右个计算步数把 a 算出来, 这意味着对于椭圆曲线的群这个问题已经难到了极点了. 所以, 不论所要求的安全性的水平如何, 公钥已经是可能的最短的了. 如果为了能在最短可能的时间内执行这个协议, 而使可能传送的 bit 的数目受到限制, 则公钥很短将是一个重要的事实.

6. 数字签名

　　除了用于数据的安全传送以外, 公钥密码还有一个很有用的能力, 这就是数字签名的概念. 一个数字签名就是信件作者附加到信件末尾的一串符号, 用以证明信件的真实性. 换句话说, 就是证明此信是由签名的作者写的, 而且没有修改过. 一旦有了必要的框架, 就为大量的网上交易开辟了可能性.

公钥方法有好几个途径可以用于数字签名, 以 RSA 为基础的途径可能是最简单的. 假设 Alice 想签署一些文件, 正如她在作加密时一样, 生成两个很大的素数 P 和 Q, 并且算出要公开的模 $N = PQ$ 和加密指数 e, 她也生成她私人保存的密钥, 即解密指数 d, 使得对于任意的 x 都有 $x^{de} \equiv x \bmod N$, 无论是为了加密还是为了做数字签名, 她使用的都是相同的参数.

Alice 可以假设她所署名的信件的收信人知道她的 N 和 e 的值, 实际上她可以把这些值署名并由一个受到信托的当局或组织证明, 使得预期的收信人承认这些值确实是她发出的.

这个系统的另一个成分是一个称为**单向散列函数**(one-way hash function) 的对象, 其输入是需要签名的信件, 这个信件可能很长, 而输出则是 1 到 $N-1$ 之间的一个数. 一个散列函数必须具有的性质就是: 对于 1 和 N 之间的任意值 y, 要想构造出一个 x 使此函数能够输出 y 来在计算上是很难的. 这一点很像上面说的单向函数, 只不过我们不再假设对于每一个 y 恰好只有一个 x 被映射到 y. 然而, 散列函数理想地还要是**无碰撞的**(collision free), 就是说虽然可能有许多封信件具有同一个 y 值, 但是想要找出两封来也是不容易的. 这种散列函数需要仔细地设计, 但是有一些公认的标准的散列函数 (其中的两个称为 MD5 和 SHA-1). 设 x 是需要签名的信件, 而 X 是把 x 输进这个散列函数时得到的输出, 称为 x 的散列值, 则 Alice 附加到信件上去的签名是 $Y = X^d \bmod N$.

注意, 任何一个掌握了 Alice 的公钥的人都可以按下列步骤验证签名. 先算出 x 的散列值 X, 这是可能做到的, 因为散列函数是公开的. 第二步是算出 $Z = Y^e \bmod N$, 这也是可能的, 因为参数 N 和 e 也是公开的. 最后要验证 X 等于 Z. 想要伪造一个签名就需要找到一个 Y 使得 $Y^e \equiv X \bmod N$, 也就是说需要会计算 X^d, 而如果不是已经知道了 d, 想要计算 X^d 是很难的.

也可以用 (Diffie-Hellman 型的) 离散对数为基础的公钥来作出数字签名, 而不是以因子分解为基础 (RSA 型), 管理标准的美国机构就发表了这样一个 "**数字签名标准**"(Digital Signature Standard, 1994).

7. 一些当前的研究主题

密码学一直是一个活跃的诱人的研究领域 —— 无疑还有更多的结果和思想等待发现. 为了对当前的活动得到一个好的概观, 可以看一看一些主要的学术会议, 如 Cryto, Eurocrypt, Asiacrypt 的最近论文集 (这些论文集都收到了 Springer 的计算机科学讲义 (*Lecture Notes in Computer Science*) 丛刊中. 读一读 (Menzes, van Oorschott, Van-stone, 1966) 这部相当全面的关于密码学的书是掌握这个理论的最新情况的好办法. 在本文的这个最后一节里, 我只是对这个学科的几个前进方向给一个梗概.

7.1   新的公钥方法

一个重要的研究领域是寻找新的公钥方法和新的签名格式. 最近, 一些有趣的新思想来自应用椭圆曲线上的点的**配对** (pairing) (Boneh, Franklin, 2001). 所谓配对就是从椭圆曲线上的一对点到一个有限域上的映射, 而此椭圆曲线是定义于这个域上的或者是由椭圆曲线上的一对点到其一个扩域上的映射 w.

配对是在下面的意义下的**双线性映射**, 即有

$$w(A+B,C) = w(A,C) \cdot w(B,C); \quad w(A,B+C) = w(A,B) \cdot w(A,C).$$

这里的 "+" 是指椭圆曲线的群运算, 而 "·" 则是指域中的运算.

应用这样一个映射的方法之一是用它来创造一个 "以身份为基础的密码系统". 在此, 一个用户的身份就被用作他的公钥, 这样就再也不需要储存和传送公钥所需的指南或者其他公钥结构了.

在这样一个系统里, 由一个中心的管理机构来决定一条曲线、一个配对映射 w 和一个把身份映为曲线上的点的散列函数. 所有这些全是公开的, 但是有一个参数要保守秘密, 即一个整数 x.

设这个散列函数把 Alice 的身份映为曲线上的 A 点, 管理机构就算出她的私人密钥 xA, 而在她登录时, 在对她的身份进行了适当的查核以后, 就把这个密钥发给她. 类似地, Bob 也会得到他的密钥 xB, B 是 Bob 的身份在曲线上相应的点.

这样, Alice 和 Bob 无需先交换密钥, 就可以用共同的密钥 $w(xA,B) = w(A,xB)$ 来进行通讯, 这里的重要之点在于没有必要共享一个公钥就能做到这一切.

7.2   通讯协议

第二个研究领域是对人们提出来的协议进行研究, 特别是要研究很有可能被采用作为标准的协议. 当公钥方法用于实际通讯时, 所发送的每一个 bit 都应有清晰的定义, 使得通讯双方对于所传送的每一个 bit 代表了什么有相同的理解. 例如, 设传送了一个 n bit 的数, 是否这些 bit 是按其意义大小从低到高或从高到低来传送的? 协议中的规则时常会收入公开的标准之中, 所以, 不让它们在系统中引进一些弱点是很重要的.

可以被引入系统中的这类弱点有一个例子见于一篇里程碑式的论文 (Coppersmith, 1997) 中. Coppersmith 证明了在低指数的 RSA 系统中 (例如加密指数为 17 的那一个), 如果在想要加密的那个数中有太多的 bit 被设为公众已知的值, 就会产生这样的弱点. 而如果用一个大的公钥模数来传送一个短得多的通讯密钥时 (这一点又时常是这样的), 人们又倾向于这样做. 由于 Coppersmith 的这个发现, 近年来, 在把这些通讯加密以前, 就用一些不能预测其变化的 bit 把信文加长.

7.3 信息的控制

利用公钥方法人们可以很精确地控制信息的释放、共享和生成. 这个领域里的研究集中在各种不同情况下, 如何找到优美的、高效率的方法来达成不同的控制. 举一个简单的例子, 假设我们想要创造一个秘密让 N 个人各享其一部分, 而且使得如果有任意 K $(K < N)$ 个人把他们的那一部分合起来就能够恢复这个秘密, 但是任意少于 K 的人合作也不能获得任何关于这个秘密的信息.

关于这种类型的控制的另一个例子是: 一个协议允许其两个参加者作出一个 RSA 模数 (即两个素数的乘积), 但是不让任何一个参加者知道是用了哪两个素数. 那么, 为了破译用这个模数来加密的信件, 这两个人就必须合作, 谁也不能单独做到这一点 (Cocks, 1997).

第三个也是更有趣的例子是一个这样的协议: Alice 和 Bob 在玩投币游戏①, 但是是在电话上投币, Alice 每投一次硬币, Bob 就打一个电话 "宣布"(其实是猜测)投币的结果是 "正面" 还是 "反面", 最后比对 Alice 实际投币的纪录和 Bob 猜测的结果是否一致. 但是很明显, 这样的游戏规则 (也就是 "协议") 是不能令人满意的: Bob 怎么能够相信 Alice 给出的投币纪录确实是当时的记录; 同样, Alice 也难以相信 Bob 所给的记录确实是他当时的猜测, 而非事后伪造. 这个问题恰好有一个简单的解决方法: Alice 和 Bob 可以各取一个很大的随机序列, 然后 Alice 根据实际投币的结果在她的随机序列末尾加一个 1 或者 0; Bob 的纪录也是. 如果当时是猜正面就在自己的随机序列末尾加上一个 1, 否则就加一个 0. 下一步, 他们就分别把自己的结果代入单向散列函数并把结果发给对方, 这样就能看出对方所给出的结果是否是真的. 如果某一方不信任另一方的结果, 他就可以把对方的结果再放进散列函数中看是否得出相同的结果. 因为很难找到不同的序列也给出同样的结果, 他们就能够相信对方没有玩假. 还设计出了更复杂的这种协议, 可以在电话上玩远程的扑克.

进一步阅读的文献

Boneh D, and Franklin M. 2001. Identity-based encryption from the Weil pairing. In *Advances in Cryptology—CRYPTO 2001*. Lecture Notes in Computer Science, volume 2139, pp. 213-229. New York: Springer.

Cocks C. 1997. *Split Knowledge Generation of RSA Parameters. Cryptography and Coding.* Lecture Notes in Computer Science, volume 1355, pp. 89-95. New York: Springer.

Coppersmith D. 1997. Small solutions to polynomial equations, and low exponent RSA vulnerabilities. *Journal of Cryptology*, 10(4): 233-260.

①原文比较简略, 译者多加了一些解释, 是否符合原意, 尚请读者批评. —— 中译本注

Daeman J, and Rijmen V. 2002. *The Design of Rijndael.* AES—The Advanced Cryption Stadard Series. New York: Springer.

Data Encryption Standard. 1999. Federal Information Processing Standards Publications, number 46-3.

Diffie W, and Hellman M. 1976. New directions in cryptography. *IEEE Transactions on Information Theory*, 22(6): 644-654.

Digital Signature Standrad. 1994. Federal Information Processing Standards Publications, number 186.

Lecstra A, and Lenstra H, Jr. 1993. *The Development of Number Field Sieve.* Lecture Notes in Mathematics 1554. New York: Springer.

Lenstra Jr, H. 1987. Factoring integers with elliptic curves. *Annals of Mathematics* 126: 649-673.

Massey J. 1969. Shift-register synthesis and BCH decoding. *IEEE Transactions on Information Theory*, 15: 122-127.

Menezes A, van Oorschott P, and Vanstone S. 1996. *Applied Cryptography.* Boca Raton, FL: CRC Press.

Rivest R, Shamir A, and Adleman L. A method for obtaining digital signatures and public-key cryptosystems. *Communications of the Association for Computing Machinery*, 21(2): 120-126.

Silverman R. 1987. The multiple polynomial quadratic sieve. Mathematics of Computation, 48: 323-339.

Singh S. 1999. *The Code Book.* Liondon: Fourth Estate.

VII.8 数学和经济学的思考

Partha Dasgupta

1. 两个女孩

1.1 贝姬的世界

贝姬今年十岁, 和她的父母及一个哥哥萨姆住在美国中西部一个城郊住宅区里. 她的父亲在一家专门为小企业服务的法律事务所里工作. 根据事务所的盈利状况, 他每年的收入略有变化, 但是很少低于每年 145 000 美元. 贝姬的父母是在大学里相遇的. 有好几年, 她的母亲做的是印刷方面的工作, 但是在萨姆出世以后, 就决心专管家务了, 现在, 贝姬和萨姆在上学, 她则在当地做一些教育方面的义务工作. 全家住在一幢两层房屋里. 房子里有四间卧室, 楼上有两间浴室, 楼下有一间盥洗室、一间很大的起居室兼餐厅、一个现代化的厨房, 地下室里还有一间家人聚会的房间. 房后有一小块地, 全家可以在那里做休闲活动.

虽然他们的财产还有部分抵押要付款, 贝姬的父母还有一些股票和债券, 在一家全国性银行的分行里还有一个储蓄账户. 贝姬的父亲和法律事务所共同为他的退休金存款. 他还每个月在银行储蓄一笔钱以供贝姬和萨姆上大学的费用. 家里的资产有保险, 全家也都有寿险. 贝姬的父母亲常说, 国家的税很高, 他们用钱要仔细, 而他们也是省吃俭用的. 然而, 他们全家有两部汽车, 孩子们每年夏天都要去夏令营, 夏令营以后就全家去度假. 贝姬的父母亲还常说, 贝姬这一代比起当年他们日子好得多. 贝姬很注意环保, 每天骑车上学. 她将来想做一个医生.

1.2 德斯塔的世界

德斯塔今年也是十岁, 和她的父母亲及五个小孩一起住在亚热带的西南埃塞俄比亚的小村庄里. 全家住在有两个房间的盖着草顶、糊着泥巴墙的小茅屋里. 德斯塔的父亲种了半公顷的玉米和一种叫做 *tef* 的谷物, 地是政府给的. 德斯塔的哥哥帮他爸爸种地、养牲口: 家里的牲口有一头奶牛、一只山羊和几只鸡. 种出来的不多的 *tef* 就卖了来换现金, 而玉米则主要是供全家作主食. 德斯塔的母亲在茅屋边上种一小块地, 种包心菜、洋葱和一种一年生的也是做主食用的块根 *enset*. 为了补贴家用, 母亲还用玉米酿造一种当地的饮料. 因为她要负责为全家做饭、洗衣、看管婴儿, 所以每天要干十四个小时的活. 尽管用了这么多时间, 她自己还是干不完这些活 (因为吃的东西都是生的, 单是做饭就要五个多小时). 所以德斯塔和姐姐就得帮妈妈做家务、带弟妹. 虽然德斯塔有一个弟弟在上当地的小学, 她自己和姐姐却从没去上学. 她的父母亲都是既不能读也不能写, 却都是能够计数的.

德斯塔的家里没有自来水和电. 在他们所住的地方, 水源、牲口吃的草、放牧的地方和林地都是公共财产, 是德斯塔的村庄的村民都能享用的, 但是不允许外人使用. 每天德斯塔的母亲和女孩子们都从公共用地取水、打柴、捡草莓和割草. 德斯塔的母亲时常注意到, 这些年来, 花在收集每日所需上的时间变长了.

在附近的地方, 没有金融机构提供信贷和保险. 因为丧葬是一件费钱的事, 德斯塔的父亲很久以前就参加了当地的一种称为 *iddir* 的保险的安排, 为此每个月要交一点钱. 当年德斯塔的父亲买他们现在所有的奶牛时, 花光了他积攒起来放在家里的全部现金还不够, 所以还得从亲戚那里借钱, 许诺在有钱的时候就要还这笔债. 反过来, 如果亲戚们有了需求, 也会来向他借钱, 而他只要有钱也一定会拿出来. 德斯塔的父亲说, 他和那些接近的人的这种互惠的模式是他们的文化的一部分, 反映了一种社会行为的规范. 他还说, 他的子女就是他的主要资产, 将来就要靠子女为他和德斯塔的母亲养老.

经济统计学家估计, 在按照埃塞俄比亚和美国生活费用的差别作了调整以后, 德斯塔一家的年收入大约是 5000 美元, 其中包含了他们从公用产品所得的 1000 美元. 然而, 由于每年雨量不等, 德斯塔家的年收入浮动很大. 遇上灾年, 家里的粮食远等不及下一年收成就吃光了. 食物这样短缺, 他们的身体都变弱了, 特别是孩子们, 要到有了收成以后, 他们的体重和体力才能恢复. 周期性的饥饿和疾病, 意味着德斯塔和她家的孩子们多少有些发育不良. 多年以来, 德斯塔的父母亲已经有两个孩子夭折了, 一个是死于疟疾, 另一个死于痢疾. 还有过好几次流产.

德斯塔知道, 到了十八岁, 她就会嫁人 (多半是嫁给她父亲那样的农民), 而会生活在她丈夫在邻近村子的土地上. 她想得到, 她的生活将和她的母亲差不多.

2. 经济学家的议程

在全球各地, 人们的生活差别如此巨大是很普通的. 在我们这个旅行的时代, 这甚至是经常目睹的图景. 贝姬和德斯塔面临着差别巨大的未来, 这也是我们能够想象得到, 甚至能够接受的事情. 尽管如此, 如果我们设想这两个女孩内在地是非常相似的, 这不算是鲁莽的见解: 她们都喜欢吃点什么、爱玩、爱聊天; 她们和家庭都很亲近; 她们都喜欢穿点好看的衣服; 而她们都会感觉到失望、烦恼和高兴; 她们的父母亲也都很相像; 她们对自己的世界的行事之道都很熟悉; 她们都很关心自己的家庭, 都能找到聪明的办法来应对增加收入、在家庭成员中分配资源这些经常的问题 —— 不论是日常情况还是遇见了紧急的意外情况. 所以, 想要探讨他们的极其不同的生活情况的深层原因, 一个有希望的方法如下: 这些家庭面临的约束很不相同, 从观察这一点开始就可以看到: 在某种意义下, 德斯塔的家庭是什么样的以及能够做些什么, 在这两方面都受到远比贝姬的家庭更多的限制.

经济学在很大程度上想要发现是哪些过程的影响使得人们的生活成为现在这个样子. 其背景可以是一个家庭、一个村庄、一个区域、一个州、一个国家甚至是全世界. 这门学问除此之外还想要确定影响这种过程的方法, 使得那些在是什么样、以及能做些什么方面都受到巨大约束的人能改善他们的前景. 现代经济学, 我是指在今天的研究生教育中教的和研究的那种风格的经济学, 是从基础开始来解出这样的习题的, 就是从个人开始, 然后家庭、村庄、区域、州、国, 乃至全世界, 看这些问题如何解决. 成百万的个人的决策在不同程度上影响到人们面临的可能发生的事情 (尤其是指坏事情). 理论和实证两方面都告诉我们: 我们的所作所为产生了为数巨大的想不到的后果. 但是也有反馈, 那就是这些后果又有助于形成人们对这些问题怎么想、怎么做. 例如, 当贝姬一家开车出去和用电或者德斯塔一家在沤制堆肥和烧木柴做饭, 他们都在增加全球碳排放. 他们的贡献无疑都很小, 但是成百万的这种小贡献累积起来就是一个相当大的量, 其后果各处的人们大概都会以不同方式感受到.

为了懂得贝姬和德斯塔家庭的生活, 有三个方面需要我们确定: 第一, 需要确定他在把物或劳务转变为进一步的物或劳务时 —— 不论是现在和将来以及在各种意外情况下 —— 所面临的前景. 第二, 是要揭示他们的选择的特性, 以及百万户像贝姬和德斯塔那样的家庭所做的选择是通过什么样的路径来产生他们所面临的前景的. 第三, 与此相关的是需要揭示各个家庭是通过什么路径继承到他们现在的状况的.

这三个方面中的最后一个是经济史研究的问题. 在研究历史的时候, 如果足够勇敢的话, 我们可以采取一种长程的观点 —— 从农业成为肥沃新月地带 (大体上就是 Anatolia) 的固定的实践, 大约已经有一万一千年的历史的时期开始① —— 来解释为什么那些积累起来形成了贝姬的世界的创新和实践没有影响到或掌握住德斯塔的那一部分世界 ((Diamond, 1997) 一文就是探讨的这类问题). 如果我们想作一个更细致的研究, 就可以研究例如过去六百年的历史, 并且研究为什么不是欧亚大陆好几个在公元 1400 年左右显得经济上很有希望的地区, 反而是似乎不太可能的北欧, 帮助创造了贝姬的世界, 甚至绕开了德斯塔的世界 ((Landes, 1998) 一文就是讨论这个问题的, Fogel (2004) 研究了欧洲是通过什么路径在过去三百年中逃过了永远的饥饿). 因为现在的经济学主要是关心前两个方面的问题, 本文就也是这样. 然而, 今天的经济学史家用以研究他们的问题的方法与在下文中研究当代生活的方法也非全然不同. 这个方法是依据所谓**最大化练习**来研究个人的和集体的选择, 然后就以研究关于实际生活的数据来检验这些理论. 甚至一个国家的经济政策的伦理基础也涉及最大化练习, 就是要在约束下求得社会福利的最大化 ((Samuelson, 1947) 就是一部把这个途径编成法典的著作).

3. 家庭的最大化问题

贝姬和德斯塔的家庭都是微观经济学 (microeconomy) 的单元. 每个人都要服从于一个特定的安排, 都知道谁在什么时候做什么事, 而且大家都能认识到, 每一个成员有多大本事, 家庭会受到什么样的约束. 我们想象, 这两对父母都关心家庭的福利, 都想尽可能做到保护和促进这个福利②. 当然, 贝姬和德斯塔的父母对于谁算是家庭成员比我在这里所许可的还要更宽泛一点. 和亲戚保持联系是他们的生活中重要的方面, 这件事我还会回头来讲. 人们也会想到, 贝姬和德斯塔的父母也关心他们未来的孙辈的福利. 但是因为他们认识到子女也会关心到子女的子女, 他

---

① 所谓肥沃新月地带就是围绕着尼罗河下游、地中海沿岸直到两河流域 (今伊拉克的底格里斯河和幼发拉底河) 的弧形地带, 是人类最早的农耕地区之一. Anatolia 也就是 "小亚细亚", 即今土耳其的亚洲部分或其大部分, 荷马史诗里的特洛伊战争的地区.—— 中译本注

② McElroy 和 Horney 在 1981 年建议了比较现实的另一种想法, 就是家庭的决定并非仅由父母决定, 而是由其成员协商决定的 (见 (Dasgupta, 1993) 一书第 11 章). 在此则假设一切决定都是为使家庭最优化, 这一点定性地并未造成大的差别.

们很正确地递推地会得出结论: 为自己的子女尽了力, 一代一代往下推, 也就等于为自己的孙辈、曾孙辈等等都尽了力.

一个人的福利是由多种成分构成的: 健康、与人的关系、社会地位、医疗保健照顾, 这里就只列出了四种. 经济学家和心理学家确定了种种方法用数值来把福利量化. 说某个人在情况 Y 下比在情况 Z 下的福利更大, 就是说福利的数值在情况 Y 下比在情况 Z 下的数值更大. 家庭的福利是它的成员的福利的总和, 因为物和劳务是构成福利的决定因素 (其中重要的例子有食物、住房、衣服, 还有医疗), 贝姬和德斯塔的父母所面临的问题就是: 在各种可行的分配物和劳务的可行方案中, 找出对他们的家庭最好的一个. 当然这两对父母都不仅要关心今天, 还要关心将来, 再说将来又是不确定的. 所以, 当父母亲在考虑他们的家庭应该消费哪些物和劳务时, 还要考虑在什么时间消费 (今天的食物和明天的食物等等), 还要考虑在种种意外情况下会发生什么事 (如果明天雨情变坏了, 后天的食物会如何等等). 这两对父母或者隐含地或者明显地都会把自己的经验和知识变成一个概率判断. 他们赋予意外事件的概率有时是很主观的, 但是另一些, 例如他们对于天气的预测是从长期经验得来的.

以下各节里, 我们要研究贝姬和德斯塔的父母为不同时间和各种意外情况分配物和劳务的方式. 但是在这一节里, 我们将要保持叙述的简单性, 而考虑一个**静态的决定论**的模型, 就是说我们假装人们生活在一个没有时间的世界里, 而且对于他们用来作为决策根据的信息都是完全确定的.

设一个家庭有 N 个成员, 所以各有标号 $1,2,\cdots,N$. 我们再来想一下怎样恰当地为成员 i 的福利建立模型. 我们上面已经提到过福利可以看成是一个实数, 这个实数以某种方式依赖于 i 所消费或提供出的物和劳务. 传统地, 我们把消费的物和劳务与提供出的物和劳务分开来, 前一类被认为是收入并用正数来表示, 后一类被认为是支出并用负数来表示. 再设想一共有 M 种物. 令 $Y_i(j)$ 表示由 i 所消费或提供的第 j 种物的量. 按我们的规约, 如果 i 是在消费 j(例如吃掉或穿坏), 就有 $Y_i(j) > 0$; 如果是在提供 j(例如劳动), 就有 $Y_i(j) < 0$. 现在考虑向量 $\mathbf{Y}_i = (Y_i(1),\cdots,Y_i(M))$, 表示 i 所消费或提供的一切物和劳务的量. $\mathbf{Y}_i$ 是 M 维欧几里得空间 $\mathbf{R}^M$ 的一个点. 我们再用 $U_i(\mathbf{Y}_i)$ 表示 i 所得到的福利. 再假设提供物或劳务会减少 i 的福利, 而进行消费则增加他的福利. 又因为提供物或福利是用负数来度量的, 所以我们有理由假设当 $\mathbf{Y}_i$ 的任意一个分量增加时, $U_i(\mathbf{Y}_i)$ 也会增加.

下一步是把这个模型推广到适用于整个家庭, 可以把每一个成员的福利合起来再得出一个向量 $(U_1(\mathbf{Y}_1),\cdots,U_N(\mathbf{Y}_N))$, 一个家庭的福利是以某种方式依赖于这个向量的, 就是说, 家庭的福利是某个函数 W 在此向量上的值: $W(U_1(\mathbf{Y}_1),\cdots,U_N(\mathbf{Y}_N))$(功利主义哲学家曾经论证说这个函数简单地就是 U_i 的**和**). 我们也做一个自然的假设, 即 W 是每一个 U_i 的上升函数 (当 W 简单地就是 U_i 的和时, 这当然是对的).

　　令 Y 表示序列 $(Y_1, \cdots, Y_N)$, 则 Y 是一个 NM 维欧几里得空间 $\mathbf{R}^{NM}$ 的点. 我们也可以把它看成一个矩阵, 只要把家庭成员所消费的或提供的物的量列成一个表就会得到这个矩阵. 现在很清楚, 并不是 $\mathbf{R}^{NM}$ 中的每一个点 Y 都会实际出现, 说到底, 每一种物的总量 (例如说在全世界的总量) 是有限的. 所以, 我们假设 Y 属于某一个集合 J, 称为 Y 的值的**潜在可取集合**. 我们在 J 内部确定一个较小的集合 F, 即其值的 "实在可取集合", 它就是这个家庭在原则上可以从中选取的 Y 的值的集合. 因为一个家庭所面对的约束, 例如它可能得到的收入的最大值就是一个约束, 所以 F 会比 J 小, 实际可取集合 F 简称为这个家庭的**可取集合**[①]. 每一个家庭所面对着的决策就是要在可取集合 F 中选取一个 Y, 使得福利 $W(U_1(Y_1), \cdots, U_N(Y_N))$ 达到最大值, 这就叫做**家庭最大化问题**.

　　假设集合 J 和 F 都是 $\mathbf{R}^{NM}$ 的闭和有界的集合, 这是合理的, 而且在数学上是方便的, 同时也假设福利函数 W 是连续的, 因为每一个连续函数在有界闭集合是都有最大值, 所以家庭最大化问题是有解的. 如果此外 W 还是可微的, 可以利用**非线性规划理论**来确定家庭的选择必须满足的最佳性条件. 如果 F 是凸集合, 而 W 是 Y 的一个凹函数, 这些条件还是充分必要条件. 与 F 相联系的拉格朗日乘子[III.64] 可以解释为**名义价格**(notional prices), 它们反映的是约束的稍许放松对于家庭的价值.

　　现在我们来做一个练习, 看一看现代经济学家研究选择的方法的力量. 首先假设 W 是个人福利 U_i 的一个**对称的和凹函数**(当 W 就是这些 U_i 之和时, 当然就是这个情况). 对称假设意味着如果有两个成员交换他们的福利, 则 W 是不变的; 而凹粗略地说是指: 如果其他的 U_j $(j \neq i)$ 不变, 而把 W 仅仅作为 U_i 的函数来看待时, 则当 U_i 增加时, W 对于 U_i 的变率不增加[②]. 此外, 假设家庭成员都是一样的, 就是说, 设所有的 U_i 都等于同一个 U. 我们还假设 U 是 Y_i 的严格凹函数, 即当消费增加时, 福利函数 U 对于 Y_i 的变率是下降 (而不只是不增) 的. 最后, 假设可取集合 F 是非空的、凸的、对称的集合 (这里的对称就是指: 当 Y 在可取集合内, 而 Z 也是由 Y 将其中两个家庭成员的消费对调所成的点, 则 Z 也在可取集合内). 在这些假设下可以证明, 家庭的所有成员将被等同地对待, 就是说, 如果家庭的所有

---

　　① 我们马上就会看到为什么要把 J 和 F 分开, 而不是直接考虑 F.

　　② 注意, 关于函数的凹和凸的定义, 国内的数学教材与国外数学教材时常是相反的, 但是在涉及经济学的教材里, 定义又与国外教材相同. 例如维基百科中文版条目 "凹函数"(http://zh.wiktionary.org/wiki/concave_function) 中专门指出, 国内非常流行的同济大学编的《高等数学》里讲的凸 (凹) 函数, 就是国外说的凹 (凸) 函数. 本文的说法与国外的数学特别是经济学教材是一致的, 而与我们所习惯的恰好相反. 为简单计, 不妨限于二阶可微函数, 而说凹 (凸) 函数就是适合条件 $f''(x) \leqslant 0$ $(\geqslant 0)$ 的函数; 严格凹 (凸) 函数则是适合条件 $f''(x) < 0$ (> 0) 的函数. 尽管如此, 在讲到凸集合时, 国内外的讲法没有区别. —— 中译本注

成员得到同样的物与劳务, W 就会被最大化.

然而, 在低的消费水平下, 假设福利函数 U 为凹函数是不合理的. 为了说明这一点, 我们要注意到, 在人的营养平衡中, 每日所摄入的能量典型情况下有 60%~75% 是用于维持, 而余下的 25%~40% 才是消耗于他的任意的自由决定的事 (例如用于工作或休闲). 这个 60%~75% 好比是固定价格: 从长期来说, 不论他或她做什么, 这个最小值总是需要的. 揭露这个固定价格的意义的最简单的方法是: 仍然假设 F 是凸集合 (例如在有一定量的食物来分配给家庭成员时就是这样), 但是在食物的摄入量很低时, U 是严格凸函数, 而在达到一定摄入量以后, U 才是严格凹函数. 不难证明在这样一个世界里, 贫困家庭把食物不平等地分配给各个成员才能使福利最大化. 平等分配是富裕家庭才能支持的一种奢侈, 只有比较富裕的家庭才会选择平等地分配食物. 举一个非常格式化而不太真实的例子. 假设每日维持所需的能量是 1500 千卡, 而一个四口之家最多只能得到 5000 千卡以供消费. 平等分配就意味着谁也得不到足够的能量来做任何事, 所以不平等地分配反而更好. 另一方面, 如果这个家庭能获得 6000 千卡以上, 它就可以平均分配而不致于危及全家的未来.

这样的发现有一些经验上与此相关的事例. 当食物非常稀缺时, 德斯塔家里比较年幼和衰弱的成员得到的食物, 即令按年龄应有差别也比其他人少, 而在年成比较好的时候, 德斯塔的父母才能够当得起平等主义者. 相反, 贝姬的家庭总能得到充分的食物, 所以她的父母每天都会平均地分配食物.

4. 社会平衡

在贝姬的世界里, 家庭的交易绝大部分是在市场里进行的. 交易的条件就是市场报价. 为了发展一个关于社会后果的数学结构, 仍然为简单计, 把世界想象成为一个静态的决定论世界. 令 $P (\geqslant 0)$ 为市场价格向量, $M (\geqslant 0)$ 为物和劳务的家庭捐赠向量, 即所获捐赠的向量 (就是说, 对于每一种商品 j, $P(j)$ 是它的价格, 而 $M(j)$ 是家庭已经拥有的即获得捐赠的 j 的数量). 按照已有的约定, 我们定义 $X = \sum Y_i$, 其中消费的用正数表示, 而提供出去的则用负数表示 (这样, $X(j) = \sum Y_i(j)$ 就是家庭所消费以及提供的商品 j 的总量). 于是, $P \cdot X$ 就是家庭消费的物的总价格减去家庭所提供的物的总价格, 而 $P \cdot M$ 则是家庭所获的捐赠的总价格. 可取集合 F 则是家庭能够作出的选择, 即满足 "预算" 约束 $P \cdot (X - M) \leqslant 0$ 的选择 Y 的集合.

贝姬的家庭从它向市场提供的资产而得到的收入 (包括贝姬父亲的薪水、银行存款的利息、股票回报) 是由市场价格决定的. 而这些价格又是由家庭所获的物与劳务捐赠的多少与分布以及家庭的需求和偏好决定. 价格也依赖于相关的机构, 如私人企业和政府部门使用它们所得到的权力的能力和愿望. 这些功能性的关系足以解释为什么贝姬的父亲作为一个律师的技巧 (技巧本身也是一种资产, 经济学家

称为 "人力资本") 在德斯塔的村庄里值不了什么钱, 而在美国就很值钱了. 事实上, 在美国, 律师将一直很有价值. 这是一个坚定的信念, 这一点鼓励贝姬的父亲去当一个律师.

虽然德斯塔的家庭也在市场上运作 (例如, 她的父亲去卖 *tef*, 她的母亲去卖她酿造的酒), 但是, 它时常是直接与自然界进行交易: 在当地的公有土地上和在农耕操作里, 以及与村子里别人的非市场关系都是这种交易. 因此, 德斯塔的家庭的可取集合和我们为显示贝姬的世界而作的理想化的模型不一样, 不是由线性的预算不等式来简单定义的, 它还要反映自然界所加的约束, 例如土地的生产率和雨量、这个家庭所能得到的资产, 以及通过非市场关系与村子里其他人在进行交易时的条件, 而这一点我们后面还会谈到. 贝姬的家庭当然也感到自然界的约束, 但是是通过市场价格来感觉到的. 例如, 如果旱灾会导致世界上谷物产量下降, 贝姬的家庭会通过谷物价格的上涨感觉到. 形成对比的是, 德斯塔的家庭是通过家里的田地上产量减少感觉到的.

德斯塔的家庭资产包括家居房屋、牲口、农具, 还有那半公顷土地. 德斯塔家庭成员在农作、牲口放牧和从公有的土地上收集各种资源中积累起来的技巧也是他们的人力资本的一部分. 这些技巧在全球性的市场上得不到多少回报, 但是确实形成了家庭的可取集合, 而对于他们的福利至关重要. 德斯塔的父母是从他们的父母直至祖父母那里学来的这些技巧, 正如德斯塔和幼儿们是从他们的父母和祖父母那里学来技巧一样. 德斯塔的家庭可以说是也占有了当地公有土地的一部分. 事实上, 她的家庭是和村子里的其他人一同分享了所有权. 在德斯塔的村庄里和村里其他人就如何使用公有土地达成协议并且执行这些协议, 比起各个国家就全球共有的东西, 如大气作为碳排放的聚集处, 达成和执行协议要容易得多. 这不仅是因为局部的东西协商起来牵涉的人要少得多, 而且还因为使用者的意见和利益共同性也大得多. 各方都比较容易观察到关于当地共有的东西所达成的协议是否得到遵守, 这一点也是有帮助的 (请参看下文中关于德斯塔的世界里保险安排的讨论).

这样, 个人所作的选择受到其他人选择的影响: 这些选择是有反馈的. 在市场经济里, 反馈的很大一部分是通过价格来传送的. 在非市场经济中, 这种反馈是通过各个家庭互相协商的条件来传送的.

现在我们试着作出这些情况的数学模型. 我们从设想由 H 个家庭组成的经济体. 为了叙述的方便, 假设一个家庭的福利可以直接用这个家庭的物与劳务的总体的消费来表示, 而不考虑这种消费是怎样在各个成员之间来分配的. 令 X_h 表示第 h 个家庭的消费向量 (遵从通常的符号规定), J_h 是这个家庭的潜在可取向量 X_h 的集合, 而 $W_h(X_h)$ 是其福利.

第 h 个家庭真正的可取向量的集合 F_h 位于其潜在可取向量 X_h 的集合 J_h 之内部. 为了建立起反馈的数学模型, 我们要显式地承认 F_h 还依赖于其他家庭的消费, 就是说, 它是序列 $(X_1, \cdots, X_{h-1}, X_{h+1}, \cdots, X_H)$ 的函数. 为了节省篇幅, 我们把这个除 h 之外的各个家庭的消费向量所成的序列记为 X_{-h}. 从形式上看, F_h 就是一个把形如 X_{-h} 的对象映到 J_h 的子集合上的函数 (有时称为一个 "对应"). 家庭 h 的经济问题就是从它的可取集合 $F_h(X_{-h})$ 中选择一个消费向量 X_h 使得福利达到最大值的问题, 最佳选择依赖于 h 对于 X_{-h} 的信任以及对应 $F_h(X_{-h})$.

与此同时, 所有其他的家庭也都在进行类似的计算, 我们怎么能够把反馈弄清楚呢? 方法之一是要求人们都公开自己对反馈的信任. 有幸的是, 经济学家避免了这条路径. 经济学家为了使得对自己的研究具有安全感, 就来研究对于**平衡**的信任, 这是一种能够自己证实的信任. 这里的思想是: 人们可以这样来作选择, 使得他们对自己所作的选择造成的反馈是信任的. 我们把这样一种事态称为**社会平衡**(social equilibrium), 形式地说, 一个社会平衡就是各个家庭所作的选择的序列 $(X_1^*, \cdots, X_H^*)$, 使得每一个家庭 h 的选择 X_h^* 都能使得其福利 $W_h(X_h)$ 在它的可取集合 $F_h(X_{-h})$ 上达到最大值.

这里就提出了一个很明显的问题: 社会平衡是否存在? 纳什在 1950 年发表的和 Debreu 在 1952 年发表的经典论文中证明了在相当一般的条件下它是存在的. 下面就是 Debreu 所确定的一组条件. 设每一个福利函数 W_h 都是连续而且**拟凹**(quasi-concave) 的函数 (拟凹函数就是这样的函数, 它能够使得对于 J_h 中任意一个潜在可取的选择 X_h', 在 J_h 中一切使 $W_h(X_h)$ 均大于或等于 $W_h(X_h')$ 的 X_h 均成为一个凸集合). 又假设对于每一个家庭 h, 可取集合 F_h(回忆一下, F_h 是 J_h 的一个子集) 都是非空的紧凸集, 并且连续依赖于别的家庭的选择 X_{-h}. 在上述条件下社会平衡的存在只不过是**角谷静夫**(Kakutani) **不动点定理** [V.11§2] 的直接推论而已, 而这个不动点定理又只是布劳威尔不动点定理的特例. 近年来还探讨了社会平衡存在的其他充分条件 (其中允许可取集合 $F_h(X_{-h})$ 为非凸).

在贝姬的世界里, 社会平衡称为**市场平衡**. 一个市场平衡就是一个价格向量 P^* $(\geqslant 0)$ 以及对于每一个家庭 h 的一个消费向量 X_h^*, 使得在预算约束 $P^* \cdot (X_h - M_h) \leqslant 0$ 下 X_h^* 使 $W_h(X_h)$ 达到最大, 而且所有家庭对物与劳务的需求成为可取的, 即 $\sum (X_h - M_h) \leqslant 0$. 至于市场平衡就是我们刚才定义的社会平衡这一点, 是由 Arrow 和 Debreu 在 1954 年证明的. Debreu (1959) 这部书是关于市场平衡的决定性的著作, 这本书遵循 Eric Lindahl 和 Kennth J. Arrow 的引导, 通过对于物和劳务不仅就它们的物理特性加以区分, 而且也就它们出现的时间和紧急情况来区分. 本文后面, 我们将要按这种方式来扩张商品空间以便研究在贝姬和德斯塔的世界里储蓄和保险的决策.

我们不能自动地假设社会平衡就是公正或者是集体地都好. 此外, 除了最人为的例子, 社会平衡也不是唯一的 —— 这意味着只是研究平衡本身就会留下一个未解决的问题: 我们希望看到的是哪一个社会平衡. 为了探讨这个问题, 经济学家们也研究了不平衡的行为以及所得的动态过程的稳定性性质. 基本的思想是要对人们对于世界如何运作的方式是怎样形成信任的作一些假设, 追踪那些学习模式的后果, 并用数据来加以核验. 限于只考虑那些收敛于定常状态下的社会平衡是合理的, 开始时的信任就会指明终究会达到什么样的平衡 (Evans, Honkapohja, 2000). 因为对不平衡的研究会大大拉长本文, 我们在此只研究社会平衡.

5. 公共政策

经济学家对于**私有物**和**公有物**要加以区分. 对于许多的物, 消费是对抗性的: 如果在这种物 (例如食物) 的一定量的供应中, 您多占了一点, 别人所能消费的就少了那么多的量. 这些就是私有物. 在整个经济中估计这种消费的方法就是把各个家庭消费的量加起来, 我们在前节中得到社会平衡概念时就是这样做的. 然而, 并不是所有的物都是这样的. 例如, 能够提供给您的国家安全的程度和提供给国内所有家庭的国家安全的程度是一样的. 在一个公正的社会里, 法律还有国家也都有这样的性质: 消费不仅是非对抗的, 加之, 还不会妨碍任何人得到经济所能提供的总量. 这种第二类的物就是公有物. 我们为这种公有物所建立的模型就是一个数 G, 而每一个家庭 h 所消费的 G_h 规定就是 G. 大气是覆盖了全球的公有物的例子: 全世界共同地受益于它.

如果把公有物的供应委之于私人, 那就要出问题. 例如, 虽然城市里的每一个人都会受益于一个更干净、更健康的环境, 但是到了需要为干净的环境付钱的时候, 个人就非常想占别人的便宜. Samuelson 在 1954 年就指出这种情况和囚犯困局 (prisoners' dilemma)① 有些相像, 那就是虽然有一个对于每一方都更好的对策, 但每一方都会不论对方如何决策而采取一个对于自己是最佳的对策, 而不一定采取那个对各方都更好的对策. 这时人们通常会需要有一个公共的政策, 例如税收和补贴, 使得实行那个使各方都得到好处的对策, 对于私人也是有利的. 换句话说, 这个困境有希望通过政治而不是市场得到有效的解决. 政治理论中广泛为人接受的是: 应该赋予政府收税、补贴和转让之责, 政府也应该致力于提供公有物, 政府也是提供基础设施 (如道路、港口、电缆等等) 的自然的责任者, 因为它们所需要的投资与个人收入相比是极为巨大的. 我们现在要把早前的模型加以扩大, 使得能够把公有物和基础设施包括进来, 这样才能研究政府的经济任务.

现在我们假设社会福利是各个家庭的福利的数值的综合. 这样, 如果用 V 来表示社会福利, 则它是各个家庭福利的函数, 而可以写为 $V(W_1, \cdots, W_H)$. 很自然地

---

① 所谓囚犯困局是 A. W. Tucker 在 1950 年就非零和博弈提出的一个著名的例子, 说是有两个嫌犯被捕, 实际上, 如果两人均坚不吐实, 则因证据不足均将无罪释放, 因此二人合作顽抗将是最佳对策. 但是警方提出如果出卖同伙, 就可以缩短刑期, 而被出卖的一方将承担全部罪责. 因为囚们必须考虑刑期以外的因素 (例如出卖同伙会受到报复等等), 所以合作是非常困难的. 这样一种博弈论的考虑, 被广泛地用于经济学中. 北京大学出版社出版的曼昆《经济学原理》(第五版) 对此作了详细的解释.—— 中译本注

可以假设当某一个 W_h 增加时, V 也增加 (这种 V 的一个例子就是功利主义哲学所描述的 $W_1 + \cdots + W_H$). 由政府来决定各种公有物和基础设施产品各应提供之量. 这些数值可以用两个向量为模型, 即分别为 $\boldsymbol{G}$(公有物) 和 $\boldsymbol{I}$(基础设施). 政府也要选择对各个家庭的物与劳务的转移支付 (例如提供医疗服务和征收所得税)T_h. 我们用 $\boldsymbol{T}$ 来表示序列 $(T_1, \cdots, T_H)$. 一对特定的向量 $(\boldsymbol{G}, \boldsymbol{I})$ 是否真正在可取向量对的集合 K_T 中, 需视如何选择 $\boldsymbol{T}$ 而定.

因为我们引进了新的物之集合, 我们就必须通过扩大家庭福利函数的定义域来对它加以修改. 表示这种额外的依赖关系的自然的记号是用 $W_h(\boldsymbol{X}_h, \boldsymbol{G}, \boldsymbol{I}, T_h)$ 来表示家庭 h 的福利函数. 此外, h 的可取集合 F_h 现在也依赖于 $\boldsymbol{G}, \boldsymbol{I}$ 和 T_h, 所以我们把它写成 $F_h(\boldsymbol{G}, \boldsymbol{I}, T_h, \boldsymbol{X}_{-h})$.

为了试图寻找一个最佳的公共政策, 我们来设想一个两阶段的博弈. 政府下先着, 选定一个 $\boldsymbol{T}$, 然后从 K_T 中选出 $\boldsymbol{G}$ 和 $\boldsymbol{I}$. 各个家庭下后着, 对于政府的上有政策做出自己的下有对策. 设想达到了社会平衡 $\boldsymbol{X}^* = (\boldsymbol{X}_1^*, \cdots, \boldsymbol{X}_H^*)$, 而且这个平衡是唯一的 (如果有多个平衡, 就假设政府根据公众给出的信号选出其中之一). 很明显这个社会平衡 $\boldsymbol{X}^*$ 是 $\boldsymbol{G}, \boldsymbol{I}$ 和 $\boldsymbol{T}$ 的函数. 一个明智而且善良的政府会预见到这一点, 而且会在 K_T 中选出 $\boldsymbol{G}, \boldsymbol{I}$ 和 $\boldsymbol{T}$ 使得所得到的社会福利 $V(W(\boldsymbol{X}_1^*), \cdots, W(\boldsymbol{X}_H^*))$ 为最大.

我们所设计的涉及一个两阶段优化的公共政策问题是非常困难的, 甚至在最简单的经济模型中也会发生可取集合 $F_h(\boldsymbol{G}, \boldsymbol{I}, T_h, \boldsymbol{X}_{-h})$ 不是凸集合的情况. Mirrless 在 1984 年证明了这意味着社会平衡不能保证连续地依赖于 $\boldsymbol{G}, \boldsymbol{I}$ 和 $\boldsymbol{T}$. 这又进一步意味着标准的技巧并不适用于政府的优化问题. 当然, 事实上, 甚至 "双层优化" 也是一个巨大的简化. 政府作了选择, 民众则以贸易、生产和交易来回应; 上面再给政策, 下面又有对策 —— 如是政策和对策无尽地往复, 确定最佳公共政策涉及严重的计算上的困难.

6. 关于信任的问题: 法律和规范

前面所举的例子说明了对于一个想要与别人交易的人, 一个基本的问题是关于信任(trust) 的问题. 例如, 各方彼此信任的程度形成了集合 F_h 和 K_T. 如果各方互不信任, 本来可以互利的交易就不可能发生, 但是一个人信任某人会做他允诺在协议的一定条文下去做的事情, 这种信任的基础是什么? 如果能使这种允诺可信, 这种信任的基础就存在. 每一个社会都建立了创造这种可信性的机制, 但是其方法不同. 然而这些机制有一个共同点, 那就是一个人如果没有好的理由而不遵守协议, 就要受到处罚.

这样一个共同点是怎样起作用的呢?

在贝姬的世界里, 管理交易的规则体现为法律, 贝姬的家庭所进入的市场是由一个详细制定的法律结构 (它也是一个公有物) 支持的. 例如贝姬的父亲的法律事务所就是一个法律实体; 为他积累退休金以及为贝姬和萨姆储蓄教育经费等等的金融机构也是, 甚至当家里的什么人到杂货店去的时候, 这种贸易 (付现金或者刷卡) 也涉及法律: 法律要保护双方 (在使用假钞或者卡是空卡时就保护店主, 在产品是次品时就保护顾客). 法律是由国家的强制力量来执行的, 交易涉及由一个**外在的执法者**即国家支持的法律合同, 因为贝姬的家庭和店主都相信国家有能力、有愿望来执行合同 (就是国家会继续提供这里讲到的公有物, 即法律的执行), 所以他们愿意进行交易.

这里讲的相信的基础何在? 归根结底, 现在的世界上处处有国家. 为什么贝姬的家庭会相信自己的政府愿意诚实地完成它的任务呢? 一个可能的答案是在她的国家里, 政府关心自己的**名誉**: 有一个在民主制度下自由而又挑剔的新闻界帮助政府清醒, 使政府相信如果它无能而又玩忽职守, 在下次选举时就会下台. 请注意这里的论证是怎样涉及到互相连锁的对于别人的信任: 在贝姬的国家里, 成百万的家庭 (或多或少地) 信任他们的政府会执行合同, 因为他们知道政府领导人很清楚不能有效地执行合同自己就要下台. 在老百姓方面, 合同的每一方都 (也是或多或少地) 相信对方不想违约, 因为每个人都知道对方很清楚地信任政府会来执行合同, 如此等等. 信任是由对于违约的人的处罚 (罚款、坐牢、解雇、免职、开除等等) 的畏惧来维持的. 这样, 我们又一次进入了信任的平衡的领域, 这种平衡是由各个部分的互相牵制造成的. 相互的信任鼓励人们寻求和从事互利的交易. 因为支持上述互利交易的形式论证和社会规范中也包含了强制执行协议的机制的证明, 我们又回到了社会规范在人们的生活中的地位问题.

虽然在德斯塔的国家也有关于合同的法律, 但她的家庭并不能依靠它, 因为最近的法庭离她的村庄还很远. 此外, 在他们认识的人中找不到律师. 因为交通又十分昂贵, 所以经济生活是在法律系统之外形成的. 总之, 这些至关紧要的公有物和基础设施要么根本没有, 或者至少也是很短缺的. 但是虽然没有外部的执法者, 德斯塔的父母还是和别人进行交易. 所谓信用 (和她的村庄里的保险也差不多) 就是说一些这样的话, 如: "如果您答应在还得起的时候就还我, 我现在就借给您". 为葬礼作储蓄时就说: "我同意遵守 *iddir* 规定的条款", 如此等等. 但是为什么协议的各方仍然对协议不会被破坏还有信心呢?

如果协议是**对双方都有强制力的**, 则这种信心还是有理由的, 基本的思想如下: 社会成员将对破坏协议的人的严厉制裁是一个可信的威胁, 镇得住每一个人不去违反协议. 问题就在于要使这种威胁成为可信的. 在德斯塔的世界里, 求助于社会行为的规范, 就可以达到可信性.

社会规范就是社会成员都遵守的行为规则. 行为规则 (经济学的行话叫做 "策略"(strategy)) 例如就是 "如果您做 Y, 我就会做 X", "如果发生了 Q, 我就会做 P",

之类. 一个行为规则想要成为一个规范, 就必须 "当别人都按此规则行事时, 我也按此行事" 对每一个人都有利. 我们现在要来看一看社会规范是怎样起作用的以及把按它们进行的交易与以市场为基础的交易作一个比较. 为此, 我们要把保险作为一种商品来研究.

7. 保险

为某一种风险保险就是用各种方法来降低风险 (形式地说, 所谓一个随机变量 [III.71§4]$\tilde{X}$ 比另一个随机变量 $\tilde{Y}$ 有更大的风险, 就是存在一个随机变量 $\tilde{Z}$, 其平均值为零而且 $\tilde{X}$ 与 $\tilde{Y} + \tilde{Z}$ 有相同的分布, 这时, $\tilde{X}$ 与 $\tilde{Y}$ 有相同的平均值, 但是 $\tilde{X}$ "铺得更开"). 如果花费不太大, 不愿承担风险 (risk-aversion) 的家庭总是愿意通过买保险来降低风险. 事实上, 避免风险是人们普遍地极力主张的. 为了把这些概念形式化, 考虑一个像德斯塔的村庄那样的孤立的村庄. 为简单见, 假设其中有 H 个完全相同的家庭, 如果家庭 h 的食物消费是 X_h(这是一个实数), 而我们说它的福利是 $W(X_h)$. 假设 $W'(X_h) > 0$(就是说, 食物越多福利就越大), 而 $W''(X_h) < 0$(就是说已经有的食物越多, 那么再增加一些, 福利的增加反而越少). 我们在下面将要证明, W 的第二个性质, 即严格凹性, 意味着希望避险, 而避险也意味着严格凹性. 这里的基本理由其实很简单: 如果 W 是严格凹的, 则您走运时所得到的少于倒霉时所失去的.

为简单起见, 假设家庭 h 的粮食生产受到随机因素如天气的影响, 这一点与人的努力无关. 因为产量不确定, 所以我们用一个随机变量 $\tilde{X}_h$ 来表示它, 而令其期望值为正数 μ. 我们以后用字母 $\mathbb{E}$ 来表示期望值.

如果家庭 h 是完全自给自足的, 则它的期望的福利是 $\mathbb{E}(W(\tilde{X}_h))$, 然而 W 的严格凹性蕴含了 $W(\mu) > \mathbb{E}(W(\tilde{X}_h))$. 用文字来表述就是: 家庭 h 在平均产量情况下的福利要大于产量为随机时福利的期望值. 这意味着家庭 h 希望有一个确定的平均产量甚于希望一个有风险的产量, 尽管其平均值是一样的. 换句话说, 家庭 h 还是希望避险. 用式子 $W(\tilde{\mu}) = \mathbb{E}(W(\tilde{X}_h))$ 来定义一个值 $\tilde{\mu}$, 它就是使得能够达到福利的期望值的产量, 它比 μ 更小, 所以 $\mu - \tilde{\mu}$ 度量了一个自给自足的家庭所要承担的风险的成本. 注意, W 的 "曲率" 越大, 与 $\tilde{X}_h$ 相联系的风险成本也越大 (关于曲率的一个有用的度量是 $-XW''(X)/W(X)$. 在讨论跨期选择时, 我们就要用这个度量). 为了看一下各个家庭可以从共担风险中得到什么, 记 $\tilde{X}_h = \mu + \tilde{\varepsilon}_h$, 这里 $\tilde{\varepsilon}_h$ 是一个平均值为 0, 而方差为 σ^2, 而且有有限支集的随机变量. 为简单起见, 我们设所有的 $\tilde{\varepsilon}_h$ 都是相同的, 即不依赖于 h. 令任意两个这样的分布的相关系数为 ρ, 可以证明, 只要 $\rho < 1$, 则如果各个家庭同意分享产量那么就可以降低风险. 设各个家庭都知道彼此的产量, 如果这些随机变量 $\tilde{X}_h$ 都是恒同的, 一个显然的保险格式就是等分他们的产量. 在这个格式下, 家庭 h 的不确定的食物消费将是 $\tilde{X}_1, \cdots, \tilde{X}_H$ 的

平均值, 这对于自给自足已经是一个改进, 因为 $\mathbb{E}(W(\sum \tilde{X}_h'/H)) > \mathbb{E}(W(\tilde{X}_h))$. 问题在于如果没有一个执法的机制, 则在每一个家庭都知道各个家庭的食物产量时, 除了最不幸的家庭以外, 所有家庭对于平均分配的协议都不愿遵守, 而会违约. 为什么? 首先注意最幸运的家庭会违约, 因为他知道他的产量高于平均值; 然后再看其他的家庭, 直到最不幸的家庭为止. 因为各个家庭事先都知道如果没有执法机制就会发生这样的事, 他们首先就不会参加这样的格式: 唯一的社会平衡就是纯粹的自给自足, 而且没有风险的共担.

我们把上面所描述的博弈称为**阶段博弈**(stage game), 虽然纯粹的自给自足是阶段博弈的唯一的社会平衡, 但我们会看到, 如果把这个博弈反复进行下去, 情况就会变化. 为了对此建立数学模型, 我们用字母 t 表示时间, 并且认为时间是非负整数 (例如, 这个博弈可以每年进行一次, 而 0 代表当年). 我们再假设所有村民在每一个事件周期里面临同样的风险, 而某一年份的风险和其他年份的风险是独立的. 同样也假设在一个时间周期里, 只要收了粮食, 各个家庭就会独立地决定是遵守协议来平分粮食还是违约.

虽然未来的福利对于一个家庭也是重要的, 但是总不如当前的福利重要. 建立这个情况的模型的办法是引入一个正的参数 δ, 而每个家庭就用它来为未来的福利打一个折扣, 折扣的方法就是, 如果在 $t = 0$ 时来进行计算, 就要把时间 t 时的福利除以一个因子 $(1+\delta)^t$, 也就是打 $1/(1+\delta)$ 折, 这就是说福利的重要性是每一个时间周期按一定百分比逐年衰减的. 我们现在要证明如果 δ 充分小 (因此 $1/(1+\delta)$ 与 1 充分接近, 而这个家庭还是相当重视未来的福利的), 就会有一个社会平衡, 在其中每一个家庭遵守平分它们的总收成的协议.

令 $\tilde{Y}_h(t)$ 是家庭 h 在时间 t 可以得到的不确定的粮食总量. 如果所有家庭都参加到这个协议中来, 则 $\tilde{Y}_h(t)$ 应为 $\mu + (\sum \tilde{Y}_h')/H$, 如果没有协议, 则它应为 $\mu + \tilde{\varepsilon}_h$. 在 $t = 0$ 时计算这个家庭的现在和未来的福利的总期望值是 $\displaystyle\sum_{t=0}^{\infty} \mathbb{E}(W(\tilde{Y}_h(t)))/(1+\delta)^t$ (它是这样算出来的, 对于每一个 $t \geqslant 0$, 把家庭 h 的福利期望值除以因子 $(1+\delta)^t$, 再对 t 求和).

现在考虑家庭 h 可能采取的下面的对策: 先是参加这个保险格式, 而且在没有哪一个家庭违约时就一直参加下去; 但是一旦有一个家庭违约, 就在下一个时间退出这种保险格式. 博弈论专家把这种对策称为 "冷酷对策"(grims trategy), 或简称**冷酷**(grim), 因为它的本性就是绝不让别人得到好处. 现在我们来看在什么情况下, 冷酷也会支持原来的在每一个时间都平分产量的协议 (关于反复博弈以及种种可以使协议得以持续的社会规范, 请看 (Fudenberg, Maskin, 1986) 一文).

假设家庭 h 相信, 所有其他家庭都选择冷酷. 于是他就会知道所有其他的家庭都不会第一个叛变. 那么, h 应该怎么办? 我们将要证明, 如果 δ 足够小, h 除冷酷之外别无他法. 这样的推理对所有别的家庭都成立, 我们就会得出结论, 如果 δ 足够小, 则冷酷在反复博弈中是一个平衡对策. 但是如果所有家庭都采取冷酷对策, 那么, 没有一个家庭会叛变. 所以, 这时冷酷就会起一种社会规范的作用: 它会使得合作能够持续下去. 现在我们来比较仔细地看一看这里的论证.

基本思想是简单的, 因为已经假设所有其他家庭都采取冷酷对策, 如果家庭 h 自己的产量超过平均产量, 则其叛变将在第一个周期的时间里使它得到收益. 但是, 如果 h 在任意周期里叛变, 则其他家庭 (请记住, 他们都是假定要采取冷酷对策的) 在以后所有周期中因为看见他得到了好处, 所以都会叛变. 所以, h 在以后所有的周期中所能采取的最佳对策也是叛变. 这意味着在 h 的一次叛变以后, 可以预测后来的结果将是纯粹的自给自足. 这样, 如果家庭 h 在第一周期里因产量高于平均从而叛变带来了一个周期里的收益, 但是后来与这个情况相反, 家庭 h 在以后的日子里将因合作被破坏而遭到损失. 这种损失将因 δ 充分小而超过第一年的收益. 所以, 如果 δ 充分小, 家庭 h 将不会叛变而采取冷酷对策. 这意味着冷酷对策是一个平衡对策, 而在每一个周期里平分产量是一个社会平衡.

为了把这个论证形式化, 我们来考虑什么样的情况对于 h 的叛变具有最大的诱因. 令 A 和 B 分别为一个家庭可能产量的最小与最大值. 家庭 h 因为在 $t=0$ 时就叛变而能够享受最大收益的情况是: 在所有时刻, h 的收成都是 B, 而其他家庭的收成总是 A. 因为在这样的结局中平均的收成是 $(B+(H-1)A)/H$, 则 h 因叛变而能享受的一周期内的收益将是

$$W(B) - W\left(\frac{B+(H-1)A}{H}\right).$$

但是, h 知道如果它在 $t=0$ 时就叛变, 则它在以后的时期内 (即从 $t=1$ 开始的时期) 的损失的期望值将是 $\mathbb{E}(W(\sum \tilde{X}'_h/H)) - \mathbb{E}(W(\tilde{X}_h))$, 而我们以后就记它为 L. 家庭 h 于是可以算出它在 $t=0$ 时叛变所造成的总损失是 $L\sum_{t=1}^{\infty}(1+\delta)^{-t} = L/\delta$. 如果这个总损失超过了现时的收益, 家庭 h 就不会叛变. 换言之, 如果

$$\frac{L}{\delta} > W(B) - W\left(\frac{B+(H-1)A}{H}\right),$$

亦即

$$\delta < L/\left(W(B) - W\left(\frac{B+(N-1)A}{H}\right)\right), \tag{1}$$

h 就不会想叛变. 如果 h 发现在一个周期内, 在叛变带来最大收益的情况下叛变也不会符合自己的利益, 他当然在任何其他情况下也不叛变. 我们得到的结论是: 如

果不等式 (1) 成立, 则冷酷是一个平衡对策, 而由此带来的社会平衡就是在每一个周期里都实行各个家庭平均分配产品. 要注意, 我们已经说过了这是在 δ 充分小时发生的情况.

我们通常都把 "社会" 一词保留来表示一个终于能够找到一个互利的平衡的集体. 然而请注意, 反复博弈的另一个社会平衡是每一个家庭都只顾自己. 如果每一个家庭都相信所有其他人都会从一开始就破坏协议, 那么每个人也都会从头起就破坏协议. 非合作就包含了每一个家庭都选择这样的对策: 违约. 不能合作可能仅仅是由于大家都相信不幸的自我确认 (self confirming) 而没有别的理由①. 很容易证明, 如果

$$\delta > L / \left(W(B) - W \left(\frac{B + (H - 1) A}{H} \right) \right), \tag{2}$$

则不合作将是反复博弈的唯一的社会平衡.

我们现在有了一个工具来了解一个社会怎样从合作的行为滑落到非合作的行为. 例如, 政治上的不稳定 (其极端情况就是内战) 可能意味着各个家庭越来越担心他们会不会被迫从自己的村庄流落, 这可以 "翻译" 成为 δ 在增加. 类似地, 如果各个家庭担心自己的政府现在倾向于破坏公共机构以加强自己的权威, δ 也会增加. 从 (1) 和 (2) 知道, 这时合作就会停止. 所以, 这个模型解释了何以近几十年来在撒哈拉沙漠以南的的非洲战乱地区, 当地的合作越来越减少. 社会规范只有在人们有理由估计合作所带来的未来的利益时才会起作用.

在上面的分析中, 我们都允许这样的可能性, 即在每一个时期家庭的风险都是正相关的. 此外, 任何一个村庄的家庭户数典型地都不是很多. 德斯塔的家庭得不到对于他们面临的风险的全面的保险这样的东西就是由于这两个理由. 与之相反, 贝姬的父母能够得到保险市场的很细致的组合, 这个市场把遍及全国成十万个家庭的风险汇集在一起 (而在保险公司是跨国公司时甚至可以遍及全世界). 比起德斯塔的家庭, 这就更加有助于减少个人的风险, 这首先是因为相距遥远的地区的风险更可能是不相关的, 其次是因为比起德斯塔的父母来, 贝姬的父母更能把自己一家的风险与多得多的家庭的风险聚集在一起. 只要户数足够多, 而各家的风险具有足够的独立性, 大数定律[III.71§4] 实际上保证了各个家庭平分将给每一个家庭以平均数 μ, 这就是以国家作为外在的执法者所支持的市场的优越性: 在一个竞争的市场里, 能够得到保险合同, 使得互不相识的人也可以通过第三方 (现在就是保险公司) 来进行交易.

德斯塔的父母所面临的风险中有许多, 如雨水不足, 对于他们村庄里的所有家庭都是很相似的. 因为他们能在自己村庄里得到的保险也因此是非常有限的, 他们就要采取附加的防风险的措施, 例如分散所种作物的种类. 德斯塔的父母要种玉

---

① 自我确认平衡是博弈论和度量经济学中的一个概念.—— 中译本注

米、*tef* 和 *enset* (一种低产的作物), 就是希望即使有一年玉米歉收, *enset* 也会使他们家不至于垮掉. 德斯塔的村庄里有些当地的资源是公有的, 可能也与大家都希望把风险汇聚起来有关. 林地是一个空间分布不均匀的生态系统. 一年中可能有些植物结实, 而另一年可能是另一些植物结实. 如果把林地分割成私有的小块, 则每一个家庭面临的风险会比公有更大一些. 在公有情况下, 每一个家庭风险的降低可能很小, 但是由于平均收入也很低, 家庭受惠于公有制是很大的 (关于贫穷国家里当地的公有财产的管理, Dasgupta (1993) 作了更详细的阐述).

8. 交易的范围所及以及劳动分工

在贝姬的世界里支付都是以货币按美元来支付的. 如果在一个世界里人们是完全可以信赖的, 就完全不会产生计算上的花费, 交易也是不需花钱的: 在这个世界里, 简单说一句 "我还欠您一份人情"[1]、或者规定用特定的物或劳务来偿还就够了. 然而, 我们并不生活在这样的世界里. 在贝姬的世界里, 债务就要立一个合同, 标明借方 (borrower, 即借入人) 收到了一定数量的美元, 而他许诺按一定的程序偿还贷方 (lender, 即借出人) 美元. 在签订这样一个合同时, 双方对于美元按照物或劳务折算的价值抱有一定的信心. 这种信心部分地来自相信美国政府会保护美元的价值. 当然这个相信也来自其他许多东西. 但是重要之点在于: 货币能够保值是由于人们相信它会得到维持 (关于这一点, (Samuelson, 1958) 一文是经典的参考文献). 类似地, 如果不论什么原因人们害怕币值难以保持, 币值就不会得到保持. 当代社会的货币的贬值, 如 1922 年到 1923 年德国魏玛的货币那样[2], 正是这种失去信心的自我实现. 银行的运作也有这样的特点, 例如股市泡沫的破裂. 用比较形式的说法就是: 有多种的社会平衡, 各由一组自我实现的信念来支持.

货币的使用使得交易可以是匿名的. 贝姬时常并不知道商城里的百货公司售货员的名字, 他们也不认识贝姬. 当贝姬的父母从银行贷款时, 得到的资金来自不知名的储户. 每天都有真正是有几百万笔交易在从未谋面将来也不会相见的人们之间进行. 在贝姬的世界里, 建立信任问题是通过对于交换的中介: 货币的信任来解决的. 货币的价值是由国家来维持的, 国家愿意维持币值是因为它不愿破坏自己的名誉以致倒台.

缺少基础设施使得市场无法深入到德斯塔的村庄里去. 而与此相反, 贝姬所在的城郊住宅区则是嵌入在巨大的世界经济里的. 贝姬的父亲能够以律师为专业, 是因为他确信他的收入能够用来从超市里买食物, 支付来自水龙头的自来水, 提供做饭炉灶和暖气片用的热. 专业化使得人们生产的总量超过每个人把自己的活动分

---

① 原文是 IOU, 即 I owe you(我还欠您一份人情) 的谐音.—— 中译本注
② 指 1921 年到 1924 年德国 (当时德国因一战失败, 帝制被取消, 而在魏玛通过的宪法建立了共和体制, 人称魏玛共和国, 1918—1933, 虽然它并不是正式国名) 的剧烈通货膨胀.—— 中译本注

散所能生产的. 亚当斯密提出劳动的分工受到市场大小的限制. 这一点是众所周知的. 前面我们提到, 德斯塔的家庭并不专业化, 而是从原料开始生产他们家里日常所需的几乎所有一切. 此外, 他们和其他人进行的许多交易因为是由社会规范来支持的, 所以必然是个体化的, 因此也就是有限的. 以法律和社会规范为基础的经济活动有天壤之别.

9. 借贷, 储蓄和再生产

如果您没有买保险, 您的消费会很严重地受到种种意外事故的影响, 买保险能够使您摆脱这种影响或使之平滑化. 我们马上就会看到, 人类想使意外事故的影响光滑化的愿望, 是与另外一种同等普遍的愿望相关的, 那就是使得时间消磨的影响光滑化: 二者都是福利函数 W 的严格凹性的反应. 一个人一生的收入流一般不会是光滑的, 所以人们就来找一种机制例如抵押和年金、退休金 (pension) 使他们能够跨越时间来转移消费. 例如贝姬的父母在买房子时就用了抵押贷款, 因为在买的时候他们没有足够的钱来付款. 这样造成的债务会减少他们将来的消费, 但是他们当时就买下了房子, 从而提高了当时的消费. 贝姬的父母也要向退休金付钱, 这样把他们现在的消费转移到退休以后, 为现时的消费贷款是把将来的消费转移到现在, 储蓄则是为相反的过程. 因为资本资产是有再生能力的, 所以正确地使用就会有正的回报, 这就是为什么在贝姬的世界里贷款要付利息, 而储蓄和投资会有正的回报的原因之一.

贝姬的父母也为孩子们的教育作了相当大的投资, 但是他们并不希望由此得到回报. 在贝姬的世界里, 资源是从父母传给孩子们的. 孩子确实是父母的幸福的直接来源, 他们并不被看成一种投资的标的物.

描述贝姬的父母安排资源的跨时间传递时所面临的问题, 一个简单方法是设想他们把自己设想成一个王朝的一代, 这意味着在就消费和储蓄作决定时, 贝姬的父母明显地考虑的不仅是自己以及贝姬和萨姆的福利, 还有他们未来的孙子辈、重孙辈的福利, 这样代代相传.

为了分析其中的问题, 记号方面最简洁的方法是设想时间是连续变量. 我们记时刻 t(假设时间总是大于或等于 0) 的家庭财富为 $K(t)$, 而 $X(t)$ 是消费率 (即单位时间所消耗的财富) , 它们都是以所消费的物品的市场价格为基础的一种总和. 在实践上, 一个家庭总是希望把它的消费跨过时间以及意外事件来光滑化, 但是为了集中关注时间的作用, 我们考虑一个决定论的模型. 设市场对于投资的回报率是一个正数 r, 这意味着如果家庭在时刻 t 的财富是 $K(t)$, 则描述这个王朝的消费选择的动态方程是

$$dK(t)/dt = rK(t) - X(t). \tag{3}$$

方程右方是王朝在时刻 t 的投资回报 (它是王朝在当时的财富的 r 倍) 与它在时刻

t 的消费之差, 这个差值被储蓄起来并用作投资, 所以它是这个王朝在时刻 t 的财富的增长率. 现在就是时刻 $t = 0$, 而 $K(0)$ 就是贝姬的父母从过去传承而得的财富. 我们在前面曾经假设一个家庭会这样来把消费就各种意外情况来分配, 以使得自己的福利期望值最大化. 于是, 跨过时间来分配消费的量是

$$\int_0^\infty W(X(t)) \mathrm{e}^{-\delta t} \mathrm{d}t, \tag{4}$$

这里和前面一样, 假设 W 满足严格凹条件: $W'(X) > 0$, $W''(X) < 0$. 计算未来的福利是要打折扣的 —— 由于短见或者王朝的覆灭种种原因, 未来的福利是要打折扣的 —— 而 δ 就度量折扣的程度. 就这一点而言, 现在的 δ 和前面的 δ 含义是一样的, 虽然现在我们在考虑一个连续模型, 而前面我们是考虑的离散模型, 但是这里的衰减仍然假设是指数的. 在贝姬的世界里, 对于投资的回报率是很高的, 就是说, 投资有很强的再生力, 这在经验的层面上使我们设想应该有 $r > \delta$. 我们马上会看到, 正是这一点给了贝姬的父母积累财富并且把财富传给贝姬和萨姆的动机, 他们后来也就积累自己的财富, 并且把这份财富传给自己的后代. 为简单起见, 设 W 的 "曲率" 即 $-XW''(X)/W'(X)$ 等于一个大于 1 的参数 α①我们在前面已经看到了 W 的严格凹性意味着如果增加消费, 则您在福利上的所得比起减少同样的量的消费您在福利上之所失, 则前者更少.α 正是度量了这个效应的强度: α 越大, 则您所能做的任意光滑化的好处也越大.

贝姬的父母亲在 $t = 0$ 时所面临的问题是要通过选择他们的财富的消费率 $X(t)$ 使得 (4) 中的量达到最大, 而且这种选择要服从条件 (3) 以及 $K(t)$ 和 $X(t)$ 不能为负的条件②, 这是**变分法** [III.94] 中的一个问题, 但是其形状有点奇怪, 就是水平线 (t 轴) 是半无限长的 ($0 \leqslant t < +\infty$), 但是在无穷远点并没有给定边值条件. 对于没有边值条件这一点有一个理由: 贝姬的父母理想地希望能够决定这个王朝的资产长期地应该达到的水平. 但是, 他们不认为事先就决定这个水平是恰当的 (所以没有给出 $X(+\infty)$). 如果我们暂时假定这个优化问题有解存在, 可以证明, 它一定满足**欧拉－拉格朗日方程**

$$\alpha(\mathrm{d}X(t)/\mathrm{d}t) = (r - \delta)X(t), \quad t \geqslant 0. \tag{5}$$

---

① 这意味着 W 的形式是 $B - AX^{-(\alpha-1)}$, 其中 A 是一个正数而 B 的符号不定, 它们都是任意常数, 而从曲率等于 α. 求积分就会得知这一点. 我们马上就会看到, 对于 A, B 赋予什么值与贝姬的父母作什么样的决定无关, 就是说, 贝姬父母的最佳决策独立于 A 和 B. 注意, 因为 $\alpha > 1, W(X)$ 一定是上有界的. 上面的式子在应用工作上特别有用, 因为想从家庭消费的数据来估计 $W(X)$, 我们只需要估计一个参数 α. 对于美国的储蓄行为的经验研究揭示了 α 在 2 和 4 之间.

② 这个问题始自拉姆齐的一篇论文 (Ramsey, 1928). 拉姆齐坚持 $\delta = 0$, 而且给出了一个新颖独特的论据来证明一定存在一个最佳函数 $X(t)$, 虽然积分 (4) 并不收敛. 为简单起见, 总是设 $\delta > 0$. 因为 $W(X)$ 是上有界的, 而且 $r > 0$(意味着 $X(t)$ 有可能无限增长), 我们可以期望如果允许 $X(t)$ 上升的足够快, (4) 是收敛的.

这个方程很容易求解, 从而给出

$$X(t) = X(0) e^{(r-\delta)t/\alpha}. \tag{6}$$

然而, 在这个问题中, 我们可以自由地选择 $X(0)$. Koopmans 在 1965 年证明了: 如果当 $t \to +\infty$ 时 $W'(X(t))K(t)e^{-\delta t} \to 0$, 则 (6) 中的 $X(t)$ 是最佳的. 这一点表明对于我们手头的模型, 存在 $X(0)$ 的一个值, 记作 $X^*(0)$, 使得条件 (3) 和 Koopmans 的渐近条件都得为 (6) 式所决定的 $X(t)$ 所满足. 这意味着 $X^*(0)e^{(r-\delta)t/\alpha}$ 是唯一的最佳解: 消费将按照百分比 $e^{(r-\delta)/\alpha}$ 增加, 而王朝的财富也会逐渐积累使得消费的增长成为可能的. 在所有其他条件相同时, 投资的再生率, 即市场对于投资的回报率越大, 则消费增长的优化率也越高. 与此相反, α 的值越大, 则消费的增长率就越低, 因为想把消费的增长铺展到后代的愿望更大了.

现在用我们的发现来做一个小练习. 设市场的年回报率为 4%(即 $r = 0.04/$ 年)—— 对于美国, 这是一个合理的数据 ——δ 很小, 而 $\alpha = 2$. 这时由 (6) 式知道, 最佳的消费将以 2%的年率增加, 就是说每 35 年, 即一代人的时间翻一番, 这个数字很接近于战后美国的增长经验.

对于德斯塔的父母, 计算则很不相同, 因为他们跨越时间来传递消费的能力受到了很大的限制. 举例来说, 他们无法进入资本市场, 所以不能得到正的回报. 可以承认, 他们也对自己的田地进行投资 (例如除去杂草, 让部分土地休耕等等), 但是这些都是为了防止地力下降. 此外, 他们在玉米收获以后可以对玉米做的唯一的事情就是储藏. 现在我们来看德斯塔一家理想地是希望怎样在一年的周期里消费这些玉米.

令 $K(0)$ 为收获, 其量例如可以用大卡计. 因为老鼠和潮湿是一个强有力的组合, 所以粮食就会变坏. 令 $X(t)$ 是原计划的消费, 而 γ 是储藏的玉米的损坏率, 于是在时刻 t 储存的玉米满足方程

$$dK(t)/dt = -X(t) - \gamma K(t), \tag{7}$$

这里, γ 假设为正, 而 $X(t)$ 和 $K(t)$ 是非负的. 我们再想象德斯塔的父母认为家庭一年的福利是积分 $\int_0^1 W(X(t))\,dt$. 和贝姬的家庭一样, 令 $-XW''(X)/W'(X)$ 等于一个常数 $\alpha > 1$, 所以, 需要德斯塔的父母做的练习是在约束 (7) 下面求积分 $\int_0^1 W(X(t))\,dt$ 的最大值.

这是变分学里的一个直截了当的问题, 可以证明玉米的最佳消费随时间以变率 γ/α 下降, 这就可以解释为什么德斯塔一家的消费在减少而当接近下一个收获季时体力会下降. 但是德斯塔的父母知道, 人的身体是一个再生率较高的银行, 所以他

们在紧接着收获的几个月里会消费较多的玉米, 这样来聚集更多的体力, 以便在下一个收获季到来前的几个星期, 当玉米已经快要霉坏时来动用. 在一年之内, 玉米的消费呈锯齿图形 (读者们会想要建立一个模型, 其中把人体想作能量的储存, 详见 (Dasgupta, 1993)).

因为德斯塔和幼儿们也对家庭每日的生产活动作贡献, 所以他们也是经济上有价值的资产. 但是男孩子会给他们的父母亲带来更高的回报, 因为按照当地的风俗 (风俗也是一种社会平衡), 女孩子要嫁人, 男孩子则继承家产, 是他们的父母养老的保障. 因为没有资本市场和国家的养老金, 所以男孩子是必不可少的投资, 所以在德斯塔的家庭里, 和贝姬的家庭相反, 资产是从子女传递到父母.

在埃塞俄比亚, 直到最近, 儿童不到 5 岁的夭折率仍然高达 1000 例生育中超过 300, 所以, 如果父母亲希望在老年时有男孩子照顾, 就会想要大家庭. 但是, 生育率并不完全是私人的事情, 因为人是会受到其他的选择的影响的. 所以在变化的环境下, 家庭的行为是有惯性的, 这就是为什么虽然近几十年来埃塞俄比亚儿童不到 5 岁的夭折率在下降, 德斯塔家里仍然有五个幼儿[1]人口的高增长率. 这对于当地的生态系统造成了附加的压力, 意味着当地的公有资产原来是以一种可持续方式来管理的, 现在已经今不如昔了. 从公有土地上收集产物需要每天花更多时间和精力, 德斯塔的母亲本来对此抱怨不多, 近年来抱怨也多起来了.

10. 类似的人经济生活的差异

我在本文中以贝姬和德斯塔的经验为例来说明本质非常相像的人生活何以如此不同 (进一步的阐述可见 (Dasgupta, 2004) 一文). 德斯塔的生活是一个贫困的生活. 在她的世界里, 人们享受不到食品的安全, 没有很多资产, 发育不良而且形容枯槁, 寿命也不长 (在埃塞俄比亚预期寿命还不到 50 岁), 不能读写而且没有权力, 对于歉收或家庭的灾难也没有保险, 不能控制自己的生活, 生活在不健康的环境里. 各种各样的失败是雪上加霜, 所以劳动力、思想、物理的投资以及土地和各种自然资源的产出率一直很低, 而且保持着低下的情况. 投资的回报率为零甚至是负的 (例如玉米的存储就是这样). 德斯塔的生活每天都充满了**问题**.

贝姬则不受这些失败之苦 (例如在美国出生时的寿命预期就将近 80 岁). 她所面临的情况, 她的社会称为**挑战**. 在她的世界里, 劳动、思想、物理的投资以及土地和各种自然资源的产出率都是很高的, 而且一直在增长; 应对各种挑战所取得的成功加强了在应对进一步的挑战时得到成功的预期.

---

① 关于用偏好的相互依存 (interdependent preference) 来解释生育行为, 请参看 (Dasgupta, 1993) 一文. 在关于社会平衡的一节中, 我们假设家庭 h 的福利的形式是 $W_h(\boldsymbol{X}_h, \boldsymbol{X}_{-h})$, 而 $\boldsymbol{X}_h$ 的各个分量之一就是这个家庭的子女数目, 而村中其他家庭的生育率越高, 家庭 h 想要的孩子就越多, 以相互比拼为基础的理论把生育率由高到低的转变解释为分叉. 甚至在埃塞俄比亚, 生育率也有望下降. 现时, 经济学家对相互比拼进行了很多研究 (请参看 (Durlauf, Young, 2001) 一书).

　　然而, 我们已经看到, 尽管贝姬和德斯塔的生活有着重大的差异, 却有一个统一的看待它们的观点, 而数学是对它们进行分析的必不可少的语言. 宣称生活的本质不可能仅仅归结为数学是很有诱惑力的; 但是数学对于经济学的思考是不可少的, 它之所以必不可少, 是因为在经济学中我们所处理的是对于人类极其重要的可以量化的对象.

　　致谢　在描述德斯塔的生活时, 我得到了我的同事 Pramila Krishnan 很多指导.

进一步阅读的文献

Dasgupta P. 1993. *An Inquiry into the Well-being and Destitution.* Oxford: Clarenden Press.

——. 2004. World poverty: cause and pathways. In *Annual World Bank Conference on Development Economics 2003*: *Accelerating Development*, edited by Bourguinon F and Pleskovic B, pp. 159-196. New York: World Bank and Oxford University Press.

Debreu G. 1959. *Theory of Value.* New York: John Wiley.

Diamond J. 1997. *Guns, Germs and Steel*: *A Short History of Everybody for the Last 13,000 Years.* London: Chatto & Windus.

Durlauf S N, and Peyton Young H, eds. 2001. *Social Dynamics.* Cambridge, MA: MIT Press.

Evans G, and Honkapohja S. 2001. *Learning and Expectations in Macroeconomics.* Princeton, NJ: Princeton University Press.

Fogel R W. 2004. *The Escape from Hunger and Premature Death, 1700-2100*: *Europe, America and the Third World.* Cambridge: Cambridge University Press.

Fudenberg D, and Maskin E. 1986. The folk theorrem in repeated games with discounting or with incomplete information. *Econometrica*, 54(3): 533-554.

Landes D. 1998. *The Wealth and Poverty of Nations.* New York: W. W. Norton.

Ramsey F P. 1928. A mathematical theory of saving. *Economics Journal*, 38: 543-549.

Samuelson P A. 1947. *Foundations of Economic Analysis.* Cambridge, MA: Harvard University Press.

——. 1958. An exact loan model with or without the social contrivance of money. *Journal of Political Economy*, 66:1002-1011.

VII.9　货币的数学

Mark Joshi

1. 引言

　　数学在金融中的应用近二十年来有了爆炸性的发展, 数学进入金融主要是通过经济学中的两个原理: 其一是**市场效率原理**(principle of market efficiency); 另一个是**无套利原理**(principle of no arbitrage).

市场效率原理就是这样的思想: 金融市场能够正确地为每一种资产定价. 根本谈不上某种股票是 "便宜货", 因为市场已经把一切可以获得的信息都考虑在内了. 代替 "便宜货" 这个概念的是: 我们区别两种资产的不同, 只在于区别它们的不同的风险特征. 例如, 一种技术股可能有很高的涨价率, 但是也有很大的赔一大笔钱的概率; 而一个英国或美国的政府债券只有小得多的涨价率, 但是赔钱的概率极低. 事实上, 赔钱的概率低到这样的程度, 以至于这些金融工具被看成是无风险的.

第二个基本原理, 即无套利原理, 只不过就是说不可能不冒风险光赚钱. 这个原理有时也叫做 "没有免费午餐" 原理. 按照这样的条件, 所谓 "赚钱" 就定义为: 比向无风险政府债券投资能赚更多的钱. 无套利原理有一个简单的应用如下: 如果一个人把美元换成日元, 再把日元换成欧元, 最后又把欧元换回来成为美元, 那么除了付出了交易费用以外, 这个人最后所有的美元数与开始时一样. 这就给出了三个外币兑换率 (FX) 之间有一个简单的关系:

$$\mathrm{FX}_{\$,\text{€}} = \mathrm{FX}_{\$,\text{¥}}\mathrm{FX}_{\text{¥},\text{€}}. \tag{1}$$

当然, 这个关系式偶尔也会有不正常的例外情况. 但是贸易者们很快就会觉察到这种情况. 大家都想去利用所得到的套利机会, 很快地就会使兑换率发生变化, 直到这种机会消失.

我们可以把数学在金融中的应用大体上分成四个主要领域:

衍生物的定价 (Derivatives pricing). 这就是用数学来为有价证券(securities)定价 (有价证券就是金融工具), 有价证券的价格完全是依赖于其他资产的行为的. **认购期权**(call option) 就是这种有价证券最简单的例子, 期权就是有权按事先议定的价格 K 在某个指定的未来的时刻购买某种股票, 但不是有义务非买不可. 这个事先确定的价格叫做**买入价** (或行权价格strike), 期权的定价严重地依赖于无套利原理.

风险分析与降低风险. 任何金融机构都会持有和贷出资产, 它必须小心谨慎地控制住在市场不利时它可能损失多少来降低风险, 使风险一直停留在金融机构的主人所希望的范围之内.

组合优化. 市场上的每一个投资者对于自己愿意承受多大的风险, 希望产生多大的回报, 更重要的是在何处能够获得二者之间的平衡, 都有一个概念, 因此有一个理论来说明如何在各种股票中投资以在一定的风险水平下产生最大的回报. 这个理论很大地依赖于市场效率原理.

统计套利. 粗略地说, 这就是应用数学理论来预测股票市场, 其实也是预测任意的其他市场上价格的运动. 统计套利者嘲笑市场效率的概念, 他们的目的就是利用市场的无效率来赚钱.

在这四个领域中, 衍生物定价近年来得到了最大的生长, 也见证了高等数学最强有力的应用.

2. 衍生物定价

2.1　Black 和 Scholes

数理金融学的许多基础已经由 Bachelier 在他 1900 年的学位论文中奠定了, 他关于**布朗运动** [IV.24] 的数学研究早于爱因斯坦的研究 (见 (Einstein, 1985) 一书, 其中就收入了爱因斯坦关于布朗运动的著名的 1905 年的论文). 然而, 他的工作多年来被人忽视, 而到了 (Black, Scholes, 1973) 一文出现, 才是衍生物定价理论的突破. 他们证明了在一定的合理假设下, 有可能应用无套利原理来保证认购期权有唯一的价格. 自此以后, 衍生物的定价不再是一个经济问题, 而变成了一个数学问题. Black 和 Scholes 的结果围绕着以下的思想来扩展无套利原理, 这个思想就是套利不仅可能是来自静态地持有有价证券, 而且也可能来自依据价格的运动来动态地连续进行交易, 正是这个无**动态**套利原理为衍生物定价打下了基础.

为了适当地陈述这个原理, 我们需要用一些概率论的语言.

套利就是在资产的一个集合称为**资产组合**(portfolio) 中进行交易的一种对策 (strategy), 使得

(i) 初始时刻组合的价值为 0;

(ii) 组合在将来有负价值的概率也为 0;

(iii) 组合在将来有正价值的概率为正.

注意, 我们并没有要求利润是确定的, 只是要求有可能不冒风险低赚钱 (回忆一下, 赚钱的概念只是相对于购买政府债券比较而言的, 同样, 一种组合的 “价值” 也是这样, 我们认为它的价值在将来为正, 如果它的价格增加得比政府债券的价格增加得更多).

股票的价格是随机浮动的, 但是时常有一种上行或下行的总的趋势, 所以很自然地可以用一个布朗运动加上一个 “漂移项” 作为它的数学模型. Black 和 Scholes 就是这样做的, 只不过他们是假设股票价格的对数 $S = S_t$ 是一个有漂移的布朗运动 W_t. 作这样的假设是很自然的, 因为价格的变化是按乘法而不是按加法进行的 (例如我们是用百分比的增加来度量通货膨胀的). 他们也假设存在一种无风险的债卷, 其价格 B_t 以一个常值变率增长. 把这些假设进一步形式化, 就有

$$\log S = \log S_0 + \mu t + \sigma W_t, \tag{2}$$

$$B_t = B_0 \mathrm{e}^{rt}. \tag{3}$$

注意, $\log S$ 的数学期望值是 $\log S_0 + \mu t$, 所以是以 μ 为变化率的, 而 μ 就称为**漂移**(drift), σ 称为**波动**(volatility). 波动越大, 布朗运动 W_t 的影响就越大, 而 S 的运

动就越难预测 (投资者希望 μ 大而 σ 小, 然而, 市场效率原理断定这样的股票是很少有的). 在一些附加的假设之下, 诸如没有交易费用, 股票的交易是不影响其价格的, 而且可以连续地进行交易, Black 和 Scholes 证明了如果没有动态套利, 则到时刻 T 就到期的期权在时刻 t 的价格 $C(S, t)$ 是

$$BS\,(S, t, r, \sigma, T) = S\Phi\,(d_1) - Ke^{-r(T-t)}\Phi\,(d_2)\,, \tag{4}$$

其中

$$d_1 = \frac{\log\,(S/K) + \left(r + \sigma^2/2\right)(T - t)}{\sigma\sqrt{T - t}}\,, \tag{5}$$

而

$$d_2 = \frac{\log\,(S/K) + \left(r - \sigma^2/2\right)(T - t)}{\sigma\sqrt{T - t}}\,, \tag{6}$$

这里 $\Phi\,(x)$ 表示一个标准正态随机变量之值小于 x 的概率. 当 $x \to \infty$ 时, $\Phi\,(x) \to 1$, 而当 $x \to -\infty$ 时, $\Phi\,(x) \to 0$. 如果 $t \to T$, 则当 $S_T > K$(这时 $\log\,(S_T/K) > 0$) 时, d_1 和 d_2 趋于 ∞, 而当 $S_T < K$ 时, d_1 和 d_2 趋于 $-\infty$. 由此可知价格 $C(S, t)$ 收敛于 $\max\,(S_T - K, 0)$, 即期权到期时的价值, 而这一点是我们能够想象得到的. 这种情况如图 1.

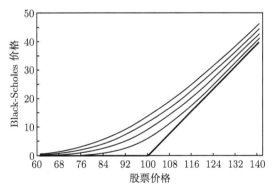

图 1 期权价格的图形, 到期日用 100 表示, 横坐标表示到期的程度 (maturity). 到期的程度越小价格也越小, 底线表示到期的程度为 0 的情况

这个结果有一些有趣的侧面, 超出了公式本身. 首先而且是最重要的是这种价格是唯一的. 只需利用不可能得到无风险的盈利这个假设, 再加上一些自然而又不会招致反对的假设, 我们就会发现期权只能有一个可能的价格, 这是一个很强的结论. 如果期权可以用不同的价格出售, 那就不只是一个不当交易: 如果一个期权可以用低于 Black- Scholes 价格购入或以高于 Black- Scholes 价格售出, 就可以成为**无风险盈利**.

第二个事实看起来几乎是怪事, 即漂移 μ 并不出现在 Black- Scholes 公式 (4) 中. 这意味着股票期货的平均值的期望的性态并不影响期权的价格, 我们关于期权将被使用的概率的信任程度并不影响其价格. 相反地, 真正重要的是股票价格的波动性 σ.

Black 和 Scholes 的证明的一部分是证明了期权的认购价格满足以下的偏微分方程:

$$\frac{\partial C}{\partial t} + rS\frac{\partial C}{\partial S} + \frac{1}{2}\sigma^2 S^2 \frac{\partial^2 C}{\partial S^2} = rC. \tag{7}$$

这个方程称为 **Black-Scholes 方程**(简记为 BS 方程). 证明的这一部分并不依赖于我们所考虑的衍生物是期权. 事实上, 有很大一类衍生物的价格也满足 BS 方程, 只不过边值条件不同. 如果我们作变量变换, 令 $\tau = T - t$, $X = \log S$, 则 BS 方程变成热方程 [I.3§5.4], 而有一个容易消除的一阶偏导数项. 这意味着期权价格的形态类似于倒向的热传导: 离到期时间越远, 它就会扩散得更宽, 而越接近到期时刻 T, 股票价格就有更大的不确定性.

2.2 复制 (replication)

Black-Scholes 的证明以及相当大一部分现代的衍生物的定价的基本思想是**动态复制**(dynamic replication). 设有一种衍生物 Y, 它的支付 (payout) 依赖于股票在时刻 $t_1 < t_2 < \cdots < t_n$ 的价值, 而支付时间是在某个时刻 $T \geqslant t_n$. 这些情况可以用一个**支付函数**(payoff function) $f(t_1, \cdots, t_n)$ 来表示.

Y 的值将随股票的价格变化. 此外, 如果我们持有正确数量的股票, 则由 Y 和这些股票所成的组合马上就会与股票价格无关, 就是说它对于股票价格的变率将为 0. 因为 Y 的值随时间和股票价格变化, 我们就需要不断地买入和卖出股票来保持这种对于股价运动的中立性. 如果我们卖出了一个期权, 就需要在股价上升时买入, 下降时卖出, 所以这些交易将要花费我们一些钱.

Black 和 Scholes 证明了这一笔钱的总数是一定的, 而且可以计算出来. 这个总数是这样的: 若以它投资到股票和无风险债券上, 结果这个组合就会恰好等于 Y 的支付值, 而不论其间股价如何变动.

这样, 如果我们能以高于这个总数卖出 Y, 则只需要执行这个证明中的交易对策而总能领先. 类似地, 如果能以低于这个总数买入 Y, 则只需要执行相反的对策, 而也是总能领先. 这两种情况都违反了无套利原理, 所以是不可能的, 这样就保证 Y 有唯一的价格.

任意衍生物的支付都是可以复制的, 这个性质称为**市场的完全性**.

2.3 风险中性定价

上面所提到的 Black 和 Scholes 的结果有一个很奇异的侧面, 即衍生物的价格不依赖于股票价格的漂移, 这就导引到衍生物定价理论的另一个方法, 称为**风险中性定价**(risk-neutral pricing). 套利可以看成是一种最终不公正的博弈: 博弈者可以是稳赚不赔的. 与此相对照, 鞅 (martingale)[IV.24§4] 则概括了公正博弈的概念: 鞅就是一个其未来的期望值等于其现在的值的随机变量. 很清楚, 套利不可能是鞅. 所以, 如果我们把每一件事都安排成鞅, 套利就不可能了, 而衍生物的价格必然是没有套利的.

不幸的是这是办不到的, 因为无风险债券的价格的价格是按常值变率增长的, 所以不是一个鞅. 然而我们可以实行一种**折扣价格**(discounted price), 就是把资产价格除以无风险债券的价格.

在实际生活中, 我们并不希望折扣价格是鞅. 说到底, 如果一种股票的平均回报并不高于无风险的债券, 我们还去买这种股票是为了什么呢? 然而, 有一种聪明的方法把鞅引入到我们的分析中来, 那就是改变我们所用的**概率测度**[III.71§2].

如果回顾一下套利的定义, 就会看到它依赖于把哪些事件看成具有零概率的, 而把哪些事件看成具有非零概率的事件. 这样, 它是在以一种很不完全的方式应用概率测度. 特别是, 如果我们使用一种不同的概率测度, 其中所有的零测度集合都是相同的, 则套利组合的集合是不变的. 两种测度如果具有相同的零测度集合, 就称为是**等价的**.

Girsanov 有一个定理: 如果改变一个布朗运动的漂移, 则从中导出的测度与原来的测度是等价的, 这就意味着我们可以改变漂移项中的 μ. $\mu = r - \frac{1}{2}\sigma^2$ 是一个好的选择.

用这个新的漂移 μ, 对于任意的 t, 都有

$$\mathbb{E}(S/B_t) = S/B_0. \tag{8}$$

因为我们可以用任意的时刻作为时间的起点, 所以 S/B_t 就成了一个鞅 (漂移的新值中多出的 $-\frac{1}{2}\sigma^2$ 来自把坐标变为 $\log$ 空间的凹性), 这意味着是这样来取期望值的: 使股票平均地不比债券具有更高的回报. 正如我们已经提到过的那样, 正常情况下, 一个投资者会希望从有风险的股票中得到高于债券的回报 (如果一个投资者并不要求得到这样的补偿, 就说他是一个**风险中性**(risk-neutral) 的投资者). 然而, 我们现在是用不同的方法来度量期望值的, 所以我们是作出了一个情况并不如此的等价模型.

这就给出了一个寻求无套利价格的方法. 首先, 选择一个测度, 使所有的工具都是按折扣价格来处理的, 就是说, 股票和债券都是鞅. 第二, 令衍生物的折扣价格就是它们清算的期望值, 这样, 它们就构造成为了鞅.

现在, 一切都成了鞅, 所以就不会有套利了. 当然, 我们只是证明了所得的价格是不可套利的, 而不是说它是唯一的不可套利价格. 然而, Harrison, Kreps (1979)

和 Harrison, Pliska (1981) 证明了如果一个价格系统是不可套利的, 则必定有等价的鞅测度. 市场的完全性就相应于定价测度的唯一性.

　　风险中性估值的方法现在已经这样流行, 所以现在典型地是从对于资产假设有风险中性动力学来开始定价问题, 而不是从现实世界的动力学开始.

　　现在我们有了两种定价技术: 一是 Black-Scholes 的复制途径, 二是风险中性期望值途径. 在这两种途径里, 股票价格的现实世界的漂移 μ 都不出现. 所以毫不奇怪, 来自纯粹数学的一个定理即 Feynman-Kac 定理指出可以用扩散过程的期望值来解出某个二阶偏微分方程, 这样把这两种途径联结起来.

2.4　Black 和 Scholes 以后

　　有好几个理由使得上面说的理论还不是故事的结尾, 有相当多的证据说明股价的对数并不是带有飘移的布朗运动. 特别地, 股市有时会崩溃. 例如在 1987 年 10 月, 股票价格一天之内就下降 30%, 金融机构觉得其复制对策遭到严重的失败. 从数学上说, 崩盘相当于股价的跳跃, 而布朗运动具有所有路径都连续的性质. 因此, Black-Scholes 理论不能捕捉股价演进的这样一个重要的特点.

　　对于这个失败有一个反思, 那就是虽然 Black-Scholes 模型建议同一个股票的不同买入价的期权是按相同的波动性来交易的, 但实际上, 它们时常是按不同的波动性在交易. 波动性作为买入价的函数, 其图像正常地是一个笑脸的形状, 正是这一点展示了交易者对于 Black-Scholes 模型的不信任.

　　这个模型的另一个缺点在于它假定了波动性是一个常数. 实际上, 市场活动的强度是在变动的而表现出周期性, 有时股价的波动很剧烈, 有时则平稳得多. 对于模型必须加以修正, 把波动性的随机性考虑进去, 而在一个期权的整个时期预测波动性是这个期权定价的一个重要方面. 这样的模型叫做随机波动模型.

　　如果检验小规模的股价运动的数据, 很快就会发现它并不是一个扩散过程, 它们更像是一系列小小的跳跃而不是布朗运动. 但是, 如果另取时间尺度, 以所发生的交易数而不是日历上的时间为基础, 则回报近似于正态分布. 推广 Black-Scholes 的方法之一是引入第二个表示交易时间的过程, 这种模型的例子之一称为**方差 gamma 模型**(variance gamma model). 更一般地说, 应用了莱维 (P.Lévy) 过程的理论来发展股票和其他资产的价格运动的更广泛理论.

　　Black-Scholes 模型的绝大多数推广并不保留市场完全性, 所以, 它们给出了期权的多种价格而不止是一种价格.

2.5　奇异期权

　　许多衍生物有很复杂的规律来决定其支付价. 例如, 一个**限制期权**(barrier option) 只在合同的整个生存期内股价都不低于某一水平时才得以执行, 而**亚细亚期**

权(Asian option) 的支付依赖于股价在某些时间的平均值, 而不是依赖于到期时的股价. 有时衍生物同时依赖于好几个资产, 例如按规定价格买入或卖出一揽子股票的权利, 很容易写出这种期权在 Black- Scholes 模型中的价格, 或者通过 PDE 或者是写作一个风险中性期望值, 要估计这些表达式就不那么容易了, 所以进行了很大量的研究工作来发展这种期权的有效的定价方法. 在某些情况下可以发展出解析表达式, 然而, 这只是例外而不是一般情况, 这意味着要求助于数值方法.

有许多方法来求解 PDE, 而这些方法都可以用于衍生物定价问题. 然而在数理金融学中有一个困难, 就是这些 PDE 的维数可能很高. 举例来说, 设有一个信贷产品依赖于 100 种资产, 要想对它进行估计就会遇到一个 100 维的 PDE. PDE 方法对于低维问题最为有效, 所以做了许多研究来使它们对于更大范围的情况也有效.

有一个受维数影响比较小的方法是蒙特卡罗估计, 这个方法的基础非常简单, 不论是从直观上说, 还是从数学上说 (通过大数定律), 期望值都是一个随机变量 X 的独立的样本值的长期的平均值, 这立刻就给出了一个估计 $\mathbb{E}(f(X))$ 的方法: 取 X 的许多独立的样本值 X_i, 对其每一个都计算 $f(X_i)$, 再求它们的平均值. 由中心极限定理 [III.71§5] 可知, 取了 N 次以后的误差近似地是一个正态分布, 而其方差等于 $N^{-1/2}$ 乘上 $f(X)$ 的方差. 收敛速度于是就与维数无关. 然而, 即使 $f(X)$ 的方差很大, 这个误差仍然可能很小, 所以, 数理金融学家们费了很大的劲来发展计算高维积分时降低其方差的方法.

2.6 普通期权与奇异期权的对比

一般说来, 一个简单地就是买或卖一种资产的期权就称为**普通期权**(vanilla option), 而更复杂的衍生物就是**奇异期权**(exotic option). 二者的定价有一个本质的区别, 就是对于奇异期权不仅可以用其中的股份来对冲 (hedge), 而且可以通过对这个股票进行适当的普通期权的交易来对冲. 典型的情况是, 一个衍生物的价格并不恰好依赖于可观测到的输入, 例如股价和利率, 也依赖于不可观测到的参数, 例如股价的波动性和市场崩盘的频次, 它们都是不可量度而只能估计的.

当进行奇异期权交易时, 人们总希望减少对于不可观测到的输入的依赖性. 做这件事的一个标准的方法是这样来进行普通期权的交易, 使组合的价值对于这些不可观测到的输入的变化率为零. 这样, 对于不可观测到的输入的微小的错误估计对于组合的价值就不会有什么效果了.

这意味着在对奇异期权定价时, 我们不仅希望精确地捕捉其中的资产的动力学, 而且要正确地为这个资产的普通期权定价. 此外, 这个模型将会预测当股价变化时普通期权的价格怎样变化. 我们也希望这些预测也是准确的.

在 BS 模型中, 波动是取为常数的. 然而, 我们可以对这个模型进行修改, 使得波动也随着股价随时间变化. 我们可以这样来选择这种变化, 使得这个模型与所有普通期权的市场价格相匹配, 这种模型称为**局部波动性模型**或**Dupire 模型**. 局部波动性模型有一段时间很流行, 但是后来就不怎么样了, 因为它们对于普通期权的价格随时间的变化只给出了很差的模型.

我们在 2.4 节里给出的模型的发展推动力来自一个愿望, 就是希望做出一个既是在计算上易于处理的模型, 它能正确地为所有普通期权定价, 又能对于其中的资产、和对于普通期权都给出合乎实际的动力学, 这个问题迄今仍未完全解决. 在合乎实际的动力学和对于普通期权市场的完全匹配两个方面之间有一种平衡, 一种妥协是: 使用一个现实的尽可能与市场适合的模型, 然后再加上一个局部波动性模型来消除留下的误差.

3. 风险管理

3.1 引言

一旦我们接受了在金融中不可能只赚钱而不冒风险, 对于风险进行量度和量化就是很重要的了. 我们希望能准确地量度我们在冒多大的风险, 然后决定我们对于这样程度的风险是否感觉舒服. 对于一定程度的风险, 我们要求使期望的回报达到最大. 当考虑一笔新的交易时, 我们想要检查它如何影响风险的程度和回报. 有一些交易如果能消除其他的风险, 则它甚至能降低我们的风险而同时又增加回报 (一种风险如果能够被另一种倾向于向相反方向运动的风险抵消, 就称为**可分散风险**(diversifiable risk)).

在处理衍生物的组合时, 对风险的控制就尤其重要, 这种组合时常在开始时价值为零, 但是很快就改变了价值. 所以, 对于所订立的合同的值规定一个极限, 时常没有多大用处, 以交易的大小为基础的控制由于下面的情况变得更加复杂, 就是时常许多衍生物合同会很大地彼此抵消, 我们想要控制的其实是**剩余**风险.

3.2 风险价值 (value-at-risk)

限制一个从事衍生物交易的机构的风险有一个方法, 就是对于它在指定时期内以一定概率损失的量给一个界限, 例如我们可以考虑 10 天内 1%的损失, 或者是一天内 5%的损失, 这个值就称为**风险价值**, 简记为 VAR.

为了计算 VAR, 我们要建立一个衍生物组合在一个时间周期内价值如何变化的概率模型, 这就要求对此组合中的各个资产如何运动有一个模型. 有了这样的模型, 我们再来弄清这些资产的盈亏在一个时间周期内是如何分布的, 有了这样的分布, 我们只需要简单地读出所要求的百分比就行了.

在建立关于计算 VAR 的变化的模型时, 涉及的问题和期权定价涉及的问题是很不相同的. 在典型情况下 VAR 的计算是在一个很短的时间周期上进行的, 例如是一天或十天, 这和期权的定价不同, 那是处理的长时间框架中的问题. 另外, 我们关心的并不是 VAR 的一个典型的道路, 而是关心的极端的招数. 再有, 因为重要的是整个组合的 VAR, 所以我们需要发展的是组合中各个资产的**联合**分布 (joint distribution) 的准确的模型: 组合中的一个资产的运动可能放大另一个资产的价格的运动, 也可能起对冲的作用.

发展计算 VAR 的概率模型有两种主要的途径. 第一个是历史的途径, 就是在整个时间周期中, 例如在两年中记录其逐日的变化, 然后假设明天的变化的集合与我们记录的某一个变化的集合一样. 如果我们对每一个这种变化都赋予相同的概率, 就会得到盈亏分布的一个近似, 由此就可以得到所需的百分比. 注意, 因为我们是在同时使用所有资产的逐日的变化, 就会自动得到所有资产价格的联合分布的近似.

第二个途径是假设资产价格的运动是来自某个熟知的分布类, 例如, 可以假设资产价格运动的对数联合地是正态分布, 于是就可以应用历史数据来估计各个资产价格的波动性以及它们的相关性. 这个途径的主要困难是在给定了有限量的数据以后, 要得出其相关性的一个结实耐用的估计.

4. 组合优化

4.1 引言

一个基金经理的工作就是使这笔钱的投资回报最大化而且使风险最小化. 如果假设市场是有效率的, 则想要挑出我们认为是被低估的股票是没有道理的, 因为已经假设这种被低估了的股票是不存在的. 这里的一个推论是: 正如没有 "便宜货" 的股票一样, 也没有 "赔钱货" 的股票. 不论如何, 市场上有一半以上的股票是由基金所持有的, 因此是在基金经理们的掌控之下的. 因此, 不能期望一个平均的基金经理能胜过市场.

这样看来一个基金经理就没有什么事可做了, 但是他们能做的还有两件事:

(i) 他们可以控制所冒的风险之量.

(ii) 在一定程度的风险之下, 可以使他们的回报最大化.

为了做这两件事, 就需要长期的资产价格的联合分布的一个准确的模型, 以及风险的可量化的概念.

4.2 资产资本的定价模型

组合理论 (portfolio theory) 得到自己的现代形式要比衍生物的定价的历史更为久运. 作为一个领域, 它较少地依赖于随机计算, 而更多地依赖于经济学. 我们简短地概述一下它的基本思想. 为组合的回报所建立的模型中, 最为人所知的是**资本资产定价模型**(capital asset pricing model, CAPM), 它是在 1950 年代由 Sharpe(1964) 引入, 而且至今仍是十分流行的. Sharpe 的模型则以 Markowitz 更早的工作为基础

的 (Markowitz, 1952).

这个领域的基本问题是要估计一个投资者应该持有资产 (一般是股票) 的什么样的组合才能在一定的风险水平下使回报最大化, 这个理论需要对以下几方面作出一些假设: 对于股票回报的联合分布, 例如假设是联合正态分布, 以及/或投资者的风险偏好, 例如只关心回报的平均值和方差, 对这些方面都需要作出假设.

在这些假设下, CAPM 给出了以下的结果: 一个投资者所应该持有的是 "市场组合" 的一个倍数, 而市场组合基本上就是每一种交易物品各取适当的量, 以达到最大的分散性, 再加上一定量的无风险资产. 这里面的相对的量由投资者的风险偏好决定.

这个模型的一个推论是要区分可分散的风险与不可分散的风险. 如果投资者取不可分散的风险, 亦即系统的风险, 他将从较高的期望回报率得到补偿, 而可分散风险是没有风险溢价 (risk premium) 的, 这是因为只要持有其他资产的适当的组合, 就可以消除掉可分散风险. 所以, 如果有风险溢价, 投资者就可以不带风险地得到额外的回报.

这个领域现在的研究方向是试图去寻找回报的联合分布的更准确的模型, 同时也去寻找估计这种回报的参数的技巧. 一个相关的问题是所谓 "股票溢价之谜"(equity premium puzzle), 就是对于股票的超额回报比模型在合理的风险预防 (risk-aversion) 水平下所预测的要高得多.

5. 统计套利

我们只能简短地提一下统计套利, 因为它是一个迅速变化的领域, 而且其中有许多还掩盖于秘密之中. 这个领域的基本思想是从资产价格运动中挤出一些信息来. 所以, 它是与市场效率原理相矛盾的, 因为按照这个原理, 关于市场价格的所有可以得到的信息都已经被编码到市场价格中去了. 有一个解释是: 市场之所以有效率, 正在于有这种套利.

进一步阅读的文献

Bachelier L. 1900. *La Théorie de la spéculation.* Paris: Gauthier-Villars.

Black F, and Scholes M. 1973. The valuation of options and corporate liabilities. *Journal of Political Economy*, 81:637-654.

Einstein A. 1985. *Investigations on the Theory of Brownian Movement.* New York: Dover.

Harrison J M, and Kreps D M. 1979. Martingales and arbitrage in multi-period securities markets. *Journal of Economical Theory*, 20:381-408.

Harrison J M, and Pliska S R. 1981. Martingales and stochastic integration in the theory of continous trading. *Stochastic Processes and Applications*, 11: 215-260.

Markowitz H. 1952. *Potfolio selection.* Journal of Finance, 7:77-99.

Sharpe W. 1964. Capital asset prices: a theory of market equilibrium under conditions of risk. *Journal of Finance*, 19:425-442.

VII.10　数理统计学

Persi Diaconis

1. 引言

假设您想度量什么东西, 例如您的身长, 或者飞机的速度, 您会作多次量度, 得到一串数 $x_1, x_2, \cdots, x_n$, 您会想把它们合并成一个最后的估计. 做这件事的一个显然的方法是取它们的**样本平均值**(sample mean)$(x_1 + x_2 + \cdots + x_n)/n$. 然而, 现代的统计学家还会用许多别的估计量 (estimator), 例如中位数和**修剪均值**(就是去掉最大的 10%, 去掉最小的 10%, 再取其余值的平均值, 不妨称为 "掐头去尾平均值"). 数理统计学帮助我们决定一种估计量在什么时候好于其他的估计量. 例如说, 直观上已经清楚把数据中抛弃掉随便一半而取其余数据的平均值是愚蠢的, 但是建立起一个框架来清楚地说明这一点却是一件严肃的事. 这样做有一个好处, 那就是发现平均值不如不直观的 "收窄估计量"(shrinkage) 那么好, 即令对于来自概率分布 [III.71]—— 例如自然得如同一条钟形曲线的概率分布, 即**正态分布** [III.71§5]—— 的数据也是这样.

为了对于为什么平均值并不总是给出最有用的估计有一个概念, 考虑下面的情况. 有 100 个硬币而想要估计它们偏心的程度, 也就是说, 想要估计 100 个数, 其第 n 个记作 θ_n, 就是抛掷第 n 个硬币时正面向上的概率. 假设把每一个硬币都抛掷 5 次, 并且记录下其中正面向上的次数作为 θ_n, 您对于序列 $(\theta_1, \cdots, \theta_{100})$ 怎样估计? 如果用平均值来估计, 则 θ_n 将是第 n 个硬币时正面向上的次数除以 5, 然而, 如果真的这样做, 大概会得到某个很不正常的结果, 例如, 假设所有这些硬币都是不偏心的, 则任意一个硬币 5 次都是正面向上的概率是 1/32, 所以 $(\theta_1, \cdots, \theta_{100})$ 的平均值为 $1/32 \approx 3/100$, 而您可能猜想大约有 3 个硬币偏心为 1, 所以, 您会想想, 每抛掷这些硬币 500 次, 它们单独每一次都会正面向上.

为了对付这样的明显的问题, 发展了许多别的估计方法. 然而必须仔细了: 如果第 i 个硬币 5 次正面向上, 很可能 θ_i 就是等于 1, 有什么理由使我们不怀疑不同的方法不会让我们离真理更远呢?

下面是第二个例子, 它是关于**棒球**的, 取自 Bradley Efron 的工作, 而这一次是来自实际生活的例子①.

---

① 棒球是美国非常流行的体育活动, 但是我国的读者可能不太熟悉, 因此下面根据下一个脚注的引文重写了这一段, 原文这一段原作者也是根据该文写的.—— 中译本注

表 1   1970 年美国棒球联盟 18 位运动员的平均击球率

运动员序号	前 45 次击球机会的平均击球率	赛季其余时间的平均击球率	Janes-Stein 估计量	剩余击球机会
1	0.400	0.346	0.293	367
2	0.378	0.298	0.289	426
3	0.356	0.276	0.284	521
4	0.333	0.221	0.279	276
5	0.311	0.273	0.275	418
6	0.311	0.270	0.275	467
7	0.289	0.263	0.270	586
8	0.267	0.210	0.265	138
9	0.244	0.269	0.261	510
10	0.244	0.230	0.261	200
11	0.222	0.264	0.256	277
12	0.222	0.256	0.256	270
13	0.222	0.304	0.256	434
14	0.222	0.264	0.256	538
15	0.222	0.226	0.256	186
16	0.200	0.285	0.251	558
17	0.178	0.319	0.247	405
18	0.156	0.200	0.242	70

表 1 第 1 列是美国棒球联盟 (Major League Baseball, MLB) 的 18 位运动员的序号. 按照棒球规则, 每一个运动员只在规定的时刻才可以击球, 这个击球得分的机会称为 at bat, 而实际得分占能够得分的机会的比例就是平均击球率 (batting average), 它反映了运动员的实际能力, 可是这种能力是抽象而无法观测的, 所以需要一个估计量来表示它. 于是在第 2 列中列出他们在一个赛季的前 45 次得到击球机会 (即 at bat) 时的平均击球率, 它自然地是一种平均值, 于是很自然地可以利用这个平均值来预测赛季其余时间的平均击球率, 因此在第 5 列中列出了赛季的其余时间里每一个运动员的击球机会. 赛季其余部分的击球机会多得多, 甚至是 45 次击球机会的 10 倍以上, 我们把实测的击球率列成第 3 列. 统计学家认为这个平均击球率就可以反映运动员的 "实力", 因此第 2 列和第 3 列应该很接近. 但是从表上看到, 这两列有时还有相当的差别, 所以用第 2 列来预测结果并不理想, 于是在第 4 列应用了另一种估计量预测, 这种估计量称为**收窄估计量**(shrinkage estimator), 其具体作法是: 若在第 2 列中对应于某个运动员取一个 y, 则在第 4 列中把这个运动员的平均击球率 y 换成 $0.265 + 0.212(y - 0.265)$. 0.265 是第 2 列所有值的平均, 所以收窄估计量就是用它与平均值之差 (其绝对值就是标准差) 约 1/5 的数加到这个平均值上, 这样来得出该运动员击球率的预估值, 也就是说把 "标准差" 收窄到原来的大约 1/5. 收窄估计量一词就是由此而来, 表中把它叫做 James-Stein 估

计, 这里的施坦就是美国统计学家 Charles M. Stein, 1920–. 这个模型的思想来自施坦, 但是发表在他和詹姆斯 (Willard James) 1961 年合写的一篇文章中所以称为 James-willard 估计. (0.212 ≈ 1/5 是怎样得出来的, 请参看下文). 如果看一下这个表, 就会发现, 用第 4 列的 James-Stein 估计来预测赛季其余时间的平均击球率, 几乎对于所有运动员个人的情况都比用第 2 列的平均值更好, 肯定对于所有运动员平均地也更好. 实际上, 把每个运动员的 James-Stein 估计与真值的方差之和除以通常的估计与真值的方差之和, 会得到 0.29 ≈ 1/3, 就是说我们得到了将近 3 倍的改进.

在这个改进的后面有很漂亮的数学, 可以看到一个新的估计量总是好于平均值的清楚的含义是什么. 我们要描述这个例子的框架、思想和拓展, 作为对于统计学的数学的一个导引.

在开始讨论之前, 先弄清楚概率论与数理统计的区别是有用的. 概率论是从一个集合 X(暂时设它为有限集合) 以及一组数 $P(x)$ 开始的, 这里对于每一个元 $x \in X$, 都有一个正数, 即其概率 $P(x)$, 而且 $\sum_{x \in X} P(x) = 1$, 函数 $P(x)$ 称为**概率分布**. 概率论的基本问题是: 给定了一个概率分布 $P(x)$ 以及子集合 $A \subset X$, 要求计算或逼近 $P(A)$, 其定义是所有 $x \in A$ 的 $P(x)$ 之和 (用概率论的语言来说, 就是 x 被选中的概率是 $P(x)$, 而 $P(A)$ 就是 x 在 A 中的概率). 这个简单的陈述隐藏了绝妙的数学问题, 例如, 设 X 是由正负号所组成了长度为 100 的序列 (例如 $+ - - + + - - - - - \cdots$) 的集合, 而正负号序列的每一个模式出现的机会都是相同的, 即等概率的, 所以对于每一个 $x, P(x) = 1/2^{100}$. 最后, A 可能是这样的序列的集合, 使得对于每一个正整数 $k \leqslant 100$, 此序列的前 k 项中 + 号的个数大于前 k 项中 – 号的个数. 这是下面概率问题的数学模型: 如果您的朋友抛掷一个公正的硬币 100 次, 他总是领先的机会是多少? 人们可能设想这个机会是很小的. 可以证明大约是 1/12, 可是这个证明远非一个平凡的练习题 (我们关于机遇的涨落的可怜的直观可以用来解释开车上高速道路时令人生气的一件事: 您在道路的一个收费处的两条队伍中选一条来排队, 在等待时, 您会注意是您的队或是另一队前进得快一点. 我们觉得, 两条队的机会应该是均衡的, 但是上面的计算说明, 在很多时候您总是落后的 —— 于是您很生气).

2. 统计学的基本问题

统计学是一种与概率论相反的东西. 在统计学中, 给予我们的是一族含有参数 θ 的概率分布. 我们所看见的只是一个 x, 需要我们做的事情是确定这一族概率分布中的哪一个 (即哪一个 θ) 能使我们得出这个 x. 举一个例子, 还是令 x 为 100 个正负号组成的序列, 但是这一次设 $P_\theta(x)$ 是这样的概率分布: x 中出现 + 号的概率

为 θ, 出现 − 号的概率则为 $1 − \theta$. 序列中的各项都是互相独立的, 这里 $0 \leqslant \theta \leqslant 1$, 容易看到, 如果在 x 中 + 号出现 S 次, 而 − 号出现 $T = 100 − S$ 次, 则 $P_\theta(x) = \theta^S (1 − \theta)^T$. 这是下面的事情的数学模型: 您有一个偏心的硬币、抛掷它时出现正面的概率为 θ, 这个 θ 的值您并不知道, 只不过 $\theta = \frac{1}{2}$ 就表示硬币并无偏心, 而 $\theta \neq \frac{1}{2}$ 就表示偏心的程度, 您把这个硬币抛掷 100 次, 要求您根据抛掷的结果来估计 θ.

　　一般说来, 对于每一个 $x \in X$, 我们要对参数 θ 作一个猜测 $\hat\theta(x)$. 换句话说, 我们要想出一个定义在观察空间 X 上的函数 $\hat\theta$, 这种函数称为一个**估计量**(estimator). 上面的简单陈述包含了很多复杂的事, 因为观察空间和可能的参数的空间 Θ 都可能是无限的, 甚至是无限维的, 例如, 对于非参数统计学, Θ 时常被取为 X 上的所有概率分布的集合. 统计学的所有普通的问题——试验设计、检验假设 (testing hypothesis)、预测和许多其他问题——都要放进这个框架里. 我们要坚持如何进行估计这个问题.

　　要对估计量进行估值和比较, 还需要有一个要素: 需要知道得到正确解答是什么意思, 这一点可以用**损失函数**(loss function)$L(\theta, \hat\theta(x))$ 的概念来加以形式化. 我们可以用实际生活中的说法来解释它: 错误的猜测会带来金融方面的后果, 而损失函数就是如果真值为 θ 而统计学家猜成了 $\hat\theta(x)$ 所要付出的代价. 关于损失函数, 使用最多的选择是**平方误差**(即方差)$(\theta − \hat\theta(x))^2$, 但是标准差 $|\theta − \hat\theta(x)|$ 或 $|\theta − \hat\theta(x)|/\theta$ 也用得很多. **风险函数**(risk function)$R(\theta, \hat\theta)$ 就是当 θ 为真值, $\hat\theta$ 为选择值时的期望的损失值

$$R(\theta, \hat\theta) = \int L(\theta, \hat\theta(x)) P_\theta(\mathrm{d}x),$$

右方就是当 θ 是按概率分布 P_θ 来随机选择时损失函数 $L(\theta, \hat\theta(x))$ 的平均值. 一般说来, 我们希望这样来选取估计量使其风险函数尽可能小.

3. 可容许性与施坦疑题

　　现在我们已经有了基本的要素, 即一族概率分布 $P_\theta(x)$ 和一个损失函数 L. 一个估计量 $\hat\theta$ 称为**不可容许的** (inadmissible), 如果还有一个更好的估计量 θ^* 存在的话. 所谓更好, 就是对于一切 θ,

$$R(\theta, \theta^*) < R(\theta, \hat\theta).$$

换句话说, 就是不论真值 θ 是多少, 在选取 θ^* 时, 损失函数总比选取 $\hat\theta$ 更小.

　　在以上关于模型 P_θ 和损失函数的假设下, 使用不可容许估计量似乎是愚蠢的. 然而, 数理统计的一个大成就就是施坦证明了通常的最小二乘方估计量初看起来绝非愚蠢的, 但在很自然的问题中却是不可容许的, 下面就是详情.

　　考虑进行度量的基本模型

$$X_i = \theta + \varepsilon_i, \quad 1 \leqslant i \leqslant n,$$

这里的 X_i 是第 i 次度量, θ 是想要估计的量, 而 ε_i 是度量误差. 经典的假设是: ε_i 是互相独立的而且成正态分布, 就是按照钟形的高斯曲线 $e^{-x^2/2}/\sqrt{2\pi}$, $-\infty < x < \infty$ 来分布. 用我们以前的语言来说, 度量空间 X 就是 $\mathbf{R}^n$, 参数空间 Θ 则是 $\mathbf{R}$, 而观察 $x = (x_1, \cdots, x_n)$ 的概率密度是 $P_\theta(x) = \exp\left[-\dfrac{1}{2}\sum_1^n (x_i - \theta)^2\right] / \left(\sqrt{2\pi}\right)^n$. 常用的估计量是平均值, 就是说, 如果 $x = (x_1, \cdots, x_n)$, 则取 $\hat{\theta}(x) = (x_1 + \cdots + x_n)/n$. 很久以来人们就知道, 如果定义损失函数为 $L(\theta, \hat{\theta}(x)) = (\theta - \hat{\theta}(x))^2$, 则平均值是一个可容许的估计量. 它还有许多其他的最优性质 (例如它是最好的线性无偏差估计量, 它又是极小中的极大 (minimax)—— 这个性质将在下文中解释).

现在设要估计的量中含有例如两个参数 θ_1 和 θ_2. 这一次, 我们有两组观察值 $X_1, \cdots, X_n$ 和 $Y_1, \cdots, Y_m$, 而 $X_i = \theta_1 + \varepsilon_i$, $1 \leqslant i \leqslant n$ 以及 $Y_j = \theta_2 + \eta_j$, $1 \leqslant j \leqslant m$. 和上面说的一样, 设误差 ε_i 和 η_j 分别都是独立的, 而且都具有正态分布. 现在定义损失函数为 $L((\theta_1, \theta_2), (\hat{\theta}_1(x), \hat{\theta}_2(y))) = (\theta_1 - \hat{\theta}_1(x))^2 + (\theta_2 - \hat{\theta}_2(y))^2$, 就是把两部分的方差加起来. 我们将再次得到: X_i 的平均值和 Y_j 的平均值构成 (θ_1, θ_2) 的可容许估计量.

考虑具有三个参数 $\theta_1, \theta_2, \theta_3$ 的同样的配置. 现在令 $X_i = \theta_1 + \varepsilon_i$, $1 \leqslant i \leqslant n$; $Y_j = \theta_2 + \eta_j$, $1 \leqslant j \leqslant m$; $Z_k = \theta_3 + \delta_k$, $1 \leqslant k \leqslant l$. 它们都分别是独立的而且适合正态分布. 旋坦的惊人的结果是: 在三个 (或更多) 参数情况下, 平均值估计量

$$\hat{\theta}_1(x) = (x_1 + \cdots + x_n)/n,$$
$$\hat{\theta}_2(y) = (y_1 + \cdots + y_m)/m,$$
$$\hat{\theta}_3(z) = (z_1 + \cdots + z_l)/l$$

是不可容许的, 还有其他的估计量在一切情况下都更好. 这就是所谓施坦疑题[1]. 例如, 若以 p 表示参数的个数, 则当 $p \geqslant 3$ 时, 定义如下的 James-Stein 估计量

$$\hat{\theta}_{JS} = \left(1 - \frac{p-2}{\|\hat{\theta}\|}\right)_+ \hat{\theta}$$

就更好, 这里使用了记号 $(X)_+ = \max\{X, 0\}$, θ 表示由所有平均值构成的向量 $(\theta_1, \cdots, \theta_p)$, $\|\hat{\theta}\|$ 则表示 $(\theta_1^2 + \cdots + \theta_p^2)^{1/2}$.

---

[1] 原文是 Stein paradox. paradox 按字面应译为 "悖论", 但悖论在数学上与逻辑的困难有关, 本文的情况自然不涉及逻辑问题, 而且后来这个结果的 "悖论" 色彩也在逐步减小. 由于这个词在物理学中也常用到, 并常译为 "佯谬", 指似非而是的情况, 所以我们在这里也不用 "悖论" 一词而译为 "疑题". 关于 Stein paradox, 可以看看 B. Efron and C. Morris. Stein's paradox in statistics. *Scientific American*, 1997, 236: 119-127. 此文可以在 B. Efron 的主页中找到. Stein paradox 是统计学的一大成就, 此文对它作了详细而通俗的讲解. 此外, 本文中讲到的棒球的例子在此文中也有比较详细的解释.—— 中译本注

　　James-Stein 估计量对于所有的 θ 都满足不等式 $R(\theta, \hat{\theta}_{JS}) < R(\theta, \hat{\theta})$, 因此普通的估计量 $\hat{\theta}$ 是不可容许的. James-Stein 估计量把经典的估计量向 0 收窄, 收窄的程度大体上可以由 $(p-2)/\|\hat{\theta}\|$ 来刻画. 如果 $\|\hat{\theta}\|^2$ 很大, 则收窄的程度很小, 但若 $\|\hat{\theta}\|^2$ 接近于 0, 则收窄是可以感觉得到的. 按照我们对于问题的提法, 它在平移之下是不变的, 所以, 如果可以通过向 0 收窄来改进经典的结果, 我们必定也能够通过向任意其他点收窄来改进经典的结果. 这在最初看起来是很奇怪的, 但是, 通过考虑估计量的下面非形式的描述, 就可以对这个现象得到某些洞察, 它对 θ 给出一个先验的猜测 (在上面是猜测为 0). 如果通常的估计量接近于这个猜测, 就是说 $\|\hat{\theta}\|$ 很小, 则它将把 $\hat{\theta}$ 也向这个猜测移动. 如果 $\hat{\theta}$ 离这个猜测很远, 它就会把 $\hat{\theta}$ 抛在一边. 这样, 虽然这个估计量把经典的估计量移向任意的猜测, 也只在我们有理由相信这个猜测是好的猜测时是这样. 在有四个或更多的参数时, 这些数据确实可以用来建议应该取哪一个 θ_0 为初始的猜测. 在表 1 的例子中, 一共有 18 个参数, 而出事的猜测 θ_0 是其 18 个分量均为 0.265 的常值向量. 0.212 则是用来构成收窄的数 $1 - 16/\|\theta - \theta_0\|$(注意, 在这样选择 θ_0 时, $\|\theta - \theta_0\|$ 就是构成 θ 的那些参数的标准差).

　　用来证明不可容许性的数学是调和分析和很有技巧性的微积分的混合物, 证明本身有许多分支和衍生的支流, 它生成了概率论中的所谓 "施坦方法", 这是一种证明诸如复相关问题的中心极限定理之类结果的方法. 这里的数学是很 "柔韧多变的", 因为它可以用于非正常的误差分布、种种不同的损失函数以及来自远不是度量模型的估计问题.

　　这个结果有巨大的实际应用. 如果一个问题中有许多参数需要同时估计, 则常规地都会应用这个结果, 这里的例子有各个国家实验室在同时检查许多不同产品时估计次品的百分比, 还有同时估计美国 50 个州的人口普查的不完全统计问题. 这个方法的显而易见的 "柔韧多变性" 使它在这类应用中十分有用, 尽管 James-Stein 估计量原来是由钟形曲线导出来的, 但在这个假设仅仅是大体上成立的问题中, 在没有专门的假设时工作得很好. 例如考虑上面的棒球运动员问题, 这里需要做大量的改写和变体, 其中有两个是为人熟知的, 即经验贝叶斯估计 (现在广泛用于基因组学中) 和分层建模 (hierarchical modeling, 广泛用于教育评分中).

　　这里面的数学问题远未完全解决. 例如 James-Stein 估计量自己就是不可容许的 (可以证明, 在正常的度量问题中, 可容许估计量一定是观察量的解析函数. 然而 James-Steiner 估计量因为含有一个不可微函数 $x \mapsto x_+$, 很清楚不可能是解析的). 因为已经清楚几乎没有实际改进的可能, 寻找一个总比 James-Stein 估计量更好的可容许估计量, 就是一个几乎可望而不可及的研究课题.

　　现代数理统计学的另一个活跃的研究领域是要了解还有哪些统计问题也会引起施坦疑题. 例如, 虽然在本文开始处我们讨论了通常的最大似然估计量 (maximum-likelihood estimator) 对于估计 100 个硬币的偏心问题的不足之处, 它却是可容许的估计量. 实际上, 对于有限状态空间中的任何问题, 最大似然估计量都是可容许的!

4. 贝叶斯统计学

统计学的贝叶斯途径除了概率分布族 P_θ 和损失函数 L 以外, 还要加上一个成分, 称为**前概率分布**(prior probability distribution) $\pi(\theta)$, 它赋给参数 θ 的各个值以一定的权重. 有许多生成前概率分布的方法: 可能是把做工作的科学家关于 θ 的最好的猜测加以量化而得, 也可能来自以前的研究和估计, 甚至可能就是生成估计量的方便的方法. 一旦前概率分布已经确定, 则由观察量和贝叶斯定理综合起来就会给出 θ 的**后概率分布**(posterior probability distribution), 记作 $\pi(\theta|x)$. 直观地说, 如果观察量为 x, 则 $\pi(\theta|x)$ 在参数 θ 有概率分布 π 的条件下表示参数为 θ 的似然程度. θ 对这个后概率分布的平均值就由下面的**贝叶斯估计量**

$$\hat{\theta}_{\mathrm{Bayes}}(x) = \int \theta\pi(\theta|x)$$

给出. 对于平方误差损失函数, 所有的贝叶斯估计量都是可容许的, 而在相反的方向上, 所有可容许估计量又都是贝叶斯估计量的极限 (然而, 并非贝叶斯估计量的所有极限都是可容许估计量, 事实上我们已经看到平均值是不可容许的分布量, 却是贝叶斯规则的极限). 现在的讨论要点就在于此. 度量问题的很广泛的种种实际变化——例如回归分析或相关矩阵的估计——要想写出有意义的包含了可以得到的事前知识的合理的贝叶斯估计量, 都相对地是直截了当的事情, 这些估计量包括了与 James-Stein 估计量很接近的估计量, 但是它们都更加一般, 而且允许常规性地拓展到几乎任意的统计问题中.

由于这里涉及到维数很高的积分, 所以贝叶斯估计量计算起来可能很难. 这个领域中一大进展就是计算机仿真算法的使用. 这些算法常有不同的名称, 如**马尔可夫链蒙特卡罗方法**(Markov chain Monte Carlo method)、**吉布斯取样**(Gibbs Sampler)等等, 用来计算贝叶斯估计量的有用的近似. 整个这一大块 —— 可证明的优越性、容易的适应性、计算的简易化 —— 使得统计学的这个贝叶斯版本成了一个实用上的成功.

5. 多讲一点理论

数理统计很好地利用了范围很广的数学: 很难懂的分析、逻辑、组合学、代数拓扑学、微分几何, 都起了作用, 下面是群论的一个应用. 现在我们回到基本的配置: 一个样本空间 X, 一族概率分布 $P_\theta(x)$ 和一个损失函数 $L(\theta, \hat{\theta}(x))$. 很自然地会考虑, 当问题中的单位改变时, 例如从磅变为克或者从公分变为英寸, 这时估计量应如何改变. 这会对数学有显著的影响吗? 希望不会, 但是如果我们想确切地思考这个问题, 则考虑 X 上的一个变换群 G 是有用的, 例如考虑由形如 $x \mapsto ax + b$ 的变换所成的**仿射群**. 我们说族 $P_\theta(x)$ 在群 G 下是不变的, 如果对 G 中的每一个元 g, 变换后的分布 $P\theta(xg)$ 等于 $P\tilde{\theta}(x)$, 这里 $\tilde{\theta}$ 是 Θ 中的另一个元. 例如正态分布

$$\frac{\exp\left[-\frac{1}{2}(x - \theta_1)^2 / 2\theta_2^2\right]}{\sqrt{2n\theta_2^2}}, \quad -\infty < \theta_1 < \infty, \quad 0 < \theta_2 < \infty$$

在变换 $ax + b$ 下就是不变的. 只要作一点容易的计算, 就能把修正过的分布写成 $\exp\left[-\frac{1}{2}(x - \phi_1)^2 / 2\phi_2^2\right] / \sqrt{2n\theta_2^2}$ 的形式, 其中 ϕ_1 和 ϕ_2 是新参数. 如果一个估计量 $\hat{\theta}$ 适合关系式 $\hat{\theta}(xg) = \tilde{\hat{\theta}}(x)$, 就说它是**等变化的**(equivariant). 这是下面这件事情的形式化的说法: 如果把数据从一个单位系统转变到另一个单位系统, 则估计量也应该那样变化, 例如, 设数据是用摄氏计表示的温度, 而想把结果用华氏计温度来表示, 那么不论是先作估计再把温度单位加以改变, 或者次序相反, 先把温度单位加以改变再作估计, 结果都是一样的.

施坦疑题后面的多元的正常问题在许多群下都是不变的, 这些群中就包括欧几里得运动群 (旋转和平移). 然而 James-Stein 估计量并不是等变的, 因为正如我们已经看到的那样, 它是依赖于原点的选择的. 这并不是坏事, 但是令人深思. 如果您问一个从事具体研究工作的科学家, 他们要不要一个 "最准确的" 估计量, 他们会说 "当然"; 如果您再问他们是不是坚持等变性, 他们也会说 "当然". 表述施坦悖论的方法之一就是说这两种渴求之物 —— 准确性和等变性是**互不相容的**(incompatible). 数学和统计学有许多地方会各自东西, 这里就是一个例子. 要决定数学上最优的过程是否 "合理的" 是很重要的, 但是也是很难数学化的.

下面是群论应用的第二个例子. 一个估计称为具有**极小极大**(minimax) 性质, 如果它能把对于一切 θ 的极大的风险极小化. 极小中的极大相应于安全地进行任何博弈, 即能够在最坏的情况下采取最佳的对策 (就是使得可能的风险最小). 在自然的问题中, 寻求极大中的极小是一个困难的问题. 例如在正常的位置问题中, 平均向量就是一个极小极大估计. 如果这个问题在一个群下不变, 解决这个问题就比较容易一些. 这时就可以首先去找最佳的不变估计量. 不变性时常能把问题变成一个直截了当的微积分问题. Hurt 和施坦有一个著名的定理指出: 如果所涉及的群是一个 "好的" 群 (例如是阿贝尔群或紧群或顺从群 (amenable group)①), 对于最佳的不变估计量是否极小极大估计, 其答案为 "是". 而当所涉及的群不是一个 "好

---

① 所谓顺从群就是一个对于其上的有界函数带有某种在群运算下不变的平均运算的局部紧群. —— 中译本注

的" 群的时候, 决定最佳的不变估计量是否极小极大估计就是统计学中一个未解决的挑战性的问题. 这不仅是一个数学好奇心的问题, 例如, 下面的问题就是很自然的, 在可逆矩阵群下不变的: 从多元正常分布中给定一个样本, 估计它的相关矩阵. 这时, 群并不是好的, 而好的估计是不知道的.

6. 结论

本文的要点是要说明数学是怎样进入统计学而且丰富了它, 肯定统计学中有一些部分是很难数学化的, 数据的图像显示就是一个例子. 此外, 现代统计学的实践是由计算机驱动的. 没有必要再只限于可处理的概率分布族, 可以使用更复杂、更现实的数学模型, 这就催生了统计计算这门学科. 尽管如此, 不时总会有人来思考计算机**应该**做什么, 或者决定某一个创新的过程会比另一个更好, 这时, 数学仍然是站得住的. 说真的, 现代统计实践的数学化是一件大有挑战性而且会有丰厚回报的事业, Stein 估计量是其最精彩的部分之一. 这个事业使我们有了某种目标, 帮助我们来检验和校准我们日常的成就.

进一步阅读的文献

Berger J O. 1985. *Statistical Decision Theory and Bayesian Analysis*. New York: Springer.
Lehmann E L, and Cassella G. 2003. *Theory of Point Estimation*. New York: Springer.
Lehmann E L, and Romano J P. 2005. *Testing Statistical Hypothesis*. New York: Springer.
Schervish M. 1996. *Theory of Statistics*. New York: Springer.

VII.11   数学与医学统计

David J. Spiegelhalter

1. 引言

数学曾经以多种方式被应用于医学, 例如微分方程在药物动力学中的应用和群体中的传染病模型, 还有生物信号的傅里叶分析 [III.27]. 我们在这里关心的则只是医学统计, 就是指的收集个体的数据并把它们用于得出关于疾病的发展和治疗的结论. 这个定义看起来似乎颇具局限性, 但是其中包括了以下所有的东西: 疗法的随机临床试验、对于各种干预如筛查程序 (screening program) 的估计、比较不同群体和社团的健康状况、描述和比较个体所成的群体的存活、为疾病的自然发展和在受到干预影响下的发展建立模型. 我们在本文中不讨论流行病学(epidemiology), 即不研究一种疾病为什么发生以及如何传播, 虽然这里的多数形式的思想可以用于这种研究.

在简短的历史引言之后, 我们要总结医学统计中的各种不同的概率方法. 然后用淋巴瘤患者存活的一个样本的数据来依次说明它们, 说明不同的 "哲学" 观点怎样直接引导到不同的分析方法, 这样从头到尾对于一个概念上似乎很不明晰的主题指出一个数学背景.

2. 历史的透视

在 17 世纪末就有了的概率论的应用, 其中之一就是发展关于死亡率 (mortality) 的生命图表 (life table) 以用于决定年金保费 (premium annuity), 而 Charles Babbage (1791 –1871, 英国数学家、哲学家和发明家, 可编程计算机的首创者, 人称计算机之父)1824 年关于生命图表的工作大大有助于他设计自己的计算机: "差分机" (difference engine), 虽然到 1859 年才由瑞典法学家和发明家 Pehr Georg Scheutz (1785–1873) 安装启用了这样的机器, 最终算出了这个生命图表. 然而, 医学数据的统计分析更多地是数论问题而不是数学问题, 直到由高尔顿 (Francis Galton, 1822 –1911, 英国的博物学家、人类学家、优生学家、达尔文的亲戚) 和皮尔逊 (Karl Pearson, 1857 –1936, 英国数学家, 人们认为是他建立了统计学这门学科) 在 19 世纪末建立了 "度量生物学" 学派. 这个学派引进概率分布 [III.71] 族来描述种群, 还把相关性、回归这些概念引入了人类学、生物学和优生学. 同时, 农业和遗传学大大推进了费希尔 (Sir Ronald Aylmer Fisher, 1890–1962, 英国统计学家、进化生物学家、优生学家和遗传学家) 对于相似性 (见下文) 和显著性检验理论的巨大贡献. 战后统计学的发展受到工业应用和由美国引领的数学严格性的增长的影响, 但是到 1970 年代, 医学的研究, 特别是关于随机试验和存活分析的研究成了统计学方法论的主要驱动者.

在 1945 年后的大约 30 年间, 出现了许多想把统计推断放在巩固的即公理基础上的企图, 但是一直没有形成共识. 这就造成一种古怪的想象, 就是应用我们在下面将要说到的种种统计 "哲学" 的混合物. 这种缺少公理基础的多少令人不愉快的情况可能使得统计学对于许多数学家缺少吸引力, 但是也对从事于此的数学家提出了巨大的挑战.

3. 模型

在本文中, 我们所说的**模型**就是对一个或多个现在还没有确定值的量的一个概率分布. 这样的量, 例如可以就是正在使用某种药物治疗的病人的治疗效果, 或者是一个癌症患者未来的存活时间. 我们可以大体地确定四种建立模型的途径 —— 这里的简短描述所使用的一些名词将在以下各节中讲到.

(i) **非参数途径**, 或 "无模型"(model-free) 途径, 就是不去确定我们关心的概率分布的精确形式.

(ii) **全参数模型**, 就是对每一个概率分布都确定一个特定的形式, 这些概率分布依赖于有限多个未知的参数.

(iii) **半参数途径**, 其模型只有一部分是参数化的, 而其余部分没有确定.

(iv) **贝叶斯途径**, 其中不但确定了一个全参数模型, 而且还给定了参数的 "前" 分布.

这些区别并非绝对的, 例如有些看来显然是 "无模型" 的程序会与对参数的某些假设下导出的程序匹配起来.

另一个使得情况复杂化的因子是统计分析的目标可能具有多重性. 这些目标中可能有:

- **估计**未知的参数, 例如对于一定的群体, 服用某种药物以后血压的平均下降量.
- **预测**未来的量, 例如一个国家在十年时间中爱滋病患者的数目.
- **检验一个假设**, 例如一种特定的药物能否改进某一类患者的存活期, 或者是等价地估计 "零假设", 即它完全没有效果.
- **作出决定**, 例如在保健系统中是否要加进特定的治疗.

这些目标有一个共同的侧面, 就是其结论都伴随着需要估计到有犯某种错误的潜在可能性, 而任意的估计或预测都应该同时还有其不确定性的表达式, 正是这种对于 "二阶" 性质的关注把以概率理论为基础的统计 "推断" 与由数据得出结论的纯算法途径区别开来了.

4. 非参数即 "无模型" 途径

现在我们要介绍一个固定的例子, 用它来解释不同的途径.

在 (Mathews, Farewell, 1985) 一文中报告了西雅图的 Fred Hutchinson 癌症研究中心 (Fred Hutchinson Cancer Research Center) 的 84 位已经确诊为晚期非霍奇金淋巴瘤患者的数据: 每一位患者的数据包括了从确诊起的随访记录、随访是否以死亡告终、是否有临床症状、是否到了IV期 (非霍奇金淋巴瘤分成 I –IV期, IV期当然是晚期了)、是否有大于 10 cm 的腹部肿块. 这些信息有很多用处, 例如我们可能想看一下存活期的一般分布, 或者想要估计最影响存活的是哪些因素, 或者为一位新的患者提供他还有例如五年存活期的机会. 要从这些数据得出可靠的结论当然嫌数据集合太小太有限, 但是这些数据已经使我们能够说明可以应用的数学工具了.

我们要介绍一些技术用语. 在数据收集结束时仍然活着或者随访中止的患者, 就说是他们的存活期已经 "被检查过了"(censored), 我们所知的限于他们存活到上一次记录有关他们的数据以后. 我们也倾向于把死亡时间称为 "失败" 时间, 因为分析的形式到死亡时就不能适用了 (这个名词也反映了这个邻域与**可靠性**理论有密切的关系).

对于这些存活数据原来的处理途径是 "保险统计的" 途径, 就是应用前面说到

的生命图表技术. 存活时间是按照区间分组的, 例如以一年为一组, 而对一个在此
区间之始仍然活着的人对他死于这个区间内的机会作简单的估计. 在历史上, 这个
概率被称为 "死亡之力", 而现在则称为**风险**(hazard). 对于描述很大的群体, 像这
样的简单的途径可能还是很好的.

到了 (Kaplan, Meier, 1958) 一文出现以后, 这个程序就被精确化到考虑确切的
存活时间而不是分组考虑了, 此文被人引用超过 3 万次, 是所有科学中被引用次数
最多的论文之一. 图 1 上给出了在确诊时有症状 $(n = 31)$ 和无症状 $(n = 33)$ 的两
条 Kaplan-Meier 曲线.

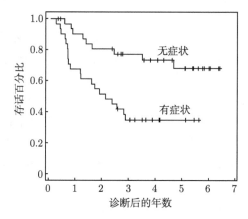

图 1　在确诊时有和无症状的淋巴瘤患者的 Kaplan-Meier 存活曲线

这些曲线表示对于这种情况下的存活函数(survival function) 的一种估计, 这个
函数在时刻 t 的值被认为是一个患者可以存活到那个时刻的概率. 作出这样的曲
线的一个显然的方法是令其在时刻 t 之值就是初始的样本到那时仍然活着的比例.
但是, 由于有被检查过患者的存在, 这个方法并不太好用. 所以, 如果有一位患者恰
好在时刻 t 死亡, 而紧接在此时刻以前样本中还有 m 位患者, 则曲线之值要乘以
$(m - 1)/m$; 而如果有一位患者被检查过, 则曲线之值不变 (曲线上的小刻度线表示
经过检查的时间). 在时刻 t 以前还活着的患者集合称为**高危集合**(risk set), 而在时
刻 t 的风险 (hazard) 估计为 $1/m$(我们假设了不会有两个人同时死亡, 但是很容易
抛弃这个假设并作适当的调整).

虽然我们并不假设真实的存活曲线有什么特定的函数形式, 但确实需要下面的
定性的假设, 就是检查的机制与存活时间无关 (例如, 我们不倾向由于某种原因把
即将死亡的患者除去而不加研究). 我们也需要给出曲线的误差界限, 这一点可以用
Major Greenwood 在 1926 年发展出来的方差公式为基础 (注意, Major Greenwood,
1880 –1949, 是英国流行病学家和统计学家, Major 是他的真名 (given name), 而

不应按字面解释为 "少校", 就是说, 他并不是一个军官. 类似地, 还有美国爵士音乐家 William "Count" Basie, 1904–1984, 只是人们称他为伯爵 (Count), 而不是他真有这样的贵族爵位; 另一位美国音乐家 Edward Kennedy "Duke" Ellington, 1899–1974 名字里的 Duke(公爵) 也只是人家这样叫他, 而不真正是一个公爵).

　　"某个情况下的真实的存活曲线" 只是一个理论的构造, 并不是可以直接观察到的东西. 可以把它看作是患者仍然存活的经验, 可以在一个大的群体中观察到, 或者与此等价, 可以看成是从群体中随机取出的一位新成员存活的期望值. 除了估计对于两群患者的曲线以外, 我们还希望对一些关于它们的假设进行检验. 一个典型的假设是它们的真实的存活曲线是一样的. 传统上, 这种 "零" 假设记作 H_0, 而传统的检验它们的方法是去决定如果 H_0 为真, 则我们看到这两条 Kaplan-Meier 曲线相距甚远是如何不可能. 我们可以构造一个概括的度量, 称为**试验统计量**(test statistic), 如果观察到的曲线很不相同, 它就会很大. 例如一个可能性是把在有症状的患者中观察到的死亡数字 $(O=20)$ 与当 H_0 为真时我们能够期望的死亡数字 $(E=11.9)$ 加以比较. 在零假设下, 可以证明二者有这么大相差的机会只有 0.2%, 这就对在这个情况下零假设为真投下了很大的怀疑.

　　在构造围绕着估计和试验假设的区间时, 我们需要估计和试验统计量的近似的概率分布. 从数学前景来看, 这个重要理论关系到随机变量的函数的大样本分布, 这一点在 20 世纪早期有大的发展. 最佳假设试验的理论是由奈曼 (Jengy Neyman, 1894–1981, 波兰数学家和统计学家) 和皮尔逊 (Karl pearson, 1857–1936, 英国数学家和统计学家) 在 1930 年代发展起来的, 它的思想是把试验侦察出差别的 "能力" 最大化, 而同时确定错误地拒绝零假设的概率小于某个可接受的阈值如 5% 或 1%. 这个途径现在在设计随机临床试验时仍然在起作用.

5. 全参数模型

　　很清楚, 我们不会真的相信死亡只会在可由 Kaplan-Meier 曲线上观察到的时间发生, 所以, 我们很合理地就会去研究真实的存活函数的一个相当简单的函数形式. 这就是说, 我们假设存活函数属于某个自然的函数类, 而每一个存活函数都可以用为数不多的几个参数来加以参数化, 这些参数总体记作 θ, 我们想要去发现 (或是以合理的可信度去估计) 的就是这个 θ. 如果我们做到了这一点, 则这个存活问题的模型就完全确定了, 而我们甚至能在一定程度上把它外推到所观察到的数据以外. 我们在下面要做的事就是: 首先把存活函数与风险 (hazard, 即死于一个区间内的概率) 联系起来, 然后再用上面关于淋巴瘤的简单的例子来说明怎样用观察数据来估计 θ.

　　假设未知的存活时间有概率分布 $p(t|\theta)$, 略去技术的细节, 这就是假设死亡发生在小的时间区间 t 到 $t+\mathrm{d}t$ 中的概率为 $p(t|\theta)\,\mathrm{d}t$. 记对应于参数值 θ 的存活函

数, 也就是能够活过时刻 t 的概率为 $S(t|\theta)$, 于是

$$S(t|\theta) = \int_t^\infty p(x|\theta)\,\mathrm{d}x = 1 - \int_0^t p(x|\theta)\,\mathrm{d}x.$$

利用微积分的基本定理 [I.3§5.5] 就可得到 $p(t|\theta) = -\mathrm{d}S(t|\theta)/\mathrm{d}t$. 我们定义风险函数 $h(t|\theta)\,\mathrm{d}t$ 为在已经存活过时刻 t 的条件下死亡于时间区间 t 到 $t+\mathrm{d}t$ 的风险. 利用初等概率的知识, 有

$$h(t|\theta) = p(t|\theta)/S(t|\theta).$$

例如, 假设存活函数是以 θ 为平均存活时间的指数函数, 则能够活过时刻 t 的概率为 $S(t|\theta) = \mathrm{e}^{-t/\theta}$, 于是概率密度是 $p(t|\theta) = \mathrm{e}^{-t/\theta}/\theta$. 由上式可得风险函数 $h(t|\theta)$ 取常数值 $1/\theta$, 即平均存活时间, 亦即参数 θ 的倒数, 所以平均存活时间的倒数就是单位时间里的死亡率. 举例来说, 如果在上面关于淋巴瘤的例子中确诊后的平均存活时间 $\theta = 1000$ 天, 则采用上面说到指数函数模型就蕴含了每天的死亡风险是常数 $1/1000$, 而不论患者在确诊以后已经存活了多久, 采用存活函数的更复杂的参数式也允许风险函数或上升或下降或有其他形状.

当要估计 θ 时, 就会用到费希尔关于**似然性**(likelihood) 的概念. 它也是取概率分布 $p(t|\theta)$, 但是把它看作 θ 而不是 t 的函数, 所以对于观察到的 t, 它使我们能够检验哪些 θ 可能 "支持" 这些数据. 在这里, 粗略的思想就是在假设了 θ 的值以后把所观察到的事件的概率 (或概率密度) 乘起来. 在存活分析中, 观测到的失败时间和检查过的失败时间对于这个乘积所起的作用是不同的: 观测的时间 t 贡献了 $p(t|\theta)$, 而经过检查的时间贡献了 $S(t|\theta)$. 举例来说, 如果假设存活函数是指数函数, 则观测到的失败时间贡献的是 $p(t|\theta) = \mathrm{e}^{-t/\theta}/\theta$, 而检查过的时间则贡献了 $S(t|\theta) = \mathrm{e}^{t/\theta}$, 所以现在的似然性是

$$L(\theta) = \prod_{i\in\text{Obs}} \theta^{-1}\mathrm{e}^{-t_i/\theta} \prod_{i\in\text{Cens}} \mathrm{e}^{-t_i/\theta} = \theta^{-n_0}\mathrm{e}^{-T/\theta}.$$

这里的 "Obs" 和 "Cens" 分别表示观测到的失败时间和检查过的失败时间, 把它们的和分别记作 n_O 和 n_C, 而把总的随访时间记作 $T = \sum_i t_i$. 在 31 个有症状的患者的情况, 有 $n_O = 20$ 和 $T = 68.3$ 年, 图 2 上画出了似然函数 $L(\theta)$ 及其对数

$$LL(\theta) = -T/\theta - n_O \log\theta.$$

注意, (a) 的纵轴没有画出, 因为只有相对的似然性才有重要性. **最大似然性估计**(maximum likelihood estimate, MLE)$\hat{\theta}$ 就可以给出使得似然性或等价地给出使得对数似然性成为最大的参数值. 取 $LL(\theta)$ 的导数并令它为零, 这就揭示出 $\hat{\theta} =$

$T/n_O = 3.4$ 年, 就是总的随访时间除以失败的数目. 围绕 MLE 的区间可以直接从检验似然函数得出, 也可以从围绕对数似然函数的极大值用二次逼近得出.

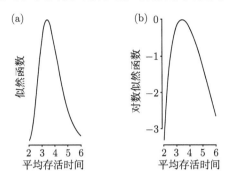

图 2   带有临床症状的淋巴瘤患者的似然的和对数似然的平均存活时间

图 3 是拟合的指数存活曲线. 粗略地说, 这个曲线拟合是这样作的, 就是选取一个指数曲线使观察到的数据具有最大的概率. 用眼睛检视, 如果采用更加灵活的曲线族如 Weibull 分布 (这是一种在可靠性理论中广泛使用的分布), 就可以改进拟合: 为了比较两个模型适合于数据的程度, 可以比较它们的极大似然性.

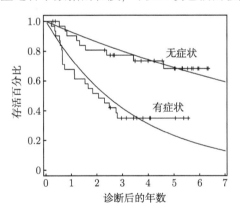

图 3   淋巴瘤患者的拟合指数存活曲线

费希尔的似然性概念不只是当前绝大多数关于医学统计工作的基础, 其实还是一般的统计学的基础. 从数学角度来把 MLE 的大样本分布与对数似然函数在极大值附近的二阶导数联系起来的工作有很大的发展, 而且是当前出现的绝大多数统计软件包的基础. 不幸的是, 把这个理论放大到能够处理高维参数就不一定是直截了当的事了. 首先, 因为似然性变得更加复杂而且含有越来越多的参数, 求极大值的技术问题也就增加了. 其次, 在似然性理论中 "令人讨厌的参数"(nuisance parameter) 一再出现, 就使模型中有一部分参数并没有特别的意义而又需要处理.

迄今还没有发展出一般的理论, 而标准的似然性又因适应各种特殊情况变得让人眼花缭乱, 什么条件似然性、拟似然性、伪似然性、扩展似然性、分层似然性、边缘似然性、特写似然性, 不一而足. 下面我们要考虑一个极为流行的发展就是部分似然性和 Cox 模型.

6. 一个半参数途径

癌症治疗的临床试验是存活性分析的主要推动力, 特别是在考虑到其他风险因子条件下估计某种治疗对于存活的影响的试验. 在关于淋巴瘤的简单的数据集合中, 有三个风险因子, 但是在更加实际的例子中, 风险因子的数目还要多得多. 有幸的是, 在 (Cox, 1972) 一文中证明了有可能同时既对假设进行检验又能估计可能的风险因子的影响, 而不必以可能有限的数据为基础走完全程得出完全的风险函数.

Cox 回归模型(Cox regression model) 的基础是假设风险函数的形式为

$$h\left(t|\theta\right) = h_0\left(t\right) e^{\beta \cdot x},$$

这里 $h_0\left(t\right)$ 是一个**底线风险函数**(baseline hazard function), 而 β 典型地是一个表示回归系数的竖行向量, 量度风险因子向量 x 对于风险的影响 (表达式 $\beta \cdot x$ 是向量与 x 的数量积). 底线风险函数对应于风险因子 $x = 0$ 时个体的风险函数, 因为这时 $e^{\beta \cdot x} = 1$. 一般说来, 如果 x 的分量 x_j 得到一个增量 1, 风险就会得到一个因子 e^{β_j}, 所以, 这个模型又叫做 "比例风险" 回归模型. 要确定 $h_0\left(t\right)$ 的参数形式是可能的, 但是尤其值得注意的是后来证明了当考虑紧接在一次特定的失败时间前的情况时, 可以用 β 来作估计, 而不必去确定 h_0 的形状. 我们又一次来构造出高危集合, 在已知高危集合中某人失败的情况下, 一位特定的患者失败的机会就给出了似然性的一项. 这就称为 "部分" 似然性, 因为它忽略了在失败时间之间的任意可能的信息.

当把这个模型与淋巴瘤数据拟合起来时, 我们发现, 对于有症状的患者, β 的估计值是 1.2, 然而, 它的指数 $e^{1.2} \approx 3.3$ 更容易解释, 对于有症状的患者, 它比例于风险的增加量. 我们可以估计出围绕着这个估计的误差在 $1.5 \sim 7.3$ 之间, 所以可以确信, 一位有症状的患者在确诊后的任意阶段死亡的风险, 在其他因子都不变的情况下大大高于没有症状的患者.

从这个模型得出的关于下面问题的文献为数巨大, 这些问题有: 围绕着估计的误差、不同的检查模式、紧接在一起的死亡时间、基线存活函数的估计等等. 大样本性质只是在这个方法已经成为常规并且广泛使用了随机计数过程以后才得以严格确定, 例如可见 (Andersen et al, 1992) 一文. 这些强有力的数学工具使得我们的理论可以扩展到在有检查、有以依赖于时间的多重风险因子的条件下处理事件序列的一般分析.

Cox(1972) 的这篇文章被引用的次数超过 2 万次, 它对医学的重要性反映在它得到了 1990 年的 Kettering 大奖以及癌症研究金奖.

7. 贝叶斯分析

贝叶斯定理是概率论的基本结果之一, 它指出, 对于两个随机量 t 和 θ 必有

$$p(\theta|t) = p(t|\theta)\, p(\theta)\, / p(t)\,.$$

这个定理就其本身而言只是一个简单的事实, 但是当 θ 表示一个模型中的参数时, 这个定理却代表了统计模型中一种不同的哲学. 应用贝叶斯定理作推断的主要步骤是把参数看作随机变量 [III.71§4] 而有自己的概率分布, 因此可以作出概率的命题. 例如在贝叶斯的框架下, 可以这样来表述关于存活曲线的不确定性, 例如说我们已经估计到平均存活时间大于 3 年的概率是 0.90. 为了做出这样一个估计, 我们需要把一个 "前"(prior) 分布 $p(\theta)$(就是在看到所有数据之前 θ 的不同的值的相对似然性的概率分布) 与似然性 $p(t|\theta)$(就是在取 θ 的这个值时能够观测到时间 t 的似然性) 结合起来. 然后再利用贝叶斯定理来给出一个 "后"(posterior) 分布 $p(\theta|t)$(这是在看到数据以后表示 θ 的不同的值的相对似然性的概率分布)

贝叶斯分析这样来表述, 它就只是概率论的一个简单的应用, 而对于任意确定的前分布, 它确实就是如此. 但是怎样确定前分布呢? 可以应用当前的研究以外的证据, 甚至可以根据您个人的判断. 关于建立可以用于不同情况的 "客观" 的估计, 已经有广泛的文献讨论如何生成一个工具箱. 在实践上, 需要这样来确定前分布, 使之对于别人也有说服力, 而这才是微妙之点的所在.

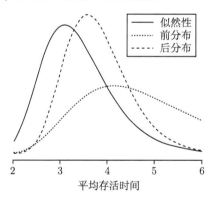

图 4　有症状患者的平均存活时间的前分布、似然性和后分布. 后分布是似然性 (它只概括了数据) 和前分布 (它概括了可能有较长的存活时间的外部的证据) 之间的一种妥协

举一个简单的例子, 假设前面对于淋巴瘤的研究建议有症状的患者平均存活时间在 3 到 6 年之间, 而以 4 年左右最为可能, 因此对于未来的患者做结论时不去忽略这个证据最为合理, 而应该把它与现在研究中的 31 个患者的证据结合起来. 这

个外部的证据可以用 θ 的前分布来表示, 其图形见图 4. 当把它与似然性 (取自图 2(a)) 结合起来以后就给出了图上所示的后分布. 在作这个计算时, 前分布的形状取为**反 Gamma 分布**(inverse-Gamma distribution) 会使对于指数的似然性的数学处理特别直接, 但是, 如果用仿真方法来得出后分布, 这种简化也就不必要了.

从图 4 可以看到, 外部的证据增加了更高存活时间的可能性. 把 3 年以上的后分布积分, 就会得出平均存活时间超过 3 年的后概率大于 0.90.

贝叶斯模型中的似然性需要完全参数化, 虽然如 Cox 模型那样的半参数模型可以用令人讨厌的参数的高维函数来逼近, 而后者积分出来就得到后分布. 估计这种积分的困难遏制了贝叶斯分析的实际应用好多年, 但是现在仿真途径的新发展, 如马尔可夫链蒙特卡罗方法(Markov chain Monte-Carlo method, 简记为 MCMC 方法), 使得实际的贝叶斯分析有了惊人的发展. 贝叶斯分析中的数学工作集中在客观的前分布、后分布的大样本性质等理论问题以及处理巨大的多元问题和必要的高维积分上.

8. 讨论

前面几节的讨论对于甚至在日常的医学统计分析下有纠葛的概念问题给了一点概念. 我们需要提出数学在医学统计中几个不同的作用, 下面是几个例子.

个别的应用: 数学在这里的使用是很有限的, 因为软件包已经得到广泛的使用, 可以适合于许许多多的模型. 在非标准的问题中, 似然性的代数或数值的最大化可能是必要的, 也可能需要发展数值积分的 MCMC 算法.

一般方法的推导: 这些可以通过软件来执行, 这或者是最为广泛的数学工作, 需要广泛地用到随机变量的函数的概率论, 特别是用到大样本论证.

方法的性质的证明: 这里需要最为精细的数学, 涉及诸如估计量的收敛或者贝叶斯方法在不同情况下的性态这类问题.

医学应用一直是统计分析的新方法发展的驱动力量, 这部分是由于在生物信息学 (bioinformatics)、图像处理和性能检测这些领域是高维数据的新来源, 也是因为保健政策的制订者们越来越愿意使用复杂的模型, 其后果就是集中关注于解析方法以及设计一些关于模型的核查、质询以及改进的研究工作.

尽管如此, 可能看起来在医学统计中对于数学工具的需求还是很有限的, 即令是对从事方法论研究的人也是如此. 但是哪怕是最普通的统计工具也是很有魅力的, 而且对于其深处的哲学不断在辩论, 于是对于看来很简单的问题也有种种处理途径, 这些也许可以作为一个补偿吧. 对于从事日常工作的人, 这些辩论是隐藏着的. 关于数学在统计中的适当的作用, 我们最好还是引用 David Cox 在他为皇家统计学会所作的 1981 主席致词中的一段话 (Cox, 1981):

瑞利勋爵 (John William Strutt, third Baron Rayleigh, 1842–1919, 1904 年诺贝

尔物理学奖得主) 曾经定义应用数学关心的是对于现实世界的定量研究, "既不追求也不回避数学的困难". 这很精确地描述了数学和统计学理想地应该持有的关系. 统计学中绝大部分的好工作都只使用了最小程度的数学, 统计学中一些差的工作则因为从表面上看起来有数学内容而过了关. 然而, 如果发展了一种广泛的反数学的态度, 害怕使用有力的数学, 那对这门学科是有害的.

进一步阅读的文献

Andersen P K, Borgan O, Gill R, and Keiding N. 1992. *Statistical Models Based on Counting Processes.* New York: Springer.

Cox D R. 1972. Theory and general principles in statistics. *Journal of the Royal Statistical Society* A, 144:289-297.

——. 1981. Regression models and life-tables (with discussion). *Journal of the Royal Statistical Society* B, 34: 187-220.

Kaplan E L, and Meier P. 1958. Nonparametric estimation from incomplete observations. *Journal of the American Statistical Association*, 53: 457-481.

Matthews D E, and Farewell V T. 1985. *Using and Understanding Medical Statistics.* Basel: Karger.

VII.12 数学的分析与哲学的分析

John P. Burgess

1. 哲学的分析传统

哲学问题是永远不能解决的, 其理由正如叛国的阴谋永远不会成功一样, 因为阴谋如果成功, 被 "叛" 的国也就不存在, 所以就无所谓 "叛国" 了. 同样, 哲学的 "问题" 如果解决了, 哲学也就不叫 "哲学" 了. 哲学曾经包括了大学里的所有学科 (就是最高学位称为 ph.D. 的那些学科), 后来则因为这些学科的成功而缩小了哲学的范围. 最大的一次收缩发生在 17 和 18 世纪, 那时自然哲学变成了自然科学, 当时的哲学家都对新科学的出现极感兴趣, 只不过在科学方法的问题上彼此不同. 哲学一直被认为是与例如神学不同, 因为它把自己限制于理性论证的方法和经验的证据, 而不诉诸权威、传统、启示或信仰, 但是, 科学革命时期的哲学家在理性和经验比较起来孰为更加重要上面是互不一致的.

在引论性质的哲学史中, 哲学家们按照这一点被区分为理性主义者, 就是理性党, 以及经验主义者, 就是经验党. 前者主要来自欧洲大陆, 在 17 世纪占了统治地位, 而后者主要来自英伦诸岛, 在 18 世纪占了优势. 理性主义者, 其中包含了数学家笛卡儿 [VI.11] 和莱布尼兹[VI.15], 把纯粹思维 —— 就是从自明的公设开始的逻

辑推演 —— 的明显的能力铭刻在心, 这种思维如几何学中的思维那样, 能够得到
可以应用于世界的实质性的结果, 他们试图在其他领域中也采取类似的方法. 斯宾
诺莎甚至按照欧几里得[VI.2] 的《几何原本》的风格来写自己的著作《伦理学》, 而
这件事是数学影响于哲学的历史高峰. 经验主义者中则包括了微积分的尖刻批评
者伯克莱, 他认识到, 在物理学中是不可能如理性主义者所希望的那样行事的. 物
理学中的原理并不是自明的, 而需要从系统的观察和有控制的实验中猜测出来, 并
用它们来检验这些原理. 使得领头的经验主义者如洛克和休谟困惑的是, 纯粹思维
怎么可能在任意一个领域中得到成功, 如它似乎在几何学中得到了成功那样. 这样,
对于理性主义者, 数学是**方法**的源泉, 而对于经验主义者, 数学却是**问题**的源泉.

康德对于这个问题提出了一个颇有影响的表述, 他的体系企图把理性主义和
经验主义综合起来. 康德一方面宣称几何学和算术是先验的 (priori), 而不是后验
的 (posteriori). 他的这个说法的意思是说它们是可以在经验之前就知道的, 而不必
要依赖于经验. 另一方面, 他又说它们是综合的而不是分析的, 这个说法的意思是:
它们不只是概念的定义和一些命题的逻辑推论, 而如果违反了这些命题就会带来矛
盾. 数学哲学今天只是科学哲学的一个小小的分支, 而科学哲学又只是认识论, 即
关于知识的理论的一个小小的分支, 但是数学哲学对于康德起了大得多的作用, 所
以康德在自己的体系里把 "纯粹数学怎么是可能的" 这样的问题放在前列, 其中又
把 "综合的先验知识怎么是可能的" 放在第一位. 康德所提出的解答是以如下的洞
察为基础的: 我们的知识的形成, 平分天下地既依赖于我们这些认识者的本性, 也
依赖于被认识的事物的本性, 康德由此得出以下的结论: 空间, 这是几何学的主题,
二者还有时间, 按他的说法是算术的终极的主题, 二者并不是事物自身的特性, 而是
由于我们的感觉的本性在感觉和经验事物时所必须感知的特性, 综合先验知识终极
地就是**自我知识**, 是关于我们自己所提供的形式的知识, 独立于我们的现实则把内
容放进这些形式中去. 这样把**现象**(phenomenon)(就是我们所经验到的事物) 和**本
体**(noumena)(就是在经验以外的事物, 是我们所想要知道却永远无法知道的事物)
区别开来, 正是康德的整个体系的中心, 包括他的伦理学和形而上学在内.

以上的叙述只是对于早期的现代哲学作大笔一挥的寥寥数语. 在康德以后, 这
个故事就再也没有这样的情节主线了. 像这样来构建一个体系的努力还继续了一
代人的时间, 直到黑格尔为止. 但是, 最终而且是不可避免地, 康德的体系在自己的
重压下崩溃了. 作为后续的反应, 哲学家们也四散了. 在学院外, 杰出的人物零散地
出现在哲学和文学的边缘处, 其中引人注目的是尼采. 与此同时, 学院内的哲学也
像维多利亚时代的建筑一样, 经历了好几次再生, 其中康德主义的再生是最出名的.
但是, 尽管新康德主义在大学中很流行, 康德关于数学的概念却受到攻击. 首先, 虽
然相容的非欧几里得几何学的发展本身证实了康德关于几何学是综合知识的主张,
那些发展了欧几里得以外的另一种几何学的人很快就被引导到另一个问题, 即几何

学是否如康德所声称的那样确实是先验的. 高斯 [VI.26] 已经断定, 几何学是后验的, 或者用他自己的说法是处于和力学一样的状态, 而黎曼 [VI.49] 更详细地论证了对于处于几何学基础上的假设作的检查必定会把我们引到邻近的物理学的领域里去. 第二, 虽然很少有人怀疑康德关于算术的先验性的主张, 在弗雷格[VI.56] 的工作中 (以及在罗素 [VI.71] 的稍微晚一点但是独立的工作中) 却对算术是综合知识的主张提出了挑战. 他们二人都企图从逻辑以及数的适当的定义中推导出算术来.

    弗雷格的工作在很长时间里都没有得到应有的名气, 虽然罗素在自己认识到弗雷格的工作意义后就使弗雷格的工作为众人所知了. 其结果是, 弗雷格尽管现在很有影响, 但是在他所处的哲学传统中, 可说他是先行者而不是首创者. 首创者是罗素和他的同时代人及同事摩尔 (George Edward Moore, 1873 –1958, 英国哲学家). 这一对哲学家对他们的老师的哲学举起了叛旗, 这种老师的哲学是 19 世纪晚期的一种错乱, 称为绝对观念论 (absolute idealism), 是黑格尔的一种复活. 很快就清楚了, 反叛者并不是想要回归到从培根到穆勒 (John Stuart Mill, 1806 –1873)① 的英国经验主义哲学传统. 在同一时期, 胡塞尔 (Edmund Gustav Albrecht Husserl, 1859-1938, 德国哲学家, 20 世纪现象学学派创始人) 也正在发展他的哲学的最初形式, 而正是这种现象主义哲学使他成为 20 世纪哲学的罗素 — 摩尔传统的主要对手. 和弗雷格一样, 胡塞尔是从算术的哲学开始自己的哲学生涯的, 弗雷格也已经注意到胡塞尔在这方面的工作. 但是在 20 世纪早期, 谁也没有想到胡塞尔和弗雷格的后辈们会在一代人的时间里成了互不来往的支系.

    这两条路线或者说传统、名称很奇怪. 其一被贴上了关于文风和体裁的标签, 被称为是 "分析的" 哲学, 另一个则贴上了地理的标签, 被称为是 "大陆的" 哲学. 这种奇怪的命名反映了一个历史事实, 就是在欧洲大陆上分析风格的哲学家们 (最著称者有维特根斯坦 (Ludwig Josef Johann Wittgenstein , 1889 –1951, 生于奥地利而终于剑桥的哲学家) 和卡尔那普 (Rudolf Carnap, 1891 –1970, 生于德国而终于美国的哲学家)), 由于德国大学的 "纳粹化" 而不得不在 1930 年代移居英语地区. (但是后来和胡塞尔失和的学生海德格尔 (Martin Heidegger, 1889 –1976, 德国存在主义哲学家) 却赞颂这种纳粹化是德国大学的 "自我肯定"). 这种物质性的分离 —— 更胜于海德格尔和他的老师胡塞尔的反目、对科学的仇视、冒犯他人的文风, 还有令人作呕的政治 —— 造成了二十年前谁也想象不到的分裂.

    这两条路线的分裂随着时间扩大, 以致后来每一方的作者都只阅读和只引用本方的先行者. 事实上, 这个分裂还追溯到过去. 豪尔赫 · 路易斯 · 博尔赫斯 (Jorge Luis Borges, 1899 — 1986, 有世界声誉的阿根廷作家) 就文学说过, 每一个大作家

----

① 穆勒, 在一些中文文献中常译为 "密尔" "密勒" 等等, 虽然从发音来说这些翻译更接近原文, 但是最早翻译他的作品的是严复. 1903 年, 严复把穆勒的《逻辑学系统》(*A System of Logic*) 一书译为《穆勒名学》, 所以后来许多中文文献就沿用了穆勒这个译名.—— 中译本注

都创造自己的先行者, 而就哲学而言, 不那么伟大的作家也可以创造自己的先行者. 于是这两个 20 世纪的传统就把 19 世纪不同的人物拉到他们自己一边, 这样就把他们之间的分裂一直追溯到康德去世之时 (以致把黑格尔而不是海德格尔说成是第一个卓而不同的大陆哲学家). 这两个传统的学生阅读书目的区别这么大, 以致于现在受到一个传统训练的学生如果去读另一个传统的书目, 差不多就是改换了一个学科.

我们在这里建议使用 "传统" 一词, 而不说 "学派" 或 "运动", 因为每一个传统又分成了好几个运动, 还有些个人不承认学派之分. 如果说在分析/大陆的分划中, 某一方有本方所有哲学家都赞成的教义或方法, 那就是一个严重的错误. 特别是, 不应该把分析哲学与逻辑实证主义混为一谈, 那是一个已经死了半个世纪以上的先是活动在维也纳后来又移居到了美国的学派; 也不应该把大陆哲学与存在主义混为一谈. 那是一个巴黎的文学 — 哲学运动, 它不再流行大约也有那么久了. 逻辑实证主义和存在主义分别是分析哲学和大陆哲学的变种, 在大约半个世纪以前可能是最重要的变种, 但是即令在那时也绝非唯一的变种. 在估计 20 世纪中数学对哲学的影响时, 我们必须和考虑两个传统之间的分化一样, 考虑到每一个传统之内的分化.

自从胡塞尔的早期工作以后, 说在大陆传统方面, 数学与哲学的接触就比较少了, 这一点可能是真的. 虽然 "结构主义" 这个标签足够地广泛, 可以既包括布尔巴基 [VI.96], 也包括自从存在主义在法国消退以后的各种人类学和语言学的学说在内. 但是, 说数学的思想方法对于分析传统的许多个人和团体的直接影响已经可以忽略, 这样说也是真的. 这样, 正如在大陆传统内可以区分出德国和法国两个子传统一样, 在分析传统里面也可以区分出一个比较技术取向的子传统, 其中包括弗雷格 (他自己就是一位数学教授)、罗素 (他在大学本科中转向哲学之前就是集中关注数学的) 和一批逻辑实证主义者 (他们大多数人本来就是按照理论物理学家受到训练的); 以及一个非技术甚至是反技术的子传统, 包括摩尔、维特根斯坦、世纪中叶在牛津的所谓哲学的日常语言学派 (ordinary language school), 还有其他人 (维特根斯坦甚至走得更远, 宣布数学家总是差劲的哲学家, 这一棍子甚至打到了泰勒斯 (Thales) 和毕达哥拉斯[VI.1] 头上, 虽然他的直接目标是罗素). 然而, 每一个传统的两个子传统的来来往往的交流和影响要比两个传统之间的交流和影响多得多.

甚至在比较技术取向的分析哲学家中, 数学的影响比起这个传统的创始人时期也一直是偶然的和分散的, 而且主要是来自以下的领域: 数理逻辑、可计算性理论、概率论与统计学、博弈论和数理经济学 (例如哲学家–经济学家阿马蒂亚·森 (Amartya Kumar Sen, 1933–, 出生于印度孟加拉邦的经济学家, 剑桥大学教授, 因为在福利经济学上的贡献而获得了 1998 年的诺贝尔经济学奖) 的工作). 在数学家看来这些领域都比较远离纯粹数学的核心. 所以很难想象, 那些千年大奖的数学问题的解决对于甚至是最易受到影响的分析哲学家会有可以衡量出来的影响 (可能 $\mathcal{P}$ 对 $\mathcal{NP}$ 问题是例外, 但是这个问题来自理论计算机科学, 而不是来自核心数学). 与这种有限度的直接影响成为对比的是, 通过其对早期人物弗雷格和罗素的作用而来的, 数学的间接影响甚至对于较少技术取向的分析哲学家也是无法抗拒的. 那些影响了弗雷格和罗素的数学分支是几何学和代数, 特别是核心数学的第三个大分支 "分析"(这是指从微积分开始的数学意义的分析, 而不是哲学意义的分析). 弗雷格和罗素并没有受到数理逻辑的影响: 是他们创造了数理逻辑, 而数学分析对于这个创造有关键的影响.

2. 数学分析与弗雷格的新逻辑学

现在我们回过头来考虑一下弗雷格和罗素时代数学分析的状况, 并且从快速地回顾 1800 年左右的情况开始. 19 世纪初的数学尽管结果丰硕, 应用广泛, 却只研究了很少几个结构: 自然数系、有理数系、实数系和复数系; 还有 1 维、2 维和 3 维的欧几里得几何和射影几何. 当高斯、哈密顿[VI.37] 和其他人引入了第一种非欧几里得几何和第一个非交换代数以后, 情况很快起了变化. 种种新花样迅速扩散, 这种推广化的趋势和严格化的趋势携手而行, 说服了数学家们必须遵从比他们习惯的古代的严格性标准更为严格的标准, 按照这样的标准, 数学的新结果必须是从前面已经得到的结果并最终是从几个显式给出的公理合乎逻辑地推导出来. 因为如果没有这样的严格性, 从我们对于传统结构的熟悉而得到的直觉, 很容易就会在不知不觉的情况下转移到它们对之并不适用的情况中去了.

推广化和严格化不仅在几何和代数中携手而行, 在数学分析中也是一样. 数学分析的推广化和严格化是沿着两个方向进展的. 在 18 世纪, "函数" 的概念曾经被理解为一种运算, 它作用于一个或多个作为输入或称 "变元" 的实数上, 而给出一个作为输出或称为 "值" 的实数, 而这种运算是以某个公式来表示的, 诸如 $f(x) = \sin x + \cos x$, 或 $f(x, y) = x^2 + y^2$. 19 世纪的数学家们在两个方面进行了推广: 一方面是不再需要显式公式; 另一方面, 柯西、黎曼等人对于这个概念的推广则在于不仅许可实数作为变元, 而且许可复数作为变元. 所谓复数就是形如 $a + bi$ 的数, 这里 a 和 b 是实数, i 则是 -1 的 "虚" 平方根.

数学分析的严格化也是在两个层次上进行的. 第一个层次是: 每一个定理都需要清楚地指出, 要想把这个定理于某些函数上就必须假设它们具有哪些特别的性质, 因为这些特别的性质 (如连续性或可微性) 并未包含在已经很广泛的函数概念之中; 而这些相关的性质本身也需要清楚地加以定义 (这就导致了魏尔斯特拉斯[VI.44] 对于大学一年级微积分中的 "连续性" 和 "可微性" 这些概念的 ε-δ 定义), 因为正如庞加莱 [VI.61] 所指出的那样, 除非定义有了严格性, 定理就不会有严格性. 第二个层次是: 对于函数所要作用于其上的数, 需要假设具有哪些性质也需要加以澄清, 并且显式地陈述为公理. 复数的性质是由逻辑定义以及由实数的性质推导而得 (这是哈密顿完成的), 而实数的性质则需要由有理数的性质推导而得 (这是戴德金 [VI.50] 和康托[VI.54] 完成的), 而有理数本身的性质则要来自自然数系 (即 0, 1, 2 等等) 的性质.

弗雷格在这里还想走得更远, 想要做到康德认为是做不到的事, 就是从纯粹的逻辑推导出自然数本身的性质. 为此目的, 他需要比以前最严格的数学家对于逻辑更加自觉: 不仅需要隐含地遵从逻辑定义与演绎的规则和标准, 而且需要显式地分析这些规则和标准本身. 对于定义和演绎进行自觉的分析这个课题, 自古以来一直被认为属于哲学而不属于数学. 弗雷格需要在这个哲学课题中进行一场革命, 这场革命将要把哲学带到更近于数学, 并在一个领域中带来进展, 而对于这个领域, 康德曾经这样来描述, 说是它目前的状况和它的创立者亚里士多德所留下的状况相比一步也没有超过 (这个描述稍嫌夸大, 但是基本上是正确的, 就是在亚里士多德以后的两千年中, 每前进一步都会还退后一步). 这个领域就是逻辑. 弗雷格的新逻辑要与它原来的作用相分离, 而这个原来的作用只是建立算术的基础这个特殊计划的一部分. 现在则要把逻辑应用于各种各样的主题, 使它成为 20 世纪进行哲学分析的唯一的最重要的工具. 其实, 哲学分析在很大的程度上就是对哲学概念而不是对数学概念的逻辑分析, 而且用的就是弗雷格的更广泛的新逻辑或者是他的后继者所引进的更广泛的拓展. 弗雷格由于创造了新逻辑这种一般的工具, 而不仅是这种新逻辑对于数学的哲学这个特殊的应用, 就成了分析哲学的开山鼻祖. 弗雷格的逻辑的新奇之处, 如他自己所强调的, 正是数学分析的新进展.

弗雷格在 1891 年的一篇题为 “函数与观念”(*Über Funktion und Begriff*) 的重要论文中这样描述了函数概念的拓展 (下文引自 Peter Geach 和 Max Black 的英文译文①):

那么, 科学的进展是怎样拓展了对于 “函数” 一词的审视呢? 我们可以区别出这个进展的两个方向. 首先, 用来构造函数的数学运算的领域扩大了. 除了加法、乘法、求指数和它们的逆运算以外, 还引进了种种求极限的手段 —— 可以肯定, 人们这样做了, 但是并没有意识到自己是在做本质上新的事情. 人们还走得这样远, 实际上不得不求助于日常语言, 因为分析的符号语言有时用不上了, 例如, 当谈到一个对于有理数变元取值 0 而对于无理数变元取值 1 的函数时就是这样. [这是狄利克雷 [VI.36] 的著名的例子]. 其次, 函数的可能的变元和值由于允许使用复数也被扩大了. 与此相关, 对于 “和”“积” 等等表述的意义都必须作更广的定义.

弗雷格在文末加上了一段话: “在这两个方向上, 我都走得更远.” 正是数学

① 这里的英文译文来自 Translations from the Philosophical Writings of Gottlot Frege, trans. and ed. by P. Geach and M. Blach, Oxford, Blackwell, 2nd ed., 1960, pp. 21-35. —— 中译本注

家对于函数概念的拓广给了弗雷格发展一种比亚里士多德逻辑更广的逻辑所需的线索.

为了领会弗雷格的逻辑所代表的进展, 必须要懂得一点亚里士多德逻辑. 如果把亚里士多德逻辑看成人类在两千年时间内所能得到的最好的结果, 那它还只是太可怜的成就, 但是把它看成单个人在从事许多其他计划时所得到的成果, 那它就应该看成是光辉的成就了. 因为亚里士多德从一无所有中创造了逻辑科学, 其目的是把对于结论的适用的(valid) 推断与不适用的(invalid) 推断区别开来了. 在这里, 一个推断之为适用的, 就仅仅是因为它的形式, 而完全不顾它的前提和结论的物质性的真与伪. 如果一个推断是适用的, 则**只要**它的前提为真, 其**结论**一定也是真的. 换一个等价的说法, 一个推断是适用的, 则对于所有同样形式的推断, 前提为真, 结论一定也为真. 这样, 我们可以改编一个刘易斯·卡罗尔 (Lewis Carroll)[①]的例子, 并且说: 从 "我相信任意我说的东西" 到 "我说任意我相信的东西", 这个推断是**不**适用的, 因为有一些形式相同的推断, 例如从 "我看见任意我吃的东西" 到 "我吃任意我看见的东西" 这个推断, 前提为真, 但结论为伪.

亚里士多德的逻辑学的范围限于他所认识到的含有前提和结论的形式. 事实上, 他只认识到四种命题: **全称肯定**(universal affirmative) 命题: "所有的 A 都是B"; **全称否定** (universal negative) 命题: "没有一个 A 是 B"; **特称肯定** (particular affirmative) 命题: "有些 A 是 B"; **特称否定** (particular negative) 命题: "有些 A 不是 B" 或 "并非所有的 A 都是 B". 刘易斯·卡罗尔的例子中的前提: "我相信任意我说的东西" 等价于这样的全称肯定命题: "所有的我说的东西都是我相信的东西", 而这个例子之不适用, 正体现了从 "所有的 A 都是 B" 到 "所有的 B 都是 A" 这样的推断是不适用的. 从两个前提 "所有的希腊人都是人" 和 "所有的人都是会死的" 推导出 "所有的希腊人都是会死的", 这个推断的适用性正是体现了从 "所有的 A 都是 B" 以及 "所有的 B 都是 C" 到 "所有的 A 都是 C" 这个推断是适用的, 而这个推断传统地就称为 "Barbara[②]型三段论法", 为什么这样叫我们这里就不去过问了. 亚里士多德的逻辑部分地是受到了哲学辩论 (即所谓 "辩证法"(dialect), 此词原意就是指这种辩论) 的演绎实践的启发. 而部分地又是受到数学中的定理证明 (即所谓 "证明") 中的演绎实践的启发, 亚里士多德在他的《后分析学》(Posterior Analytics) 一书中对于一种演绎科学作了论述, 这一论述被认为是基于与他同时代的几何学家

---

① 刘易斯·卡罗尔真名是 Charles Lutwidge Dodgson(1832 –1898), 著名的英国作家, 其实是数学家和逻辑学家. 他的《阿丽丝漫游奇境记》(Alice in Wonderland) 是多年来一直享誉全球的儿童文学作品. 我国最早的译本出自赵元任之手, 这里的书名就是赵译本的书名. 作者在这本书和其他儿童文学作品中, 加进了许多逻辑命题以及双关语等文字游戏, 至今仍有许多人从逻辑角度研究他的作品.—— 中译本注

② 全称肯定、特称肯定、全称否定和特称否定分别记为 A, I, E, O, 所以 "所有的希腊人都会死" 这个例子中的大、小前提和结论都是全称肯定命题 (即 A 型), 而 Barbara 的三个元音字母恰好也是 AAA, 所以这样的三段论法就叫做 Barbara 型. 这些名词都是中世纪的拉丁说法. —— 中译本注

欧多克索斯 (Euduxus) 的实践的, 正如他的《诗学》(*Poetics*) 中关于悲剧的论述是
基于同时代的剧作家欧里庇得斯 (Euripides) 的创作实践一样. 但是, 亚里士多德的
逻辑对于数学家实际的论证是不够用的, 因为他没有为涉及到关系(relations) 的论
证形式留下空间. 例如, 他不能恰当地分析从 "所有的正方形都是矩形" 得出 "所
有画一个正方形的人都是在画矩形" 这个适用的论证, 因为他没有办法充分地来表
示其结论.

与此相反, 如果打开一本初等的逻辑教科书, 就会找到一些教导, 教您如何把
含有关系的论证形式加以符号化. 上面的例子的教科书体裁的写法就是

$$\forall x \left(\text{Square}\left(x\right) \rightarrow \text{Rec tan gle}\left(x\right)\right)$$
$$\therefore \forall y \left(\exists x \left(\text{Square}\left(x\right)\right) \& \text{Draws}\left(y, x\right)\right) \rightarrow$$
$$\exists x \left(\text{Rec tan gle}\left(x\right) \& \text{Draws}\left(y, x\right)\right).$$

它可以用文字来表述如下: 对于每一个 x, 如果 x 是一个正方形, 则 x 是一个矩形.
因此对于每一个 y, 如果 x 是一个正方形, 而且 y 画出了 x, 则存在一个 x, 使得 x
是一个矩形, 而且 y 画出了 x(在这里 "$\rightarrow$" 表示 "如果 …… 则 ……", "$\forall$" 表示
"每一个"(或 "所有"), "$\exists$" 表示 "有一个"(或 "存在一个"), 这种风格的逻辑分析是
弗雷格的发明).

在这个分析下面存在一个想法, 就是把 "观念"(conception) 看成一类特殊的函
数①, 这个函数不是由什么样的**数学描述**来给出的 (就这一点而言, 它已经是上面
引用的弗雷格原文说的函数在第一个方向上的推广), 它也不必以任何的**数**作为变
元. 对于弗雷格, 一个 "观念" 是以任何对象作为其变元 (可以有一个或多个变元)
的函数, 而其值只能是真或伪(就这一点而言, 它又是上面引用的弗雷格原文说的函
数在第二个方向上的推广). 这样, 例如 wise(聪明) 这个观念可以应用于苏格拉底
这个变元, 而给出的值是真, 因为苏格拉底确实是很 wise(聪明) 的 (至少他承认自
己并非无所不知), 但是, 如果把 immortal(不死) 这个观念用于同一个变元苏格拉
底, 就会给出伪这个值, 因为苏格拉底后来确实饮鸩自尽. 弗雷格之所以能够处理
关系, 正是因为他仿效了**数学分析专家之处理二元或更多元的函数**, 所以一个二变
元的观念或关系 taught(教) 如果作用于苏格拉底和柏拉图这两个变元 (按此次序)
将给出真这个值, 因为苏格拉底确实教过柏拉图, 但若作用于柏拉图和苏格拉底这
两个变元 (按现在的次序) 则将给出伪, 因为柏拉图并没有教过苏格拉底.亚里士多
德的比较简单的 "所有的 A 都是 B" 在弗雷格那里变成了比较复杂的 "对于所有

---

① 这里的 "观念" 在弗雷格的原文中是 Begriff(这是德文, 而其英文翻译又总是 concept), 但是它与
我们日常语言中的 "概念"(英文的 notion) 虽然文字相同含义却不同, 它是一个数学 "专业词汇", 而下文
正是解释了这一点. 为了避免读者的误解 (希望不会有这样的误解), 下文中凡是弗雷格意义下的概念都译
为 "观念", 而把 "概念" 一词留给日常意义下的概念, 正如原书把日常意义下的概念都写作 notion, 而用
conception 专门表示弗雷格意义下的专业词汇.—— 中译本注

的对象 x, 如果 $A(x)$ 则 $B(x)$." 以这个附加的复杂性为代价, 弗雷格就能够使用 "关系" 来分析变元, 而这是亚里士多德做不到的.

亚里士多德用 Animal (动物) 和 Rational (理性) 这两个观念按照 "使用语言" 的意义来分析观念 Human Being(人类). 按照现在的逻辑教科书使用的记号 (即用 "↔" 来表示 "当且仅当") 就得到

$$\text{Human}(x) \leftrightarrow \text{Animal}(x) \& \text{Rational}(x).$$

但是, 亚里士多德因为没有关系的理论, 就不能用 Female(女性) 和 Parent(双亲) 这两个观念来分析 Mother(母亲) 这个观念 (Father(父亲) 的观念也是如此, 不过要用 Male(男性) 这个观念). 但是对于弗雷格, Mother(母亲) 是这样分析的:

$$\text{Mother}(x) \leftrightarrow \text{Female}(x) \& \exists y \text{Parent}(x, y).$$

"使用语言", 这就是说, Mother(母亲) 就是一个 Female(女性), 同时又属于某人的 Parent(双亲), 对于 Father(父亲), 情况也类似. 弗雷格甚至能够用 Parent(双亲) 这个观念来分析 Ancester(祖先) 这个观念, 虽然这个分析已经超过了本文这个概述的范围. 如果不是弗雷格把逻辑分析的范围拓宽到亚里士多德原先的范围之外, 后来的哲学分析将是不可想象的, 而弗雷格正确地看到他对逻辑分析的拓宽, 正是 19 世纪的数学分析专家对于继承自 18 世纪先行者的函数概念的拓宽的直接外推.

3. 数学分析和罗素的摹状语理论

罗素和弗雷格一样, 既把数学看作问题的源泉, 也把它看作方法的源泉. 他为了对数学的哲学中的问题作专门的研究, 创立了一个工具: 摹状语理论 (theory of description) 和一个更一般的方法, 即情境定义 (contextual definition, 或译为上下文定义) 方法, 他的后继者拿起了这些并用于许多其他的问题. 事实上, 不仅是罗素的后继者把这些思想用于数学哲学以外的问题, 罗素自己在关于这个主题的最初文章里就这样做了. 这一点, 从罗素的 1905 年的文章《论指称》(On denoting) 里并不是一下子就能看出来他的摹状语理论是来自他对于数学的基础和哲学研究的. 他的这篇文章至今仍被广泛研读, 甚至今天还是研究分析哲学的学生的关键科目. 这一点反而是在罗素的自传性材料中提到的, 而且 20 世纪的哲学史家都知道. 但是, 摹状语理论就体现了情境定义方法, 受到数学分析在 19 世纪严格化启发的程度甚至这些专家也未能充分地领会到.

罗素在《论指称》一文中所要讨论的主要迷惑之处是所谓的否定存在句 (negative existentials), 例如 "法国国王现在并不存在". 这个命题在表面的语法形式上和 "英国女王并不同意" 就以下意义来说是一样的, 就是它们都涉及指出一个对象 (现在是一个人), 并且赋予他 (或她) 一个性质. 似乎是为了要说某人或某物并不存在, 必须假设此人或此物在某种意义下是存在的, 然后赋之以不存在的性质. 罗素推重亚历克修斯·迈农（Alexius Meinong, 1853–1920, 奥地利哲学家, 是胡塞尔的老师布伦塔诺 (Franz Clemens Honoratus Hermann Brentano, 1838–1917, 著名的德国哲学家) 的另一位学生) 为致力于这个理论的哲学家. 因为迈农提出了 "超乎存在与不存在" 的对象的理论, 而这种对象体现在金山 (the golden mountain) 和圆方 (the round square) 中. 但是, Scott Soames 在他写的《二十世纪的哲学分析, 第一卷: 分析的萌芽》(*Philosophical Analysis in the Twentieth Century, vol.* I, *The Dawn of Analysis*) 中就指出, 罗素在他早期和摩尔一起开始对绝对观念论的反叛时, 就曾经在一段很短的时间里也持类似观点. 后来通过他的摹状语理论的发展, 罗素才摆脱了对于任何类似于迈农的 "对象" 的信奉.

　　按照这种理论, 说存在一座金山 (a gold mountain, 这里的 a 是不定冠词), 就是说有某个东西既是金 (gold) 的又是山 (mountain): $\exists x\,(\text{Golden}\,(x)\,\&\,\text{Mountain}\,(x))$. 但是说**这座**金山 (the Golden mountain, 这里的 the 是定冠词) 存在, 则是说有某个东西既是金的又是山, 同时再没有别的这样的东西:

$$\exists x\,(\text{Golden}\,(x)\,\&\,\text{Mountain}\,(x))$$
$$\&\sim\exists y\,(\text{Golden}\,(y)\,\&\,\text{Mountain}\,(y)\,\&\,(y\neq x))$$

(这里 "$\sim$" 表示 "不是 ……"), 这在逻辑上等价于说: "存在某个既是金的又是山的东西当且仅当这个东西就是那个东西":

$$\exists x\forall y\,(\text{Golden}\,(y)\,\&\,\text{Mountain}\,(y))\leftrightarrow y=x.$$

说这座金山**不存在**简单地就是否定它:

$$\sim\exists x\forall y\,(\text{Golden}\,(y)\,\&\,\text{Mountain}\,(y))\leftrightarrow y=x.$$

类似地, 说现在的法国国王是秃头[①], 就是说存在这样一个东西, 而它是现在法国国王当且仅当它是那样一个东西, 而那个东西是秃头:

$$\exists x\,(\forall y\,(King-of-France-now\,(y)\leftrightarrow y=x)\,\&\,Bald\,(x)).$$

　　这里不是讲解罗素理论细节的合适地方, 但是其主要之点从这几个例子已经可以看得很清楚. 如果对逻辑形式作了仔细适当的分析, 则短语 "金山" 和 "现在的法国国王" 都不出现了. 由此也就不出现这样的情况, 即我们必须承认有 "金山" 或 "现在的法国国王" 这样的对象, 哪怕是为了否定这种对象的**存在**. 这些例子具体地说明了两点: 第一, 一个命题的逻辑形式可以与它的语法形式大相径庭, 认识到这个区别可能是解决或化解一个哲学问题的关键; 一个字或一个短语的正确的逻辑分

---

　　① 原书并没有 "现在的" 几个字, 但是其动词是现在时的 is, 而这里的话出问题正在于它是讲现在的事情. 所以我们在译文中加进了 "现在的" 几个字. 相应于此, 我们把下面的公式中的 King-of - France (y) 也改成了 King - of - France - now (y). —— 中译本注

析可能涉及到的不是**这个字或这个短语本身是什么意思**, 而是**包含这个字或这个短语的完整的句子是什么意思**. 这样的解释就是所谓**情景定义**的意义: 这种定义并不提供这个字或者这个短语孤立起来的分析, 而是对它出现的情景或上下文提供了一个解释.

罗素区别了语法形式和逻辑形式, 并且指出前者可能导致系统的误导, 这一点已经证明有巨大的影响, 甚至对于非技术取向的哲学家, 如牛津的日常语言学派的哲学家也有巨大的影响. 牛津的日常语言学派看不出有必要用特殊的符号来代表逻辑形式, 而且反对罗素把这个区别特定地用于他的摹状语理论的应用细节. 但是罗素的情景定义已经隐含在魏尔斯特拉斯和 19 世纪数学分析严格化的其他领头人的实践中了, 而罗素在他大学本科攻读数学时就已经熟悉这些工作了, 所以甚至非技术取向的日常语言学派的哲学分析家们在丢掉了这些数学分析后 (尽管是他们自己丢掉的) 仍然受到其影响.

情景定义过去就是主张严格化的人在排除微积分中围绕着无穷小和无穷大概念的神秘性时所用的工具. 例如莱布尼兹的追随者们就曾把 $f(x)$ 的导数写成 $\mathrm{d}f(x)/\mathrm{d}x$, 其中的 $\mathrm{d}x$ 是变元的 "无穷小" 改变量, 而 $\mathrm{d}f(x)$ 则是当变元从 x 变成 $x+\mathrm{d}x$ 时函数值相应的无穷小改变量 $f(x+\mathrm{d}x)-f(x)$(莱布尼兹宣布这只是一个比喻, 但他的追随者们却按字面来理解它). 在有些情况下, 这些无穷小可以作为非零来处理, 特别是可以用它们来作分母, 但是零是不能作为分母的, 而在另外的情况下则可以作为零而可以忽略. 这样, 函数 $f(x)=x^2$ 的导数是这样来计算的:

$$\frac{\mathrm{d}f(x)}{\mathrm{d}x} = \frac{f(x+\mathrm{d}x)-f(x)}{\mathrm{d}x} = \frac{(x+\mathrm{d}x)^2-x^2}{\mathrm{d}x}$$
$$= \frac{2x\mathrm{d}x+(\mathrm{d}x)^2}{\mathrm{d}x} = 2x+\mathrm{d}x = 2x,$$

其中除了最后一步外, $\mathrm{d}x$ 都是作为非零来处理的, 正是这类作法招致了伯克莱的批评. 在 19 世纪的严格化进程中, 无穷小被废除了: 给出的不是对于 $\mathrm{d}f(x)$ 和 $\mathrm{d}x$ 的意义的直接解释, 而是对于包含这些表达式的上下文的整体的意义的解释. $\mathrm{d}f(x)/\mathrm{d}x$ 的作为 $\mathrm{d}f(x)$ 和 $\mathrm{d}x$ 的商的表面形式被解释清楚而排除了, 它的真正的形式应该是 $(\mathrm{d}/\mathrm{d}x)f(x)$, 就是把微分运算 $\mathrm{d}/\mathrm{d}x$ 作用于函数 $f(x)$.

类似于此, 如 $\lim\limits_{x\to 0} 1/x = \infty$ 或 "当 x 趋于 0 时 $1/x$ 趋于无穷大" 也是解释为一个整体, 而不对 "∞" 或 "无穷大" 作单独的解释, 这里的细节现在在每一本大学一年级的教科书里都有, 我们就不再停留了. 从历史上来说真正重要的是当罗素还是一个学数学的大学生时, 他的摹状语理论的思想就已经具有了. 无需解释, 承认这一点并不是要否认能够把这样一个思想从原来的数学分析的上下文中提出来并用于解决哲学的困惑, 这确实包含了天才. 承认在魏尔斯特拉斯的思想里就已经有了罗素思想的萌芽, 只是要说明罗素和他以前的弗雷格的天才是什么类型的天才, 并且说明何以能够指向哲学问题: 这是一种**受到数学知识影响的**哲学天才.

4. 哲学分析和分析哲学

任何一个掌握了一种新工具的人都面临一种危险, 就像是俗语中说到的一个拿着锤子的人把什么都看成钉子, 都想去敲它一下. 不必否认, 最早一批能够应用弗雷格和罗素的新方法的人对于这种方法能够做到什么都有点过分热情. 罗素以为只要有一种足够丰富和有力的逻辑就能够把数学能归结为纯粹逻辑, 他因为自己具有这种才能而感到志满意得时, 进一步也就得出这样的结论: 就是数学以外的每一种科学也可以归结为关于直接感官印象 —— 即他们所说的 "感觉数据" —— 的命题的逻辑复合体. 逻辑实证主义者也得到了类似的结论, 准备把黑格尔和绝对观念论形而上学家的所有的不能这样归结的命题都说成是 "伪命题", 或者干脆就是毫无意义.

所有企图把科学甚至只是关于那些不能直接观测到的理论实体 (如今天科学中的夸克和黑洞) 的各个部分合逻辑地归结为关于感觉数据的命题, 至少是关于我们每天可以观测的数据 (如读表) 的命题, 这些企图都失败了. 所以实证主义者不得不承认他们的计划是不可能成功的 (因为他们不希望把现代科学的很大一部分全说成是无意义的伪命题). 而他们关于有意义的标准也是太严格了. 但是, 正如 Soames 所强调的, 这样的承认失败也是一种成功, 因为在实证主义者之前还几乎没有任何的哲学学派把自己的目的陈述得足够清楚, 使得有可能看到这些目的是不可能达到的. 由弗雷格和罗素所提供的新的逻辑资源都**既诱惑**实证主义者猜测多于他们所能证明的, **又让**他们看清楚了证明自己的猜测是不可能的.

随着经验的发展, 人们逐渐更好地懂得了新方法的范围和界限. 罗素的摹状语理论被他的学生拉姆齐 (Frank Plumpton Ramsey , 1903–1930, 英国数学家、哲学家和经济学家) 称赞为 "哲学理论的范例", 而它也确实是这样的. 但是人们后来明白了, 像罗素把它用于否定存在性问题的那种应用, 用哲学分析完全化解一个哲学问题是极少可能的. 一般说来, 分析只是一个初步, 是一个使真正的问题所在变得更清楚的过程, 而不是一个把所有看得见的问题都说成是伪问题的灵丹.

随着分析哲学的发展, 热情变成了一种献身精神. 对于弗雷格和罗素方法的局限性的认识并没有引导到放弃对于清晰的追求, 这正是伟大的先驱者们的真正动力, 是引导到对于清晰的更执着的坚持. 今天, 人们可以遍读分析哲学传统的巨著而见不到一个显式的分析, 更不说是用特殊的逻辑符号来表述的分析, 但人们仍然可以处处找到散文风格的清晰性, 而那立刻就把这个传统的著作与大陆哲学家的著作区别开来 (更不说在英语世界的大学文科里可以找到的大陆化的半瓶醋哲学家的著作了). 这种清晰性 —— 可以在第一个真正的现代哲学家, 即数学家、哲学家笛卡儿那里找到, 而在他的后继者那里消失 —— 正是分析哲学的先驱者们得自数学而传之于他们的哲学后学的终极的影响和遗产.

进一步阅读的文献

对于想要多读一点这个主题的读者, 我愿推荐 Scott Soames. 2003. *Philosophical Analysis in the Twentieth Century*, 2 vols. Princeton, NJ: Princeton university Press 一书. 这两卷书每一卷的各个部分后面都附有很有份量的最原始和第二级的资料清单.

VII.13　数学与音乐①

Catherine Nolan

1. 引言和历史的概述

音乐是人类的心智在进行计数而并不知道自己是在计数时所体验到的愉悦.

莱布尼兹[VI.15]的这一段非常有趣的话见于他在 1712 年写给另一位数学家朋友哥德巴赫[VI.17] 的一封信, 其中提示了数学与音乐之间存在着严肃的联系, 而数学与音乐这两个学科虽然一个是科学, 一个是艺术, 最初看来可能是很不相同的. 莱布尼兹可能想到的是这两个学科在历史上和思维上的联系, 而这种联系可以追溯到毕达哥拉斯[VI.1], 那时音乐这个学科是数学科学的精细分类格式中的一部分. 在中世纪, 这种分类格式被称为**四艺**(quadrivium), 其中包括了算术、音乐 (谐音, harmonics)、几何和天文. 按照毕达哥拉斯的世界观, 这些学科是互相联系的, 因为它们都以某种方式与简单的比值有关. 音乐只不过是更广泛的和谐在听觉上的表现, 而这种和谐也可以表示为数的关系、几何量的关系或天体运动的表示. 音乐中音程的谐和音来自前四个自然数的比: $1:1$(就是同音, unison); $2:1$(就是八度 octave); $3:2$(就是完全五度, perfect fifth); $4:3$(就是完全四度, perfect fourth), 而这些都是由一种古乐器: 单弦 (monochord)② 上振动的弦的长度之比从经验上得到证明的. 从 17 世纪的科学革命开始, 调音和音程的乐律理论还用到了更高深的数学思想, 例如对数和十进小数展开.

音乐的作曲法在其整个历史中一直是受到数学技巧的激励的, 虽然受到数学鼓舞的作曲技巧主要是与 20 世纪以及 21 世纪的音乐相关的. 一个突出的例子可见于数学家梅森 (Marin Mersenne, 1588–1648, 法国传教士, 笛卡儿的朋友) 的里程碑式的著作《万有的和谐》(*Harmonie Universelle*, 1636–1637) 关于旋律的一节中. 梅森使用了从今天的观点来看是简单的组合技巧来研究音符在旋律中的分布和组织. 例如, 他计算了对于 n 从 1 到 22 时 n 个音符的不同排列的数目 (22 个音符就限定

---

① 本文中部分专业名词的解释和翻译, 除了依据网上的材料, 较多地依据 Stanley Sadie and Alison Latham (ed.). 1985. *The Illustrated Cambridge Music Guide*. Univ. Cambridge Press 的中文译本《剑桥插图音乐指南》, 山东画报出版社, 2002.——中译本注

② 单弦是一种用来做证明而不是演奏的古乐, 它由张在两个固定的琴码之间的弦构成, 在这两个固定的琴码之间还有一个活动的琴码用来调节拨动琴弦时弦的长度, 这样来改变所发出的声音的音高 (pitch).

了三个八度的范围). 答案当然就是 $n!$, 但是他的热心使他在五线谱上标出了小调六度音阶 (minor hexachord) 的六个音符 (A, B, C, D, E, F) 的全部 $720\,(= 6!)$ 个排列, 这占用了《万有和谐》一书的整整 12 页. 他进而继续讨论更复杂的问题, 如从较大数目的音符中选定一定个数的音符, 其中包含一个或多个音符一定数目的重复, 并决定由此排列出的旋律的数目. 他把自己的结果的一部分既用音符标出, 也用字母标出, 由此表明音乐只是在这个问题中偶然发生, 而其实质纯粹是组合问题. 这样的练习, 虽然看上去没有什么实际的美学价值, 却至少证明了音乐只需有限的资源就原则上可以达到何等大的音乐多样性.

博学的梅森既是数学家, 也是作曲家和实际从事音乐的音乐家, 他如此热衷于把相对比较新的数学技巧用于音乐作曲, 表明了他对音乐与数学的抽象联系的高层次兴趣, 这种兴趣是许多音乐理论家和表演的音乐家以及非专业的乐迷们也具有的, 虽然程度较低. 音乐的模式, 特别是音高 (pitch) 和节奏 (rhythm), 都容易用数学来描述, 其中有一些还可用代数推理的方式来处理, 特别是 12 平均律音符系统 (twelve equal-tempered notes) 很自然地可以用模算术[III.58] 来刻画, 这一点以及组合技巧都用在 20 世纪的音乐理论中. 我们在本文中将从乐音的具体表示开始, 通过它在作曲家作品的实例中的表现, 概述数学与音乐的联系, 一直讲到数学在解释抽象的音乐理论中的力量.

2. 调音与乐律

数学与音乐最明显的关系表现在声学中, 后者就是关于乐音的科学. 特别表现在用数学来分析一对音高之间的音程 (interval) 上. 随着复调音乐在文艺复兴时期的发展, 毕达哥拉斯关于以从 1 到 4 的简单的比为基础的谐和音 (consonance) 概念最终与音乐实践有了冲突. 在声学上纯粹的、完全谐和的、毕达哥拉斯的调音与中世纪的平行 organum①原来适合得很好, 到了 15 和 16 世纪不完全谐和音(imperfect consonance) 就是大三度和小三度及其八度转位 (octave inversion)(即下降八度) 成为小和大六度, 用得越来越多. 在毕达哥拉斯乐律中, 音程是由相继地使用完全五度得出来的②(所以这个乐律也叫做五度相生乐律(law of fifth)), 各个音高的频率比就是 3/2 的自然数幂. 但是还要下降若干个八度, 即作八度转位, 所以, 毕达哥拉斯的

---

① organum 是复调音乐最早的形式之一, 就是在原来的单声圣歌 (plainchant) 旋律 (拉丁文为 cantus firmus) 上面再加上一个与这个旋律平行 (所以叫做平行 organum) 的相距一个完全四度或完全五度的声音.

② 两个相距五度的音高的频率比的 3:2, 这与我国古代的乐律 "三分损益法" 是一致的. 三分损一就是把弦长减少 1/3 而成 2/3, 频率的变化与弦长成反比, 就成了 3/2, 这就是毕达哥拉斯的上升五度. 三分益一, 就是把弦长增加 1/3 而为 4/3, 所以频率比就成了 $3/4 = (3/2) \times (1/2)$. 后一个因子表示频率下降一个八度, 这就叫八度转位, 所以, 中国古代的乐律与毕达哥拉斯乐律是一致的. 比较详细的解释可见维基百科的条目 "十二律": http://zh.wikipedia.org/wiki/十二律. —— 中译本注

音阶频率比是 $\left(\dfrac{3}{2}\right)^m\left(\dfrac{1}{2}\right)^n$, m, n 是自然数. 在常规的西方音乐中是认为相继的 12 个完全五度是 C – G – D – A – E – B – F♯ – C♯ – G♯ – D♯ – A♯ – E♯ – B♯, 应该等于 7 个八度 $(C = B♯)$, 但是毕达哥拉斯调音并非如此, 因为相继的 12 个完全五度的频率比 $\left(\dfrac{3}{2}\right)^{12} \neq 2^7$, 实际上 $\dfrac{3}{2}$ 的任意正整数幂分子上都有因子 3, 是分母的因子 2 无法约去的. 碰巧, 12 个毕达哥拉斯的完全五度给出的音程只是略大于 7 个八度, 二者的区别①只是一个很小的相应于频率比 $\left(\dfrac{3}{2}\right)^{12}/2^7 \approx 1.013643$ 的音程, 这个小音程就叫做**毕达哥拉斯 comma**.

毕达哥拉斯调音原来只是就相继的单音而言的. 当许多音高同时响起时, 问题就出现了. 如果两个相距一个毕达哥拉斯五度的音高同时响起, 因为它们的频率比是 3:2, 所以听起来很悦耳, 但是毕达哥拉斯的三度和六度就有很复杂的频率比, 在西方人听起来就觉得刺耳. 后来毕达哥拉斯的三度和六度就被**纯律**(just intonation, 也译作自然音律) 中的三度和六度所取代, 因为在纯律中它们是比较简单的自然数的比. 所以, 如果说毕达哥拉斯乐律是由一个比 3:2 生成的, 则纯律是由若干个比较简单的自然数的比, 如还要加上 5:4, 6:5 来生成的. 这些比之所以被认为是 "自然的", 是因为它们反映了自然的泛音系列中的比②. 毕达哥拉斯乐律中的大三度的频率比是 $\left(\dfrac{3}{2}\right)^4/2^2 = \dfrac{81}{64}$, 因为过于复杂而有欠 "自然", 所以在纯律中要代以简单得多的 $5:4$. 这两个音程是不同的, 其频率比是 $\dfrac{81}{64} : \dfrac{5}{4} = \dfrac{81}{80}$, 即 1.0125, 它与 1 很相近, 这又是一个 comma , 称为**全音 comma** (syntonic comma). 与此类似, 毕达哥拉斯

---

① 音程是由前后两个音高的频率之比而非频率之差决定的, 所以这里讲到的 12 个毕达哥拉斯完全五度与 7 个八度有 "区别", 就是说二者的频率比并非 1, 而只是接近于 1. 原文在这里的 "区别" 一词用的是 difference, 与算术中的 "差" 是一个词. 在音程、乐律、调音等方面, 频率之比起了关键作用, 而频率之算术意义的差并不起作用. 为了避免容易产生的误解, 原文中的 difference 一词除非确实是指日常生活中的 "差别" "区别" 等等情况外, 都按上下文明确解释为频率比. 很遗憾, comma 一字的通用的中文专业译法一直没有找到, 所以在明确知道是指文中所说的小 (就是频率比接近于 1) 音程时, 只好不译, 以求教读者.—— 中译本注

② 弦的振动由一系列正弦振动叠加而成, 每一个这样的正弦振动称为一个 "分波"(partials), 其形式例如可以是 $c_{mn}\sin\dfrac{m}{n}(\lambda t)$, m, n 是自然数. 我们考虑其频率比为 $m{:}n$ 的那一个分波系列, 而令 $m = 1$ 的一个是基本的音高, 于是此系列中的其他泛音的频率都是其正整数倍, 最前面的六个分波就形成大三和弦. 例如, 若以 C 为基本的音高, 则这个泛音系列最前面的六个就是 $C(1{:}1), C(2{:}1), G(3{:}1), C(4{:}1), E(5{:}1), G(6{:}1)$, 其中的第二个为 $C(2{:}1)$ 是因为与基本音高 C 的频率比为 2:1 恰好是提高了一个八度, 所以仍然是 C. 再往下 $3:1 = \dfrac{3}{2} \times 2$ 就是一个完全五度 G 再提高八度, 所以仍然是 G. 频率比 $5:1$ 不可能由毕达哥拉斯乐律生成, 它是纯律的大三度 E, 最后一项是 $G(6:1)$ 与 $G(3:1)$ 同为 G 的理由相同, C,E,G 就是大三和弦.

乐律中的小三度的频率比是 32:27, 也是不够自然, 而纯律中的 6:5 比较简单, 虽然略小, 所以应该用它来取代 32:27. 这时二者的频率比又是全音 comma: $\frac{6}{5}:\frac{32}{27}=\frac{81}{80}$. 这两个毕达哥拉乐律中的三度的八度转位就是毕达哥拉斯乐律中的大小六度, 其频率比也是这个全音 comma.

假设您想构造纯律中的 C 大调音阶, 则可以这样做: 从 C 开始, 用一个音的频率与 C 的频率之比来定义这个音, 它的下属音 (subdominant) 和属音 (dominant), 即 F 和 G, 分别有频率比 4:3 以及 3:2. 从这三个音就可以定义频率比为 4:5:6 的大三和弦. 所以, 例如 E, 本来属于从 C 开始的大三和弦, 应有频率比 5:4. 类似地, A 的频率比是 5:3, 因为它与 F 的频率比是 5:4. 像这样做下去, 就会得到图 1 中的音阶, 其中的分数就是相继音符的频率比. 图 1 频率比为 10:9 的两个全音 (whole-tone) 有两个, 其中较小的一个, 即 D − E 之间的一个, 在上主三和弦 (supertonic triad)D − F − A 中产生了音准 (intonation) 问题. 在 E 和 A 上的小三和弦 (中音 (mediant) 和次中音 (submediant)) 产生了比例 10:12:15, 而在 D 上的小三和弦则不合调, 它的五度音 D − A 是全音 comma 的降半音, 而它的三度音 D − F 则事实上是毕达哥拉斯的小三度音.

音符	C	D	E	F	G	A	B	C
音程 (频率化)		$\frac{9}{8}$	$\frac{10}{9}$	$\frac{16}{15}$	$\frac{9}{8}$	$\frac{10}{9}$	$\frac{9}{8}$	$\frac{16}{15}$

图 1　按照纯律的大调音阶的相继的音程

适当地调节音程的大小 (即适当地加大或缩小其大小) 对于纯律继承下来的问题提供了一个解决方法, 即把大三度和完全五度之间的全音 comma 分布到整个音阶上, 这样在一个音符的 "纯" 和另一个音符的 "纯" 之间作一个妥协, 这个方法是在 16 世纪和 17 世纪为了键盘乐器的调音而提出的, 称为平均乐律 (meantone temperament). 有许多种平均乐律, 其中最普通的是四分之一 comma 平均乐律, 把完全五度降低四分之一个全音 comma, 以保证大三度具有纯的频率比 5:4.

平均乐律有一个永恒的问题, 就是向接近的调转调听起来很悦耳, 但相距较远的调转调就刺耳了. 平均律乐律系统是把全音 comma 平均分配给整个八度中的 12 个半音 (semitone)(使这些半音都有相同的音程 $\sqrt[12]{2}$, 所以常称为十二平均律), 因为它能除去转调时对于键盘上的键的限制, 就逐渐被人们采用了. 纯律和平均律音程的区别是很小的, 所以大多数听者是能够接受的. 平均律半音的音程, 即频率比是 $\sqrt[12]{2}\approx 1.05946\cdots$, 而纯律的半音, 如图 1 中的 E − F 和 B − C, 频率比都是 $16:15\approx 1.06666\cdots$, 所以区别是很小的. 平均律的完全五度频率比是

$\sqrt[12]{2^7} = \sqrt[12]{128} \approx 1.498307\cdots$, 而纯律的完全五度 (和毕达哥拉斯的五度是一样的) 则是 $3:2 = 1.5$[①]. 在平均律乐律中, 是从一个参照的频率开始, 现在通用的是从 A 开始, 规定它就是频率为 440Hz[②]的音高, 所有其他音符的频率都是 $440\left(\sqrt[12]{2}\right)^n$ 的形式, n 就是这个音符到音符 A 所经过的半音的数目. 在平均律乐律中, 等音的 (enharmonic) 音符如 C♯ 和 D♭ 在声学上是全同的, 即有相同频率. 平均律乐律很适合于 18 世纪以后所写的音乐, 因为它具有较大的转调范围和半音的谐和语汇.

音分(cent) 这个单位是由 A. J. Ellis 定义的, 即两个频率比为一个平均律半音的百分之一, 是量度和比较音程的最通用的单位[③]. 所以, 一个八度包含了 1200 个音分. 如果 a 和 b 是两个频率, 则相应音高的音分 "距离" 是 $n = 1200\log_2(a/b)$(不妨做一个验算, 令 $a = 2b$, 则确实可以得出 $n = 1200$).

20 世纪有一些作曲家以把一个八度均分为多于 12 个部分为基础, 提出和实现了微音调系统 (microtonal system), 但是在西方音乐中并没有得到广泛的使用. 然而, 把一个八度作均分这个思想却是基本的. 它意味着音符可以自然地用整数来刻画. 如果我们把相差一个八度的两个音符认为是 "相同的", 这在音乐上是有意义的, 则所有的音符被分成了 12 个等价类[I.2§2.3], 这时 mod 12 的算术就是一个好的模型, 我们以后会看到整数 mod 12 的群有很大的音乐意义.

3. 数学和乐曲

数和音乐在声学上的联系是科学发现的结果, 数和音乐也通过乐曲的发明和创造得到了联系. 音乐在时间上的组织的基本侧面也反映了简单的自然数之比的关系. 西方音乐符号的时值表现在全音符 (𝅝)、二分音符 (𝅗𝅥)、四分音符 (♩)、八分音符

---

① 应该指出, 我国明朝的朱载堉 (1536–1611) 也遇到了三分损益律无法回归到原来的音, 也就是 $\left(\frac{3}{2}\right)^{12}/2^7 \neq 1$ 的问题. 虽然他说这是由于计算不精, 但是他提出的解决方法从数学上说就是在 1 和 2 之间插进 11 个几何数列的项, 也就是作以 $\sqrt[12]{2}$ 为公比的几何数列. 朱载堉把它归结为求平方根和立方根的问题, 彻底解决了这个问题, 因此也就是得到了十二平均律, 而且其方法与西方是完全一致的. 在西方, 巴赫 (Johann Sebastian Bach, 1685–1750) 应用十二平均律到钢琴演奏上, 并写出了《十二平均律钢琴曲集》这部堪称音乐经典的著作, 但是比朱载堉晚了好几十年. 不过十二平均律在中国并未广泛流传, 这一方面是由于音乐文化的发展道路在中国和在西方不同, 更是由于数学的发展问题. 从今天看来, 知道了对数以后, 制定十二平均律从数学上说就不算是问题了. 在西方, 对数问题早在开普勒的时代就已解决. 而且纳比尔制定对数表也是把它归结为开方. 但是, 在西方数学中, 人们知道求对数是一个无限的过程. 在我国, 甚至到康熙编撰《数理精蕴》(1713–1722, 实际上是梅毂成所编, 而且也与音律有关, 是康熙末年所编纂的《律历渊源》的第二部分) 时, 其中讲到对数时虽然也是把它与开平方联系起来, 但是一直不知道它是开方计算的极限, 从这个角度看, 中国的成就就远不如西方了. —— 中译本注

② 音高的频率就是每秒的周期数, 简记为 cps, 通常每秒一个周期就是频率的单位, 称为赫兹, 这是为了纪念德国物理学家赫兹 (Heirich Rudolf Hertz, 1857–1894), 简记为 Hz.

③ Ellis 关于音分的陈述见于他为 19 世纪物理学家亥姆霍兹所写的《论对于音调的感觉》(*On the Sensation of Tone*, 1870; 英文版, 1875) 一书的附录.

(♪) 等等, 每一个时值都是前面一个的一半. 这些关系表现在音乐按时间分成小节 (bar 或 measure), 而每一个小节的拍 (beat) 数都相同. 小节的时间组织用时间记号来表示, 有**单拍子**(simple meter)$\frac{2}{4}$, $\frac{3}{4}$ 和 $\frac{4}{4}$(c), 其中的拍 (这些例子中是 (♪)) 典型地是加以平分的; 还有**复拍子**(compound meter)$\frac{6}{8}$, $\frac{9}{8}$ 或 $\frac{12}{8}$, 其中的拍 (这些例子中是附点音符 (♩·)) 典型地是加以三等分的.

乐曲中一个常用的手段, 特别是在对位 (counterpoint) 中, 是让一个旋律的**主题**(theme 或 subject) 以原速的一半或一倍重现, 这在技术上称为**节奏的增值或减值**(rhythmic augementation or diminution). 图 2 和图 3 上是巴赫的《十二平均律钢琴曲集》第 2 卷中的两首赋格曲①, 即 E 大调 no. 9(主题减值) 和 C 小调 no.2(主题增值)(但是减值和增值后的主题的最后一个音符并未按比例减值和增值, 这是为了和后面的音乐更好地连接).

图 2   巴赫《十二平均律钢琴曲集》第 2 卷赋格 no.9, 主题和减值

图 3   巴赫《十二平均律钢琴曲集》第 2 卷赋格 no.2, 主题和增值

几何关系也是其他种类的音乐资源. 音乐理论中一个著名的构造是**五度圆**(circle of fifths), 它原来是设计来说明不同的大调与小调的关系的. 如图 4 所示, 12 个音符按照相差一个完全五度的次序排列在一个圆周上. 圆周上任意连续的 7 个音符都是某个大调的音阶, 这就使得理解调性记号的图式变得容易了. 例如, 从 F(顺时针) 到 B 的七个音符就是 C 大调. 要从 C 大调转到 G 大调, 就沿此圆周移动一项, 这时, 失去了原来的第一个 F, 但是得到了 F♯. 像这样做下去, 我们看见了 C 大调就是没有升号 ♯ 也没有降号 ♭ 的调, G 大调有一个 ♯, D 大调有两个 ♯, A 大调有三个 ♯, 等等. 类似地, 依逆时针方向旋转又可以看到 F 大调有一个降号 ♭, B♭ 大调有两个 ♭, E♭ 大调有三个 ♭, 等等. 从数学观点看来, 半音音阶就是整数 mod 12 所成的加群, 我们则用自同构 $x \mapsto 7x$ 对它作了变换, 这就使得许多音乐现象更加透明了.

---

① 赋格是一种古老的复调音乐形式, 各个声部通过各种手法包括这里所说的增值减值互相配合、对比.—— 中译本注

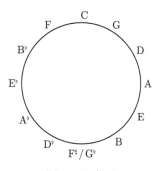

图 4　五度圆

　　反射对称是另一个在乐曲中有很长历史的概念. 音乐家常用空间的语言来描述旋律曲线, 把具有较高频率的音符说成是在 "上方", 而较低频率的音符则是在 "下方". 这使我们能够把旋律曲线说成是上行的或下行的. 对于水平的轴作反射就把上下互换. 这个现象在音乐上的对应概念就是 **旋律的转位**(melodic inversion): 在每一个音程中把上行和下行互换, 就得到了旋律的转位后的形式. 图 5 就是巴赫《十二平均律钢琴曲集》第一卷的 B 大调赋格 no.23 的主题, 然后又出现了它的转位的形式. 从符号上可以清楚地看到一个几何反射, 但是更重要的是从音乐本身可以清楚地听出来一个转位.

图 5　巴赫《十二平均律钢琴曲集》第一卷, 赋格 no.23, 主题和转位

　　常规的西方音乐符号表现出一种 2 维的组织: 垂直的维数表示从低到高的音高, 而水平的维数则由左至右表示时序. **逆行**(retrograde) 是一种比节奏的增减或旋律转位更为少见的作曲技巧, 就是把一段旋律倒过来演奏. 当一段旋律同时在不同声部上沿正向和反向同时演奏时, 这个技巧就称为 **cancrizans 卡农** ①. cancrizans 的可能是最为著称的例子出现在巴赫的作品中, 例如《音乐的奉献》(*The Musical Offering*) 的第一卡农和《哥德堡变奏曲》(*Goldberg Variation*) 的第一和第二卡农. 图 6 取自巴赫的音乐的奉献的 cancrizans 的开始和结尾的小节. 上面的乐谱开始几小节以反向重复出现在下面的乐谱结尾的几个小节中, 类似地, 下面乐谱的开始几个小节也以反向回到了上面乐谱的结尾处. 海顿 (Franz Joseph Haydn, 1732 —

---

　　① cancrizans 的意思就是 "逆行"; 卡农 (Canon) 则是复调音乐的一种形式, 原意为 "规律". 一个声部的曲调自始至终追逐着另一个独立声部的曲调, 重复着同一旋律直到最后一个小节最后的一个和弦, 它们会融合在一起. 卡农技巧在巴罗克音乐中特别是在巴赫的音乐中有极大的发展.—— 中译本注

1809, 德奥作曲家, 古典主义大师) 的小提琴和钢琴奏鸣曲no.4 中的 *Menuetto al rovescio* 是类似技巧的另一个著名例子, 其中作品的前一半在后一半中以反向演奏.

图 6　巴赫的音乐的奉献的 cancrizans(卡农 1) 的开始和结尾的几个小节

　　我们可以把旋律的逆行和转位看成二维音乐空间中的反射. 但是逆行是更加难以处理的, 因为在音乐的时间上有更多的限制. 上面举的巴赫和海顿的例子都表明这对于作曲家要求更大的独创力, 因为他必须使逆行的旋律与其下面的和声的进行更有说服力. 有一些常用的和声的行进, 例如从上主音到属音, 在反向行进时就不好用, 所以想要创作 cancrizans 卡农的作曲家不得不避免使用从上主音到属音的行进. 类似地, 许多许多普通的旋律模式反向来听就不好听. 这些困难可以解释为什么在调性音乐 (即以大调和小调为基础的音乐) 中逆行技术很少见. 随着在 20 世纪初期对于调性的放弃, 主要的限制被除去了, 这就使得在作曲时使用逆行更容易了. 例如, 我们将要看到, 逆行和转位在系列音乐 (serial music) 中就起了重要作用. 然而, 对于这种音乐的作曲家是用其他的限制来代替调性音乐的传统限制, 例如避免大和小三和弦, 带出了另外一些对于一件特定作品被认为是很重要的音程.

　　在 20 世纪早期的无调性革命中, 作曲家试验了和声组织的新方法, 导致了对于乐曲中新型的对称关系的探索. 音乐家们求助于以音程模式 (按半音计算) 的反复为基础的音阶, 例如**全音音阶**(whole-tone scale)(2 − 2 − 2 − 2 − 2 − 2) 或**八声音阶**(octatonic scale)(1 − 2 − 1 − 2 − 1 − 2 − 1 − 2), 来探求新的对称构造和它们所体现的新的和声. 八声音阶在爵士圈子中称为**减音阶**, 在不同国籍的作曲家中有特别广泛的吸引力, 这里面有伊戈尔·费奥多罗维奇·史特拉汶斯基 (Igor Fyodorovich Stravinsky, 1882–1971, 出生在俄罗斯的美籍作曲家)、奥立佛·梅西昂 (Olivier Eugène Prosper Charles Messiaen, 1908–1992, 法国作曲家) 和巴尔托克 (Béla Viktor János Bartók, 1881–1945, 匈牙利作曲家). 全音音阶和八声音阶的新奇之处在于它们具有大调音阶和小调音阶所不具有的非平凡的**平移**对称性, 如果把全音音阶移动一个全音, 或把八声音阶移动一个小三度, 则它们都是不变的. 这样, 只有两个互不相同的全音音阶或三个互不相同的八声音阶. 由于这个原因, 二者都没有清楚确定的调性中心, 这是它们对于 20 世纪早期的作曲家有吸引力的主要原因.

　　20 世纪的作曲家使用反射对称性作为乐曲设计的形式侧面, 一个很诱人的例子就是巴尔托克的《为弦乐、打击乐和钢片琴而作的音乐》(*Music for Strings, Percussion & Celeste*, 1936) 第一乐章, 其中拓展了巴罗克赋格的传统原理, 生成了一种对称的设计, 图 7 画出了赋格各项, 而以 A 为起始的项. 在传统的赋格中, 主题是在主音中表示的, 然后又在属音中表示一次, 然后又在主音中表示 (这样主音、属音至少交替三次). 在巴尔托克的赋格中, 主题的第一次宣示是由音符 A 开始的, 而下一次则从 E 开始. 但是第三次不是又回到 A, 而是交替地按照五度圆上互相相反的两个方向进行, 就是交替地使用 A – E – B – F♯ 和 A – D – G – C, 图 7 就是画的这个模式, 把上、下两方的两端都联锁起来就构成一个循环, 即一个五度圆, 一共是两个: 一个是顺时针方向的 (就是图上水平轴的上方), 另一个则是逆时针方向的 (在水平轴下方). 图上的每一个字母表示赋格主题的一次表示, 它从这个字母所代表的音符开始. 这两个联锁着的五度圆都以 E♭ 为中点 (离起始的 A 有 6 个半音), 所以 12 个音符各在图的上方和下方的五度圆中出现一次. 这个模式的中点对应于这个作品的戏剧性高潮, 而在高潮以后, 联锁着的五度圆的模式在转位音符上表现主题, 直到最后回到由 A 开始的主题表示结束.

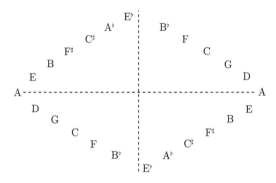

图 7 巴尔托克的《为弦乐、打击乐和钢片琴而作的音乐》第一乐章的赋格的各项
(感谢 Morris 允许使用他的文章 Morris, 1994, p. 61)

勋伯格 (Arnold Schoenberg , 1874–1951, 出生于奥地利后入美国籍的作曲家) 的十二音作曲法是他在 1920 年代提出的, 是基于所有 12 个音符的排列, 而不是如大小调音乐中只使用 12 个音符中的 7 个音符所成的子集合. 在十二音音乐 (以及更一般地在无调性音乐 (atonal music)) 中, 这 12 个音符被认为具有同样的重要性, 特别是没有一个音符起大小调音乐中主音的作用. 一件 12 音音乐作品的基本成分是**音列**(tone row), 就是由半音音阶的 12 个音符的某个排列所给出的序列 (但是这些音符可以出现在任一个八度中). 选定了一个音列以后就可以对它进行以下四种操作: 换位 (transposition)①、转位、逆行和逆行转位 (retrograde inversion). 音乐上

---

① 换位与转位 (inversion) 不同, 是指让一个音符的音高上行或下行个数一定的半音.—— 中译本注

的换位相当于数学上的平移: 被换位的音列中两个相继的音符之间的音程和原音列的相应音符之间的音程是相同的, 所以整个音列被向上或向下移动①. 转位我们已经说过相应于反射: 音列中的音程对一个 "水平轴" 反射. 逆行就是对时间的反射: 音列从后到前地表现出来 (然而逆行可以与换位结合起来, 所以把它描述为滑动反射更好). 逆行转位是两个反射的复合: 一个是水平方向的反射, 另一个是垂直方向上的反射, 二者结合起来相当于旋转半个圆圈.

图 8 给出了对于勋伯格在 1923 年发表的《钢琴组曲》(*Suite for Piano*) 的一个音列所作的各个序列变换. 音列上都作了标记: P(表示原音列及其换位)、R(表示逆行)、I (表示转位)、RI(表示逆行转位), 各个音列左方和右方的数字 4 和 10 表示音列 P 和 I 起始音符离音符 C 有多少个半音. 这样, 4 就表示 E♭②(离 C4 个半音), 而 10 表示 B♭(C 上方 10 个半音). 对音列 P 和 I, 这些数字标在左端, 但是对于音列 P 和 I 的逆行, 即音列 R 和 RI, 数字则标在右端. 很容易看到, P4 转位为 I4 就是第一个音符 E 的反射, P4 换位为 P10 就是增加 6 个半音, 也可以看到 P10 就是第一个音符 B♭ 的转位.

图 8　勋伯格钢琴组曲 (1923) 中的音列

人们会问, 理解了这些抽象的关系能够得到什么样的洞察, 而它们何以对勋伯格这样的作曲家这样有吸引力. 在勋伯格的钢琴组曲中, 图 8 上的 8 个音列就是在组曲的五个乐章中所用到的仅有的音列. 这一点表示了勋伯格高度的选择性, 因为可用的音列共有 $12 \times 4 = 48$ 个. 然而, 这个勋伯格自愿接受的限制还不足以说明这段音乐的趣味和吸引力, 这个技巧还有一个侧面, 那就是音列自身, 还有它们的变换在作品中是如何展开、是经过仔细选择来凸现音符之间的关系的. 例如, 组曲中所用的所有音列都是以 E 和 B♭ 来开始和结尾的, 而这两个音符在这个作品中时

---

① 把换位描述为平移就是 "公平对待"(do justice) 旋律的声音, 让它们虽然音高变了, 但整个旋律在换位以后听起来仍是 "同样的", 因为相应的音程并没有变. 如果把 12 个音符等距地排列在一个圆周上, 则也可以把这个平移看成旋转.

② 原书作 E, 与图 8 上的 "♮" 不符. 因此改为 E♭, 这样离 C 恰好是 4 个半音. —— 中译本注

常是音节分明地使用, 起一种锚泊的作用, 因为现在缺少了传统的调性中心, 所以就没有什么来起这种锚泊作用了. 类似地, 在这 4 个音列中, 第 3 和第 4 个位置总是 G 和 D$^\flat$ 或先或后, 而且它们在组曲的各个乐章中都以不同方式表现得音节分明而容易辨识. 上面提到的这两对音符 E – B$^\flat$ 和 G – D$^\flat$ 的相互关联就在于它们具有相同的音程: 6 个半音 (就是半个八度, 也称为一个三全音 (tritone), 因为它们都张了三个全音). 在作曲大师手上, 一个十二音音列并不是音符的随机堆积, 而是乐曲扩展的基础, 是仔细地构造出来以产生人们可以学着辨识和欣赏的有趣的结构效应.

　　二战以后的新一代欧洲作曲家也探讨了音高以外的其他音乐参数 —— 如节奏、速度 (tempo)、力度变化 (dynamics)、清晰度 (articulation)—— 的排列和序列变换. 这些作曲家有奥立佛·梅西昂、皮埃尔·布列兹 (PierreBoulez, 1925 一, 法国作曲家、指挥家)、卡尔海因兹·施托克豪森 (Karlheinz Stockhausen, 1928 一 2007, 德国作曲家). 然而与音高的序列化比较起来, 这些参数的序列化不那么容易做精确的变换, 因为与音乐空间的 12 个音符比较、不容易把它们组织成离散的单元.

　　重要的是要认识到, 勋伯格和那些音乐展现出如我们上面说的那些数学概念的作曲家们, 几乎没有受过数学的训练[①]. 尽管如此, 我们所讨论过的基本的数学模式和关系, 在那么多不同类型音乐的那么多侧面都无所不在, 所以数学在音乐中的重要性是无可否认的.

　　我们再举几个例子来结束本节. 比的关系, 如音符的频率值的简单的比的关系, 在更大的规模上出现在莫扎特、海顿和其他人的音乐中: 他们的音乐的形式划分的各个部分、长度时常有特殊的 "比值", 例如与斐波那契数列和黄金分割有关, 他们时常应用四小节乐句[②]作为基本的单元, 然后成对地或以对子的对子为单位来应用以构成更大的单元. 这种出现在巴赫的作品中的旋律运作的技巧以一种变化的形态出现在勋伯格的十二音技巧中, 也可以在巴赫以前的作曲家如帕莱斯特里纳 (Giovanni Pierluigi da Palestrina, 1525 或 1526–1594, 意大利作曲家) 的对位法 (contrapuntal) 中找到. 有一些作曲家, 包括巴赫、莫扎特、贝多芬、德彪西 (Claude Debussy, 1862–1918, 法国作曲家)、贝尔格 (Alban Maria Johannes Berg, 1885–1935, 奥地利作曲家) 等人都被说是曾把数字命理学 (numerology) 的元素, 例如以斐波那契数列和黄金分割为基础的符号性的数和比例, 融入他们的乐曲中.

---

　　① 肯定有一些作曲家受到过较多的数学训练并反映在他们的作品中, 例如, 泽纳基斯 (Iannis Xenakis, 1922–2001, 法籍希腊裔作曲家) 就受过工程师的训练, 而且与建筑师勒·柯布西耶 (Le Corbusier, 1887–1965 年, 瑞士建筑大师) 有过专业上的联系. 泽纳基斯通过研究勒·柯布西耶的 Modulor 系统以及他以人的形体为基础的处理形状和比例的途径, 发现了音乐和建筑的平行关系. 泽纳基斯的作品以声音的质感、物理感和复杂的算法过程为特点.

　　② 就是主题由四小节的乐句构成, 前三个小节的拍子是相同的, 而第四小节则不同.—— 中译本注

4. 数学与音乐理论

在 20 世纪下半叶, 勋伯格及其追随者的思想在北美的音乐理论中得到了拓展和发展. 著名的美国作曲家和理论家巴比特 (Milton Byron Babbitt, 1916–2011) 被公认为把形式数学特别是群论引入了音乐的理论研究. 他把勋伯格的十二音系统推广为具有基本的音乐元素的有限集合的任意系统 (而勋伯格的十二音系统只是其一个特例), 而这个系统的元素中有着关系和变换[①](Babbitt, 1960, 1962 等). 音列有 48 种变换的方式, 而巴比特注意到这些变换构成一个群, 此群事实上是二面体群 D_{12} 和含有两个元素的循环群 C_2 之积. (这个乘积中的 D_{12} 是一个正 12 边形的对称群, 而 C_2 则允许时间的逆转). 变换 P, I, R, 和 RI 这四种变换的集合定义了此群到克莱因群 $C_2 \times C_2$ 上的同态, 而只要把相差一个旋转的变换视为等同的变换, 就可以得出这个克莱因群.

把音符与整数 mod 12 所成的群 $\mathbb{Z}_{12}$ 的元素等同起来, 而用此群上的各种变换作为各种音乐变换的模型, 就使得我们能够容易得多地分析某些音乐, 如勋伯格、贝尔格、韦伯恩 (Anton Webern , 1883–1945, 奥地利作曲家) 的无调性音乐, 而用传统的和声理论去分析它们就不太容易 (Forte, 1973; Morris, 1987; Straus, 2005). 图 9 上画出了这种等同关系. 我们已经说过, 用 5 和 7 作乘法是 $\mathbb{Z}_{12}$ 的一个自同构, 而且给出图 4 的五度圆 (不过要把 mod 12 的整数换成音符的名字). 这个数学事实有许多音乐的推论, 其中之一就是在半音和声和爵士音乐中常用的用半音来代替五度音.

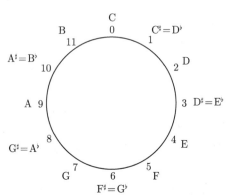

图 9　十二音 (音高的等价类) 的圆形模型

音乐理论中有一个分支称为**无调性集合理论**(atonal set theory), 试图这样来对音高的关系给出非常一般的理解, 就是考虑 12 个音符的所有 $2^{12} = 4096$ 种组合, 并且当一个组合可以用两个简单的变换从另一个组合变换出来时, 就定义这两个组

---

① 这里的 "关系" 和 "变换" 都是群论中的专业用语.—— 中译本注

合是等价的, 这里的思想就在于两个等价的组合具有相同的音程, 这里涉及的变换就是换位和转位. 我们把向上升 n 个半音的换位记作 T_n(n 是 mod 12 的整数), 记号 I 则表示对于音符 C 的反射. 于是一般的转位可以对于某个 n 写为 T_nI(这里的转位在有关音乐的上下文中指音乐空间中的反射, 请勿将它与调性音乐中的和弦转位相混). 举一个熟悉的例子, 大三和弦和小三和弦用这里的说法来说, 就是互相之间有一个转位关系 (从最低音算起, 大三和弦的先是四个再是三个半音与小三和弦的先是三个再是四个半音互相反射). 因此, 所有的大三和弦和小三和弦属于同一个等价类. 例如 E 大三和弦 $\{4,8,11\}$ 与 C 大三和弦 $\{0,4,7\}$ 相差一个换位 T_4(因为 $\{4,8,11\} \equiv \{0+4,4+4,7+4\}$, mod 12), 而 G 小三和弦 $\{7,10,2\}$ 则通过转位 T_4I 变成 D 大三和弦 $\{2,6,9\}$(因为 $\{7,10,2\} \equiv \{4-9,4-6,4-2\}$, mod 12). 一个等价类, 如大小三和弦的等价类, 正常地包含 24 个集合. 然而, 如果一个等价类含有内在的对称性, 例如减七和弦 (diminished seventh chord)(其音程相继是 $3-3-3-3$) 或前面提到的全音音阶和半音音阶, 等价类中的集合的个数会要减少, 但仍是 24 的因子.

同一个等价类中的音符集合具有某些声音属性, 因为它们都有个数和类型都相同的音程. 说换位的和弦是等价的还相当合理, 因为它们听起来确实具有 "相同性", 但是说到转位的等价性就有争议了. 例如说所有的大和小三和弦都是等价的, 而实际上它们听起来并不真正相同, 而且有很不相同的音乐上的作用, 为什么又说它们等价呢? 当然, 我们有自由按照我们的愿望来定义等价性, 所以真正的问题是: 这个定义是否有用处. 在有些上下文中它们是有意义的, 如果音符的集合与调性音乐并没有广泛的联系, 那么辨识出这种等价性要比辨识出大小三和弦要容易一些. 例如 C,F,B 三个音符和另外三个音符 F♯,G,C♯ 具有相同的音程 (一个半音、一个完全四度或五度, 还有一个三音 (tritone)), 而这一点就给了二者的值得注意的 "相同性"(集合 $\{11,0,5\}$ 与集合 $\{1,6,7\}$ 通过转位 T_6I 相关, 因为 $\{11,0,5\} \equiv \{6-7,6-6,6-1\}$ mod 12).

音乐理论中还有其他重要的工作也是受到了群论的启发的, 最有影响的例子是 David Lewin 的《广义的音程和变换》(*Generalized Musical Intervals and Transformations*, 1987) 一文, 其中发展了一个能把数学推理和音乐直觉联系起来的形式理论. Lewin 把音程概念推广到可以意味任意的可度量的距离, 不论是一对音高、一对时值 (duration)、一对时间点, 总之是一件音乐作品中可以从上下文来定义的两个事件的可度量的距离. 他发展了一个模型, 称为广义音程系统(generalized interval system, 简记为 GIS), 其中包含了一些音乐对象 (如音高、节奏时值、时间长度或时间点) 的集合、音程 (表示系统这一对对象之间的距离、所张的大小或运动) 的一个 (数学意义的) 群, 还有一个把系统中的对象所有可能的对子映到音程的群中的函数. 他也通过他的**变换网络**(transformation network) 的概念使用图论 [III.34] 来作音乐过程的模型. 这个网络的顶点就是基本的音乐元素, 如旋律线、和弦根音. 元素之间可能有一些变换, 例如换位 (或者是移动一个广义音程) 或者来自十二音理论的序列变换. 两个顶点, 如果有一个可容许的变换把其中之一变为另一个, 就用一条边把它们连接起来. 这样, 就把重点从基本元素转到连接它们的关系上了. 变换网络提供了一种动态地观察音乐过程的方法, 使得对音乐作品的分析中一些抽象的而且时常是非时间的联系成为看得见的了.

　　Lewin 的论著的推广程度和抽象化层次对于数学上不甚在行的音乐理论家是一个挑战, 但是其实并未超出大学本科代数的水平多少, 所以对于有一定数学训练而又有决心的读者还是可以接受的. 这样的读者就会很清楚, 表述的形式化对于适当地理解音乐理论和分析的变换途径是必不可少的. 尽管有这样的形式化, Lewin 仍然保持与音乐本身的联系, 不断地说明他的数学工具如何能够应用于不同的情况, 结果使得读者作为一种报偿得到不用数学的严格性就得不到的洞察. 数学家们虽然会嫌这些材料相对地过于初等, 也会发现他们的注意力被作者俘获, "因为作者给出了新的途径, 而且经典的数学思想应用于音乐的背景下会给出意想不到的解释"(见 (Vuza, 1988), 285 页).

5. 结论

　　本文开始处所引用的莱布尼兹的有趣的话强调了数学在音乐中持久不衰的出现. 这两门学科都基本地依赖于次序和理性的观念以及比较动态的模式和变换的观念. 音乐曾经被归入数学, 虽然现在已经获得了作为一种艺术的独立的身份, 但是它总是从数学获得灵感. 数学概念为作曲家和音乐理论家, 既提供了创造音乐的工具, 也提供了分析和洞察音乐所需的语言.

进一步阅读的文献

Babbitt M. 1960. Twelve-tone invariants as compositional determinants. *Musical Quaterly*, 46:246-259.

——. 1992. The function of set structure in the twelve-tone system. Ph. D. dissertation, Princeton University.

Backus J. 1977. *The Accoustic Foundations of Music*, 2nd edn. New York: W. W. Norton.

Forte A. 1973. *The Structure of Atonal Music*. New Haven, CT: Yale University Press.

Hofstadler D R. 1979. *Gödel, Escher, Bach: An Eternal Golden Braid*. New York: basic Book.

Lewin D. 1987. *Generalized Musical Intervals and Transformations*. New Haven, CT: Yale University Press.

Morris R. 1987. *Composition with Pitch-Classes : A Theory of Compositional Design*. New Haven, CT: Yale University Press.

——. 1994. Conflict and anomaly in Bartók and Webern. In *Musical Transformation and Musical Intuition: Essays in Honor of David Lewin*, edited by R. Atlas and M. Cherlin, pp. 59-79. Roxbury, MA: Ovenbird.

Nolan, C. 2002. Music theory and mathematics. In *The Cambridge History of Western Musical Theory*, edited by T. Christensen, pp. 272-304. Cambridge University Press.

Rasch R. 2002. Tunning and temperament. In *The Cambridge History of Western Musical Theory*, edited by T. Christensen, pp.193-222. Cambridge University Press.

Rothstein E. 1995. *Emblems of Mind: The Inner Life of Music and Mathematics*. New York: Times Books/Random House.

Straus J N. 2005. *Introduction to Post-Tonal Theory*, 3rd edn. Upper Saddle River, NJ: Prentice-Hall.

Vuza D T. 1988. Some mathematical aspects of David Lewin's book *Generalized Musical Intervals and Transformations*. Perspectives of New Music, 26(1): 258-287.

VII.14 数学与艺术

Floence Fasanelli

1. 引言

这篇文章的中心是数学的历史和 20 世纪法国、英国和美国的艺术史的关系. 数学对于艺术家的效应以及艺术家和数学家的互相直接作用都经过了广泛研究. 这些研究说明, 数学知识对于许多艺术家有显著的影响, 就如同对于音乐家和作家一样. 特别是到 19 世纪, 那些曾经是革命性的数学思想已经被广泛地接受以后, 对所谓的现代艺术有很有力的贡献. 到了 19 世纪末和 20 世纪初, 艺术家们开始在油画和雕塑中表现了自己对于 4 维空间和非欧几里得几何[II.2§§6-10] 的理解. 在这样做的时候, 他们把自己早期受到过的主要是来自欧几里得[VI.2] 的训练和继承置之脑后. 他们的新思想反映了数学所取得的进展, 而许多形成了新的思想派别的艺术家也在解释这些新的数学发展.

数学与艺术的联系是丰富、复杂而又有益的. 这一点在有些艺术风格上和在新数学 (和新科学) 的影响下哲学的发展上以及在为了满足艺术家需求的数学创造上都可以看得很清楚. 举一些例子, 意大利数学家皮耶罗·德拉·弗兰切斯卡 (Piero della Francesca, 1419–1492, 也是一位画家) 在抄录 Jacopo of Cremona 的阿基米德 (Archimedes) 的作品《祈祷书A》(*Codex* A) 的拉丁文译本时, 就写出了自己关于透视的数学理论[①]; 小汉斯·荷尔拜因 (Hans·Holbein the Younger, 1497–1543, 德

---

① 阿基米德的著作失传已久, 后来在拜占庭的一本祈祷书中发现了隐藏其中的阿基米德著作. 所以, 这些著作就以《祈祷书A, B, C, …》之名传世. 但是, 其拉丁文译者一般都说是 Gerard of Cremona (约 1114–1187), 和这里说的 Jacobo of Cremona 不知是否同一人.—— 中译本注

国画家) 的名画《大使》(*Ambassadors*, 1533)① 表明了一个画家怎样利用数学投影的扭曲形式 (即所谓斜透视(anamorphosis)) 来骗过观众的眼睛; 阿特米谢·简特内斯基 (Artemisia Gentileschi, 1593–1653 意大利女画家)② 很细心地把她在 1612–1613 年间画的《朱迪斯砍下荷洛孚尼的头》(*Judith Beheading Holofernes*) 的第一版中飞溅的血迹, 在第二版 (1620) 中改成血的抛物线弧线, 使得能与她的朋友伽利略 (科学家、宫廷数学家, 也是一位业余画家) 正在研究但尚未发表的抛物运动的结果相匹配; 荷兰 17 世纪杰出画家约翰内斯·维米尔 (Johannes Vermeer, 1632–1675) 在许多作品中应用了 "暗箱"(camera obscura); 胡梅尔 (Johann Erdmann Hummel, 1769–1852, 德国画家和雕刻家) 在制造柏林的花岗石大碗时应用了蒙日 (Gaspard Monge, 1746–1818, 法国几何学家) 的书《画法几何》(*Géométrie Descriptive*, 1799); 纳乌姆·嘉宝 (Naum Gabo, 1890–1977, 俄罗斯裔美国雕塑家)③ 和他的哥哥安托万·佩夫斯纳 (Antoine Pevsner, 1886–1962) 一直追随他们在中学学的立体几何; 还有爱舍尔 (Maurits Cornelis Escher, 1898–1972, 荷兰画家) 画了许多在数学上可以理解但物理上是不可能的场景.

本文将从艺术中透视发展的简短历史开始, 为了懂得后来对它的叛离对现代艺术的发展起了决定的作用, 这样做是必要的. 这以后则是对于几何学在 19 世纪的变化途径作一个简单的综述, 这个变化表现在非欧几里得几何和 n 维几何上. 然后就转向艺术家们的活动, 先讲 20 世纪初期的法国, 然后再讲其他国家的代表性的艺术家的工作, 而在整个过程中都注意到引起艺术家们反应的数学.

2. 透视学的发展

在 15 世纪中, 雇用艺术家主要还是为了生成神圣的人和事的形象, 但是当时对于使图画能够匹配于现实世界的兴趣就已经在增长. 艺术家们没有先行者, 只好自己来规定线性透视的公理. 在 16 世纪初, 数学透视学的这些早期思想是通过包含了视觉表示的书来传播的. 早前, 数学只是通过文字和口述而为人所知, 现在还有了可视的形象并且被人镂刻而传遍欧洲.

透视学最早的作品有莱昂·巴蒂斯塔·阿尔伯蒂 (Leon Battista Alberti, 1404–1472, 意大利的文艺复兴时期早期的艺术家、作家和博学家) 和皮耶罗·德拉·弗兰切斯卡的著作, 而佛罗伦萨的建筑师和工程师菲利波·布鲁内莱斯基 (Filippo

---

① Hans Holbein 的父兄都是画家, 所以人们常在他的名字前加上了 "小" 字 (英文则在其后加上 the Younger), 后来定居英国成为英国的宫廷画师, 他是肖像画大师.《大使》一画的主角就是当时法国驻英大使.—— 中译本注

② 她是活跃于 17 世纪的卡拉瓦乔画派的女艺术家, 也可以说是第一个留名青史的女画家. 她常以圣经题材作画,《朱迪斯砍下荷洛孚尼的头》就取材于《旧约·圣经》. 朱迪斯是一个犹太寡妇, 她色诱侵略者主将荷洛孚尼, 并且在他迷乱之中砍下了他的头.—— 中译本注

③ 原名 Naum Neemia Pevsner, 改成现名是为了避免和他的画家哥哥的名字相混淆.

Brunelleschi, 1377–1446) 是最早考虑透视的数学理论的人, 他的思想是由他的传记作者安东尼奥·马内蒂 (Antonio Manetti, 1423–1497) 转述的. 艺术家和数学家们继续发展透视的规则, 同时也在寻找表示空间和距离的最好方法. 在数学家中第一个为数学家而非艺术家之需而写有关透视著作的是数学家菲德里柯·康曼蒂诺 (Federico Commadino, 1509–1575, 意大利数学家), 他因把如欧几里得、阿基米德 [VI.3]、阿波罗尼乌斯[VI.4] 等人的著作译为拉丁文而知名, 他的学生 Guidobaldo del Monte①(1545–1607, 意大利数学家) 就写了一本很有影响的书:《透视学六讲》 (*Perspectivae Libri Sex*, 1600), 在其中证明了如果一族平行线不平行于画图的平面, 则必收束于一个消失点 (vanishing point).

大艺术家中最著称的当是达芬奇 (Leonardo da Vinci, 1452–1519) 和丢勒 (Albrecht Dürer, 1471–1528, 德国画家和数学家), 实际上是在可视地画数学. 数学家帕乔里 (Luca Pacioli, 1445–1517) 在他所写的《神圣的比例》(*De Divina Proportione*, 1509) 中发表了达芬奇的无法超越的多面体版画 (其中菱方八面体 (rhombicuboctahedron)②的图是第一次发表的); 而丢勒所写的《量度艺术教程》(*Underweysung der Messung*, 1525) 中则第一次出现了多面体模型的网络表示③, 丢勒自己关于透视学的新知识也包含这本书中, 这些新知识是他在从德国到意大利旅行途中得到的, 这次旅行启发了他怎样做一幅画, 使得所有的元素都处于点透视中 (见图 1).

图 1 图示一个画家在使用丢勒的透视仪

17 世纪一位主要从事实际问题写作的法国工程师和建筑师德萨格 (Girard

---

① 他的名字有时也被拼写成 Guidobaldi del Monte.—— 中译本注

② 菱方八面体 (rhombicuboctahedron) 是一个阿基米德多面体. 与 5 个正多面体 (亦称柏拉图多面体) 不同, 阿基米德多面体的面可以是多个不同的正多边形, 例如, 菱方八面体就有 8 个正三角形的面和 18 个正方形的面, 总数是 26 个, 还有 24 个顶点和 48 条棱, 所以欧拉公式仍然成立. 一共有 13 个不同的阿基米德多面体.—— 中译本注

③ 就是把一个多面体展开在平面上而且尽量保持连接两个面的棱.—— 中译本注

Desargues, 1591–1661) 继续了文艺复兴时期艺术家们关于透视学的研究. 他在这个过程中发明了一种 "非希腊的" 研究几何学的方法, 而且发表在《关于作锥面与平面的截口的论文初稿》(*Brouillon project d'une atteinte aux evenemens des rencontres du Cone avec un Plan*, 1639) 中. 在这篇论文中他试图通过应用射影技巧把圆锥截线的理论统一起来, 这种新的射影几何 [I.3§6.7] 是基于他较早以前的一个认识: 一个画家可以不必使用画面平面外的点就能够作出透视的图像. 然而他的这篇《论文初稿》原来只有 50 份, 而现在只流传下来一份, 而他的工作包括他的 "透视定理" 是通过其他数学家的工作而为人所知的. 他的大多数工作, 包括他的透视理论的发行是由他的一个朋友亚伯拉罕 · 博斯 (Abraham Bosse, 1602–1676, 法国蚀刻版画印刷家) 负责的, 博斯当时经营一家著名的画室, 教授镂刻艺术. 但是他努力推广德萨格的创新思想, 在当时艺术圈子中引起了不小的争论, 而严重损害了他的职业的名声. 但是到了 20 世纪, 镂刻复兴成为一种重要的艺术形式时, 博斯的画室才又在巴黎重建起来.

早在 18 世纪早期, 数学家也是业余画家的泰勒 [VI.16] 就出版了名为《线性透视: 一种正确地表现出对象的所有形态, 在一切情况下如何显现于眼睛的新方法》(*Linear Prospective: or a New Method of Representing Justly All Manners of Objects in All Situations*, 1715) 的书, 这是对于消失点给出一般处理的关于透视的第一本书. 正如泰勒在标题页上所写的那样, 这本书是 "画家、建筑师等等作判断或调整设计时所必需的书". 泰勒发明了 "线性透视" 这个词, 而且强调了如下命题的重要性: 给定任何一个不平行于图画平面的方向, 必有一个这个方向的所有直线必须通过的点存在, 称为 "消失点". 我们现在把它称为透视学的基本定理.

自从古代起, 欧几里得的《几何原本》的那些公理就是理解二维或三维图形的几何性质的基础, 而在 15 世纪, 它们也成了研究透视的基础. 但是在 19 世纪关于是否应该接受欧几里得的第五个公理 (即 "平行线公设") 的辩论的解决使得关于几何学的见解起了根本性的变化: 有好几位数学家, 其中最为著称的有 1829 年的罗巴切夫斯基 [VI.31]、1832 年的鲍耶伊 [VI.34] 和 1854 年的黎曼[VI.49], 证明了有可能有一个相容的 "非欧几里得" 的几何学, 使得第五公理在其中不再成立.

数学家和数学讲述者庞加莱[VI.61] 在他的几本书如《科学与假设》(*La Science et l'Hypothèse*, 1902)、《最后的沉思》(*Dernières Pensées*, 1913) 中对这些新思想作了通俗的论述, 在法国和其他国家有很多读者, 庞加莱的著作使得有很大影响的法国艺术家 (后来是美国艺术家) 马塞尔 · 杜尚 (Marcel Duchamp, 1887–1968) 对于空间和度量的概念赋予了新的意义. 杜尚对于庞加莱的论文《数学的度量与实验》(*Mathematical magnitudes and experiment*) 以及《为什么空间有三维》(*Why space has three dimensions*) 进行了很有名的讨论, 并且应用它们创造了一种全新的艺术工作. (艺术史家 Linda Daslrymple Henderson 借助杜尚的笔记分析了他对于四维几何和非欧几里得几何的理解).

3. 四维几何学

　　被称为立体主义 (cubism) 的现代艺术流派受到第四维的思想很大的影响. 立体主义者与这种思想, 还有非欧几里得几何的接触, 来自于他们阅读一些科幻小说. 法国作家阿尔弗雷德 · 雅里 (Alfred Jarry, 1873–1907), 西班牙画家巴勃罗 · 毕加索 (Pablo Ruiz Picasso, 1881–1973) 的密友, 写过一本科幻小说《法斯特罗尔医生的功绩和意见》(*Gestes et Opionions du Docteur Faustroll*, 1911), 就曾被高维几何学的新奇所吸引, 他曾经就英国数学家凯莱 [VI.46] 的工作写过一些文章. 1843 年凯莱在 *Cambridge Mathematical Journal* 上发表了《n 维解析几何的一些章节》(*Chapters in the analytic geometry of n dimensions*) 一文, 这篇文章以及格拉斯曼 (Hermann Günther Grassmann, 1809–1877, 德国数学家) 在第二年 (即 1844 年)[①]以德文发表的《线性延伸理论》(*Die lineale ausdenungslehre*, 1844), 不仅对于数学家, 而且对于那些认识到在高于三维的空间中, 基本的概念也需要重新定义和推广的公众, 也是有兴趣的.

　　1880 年, 斯特林安 (Washington Irving Stringham, 1847–1909, 美国数学家) 在 *American Journal of Mathematics* 上发表了另一篇有影响的文章《论 n 维空间中的图形》(*On figures in ndimensional space*), 把关于多面体的欧拉公式[I .4§2.2] 推广到一种称为 "拟多面体"(polyhedroid) 上去, 所谓拟多面体, 就是把一些多面体沿着它们的某些面粘起来, 使之能包围超空间的一部分, 这一部分就叫做一个拟多面体. 这篇文章中包含了由斯特林安创作的四维物体的图形, 在以后的二十年中为绝大多数关于四维几何学的重要数学教本所引用. 斯特林安的这些图形在 20 世纪的第一个十年中激起了好几位艺术家的好奇心: 其中有阿尔伯特 • 格雷茨 (Albert Gleizes, 1881–1953, 法国艺术家, 立体主义的领导人之一), 他所画的《带草夹竹桃的女人》(*Womanwith Phlox*, 1910) 手上的花就和斯特林安的 "ikosatetrahedroid" 相像; 而在勒 • 法孔尼埃尔 (Henri Victor Gabriël le Fauconnier, 1881–1946, 法国画家, 也是立体主义的代表人物之一) 所画的 *Abundance*(1910–1911) 中则出现了斯特林安的 "hekatonikosihedroid".

　　当艺术家们找到了新的方式来可视地回应他们周围的世界时, 艺术形式就得到进化. 对于立体主义特别是这样, 在这个画派的作品里, 艺术家同时从几个视角来描述对象. 为了从一幅立体主义的画作中看出来一点意义, 要请观众从跨过画面的一排 "小面"(facet) 上用不同的透视来构造出单个 (难以捉摸的) 对象.

　　n 维几何不仅影响了视觉艺术, 也影响文学, 包括吉卜林 (*Rudyard Kipling*, 1865–1936, 英国作家, 1907 年诺贝尔文学奖得主) 和威尔斯 (Herbert George Wells,

---

　　① 原书误为 "前一年", 其实是 "后一年".—— 中译本注

1866–1946, 英国著名作家, 以科幻小说闻名), 还影响音乐, 例如有美籍法国作曲家瓦雷兹 (Edgard Varese, 1883–1965) 的作品《超棱柱》(*Hyperprism*). 还有一些数学家也为娱乐的目的利用了这种新数学. 下面是两个例子①: 一是 Charles Dodgson, 他写了《从镜子里向外看》(*Through the Looking Glass*, 1872); 二是 Edwin Abbott Abbott (1838–1926, 英国中学教师, 他的父亲 "也叫" Edwin Abbott), 他在 1884 年写了《平坦国: 多维的故事》. 后一本书有许多法国艺术家读过, 而他们所读的其他数学书, 如儒弗雷 (Esprit Pascal Jouffret, 1837–1907, 曾为法国炮兵军官) 写的那些数学书, 对于杜尚和许多其他画家很有影响.

4. 对于欧几里得的正式反抗

在 20 世纪早期, 一群法国艺术家, 包括格雷茨和让·梅青热 (Jean Metzinger, 1883–1956, 法国画家), 得到了庞加莱关于 "第四维" 和非欧几里得几何的知识, 明确地企图把自己从三维的欧几里得几何中解放出来. 他们在一篇文章《论立体主义》(*Du Cubism*) 中说: "如果我们想要 —— 虽然实际上不想 —— 把画家的空间限制于一个特定的几何学, 那就是指非欧几里得的学者, 我们应该比较仔细地研究黎曼的一些定理." 在这里看来是指黎曼几何 [I.3§6.10], 因为在那里形状的概念不如在欧几里得几何中那样僵硬. 他们接着就说: "一个对象并没有一个绝对的形状, 它有好多个: 含义的范围中能有多少平面, 它就有那么多种形状." 看来很可能他们是在引用庞加莱的《科学与假设》(*La Science et l'Hypothèse, E. Flammarion*, 1908 年出版; 英译本 *Science and Method*, 由 F. Maitland 翻译) 一书中 "各种非欧几里得几何学"(Les géométries non-euclidien) 一节. 梅青热在 1913 年画了一幅题为《死亡了的世界 (第四维)》(Natur morte (4me dimension)) 的现已遗失的画, 很好地指明了他对于在二维曲面上表现出第三和第四维的兴趣. 在这些艺术家试图完成的事情后面就有黎曼几何和第四个维度, 然而他们把二者都称为 "非欧几里得的".

1918 年, 有十来位艺术家, 其中有阿尔普 (Jean (Hans) Arp, 1886–1986, 法国画家)、弗朗西斯·毕卡比亚 (Francis Picabia, 1879–1953, 法国画家), 对于第一次世界大战造成的破坏深感愤怒, 署名发表了《达达宣言》(*Dada Manifesto*), 在其中宣称: "所有的对象、感情、晦涩不明、特异景象的出现以及平行线恰好相撞, 都是我们反抗 (从众一致) 的武器." 到了 1930 年代, 越来越多的艺术家利用他们的数学

---

① 关于 Charles Dodgson 请参看条目《数学的分析与哲学的分析》[VII.12]第 2 节的一个脚注. 他以刘易斯·卡罗尔为笔名写了儿童文学的名著《阿丽丝漫游奇境记》, 这里讲的《从镜子里向外看》也是这个性质, 但是其中涉及不少逻辑问题. 至于 E. Abbott 的《平坦国》虽然原意是作为一个讽刺作品, 锋芒指向英国维多利亚时期可笑的等级制, 但是实际效果却成了数学科普作品的经典, 主要是分析了 "维"(dimension) 的意义, 后来有许多新版, 例如 2002 年由 Ian Stewart 加了注释的由 Perseus Publishing 出版的新版, 还拍成了电影. 这两部书都很难说是 "为了娱乐的目的". —— 中译本注

知识根本地改变了雕塑和绘画的形象.

5. 巴黎是中心

在 19 世纪的最后十年和一战爆发前的年份里, 艺术家们不仅被数学也被科学和技术的异常的发明和发展所深刻影响. 例如电影 (1880 年代)、无线电 (1890 年代)、汽车、X 射线 (1895)、电子在 1897 年的发现, 这些都对艺术家的工作有影响. 先锋的画家康定斯基 (Wassily Wassilyevich Kandinsky, 1866–1944, 俄罗斯画家和艺术理论家) 写道: 当他知道了科学上新东西的时候, 他所经历过的那些妨碍艺术家工作的绊脚石就都不在了; 他原来的世界崩溃了, 而他又可以重新作画了.

对于那些在 20 世纪初期从事实际创作的艺术家, 虽然还不清楚科学知识和数学思想是怎样进入到他们中间的, 但是很清楚, 许多艺术家对于那些为一般公众写的数学读物是很熟悉的. 至少有一个辅导他们深入探讨数学的人. 1911 年, 一位数学家兼保险精算师莫里斯 · 普兰塞 (Maurice Princet , 1875–1973)在巴黎作了关于四维几何学的通俗的讲演, 这个讲演利用了数学家儒弗雷 (Esprit Pascal Jouffret) 所写的《四维几何学的初等论述和n维几何学引论》(以下简称《引论》: *Traité Élémentaire de Géométrie à Quatre Dimensions et Introduction à la Géométrie à n Dimension*, 1903), 而在这本《引论》中, 就引用到前面介绍过的《平坦国》一书, 还包含了怎样把四维空间画到纸上、斯特林安对于四维的拟多面体的图解以及对庞加莱的思想和理论的清楚讲解. 儒弗雷的第二本书:《四维几何学杂谈》(*Mélanges de Géométrie à Quatre Dimensions*, 1906) 也强调了类似的观点.

普兰塞的听众就是匹托 (Puteaux) 地方的立体主义集团(匹托是巴黎城区北部的一个地方, 所以时常人们称他们为 "匹托人", 有时也被人们称为是 "黄金小组"(Section d'Or)). 这个集团的中心人物就是杜尚三兄弟, 除了前面说到的 Marcel Duchamp (1887–1968, 是老三) 以外, 还有老二 Raymond Duchamp-Villon (1876–1918), 老大 Jacques Villon (1875–1963, 原名 Gaston Emil Duchamp). 普兰塞甚至在与阿丽斯 · 热里 (Alice Géry, 1884–1975)离婚以后仍然保持了与艺术家的来往. 那时, 他们夫妇过着一种艺术家的生活, 而毕加索就是他们当年结婚时的傧相. 后来普兰塞与安德烈 · 德哈恩 (André Derain, 1880–1954) 结婚了. 把普兰塞介绍给了艺术家们的是热里, 她是一个爱读书的人, 据说毕加索的一幅立体主义的画《带书坐着的女人》(Seated Woman with a Book, 1910) 就是以她为模特.

普兰塞和杜尚在巴黎私下一起研究庞加莱和黎曼的著作, 上面已经说过, 他们是杜尚的工作的两个重要源泉. 十年以后, 当杜尚在完成自己著名的画作《被她的单身汉追求者们甚至剥光了衣服的新娘》(*La mariée mise à nu par ses célibataires, meme*, 1915–1923)①时, 写了很多笔记, 说明了他对于四维几何和非欧几里得几何学的越来越大的兴趣和越来越深的理解. 在讲到儒弗雷的书中解释如何把四维图形的三维投影看作是某种 "影子" 时, 杜尚对他的朋友们说, 画中的新娘就是一个四维对象的三维投影记录成二维形式. 他还讲到一件使他入迷的事实, 就是电子虽然存在却不能直接观察到, 而且宣布他的画中就有不能直接表示出来的元素. 杜尚的这些笔记和另一些包含了关于数学的沉思的文章, 最后集为文集《论无穷》(*A l'Infinitif*) 于 1966 年出版. 杜尚和另一些在一个长期被 15 世纪的透视学统治的领域中工作的人, 在得知许多数学家已经不认为自己应该屈从于欧几里得的限制时, 倍感兴奋. 艺术自此也改变了面貌.

令人十分惊奇的是, 黎曼和庞加莱还是杜尚的著名的 "现成之物"(readymade) 这个概念的原始灵感的一部分, 是他们发现了对象可以表示为艺术. 正如艺术家 Rhonda Shearer 于 1997 年在纽约科学院通讯中说的那样, 杜尚对于庞加莱在《科学与方法》(*Science et Méthode*, 由 E. Flammarion 于 1908 年出版; 英译本 *Science and Method*, 由 F. Maitland 翻译, 罗素作序, 于 1914 年出版) 一书中关于创造过程的描述非常入迷. 庞加莱在此书中这样描述了自己发现所谓富克斯函数 (Fuchsian function) 的经过: 经过好几天 "没有结果的" 自觉工作来证明这种函数并不存在而终无结果以后, 他改变了自己的习惯, 有一天晚上喝黑咖啡 (就是不加牛奶的咖啡) 直到深夜. 第二天清晨, "有成果的" 灵感来到了他的自觉的意识中, 他就从中选择了 "现成的 —— 一切都完成了的"(readymade, 法文是 tout fait) 思想 —— 而且惊奇地发现一种证明这种函数存在的数学方法, 而庞加莱对其存在原来是怀疑的②. 杜尚在 1915 年就此借用了 "现成的"(readymade) 一词, 法文是 tout fait. 他选来入画, 加上标题, 并且自己签名的现成之物可以是很普通的制造品, 例如《喷泉》(*Fountain*, 1917) 就是用的一个倒过来的小便池, 而《瓶架》(*Bottle Rack*, 1914) 就用了一个晾干玻璃瓶的架子, 这些都是最初的 "现成之物"(readymade).

6. 构造主义

1920 年, 俄罗斯艺术家纳乌姆·嘉宝和安托万·佩夫斯纳写道: 他们转向数学是为了重新思考他们的工作. 他们说: "我们创作作品正如宇宙创作人类, 工程师建造桥梁, 数学家构造他们的轨道公式". 嘉宝开始应用他在学工程时学过的体积量度学 (stereometry), 而且创作了雕像作品《头部, No.2》(Head, No. 2)(见图 2). 体

---

① 杜尚这幅名画是用铅丝、金属片、油画的油彩和胶水粘贴在两块大玻璃板上, 连同日久落在上面的灰尘也算是作画的材料. 这两块玻璃板立在木质基座上, 所以此画被人称为《大玻璃》(*The Large Glass*). 杜尚后来进一步认为一切 "现成物" 都是作画的材料. 为了帮助读者知道这里说的是什么, 在本文之末, 附上了从网上获得的 "大玻璃" 这幅画的照片, 还有一幅下文讲到的《喷泉》的照片.—— 中译本注

② 当时有一些法国数学家认为庞加莱正是看到了咖啡上的蒸汽升腾的几何形状, 悟到应该用几何概念来解释富克斯群[III.28]. 条目解题的艺术[VIII.1] 里直接引述了庞加莱的话. —— 中译本注

积量度学这个科目至少可以追溯到 1570 年. 那时, 约翰·第 (John Dee, 1527–1608 或 1609, 英国数学家和天文学家) 在为欧几里得的《几何原本》的比林斯莱 (Sir Henry Billingsley, 卒于 1606 年, 英国商人, 做过伦敦市长) 版所作的著名《数学序言》(*Mathematicall Praeface*) 中, 已经把这门学科列入所谓 "Groundplat"[①]中了. 体积量度学讲的是立体的性质的度量, 而在 19 和 20 世纪在大学里广泛地要教这门课, 实际上, 到今天仍然有一些欧洲国家还在教这门课. 因此, 体积量度学实际上与立体几何是很难分开的. 本文前面说到嘉宝兄弟一直在追随他们在中学学过的立体几何和这里讲的体积度量学是统一的. 嘉宝和佩夫斯纳用平面部件来创作他们的雕塑, 所以空旷的空间代替了实实在在的物质, 也成了雕塑的元素. 密度不再是重要的了, 结果, 经典的雕塑中使用的减量技术 (就是从一个立体块状材料中挖去一些材料而留下来的就是艺术家的作品) 就不必要了. 雕塑可以是虚空的; 曲面的意义变得不那么显著, 而至少是在以**构造主义**(constructivism) 之名为人所知的传统中一直如此.

图 2 嘉宝的《头部, No.2》, COR-TEN, 钢制, 1916(放大版 1964),
嘉宝的作品: ⓒ Nina Williams

① 1570 年比林斯莱出版了《几何原本》的第一个英译本, 并由约翰·第写了一篇很长的序言, 就是正文中说的 Mathematicall Praeface(这里的英文与今天的拼法不一致是因为他是使用的当时的英文). 序言中用了很长一段概述了当时已经有了的纯粹与应用数学的各个分支, 其中就包括了体积度量学. 他的序言的这一部分就称为 Groundplat of Sciences and Artes, Mathematicall of 1570, Groundplat 就是 Groundplates, 指基础的分划.—— 中译本注

　　这个传统第一次是在嘉宝和佩夫斯纳用俄文写的, 并且由他们署名的《现实主义宣言》(*Realistic Manifesto*, 1920) 中正式公开的, 他们争论说 "对象的物质形成要由它的美学的组合来代替, 对象要作为一个整体来对待 …… 像一辆汽车那样是工业订单的产品." 嘉宝把构造主义先是带到德国的 Bauhaus[①], 然后在 1930 年代又带到法国和英国. 嘉宝在英国和英国艺术家芭芭拉·赫普沃斯 (Barbara Hepworth, 1903–1975) 及她的丈夫本·尼科尔森 (Ben Nicholson, 1894–1982) 合作, 嘉宝和尼科尔森 (再加上莱斯利·马丁 (Sir John Leslie Martin, 1908–2000, 著名的英国建筑师)) 合办了一个刊物 *Circle: International Survey of Constructive Art* (1937), 上面发表他们自己的和赫普沃斯、皮特·蒙德里安 (Pieter Cornelis "Piet" Mondrian, 1872–1944, 荷兰画家) 以及批评家赫伯特·里德 (Sir Herbert Edward Read, 1893–1968, 英国无政府主义者、诗人、文学艺术批评家) 等人的文章, 嘉宝在 *Circle* 上又讲到他们在 17 年前写的现实主义宣言时, 让他的读者们从两个立方体来看出同一个对象有两种表示, 就是表示为从一块材料切出的和从若干部件构造出的区别何在, 这样来详细说明构造主义是什么意思 (见图 3). 作出这两个立方体的方法不同, 兴趣的中心也不同: 一个是物质, 另一个是使得我们能看见物质存在于其中的空间. 构造主义创造了一种艺术的背景, 使得一个原来是从数学上理解的空间变成了一个雕刻的元素. 正如嘉宝所写的那样: "[造出] 右方的立方体的体积量度学方法初等地表明了雕刻空间表示的构造性原理".

图 3　嘉宝的两个立方体: 左方的一个是切出来的, 右方是构造出来的

　　这些艺术家还研究了许多博物馆及其藏品目录上的数学模型, 这些模型是由数学家为了讲授曲面而设计的, 是用弦线、硬纸板、金属和塑料制造的. 这一批艺术家也研究了超现实主义者曼·雷 (Man Ray, 1890–1976, 美国超现实主义艺术家, 擅长绘画和摄影) 的表现弦线和数学模型里的曲面模型上的条纹的摄影作品, 而这些

数学模型是另一位超现实主义艺术家马克思·恩斯特 (Max Ernst, 1891–1976, 德国达达主义和超现实主义艺术家) 在巴黎的庞加莱研究所 (Institut Henri Poincaré) 制作的. 曼·雷应用印象主义者的光和影的模式画出了这种模型 (见图 4); 曼·雷的兴趣在于这些模型的 "优美" —— 就是它们的美学说服力 —— 虽然他也知道原来的模型制作者是想对于数学方程式所内蕴的优美给出可视的形式. 其他的艺术家如赫普沃斯和嘉宝也宣称, 并不是数学本身, 而是这些数学模型的美给予他们的工作以灵感. 赫普沃斯研究了在牛津展览的数学模型以后, 把它们看成是 "数学方程的雕塑作品". 这些模型使她得到灵感, 把弦线也添加到自己的作品里去. 然而, 她写道, 她的灵感并非来自这些弦线所展示的数学, 而是来自它们的力量, 就是 "我所感到的在我自己和大海、风和山丘之间的张力".

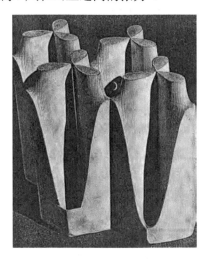

图 4　曼·雷的《椭圆函数的诱惑》(*Allure de la Fonction Elliptique*, 1936).
感谢国立艺术馆提供这幅照片

　　著名的雕塑家亨利·摩尔 (Henry Spencer Moore, 1898–1986, 英国雕塑家)、嘉宝和赫普沃斯二人的密友也谈到过, 写到过数学模型对他的工作的影响, 他在见到特奥多·奥利维耶 (Théodore Olivier, 1793–1853, 法国数学家) 所作的弦线图形 (见图 5) 并且自己也作了许多这样的数学模型以后, 也在 1938 年把弦线引入自己的雕塑, 而且后来认为这些是他最抽象的作品, 他说他 "曾经来到 South Kensington (伦敦的一个地区) 的科学博物馆, 为巴黎的 Fabre de Lagrange[①]所作的一些数学模型 …… 就是带有股沟的双曲面 …… 而着迷: 它是用彩色的线把框子的一点与另一点连接起来, 这样来显示中间成了什么样的曲面. 我从这里看到有可能创作出

---

　　① Fabre de Lagrange 是一个与著名数学家拉格朗日 (Joseph-Louis Lagrange 1735–1813) 同姓的人, 但是并非一人, 后者在 1813 年就去世了, 而这些模型则是在 1873 年制成的.—— 中译本注

他们的雕塑品, 我自己就做了几个." 摩尔认识到, 用弦线把突出之处连接起来可以构成一个分界, 把一件立体雕塑与它周围的空间分隔开来 (图 6), 弦线作出的分界使得可以看见所包围的空间. 摩尔和嘉宝对于数学模型各有不同的用处, 正如摩尔后来说的那样: "嘉宝发展了弦线的思想使得他的构造就是空间本身, 而我则喜欢立体与弦线的对比 …… 我让雕塑的外形有自己的意义 (就是内部/外部的形状), 然而除非每一部分都与另一部分相连接, 这个雕塑才是完成了的."

图 5　奥利维耶的《两个双曲抛物面》(1830).
感谢 Union College Permanent Collection 提供图片

图 6　摩尔的《弦线图形 No.1》(*Stringed Figure* No.1), 用樱桃木和弦线制成, 基座为橡木, 1937. 感谢 Hirshhorn Museum, Sculpture Garden, Smithsonian Institution, 和 Joseph H. Hirshhorn Purchase Fund 提供图片 (Lee Stalsworth 摄影, 1989)

7. 其他国家, 其他时间, 其他艺术家

7.1 瑞士和马克思·比尔

在 1930 年代中期, 马克思·比尔 (Max Bill, 1908–1994, 瑞士设计者、建筑师、艺术家) 对于单侧曲面感到入迷, 但是他不知道早在 1865 年, 德国数学家和天文学家莫比乌斯 [VI.30] 就已经发现了这样的曲面. 当时马克思·比尔需要设计一个楼梯井 (stairwell), 就独立地发明了自己的莫比乌斯带 [V.7§2.3], 就是悬吊一个用柔韧的材料做的很长的矩形带, 然后再适当地固定它的各个角 (1935).

多年以后当有人告诉马克思·比尔, 他的雕塑和一位数学的先行者莫比乌斯的工作的联系以后, 喜欢数学简单性的马克思·比尔就继续以拓扑学问题和单侧曲面为基础, 做出了多个雕塑 (见图 7) 来赚取佣金. 他在 1955 年写的一篇关于现代艺术中的数学方法的论文中写道, 数学对于一切现象都赋予有意义的安排, 这是理解世界时所不可少的. 对于马克思·比尔来说, 如果对一个数学关系给予了形式, "它就会发出不可否认的像是站立在巴黎的庞加莱博物馆里的空间的模型那样的美学诉求".

图 7　马克思·比尔的 *Eindeloze Kronkel*, 青铜制造.
感谢 MaryAnn Sullivan, Bluffton 大学提供照片

7.2 荷兰和爱舍尔

20 世纪后半叶, 对于数学和艺术的关系的兴趣出现了一个高潮, 特别是 1992 年以后, 世界各地的艺术家和数学家举行一个年度的会议来探讨在学科之间关系上的老思想和新思想. 在西方, 这种跨学科研究的普及在相当大的程度上是由于荷兰的图形艺术家爱舍尔 (Maurits Cornelis Escher, 1898-1972) 的非同寻常的图画和版画, 爱舍尔宁可称自己为 "图形匠人". 爱舍尔深感兴趣的是铺砖结构 (tessellation) 和那些在三维空间里做不出来, 但在二维空间里可以画出来的 "不可能的" 对象. 虽然

他的作品并不被认为是 20 世纪艺术的不可少的部分, 但是却被很多数学家和一般公众所欣赏. 他的最著名的工作有一部分就是以罗杰·彭罗斯 (Sir Roger Penrose, 1931–, 英国数学物理学家) 的彭罗斯三角形①和莫比乌斯带为基础的.

　　他由于结识了一些数学家并向他们学习而得到了启发, 这些数学家中有乔治·波利亚 (George Pólya, 1887–1985, 匈牙利出生的美国数学家, 他的名字在匈牙利文中的拼法是 Pólya György)、罗杰·彭罗斯和柯克斯特 (Harold Scott Mac-Donald Coxeter, 1907–2003, 加拿大几何学家, 他的朋友们有时就叫他 "Donald"). 1954 年在阿姆斯特丹举行的国际数学家大会为他的作品在Stedelijk 博物馆办了一个展览, 把他介绍给了数学界. 当罗杰·彭罗斯在这个展览上看到了他的版画《相对性》(*Relativity*) 以后, 他和他的父亲、遗传学家利奥奈尔·彭罗斯 (Lionel Sharples Penrose, 1898 –1972) 受到了启发, 创造出了彭罗斯三棍和彭罗斯阶梯, 并于 1958 年发表在 *British Journal of Psychology* 上, 还把此文抽印本寄给了爱舍尔. 爱舍尔把彭罗斯三棍和彭罗斯阶梯用到自己的两幅石版画名作里: 一幅是《瀑布》(*Waterfall*, 1961), 其中的水以永恒的运动从瀑布底下流向其最高点; 另一幅是《上升与下降》(*Ascending and Descending*, 1960), 其中画了一座建筑, 具有不可能的阶梯, 不断地上升或下降 (看您沿哪个方向走这个楼梯), 但是最后回到了相同的高度. 柯克斯特的领域是欧几里得平面或双曲平面的对称性, 但是很喜欢从数学观点来分析艺术家的作品. 爱舍尔和柯克斯特在这次数学家大会上相遇, 以后就开始了通讯来往直到 1972 年爱舍尔去世为止. 1957 年, 柯克斯特要在加拿大皇家学会作题为 "晶体对称及其推广"(Crystal Symmetry and Its Generalization) 的主席讲演, 并且想用爱舍尔这两幅画来解释平面对称性, 这样, 爱舍尔的工作就在数学界流传开来了. 1958 年, 柯克斯特寄了一封信给爱舍尔, 把这个讲演的抽印本寄给了他, 回信是一个请求: "您能否给我一个简单的解释, 怎样做下面这些圆, 使它们的圆心逐渐从外面趋向极限?" 柯克斯特的回答给了爱舍尔一点点有用的信息, 因为这封长信的其余部分都是这位艺术家看不懂的. 但是爱舍尔利用了这里的图形和自己尖锐的几何直觉, 作出了他想要的这些圆. 到了 1958 年, 爱舍尔就成了第一个在自己的作品中同时使用了三个主要的几何 —— 即欧几里得几何、球面几何和双曲几何 —— 的版画艺术家②. 当时, 柯克斯特对于一位艺术家未经专门数学训练就能做出如爱舍尔在 1958 年的木刻画《极限圆Ⅲ》(*Circle Limit* Ⅲ) 中的那么准确的 "等距曲线" 大为吃惊. 爱舍尔时常说他对于数学几乎是一无所知, 但是他的许多版画都是直接应用数学的产物. 数学家 Doris Schattschneider 曾经说过爱舍尔是

---

　　① 又称 "彭罗斯三棍"(Penrose tribar), 是由三根断面为正方形的棍子构成的, 见文末附图. 最早是由瑞典的画家 Oscar Reutersvärd 在 1934 年创作出来的, 而罗杰·彭罗斯在 1950 年代又独立地创作出了它, 并加以普及, 爱舍尔的工作使它大行其道.—— 中译本注

　　② 就是下文讲的版画《极限圆》, 这样的画有好几张, 标题都相同, 实际上就是罗巴切夫斯基平面的庞加莱模型, 这些画对于讲授非欧几里得几何是很有用的.—— 中译本注

"一位私下的数学家", 因为他的很多作品都依赖于他对数学问题的追求, 而这些问题或者是他感兴趣的或者来自他与数学家的交往, 而他把这种交往说成是 "干柯克斯特的事". 然而, 他确实写过, 他更愿意自己来解决和理解这些问题.

　　爱舍尔除了在艺术和数学上留下了自己的遗产外, 对于晶体学家也有重要的影响: 他们利用他的对称性的图画来作分析. 晶体学家 Caroline MacGillavry 曾经指出, 爱舍尔开始了对彩色对称性的研究, 而且在 1941–1942 年间创造了一个分类系统, 比晶体学家开始这方面的研究要早好几年, 而这个领域后来成为一个活跃的领域. 国际晶体学联盟 (The International Union of Crystallography) 后来委托爱舍尔为 1965 年出版的 MacGillavry 的《爱舍尔的周期画作的对称性侧面》(*Symmetry Aspects of M. C. Escher's Periodic Drawings*) 一书作插图, 其目的是 "引起学生们对于重复的设计及其着色规律的兴趣".

7.3　西班牙和达利

　　我们已经看到, 有些艺术家是受到自己的数学知识的直接影响的, 有些则是由于不太直接的对于数学思维的欣赏, 还有一些则是由于数学模型的吸引力, 还有一种类型的联系则可以用超现实主义艺术家萨尔瓦多·达利 (Salvador Dalí, 1904–1989, 西班牙画家) 与数学家兼图形艺术家班卓夫 (Thomas Francis Banchoff, 1938–, 美国数学家) 的关系作为一个例子. 班卓夫现在是美国布朗大学的数学教授, 因在三维和四维的微分几何的研究而知名, 从 1960 年代晚期以来, 他又涉足计算机图形学的发展. 1954 年, 达利的耶稣被钉死在超立方体十字架上的名画被引用到 1975 年关于班卓夫的开创性工作的论文中, 这个工作是关于应用计算机动画来说明三维以上的几何学的. 这件事导致在以后的十年时间里班卓夫和达利的多次会见, 来讨论超立方体和几何以及艺术的其他侧面, 于是作了一个计划来设计一个很大的马的雕塑, 使它只从一个位置看起来才是现实的. 达利最终想出了这样一匹马, 使得马头位于观看者的前方, 但是马的臀部在月亮上的什么地方. 很明显, 这只是一个想象中的计划, 达利使用了从达芬奇以来的许多艺术家都使用过的斜透视 (anamorphosis). 达利很珍惜他和科学家、数学家的相互交流, 后来说: "科学家给了我一切, 包括灵魂的不朽." 达利也去会见法国数学家托姆 (René Frédéric Thom, 1923–2002, 法国数学家, 突变理论 (catastrophe theory) 的创立者) 讨论突变理论, 而在 1983 年他想用一系列画来表现这个理论, 而这成了他最后的计划.

7.4　其他的新近的发展: 美国和弗格孙

　　迄今我们所看到的都是数学如何影响艺术, 有时, 艺术家也会真正地创造数学, 例如用仔细选择的数学方程来作出雕塑作品. 著名的美国数学家/雕塑家弗格孙 (Helaman Rolfe Pratt Ferguson, 1940) 就把他的时间平分, 一半用于数学, 另外一半用于在艺术中解释数学. 作为数学家, 他设计用于操作机器和作科学可视化的程序. 1979 年, 他找到一个方法来求出两个以上的实数或复数的整数关系, 后来被提名为 20 世纪十大顶尖算法之一. 作为艺术家, 他雕刻石头. 1994 年, 他请数学家格雷 (Alfred Gray, 1939–1998) 作出 Costa 曲面的方程 (Costa 是一个研究生, 他发明了一个方程来描述有洞的极小曲面), 这样他就能够把这个曲面雕刻出来 (见图 8). 格雷用魏尔斯特拉斯 ς 函数做出了这个方程, 它可以和数学软件 Mathematica 一同使用, 使弗格孙能够做出这个石雕. 弗格孙把他的艺术看作是从一个应用数学问题里导出来的, 而这一点应用数学则是在前两个世纪的长程里发展起来的, 他说过:

> (普拉托 (Plateau)) 从自然界的肥皂泡开始, 写下了一个微分方程 (欧拉–拉格朗日方程) 作为描述极小曲面的数学模型, (高斯) 用曲率概念从几何上来定义一个极小曲面, (Costa) 发现了一个具有非平凡的拓扑的极小曲面, (Hoffman-Hoffman) 作出了这个曲面的计算机图像, (Hoffman-Meeks) 认识到它的对称性, 并且证明了这个曲面是不自交的, (Gray) 找出了这个曲面的快速的参数方程, 最后我[①]用一个雕刻回馈给自然, 是一个 "肥皂泡" 的坚固的立体形状, 使您可以触摸它, 爬到它上面去.

图 8　弗格孙的看不见的握手 II: 一个具有负高斯曲率的三重的有孔的环面.
感谢艺术家作者同意使用图片

7.5　美国和托尼·洛宾

n 维几何学的发展对于许多其他欧洲和美国艺术家也留下了强有力的影响, 而这一点一直延续到 20 世纪末. 在 1970 年代, 由于计算机图形学的发展, 数学

---

①　"我" 字是中译本加的. —— 中译本注

家和艺术家的这个兴趣又起了高潮. 这在美国艺术家托尼·洛宾 (Tony Robbin, 1943–) 的工作中可以找到例子, 他探讨了在绘画、版画和雕刻中维的概念 (见图 9). 托尼·洛宾是学数学的, 1979 年他在班卓夫的并行计算机上工作, 第一次成功地作出了可视的四维立方体, 这件事从根本上改变了他的艺术, 引导他发展了一些二维的作品来表现第 4 个空间维. 他在自己的书《Fourfield: 计算机、艺术和第 4 维》(*Fourfield:Computers, Art & the 4th Dimension*, 1982) 中说: "当第四维成了我们的直觉的一部分时, 我们的理解就会高高翱翔"[1]. 托尼·洛宾的某些作品、绘画和版画把图形显示在独立的不同平面上, 就是显示在复迭的空间里, 所以在 3 维空间中不能充分地看见. 如果观看的人想要看到两个在同一地点和同一时间的图像, 就可以把两个图像相对地作一个旋转 (就好像从 4 维空间作投影那样), 然后用红光和蓝光照射托尼·洛宾的墙壁浮雕, 戴上 3D 眼镜 (两个镜片一红一蓝) 就会生成 4 维图像的完全的立体效应. 在数字版画中, 托尼·洛宾用直线和多面体代表 4 个维, 而 2 维图像则是高阶的对象的影子.

图 9 托尼·洛宾的 *Lobofour*. 用画布上的丙烯酸塑料 (acrylic) 和金属杆制作, 1982. 现由作者洛宾本人收藏

7.6 海特和画室 17

1927 年, 英国超现实主义者和版画制作者海特 (Stanley William Hayter, 1901–1988) 决心复兴几乎失传的凹雕 (相当于我国镂刻中的阴文) 制版 (intaglio) 技术, 并在巴黎建立一个试验性的工作室, 这就是 "画室 17". 前面说过德萨格的一个朋友亚伯拉罕·博斯当时经营一家著名的画室, 教授镂刻艺术并推广透视学. 在那里

---

① Fourfield 和 Lobofour 都是托尼·洛宾自己造的词. 艺术家们如上面说到的杜尚, 固然有志于表现第 4 维, 但是科学探索的深度和技术发展的程度都不容许他们做得更好. 到了托尼·洛宾的时代, 由于计算机图形学的发展, 这件事已经成了可能. 托尼·洛宾的工作进一步模糊了科学和艺术的界限, 而且为许多物理科学和计算机科学的发展提供了新的平台. 从他的书名可以看到, Fourfield 字面上是第 4 个域, 实际上就是第 4 个空间维. 而图 9 标题中的 Lobofour 则把低维空间的一些技巧应用到第 4 维去. 因为没有找到更多的相关资料, 这里只好直接使用原文而不加翻译. —— 中译本注

我们说过, 这个画室后来又在巴黎和美国恢复起来, 就是指画室 17 在 1927 年以后
重新建立, 但是不久后爆发的二战迫使海特把这个画室搬到纽约, 从 1940 到 1950
经营了十年之久, 然后又回到巴黎. 海特清楚地看到, 许多使用他的设施的艺术家
是在用这样一个空间来从事工作, 而 "这个空间与从文艺复兴的经典的表现的窗口
里看到的空间是不同的", 而那种文艺复兴的表现方法, 当镂刻艺术在一百多年前兴
盛的时期就已经存在了. 画室 17 的建立对于版画作为一种独立的艺术形式的复兴
有中心的意义, 而海特对于数学在制版的试验性技术中的意义是很敏锐的 (这种技
术自 19 世纪以来一直在进化). 海特说: "人对于 (数学和物理学中的) 空间及其力
量的自觉性一直在增长, 这一点反映在新的非正统的用图像来表现时空的方法上",
所以 "物质和空间的许多性质原来只是由科学家以图表来概略地表示的, 现在得到
了图像的有情感的表示形式". 一个 20 世纪的版画制作者可以在画的平面上方安
排一些透明的网来定义平面, 特别是可以把镂刻的底板上挖出空间来 —— 甚至可
以一直抠到底板的底 —— 艺术家可以在画的平面前方作一个投影. 虽然艺术家可
能早就在应用这样的技术, 但是一直到 19 世纪末凹雕制版技术受到了摄影术的挑
战时, 这一点才变得很重要. 他们是在用抠空的方法来创造出第 3 个维. 海特也在
他写的《论制版术》(*About Prints*, 1962) 一书中讲述了亚伯拉罕·博斯 17 世纪的
画室是怎样组织的, 并且在 20 世纪的巴黎重建了它.

海特对于数学的兴趣在二战中以比较实用的方式表现出来, 他和艺术家以及艺
术赞助人罗兰·彭罗斯[1](Sir Roland Algernon Penrose, 1900–1984. 在二战中他把自
己的艺术才能用于伪装术) 等人合作, 建立了一个搞伪装的单位,《艺术新闻》(*Art
News*) 在 1941 年报道说, 他们

> 造了一个装置, 能够复制一天中的任意时刻和一年中任意一天在任意纬度处太
> 阳的倾角以及太阳投射的影子的长度, 这种由转盘按周刻上了尺度的圆盘构成
> 的允许按季节取不同倾角的复杂装置, 正是他喜欢的管用的数学.

8. 结论

西方艺术以及数学在 20 世纪中有复杂的富有成果的联系. 嘉宝、摩尔、比尔、
达利和杜尚是受到数学影响的著名艺术家, 而庞加莱、班卓夫、彭罗斯和柯克斯特
则是影响了他们的数学家. 而在相反的方向上, 20 世纪的数学家和他们的 15 世
纪、16 世纪的先行者一样, 也时常转向艺术来探求和展示或者仅仅是更有说服力地
来解释他们的数学的意义. 他们也把自己的创造过程比作艺术家的创造过程. 正如
法国数学家韦伊[VI.93]1940 年在军事监狱里给他的妹妹作家西蒙娜·韦伊 (1909–
1943) 的信中说的那样: "当我发明 (我说的是发明而不是发现) 一致空间 (uniform

---

① 他是一位艺术家、历史学家和诗人, 是英国主要的收集超现实主义作品的收藏家, 是罗杰·彭罗斯
的叔叔.—— 中译本注

space) 时, 我并没有一种与抵抗着我的材料打交道的印象, 而是有一种职业雕塑家做一个雪人玩时必定会有的印象."

进一步阅读的文献

Andersen K. 2007. *The Geometry of an Art*: *The History of the Mathematical Theory of Perspective from Alberti to Monge*. New York: Springer.

Field J V. 2005. *Piero della Francesca*: *A Mathematician's Art*. Oxford: Oxford University Press.

Gould S J, and Shearer R R. 1999. Boats and deckchairs. *Natural History Magazine*, 10: 32-44.

Hammer M, and Lodder C. 2000. *Constructing Modernity*: *The Art and Career of Naum Gabo*. New Haven, CT: Yale University Press.

Hendersen L. 1983. *The Fourth Dimension and Non-Euclidean Geometry in Modern Art*. Princeton, NJ: Princeton University Press.

Hendersen L. 1998. *Duchamp in context*: *Science and Technology in the Large Glass and Related Works*. Princeton, NJ: Princeton University Press.

Jouffret E. 1903. *Traité Élémentaire de Géométrie à Quatre Dimensions et Introduction à la Géométrie à nDimensions*. (A digital reproduction of this work is available at www.mathematik.uni-bielefeld.de/-rehmann/DML/dml_links_title_T. html.)

Robbin T. 2006. *Shadows of Reality*: *The Fourth Dimension in Reality, Cubism, and Modern Thought*. New Haven, CT: Yale University Press.

Schattschneider D. 2006. Coxeter and the artists: two-way inspiration. In the *Coxeter Legacy*: *Reflections and Projections*, edited by C. Davies and E. Ellers, pp. 255-280. Providence, RI: American Mathematical Society/Fields Institute.

中译本附图

下面附上几幅从网上下载的图片 (它们来自谷歌·图片, 键入作者的名字就可以找到这些图片). 目的是帮助读者了解正文的有关内容.

附图 1   杜尚的《被她的单身汉追求者们甚至剥光了衣服的新娘》,
上图是放在框子里的, 下图则是平面图

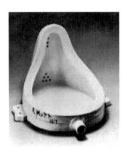

附图 2　杜尚的《喷泉》

附图 3　彭罗斯的《三棍》(tribar)

第 VIII 部分　卷末的话: 一些看法

VIII.1　解题的艺术

A. Gardiner

哪里有问题, 那里就有生活.

Zinoviev (1980)

"题" 或 "问题", 英文是 "problem", 这个字在英文里有一点负面的言外之意, 就是有一种不受欢迎的无法释怀的紧张. 所以, Zinoviev 的这一段警语是很重要的: 问题是生活的特征, 当然也是数学的特征. 好的问题能把心智集中起来: 它们挑战也使您懊丧; 它们培育雄心, 也培育出谦逊; 它们暴露出我们的知识的界限, 也把更有力的思想的潜在源泉显露出来. 与此相对照, "解" 字暗示着这种紧张的释放或缓解. 所以, 把这两个字放在一起成为 "解题", 就可能使得天真的人以为会有某种 "秘籍" 或者程序, 像做按摩似地使得这种不受欢迎的紧张得到舒缓. 这是不可能的, 不会有这样的秘籍.

为什么我们不讲真话? 没有任何人对于这样的程序 …… 能起作用, 有哪怕是最模糊的概念, 而把它叫做 "程序", 可能就已经在做一个危险的假设.

Gian-Carlo Rota, 见 (Kac et al., 1986)

"问题" 就是一种人们想要去懂得它、解释它、解决它的东西. 人们开始时想把它归类为某种比较熟悉的 "题型", 但是它总是溜过了这个企图. 遇到这种 "问题" 的经验总是使人不安的: 可能最终证明人们对它比原来设想的更加熟悉, 但是那个将来的解决者, 开始时是被抛弃在一块既没有指路牌也没有明显车辙的地方. 有些人 (例如波利亚及其新近的追随者) 曾经试图设计出一种万能的 "解题元路线图". 但是那种几代研究生都很熟悉的痛苦地沉溺于问题之中的经历是没有轻松的替代物的.

那些宏大的一般原理可能有助于人们了解这种经验的意义, 但是大概不会有多大的具体帮助. 例如, 我们可以看一下笛卡儿[VI.11] 在《方法论》(*Discourses on Method*) 一书里提出的四条一般原理:

第一是切勿将我尚未清楚知道其为真的东西视为真理. 第二是把正在考察的困难分解为尽可能多的充分求解所必须的部分. 第三是依照如下的次序进行思考, 就是从最简单最容易之处开始 …… 终能一步一步地上升到更加复杂处. 最后 …… 列举各种情况应尽可能完备 …… 以确定我没有遗漏任何东西.

笛卡儿的原理值得仔细思考, 但是我们很难接受这样的想法, 就是笛卡儿因为系统地应用了这四条原理就能几乎独立地创造出我们今天所知道的解析几何! 在仔细地研究创造过程的细节中, 针对具体问题的从无穷无尽的手手相传的经验中提炼出来的 "诀窍", 很可能比任何一般原理重要得多. 把 "解题的艺术" 讲得头头是道, 听起来给人深刻印象, 却是不负责任的. 但是对如何解题什么也不说也会把人引入歧途. 这两种选择都不能让我满意 —— 但是, 学生、老师和未来的数学家们, 最可能遇到的对于 "解题的艺术" 的回应就是这两种! 在中学里教 "解题法", 时常会使学生把数学误解为 "主观地确定题型". 数学家们则时常不是在大学水平上纠正这种扭曲, 而对于严肃的数学问题究竟是**怎样**解决的这样一件非常神秘只能私下传授的事情, 在公众面前保持一种慎重的沉默. 所以, 对于爱好数学的读者认真地讲这个主题时, 本文在很大程度上只能从头开始, 慢慢讲下去. 所以, 我们一开始要给一个警告, 解题这个主题是很值得探讨的, 但是我们要迂回地进行, 我们的结论时常只是隐含的. 我们一路上会遇到来自许多资料的引述, 这也就可以看作是给想要更详细地继续研究这个主题的读者一个初步阅读的单子, 但是切勿忘记: 要想对一门手艺真有洞察的唯一方法就是亲自去**实践这种手艺**. 数学确实可以看成是 "科学的皇后", 但是, 如何搞数学却一直是一门手艺, 它是按照传艺的古老传统来传授的, 那就是只能通过痛苦的启蒙才得入门. 在文末进一步阅读的文献栏目中, 我们列出了几本不同水平的问题集 —— 时常只用到比较初等的材料, 这里我们只能将就讲一个简单的例子.

问题 对于所有的正整数 n 和 k, 证明存在三角数[①] 同余于 $k \pmod{2^n}$.

希望读者在往下读以前自己探讨一下这个问题, 并且一路记下经过了哪些明显的阶段: 开始是茫然无知, 经过探讨和组织的阶段, 最终登上顶峰, 解决了问题, 同时还有一个意愿, 即在更广泛的数学的上下文中找到这个孤立的挑战的位置.

数学在很大程度上是一片未开发的 "心智的宇宙", 最初是探险旅行和绘制地图, 然后是殖民化, 常规的横断旅行, 以致建立有效的行政管理. 总之, 它在许多方面都类似于前几个世纪地理大发现的探险家们的所作所为: 抛弃旧世界海岸的安全界限, 以及想象和探讨新的东西, 都需要心智上的勇气.

这些数学探险家中最卓越的是那些 "系统建造者", 他们就是那些确定了数学的新大陆, 或者发现它与已知土地有深刻的、意料以外的桥梁的人. 他们最初的动机可能来自特定的问题, 分析这些问题暗示了前所未见的结构的要点; 但是系统建造者的焦点就转向了更大的图景: 试着去确定或弄清在 "数学的整体" 之下各个结

---

①三角数就是等差数列之和. 如果用黑点表示数, 这个数列的各项就排成三角形的形状. 这个名称可能来自毕达哥拉斯学派.—— 中译本注

构的联系. 这种探险时常是几乎一无所获 —— 他们可能已经接近于一个遗失的宝藏之国, 但是又没有足够的金钱来证明这一点. 这些探险家中有一些后来被看成是伟大的预言家或发现者, 但是这样的承认又可能是变幻无常的: 获得这种荣誉的人可能不是第一个看见他们所许诺的特定的土地的人; 他们可能并没有领会到他们跌跌撞撞的发现的意义, 或者没有最终看到它与已知的数学土地是有联系的; 他们的成功还可能依赖于更早的人们的企图; 他们得到的赏金给同时代的人印象也不如我们想象的那么深刻.

系统建造者的每一个胜利都植根于对于 "局部的数学" 的详尽的知识, 而这些知识可能是来自数学风格很不相同的工作 —— 不妨说是像是那种海滩上拾贝壳的人的数学. 这种人最擅长的就是去探索已知的数学海岸线, 用某种第六感去搜寻看来可疑的石块, 因为在这些石块下面, 就在我们的门口, 就藏着我们完全没有想到的、错综复杂的微小世界. 当大探险家们的目光扫视得越来越远的时候, 这些探险家在自己身后就留下了令人烦恼的空隙, 就是没有解决的问题 —— 有朝一日就会有一个在海滩上拾贝壳的人来加以解释, 为新的综合开辟道路.

系统建造者和海滩上拾贝壳的人代表了两种不同的心智风格, 但是他们的贡献是互补的. 在数学宇宙的进化图景中, 小范围的洞察和大范围的洞察必定是以某种方式互相配合. 所以, 海滩上拾贝壳的人的偶然发现会以某种料想不到的方式贡献于我们对于整体的数学宇宙的未来的概念.

当我们想把前面开始时的评论变得更明确的时候, 对于这些不同的风格必须牢记在心. 我们在开始的时候是以孔涅 (Alan Connes, 1947–, 法国数学家, 曾获得 1982 年菲尔兹奖和 2001 年 Crafoord 奖) 关于数学活动的三种水平的说法为基础的, 这个说法有一种表述如下:

> 第一个水平是由计算的能力来定义的, 就是能够快速而可靠地应用某个给定的算法. …… 当能够按照某个特定问题的上下文来改造和批评现存的计算方法, 第二个水平就开始了 …… 在数学里这时常就使得能够解决不太难、不需要新思想的问题 …… 第三个水平是这样的水平: 所想要解决的问题是当心智或者说有意识的思想在关注于另一个问题时 …… 就已经下意识地解决了. …… 在这个水平上, 已经不是解决某个特定的问题的事; 也可能发现 …… 数学的一个部分, 而这是以往已知的全部数学所不能直接达到的.
>
> ——Alan Connes, 见 (Changeux and Connes, 1995)

孔涅的第一个水平是在于**柔韧的技术**的发展一种可以变化的技术, 就是在于以相对标准的途径来应用已知的程序时做到流畅、准确和有自信心. 我们只是要强调它的重要性, 以后就不再去谈它了! 关于 "解题的艺术" 的讨论都预先假设了具有适当的多变化的技术, 也只有在这个前提下, 这样的讨论才有意义.

孔涅的第二个水平就包括了数学家们日常所从事的绝大部分 (如果不说是全

部的话) 的严肃的数学研究. 真正的问题就是在这个水平上以各种形式出现的, 其范围包括了: (i) 对于年轻的未来数学家训练的延伸 (要去攻读中学几何、难题集和解题的刊物、奥赛中的问题等等, 它们的材料是这样设计的, 使得未来的解题者必须会对已知的方法作选择、进行改造和以意想不到的方式把它们组合起来); (ii) 真正的研究问题, 是那些用现有的方法以一种富有想象力的方式选择、改造和组合就大体能解决的问题.

在上面说到的三角数的问题中, 第一个水平就包含了直接把文字翻译成符号, 成为同余式 $m(m-1)/2 \equiv k \pmod{2^n}$, 或者写成 $m(m-1) \equiv 2k \pmod{2^n}$. 然后对于任意给定的 $n \geqslant 1$ 对所有的 $k \geqslant 1$ 解出 m 来. 第二个水平可能包含了对于不大的 n 值系统地看一下会发生什么情况, 由此提出简单的猜想, 而证明了这个猜想以后问题就能解决, 下一步就是给出必须的证明.

有一种诱惑使我们想说孔涅的第三个水平, 按下面引文的意义是 "说不清道不明" 的, 下面是卡茨 (Mark Kac, 1914– 1984, 波兰裔美国数学家) 的一段话:

> 在科学中, 也和在人类事业的其他领域中一样, 有两种天才, 就是 "普通的" 天才和 "魔术师". 普通的天才是这样的人, 如果您比起 [现在的我] 好上许多倍, 就可以和他一样好. 在他的心智如何工作上没有什么神秘之处. 只要我们懂得了他做到了什么, 我感到我肯定也可以做得到, 这和魔术师不同, 他们在……我们所处之地的正交补空间里, 他们的心智的工作就内容和目的而言都是我们所不能理解的. 甚至在我们懂得了他们所做的事情以后, 他们工作的过程对于我们还是一团漆黑. 他们极少有学生, 甚至没有, 因为无法仿效他们, 想要跟上一位魔术师的心智工作的神秘方式必然极为令人沮丧.

—— 见 (Kac, 1985)

然而, 人们这样就会认为这个水平上的工作是如此不同寻常, 而与常人没有什么关系了, 但是事实上, 我们对于 "解题的艺术" 的最重要的洞察恰好来自这种 "魔术师" 如庞加莱[VI.61] 的个人证词, 他所说的话暗示了: 孔涅的第三个水平的最好的数学家的经验与通常的学生及数学家在处理更为世俗的、自己力所不及的问题时的经验有明显的平行之处. 就是说, 如果让他们自己笨拙地胡乱摸索, 要求他们在自己的 "现有的知识总体无法使他们直接去处理时" 去处理问题, 则他们也会像魔术师那样行事. 在上面关于三角数的问题中, 一个从来没有和 "二项系数的同余" 打过交道的解题者可能把关于 $\dbinom{m}{2} \pmod{2^n}$ 的朴素证明修改得也能包括更麻烦的 $\dbinom{m}{3} \pmod{2^n}$, 并且认识到尽管这个朴素的途径不能拓展到 $\dbinom{m}{4} \pmod{2^n}$, 但是有更加一般的神秘隐藏在暗处.

这样, 我们用 "问题" 这个词是指至少是孔涅说的**第二个水平上的严肃的数学挑战**, 也就是按孔涅的第二个和第三个水平的数学活动的精神来解释什么是 "问题". 所以任何一个对于求解数学问题的艺术的分析, 都需要多少反映在这两个较高水平上的活动的经验. 与此相反, 有一个教育学上的假设, 是绝大部分把 "求解" 带到教室里去时所作假设的基础, 那就是想把 "解题" 这种微妙的过程归结为一组适合**孔涅的第一个水平的规则**!

一个问题远不是一个困难的练习题. 请考虑下面的问题：什么时候一个 "问题" 不能算是问题？有一个答案很清楚, 如果它**太容易**就不能算是问题！然而, 许多学生和教师倾向于拒绝那些他们不太熟悉的或中度令人迷惑的问题, 理由就在于它们看来**太难**. 他们只要求把数学限制为一串可以预知答案的练习, 所以认为太难这样的反应也就是可以理解的了.

我们中大多数人是把数学看成标准的技巧的集合来学习的, 我们就用这些技巧来在答案可以预知这个前提下 (即孔涅的第一个水平) 去解决标准的问题. 学数学的学生和运动员、音乐家一样需要学习技巧, 然而, 正如运动员训练是为了**比赛**、音乐家实践是为了**做音乐**一样, 数学家之所以需要技巧也是为了通过解决一些具有挑战性的问题从而来**做数学**. 每一件新出版的音乐作品在新手看起来一开始是混淆不清的一排排黑色小豆豆. 但是新手通过一句句地研究这件作品, 这件作品就慢慢有味道了, 展示出原来被忽视的内在的联系. 当我们遇见一个不熟悉的数学问题时, 很大程度上也是这样的. 一开始, 我们可能根本不懂这个问题, 但是当我们努力来搞清它的意义时, 我们正常地会发现迷雾慢慢消去.

> 两只老鼠掉进了一罐牛奶里, 其中一只在游泳了一段时间以后感觉到自己注定没命了, 于是就淹死了. 另外一只一直坚持, 最后发现牛奶已经变成了奶油, 它就跑出来了.
>
> 在二战的前一段, 卡特莱特小姐 (Mary Lucy Cartwright , 1900–1998, 李特尔伍德的长期合作者) 和我就被淹没在范·德·玻尔 (van der Pol) 方程里面了[①]…… 我们一直干下去 …… 关于 "结果" 没有任何前景, 突然之间范·德玻尔方程的解的精细结构的全部景观就戏剧性地出现在我们眼前.
>
> —— 见 (Littlewood, 1986)

1923 年哈代[VI.73] 和李特尔伍德 [VI.79] 对于由素数构成的长度为 k 的算术数列 (以下简记为 AP) 做出了一个猜想, 一个可能的推论就是素数集合中含有任意长度的 AP. 面对着宣布这样一件事, 很自然地会去寻找全由素数组成的 AP！但是如果这样去试一试, 很快就会接近我们现在已知的极限：前三个奇素数 3, 5, 7 构成我们很熟悉的长度为 3 的 AP. 但是更长的 AP 却极为难以捉摸 (到 2004 年由

---

① 当时他们在研究与雷达有关的数学问题, 主要是范·德·玻尔方程的问题.—— 中译本注

不同素数所成的 AP 的长度记录是 24, 但是这些素数本身以及这个 AP 的步长都是天文数字). 尽管证据是如此无望地稀少, 就在 2004 年, 格林 (Ben Green) 和陶哲轩证明了素数集合中含有任意长度的 AP. 他们的证明是取得重大进步的方式的一个很好的例子. 在取得一个重大进步时, 时常一是需要对已知结果 (在这个例子里是 Szemerédi 的深刻结果) 作详细的重新估计, 二是需要横向思维 (格林和陶哲轩把素数集合嵌入在所谓 "几乎素数" 的一个自然的比较稀疏的集合中, 而素数只占其中一个非零的百分比), 最后还要把决心和聪明才智结合起来, 这样才能不负所望.

要想让相对比较初入门的读者获得李特尔伍德的经验 (就是迷雾突然消散) 的真谛仍然是一个挑战, 达到这个目的的办法是: 或者通过去作解题时间上受到限制的题目 (例如 (Barbeau, 1989; Gardiner, 1997; Lovasz, 1979) 等书中的题目), 或者是通过一板一眼的研究 (例如可见 (Gardiner, 1987; Ringel, 1974) 这些书). 在格林和陶哲轩宣布他们的证明的那一年, 英国数学奥赛出了下面的题目, 希望读者们去试一试.

问题 在由 7 个不同素数组成的 AP 中, 最大的素数的可能的最小值是多少?

这个挑战可能使任意一本介绍性的数论教本活跃起来, 也可以给出与新近发展的链接. 对于新手来说, 从哪里下手远不是很明显的, 但是基本思想是初等的 (而且在某种意义下是 "已知的"), 如果您相信迅速而聪明地进行大规模的计算是很有价值的话, 也可以用这样的方法来生成自然的长度为 4, 5, 6, 7, 8 的 AP.

> 大发现解决大问题, 但是解决任何一个问题都包含了一点点发现. 您的问题可能不太大, 但是如果它能挑起您的好奇心, 使您的发明的功能活动起来, 而且如果您能够自己来解决问题, 就能体验到创造的张力, 享受发现的胜利. 在适当的年龄上有这样的经验就可以产生心智工作的胃口, 在您的心智和性格上留下终身的烙印.
>
> ——引自 (Pólya, 2004) 第一次印刷本序言

波利亚在这里怎么说也是太有保留了. 在这里, 重要的区别并不在于哪些算是 "已知的", 哪些算是真正 "有独创的", 而是在于按照孔涅的精神第一个水平上的数学活动和按照孔涅的精神第二个水平及第三个水平上的数学活动的区别何在. 要想看到这种区别, 不可避免地需要通过一些问题, 而这些问题**对于有些人是已知的**, 所以, 我们应该收集和使用一些好的 "适中的问题", 而不必因为它对于有些人是已知的而有歉意. 乌拉姆 (Stanislaw Marcin Ulam, 1909–1984, 著名的波兰裔美国数学家) 就说得更直接了:

> 我向父亲学下国际象棋 …… 马的走法使我很入迷, 特别是可以用一个马同时威胁对方的两个棋子. 虽然这只是一个简单的策略, 我却认为很了不起, 从此以后我就爱上了下棋.

同样的过程也能够用于数学才能吗? 一个孩子可能偶然对于数有了令他
满意的经验, 以后他就会做进一步的实验, 建立起一个经验的仓库, 这样来扩
大他的记忆.

—— 见 (Ulam, 1991)

如果孩子发现, 在三连线游戏 (tic-tac-toe)① 中如果能占一个角, 从而能同时
有可能完成两个三连线, 而对方最多只能反击其中一条线, 这时他也会感到一种欢
乐——尽管这个发现不是很深刻, 而且欢乐维持的时间也比较短. 这样一个找到双
向策略的欢乐与下面这些情况多有共同之处: (i) 日常语言和玩笑话以及作诗时的
双关语 (double entendre), (ii) 在认识到一个音乐主题的细微变化时的几乎是物理
的反应, (iii) 当我们遇到一种基于未曾料到的同构而得到一种计数方法或找到数学
中本质上有两面的 "反证法" 时我们的大脑对它的欣赏. 这种隐藏着的模糊之处以
及双重含义, 与**类比**给各个时代的数学家的指引与欢乐显然是有联系的 (只不过我
们对此所知甚少).

巴拿赫有一次告诉我, 好的数学家能看到定理或理论之间的类比, 而最好的数
学家能看到类比之间的类比.

—— 见 (Ulam, 1991)

Koestler 在他的发人深思的书《创造的行动》(*The Act of Creation*, 1976) 中指
出, 科学和文学的 "创造" 时常来自识别和利用 "具有内在对立的双重含义"(Koestler
套用 association(联系) 一词创造出另一个词 bisociation(不妨译为 "双系")) 来描述
下面这个情况: 就是在两个自身相容但是通常互不相容的参考系下面觉察到同一
个情况或思想 L ⋯⋯ 可以说事件 L 同时以两个不同的波长震荡"). 他正是按照
这个精神来分析人类对于悲剧的或喜剧的幽默的反应, 来开始他的研究, 包括选择
了一些可以归之于冯 · 诺依曼[VI.91] 的笑话.

在乌拉姆前一段引文中的问题: "同样的过程也能够用于数学才能吗?" 听起
来是很单纯的, 其实是鞭策我们不只是要使孩子们 "对于数有了令他满意的经验",
而且要使孩子们能识别出数学的其他精髓的侧面, 确保孩子们在中学 (和大学本科)
水平上就能够体验到它们而久久难忘. 特别是如果真有 "解题的艺术" 这么个东西,
我们就要学会怎样忠实地有效地用经典的初等数学为媒介, 把它传授给那些接近于
开始数学研究的人或者是那些对于数学还没有准备献身的人.

人们常说, 波利亚的小书《怎样解题》(*How to Solve it*) 给出了这个问题的答
案. 但是它并没有. 波利亚是一位先驱者, 他想在数学家中间引发一场关于 "启发

---

① 三连线游戏 (tic-tac-toe) 是这样一种游戏: 在一张纸上横竖各划分为三格这样得到九个方格, 如果
某一方通过某个办法 (例如回答写在这个方格里的特定的问题) 能占领三格连成一线 (横、竖、斜线均可),
就算是取胜. —— 中译本注

术"① 的大辩论, 这场辩论事实上从来没有真的开始, 但是他的初步限于低水平的企图却得到了人们缺少分析的拥护.

波利亚在《怎样解题》一书中就特定问题所写的东西大部分都是有意义的; 但是他关于 "怎样帮助学生解题" 的一般结论却稍欠说服力. 结果, 对这本书上绝大部分的一般理论概括都需要极其小心地去阅读, 例如, 波利亚建议 "当老师在班上解一个问题时, 应该把自己的思想戏剧化一点, 应该把他用来帮助学生的那些问题都问一下自己", 这一点完全正确, 但是当他有信心地得到下面的结论说: "由于这样的导引, 学生们最终会 …… 获得比任何知识更重要的东西", 虽然在正确的背景下, 这可能是对的, 但是作为对于学习效果的一般命题, 它一般是不对的.

类似的结论被广泛地用来论证在中学数学里加上一个全新的分支 "问题求解" 是正确的 (例如参看 NCTM(1980) 和 www.pisa.oecd.org), 但是这个分支的成长是以**牺牲**对于 "特定的数学事实" 的掌握为代价的, 而解题的活动正是依赖于它的.

波利亚和其他人坚持中学数学应该包括一定份量的好问题, 这是正确的, 而教育者也有责任不仅是向学生们传授这门学科的技术和内在的逻辑结构, 还要让他们得到这样的经验, 就是通过艰苦的努力、来发现隐藏在有许多步骤的问题下面的数学, 并且用仔细地有步骤地研究来找出它们. 有幸波利亚还写了四本书 (Pólya, 1981, 1990) 来说明这个更广泛的问题, 在这四本书里, 焦点在数学, 而词语就比较有节制了:

> 让我们学习证明, 也学习猜测 …… 我不相信有一种万无一失的学习猜测的方法. 无论如何, 就算是有这样的方法, 我也不知道, 而且很肯定, 我也不冒充能在这本书里提供这样的方法 …… 似然的推理是一个实际的技巧, 和所有实际的技巧一样, 它只能通过模仿和实践来获得.
>
> ——见 (Pólya, 1990, 第一卷)

这四本书是每一个认真的数学教育者、研究生和教数学的人必读的. 然而, 波利亚和其他人都没有能说明怎样能在标准的中学数学教学大纲**内部**发展解题的艺术. 相反地, 他们只是集中于提出 "帮助学生成为更好的解题者" 的一般规则. 需要的是在于说清楚 (i) 初等数学的哪些侧面更具有俘获年轻人的心的潜力 —— 不是因为这些侧面在表面的意义下更 "让人快乐", 而是因为它们 "更孕育了深意"; (ii)怎样教这些材料才能在初等水平上传授这种深意. 这里不是进行详细讨论的地方, 但是我们怀疑, 这样的分析会**加强**许多传统上重要的主题的地位, 鼓励这样来教这些主题, 使得能显示出它们内在的丰富性, 同时认识到这要以掌握某些基本技巧为前提, 没有这些基本技巧就几乎不可能领略这种丰富性. 与此成对比的是, 近来的 "改革", 虽然也宣布意图在于**丰富**中学数学, 但是通常都既降低了严肃的初等数学的

---

① "启发术" 是 heuristics 的翻译, 近年的文献常译为 "助探术", 即帮助探索之意, 但是因为在本文中它更近于启发式教学之意, 所以这里采用了更早的翻译. —— 中译本注

重要性, 也减少了用于讲授严肃的初等数学的时间.

那些想用好问题来丰富中学数学的人时常没有看到, 那些本来是好意的 "改革", 由于有一种扭曲, 通常都是不稳定的, 而这种扭曲通常又影响教育发生使人不快的大规模的变化 (对于教育的集中化的控制取代了培育教师职业上的胜任, 培育他们的敏感性、独立性和责任心, 而这种集中控制又是通过对种种教育 "成果" 的支离破碎的估计来达到的, 这样来估计教育上的成果大大伤害了好的教学).

小规模的试验也会有意想不到的副作用! 下面给出一个极少为人所知的例子, 那是艾森斯坦 (Ferdinand Gotthold Max Eisenstein, 1823–1852, 德国大数学家, 也是英年早逝者) 讲他自己的初中时期 (1833–1837, 当时他只有 10~14 岁) 的学校是怎样以激进的企图来培育解题艺术的:

> 每一个学生都要一个定理接一个定理地去证明, 根本不讲课, 谁也不许把自己的解法告诉别人, 而每个学生只要正确地证明了前一个定理, 而且弄懂了那里的推理, 就会得到一个新定理去证明, 而与别人证明的定理没有关系 …… 当我的平辈还在证明第十一个、第十二个定理时, 我已经证到第一百个了. …… 这个方法是没有办法适应的 …… 谁也得不到整个学科的概观 …… 最后, 最好的数学天才也无法独立发现许多杰出的心智合作才得以发现的东西 …… 对于学生们, 只有当一个学科处理的是很容易理解的知识的小领域, 特别是对于几何定理, 这个方法才是可行的, 因为几何定理不需要新的洞察力和新的思想.
>
> ——见 (Eisenstein, 1975)

艾森斯坦是一个杰出的数学家. 然而在他年方弱冠, 还站立在他想定居其中的数学世界门口的时候, 他就看到了这个方法的局限性 —— 甚至对于他那样的学生.

能够培育出对于解题的好品味的问题一般都有一些特点, 例如简单性、节奏、自然、优雅和惊奇, 而它们的解法时常也是双面刃. 但是它们最重要的特征是: 虽然它们的解法对于目标人群应该是力所能及的, 问题的陈述却不应该对于如何着手有任何暗示. 说实在的, 一个好的问题能够使它们的可能的解答者在一个长得令人烦恼的时间里感到头疼:

> 够格成为一个数学家的心照不宣的仪式是: 因为一个解不出来的问题而彻夜无眠.
>
> ——见 (Reznick, 1994)

在创造性的解题中能否睡得着, 对此记载甚多 (但了解甚少), 它时常是阿达玛[VI.65] 的 "四阶段"(下面详细谈) 中的 "孵化"(incubation) 阶段的特征, 这个阶段概括了起始时的无助感和沉重如铅的挫折感有时会突然变成黄金般的成功.

这样的成功既不是机械的, 也不是纯粹偶然的. 怎样解一个好的问题 —— 解一个好的难解之谜也是一样 —— 不会有万应之方来解除必不可少的艰苦努力, 这种努力有时是没有成果的, 但是它是解题过程重要的部分. 所以, 成功的结局一般都预先假设了某一类预备性的艰苦工作. 当有人问到高斯[VI.26] 是怎样得到他的发现时, 据说他的回答是通过系统持久的四处摸索 (durch planmässiges tattonieren).

一个人在发现了一条进入一个问题的道路以后, 时常会觉得从这个地方开始 "本应该是显然的事情", 但是, 事情总是事后看来才清楚明显. 人们从经验中知道, 只要坚持, 就会使得开始时包围着不熟悉的问题的迷雾魔术似地消散; 那些我们原来看不见的东西那么清楚地站在我们面前, 使我们几乎无法理解为什么会错过了它.

当面对不熟悉的数学问题的时候, 数学家, 年轻的或者年老的, 都好像一个只有少得无望的一串钥匙却想要打开一个极难开的中国宝盒的人. 初一看, 盒子表面完全光滑, 一丝缝隙都没有. 如果您不相信它确实是一个中国宝盒, 而且是可能被打开的, 您就会放弃了. 知道 (甚至是相信) 它是能够打开的, 您就会坚持搜寻, 直到在这里或者那里找到有缝隙的最微弱的暗示. 您可能对于应该动一下什么东西还毫无头绪, 也不知道您的 "钥匙" 中哪一把可能用来开启第一层, 但是通过试着把最合适的那一把用在最有希望的缝隙里, 最终可能找到完全适合的一把钥匙, 盒子就会开始松动. 肯定工作还没有做完, 但是您的心情变了, 您觉得您是上路了.

我们已经看到, 这种开始时的困惑, 在与问题的搏斗中让位于意想不到的洞察, 这种经验并不只是初学者才有的. 这是数学的真正的本性和人类做数学的方法的真正本性的一部分. 如果一个问题是您不熟悉的, 求解它所需要的就是坚持、忠诚和大量的时间. 所以, 一个人切勿轻言放弃, 而应该准备在解决了问题以后再回过头来看一下是否还可以有别样的做法:

> 在创造性的科学中, 最重要的是不要放弃. 如果您是一个乐观主义者, 您就愿意比您是悲观主义者更 "多试" 一下. 这和下棋这类博弈是一样的. 一个好的棋手总是相信 (尽管有时是错的) 自己比对手处于更好的地位. 这当然有助于把棋局走活, 而不会增加由于自己缺少自信带来的疲倦感觉. 体力和心智的持久力在下棋和在创造性的科学中都是至关重要的.

—— 见 (Ulam, 1991)

如果您对于可能的结果有一点乐观或者培育了一种 "残忍的狠心", 您就会拒绝放弃 (像李特尔伍德的活下来的老鼠那样), 持久力就更容易维持. 但是这里也是有危险的:

> 我曾经向马祖尔 (Stanisfaw Mazurite, 1905–1981, 波兰数学家) 下意识地学到怎样控制我的天生的乐观主义, 以及怎样检查细节. 我学会了在每一个中间步骤上都要慢慢前进, 都要带着一种怀疑的心情, 这样就不会得意忘形.

—— 见 (Ulam, 1991)

希尔伯特[VI.31]在 1900 年巴黎举行的国际数学家大会上提出了 23 个研究问

题, 就是他认为对于数学在 20 世纪的发展很重要的问题. 这些问题似乎很难, 但是当希尔伯特把它们提请同伴的数学家注意时, 他觉得不应以此为借口拖延着不去试着解决它们:

> 不论这些问题看起来多么难于接近, 而我们在它们面前又显得如何无助, 我们仍然有一个坚定的信念, 它们必将经过有限的纯粹逻辑过程而得到解决…… 每一个数学问题都是可解的这个信念正是对于从事数学的人的有力的激励. 我们从我们的内心听到一个永恒的呼唤: 问题就在这里, 去解决它吧. 您可以用纯粹的理性去把解找到, 因为在数学里没有我们不可能知道之物 (ignorabimus).

在 19 世纪里, 情况变得很清楚: 科学家们关于自然界发现得越多, 他们就更认识到他们**所知是多么少**, 而永远不能指望发现 "全部真理". 德国生理学家爱弥尔·杜·波瓦·雷蒙 (Emil du Bois-Reymond, 1818 –1896) 把这个认识总结为: 我们现在不知道, 我们将来也不会知道 (ignoramus et ignorabimus)[①], 他还提出了 7 个 "世界之谜", 其中的三个即力和物质的来源、运动的来源, 以及简单的感觉的来源, 是科学和哲学永远不能回答的问题, 也就是他说的我们现在不知道, 我们将来也不会知道的问题. 在 20 世纪的曙光里, 希尔伯特觉得重要的是尽自己的可能说清楚数学是不一样的. 他说在数学里我们可以带着一种坚定的信念来 "攻打" 任何问题, "而且可以通过有限多步纯粹逻辑的程序得到它的解". 好像是为了加强他的这句话一样, 他所提出的问题有一些立刻就得到了解答 (虽然最著名的黎曼假设[IV.2§3] 至今仍未解决).

希尔伯特所讨论的是数学研究, 但是他的这个原理在解决中学教材、奥赛和大学教材里的问题时更为适合. 当面对一个看来很难的数学问题时, 我们对于如何着手几乎没有什么选择: 要么拿出您那 "一串钥匙", 或者是您所知道的数学技巧 (不论这些技巧多么具有局限性) 去扭住这些问题不放, 要么就放弃. 当然, 学习新招数和在前行过程中修正老招数是重要的. 当然也总会有一种诱惑使我们设想我们面临的问题就是**太**难了, 在求解上要有进步, 需要某些我们没有学过的招数和技巧, 所以求解它们是超乎我们的能力的. 因为这必然在有些时候是真的, 所以这个失败主义的观点就更加似乎为真了! 数学家完全知道, 假设每一个问题都是可解的, 是非理性的 (因为不能在逻辑上论证其为正确, 而且在一般情况下也是不对的, 我们现在知道, 有些问题按其现在的陈述是不可解的). 这个假设却是一个**非常有**

---

① 这是一句拉丁文的格言, 希尔伯特对此表示不能同意, 并且在 1930 年哥尼斯堡的一次会议上说: 我们不应相信那些今天以哲学家的风度和从容不迫的语调预言文化的衰落并且接受永远不可知之物 (ignorabimus) 的人. 在我看来在自然科学里不会有永远不可知之物, 我们反对愚蠢的永远不可知之物的口号是: **我们必须知道 —— 我们也会知道!** (Wirmüsenwissen—wir werden wissen!), 希尔伯特正是以这句话来结束自己的名文《论无限》的. 这里附带谈一件事: 数学文献在讲到微积分的严格化时, 常引用另一位杜·波瓦·雷蒙, 即魏尔斯特拉斯的学生保罗·杜·波瓦·雷蒙 (Paul David Gustav du Bois-Reymond, 1831–1889), 他是生理学家爱弥尔·杜·波瓦·雷蒙的弟弟. —— 中译本注

价值的实际有用的假设. 这样, 我们绝不要让这种怀疑干涉到一个基本的假设, 即**我们所想要攻克的问题必须要用本质上已经为我们所知的技术来攻克 (当然要加上充分的灵巧)**. 这个假设虽然严格说来还是不合逻辑的, 但是每个问题都可解的假设在实践上得到证实是太常见了, 这使它成为一个有力的信念 —— 当我们试图掌握一个困难的数学问题而有一种无助之感的时候, 这个信念在心理上是极有价值的.

希尔伯特关于他的问题将在 20 世纪的数学中起中心作用的判断是极其敏锐的. 但是对于我们在这里的讨论最为有意义的是他把人们集合起来的呼唤: 这些问题不管最初看起来是多么无法接近, 也不管我们在它们面前是多么无助, 我们有坚定的信念, 它们用纯粹逻辑的过程确实是可以解决的, "问题就在这里了, 去解决它们吧, 您可以用纯粹的理性来解决它们". 和绝大多数书面的数学文献一样, 希尔伯特并没有对于如何前进提出任何心理学的指导, 希望那些想接受希尔伯特的挑战的人自己去发现它们.

和每一种社会活动一样, 数学有自己的 "前台" 和 "后台", **前台**就是把已经完成的产品展示给公众享用的地方, 而**后台**则是在不太中看的环境下实际做这些产品的地方. 天真的现实主义者可以把前台简单地看成是表面功夫, 且坚持认为所有严肃的 "解题" 工作都是在 "背后" 完成的, 并且宣称这种前后台之分完全是人为的:

> 说不定在某个已经在敲我们的门的未来时代, 我们需要重新训练我们自己和我们的孩子们适当地去说真话, 在数学中这样做是特别令人痛苦的. 我们的领域中那些使我们狂喜的发现总是系统地掩盖类比的思维线索, 就像擦掉沙上的脚印一样, 而那才是数学的真正的生命 …… 然而, 在那一天真正到来以前, 数学的真理只会瞬息即逝地出现一下, 就好像我们对于在接受忏悔的牧师面前、在心理分析师面前或者在妻子面前那样羞愧地细语.
>
> 曼佐尼 (Alessandro Francesco Tommaso Manzoni , 1785–1873, 著名的意大利作家) 的小说《已订婚者》的第十九章是这样来描述最机敏的米兰外交家们的对话的真实瞬间的: "就好像在一场歌剧演出的两幕之间, 大幕拉起来得太快了一点, 观众们能够一瞥戏装穿了一半的女高音对着男高音大喊大叫."
>
> ——Gian-Carlo Rota, 引自 (Kac et al., 1986)

然而, 有一些数学等价于被迫观看 "戏装穿了一半的女高音对着男高音大喊大叫" 这样的前景, 也使我们不得不在接受 Rota 关于数学的未来前景之前会有所犹豫了.

前台–后台这样一个比喻应该归于社会学家 Erving Goffman. 一个标准的例子是餐馆, 我们倾向于把我们在 "前台" 所看到的想象成一个餐馆, 在那里, 仪态、食物和语言都是 "穿好了戏装的", 但是, 我们在前台所看见的一切完全依赖于 "在后台" 厨房里的一切：未加工的热食、蒸汽和油腻、争吵和咒骂 —— 一切都要按很紧的时间表完成, 而且是在很不相同的条件下完成.

现代世界里数学的胜利在很大程度上正是依赖于这两个世界 —— 前台和后台 —— 是被人有意地、系统地分开的. 我们没有一个一致同意的方法来讨论数学厨房里的动力学, 这似乎有点奇怪, 但是数学之能够成长大大地因为它的从事者学会了把它的 "客观的" 结果, 以及这些结果得以确证和表现的方式与那种引人入胜和不可理解的 "主观的" 炼金术区别开来 (而且这种主观的东西最终又证明是没有关系的!), 但是正是由于有这种炼金术, 那些结果才魔术似地被变了出来. 这种形式的分离导致在数学中采取了一种可以普遍交流的格式. 这种格式超越了个人的口味和风格, 这样, 数学才能够为所有的人理解、检验和改进. 任何一种动议、要求对数学解题的心智的、物理的和感情的动力学给予更大的关注、都必须懂得这种分离的必要, 都必须尊重 "客观的" 数学的形式侧面.

在数学文献中处处都散布着对于数学厨房的人的动力学的非常有趣的洞察, 洞察之一就是：不同的数学家风格大不相同, 虽然对于这种不同极少有人讨论, 例子之一是对于记忆所认识到的作用, 有些数学家对于记忆的作用有极高的评价.

> *在我看来, 一个好的记忆力 —— 至少是对于数学家和物理学家 —— 是他的才能的很大的一个部分. 我们所谓才能或者天才在很大程度上依赖于适当地应用一个人的记忆力来发现过去的、现在的和未来的之间的类似性, 这种类似性如巴拿赫所说, 对于新观念的发展是至关重要的.*

> —— (Ulam, 1991)

还有的人对于在**他们有兴趣的领域之内**的一切都有极其出色的记忆, 但在存储来自那个领域之外的信息并给以容易提取的形式上则颇感困难. 还有许多人被吸引到数学这门学科, 恰好就是因为它之需要记忆要比别的学科少得多. 重要之处似乎不在于记得**多少**, 而在于是什么使他**可以自动记得**, 以及如何把这些和别的信息存储得便于提取. 很清楚, 值得作重大努力的是在人的心智中把对于自己的工作起中心作用的材料组织起来, 以便可以立即使用. 我们将会看到, 重要的还有把可能有用的思想、信息和例子所成的半影收集起来 —— 使得我们的心智可以随时作出偶然发生的但是有成果的联系. 但是对于可以想象得到的每一件对于我们手头的工作可能有用的事情都平均用力去学习, 不一定是聪明的事, 知道得少一点、有时能逼迫您的心智依靠少一点东西也过活, 这样变得更加灵巧、更有创造力.

阿达玛的四阶段

李特尔伍德 (1986) 关于他的同时代人作出了洞察力很强的观察, 凸显出了不同的风格, 例如快慢不同, 工作习惯也不同. 在许多更生动的数学家自传里都有类似的洞察, 但是李特尔伍德的议论特别有价值：

就研究工作和它所需要的策略给出一些实际的建议, 我特别感到踌躇. 首先, 研
究工作和做研究工作以前受教育时的学习过程 (尽管它是很必要的) 属于不同
的 "级别". 对于后者, 很容易做机械的记忆, 没有什么结合力; 另一方面, 在研
究工作中, 只要沉浸其中一个月, 您心里知道这个问题清楚得犹如您的舌头知
道嘴里的情况一样. 您必须学会 "模糊地思考" 的艺术, 这是一个很难捉摸的
思想, 短短几句话说不清楚 ····· 我应该强调, 给下意识各种机会. 在工作中
必须张弛有度, 我说, 花点时间去散步是有好处的.

——见 (Littlewood, 1986)

曾经有一个阶段, 庞加莱认为数学思维可能有两个主要类型:

有一类数学家超乎一切地全神贯注于逻辑 ····· 另一类则是受直觉的引导的,
他们只要一出手就能迅速地征服, 但有时有失稳妥 ····· 人们时常把第一类
称为分析学家, 而把第二类称为几何学家.

——见 (Poincaré, 1904)

但是在把 "逻辑" 和 "分析学家" 这两个标签等同起来, 又把 "直觉" 和 "几何学
家" 这两个标签等同起来时, 庞加莱注意到厄尔米特[VI.47] 是一个反例 —— 他是
一个 "直觉的分析学家"! 很清楚, 数学风格的变动范围要广大得多 (见 (Hadamard,
1945) 第八章), 其后果之一是在分析解题的艺术时, 一般地只能是大笔一挥. 尽管
对于阿达玛关于数学创造的 "四阶段" 模型要做这样的警告, 这个模型仍然得到了
广泛接受, 所以, 如果在您的工作中尊重这些阶段, 那是会有帮助的.

人们常把创造过程分成四个阶段: 准备、孵化 (incubation)、顿悟 (illumination)
和检验, 也就是完成 ····· 准备阶段大体上是有意识的, 至少也是**被意识所指
导的**. 本质的问题在于剥去一切偶然的东西, 需要始终清楚地把这一点放在视
野中, 概览所有有关的知识, 可能的类似之物都要仔细考虑到. 在其他工作的
间歇中也一定要把这个问题放在心间 ····· 孵化是在等待的时间里下意识的
工作, 这个等待的时间可能会长到好几年. 顿悟就是创造性的思想出现在意识
中, 它可能发生在几分之一秒之内, 这总是发生在心智处于一种松弛的情况, 轻
松地从事通常的事情的时候 ····· 顿悟意味着下意识和意识之间的一种神秘
的和谐, 否则顿悟就不会发生. 是什么在正确的时刻响起了钟声?

——见 (Littlewood, 1986)

波利亚的《怎样解题》一书也提出了一个解题过程四阶段的 "方子"(就是 "理
解、计划、实行、反思"), 虽然说服力稍次, 却在中学水平上被广泛采用. 阿达玛的
四阶段的思想为对创造过程进行思考和交流提供了一个有用的框架, 也把解题过程
的相对比较惯常的侧面 (要影响这些侧面比较容易) 和更加难以捉摸的侧面分开来
了. "有意识的准备" 阶段可能是最平凡的阶段, 需要的是把方法和训练结合起来.
李特尔伍德又一次提出了可靠的建议, 他认识到他的建议可能并不适合各种口味,

但是他坚持我们所有的人都会从尝试不同的工作模式得到益处：可以确认和培养尽可能有效的习惯.

绝大多数人需要半个小时才能完全集中起来 …… 一种自然的今日事今日毕的冲动会让我们马上结束手头的工作, 如果停下来就意味着一切都从头来起, 这样做当然是对的. 但是您去试一试, 能不能在一件事半中间停下来; 在写出您的结果这件工作中, 试一试能不能在一个句子半中间停下来. 通常的热身的方子是把前一天的工作的后一部分再重复一下; 躲避一下是一个进一步的改进 …… 当我真正工作得很辛苦的时候, 我早上 5：30 就醒来了, 准备好急切地开始工作; 如果我很放松, 就睡到有人叫我才起来.

——见 (Littlewood, 1986)

在一切都还不清楚的阶段, 这样的准备阶段能够使您达到对于手头的问题有足够清楚的了解, 以及在有关的背景信息上有一定程度的饱和, 使我们的心智能够开始尝试不同的途径和思想的不同的组合. 这样, 我们就进入了**孵化阶段**.

我们不能知道所有的事实, 因为它们实际上为数无穷 …… 所谓方法就是对事实的选择.

—— 见 (Poincaré, 1908)

我时常看到一旦越过了准备阶段的第一个障碍, 人就会一头撞到墙上去. 应该避免的主要错误就是对问题迎头硬闯. 在孵化阶段, 您应该间接地、迂回地前进 …… 要把您的思维放开, 使得下意识能够进行工作.

—— 孔涅, 见 (Changeux and Connes, 1995)

人的气质、一般的性格以及"激素"的因素, 必定在被认为是纯粹的"心智的"活动中起很重要的作用 …… 一个"下意识的"酿造 (就是沉思) 有时会比强迫的、系统的思考产生更好的结果 …… 我们所谓的创造性可能在一定程度上包含了一种条理井然地对于所有途径的探索 —— 对于各种企图自动地加以整理.

当我记忆一个数学证明时, 在我看来只是记住了一些突出之处, 可以说是只记住了一些标记了我的快乐和困难的记号. 容易的部分都很容易地就被我放过了, 因为它们可以很容易地按逻辑重现出来. 如果在另一方面, 我想做一些新的创造性的东西, 那就不只是做三段论法的链条. 当我还是一个孩子时, 我觉得诗的韵律的作用就在于强迫人找到那些不明显的东西, 因为有必要找到押韵的字. 这就强行促成了新的结合, 保证能够脱离常规的链条和思路. 这很奇怪地成了创造性的自动的机制 …… 人们认为是灵感或者顿悟的东西, 其实是大量下意识工作的结果, 而且是在头脑的各种通道里结合的结果, 但是对此人们是完全不自觉的.

——见 (Ulam, 1991)

要发明任何东西都有两点. 其一是作组合, 其二是作选择, 在第一步所给予他的大量的东西里面, 他需要识别出哪些是他希望的, 哪些对于他是重要的. 我们说的天才所做的事情中, 第一点比起准备好做第二点要少得多, 那就是要掌握摆在他面前的东西的价值并加以选择.

——Paul Valéry, 引自 (Hadamard, 1945)

我们得到了一个双重的结论: 发明就是选择, 而极为重要的是, 这个选择必定是由科学的美感所统治的.

——见 (Hadamard, 1945)

数学的欢乐 (与痛苦)、魔力 (和以苦为乐的自我虐待) 部分地来自这样的事实, 就是下一步 —— 由孵化到顿悟 —— 一直是非常神秘地难以捉摸. **顿悟**可以在任何时刻发生. 在绝大多数情况下 —— 特别是在实现相对简单的事情的时候 —— 它是发生在 "按部就班的工作" 的时期. 然而也不一定如此, 特别当为这个顿悟所悟出的角落特别黑暗、特别为我们所不熟悉的时候就不是如此. 在这种情况下, 好像是我们的心智经过了准备阶段和孵化阶段的艰苦工作以后, 时常需要 "回过头来" 走几步才能更清楚地看见前进的道路. 这就是说, 艰苦的工作需要和松弛结合起来, 孔涅的警告: "应该避免的主要错误就是对问题迎头硬闯" 也就意味着这一点. 庞加莱在一个经常为人引用的例子中, 回忆起他是如何认识到富克斯函数和双曲几何学的联系的, 当时他正在登上一辆外出旅行的公共汽车! 下面的引文的前三段说明心智可能是在完全无眠的状态下或者是在处于正在醒觉的那一瞬间达到这种两阶段之间的状态. 第四段引文讲到了费力的爬山. 这些引文的共同之处就是: 顿悟的瞬间不是受惠于 "按部就班的工作" 的时间!

他的习惯是告诉他的朋友说: 如果别人在数学真理上也像他 (指高斯) 沉思那么长的时间, 他们就也能作出他的发现. 他说他时常在一个小小的研究问题上沉思终日也找不到解答, 最终是经过了无眠之夜才弄清楚了这个问题.

——见 (Dunnington, 1955)

有一个现象是确定的, 而我担保它的绝对确定性: 解答就是在突然醒来的那一瞬间突然出现了. 在被外界的噪声突然惊醒时, 我长时间探求的解答出现了, 而我没有花一点思考 …… 而且解答出现在与我以前试过的方向全然不同的方向上.

——见 (Hadamard, 1945)

一开始最惊人的就是突然顿悟的出现, 它是长时间的以前的有意识的工作的明显信号 …… 这种无意识的工作在数学发明中的作用对于我是无可争辩的 ……

大约有两个星期我一直试图证明不会有类似于我后来所称呼的富克斯函数那样的函数. 我每天花一两个小时坐在书桌前试验了许多组合, 但我得不到结果. 有一个夜晚, 我喝了一点黑咖啡, 这与我的习惯不合, 所以不能入睡, 许许多多思想可以说是在我的头脑里翻滚; 我觉得它们是在互相扭打, 直到有两个思想可以说是融合了成为一个稳定的组合. 当清晨到来的时候我就已经能够确定有一类富克斯函数存在, 就是从超几何级数导出的那一类, 我只需要验证结果, 这只需要花几个小时.

——见 (Poincaré, 1908)

我已经奋斗了两个月来证明一个我相当肯定为真的数学定理. 当我 …… 在瑞士山里行走, 费尽了力气, 一个奇怪的招数出现了 —— 它是这么奇怪, 虽然它能够管用, 我也还没有掌握它的证明的整体 …… 我感觉到我的下意识在说: "您就永远不去这样做吗? 您真糊涂; 试一下这个办法."

——见 (Littlewood, 1986)

由此得到的满足感对于即令数学经验有限的人也是很熟悉的.

顿悟不仅是以当它来到时所带来的人们都会体验到的快乐 —— 兴奋! —— 它的标志, 还有看见浓雾突然上升而且消散时的宽慰的感觉.

——孔涅, 见 (Changeux and Connes, 1995)

然而, 再经过几个月的艰苦工作就会发现, 这种沉醉有时是欺骗性的.

在数学中, 我们不能停留于大笔一挥地画画; 所有的细节都必须在几个月内填补起来.

——见 (Ulam, 1991)

验证(verification) 的过程, 就是完成的过程时常是很平淡的, 但绝非例行公事, 而正规地会揭示一些隐藏着的细节, 迫使我们重新估计我们所期望的途径. 以前没有见到的困难可能并没有解决, 而我们也就被迫把这个循环从头再来一次, 尽管心里很不情愿, 人们被诱惑着把这称为 "失败". 但是, 数学并不是一个解题机器, 它是一种生活方式. 成功和失败各以不同的方式把我们拉回到画板面前, 正如高斯在 1808 年给鲍耶伊[VI.34] 写的一封信中所说的那样:

带来最大欢乐的并不是知识, 而是学习的行动; 并不是占有, 而是到达那里的行动. 当我弄清楚了以及搞完了一个主题以后, 我就离它而去, 以便再回到黑暗之中; 永远不满足的人就是这么奇怪 —— 如果他完成了一个建筑, 这并不是为了能和平地住在里面, 他会去建造另外一个. 我想象, 征服世界的人想必也是这样感觉的, 他才征服了一个王国, 就把武器伸向另一个王国.

进一步阅读的文献

Barbeau E. 1989. *Polynomials*. New York: Springer.

Changeux J P, and Connes. A. 1995. *Conversations on Mind, Matter, and Mathematics*. Princeton, NJ: Princeton University Press.

Dixon J D. 1973. *Problems in Group Theory.* New Yolrk : Dover.

Dunnington G W. 1955. *Carl Friedrich Gauss*: *Titan of Science.* New York: Hafner. (Reprinted with additional material by Gray, J J, 2004. Washington DC: The Mathematical Association of America.)

Eisenstein G F. 1975. *Mathematische Werke.* New York: Chelsea. (English translation available at http://www.ub.massey.ac.nz/-wwiims/research/letters/volume6/.)

Engel A. 1991. *Problem-Solving Stragies.* Problem Books in Mathematics. New York: Springer.

Gardiner A. 1987. *Discovering Mathematics*: *The Art of Investigation.* Oxford: Oxford University Press.

——. 1997. *The Mathematical Olympiad Handbook*: *An Introduction to Problem Solving.* Oxford: Oxford University Press.

Hadamard J. 1945. *The Psychology of Invention in the Mathematical Field.* Princeton, NJ: Princeton University Press (Reprinted 1996)

Hilbert D. 1902. Mathematical problems. *Bulletin of the American Mathematical Society*, 8:437-479.

Kac M. 1985. *Enigmas of Chance*: *An Autobiography.* Berkeley, CA: University of California Press.

Kac M, Rate G-C, and Schwartz J T. 1986. *Discrete Thought*: *Essays on Mathematics, Science, and Philosophy.* Boston, MA: Birkhäuser.

Koestler A. 1976. *The Act of Creation.* London: Hutchinson.

Littlewood J E. 1986. *A Mathematician's Miscellany.* Cambridge: Cambridge University Press.

Lovasz L. 1979. *Combinatorial Problems and Exercises.* Amsterdam: North-Holland.

NCTM. 1980. *Problem Solving in School Mathematics.* Reston, VA: National Council of Teachers of Mathematics.

Newman D. 1982. *A Problem Seminar.* New York: Springer.

Poincaré H. 1904. *La Valeur de la Science.* Paris: E. Flammarion. (In *The Value of Science: Essential Writings of Henri Poincaré* (2001), and translated by Halsted. G B. New York: The Modern Library.)

——. 1908. *Science et Méthode.* Paris: E. Flammarion. (In *The Value of Science*: *Essential Writings of Henri Poincaré* (2001), and translated by Maitland F. New York: The Modern Library.)

Pólya G. 1981. *Mathematical Discovery*, two volumes combined. New York: John Wiley.

——. 1990. *Mathematics and Plausible Reasoning*, two volumes. Princeton, NJ: Princeton University Press.

——.2004. *How to Solve It.* Princeton, NJ: Princeton University Press.

Pólya G, and Szeg0. 1972. *Problems and Theorems in Analysis*, two volumes. New York:

Springer.

Resnick B. 1994. Some thoughts on writing for Putnam. In *Mathematical Thinking and Problem Solving*, edited by A. H. Schoenfeld. Mahwah, NJ: Lawrence Erlbaum.

Ringel G. 1974. *Map Color Theorem*. New York: Springer.

Roberts J. 1977. *Elementary Number Theory: A Problem Oriented Approach*. Cambridge, MA: MIT Press.

Ulam S. 1991. *Adventures of a Mathematician*. Berkeley, CA: University of California Press.

Yaglom A M, and Yaglom I M. 1987. *Challenging Mathematical Problems with Elementary Solutions*, two volumes. New York: Dover.

Zeitz P. 1999. *The Art and Craft of Problem Solving*. New York: John Wiley.

Zinoviev A A. 1980. *The Radiant Future*. New York: Random House.

VIII.2　您会问 "数学是为了什么"

Michael Harris

在我看来, 他们对于我们的宗教的意见还不够格, 如果他们觉得宗教需要哲学保护的话.

——Lorenzo Valla, *Dialogue on Free Will*

1. 一个形而上学的责任

韦伊[VI.93]在 1978 年在赫尔辛基举行的国际数学家大会上用下面的话来结束自己的题为 "数学史: 为什么做和怎样做? " (*History of Mathematics: Why and How?*) 的讲演:

这样, 我原来的问题 "为什么要研究数学史? " (Why Mathematical History?) 最后就归结成为 "为什么要研究数学? " (Why Mathematics?)

我有幸并不感觉到我是被招来回答这个问题的.

——Proceedings of the ICM, Helsinki, 1978

(pp.227-236, 引自 p.236)

我也听到了这个讲演以及随之而来的掌声, 还想像得到那时的场景. 这个问题不那么容易消逝, 例如在 1991 年美国数学会 (AMS) 被美国国会 "科学, 空间和技术委员会" 招去作证回答一个非常类似的问题: "数学科学的主要目标是什么? " 韦伊很了解他的听众, 而由十二位数学家组成的委员会在回答负责研究预算的政府机构时也很了解自己的听众, 他们说:

数学科学的最重要的长期目标是: 为科学和技术提供基本的工具, 改进数学教

育, 发现新的数学, 促进技术转移以及支持有效的计算.①

Roland Barthes (Roland Gérard Barthes, 1915–1980, 法国文学批评家) 在 1967 年说过: "意义就是让东西卖得出去的东西", 而 AMS 采取了傅里叶[VI.25] 的立场, 对于这个立场雅可比[VI.35] 有一个著名的评论, 写在他 1830 年 7 月 2 日给勒让德[VI.24] 的信中:

> ...... 有这样一种意见, 即数学的主要目的是对公众有用以及解释自然现象, 但是像他 (指傅里叶 —— 中译本注) 这样的哲学家应该知道, 科学的唯一目的就是人类心智的荣耀.

看来 AMS 已经在它的第三个目标里给 "荣耀" 留下了位置, 但是后来对这个目标的精心解释又把读者引向了纯粹数学的意料之外的应用去了.

很少有纯粹数学家如哈代[VI.73] 那样对实际应用漠不关心了, 他在《一个数学家的自白》(A Mathematician's Apology) 里作了一个非常著名的断言: "按照所有的实际标准来判断, 我的数学生活的价值为零." 但是, 如果纯粹数学家们 (包括 1991 年代表 AMS 的那十二位数学家在内) 是自己互相讨论而不是对政府的委员会作证, 那么, 可以公正地假设, 他们就会对 "数学科学的最重要的长期目标" 列出一个不同的单子来了.

长久以来, 数学家们都可以指望得到哲学的保护, 自柏拉图以来, 在形而上学的基础上给数学以内在的价值就是一件很普通的事②. 关于数学作为具有确定性知识的惯用的话在 2 世纪就已经确立了, 那时托勒密写道:

> 只有数学, 如果您能够精细地攻读它, 会给予从事于它的人以确定而坚定不移的知识, 因为它的证明是用了由算术和几何得出的不可辩驳的方法.③

20 世纪初的数学基础中的危机[II.7] 集中在哥德尔的不完全性定理[V.15] 上, 在很大程度是来自于一种使数学的确定性能够摆脱人类的弱点的愿望, 正如罗素[VI.71] 在《80岁生日的反思》(Reflections on My Eightieth Birthday) 一书中说的:

> 我需要确定性, 就如有的人需要宗教信仰一样. 我觉得, 在数学中找到确定性比在其他地方更可能. 我相信, 数学是对于永恒和确切的真理的信仰的主要来源.
> —— 转引自 (Hersh, 1997)

---

① 引自 Pilot assessment of the mathematical sciences (prepared for the House Committee on Science, Space, and Technology), Notices of the American Mathematical Society, 1992, 39:101-110.

② 本文主要是涉及形而上学的确定性. 笛卡儿在《哲学原理》(Principia philosophiae, 1644) 第 CCVI 章中就确定性这样写道: "在形而上学基础上的确定性 ...... 既然上帝是至善的, 是所有真理的来源, 则他赋予我们的区分真理与谬误的能力就不会是荒谬的, 只要我们是正确地使用并用它来清楚地辨别一切", 他还以 "数学中的证明" 作为他的第一个例子. 柏拉图在《共和国》一书 (VII, 522-531) 中则宁可把数学看成是 "永恒存在的知识" 的来源. Ian Hacking (2000) 论证说: 确定性和它的同源物是对数学的一些但非全部的明显的祝福, 它给一些哲学家留下如此深刻的印象, 以至于 "传染" 到这些哲学家的全部工作中.

③ 见 (Lloyd, 2002) 一文, 引述自 Ptolemy. Syntaxis, Chapter Ⅰ, 16, 17-21 页.

罗素想把确定性放在逻辑的基础上, 这在很大程度上已经是过去的事情了, 正如马文·明斯基 (Marvin Lee Minsky, 1927–, 美国认知科学家) 在另外的文章中所说的那样①："如果在我们的知识和我们的意向之间没有紧密的联系, 逻辑就会导致疯狂"(Minski, 1985/1986). 但是, 罗素的话至今仍有回响. 当塞尔 (Jean-Pierre Serre, 1926–, 法国数学家) 获得第一个阿贝尔奖提名后, 法国《解放报》2003 年 5 月 23 日转述了他的如下的话：数学是完全可靠和可验证的知识的唯一的产生者. Landon T. Clay III在宣布建立 700 万美元的千年数学大奖时, 把他的家财的很大部分用于纯粹数学 "以防止宗教的确定性的衰落 ⋯⋯追求证明仍然是人类活动的强大推动力".②

心智保护了她的荣耀, 这正是雅可比所希望的, 但是这只是通过了与一个更强大的力量的契约才能做到的. 在我看来这里有一个交易, 就是前面的引述的话中都隐含了要把纯粹数学放在保卫形而上学的确定性或者哲学的其他规范性的关怀的第一线, 而以数学仅有的价值来作的这个交易, 这是一个不必要的负担, 而我以为是不公平的, 何况这也没有在纯粹数学面临的存在危险面前保护了她. 预算的削减只是这个危险最明显的表现. 数学大概不会因为缺少对其确定性的一致的论述而崩溃, 但是, 缺少对其价值的论述却会使数学崩溃.

2. 后现代主义与数学的对立

数学家们不必担心后现代主义这个危险. 关于后现代主义, 人们写的文章已经有好几千页, 但是仍然不清楚这个词究竟何所指. 我还想要加上我自己写的几页, 因为这个词已经成了激进的相对主义的一种简写, 后现代主义被认为不仅质疑确定性, 而且质疑一切形式的理性③. 这样, 我们就能找到这样的数学家, 他们怀疑罗素意义下的确定性, 但是当他们起来保卫理性以及数学作为一种理性活动的价值时, 他们就对他们称为 "后现代主义" 的一种东西表现了敌意.

后现代主义在应用于建筑学时是指一种合理地确定的倾向. 它被确定为一种时代精神的潮流, 被称为 "资本主义晚期的文化逻辑", 它与现代主义的区别在于它强调空间而非时间; 强调多重视角与分化而非意义的统一性与整体性; 强调模仿或选录④的艺术风格 (pastiche), 而非进展; 还有多得多的依照同样路线的东西. 作为

---

① 请与托姆 (René Frédéric Thom, 1923–2002, 法国数学家) 对于把数学化归为集合论的批评比较："如果对用通常的语言按布尔的法则对于所有构造出来的语句都赋以意义, 逻辑学家进行的就将是重建一个幻影似的、精神错乱的宇宙"(转引自 (Tymoczko, 1998)).

② 这里转述了 Francois Tisseyre 在 2000 年 5 月 24 日 Clay 数学研究所在巴黎惠捐建立千年大奖的大会上的访谈录.

③ 例如, (Lakoff and Núñez, 2002) 一文中就写到有一种 "后现代主义的激进形式宣称, 数学是纯粹视历史和文化情况而定的, 基本上是主观的," 但是没有举出任何拥护这种观点的文章为例.

④ "因为他的 ⋯⋯ 艺术的性质来自组合他人的艺术 ⋯⋯ DJ 就是一个后现代主义艺术家的缩影"(www.jahsonic.com/postmodernism.html). (中译本补注: DJ 可能是指 J.Jacques Derridas 解构主义的首创者).

一个哲学运动, 后现代主义典型地 (甚至是滥用地) 是指与下面这些人相联系的思想和著作: Michel Foucault, Jacques Derrida, Gilles Deleuze, Roland Barthes, Jean-François Lyotard, 而更一般地是指 1960 和 1970 年代的 "法国理论". 后现代主义的散文是把各种风格糅合在一起的、讽刺的、自指的, 而反对依年代顺序的线性叙事. 后现代主义的一个被称为后人文主义 (posthumanism) 的变体则庆祝人和机器之间的概念上和物质上界线的消退.

我们都经历了公共话语在广告词影响下的退化, 所以很可能把雅可比的祈求 "人类心智的荣耀"(尽管在人类一词中把他们自己除外) 也当作这类广告词的前驱. 就这一点来说, 我们都是后现代主义者, 甚至可以把数学家看成最早的后现代主义者. 一位艺术批评家对于后现代主义的定义 ——"意义被悬浮或暂停了, 留下的是一些自由飘浮的记号的游戏"—— 请把它与我们归之于希尔伯特[VI.73] 的数学的定义作比较: 数学就是 "用没有意义的符号按一定的规则在纸上做的游戏"①. 不过, 如果后现代主义没有对确定性, 不论是形而上学的还是别的什么确定性, 完全不留下一点余地的话②, 数学 (可能正是由于这个理由) 本来可以完全不去理会后现代主义.

下面就是后现代主义对于科学的典型的有争议的陈述:

科学和哲学都必须抛弃自己装模作样的形而上学的宣言, 而把自己比较谦虚地看成只是另外一种叙述的方式.

——Terry Eagjeton 关于后现代主义的夸张描述
引自 (Harvey, 1989)

关于数学, 这种相对主义更多地是出自英语国家的后现代主义者, 而不是法国原来的后现代主义者③. 人们本来可能以为数学由公理到定理、由较少的抽象和一般性到更大的抽象和一般性是 "大师级的叙述" 的主要例子, 而法国的后现代主义对此持怀疑态度, 特别是认为数学具有启蒙思想的特殊作用, 更是一个特别有诱惑力的批判的靶子. 但是事实并不是这样. 虽然最著名的与后现代主义有联系的法国哲学家在其他方面是形而上学的怀疑论者, 但是对于数学的形而上学的自负却没有

---

① 这个定义是 Otto Karnik 在 *KaiKeinRespekt*, p.48, Exhibition Catalogue of the Institute of Contemporary Art (Bridge House Publishing, Boston, MA, 2004) 中的一篇文章*Attraction and repulsion*里给出的. 希尔伯特的引语很容易找到, 但可能是杜撰的, 虽然这也不会减少它的意义. Vladimir Tasić 的《数学和后现代思想的根源》(*Mathematics and the Roots of Postmodern Thought*) 一书是对后现代主义的前提的一个深入的思考, 请参看我为此书写的书评: *Notices of the American Mathematical Society*, 2003, 50:790-799.

② 例如 "[Derrida] 的思想是基于他完全不赞成那个刻画了绝大部分西方哲学的终极的确定性和意义的来源", 引自 *Encyclopedia Britannica Online* (www.britannica.com).

③ 请参看条目数学的分析与哲学的分析[VII.12] 第一节关于英语国家与欧洲大陆哲学的区分的论述 —— 中译本注

争论. 但他们确实质疑这种自负对于人类的科学有什么关系. Derrida 总是在想着莱布尼兹[VI.15] 的那个观点: "[数学] 总是科学性的典范"(见 Derrida 的《论文字学》(*Of Grammatology*, 1967) 一书 27 页), Foucault 则宣布:

> 数学在力求达到形式的严格性和可证明性方面曾经作过绝大多数科学的模范, 但是对于考察科学的实际发展的历史学家, 它只是 …… 一个不能推广的 …… 例子.[1]
>
> ——见 (*The Archeology of Knowledge*, pp. 188–189)

至少有一本后现代主义的经典教本直接提到了科学和数学中的确定性问题. 在提到哥德尔定理、量子力学中的不确定性原理和分形这个三部曲[2]时, Lyotard 在现代数学中看到了一个

> 潮流, 对在人类的尺度上精确地测量和预测对象的行为表示异议 …… 后现代科学 …… 产出的不是已知的东西, 而是未知的东西.
>
> ——见 (Lyotard, 1979)

有许多作者提醒读者, 哥德尔定理、不确定性原理 (和混沌) 分别是关于数学中的形式系统和粒子物理学 (以及非线性微分方程) 的命题, 这样, 就与形而上学没有关系[3]. 这些论著都说得头头是道, 但是完全没有说到点子上, 对于像罗素这样的探求确定性的人很难有任何宽慰. 形而上学的确定性, 不管它是什么, 总不会是比数学证明更小的束缚. 哥德尔定理, 即在一个形式系统内不可能证明这个形式系统的相容性, 可以很合理地认为是表明了形而上学的确定性不可能仅仅用数学方法来保证[4]. 但是塞尔对《解放报》所发表的评论肯定不只是依据同义语的反复, 而会有一些内容, 即数学真理, 若用数学的标准来衡量, 一定是完全可靠以及可验证的. 正是为了要确定这个 "一些内容", 为了去寻求数学的 "本质", 数学哲学才一再回到

---

[1] Derrida 在回答 1998 年《纽约时报》(*New York Times*) 关于解构 (deconstruction) 的问题时, 是这样回答的: "您为什么不去问一个物理学家或数学家关于困难性的问题?"(见 *New York Times*: *Jacques Derrida, Abstruse Theorist, dies at 74*, Oct. 10, 2004). 为了使别的地方的晦涩合法化而求助于最深奥的数学, 这种做法是很常见的. 我第一次遇见这种论证方法是在作曲家 Milton Babbitt (原来也是一位数学家) 的题为 "谁管您听不听?" 的文章里 (见 *High Fidelity*, Feb. 1958). 他在那里说: "为什么要对外行因为不懂音乐或其他什么而厌烦和困惑来操心?" 他用这样的论证把在美学基础上来论证纯粹数学颠倒过来了, 所以我只在一个脚注里用美学的回答 —— 那肯定在我的同事中是最普及的 —— 来讨论我的标题中的问题.

[2] 这是下一代文学批评家们的陈词滥调了, 强调混沌 (chaos) 甚于哥德尔的一个样本是: N.Katherine Hayles (ed) 的《混沌与秩序》(*Chaos and Order*)(Universityof Chicago Press, 1991).

[3] Jacques Bouveresse 的《类比的神童与错乱》(*Prodiges et vertiges de l'analogie*, Raison d'Agir, 1999) 一书的相当大的一部分都是这一类的提醒.

[4] 可以预见得到, 宗教会来填补这个空隙: 见 www.asa3.org/ASA/topics/Astronomy-Cosmology/PSCF9-89Hedman.html#16. John D. Barrow 严肃地对待哥德尔定理对于物理学的含义, 而否认它们一定会限制科学的客观性 (例如可以参见他所写的 Domande senza risposta, in *matematica e Cultura*, 2002, edited by Emmer M, pp. 13-24 (Springer, 2002).

它过去失败的地方.

哪怕是 Lyotard 讲得并不好, 在绝大部分现代科学中也找不到 "后现代" 的感觉. 在从 Stephan Jay Gould 的坚持进化是高度地视情况而定的说法, 到复杂性理论,到把意识作为一种 "突然出现的" 现象来研究, 这些发展有一个共同点, 就是它们都拒绝还原主义以及从上到下的 "大师式的叙述". 不是因为它们不对, 而是因为它们说不到点子上, 没有用处. 如果把这种科学看作是一种新的库恩式的范式 (paradigm, 这个概念近年来受到很多批评, 被认为是过分简单化了), 那又走得太远了, 但是它们确实与促成科学的分析哲学的那些学科有显著的不同. 至于数学, 有一种建议说数学也有后现代的侧面 —— 例如 Jürgen Jost 就写了一本题为《后现代分析》(*Postmodern Analysis*) 的书, 还有一些专家据说正在研究 "后现代代数学" —— 但是我看不到这种感觉的真正的迹象. 我甚至不能确定现代和后现代之分是有意义的. 希尔伯特把数学定义为一种游戏听起来有点像 Derrida 的话, 但是如果说希尔伯特关于数学基础的总的纲领 (即我们必须知道, 我们也会知道! Wir müssen wissen, wir werden wissen!) 不是一个高度现代主义的主要例子, 它又是什么呢? 另一方面, 在 Timoczko(1998) 编的一本文集里, 抛弃各种形式的基础研究正是在数学哲学里拒绝了 "大师式的叙述", 而许多吹捧的广告正是把这本文集称为"后现代主义" 的文集①.

3. 社会学想要占领高地

据说韦伊把哥德尔的形而上学的威胁变成一个调侃它的笑话 —— 上帝是存在的, 因为数学是相容的; 魔鬼也是存在的, 因为我们不能证明数学是相容的. 和韦伊同为布尔巴基同仁的迪厄多内 (Jean Alexandre Eugène Dieudonné, 1906 –1992, 法国数学家) 企图对这个调侃来一个反击:

> 正如物理学家和生物学家相信自然规律的永恒性, 只是因为他们迄今只观察到它们 …… 被错误地称为 "形式主义者" 的数学家 (…… 今天就是几乎所有的数学家) 都相信在集合论中永远不会出现矛盾, 八十多年来一个矛盾也没有出现过.②

这或者是一种归纳的 (经验的) 论证, 或者是一种实用主义的论证, 这些倾向实际上

---

① Tymoczko 的文集的反基础研究很大程度上是受到哥德尔定理的启发.

② 从 google 搜索, 至少可以找到 85 个网址讲到韦伊的笑话, 但是没有指出哪一个来源是主要的. 迪厄多内的评论自然是出自他的书《为了人类心智的荣耀》(*Pour l'Honneure de l'Esprit Humain*, pp. 144-45, Hatchette, 1987). Borel (这里是指瑞士数学家 Armand Borel , 1923 –2003) 在参加讨论 Jaffe A and Quinn F 的文章 *Theoretic mathematics:towards a cultural synthesis of mathematics and theoretical physics* 时提出了 "数学的自我纠正的能力", 这表现了一种比较温和形式的实用主义. 关于这场讨论, 请参见 *Bulletin of the American Mathematical Society*, 1993, 29: 1-13.

都出现在后现代主义中. 比较典型地出现在英语国家的科学社会学著作中多于出现在法国哲学中:

> 数学程序的不可抗拒的力量并不是来自它的超越性, 而是来自它被一群人所接受和使用. 使用这些程序也不是因为它们正确或者相应于某种理想; 它们被认定为正确, 是因为它们被接受了.
>
> ——引自 David Bloor, *Wittgenstein, A Social Theory of Knowledge* (MacMillan, London, 1983)

由 David Bloor 所创始的科学知识社会学 (sociology of scientific knowledge, SSK) 运动牢固地扎根于战后的分析传统的科学哲学中. 晚期的维特根斯坦使用了 "语言–游戏" 和 "生活的形式" 来讨论数学以及更一般地讨论科学. 他也学着遵循社会学的规律, 而 SSK 是非常热衷的维特根斯坦式的. 众所周知, 维特根斯坦的工作是非常不系统的, 因此允许有种种解释. 我认为把维特根斯坦看成怀疑论者是错误的, 他说过: "**怀疑**的基础并不存在". 维特根斯坦对于社会因素给予了明显的关注, 但除此以外, 特别在数学中他还清楚地看到还有 "更多的某些东西" (他的说法是 "逻辑必然性的坚固性"), 对于这些看法, 我们在语言和哲学两个方面都还没有公正地对待①

在哲学失败的地方, 社会学能否取得胜利? Bloor 对于 "社会学能否触及数学知识的真正的心脏" (Bloor, 1976) 这个问题的好战的 "自然主义的" 回答, 与其说是一次揭露形而上学的真相的练习, 不如说是想要为社会学占领形而上学已经占领的高地. 另一项由 Claude Rosental 所进行的关于逻辑学家的冲突如何解决的微妙的人种学的研究, 当他提出逻辑和数学的训练可能对于实行他的计划构成 "严重的障碍" 时, 也表现出了类似的感情 (Rosental, 2003). Bruno Latour 和 Stephan Woolgar 提出了下面这一类的经典的回答:

> 我们**并不**认为事先的认知 ····· 是理解科学家的工作的前提, 这类似于一个人类学家拒绝在原始的巫师的知识面前低头, 就我们所知, 没有任何先验的理由来假设科学家的实践比外行更有理性.
>
> ——引自 Latour and Woolgar, *Laboratory Life*, pp.29-30
> (Princeton University Press, Princeton, NJ, 1986)

但是, 我们可以希望社会学家也会严肃地注意到数学家关于自己经验的陈述, 并在这个过程中质疑韦伊并未注意到的问题. 例如, Bettina Heintz 在波恩马普研究所 (Max Planck Institute) 的实际调查 (这项工作被认为是从科学的构造社会学观点来研究数学的首创) 中, 就担心是否 "能过当地人的生活" 的问题以及 "对于占统治地位的文化的过度认同" 的问题. 但是, 她的问题是一个非常社会学的问题, 而其方

---

① 引文来自 Wittgenstein (1969, 第 4 段; 和 1958 第 437 段).

法远非把实际从事研究的数学家看成 "原始的巫师", 而是带着同情心地并且详细地记录下他们的认识论的看法. 我们有一个印象, 就是 Heintz 尽管在方法论上有局限性, 却更有兴趣于 "真正的数学", 我们在下面还要回到 "真正的数学" 这个话题上来. Bloor 和 Rosental 主要关心的则是收集证据来反击哲学家们全神贯注于形而上学.

在哥德尔定理、卡尔·波普尔 (Sir Karl Raimund Popper, 1902–1994, 英国哲学家) 对于证实主义 (verificationism) 的攻击、库恩 (Thomas Samuel Kuhn, 1922–1996, 美国科学史和科学哲学专家) 的科学革命理论、拉卡托斯 (Imre Lakatos, 1922–1974, 匈牙利数学哲学家) 在《证明与反驳》(*Proofs and Refutations*) 一书中关于讨论知识内容的辩证途径的重重包围之下, 再加上维特根斯坦, 罗素意义下的确定性已经几乎荡然无存了[①]. 至于那些社会的、哲学的和精神的需求, 形而上学的确定性概念本来就是为了描述它们而设计的, 这些需求仍然存在. 这样, 一方面那些具有我曾经描述为后现代主义者倾向的人继续对于确定性持怀疑态度, 而没有认识到他们所怀疑的靶子现在与广告语几乎没有什么区别, 与数学家所真正关心的东西几乎没有一点关系; 另一方面, 分析哲学又在找一个比较灵活的词来代替 "确定性". 例如, Philip Stuart Kitcher (1947–, 英国哲学家) 就使用了 "warrant"(保证) 一词来发展一个以经验为基础的而不是基于先验性的对于数学的相容性的论述. Kitcher 回忆起了弗雷格[VI.56] 当年与同时代的数学家们之间的纠结时说: "当弗雷格强调了有可能建立起数学知识的完全的清晰性与确定性时, 他所提出的数学的全景与正在工作的数学家几乎毫无关系"(Kitcher, 1984). 然而 Kitcher 和 SSK 对于 "我们的数学知识是怎样获得的" 这个问题仍然念念不忘 (Kitcher, 1984), 其中所谓知识被了解为真的经过论证的信仰.

当我们去读 (Heintz, 2000) 一文时, 就会知道, 现在正如弗雷格的时代一样, 数学家本身广泛地认为这些问题已经是过时的或者是偏离了主题. SSK 的由 Bloor 和 Barry Barnes 提出的 "强程序" 的最引起争论的侧面就是所谓 "对称性论题", 也就是坚持: 在研究一个科学上的断言是否能被接受为知识时, 对于它是真或不真不必考虑在内. Heintz 的实际调查建议, 这一点与数学家们普遍持有的一个观点是相容的, 就是把数学证明之被接受看成是 "一种关于真理的共识理论"(Heintz,

---

① 拉卡托斯的遗著《经验主义在近年的数学哲学中的复兴》(*A renaissance of empiricism in recent philosophy of mathematics, The British Journal for the Philosophy of Science*, Vol. 27 (1976) pp. 201–223) 中给出了很长一串数学家和少数哲学家的引文, 包括罗素在 1924 年的引文, 最终承认了数学并不是确定的. 很自然, 这些引文的绝大部分直接或间接讲到哥德尔定理. 拉卡托斯的这篇文章收录在 (Tymoczko 1998) 这本文集里. Hacking (2000) 写道: "只有教条和理论才能够使人说数学作为一个整体, 有一种特殊的确定性." 然而, 确定性仍然出现在一些哲学书的标题里, 例如 Marcus Gianquinto 的乐观主义的书:《搜寻确定性: 数学基础的一个哲学论述》(*The Search for Certainty: A Philosophical Account of Foundations of Mathematics.* Oxford: Oxford University Press, 2004).

$2000)^{①}$.

当我正在写下这几行时, "一个数学证明是怎样被接受为知识的" 的精彩的一幕正在上演. 佩雷尔曼 (Grigori Perelman) 所宣称的 **庞加莱猜想**[V.25] 的证明正在受到少数几个专门中心的前所未有的审查, 目的是要决定佩雷尔曼的声明真或不真. 就我所知, 这件事情的进行完全在社会学家们的注意之外, 也没有哲学来指导, 尽管由 Clay 研究所提供的百万美元的奖金绝非柏拉图式的②, 而授奖规则也预先假设了数学界可能判断有误, 其条件很像为 Heintz 提供信息的人会自发地表述出来的条件 (请参看 www.claymath.org/millennium/rules_etc 的第三款和以下的文字). 然而这个个例应属例外; 在 Rosental 意义下的 "证明某个东西算是知识" 对于数学家相对地并不重要, 而佩雷尔曼的工作的仔细审阅者大概会说他们所做的事是企图弄懂他的证明, 而不是 (为社会、为一位大度的捐赠者或者为一些哲学家或社会学家) 去 "证明" 它是一种知识③.

4. 真理和知识

"在以数学的哲学为旗号的活动中, 除了在 1880~1930 年代关于 '基础' 有不平衡的兴趣的时期以外, 其大得多的部分对于数学家正在思考或者曾经思考的东西, 已经死亡了, 而那个时期的兴趣时常给出那个时期的扭曲的形象." 当 David Corfield 在提出他想要发展一个 "真正数学的哲学" 时④, 他说了这样一番话. Corfield 把传统的先验主义者所关心的问题与 Aspray 和 Kitcher 认为的数学哲学的 "特立独行传统" 的典型问题的清单作了一个对比. 前者有 "我们应该怎样来谈论数学的真

---

① Heintz 引述了曼宁 (Yuri Ivanovich Manin, 1937–, 前苏联数学家) 的一句话: "一个证明只有在 '社会接受其为一个证明' 的社会行动以后才成其为证明", 还有托姆的真理的 "社会理论". 我们当然可以质询 Heintz 是否只引述其立场支持她的论题的数学家. 对于任何社会学的研究都可以提出这样的问题, 而最好是让社会学家们自己来解决这些方法论的问题. 然而有一个重要的说明: 虽然 Heintz 原来的目标是要讨论在一个科学研究的框架里的数学家的共识是怎样形成的 —— 其成功尚可质疑, 但是那是另一个问题了 —— 但她并未支持数学哲学的任意的特定学派. 在这一方面, 她和例如 Bloor 不同, 后者公然声明自己是经验主义者.

② 本文是在 2004 年末写的. 这个证明已经被接受为正确的. 佩雷尔曼获得了 2006 年的菲尔兹奖, 但是他拒绝了, 也拒绝了 Clay 研究所的奖金.

③ Rosental 的原话是: "[我] 已经说明了, 经过证明的逻辑知识的生产, 可能是社会学研究和分析的对象, 一个广大的研究部门正在形成"(Rosental, 2003). 我怀疑研究和陈述数学家们自己的优先权可能是一个更丰富的研究领域.

④ 这段话引自 Corfield (2003):"向着一种真正数学的哲学前进" (*Towards a Philosophy of Real Mathematics*), 请把它与 Hacking 的如下的评论比较. 那篇评论 (Hacking, 2002) 中说 "[20 世纪的数学哲学] 最重要的单个特点就是: 它大部分都是空话"(Hacking, 2002). 关于 Hacking 的数学哲学, 请参看他的 "数学做了些什么" 一文.

Corfield 的突出的地方在于: 他是一个对于最广泛的数学分支的潮流都有突出的深知的人, 对于他, 所谓真正数学的 "真正" 的意思就是 "老牌真正麦酒" 的那种真正, 我欣然同意, 怀疑这种现实主义是会弄巧成拙的.

理？数学名词或命题是否有所指？如果是，它们所指究竟是什么？"(Corfield, 2003)；后者则是："数学知识怎样增长？什么是数学的进展？是什么使得有些数学思想 (理论) 比其他的好？"(Corfield, 2003).

由 Tymoczko 的文集很好地代表了的特立独行的人，在背离确定性上面走了应受到欢迎的一大步. 然而，我所提到的哲学家和关心哲学的社会学家们 ——Corfield 是一个部分的例外，这一点下面还要谈到 —— 写的东西时常使人感到数学家是在创造真理或知识[①]，他们这样做好像是对哲学或者社会学做了一件好事，他们说明这样的壮举怎么是可能的. 或者只是说这是可能的，而没有说怎样才可能[②]. 另一方面，数学家则很相信，我们是在创造数学，而且这就是这种活动的 "为了什么". 数学家们并不因为自己被具有认识论兴趣的一般问题所同化而感到高人一等，而正如韦伊所理解的那样，并不要求在赫尔辛基大会上去解释这种具有认识论兴趣的一般问题.

爱因斯坦写道："谁要是想在真理和知识的领域中把自己树立为一个裁判者，他就一定会在上帝的笑声中灭亡". 数学家会以垂头丧气而不是以笑声来回应这些裁判者，然后就慌乱逃走，其异乎寻常是众所周知的[③]. 虽然那些在关于数学本性的哲学思辨中找毛病的人似乎是有一个隐含的义务，就是要找出一个思辨的代替物，经验说明，数学的实践使他们不适合做这件事. 更多地是由于这个原因，而不是由于怕闹笑话，使我不敢在数学的哲学思辨中来冒险. 如果像 MacPherson 说的那样 "对于那些习惯于来自几何和代数的思想的人"，要想 "发展那种在物理学家中很普通的直觉" 已经是很困难的事 (MacPherson 的话引自他为 Pierre Deligne 所编的《量子场和弦论：数学家用的教程》(*Quantum Fields and Strings: A Course for Mathematicians*, AMS 1999 年出版) 所写的信，见此书第一卷，第 2 页)，那么，沟通数学家和形而上学家之间的鸿沟大概就是没有什么希望的事了. 二者之间有一种表面上的平行性：形而上学的抽象如 "本质"，和数学的抽象如 "集合" 一样，本身什么也不代表，而只是一个名词，一个表示一种 "无所有之物"(nothing) 的名词，只是在特殊的教本的经典中，这个名词起了一个中心的作用. 我倒宁愿去论证，"集

----

① 然而 Hacking 说："一个句子 (用一种类型的推理所引入的句子) 的真理就是我们用这种类型的推理得到的东西"(Hacking, 2002).

② (Tymoczko, 1998) 这本文集的许多作者在数学的 (真实的) 实践中去寻求哲学的洞察，但是真理和知识总是不知不觉地爬了进来. 当我 1994 年来到法国时，我很吃惊地发现，20 世纪的法国数学哲学家所关心的完全不同. 法国人追随胡塞尔，大大集中关注于个别数学主题的现象学的经验. 要说数学哲学的英语传统和法语传统已经互相无法理解了，这只是稍有夸大. 有幸的是用法文写作的和用英文写作的数学家彼此互相引用并无困难.

③ 正如塞尔在他对《解放报》发表的评论中说的："如果您除了完全的东西就不想要的话，您就不要去搞数学了"(Si vous ne voulez pas que les choses soient parfaits, ne faites pas de maths)，Heintz 的书就是想要探讨这个看来是普遍的希望得到共识的倾向的根源，并且在证明的惯例中来寻找它；Rosental 处理了一个 (高度不寻常的) 特例，其中寻求普遍的共识显然是失败的. 爱因斯坦的引语可见 (Kline, 1980).

合" 这个词所代表的 "无所有之物" 与 "本质" 所代表的 "无所有之物" 有些不同,
要更加富有成果一些. 但是要进行这样的论证, 我手上所有的工具又只是数学推理,
所以这种论证最好也只能把我引向循环论证①. 更坦率地说, 由于一种类似于塞尔
在《解放报》的访谈中提到的理由, 如果有一种答案, 其确定性还不如数学所能提
供的答案, 我是不能满足它的; 对于一个数学家, 韦伊的问题的一个实用主义的答
案就是承认失败. 然而, 我也清楚, 迄今也没有区别数学的确定性与实用的确定性
的 (形而上学的) 基础!

　　避开思辨还有一个可能是更深刻的理由: 哲学是一场已经进行了上千年的对
话, 所以想要了解每一个新贡献, 最理想的应该是要了解所有以前的贡献; 而数学从
原则上说是假设为纯粹理性从少数几个公理推导出来的. 换句话说, 一个哲学命题
总是与它的起源和上下文连接在一起的; 一个数学命题则可以自由地漂浮. 这个原
理是围绕着数学的形而上学确定性光环的一个重要组成部分, 事实上与实际进行的
数学没有多少相象之处 —— 哲学与数学的对话, 用 Barry Mazur (1937–, 美国数学
家) 的话来说, 是 "人类历史上最长的对话之一". 然而, 我痛苦地认识到, 我与哲学
传统的 "个人的" 对话是彻底地不可信赖的, 我在本文脚注中选择的文献主要是我在
所遇到文献的只言片语的随机漫游 (或者说是随机冲浪, 或者说是再混合 (remix)).

　　如果说我还是写了关于哲学的问题, 很大一部分是因为在 1995 年当我对一
些科学家听众介绍怀尔斯关于费马大定理[V.10] 的证明时, 对我提出了一个问题.
《科学的美国人》(Scientific American)1993 年十月号有一篇文章, 题为《证明的死
亡》, 称怀尔斯的证明是一个 "光辉的与时代不合拍的事物 (anachronism)", 文中
引用了 Laszlo Babai 及其合作者的观点来支持这样的命题, 说在将来数学的演绎证
明将要大大地被计算机辅助证明和概率论证所取代. 同月, Notices of the American
Mathematical Society (40: 978–981) 发表了 Doron Zeilberger 的宣言: "定理证明的
价格: 明天的半严格的数学文化"(Theorems for a price: tomorrow's semi-rigorous
mathematical culture), 预言数学很快就会由严格证明过渡到 "半严格数学的时代",
那时恒等式②(可能还有其他类型的定理) 都会带上价格标签, 以导出它所需的计算
机时来计价, 而且价格将正比于所要求的确定性程度, 接着就说要 "完全抛弃跟踪
价格, 而 …… 实现到非严格数学的转变"(见 John Horgan. Scientific American,
October, 1993:92-102)③

---

　　① "真理总是一种适当地毁坏自己的可能性", 这是一个 (非后现代主义的) 法国哲学家 Alain badiou
的话, 他也是以哥德尔定理为例的 (见 www.egs.edu/faqculty/badiou/badiou-truth-process-2002.html).
　　② Zeilberger 在他的宣言中正是讲了许多数学恒等式的证明.—— 中译本注
　　③ 在 Hans Moravec, Ray Kurzweil 这些人鼓吹的流行的后人文主义的场景中, 到 21 世纪中叶, 计
算机将会获得人的所有的能力包括生成和证明定理的能力, 因为某种原因, 这种能力总会被当成一个里程碑.
人和计算机的区别很快就会消失, 这样, Zeilberger 的预言也就没有意义了.
　　一个更新的与此有细致区别的问题是关于机器定理证明的前景的讨论, 可以在因特网上找到 Maggeisi
和 Simpson 的文章 (日期不明).

　　我觉得我是被招来回答 "为什么需要证明" 这样一个问题的. 这个问题有点类似于韦伊回避了的问题: "为什么要研究数学", 我愿这样来论证: 数学的基本单元是概念而非定理, 证明的目的是说明一个概念, 而不仅是验证一个定理. 用概率论证或机械证明来代替演绎证明不应该与引进一种生产鞋子的新工艺来作类比, 而应该类比于用收据来代替鞋子还是用制鞋工厂的现金收益来代替鞋子. 听众有自己的问题: 我是在谈论确定性吗? 当然不是. 我在前面所试图作的解释就是, 谈论确定性已经在哲学上失去意义了. 其他规范性的描述一样容易成为哲学家嘲笑的牺牲品. 另一方面, 我也看不出有什么实用的理由说概率论证或机械证明在满足 AMS 的委员会提出的五个目标上不如演绎证明, 也没有任何社会学的理由说它们在范式转换时期在指导共识上不那么有效. 那么, 我在谈论什么呢?

　　本文写到了这个地步, 这个问题只能用一句广告语来回答了. 例如说:

　　使我们所写的东西 "可靠而且可验证" 可以培育一般的批判的思考.

这是我们在教学生证明时很流行的论据, 甚至可能是真的, 但是, 怎样去论证这个论断? 我非常倾向于说, 对于成为 "人类最长的对话之一" 的材料的概念当然值得领会其本身. 注意, 再没有什么比对话更容易 "突然变化" 了. 按说这是违反 Mazur 的书的精神的, 这本书的力量就在于它拒绝按线性顺序的叙述. 不论如何, 这个论据就其自身是不充分的, 因为类似的论据也可以用于宗教信仰.

5. "思想, 甚至梦想"

　　我暂不冒险来在这里回答韦伊的 (非) 问题, 而从 Corfield 那里得到一个提示, 建议注意数学家写些什么, 说些什么, 从中可以最好地说明纯粹数学的价值. 当数学家企图形式地或非形式地探究他们的价值判断时, 有几个常见的词会一再地出现, 并注入想象不到的力量, 把它们结合起来就构成了韦伊的悬而未决的问题.

　　外尔[VI.80] 写了一本书, 其标题颇有挑战性: 德文原文是 *Die Idee Der Riemannschen Fläche*, 英文译本的书名是 *The Concept of a Riemann Surface*, 即《黎曼曲面的概念》①, 用 concept 来翻译 Idee, 书的序言中引述了柏拉图. 那么, "concept", "Begriff" 或 "概念" 与 "idea" "idée" 或 "思想" 有什么区别? 关键在于对于哲学家和数学家确有不同. 在上一节讲到我对于听众的回答时也用了 "概念"(concept) 一词, 而且起了中心作用, 其意义就和外尔书名中的 Idee (idea) 相近, 而且有不知多少哲学家, 包括本文中所讲到的哲学家, 也都是在这个意义下使用 "Idee" (idea) 的. 一个正方形或一个黎曼流形[I.3§6.10] 都是这个意义下的一个 "concept", 数学家就是在这个意义下使用 "概念" (concept) 这个词的, 但是他们保留 "idea" 这个词表示别的东西, 我们将把它译成 "思想"(idea). 在柏拉图的《美诺篇》(*Meno*) 中, 关于

───────────

　　① 关于 "概念" 一词, 外尔在书名中用了 "Idee", 而在正文中则使用了 "Begriff" 一词, 这两个词在英译本中都译成了 "concept".

作一个具有两倍面积的正方形的证明, 就是用单位面积正方形的一条对角线把它分解成两个三角形, 然后把四个这样的三角形适当地拼接起来, 就会得到一个具有两倍面积的正方形. 这个方法是美诺的奴隶在苏格拉底的教导下 "记起来的"①, 而柏拉图认为这是包含在正方形的 "思想"(idea) 中的. 对于一个数学家, 作对角线并且适当地移动三角形就是这里的 "思想"(idea).

可以在 "阐明一个概念" 和 "证实一个定理" 之间作一个区别和对照, 这在数学家中甚至在少数哲学家中已经是一个老生常谈, 而我在 1995 年的讲演中就已经这样做了, 甚至在 1950 年左右, 波普尔 (Karl Raimund Popper, 1902 –1994, 著名的奥地利科学哲学家) 就争辩说 "一个计算机 …… 不能区分聪明的证明、有趣的定理与呆板无味的证明与定理"(Heintz, 2000). Corfield 正确地指出: "数学家在彼此的证明中主要寻找的就是新的概念、新的技巧和新的解释"; 他们需要的不只是 "确定命题的真理性或正确性"(Corfield, 2003, p. 56). 然而, 他虽然在 (Corfield, 2003) 这本书中用了整整一章来讲 "数学的概念化" 这个 "极为复杂的问题", 但他并没有仔细研究概念 (concept) 和思想 (idea) 本身; 我也不打算这样做. 要想一般地谈论数学概念而不陷入关于其真实性的辩论之中 (从而招致哲学家们的嘲笑), 几乎是不可能的. 那些就数学写作的人 (包括数学家, (Hersh, 1997)) 常有一个让人讨厌的倾向, 就是宣称绝大多数数学家都是柏拉图主义者, 也不问他们是否公开宣布过一个哲学立场. 这也可以这样来论证, 就是柏拉图主义已经隐含在数学命题的语法中, 或者这就是韦伊所说的绝大多数 "数学家在他们的职业活动的很大一部分时间里, 其行事都像是柏拉图主义者"②的意思, 这句话引自 Bourguignon (2001). 我猜想, 绝大多数数学家在做实际的工作时是上面引述的迪厄多内的话的意义下的实用主义者.

另一方面, 毫无疑问, 与数学家有关的 "思想" 是实在论的 (real) 对象. 按照一个人们都归之于韦伊③的笑话, 数学家可以定义为曾经得到过两个思想 (当然是指数学思想) 的人, 然后韦伊就为谁是数学家的问题操心了. 庞加莱[VI.61] 关于下意识在数学发现中的作用有一个著名的论述: 他得到富克斯函数与非欧几里得几何有联系的这个 "思想" 的发现高潮, 是当着这个 "思想" 到来 (思想来到了我的头脑里) 时出现的, 那时他正踏上了一辆公共汽车的门 (庞加莱的原话是法文 "L'idée me vint "(一个念头出现了)(Poincaré, 1999).

更加切题一点, 考虑 Hacking 对于自己是信奉关于电子的实在论的本体论的

① 柏拉图认为知识的来源是灵魂的回忆. 灵魂知道一切, 不过被模糊了, 所以只要有适当的启发, 灵魂就会回忆起前世的知识. 柏拉图的《美诺篇》就以苏格拉底和美诺的一个奴隶的对话为例, 说明如何用上面说的思想来启发他, 使他回忆起如何作出具有两倍面积的正方形, 因此文中说到 "记起来的".—— 中译本注
② 柏拉图本人却是用相反方式来看待这个问题的. 他说: "他们谈论数学的方式是可笑的, 然而他们也无法改变这个情况, 因为当他们讲话时、就好像他们在做什么事, 就好像他们所有的字句都是指向行动"(引自《共和国》(*Republic*, VII. 527a).
③ 我听到过好几个人说这个笑话是从他们志村五郎 (Shimura Goro, 1930–, 日本数学家) 那里听来的, 我相信, 但是不能确定, 我第一次也是从志村五郎那里听到的.

论证: "就我而言, 如果您能够把它 [指电子] 喷射出去, 它们就是实在的" (Hacking, 1983). 根据同样的理由, 如果您能够盗窃思想, 那么思想就是实在的. 每一个数学家都知道, 思想是能够盗窃的, 而且时常被盗窃. 论战接着就发生了, 但是比起 Rosental 所研究的认识论的争论来是生动有趣多了.

在数学的生命中, 没有什么比起思想 (用小写字母来写的) 具有更多的物质性的属性了. 它们有 "特色" (Gowers, 2002), 可以 "选拔出来" (singer①), 可以 "手手相传" (Corfield, 2003), 有时候是 "起源于现实世界" (Atiyah 为 (Arnold et al., 2001) 写的序言), 或通过变成为理论的 "一个组成部分" 而被计算的状态所推进 (Godement, 2001). 到了一定的时机, 它们就出现了, 例如, 现在一般地理解是: 想要解决 Clay 研究所的千年问题, 需要 "新的思想". 它们还可以计数. 我有一次听见塞尔在介绍一个著名猜想的证明时就说其中有两个或三个 real 的思想, 在这里, real 并不是 "真实", 真正 "真实" 并没有哲学上实在论的意义, 而是真正用作一个很高的称赞. 在这里, 意义不明确的地方并不在于思想的个数 —— 说是三个, 是塞尔的计数 —— 而在于这三个思想是否全是作者的原创. 思想是公开的: 它必然如此, 要不然就不能够去盗窃, 也不能像塞尔那样在讲演里表示出来. 庞加莱的思想是一句话: "我用来定义富克斯函数的变换就是非欧几里得几何里所用的变换"; 《美诺篇》里的奴隶的思想则是在沙上面画的直线.

法国大数学家 Alexander Grothendieck (1928–) 很早就在他的一篇未发表的长文《收获与播种》(Recóltes et Semailles) 中写道 "思想, 甚至梦想" 就是他的数学工作的 "实质和力量" ("实质和力量" 是 Allyn Jackson 的话, 见 (Jackson, 2004)). 一个思想, 典型地是 "洞察" 力的表征, 而能够得到洞察的能力一般地就称为 "直觉". 思想、洞察和直觉这三个词都是数学家从哲学借用的, 但是与哲学家不同, 是用于完全不同的目的的. 哲学家们常按康德那样把直觉 —— 那些没有概念的直觉是盲目的—— 理解为一个超越的主体或者其比较真实的后代. 直觉若取这样的意义, 就是确定性的一个可怜的代替物, 这一点甚至那些独立特行的人也能认识到. Kitcher 写道: "直觉 …… 时常是数学知识的**序曲**", "就其自身而言并不值得信仰". 庞加莱则把直觉称为 "发明的工具", 是一个 "不知其为何物的东西 (je ne sais quoi)", 它能把一个证明拉到一起, 但是, 他又把直觉与逻辑对立起来, 说逻辑是 "证明的工具", 而只要有它就 "足以给出确定性". Saunders MacLane 在将近一个世纪以后也几乎是这样来讲的. David Ruelle 则把依赖于 (视觉的) 直觉看作人类的数学 (与地外生物的数学相对立) 的特征性的特点②.

---

① 网址: www.abelprisen.no/prisvinnere/2004/interview_2004_7.html.

② 这些引文的出处分别是 Kitcher(1984, p.61); Poincaré(1970, pp. 36-37); MacLane 的话可见于他在讨论以前的脚注中讲到 Jaffe-Quinn 的文章时所发表的意见, 见 *Bulletin of the American Mathematical Society* 30 (1994):178-207; Ruelle 的话可见于他的一篇题为 "《与天外来客谈数学》" (Conversations on mathematics with a visitor from outer space) 的文章, 此文收进了一本文集, 即 (Arnold et al., 2000).

　　在每个情况下，直觉和前面讲到的 "思想是公开的" 不同，它是私密的，被归入 "发现的来龙去脉" 中，而与值得哲学家完全注意的 "论证的来龙去脉" 不同. 但是数学家在上面所说的意义下讲到直觉时，它又是公开的，这一点至关重要①. 和前几页处所引用的 MacPherson 的话中说的一样，这种直觉可以从老师传给学生，可以通过一系列讲演来传递，可以通过建立一个讨论班或为某个会议出一本论文集来集体地发展. 它和一种 "推理的风格" 有点类似，只不过规模小一点. 当 Grothendieck 讲到塞尔谈到类似于直觉的东西的能力时，他不得不求助于关于知觉的隐喻：

最本质的地方是：塞尔每一次都强烈地感觉到一个命题后面的丰富含义，如果这个命题在纸面上无疑不会使我感到冷一点或者热一点，但是，塞尔能够 "传送" 出这个知觉的丰富的可以触摸的而又神秘的实质 —— 这个知觉同时又是一个想要理解和看透这个知觉的愿望.

——见 Recóltes et Semailles, p.556

　　Mazur 写道："甚至那些试图清楚地表达想象的成果并加以分类的人，那些深信必定与想象存在同时发生的内省经验的人，都承认要描述这些成果有极大的困难"，他还使用了不寻常的文字和修辞的功夫想砍掉这些困难 (Mazur, 2003). 但是有一点是可以肯定的，正是这种与想象或理解相关的内省经验驱动人们成为数学家，也正是因为如此，韦伊才认为他的听众默认了他所说的. Heintz 曾经记录了向她提供信息的人的描述这种内省经验的企图：人们告诉她 "[在数学中]，您有具体的对象在您面前，您与它们互动，和它们谈话. 它们有时也会回答您". 她甚至谈到 "思想" 有助于把想象的这些片段合并起来. 人们又说于是 "图景就会突然出现在您面前". 然而她把这些原始的人种学的材料放进标题为 "美和实验：数学中真理的发现" 的一章里，表明了她对于认识论是何等严格地全神贯注 (Heintz, 2000).

　　"数学真理从人到人的特定的传播方式以及它们在此过程中如何变化，和真理本身一样难以捕捉"，Mazur 这样写道. 可以认为这是上面所引述的 Grothencieck 关于塞尔的评论的一点注解. Mazur 的书的中心概念是 "想象". 我之所以选用了 "思想" 和 "直觉" 这些词，并不是因为它们的内在的重要性，虽然我确信这几个词的每一个都指向了讨论著名的庞加莱的 "长夜中的一闪电光" 的途径，而庞加莱正是这样来结束自己的《科学的价值》(Poincaré, 1970) 一书的："这个一闪电光就是一切". 我选用这些词是因为它们充斥于数学家的谈话中 —— 使人感觉到它们比起确定的定理来，在数学中更加地 "就是一切" —— 与之成为无法回避的对比的是它们几乎完全被排斥在哲学的考虑之外，虽然在数学的哲学书的每一页上都可以找到这些词. 可能因为它们是陈词滥调，所以成为哲学上的不足道. 也可能是因为：同是这些词却可以表示完全不同的意义. Corfield 用同样的词来表示我所说的 "思

---

　　① 对于与布劳威尔[VI.75] 相关联的直觉主义的规范性的计划，这一点也是真的，但是这个计划里讲的直觉和我所想的肯定不同.

想" 的不同的含义: 他有时讲的是 (霍普夫于 1942 年的论文的 "思想") 中的 "思想", 或者是讲的 (群的 "思想") 中的 "思想", 虽然文字相同, 二者的宽和窄自然不同, 所以也可以是宽窄介乎其间的 "思想", 例如为了种种不同的目的而把一个表示分解为既约的成分中的 "思想". 这三段引文均可见于 (Corfield, 2003, p.206). 数学家在其他地方又把这个词写成是 "哲学" 一词. 例如 "朗兰茨哲学"(但在关于可除性的 "克罗内克的思想" 中又用的是 "思想", 见同书 p. 202), 还有一些别的完全无关的地方也说是 "思想". Corfield 想要解决他在 Lakatos 的《科学研究计划的方法论》(*The Methodology of Scientific Research Programmes*, 这是由 John Worrall, Gregory Currie 编辑的 Imre Lakatos 的论文集, 由剑桥大学出版社在 1980 年出版) 一书应用于数学时所看见的一个异常现象 (anomaly), 就是对于数学的看法是 "从把数学理论看成是声称为真的命题的集合转移为把数学看成是某些中心思想的澄清与细化"(Corfield, 2003, p.181). 他在这里从他认为是 "看法的转移" 的四个例子中看见了 "中心思想的一种创造性的模糊"; 而他所选择的这四个 "思想" 的例子中有两个按照我的用法应该算是 "哲学", 有一个是 "思想", 还有一个二者都不算.

其他的承载着价值观的名词也相当重要. 作为布尔巴基[VI.96] 的尾流, 有相当多的数学哲学家 (其中有 Cavaillès, Lautman, Piaget, 以及比较近的 Tiles) 作了严肃的尝试来弄清 "构造" 在数学中的意义. 我也读到好几篇试图从哲学上说明数学中的美学的文章, 然而都没有给我留下印象. 实际上处处都有的应用动力学的或者说是应用时空的隐喻 (如 "空间 X 在 Y 上的纤维化" 之类), 还有把证明表述为在时间中展开的一系列的动作 ("现在取在 x 点的任意近处通过的轨道" 之类), 都没有引起哲学家们的注意①. 这些现象可以和许多数学家对于黑板有一种奇异的偏好甚于现代的视听技术相联系, 而这又使我们注意到数学的信息交流有一个**表演**的侧面, 而这是一个常被忽视的 (但是紧急的) 侧面, 而表演这个词恰好既是后现代的又是前现代的.

至于在 Corfield 方面, 他到很少谈论 "直觉", 而他使用 "思想" 一词的含义又比较模糊, 但是他在分析关于群和拟群 (groupoid) 的相对功绩的辩论时, 对于 "自然" 和 "重要性" 的讨论在哲学上是富于洞察力的, 而对于 "真正的" 数学家对于这些词的使用也是忠实的. 他对于 "后现代代数学" 的处理, 其中 "出现在那里的图解不只是为了说明, 也是为了计算和严格证明"(Corfield, 2003, p. 254), 这也是家喻户晓的. 确实, 他的书的那些部分都是讲的 "标新立异的" 问题, 例如处理似然推理的问题. 但是有一点是没有问题的, 就是 Corfield 喜欢数学, 而且是有正确的理由的; 他的书和绝大部分的数学哲学的著作不同, 肯定是数学和哲学的对话的一部分.

---

① Nuõz 的文章《实数真正在动吗?》(*Do real numbers really move*, Hersh, 2006) 很有趣地说清楚了数学家怎样应用关于运动的隐喻, 虽然他把自己的分析限于与运动的数学有特定关联的例子. 柏拉图则清楚地反对数学家使用关于运动的隐喻.

Morris Kline 把由哥德尔定理带来的 "确定性的丧失" 看成是一个 "智慧的悲剧", 而且确实建议在设计桥梁时, "如果涉及到无限集合或选择公理的使用", 就需要特别 "谨慎"(Kline, 1980). "悲剧" 这个词似乎是用错了地方, 但是悲情确实是有的, 对于罗素也是如此. 悲情和它的孪生兄弟: 坚定的乐观主义在数学哲学里找到了一个难以想象的家.

> 如果数学 [作为 "理性在逻辑以外得到的关于构造的人类知识"] 能够延续下去, 数学就会再一次成为从形式的囚禁下解放出来的理性的形象的源泉, 能够应付世界末日这个后现代的前景.
>
> 见 Mary Tiles, *Mathematics and the Image of Reason*, p.4
>
> (Routledge, London, 1991)

不管 "成为 …… 源泉" 这个说法在国会的委员会面前有多大分量, 我觉得这个目标是有说服力的, 但是这是哲学家们的目标, 而不是数学家的目标. 我愿对哲学家们也实行 "善意原则"(principle of charity), 如果他们也愿意对我实行这个原则的话. Corfield 写道:

> 凡人数学家因为创造了美丽、清晰、有解释力的证明, 并且把他们很大一部分力量用于能够从概念上阐明问题的方式而重写出他们的结果而感到骄傲. 哲学家们不应该逃避对待数学的这些价值判断的责任.
>
> ——(Corfield, 2003, p. 39)

我也认为他们有责任说明 "思想"、"直觉"—— 以及就此而论还有 "概念" 这些词. 对于 "为什么要有哲学" 这个问题, 这可以作为其答案的起点.

后　　记

在 2004 年 12 月, 我的大学和法国以及其他地方的几个机构参加了由联合国教科文组织 (UNESCO) 主持的一次巡回展览, 展览题为 "数学是为了什么？Pourquoi les mathématiques?". 我希望能在本文交稿期限之前得知他们的答案, 就花了好几个小时去参观展览. 这个展览办得很聪明, 很有吸引力, 展出了许多 (纯粹) 数学的思想, 也夹杂着少数的实际应用, 但是完全没有提到展览的题目中的 "Pourquoi(为了什么)". 当时正有一位组织者在边上, 当我向她请教时她回答我说, 这个法文的展览题目是为了解决一个翻译问题. 原来是先有英文的题目叫 "体验数学"(experiencing mathematics), 后来因为找不到充分的法文翻译, 就选择了 "Pourquoi les mathématiques"(数学是为了什么) 作为最好的代替.

说不定要回答本文标题所提的问题只需要简单地翻译回去, 就是要 "体验数学", 即令最无情的资助机构也不会那么样地后人文主义, 以致还要求回答 "为什么要体验" 吧[1].

致谢 我要感谢 Cathérine Goldstein 和 Norbert Schappacher 向我指出了资料的来源, 其中就有 Rosental 和 Heintz 的书, 他们还费劲地批评了我的计划和它的执行. 我也要感谢 Mireille Chaleyat-Maurel 为我解释 UNESCO 的展览的名字, 感谢 Ian Hacking 以很大的耐心和精力审读本文的初稿. 有好几处很有帮助的澄清我应该感谢 David Corfield. 特别应该衷心感谢 Barry Mazur 的许多建议、鼓励及确定本文标题, 特别是向我指出, 在他的书《想象数系》(*Imagining Numbers*) 中为困在瓶中的苍蝇可以至少找到一种出路.

进一步阅读的文献

Arnold V, et al. 2000. *Mathematics*: *Frontiers and Perspectives*. Providence, RI: American Mathematical Society.

Barthes R. 1967. *Système de la Mode*. Paris: Éditions du Seuil.

Bloor D. 1976. *Knowledge and Social Imagery*. Chicago, IL: University of Chicago Press.

Bourguignon J-P. 2001. A basis for a new relationship between mathematics and society. In *Mathematics Unlimited—2001 and Beyond*, edited by Engquist and Schmid W. New York: Springer.

Corfield D. 2003. *Towards a Philosophy of Real Mathematics*. Oxford: Oxford University Press.

Godement R. 2001. *Analyse Mathématique?*. New York: Springer.

Gowers W T. 2002. *Mathematics: A Very Short Introduction*. Oxford: Oxford University Press.

Hacking I. 1983. *Representing and Intervening*. Cambridge: Cambridge University Press.

——. 2000. What mathematics has done to some and only some philosophers. *Proceedings of British Academy*, 103:83-138.

——. 2002. *Historical Ontology*. Cambridge, MA: Harvard University Press.

Harvey D. 1989. *The Condition of Postmodernity*. Oxford: Basil Blackwell.

Heintz B. 2000. *Die Innenwelt der Mathematik*. New York: Springer.

Hersh R. 1997. *What is Mathematics, Really?* Oxford: Oxford University Press.

——, ed. 2006. *18 Unconventional Essays on the Nature of Mathematics*. New York: Springer.

Jackson A. 2004. Comme appelé du néant—as if summoned from the void: the life of Alexandre Grothendieck. *Notices of the American Mathematical Society*, 51:1038.

Kitcher P. 1984. *The nature of Mathematical Knowledge*. Oxford: Oxford University Press.

Kline M. 1980. *Mathematics: The Loss of Certaity*. Oxford: Oxford University Press.

---

① 或者如外尔所指出的那样:"对于 [数学], 我们恰好站在抑制与自由的交叉点上, 而这也就是人类自身的本质", 注意 "本质" 这个词 (Mancosu, 1998). 我要感谢 David Corfield 给我指出了这个引文.

Lakoff G, and Núñez. R. E. 2000. *Where Mathematics Comes From*. New York: Basic Books.

Lloyd G E R. 2002. *The Ambitions of Curiosity*. p. 137,note 13. Cambridge: Cambridge University Press.

Lyotard J-F. 1979. *La Condition Postmoderne*. Paris: Minuit.

Maggesi M, and Simpson C. Undated. Information technology implications for mathematics, a view from the French Riviera. (This paper is available at http://math1.unice.fr/-maggesi/imath/;apparently not posted before 2004)

Mancosu P, ed. 1998. The current epistemological situation in mathematics. In *From Brouwer to Hilbert. The Debate on the Foundations of Mathematics in the 1920s*. Oxford: Oxford University Press.

Mazur B. 2003. *Imagining Numbers* (*Particularly the Square Root of Minus Fifteen*). New York: Farrar Straus Giroux.

Minsky M. 1985/1986. *The Society of Mind*. New York: Simon and Schuster.

Poincaré H. 1970. *La Valeur de la Science*. Paris: Flammarion.

——. 1999. *Science et Méthode*. Paris: Éditions Kimé.

Rosental, C. 2003. *La Trame de l'Évidence*. Paris: Presses Universitaires de France.

Tymoczko, T, ed. 1998. *New Directions in the Philosophy of Mathematics*. Princeton, NJ: Princeton University Press. (First published in 1986).

Wittgenstein, L. 1958. *Philosophical Investigations*, volume Ⅰ. Oxford: Basil Blackwell.

——. 1969. *On Certainty*. Oxford: Basil Blackwell.

VIII.3　数学的无处不在

T. W. Körner

1. 引言

我们生活在数学的包围之中：如果您把门打开或者用一次指甲钳①, 就是用了阿基米德[VI.3] 的杠杆原理; 当公共汽车在街角转弯时, 就会第一手体会到牛顿[VI.14] 的下面的法则：一个物体如果不受外力作用就会沿直线继续等速运动; 当我们使用一部加速上升的电梯时, 就会亲身体验到引力和惯性加速度的等价性, 而这是广义相对论[IV.13] 的核心; 如果我们很快地打开厨房里洗碗池的水龙头, 就会看见水形成了一个很薄很平的圆且有很清楚的边界, 这个边界就是一个偏微分方程[I.3§5.4] 的两个性态很好的解之间的混沌的 "水力学间断".

因为数学和物理学的互相交织, 所以我们看到的几乎每一件东西都与数学有关. 借助于初等微积分, 我们知道, 棒球在离开棒的时候轨迹是抛物线. 这个计算假

---

① 原文是核桃夹子, 因为不太常见, 所以现在改为指甲钳 (nail clipper), 二者动学道理是一样的.

设了没有空气阻力, 但是比较复杂的计算则可以把阻力也考虑在内. 如果把一根链条悬挂在两个点上, 它所成的曲线也可以用数学来分析. 这一次所用的技术是变分法[III.94], 这条曲线就是使得链条得到最小位能的曲线, 变分法能够让您把它算出来 (它叫做**悬链线**(catenary). 这个计算的大略思想是考虑链条的微小扰动. 因为位能已经是最小, 我们知道, 不论怎样对链条扰动, 都不能使位能更小. 这个信息就可以用来导出决定这条曲线的微分方程. 一般说来, 从这个技术中得出的微分方程叫做**欧拉–拉格朗日方程**). 甚至当您走过一片沙滩时, 湿的沙地的性态也涉及到有趣的数学, 这一点是雷诺 (Osborne Reynolds , 1842–1912, 英国力学家) 在 1885 年认识到的. 典型的情况是: 紧挨着您所踩的地方的沙很快就会变干 —— 如果您没有注意到这个奇怪的现象的话, 下一次您到海滩上去的时候一定要自己去看一下. 理由是, 在海水退潮的时候会把沙的颗粒铺开充填得很均匀整齐, 您的扰动破坏了这个均匀的充填, 在您踩的地方附近充填就不那么均匀了. 这就为水留下了更大的余地, 水就从接近的地方流进来、流下去, 而暂时使您脚边的沙变干.

很容易就可以给出成百个这样的可以用数学来分析的物理现象. 然而, 如果您接受物理学管着整个宇宙, 而数学又是物理学的语言这个观点, 那么有这些应用存在也就不足为奇了. 所以, 本文将集中于关注数学在其他领域中的出现, 特别是在地理学、设计、生物学、通讯和社会学.

2. 几何学的用处

如果您在地球表面上旅行, 当从一个时区到了另一个时区时, 就需要对手表作一点微小的调整. 然而这里有一个例外, 如果您穿过了国际日期变更线, 就需要作一次大的调整 (假设您的表不仅能显示时分, 还能显示日期). 为什么必须要有这样的不连续性? 好, 例如假设现在是里斯本的星期二午夜, 再想象有一条向西恰好绕地球一周的路线. 如果沿着这条路线的时间变化都很小, 则因为时刻的变化反映了对于太阳的相对位置的变化, 所以每隔经度 15°, 同样的时间在钟表上的刻度就会退回一小时. 这样, 如果沿着这条路线回到里斯本, 钟表上的时间刻度就会退回 24 小时. 所以, 同样的时间, 就是现在, 在里斯本应该是星期一的午夜. (记住, 我们现在是在谈论心智的旅行, 而不是实际的旅行). 这里肯定有什么地方错了. 首先感觉到这个理论问题的实际后果的, 是麦哲伦第一次环球航行的衣衫褴褛的剩余部队, 这使他们不得不因为错过了宗教仪式的时间而赎罪![①]

---

① 凡尔纳的著名小说《80 天环游地球》可以说就是以此为基础的. 本文说在里斯本的星期二午夜就是星期一午夜, 是按照向西旅行算出来的. 如果是向东旅行则可以算出是星期三午夜. 总之, 按时分计算在里斯本的午夜零时可以相差 24 小时, 按日期计算就是相差 1 天. 凡尔纳的主人公离开伦敦后是向东走的, 他打赌可以 80 天回到伦敦, 实际上走了 81 天. 当他以为即将赌输而大难临头时, 按伦敦的时间则恰好是 80 天, 所以大胜而归. 从数学上说只要 mod 24 小时就可以, 至于是正还是负 24 小时全无关系, 关键是向东还是向西, 至于是否正西、是否等速旅行全无关系.—— 中译本注

下面是日期变更线必要性的另一个论证. 我们要问, 2000 年是什么时候开始的. 当然, 答案要依赖于讲的是地球上的什么地方, 准确一点就是其经度是多少, 而就一个地方而言, 2000 年是从 1 月 1 日零时开始的, 也就是太阳位于地球正相反处的天顶时开始的 (这个说法也还是近似的). 所以在任意时刻都有一个地方, 在地球的一个很小的部分, 人们正在庆祝 2000 年的到来, 所以总得有一个地方最先庆祝, 而在稍微偏东的地方, 人们已经错过了机会, 他们还得再等将近 24 小时. 这样我们看见必然会有不连续性.

这些现象反映了一个事实, 就是某些连续映射是没有连续逆的. 这里所指的连续映射是把实数 w 映为单位圆周上的点的映射 $w \mapsto (\cos w, \sin w)$, 注意, 如果把 2π 加到 w 上, $\cos w$ 和 $\sin w$ 不变. 现在我们试着来求这个映射的逆, 这意味着给定单位圆周上一点 (x, y), 必须取一个 w 使 $\cos w = x, \sin w = y$. 显然可以取原点 0 到 (x, y) 点的射线与水平轴所成的角为 w, 这里有一个非常重要的限制性条款, 就是可以对它加上 2π 的任意倍数. 于是, 问题就变成了: 能否适当地取这个倍数, 使得 w 连续地变化? 答案又是 "否", 因为如果沿着单位圆周连续旋转一周, 则在回到起点时一定会对 w 增加一个 $\pm 2\pi$(取正号或负号视旋转方向为顺时针或逆时针而定).

上面的事实是拓扑学[IV.6] 的最简单的定理之一. 拓扑学是一个数学分支, 当您想要知道具有某种性质的连续函数是否存在时, 就会遇到这个分支. 另一个连续函数在其中有用的情况是制作世界地图. 如果能在一张平面的纸上画地图就更加方便了, 所以我们首先会问的问题是: 是否存在一个从地球表面这个曲面到平面的连续函数, 使得球面上两个不同的点变为平面上的不同点. 答案不仅为 "否", 而且还有一个**Borsuk** (Karol Borsuk, 1905–1982, 波兰数学家)**对径定理**, 指出必定有一对**对径点**(就是球面上一条直径的两个端点, 例如南极和北极) 变成平面上的同一点.

然而, 我们可能不太关心连续性. 这时, 可以作一个从北极到南极的切口, 把球面沿这个切口拉开并且铺成平面 (为了能懂得这一点, 不妨假设球面是由特别容易拉伸的橡皮做的). 或者也可以把球面切成两个半球面, 然后分别作这两个半球面的地图.

这时就出现了另一个问题: 要作一个没有扭曲的地图, 哪怕是半个地球的地图, 似乎也是不太可能的. 这不是一个拓扑学问题, 而是一个**几何学问题**, 意思是指我们关心的是地球表面的更细致的性质, 例如形状、角度、面积等等, 而不只是关心连续性所能保存的性质, 因为球面有**正曲率**[III.78], 它的任何一部分都不可能在保持长度不变的条件下映到平面上, 所以某些扭曲是必然的. 然而, 在确定容许什么样的扭曲而避免什么样的扭曲上, 我们有一定的自由. 后来证明由球面 (地球表面除去两极) 到圆柱面 (沿赤道切于地球表面的圆柱, 如果把它沿南北方向切开展平, 就成为一个平面) 有一个**共形映射**(conformal mapping), 就是著名的麦卡托[①](Mercator projection) 投影. 一个共形映射就是一个保持角度大小和方向不变的映射, 所以麦卡托投影在航海上特别有用: 如果您在用麦卡托投影的地图上是朝着西北偏北的方向, 那么实际航行方向也就是西北偏北. 麦卡托投影的缺点在于: 当离开赤道方向时, 一个国家会变得看起来越来越大 (虽然共形性质保证了其细部的形状总是正确的). 还有别的投影虽然扭曲了形状, 却可以保持面积. 要做出这些投影的细节, 就必须应用数学特别是解微分方程.

下面是几何学在日常生活中的一些应用. 如果您曾经想过窨井盖的最好形状是什么, 那么数学就可以帮助您. 当然, 这要看您说的 "最好" 是什么意思. 如果您需要经常揭开窨井, 就会担心别把窨井盖掉到窨井里去了, 能不能防止这些事? 如果把窨井做成矩形的, 则它的每一个边都比对角线短, 所以它的盖子就会掉进窨井里去, 如果窨井是圆的, 它在任何方向都是一样宽, 所以窨井盖就掉不下去了.

那么, 是否只有圆形窨井盖才不会掉下去呢? 可以作一个正三角形, 再以一个顶点为中心、边长为半径作一个通过另外两个顶点的圆弧, 这样就会得到一个 "曲线三角形", 它也有这个性质. 这个三角形叫做 **Reuleaux 三角形**(但是它时常被错误地拼写成 Rouleaux 三角形, 并且相信它与旋转有关, 因为 Rouleaux 看起来像一个法文字, 而旋转法文叫做 rouler, rouleau 则是小圆筒之意. 其实它与法国或旋转都没有关系, 这个名字来自它的发明者、19 世纪的德国工程师 Franz Reuleaux).

您是否曾经想过, 为什么硬币是现在的形状? 其绝大多数是圆形. 但例如英国 50 便士的硬币, 就是边界稍微有些弯曲的七边形. 稍微想一下就清楚, 对于任意的奇数 $n \geqslant 3$, 都可以作出一个有 n 个边的 Reuleaux 多边形, 而那个英国 50 便士的硬币就是一个 Reuleaux 七边形, 这对于投币机就很方便, 它意味着可以做出这样的投币孔, 使得硬币不论怎样投, 大小都是恰好.

关于传送带的最佳形状又如何? 如果我们按照明显的方式来造, 则它的两面总有一面是暴露在外, 而另一面则否. 最后, 暴露在外的一面就会磨损, 而另一面仍是未受损的原始状态, 因为根本没有用到这一面. 然而, 任何一个数学家都会告诉您, 并非所有的曲面都有两面, 或称两侧. 单侧曲面最著名的例子就是默比乌斯带[IV.7§2.3], 只要把一条平的纸带的一端扭转 180°, 再与另一端粘连起来就会得到它. 如果您有一条足够长的传送带, 使得实际上可以在其某一点处把它扭转, 就可以使这两侧 (注意虽然扭转以后整体是是单侧的, 但是局部地仍有两侧, 所以说 "这两侧" 还是有意义的) 的磨损程度是一样的, 所以使用时间可以加倍 (当然您也会想到, 一条传送带可以在用了一段时间后就翻一面再用, 这样, 使用时间也可以加

[①] 数学史中有两个著名的麦卡托, 这里的一位是 Gerardus Mercator, 1512–1594, 德国人, 是地图学家和数学家, 另一位是 Nicolas Mercator, 1620–1687, 也是德国数学家, 因用级数 $\ln(1+x) = x - x^2/2 + \cdots$ 来研究对数而知名. —— 中译本注

倍, 但是曾经很认真地设计用默比乌斯带作传送带, 而且还申请过专利, 类似的设计还曾用于打字机的色带和磁带录音机).

3. 尺度与手性

为什么北极地区的哺乳动物块头都大? 它们进化成这个样子是不是一个偶然事件? 这听起来不像一个数学问题, 但是用一点简单的数学就很容易使您相信这绝非一个偶然事件. 因为北极地区很冷, 动物需要热量, 能够更好地保持热量的动物就更容易长得健壮. 一个动物失去热量的速率正比于它的表面积, 而它产生热量的速率则正比于它的体积, 所以, 如果把一个动物在各个方向上的大小都加一倍, 则它产生热量的速率会增加一个因子 8, 而它失去热量的速率只增加一个因子 4. 所以, 大一点的动物更容易保存热量.

但是如果这样, 为什么北极地区的动物不会更大得多呢? 这一点也很容易用类似的尺度论据来解释, 如果把一个动物的尺度加一个因子 t, 则它的体积因此还有它的重量 (动物的主要组成物是水, 所以各种动物都有大体上相同的密度) 将要增加一个因子 t^3, 动物用它的骨骼来支持自己的体重, 要想折断骨头所需的力大体上正比于骨头的断面面积, 而这个面积会得到一个因子 t^2, 所以, 如果 t 太大, 它就支持不住自己的重量, 它只好想办法使它的骨骼相对变粗, 但是如果 t 太大, 它的腿就会太粗而不合实际.

一种类似的尺度论据可以解释为什么如果把一只老鼠抛到一个 1000 英尺深的矿井里去它也会很安全. 用 Haldane 的话说: "掉到了矿井的底以后, [它] 只稍稍震动了一下就走开了". 在老鼠下落这个情况下, 空气阻力正比于面积, 而重力的引力正比于质量, 也就是正比于体积. 所以, 如果您更小, 您的终速也更小, 所以更不必为摔跤担心.

有一个简单的事实, 但是在许多科学部门中会成为复杂的情况, 这就是两个图形可以互为反射, 但不能用平移和旋转使它们重合起来. 举例来说, 如果您看见一只手, 但是看不见与这支手连在一起的身体. 这时, 您仍然可以分得清它是左手还是右手 (如果您可以很自然地伸出您的右手去和他握手, 那它就是右手). 这个现象称为手性(chiralty). 如果一个图形不能用平移和旋转变成自己的镜像, 就说这个图形是有手性的(chiral).

手性的概念在许多科学领域都有出现, 例如, 许多基本粒子都有所谓的自旋(spin), 就是说它们时常有左右旋两种结构. 在药物学中, 现在知道许多分子是有手性的, 而两个不同手性的成分、性质根本不同. 一个产生过悲剧后果的例子是 thalidomide, 它有许多商品名, 例如叫做 "反应停". 它本是作为一种镇静剂研制的, 用于治疗孕妇早晨呕吐, 但是它的另一种手性的成分能使孕妇生育下畸形胎儿. 不幸的是, 原来不知道这一点, 所以到 1950 年代末有成千孕妇服用了它, 而且是两种

手性的成分按 $50:50$ 的混合物, 这就是臭名昭著的反应停事件. 手性起重要作用但危害较少的例子更多. 例如, 有许多化合物的不同手性的成分闻起来和尝起来完全不同 (这一点似乎很奇怪, 但是很容易解释我们的鼻和嘴中的传感器也含有具有手性的分子).

迄今我们都只考虑了刚体运动, 但是有些形状在更强的意义下有手性, 就是甚至使用空间的连续的、保持定向的运动[①] 也不能把它变成镜像的形状. 有两个有趣的例子一是三叶扭结(trefoil knot)[III.44], 有左旋的和右旋的三叶扭结 (但是证明它们真正不同绝非易事). 二是前面提到过的默比乌斯带, 说默比乌斯带有手性粗略的理由是: 当扭曲一条纸带成默比乌斯带时, 既可以像开软木塞的螺丝锥似地扭转它, 也可以作反方向的扭转. 如果试着用自己的眼睛看一下, 就会相信螺丝锥的方向不受连续的、保持定向的运动的影响, 所以, 服从 "螺丝锥规则" 的默比乌斯带的镜像是一个不服从 "螺丝锥规则" 的默比乌斯带.

4. 倾听数字的巧合

有这样的传说: 毕达哥拉斯经过一个铁匠铺, 听见铁匠敲打不同长度的铁棍发出特别愉悦的声音而得到启发, 从而发现了乐音调和的定律. 用现代的话语来说, 这些定律指出: 如果两个声音的频率之比是两个小的正整数 r 和 s 之比, 这两个声音在一起听起来就特别好听 (至少按欧洲的传统来说是如此), 结果人们设计音阶时就力求使其中悦耳的音程尽可能多.

不幸的是, 能够做得多好是有限制的. 如果取一个简单的比如 $3/2$, 就会得到现代音乐家说的完全五度, 然后它的幂 —— 如 $9/4, 27/8, 81/16$ 等等 —— 变得越来越复杂. 然而, 我们有很大的好运气, 就是 2^{19} 很接近 3^{12}. 具体说来, $2^{19} = 524\,288$, $3^{12} = 531\,441$, 相差只有大约 1.4%. 所以, $(3/2)^{12}$ 与 2^7 十分接近. 频率加倍相当于把音高提高一个八度, 而相差八度的音高被认为在音乐上是等价的, 所以 12 个完全 5 度是很接近于 7 个 8 度的音程, 可以认为是回到了起始的音高. 这使我们能做出一个音阶, 其中的 5 度是近似于完全的.

有许多不同的方法来作这里讲的近似. 早期的音阶的选择是让某些 5 度成为完全的, 而牺牲其他的 5 度. 从 250 年前起, 现代的西方音乐达成了一个妥协, 即平均地分配这种不准确性. 如果在一个音阶中, 两个相继的音符的频率之比是 $1:\alpha$, 如果从频率 u 开始, 则这些相继音符的频率就是 $u, \alpha u, \alpha^2 u$ 等等. 如果您希望音阶中有 k 个音符, 就应该令 $\alpha^k = 2$, 使得 $u, \alpha u, \alpha^2 u, \cdots, \alpha^{k-q}u, \alpha^k u = 2u$. 这样, 一个完全的八度包含了频率平均分配的 k 个音符 (即音高). 后来的音乐实践中都是令 $k = 12$, 而这种频率平均分配地形成音阶的规律, 就称为十二平均律. 这意味着

[①] 在 $\mathbf{R}^n$ 中的 "运动" 有时就是指平移与旋转, 它们都是保持定向的, 但是因为我们不必限于空间 $\mathbf{R}^n$, 而 "运动" 也没有明确定义, 所以特地把至关重要的 "保持定向" 条件明确提出. —— 中译本注

若 $\alpha = 2^{1/12}$，则所有的 α^k 都是无理数，而不是简单的正整数的比！然而 3^{12} 与 2^{19} 很接近这个事实有一个推论，即 $\alpha^7 = 2^{7/12}$ 很接近 3/2(更准确地说，还略大于 1.4983)，所以，五度确实很接近于完全.

乐律问题在条目数学与音乐[Ⅶ.13§2] 中有比较详细的讨论.

5. 信息

如果要问有什么事实可以更好地说明前一代人的抽象数学理论能够成为下一代人的常识，那么最好莫过于下面两个密切相关的思想了：其一是所有的信息都可以用一串 0 和 1 来表示；其二是一本书、一幅画或一个声音所包含的 "信息量" 正比于表示它所需要的 0 和 1 的个数.

香农的著名定理 (在条目信息的可靠传输[Ⅶ.6] 中有详细的描述) 告诉我们，用信号来传送信息的速率依赖于所能用的频率的范围. 例如从沿着铜线传送电信号 (这种信号只需要很窄的频率范围) 变为用光 (频率范围大得多) 在光纤上传送光信号，才使得因特网所需的极大的数据集合的传输成为可能. 我们所听到的声波都在很窄的频率范围内，而我们看见的光波则属于很宽的频率范围，这就是为什么在计算机上存储一小时的电影比存储一小时的音乐所需的存储要大得多. 类似地，我们可能觉得视觉是一个被动的过程 —— 我们把眼睛瞄住一定的方向，眼睛的工作有点像录像机，而我们只不过是在看录像 —— 但是实际上因为光携带了那么多信息，我们的大脑需要用很多办法才能处理它们. 我们认为自己看见了的事实上只是现实的一个剧场表现，我们的大脑要非常巧妙地进行操作，这就是为什么有光学幻象存在，而即使您知道幻象是怎样出现的，幻想仍然会出现. 与此成为对比的是，因为声音只携带了那么少的信息，我们的大脑可以直接得多地去处理它们 (虽然仍然不是完全直接的 —— 听觉的幻象也存在，我们的大脑也要用一点办法，才能从进入耳朵的全部声音中提取出我们感兴趣的声音来).

当信息被传递时，传输系统几乎一定会有错误，所以我们的通讯不可能是完全无误的. 我们怎样来恢复原来的通讯呢？下面是一个维多利亚女王时代的 (也就是老掉牙的) 客厅里玩的小把戏，说明在很简单的情况下我们怎样做就可以恢复原来的信息. 这就是给出一个含 7 个元的序列 $(x_1, x_2, x_3, x_4, x_5, x_6, x_7)$，这里所有的 x_i 都是 0 或者 1，要求它们满足条件：$x_1 + x_3 + x_5 + x_7$, $x_2 + x_3 + x_6 + x_7$, $x_4 + x_5 + x_6 + x_7$ 都是偶数，这种序列的一个例子是 $(0, 0, 1, 1, 0, 0, 1)$.

如果把这些序列都看成空间 $\mathbb{F}_2^7$(这个空间是以 mod 2 整数域为标量域的 7 维向量空间) 中的向量，就很容易看到上面给出的三个条件在这个域中是线性无关的条件，所以适合这三个条件的向量构成 $\mathbb{F}_2^7$ 的 4 维子空间，因此这样的向量只有 16 个. 我们的把戏是，让客厅的任意一位客人任意取这 16 个向量中的一个，并且把它的任意一位从 0 变成 1 或者从 1 变成 0，魔术师马上就能认出他取的是那一个向量. 为了看看魔术师是怎么做的, 我们就取上面那个向量, 并且改变它的第 3 个分量, 这样得出一个新的向量: $(y_1, y_2, y_3, y_4, y_5, y_6, y_7) = (0, 0, 0, 1, 0, 0, 0)$.

第一步是注意到 $y_1 + y_3 + y_5 + y_7$ 和 $y_2 + y_3 + y_6 + y_7$ 都是奇数, 但 $y_4 + y_5 + y_6 + y_7$ 仍是偶数 (因为只有 y_3 变了, 而 y_4, y_5, y_6, y_7 都没有变). 把各个条件中所涉及的向量分量的下标写成一个集合, 于是这三个条件就对应于三个集合: $\{1, 3, 5, 7\}$, $\{2, 3, 6, 7\}$ 和 $\{4, 5, 6, 7\}$. 只有 3 是同时属于第一、二两个集合但不属于第三个集合的下标. 这告诉我们唯一改变了的分量是 x_3, 由此立即可以恢复原来的向量 $\{0, 0, 1, 1, 0, 0, 0\}$. 上面我们讲了一个特例, 那么在一般情况下怎样来构造这三个集合, 使得这个技巧在一般情况下也能使用呢? 如果把这里的整数都写成二进制, 而且取三位. 如果没有三位就在前面补上几个 0 让它成为三位, 答案就更清楚了, 这三个集合于是成了 $\{001, 011, 101, 111\}$, $\{010, 011, 110, 111\}$, $\{100, 101, 110, 111\}$. 它们的特点是: 第 i 个集合的元素就是全部三位的而且倒数第 i 位为 1 的三位二进整数. 所以, 如果知道这三个条件是哪几个奇偶性变了, 就知道原序列中改变的项的下标的二进表示, 在本例中, 前两个集合变了, 而第三个没有变, 属于前两个集合而不属于第三个的只有 011(因为原来规定只变一项, 所以只有 011, 而改变了的就是第 011 项), 这样就可以恢复原序列.

这一点小把戏后来被汉明 (Richard Wesley Hamming, 1915–1998, 美国数学家, 编码理论的开创者) 重新发现, 是所有的纠错码的前身 (详情参看条目信息的可靠传输[VII.6]), 使我们的 CD 和 DVD 尽管稍有磨损仍然能够使我们感觉是没有毛病地播放.

有精确的数学方法来度量信息量这个事实对于遗传学有相当大的重要性. 有人提出, 我们的 DNA 尽管携带了很大量的信息, 比起完全描述我们的躯体所需的信息还是小得太多. 这也可以解释在实验上已经确认了的事实: DNA 尽管携带了一组一组的指令, 但是人体解剖的细节, 如指纹和毛细血管的精确分布, 仍然部分地有偶然性. 所以, 举例来说, 即令可以让后来变成了您的那个受精卵的生长过程完全地重复一遍, 所得的结果也只能大体上和您相似, 而微小的环境差异会造成不同的指纹和毛细血管不同的排列.

在有些情况下, 只是传输信息还不够, 信息必须加以保护. 如果在因特网上发送我们的信用卡号码, 我们就希望能做到这一点, 使得窃听者很难找到这个号码. 这种做法的数学描述在条目密码学[VII.7§5] 中可以找到.

下面是一个稍有不同但是密切相关的问题. 假设 Albert 有一个秘密想在对话中与 Bertha 共享 (而且只与 Bertha 共享), 而这个对话别人又是可以听见的, 他该怎么办? 第一步是随便想一个他们可以秘密共享的信息 —— 可以证明, 这离开共享一个特定的信息只差一小步了. 这里一个信息是用一个整数来表示的 —— 按下面的程序就可以做到这一点. 首先 Albert 喊出一个很大的整数 n 和一个整数 u. 第二步他选择一个很大的整数 a 并且保密 (包括对 Bertha 也保密 —— 这样做的理由是很明显的, 因为他还不知道怎样才能与她共享一个秘密), 然后就喊出一个整数值 $u^a \bmod n$. Bertha 于是也选择一个整数 b, 而且也保密只有自己知道, 并且喊出 $u^b \bmod n$ 之值. 现在 Albert 就可以算出 $u^{ab} = \left(u^b\right)^a \bmod n$, 因为 Bertha 已经告诉他 $u^b \bmod n$, 而他自己像前面说到的那样知道了 a. 类似地, Bertha 也可以用自己的密数 b 来算出 $u^{ab} \bmod n$. 现在 Albert 和 Bertha 就都知道了 $u^{ab} \bmod n$. 这是共享秘密的好例子, 因为窃听者知道的只是 u^a, u^b 和 n, 而当 n 和很大时, 除了太长而无法实施的方法以外, 并不知道由 $\bmod n$ 的 u^a 和 u^b 算出 $u^{ab} \bmod n$ 的方法. 这里的 $u^{ab} \bmod n$ 就是随便想到的信息.

下面就要讲怎样利用这里的结果来与 Bertha 共享一个特定的信息了. 这个信息也是一个整数 N, 例如信用卡号码, 这里设 $1 \leqslant N \leqslant n$. 现在需要做的就是喊出 $u^{ab} + N \bmod n$. Bertha 既然已经知道密数 $u^{ab} \bmod n$, 那么只需从 $u^{ab} + N \bmod n$ 中减去 $u^{ab} \bmod n$ 就可以得到 $N \bmod n$, 再由 $1 \leqslant N \leqslant n$ 就可以得出 N 了. 但是要注意, 用这个方法 Albert 只能传送一个 N. 如果再用同一个 $u^{ab} \bmod n$ 来传送另一个信用卡号码 M, 窃听者就会知道 $M - N$. 但是, 如果 Albert 和 Bertha 用新的整数 n, u, a, b 来传送 M, 窃听者对于 (M, N) 就基本上一无所知了.

为什么我们相信从 u^a 和 u^b 很 "难" 计算 u^{ab} 呢? 如果明天有人想出一个简单的技巧来做这件事又怎么办呢? 惊人的是, 我们对于 "难" 赋予了确切的数学意义. 虽然我们不能绝对确定地讨论这个问题, 但这个问题却有完全精确的数学意义. 特别是, 有一个非常可信的假设, 如果这个假设为真, 就意味着实际上不可能在一个短时间内算出 u^{ab}. 在条目计算复杂性[IV.20] 中对这个问题作了相当详细的讨论.

6. 社会中的数学

如果一条街上所有的房子都有房前的花园, 那就比一条街所有的房子都把花园改成停车场要好看. 对于有些人, 好看要比方便更重要, 所以在一条街上把所有的房前花园都改成停车场, 就会降低所有房子的价值. 然而, 如果只改了一幢房子的前花园, 那就会增加那一幢房子的方便, 而没有很大地影响这条街的外观, 所以那一幢房子会增值, 而其他的房子的价值只是稍有下降. 所以每一幢房子的房主都会有一个经济上的动机来改自己的房前花园, 虽然如果每个人都这样做, 就会使所有的人都受到经济损失.

很清楚, 如果想避免这个不幸的后果, 房主们必须合作. 纳什 (John Forbes Nash, Jr., 1928–, 美国数学家, 1994 年诺贝尔经济学奖得主) 证明了从简单的公平假设开始, 必须有一个互相支付的系统 —— 例如, 每一个想改房前花园的人都要支付一笔费用给其他所有的户主 —— 来改变大家的动机, 使大家不再想毁掉这条街.

如果各家都不想合作, 纳什证明了这时就会有一个 (通常不那么有利的) 协议, 而谁想要违反这个协议都不会得到好处. 下面是一个游戏的简单例子: 会出现一个情况, 没有哪一个单个的人想去改变一个情况, 但是一个合作的团体会希望改变它. 这个游戏的规则是: 有 3 个人都把一个信封交给一个仲裁人, 里面写的是 "是"或 "否". 如果两个玩家都写了同样的字, 而第三家写另外一个字, 那么这两家各得400 美元, 而第三家什么也得不到; 如果三家都写了同样的字, 则每一家都各得 300美元. 假设这三家人在游戏开始前碰头决定都写 "是"(以便增加他们的平均收益), 这时任意哪一个单个的玩家写 "否" 都得不到好处, 但是如果有两家都违反了协议, 这两家都会得到好处, 而把第三家卖了.

纳什的聪明的论证是从一个协议开始, 这个协议不一定是平衡的, 而且允许各方对自己的行动作微小的改变, 使得如果别人都不改变, 他就会改善自己的情况 (然而因为别人也会改变, 这就会使得总的改变对谁也没有好处). 这样就会得到一个函数, 把一个协议映射成另一个协议. 可以证明, 这个函数适合角谷静夫 (Kakutani)不动点定理[V.11§2] 的条件, 由这个不动点定理得知存在一个协议, 而没有一个人愿意改变 (见条目数学和经济的推理[VII.8], 特别是其 §4, 其中有对纳什的定理的进一步讨论. 另一个个人的私利和集体的公利不一定重合的例子出现在网络中的流通问题中, 见条目网络中的流通的数学[VII.4 §4]).

并不是数学思想在社会问题中的应用都会有这样令人满意的结果. 假设有一场选举 (或者更一般地说, 是社会需要在几个可能性中作一个选择), 其中有 n 个候选者和 m 个选举人. 我们用 "选举系统" 这个词来表示任意的依据各个选举人的偏好来把候选者排序的方法. 肯尼斯 · 阿罗 (Kenneth Joseph Arrow, 1921–, 美国经济学家) 证明了在正常情况下, 不会存在一个好的选举系统. 更准确地说, 他确定了希望好选举系统会具备的少数几个合理而明智的性质, 然后证明没有一个选举系统能同时具备所有这些性质. 现在给出两个关于这些性质的例子. 一是我们肯定愿意候选者的最终排位不只是由一个选举人的排位来决定的; 二是如果每一个选举人比之候选者 y 都更偏好候选者 x, 则 x 的排位应该高于 y. 我们不来列举其他性质, 而举出一个更简单的结果, 即所谓孔多塞悖论[①], 它多少会给出阿罗的定理的一点味道 (事实上, 阿罗的定理可以看成是孔多塞悖论的派生物). 考虑三个选举人 A, B,C 和三个候选者 x, y, z. 现在把他们的偏好列表如下:

	A	B	C
第一偏好	x	y	z
第二偏好	y	z	x
第三偏好	z	x	y

①孔多塞全名很长: Marie Jean Antoine Nicolas de Caritat, marquis de Condorcet, 1743–1794,人们时常就称为 Nicolas Condorcet, 他是法国哲学家和最早的政治家之一, 也是最早系统地应用数学于社会科学的人之一. 1785 年, 他写了一篇关于概率论的文章, 其中就提出了所谓的孔多塞悖论, 也就是正文中所说的多数人的偏好是非传递的. —— 中译本注

注意，多数选举人喜欢 x 甚于 y，喜欢 y 甚于 z，但是喜欢 z 又甚于 x，所以，多数人的偏好并不具有**传递性**[I.2§2.3]，它的一个推论是：如果让选举人先在 x, y, z 中的任意两人中选举一人，再在胜者和 x, y, z 中的余下的人之间进行决赛，那么这位余下的候选人一定胜出.

概率论是另一个在现代社会中起中心作用的数学分支之一. 在早前，人们都是一直工作到去世，现代的人则可以停止工作而以储蓄为生. 当然您可以用储蓄的利息为生，但这就意味着在您身后会留下很大一笔财产. 换一个办法，您也可以假设只会活一定的年数，并且就在您估计的时日前把储蓄用光. 但是，如果您活得比预期更长，这就很不是味道了. 解决的方法是和一个有钱的公司打一个赌，您把资金付给这个公司，而公司每一年付给您一笔钱直到您去世为止. 如果您死得早，公司就赢了这场赌，如果您死得晚，公司就输了. 只要赌上很多场，则依靠像**强大数定律**[III.71§4] 这样的结果，公司就几乎可以肯定从长期来说会盈利. 实际上，您是在付出一定量的钱来把您会活得很长久这样的风险 (从经济角度来看这是对您自己风险) 转移给公司.

数学家赚钱最早的方法之一就是当保险精算师，就是以适当价格来转移上面说到的那种风险的顾问. 在现代，所有的风险 (明年的咖啡会不会歉收? 欧元对美元会不会跌价) 都是可以买卖的，因此都需要定价. 关于风险定价的一般的讨论可在条目**货币的数学**[VII.9] 中找到.

7. 结论

过去，数学在物理学和工程中有了巨大的影响. 曾经有一段时间，这种情况使人希望：生物和社会现象最终也能用数学来解释. 后来，这种希望变得似乎不太现实，人们了解到，这些领域中有一些 "突然出现的" 的现象很难顺从于一种还原论的途径，所以用数学来描述它们比起描述 "硬科学" 中的现象要真正地难得多. 然而，现在数学家开始来对付这种现象了：正如本文的几个简单离子所示，数学也可以用于许多其传统应用领域以外的领域，而且这样做将是极富启发的.

VIII.4　数 的 意 识

Eleanor Robson

1. 引言

这部《数学指南》的大部分很正确地讨论的是专业数学家的理论和实践. 但是所有的人关于数、空间和形状以及把这些思想付诸实用的方法都有一些思想. 可以说, 数的意识 (numeracy)① 之于数学, 犹如文字意识之于文学: 不论是就日常的生活、常规的应用以及与之对比的专家的、精英们的创新而言都是如此. 但是, 尽管 "识字"(literacy) 已经成了学术研究十分时髦的主题, "numeracy" 一词, 甚至我从大的市场上买来的文字处理器也不认识. 然而, 关于非专业数学的概念、实践和态度, 已经出现了一系列有趣的工作. 它们的范围从学科上说, 涵盖了从历史和民族学研究到认知分析和发展心理学, 从时期和地域上说, 则包括了古代伊拉克、哥伦布以前的南美安第斯山脉地区、中世纪的欧洲和现代世界的许多地区. 通过有选择地概述关于数的意识和工匠们的数学的五个可作广泛解释的主题的研究工作 (即本文的 2~6 节), 我希望给出明确理由来说明: 数的意识和文字意识的研究, 不论是与专业数学的研究相比, 还是与文字意识的研究相比, 都是同样有价值的学术研究主题.

极少有人把数学归入社会知识和人种学知识的一部分, 人们时常假设数学是位于文化之外的, 就是说, 许多人持这样的观点: 只能在数学里面去**想数学**, 而不能在数学外面去**看数学**. 进一步说, 关于数学在文化中的地位的工作也很分散, 在发达世界里的数学思维往往是由社会学家在研究的, 而发展中世界的数学思维则由人类学家来研究; 数学史家大多数是以专业精英的文字的数学为主题, 而心理学家则一般地关注成人和儿童怎样获得数的意识.

但是我们将要看到, 社会和个人对待数学的方式强烈地视许多环境因子而定. 教育、影视和理智的文化都以各种方式来参与数学思维的形成. 然而, 这不是说再没有其他限制了, 所有的人都有基本的解剖学的相似性, 这也影响了我们的思维方式, 例如, 我们的躯体大体上都对一条垂直的中轴对称, 这一点可商榷地生成了内在的左和右、前和后的概念. 我们的手指都有一个可以反向屈曲的拇指和一种不必去数而一眼就能知道不大的数目的直感能力. Reciel Netz 曾经论证说, 这使得人特别善于操作小的物件所成的不大的集体, 这就引出了会计和钱币方面很精细的系统. 我们以后还会回到 Netz 的工作上来.

本文中的例子是从对于三个非常不同的世界文化群的研究中选出来的. 这三个世界文化群第一个是古代中东文化, 包括埃及、美索不达米亚、古典希腊和罗马的文化, 它以种种方式强烈地影响了现代的全球文化. 最明显的是, 多个世纪以来欧几里得的传统和拉丁文的教学一起, 是西方教育理想的中心. 尽管古埃及和美索不达米亚的语言和著作基本上是在 19 世纪重新发现的, 其文化的影响却是西方思维中的深深的暗流, 由于经典著作和圣经的学习而渗透到西方思维中. 所以, 我们

---

① numeracy 一词正如原文所说, 缺少合适的译文. 一些很好的英汉字典上没有此词, 而网络上的释义为 "识数" 或 "基本运算能力", 均与本文含义不符. 所以现在试译为 "数的意识", 但在有需要之时, 也译为 "识数" 或 "基本运算能力". 同样, 我也把 literacy 译为 "文字意识"(或 "识字" "基本文字能力"). —— 中译本注

不必惊奇会在世界的最古老的关于数的意识的证据中找到我们所熟悉的东西以及我们陌生的关于数的意识以及工匠的数学的世界上最古老的证据. 与此相对照, 第二个文化群, 即哥伦布以前的各种美洲文化, 正因为与现代以前的旧世界缺少联系, 与现代性完全隔绝而很重要. 这个文化群因 16、17 世纪欧洲人的征服而基本上消失, 但在结构上又相似于许多古代社会, 所以在数的实践与思维方面所受到的限制以及在其多样性方面都给了我们以有用的概念. 最后, 本文也从第三个文化群, 即现代的南北美洲的文化的研究中获得一些例子, 目的在于打破传统的学术分支间的界限, 如过去和现在的界限、发达世界与发展中世界的界限. 不论我们生活在何时何地, 数的意识都是全人类文化的特性, 这应该反映在我们如何研究数的意识上.

2. 表示数的字和社会价值

对于表示数的字的研究主要是就其数学内容来进行的, 例如, 法语就在 **quatre-vingt**(80, 即 4 个 20) 这些字里显露出二十进制的痕迹, 而英语的 **eighty** 很显然是从 "eight-tens"(8 个 10) 导出来的. 但是, 在所有的语言中, 表示数的字也都与社会含义相联系, 特别是那些计数用的字和表示集合的字. 这与古代晚期①的新毕达哥拉斯主义的占星术颇为不同. 例如 Nichomachus of Gerasa (约公元 2 世纪) 就写过《数的神学》(*Theologoumena arithmetikes*)②(写于公元前 2 世纪, 但是现在只能从后人的摘要中读到此书), 对前十个数字赋予了神秘的含义, 认为它们代表了宇宙的基本属性. 但是, 表示数的字的社会价值通常要平淡无奇得多. 例如在英语中就有许多表示 "三三成组" 的字, 每一个都表示一定范围内的对象, 都有特定的社会内涵. 例如 "threesome", 有的字典就只按字面解释为 "三人组", 但是实际上表示的是一男两女或者一女两男之间混乱不清的纠缠, 属于儿童不宜之义. 而 "trinity" 则是基督教的 "三位一体", 二者绝不是日常用语所说的同义语, 正如音乐术语的 "trio"(三重奏), 虽然也是 "三", 但绝不同于 "triad"(三和弦) 或 "triplet"(三连音) 的 "三". 这些字在使用上没有任何神秘难解的东西, 只不过除了语义学的内容外, 还对于被组合在一起的对象的种类 (从事性活动的成人、神圣的存在、音乐家、音符、罪犯、婴儿) 隐含地带着定性的信息, 而社会和个人往往对它们有价值判断.

"数" 也有 "社会生命" 这件事最早是由 Gary Urton 在对住在玻利维亚安第斯山区的 Quechua 人的 Quechua 语进行研究时认识到的. 从结构上说, Quechua 的记数法直接了当就是十进制的, 很像现代欧洲的数系, 而且也可以用阿拉伯数码来写, 这就保证了它可以与西班牙语共存, 但是正是因为它相对于欧洲的规范并没有异国情调, 就使它在学术上多少被忽视了. 然而, 正如 Urton 所说明的那样, 在 Quechua

---

① 这里指欧洲在罗马帝国和中世纪之间的时期, 约为公元 3~7 世纪. —— 中译本注

② 原书关于 Nichomachus (网上常为 Nicomachus) 的年代和著作的叙述与一些著名的网站显然有矛盾, 姑且存疑.—— 中译本注

记数法中有两个占主要地位的社会侧面: 一方面是家族关系、另一方面是完满性或 "纠正" 的思想. 在什么东西可以被计数和什么人可以对它们来计数方面, 也有清楚的界限.

Quechua 语中所有表示数的字都由 12 个基本的词素 —— 就是从一到十, 还有百和千 —— 用加法和乘法构成, 正如在英语中, "thirteen" (十三) 表示 "三加十", 而 "thirty" (三十) 表示 "三乘十". 也和英语一样, Quechua 语中所有表示数的字构成与其他的字完全分开的集合, 例如 "kinsa" 就只表示三而不表示任何别的东西. 但是在英语中基数的同义语 (例如 "dozen" (一打) 也表示 "十二") 是很少见的, 在 Quechua 语中这却是一个正常的情况, 例如, 三可以是

- "iskaypaq chaupin", 表示 "'一边两个元的集合' 的中间" 就是五个元素的中间的一个, 即第三个;
- "iskay aysana", "双把手" (因为 3 看起来像是一双把手);
- "uquti", "肛门" (因为 3 看起来像人的臀部);
- "uj yunta ch'ullayuq", "站在一旁的单人的两个占有者" $(2 + 1 = 3)$.

家族关系可以最清楚地在序数序列中看到, 特别可以在手指的名称中看到, 手指是日常生活中重要的计数工具. Urton 列举了六组经过过去 500 年检验的手指的名称的集合, 其中最新的一个是玻利维亚人类学家 Primitivo Nina Llanos 在 1994 年发表的, 如下:

- 拇指, *mama riru*, "妈妈手指";
- 食指, *juch'uy riru*, "小 [一点的] 手指";
  中指, *chawpi riru*, "中间的手指";
  无名指, *sullk'a riru*, "年轻的手指";
  小指, *sullk'aq sullk'an riru*, "年轻的手指的孩子".

所以, 拇指是所有手指中最老辈分最高的一个, 而小指则是最幼小的一个; 手指名称的经过检验的六个变体都是这样的. 至于手, 则被看成由对称的两半所成的整体 —— 所有成对的东西都是这样看的. 在 Quechua 语中, 单独一只手 (实际上所有奇数都这样) 被认为是处于非正常的状态下. Urton 这样解释说:

> 提出二的诱因是因为一的 "孤独". "一" 是一个不完整的、感到孤独的实体: 它需要一个 "做伴的" (ch'ullantin). 由原理和推动力可以得到 …… 这个伙伴, 不管构成 "一" 的那个单元是不可分的 (例如一个单个数码) 还是可分的 (例如一只手就有五个数码).

更一般地说, Urton 说明了在 Quechua 语中奇数 (ch'ulla) 是不完整的, 而偶数 (ch'ullantin, "部分及其成对的") 代表存在的正常状态.

但是, 在 Quechua 社会中, 并非对于一切东西都允许计数, 甚至当没有明显的困难时也是这样. 例如, 他们也要清理自己的牲口, 因为他们时常在经济上十分依

赖于牲口, 但是他们并不对牲口计数, 而是为它们取名字. 因为他们认为计数就把牲口这个不可分割的群体个体化了, 所以就会有害于它们的统一性和繁殖. 如果真有必要对一群牲口计数, 则只允许妇女来做, 男人做这种事就是不可接受的女人气了.

如果说对于计数的限制不是当代英语文化的特点, 但对于某些数的禁忌则是很普通的事. 为什么 "十三" 被认为是不吉利的, 特别是在北美的旅馆, 或在星期五, 而 "七" 则看成是吉利的? 在古代巴比伦 (就是现在伊拉克南部), 在公元前第一和第二个千年, "七" 被看成是很奇特的、非尘世的. 有七个天体 (太阳、月亮和可以看见的五个行星), 巴比伦的《创世史诗》共分七卷, 每一个月相 (就是月亮的圆缺, 由朔到望或由望到晦的半个月) 有两个七天. 妖怪, 不管是善良的还是邪恶的, 都是七个一群地活动.

巴比伦人对离散对象的群体进行计数和记录的基本基数是 60, 它可以分成 6 组, 每组 10 个. 数 7 当然是与 60 互素的最小正整数, 所以成了数学问题所爱好的主题, 这些问题是让受过专门训练的书记员来解的. 其他与 60 互素的数 —— 如 11, 13, 17, 19—— 也都在古巴比伦的数学问题和谜题中显得很突出. 然而, 这些问题中的参数往往是这样选择的, 使得这些棘手的互素数或者被分解因子出来, 或者另加处理, 使留下来的问题在算术上容易得出没有麻烦的答案:

我有一块石头, 没有称过它的重量. 我加上了它的七分之一, 再加上它的十一分之一. 把它一称, 重量是一明纳[①] (mina). 那么, 石头原来有多重? 原来的石头的重量是 2/3 明纳、8 舍克尔、$22\frac{1}{2}$ 谷粒 (180 谷粒 =1 舍克尔; 60 舍克尔 =1 明纳 (约为 0.5 千克)).

要去思考是否 "七" 的困难的数学性质直接使它成为宇宙的妖魔化大概没有必要了; 在现存的任何楔形文字资料中都找不到明显的证据. 但是, 正因为巴比伦的妖怪都不服从人类行为的规范, 所以有某些特别的整数也不服从六十进制中正规的多数整数的数值模式, 也还没有概念的工具来用数学术语解释这个现象.

3. 计数和计算

虽然每个人都可以对于某个数吉利还是不吉利、孤独还是有伴有自己的看法, 但是对于数进行算术运算并以此为乐, 却不是人人都行的. 在这里, 个人的认知技能和社会约束都在起作用. 科恩 (Patricia Cline Cohen) 论证了美国在 19 世纪早期数字能力的快速增长有两个关键因素, 而不是美国人突然变聪明了. 一方面, 货币在 18 世纪晚期的十进化意味着会计、售货员和企业主最后都有了单一的计数和计算的基数. 另一方面, 一个新的教育运动抛弃了对于算术规则先死记硬背再机械地用于各个情况的作法, 代之以归纳式的教学, 鼓励孩子们在用纸笔计算以前先用手

[①] 明纳、舍克尔和谷粒都是古巴比伦衡量单位.—— 中译本注

指头和计算器计算或者作心算, 这样就在学习数的关系上以及在把它们应用于日常的商业生活上都消除了基本的结构上的障碍.

因为现代的十进制既是一个计算系统, 也是一个计数装置, 就很容易忘记还有其他方法也同样有效. 事实上, 在绝大多数社会里, 数目只不过是记录由身体或别的工具完成运算的结果的手段. 在十进制数的知识、指算和算盘以及阿尔·花拉子米[VI.5] 关于如何使用十进制数的著作引进以后很久, 到记载这些数目的便宜的纸和笔在 9 世纪从巴格达传播开来以后, 指算和算盘仍然在伊斯兰的中东和基督教的欧洲无处不在. 享用这些东西并不只是在强大先进技术前的屈膝下跪, 这里还包括了易于携带、用起来速度很快、对于数的信赖以及老方法受到制度上的禁止等等因素.

说真的, 很难对算盘的历史之长久估计过分. Reviel Netz 确定了他所说的 "计算器文化" 就是使用小的对象来表示所要计算的对象; 这是人类仅有的以及无处不在的一种表示数的方法, 而这种表示可以是一对一的, 也可以是一对多的关系. "计算器文化" 有两个进化上的前提, 第一个前提是生理上的, 就是能够拾起小石块或贝壳这样的小东西, 由于有适用于抓握的手指和能够反向屈曲的拇指, 所有的灵长类都具有这样的能力. 第二个前提是认知上的, 必须要有一种直觉, 使得能够对于不多于七个的一组对象, 一下子看出这个组的大小而不必一个个地去数这些对象. 用珠子串起来的算盘最明显不过地利用了这一点. 俄罗斯式的十个珠子的算盘、其第五个、第六个珠子的颜色总与其他珠子不同, 日本式的算盘弦上穿着四个表示单位的珠子和一个以一抵五的珠子. 这些都说明了这一点.

正如 Netz 有力地指出的那样, "算盘不一定是一个人造的产品, 它是心智的一种状态". 人们需要的是: 只要有一个平坦的表面和一堆小的对象, 就可以作为一个计算器来使用. 这样极端地变化无常, 使得在考古记录上几乎无法侦察到它, 而上面所列出的情况, 如俄罗斯式或日本式的算盘是很少见的. Denise Schmandt-Besserat 曾经论证过, 公元前 9000 年在新石器时代的中东就已经发展了很精细的会计系统. 她建议说, 那些分散在从东土耳其到伊拉克的尚无文字时期的考古中发现的很小的、没有烘烤过的、具有粗糙的几何形状的小泥团, 就是古代的计算标记. 可以肯定, 从南伊拉克那个地区发现的最早的约公元前 4000 年的书写的数字就是在泥板上的记号, 特别像是这些东西的程式化的记号. 它们与被计数的对象看起来全然不同, 只是刻在泥板上的记号, 而不是铭记其上使人获得深刻印象的图画. 也可以肯定, 这些最早的记录几乎全是会计记录, 是寺庙官员关于诸如土地、劳工和农产品等资产的记录. 而从公元前 5000 年以后, 这些小的泥土标记物就在考古中发现了 —— 例如封存在泥罐里或包成小束的泥棒或仔细地放在储藏室角落里 —— 这就和它们是用作算盘计算器完全相符. 但是 Schmandt-Besserat 宣称在这以前几千年在中东就存在普遍的标准化的系统则还无法证明: 不能确定它们不是例如游戏用

的弹子或者用于弹弓或者什么别的目的, 也无法确定它们究竟表示的是什么东西的
形状, 是属于谁的.

实际上, 在我们今天的生活中, 用特定的手段进行计算和量度仍然天天出现, 甚
至在受过很高的形式数学教育的人中也是这样. Jean Lave 率领了一组人类学家和
心理学家在 1980 年代观察了加州的新的减肥者, 他们仔细地对允许他们进食时消
耗的食物的量作检查. 有一位学过微积分的参加者被要求改变餐食的菜单, 把三分
之二杯奶酪变成那个分量的四分之三. Lave 回忆说: "他拿了一个量杯, 其中装了
三分之二杯奶酪, 把它倒在一块砧板上, 拍成一个圆形, 在上面划一个口子, 除掉一
个象限, 再把剩下来的吃掉." 她作了下面的评论:

> 这样, "取三分之二杯奶酪的四分之三", 这不仅是陈述了一个问题, 也是这个
> 问题的解以及求解的过程. 问题的背景 [吃奶酪] 就是问题的陈述的一部分, 求
> 解简单地就是在这个背景里去执行问题的陈述. 这位减肥者绝不会用纸笔的
> 算法来检验他的解题方法, 就是不会去做 $\frac{3}{4} \times \frac{2}{3} = \frac{1}{2}$. 相反地, 问题、背景和执
> 行结果的相符就是检验的手段.

换句话说, 在许多人的生活中, 本来潜在地可以使用的文字的中学里教过的过程, 被
完全忽略了, 并且宁可用手边就有的工具, 按照同样有效的非文字的方法得出正确
的结果. 数的意识可以取许多形式, 并不是所有的形式都需要书写.

4. 量度和控制

那个减肥的人发明了一个量度奶酪的系统, 既在准确性方面满足了他, 又满足
了他马上进餐的需求. 作为个人和社会团体, 我们既因其准确性和一致性而接受标
准的量度系统, 也接受必须的针对特殊的东西、而不适用于别的东西而专门制定的
计数和量度的方法. Theodore Porter 曾经善辩地写到, 在 20 世纪 "对于数的信赖"
的增长包括对人口普查的统计数据和环境数据. 但是, 由一个机构批准的量化却时
常引起争论, 而且时常会改变它原来想加以确定的现象. 科恩对 19 世纪美国的描
述一般地比较适当:

> 人们选择来作计数或量度的东西, 不仅揭露了什么对于他们是重要的, 还有他
> 们想懂得的是什么, 而且时常还有他们想控制的是什么. 进而言之, 人们如何
> 进行计数和量度, 揭示了关于他们所研究的主题的一些深层假设, 这种假设可
> 以包括了从老的偏见 ····· 到关于整个社会和关于知识的结构的思想观念.
> 在有些情况下, 计数和量度的行为会改变人们思索他们所要量化的东西的道
> 路: 数的意识可能是改变的代理人.

科恩和 Porter 都探讨了 19 世纪人口普查所提出的问题. Porter 描述了革命后
资源不足的法国统计局在获取准确的人口数据时面临的障碍. 因为不能求助于旧王
朝老的阶级范畴的分化, 它必须承认横跨全国的职业和社会结构的巨大多样性, 要

想获取人口数据, 它只好依靠当地官员返回一大堆量化的数据, 而这些数据并不是原来就准备好了的, 所以各个县就以对自己地区的定性描述来充数. 正如 Porter 说的那样, 在 1800 年 "法国还不能归结到统计学". 科恩则分析了美国 1840 年的人口普查, 结果证明, 在主张废奴的北方各州, 精神失常的黑人人口的比例远高于主张蓄奴的南方各州. 主张蓄奴的派系就以此作为不可反驳的论据, 证明对于黑人, 奴隶制比自由民要适合得多; 废奴主义者质疑普查本身的可靠性. 一个人是否选择相信这些数据, 或多或少是他原来的政治信念的问题. 科恩指出, 错误的根源在于记录表设计得非常复杂难懂, 其中有两行: "白色白痴" 和 "黑色白痴" 就很容易混淆, 使得许多全白人家庭的年老的居民都填错了表. 但是, 在 1840 年代, 公众辩论的不是关于方法论的问题, 而是是否有人作了假: 数字本身是不会说谎的.

比这早两千年, 正如科学史家 Serafina Cuomo 所说, 罗马土地丈量员 Frontinus 认为, 如果没有量化的介入, 认识世界是不可能的, 而量度的可靠性依赖于专业技能:

> 量度艺术的基础是代理人的经验. 事实上, 如果没有可计算的直线, 就不可能表示这个地方的真相和大小, 因为任何一个地块, 若由波浪形的不平整的边界所包围, 由于这个边界有大量的不等的角, 所以 [即令这些角的] 个数是固定的, 也可能被压缩或放大. 说真的, 没有最终划定的地块是一个漂移的空间, 而它的 iugera 是不确定的.

Frontinus 相信, 自然的世界总是不规则有问题的, 所以必须要用可以量化的直线去规范它 —— 而最理想的是把它划成 2400 平方尺的格子 (就是 iugera)—— 才能使它受控制. 在今天的欧洲、中东和北非, 不论是在地面上看还是从空中俯瞰, 都还可以看见罗马人通过量化来给地块新的形状.

与此成为对照的是印加人, 他们用与仪式年 (ceremonial year) 相关的地面上的放射线来控制时间、空间、社会和众神. 在 16 世纪由西班牙人领导的基督教化以前, 印加人的宇宙是秘鲁的安第斯山中的 Cuzco 城. 印加人把世界分成不相等的部分, 即 tawantisuyu "四块合一" 从太阳神庙向各方放射. 通过每一个 suyu 有九到十四条 ceque 小道, 总数为 41. 在每条小道上平均有八个 huaca 圣坛. 在神圣年 (12 个月, 每个月 $27\frac{1}{3}$ 天) 的每一天, 当地居民都要到这 328 个 huaca 圣坛之一来举行仪式. 这样, 印加国家的宗教焦点就系统地在它的疆域上日复一日地从一个社区到另一个社区地移动, 把每一个社会团体都束缚到同样的历法、同样的崇拜和同一个宇宙之下.

这样, 数的意识就是一个有力的机制性的工具: 量度、量化和分类能够把不认识的人、地和物变成可以管理的已知的整体; 反过来, 这个由一个机制外加的结构又形成了被管理者的自我的身份. 机制性的数的意识, 虽然是从上而下地强加的,却在一定程度上总需要整个社区的支持和合作, 即不一定要有账目, 却一定要有计数者. 18 世纪人口普查的失败并不是由于人们拒绝把自己变成箱子里面的一个数目, 而是由于负责收集数据的人既没有一个机构来做这件事, 也没有对于量化的价值的智慧上的见解. 与此相反, 罗马人和印加人却产生出了做这种事情的整个的计算人员阶层.

5. 数的意识和性别

在现代英语民族的文化中, 学院派的数学被看作是男人的事业 —— 妇女被认为在这方面是次一等的, 而如果想在这里取得成功, 就需要放弃女性的特质. 但是这个观点远非被人普遍接受的, 例如, 由 Barbro Grevholm 和 Gila Hanna 收集的研究资料说明, 在 1990 年代早期, 80% 的科威特的和一半以上的葡萄牙的大学本科数学专业学生都是女生. 然而, 如下面的例子所说明的, 这并不是由于数学本身有性别的特性, 而更多是由于特定的社会对于什么是理想的女性和男性的看法也造成了对于什么是数学活动的看法.

在公元前第二个千年的大部分时间里, 巴比伦的书记员们把职业的计数和进行基本的数学计算能力看成是神的恩赐 —— 不是来自一般的神, 而是来自少数几个特别有力的女神. 在书记员的学生作为专业训练而背诵下来的一部分文字材料中, 创世之神把测量土地的装备、计数和进行数字运算的能力赐给了一些女神, 使她们能公正地管理家庭财产. 在一个题为《Enki 和世界秩序》的神话里, 大神 Enki 宣布:

> 我的勤劳的姐妹, 神圣的 Nisaba,
> 将要接受一根测量的芦苇.
> 天青石色的绳子挂在她的臂上,
> 她要正式宣布所有的伟大神力.
> 她要确定边界, 画出界限, 她将是土地的书记员,
> 众神的饮食将在她的手中.

书记员们的文字作品也把 Nisaba 描绘为现实世界的公共机构中从事数字工作的人的保护神, 然后她把测量工具赐给书记员和国王们, 使他们能够主持社会的司法工作.

另一类学院式文书是书记员们的对话, 其中对立的诸方就书记员的职业精神进行辩论. 在一场这样的辩论中, 年轻的书记员 Enki-manshum 公开地把度量衡学的能力与社会正义联系起来:

> 当我要分割小块土地时, 我能够分割它;
> 当我要分配田地时, 我能把它分成小块,

　　　　所以当受了委屈的人争吵时,

　　　　我安抚他们的心, ……

　　　　兄弟们之间和平了, 他们的心 ……

　　这不只是文字上的修辞: 现实生活中巴比伦国王门颁布的法典时常是以这样的
开场白开始的, 这些法典宣布他们在商业的量度、衡重和计数中将要坚持公正, 包括
对于法律上的作伪要给予惩罚. 现在还保存了好几百件法律记录, 声称土地纠纷通
过准确的专业测量和计算得到了解决. 在公元前 1900 年的 Sippar 城, 法官们在司
法之神 Shamash 的寺庙中开庭, 他们雇用了女性书记员和测量员, 也有男性的 (时
常来自同一家族). 此外, 公元前 14 世纪皇家土地测量员的个人印章是奉献给传说
中的英雄 Gilgamesh 的女神母亲 Nin-sumun 的, 识数的女神把识数的审判赐予了他
们. 这不仅是学校里的故事, 而且是深藏在他们对于职业认同感的内心之中的.

　　这样, 在古代巴比伦, 计数和进行数字运算的能力以及度量衡学, 通过与神圣
的女性和皇权的男性结合起来, 获得了制度上的权威. 与之成为对比的是, 在许多
现代社会里, 否定女性从事计数和进行数字运算的数学地位, 从而使关于数的思想
和活动去女性化. Gary Urton 的人种史研究表明, quechua 计数法始自一种玻利维
亚人的编织. 他发现这种编织是基于一种高度错综复杂的对称的花样, 而 [女] 编织
者心里默记着这些花样, 毫不费力就能数出有多少线头, 如果中间要停下来去喂孩
子、做饭或者做别的家务事, 再拿上手接着做也不会搞错. 然而那里的男人直截了
当地告诉 Urton 说, 那些编织者 "不会计数", 因为当妇女们把织物拿到市场上去卖
时, 她一定会让别的女人检查一下收到的钱, 以免上当.

　　Urton 让一个十二岁的女孩 Irene Flores Condori 教他编织. 他回忆说:

　　　　有一次, 一个顽固的老妇女 …… 直截了当地问我, 你学编制是不是也想做一
　　　　个女人. 我在回答时告诉她, 我知道有的村庄里, 是男人在做编织 …… 那个
　　　　老妇女嘲笑地问我, 如果真是那样, 是不是那些村庄的女人长了男性生殖器!

　　编织是一个高度性别化的活动, 所以 Urton 的这样或那样的事件能够被容忍
到那样的程度, 只是因为 Urton 觉得 "我作为一个外来者, 并不需要如当地男人那
样去服从同样的规则, 满足同样的期望". 编织完全是女性的工作, 所以其本质上的
计数性质在社会上是人们看不见的; 女人比男人更不愿意相信外人能公正地处理钱
财, 所以被看成不会计数了.

　　Mary Harris 说明了在维多利亚时代的英国, 当越来越大的一部分人口能够接
受初等教育时, 也有类似有力的性别分化. 数学被认为本质上是男孩子的学校科目,
而针线活则是女性的缩影. 然而,

　　　　每一件衣服都要织得适合特定的人体, 这依靠比例的原理. 从黑板上抄下来的
　　　　每一种围裙的式样都要求能用眼力解释出它的尺寸, 能画出一条光滑的曲线.

　　所有早期监工的人对于在刺绣机上看不出来的精细的刺绣，都需要能用眼睛判断距离是否相等，针脚是否成一条直线.

换言之，只要女孩子和妇女在做织造、编结、缝衣这样的工作，她们都是不知情地在获得数字性质的才能和技巧，而且是具有高度创造性的才能和技巧. 正如莫里哀的喜剧《伪君子》里的儒尔丹先生说的，他一生都在说散文，可是 "我还不知道我说的就是散文"！①

6. 数的意识和文字的意识，学校和超市

　　妇女的工作时常不被人认为是属于职业的计数和数的运算的领域，说不定有一个理由是数的意识被认为 (甚至想都不用去想) 只是文字意识的一部分，正如 Reviel Netz 说的那样：

　　如果使用阿拉伯数码，数是次于文字的书写的，发明书写在很大程度上是为了记录语言系统，而不是为了记录数字符号. 但是从更广泛的历史视角来看，这只是个例而不是一般规则. 如果跨越各种文化来看，特别是在早期文化中，一般规则是视觉符号的记录和运作先于语言符号的记录和运作.

Netz 在这里想到的是计数器和算盘，但是玻利维亚织造者的例子提醒我们，数的意识可以根本不需要符号的操作，可以完全不用外界的工具来对线头、美洲驼、思想和随便什么东西来作计数和对这些数作运算. 在本文的许多例子里，手指和躯体的其他部分的应用一再跳将出来. 织造工人的心智活动归化成为他们身体的节律和运动，使他们再也说不出相关的心智的和躯体的活动 (Urton 正是因此才找一个年轻女孩作教师，而不去找完全胜任的成年妇女). 没有文字的数的实践和思想，特别是发展中世界里的那一些，常被学术的观察者称为 "民族数学"(ethnomathematics). 但是这种称呼提出了一个困难的问题："民族" 作为一个字头，怎样使用才是适当的？还有 "数的意识" 和数学的界限问题，怎样区分 "数的意识" 和数学，民族数学算是哪一样？

　　当 Ubiratan D'Ambrosio 在 1970 年代中期创用 "民族数学" 这个词时，这个词表示 "在 [数学] 与社会、经济、文化背景的直接关系中来研究数学"，说它是在 "数学史和文化人类学边缘上" 的一个学科. 然而对于许多人，特别是数学教育圈子里的人，它意味着文化上 "另类的" 数学，好像只有在学术上被边缘化才有民族性 (正如同按照一些懒动脑筋的观点，只有女人才算有性别一样). 这种语义上的收缩有双重的危害，因为它蕴含了这样的观点，即 "民族的" 文化在数的意识方面是不完全的，这样就使得社会学、人类学、人种志的研究看不见主流的、学术的、不论是

---

　　① 儒尔丹是因莫里哀的讽刺而知名千古的角色，他是一个无知的富人，他附庸风雅，要去学散文，可是不知道什么是散文，向人请教以后，他恍然大悟，才知道他说的话就是散文.—— 中译本注

过去的还是现在的数学. 同样, 它也不区别作为数学的以及作为数的意识的常规应用的智慧上的创造.

如果说 "民族数学" 这个名词没有帮助, 就有其他的替代品. 由 Terezinha Nunes 和他的同事所进行的一项有影响的关于巴西儿童的数的意识的研究, 就区别了孩子们正式学习的 "学校数学" 和同样这些孩子非形式地创造的 "街道数学". Jean Lave 关于 1980 年代加利福尼亚成人的数的意识的人种学的研究, 也类似地把 "学校算术" 和 "超市算术" 作了对比, 她的研究的参加者时常说自己的算术是不行的, 而且 "没有认识到他们在超市里的算术实践的有效性, 有些人甚至不知道他们在超市里做的也是算术". 然而, 以超市的背景需要解决的数学问题的复杂性, 远大于表面上类似的学校里的 "文字题":

> 买东西的人站在展览的产品前面, 她一面说话, 一面把苹果一个个地放进袋子里, 完了以后就把袋子放进了购物车, 并且说: "我家里只剩三四个 [苹果] 了, 我有四个孩子, 那么您算一下, 这三天里每人得要两个, 这些东西我得再来买. 我的冰箱只有那么大的储存地方, 所以我不能全用来放苹果了 …… 夏天我在家里, 苹果是很好的零食. 当我回家的时候, 我喜欢在吃午饭的时候也来个苹果."

买东西的人很明显地考虑了下面这些变量: 家里吃苹果的人数、他们的消费率、冰箱的储存空间, 说不定还隐含地考虑了苹果的价钱、大概还有上架了多少天, 最后她选买了九个苹果. 她可能还比较了不同品种的价钱, 还有/或者苹果是散装的还是预先装在盒子里的更合算 ——Lave 和她的研究组成员观察了超市里的这些典型的活动, 并且和同样这些人在算术中的类似技巧上的表现, 作了相关比较. 他们发现, "在超市里计算的频率、学校里得到的分数、多重选择试验或者关于数的事实…… 都没有一点值得注意的相关性, 超市里计算的成功率和频率和模拟试验与学校没有一点统计相关性, 离开学校有好些年了, 岁数也都不小了."

可能令教师们很沮丧, Lave 的工作暗示学校的数学训练对于成人生活的数字能力几乎没有影响 (有趣的是, 这个发现与上面讨论过的科恩关于 19 世纪早期的北美数学教育的改进与数的意识标准提高的关系的历史论据是互相矛盾的). 如她和 Étienne Wenger 所主张的那样, 与抽象的无背景的教室学习比较, 如果把学习放进有关的社会和职业的背景下, 通过与能胜任的实践者的互动与合作, 学习能够最为有效. 学习的人成了 "实践的社会" 的一部分, 这个社会不仅反复灌输必要的技能, 还灌输一种信念、标准和群体的行为. 学习者通过获得能力、信心和社会的接受, 就能从这个实践的社会的外围向中心移动, 而在适当的时候就会成为羽翼丰满的专家. 于是, 可能我们应该在这样的方向下来理解成为职业的从事数字工作的人的过程. 但是, 如果这样的情景学习是如此有效, 那么古代中东和地中海地区的超级功利数学教育就是一个迄今还未解开的主要的历史之谜.

7. 结论

本文一开始就提出 "数的意识之于数学犹如文字意识之于文学", 但是这里提出的个例说明, 数的意识在认知上的延伸远过于此. 在历史的长河中, 在整个世界里有无数的个人和社会, 虽然不会书写, 却都过得不错, 而且还一直这样过下去. 但是没有一个人, 没有某种形式的计数、量度或形成模式也能通过. 这样看来, 上面那句话更好是改成 "数的意识之于数学犹如语言之于文学". 实际上, 婴儿、摇篮里的小宝宝和年幼的儿童, 在正式的学校教育之前, 通过与周边直接环境的密切联系, 就已经学到了许多重要的数学技巧. 正如有些儿童比其他儿童成为表达能力更强的成人, 而不论他们是否有更加发展的读写能力, 他们也可能在日常的实践中成为具有更高或较低的数的意识的人.

在数的意识与数学的关系上和在语言和文字意识的关系上, 都有许多深刻和重要的问题还没有陈述出来, 更不用说是探讨过了, 这可能是当今学术界最没有探讨过的领域之一了. 本文对这个诱人而且复杂等问题还只是沾了一点边. 鉴于它在人类的生存上是无所不在的, 又起中心作用, 它之被忽视真是一件怪事. 在今后的几十年里, 一个范围广阔的跨学科的研究, 对于数的意识几乎一定会给出重要的惊人的结果, 而对这些结果, 我们今天只能够猜想一下.

进一步阅读的文献

Ascher M. 2002. *Mathematics Elsewhere*: *An Exploration of Ideas Across Cultures*. Princeton, NJ: Princeton University Press.

Bloor D. 1976. *Knowledge and Imagery*. London: Routledge & Kegan Paul.

Cohen P C. 1999. *A Calculating People*: *The Spread of Numeracy in Early America*, 2nd edn. New York and London: Routledge.

Crump T. 1990. *The Anthropology of Numbers*. Cambridge:Cambridge University Press.

Cuomo S. 2000. Divide and rule: Frontinus and Roman land surveying. Studies in *History and Philosophy of Science*, 31: 189-202.

D'Ambrosio U. 1985. Ethnomathematics and its place in the history and pedagogy of mathematics. *For the Learning of Mathematics*, 5: 41-48.

Gerdes P. 1998. *Women, Art and Geometry in Southern Africa*. Trenton, NJ: Africa World Press.

Glimp D. and Warren M R, eds. 2004. *The Arts of Calculation*: *Quantifying Thought in Modern Europe*. Basingstoke: Palgrave Macmillan.

Grevholm B, and Hanna G. 1995. *Gender and Mathematics Education*: *An ICMI Study in Stiftsgården Åkersberg, Höör, Sweden*, 1993. Lund: Lund University Press.

Harris M. 1997. *Common Threads: Women, Mathematics, and Work*. Stoke on Trent: Trentham Books.

Lave J. 1988. *Cognbition in Practice: Mind, Mathematics and Culture in Everyday Life*. Cambridge: Cambridge University Press.

Lave J, and Wenger E. 1991. *Situated Learning: Legitimate Peripheral Partipation*. Cambridge: Cambridge University Press.

Netz R. 2002. Counter culture: towards a history of Greek numeracy. *History of Science*, 40: 321-52.

Nunes T, Dias A, and Carraher D. 1993. *Street Mathematics and School Mathematics*. Cambridge: Cambridge University Press.

Porter T. 1995. *Trust in Numbers: The Pursuit of Objectivity in Science and Public Life*. Princeton, NJ: Princeton University Press.

Robson E. 2008. *Mathematics in Ancient Iraq: A Social History*. Princeton, NJ: Princeton University Press.

Schmandt-Besserat D. 1992. *From Counting to Cuneiform*. Austin, TX: University of Texas Press.

Urton G. 1997. *The Social Life of Numbers*: *A Quechua Ontology of Numbers and Philosophy of Arithmetic*. Austin, TX: University of Texas Press.

VIII.5 数学: 一门实验科学

Herbert S. Wilf

1. 数学家的望远镜

爱因斯坦曾经说过, "你可以用实验来验证一个理论, 但是没有路径可以把你从实验引向理论". 但是这话是在计算机出现以前说的. 在现在的数学研究中, 确有一条很清楚的这样的路径, 它在开始时是详细地思考特例是什么样的; 接下来就选择问题中参数的很小的值, 并且用计算机实验来表明这个特殊情况的构造. 下面就是人的工作了: 数学家注视着计算机的输出, 想要看出某种模式, 并且把它编成法则. 如果这样做真有成果, 最后一步就需要数学家来证明, 真正存在着我们看出来的模式, 它并不是沙漠里闪烁不定的海市蜃楼.

纯粹数学家应用计算机很像理论天文学家应用望远镜, 它告诉我们 "那里有什么". 计算机和望远镜都不能提供给我们所见到的东西的理论解释, 但是都能提供给我们没有它们本来是隐藏着的东西, 这样大大扩展我们的心智范围, 而从这些隐藏着的东西就有机会先是看出继而证明出模式或普遍规律的存在.

我在本文中打算用一些例子告诉您这个过程运作的情况. 很自然, 我们将要集中于多少取得了成功的例子, 而不是告诉您多得多的、看不出来至少是我看不成果来但是有模式存在的例子. 因为我的工作主要是在组合学和离散数学方面, 焦点自然也就在这些领域中, 不应该由此推断说实验方法不能用于其他领域, 只是我对它们知之太少, 写不出来而已.

在这样一篇短文里, 想要开始给实验数学的非常多样、广阔而又深刻的成就以公道的评价是做不到的, 进一步可以阅读《实验数学》(*Experimental Mathematics*) 这份杂志和文末所列的两本书: (Borwein and Bailey, 2003; Borwein et al., 2004).

在下面各节中, 我们先简单介绍一下实验数学里的几个有用的工具, 然后, 如果有方法的话, 就举这个方法的几个成功的例子, 这些例子受到了相当严格的限制:

(i) 计算机的使用对它的成功是不可少的

(ii) 努力的结果是发现了纯粹数学里的新定理.

我举了自己的工作为例, 为此我应该道歉, 但是它们是我最熟悉的例子.

2. 工具箱里的一些工具

2.1 计算机代数系统

喜欢用计算机的数学家会找到数量巨大的程序和软件包可用, 其中以两个主要的计算机代数系统 (computer algebra system, CAS) 即 Maple 和 Mathematica 为首. 这些程序对进行工作的数学家的帮助如此巨大, 所以必须把它们看成专业武器库中不可少的器件, 它们是非常用户友好的, 而且十分能干.

典型情况下, 人们以互动模式来使用 CAS, 就是说, 键入一行在线指令, 程序就会以输出来回应, 然后再键入另一行, 等等. 这样的运用方法对于许多目的已经够用了, 但是要想得到最好的结果, 还需要学一下嵌入在这些软件包里的程序语言. 有了一点编程的知识以后, 就能让计算机寻找越来越多的情况, 直到某种好的情况出现, 这时, 就取这个结果, 再用另一个软件包来研究另一个问题, 如此等等. 有许多次我都是用 Maple 或 Mathematica 写了一个小程序, 然后就去度周末了, 而让计算机自己去运行并且搜索有趣的新现象.

2.2 Neil Sloane 的整数序列数据库

除了 CAS 以外, 倾向于实验的数学家特别是组合学家的另一个不可少的工具是 Neil Sloane 的《在线整数序列百科全书》(*On-line Encyclopedia for Integer Sequences*), 它可以在网址 www.research.att.com/-njas 里找到. 目前这个数据库已经含有了 100 000 个整数序列, 而且具有完全的搜索功能. 对于每一个序列, 这个工具中都包含了大量的信息.

假设对每一个整数 n, 都有了一个相关的对象的集合, 而想对这个集合计数. 比方说, 可能想决定大小为 n 且有给定性质的集合的个数, 或者想知道 n 有多少个素因子 (也就是对素因子的集合进行计数). 此外还假设您对 $n = 1, 2, 3, \cdots, 10$ 已经得到答案, 但是还不能对一般的 n 找到一个简单的公式.

下面是一个具体例子. 假设您正在做这样一个问题, 而当 $n = 1, 2, 3, \cdots, 10$ 时已经得到了答案为 $1, 1, 1, 1, 2, 3, 6, 11, 23, 47$. 下一步就可以在线查一下人们是否已经遇到过这个序列. 您可能发现完全没有, 也可能发现您想得到的结果早就是已知的了, 或者还可能发现您的序列非常神秘地和别的上下文中出现的序列是一样的. 在第 3 节里就要讲一个这样的例子, 下面就一定会发生有趣的事情. 如果您以前没有试过, 建议向上看看那个例子, 看它到底代表什么.

2.3 Krattenthaler 的软件包 "Rate"

Christian Krattenthaler 曾经写过一个 Mathematica 软件包来帮助猜测超几何序列, 可以在他的网址找到这个软件包, 它的名字叫 Rate(这是一个德文字, 意思是 "猜", 读作 rot-eh).

要说什么叫做超几何序列, 先回忆一下, n 的有理函数就是两个 n 的多项式的商, 例如 $(3n^2 + 1) / (n^3 + 4)$. 超几何序列就是这样一个序列 $\{t_n\}_{n \geqslant 0}$, 其中 t_{n+1}/t_n 是指标 n 的有理函数, 例如, 若 $t_n = \begin{pmatrix} n \\ 7 \end{pmatrix}$, 则 t_{n+1}/t_n 算出来以后就是 n 的有理函数 $(n+1) / (n-6)$, 所以这是一个超几何序列. 其他的例子还有

$$n!, \quad (7n+3)!, \quad \begin{pmatrix} n \\ 7 \end{pmatrix} t^n, \quad \frac{(3n+4)! \, (2n-3)!}{4^n n!^4}.$$

很容易看到, 它们都是超几何序列.

如果输入一个未知序列前几个元, Rate 就会去搜索一个以它们为前几个元的超几何序列, 它也会搜索超-超几何序列 (就是相继的元之比为超几何序列的序列), 还会搜索超-超-超几何序列等等. 例如, 输入了

$$\text{Rate}\,[1, 1/4, 1/4, 9/16, 9/4, 225/16]$$

以后, Rate 就会给出下面的输出 (有点像是一个谜!)

$$\left\{ 4^{1-i0} \, (-1 + i0)!^2 \right\}.$$

这里 $i0$ 表示 Rate 的运行指标, 所以正常情况下我们会把这个输出写成例如

$$\frac{(n-1)!^2}{4^{n-1}}, \quad n = 1, 2, 3, 4, 5, 6,$$

它和输入序列完全符合. Rate 是对前面 2.2 节所讨论过的整数序列数据库的 Superseeker 的前端.

2.4　数的识别

假设您在工作过程中遇到一个数, 称它为 β, 您想尽可能近似地去计算它, 如果得到 1.218041583332575, 就会设想它是与某一个有名的数如 $\pi, \mathrm{e}, \sqrt{2}$ 等等有关系, 当然也可能没有关系, 但是您总想要弄清楚.

这里提出的问题一般是下面这个样子的: 给定了 k 个数 $\alpha_1, \cdots, \alpha_k$(即基底), 还有一个目标数 α. 现在想找到整数 $m, m_1, \cdots, m_k$, 使得

$$m\alpha + m_1\alpha_1 + \cdots + m_k\alpha k \tag{1}$$

是 0 的极为接近的数值逼近.

如果有了一个计算机程序使我们能够找到这样的整数, 那么怎样把它用于那个神秘的 $\beta = 1.218041583332575$? 我们应该取 α_i 为各种著名的数以及素数的对数, 而令 $\alpha = \log\beta$, 例如, 可以取

$$\{\log\pi, 1, \log 2, \log 3\} \tag{2}$$

为基底. 如果能够找到整数 $m, m_1, \cdots, m_4$, 使

$$m\log\beta + m_1\log\pi + m_2 + m_3\log 2 + m_4\log 3 \tag{3}$$

极为接近于 0, 则我们将知道那个神秘的 β 非常接近于

$$\beta = \pi^{-m_1/m}\mathrm{e}^{-m_2/m}2^{-m_3/m}3^{-m_4/m}. \tag{4}$$

到了这一步, 就需要作一个判断. 如果 m_i 这些整数似乎很大, 则假设的估计 (4) 仍有疑问. 实际上, 对于任意的目标 α 和基底 $\{\alpha_i\}$, 总可以找到巨大的整数 $\{m_i\}$ 使得线性组合 (1) 在计算机所容许的精度下**确实**为 0. 真正的窍门在于找到一个线性组合, 使得对于 "小" 的整数 m, m_i, (1) 也非常接近于 0, 需要判断的就是这一点. 如果我们判断所找到的关系式是真正的而不是一个假象, 那么剩下来的就只有一点小工作, 就是证明所怀疑的对 α 的估计是正确的, 但是这项工作已经超出了本文的范围. (Bailey and Plouffe, 1997) 一文是这个问题的很好的概述.

有两个主要的工具可以用来在一个实数集合的各个元中发现像 (1) 那样的线性组合, 它们是 (Ferguson and Forcade, 1979) 一文中的 PSLQ 算法和 (Lenstra et al., 1982) 一文中的 LLL 算法, 其中使用了格子基底化约算法. 对于从事实际工作的数学家有一个好消息, 就是这些工具都可以在 CAS 中找到. 例如, Maple 就有一个软件包 IntegerRelations [LinearDependency], 其中就有 PSLQ 和 LLL 算法可供用户随时使用. 类似地, 在网上也有 Mathematica 的同样功能的软件包可以免费下载.

第 7 节中将要给出应用这些方法的例子. 然而为了快速地举例说明, 我们试着用 IntegerRelations [LinearDependency] 来识别 $\beta = 1.218041583332573$. 输出将是整数向量 $[2, -6, 0, 3, 4]$, 所以在对十进小数进位后将有 $\beta = \pi^3\sqrt{2}/36$.

2.5 解偏微分方程

最近我需要求解一个偏微分方程 (PDE), 它来自一个研究问题, 其出处可见 (Graham et al., 1989) 一书. 这是一个一阶线性偏微分方程, 因此原则上可以用特征值方法[III.49§2.1] 来得出它的解. 但是用过这个方法的人都知道, 使用这个方法, 可能因相关的常微分方程的困难而充满着不愉快的事情.

然而有一些非常聪明的软件包可以用来求解偏微分方程. 我使用了 Maple 指令 pdsolve 来求解

$$(1 - \alpha x - \alpha' y)\frac{\partial u(x, y)}{\partial x} = y(\beta + \beta' y)\frac{\partial u(x, y)}{\partial y} + (\gamma + (\beta' + \gamma')y)u(x, y), u(0, y) = 1.$$

pdsolve 给出了

$$u(x, y) = \frac{(1 - \alpha x)^{-\gamma/\alpha}}{\left(1 + (\beta'/\beta)y\left(1 - (1 - \alpha x)^{-\beta/\alpha}\right)\right)^{1 + \gamma'/\beta'}}$$

为解, 这使我能够以少得多的工作和少得多的错误得到某些组合量的显式, 而用其他方法是得不出来的.

3. 合理地思考

下面的问题见于 *Quantum* 杂志[①]1997 年 9 月/10 月号 (而且被 Stan Wagon 选入每周问题档案中):

90316 可以用多少种方法写成

$$a + 2b + 4c + 8d + 16e + 32f + \cdots$$

的形式? 这里的系数可以是 0, 1 或 2.

用标准的组合论名词来说, 这个问题问的是整数 90316 分成 2 的各次幂的分划数, 而允许的重数最多是 2.

定义 $b(n)$ 是 n 在同样条件下的分划数, 于是 $b(5) = 2$, 这两个分划就是 $5 = 4 + 1$ 和 $5 = 2 + 2 + 1$, 于是容易看到 $b(n)$ 满足下的递推关系: 当 $n = 1, 2, \cdots$ 时, $b(2n + 1) = b(n)$ 和 $b(2n + 2) = b(n) + b(n + 1), n = 1, 2, \cdots$ 以及 $b(0) = 1$.

---

① 它本来是由前苏联科学院在著名物理学家卡皮查和数学家科尔莫戈罗夫主持下创办的, 对象是优秀的有志于数学和物理的中学生, 后来被译为英文, 但是因为经济困难, 英文版现已停刊. —— 中译本注

现在容易计算 $b(n)$ 的特殊值, 这可以用上面的递推关系直接算出, 而为了计算的目的, 这是很快的. 换一个办法, 也很容易得到序列 $\{b(n)\}_0^\infty$ 的生成函数

$$\sum_{n=0}^{\infty} b(n)\, x^n = \prod_{j=o}^{\infty} \left(1 + x^{2j} + x^{2 \cdot 2^j}\right)$$

(生成函数在条目代数和枚举组合学 [IV.18§§2.4,3] 中有讨论, 也可以参看 (Wilf, 1994) 一书). 当研究这个序列时, 这能够帮助我们避免许多编程工作, 因为我们可以应用 Mathematica 中 Maple 所包含的级数展开指令来很快地算出这个级数的许多项来. 回到 Quantum 杂志的原题, 从递推关系很容易算出 $b(90316) = 843$, 但是我们想更多地知道序列 $\{b(n)\}$ 的一般情况, 为此我们打开我们的望远镜, 并且算出它的前 95 个数, 即 $\{b(n)\}_0^{94}$, 这就是表 1. 现在的问题如同在数学实验室里总是有的问题是: 在这些数中能够找到什么样的模式吗?

表 1 $b(n)$ 的前 95 个值

0	1	2	3	4	5	6	7	8	9	10	11	12	13	14	15	16	17	18
1	1	2	1	3	2	3	1	4	3	5	2	5	3	4	1	5	4	7

19	20	21	22	23	24	25	26	27	28	29	30	31	32	33	34	34	36	37
3	8	5	7	2	7	5	8	3	7	4	5	1	6	5	9	4	11	7

38	39	40	41	42	43	44	45	46	47	48	49	50	51	52	53	54	55	56
10	3	11	8	13	5	12	7	9	2	9	7	12	5	13	8	11	3	10

57	58	59	60	61	62	63	64	65	66	67	68	69	70	71	72	73	74	75
7	11	4	9	5	6	1	7	6	11	5	14	9	13	4	15	11	18	7

76	77	78	79	80	81	82	83	84	85	86	87	88	89	90	91	92	93	94
17	10	13	3	14	11	19	8	21	13	18	5	17	12	19	7	16	9	11

作为一个例子, 您可能已经注意到, 当 n 比 2 的某次幂还小 1 时, 似乎总有 $b(n) = 1$. 我们建议喜欢这种谜题的读者现在就停下来, 也不要去偷看下一节或者偷看表 1, 而是自己花一点时间去找一下是否有什么有趣的模式. 直接计算到 $n = 94$, 对于这样的探讨没有多大好处, 就如同计算到 $n = 1000$ 也差不多. 所以请读者用上面的递推公式算出 $b(n)$ 的长得多的表, 而且仔细研究其中会给出结果的模式.

您看见没有, 如果 $n = 2^a$, 则 $b(n) = a + 1$? 再看下一个事实: 如果 n 在从 2^a 到 $2^{a+1} - 1$(含) 这一段正整数中, 则 $b(n)$ 似乎会出现的最大值是斐波那契数 F_{a+2}. 这个序列中有许多神奇的事情, 但是下面这一点观察对于我们了解这个序列是至关重要的, 那就是 $b(n)$ 的**相继的值似乎总是互素的**[①].

能够找到这个序列的一个涉及正整数的乘法结构的性质是完全出乎意料的, 因为这个序列是来自正整数的加法结构的, 所以涉及加法的性质是完全自然的. 完全

---

① 两个整数为互素就是它们没有公共的因数.

出乎意料是因为整数的分划理论属于加法数论, 所以分划的乘法性质很罕见, 因此特别受人珍爱.

一旦注意到互素性质, 证明就很容易. 如果使 $b(n), b(n+1)$ 不互素的 n 最小值是 m, 而 $b(m), b(m+1)$ 有公因数 $p>1$. 如果 $m=2k+1$ 为奇数, 则有递推公式可知 p 能够整除 $b(k)$ 和 $b(k+1)$, 而与 m 的最小性质矛盾; 而若 $m=2k$ 为偶, 递推公式也会给出同样的结果. 证毕.

为什么两个相继的数互素这个性质如此有趣? 这里立刻就会提出一个问题, 是否每一个可能的互素的正整数对 (r, s) 都会出现在这个序列中? 如果是, 则是否出现仅一次? 上面给出的表对这两个想法都支持, 进一步的研究证明了二者均为真. 详细情况可见 (Calkin and Wilf, 2000) 一文.

这里的底线是: **每一个正有理数都会在序列 $\{b(n)/b(n+1)\}_0^\infty$ 中以既约形式出现一次而且仅只一次**. 所以, 分划函数 $b(n)$ 诱导出有理数的一种枚举方式, 这个结果是盯着计算机屏幕去寻找一种模式得出来的.

格言　下决心每天盯住计算机屏幕几个小时去寻找模式!

4. 一个意料之外的因子分解

计算机代数系统的一个很有力的地方是它非常善于做因子分解, 它们可以分解很大的整数和很复杂的表达式. 当得到一个很大的表达式作为您感兴趣的问题的答案时, 让 CAS 系统为您做一次因子分解是一个好习惯, 所得到的结果有时会让您惊奇, 下面就是这样一个故事.

杨氏表[1] (Young's tableau) 的理论是现代组合学的重要部分, 要生成一个杨氏表, 选一个正整数 n 和它的一个分划 $n=a_1+a_2+\cdots+a_k$. 现在以 $n=6$ 和 $6=3+2+1$ 为例, 然后作这个分划的 Ferrers 棋盘 (board), 它是从一个棋盘砍出来的, 第一行有 a_1 个小方格, 第二行有 a_2 个, 等等, 而且左方对齐. 在我们的例子中, Ferrers 棋盘即如图 1 所示:

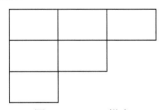

图 1　Ferrers 棋盘

要作杨氏表, 我们就把标号 $1, 2, \cdots, n$ 填到这 n 个方格中, 使得这些标号在每一行从左到右每一列从上到下都是增加的, 例子中的杨氏表的一个作法见图 2.

---

① 可参看条目枚举组合学与代数组合学[IV.18 §7, 7.1]. —— 中译本注

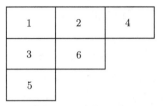

图 2　一个杨氏表

表的几个重要性质之一是：可以建立 n 个字母 (注意, 英语字母表是有顺序的, 所以, 可以谈到字母的 "上升子序列") 的任意排列与一对同样形状的表之间的一一对应, 称为 Robinson-Schensted-Knuth 对应 (RSK). RSK 对应的用处之一是在一个排列起来的值的向量中找出最长的上升子序列的长度, 可以证明这个长度就是 RSK 对应的两个表之一的第一行的长度, 这个事实给了我们一个从算法看起来的好方法来找出一个排列的最长上升子序列的长度.

现在, 在 n 个字母的排列中找出那些上升子序列长度不超过 k 的排列, 并记其个数为 $u_k(n)$. (Gessel, 1990) 一文中有一个壮观的定理, 指出

$$\sum_{n \geqslant 0} \frac{u_k(n)}{n!^2} x^{2n} = \det\left(I_{|i-j|}(2x)\right)_{i,j=1,\cdots,k}, \tag{5}$$

其中 $I_\nu(t)$ 是修正贝塞尔函数 (modified Bessel function)

$$I_\nu(t) = \sum_{j=0}^{\infty} \frac{\left(\frac{1}{2}t\right)^{2j+\nu}}{j!\,(j+\nu)!}.$$

不管怎么说, 当把各种无穷级数 (如上面的那个) 放进一个 $k \times k$ 行列式, 把这个行列式按 x^2 展开, 然后用 $n!^2$ 去乘 x^{2n} 的系数, 就会得到 n 个字母的排列中没有比 k 更长的上升子序列的个数, 这一点对于我确实是蔚为壮观的.

现在来估计一个这样的行列式, 例如估计 $k = 2$ 的那一个, 则有

$$\det\left(I_{|i-j|}(2x)\right)_{i,j=1,2} = I_0^2 - I_1^2,$$

它当然可以分解为 $(I_0 + I_1)(I_0 - I_1)$, 这里修正贝塞尔函数 I_ν 的变元都是 $2x$, 但我们都略去不写了.

当 $k = 3$ 时就没有这样的因子分解了, 如果让 CAS 来处理 $k = 4$ 时的行列式, 将会得到

$$I_0^4 - 3I_0^2 I_1^2 + I_1^4 + 4I_0 I_1^2 I_2 - 2I_0^2 I_2^2 - I_1^2 I_2^2$$
$$+ I_2^4 - 2I_1^3 I_3 + 4I_0 I_1 I_2 I_3 - 2I_1 I_2^2 I_3 - I_0^2 I_3^2 + I_1^2 I_3^2,$$

这里 I_ν 都表示 $I_\nu(2x)$. 如果让 CAS 去作因子分解, 则非常惊人地有

$$\left(I_0^2 - I_0 I_1 - I_1^2 + 2I_1 I_2 - I_2^2 - I_0 I_3 + I_1 I_3\right)$$
$$\times \left(I_0^2 + I_0 I_1 - I_1^2 - 2I_1 I_2 - I_2^2 + I_0 I_3 + I_1 I_3\right),$$

稍加检查就发现它仍是 $(A+B)(A-B)$ 的形式.

我们现在已经从实验中看到, 对于 $k=2$ 和 $k=4$ 的情况, Gessel 的行列式有 $(A+B)(A-B)$ 形式的因子分解, 其中 A 和 B 是修正贝塞尔函数的某些 $k/2$ 次多项式. 这种很大的表达式用形式贝塞尔函数居然有因子分解, 这件事当然不能轻易地就放手让它过去. 它需要解释: 这样的因子分解可否推广到 k 的任意偶数值? 可以的. 对于这种因子分解是否有什么可说的? 是的.

后来证明, 这里的关键之处在于矩阵的元素只依赖于 $|i-j|$. 这种矩阵叫做**特普利茨**(Otto Toeplitz , 1881–1940, 德国数学家)**矩阵**. 这种矩阵的行列式有自然的因子分解如下: 如果 $a_0, a_1, \cdots$ 是一个序列, 用 $a_{-i} = a_i$ 把它变成一个双向无穷的序列, 则有

$$\det\left(a_{i-j}\right)_{i.j=1}^{2m} = \det\left(a_{i-j} + a_{i-j+1}\right)_{i,j=1}^{m} \det\left(a_{i-j} - a_{i-j+1}\right)_{i,j=1}^{m}.$$

当把这个事实用于现在的情况, 它就恰好给出上面 $k=2,4$ 时的因子分解公式, 而且把它们推广到任意的偶数 k 的情况如下.

令 $y_k(n)$ 为含有 n 个小方格的杨氏表的个数, 其第一行的长度最多是 k. 再令

$$U_k(x) = \sum_{n \geqslant 0} \frac{u_k(n)}{n!^2} x^{2n}, \quad \text{而} \quad Y_k(x) = \sum_{n \geqslant 0} \frac{y_k(n)}{n!} x^n.$$

利用这两个生成函数, 一般的因子分解定理指出

$$U_k(x) = Y_k(x) Y_k(-x), \quad k = 2, 4, 6, \cdots.$$

这样的因子分解为什么有用? 一方面, 可以令上式两侧 x 的同次幂的系数相等 (请自己试一下!). 这时, 就可以得到一个有趣的公式, 把一方面是具有 n 个格子而第一行长度最多为 k 的杨氏表的数目和另一方面的一类 n 个字母的排列的数目, 就是其中上升的子序列长度不会超过 k 的那一类, 把这两个数联系起来, 再也不知道这个关系的更直接的证明, 见 (Wilf, 1992) 一文.

格言 寻找因子分解!

5. Sloane 数据库能得多少分

下面是一个个例研究, 其中碰巧不仅是用到了 Sloane 的数据库, 而且 Sloane 正是接下来的研究论文的作者之一.

非常有价值的网站 MathWorld 的创立者 Eric Weinstein 对于那些本征值全是正实数的 0-1 矩阵有兴趣. 如果 $f(n)$ 是那些元素全是 0 和 1, 而且本征值全是正实数的矩阵的个数, Weinstein 算出了 $n = 1, 2, 3, 4, 5$ 时 $f(n)$ 的值是

$$1, \ 3, \ 25, \ 543, \ 29281.$$

他在 Sloane 的数据库里去寻找这个序列, 而且发现, 非常有趣, 这个序列就已经写出的各项而言, 恰好就是数据库中的序列 A003024. 这个序列算出了具有 n 个顶点的顶点上加了标号的无循环有向图 (directed graph, 简写为digraph) 的个数, 由此产生了 Weinstein 的猜想:

具有 n 个顶点的顶点上加了标号的无循环 digraph 的个数等于本征值权威正实数的 $n \times n$ 0-1 矩阵的个数.

这个猜想的证明可见 (McKay et al., 2003) 一文, 在证明这个定理的过程中还证明了下面这个多少有点惊人的定理.

定理 1　若一个 0-1 矩阵 A 只有正实数本征值, 则这些本征值都等于 1.

为了证明这一点, 令 $\{\lambda_i\}_{i=1}^n$ 是 A 的本征值, 于是

$$1 \geqslant \frac{1}{n} \text{trace}\,(A) \qquad (\text{因为所有 } A_{ii} \leqslant 1)$$
$$= \frac{1}{n} (\lambda_1 + \cdots + \lambda_n) \geqslant (\lambda_1 \cdots \lambda_n)^{1/n} = (\det A)^{1/n} \geqslant 1.$$

这个证明的第二行一开始是算术 — 几何平均值不等式, 而最后一步应用了 $\det A$ 是一个正整数 (首先是整数, 其次又等于均为正的本征值之积, 所以是正数) 的性质. 现在上面的所有不等号都成了等号, 而算术 — 几何平均值不等式成为等式的充分必要条件是这些 λ_i 都相等, 因此易见它们都等于 1.

至于这个猜测本身的证明, 则是通过寻找两个想要计数的集合之间的一个双射来完成的. 事实上, 设 A 是一个本征值全是正实数的 n 阶 0-1 矩阵, 于是这些本征值全是 1, 但是这些本征值之和 n 即 A 的对角线上的元 (0 或 1) 之和, 所以它们全是 1, 从而 $A - I$ 的元也全是 0 和 1. 把 $A - I$ 看成一个 digraph G 的顶点连接矩阵, 于是可以证明 G 是无循环的.

反过来, 如果有一个这样的 digraph G, 令 B 为它的顶点连接矩阵. 如有必要, 就对 G 的顶点另行标号, 则可以把 B 变成一个具有零对角线的三角矩阵, 于是 $A = I + B$ 就是一个本征值全是正实数的 n 阶 0-1 矩阵, 但是这一点在把它的行和列同时重新标号以前也是对的, 关于其细节和更多的推论可见 (McKay et al., 2003) 一文.

格言　看一下能否在在线百科全书上找到您的序列!

6. 二十一级火箭

我们现在要描述一下 (Andrews, 1998) 一文中一件成功的出击, 就是解决 Mills-Robbins-Rumsey 行列式的估计问题. 这个行列式就是 $n \times n$ 矩阵

$$M_n(\mu) = \left(\left(\begin{array}{c} i+j+\mu \\ 2j-i \end{array} \right) \right)_{0 \leqslant i,j \leqslant n-1} \tag{6}$$

的行列式. 这个问题的出现与平面划分的研究有关 (Mills et al., 1987). 正整数 n 的平面划分就是非负整数所成的一个 (可能是无穷的) 阵列 $n_{i,j}$, 它们的和是 n, 而且服从下面的限制: $n_{i,j}$ 沿着每一行和每一列都是非增的.

可以证明 $\det M_n(\mu)$ 可以干净地表示为一个乘积, 即有

$$\det N_n(\mu) = 2^{-n} \prod_{j=0}^{n-1} \Delta_{2j}(2\mu),^{①} \tag{7}$$

其中

$$\Delta_{2j}(\mu) = \frac{(\mu+2j+2)_j \left(\dfrac{\mu}{2}+2j+\dfrac{3}{2} \right)_{j-1}}{(j)_j \left(\dfrac{1}{2}\mu+j+\dfrac{3}{2} \right)_{j-1}},$$

$(x)_j$ 是上升阶乘 $x(x+1)\cdots(x+j+1)$.

Andrews 证明的策略在思想上很漂亮, 但在执行上很困难, 找一个上三角矩阵 $E_n(\mu)$, 使其对角线上的元全为 1, 而且

$$M_n(\mu) E_n(\mu) = L_n(\mu) \tag{8}$$

为下三角矩阵, 而其对角线上的元是 $\left\{ \dfrac{1}{2}\Delta_{2j}(2\mu) \right\}_{j=0}^{n-1}$. 当然, 如果我们能做到这一些, 则由 (8) 式, 因为 $\det E_n(\mu) = 1$, 而且两个矩阵乘积的行列式等于矩阵的行列式的乘积, 而三角形矩阵 (即对角线下方或上方的元全为 0 的矩阵) 的行列式又就是其对角线上的元的乘积, 就可以得到 (7) 式.

但是怎样去找这个 $E_n(\mu)$ 呢? 紧紧地牵着计算机的手, 并且随着它走就行, 详细一点说,

(i) 可以对比较小的 n 注视矩阵 $E_n(\mu)$, 从这里的数据猜一下对于一般的 (i,j), 它的第 i 行第 j 列的元的公式是什么, 然后

① 原书 (7) 式右方误为 $2^{-n} \prod_{k=0}^{n-1} \Delta_k(2\mu)$. —— 中译本注

(ii) 可以 (并不是真正的 "我们" 要这样做, 而是 Andrews 要这样做) 对于矩阵的元的猜测是正确的.

在第 (ii) 步里出现了一件非常特别的分成二十一步来完成的事情, 而 Andrews 成功地做成了这些事, 这就是标题里讲的 "二十一级火箭". 他做的事情就是建立了一个 21 个命题的系统, 其每一个都是证明一个相当有技巧性的超几何恒等式. 然后他就对这 21 个命题同时作归纳法. 就是说, 例如他证明了如果对 n 的某个值第 13 个命题成立, 则第 14 个命题对于 n 的这个值也成立, 如此等等, 而如果所有 21 个命题对 n 的这个值都成立, 则第 1 个命题对于 $n+1$ 也是对的. 请读者一定去看一下 (Andrews, 1998) 这篇文章, 因为它的味道和实质是这篇短短的概述无法传达的.

我们在此只对上述程序的第一步 (i) 作一点评论, 所以我们对 n 的某个很小的值来看看 $E_n(\mu)$, 它是上三角矩阵, 而且对角线上的元全是 1, 意味着

$$\sum_{k=0}^{j-1} (M_n)_{i,k}\, e_{k,j} = -(M_n)_{i,j},$$

这里 $0 \leqslant i \leqslant j-1$, 而 $1 \leqslant j \leqslant n-1$. 可以把这些式子看成关于对角线上方的 $\binom{n}{2}$ 个元的 $\binom{n}{2}$ 个方程, 而可以让 CAS 来对 n 的很小的值找出这些元来. 下面就是 $E_4(\mu)$:

$$\begin{pmatrix} 1 & 0 & 0 & 0 \\ 0 & 1 & -\dfrac{1}{\mu+2} & \dfrac{6(\mu+5)}{(\mu+2)(\mu+3)(2\mu+11)} \\ 0 & 0 & 1 & -\dfrac{6(\mu+5)}{(\mu+3)(2\mu+11)} \\ 0 & 0 & 0 & 1 \end{pmatrix}$$

直到现在为止都是好消息. 虽然矩阵的元都相当复杂, 然而温暖了实验数学家的心的是纸面外的事实, 就是 μ 的所有的多项式都可以因子分解线性因子, 而且这些因子的系数都是很让人开心的整数, 所以有希望对于 E 矩阵的一般形状作一个猜测. 当 $n=5$ 时, 这些温和善良的情况仍然能够保持吗? 图 3 就是进一步计算出来的 $E_5(\mu)$.

现在很 "肯定", 对于一般的矩阵 $E_n(\mu)$ 的元, 会有一个漂亮的公式. 2.3 节里讲的 Rate 软件包会帮助我们完成下一步, 就是找出 E 矩阵的一般元的公式. 最终

的结果是 $E_n(\mu)$ 的 (i,j) 元当 $i > j$ 时为 0, 而在其他情况下为

$$\frac{(-1)^{j-1}(i)_{2(j-i)}(2\mu+2j+i+2)_{j-1}}{4^{j-i}(j-i)!(\mu+i+1)_{j-i}(\mu+j+i+1/2)_{j-i}}.$$

$$\begin{pmatrix} 1 & 0 & 0 & 0 & 0 \\ 0 & 1 & -\dfrac{1}{\mu+2} & \dfrac{6(\mu+5)}{(\mu+2)(\mu+3)(2\mu+11)} & -\dfrac{30(\mu+6)}{(\mu+2)(\mu+3)(\mu+4)(2\mu+15)} \\ 0 & 0 & 1 & -\dfrac{6(\mu+5)}{(\mu+3)(2\mu+11)} & \dfrac{30(\mu+6)}{(\mu+3)(\mu+4)(2\mu+15)} \\ 0 & 0 & 0 & 1 & -\dfrac{6(2\mu+13)}{(\mu+4)(2\mu+15)} \\ 0 & 0 & 0 & 0 & 1 \end{pmatrix}$$

图 3 上三角矩阵 $E_5(\mu)$

在上天昭示了矩阵 E 有上面的形式以后, Andrews 现在面临的就是去证明这个结果, 即 $M_n E_n(\mu)$ 是一个下三角矩阵, 而且对角线上的元如上所述. 这一部分工作正是 21 步归纳所释放出来的. 在 (Petkovšek and Wilf, 1996) 一文中有 Mills-Robbins-Rumsey 行列式的估计的另一个证明, 那个证明从 Andrews 对矩阵 $E_n(\mu)$ 所发现的上述形式开始, 然后使用了所谓 WZ 方法 (Petkovšek et al., 1996), 而不是 21 阶段的归纳来证明矩阵具有 (8) 式所示的三角化.

格言 永不言弃, 甚至在失败似乎为肯定的时候!

7. π 的计算

1997 年发现了 π 的一个公式 (Bailey et al., 1997), 这个公式使我们能在需要时用最小的时间和空间计算出 π 的单个的十六进制展开的某一位上的数值, 例如可以算出其第一万亿位的数码, 而不用先算出其前面各位的数码, 而且时间上快于计算所有的前一万亿位数码. 例如 Bailey 等发现了从第 10^{10} 位到第 $10^{10}+13$ 位一共 14 个数码是 921C73C6838FB2, 这个公式就是

$$\pi = \sum_{i=0}^{\infty} \frac{1}{16^i}\left(\frac{4}{8i+1} - \frac{2}{8i+4} - \frac{1}{8i+5} - \frac{1}{8i+6}\right). \tag{9}$$

我们在这里的讨论限制于只要断定了有以下形式

$$\pi = \sum_{i=0}^{\infty} \frac{1}{c^i} \sum_{k=1}^{b-1} \frac{a_k}{bi+k} \tag{10}$$

的展开式存在, 怎样去找出特定的展开式 (9). 这样做当然就留下一个问题: 怎样首先发现去把 (10) 这样的展开式划分出来.

办法是利用 2.4 节里介绍的线性依赖性算法, 更准确些说, 我们要找 π 和下面的七个数

$$\alpha_k = \sum_{i=0}^{\infty} \frac{1}{(8i+k)\,16^i}, \quad k = 1, \cdots, 7$$

的一个非平凡的整系数线性组合, 使其和为 0. 正如在方程 (3) 中一样, 我们来计算七个数 α_i, 并且例如用 Maple 的 Integer Relations 软件包去找一个关系式

$$m\pi + m_1\alpha_1 + m_2\alpha_2 + \cdots + m_7\alpha_7 = 0, \quad m, m_i \in \mathbf{Z}.$$

输出向量

$$(m, m_1, m_2, \cdots, m_7) = (1, -4, 0, 0, 2, 1, 1, 0)$$

就给出了恒等式 (9). 您可以自己去做这个计算, 然后证明所看见的恒等式是真的, 最后, 用 64 的幂而不是 16 的幂去找类似的东西. 祝您好运!

格言　甚至到 1997 年, 还可以对于 π 说出一些新的有趣的事!

8. 结论

当计算机开始出现在数学家的环境中的时候, 几乎一致的反应是它对于证明定理永远也不会有用, 因为计算机永远不能研究无穷多个情况, 不管它运转有多快. 但是, 尽管有这个障碍, 计算机对于定理的证明仍然是有用的. 我们已经从好几个例子看见数学家怎样和计算机一起行动来在数学内探索一个世界. 从这样的探索里会增加了解和猜测, 会得到证明的道路, 会看到一些计算机前的时代里无法想象的现象. 在将来的年代里, 计算在纯粹数学里的作用注定会增加, 会和欧几里得[VI.2]的公理以及数学教育的其他支柱一同被灌输给学生们.

彩虹的另一端可能是计算机的更为深远的作用. 说不定有一天, 可以把假设和希望得到的结论输入进计算机去, 再按一下 "回车" 键, 就会得到一个打印出来的证明. 在数学的少数几个领域中, 我们已经可以做到这一点, 特别是在证明恒等式方面 (Petkovšek et al., 1996; Greene and Wilf, 2007), 通向这个壮丽的新世界的道路还是漫长的而没有人去探险过.

进一步阅读的文献

Andrews G E. 1998. Pfaff's method. I. The Mills-Robbins-Rumsey determinants. *Discrete Mathematics*, 193:43-60.

Bailey D H, and Plouffe S. 1997. Recognizing numerical constants. In *Proceedings of the Organic Mathematics Workshop*, 12-12 December 1995, Simon Fraser University. Conference Proceedings of the Canadian Mathematical Society, volume 20. Ottawa: Canadian Mathematical Society.

Bailey D H, Borwein P, and Plouffe S. 1997. On the rapid computation of various polylog-arithmic constants. *Mathematics of Computation*, 66:903-13.

Borwein J, and Bailey D H. 2003. *Mathematics by Experiment*: *Plausible Reasoning in the 21st Century*. Wellesley, MA: A. K. Peters.

Borwein J, Bailey D H, and Gergensohn R. 2004. *Experimentation in Mathematics*: *Computational Paths to Discovery*. Wellesley, MA: A. K. Peters.

Calkin N, and Wilf H S. 2000. Recounting the rationals. *American Mathematical Monthly*, 197:390-463.

Ferguson H R P, and Forcade R W. 1979. Generalization of Euclidean algorithm for real numbers to all dimensions higher than two. *Bulletin of the American Mathematical Society*, 1:912-914.

Gessel I. 1990. Symmetric functions and P-recursiveness. *Journal of Combinatorial Theory* A, 53:257-285.

Graham R L, Knuth D H, and Patashnik O. 1989. *Concrete Mathematics*. Reading, MA: Addison-Wesley.

Greene C, and Wilf M S. 2007. Closed form summation of C-finite sequences. *Transactions of the American Mathematical Society*, 359:1161-1189.

Lenstra A K, Lenstra H W Jr., and Lovász L. 1982. Factoring polynomial with rational coefficients. *Mathematische Annalen*, 261(4): 515-534.

Mackey B D, Oggier F E, Royle G F, Sloane N J A, Wanless I M, and Wilf H S. 2004. Acyclic digraphs and eigenvalues of (0,1)-matrices. *Journal of Integer Sequences*, 7: 04.3.3.

Mills W H, Robbins D P, and Rumsey H Jr. 1987. Enumeration of a symmetry class of plane partition. *Discrete Mathematics*, 67:43-55.

Petkovšek M, and Wilf H S. 1996. A high-tech proof of the Mills-Robbins-Rumsey determinant formula. *Electronic Journal of Combinatorics*, 3:R19.

Petkovšek M, Wilf H S, and Zeilberger D. 1996. $A = B$. Wellesley, MA: A. K. Peters.

Wilf H S. 1992. Ascending subsequences and the shapes of Young tableaux. *Journal of Combinatorial Theory*, A60:155-157.

——. 1994. *Generatingfunctionology*, 2nd edn. New York: Academic Press (this can be downloaded at no charge fron author's Web site).

VIII.6 对青年数学家的建议

青年数学家最需要学习的当然是数学, 但是学习其他数学家的经验也是很有价值的. 我们要求本文的五位作者利用他们自己的数学生活和经验, 提出一些他们在开始自己的生涯时愿意得到的建议 (本文的标题呼应了梅达瓦尔爵士①的名著《对青年科学家的忠告》(*Advice to a Young Scientist*)). 寄来的文稿在各个方面都如我们预期的那样有趣, 更令人惊奇的是它们几乎没有什么重叠之处. 下面就是这些文章, 原来预期它们对于青年数学家是珍宝, 但肯定会为各个年龄段的数学家们所乐于阅读和享受.

I. Michael Atiyah 爵士

提示

下面讲的全是依据个人的经验, 反映了我的性格、我所从事的数学的类型以及我行事的风格. 然而, 数学家在他们的个人特性方面都是非常不同的, 而且您应该遵循您的本能. 您可以向别人学习, 但是您要以自己的方式解释您所学到的东西. 独创性来自在某些方面突破过去的实践.

动机

一个做研究的数学家, 和一个从事创作的艺术家一样, 必须热爱自己的主题, 完全地献身于它. 没有强烈的动机就不会成功, 但是如果您享受数学, 那么从解决困难的问题所得到的满足将是巨大的.

研究工作的前一两年是最困难的, 有那么多的东西等待您去学习. 您会不成功地和一些小问题角力, 因而可能对于自己会不会有解决有趣问题的能力深感怀疑, 而我们这一代人中的杰出数学家 Jean-Pierre Serre 告诉过我, 他自己也有一个阶段考虑过放弃数学.

只有平庸之辈才对自己的能力极为自信. 您越强, 您为自己所定的标准就越高 —— 您能看见的工作超过自己手上的研究工作.

许多未来的数学家会对于别的方向也有才能, 也有兴趣, 在开始数学生涯和从事其他事业之间会有艰难的抉择. 伟大的高斯曾在数学和语言学中间动摇不定是出了名的, 帕斯卡尔在年纪很轻时就放弃了数学而从事神学, 而笛卡儿和莱布尼兹都同时以哲学家知名. 也有些数学家 (如 Freeman Dyson) 后来转变成物理学家, 而另一些 (如 Harish Chandra 和 Raol Bott) 则走了相反的路. 您不要把数学当成一个封闭的世界, 数学和其他学科的相互作用对于个人和社会都是健康的.

心理学

因为数学需要高强度的心智活动, 甚至当事情进行得很顺利的时候, 心理压力也可能是相当大的. 根据您的性格, 这对于您可能是一个很大的问题或者是一个小

---

① Sir Peter Brian Medawar, 1915–1987, 英国著名的生物学家, 因在免疫学上的重大贡献而获得了 1960 年诺贝尔生理学和医学奖.—— 中译本注

问题, 但是可以采取步骤来减轻压力. 和同学们的交往 —— 一起听讲演、参加讨论班和参加会议 —— 既能扩大视野, 又能获得重要的社会支持. 过分孤立和内省都是危险的, 把时间花在看起来无所谓的谈天上、并不真是浪费时间.

合作, 开始时是和同学们或导师的合作, 有许多好处, 和共同工作者的长期合作在数学方面和个人方面都是极有益处的. 自己进行艰苦的安静思考总是必须的, 但是和朋友们的讨论及交换思想可以促进个人的思考, 而且是一种平衡.

问题还是理论

数学家有时被分为 "问题解决者" 和 "理论家" 两大类. 强调这样的分类, 确实有极端的例子 (如 Erdös 和 Grothendieck), 但是绝大多数数学家是介于其间的, 他们的工作既包含了问题的解决, 也包含了发展某种理论. 事实上, 一个理论如果不引导到解决具体的有趣的问题, 就不值得有这个讨论. 反过来, 任何真正深刻的问题都会刺激发展解决它的理论 (费马大定理就是一个经典的例子).

对于一个刚起步的学生这有什么意义? 现实地说, 虽然我们必须要读书和论文以吸收一般的概念和技术 (理论), 但必须集中力量于一个或多个特定的问题. 这些问题给他提供了咀嚼的东西, 同时也测试他的才能. 一个让您去和它角力, 去详细了解的确定的问题, 也是一个宝贵的标准, 可以用来测定手头的理论的用处和力量.

按照研究工作的进程, 最终的博士论文可能会撕掉理论的绝大部分, 而只集中于本质的问题, 也可能去描述更广大的场景, 而您的问题会很自然地适合于它.

好奇心的作用

好奇心是做研究工作的驱动力. 一个特殊的结果何时才是真的? 这是否最佳的证明, 或者还有更自然或更漂亮的证明? 使这个结果成立的最宽阔的条件是什么?

当您在读一篇论文或者听一个讲演、一堂课时, 如果总在问自己这样的问题, 迟早会出现解答的闪光 —— 发现进行研究的可能的道路. 当这种情况在我身上发生的时候, 我总会花时间来追随这个思想, 看它会引向何方, 或者能否经得起推敲. 这样的思考十有八九会是走进死胡同, 但是偶尔也会发现黄金. 困难在于知道什么时候一个开始看来有希望的思想其实什么也没有, 这时必须停下来以减少损失并且回到大路上来. 这种决定时常并不是明确肯定的, 事实上, 我时常又回到一个以前抛弃了的思想, 并且再试一试.

一个有讽刺意味的情况是, 一个好思想时常会意料不到地来自一个差的讲演或讨论班. 我时常在一个讲演中发现结果很美但是证明很丑很复杂, 这时我就不再跟随黑板上的糊里糊涂的证明, 而把余下的时间用于寻找一个更漂亮的证明. 通常我都不会成功, 但也并不一定, 即使这样, 我的时间也用在了更好的地方, 因为我用力地按自己的路子来想这个问题. 这要比被动地跟着别人的思想走要好得多.

例子

如果您像我一样是一个喜欢大的远景和有力的理论的人 (我受到了 Grothendieck 的影响, 但是没有被他转变), 那么, 能够用简单的例子来检验一般的结果就是必不可少的了. 多年来我建立了一系列的来自很多领域的这类例子, 它们是一些能够做具体计算 (有时要用很复杂的公式) 的例子, 有助于使得一般理论容易理解. 这些例子使您能够脚踏实地. 有趣的是, Grothendieck 时常逃避例子, 但是有幸他和塞尔有密切的联系, 而塞尔能帮助他改正疏忽. 在例子和理论之间并没有明确的界限. 我所喜欢的例子有很多来自我在经典的射影几何方面的训练: 扭曲三次曲线、二次曲面 (quadric surface) 或者 3 维空间中直线的克莱因表示, 再没有什么东西比这更具体、更经典了, 它们都可以从代数或者几何来看, 但是每一个都能说明一大类例子, 而且是这一大类中的第一个. 这些例子后来就成了理论: 齐次空间或格拉斯曼流形中的有理曲线理论.

例子还有一个侧面, 就是它们可以引向不同的方向. 一个例子可以用几个不同的方法来推广, 或者说明几个不同的原理. 例如, 经典的圆锥曲线就是集有理曲线、二次曲线 (quadric) 和格拉斯曼流形于一身.

但是最重要的是: 一个好的例子是一个美丽的东西, 它光芒四射又能说服人, 它给人以洞察和理解, 它是信念的基石.

证明

我们都受到教导说 "证明" 是数学的中心特点, 从文艺复兴以来, 欧几里得几何, 其中安排了一系列公理和命题, 是现代思想的本质的框架. 数学家引为骄傲的是: 与试探性的不确定的自然科学家比较起来, 数学具有绝对的确定性, 其他领域中模糊的思想就更不在话下了.

确实, 自哥德尔以后, 绝对的确定性已经被埋葬了, 而一个定理要用长得没完没了的平淡无奇的计算机证明才能解决问题, 这种方法也引起了某些自卑. 尽管如此, 在数学中, 证明仍然保持了最重要的地位, 如果您的论证有严重的漏洞, 您的论文就可能会被退稿.

但是, 如果把数学研究和作出证明等同起来, 那就错了. 事实上, 可以说数学研究的真正创造性的侧面是在证明阶段之前. 在英文中, "阶段" 就是 "stage", 是舞台的意思. 如果再向前推进一步, 把数学比喻为演戏, 那么, 就需要从思想开始, 然后发展 "故事情节", 写出 "对话", 给出表演的指示, 真正的演出才可以看成是 "证明", 就是思想的执行.

在数学中最先来到的是思想和概念, 然后才有问题. 到了这个阶段, 求解问题才开始了, 首先要找的是方法或策略. 一旦您相信了问题的提法是正确的, 而您又已经有了解决问题的工具, 这时您就可以开始苦苦思考证明的细节了.

要不了多久, 您就会认识到, 也许是通过用反例才认识到, 问题的提法并不正确. 有时, 开始时的直观想法和它的形式化中间有空隙: 您忘记了一些隐藏着的假设, 忽视了某些技术细节, 您原来的尝试过于一般了. 这时, 您就得回过头来改进对问题的形式化. 说数学家们用不正当手段改变问题, 使自己能够回答这些问题, 这有点言过其实了, 但是这种说法多少有一点道理. 数学当然是一种艺术, 而好数学的艺术就在于确定和攻克那些既有趣也可能解决的问题.

证明是创造性的想象力和批判性的推理之间长时期相互作用的最终产物. 一个计划如果没有证明就是不完全的, 但是没有有想象力的输入, 这个计划就不可能启动. 在这里我们可以看到它和其他领域的创造性的艺术家, 如作家、画家、作曲家和建筑师, 有一种类比. 首先是要有一种想象力, 它逐渐发展成为一个思想, 并且试探性地成为一个草图, 最后才有了把艺术作品做出来的漫长的技术过程. 技术和想象力必须保持接触, 并且按照自己的规律彼此互相修正.

策略

在前面几节里讨论了证明的原理及其在整个创造过程中的作用. 现在要转到对于年轻的实践者最为切实的问题了: 我们应该采用什么样的策略? 怎样实际动手去找出一个证明呢?

抽象地谈论这个问题是没有意义的. 我在前一节里说过, 一个好的问题是有前提条件的: 它是在某个背景下产生的, 有自己的根. 要想得到进展, 就得要懂得这些根. 自己找到的问题总是更好, 这就是理由的所在. 您应该去自己找问题, 问自己找到的问题, 而不是导师放在盘子里给您的问题. 如果您知道问题是从哪里来的, 知道为什么要问这样的问题, 就已经在求解的道路上走了一半. 事实上, 问一个正确的问题和解决这个问题同样困难, 找到正确的上下文是至关重要的第一步.

所以, 简短地说, 需要对问题的历史有好的知识. 应该知道对于类似的问题曾经用过些什么方法, 知道它们的局限何在.

当已经完全地吸收了这些以后, 艰苦地想一下这个问题的整体是一个好主意. 要想把握一个问题, 除了亲自动手以外别无他法. 您应该去研究它的特例, 试着去弄清本质的困难何在, 您对于它的背景和以前用过的方法知道得越多, 就越能够尝试更多的技巧和办法. 另一方面, 无知有时也是福气. 据说李特尔伍德有一次让他的研究生去做黎曼猜想的一个变形的版本, 一直到 6 个月以后才让他们知道自己一直在研究的是什么问题. 他是这样说明这样做的理由的: 因为学生们不会有信心去正面攻击这样著名的问题, 而不知道自己的对手的名声反而可能有些进展. 这样的 "政策" 不一定会导致黎曼猜想的证明, 但是一定会使学生适应性更强、更受到锻炼.

我自己的办法是避免发起正面攻击, 而去找一个间接的途径, 这样会涉及把自己的问题与来自不同领域的思想和技术联系起来, 这可能使您得到意想不到的启发. 如果这个策略成功了, 它会引导到漂亮简单的证明, 而且能够 "解释" 为什么有些东西是真的. 事实上, 我相信, 寻求一个解释或理解应该是我们真正的目标, 证明只是这个过程的一部分, 而有时只是它的推论.

作为寻求新方法的一部分, 扩大您的视野是一个好主意. 和人们交谈会扩大一般的教育, 有时会把您引导到新的思想和技术. 在很偶然的情况下, 您会得到对于自己的研究的具有创造性的思想, 甚至是对于新的方向具有创意的思想.

如果您需要学一门新的学科, 看一下有关的文献, 但是更好是找一位友好的专家请教, 您会得到不加文饰、不加保留的教导 —— 会更快地得到洞察.

一方面要向前看, 关心新的发展, 同时也不应该忘记过去. 许多过去的有力的数学结果被埋在深处, 被人们忘记了, 直到有朝一日又会被人独立地重新发现. 这些结果不太容易找到, 部分地由于名词变了, 风格也变了, 但是它们可能是金矿, 碰上一个是您的运气, 先驱者是会得到报酬的.

独立性

在您才开始做研究时, 您和导师的关系是很重要的, 所以要仔细挑选导师, 这时, 您的心里要牢记着主题、人格和成绩记录这三条. 在这三个方面得分都很高的导师是很少的. 再者, 如果事情在头两年并不顺利, 或者您的兴趣有了大的改变, 不要犹豫赶紧换导师, 甚至换一个大学, 这不会得罪您的导师, 他反而可能觉得得到了解脱!

有时您可能是一个较大的团体中的一员, 可能和系里其他人有来往, 所以从实效上说, 您可能有不止一个导师, 这可能是有好处的, 因为您能够得到不同的输入和其他的工作方式. 您可以从这个大集体的同学们那里学到很多东西, 这就是为什么选择一个有比较大的研究生院的专业有好处的理由.

当您成功地获得博士学位以后, 就进入了一个新阶段. 虽然您可以继续和导师合作, 仍然是原来的研究集体的一部分, 但是为了将来的发展, 您最好到别处去呆上一两年. 这会使您受到新的影响, 向您打开新的机遇. 现在是时候了, 您在数学世界里雕刻出自己的壁龛现在有机会了. 一般说来, 在长时间里, 继续与您的学位论文的路线保持过分的接近, 这并不是好主意. 您需要分支出去, 这样来显示自己的独立性, 不一定需要根本改变方向, 但是您的研究工作总应该有某些清晰的新奇之处, 而不是您的学位论文的常规延续.

风格

在撰写学位论文的时候, 您的导师正常地会在表述的方式和组织上帮助您. 但是, 获得自己的个人风格是您的数学发展的重要部分, 虽然各人对风格的需要可以不同, 也视您从事哪一部分数学而异, 但是有一些方面对于各个学科都是一样的.

下面是关于如何写一篇好的论文的几点提示:

(i) 在开始写作以前先想一想全篇的逻辑结构.

(ii) 把长而复杂的证明分成短的中间的结构 (例如引理、命题等等), 这对读者会有帮助.

(iii) 用清楚而条理分明的英文 (或者任何一种您所选择的文字) 来写作. 记住, 数学也是文学的一种形式.

(iv) 要尽可能简洁, 但也要保持清楚易懂, 达到这样的平衡是很困难的.

(v) 确定一些您读起来感到愉快而且您想要去模仿的论文.

(vi) 当完成论文主体以后, 回过头来写一个引言, 清楚地解释全文的结构和主要结果以及一般的背景. 避免使用不必要的行话, 要针对一般的数学读者而不是范围狭窄的专家.

(vii) 让您的一位同事读一下初稿, 听取各种建议和批评. 如果甚至您的亲密朋友和合作者都觉得您的论文很难懂, 那您就是失败了, 需要更努力地试一试.

(viii) 如果不是绝对急于发表, 就把您的论文放上几个星期, 去做别的事情, 然后再回到您的论文上来, 那时您会有一个清新的头脑, 再读起您的论文来就会感觉不一样了, 您可能知道该怎样改进了.

(ix) 如果您觉得从一个全新的角度来写这篇文章会更清楚更容易读, 要毫不犹豫地重写, 写得好的论文会成为 "经典", 会为未来的数学家广泛阅读; 写得不好就没有人读了, 即令它们充分重要, 也会有人来重写它们.

II. Béla Bollobás

"在这个世界里, 丑陋的数学没有永久的地位", 哈代[VI.73] 这样说. 我相信同样也可以说, 在这个世界里, 没有激情、阴郁冷漠的数学家没有永久的地位. 只有在有激情时才去搞数学, 只有在一整天忙完了别的事情还想找时间搞数学的时候才去搞数学. 数学像诗和音乐一样, 不是一个职业, 而是一种使命.

品味高于一切. 在我们这个学科里, 对于什么是好数学似乎有一种共识: 这个情况真是一个奇迹. 您应该在重要的而且在相当一段时间内不会干涸的领域中工作; 您应该去研究那些漂亮而且重要的问题: 在一个好的领域中这样的问题是很多的, 而不只是有几个著名的问题. 事实上, 总是盯住太高的目标会产生一个很长的**谦收的**时期, 在您的生活的某些阶段这是可以容忍的, 但是在生涯开始时最好是避免这种情况.

在您的数学活动中要力求**平衡**: 对于真正的数学家, 研究工作应该放在第一位, 而且也总是这样的, 但是除了研究工作以外, 您要多多阅读和教书. 要喜欢各个水平上的数学, 哪怕它们和您的研究工作 (几乎) 没有什么关系. 教书不应该是一个负担, 它也是灵感的源泉.

　　研究工作(和写文章不一样) 不是日常的家务活：您应该选择那些想不去思考也难的问题，这就是为什么与您的问题**结下不解之缘**比研究那些外加于您的问题更好的原因. 在您的生涯的最开始，当您还是研究生的时候，应该依靠有经验的导师来帮助判断您自己找到并且喜欢的问题，而不是去研究他交给您的问题，因为这些问题可能不对您的口味. 归根结底，导师应该对于一个问题是否值得您努力有一个相当可以的看法，然而他还不甚了解您的力量和口味. 在您以后的生涯里，就不能再依靠导师了，和相合的同事谈一谈时常是令人鼓舞的.

　　我愿向您推荐在任何时刻都有两类可以研究的问题：

　　(i) 一个 "梦"，就是一个您愿意去解决的大问题，但是合理地说您不能**期望**一定能够解决.

　　(ii) 一个很值得去研究的问题，您觉得如果有充分的时间和精力，当然还有运气，您是可以有好的机会解决的.

　　此外，还有两类问题可以考虑，虽然它们不如前面两类重要：

　　(i) 不时去做一些并不适合您的身份但是有把握很快可以解决的问题，为它们花上一点时间也不会损害您在适合的问题上的成功.

　　(ii) 在更低层次上，做一些并不算是真正的研究工作 (虽然它们若干年前是真正的研究问题) 但是很漂亮值得花一点时间的问题是很有趣的，做这种问题还可以帮助您磨砺自己的发明才能.

　　要有耐心，要坚持. 当您在想一个问题时，最有用的办法是把这个问题时时放在心上，它对牛顿起过作用，对许多凡人也起过作用. 给您自己时间，特别是在做大问题时；允许您自己在大问题上花上一定的时间，而不做大的指望，然后再盘点一下，看以后怎么办. 让您的研究途径有一个发挥的机会，但是不要太专心于它，使自己误了其他解决问题的途径. 要像爱尔特希说的那样，要机灵一点，让自己的大脑保持开放.

　　不要怕犯错. 对于棋手，下错一着棋就会满盘皆输；对于数学家，这却是平常事. 对于您，真正可怕的是：想一个问题时，想了一阵却是满脑子空白. 如果过了一阵子您的纸篓里装满了失败的企图的笔记，那您可能是还做得不坏. 要避免沉闷而平淡无奇的工作路线，投入工作时总要高兴才好. 特别是，研究最简单的例子不一定是浪费时间，而很可能是很有用的.

　　当您在一个问题上已经花了相当多的时间时，很容易过低估计您已经取得的进展，但是也同样容易过高估计自己能够记得这一切. 最好是哪怕只是部分的结果也要记下来，很可能您的笔记以后会为您节省大量时间.

　　如果幸运地得到了突破，很可能您会对自己的计划感到厌倦，想要在自己的桂冠上歇气. 要抵制这种诱惑，并且看一下您的突破还会给您些什么.

　　作为一个年轻的数学家，您的优势在于有大量的研究时间. 您可能认识不到这一点, 但是说以后还会有那么多时间做研究, 如您的生涯开始时那样, 那是很不可能的事. 每个人都感觉到研究数学的时间不够, 但是随着岁月流逝, 这种感觉会越来越强烈, 也越来越有道理.

再回到阅读问题, 当谈到需要阅读的东西的量时, 年轻人总是处于不利的地位的, 所以, 为了补救这一点, 要尽可能多地阅读. 既要读自己的一般领域里的文章, 也要把数学作为一个整体来阅读. 在您自己的研究领域里, 要确定读的是最好的人写的文章. 这些文章时常写得不如可能的那样仔细, 但是它们的思想和结果的质量应该能大大地报答您读的时候所花的力气. 不论您读的是什么, 要留神: 试着预先想一下作者会怎样做, 并且想一下会不会有更好的做法. 如果作者真的按您的想法在做, 您会很高兴, 如果他选择了另外一条路, 您可以想一下这是为什么. 问一下您自己关于这些结果和方法的问题, 哪怕这些问题显得太简单, 这些问题会大大有助于您去懂得这些结果和方法.

另一方面, **不要**读每一篇有关您想要做的未解决问题的文章, 这时常是有好处的: 一旦您关于这个问题想得很深刻, 而似乎什么也没有得到, 您可以 (而且应该) 去读别人失败的企图的文章.

保持自己能够感到惊奇的能力, 不要以为什么现象都是当然的, 要去领略您所读到的结果和思想. 太容易认为自己什么都知道了, 您不过就是只读了证明. 杰出的人时常花很多时间来消化新思想. 只是知道一大套定理并懂得它们的证明, 对杰出的人是不够的, 他们需要在自己的血液里感觉到这些.

当您的生涯在进展时, 要保持心智对于新思想和新方向是开放的: 数学的风景总在变化, 如果您不想落后, 您大概也得变. 不断地把自己的工具磨得锋利, 并且去学习新工具.

超过一切的是要享受数学, 对数学总是充满热情. 享受您的研究工作, 期待着阅读新的结果, 培育其他人对数学的爱, 甚至在休息的时间也做一些您遇到的或者从同事那里听来的漂亮的小问题来作乐.

如果把我们在科学和艺术中为了取得成功而应该遵循的建议汇总成一句话, 我想最好还是回忆一下维特鲁威①在 2000 年前写过的一句话:

天才而不学习或者学习而没有天才, 都不能成为完全的艺术家(*Neque enim ingenium sine disciplina sine ingenio perfectum artificem potest efficere*).

III. 孔涅

数学是现代科学的脊梁, 是了解我们处于其中的 "实在" 的新概念、新方法的有效的源泉, 这些新概念是从人类思想的精华长期 "蒸馏" 过程的产物.

① 维特鲁威 (Marcus Vitruvius Pollio) 是公元前一世纪的罗马作家、艺术家和建筑师.—— 中译本注

我被要求为青年数学家写一些建议, 我观察到的第一件事实是: 每一个数学家都是一个特例, 而一般说来, 数学家行事有点像 "费米子"①, 就是说他们避免在过于追随时髦的领域里工作, 而物理学家的行事则有点像 "玻色子", 他们挤成一堆, 时常 "过分吹嘘" 自己的成就 —— 而这是数学家所不屑的.

把数学看成是各个分离的分支的集合, 这个想法是有诱惑力的, 这些分支有几何、代数、分析、数论等等. 几何主要是企图了解 "空间" 的概念, 代数则是了解操弄符号的艺术, 分析是去接触 "无限" 和 "连续统", 如此等等.

但是这样做就忘记了数学世界的一个最重要的特点, 这个特点就是: 把上述任意一个分支和其余部分孤立起来基本上是不可能的, 那样做一定会剥夺了它们的本质. 在这一方面, 数学的整体倒是像一个生物实体, 只有作为一个整体它才能生存, 而如果把它分成各个部分它就会死去.

数学家的科学生活可以描绘成对于 "数学实在" 的地理探险, 并且把它在自己的心智框架中揭示出来.

这个探索过程时常始于一种叛逆, 就是对现有的书中对这块空间的教条式描绘的叛逆. 年轻的有前途的数学家时常认识到, 他们感知到的数学世界有一些并不适合这些教条的特点. 这种最初的叛逆在绝大多数情况下是由于无知, 但是仍然可以是有益的, 因为它把人们从对于权威的崇敬中解放了出来, 而允许他们依靠自己的直觉, 只要这种直觉得到了真正证明的支持. 一旦一个数学家真的以一种创造性的 "个人的" 方式认识到数学世界的一个小部分, 不管它最初是何等的神秘难解②, 这个探索的旅途就真正开始了. 当然, 至关重要的是不要弄断了 "阿里阿德涅的线"③, 有了这条线, 他就总能清楚地看清自己沿途遇到的一切, 而如果感到自己迷失了道路, 又能沿着这条线回到起点.

同样至关重要的是必须要动, 否则就有被禁锢在一个很小的、极度技术专业化的领域中的危险, 这样就限制了自己对于数学世界和它的巨大的甚至是使人迷惑的多样性的感知.

这方面的一个基本点是, 虽然许多数学家倾毕生之力来探索这个世界的不同部分, 而且有不同的展望, 他们却对于总的轮廓和相互联系看法一致. 不论他们的旅

① 这里借用了量子力学的概念, 粗略地说, 在一个量子态下只能存在一个费米子, 但是可以有许多玻色子.—— 中译本注

② 我自己的起点是多项式的根的分离. 我有幸在自己很年轻的时候就应邀参加了在西雅图举行的一次会议, 在这个会议上, 人们把以后我的全部关于因子工作的根介绍给我.

③ 阿里阿德涅 (Ariadne) 是希腊神话中克里特岛国王米诺斯 (Milos) 的女儿. 米诺斯把一个牛头人身的怪物幽禁在一座迷宫里, 并命令雅典人民每年进贡七对童男童女喂养这个怪物. 雅典王子底修斯 (Theseus) 发誓要为民除害, 他领着童男童女上了克里特岛, 借助阿里阿德涅给他的线球和魔刀, 底修斯杀死了这个怪物并沿着线顺来路走出了迷宫, 所以, 弄断了阿里阿德涅的线就是误入歧途、身陷迷津的意思.—— 中译本注

途的起点在哪里, 有朝一日, 如果走得足够远的话, 总会碰上一个有名的 "城市", 例如椭圆函数、模形式或者 ς 函数. "条条大路通罗马", 数学世界是 "连通的". 这不是说数学的各个部分看起来都差不多, 在这里值得引述 Grothendieck 在《收获与播种》(*Recóltes et Semailles*) 里说的一段话, 在比较他原来工作的分析与他把一生其余部分都献身的代数几何的风景时, 他说:

> 我还记得这个强烈的印象 (当然完全是主观的), 好像我离开了一个干旱而阴沉的干草原, 突然发现自己来到了一片郁郁葱葱的、富饶的 "有希望的土地", 不论您想在哪里伸出手去收集什么或者深入下去, 它都一直伸展到无穷远处 [1].

绝大多数数学家采取一种实用主义的态度: 他们把自己看成 "数学世界" 的探索者, 但是对于这个世界是否存在他们并不愿意质疑, 同时他们又用直觉和大量的理性思维的混合物来揭示这个世界的构造. 所谓直觉与法国诗人瓦莱里 (Ambroise-Paul-Toussaint-Jules Valéry, 1871–1945) 所强调的 "诗化的欲望"(poetic desire) 差不多, 而理性思维则需要一个高强度的思想集中的时期.

每一代人都会建立数学世界的一个心智的图像, 反映他们自己对这个世界的理解. 他们建造了心智的工具, 越来越深入到这个世界的深处, 所以就能探索这个世界以前被隐藏起来的各个侧面.

当前几代数学家所建立的数学世界的心智地图上, 在相距遥远的部分之间出现了没有料到的桥梁时, 真正有趣的东西就出现了. 在出现了这种情况时, 人们就会感觉好像起了一阵狂风, 吹散了掩盖着美丽风景的云雾. 在我自己的工作中, 这种巨大的惊喜大多来自与物理学的交互作用中. 正如阿达玛指出的那样, 在物理学中产生的数学概念时常是基本的, 对于他, 这种新概念

> 不是那种短暂的时常只影响到数学家作为自己的工具使用的小玩意, 而是无比富饶的创新, 是只能来自事物本性的新事物.

我现在要以一些比较 "实际的" 建议来结束本文了. 然而请注意, 每一个数学家都是一个 "特例", 所以不要过分认真地对待这些建议.

散步

当您和一个非常复杂的问题 (时常包含了计算) 搏斗时, 散步是一种非常明智的运动. 去作一次长长的散步, 而且不带纸和笔, 只在心里计算, 不管开始时是否觉得它 "太复杂了, 不能在心里算". 哪怕您没有成功, 它也会训练您的生动记忆, 磨砺您的技巧.

躺下

数学家通常都很难向自己的伙伴解释, 他最动脑筋的时候是他在黑暗中躺在沙

---

[1] 这一段话原书是抄袭了 Grothendieck 的原作是法文. 孔涅又把它译成英文为上作为脚注. —— 中译本注

发上的时候. 不幸的是, 由于 e-mail 和计算机屏幕侵入了每一个数学机构, 使自己离群索居、集中思考的机会是越来越少了, 所以也就越发可贵了.

要勇敢

通向新的数学发现的过程有好几个阶段. 核查的阶段是很可怕的, 但是只牵涉到理性和高度集中, 而第一个比较具有创造性的阶段则性质完全不同. 在某种意义下, 它需要对自己的无知做出某种保护, 但是这也保护了您不会因成十亿种理由而放弃许多数学家没有得到成功的攻关.

挫折

数学家在他们工作的生命中, 包括很早期的阶段, 都会因为收到来自竞争者的预印本而心情混乱甚至崩溃. 在此, 我所能作的唯一的建议是: 把这种心情变成注入正能量使自己更加努力, 虽然这一点并不总是容易的.

怨恨的认可

我的一位朋友曾经说过: "我们 [数学家] 总是在为少数几个朋友心怀怨恨的认可而工作的". 这是真的, 因为研究工作的本性是相当孤寂的, 我们就更需要某种形式的认可, 但是坦白地说, 对此不能要求过高. 事实上, 最好的裁判员就是自己. 谁也不会处于比您更好的地位来知道个中的辛苦, 太过关注别人的意见是浪费时间, 迄今为止, 没有一个定理是靠投票通过来证明的, 正如费曼说的那样: "何必管别人怎样想".

IV. Dusa McDuff

我开始成人生活和绝大多数同时代人很不相同, 我从小受到的教育就是要有独立的生活, 我从家庭和学校又受到很多的鼓励要搞数学. 很不平常的是, 我的女子学校有一位很棒的数学教师, 向我展示了欧几里得几何和微积分的美. 形成对比的是, 我并不太尊敬科学老师, 而因为大学的科学老师也好不了多少, 我从来没有真正学好物理课.

因为在这个很有限的范围里很成功, 我很想做一个研究数学家. 虽然一方面我非常自信, 但是另一方面我开始感到很不够. 一个基本的问题是我不知怎么吸收了这样的信息: 就职业生涯而言妇女只是第二流的, 所以是会被忽视的. 那时我还没有一个女权主义的朋友, 没有真正估计过我的智力, 觉得自己乏味而且太过实际 (作为一个女人), 而没有真正的创造力 (像男人那样). 有许多不同的方式来说这样的话, 例如女主内而男主外, 女人是缪斯 (muses, 文艺女神) 而不是诗人, 女人没有真正做数学家的灵魂, 等等. 到现在还有许多类似的说法. 近来有一封信在我的女权主义朋友中流传, 信里列举了在不同的领域里的常见而又互相矛盾的偏见, 其中的信息就是: 凡是最有价值的事, 妇女都不能做.

稍后又有一个问题出现了: 我虽然数学学得不多, 但是成功地完成了博士论文. 我的论文是关于冯·诺依曼代数的, 这是一个专门学问, 可是与对我有实际意义的任何东西都无关. 我不知道在这个领域里怎样才能向前进, 而其他的东西我又几乎什么也不知道. 当我在研究生的最后一年来到莫斯科时, 盖尔范德 (Israel Moiseevich Gelfand, 1913–2009, 前苏联数学家) 给了我一篇关于流形上向量场的李代数的上同调的论文, 而我不知道上同调是什么, 流形是什么, 向量场是什么, 还有李代数是什么.

这种无知虽然部分地要归罪于一个过度专业化的教育系统, 也因为我与更宽阔的数学世界缺少联系. 我已经解决了怎样把做一个女人和做一个数学家调和起来的问题, 基本上就是过一种把二者分离开来的双重生活. 当我从莫斯科回来以后, 我的孤立增加了. 我已经从泛函分析这个领域转向拓扑学, 但我基本上没有人指导, 我又太害怕问别人问题而显得无知. 同时, 当我还在做博士后的时候就有了一个小宝宝, 所以要忙于应付许多实际问题. 在那个阶段, 还不懂得怎样做数学, 我主要是靠阅读, 而不了解提出问题, 并且试一试自己的想法, 哪怕是很朴素的想法, 有多么重要, 我完全不懂怎样来建立自己的生涯. 好事情并不是就那么来的, 我需要去申请研究人员的位置和申请工作, 需要注意有趣的会议. 如果有一位辅导我的人告诉我处理这类问题的更好的方法, 那肯定是有帮助的.

我大概最需要的是学会怎样去问好的问题. 作为一个学生, 一个人的工作不只是要回答别人提出的问题, 还要学会怎样把问题放进一个框架, 使得能够引向有趣的地方. 在学习某个新东西的时候, 我时常是从问题的中间开始, 应用别人已经发展起来的某种复杂的理论. 但是, 如果从最简单的问题和例子开始, 时常可以看得更远, 因为那会使得基本的问题更容易懂, 而且说不定就能找到新的处理方法. 举例来说, 我一直喜欢辛几何里的 Gromov 非挤压定理, 它对于如何以辛几何的方法来处理一个球体加上了限制. 这个非常基本的、几何化的结果, 不知怎么在我心中引起了共鸣, 构成了进一步研究的坚固的基础.

现在人们对于数学是一个群体性事业的认识已经清楚多了, 甚至最聪明的思想也只有放在和整体的关系中才能有意义. 当您对于背景已经有了理解以后, 自己独立工作时常是非常重要而且富有成果的. 然而当您在学习的时候, 和别人的交往就是至关重要的.

为了便利这种交往, 有许多成功的企图, 例如改变建筑物的结构, 改进各种会议, 改进系里的工作程序, 不那么正式地, 还有改进讨论班和讲演. 令人吃惊的是, 如果换一个领头的数学家, 讨论班的气氛会发生多大的变化: 人们不再是心不在焉、烦闷欲睡, 而是去问问题, 弄清问题, 并且打开了大家的讨论. 时常, 人们 (不论是年长的还是年轻的) 因胆怯而沉默不语, 是怕显露了自己无知、缺少想象力或者还有别的致命的缺点. 但是, 在像数学这样困难而又美丽的学科面前, 人人都有要向别人学习的地方. 现在有许多很棒的讨论班和 workshop, 组织得使人很容易讨论特定理论的细节和形成新的方向和问题.

怎样把做一个女人和做一个数学家调和起来仍然是一个大家关心的问题, 虽然认为数学内在地就不适合女性的想法已经少得多了, 我仍然认为女性在数学里还没有尽可能地充分显示自己, 但是我们中已经有许多人再也不能被看成例外了. 我发现, 主要为妇女参加的会议出乎意料地特别值得提倡, 如果教室里坐满了女人来讨论数学, 那气氛就会大不相同. 还有人们越来越懂得, 对于任何一个年轻人, 真正的问题是怎样来建立自己的个人生活, 既使自己满意, 又还能成为一个创造性的数学家. 一旦人们开始认真地考虑这个问题, 我们就已经走了很大一步了.

V. Peter Sarnak

多年来我指导过好几位博士学生, 这大概使我有资格作为一个有经验的导师来写一点东西. 在指导一位聪明的学生时 (我有幸在指导聪明学生上占有一个公平的份额), 相互的交流有点像告诉什么人在一个大概的区域里去找 "黄金", 而且只给他一些模糊的建议. 如果他付诸行动, 而且有技术和才能, 他甚至可能找到一些 "钻石" (当然, 在发生了这样的事情以后, 人们不会忘记加上一句: "是我告诉过您的"). 在这种情况下, 在大多数其他情况也是一样, 一个年长导师的作用有点像球队的教练, 他要进行鼓励, 要保证被他指导的人研究的是有趣的问题, 而且懂得用得到的基本工具. 多年来我发现自己老在重复一些评论和建议, 而它们可能是有用的, 下面就列出其中一些.

(i) 当学习一个领域时, 应该把阅读现代的处理和阅读原始的论文特别是大师们的论文结合起来. 某些主题的最新的讲法有一个毛病, 就是似乎太圆滑顺利了. 因为每一位作者都找到了一个理论的更精巧的证明或者讲法, 这些讲法慢慢就进化成包含 "最短的证明" 的讲法了. 不幸的是, 这种讲法的形式时常会使新的学生思索: "什么人怎么会想到这一点?" 通过追溯到最原始的来源, 通常都会看到这个主题在自然进化, 懂得它怎样达到现代的形式 (还会留下那些意想不到的特别聪明的步骤, 使我们只好对发明者的天才感到惊奇, 但是这些步骤比您想象的要少很多). 作为一个例子, 我通常会推荐阅读外尔[VI.80] 关于紧李群的表示理论和特征标推导的原始论文, 同时也一并推荐一篇关于它的现代处理的论文. 类似地, 对于懂得一点复分析并且想学习一点现代黎曼曲面理论 (它对于数学的许多领域都处于中心地位) 的人, 我推荐外尔的《黎曼曲面的概念》(Concept of a Riemann Surface) 一书. 研究最卓越的数学家如外尔的全集是很有教益的. 除了学习他们的定理以外, 您还会发现他们的心智是怎样工作的. 几乎一定有一条自然的思想路径从一篇论文通向另一篇, 于是就可以领会到某些发展是不可避免的. 这可能是非常鼓舞人的.

(ii) 另一方面, 您应该对于一些教条和 "标准的假设" 提出问题, 哪怕他们是杰出的人提出来的. 许多标准的假设是在人们懂得的某些特例的基础上作出来的. 除此以外, 其中有一些除了一厢情愿的想法以外几乎没有什么东西, 人们只是在希望一般的图景与一些特例所暗示的图景没有大的差别. 有好些我知道的例子是: 有谁想去证明一个一般相信为真的结果而没有进展, 最后就严肃地怀疑它们. 说了这些以后, 我也发现一些令人生气的事情, 就是没有什么好的理由就把怀疑主义的眼光投向某些特殊的假设, 如黎曼假设或者其可证明性. 一方面, 作为一个科学家, 我们应该采取一种有判断力的或审慎的态度 (特别是对于一些数学家发明出来的人为的对象), 但是另一方面对于我们的数学宇宙以及关于什么是真的是可证明的有一个信念, 这在心理上是很重要的.

(iii) 不要把 "初等" 和 "容易" 混为一谈, 一个证明可以确定是初等的但是并不容易. 事实上, 有许多定理为例, 只要稍微精密复杂一点, 就能使它的证明容易懂得多, 而且把深藏其下的思想拿出来, 而一个避免使用更复杂概念的初等处理反而会把正在进行的过程隐藏起来. 同时, 也要避免把细微精密与高质量等同起来, 或者和 "论证中的能够吃的牛肉" 等同起来 (这显然是我在这类话题中爱用的说法, 我以前的好多学生都爱嘲笑这个 "牛肉"). 在有些青年数学家中有一个倾向, 就是以为使用了别出心裁的、复杂的语言就意味着他们正在做深刻的工作. 然而, 现代工具如果理解得当而且和新思想结合起来, 确实是有力的. 在有些领域 (例如数论) 里工作的人, 不肯花时间下苦功夫去学这些工具就会处于很不利的地位. 不去学这些工具就好比要用凿子去铲平一个建筑, 尽管您使用凿子很有一套, 用推土机的人不必要有那样的技巧也会占极大的优势.

(iv) 从事数学研究是一种充满挫败感的事业, 如果您对于挫败感不习惯的话, 数学就可能对于您不是一个理想的职业. 我们在绝大多数时间里会停滞不前, 如果您不是这样的情况, 那么或者您是特别有才能, 或者在开始攻一个问题以前就已经知道怎样解决它了. 后一种情况也还有一定的值得研究的地方, 而且也还可能是高质量的工作, 但是绝大部分大的突破都是走过艰难的道路得出来的, 一路上有很多虚假的步骤, 有很长时间没有什么进展, 甚至是负的进展. 有许多方法使得研究工作的这样的侧面不那么令人不快. 近来许多人都集体地工作, 这种做法除了有明显把不同的专长集中在一个问题上的好处以外, 还使得能够分担挫折, 对于大多数人这是一件大好事 (而在数学里, 因一项突破而分享欢乐与荣誉, 至少是迄今为止, 还没有如其他学科那样引起大吵大闹). 我时常建议学生们在相同的时间里手上有许多问题, 其中最少挑战性的也应该足够困难, 使得解决它使您感到满足 (要不然研究又有什么意义呢?), 而且运气好的话也使别人对它也有兴趣. 这样, 您就会有一系列的比较有挑战性的问题, 其中最难的是中心的未解决的问题. 在一段时间里, 您可以做做这个或者做做那个, 可以从不同的观点来看待它们, 重要的是保持自己总有解决非常困难的问题的机会, 而且可能得到运气的照顾.

(v) 每个星期到系里去听一听讲座, 而且希望主持者选择好的讲演者. 保持对于数学有宽阔的视野是很重要的, 除了可以知道在其他领域中有哪些有趣的问题和别人有什么进展以外, 当讲演的人在讲一些很不相同的东西时, 您的思想也会受到刺激. 另外, 您还可以学到一个技巧或一个理论用于您正在研究的问题. 最近一段时间, 一些长期未解决的问题得到了最惊人的解决, 正是由于不同数学领域的思想的意想不到的组合.

VIII.7　数学大事年表

Adrin Rice

如果在人名后面没有特定的数学工作, 则相应的日期只是此人数学活动的近似的平均时期. 请注意, 这个年表中早期的时间只是近似的, 而在公元前 1000 年以前的时间更加是近似的. 公元 1500 年以后的条目, 除非特别说明的以外, 所有的日期都是一项工作第一次发表的时间, 而非创作的时间.

公元前

约 18 000 年, 扎伊尔出土的 Ishango 骨殖 (可能是最早的先民进行计算的证据).

约 4000 年, 中东使用泥制的计算标志.

约 3400–3200 年, 苏美尔人 (Sumer, 居住在今伊拉克南部的古代先民) 记数系统的发展.

约 2050 年, 60 进制位值记数系统的最早证据, 苏美尔人.

约 1850–1650 年, 古巴比伦数学.

约 1650 年, 莱茵德纸草书 (约在公元 1850 年由莱茵德 (H. Rhind, 苏格兰收藏家) 收藏的最早的古埃及最大和保存最好的纸草书).

约 1400–1300 年, 十进制计数法, 发现于中国殷商甲骨文中.

约 580 年, 米利都的泰勒斯 (Thales of Miletus, "几何学之父").

约 530–450 年, 毕达哥拉斯学派 (数论、几何学、天文学和音乐).

约 450 年, 芝诺关于运动的悖论.

约 370 年, 欧多克索斯 (Eudoxus, 比例理论、天文学、穷竭法).

约 350 年, 亚里士多德 (逻辑学).

约 320 年, Eudemus 的《几何学史》(当时的几何学知识的重要证据), 印度的十进制计数法

约 300 年, 欧几里得《几何原本》.

约 250 年, 阿基米德 (立体几何、求积法、静力学、水静力学、π 的近似).

约 230 年, 埃拉托色尼 (地球周长的度量、求素数的算法).

约 200 年, 阿波罗尼乌斯的《圆锥截线论》(关于圆锥截线的广泛而有影响的著作).

约 150 年, Hipparchus(第一部算出的弦表).

约 100 年,《九章算术》(最重要的中国数学古籍).

公元后

约 60 年, 亚历山大里亚的海伦 (光学、测地学).

约 100 年, Menelaus 的《球面》(球面三角学).

约 150 年, 托勒密的《大著》(*Almagest*, 关于数学天文学的权威教本).

约 250 年, 丢番图的《算术》(*Arithmetica*, 定和不定方程的求解、早期的代数符号).

约 300–400 年,《孙子算经》(中国剩余定理).

约 320 年, 帕普斯 (Pappus) 的《全集》(总结和推广了当时已知的数学知识).

约 370 年, 亚历山大里亚的 Theon (关于托勒密《大著》的评论、修订欧几里得).

约 400 年, 亚历山大里亚的 Hypatia (关于丢番图、阿波罗尼乌斯和托勒密的评论).

约 450 年, Proclus (关于欧几里得第一卷的评论, Eudemus 的《几何学史》的摘要).

约 500–510 年, 印度数学家阿耶波多的《阿耶波多历数书》(*Āryabhatīya of Āryabhata*, 印度的天文学著作, 其中包含了 $\pi, \sqrt{2}$ 的很好的近似以及许多角的正弦).

约 510 年, Boethius 把希腊著作译为拉丁文.

约 625 年, 王孝通 (三次方程的数值解, 用几何表示).

628 年, 婆罗摩笈多的《婆罗摩修正历数书》(*Brāhmasphu ṭasiddhānta*, 一部天文学著作, 关于所谓佩尔方程最早的著作).

约 710 年, 比德尊者 (历法计算、天文、潮汐)[①] .

约 830 年, 阿尔·花拉子米《代数学》(方程式理论).

约 900 年, Abū Kāmil (二次方程的无理解).

约 970–990 年, Gerbert d'Aurillac 把阿拉伯数学技术引入欧洲.

约 980 年, Abū al-Wafā (被认为是第一个计算了现代的三角函数; 第一个应用和发表了球面的正弦定律).

约 1000 年, ibn al-Haytham (光学, Alhazen 问题).

约 1100 年, 奥马尔·哈亚姆 (三次方程、平行线公设).

1100–1200 年, 许多数学著作由阿拉伯文译为拉丁文.

约 1150 年, 婆什伽罗 (Bhāskara) 的《丽罗娃蒂》(*Līlāvati*) 和《算法本源》(*Bījaganita*)

---

① Bede, 672/673–735, 博学的英国僧侣, 人称比德尊者 (Venerable Bede), 现在人们对当时英国的了解很多来自他的著作, 其中包括了当时的历法计算、天文、潮汐知识.—— 中译本注

(梵文传统的标准的算术和代数教本, 在后书中包括了对佩尔方程的详细讲述).

1202 年, 斐波那契的《算经》(*Liber Abaci*)(把印度–阿拉伯数码引入欧洲).

约 1270 年, 杨辉的《详解九章算法》(包括一个类似于 "帕斯卡三角形" 的图形, 杨辉把它归于 11 世纪的贾宪).

1303 年, 朱世杰的《四元玉鉴》(用消去法解最多四个未知数的联立方程).

约 1330, 牛津的 Merton 运动学派[①].

1335 年, Heytesbury (William Heytesbury , 1313 前 –1372/3, 也属于上述的 Merton 学派) 陈述了平均速度定理.

约 1350 年, Oresme 发明了一种早期的坐标几何, 证明了平均速度定理, 第一次使用分数指数.

约 1415 年, Brunelleschi 证明了透视的几何方法.

约 1464 年, Regiomontanus (即 Johannes Müller von Königsberg , 1436 –1476, 德国数学家, Regiomontanus 是他的拉丁文名字) 的《论三角形》(*De Triangulis Omnimodis*)(1533 年出版, 是第一本欧洲的全面的平面和球面三角学著作).

1484 年, Chuquet 的《关于数的科学的三部论著》(*Triparty en la Science des Nombres*)(介绍了零和负指数, 引入了 "billion" 和 "trillion" 等词).

1489 年, 在印刷品这第一次出现 "+" 号和 "–" 号.

1494 年, 帕乔里的《算术概要》(*Summa de Arithmetica*)(总结了当时所有的已知的数学知识, 为即将到来的大发展打下了基础).

1525 年, Rudolff 的《有技巧的计算》(*Die Coss*)(部分地使用了代数的符号, 引入记号 "$\sqrt{\ }$").

1525–1528 年, 丢勒发表关于透视、比例和几何作图的文章.

1543 年, 哥白尼发表《天体运行论》(*De Revolutionibus*)(提出行星运动的日心说).

1545 年, 卡尔达诺的《大术》(*Ars Magna*)(三次和四次方程).

1557 年, Recorde 的《智慧的磨刀石》(*The Whetstone of Witte*)(引入 "=" 号).

1572 年, 庞贝里的《代数》(*Algebra*)(引入复数).

1585 年, 斯特凡的《十进算术》(*De Thiende*)(普及十进小数).

1591 年, 维特的《分析艺术引言》(*In Artem Analyticem Isagoge*)(用字母标示未知数).

1609 年, 开普勒的《新天文学》(*Astronomia Nova*)(开普勒关于行星运动的前两个定律).

1610 年, 伽利略的《星空信使》(*Sidereus Nuncius*)(描述了他用望远镜所作的发现,

[①] 牛津大学 Merton 学院出身的一批数学家, 他们把运动学从动力学中分离出来, 最早提出瞬时速度和平均速度的概念, 比伽利略早好几百年, 给出了 $s = at^2/2$ 的公式. 亦称 "牛津计算家"(Oxford calculators).—— 中译本注

包括木星的四个卫星).

1614 年, 纳皮尔的《对数的奇妙规则的描述》(*Mirifici Logarithmorum Canonis Descriptio*)(第一部对数表).

1619 年, 开普勒的《世界的和谐》(*Harmonice Mundi*)(开普勒第三定律).

1621 年, Bachet 翻译的丢番图《算术》一书出版.

约 1621 年, Oughtred 发明计算尺.

1624 年, Briggs 的《对数的算术》(*Arithmetica Logerithmica*)(第一本印行的以 10 为底的对数表).

1631 年, Thomas Harriot, 1560–1621, 英国数学家、天文学家和自然界研究者. 他所写的《用于求解代数方程的分析艺术》(*Artis Analyticae Praxis ad Aequationes Algebraicas Resolvendas*) 在他去世 10 年后以拉丁文出版 (方程式论).

1632 年, 伽利略的《关于两种世界体系的对话》(*Dialogue Concerning the Two Chief World System*)(比较托勒密和哥白尼的理论).

1637 年; 笛卡儿的《几何学》(*La Géométrie*)(用代数手段研究几何学).

1638 年, 伽利略的《关于两门新科学的谈话和数学证明》(*Concerning Two New Sciences*)(物理问题的系统数学处理); 费马研究 Bachet 所翻译的丢番图的《算术》, 而且作了关于费马大定理的猜测.

1642 年, 帕斯卡发明了一个加法机.

1654 年, 费马和帕斯卡就概率问题通讯; 帕斯卡的《论算术三角形》(*Traité du Triangle Arithmétique*)

1656 年, 瓦里斯的《无穷的算术》(*Arithmetica Infinitorum*)(曲线下的面积、$4/\pi$ 的乘积公式、连分数的系统研究).

1657 年, 惠更斯的《论关于机遇博弈的研究》(*De Ratiociniis in Aleae Ludo*).

1664–1672 年, 牛顿关于微积分的早期工作.

1678 年, 胡克的《态势的恢复》(*De Potenzia Restitutiva*)(提出弹性定律).

1683 年, 关孝和 (Seki Kōwa, 或 Seki Takakazu, 1642 –1708) 的《解伏题之法》(*Kaifudai no hō*) (决定行列式各项的程序).

1684 年, 莱布尼兹发表关于微积分的最初的工作.

1687 年, 牛顿的《自然哲学的数学原理》(*Principia*)(牛顿关于运动和引力的理论、经典力学的基础、开普勒定律的推导).

1690 年, 伯努利家族关于微积分的最早期的工作.

1696 年, 洛必达的《无穷小分析》(*Analyse des Infiniment Petits*)(第一本微积分教科书). 雅各布·伯努利, 约翰·伯努利, 牛顿、莱布尼兹和洛必达关于捷线问题的解 (变分法的开始).

1704 年, 牛顿的《求积法》(*De Quadratura*) 发表 (作为《光学》(*Opticks*) 一书的

附录, 牛顿的微积分的第一篇发表的论文).

1706 年, Jones 引入符号 π, 作为圆的周长与直径之比.

1713 年, 雅各·伯努利 (Jacob Bernoulli) 的《猜测术》(*Ars Conjectandi*)(概率论的奠基著作).

1715 年, 泰勒的《增量方法》(*Methodus Incrementorum*)(泰勒定理).

1727–1777 年, 欧拉引入记号 "e" 来表示指数函数 (1727), 引入记号 "$f(x)$" 来表示函数 (1734), 记号 "$\sum$" 表示和 (1755) 以及 "i" 表示 $\sqrt{-1}$(1777).

1734 年, 贝克莱的《分析学家》(*The Analyst: Or, a Discourse Addressed to an Infidel Mathematician*)(对于应用无穷小量的主要攻击).

1735 年, 欧拉解决了 Basel 问题, 证明了 $\sum\limits_{n=1}^{\infty} \left(1/n^2\right) = \pi^2/6$.

1736 年, 欧拉解决了 Königsberg 七桥问题

1737 年, 欧拉的《关于无穷级数的各种观察》(*Variae observations circa series infinitis*)(欧拉乘积).

1738 年, 丹尼尔·伯努利 (Daniel Bernoulli) 的《水动力学》(*Hydrodynamica*)(把液体流动与压力联系起来).

1742 年, 哥德巴赫猜想 (见于他给欧拉的信中); 麦克劳林的《论流数》(*A Treatise of Fluxion*)(为牛顿辩护, 反对贝克莱的攻击).

1743 年, 达朗贝尔的《动力学理论》(*Traité de Dynamique*)(达朗贝尔原理).

1744 年, 欧拉的《求具有某些极大极小性质的曲线的方法》(*Methodus Inveniendi Lineas Curvas*)(变分法).

1747 年, 欧拉提出二次互反律; 达朗贝尔导出一维的波方程作为控制振动弦的运动方程.

1748 年, 欧拉的《无穷量分析引论》(*Intruductio in Analysin Infinitorum*)(引入函数概念、公式 $e^{i\theta} = \cos\theta + i\sin\theta$ 以及许多其他内容).

1750–1752 年, 欧拉的多面体公式.

1757 年, 欧拉的《流体运动的一般原理》(*Principes Généraux du movement des Fluids*)(欧拉方程、现代流体力学的起点).

1763 年, 贝叶斯的《为解决机遇学说的一个问题的论文》(*An Essay towards Solving a Problem in the Doctrine of Chances*)(贝叶斯定理).

1771 年, 拉格朗日的《方程的代数解法的思考》(*Réflections sur la resolution algébrique des équations*"(方程式理论的法典著作, 预示了群论的出现).

1788 年, 拉格朗日的《解析力学》(*Mécanique Analytique*)(拉格朗日力学).

1795 年, 蒙日的《分析对于几何的应用》(*Application de l'Analyse à la Géométrie*)(微分几何) 和《画法几何》(*Géométrie Descriptive*)(对于射影几何的创立有重大

意义).

1796 年, 高斯作出了正 17 边形.

1797 年, 拉格朗日的《解析函数论》(*Théorie des Fonction Analytiques*)(主要把函数作为幂级数来研究).

1798 年, 勒让德的《数论》(*Théorie des Nombres*)(第一本专门讲数论的书).

1799 年, 高斯证明了代数学的基本定理.

1799–1825 年, 拉普拉斯的《天体力学》(*Traité de la Mécaniqe Céleste*)(关于天体和行星的力学的权威表述).

1801 年, 高斯的《算术研究》(*Disquisitiones Arithmeticae*)(模算术、二次互反律的第一个完备的证明、数论中许多其他的主要结果和概念).

1805 年, 勒让德的最小二乘方方法.

1809 年, 高斯论天体的运动.

1812 年, 拉普拉斯的《概率的解析理论》(*Théorie Analytique des Probabitités*)(引入了概率论的许多新概念, 包括概率生成函数、中心极限定理等).

1814 年, Servois (François- Joseph Servois, 1768–1847, 法国数学家) 引入了 "交换性" "分配性" 等数学名词.

1815 年, 柯西论置换.

1817 年, 波尔扎诺关于中间值定理的早期形式.

1821 年, 柯西的《分析教程》(*Cours d'Analyse*)(对于分析严格化的主要贡献).

1822 年, 傅里叶的《热的解析理论》(*Théorie Analytique de la Chaleur*)(傅里叶级数第一次以文字形式出现); 彭赛列的《论图形的射影性质》(*Traité des Propriétés Projectives des Figures*)(射影几何的重新发现).

1823 年, 纳维提出了现在人们称呼的纳维–斯托克斯方程; 柯西的《无穷小分析教程概要》(*Résumé des Leçons sur le Calcul Infinitésimal*).

1825 年, 柯西积分定理.

1826 年, 德国的《纯粹与应用数学杂志》(*Journal für die Reine und Angewandte Mathematik*) 出版 (又称为 *Crelle* 杂志, 第一个迄今仍在出版的重要数学杂志, 在德国出版); 阿贝尔证明了五次方程不能用根式解出.

1827 年, 电动力学的安培定律; 高斯的《曲面的一般研究》(*Disquesitiones Generales Circa Superficies Curva*)(高斯曲率、绝妙定理 (theorema egregium)); 关于电的欧姆定律.

1828 年, 格林定理.

1829 年, 狄利克雷论傅里叶级数的收敛性; 施图姆的定理; 罗巴切夫斯基的非欧几里得几何; 雅可比的《椭圆函数的新基本理论》(*Fundamenta Nova Theoriae Funktionum Ellipticarum*) (关于椭圆函数的基本著作).

1830–1832 年, 伽罗瓦关于多项式方程用根式的可解性的系统研究, 以及群的理论的开端.

1832 年, 鲍耶伊的非欧几里得几何.

1836 年, 法国的《纯粹与应用数学杂志》(*Journal de Mathématiques Pures et Appliquées*) 在法国出版 (又称为 *Liouville* 杂志, 迄今仍在出版的重要数学杂志, 在法国出版).

1836–1837 年, 施图姆和刘维尔建立了施图姆–刘维尔理论.

1837 年, 狄利克雷证明了由无穷多个素数组成的算术数列存在; 泊松的《关于判断的概率的研究》(*Recherche sur la Probabitlité des Jugement*)(泊松分布, 创造了 "大数定律" 一词).

1841 年, 雅可比行列式.

1843 年, 哈密顿发明四元数.

1844 年, 格拉斯曼的《延伸理论》(*Ausdenungslehre*)(重线性代数); 凯莱关于不变式的早期工作.

1846 年, 切比雪夫证明了弱大数定律的一个形式.

1851 年, 黎曼的《单复变量的函数的一般理论基础》(*Grundlagen für eins allgemeine Theorie der Funktionen einer veräderlichen complexen Grösse*)(柯西–黎曼方程、黎曼曲面).

1854 年, 凯莱关于群的抽象定义; 布尔的《思想的法则》(*Law of Thought*)(代数逻辑); 切比雪夫多项式; 黎曼提出就职论文《论函数之以三角级数表示的可能性》(*Über die Darstellbarkeit einer Funktion durch eine trigonometrische Reihe*) 和就职演说《论作为几何基础的假设》(*Über die Hypothesen, welche der Geometrie zu Grunde liegen*), 二文均由戴德金在 1868 年发表在 *Abhandlungen der Königl. Gesellschaft der Wissenschaften, Göttingen*, Bd. 13 上[①].

1856–1858 年, 戴德金开出了历来第一个关于伽罗瓦理论的课程.

1858 年, 凯莱的《关于矩阵理论的论文》(*Memoir on the theory of matrices*); 默比乌斯带.

1859 年, 黎曼假设.

1863–1890 年, 魏尔斯特拉斯关于分析的讲课普及了这个学科的 "ε-δ" 讲法.

1864 年, 黎曼–罗赫定理.

1868 年, 普吕克的《空间的新几何学》(*Neue Geometrie des Raumes*)(线几何学); 贝尔特拉米的非欧几里得几何; 哥尔丹关于二元形式的定理.

1869–1873 年, 李发展了连续群的理论.

1870 年, Benjamin Peirce 的《线性结合代数》(*Linear Associative Algebra*); 约当的

---

① 关于黎曼的部分是译者加的.—— 中译本注

《置换理论和代数方程》(*Traité des Substitutions et des Équations Algébriques*)
(关于群的著作).

1871 年, 戴德金引入域、环、模、理想的现代概念.

1872 年, 克莱因的《埃尔朗根纲领》(*Erlanger Programm*); 西罗在群论中的定理;
戴德金的《连续性和无理数》(*Stetigkeit und Irrationalle Zahlen*)(用切割来构造
实数).

1873 年, 麦克斯韦的《电磁通论》(*A Treatise on Electricity and Magnetism*)(电磁
场理论和光的电磁理论, 麦克斯韦方程); 克利福德的双四元数; 厄尔米特证明
了 "e" 的超越性.

1874 年, 康托发现有不同的无穷大量.

1877–1878 年, 瑞利的《声学》(*Theory of Sound*)(现代声学理论的奠基性著作).

1878 年, 康托提出连续统假设.

1881–1884 年, 吉布斯的《向量分析原理》(*Elements of Vector Analysis*)(向量计算
的基本概念).

1882 年, Lindemann 证明了 "π" 的超越性.

1884 年, 弗雷格的《算术基础》(*Grundlagen der Arithmetik*)(奠定数学基础的重要
企图).

1887 年, 约当曲线定理.

1888 年, 希尔伯特的有限基定理.

1889 年, 佩亚诺关于自然数的公设.

1890 年, 庞加莱的《论三体问题和动力学方程》(*Sur les problème des trois corps et
les équations de la dynamique*) (动力系统中混沌性态的第一个数学描述).

1890–1905 年, Schröder 的《逻辑代数讲义》(*Vorlesungen über die Algebra der
Logik*)(包括在现代格论中很重要的 Dualgruppe 概念).

1895 年, 庞加莱的 "位置分析"(*Analisis situs*)(一般拓扑学的第一个系统的陈述;
代数拓扑学基础).

1895–1897 年, 康托的《对建立超限数理论的贡献》[①](*Beiträge zur Begründung der
transfinite Mengenlehre*)(超限基数理论的系统陈述).

1896 年, 弗罗贝尼乌斯建立了表示理论; 阿达玛和德·拉·瓦莱·布散证明了素
数定理; 希尔伯特的《数域》(*Zahlberichte*)(形成现代代数数论的主要著作).

1897 年, 第一次国际数学家大会在苏黎世召开; 亨泽尔引入了 p-进数.

1899 年, 希尔伯特的《几何基础》(*Grundlagen der Geometrie*) (欧几里得几何的严
格的现代的公理化).

---

① 原书德文书名是 "超限集合", 但是 Philip E. B. Jourdain 于 1915 年的英文译本把书名改成了《超
限数》. 我们在此按照英译本的书名.—— 中译本注

1900 年, 希尔伯特在巴黎召开的第二次国际数学家大会上提出 23 个问题.

1901 年, 里奇和列维–奇维塔 (levi-Civita) 的《绝对微分学方法及其应用》(*Méthode du Calcul Differentiel Absolu et leur Applications*)(张量计算).

1902 年, 勒贝格的《积分, 长度, 面积》(*Intégrale, Longeure, Aire*)(勒贝格积分).

1903 年, 罗素悖论.

1904 年, 策墨罗的选择公理.

1905 年, 爱因斯坦的狭义相对论发表.

1910–1913 年, 罗素和怀德海的《数学原理》(*Principia Mathematica*)(避免了集合论悖论的数学基础).

1914 年, 豪斯多夫的《集合论基础》(*Grundzüge der Mengenlehre*)(拓扑空间).

1915 年, 爱因斯坦提交了给出广义相对论的确定形式的文本.

1916 年, Bieberbach 猜想.

1917–1918 年, 法图和茹利亚集合 (有理函数的迭代).

1920 年, 高木贞治存在定理 (阿贝尔类域论的主要奠基结果).

1921 年, 诺特的 “环域的理想理论” (*Idealtheorie in Ringbereichen*)(抽象环论发展的主要步骤).

1923 年, 维纳提出了布朗运动的数学理论.

1924 年, 柯朗和希尔伯特的《数学物理方法》(*Methoden dermathematische Physik*)(当时已知的应用与数学物理方法的主要总结).

1925 年, 费希尔的《研究工作者的统计方法》(*Statistical Methods for Research Workers*); 海森堡的矩阵力学 (量子力学的第一种陈述方法); 外尔的特征标公式 (紧李群的表示的基本结果).

1926 年, 薛定谔的波动力学 (量子力学的第二种陈述方法).

1927 年, Peter 和外尔的《闭连续群的初始表示的完备性》(*Die Vollständigkeit der primitiven Darstellungen einer geschlossenen kontinuierlichen Gruppe*)(现代调合分析的诞生); 阿廷的广义互反律.

1930 年, 拉姆齐的《关于形式逻辑的一个问题》(*On a problem of formal logic*)(Ramsey 定理), 范德瓦尔登的《近世代数》(*Moderne Algebra*)(把近世代数革命化了, 促进了阿廷和诺特的途径).

1931 年, 哥德尔的不完全性定理.

1932 年, 巴拿赫的《线性运算理论》(*Théorie des Opérations Lineaires*)(关于泛函分析的第一本专著).

1933 年, 科尔莫戈罗夫的概率论的公理.

1935 年, 布尔巴基诞生.

1937 年, 图灵的论文《论可计算数》(*On computable numbers*)(图灵机理论).

1938 年, 哥德尔证明连续统假设和选择公理与 Zermelo-Fraenkel 的公理相容.

1939 年, 布尔巴基的《数学原理》(*Éléments de Mathématique*) 的第一卷问世.

1943 年, Colossus 问世 (第一个可编程计算机).

1944 年, 冯·诺依曼和 Morgenstein 的《博弈论和经济行为》(*Theory of Games and Economic Behavior*)(博弈论的基础).

1945 年, Eilenberg 和 MacLane 定义了范畴的概念; Eilenberg 和 Steenrod 引入了同调理论的公理途径.

1947 年, Dantzig 发现了单纯形算法.

1948 年, 香农的《通讯的数学理论》(*A mathematical theory of communication*) (信息论的基础).

1949 年, 韦伊猜测; 爱尔特希和塞尔贝格给出了素数定理的初等证明.

1950 年, 汉明的《侦错码和纠错码》(*Error-detecting and error-correcting codes*)(编码理论的开始).

1955 年, 罗特关于用有理数逼近代数数的定理. 志村五郎 (Shimura) 和谷山豊 (Taniyama) 的猜想.

1959–1970 年, Grothendieck 在高等科学研究所 (Institut des Hautes Études Scientifique) 工作的几年中把代数几何革命化了.

1963 年, 阿蒂亚–辛格指标定理; 科恩证明了选择公理独立于 ZF, 而连续统假设独立于 ZFC.

1964 年, 広中平祐 (Heisuke Hironaka) 证明了奇异性消解定理.

1965 年, Birch-Swinnerton-Dyer 猜想发表; 卡尔松定理得证.

1966 年, 鲁宾逊的《非标准分析》(*Non-standard Analysis*)(深刻地重述了代数数论和表示理论的很大一部分).

1966–1967 年, 朗兰茨引入了一些猜想, 由此产生了朗兰茨纲领.

1967 年, Gardner, Greene, Kruskal 和 Miura 给出了 KdV 方程的解析解.

1970 年, Matiyasevich 在 Davies , Putnam 和 Robinson 工作的基础上证明了不存在解决一般丢番图方程的算法, 从而解决了希尔伯特第十问题.

1971–1972 年, Cook, Karp 和 Levin 发展了 NP 完全性概念.

1974 年, Deligne 完成了韦伊猜想的证明.

1976 年, Appel 和 Haken 用一个计算机程序证明了四色定理.

1978 年, 公钥密码的 RSA 算法; Brooks 和 Matelski 作出了 Mandelbrot 集合的第一张图像.

1981 年, 宣布了有限单群的分类定理 (直到 2008 年, 还没有得到完全的证明的印成的确定文本, 但是这个定理已经被广泛接受).

1982 年, 哈密顿引入了里奇流; 瑟斯顿的几何化猜想.

1983 年, 法尔廷斯证明了莫德尔猜想.

1984 年, De Branges 证明了 Bieberbach 猜想.

1985 年, Masser 和 Oesterlé 提出了 ABC 猜想.

1989 年, Anosov 和 Bolibruch 否定地回答了黎曼–希尔伯特问题.

1994 年, Shor 关于整数因数分解的量子算法; 怀尔斯和泰勒/怀尔斯的两篇论文证明了费马最后定理.

2003 年, 佩雷尔曼用里奇流证明了庞加莱猜想和瑟斯顿几何化猜想.